U.S. Department of Health and Human Services
Public Health Service
Food and Drug Administration

Grade "A" Pasteurized Milk Ordinance

美国优质乳条例

（2019年版）

王加启　郑　楠　张养东　孟　璐　等编译

美国卫生及公共服务部
美　国　公　共　卫　生　署　颁布
美国食品药品监督管理局

中国农业科学技术出版社

图书在版编目(CIP)数据

美国优质乳条例:2019年版=Grade “A” Pasteurized Milk Ordinance (2019 Revision) / 美国卫生及公共服务部，美国公共卫生署，美国食品药品监督管理局著；王加启等编译. -- 北京：中国农业科学技术出版社，2021.11

ISBN 978-7-5116-5382-6

Ⅰ.①美… Ⅱ.①美… ②美… ③美… ④王… Ⅲ.①乳制品-食品安全-条例-美国 Ⅳ.①TS252.7

中国版本图书馆CIP数据核字(2021)第123657号

责任编辑 金 迪
责任校对 贾海霞
责任印制 姜义伟 王思文

出 版 者 中国农业科学技术出版社
北京市中关村南大街12号 邮编:100081
电 话 (010) 82106625 (编辑室) (010) 82109702 (发行部)
(010) 82109709 (读者服务部)
传 真 (010) 82106625
网 址 http://www.castp.cn
经 销 者 各地新华书店
印 刷 者 北京建宏印刷有限公司
开 本 185 mm×260 mm 1/16
印 张 29.5
字 数 576千字
版 次 2021年11月第1版 2021年11月第1次印刷
定 价 198.00元

他山之石

奶牛和牛奶在美国都是舶来品。

1924 年之前，美国奶业历经质量安全事件频发的痛苦，尤其是 1858 年的“泔水奶”事件，导致 8 000余名婴幼儿死亡，造成社会恐慌，谈奶色变。

但是今天，牛奶已经成为美国人离不开的营养健康食品，深受消费者信赖。美国人口 3.29 亿人，牛奶产量 1.01 亿吨，人均每年消费奶量达到 307 千克，是世界奶业大国和奶业强国，并认为“没有任何单一食物能够超过牛奶，成为保持美国人健康的营养素来源，尤其是对儿童和老人”。

由乱到治，美国奶业靠什么？

简而言之，靠优质乳制度。

转折点是 1924 年，这一年，美国公共卫生署制定并颁布了关于优质乳的条例，虽数易其名但一直延续至今。其核心内容有 3 点：

（1）实施生鲜奶分级标准。1924 年美国的生鲜牛奶统一分为 A、B、C、D 共 4 级。

（2）实施生鲜奶分级检测、牧场审核和牛奶加工工艺认证一体化管理。

（3）实施优质乳标识制度。市场上每一盒牛奶都明确标识所用生鲜奶的质量等级。

1924 年第一版优质乳条例规定 D 级生鲜奶的菌落总数≤500 万 CFU/毫升；1940 年，纽约州 87%的牛奶已经达到 B 级牛奶标准（生鲜奶的菌落总数≤20 万 CFU/毫升）；到 1965 年，优质乳条例中取消了除 A 级之外的其他分级，表明美国生鲜奶基本达到A级标准(生鲜奶的菌落总数≤10万CFU/毫升)。可见，一个好的标准，可以引导整个产业的发展方向。

从1924年到2019年的95年间优质乳条例修订了41次，已经成为美国奶业发展的基石，是消费者健康的护航者。1938年，美国因食物和水引起的疾病暴发总数中，奶源性的占25%，到2005年，美国优质乳条例实施81年，这一比例下降到不足1%。优质乳条例的不断坚持与发展，推动美国奶业从安全底线到优质消费成功转型。

美国公共卫生署和食品药品监督管理局没有司法权。因此，优质乳条例是国家推荐标准。目前美国50个州、哥伦比亚特区和托管领土都加入并遵守优质乳条例，使之成为法院裁定的依据。因此，优质乳条例已经成为美国奶业直接面向生产实践操作、最接地气的“根标准”。

编译组把这本优质乳条例编译出来供国内同行参考，希望有所借鉴。此条例的英文名称是*Grade“A” Pasteurized Milk Ordinance*，直译出来应该是“A级巴氏杀菌奶条例”。为什么我们把它翻译成“优质乳条例”呢？这是因为A级奶就是优质奶，*Grade“A” Pasteurized Milk Ordinance*是本书的传统名称，但是本书的范围已经不仅仅涉及巴氏杀菌奶，还包括UHT灭菌奶、超巴氏奶、高压釜灭菌奶，以及部分浓缩、干燥等奶产品的原料和中间产品，其核心内容就是通过优质的牧场、优质的生鲜奶和优质的加工工艺集成，最终生产出品质优异、营养健康、充满活性、低碳绿色的优质奶产品。实践证明，这个条例是名副其实的优质乳条例，值得参考。

本书属于非营利性技术材料，仅供科技人员交流学习。鉴于编译者水平所限，译文中难免存在偏误，恳请读者批评指正。

译者注

2021年3月

译校者名单

主　编　译　王加启　郑　楠　张养东　孟　璐

主编译单位　中国农业科学院北京畜牧兽医研究所

翻译和校对人员（按姓氏拼音排序）

程建波　安徽农业大学

郭同军　新疆畜牧科学院饲料研究所

哈斯额尔敦　内蒙古农业大学

韩荣伟　青岛农业大学

姜雅慧　四川农业大学

金　迪　中国农业科学技术出版社有限公司

兰欣怡　湖南农业大学

李文清　河南农业大学生命科学学院

刘慧敏　中国农业科学院北京畜牧兽医研究所

闵　力　广东省农业科学院动物科学研究所

田兴舟　贵州大学

邢　磊　上海市动物疫病预防控制中心

徐　俊　江西省农业科学院农产品质量安全与标准研究所

杨永新　青岛农业大学

臧长江　新疆农业大学

张佩华　湖南农业大学

赵圣国　中国农业科学院北京畜牧兽医研究所

周雪巍　广东海洋大学

主　　审

顾佳升　国家奶业科技创新联盟　副理事长

致　谢

奶业创新团队在科研工作和本书编译中得到以下资助和支持，在此衷心感谢。

农业农村部奶产品质量安全风险评估实验室（北京）

农业农村部奶及奶制品质量监督检验测试中心（北京）

农业农村部奶及奶制品质量安全控制重点实验室

国家奶业科技创新联盟

动物营养学国家重点实验室

国家奶产品质量安全风险评估重大专项

中国农业科学院科技创新工程

国家奶牛产业技术体系

农产品（生鲜奶）质量安全监管专项

公益性行业（农业）科研专项

中央级公益性科研院所基本科研业务费专项

美国公共卫生署和食品药品监督管理局颁布的《优质乳条例》版本目录

1924. 条例．公共健康报告第971号，再版，1924. 11. 7
1926. 条例．公共健康报告第1099号，再版，1926. 7. 30
1927. 条例和法典．油印草案，1927. 11
1929. 条例和法典．油印，1929. 7
1929. 条例和法典．油印，1929. 9
1931. 条例和法典．油印，1931. 9
1933. 条例．油印，1933. 7
1933. 条例和法典．转轮印刷，1933. 12
1933. 条例和法典．转轮印刷，1933. 12
1934. 条例和法典．转轮印刷，1934. 8
1934. 条例．转轮印刷，1934. 8
1935. 条例/法典．公共健康公告第220号，1935年版，1935. 7
1936. 条例．油印，1936. 12
1936. 条例/法典．公告健康公告第220号，1936年版，1937. 1
1939. 条例和法典．油印，1939. 1
1939. 条例．油印，1939. 2
1939. 条例．油印，1939. 11
1939. 条例/法典．公共健康公告第220号，1939年版，1940. 2
1947. 条例．油印草案，1947. 8
1949. 条例．Multilthed，1949. 3
1951. 条例．Multilthed，1951. 11
1953. 条例/法典．公共卫生署公告第229号
1965. “A”级热加工奶条例．公共卫生署公告第229号
1978. “A”级热加工奶条例．公共卫生署/食品药品监督管理局

1983."A"级热加工奶条例．公共卫生署/食品药品监督管理局

1985."A"级热加工奶条例．公共卫生署/食品药品监督管理局

1989."A"级热加工奶条例．公共卫生署/食品药品监督管理局

1993."A"级热加工奶条例．公共卫生署/食品药品监督管理局

1995."A"级热加工奶条例．公共卫生署/食品药品监督管理局

1997."A"级热加工奶条例．公共卫生署/食品药品监督管理局

1999."A"级热加工奶条例．公共卫生署/食品药品监督管理局

2001."A"级热加工奶条例．公共卫生署/食品药品监督管理局

2003."A"级热加工条例，包含"A"级浓缩和干燥奶制品，以及浓缩和干燥奶清粉规定——补充附录I. 公共卫生署/食品药品监督管理局

2005."A"级热加工奶条例，包含"A"级浓缩和干燥奶制品，以及浓缩和干燥奶清粉规定——补充附录I. 公共卫生署/食品药品监督管理局

2007."A"级热加工奶条例，包含"A"级浓缩和干燥奶制品，以及浓缩和干燥奶清粉规定——补充附录I. 公共卫生署/食品药品监督管理局

2009."A"级热加工奶条例，包含"A"级浓缩和干燥奶制品，以及浓缩和干燥奶清粉规定——补充附录I. 公共卫生署/食品药品监督管理局

2011."A"级热加工奶条例，包含"A"级浓缩和干燥奶制品，以及浓缩和干燥奶清粉规定——补充附录I. 公共卫生署/食品药品监督管理局

2013."A"级热加工奶条例，包含"A"级浓缩和干燥奶制品，以及浓缩和干燥奶清粉规定——补充附录I. 公共卫生署/食品药品监督管理局

2015"A"级热加工奶条例，包含"A"级浓缩和干燥奶制品，以及浓缩和干燥奶清粉规定——补充附录I. 公共卫生署/食品药品监督管理局

2017"A"级热加工奶条例，包含"A"级浓缩和干燥奶制品，以及浓缩和干燥奶清粉规定——补充附录I. 公共卫生署/食品药品监督管理局

2019"A"级热加工奶条例，包含"A"级浓缩和干燥奶制品，以及浓缩和干燥奶清粉规定——补充附录I. 公共卫生署/食品药品监督管理局

序

牛奶卫生项目是美国公共卫生署(USPHS)历史最悠久、最受推崇的项目之一。美国公共卫生署对牛奶卫生的关注源于两个重要的公共健康方面的考虑。第一，所有食物中，作为单一来源的营养物质，牛奶中的营养素是最全面的，能够提供维持人体正常健康需要的膳食营养素，尤其对孩子和老人更具有特殊意义。鉴于此，USPHS 多年来一直致力于促进牛奶的消费。第二，牛奶是潜在的疾病传播的载体，以往疾病的暴发经常与之相关。

在美国，奶源性疾病的发生率已经明显降低。1938 年，在受污染的食物和水引起的疾病暴发总数中，奶源性疾病的暴发率为 25%。最近的信息表明，与奶和液态奶制品相关的疾病暴发数量占食物与水引起的疾病总暴发数量的比例小于 1%。许多团体都促成了这一值得称道的成就，包括公共卫生和农业机构、奶制品及相关行业组织、一些致力于此的专业团体、教育机构和消费公众。美国公共卫生署/食品药品监督管理局(USPHS/FDA)也将持续地通过技术援助、培训、研发、标准制定、评估和认证活动等工作，对保护和改善国内奶制品的供应做出贡献。

尽管牛奶卫生项目已经取得了一定的进展，但是偶发的奶源性疾病仍时有发生，因此必须在奶及奶制品生产、加工、热加工和分销的各个阶段都要提高警惕。新产品、新工艺、新材料和新的营销方式，使得奶及奶制品安全的相关问题变得十分复杂，应用新产品、新工艺、新材料和新的营销方式之前，必须实现其对公共健康影响的评估。在“A”级热加工奶条例(“A”级 PMO)2019 年版中，已将新的知识和技术转化成有效的和可行的公共卫生措施，并补充合并到“A”级浓缩和干燥奶制品条例——补充附录 I。

确保奶及奶制品的易得性和安全性的责任并不局限于单个团体或州，或联邦政府，而是整个国家的责任。包括政府和行业组织等所有从事保障奶及奶制品安全的机构或个人继续共同合作和努力，才能更有效地保障奶及奶制品的安全。

前　言

19 世纪末 20 世纪初，美国公共卫生署开始研究牛奶对疾病传播方面的影响，从而开始干预牛奶卫生系统。研究得出以下结论：奶源性疾病的有效控制，需要在牛奶的生产、预处理、杀菌、分装以及奶制品配送过程中实行卫生措施。这些早期研究出现之后，随之出现了一些针对如何鉴定和评价卫生措施的研究，并应用于疾病控制，其中某些研究促进了热杀菌法的完善。

为了帮助各州和各市启用并且持续使用有效的方法来控制奶源性疾病，1924 年美国公共卫生署制定了《牛奶标准条例》，各州和各地方牛奶监管机构自愿采用该条例。为了使《牛奶标准条例》具有统一标准，1927 年，美国公共卫生署颁布了一项法规，规定了达到标准管理和技术方面的细节要求。《牛奶标准条例》现在被称为《优质乳条例》，2019 年的版本包含以下规定：控制优质奶和奶产品的生产、包装和销售，包括奶酪和奶酪产品、乳清和乳清产品，以及炼乳和奶粉产品。2019 版是该条例的第 32 次修订，同时增加了实施公共卫生监管的新内容。

美国公共卫生署/美国食品药品监督管理局并非独自制定了《优质乳条例》。在先前版本的修订过程中，卫生署得到了美国联邦、州和各地政府的牛奶监管和评级机构的协助，包括卫生部和农业部，乳品行业各个环节的参与者，例如生产商、牛奶加工厂的经营者、设备制造商以及各个社团，多所教育和研究机构和来自于多名公共卫生专家和其他领域专家有价值的评论建议。

美国公共卫生署/美国食品药品监督管理局推行的《优质乳条例》，是一个在参与合作的州和美国公共卫生署/美国食品药品监督管理局项目中用于州际牛奶承运商认证的基本标准。这个项目已经有美国 50 个州、哥伦比亚特区和美国托管领土的参与。依照《美国食品药品监督管理局谅解备忘录》，两年一度的州际牛奶承运商国家会议提出了对《优质乳条例》的改动和修正。这些修正已经包含在 2019 年的版本中。此次会议上提出的建议和指导对完善《优质乳条例》提供了极大的帮助。

《优质乳条例》包括联邦政府对牛奶和奶产品的采购说明；被用做州际间牛奶和奶产品承运商的卫生标准；已经成为被公共卫生机构、牛奶行业组织和其他机构认同的牛奶卫生国家标准。《优质乳条例》的广泛使用将继续提供有效的公共卫生保护，同时避免给监管机构和乳制品行业带来过重的负担。它代表了一种对当代知识和经验的基本认同，本身也是国家一种实用和公平的牛奶卫生标准。

2019 版《优质乳条例》中包含 2001 年州际牛奶承运商国家会议中提出的建议，即浓缩奶粉和奶粉、浓缩奶清和奶清粉生产过程中的管理和技术要求，这些要求包含在“优质浓缩奶粉和奶粉标准章节——补充附录 I”中。

出版说明

在美国，国家鼓励各州法律上采用《优质乳条例》及其附录，使得牛奶卫生监管技术以更高的水平统一标准。这一条例实施的主要目的是协助具有高卫生标准的牛奶和奶产品在州际间的运输和接收，同时使得州际间牛奶和奶产品的运输和接收更加便利。

本条例包括对“A”级生奶用于巴氏杀菌、超巴氏杀菌、无菌加工和灌装、灌装后再高压釜灭菌、高酸发酵、耐贮存加工和灌装的卫生标准，以及在第1章中定义的“A”级奶或奶产品的卫生标准。

以下是权威法律部门建议各州采纳此条例的形式。采用这一方式会减少出版和印刷的成本，并且使《优质乳条例》版本保持最新。这种形式在许多州已经合法化并被采用。州政府委员会已经起草了一份《牛奶和食品法规参考法案》[①]，鼓励各州推行此法案，促进社会团体采用此条例。

此条例用于监管“A”级奶及奶制品的生产、运输、加工、处理、采样、检查、贴标和销售；用于检查奶牛养殖场、奶产品加工厂、收奶站、中转站、牛奶罐装车清洗设施、牛奶罐装车和散装牛奶运输车；用于颁发和吊销奶制品生产者、散装牛奶运输者、牛奶罐装车、牛奶运输公司、奶产品加工厂、收奶站、中转站、牛奶运货车的清洁设施、运输公司和批发商的许可证；此条例还用于对违规者实施惩罚措施。

×××(各地区机构)[②]规定：

第1章：任何在×××或者由×××管辖的地区进入终端消费的“A”级奶或奶制品的生产、运输、加工、处理、采样、检查、贴标和销售；任何针对奶牛养殖场、奶制品加工厂、接收站、中转站、牛奶罐装车清洗设施、牛奶罐装车和散装牛奶运输的审查；任何针对奶制品生产者，散装牛奶运输者，牛奶罐装车、牛奶运输公司、奶品厂、收奶站，中转站、牛奶运货车的清洁设施、运输公司和批发商许

---

① 此法案的副本包含在1950年的《州立法项目建议》中，由美国国家政府理事会制定(Box 11910，Iron Works Pike，Lexington，KY40578)。

② 在此处以及本条例中任何其他相似格式处根据各地规定填上合理内容。

可证的颁发和吊销都应该受到《优质乳条例》的监管，监管者已经采用认证条例[①]，其中条例的第 15 章和第 16 章分别应该由以下的第 2 章和第 3 章代替。

第 2 章：任何人只要违反了此条例中的任何一个条款，都应该被视为不法行为，视情况处以不超过×××的罚款，如果这些人继续有违规行为发生，根据每天的违规情况分开处罚。

第 3 章：任何与《优质乳条例》相违背的条例或者条款都应该在此条例实施之日起 12 个月后废除。在此时间内，此条例已经具有完全的法律效力和作用。

合法性：首席法律顾问办公室已经屡次建议此条例合法实施，此合法性已经包含在条例中。多位州和地方法律顾问建议的修改也已经写入此条例中。

《优质乳条例》已经被广泛使用多年，并且应用在法律诉讼案中。支持此条例中最多条款的一个决议是关于堪萨斯州里诺市地区法院的一个案例，即 1934 年 5 月 1 日比林斯等与哈钦森等市的诉讼案。该案例中，原告试图阻止哈钦森市执行该条例，但是失败，败诉原因为：(a)不合理；(b)与州法律相矛盾；(c)当地条例(不是美国公共卫生署颁布的《优质乳条例》)中包含超额的许可证费用；(d)奶制品检查者权力过大(1934 年 6 月 8 日再版的《公共卫生报告》中的 1629 号条例)。

《优质乳条例》不提倡使用公共卫生法规来设置不合理的贸易障碍阻止其他地区高质量的奶制品流入本地市场(参考第 11 章)。鉴于来自国家协会、领土卫生官员和州际牛奶承运商国家会议的多次要求，美国公共卫生署/美国食品药品监督管理局在州际牛奶承运商认证这一项目上给予了合作，如果没有此条例中的统一标准，这一项目就不可能实现。

此条例中的标准已经成为解决州际间贸易壁垒的一个依据，其价值已经在迪恩牛奶公司和麦迪逊市的诉讼案中被美国最高法院证实(1950 年 10 月 258 号诉讼案)。美国最高法院推翻了威斯康星州最高法院的审判结果，即距离麦迪逊市不超过 5 英里[②]的巴氏杀菌牛奶厂才能在麦迪逊市销售牛奶，并且指出根据美国公共卫生署推行的牛奶条例第 11 章条款的规定，麦迪逊市的消费者应该被适当保护。

除了对州际奶制品运输公司和在州际贸易中涉及的奶及奶制品的管理，美国公共卫生署/美国食品药品监督管理局对其他奶制品卫生标准的实施没有法定管辖权，卫生署只起到建议和促进作用，卫生署的项目只是用来协助监管机构。美国公共卫生署的目的是在各州推动有效均衡的牛奶卫生项目的建立；促进各州使用

---

① 认证条例副本可以在美国卫生及公共服务部、美国公共卫生署、美国食品药品监督管理局，肉、蛋、奶安全部门查到（HFS-316，5100 Campus Drive，MD20740-3835）。

② 1 英里≈1 609.34 m，全书同。

恰当统一的牛奶卫生标准；通过有效的立法和教育措施，鼓励采用统一的实施方案。

一旦此条例被采用，条例的实施将会成为监管机构的一个重大职责。因此，只有在为合格的员工和合适的设备制定了足够的条款的前提下，这一条例才能被采用。

相关政府部门的法律顾问应该为公众解释条例实施的某些信息或给出建议，比如在通道后面播放条例的录音或者张贴条例的广告。

采用：为了维护国家的统一性，建议州政府采用此条例之后，不要做任何的变动，除非条例与州内法律冲突必须修改。条例的修订务必要经过深思熟虑，不能影响条例的实施。为了促进统一性，所有的管理法案也要一并实施。

对现存法规的修正：已经采用了美国公共卫生署/美国食品药品监督管理局2017版或者更早版本《优质乳条例》的州务必尽快更新此条例，以便适应当前牛奶卫生系统和管理系统的发展。此外，不是依据以往的《优质乳条例》制定本州奶及奶制品法律与法规的州，应考虑此条例带来的公共卫生公益性和本身的经济利益，这些公益性可以随着采用《优质乳条例》而实现。

缩略语

（按拼音首字母排序）

+(阳性)
+/-(加/减)
-(阴性)
3-A SSI(3-A 卫生标准有限公司)
AC(空气净化器或交流电)
AISI(美国钢铁学会)
AMI(自动挤奶装置)
AOAC(美国公职分析化学师协会)
APA(行政程序法案)
APHIS(动植物卫生检验局)
APPS(无菌加工和灌装系统)
AQFPSS(无菌灌装及产品消毒系统)
AR(审查报告)
ASHRAE(美国供热、制冷和空调工程师学会)
ASME(美国机械工程师协会)
ASTM(美国试验材料学会)
AUX STLR(辅助安全发热限制记录器)
AVIC(地区责任兽医)
a_w(水分活度)
BCC(BentleyBactoCount IBC 数字计数器)
BCMC(BentleyBactoCount IBCm 数字技术器)
BSC(细菌总数测定仪 BactoScan FC)
BTU(灌装单位)
CCP(关键控制点)
cfm(立方英尺/分钟)
CFR(联邦法典)
CFSAN(食品安全与应用营养学中心)
CFU(克隆单位)
CG(汇合生长)
CIP(就地清洗)
CIS(经认证的行业监管人员)
CL(关键限值)
CLE(关键列表元素)
CLT(恒定高度罐)
cm(厘米)
cm^2(平方厘米)
CMR(冷却介质出口)
CMS(冷却介质入口)
Condensed(浓缩奶及奶制品)
COP(卸下清洗)
CPC(大肠菌群平板计数)
CPG(政策指南)
CTLR(控制器)
DIS/TSS 4(消毒/技术科学部分——EPA 无生命物体表面的消毒剂试验：有效数据要求)
DMSCC(体细胞显微镜直接计数)

DNA(脱氧核糖核酸)
DOP(邻苯二甲酸二辛酯雾化法)
DPC(乳制品实践委员会)
DPLI(压差范围限制器)
DRT(电子温度计)
dSSO(被委派的样品监督管理机构)
EAPROM(可变可编程只读存储器)
EC(电导率)
ECA(电化学)
EEPROM(电可擦可编程只读存储器)
EML(乳品实验室评估)
EPA(环境保护署)
EPROM(可擦可编程只读存储器)
ESCC(电子体细胞计数)
FAC(游离性有效氯)
FALCPA(食品过敏原标签与消费者保护法)
FAO(联合国粮食与农业组织)
FC(故障自动关闭装置)
FDA(食品药品监督管理局)
FFD&CA(联邦政府食品、药品和化妆品法案)
FFD(Flow-Diversion Device 液流换向装置)
FHA(高酸发酵)
FIFRA(联邦杀虫、杀菌剂和灭鼠剂法案)
FIPS(美国联邦信息处理标准)
FR(联邦法规登记)
FRC(流量记录器/控制器)
ft (英尺)
GLP(良好试验室作业准则)
GMP(良好操作规范)
GRAS(一般公认的安全)
HACCP(危害分析关键控制点)
HFA(高流警报)
HHS(卫生和福利部)
HHST(高热瞬时)
HMR(加热介导出口)
HMS(加热介导入口)
HPC(异养菌平板计数)
HSCC(高敏感大肠杆菌计数)
HTST(高温短时)
IA(行业分析员)
IBC(个体细菌计数)
IBCm(个体细菌计数手册)
ICP(国际认证机构)
IFT(食品技术协会)
IMS(州际牛奶承运商)
in. (英寸)
IS(行业监督员)
IU(国际单位)
kg(千克)
kPa(千帕)
L(长度或公升)
LACF(低酸度罐装食品审查程序)
LEO(实验室评估员)
LOI(受理书)
LOSA(信号丢失/低流警报)
LOU(担保书)
LPET(实验室能力评估小组)
LS(水平传感器)
lx(照度和发光度的单位)
M(米)
M-a(注释备忘录)
M-b(牛奶条例设备合规备忘录)

M-I(资料备忘录)
MBTS(计时系统)
MC(奶品公司)
mcg(微生物)
MF(膜过滤或微过滤)
MFMBTS(基于电磁流量计的计时系统)
mg/L(毫克/升)
MIL-STD(军用标准)
mL(毫升)
mm(毫米)
MMSR(乳品承运商卫生等级制定方法)
MOA(协议书)
MOU(合作备忘录)
MPN(最大菌群数)
MSDS(材料安全性数据表)
MST(牛奶健康团队)
MTF(复式管发酵)
NA(不适用)
NACMCF(美国国家食品微生物标准咨询委员会)
NASA(美国国家航空航天局)
NCIMS(国家州际乳品贸易协会)
NIST(美国国家标准与技术研究院)
NLEA(营养标识与教育法)
NMC(国家乳腺炎委员会)
NSDA(国家软饮料协会)
OMA(法定分析方法)
OSHA(职业安全与卫生管理局)
OTC(非处方药)
P(热杀菌)
P/A(有/无)
PA(产品评估)
PAC(Petrifilm 有氧计数)
PAM(农药分析手册)
PC(电压控制器)
PCC(Petrifilm 大肠杆菌计数)
PCQI(预防控制合格人员)
PDD(位置检测设备)
pH(溶液酸碱值)
PHF(潜在食品安全)
PHS/FDA(公共卫生服务/食品药品管监督理局)
PI(压力指示器)
PLC(可编程逻辑控制器)
PLI(限压装置)
PMO(优质乳条例)
PP(前期准备程序)
PPAC(皮板式有氧计数)
PPCC(Charm® Peel Plate® 大肠杆菌计数)
PPCCHV(Charm® Peel Plate® 总大肠菌群高体积敏感性)
PPEC(Charm® Peel Plate® 大肠杆菌和总大肠菌群)
PPECHV(Charm® Peel Plate® 大肠杆菌和总大肠菌群高体积敏感性)
Procedures(国家州际牛奶运输联盟公共卫生服务/食品药品监督管理合作方案的程序)
PT(压力变送器)
PVC(聚氯乙烯)
RAC(3M™ Petrifilm™快速有氧计数)
RAM(随机存储器)
RBPC(蓄热回收器背压控制装置)
RC(比例控制装置)
RDPS(蓄热回收器压差转换器)

RO(返渗透)
ROM(只读存储器)
RPPS(灌装后再高压釜灭菌系统)
RTD(电阻温度检查器)
Rx(处方)
SAE(美国汽车工程师学会)
SCC(体细胞数)
SMEDP(奶制品标准检验方法)
SMEWW(水和废水评价标准方法)
SOP(标准操作守则)
SPC(标准平板计数)
SPLC(螺旋板计数)
SRO(国家卫生等级办公室)
SSC(单一服务顾问)
SSCC(单服务容器或开闭件)
SSO(样品监督管理机构)
SSOP(卫生标准操作规范)
STLR(发热限制安全记录仪/控制器)
t(时间)
T(温度)
TAC(TEMPO有氧计数)
TB(结核病)
TC(温度控制器)
TCC(TEMPO大肠杆菌计数)
TCS(时间/温度安全控制)
TKN(总凯式氮)
TNTC(不可计数)
TPC(第三方认证机构)
TV(节流阀)
UF(超滤)
UP(超巴氏杀菌)
UPS(不间断供电)
USDA(美国农业部)
USP(美国药典)
USPHS(美国公共卫生署)
USPHS/FDA(美国公共卫生署/食品药品监督管理局)
UV(紫外线)
UVT(紫外线透过率)
Vat(分批式巴氏灭菌/消毒法)
W(宽)
WHO(世界卫生组织)
WORM(单次写入多次读取技术)
℃(摄氏度)
℉(华氏度)

目　录

图目录

表目录

优质乳条例
（“A”级 PMO）—— 2019 修订版

本条例对“奶”“奶制品”“乳品生产者”“热杀菌法”等术语作出了法律概念上的特定释义；明令禁止掺杂和标注不规范的奶或奶制品进入市场；规定奶或奶制品的销售实行许可证管理；规范奶畜场和奶品厂的监督检查；对检验、标注、巴氏杀菌、超巴氏杀菌、无菌加工和灌装、灌装后再高压釜灭菌、高酸发酵、耐贮存加工和灌装的要求，对奶或奶制品的分销和零售等，实行法定的过程监督管理；规定了新建奶畜场和奶品厂的建筑要求。本条例属强制性法律文件，附有惩罚条款。

按照……（各地区机构）[1] 赋予的权限，颁布本条例 *。

---

* 本条例正文所有标注序号的注释内容参见本书 158~159 页。

第1章　术　语

《联邦法典(CFR)》第21号，以及《联邦政府食品、药品和化妆品法案(FFD & CA)》里定义的一般术语和专用名词，本条例不再另行释义。

本条例仅对适用于本条例的专用术语，作出强制性释义。

A. 异常奶：下列类型的奶分泌物并不适合以“A”级奶为目的的售卖。

A-1. *异常奶*：颜色、味道和质地显著发生变化的奶。

A-2. *不适宜奶*：在挤奶之前就已知不能上市的奶，例如含初乳的奶。

A-3. *受污染奶*：奶畜在接受兽药治疗后所产的无法售卖或不准、不宜上市供人类消费的奶，例如抗生素药物滞留作用期内，或者使用了未经食品药品监督管理局(FDA)或环境保护署(EPA)认可的其他药物或杀虫剂。

B. 无菌灌装及产品消毒系统(AQFPSS)：指符合联邦法典(CRF)第21号第113.3(a)的规定，用于无菌加工和灌装的灌装机和产品消毒器及相关设备。该系统将在食品药品监督管理局(FDA)或食品安全与应用营养学中心(CFSAN)的食品安全办公室食品加工评估小组提交并经过审查的无菌低酸度奶产品申请文件中加以说明。无菌灌装(包括产品消毒器)按照食品药品监督管理局(FDA)2541 g申报表中所述进行操作。无菌合格的产品消毒器的使用能够完全杀灭具有公共卫生意义的微生物以及在常温贮藏条件下的食品中能够繁殖的对健康无重要影响的微生物。无菌灌装和产品消毒系统(AQFPSS)的范围包括食品药品监督管理局(FDA)2541 g申报表中所述的灌装机和产品消毒器，以及过程管理机构提供的书面文档中定义的对维持产品安全至关重要的任何其他设备或过程。

C. 无菌加工和灌装：专指经受了充分的热加工、灌装在严密封口的容器内、符合联邦法典(CFR)第21号第108、第113和第117部分的定义，并在常温下能保持“商业无菌”的奶或奶制品的制造方法。

D. 无菌加工和灌装系统(APPS)：符合本条例的目的，奶品厂中由用来生产和包装无菌“A”级低酸度奶或奶制品的工艺和设备组成的系统，专为配套本条例制定的无菌加工和灌装系统(APPS)应该与联邦法典(CFR)第21号第108、第113和第117部分的应用要求保持一致。APPS应该从平衡罐开始，并在包装机器完成产品包装时结束运行，管理机构可能会要求提供书面的文件，其中清晰地定义为是商业无菌产品关键的附加过程和设备。

E. 自动挤奶装置(AMI)：系指完整的一套或多套自动挤奶单元，包括应用于各单元自动挤奶工作的硬件及软件、奶畜识别装置、自动挤奶机、奶的冷却装置、自动挤奶机的清洗消毒装置、奶头清洗装置、与挤奶操作配套的报警装置、制冷装置和清洗消毒系统。

F. 散奶收购员/采样员：指符合本条例第6章或附录N所界定的，以监督管理为目的采集官方样品的人员，包括在奶牛场从事样品恢复和清除的人员。如果监管机构允许，可将在奶畜场、奶品厂、接收站或转运站之间运送原料奶或原料奶产品，并且已被所有管理机构授权可以对这些原料奶或原料奶产品进行采样。

G. 散奶收集槽车：是一类由散奶收购员/采样员用来运输巴氏杀菌、超巴氏杀菌、无菌加工和灌装、灌装后再高压釜灭菌、高酸发酵，耐贮存加工和灌装的散装生奶的车；包括货车、罐以及必需的附属设施，供收购员/采样员在收集散装生奶并将其从奶畜场运送到奶品厂、收奶站或转运站时操作使用。

H. 酪乳：属液态奶产品之一，是以生奶或稀奶油为原料制造黄油时的副产品；应含有不低于8.25%的非脂乳固体。

H-1. “A”级酪乳粉：指完全符合本条例要求的酪乳粉。

H-2. “A”级干燥酪乳制品：指完全符合本条例要求的干燥酪乳制品。

H-3. 浓缩酪乳：酪乳脱去了大部分水后所得的浓缩制品。

H-4. “A”级浓缩酪乳和酪乳粉及酪乳制品：指完全符合本条例要求的浓缩酪乳和酪乳粉及酪乳制品。对“浓缩和干燥乳制品”这个术语的解释，应包括浓缩酪乳和酪乳粉及酪乳制品在内。

I. 骆驼奶：骆驼奶是由一头或多头健康骆驼完全挤奶而获得的几乎不含初乳的正常乳汁。骆驼奶应按本条例卫生标准生产。术语“奶” 的定义里包括骆驼奶*。

J. 清洗：有效彻底地去除与产品直接接触面上的产品残留和污染物。

K. 就地清洗(CIP)：在产品加工的位置，通过循环、喷涂、流动化学溶液或水冲洗的方式对产品接触表面进行除尘。若这套设备的组成部分并不是被设计用来进行CIP，则需要被卸下清理(COP)或手动清洗。应该仔细检查产品接触表面，确保就地清洗的清洁度被管理机构记录并认可。在这种设备上，所有的产品和液

* 如果是“A”级PMO定义的非常见哺乳动物的奶，虽然有可能被标上“A”级优质标识，并为FDA所认可而列入IMS名单，但须受到附录N和第6章的对奶畜的检验方法(参见M-a-98最终版本，具有FDA验证和NCIMS接受的检验方法的特定的奶或奶制品)规定的约束。

体接触表面都不需要因为检查而使其能轻易地触及，例如永久安装的管道和筒仓罐。

L. 通用名称：适用于某类已驯养家畜的普通称呼，即牛、山羊、绵羊、马、水牛、骆驼等*。

M. 浓缩奶：属液态奶产品之一，指仅去除奶中大部分水分但未经灭菌和未加糖的半成品。一旦按照其印制在包装容器上的说明标签兑入适量饮用水后，能恢复到与本章定义的奶相一致的乳脂和非脂乳固体的含量水平。

M-1. *浓缩奶制品：*应被理解为包括均质浓缩奶、脱脂浓缩奶、减脂或低脂浓缩奶，以及由浓缩奶或脱脂浓缩奶制造的类似浓缩奶产品；一旦按照其印制在包装容器上的说明标签兑入适量饮用水后，能恢复到与本章所定义的其他奶制品相一致。

M-2. *“A”级脱脂浓缩奶：*指完全符合本条例要求所生产制造的脱脂浓缩奶。

N. 降温池：专为奶牛降温而设计的人工建造物。

O. 奶畜场：系指以挤奶为目的，并向奶品厂、收奶站或转运站提供、出售部分或全部生奶或奶制品，而饲养一种或几种奶畜(牛、山羊、绵羊、水牛、骆驼或其他哺乳动物)的场所和机构。

P. 官方采样员：指符合本条例第6章所界定的、以监督管理为目的采集官方样品的人员。管理机构聘用这些人员并至少每24个月(包括抽样评估当月的剩余天数)由州政府的样品监督管理机构(SSOs)或被委派的样品监督管理机构(dSSOs)负责对其进行工作考核。样品监督管理机构(SSOs)或被委派的样品监督管理机构(dSSOs)不需要每24个月对样品采集程序进行评估。

Q. 奶油蛋黄羹或煮熟的奶油蛋冻：采用联邦法典(CFR)第21号第131.170的释义。

R. 高酸发酵、耐贮存加工和灌装的奶或奶制品：“A”级高酸发酵(FHA)，耐贮存加工和灌装的奶或奶产品是“A”级奶或奶制品经过巴氏杀菌，并发酵至pH值为4.6或更低的奶制品，其中可能包含安全和适当的成分。

R-1. 根据监督管理当局的建议，使用无菌合格的灌装和产品消毒系统(AQF-PSS)对其进行热加工和包装，以达到耐贮存的目的，然后在正常的非制冷条件下储存和分配，并遵守附录S的所有要求。

---

* 如果是“A”级PMO定义的非常见哺乳动物的奶，虽然有可能被标上“A”级优质标识，并为FDA所认可而列入IMS名单，但须受到附录N和第6章的对奶畜的检验方法(参见M-a-98最终版本，具有FDA验证和NCIMS接受的检验方法的特定的奶或奶制品)规定的约束。

R-2. 按照PMO的所有适用规定进行加工和包装，以达到耐贮存的目的，然后在正常的非制冷条件下进行贮存和分配。

注：不包括酸奶和/或奶制品，如酸奶和酸化奶油。

S. 发酵高酸、耐贮存的加工和灌装：就该条例而言，高酸发酵、耐贮存的加工和灌装是指加工和包装"A"级高酸发酵、耐贮存的牛奶或AQFPSS上的奶制品。"A"级高酸发酵、耐贮存的奶或奶制品应经过相关处理，这些处理应足以破坏具有公共卫生意义的微生物，以及在常温贮藏条件下的食品中能够繁殖的对健康无重要影响的微生物。高酸发酵、耐贮存的加工和灌装应符合联邦法典第21号第117部分的适用要求。

T. 食物过敏原：食物中能诱导某些个体产生过敏症或发生不良反应的蛋白质。2004年发布的《食品过敏原标签与过敏原保护体》(FALCPA)(食品药品监督管理局遵循的政策指南108-282)和《联邦政府食品、药品和化妆品法》(FFD&CA)第201(qq)条对食物过敏原进行了定义。可上网查阅http://www.fda.gov/Food/IngredientsPackagingLabeling/FoodAllergens/default.htm。

T-1. 过敏原交叉接触：过敏原交叉接触是指一种食物过敏原无意地掺入到食物中。

U. 冷冻浓缩奶：属于一种含有乳脂和非脂乳固体的冻结奶产品，当用定量的水与其混合时，即能复原成与全脂奶乳脂和非脂乳固体含量相一致的产品。在加工时，通过调整水分达到所期望的最终浓度，然后对其进行热杀菌、包装并立即冷冻。产品必须在冷冻状态下进行贮藏、运输和销售。

V. 山羊奶：山羊奶是指正常的山羊乳腺分泌物，不含初乳，完全挤自一头或多头健康的山羊。以零售包装销售的山羊奶，必须含有不少于2.5%的乳脂肪和不少于7.5%的非脂乳固体。山羊奶应按照本条例的标准和要求加工。术语"奶"的定义里包括山羊奶。

W. 危害分析和关键控制点(运用时须与本条例附录K联合执行)。

W-1. 审核：对某个奶品厂、收奶站或转运站所建立的整体HACCP系统所进行的评估活动，以判断其是否符合"国家州际乳品贸易协会(NCIMS)"制定的HACCP标准以及其他有关要求，但不包括无菌加工和灌装奶品厂的无菌加工和灌装系统(APPS)、灌装后再高压釜灭菌的奶品厂的灌装后再高压釜灭菌的系统(RPPS)，以及高酸发酵、耐贮存加工和灌装奶品厂的无菌灌装及产品消毒系统(AQFPSS)。

W-2. 纠偏日志：按照本条例附录K的规定，详细记载所有关键限值的偏离和纠正措施的日志文件和数据资料。

W-3. 控制：

a. 对一个操作条件进行管理，保持与已建立的标准相一致。

b. 指采用了正确的操作步骤并符合标准的状态。

W-4. 控制措施：在CCP控制点上所采用的防止、消除或降低显著危害的行为或活动。

W-5. 纠正措施：发生偏离时采取的程序。

W-6. 关键控制点(CCP)：预防或消除奶或奶制品的安全危害或将其降低到可接受水平，是一个可控实施的并且必要的生产工序。

W-7. 关键限值(CL)：指在某一关键控制点上所必需控制的物理、生物、化学参数的最大或最小数值，从而可防止、消除既定的奶或奶制品安全危害的发生，或将其降低到可接受水平。

W-8. 关键列表元素(CLE)：FDA2359m-国家州际乳品贸易协会(NCIMS) HACCP体系中的奶品厂、收奶站或转送站审核报告表中的带双星识别记号(**)的条款为关键列表元素。CLE是由样品监督管理机构或FDA审核员进行制定，一旦审核表明可能存在导致危及奶或奶制品食用安全规定的主要不良情况，或发现违反国家州际乳品贸易协会(NCIMS)关于药残测试且可追溯到奶源有关规定的，据此审核报告应拒收或召回产品。

W-9. 奶业HACCP核心课程：核心课程包括以下内容。

a. HACCP基础知识。

b. 关于国家州际乳品贸易协会(NCIMS)HACCP程序的适应范围。

W-10. 缺陷：对照HACCP体系或本条例附录K中的要求，某个元素不当或缺乏。

W-11. 偏离：与关键限值(CL)不一致。

W-12. 危害分析关键控制点(HACCP)：指识别、评估和控制奶或奶制品是否存在明显安全危害的一种系统方法。

W-13. 危害分析和关键控制计划：基于HACCP原理编制的相应程序工作计划文件。

W-14. 危害分析关键控制体系：实施HACCP计划和前期基础程序，包括其他适用的国家州际乳品贸易协会(NCIMS)的规定而执行的食品安全管理体系。

W-15. 危害：在缺乏控制的情况下，食品中可能引发潜在疾病或损害公共健康事件的生物性、化学性或物理性因素。

W-16. 危害分析：指收集和评估由奶或奶制品所引发危害的信息，并客观地确定可能存在危害的因素，从而在HACCP计划中进一步作为工作目标。

W-17. 监控：指在观察、计量等方面采取一系列有计划性的步骤以确保CCPs在控制之内，或指评估所有必需的前期基础程序(PPs)所完成的情况和状态。

W-18. 不符：指不符合本条例附录K中对HACCP体系描述的各项要求。

W-19. 潜在危害：将被作为危害分析对象的所有因素。

W-20. 前期基础程序(PPS)：指在建立HACCP体系之前需要的前提步骤和运行程序，包括"良好操作规范"(GMP)等。本条例附录K列出了具体要求，这些内容在其他HACCP体系中有时也被称作"卫生标准操作规范(SSOPs)"。

W-21. 确认：认证工作的内容之一，重点是利用收集评估后获得的技术方面的信息判断HACCP计划是否能有效地控制危害。

W-22. 认证：与监控不同，认证是以判定HACCP计划的有效性，以及判定HACCP体系在运行过程中与所确立的计划一致性为目的所采取的行动。

X. 有蹄类哺乳动物的奶：挤自一头或多头健康的有蹄类哺乳动物正常乳腺的分泌物，不含初乳。按照本条例，有蹄类哺乳动物包括但不限于牛科(牛、水牛、绵羊、山羊、牦牛等)，骆驼科(驼马、羊驼、骆驼等)，鹿科(鹿、驯鹿、麋鹿等)，马科(马、驴)。产品应按照本条例的卫生要求进行生产*。

Y. 奶品厂采样员：指符合本条例章节6或附录N所描述的、以监督管理为目的而在奶罐车、奶品厂、收奶站或转运站采集官方样品，并由奶品厂、收奶站雇佣的人员。由州政府的样品监督管理机构(SSOs)或被委派的样品监督管理机构(dSSOs)对其进行工作考核，评定至少每24个月进行一次，时间包括进行评定当月的剩余天数。

Z. 检查/审核报告：一份手写或电子生成的官方监管报告，用于记录检查/审核过程中的调查结果。

AA. 国际认证项目(ICP)：系指NCIMS志愿项目，利用有NCIMS执行董事会认可的第三方认证机构，使非NCIMS成员国以出口到美国为目的生产和加工"A"级奶或奶制品的乳品公司(MCs)，能申请满足NCIMS"A"级奶安全计划的要求。

BB. 受理书(LOI)：这是一份正式的书面签署协议。它是由ICP认可的第三方认证机构和期望得到ICP下属IMS名单认证的奶品公司共同签署的。每一个书面签署协议的副本都应该立即递交到ICP委员会，并由第三方认证机构和奶品公司共同签署。

---

* 如果是"A"级PMO定义的非常见哺乳动物的奶，虽然有可能被标上"A"级优质标识，并为FDA所认可而列入IMS名单，但须受到附录N和第6章的对奶畜的检验方法(参见M-a-98最终版本，具有FDA验证和NCIMS接受的检验方法的特定的奶或奶制品)规定的约束。

CC. 担保书(LOU)：这是一份正式的书面签署协议。它是由第三方认证机构和承认 ICP 管辖第三方机构的 NCIMS 董事会共同签署的。这份协议也声明了第三方认证机构在 ICP 中的责任，进而根据此协议去执行，以及未执行的后果。这份担保书应该包括但不限于 ICP 中涉及的一些问题和事项。

DD. 低酸度无菌加工奶及奶制品：水分活度(a_w)超过 0.85，最终平衡 pH 值超过 4.6，并且根据 CFR 第 21 号适用性要求第 108、第 113 和第 117 部分规定进行调控的奶或奶制品。无菌加工和灌装的低酸度奶或奶制品和灌装后再高压釜灭菌的低酸度奶或奶制品在正常非冰箱温度下保存。在冰箱温度条件下储存的贴有标签的低酸度奶或奶制品不在此范围内。

EE. 协议书(MOA)：这是一份正式的书面签署文件。它说明了合作方(第三方认证机构和奶品公司)参与和执行 NCIMS 志愿国际认证机构(ICP)的要求和职责。这份协议包括但不限于上述文件所强调的问题和要求。这个协议应该考虑到执行 NCIMS "A"级奶安全计划的内容，并且应该按年度去更新。

FF. 奶品公司(MC)：一个奶品公司应该是一个列于第三方认证机构 IMS 名单上的单独实体。其应该包括奶牛场、散奶收购员/采样员、奶罐车、乳品运输公司、奶品厂、接收站、中转站、奶品厂采样员、工业工厂采样员、乳品经销商等，还有针对奶和水服务的实验室，该奶品公司正如"A"级 PMO 定义的，不在 NCIMS 成员名单内。

GG. 奶品经销商：从事销售或经营奶或奶制品的人员或企业。

HH. 牛奶加工厂：凡进行奶或奶制品的收集、处理、加工、贮藏、巴氏杀菌、超巴氏杀菌、无菌加工和灌装、灌装后再高压釜灭菌、高酸发酵、耐贮存加工和灌装、浓缩、干燥、包装，以及为销售前做其他准备工作的所有场所和机构。

II. 生奶生产者：指经营运作奶畜场，并将生奶供应或销售给奶品厂、收奶站、转运站的人员或企业。

JJ. 奶制品："A"级奶及奶制品包括以下几类。

1. 符合 CFR 第 21 号第 131 部分标准的所有奶及奶制品，不包括 CFR 第 21 号第 131.120 部分的甜炼乳。

2. 农家干酪(CFR 第 21 号第 133.128 部分)和干凝乳农家干酪(CFR 第 21 号第 131.129 部分)[2]。

3. 在 CFR 第 21 号第 184.1979，184.1979a，184.1979b，184.1979c 部分中有明确定义的乳清粉和乳清粉产品，以及本条例的第 1 章中定义的乳清粉产品。

4. 上述条目 1 和 2 中列出的食品的修正版本，根据 CFR 第 21 号第 130.10 部分要求的通过营养成分明细和标准化的专业术语命名。

5. 上述 1、2、3 和 4 定义的奶及奶制品，不包含与其他食品混合的产品，这类产品标签在最终包装上应该明确标出混合食品的名称，如“含有菠萝的农家干酪”和“含有植物固醇的脱脂奶”。

6. 上述 1~5 定义以外的“A”级奶制品，这些产品中至少有 2. 0%乳蛋白(总凯氏氮×6. 28)以及至少含奶、奶制品、或两者结合重量的 65%。

安全和适合[在 CFR 第 21 号第 130. 3(d)部分中定义的]的非“A”级牛奶成分可以在上述 1~6 中定义的产品中使用，添加一定量可达到某种功能和技术效果，并且受到良好操作规范及以下其中一种要求的限制。

a. 先前批准或者其他由食品药品监督管理局（FDA）批准的。

b. 公认安全的。

c. CFR 中批准的食品添加剂。

除了由联邦认证的产品外，只有以该标准提供的原料才可以被使用。

注：非“A”级奶成分经过管理机构与 FDA 协商，以及评估和接受了支持该成分在成品奶及奶制品中具有功能和技术效果后可被使用。支持的信息应由奶品厂或原料生产商在生产和销售成品奶或奶制品前提交给管理机构和 FDA 进行评估和批准。一旦管理机构和 FDA 协商后接受了非“A”级成分在成品奶及奶制品的使用已达到功能和技术效果，任何与非“A”级成分相关的生产工艺的改变都应该立即与管理机构沟通，如果管理机构和 FDA 协商后认为这种改变影响了该成分的功能和技术效果，则需重新提交支持数据。

支持的信息应该包括但不限于以下几点。

a. 陈述提议的非“A”级奶成分在成品奶或奶制品中具有期望的功能和技术效果，并且说明为什么现有的“A”级奶成分不能够产生这样的效果。

b. 非“A”级奶成分的描述、组成和需要量。

c. 目前已完成的成品奶及奶制品的描述包括目前已提议的配方和标签信息(例如产品特性和成分的描述)。

d. 适用和认可的分析测量法或感官观察，以及客观证实非“A”级奶成分具有特殊功能和技术效果的评估，现有的“A”级奶成分如蛋白质、脂肪、灰分、乳糖、水分等使用类似的浓度也不能够产生这样的效果。

当使用非“A”级奶成分的目的是增加奶及奶制品的重量和体积，或者替代“A”级奶成分时，这种使用不能作为一种合适的功能或技术效果。

此定义应包括上述定义的无菌加工后包装的奶及奶制品，或通过无菌灌装及产品消毒系统处理和包装的高酸发酵、耐贮存加工和灌装的奶及奶制品。

此定义不包括以下内容。

1. 奶或奶制品中乳脂的一部分或全部被其他的动物脂肪或植物油脂替代，当其他脂肪来源被用于已被认可的“A”级奶或奶制品(如维生素的载体)，或作为乳化剂和稳定剂的成分时，也可以包括在内。

2. 如产品说明的展示，咖啡为基础的产品，咖啡和水是产品的主要成分。

3. 如产品说明的展示，茶为基础的产品，茶和水是产品的主要成分。

4. 饮食产品(除了在这里定义过的)。

5. 婴儿配方产品。

6. 冰激凌或其他冷冻甜食。

7. 黄油。

8. 奶酪［合乎标准的，除了农家干酪(CFR 第 21 号第 133. 128 部分)、干凝乳农家干酪(CFR 第 21 号第 133. 129 部分)[2]，或非标准的］。

9. 布丁。

如果奶及奶制品被当做一个成分用以生产上文中定义的奶或奶制品，或按照本条例第 4 章中描述的“A”级奶进行标记，那么灌装后再高压釜灭菌、浓缩或干燥的奶及奶制品均包含在此定义内。

对于含奶粉的干粉混合制品，如果满足本条例的要求，它们可能被标记为“A”级并用作“A”级奶及奶制品的成分，如农家干酪在食用时掺入的“奶油混合粉”或用以生产各种“A”级发酵奶及奶制品的专用培养基混合料；如果作为一种配料成分而使用于上述各种“A”级奶及奶制品内，则其混合操作必须在满足“A”级标准的条件下进行。“A”级干粉混合制品必须以“A”级奶及奶制品为原料，除了仅出于功能需要而少量掺入(不大于所有配料总重量的 10%)的部分，虽然达不到“A”级标准，但也允许使用；然而如果最终的成品达不到优质品标准要求，则不能标注为“A”级产品，例如酪蛋白酸钠，这与现行的 FDA 有关乳品配料，如小容量包装的冷冻干燥发酵剂不能标注“A”级产品的规定相一致。

JJ-1. 干燥奶制品：系指以奶或奶制品为原料经干燥制得的，或干燥奶制品与其他有益于健康的干燥物质组分混合的一种奶制品。

JJ-2. “A”级干燥奶制品：指完全符合本条例要求所生产制造的干燥奶制品。

KK. 奶罐车：运输奶的专用车辆，包括散奶收集槽车和运送奶的罐车两种类型。

LL. 奶罐车清洗站：专用于清洗和消毒奶罐车的场所和机构，必须与奶品厂、收奶站或转运站相分离。

MM. 奶罐车驾驶员：在奶畜场、奶品厂、收奶站和转运站之间驾驶奶罐车，运输生奶或经热加工过的奶及奶制品的驾驶员。在直接从奶畜场收集运送奶时，驾驶员有责任同时带上官方样品。

NN. 奶运输罐车：系指一种车辆，包括货车和罐，专供散奶收购员/采样员在奶品厂、收奶站和转运站之间运送散装奶及奶制品。

OO. 奶品承运公司：对奶罐车承担法定责任的个人或企业。

PP. 法定检验室：管理机构直辖的具有生物学、化学、物理学检验能力的官方机构。

QQ. 特许检验室：经管理机构审定授权进行官方检验工作的商业检验机构、或经监管机构或奶品实验室管理机构审定的奶品检测商业实验室；其任务是检验采自奶畜场的用于巴氏杀菌、超巴氏杀菌、无菌加工和灌装或灌装后再高压釜灭菌的生奶样，高酸发酵、耐贮存加工和灌装奶样或采自奶罐车的混合生奶样的药物残留和微生物指标。

RR. 巴氏杀菌：名词“巴氏杀菌法”，形容词“巴氏杀菌的”以及类似术语。即使用特定设计的设备，经规范的操作，对奶或奶制品的每个粒子进行加热，确保达到如下表所示之一的温度，并在不低于此温度，不短于同下表所示的对应规定时间持续保温。

巴氏杀菌方式	温度	时间
分批式巴氏杀菌	63 ℃(145 ℉)*	30 min
连续式(HTST 和 HHST)巴氏杀菌	72 ℃(161 ℉)*	15 s
	89 ℃(191 ℉)	1.0 s
	90 ℃(194 ℉)	0.5 s
	94 ℃(201 ℉)	0.1 s
	96 ℃(204 ℉)	0.05 s
	100 ℃(212 ℉)	0.01 s

* 如果某种奶制品的脂肪含量是 10%或更高，或固体总量为 18%或更高，或被浓缩了，应在指定的温度上增加 3 ℃(5 ℉)。

若是奶油蛋黄羹，则应满足下表所规定的温度和时间。

巴氏杀菌方式	温度	时间
分批式巴氏杀菌	69 ℃(155 ℉)	30 min
连续式(HTOST)巴氏杀菌	80 ℃(175 ℉)	25 s
	83 ℃(180 ℉)	15 s

除非国家食品药品监督管理局认可、某种处理效果可以与巴氏杀菌法具同等的功能、并经管理机构核准；此外，不存在其他的“巴氏杀菌”释义。

SS. 个人/公司/机构：此术语，既可指个人、工厂操作工人、合伙人、有限责任公司、公司、商号，也可指托管人(委托人)、协会或科研机构等。

TT. 预防控制合格人员：已成功完成基于风险预防性控制的开发和应用方面培训的合格人员，至少通过食品药品监督管理局(FDA)认可的标准课程的培训，或者通过工作经验具备开发和应用食品安全系统的资格。

UU. 合格人员：指接受过必要的教育、培训或拥有相关经验(或其结合)的人员，可以承担生产、加工、包装或保存清洁且安全的奶或奶制品的工作。合格人员可以是但不一定是牛奶厂的雇员。

VV. 评级机构：系指国家机构，其证明州际乳品运输者(奶罐车识别码、收奶站、转运站和奶品厂)已达到对于列入 IMS 名单必需的卫生规范和执行评级。该评级基于“A”级 PMO 的要求，并且按照乳品承运商卫生等级制定方法(MMSR)的评级程序以及针对奶或奶制品制造商一次性容器和盖子的认证/清单进行。评级由 FDA 认证的乳品卫生评价人员(SROs)进行。他们还须证明奶或奶制品制造商使用的一次性容器和盖子应包括在 IMS 名单中。该证明是基于遵守“A”级 PMO 的要求，并按照乳品承运商卫生等级制定方法(MMSR)的评级程序以及针对奶或奶制品制造商一次性容器和盖子的认证/清单进行。评级机构的定义也包括对构建 NCIMS 成员名单以外的乳品公司(MCs)评级和证明的第三方机构(TPC)，这些公司加工和处理的“A”级奶或奶制品可进口到美国。

WW. 收奶站：是专门接收、收集、处理、储藏或冷却生奶，并准备外运的场所或机构。

XX. 复原奶或调制奶及其制品：系指源于本章定义的奶及奶制品，与适量的饮用水混合，还原或重组而成[4]。

YY. 管理机构：系指各地区机构[1] 或它们的授权代表。在本条例任何地方出现“管理机构”时，指的都是合适的机构，包括 NCIMS 志愿国际认证机构(ICP)授权的第三方机构(TPC)，其对本条例的事项拥有管辖权和控制权。

ZZ. 灌装后再高压釜灭菌：当用来描述奶或奶制品时，“灌装后再高压釜灭菌”系指奶或奶制品已经在密封容器内包装后再经受足够的灭菌处理，以符合 CFR 第 108、第 113 和第 117 部分的要求，并在正常非冰箱保存条件下维持奶或奶制品的商业无菌。

AAA. 灌装后再高压釜灭菌系统(RPPS)：针对本条例的目的，奶品厂灌装后再高压釜灭菌系统(RPPS)是用来对包装后的“A”级低酸度奶或奶制品进行灭菌热加工的过程和仪器。灌装后再高压釜灭菌系统(RPPS)应根据CFR第21号第108、第113和第117部分的要求进行规范。灌装后再高压釜灭菌系统(RPPS)应开始于容器填充口并结束于堆积机，加工机构可以提供能清晰定义附加处理或仪器的纸质档案，这些处理或仪器被认为是奶或奶制品商业无菌的关键。

BBB. 消毒：指应用某种有效的方法或物质来完全地清洁表面，达到尽可能地杀死致病菌和其他微生物的目的；所使用的方法或物质不应对设备、奶或奶制品、或者对消费者的健康造成不良影响，所使用的方法或物质应得到管理机构的批准。

CCC. 绵羊奶：绵羊的正常乳腺分泌物，不含初乳，完全挤自一头或多头健康的绵羊。绵羊奶应按照本条例的卫生要求生产。术语“奶”的定义里包括绵羊奶。

DDD. 供应链的控制措施：在原材料或其他成分中的危害产生前对其进行预防性控制。

EEE. 第三方认证机构(TPC)：第三方认证机构(TPC)是非政府的在NCIMS志愿国际认证机构(ICP)授权下的个体或组织，即有资格进行日常监管职能和满足关系到奶品厂、接收站、转运站、相关奶畜场、散奶收购员/采样员、奶罐车、乳品运输公司、奶品厂采样员、行业工厂采样员、乳品分销商等参与了NCIMS志愿国际认证机构(ICP)的“A”级PMO的强制要求。第三方认证机构(TPC)提供对奶品厂、收奶站、转运站和相关来源生奶的评级和排名。它们还对相关的奶或水实验室和州际乳品运输者的卫生承诺和强制分级IMS名单上相关的一次性使用的容器和瓶盖生产商进行认证和IMS排名。为了得到NCIMS志愿国际认证机构(ICP)的授权，NCIMS执行局和第三方认证机构(TPC)应签署一份有效的担保书(LOU)。

FFF. 为奶或奶制品的安全而进行的时间/温度控制：为了得到安全的奶或奶制品而需要进行时间/温度安全控制(TCS)，以限制病原微生物的生长或毒素的形成，包括以下内容。

1. 生的、经过热加工的、经过巴氏杀菌或超巴氏杀菌的奶或奶制品。

2. 除了本定义中下述3所明确的，因为奶或奶制品 a_w 和pH值的相互作用，根据表A或表B的需求，指定需要产品评估(PA)的奶或奶制品。

表 A 在热杀菌的奶及奶制品中 pH 值和 a_w 的相互作用来控制孢子，以破坏致病菌生长细胞并随后包装[*]

a_w 值	pH 值		
	≤4.6	>4.6~5.6	>5.6
≤0.92	非 TCS[**]	非 TCS	非 TCS
>0.92~0.95	非 TCS	非 TCS	PA[***]
>0.95	非 TCS	PA	PA

[*] 根据本条例附录 R 的说明来使用表 A；

[**] TCS 指为了安全的奶及奶制品而进行的时间/温度控制；

[***] PA 意味着产品要么需要时间和温度控制，要么需要进一步评价以确定奶或奶制品是否为非 TCS。

表 B 在非热杀菌或热杀菌后不包装的奶及奶制品中 pH 值和 a_w 的相互作用来控制致病菌生长细胞和孢子[*]

a_w 值	pH 值			
	<4.2	4.2~4.6	>4.6~5.0	>5.0
<0.88	非 TCS	非 TCS	非 TCS	非 TCS
0.88~0.90	非 TCS	非 TCS	非 TCS	PA
>0.90~0.92	非 TCS	非 TCS	PA	PA
>0.92	非 TCS	PA	PA	PA

[*] 根据本条例附录 R 的说明来使用表 B。

该定义不包括以下内容。

1. 因为 pH 值或 a_w 值，或两者的相互作用使得奶或奶制品在如本定义上述 2 所明确的表 A 或表 B 中被指定为不需要 TCS。

2. 在一个未开封的密闭容器内的奶或奶制品，进行商业加工以达到和保持在非冷藏条件下储存和分配的商业无菌。

3. 对于有证据(FDA 接收的)证明奶或奶制品时间/温度安全控制不需要在此定义下详细说明的(如含有抑制病原微生物的已知防腐剂，或其他抑制病原微生物生长的成分，或阻碍病原微生物生长的组合产品)。

4. 如本章定义明确的不支持病原微生物生长的奶或奶制品，即使奶或奶制品包含一定量的能引起疾病或危害的病原微生物，化学或物理污染物。

GGG. 转运站：把奶或奶制品直接从一辆奶罐车转移到另一辆车的特定场所和机构。

HHH. 超巴氏杀菌(UP)：系指不论在灌装之前还是在灌装之后，都经过了 138 ℃(280 ℉)或以上温度保温至少 2 s 热加工的奶或奶制品，使其在冷藏条件下保质期得以延长的一类产品(参见 CFR 第 21 号第 131.3 部分)。

III. 小型企业：如联邦法典(CFR)第 21 号第 117 部分第 A 条和第 F 条所述，在 3 年期间内，人类食品的销售额加上制造、加工、包装或持有的未销售的人类食品的市场价值，经通货膨胀调整后，平均每年少于 1 000 000 美元的企业(包括任何子公司和附属公司)。

JJJ. 水牛奶：水牛乳腺正常的分泌物，不含初乳，完全挤自一头或多头健康的水牛。水牛奶应按照本条例的标准和要求生产。术语“奶”的定义里包括水牛奶*。

KKK. 乳清制品：系指从乳清分离的液体制品；或通过去除乳清的任何组分制成；或将有益于人体健康的物质添加到乳清或部分乳清中而制备。

KKK-1. “A”级乳清制品：系指完全符合本条例规定所生产制造的从乳清分离的液体制品，或通过去除乳清的任何组分制成，或将有益于人体健康的物质添加到乳清或部分乳清中而制备的乳清制品。

KKK-2. 干燥乳清制品：系指乳清或乳清制品以及由干燥乳清制品与其他有益于健康的干燥成分一起调制后、再行干燥处理所得的产品。

KKK-3. “A”级浓缩干燥乳清和乳清制品：系指完全符合本条例规定所生产制造的浓缩(稠化)和干燥的乳清制品。术语“浓缩和干燥奶制品”应包括浓缩(稠化)和干燥乳清和乳清制品。

---

* 如果是“A”级 PMO 定义的非常见哺乳动物的奶，虽然有可能被标上“A”级优质标识，并为 FDA 所认可而列入 IMS 名单，但须受到附录 N 和第 6 章的对奶畜的检验方法(参见 M-a-98 最终版本，具有 FDA 验证和 NCIMS 接受的检验方法的特定的奶或奶制品)规定的约束。

第 2 章　掺假或标注不规范的奶或奶制品

按××× (各地区机构)[1] 规定，凡从事奶及奶制品的生产、供应、销售，均不得违反本条例规定或其他相关法规所认可的原则；任何已被揭露的事实或企图进行销售、加工掺假和标注不规范的奶及奶制品的活动，均属非法。除非在特殊紧急情况下，对不完全符合本条例要求的奶及奶制品的销售，可以得到管理机构的特别授权。

注：上述内容中所说的紧急情况下销售热杀菌奶或奶制品不适用于 NCIMS 志愿国际认证项目下的 IMS 名单上的奶品公司。

任何掺假和标注不规范的奶或奶制品，管理机构有权加以没收，并根据相应的法律或法规依法处置。

注：来自 ICP 下 IMS 名单上的乳品公司的掺假和标注不规范的奶或奶制品禁止进入美国。

管理要求

本条例中本章的规定适用于指控掺假和标注不规范的奶或奶制品经营者；凡从事生产掺假或假冒奶或奶制品者，未经管理机构授权擅自贴上等级标识者，销售或提供没有等级标识的奶或奶制品者，按本条例规定，均应加以惩罚。只有在紧急情况下，可以按本章规定的条款请求特批，对“紧急情况”的定义是指某个地区的奶类普遍严重匮乏，而不是个别销售商存货不足。

注：上述内容中所说的紧急情况销售热杀菌奶或奶制品不适用于 ICP 下 IMS 名单上的乳品公司。

奶品厂应建立并维护书面召回计划，在适当时机启动并实施从市场召回掺假的奶或奶制品，以保护公众健康。

第 3 章　许 可 证

术语“许可证”，无论什么时候它出现在这个条例中，即指乳品公司在国际认证项目监管下，拥有第三方认证机构颁发的有效协议书。

按××× （各地区机构）[1] 的规定，凡未经联邦政府或有关地区的管理机构的许可，将本条例所定义的奶或奶制品带入和运送至美国以及在美国接收；也无论是制造加工、销售或是储存、甚至进行报价，都是非法的。如果只是以服务或零售为目的，而不是用于加工奶或奶制品（如食品杂货店、餐馆、冷饮柜及类似的场所），可免除本章的要求。如果是经纪人、中介商、发行代理商等，为已获得有效许可证的奶品厂购入或卖出浓缩和干燥奶制品的，则不作要求。

只有完全遵循本条例所规定的程序和要求，才可取得和持有许可证。介入“国家州际乳品贸易协会（NCIMS）”HACCP 体系的奶品厂、收奶站和转运站，必须满足本条例的有关规定，包括本条例附录 K 的要求，才能取得许可证。严禁非法转让和异地使用许可证。

如果浓缩和干燥奶制品的生产达不到本条例中“A”级的要求，而这些产品有其他用途，只要在加工、包装和储存时与正常产品分开，并标有明显的标志，则不应视为违反本条例的规定。

凡已经获准制造生产优质浓缩或干燥奶制品的制造商，生产不符合本条例所要求的优质浓缩或干燥奶制品，而又未得到管理机构批准，并在加工、包装和储存时与正常产品分割不清、所用容器标志不明，可能与优质产品造成混乱的，则应视为违反了本条例的规定。

一旦有证据表明存在着对公共安全健康的危害，或当许可证的持有者违反了本条例的任何条款，或当许可证的持有者妨碍监督管理部门履行其职责的时候，管理机构即应扣押他们的许可证。只要发现有关的奶或奶制品会给公共健康带来危害或可能带来危害；或者发生故意推脱法定检查/审核的情况，管理机构即应向许可证持有者出具暂扣许可证的意向书面通知，通知中应详细列明事主的违规行为，并提供合适的纠正机会，由事主确认后进行改正。如果事主不愿确认，则在扣押其许可证的决定生效之前，由管理机构先予以暂扣；在暂扣期间如果有了切实的纠正，也可发还给事主。

事主在接到扣押许可证通知或暂扣许可证的意向通知后，如有异议可在48 h内向管理机构提出申请复议。管理机构应该在收到复议申请的72 h内、在暂扣许可证的决定生效之前，举行听证会，以进一步确定违法行为的事实，并依据听证会所收集到的所有证据，重新确认、修改或撤销扣押许可证或暂扣许可证的决定。

对于屡犯者，管理机构有权在发出有效的书面通知和进行听证之后，撤销其许可证。本章这一规定并不影响当事者拥有本条例第5章和第6章规定的向法院起诉的权利。

管理要求

许可证的发放：每一个乳品生产者、乳品分销商、散奶收购员/采样员、奶罐车[5]、乳品运输公司以及每个奶品厂、收奶站、转运站和奶罐车清洗站的操作人员，都应该持有有效的许可证。奶罐车的许可证也可签发给乳品运输公司。从奶畜场运输奶及奶制品的乳品生产者、乳品销售商的雇员或奶品厂的操作人员，均应持有有效的许可证。至于由已取得有效许可证的运输公司所雇用的雇员，如果只是从事在奶品厂、收奶站或转运站之间运送奶及奶制品的工作，则不要求持有散奶收购员/采样员级别的许可证。食品杂货店、餐馆、冷饮柜和类似场所的经营者，其奶及奶制品如果仅仅是用于供应服务和零售、而不是用于加工的，可以免除本章的要求。

而涉及标有“A”级标志的优质浓缩和干燥奶制品的，则应持有有效许可证，这一要求并不是本条例有意限制此类企业的业务，而仅是使用“A”级标志的规定。

在持有“A”级标志的优质浓缩和干燥奶制品厂里制造未定等级的浓缩或干燥奶制品以供他人使用，只要能够满足本条例第7章的要求，即所有的加工、包装和储存都是分离的，可申请第二许可证，在确保未定等级品与优质品之间不造成混乱的前提下，也能够得到批准。

如果违反本条例的有关规定，其中一方或双方的许可证就应被暂扣；如果情节严重或屡次违规的话，应撤销其许可证。一旦违反第7章的有关卫生规定，应按第5章的规定暂扣其许可证。此外，管理机构可以按照第6章的规定，向法院起诉。关于许可证的发放不作时间上的规定，由管理机构的相关人员根据本条例许可证发放的政策规定执行。

许可证的扣押：凡许可证持有者触犯本条例的规定，其许可证应予以扣押。

在违规情况下生产的标有“A”级标志的优质产品即使还没有实际销售，管理机构也可以提前扣押其许可证；假如违规的产品并没有作为标有“A”级标志的优质产品进行销售，管理机构可以允许其以罚款方式来代替扣押许可证的处分；对其违规行为还应作如下处理：

1. 如果因违反细菌或冷却温度标准而被处以罚款的，管理机构应对有关设施和操作方法进行一次现场检查，以确认造成违规的原因是否得到改正。还应在不同天内、以一周不超过2次的频率，抽采样品检验，连续3周，然后做出是否与有关标准和本条例第6章的规定相一致的判定。

2. 如果因违反体细胞计数标准而处以罚款的，管理机构应查证该奶畜场是否执行了本条例第7章的有关规定。还应在不同天内、以一周不超过2次的频率，抽采样品检验，连续3周，然后做出是否与有关标准和本条例第6章的规定相一致的判定。

注： 这里说的处以罚金来代替扣押许可证，不适用于由ICP授权的第三方认证机构。

听证： 假如地方政府行政程序法案(APA)有规定，以征求意见为目的的行政听证程序和行政判定的复审程序可用，则本条例规定可采用这个法令来听取意见；而地方政府行政程序法案应根据本条例要求提供适用的听证规定。假如当地没有这类行政性程序法令，则当地有关责任部门应制定适当的程序，包括通知、听证官员及其权限、听证记录、证据规则和司法评议等。

注： 由ICP授权的第三方机构应该遵守本条例规定的听证步骤和程序。

许可证的恢复： 凡许可证已经被扣押的原持有者，可提出书面申请要求恢复他们的许可证。

由于违反关于细菌总数、大肠杆菌或冷却温度标准而被扣押许可证的，管理机构在接到要求恢复许可证申请之后的一个星期内，应对设备及操作方法进行检验检查，在确认造成违规的因素已经被纠正的情况下，可发放临时许可证；由于体细胞超标被扣押许可证的，在管理机构重新抽取总样，检验符合本条例第7章要求的情况下，可发放临时许可证。还应在不同天内，以一周不超过2次的频率，抽采样品检验，连续3周；快速采样适用于菌落总数、大肠杆菌、体细胞计数和温度检查；如果检查结果都符合标准要求，则根据本条例第6章规定，管理机构应恢复其许可证。

由于其他原因而非菌落总数、大肠杆菌、体细胞计数、药物残留试验或冷却温度标准要求而被扣押许可证的，书面申请应该表明违规行为已经被纠正。管理机构接到其申请后的一个星期内，将对申请者的设施/设备进行一次检查/审核，并且可以增加其他必要的附加检验，以判定有关设施/设备是否符合要求。当调查结果确认是符合要求的，许可证将被恢复。

当由于药物残留呈阳性而被扣押许可证的，在符合本条例附录 N 规定的情况下，可恢复其许可证。

第4章 标 签

所有用来盛装本条例第1章所定义的奶或奶制品的瓶子、容器和包装物都应该符合FFD & CA、1990年《营养标识与教育法(NLEA)》以及其后更新的规则，以及联邦法典(CFR)的有关要求进行标签标记，此外，还应符合本条例如下的适用条款。

所有用来盛装奶或奶制品的瓶子、容器和包装物，除了奶罐车、储奶罐及从个体奶畜场运输生奶的罐，都应醒目标明如下信息。

1. 进行巴氏杀菌、超巴氏杀菌、无菌加工和灌装、灌装后再高压釜灭菌、高酸发酵、耐贮存加工和灌装、浓缩或干燥加工的奶品厂的名称。

2. 无菌加工和灌装的低酸度奶或奶制品、灌装后再高压釜灭菌的低酸度奶或奶制品以及高酸发酵、耐贮存加工和灌装的奶或奶制品的容器上应标有“打开后低温保存”字样。

3. 如果产品不是以牛奶为原料加工或制造的，则这种有蹄类哺乳动物的通用名称应放在奶或奶制品的名称之前，例如“山羊”“绵羊”“水牛”“骆驼”或“其他有蹄类哺乳动物”的奶或奶制品*。

4. “A”级字样应显示在外表面合适的位置上，包括主展示面、次要或信息展示面以及盖子上。

5. 如果产品是由复原乳或调制乳制造的，应标明“复原的”或“调制的”字样。

6. 对于浓缩或干燥的奶制品还应满足下列要求。

a. 由管理机构签发的奶品厂浓缩或干燥奶制品制造许可证；如果由另外的销售商承担销售，销售商的名称和地址也应明确公示。

b. 包装容器上应标明产品批号或代码，与制造日期、销售流向、生产批次，以及内容物数量等相一致。

所有用来盛装奶及奶制品的运输工具及奶罐车，都应该简单明了的标明奶品

---

* 如果是“A”级PMO定义的非常见哺乳动物的奶，虽然有可能被标上“A”级优质标识，并为FDA所认可而列入IMS名单，但须受到附录N和第6章的对奶畜的检验方法(参见M-a-98最终版本，具有FDA验证和NCIMS接受的检验方法的特定的奶或奶制品)规定的约束。

厂的名称、地址或所有者的名称、地址。

将生奶、经热加工或热杀菌工艺处理的奶及奶制品，从某个奶品厂、收奶站或转运站运输到另一个奶品厂的奶罐车，或其他车辆要求密封并标记上奶品厂或运输者的名称和地址。另外，对每批次的运输应带有运输报表/单，至少包括下面的信息。

1. 发货方的名称、地址和许可证号码，每个盛装奶制品的奶罐车的装货单或磅码单上，应包括IMS奶罐车识别码，或IMS确定的加工厂对应供奶奶畜场的识别码。

2. 如果运输者不是发货方雇员，则需出具其本人的许可证。

3. 原始发货地。

4. 奶罐的身份号码。

5. 产品名称。

6. 产品重量。

7. 装货时的产品温度。

8. 装运日期。

9. 内容物是否是生鲜奶、热杀菌奶或稀奶油、低脂或脱脂奶，是否经过热杀菌处理。

10. 入口、出口、清洗连接口、排气口的封口编码号。

11. 产品等级。每个奶畜场的生奶奶罐上，均应标明所属奶畜场的名称识别码。每个盛装奶制品的奶罐车应带有装货单或磅码单，标明IMS奶罐车识别码，或IMS确定的加工厂对应供奶奶畜场的识别码。

管理要求

本章的基本要求是标签易于识别奶及奶制品及其原产地，因此规定只使用奶及奶制品的通用名称。

应急标签：在紧急情况下，当低等级奶及奶制品的销售被认可时，按本条例第2章的条款规定，标签上必须明示“未定等级”。当难以按此标签进行管理时，管理机构应立刻采取措施来通知公众，这些特别供应品是“未定等级”的产品，并且尽快帮助分销商/者获得规范的标签，进行更正。

注：销售“未定等级”奶及奶制品不适用于ICP下IMS名单中的奶品公司。

身份标签：本章所定义的“身份”，是指对奶进行巴氏杀菌、超巴氏杀菌、无菌加工和灌装、灌装后再高压釜灭菌、高酸发酵、耐贮存加工和灌装、浓缩或干燥加工的场所名称和地址或者许可证编号。之所以推荐采用确定奶品厂身份的国家统一编码系统，是为了整个国家能够建立统一编码系统，以确定奶及奶制品是由哪个奶品厂包装生产的。

假如同一个公司运行着若干个奶品厂，那么这个公司的名字可以使用在奶瓶、容器和包装物上，但要求标明内容物实施巴氏杀菌、超巴氏杀菌、无菌加工和灌装、灌装后再高压釜灭菌、高酸发酵、耐贮存加工和灌装、浓缩或干燥加工的地址；也可以直接标明其身份编码。为了使管理机构能够鉴别巴氏杀菌奶、超巴氏杀菌奶、无菌加工和灌装、灌装后再高压釜灭菌、高酸发酵、耐贮存加工和灌装、浓缩或干燥奶制品的来源，这个要求是必要的。如果在某个市政区域内仅有一个注册名称的奶品厂，其街道地址可以不予标示。

身份标签的要求可以被理解为所许可的加工厂在其商标下，和另一方发生了购买和分销，在这种情况下，奶及奶制品的加工和包装由另外一个奶品厂进行。因此要求标签上标明“生产于/加工于某某厂（名称和地址）”，或者这个厂的代码标识。

误导性标签：管理机构不允许任何误导性标识、文字、或认可签注出现在标签上。在不会令人误解并且不会对本条例中标签的要求含混不清的情况下，管理机构根据判断，可以允许注册的贸易标识/图案或类似的内容出现在瓶盖或标签上。对干燥奶制品，在灌装之前，外包装袋上必须预先印上“A”级。不允许使用超级标识，但这并不排除美国农业部（USDA）对干燥奶制品的官方分级奖励。例如不允许标识为“AA”级热杀菌、“优选”A级热杀菌奶、“特A”级热杀菌奶等标识，它们给消费者一种这样的印象——这样的等级比“A”级更安全。这样一种暗示是错误的，因为本条例对“A”级巴氏杀菌奶、“A”级超巴氏杀菌奶或其他“A”级灭菌奶等的命名是强制性的，以确保这个等级的所有奶品都是安全的并且是有实效的。标签的说明项不得含有任何与“A”级标识或与奶及奶制品的名称不一致的内容，以免发生错误或产生误导。

第5章　奶畜场和奶品厂的检查

每个奶畜场、奶品厂、收奶站、转运站和奶罐车清洁设施所面对的奶及奶制品都是旨在供给消费，因而必须服从规定[1]，在管理机构发放许可证之前，在从奶畜场运到奶品厂、收奶站或转运站的过程中，由收购员/采样员采集用于供巴氏杀菌、超巴氏杀菌、无菌加工和灌装、灌装后再高压釜灭菌、高酸发酵、耐贮存加工和灌装的生奶样品，进行微生物、化学或温度的有关测定；以及对所使用的奶罐车及附件进行审查。在颁发许可证之后，管理机构将：

1. 至少每24个月，审查一次运行中的奶畜场、奶品厂、收奶站或转运站之间的每辆奶罐车及附件，以及检验一次由收购员/采样员采集来的用于巴氏杀菌、超巴氏杀菌、无菌加工和灌装、灌装后再高压釜灭菌、高酸发酵、耐贮存加工和灌装的生奶样品，测定其微生物、化学成分或温度是否符合标准。

2. 至少每24个月，对每个收购员/采样员、奶畜场采样员、奶品厂采样员检查审核一次收奶操作方法和抽样程序。

3. 每3个月，对每个奶品厂和收奶站至少监管审查一次。

a. 对于已经通过HACCP认证的奶品厂和收奶站则按照“国家州际乳品贸易协会(NCIMS)”的HACCP体系规定监管审查。本章所述的监管审查要求和最低审查频率详见附录K。

b. 对于监管IMS名单中生产无菌加工和灌装、灌装后再高压釜灭菌的低酸度奶或奶制品或高酸发酵、耐贮存加工和灌装的奶或奶制品的奶品厂或其中部分车间，管理机构应该根据本条例，每6个月至少监管审查一次(本条例附录S)。无菌加工和灌装系统(APPS)以及灌装后再高压釜灭菌系统(RPPS)，都应该分别由食品药品监督管理局(FDA)或其管理机构，按照FDA有关低酸度灌装食品审查程序(LACF)，遵循联邦法典(CFR)第21号第108、第113和第117规定的频率执行。

c. 对于奶品厂，监管机构应根据本条例附录T的规定，每36个月对其审查一次。只有完成了管理/评级机构的A级热加工奶预防控制培训(FD378)或人类食品监管机构的预防控制课程(FD254)，奶品厂才能正常运行。

4. 至少每6个月，要对每个奶罐车清洗站和转运站检查一次；对于已经通过HACCP认证的奶罐车清洗站和转运站，则按照“国家州际乳品贸易协会

（NCIMS）”的 HACCP 体系规定执行。其要求和最低审核频率见附录 K。

5. 至少每 6 个月，要对每个奶畜场检查一次[6]。

如果第一次检查后发现有任何违反本条例第 7 章中的要求，或本条例第 6 章和附录 B 中关于收购员/采样员、奶品厂采样员或奶罐车的规定，那么，在纠正这些违规行为所需时间过后至少 3 天，可要求进行第 2 次检查/审核。第 2 次检查/审核将主要判定本条例第 7 章的要求，或本条例第 6 章和附录 B 中有关于收购员/采样员、奶品厂采样员或奶罐车的要求是否被违反。如第 2 次检查中，仍存在违反本条例第 7 章要求或第 6 章和附录 B 中有关于收购员/采样员或奶罐车的规定的行为，将根据本条例第 3 章规定扣押其许可证，同时诉诸法律；如果是奶品厂采样员，则应立即停止其采集官方样品的权利，直到重新教育和再次通过管理机构的评估确认其资质。如果管理机构发现以下严重违规操作行为：

1. 热加工进行过程中，奶或奶制品可能未在正确设计和操作的设备中进行适宜温度和规定时间的灭菌。

2. 热加工过的奶及奶制品存在交叉污染时。

3. 存在着直接污染热加工过的奶及奶制品的因素。

管理机构应立即采取措施来禁止生产和转运这些奶及奶制品，直到严重违规因素得到纠正。在严重违规行为没有纠正之前，依据本条例第 3 章规定，管理机构应及时扣押其许可证。对于生产灭菌奶及奶制品的工厂，一旦在检查时发现，或者其生产过程记录显示没有完全实施规定的加工程序，应该认为对公共健康有潜在危害，管理机构应根据本条例第 3 章的规定，立即扣押这个奶品厂关于销售灭菌奶及奶制品的许可证。

管理机构应及时向操作人员或其他相关责任人提供电子或书面检查/审核报告，做到人手一份；或在公司里显著位置进行张贴，张贴的检查/审核报告必须完整不得损坏；明示与管理机构的联系方法。管理机构应该把一份相同的检查/审核报告存档。

管理机构也应该继续深入检查和研究以确定是否确有必要强制执行本条例。

具有许可证的每一个组织/个人，应管理机构之要求，必须允许正式指定的人员进入各个场所，对各种设施进行审查，以判定是否符合本条例的规定。依管理机构的要求，经销商或奶品厂操作人员，应该提供管理机构工作所需的、所购买和销售的各个等级的奶及奶制品的真实数量，所有与这些奶及奶制品有关的原始资料、检验报告、热加工温度和保温时间的记录资料。

凡利用职权之便，因本条例所授职权而获取商业秘密，包括奶及奶制品的数量、质量、原始资料或处理部署，或有关的检查/审核、检验的结果，并利用这些信息获得个人利益，或透露给任何未经授权者，均为违法行为。

管理要求

检查频率：奶畜场、转运站和 IMS 名单上可以生产无菌加工和灌装低酸度奶或奶制品、灌装后再高压釜灭菌的低酸度奶或奶制品、或高酸发酵、耐贮存加工和灌装的奶或奶制品的奶品厂整体或其中部分的检查频率，正常的检查周期应包括指定的 6 个月再加上检验到期该月所剩下的天数。

其他奶品厂和收奶站的检查频率，正常的周期应包括指定的 3 个月，再加上检验到期该月所剩下的天数。

散奶收购员/采样员、奶品厂采样员的工厂采样和奶品厂的采样检查频率，正常的采样检查周期应包括指定的 24 个月再加上检验到期该月所剩下的天数。

奶罐车每 12 个月检查一次；收奶员/采样员和行业采样员的收奶和采样程序检查为每 24 个月一次；每个奶畜场、转运站和 IMS 名单上可以生产无菌加工和灌装低酸度奶或奶制品、灌装后再灭菌的低酸度奶或奶制品或高酸发酵、耐贮存加工和灌装的奶或奶制品的整个奶品厂或奶品厂部分部门，或奶罐车清洗站，为每 6 个月一次；生产巴氏杀菌、超巴氏杀菌、浓缩或干燥奶或奶制品的奶品厂收奶站为每 3 个月一次。这样的频率尽管不是人们想要的，但是法定的最低频率。对于达到标准要求有困难的收奶员/采样员、奶品厂采样员、奶罐车、奶罐车清洗站、奶畜场、奶品厂、收奶站和转运站，以及持续时间短、或者断断续续生产浓缩或干燥奶制品的奶品厂，检验/审核频率均应增加。奶畜场的检查应该尽可能在挤奶时，越频繁越好；对奶品厂的检查，为了确定加工过程的设备配置、消毒、热杀菌、清洗和其他程序是否与本条例的要求相一致，应在每天的不同时间点进行检查。

对于已经通过 HACCP 认证的奶品厂、收奶站和转运站，则审核频率按照“国家州际乳品贸易协会(NCIMS)”的 HACCP 体系规定执行。

实施程序：本章规定，奶畜场、收奶员/采样员、奶罐车、奶罐车清洗站、奶品厂、收奶站和转运站，或经销商，如果连续 2 次的检查都发现同一违规行为，将被扣押许可证，并且被诉诸法律。

经验表明，本条例的严格实施，比为违规行为开脱、延期处罚等形式的实施，更容易使管理机构与奶业行业建立融洽、友好的关系。卫生专家们要求的标准，既不能过于宽松，又不必不合情理的严厉。

违规行为发生后，卫生专家应向生奶生产者、收奶员/采样员、奶品厂采样员、奶罐车责任人、奶罐车清洗站、奶品厂、收奶站和转运站负责人或经销商指出违反规定的内容，讨论纠正办法，并设定纠正时间。

扣押或撤销许可证，或者诉诸法律，目的是为了防止连续违反本条例的行为，也是为了保护奶品行业免受不合理的或独断行为的损害。当发现对公共健康构成危害的情况时，应立即采取必要措施来保护公共健康；因此，在本条例第3章规定了由管理机构依法立即扣押许可证。然而，除非情况紧急，当奶品生产者、收奶员/采样员、奶罐车、奶罐车清洗、奶品厂、收奶站、转运站或经销商，在第一次违反本条例第7章所列出的任何卫生要求时，都不得采取惩罚措施。当发现奶品生产者、收奶员/采样员、奶罐车、奶罐车清洗站、奶品厂、收奶站、转运站或经销商违反规定时，都必须先行书面通知，并且在进行第2次检查之前，至少给予3天时间，给他们适当的时间纠正。如本章所要求，必须向当事者发放检查报告，或者张贴检查报告，确保当事者收到书面通知或电子通告。当事者在收到违规操作的书面通知后，并在给予的整改时间结束之前，奶品生产者、收奶员/采样员、奶罐车、奶罐车清洗站、奶品厂、收奶站、转运站或经销商，均有权向卫生专家、管理机构解释或者要求延长纠正所需的时间。

强制程序——无菌加工和灌装的奶品厂、灌装后再高压釜灭菌的奶品厂或高酸发酵、耐贮存加工和灌装的奶品厂：管理机构应同FDA一起采取合适的管理措施，以保证“A”级无菌奶品厂或“A”级灭菌加工奶品厂和无菌加工“A”级低酸度奶或奶制品、高压釜灭菌的“A”级低酸度奶或奶制品或高酸发酵、耐贮存加工和灌装的奶或奶制品能满足本条例的要求。

行业执法检查的授权：管理机构可以授权行业从业人员，在他们同意的前提下，共同协助实施本条例关于对奶畜场、收购员/采样员的收奶和采样的程序，以及奶罐车的监督管理的规定。采用授权行业执法检查的各地政府，应将描述本条例各项要求及相关文件，以书面文件存档，备将来查询。行业执法检查的授权和对收奶员/采样员的收奶和采样程序的评估，样品监督管理机构(SSO)应该根据《国家州际牛奶运输联盟公共卫生服务/食品药品监督管理合作方案的程序》的要求来进行。

所有由这类行业人员操作判定是否与本条例的规定相一致的检查报告，将被保留在一个专门的可被管理机构认可的地方。这个经授权的行业检查员可以执行所有惩罚性的活动，并履行所有的对许可证发布和恢复的执法检查。但其初次的执法检查以及调换场所的执法检查应与管理机构的人员一起进行。

当一个生产者更换了市场，那么这个生产者之前24个月的生产记录，将通过管理机构随生产者转移，并且继续成为该生产者在新市场里记录的一部分。

获得授权的行业人员，由管理机构每3年对其进行一次评估。

经鉴定的行业检查员至少每年一次，参加由管理机构组织的教育研讨班，或一次等同的被管理机构认可的培训。

授权行业执法检查和管理的情况，以及对奶畜场等检验检查工作所保留在行业里的记录，管理机构应至少每6个月检查一次，来保证这个程序满足管理机构的书面计划规定和本条例及有关文件的要求。

对首次授权者的评估，管理机构不应在正式检查过程中作出是否授权的结论；对于换发新证者的评估，可以在正式检查的过程中进行。

授权的目的：使申请者证明他们具有正确解释本条例和有关文件以及正确运行管理机构工作程序的能力。

授权个人的指派：候选人应向管理机构提交申请。申请人应该有在乳品卫生领域的工作经验，并且作为奶品厂、生产者协会、特许检验室的雇员或被雇为咨询顾问的背景。

资质资料记录：在进行授权评估之前，应保护申请者的背景信息。其中包括教育培训，乳品卫生和相关领域的工作经历，以及所参加的在职学习课程等。这些信息将被管理机构作为申请者档案的一部分，连同申请者在评估考核过程中的表现一起予以保留。

现场程序：一次只能认证一个申请者。在整个认证过程中，管理机构不应作出任何提示，或与检查结果作任何的比较。在管理机构正式检查过程中，不得对初次申请者的首次评估作出结论。

至少要对25个随机选择的奶畜场以及5辆奶罐车进行检查。在所有必要的现场检查完成之后，管理机构应将他们的结论与候选人的结论进行比较。每一项卫生条款合格的百分率为：结论一致的数量除以所有检查过的奶畜场以及奶罐车的总数。

合格的标准：如要通过授权，一个申请者的检测合格百分率需要与管理机构80%的独立卫生条款标准相一致，并被进一步要求与管理机构已制定的对奶畜场以及奶罐车的监督程序相一致。允许管理机构留有充分的时间来讨论对申请者的决定。

授权的期限：行业检查人员认证的期限，在正式授权或重新换证之日起，不得超过3年，除非被撤销。

重新换证：在授权证到期前至少60天，管理机构应通知已经授权的行业检查人员重新换证。如果需要得到新证，政府检查员应为其安排办理延期手续。通过10个随机挑选的奶牛场和2个奶罐车，按照上面列出的程序，在管理机构正式检查时进行评估审查，通过即可获得3年有效期的新证。另外，重新换证可能被管理机构在官方检查中检查。为了能够重新换证，已经授权的行业检查人员的检测合格率应与管理机构80%的独立卫生条款相一致，并且应进一步遵守由管理机构所指定的管理程序，这是奶牛场和奶罐车监督管理的项目。管理机构应允许有足够的时间同申请人来讨论观点。如果管理机构确定一个行业认证检查员未能熟练掌握上述重新认证程序，管理机构可能需要经认证的业界检查员执行初始认证程序。

报告和记录：在圆满完成评估或换证评估后，应向评估合格者颁发"授权执法行业检查人员"证书，并向雇佣该人员的奶品厂或特许检验室发出正式书面资质证明通知。书面通知需列出授权的目的，以及维持授权执法的条件。管理机构应该将书面通知书、连同前述的个人资质资料、独立项目上的合格百分率摘要等一起存档保留。

授权的撤销：管理机构发现以下任何一条不合格时，行业检查员的授权执法证书应被撤销。

1. 在上述现场程序评估考核时，达不到与管理机构制定的卫生条款80%的一致率。

2. 不符合管理机构监督管理操作程序。

3. 检查员工作期间，未能执行或贯彻本条例规定。

检查/审核报告：管理机构应该直接保留检查/审核报告的一份备份至少24个月。并将其存入规定的资料分类系统中，计算机或其他信息检索系统也可被使用。现场检查/审核表的例表见本条例附录M。

注：本章所说的授权行业检察员不宜适用于ICP授权的第三方认证机构。

第 6 章　奶或奶制品的检验

收奶员/采样员的责任是：在奶罐车、运奶车或其他装奶容器运输前，在奶畜场的每个储奶罐和筒仓，适当地安装和运行在线采样器或无菌采样器，并收集具有代表性的官方通用生奶样品。这项工作是由管理机构和 FDA 批准进行，并将所有的样品送到奶品厂、收奶站、转运站或其他的经管理机构核准的指定场所。

奶品厂采样员或散奶收购员/采样员的责任是：在管理机构批准的情况下，直接从奶畜场、奶品厂、收奶站或转运站的奶罐车上收集具有代表性的官方通用生奶样品。

工厂采样员应该收集附录 N 测试需要的代表性的生奶样品。

1. 在生奶从奶罐车转移之前，需按照管理机构和 FDA 的批准，从每一辆奶罐车中或从适当安装和运行的无菌采样器中收集具有代表性的样品。

2. 在生奶从农场奶罐/筒仓、奶品厂生奶罐或筒仓、其他生奶储存容器等转移前，需按照管理机构和 FDA 的批准，就地从每一个散装奶采集器中或从适当安装和运行的线上采样器以及无菌采样器中，收集具有代表性的生奶样品。

连续 6 个月之中，至少选择 4 个不同的月份，应该从每个生产者那里抽取至少 4 个用于巴氏杀菌、超巴氏杀菌、无菌加工灌装或灌装后再高压釜灭菌和高酸发酵、耐贮存加工或灌装的生奶样品，除非其中 3 个月中有一个月抽取了 2 次样品，且这 2 次样品间隔时间至少为 20 天。这些样品将在管理机构的指导下抽取和收集，并按照本章的规定来提交。

连续 6 个月之中，在至少 4 个不同月份，抽取至少 4 份用于巴氏杀菌、超巴氏杀菌、无菌加工和灌装、灌装后再高压釜灭菌和高酸发酵、耐贮存加工灌装的生奶样品，除非其中 3 个月中有 1 个月抽取了 2 次样品，且这 2 次样品间隔时间至少为 20 天。这些样品应在每个奶品厂收到生奶之后但在巴氏杀菌、超巴氏杀菌、无菌加工和灌装、灌装后再高压釜灭菌或高酸发酵、耐贮存加工灌装之前，获得并递交给管理机构。

连续 6 个月之中，在至少 4 个不同月份，应由管理机构至少采集 4 个巴氏杀菌奶、超巴氏杀菌奶、风味奶、风味减脂或低脂奶、风味脱脂奶、不同脂肪含量的减脂或低脂奶或本条例中定义的各种产品，除非其中 3 个月中有 1 个月抽取了 2

次样品，且这2次样品间隔时间至少为20天。所有需要采样和测试的巴氏杀菌奶、超巴氏杀菌奶或奶制品应只采用FDA验证过且NCIMS接受的测试方法。未被验证和接受的方法不能用于测试奶或奶制品(参见M-a-98最终版本，具有FDA验证和NCIMS接受的检验方法的特定的奶或奶制品)。无菌加工和灌装的低酸度奶或奶制品，灌装后再高压釜灭菌的低酸度奶或奶制品和高酸发酵、耐贮存加工或灌装的奶或奶制品应从本章采样和测试要求中排除。

注：如本条例所定义的"A"级原料奶或任何"A"级奶或奶制品的生产并非连续每月进行的；因此，不能满足本条例规定的任何连续的6个月中，至少采集4个单独月份4个"A"级原奶或"A"级乳或奶制品样本的样品采集频率要求，除非3个月中有两个采样日，且采样时间间隔在20天以上，则应在每个生产月采集"A"级原料奶或"A"级奶或奶制品样本。

可在运送至商店或消费者之前的任何时候，从奶品生产者、奶品厂或者销售商处抽取奶或奶制品的样品。

在奶品零售店、食品供应铺、食品杂货店等商业场所销售的奶或奶制品，由管理机构决定如何定期抽采样品进行检验。检验的结果应按照本条例第2、第4章和第10章的要求作出判定是否合格。根据要求，上述机构经营者应向管理机构提供所有相关奶或奶制品经销商名单。

注：来自销售地区的奶或奶制品的样本不适用于ICP授权的第三方认证机构。

对于巴氏杀菌、超巴氏杀菌、无菌加工和灌装、灌装后再高压釜灭菌或高酸发酵、耐贮存加工灌装的生奶，应进行细菌计数、体细胞计数和冷却温度检查。此外，每连续6个月至少对每个生产者的生奶进行至少4次的β-内酰胺药物残留检验。

所有的巴氏杀菌或超巴氏杀菌的奶或奶制品，只有当存在由FDA验证并且NCIMS接受的测试方法时，才可以进行采样和测试。对于本条例定义的巴氏杀菌和超巴氏杀菌奶或奶制品，只有当有确认和可被接受的方法时，方可进行细菌计数、大肠杆菌判定、β-内酰胺药物测试磷酸酶和冷却温度检查(参见M-a-98最终版本，具有FDA验证和NCIMS接受的检验方法的特定的奶或奶制品)。

注：无菌加工和灌装的低酸度奶或奶制品、灌装后再高压釜灭菌的低酸度奶或奶制品和高酸发酵、耐贮存加工灌装的奶或奶制品除外，对其他奶或奶制品而言，当同一奶或奶制品的多个样品在同一日取自同一生产商或加工商的多个罐或筒仓时，则该天的检验结果可按管理机构的规定取其算术平均数作为记录，或由牛奶实验室监管局中官方或非官方批准的人员进行计算。这项规定只适用于微生物(菌落总数和大肠杆菌)、体细胞计数和温度测定。

如果最近连续4次中有2次的菌落总数、体细胞计数、大肠杆菌判定，或冷却温度的检查结果超过了本条例规定的奶或奶制品的标准，而这2次样品又不是在同一天采集的，则管理机构应给有关人员发放书面通知，提醒对方关注。只要最近的4次连续采样中有2次超过标准，该通知就生效。自通知发出21天之内，并在原定周期终止3天之前，须进行一次附加采样；如果在5次抽样检验中，发生因菌落总数、体细胞计数、大肠杆菌判定，或冷却温度判断3次超标者，依据本条例第3章，应立即扣押许可证，同时采取法律行动。

一旦磷酸酶试验呈阳性，应进一步确定原因。当原因确定为巴氏杀菌加工工艺不当时，应立即纠正，同时，相关的奶或奶制品应停止销售。

当药物残留实验呈阳性的时候，须进行调查，找出原因并纠正。另外，须进行附加采样调查，并检测药物残留情况；在采样调查显示奶或奶制品药物残留达标、或低于有关标准之前，本条例规定有关的奶或奶制品不得进行销售。

当药物残留实验呈阳性时，须进行调查研究，确定其原因；并依据本条例附录N，进行纠正。

样品的分析应在适当的官方或官方指定实验室。所有的采样程序，包括已认证的用于奶罐车或农场散装奶罐或筒仓的在线采样器和无菌采样器的使用，以及所需的实验室检测应严格按照美国公共卫生协会《奶制品标准检验方法(SMEDP)》的最新版本和美国公职分析化学师协会(AOAC)《法定分析方法》(OMA)的最新版本进行。这些程序，包括样品收集者和检验者的资格认证，都将依照程序进行评估。

介入“国家州际乳品贸易协会(NCIMS)”HACCP程序的每个奶品厂应建立对应于每个样品的测试结果的相应文件，其要求应严于本条例第7章的规定。管理机构应对此进行监督和核实。

根据管理机构的要求，必须对掺杂物包括药物进行检查检验。当FDA的专员确认在乳品里存在兽药或其他污染的可能时，应按照由FDA确定的有关污染物的检测方法，进行样品的污染物分析，以判断得到的结果是否超过了有效起诉的水平或极限。这样的测试应持续进行到FDA的专员确认问题已经彻底解决为止。需要依据相关的科学信息来确定潜在的问题。

对于本条例定义的、添加了维生素A和维生素D的奶或奶制品的检验，包括无菌加工和灌装的低酸度奶或奶制品、灌装后再高压釜灭菌的低酸度奶或奶制品或高酸发酵、耐贮存加工或灌装的奶或奶制品，须每年至少一次，在FDA认可且管理机构接受的实验室进行检验。或者使用其他可以在统计学上得出与FDA方法等价结果的方法进行检验(参见M-a-98最终版本，具有FDA验证和

NCIMS接受的维生素检测方法)。只要维生素检验实验室拥有一个或多个FDA认可的分析师即可得到认可。实验室认可和分析师认证参数在乳品实验室评估(EML)手册中有规定。

另外，所有在奶或奶制品中添加维生素的奶品厂，必须保持数量控制记录。数量控制记录必须包含所用维生素D、维生素A的分子式和含量，并且标明在产品中的实际百分含量，对照预期数值，到底是多还是少。

这些数量控制记录应包括：

1. 奶品厂名称和位置，奶品厂代码，日期以及执行人的签名或其姓名首字母。

2. 已审查，注明日期，签字或注明姓名首字母。

3. 须现场进行，由监管机构审查至少前3个月的监管记录或由上次管理检查开始进行审查，此两者中以时间长者为准。如果可以现场访问电子记录，则此电子记录可被认为现场进行审查。

4. 从创建之日起保留至少2年。如能在要求进行官方审查的24 h内检索并就地提供这些数量控制记录，则可准许异地储存。

管理要求

执行程序：所有菌落总数、大肠杆菌、体细胞计数和冷却温度标准不合格时，须立即进行检查，查清原因并纠正(见本条例附录E，“5服从3”强制程序的实例)。

实验室技术：样品的收集，包括已核准的用于奶罐车或农场散装奶罐或简仓的在线采样器和无菌采样器的使用、样品的保存、仪器的选择和准备、介质和试剂，以及分析程序、培养、读数和报告结果，应该切实依照FDA/NCIMS2400的格式、SMEDP和OMA的规定，程序如下所述。

1. 32 ℃时的细菌计数(有关特定奶或奶制品的批注列表，请参阅最新版M-a-98)。

2. 32 ℃时的细菌计数的替代方法(有关特定奶或奶制品的批准列表，请参阅最新版M-a-98)。

3. 32 ℃时的大肠菌群计数(有关特定奶或奶制品的批准列表，请参阅最新版本M-a-98)。

4. 32 ℃时脱脂奶的活菌计数(有关特定奶或奶制品的批准列表，请参阅最新版本M-a-98)。

5. 药物测试β-内酰胺检验方法是经过独立评估或被FDA评估并且为FDA和

NCIMS认可的，用于生鲜原料奶、热杀菌奶或特殊类型的产品，以控制药物残留量在目前的目标测试水平或公差下可接受水平上的β-内酰胺药物残留检验方法。除了没有认定的有效检验药物方法的产品之外(参见M-a-85最终版本认可的β-内酰胺药物检测；M-a-98最终版本，具有认证的β-内酰胺药物检测的特定的奶或奶制品)，对所有已确认β-内酰胺阴性结果采取强制措施(本条例附录N)。根据本条例附录N第Ⅳ节的要求，如果使用了经过评估、被FDA认可的方法，对照FDA定期发布的由“国家州际乳品贸易协会(NCIMS)”备忘录确认的限量值所得出的结果，则应认定为阳性。

6. 对异常奶甄别和证实的检验：甄别实验或证实实验的结果应该记录在奶畜场的正式报告上，并且把复印件发送给生奶生产者。

如果体细胞计数超标，在发出一封警告信函后，奶畜场的官方检验应由执法管理人员或被授权的行业人员执行。这一检查应在挤奶期间进行。

a. 奶(不含山羊奶)：将使用下列的验证试验或甄别试验，包括体细胞显微镜直接计数(DMSCC)或电子体细胞计数(ESCC)。

b. 山羊奶：体细胞显微镜直接计数(DMSCC)或电子体细胞计数(ESCC)可被用于甄别山羊生奶样品的体细胞水平范围，只要山羊奶的体细胞数维持在1 500 000个/mL的范围内。应由该程序认证的分析员们进行官方目的的甄别。通过证实，只有“焦宁Y-甲基绿染色法(Pyronine Y-Methyl green stain)”可用来确定山羊奶体细胞数水平。

c. 绵羊奶：将使用下列的验证试验或甄别试验：体细胞显微镜直接计数(DMSCC)或电子体细胞计数(ESCC)。当通过体细胞显微镜直接计数(DMSCC)的结果超过本条例中规定的750 000个/mL的标准时，应用“焦宁Y-甲基绿染色法(Pyronine Y-Methyl green stain)”或者电子体细胞计数(ESCC)进行计数或结果确认。

d. 骆驼奶：将使用下列的验证试验或筛别试验：体细胞显微镜直接计数(DMSCC)或电子体细胞计数(ESCC)。当通过体细胞直接显微镜计数(DMSCC)的结果超过本条例中规定的750 000个/ mL的标准时，应用“焦宁Y-甲基绿染色法(Pyronine Y-methyl-green stain)”和由该程序认证的分析师进行(第36页注释)。

7. 电子磷酸酶检测：磷酸酶检测是巴氏杀菌工艺效果的指示信号。实验室检验时，一旦发现磷酸酶结果呈阳性，就应立即查清原因。如果是因为不适当的巴氏加工造成的，应立即纠正。当一个实验室磷酸酶检测呈阳性时，或者怀疑本条例第7章第16p条中所列出的设备、标准或方法时，管理机构应立即到奶品厂现场进行磷酸酶的实地检测(本条例附录G)。

8. 维生素检验应使用 FDA 认可的检验方法；如果使用其他官方方法，须在统计上保证能得到相同的结果。

9. 任何其他的检验均须经 FDA 认可，且具有相同的准确性、精确性和操作性。

10. 所有为本条例监控程序设计以及用于“A”级 PMO 药物残留检测方法开发和应用的标准，都应引用美国政府药典标准；当美国政府药典标准暂未认可时，该方法只能作为一般标准来使用。

11. 正式测试所用试剂和操作程序的改变，在 NCIMS 认证的乳品实验室使用之前都必须提交 FDA 认可。

采样程序：SMEDP 包含奶及奶制品采样方法指南。样品采集时间应使用标准时间(24 h 制)(参见本条例附录 G，奶或奶制品中的药物残留及经过热杀菌的奶和稀奶油中可能遇到磷酸酶反应阳性时的参考意见。参见本条例附录 B，针对奶畜场散装奶运输程序进行培训时，以及在发放许可证/证书审核时，或在常规检查评估时，作为实施采样的参考)。

在奶品厂热加工前抽取即将要巴氏杀菌、超巴氏杀菌、无菌加工和灌装、灌装后再高压釜灭菌或高酸发酵、耐贮存加工和灌装的生奶样品时，要求先充分搅匀随机选定的储奶罐/筒仓里的奶。所有计数和温度的数据均应记录在对应的奶源名下，实验室应尽快出具报告，也可以使用计算机及其信息检索系统。

注：如果是“A”级 PMO 定义的非常见哺乳动物的奶，虽然有可能被标上“A”级优质标识，并为 FDA 所认可而列入 IMS 名单，但须受到附录 N 和本条例第 6 章的对奶畜的检验方法(参见 M-a-98 最终版本，具有 FDA 验证和 NCIMS 接受的检验方法的特定的奶或奶制品)规定的约束。

第7章 “A”级奶或奶制品标准

所有巴氏杀菌、超巴氏杀菌、无菌加工和灌装、灌装后再高压釜灭菌以及高酸发酵、耐贮存加工和灌装的“A”级生奶或奶制品所使用的生奶，均应符合本章所列的化学、物理、微生物和温度的标准。所有“A”级巴氏杀菌奶、超巴氏杀菌奶、无菌加工和灌装的低酸度奶及其制品、灌装后再高压釜灭菌的低酸度奶及奶制品以及高酸发酵、耐贮存加工和灌装的奶及奶制品的生产、加工、制造，巴氏杀菌、超巴氏杀菌、无菌加工和灌装、灌装后再高压釜灭菌或高酸发酵、耐贮存加工灌装的所有操作，均应符合本章所列的化学、物理、微生物和温度的标准(表1)，并遵循各项卫生要求。

为了去除或抑制奶及奶制品里的微生物，除了巴氏杀菌、超巴氏杀菌、无菌加工和灌装、灌装后再高压釜灭菌或高酸发酵、耐贮存的加工和灌装的工艺之外，所有一切其他的处理和操作都只是与之配套的，而且应该是连续完整的。适当的冷却冷藏是必不可少的，也可以使用过滤或离心除菌设施。提供巴氏杀菌奶、超巴氏杀菌奶、无菌加工和灌装奶、灌装后再高压釜灭菌或高酸发酵、耐贮存加工和灌装奶产品的奶制品厂，不应该采用其他的处理方法。散装运输的稀奶油、脱脂奶、减脂或低脂奶，以分离奶油为目的而对生奶进行一次性加热，其加热温度高于52 ℃(125 ℉)或不高于72 ℃(161 ℉)是被允许的。但这些稀奶油、脱脂奶、减脂或低脂奶，必须标示“已经热加工”的标签。对于“已经热加工”的稀奶油，可能因为需要进行功能性的酶失活处理(如减少脂肪酶)，而被进一步加热至不高于75 ℃(166 ℉)，然后被立即冷却到7 ℃(45 ℉)或以下，这样也是被许可的。

凡介入NCIMS的HACCP程序的奶品厂、收奶站和中转站，均应符合本条例附录K的有关规定。

乳清系指符合本条例要求、以适用于巴氏杀菌、超巴氏杀菌、无菌加工和灌装、灌装后再高压釜灭菌或高酸发酵、耐贮存加工和灌装的“A”级生奶为原料，加工奶酪时所得的副产品。

酪乳系指符合本条例第16p条要求，以经过巴氏杀菌的“A”级稀奶油为原料制造奶油时所得的副产品。如果使用由FDA确认的、具有等同的杀灭葡萄球菌效果的其他热加工方法，也应得到管理机构的批准。

“A”级奶及奶制品生产中所使用的酪奶和乳清，均应当由符合本条例中1p、

2p、3p、4p、5p、6p、7p、8p、9p、10p、11p、12p、13p、14p、15p、17p、20p、21p和22p条款规定的奶制品/奶酪加工厂进行加工生产。

乳清应来自于：

1. 由使用前已进行热加工的"A"级生奶，根据本条例第16p条要求生产的奶酪。

2. 由已在高于64 ℃(147 ℉)条件下保温至少21 s或高于68 ℃(153 ℉)条件下保温至少15 s的热杀菌"A"级生奶制成的奶酪，并且使用的是能够达到本条例关于热加工规定的设备生产。如果使用由FDA确认的、具有等同的杀灭葡萄球菌效果的其他热加工方法，也应得到管理机构的批准。

表1 化学、物理、微生物和温度标准

(参考M-a-98最新版本，针对FDA认证且NCIMS接受的测试方法)

用于巴氏杀菌、超巴氏杀菌、无菌加工和灌装、灌装后再高压釜灭菌或高酸发酵、耐贮存加工和灌装的"A"级生奶及其制品	温度*****	开始挤奶的4 h内，奶应冷却到10 ℃(50 ℉)以下；并且在挤奶结束后2 h内冷却到7 ℃(45 ℉)或更低温度。应保证初次挤出的奶和随后挤出的奶的混合温度不超过10 ℃(50 ℉) 注：提交检测的奶样需冷却和保持在0 ℃(32 ℉)到4.5 ℃(40 ℉)的环境里，而奶样的温度应>4.5 ℃(40 ℉)但≤7.0 ℃(45 ℉)，并在收集后的3 h内温度不增加
	细菌总数	单个奶户的奶在与其他奶户的奶混合之前，其菌落总数不得超过每毫升10万个；在热加工前，混合奶的细菌总数不得超过每毫升30万个 注：细菌总数测试应连同药物残留和抑制性物质测试一起进行
	药物残留*****	根据本条例第6章的实验室检测药物残留方法，无阳性结果
	体细胞计数*	单个奶户的奶，不得超过每毫升75万个
"A"级巴氏杀菌奶及其制品	温度	冷却并始终维持在7 ℃(45 ℉)或以下 注：提交检测的奶样需冷却和保持在0 ℃(32 ℉)到4.5 ℃(40 ℉)的环境里，而奶样的温度应>4.5 ℃(40 ℉)但≤7.0 ℃(45 ℉)，并在收集后的3 h内温度不增加
	菌落总数**	每毫升或每克不超过2万个*** 注：细菌总数测试应连同药物残留和抑制性物质测试一起进行
	大肠杆菌	每毫升不超过10个，大罐运输的散装奶须保证每毫升大肠杆菌数量不得超过100个 注：大肠杆菌总数测试应连同药物残留和抑制性物质测试一起进行
	磷酸酶**	采用电子磷酸酶方法(Charm ALP)以及其他相应方法：液态产品和其他奶制品中小于350 mU/L
	药物残留****	根据本条例第6章的实验室检测药物残留方法，无阳性结果；该检测方法已被证实可用于热杀菌奶及其他热加工的奶及奶制品(参考M-a-98最新版本)

（续表）

“A”级超巴氏杀菌奶及其制品	温度	冷却并始终维持在7 ℃(45 ℉)或以下 **注**：提交检测的奶样需冷却和保持在0 ℃(32 ℉)到4.5 ℃(40 ℉)的环境里，而奶样的温度应>4.5 ℃(40 ℉)但≤7.0 ℃(45 ℉)，并在收集后的3 h内温度不增加
	菌落总数**	每毫升或每克不超过2万个*** **注**：菌落总数测试应连同药物残留和抑制性物质测试一起进行
	大肠杆菌	每毫升不超过10个，大罐运输的散装奶须保证每毫升大肠杆菌数量不得超过100个
	药物残留****	根据本条例第6章的实验室检测药物残留方法，无阳性结果；该检测方法已被证实可用于热杀菌奶及其他热加工的奶及奶制品(参考M-a-98最新版本)
“A”级巴氏杀菌浓缩(炼)奶及其制品	温度	冷却并始终维持在7 ℃(45 ℉)或以下，除非浓缩后立刻进行干燥处理
	大肠杆菌	每毫升不超过10个，大罐运输的散装奶须保证每毫升大肠杆菌数量不得超过100个
“A”级脱脂奶粉及其制品		不大于：
	细菌评估	10 000个/克
	大肠杆菌	10个/克
待浓缩或干燥的“A”级乳清	温度	温度维持在45 ℃(7 ℉)或以下，或57 ℃(135 ℉)或以上；其滴定酸度不小于0.40%，或者pH值不大于4.6的酸性乳清除外
巴氏杀菌浓缩“A”级乳清及其制品	温度	结晶过程温度冷却到10 ℃(50 ℉)或以下，浓缩时间在72 h之内
	大肠杆菌	每克不超过10个；如属散装牛奶运输罐装运，则每克不超过100个
“A”级干燥乳清粉及其制品、“A”级干燥酪乳粉及其制品	大肠杆菌	每克不超过10个

* 山羊奶为每毫升150万个；

** 不适用于酸化或发酵的奶或奶制品、蛋奶羹、农家干酪以及M-a-98最新版本中所规定的其他奶或奶制品；

*** 为了进行分析而被称重的奶及其制品，其分析结果应以“每克”作为报告单位(见最新版奶制品标准测试方法(SMEDP)；

**** 不适用于酸化或发酵的奶或奶制品、蛋奶羹、农家干酪、巴氏杀菌和超巴氏杀菌的风味(不含巧克力)奶及其制品，以及M-a-98最新版本中所鉴定的其他奶或奶制品；

***** 如果样本满足本条例附录B中的样本要求，已冷冻的生绵羊奶样可能会进行附录N中的药物残留测试。

注：冷冻的生奶样不准进行菌落总数和体细胞数测试。

用于巴氏杀菌、超巴氏杀菌、无菌加工和灌装、灌装后再高压釜灭菌、高酸发酵、耐贮存加工和灌装的“A”级生奶标准

1r. 异 常 奶

根据微生物、化学或物理检测，有证据表明哺乳动物的一个或多个乳区分泌异常奶的，应在最后挤奶，或用单独的机械挤奶，而且必须废弃掉这些奶。泌乳动物分泌被污染的奶，即根据管理机构的判断，使用过可能会分泌到奶中对人类健康有害的化学品、药物或放射性物质治疗的哺乳动物应最后挤奶，或用单独的机械挤奶，而且应按管理机构给出的指导意见处理这些奶。

公共卫生考量

泌乳动物的健康是非常重要的因素，因为泌乳动物的不少疾病，包括沙门氏菌病、葡萄球菌感染和链球菌感染，都会通过奶汁作为媒介传播给人类。大多数致病菌，可以直接通过乳房进入奶中，或者间接地通过已被感染的动物体的排泄物掉入、溅入或被吹入奶中。

乳腺炎是一种炎性的、一般为高传染性的乳房疾病。通常，致病细菌是牛源性（B 型）的链球菌，葡萄球菌或其他传染性细菌致病也是常见的。泌乳动物的乳房偶尔可由人源性的溶血链球菌属感染，并可导致发生以猩红热或咽喉部脓毒性溃疡为特征的、经奶汁传播的多种流行病。奶汁中的葡萄球菌可能和其他一些细菌的毒素一样，具有引起严重胃肠炎的可能性，部分这类毒素虽经热加工仍不能灭活。

管理要求

当做到以下各项时，该条款即可认为是合格的。

1. 使用了能分泌到奶汁中的药物治疗过的奶畜所分泌的奶，按照主治兽医的建议或在该药物包装标签上标注的日期间隔内不得进行销售。

2. 使用了未得到美国环保署批准的可用于奶畜的药物进行治疗或接触过这类药物的奶畜所分泌的奶不得进行销售。

3. 如有必要，管理机构可要求做附加检验以检查异常奶。

4. 要把有血迹、纤维、颜色不正常的奶或视觉/味觉不正常的奶，按可靠方法处理掉，以阻止传染给其他奶畜和污染挤奶器具。

5. AMI 应具有识别和淘汰生产异常奶的奶牛的能力。与异常奶识别与处理相关的监控功能应符合本条例附录 H 的规定。

6. 分泌异常奶的奶畜必须在最后挤奶，或用单独的器械挤奶，以有效地防止对其他奶源的污染。用于挤异常奶的器械要保持清洁，以降低重复或交叉感染奶畜的可能性。

7. 用于处理异常奶的器械、器具和容器，不准用于处理供销售的奶，除非先对它们进行了有效的清洗与消毒。

8. 未出现异常的奶可以用作其他用途，与此奶相接触的挤奶系统各部件在用于处理需要销售的牛奶之前不需进行清洁和消毒。

9. 任何经过加工的动物废弃衍生物，如果要作为一种饲料组分，不论以任何比例用于泌乳期奶畜的日粮，必须符合以下规定。

a. 至少按照由美国饲料质量委员会制定的《经过处理的动物废弃物的标准规定》中所提的要求进行了正确处理。

b. 不含有害物质、有害致病菌或其他有毒物质，因其若转化入奶汁中，无论其转化率高或低，都可能会对人类健康造成危害。

10. 不给泌乳期的奶畜饲喂任何未经处理的家禽杂碎和未经处理的回收动物尸体。

2r. 挤奶间、棚舍或待挤厅——建筑

所有奶畜场都必须备有挤奶间、棚舍或者待挤厅，以便在挤奶操作时为奶畜提供一个有顶覆盖的棚舍(关于挤奶机的适用性见附录 Q)。用于挤奶的这一区域必须做到：

1. 地板用混凝土或相同的防渗材料建造。如果满足本条例附录C第Ⅲ节中所述的指导原则，也可以使用位于拴系式挤奶区内带围栏的母牛恢复圈(产圈)。

2. 墙壁和天花板是光滑的，并以核准许可的方式进行油漆或粉刷；维修状况良好；天花板应是防尘的。

3. 马、牛犊和公牛有单独的栏或圈，且不能拥挤。

4. 为白天或夜间挤奶提供自然或人工光照，且分布恰当。

5. 提供充足的空间和空气循环，以防止冷凝水和臭味过多。AMI挤奶厅的所有通风空气均应来自牛舍区域的外部。

公共卫生考量

为挤奶而建造或提供的场所，如果不适用的话，奶可能会受到污染。用混凝土或其他防渗材料建造的地板比用木头、泥土或类似材料所建的易于保持清洁，所以也就更适于保持卫生。油漆或粉刷过的墙壁和天花板也有利于卫生。防尘天花板降低了灰尘和外来物质进入奶中的可能性。足够的光照，就有可能使圈舍更清洁，以更卫生的方式挤奶。

管理要求

当做到以下各项时，该条款即可认为是合格的。

1. 所有奶畜场都要配备挤奶间、棚舍和待挤厅。

2. 粪尿沟、地板和饲槽是用优质混凝土或相同防渗材料建造。地板应易于清洁，表面允许洗刷；呈斜坡状以便排污；维持良好的保养状况；并且没有可能造成积水的破裂或磨损处。

3. 如果挤奶厅有自流式粪尿沟的话，应根据本条例附录C第Ⅱ节的规定或管理机构可接受的方法建造。

4. 栏舍采用漏缝地板下设贮粪坑的，应根据本条例附录C第Ⅳ节的规定或管理机构可接受的方法设计与建造。

5. 墙壁和天花板应用木头、瓷砖、表面光洁的混凝土、水泥灰浆、砖头或其他相当的材料装修，表面应为淡颜色。墙壁、间隔、门、搁板、窗和天花板应保持良好的保养状况；而且无论何时发现表面损坏或褐色化后都要重新装修。

当饲料存放在奶畜头顶上方位置时，天花板的建造应防止饲料碎屑和灰尘漏入挤奶间、棚舍或待挤厅。如果干草料的开口是在阁楼上且通向棚舍的挤奶区，则该开口就要安装防尘门并在挤奶期间关好。

6. 公牛圈、孕期中的牛犊和马的栏应同挤奶间的挤奶区分隔开。没有隔板隔开的挤奶间的这部分区域应该满足该条例的所有要求。

7. 不仅可以通过幼畜和泌乳奶畜的棚舍、活动场地和走道，以及饲料通道等来证明过度拥挤，而且不充分的通风和存在过度的气味也可能是过度拥挤的一种证据。

8. 挤奶场所应配置自然/人工光照，以保证所有表面，特别是工作区能完全看得清楚。所有工作区应至少配置 10 ft 烛光（110 lx）的照明。

9. 空气循环装置应足以使臭味降到最低，并防止墙壁和天花板上出现冷凝水。AMI 挤奶厅的通风空气应来自牛舍区域的外部。

10. 奶畜场的挤奶区域与饲料室或饲料堆放或混合的筒仓，或贮藏甜性饲料的饲料间之间，应有隔墙隔开。如果隔墙有门，那么除了使用时间外都应保持关闭状态。

如果条件允许，管理机构可以批准一个没有四周墙壁的挤奶间，或满足条款 3r 要求的棚式挤奶间，防止动物和家禽进入即可。

3r. 挤奶间、棚舍或待挤厅——清洁

内部要保持清洁。地板、墙壁、天花板、窗户、管线与设备应没有污物或垃圾，必须干净整洁。挤奶区域内不得有猪和家禽。

饲料要妥善贮藏，不得增加空气中的灰尘量，或影响地板的清洁(关于挤奶机的适用性见附录 Q)。

肚带、挤奶凳和防踢工具等应保持清洁，不能直接置于地板上。

公共卫生考量

清洁的内部环境在挤奶时可降低奶汁或奶桶被污染的可能；其他家畜的出现会增加传播疾病的概率；而在挤奶员一头接着一头挤奶时，清洁的挤奶凳和肚带则会减少其手被污染的可能性。

管理要求

当做到以下各项时，该条款即可认为是合格的。

1. 挤奶间、棚舍或待挤厅内部保持清洁。

2. 料槽中的剩余饲料应看上去新鲜、不潮湿或未被浸湿。

3. 如果使用床垫的话，粪便不应多于上次挤奶时的量。

4. 安装在挤奶间、棚舍或待挤厅外面的挤奶和就地清洁设备应保持干净。

5. 排污沟清洁器应保持相当干净。

6. 所有圈舍、犊畜栏和种畜栏，如果未与挤奶间、棚舍或待挤厅分隔开的话，则应保持干净。

7. 挤奶区域内不得有猪和家禽。

8. 挤奶凳不得有垫，要易于清洁。不用时，挤奶凳、肚带和防踢工具应保持清洁并存放在挤奶间、棚舍、待挤厅或贮奶间清洁处的地板上。

9. 如使用棚舍里的自流式粪沟的话，应根据本条例附录C第Ⅱ节进行维护保养。

10. 采用漏缝地板下设贮粪坑的栏舍，应根据本条例附录C第IV节的规定或管理机构可接受的方法设计与建造。

清洁方法是不太重要的。安装了自来水的奶畜场，要求每次挤完奶后应在压力水下，用硬毛刷擦洗地板。而没有自来水的场所，地板要干刷，并撒上石灰；在后一种情况下，应当谨慎行事，防止石灰结块。在使用石灰或磷酸盐时，应均匀地撒在地板上，形成薄薄的一层。如果后面的方法不能维持地板的清洁，则监管机构应要求用水进行冲洗。

4r. 牛　栏

牛栏应具有斜坡并能自动排水，不应有积水坑和有废物堆积。在散养棚舍或哺乳期动物房内，应清除哺乳奶畜的粪便和弄脏的床垫，或补充干净的床垫；以足够频繁的时间间隔，以防止哺乳期动物的乳房和腹胁部的污染。冷却池可以建造，前提是建造和维护不会导致哺乳动物在池中时，其腹胁部、乳房、肚子和尾部有可见的污染。不允许堆积剩余的脏饲料。粪堆应适当排干水分，堆放可靠。猪不得进入牛栏中。

公共卫生考量

牛栏是一个封闭或非封闭的区域，在这个区域里奶畜易于聚集，也可能邻近棚舍，包括畜舍区。因此，这个区域特别容易被粪便污染，然后导致泌乳奶畜乳房与腹胁部的污染。牛栏斜坡和排水系统是必需的，因为潮湿的条件极易滋生苍蝇，使粪便清除困难并难以保持奶畜的清洁。如果允许粪便和棚舍垃圾堆积在牛栏，可能会促进苍蝇的繁殖，因为其天生的躺卧习惯而对泌乳奶畜更容易造成其乳房粪便污染。所以为了避免乳房的污染和奶畜间疾病的传播，不得让泌乳奶畜接近粪堆。

管理要求

当做到以下各项时，该条款即可认为是合格的。

1. 牛栏，包括畜舍区以及饲喂区，是一个奶畜经常聚集的、毗邻挤奶间的封闭或非封闭区域，需要带有斜坡并能自动排水，所有的坑洼和潮湿地都应填平，奶畜的走道应保持干燥。

2. 去往棚舍门、水池与饲料点周围的通路要坚实，奶畜可以站立。

3. 棚舍或挤奶厅的废弃物不得汇集于牛栏。若因下雨而使牛栏泥泞，则不应视为违反本条款。

4. 粪便、脏床垫和剩余的饲料不能以可能污染奶畜乳房和腹胁部的形式贮藏或堆积在牛栏内。棚舍区、无拴系设备的栏舍如散放式栏、圈式栏、休息舍、待挤奶区、散放棚区、休息棚区、散养棚舍等，均应被看作牛栏的一部分。粪堆必须堆放在不妨碍动物站立的区域(本条例附录 C)。

5. 牛栏必须保持基本无家畜粪便，家畜排泄的污物不能聚集成堆，须防止奶畜接触。

5r. 贮奶间——建筑与设施

除了本章第 12r 条要求配备的之外，贮奶间必须足够大，必须能够在里面进行生奶的冷却、管理与贮藏，以及对装奶的容器、用具进行清洁、消毒与存放。

贮奶间应用混凝土或类似的防渗材料建造，地板平整，要有一定坡度以便排水，要保持维修保养状况良好。液态垃圾要纳入粪便处理系统。工作人员应能接近地板的排水管道，如果与污水处理系统连接的话，还应安装防倒灌的存水弯。墙壁与天花板要用光滑材料建造、维修保养状况良好、使用适当的油漆或用其他合适的方式进行粉刷。贮奶间必须有足够的自然光或人工照明，且通风良好。贮奶间除了用做贮奶操作外，不得用于其他目的。不得有直接通向任何棚舍、栏舍挤奶厅或住宿房间的开口。如果在其与挤奶间、棚舍或挤奶厅之间设置装配紧密、自动关闭、结实坚固、用铰链连接的单开或双开门则是允许的。在连通贮奶间和挤奶厅的走廊墙上，设置带遮网的排气孔也是允许的。奶畜和挤奶设施布置在一起，则是不准许的。自来水必须通过管道进入贮奶间。贮奶间必须配备带2个池子的清洗槽，必须要有足够的热水加热设备。

奶畜场也许会使用奶的贮运罐来冷却或贮藏奶。这时必须配备收奶时使用的合适的遮蔽棚。这样的遮蔽棚必须与贮奶间相邻，但不是贮奶间的一部分，必须符合贮奶间关于建造、照明、排水、蚊蝇与鼠害控制，以及基本维护的要求。此外，还必须达到以下最低标准：

1. 在冷却设备下游的输奶管线上合适的位置安装有精确的、易于观察的温度记录仪，冷却设备能将奶的温度有效地降至7 ℃(45 ℉)或以下。遵从本条例附录H第IV和第V节储奶罐温度记录仪和第V节第4、7、8、9、11和12条标准使用规定的电子文件(携带或者不携带硬拷贝)能够代替温度记录仪的记录使用（详见第51页注释)。为了确认记录温度，该温度指示计应在尽量靠近温度记录仪的地方安装。该温度指示计应符合本条例附录H中的各适用要求。在按规定进行检查时，该温度计可用来核对温度记录仪和在记录纸上的记录情况或者记录在电子数据收集、存储和报告系统中的结果。

2. 温度记录图表应放置至少6个月并且可被管理机构查阅。除此之外，如果计算机和计算机生成的温度记录没有丢失且可被监管机构审查，那么所需的温度记录(无论是否备份)都是可以允许查阅的。

3. 生鲜奶应按照管理机构的指导由合格的采样员进行采样，以预防奶罐车与奶样遭受污染。

4. 为使所采奶样具有代表性，奶罐车中的奶必须进行有效的搅动。

当管理机构确认现有条件可保护奶罐车在直接灌装时(通过奶罐车或简仓的传递使用)不会造成奶样污染，并且能够满足以下最低标准，也可不必配备遮蔽棚：

1. 连接贮奶间或从贮奶间引出的输奶软管的操作简便。连接奶罐车的输奶软管在任何时候都能受到完全的保护而免受外部环境的影响。基于管理机构的认可，当生奶直接由贮奶间传输到奶罐车时，可使用设计合理的能充分地保护贮奶间开放的输奶软管，或通过阻断牛奶转移过程和借助贮奶间外的CIP清洁流水线来完成(符合第5r条管理要求15)。

2. 为了确保生奶卫生的持续保护，每次清洗消毒后，奶罐车顶的出入口应封闭严实。

3. 奶罐车应在被认可的奶品厂、接收站、接收生奶的转移站或被认可的奶罐车清洗站进行清洗与消毒。

4. 在冷却设备下游的输奶管线上合适的位置安装有精确的、易于观察的温度记录仪，冷却设备能将奶的温度有效地降至7 ℃(45 ℉)或以下。遵守本条例附录H第Ⅳ节储奶罐温度记录仪和第Ⅴ节第4、7、8、9、11和12条标准使用规定的电子文件(携带或者不携带硬拷贝)能够代替温度记录仪的记录使用 (详见第51页注释)。为了确认记录温度，该温度指示计应在尽量靠近温度记录仪的地方安装。该温度指示计应符合本条例附录H中的各适用要求。在按规定进行检查时，该温度计可用来核对温度记录仪和在记录纸上的记录情况或者记录在电子数据收集、存储和报告系统中的结果。

5. 温度记录图表应放置至少6个月并且可被管理机构查阅。除此之外，如果计算机和计算机生成的温度记录没有丢失且可被监管机构审查，那么所需的温度记录(无论是否备份)都是可以允许查阅的。

6. 生奶应按照管理机构的指导由合格的采样员进行采样，以预防奶罐车与奶样遭受污染。为使所采奶样具有代表性，奶罐车中的奶必须进行有效的搅动。

7. 奶罐车在灌装与冷藏奶时，应停放在具有自动排水的水泥地或类似的防渗物面上。

8. 如上文所提及，当使用输奶软管直接装运奶罐车或阻断乳品转移和借助贮奶间外的CIP清洁流水线时(符合第5r条管理要求15)，应提高对连接至奶罐车的输奶软管的保护。

公共卫生考量

除非为冷却、管理与贮藏生奶，以及为清洗、消毒与存放生奶的用具提供合适单独的地方，否则生奶与用具则有可能交叉污染。建筑物应易于进行清洁，提高卫生程度。使用易于排水的水泥地或其他防渗材料也可提高卫生程度。充足的光照也能提高卫生程度，并且良好的通风亦可降低臭味产生的可能性和臭味的累积。贮奶间与棚舍、栏舍或挤奶厅，以及生活区分开，这样就为避免生奶、挤奶器械与用具遭受污染提供了安全保护。

管理要求

当做到以下各项时，该条款即可认为是合格的。

1. 除了本章第 12r 条要求配备的以外，必须为奶的冷却、管理与贮藏，以及为装奶的容器、用具进行清洁、消毒与存放，配备独立而宽敞的贮奶间。

2. 所有贮奶间的地板要用优质混凝土(允许表层抹光)，或类似的防渗瓷砖，或砖块与防渗材料紧密铺设，或用金属与防渗连接铺设表面，或用其他与混凝土相当的材料建造；必须维护良好，无破裂、坑洼与表面剥落。

3. 地板要有斜坡以便排水，不得有积水坑。地板与墙壁间的连接处必须密封不透水。

4. 液态垃圾必须以卫生的方式进行清除。所有地板的排水管道要易于接近；与污水处理系统连接，还要安装防倒灌的存水弯。

5. 墙壁与天花板必须用光滑的、经适当处理的木材或类似材料建造，并用适当的淡颜色进行油漆；维修保养状况良好。表面与接缝处必须紧密而光滑。可使用淡颜色的金属板、瓷砖、水泥块、砖头、混凝土、水泥灰膏或类似材料，但表面与连接处必须光滑。

6. 为保证贮奶间的正常操作，必须配备至少 20ft 烛光(220 lx)的自然或人工光照。

7. 贮奶间必须要有充足的通风，以尽量减少在地板、墙壁、天花板和干净用具上产生冷凝水。

8. 如果安装排风口和照明设施，必须防止大奶罐或干净用具存放区遭受污染。

9. 贮奶间除用做贮奶之外，不得用于其他目的。

10. 不得有直接通向任何棚舍、栏舍、挤奶厅或住宿房间开口。如果在其与挤奶间、棚舍或挤奶厅之间设置装配紧密、自动关闭、结实坚固、用铰链连接的单开或双开门则是允许的。在连通贮奶间和挤奶厅的走廊墙上，设置带遮网的排气孔也是被允许的。奶畜和挤奶设施被置于一起，则是不准许的。

11. 如果使用连廊的话，必须符合贮奶间建造的适用要求。

12. 自来水必须由管道通往贮奶间。

13. 每个贮奶间都必须配备足够的热水装置，水的加热温度必须达到能有效地清洗所有器械、用具的水平(本条例附录 C)。

14. 贮奶间必须装备至少带有 2 个池子的清洗—漂净槽。每个池子都必须足够大，以便能容纳所使用的最大用具或容器。为了便于输奶管线和挤奶机械的清洗，将双池清洗槽中的一个做成竖式的也可接受。要求当对其他用具与器械进行清洗、漂净或消毒时，清洗槽里面或上面的固定清洗架以及挤奶机吸奶杯橡皮内套及其附件必须完全移开。在机器清洁/再循环系统可取代手工清洗处，第二清洗槽则不作强制要求。管理机构可以根据个别奶畜场的具体情况提出个别要求。

15. 原料奶从储奶罐转移到奶罐车的奶槽中须通过安装在贮奶间墙壁上的软管端口进入。该端口还必须装有密封且维修保养状况良好的阀门。该阀门必须保持关闭，除非端口使用时才开启。与软管毗邻的外墙面表面应易于清洗，而且面积应大到足以防止牛奶受到软管的污染。如果从牧场储奶罐中的牛奶被转移到运输的奶罐车里，是与位于贮奶间外墙的原地清洗（CIP）管联合使用的话，则要做到以下几点：

a. 必须配有适当尺寸的混凝土板，以保护输送软管，保证 CIP 清洗管线的卫生和输送牛奶的卫生。

b. 必须合理地维护和保持贮奶间的外墙，即污水管和混凝土板所在的位置处。

c. 应该适当倾斜位于贮奶间外的污水管来确保可以完全排净污水，并且当输奶软管不连接位于外面的管道末端时应该被包裹以防损坏。

d. 当乳品传送完成后，牛奶输送管线和输奶软管都应该通过 CIP 清洗流水线进行适当的清洗。

e. 当 CIP 清洗完成以后，输奶软管应该是断开连接的，以排干其中水分，并存放在贮奶间。输奶软管的合适存放包括将管的末端包好并从地板上将整个软管收好。除在传送牛奶或进行 CIP 清洗时，位于外面的卫生管应该总是被包好的。当帽端在每次使用后，都应进行适当的清洗和消毒，并保存在贮奶间使它们免受污染。与输奶软管配套制造的输送软管，在软管和帽端之间采用无裂缝连接，若它们通过 CIP 清洗后，则可以存放在贮奶间。污水管和软管的长度需设计足够长，使清洗和消毒后能够完全排水，并且当不使用时，软管仍然与污水管连接。

f. 在输奶软管和奶罐车连接之前，应使用一些方法对输奶软管和奶罐车的牛奶接触表面消毒。

g. 除非在环境允许的条件下进行短时间内的采样和检查时，奶罐车开口应该始终保持关闭。

16. 不论有无顶篷保护，运输奶的奶罐车可被奶畜场作为冷却与贮藏奶之用，如果为这样的奶罐车配备一个合适的遮蔽棚，遮蔽棚必须与贮奶间相邻，但不属于贮奶间的一部分；而且，还必须符合贮奶间有关建造的条款：照明、排水、蚊蝇与鼠害控制以及常规维护(关于贮奶间的面积、建造、操作与维护的建议计划与信息，见本条例附录C)。

此外，还必须达到以下最低标准：

a. 在冷却设备下游的输奶管线上合适的位置安装有精确的、易于观察的温度记录仪，冷却设备能将奶的温度有效地降至7 ℃(45 ℉)或以下。遵从本条例附录H第IV节储奶罐温度记录仪和第V节引用的第4、7、8、9、11和12条标准使用规定的携带或者不携带硬拷贝的电子文件能够代替温度记录仪的记录使用(详见第51页注释)。为了确认记录温度，该温度指示计应在尽量靠近温度记录仪的地方安装。该温度指示计应符合本条例附录H中的适用要求。在按规定进行检查时，该温度计可用来核对温度记录仪和在记录纸上的记录情况或者记录在电子数据收集、存储和报告系统中的结果。

b. 温度记录图表应放置至少6个月，并且可被管理机构查阅。除此之外，如果计算机和计算机生成的温度记录没有丢失且可被监管机构审查，那么所需的温度记录(无论是否备份)，都是可以允许查阅的。

c. 生奶样品应按照管理机构的指导由合格的采样员进行采样，以预防奶罐车与奶样遭受污染。

d. 为使所采奶样具有代表性，奶罐车中的奶必须进行有效的搅动。

当管理机构确认现有条件可保护奶罐车直接灌装(通过奶罐车或筒仓的传递)并不会造成奶样污染时，如果能够满足以下最低标准，可不必配备遮蔽棚：

a. 为方便连接贮奶间或从贮奶间引出的输奶软管的操作，连接奶罐车的输奶软管在任何时候都能受到完全的保护而免受外部环境的影响。基于管理机构的认可，当生奶直接由贮奶间传输到奶罐车时，可使用设计合理的能充分地保护贮奶间开放的输奶软管，或通过阻断牛奶转移过程和借助贮奶间外的CIP清洁流水线完成(符合第5r条管理要求15)。

b. 为了确保生奶的不间断保护，每次清洗消毒后，奶罐车顶的出入口应封闭严实。

c. 奶罐车应在被认可的奶品厂、接收站、或接收生奶的转移站、或被认可的奶罐车清洗站进行清洗与消毒。

d. 在冷却设备下游，输奶管线的合适位置安装精确的、易于观察的温度记录仪，冷却设备能将奶的温度有效地降至7 ℃(45 ℉)或以下。遵从本条例附录H第IV储奶罐温度记录仪和第V节引用的第4、7、8、9、11和12条标准使用规定的电子文件(携带或者不携带硬拷贝)能够代替温度记录仪的记录使用（详见第51页注释)。为了确认记录温度，该温度指示计应在尽量靠近温度记录仪的地方安装。该温度指示计应符合本条例附录H中的适用要求。在按规定进行检查时，该温度计可用来核对温度记录仪和在记录纸上的记录情况或者记录在电子数据收集、存储和报告系统中的结果。

e. 温度记录图表应放置至少6个月并且可被管理机构查阅。除此之外，如果计算机和计算机生成的温度记录没有丢失且可被监管机构审查，那么所需的温度记录(无论是否备有备份)，都是可以允许查阅的。

f. 生奶应按照管理机构的指导由合格的采样员进行采样，以预防奶罐车与奶样遭受污染。为使所采奶样具有代表性，奶罐车中的奶必须进行有效的搅动。

g. 奶罐车在灌装与冷藏奶时，应停放在具有自动排水的水泥地或类似的防渗物面上。

h. 如上文所述，当使用输奶软管直接装运奶罐车或阻断生奶转移和借助贮奶间外的CIP清洁流水线时(符合第5r条管理要求15)，应提高对连接至奶罐车的输奶软管的保护。

注：本条例附录H第V节中引用的已确定的第4、7、8、9、11和12条标准情况下，无论“奶厂”是什么，都应用“奶牛厂”来代表“奶厂”。

6r. 贮奶间——清洁

地板、墙壁、天花板、窗户、桌子、架子、柜子、清洗槽、盛奶容器等非产品接触面、器具、装置及其他贮奶间的器械必须清洁。只有直接与贮奶间活动有关的物品才被允许放在贮奶间内。贮奶间不得有垃圾和家畜、家禽。

公共卫生考量

清洁的贮奶间可减少生奶污染发生的可能性。

管理要求

当做到以下各项时，该条款即可认为是合格的。

1. 贮奶间结构、设备和其他设施使用或维修保养后，必须时刻保持清洁。

2. 诸如写字台、冰箱和贮藏柜等附属物品也可放在贮奶间，前提是能够保持清洁，并且贮奶间有足够宽敞的空间进行正常的操作、不会造成生奶污染。

3. 如果有门廊，也应保持清洁。

4. 家畜、家禽不得进入贮奶间。

7r. 厕　所

任何奶畜场必须配备有 1 个或多个厕所，并设置在便利的地方，且建造良好、运转正常，并以卫生的方式进行维护。其污物不得为蚊蝇所接触到、不得污染土壤表面或水源。

公共卫生考量

患有伤寒、痢疾和胃肠紊乱的人，其粪便中可能带有病菌。而对伤寒来说，正常人(病菌携带者)也可能将病菌排到粪便中。所以，如果厕所不能防蝇且构造不能防止溢出，那么传染病源就会由粪便传到奶中，或者通过苍蝇或泌乳奶畜能接触到的被污染的地表水或溪水而传播。

管理要求

当做到以下各项时，该条款即可认为是合格的。

1. 至少应有 1 个冲水厕所连接于公共下水道系统、或 1 个独立的污水处理系统，或者是化学药品处理的厕所、土坑厕所或其他类型的厕所。这样的污水系统必须按照本条例附录 C 中的标准建造与使用；或者如果管理机构有特别为某一地区的设计标准，则按该标准建造与使用；但这些标准必须适用该地区，不得将家畜粪便与人粪便相混。

注：上文中提到的“或者如果管理机构有特别为某一地区的设计标准，则按该标准建造与使用”不适用于国际认证项目授权下的第三方认证。

2. 厕所应离挤奶间和贮奶间不远，但房屋附近不得有人排粪排尿的迹象。

3. 厕所开口不得直接通向贮奶间。

4. 厕所卫生间内部，包括所有附属装置与设施，必须保持清洁，无蚊蝇和臭味。

5. 使用抽水马桶的地方，进到厕所卫生间的门要闭合紧密并能自动关闭。而所有厕所外面的开口都必须做纱窗以防蚊蝇进入。

6. 土坑厕所的出口也要装纱窗。

8r. 供　水

贮奶间和挤奶操作时的供水，地点必须设置合理、保护良好、运作正常；必须容易取得，供水充足、安全、优质卫生。

公共卫生考量

奶畜场的供应水必须容易取得，以便能使用大量的水来进行清洗作业；供应的水必须充足，这样清理和清洗才能彻底；水必须安全卫生，以避免挤奶用具的污染。

如果供应的是被污染的水时，其用于清洗挤奶用具和容器也许比单用于饮用更危险。因为细菌在奶中的生长繁殖比在水中快得多，而一个疾病攻击的严重性在很大程度上取决于其进入系统的剂量大小。因此，喝掉一杯来自被污染的井水，所含的少量病菌很可能并无大碍；而如果因使用被污染的水来清洗奶具使这些少量的病菌残留的话，并且在奶中经过几个小时的生长繁殖，其增加的数量则足以引起人类致病。

管理要求

当做到以下各项时，该条款即可认为是合格的。

1. 贮奶间和挤奶操作时供应的水，必须取得国家水管理局(State Water Control Authority)的安全认可；如为单独的供水系统，则必须符合附录 D 所述的水源标准，并符合本条例附录 G 所述的细菌学标准。

2. 安全的水供应系统，与非安全或可疑的水供应或任何其他污染水源，不存在交叉连接。

3. 埋入式取水进口不得直接连通安全水，因为那样会使供应安全的水受到污染。

4. 井水或其他水源的选址与建造必须非常完善，保证来自任何污水处理系统、厕所或其他不干净的地下或地表的污染都不能对其产生影响。

5. 刚维修或被污染的新的独立水供应装置或水供应系统，在正式投入使用前必须彻底消毒(本条例附录 D)。在细菌学检测采样之前，必须将这部分水抽吸掉以确保其不含消毒剂。

6. 所有用于运输水的容器和水罐必须封口以防止可能的污染。容器和水罐在注入供奶畜场使用的饮用水之前，必须进行彻底的清洗和消毒处理。在把水从饮用水罐运送到奶畜场的高处水池或地下水池的过程中，为了将污染的可能性降到最低，必须配备合适的水泵、胶管和附属装置。当水泵、胶管和附属装置不用时，在其各开口处必须加盖密封并贮藏在一个适合的防尘室内，以防被污染。奶畜场的贮水罐必须用防渗材料建造；必须装有防尘、防雨罩；还必须装有经核准许可的排出口和灌顶开口。所有新水池和刚完成清洗的水池，在投入使用前都必须消毒(本条例附录 D)。

7. 基于本条例的要求，本条例附录 D 所界定的单独供水系统及奶牛场热交换器或压缩机中再生水的细菌学检验样本，须依据实际建筑或水系统批复文件，每当完成对水供应系统的维修或改造后，以及正常情况下每 3 年至少进行一次单独供水系统和每 6 个月至少进行一次再生水的细菌学检测。采用本章前述安装并依靠密封井套的地下井进行单独供水系统供应的，每次采样检测的间隔时间必须不超过 6 个月。一旦水样检测结果显示有大肠杆菌存在，或井套、水泵、封条需要更换或维修保养时，都必须把井套和封条拿到地面上来，此外还必须符合本章其他适用的建造标准要求。如果水是运送到奶畜场的，必须在连续的 6 个月内于不同月份、在使用地点至少采样 4 次送实验室作细菌学检测。检测必须由管理机构认可的实验室完成。本章所定的水样采集频率，其间隔应包括指定周期每3年或6个月加上预期采样月所剩的天数。

8. 水检测结果的当前记录必须保存在管理机构的文档里，或按管理机构的指示进行保存。

9r. 用具与器械——制作

所有用于管理、贮藏或运输奶的多次使用的容器、器械与用具，都必须制造得光滑、不吸水、抗腐蚀、使用无毒材料，还必须易于清洗。所有容器、器械和用具都必须维修保养状况良好。多用途的纺织材料不得用于过滤牛奶。所有一次性使用物品必须以卫生方式加工、包装、运输与管理，必须符合本章第11p条的适用要求。设计为一次性使用的物品，不得重复使用。

奶畜场所有的暂存/冷却奶罐、焊接的清洁管道与运输奶罐，必须符合本章第10p条和第11p条的各适用要求。

公共卫生考量

盛奶容器和其他用具应无平头接缝或裂缝，若不光滑、不易清洁、表面不易接触到，以及不是用耐用、耐腐蚀材料制成的话，都极易藏匿污垢，而这些污垢是有害细菌滋生的温床。此外，使用以非卫生的方式加工与管理的一次性使用物品，都有可能污染奶品。

管理要求

当做到以下各项时，该条款即可认为是合格的。

1. 所有多次使用的接触奶或奶制品的容器、器械与用具(通过这些器具液体可以滴、流或转移到奶或奶制品中)，必须用下列各类光滑、防渗、不吸水的安全材料制成。

a. 美国钢铁学会(AISI)300系列的不锈钢。

b. 等同的抗腐蚀、无毒材料。

c. 耐热玻璃。

d. 正常使用条件下相对惰性、抗刮、抗划、抗分解、抗裂、抗碎和抗变形的塑料或橡胶和橡胶样材料；这类材料必须无毒、防油、相对不吸水和不溶解；不得释放化学品成分或传递气味或在产品中产生异味；而且，在反复使用条件下能维持其原有特性不变。

2. 一次性物品必须以卫生方式加工、包装、运输与管理，必须符合第11p条的适用要求。

3. 设计为一次性使用的物品不得重复使用。

4. 所有容器、器械与用具不得有破裂和腐蚀。

5. 所有容器、器械与用具的接头必须光滑、无凹陷、无裂缝或杂质。

6. 采用机械清洁的输奶管线和回流管线，必须能自动排水。如果使用垫圈，这些垫圈必须是能自行定位的；其制作材料必须达到上述1. d项中描述的具体要求；而且其设计、加工与应用都必须以能形成光滑而齐平的内表面为准。如果不使用垫圈，则所有配件必须具有自行定位面、设计成能形成光滑而齐平的内表面。所有管道焊接接头的内表面，必须光滑、无凹陷、无裂缝或杂质。

7. 安装机械清洁管道系统之前，其详细计划必须提交管理机构取得书面批准。没有获得管理机构的书面批文之前，不得对输奶管道系统作任何更改或增加。

8. 如果使用滤网，必须选用打孔的金属，或者一次性使用的滤纸。

9. 所有挤奶机，包括挤奶机头、挤奶机爪形管、输奶管和其他与奶接触的表面，必须能够很容易地进行清洁与检查。需要螺丝刀或特殊工具的管道、挤奶器械及其附属配件，必须考虑检查时能够容易地接触到，而且所需工具能在贮奶间拿取。挤奶系统不能混有回流回路，否则是故意违反“与奶接触面”规定的做法。以下是几个实例。

a. 塑料的球阀。

b. 为了更好连接塑料或橡胶管而带有铁丝的塑料三通管。

c. 聚氯乙烯（PVC）塑料回流管道。

10. 储奶罐要有伞形盖。

11. 奶畜场所有的暂存/冷却奶罐、焊接的清洁管道与运输奶罐，必须符合本章第10p条和第11p条的各适用要求。

12. 出于实际需要，在注入过程中，在散奶收奶槽的底部注入阀与储奶罐的顶部阀之间，也许会用到柔软的塑料管/橡胶管。这样的软管必须是能排水的，必须与实际需要长短一致，必须要有卫生固定件，必须能维持均匀的斜率和排列。软管端头的配件必须是永久固定的，其固定方式要能确保软管与配件之间做到无缝连接，还要能进行机械清洗。软管必须成为机械清洗系统的一部分。

13. 如果透明的塑料软管(150 ft 以内，1 ft≈30.48 cm，全书同)能够满足“3-A 用于与奶或奶制品接触表面的可重复使用的塑料材料的卫生标准——No. 20”，并且如果保持可以看到的内表面是干净的，则在转运站使用是可以得到认可的。至于 8 ft 以下的塑料软管，需要能看清或用“杆”检查其是否干净。在此情况下，透明与否不是决定是否卫生的要素。

14. 农业管理信息系统(AMIs)应与本条例和 3-A 标准的要求相一致。

注： 3-A 卫生标准和乳品设备的常规操作由 3-A 卫生标准有限公司(3-A SSI)发布。3-A SSI 包括设备制造、加工和卫生管理部门，其中卫生管理部门下设国家牛奶管理部、USDA 农业市场奶业服务计划、USPHS/FDA 食品安全与应用营养学中心(CFSAN)、牛奶健康团队(MST)、学院代表及其他组织。

符合 3-A 卫生标准制造和公认惯例的设备需符合本条例的卫生设计和建造标准。对于不符合 3-A 卫生标准的设备，管理机构将以 3-A 卫生标准和公认惯例为依据进行判定。

10r. 用具与器械——清洁

由于处理、贮藏或运输奶的需要，反复使用的容器、器械和用具，每次使用后都必须对其进行清洁。

公共卫生考量

如果允许奶接触不干净的容器、用具或器械，奶就不可能保持清洁或免受污染。

管理要求

当做到以下各项时，该条款即可认为是合格的。

1. 所有新增设备或改造设施的机械清洗奶管，必须配有单独的清洗管道。

2. 由于处理、贮藏或运输奶的需要，反复使用的容器、器械和用具，每次挤奶后或连续使用 24 h 后，都必须对其进行清洗。

3. 散奶收购员/采样员不得部分运走储奶罐/奶槽中的奶，除非当储奶罐/奶槽安装了符合本条例附录 H 第 IV 节储奶罐温度记录仪设备要求的 7 天记录仪或管理机构批准的其他记录仪，才可以允许运走部分奶，前提是将储奶罐/奶槽运空后必须每 72 h 至少进行一次清洁与消毒。电子记录应符合本条例附录 H 第 IV 节储奶罐温度记录设备和第 V 节第 4、7、8、9、11 和 12 条标准，数据可拷贝或不拷贝，并可代替温度记录仪。在没有温度记录仪时，也允许运走部分奶，只要在下次挤奶前储奶罐/奶槽被完全清空、清洗和消毒。在遭遇诸如恶劣天气、自然灾害等特殊情况时，可以允许有变通，但应由管理机构决定。

注：上文引用本条例附录 H 第 V 节的标准时，文中出现的“奶厂”均指“奶牛厂”。上文第 3 条提到的“在遭遇特殊情况时”不适用于国际认证项目授权下的第三方认证。

11r. 用具与器械——消毒

由于处理、贮藏或运输奶的需要，反复使用的容器、器械和用具，每次使用前都必须对其进行消毒。

公共卫生考量

若很少对容器、器械和用具进行消毒，则不能保证去除或杀灭已存在的致病菌。即使极少的一点残留，也可繁殖到很危险的程度，因为很多致病菌在奶中生长得非常迅速。因此，所有容器、器械和用具在使用前，必须用有效的消毒剂进行消毒。

管理要求

当做到以下各项时，该条款即可认为是合格的。

需要反复使用的用于管理、贮藏或运输奶的容器、用具和器械，每次使用前必须用下列方法之一，或任何一种经证明具有同等效果的方法进行消毒。

1. 完全浸没在至少 77 ℃(170 ℉)的热水中不少于 5 min；或连通至少 77 ℃(170 ℉)的流动热水(用合适而精确的温度计于出水口端测量)不少于 5 min。

2. 对奶类专用用具、容器和器械进行有效消毒的化学物，已在 CFR 第 40 条 180. 940 中阐明并应根据产品包装指示使用，或者如果根据本条例附录 F 第Ⅱ节的标准进行现场生产，则按照 ECA 设备手册说明使用。

12r. 用具与器械——贮藏

用于处理、贮藏或运输奶的容器、用具和器械，除存放于消毒液中的以外，都必须妥善存放以确保能完全沥干水，且必须保护好免受污染直到下次使用。管道式挤奶装置，诸如挤奶机爪形管、挤奶机吸乳杯的橡皮内套、称量缸、各种仪表、输奶软管、收奶器、管式冷却器、片式冷却器、各种奶泵和 AMI 挤奶设备，如果是为机械清洗和其他被食品及药物管理局接受的、符合这些标准的设备而设计的，则可以存放在挤奶间或待挤厅里，前提是该设备的设计、安装与操作能保护产品和液体接触面在任何时候都免受污染。

公共卫生考量

尽管先前已经被正确处理过，但对盛奶容器、用具和器械的随便存放，极易导致这些器具的再污染，从而使其不安全。

管理要求

当做到以下各项时，该条款即可认为是合格的。

1. 用于盛奶的容器、用具和器械，包括挤奶机真空管，直到下次使用前都应存放在贮奶间的消毒液中或架子上。管道式挤奶装置，诸如挤奶机爪形管、挤奶机吸乳杯的橡皮内套、称量缸、各种仪表、输奶软管、收奶器、管式冷却器、片式冷却器、各种奶泵和 AMI 挤奶设备，如果是为机械清洗和其他被 FDA 接受的符合这些标准的设备而设计的，可以机械清洗、消毒并存放在挤奶间或待挤厅里，前提是该器械的设计、安装与操作能保护产品和液体接触面在任何时候都免受污染。应该考虑的要素有：

a. 可靠的放置位置。

b. 尽量干燥。

c. 不仅要有足够的放置位置，而且要有照明与通风条件。

(i) 放置 AMI 挤奶单元的房间在挤奶系统被清洁或消毒时，均需使用有效的通风系统。

2. 挤奶间或待挤厅只能用于挤奶。也许挤奶时可在挤奶间给奶畜饲喂精料，但挤奶间不得用于关养奶畜。需要对产品接触面进行手工清洗时，此类清洗必须在贮奶间内进行。在挤奶厅的进、出口外建有带顶棚的待挤区直接连通封闭的奶畜舍区的情况下，该待挤区在满足如下条件时，也可以临时性使用：

a. 挤奶间、待挤区、或者奶畜舍区里都没有近得足以影响到挤奶间的粪坑口。

b. 待挤区与奶畜舍区保持着良好的维修保养状况，并且相当干净。

c. 对于灰尘、臭味、鼠害与蚊蝇来说，整个区域都达到了挤奶间的控制标准，挤奶间也没有禽鸟的迹象。

此外，上述已明确的结构与清洗要求必须按照相关法规规定进行评估。

3. 如果器械不能放在那里自行沥干的话，要提供有效完全地沥干器械上残留水的其他方法。

4. 清洁的罐或容器可以在合理的时间段内暂存于贮奶间，再送到奶畜场去。

5. 过滤垫、硫酸纸、生料带和类似的一次性使用物品必须存放在合适的容器或柜中，放置位置应便于取用，并保护好免受污染。

13r. 挤奶——腹胁部、乳房和乳头

挤奶应该在挤奶间、棚舍或待挤厅里进行。所有待挤奶畜的腹胁部、乳房、腹部和尾巴部位应看不见脏东西。所有刷洗工作必须在挤奶前做完。所有待挤奶畜的乳房与乳头都必须在挤奶前清洁并擦干。乳头还要在临挤奶前用消毒液处理并擦干。禁止湿手挤奶。

公共卫生考量

如果挤奶不是在一个专门为挤奶所提供的合适的地方进行，而是在别的地方进行，奶汁就有被污染的可能。待挤奶畜的清洁程度是影响生奶细菌数最重要的因素之一。在普通奶畜场条件下，由于奶畜是站在污水中，或躺在床垫或牛栏中，从而造成其乳房污染。除非在挤奶之前对其乳房和乳头进行清洁并擦干，否则细小的污物或污水就极易滴入或移入生奶中。由于粪便中可能含有布氏杆菌和结核菌，污水中可能含有伤寒杆菌和其他肠道病菌，所以含有致病菌的生奶变得尤为危险。采用常规清洁并擦干乳房和乳头的方法，难以将这些病菌全部去除，因此临挤奶前还需用消毒液对乳头进行处理，接着彻底擦干，这样就增加了安全系数。而且，这样做对控制乳腺炎也很有帮助。

管理要求

当做到以下各项时，该条款即可认为是合格的。

1. 挤奶必须在挤奶间、棚舍或待挤厅进行。

2. 刷洗工作必须在挤奶前完成。

3. 需要经常对腹胁部、腹部、尾和乳房部位的体毛进行修剪，以方便对这些部位进行清洁；这些部位不得有污物。乳房上的毛不能太长，以防挤奶时在挤奶机吸杯橡皮内套里与乳头混到一起。

4. 所有待挤奶畜的乳房和乳头，在临挤奶之前必须是干净和干燥的。挤奶之前还要对乳头进行清洁、用消毒液进行处理并擦干。如果在挤奶前乳房干燥并且乳头已被彻底的清洁和干燥，则可以不进行乳头的清洁。乳房干燥和乳头清洁干燥的规定是由管理机构制定的。

注：以前经过 FDA 评估并被认可的处理乳房的其他方法，包括用于 AMI 的方法，也可使用。FDA 受理的复印件将提供给监管机构、FDA 和其他相关的部门，使用 AMI 正确准备乳头的控制程序测试应符合本条例附录 H 中列出的标准。

5. 禁止湿手挤奶。

14r. 防止污染

必须管理好挤奶与贮奶间，以及安放好器械与设备，以防止任何对奶汁、器械、容器与用具的污染。除非能够很好地防止污染，否则不得对奶汁进行过滤、倾倒、转移或贮藏操作。

消毒之后，所有容器、用具和器械必须以非常完善的方式进行管理，以预防对任何产品接触面的污染。

用于将奶畜场的生奶运送到奶品厂、收奶站或中转站的车辆，必须确保其所装载的奶及奶制品免受阳光、冰冻与污染。车辆必须保持里外清洁，可能污染奶的物品不得与奶一起运输。

公共卫生考量

由于奶的特性及其对细菌和其他污染物引发疾病污染的易感性，任何时候都必须尽一切努力为其提供足够的保护。这包括将器械放置在正确的地方，以保证挤奶间和贮奶间里的工作区域不过分拥挤。用于搅拌或输送乳品或直接与奶汁接触的空气质量应该良好，不会对奶汁造成污染。

对器械消毒后如不加以保护，则其消毒效果等于零。

为了在运输中对奶进行保护，运送车辆必须按要求进行制造与使用操作。

管理要求

当做到以下各项时，该条款即可认为是合格的。

1. 在挤奶间和贮奶间里储存的器械必须放置在合适的位置，以避免过分拥挤和因飞溅、冷凝或手接触而对已清洗和消毒的容器、用具与器械造成污染。

2. 使用AMI挤奶进行乳头准备的过程中，乳头杯（通气孔）应充分闭合以防止污染。

3. 在挤奶和贮奶间操作过程中，用来装盛或处理奶的管道与容器必须严格地与装盛清洗或消毒液的管道和容器分开，此外，AMI应可将异常奶和将要出售的奶分开，可以通过以下方式完成。

a. 将装盛或处理奶的管道与容器和装盛清洗或消毒液的管道与容器的所有连接点物理性隔开。

b. 线路所有连接点的分隔通过至少 2 个自动控制阀门，阀门间有通向大气的排气口；或使用双座混合阀，底座间包含 1 个通向大气的排气口，可能有如下情况。

(1)通向大气的排气口与连接混合阀的最大管道作用相当或以下情况除外。

如果排气口交叉区域横截面面积小于双座阀最大管道直径，双座阀 2 个座阀最大压力应等于或小于 2 个自动控制压缩型阀门的 2 个座阀压力(将三通排水阀和双通阀与清洁/消毒线隔开)。

(2)双阀和单体双座阀情况下的阀座，若位置没有固定和封闭，可进行位置检测并提供单个电子信号(参见本条例附录 H、附录 I，位置检测设备)。

(3)阀排气口，包括阻断阀之间的管道，需要在牛奶传输结束或分离开后再进行清理，除非有专门设计和操作系统可以同时完成清洗工作。当牛奶被一个阻断阀分离开时，排空口到空气口处可得到清洁，正确设计和运行的体系如下。

(i)在就地清洗过程中，如果阻断阀出现安全故障，且阻断阀可自排水且不受限制，在清洗/消毒时可以脉冲开启，用于清洗阀口以及阻断阀之间的管道。其他在外部隔阻断奶的防止清洗液增压的方法可以单独评估，从而被食品药品监督管理局和监管机构所认可。

(ii)在用于清洁阀通风口的具有阀驱动的机械运转期间，包括阻断阀之间的管道，从阀通风口分离牛奶的阀位检测，包括阻塞阀间的管道系统以及通向大气的阀通风口都将由泵和液压源监控，若发现异常，泵或液压源将会立即断电。

(4)上述阀门以及单体双座阀情况下的阀座，都是自动故障安全系统的一部分，它们可以避免因清洁/消毒液给牛奶带来污染。自动故障安全系统针对每个安装都必须是独一无二的，但通常基于这样的前提，在为包含该阀装置的清洗回路而被激活的 CIP 清洁系统前，两个阻断阀被适合地置于阻塞位上，但下述(7)除外。

(5)该系统不具备手动优先功能，但测试和检查时除外。

(6)自动故障安全系统管理应在管理机构指导下进行测试和固定，以防私自非法更改。测试验证程序应符合本条例附录 H 的各项适用标准。

(7)排气口，包括阻断阀之间的管道，需要在牛奶彻底移除或分离后再清洗，而只有专门设计和操作的单体双座阀可以在牛奶处于某个阀箱内时，对排气口包括阻断阀之间的管道进行清洗。专门设计和操作的单体双座阀需满足如下条件。

(i)在阀座升降中，阀座密封垫不能受到清洗液的冲击，即使阀座损坏或垫片丢失。

(ii)阀通腔的临界阀座区域应一直保持大气或低于大气的压力下，即使在损坏或丢失垫片的情况亦如此。

(iii)在阀座升起操作中，与升起阀座对面的阀座需要通过阀位监控设备进行监控，该监控设备与清洗泵和机械液压清洗源相连，若对面阀座未完全闭合，清洗泵和机械液压清洗源会立即断电。

(iv)单体双座阀通风孔清洗需要一个自动故障安全控制系统，该控制系统需符合本条例附录H热杀菌设备和程序的适用条款以及“A”级公共卫生系统评估中第VI节设定的标准。

(8)上述技术参数差异可分开评估，若防护水平不达标亦可接受。

4. 必须废弃掉所有已经溢出、漏出、被洒出或处理不当的奶。

5. 所有容器、用具、器械与奶接触的表面，必须盖好或者保护好，以防接触到蚊蝇、灰尘、冷凝水和其他污染物。所有开口，包括连接在奶贮存罐和奶罐车、各种泵和槽上的各种阀门与管道，必须罩盖好或妥善保护好。贮奶间里的重力自流式过滤器不必上盖。用于将奶从预冷却器传输到大奶罐的奶管，必须安装有效的滴液挡板。

6. 收奶槽必须高出地面，比如放在独轮手推车或两轮手推车上，或放在距离待挤奶畜较远的地方，以免当向挤奶间、棚舍或待挤厅倾倒或过滤奶时受粪尿污染。收奶槽要有关闭紧密的盖子，除倒入奶汁时间外必须一直保持关闭。

7. 每个奶桶或装奶容器必须立即从挤奶间、棚舍或待挤厅转移到贮奶间。

8. 奶桶、奶罐和其他装奶的器具，在转移或贮藏时必须盖严。

9. 任何情况下，用于搅拌或推动奶、或直接与奶接触的压缩空气，必须无油、无灰尘、无铁锈、无额外水分、无外来物质和气味；另外还必须符合本条例附录H中的各项适用标准。

10. 已经消毒过的与奶接触的表面，包括大奶罐的开口和出口，必须保护好，避免与未消毒的器械和用具、手、衣服、飞溅物、冷凝水及其他污染源再接触。

11. 所有已经消过毒的与奶接触的表面，如意外地又被污染，则必须在使用之前再次进行清洗与消毒。

12. 用于将奶畜场的奶运送到奶品厂、收奶站或中转站的车辆，其制造和操作必须能保护其所装载的内容物免受阳光、冰冻与污染。

13. 车辆的车体要有坚固的外壳和密封良好而坚固的门。

14. 车辆必须保持里外清洁。

15. 可能污染奶的物质不得与奶一起运输(有关奶罐车的制造要求见第 10p 条和第 11p 条以及本条例附录 B)。

15r. 药物与化学制品的管理

清洁剂和消毒剂必须放在能被正确识别、专用于“终端使用”的容器中贮藏。

兽药及其投药器具必须贮藏好，不得对奶、挤奶设备、清洗槽和洗手池造成污染。

必须将专用于泌乳奶畜和非泌乳奶畜用的兽药清楚地标明、分开。不得使用未经批准的药物。

干奶期奶牛兽药必须与非泌乳奶畜兽药共同存放，而犊牛、小母牛、奶公牛和干奶期奶牛兽药应与泌乳期奶牛兽药分开存放，山羊、绵羊和其他泌乳奶畜兽药的存放也需满足上述要求。

药物标签有特定说明或兽医标明给特定泌乳奶畜使用的处方药，需与泌乳奶畜兽药共同存放，且只有正在泌乳的动物被定义为泌乳奶畜。

公共卫生考量

意外地误用清洁剂或消毒剂可导致奶汁的污染。兽药可导致对这些药物残留敏感的人发生不良反应，并将使得具有抗药性的人类病原菌增加。

管理要求

当做到以下各项时，该条款即可认为是合格的。

1. 奶畜场所用的清洁剂和消毒剂从制造商或经销商那里购买时，就必须放在可靠的容器中，必须能正确地识别容器中的内容物。如果是购买散装的清洁剂和消毒剂，从制造商和经销商的产品容器中转移出来时，只能转移到专用的终端使用容器中。这种专用容器是根据制造商对该特定产品的技术要求特别生产与维护。专用容器上的标签必须包括产品名称、化学成分、使用说明、预防与警告说明、急救指导、容器容量和维护说明，以及制造商或经销商的名称与地址。

2. 用于投药的器械不得在清洗槽中清洗，且必须存放好以免污染奶或与奶接触的器具表面。

3. 用于治疗非泌乳奶畜的药物必须与用于治疗泌乳奶畜的药物隔离。单独的储物柜、冰箱或其他贮藏设施中的不同架子，可以满足本条款的要求。

4. 药品必须正确地贴上制造商或经销商的名称与地址的标签，包括非处方药、兽医从业人员配制的药和处方药。若药房根据兽医师要求分配兽药，则需提供兽医师姓名和地址以及兽药店名称和地址。

5. 药品标签还必须包括以下内容：

a. 使用说明和药物使用的时间。

b. 必要的警示语。

c. 药品的有效成分。

6. 未经批准的或标签标注不正确的药品，不得用于治疗奶畜，也不得存放在贮奶间、挤奶间、棚舍或待挤厅里。

7. 药品必须妥善存放以免污染奶汁、容器、用具或器械与奶接触的表面。

注：局部消毒药和创伤敷料(除可直接注射到乳头中的外)、疫苗和其他生物制剂、用作配料的各种维生素或矿物产品，可免贴标签、不受贮存要求之限，只要确定其贮存方式不会污染奶汁或容器、用具或器械与奶接触的表面。

16r. 员工——洗手设施

必须提供充足的洗手设施，包括配有流动的冷、热水或温水、肥皂或清洁剂，以及各人独用的消毒毛巾或其他被认可的干手装置；便于去往贮奶间、挤奶间、棚舍或待挤厅及厕所。

公共卫生考量

充足的洗手设施是个人清洁和使奶污染的可能性降到最低所必需的。为了确保挤奶员、散奶运输员/采样员能洗手，必须要求有洗手消毒设施。

管理要求

当做到以下各项时，该条款即可认为是合格的。

1. 洗手设施必须设置在便于去往贮奶间、挤奶间、棚舍或待挤厅及厕所等的地方。

2. 洗手设施必须包括肥皂或清洁剂、流动的冷水、热水或温水、各人独用的消毒毛巾、或其他认可的干手装置及盥洗装置。不得将清洗工具的水槽当作洗手设施。

17r. 员工——清洁

临挤奶或贮奶开始任何操作之前，以及所有这些操作活动被中断之后，员工的双手都必须洗干净并用各人独用的消毒毛巾擦干。挤奶员、散奶收购员/采样员在挤奶、或处理奶、奶容器、用具或器械时必须穿上干净的工作服。

公共卫生考量

要求接触奶的人员必须洗干净双手的原因，同要求做好待挤奶畜乳房的清洁的道理相似。这是因为在奶畜场的常规工作过程中和在挤奶时，挤奶员的手也许已经受到了污染。而由于工作人员的手会经常碰到他们的衣服，所以在挤奶和处理奶的过程中，要求其所穿的衣服也必须是干净的，这一点非常重要。

管理要求

当做到以下各项时，该条款即可认为是合格的。

1. 临挤奶或贮奶开始任何操作之前，以及所有这些操作活动被中断之后，双手都必须洗干净并用各人独用的消毒毛巾擦干。

2. 挤奶员、散奶收购员/采样员在挤奶或处理奶、奶容器、用具或器械时，必须穿上干净的工作服。

18r. 生奶冷却

用作巴氏杀菌、超巴氏杀菌、无菌加工和灌装、灌装后再高压釜灭菌或高酸发酵、耐贮存加工和灌装的生奶，从挤奶开始起计，在 4 h 以内，其温度必须降到 10 ℃(50 ℉)或 10 ℃(50 ℉)以下；在结束挤奶后的 2 h 里，其温度必须降到 7 ℃(45 ℉)或 7 ℃(45 ℉)以下。应保证初次挤出的奶和随后挤出的奶的混合温度不超过 10 ℃(50 ℉)。

公共卫生考量

健康奶畜在乳房清洁的情况下被挤出的奶，刚挤下来时通常只含有很少的细菌。但如果不对奶汁进行冷却，这些细菌会在几小时内大量繁殖。而当生奶被迅速冷却至 7 ℃(45 ℉)或以下时，细菌数的增加就变得很缓慢了。

一般来说，生奶中的细菌是无害的，如果这一点始终是可靠的话，除了慢慢发酵外，就没有理由给奶汁降温了。奶畜场主或管理官员不敢绝对保证没有致病菌进入生奶中，虽然遵守了本条例的条款确实能大大降低这种可能性。一旦生奶中含有致病菌，传播疾病的可能性将大大增加。因此，快速将生奶冷却就显得尤为重要。这样也可以使意外进入到生奶中的少量细菌不会大量繁殖。

管理要求

当做到以下各项时，该条款即可认为是合格的。

1. 用作巴氏杀菌、超巴氏杀菌、无菌加工和灌装、灌装后再高压釜用灭菌或高酸发酵、耐贮存加工和灌装的生奶，从挤奶开始起计，在 4 h 以内，其温度必须降到 10 ℃(50 ℉)或 10 ℃(50 ℉)以下；在结束挤奶后的 2 h 里，其温度必须降到 7 ℃(45 ℉)或 7 ℃(45 ℉)以下，挤奶操作从将牛奶首次转移到空的、干净的、消过毒的奶罐车、筒仓或直接装载到奶罐车那一刻开始。应保证开始挤出的奶和最后挤出的奶的混合温度不超过 10 ℃(50 ℉)。

2. 用于片式或管式冷却器或热交换器的循环冷却水，必须来源安全，防止污染。这种水必须每6个月检测一次，必须符合本条例附录G有关细菌学的标准。样品需满足管理机构要求，样品检测要在管理机构认可的实验室完成。循环冷却水系统在修理工作中会受到污染，重新使用前需进行专门处理和检查。在循环冷却水系统中使用的冰点抑制剂和其他化学添加剂必须无毒。丙二醇及其他所有添加剂必须符合美国药典(USP)级、食用级或一般公认的安全(GRAS)级别。本章设定的循环冷却水采样频率间隔包括指定的6个月周期加上预期采样月所剩的天数。

3. 2000年1月1日后制造的所有奶畜场用储奶罐，必须安装经认可的温度记录仪。

a. 记录仪必须能连续运转，必须维持良好的工作状态。圆形记录纸不得发生重叠。电子记录必须符合本条例附录H第Ⅳ节储奶灌的温度记录仪和第Ⅴ节第4、7、8、9、11和12条标准的要求，数据可拷贝或不拷贝，并可代替温度记录仪。

注：引用本条例上述附录H第Ⅴ节时，文章中出现的“奶厂”均指“奶牛厂”。

b. 记录仪必须每半年使用精度为±1 ℃(±2 ℉)的温度指示计(用可追述的标准温度计校准过)校验一次，并按照管理机构可接受的形式记录在案，可追溯的标准温度计在过去6个月内的记录、日期和温度都能被正确地识别，或者使用一年内被校准的可追溯的标准温度计校准。

c. 温度记录应至少保存6个月及以上，并且管理机构可以查阅。如果计算机和计算机生成的温度记录没有丢失且可被监管机构审查，那么所需的温度记录(无论是否备份)都是可以允许查阅的。

d. 温度记录仪必须安装在储奶罐的便利之处，必须为管理机构所接受。

e. 温度记录仪的传感器必须安放在当储奶罐内奶量小于其核定容量的20%时，仍能记录其温度的位置。

f. 温度记录仪必须符合当前有关储奶罐温度记录仪的通用技术规范。

g. 温度记录仪或其他设施只有在能够满足管理要求与技术规范的情况下，并为管理机构所接受，才可用于监测/记录储奶罐的温度。

h. 温度记录仪的记录纸必须能正确记录所属奶畜场、安装日期、储奶罐以及换纸人的签字，如果不止一个人，则必须有安装这个记录纸的工作人员的签名或记录其姓名首字母。

19r. 昆虫与鼠害控制

必须采取有效措施来防止昆虫和鼠类进入，以及控制这些昆虫和鼠类的化学药品对奶和盛奶容器、用具、器械的污染。贮奶间不得有昆虫与鼠类。周围环境必须保持整洁、干净、无不正常情况，因为这些场所可能是藏匿或宜于昆虫与鼠类繁殖的好地方。饲料必须以不吸引鸟类、昆虫与鼠类的方式贮藏。

公共卫生考量

正确处理粪便可减少苍蝇繁殖，而苍蝇则被认为是可通过其与奶或工具的接触或通过排泄物来传播传染病的。昆虫到过不卫生的地方后，其身体就有可能携带上病原菌(其所带的细菌可存活长达 4 周之久)，并可感染其虫卵而将这些病原菌传递给下一代。苍蝇对公共卫生是个威胁，而采用纱窗可有效地防止苍蝇进入。苍蝇还可能通过微生物污染奶，这些微生物则可能繁殖到足以对公共卫生构成危害的数量。因此奶畜场的环境必须保持整洁与干净，以减少昆虫与鼠类的藏身之地。

管理要求

当做到以下各项时，该条款即可认为是合格的。

1. 周围环境必须保持整洁、干净，无藏匿或不宜于蚊蝇与鼠类繁殖的地方。在有苍蝇的季节里，粪便必须直接撒到农地里去，不得在地面上堆放 4 天以上再撒到农地里去；暂存在有防渗地板的坑里或有防渗边缘墙板的平台上或暂存在遮蔽紧密的路边粪坑里，不得超过 7 天再撒到农地；也可将压滤截留物单独存放，或用杀虫剂进行有效处理和其他能控制蚊蝇繁殖的方式进行处理。

2. 出现在奶畜休息区、无拴系设备的栏舍、圈式栏舍、休息棚舍和散养棚舍的粪尿堆，必须用床垫草盖好、处理好，以防苍蝇繁殖。

3. 贮奶间不得有昆虫与鼠类。

4. 贮奶间必须有效地加上纱窗或其他保护措施，以阻止害虫和鸟兽的进入。

5. 贮奶间通向外面的门，必须为自动关闭式的，且密封良好。纱门必须是外开式的。

6. 必须采取有效措施来防止昆虫和鼠类进入，以及控制这些害物的化学药品对奶和盛奶容器、用具、器械的污染。未经批准用于贮奶间的杀虫剂和灭鼠剂，不得存放在贮奶间。

7. 只有经管理机构批准使用或在国家环保署登记注册的杀虫剂和灭鼠剂才能用于控制昆虫与鼠类(有关昆虫与鼠类控制，见本条例附录C)。

8. 杀虫剂与灭鼠剂必须按照制造商的标签说明来使用；它们应对生奶、盛奶容器、用具、器械、饲料与水不产生污染。

9. 必须为粉碎、切碎饲料或浓缩饲料提供带盖的箱、柜或单独的贮藏设施。

10. 饲料可以存放在棚舍的挤奶区内，但必须以不吸引鸟类、昆虫或鼠类的方式贮存。在挤奶间里，可以用敞开的独轮手推车或两轮手推车来分送饲料，但不得用其来贮存饲料。运送饲料的独轮手推车、两轮手推车、全自动饲喂系统或其他装饲料的容器，只要不吸引鸟类、昆虫或鼠类，则可不必有盖。

注：对奶畜场的卫生检查要求，见本条例附录M。

“A”级巴氏杀菌、超巴氏杀菌、无菌加工和灌装的低酸度奶或奶制品，灌装后再高压釜灭菌的低酸度奶或奶制品，高酸发酵、耐贮存加工灌装的奶或奶制品的标准

要求奶品厂完全遵守这部分的所有条款。此外，根据此法典规定，IMS 列出的生产无菌加工和灌装低酸度奶及奶制品、生产灌装后用“保持法”灭菌的低酸度奶及奶制品、高酸发酵、耐贮存加工和灌装的奶或奶制品，以及 APPS，RPPS 和 AQFPSS 的整个奶品厂或奶品厂部分部门应不受 7p、10p、11p、12p、13p、15p、16p、17p、18p 和 19p 条款的约束，但应符合 CFR 第 21 号中第 108、113 和 117 部分的要求。包含在 APPS、RPPS 和 AQFPSS 中的条款，当由 FDA 指定时，应接受 FDA 或国家管理机构的监督。奶厂的整体卫生设施应由一名或多名负责此任务的合格人员监督。

收奶站应遵从第 1p 条到第 15p(A)和(B)条的规定，以及第 17p 条、第 20p 条、第 22p 条的要求，除了不需遵守第 5p 条中的分区要求。

中转站应遵从 1p、4p、6p、7p、8p、9p、10p、11p、12p、14p、15p(A)和(B)、17p、20p 和 22p 条款的要求，并根据气候和操作条件，还应遵从第 2p 条、第 3p 条的要求。无论在任何场合，都需要提供高架悬棚保护。

奶车清洗站应遵从 1p、4p、6p、7p、8p、9p、10p、11p、12p、14p、15p(A)和(B)、20p 和 22p 条款的要求；并根据气候和操作条件，还应遵从第 2p、3p 条的要求。无论在任何场合中，都需要提供高架悬棚保护。

HACCP 体系认证的奶品厂、收奶站和转运站，对其监管的要求见本条例的附录 K。本章所表达的规定与 HACCP 体系所关注的对公共健康的保障是一致的。

已经通过“国家州际奶品贸易协会(NCIMS)”的 HACCP 体系认证的奶品加工厂，应完全遵从本条例第 16p 条关于“巴氏杀菌、无菌加工和灌装、灌装后再高压釜灭菌和高酸发酵、耐贮存加工和灌装”的要求，对热加工“关键控制点(CCP)”的监管要求见附录 H 中第Ⅷ节奶及奶制品连续式热加工法(HTST 和 HHST)——CPP 模板 HACCP 计划概述，奶及奶制品分批式热加工法——CPP 模板 HACCP 计划概述。

1p. 地面——结构

所有加工、处理、包装或存放奶或奶制品的场所，或清洗盛奶容器、器具、设备的地方，地面应该由混凝土铺成，或由其他类似防渗透的、易清洗的材料铺成。地面应该是光滑的，带有适当的排水坡度，并配备维护良好的带有盖板的下水地漏。存放奶或奶制品的冷藏室，当其地面倾斜能直接将水排放到一个或多个出口时，就不用再铺设下水地漏。此外，用于存放干料、包装好的干料、包装好的干奶或奶制品或包装材料的贮藏室也不必铺设下水地漏，其地面可由木料紧密排列成地板。

公共卫生考量

相对于由木材或其他易渗透、易碎裂材料铺成的地面，由混凝土或同类不易受损伤的材料铺成的地面更容易保持干净。它们不吸收有机物，因而更易保持干净，也不会有气味。适当倾斜的地面有利于冲洗，可避免不良情况出现。下水地漏盖板可阻止下水道中的臭气进入车间。

管理要求

当做到以下各项时，该条款即可认为是合格的。

1. 用于加工、处理、包装或存放奶或奶制品的场所，清洗盛奶容器、器具或设备的场所的地面，都应由优质混凝土铺成。或用防渗黏合剂将瓷砖或砖黏合而成。还可用结合紧密的金属板或其他同等优质混凝土的材料铺成。用于存放干料或包装材料的仓库的地面可以由木料紧密排列铺成。

2. 地表面应光滑带有坡度，冲洗后不积存水。墙壁和地面衔接处不可渗水。

3. 地面应装备带有盖板的下水地漏。用来存放奶或奶制品的冷藏室，当其地面倾斜能直接将水排放到一个或多个出口时，就不用再铺设下水地漏。用于存放干燥成分、灌装奶或奶制品、无菌加工和灌装的低酸度奶或奶制品、灌装后高压釜灭菌的低酸度奶或奶制品，以及高酸发酵、耐储存加工和灌装的奶或奶制品的储藏室，不需要设排水管。

注：对干燥室地面的要求参照本条例第11p条。

2p. 墙壁和天花板——结构

用于加工、处理、包装或存放奶或奶制品的场所，用于清洗奶罐、器具的场所，其墙壁和天花板的表面均应光滑、可清洗、色调明亮，并维护良好。

公共卫生考量

表面光洁的墙壁和天花板很容易清洗，因而更易于保持干净。浅色涂料利于均衡分散光线，并利于观察到不干净的地方。

管理要求

当做到以下各项时，该条款即可认为是合格的。

1. 墙壁和天花板是由光滑的、可清洗的、浅色的防渗材料制成。
2. 墙壁、隔断、窗户和天花板维护保养良好。

注：对干燥室墙体的要求参照本条例第11p条。储藏室可不受该条例限制，以储存包装好的干燥奶或奶制品，无菌加工和灌装的低酸度奶或奶制品，灌装后高压釜灭菌的低酸度奶或奶制品，以及高酸发酵、耐储存加工和灌装的奶或奶制品。

3p. 门和窗户

可提供有效的方法防止昆虫和老鼠进入。所有对外出口应有坚固的门或明亮的窗户，在沙尘天气情况下应关闭门和窗户。

公共卫生考量

奶品厂内应没有昆虫，以减少奶或奶制品被污染的可能性(见本条例第 7r 条——公共卫生考量中的昆虫传播疾病的相关信息)。

管理要求

当做到以下各项时，该条款即可认为是合格的。

1. 所有通向外界大气的通道应有下列措施保护。

a. 纱窗。

b. 有效的电子纱屏挡板。

c. 鼓风机或空气幕帘，能提供足够的空气流以防止昆虫进入。

d. 在不适合使用自动关闭门或空气幕帘的地方应设置吊悬挂帘。

e. 有效地结合 a、b、c 或 d 中的方法，或使用其他能防止昆虫进入的任何方法。

2. 所有向外的门可自动紧密关闭，纱窗门应该朝外开启。

3. 所有对外出口必须能防止老鼠进入。

注：有关奶品厂防蝇虫或鼠害的要求见本条例第 9p 条。

4p. 照明和通风

用于加工、处理、包装或存放奶或奶制品的场所，或清洗盛奶容器、器具或设备的场所，应该有良好的照明和通风条件。

公共卫生考量

充足的光线使人感觉干净。适当的通风能减少气味，也可防止内壁积聚冷凝水。

管理要求

当做到以下各项时，该条款即可认为是合格的。

1. 提供足够的光源(自然光照、人工光照或两者结合)，保证所有工作区的光照不得少于 20 ft 烛光(220 lx)的亮度，这也适用于所有加工、处理、包装或存放奶或奶制品的场所，及清洗奶罐、器具或仪器的场所。而干燥品贮藏库和冷藏库的光照应该达到至少 5 ft 烛光(55 lx)的亮度。在处理、加工、包装或贮存奶或奶制品的场所，或清洗容器、器皿或设备时，应提供防破裂的灯泡、固定装置和天窗，或以其他方式防止玻璃破损时的污染。

2. 所有房屋的通风需足以排除内部气味，并能消除设备、墙壁和天花板积聚的冷凝水。

3. 如果要使用压力通风系统时，应配置有进风过滤装置。

4. 对于包装浓缩或干燥奶及奶制品的车间，其通风系统应是独立的并取垂直方向。

5p. 单独的工作间

以下操作应使用单独分隔的工作间。

1. 奶及奶制品的热加工、加工、冷却、复原、浓缩、干燥和包装。

2. 干燥奶或奶制品的包装。

3. 奶罐和容器、瓶子和奶箱，以及干燥奶或奶制品容器的清洗。

4. 奶或奶制品容器和盖子的制造，除了无菌加工和灌装低酸度奶及奶制品或包装材料、生产灌装后用“保持法”灭菌的低酸度奶或奶制品，以及高酸发酵、耐贮存加工灌装的奶或奶制品的容器和盖子是按照 APPS、RPPS 或 AQFPSS 制造。

5. 奶品厂收取奶或乳清的槽车、奶罐及设施的清洗和消毒。

6. 收集盛奶桶和盛奶制品容器的场所。

所有用于奶及奶制品加工、处理、贮存、浓缩、干燥和包装的车间，或清洗存放盛奶容器、器具、设备的场所，不应该有直接通向畜舍或家庭居室的通道。所有工作场地应该足够大，满足工艺设置要求。

应有指定区域或场所用于接收、处理和存放已回收包装的奶及奶制品。

公共卫生考量

如果容器的清洗和消毒与奶及奶制品的热加工、加工、浓缩、干燥、冷却、复原和包装等在同一个场所，那么已经热加工过的产品就有可能被污染。因此，就必须要有隔离的工作间。如果直接在热加工车间里卸载奶桶，容易带入昆虫，增加对公众健康的威胁。

管理要求

当做到以下各项时，该条款即可认为是合格的。

1. 奶及奶制品的热加工、加工、复原、冷却、浓缩、干燥和包装等操作，必须在单独的、带有密封门窗结构的、封闭的工作间里进行，不能与清洗奶桶、瓶子、奶箱，或卸载、清洗、消毒奶槽车在同一个地方进行。板式或管式冷却可以在卸载或清洗消毒奶槽车的房间完成。生奶的分离/净化可以在卸载、清洗消毒奶槽车的同一工作间里进行。

注： 干燥奶或奶制品的包装必须在独立的工作间里操作。

2. 所有离开过加工厂而被回收的、包装的奶或奶制品，应在与"A"级奶品操作区分开的隔离区域进行回收、加工和存放；此区域应有明显的指示和标识说明其用途。

3. 由奶罐车送来的散装奶及奶制品要被卸入热加工、冷却车间/包装车间/储存车间，或者贮存罐收集室。如果卸入口安装在其他地方，则应考虑设置良好的空气过滤装置，以排除污染奶及奶制品的可能。

4. 奶槽车的清洗消毒设施应考虑到手工和机械两种操作方法。如果工厂里没有配备这样的清洗消毒设施，那么清洗消毒操作应在收奶站、中转站或专用的奶槽车清洗设施场所进行。与清洗、消毒奶槽车设备相关的条款已在本章开头部分提到。

5. 所有用干燥奶或奶制品加工、处理或贮存的车间，或清洗存放盛奶容器、器具、设备的场所不应该直接通向任何畜舍和住宿区。

6. 所有工作场地应该足够大，满足工艺设置要求。

6p. 厕所——污水处理设施

每个奶品厂应建有符合××× （各地区机构）[1] 要求的厕所设备。厕所不应该直接通向奶或奶制品加工车间。厕所应该完全封闭，应有紧闭和可自动关闭的门。更衣室、厕所和固定设备应该保持干净，维修保养良好，通风采光充足。污水和其他液体废物应予以卫生处理。

公共卫生考量

人类排泄物具有潜在危险，必须给予卫生处理。引起伤寒病、副伤寒病和痢疾的病菌就存在于患者的排泄物中。清洁卫生的厕所设备对防止奶或奶制品、容器、器具和设备被苍蝇、昆虫、手或衣物等所携带的排泄物所污染是必需的。如果厕所设备符合要求，并保持干净、维护良好，上述方式所引起的污染传播机会就会减少到最小。在加工车间与厕所之间插入一间缓冲房间或一条走廊就可减少昆虫污染源进入工作间的机会，并降低气味的扩散。

清洁和清洗容器、设备、地面和冲洗厕所、清洗设施所产生的废物应妥善处理，既不能污染奶的容器和设备，也不能形成新的污染源或对公共卫生造成危害。

管理要求

当做到以下各项时，该条款即可认为是合格的。

1. 奶品厂应配备符合××× （各地区机构）[1] 要求的厕所设施。
2. 厕所不能直接通向奶或奶制品的加工、浓缩或干燥加工车间。
3. 厕所应是完全封闭的，并配置能自动紧密关闭的门。
4. 更衣室、厕所和固定设备应该保持清洁卫生、维护良好、通风采光充足。
5. 厕所应提供手纸和易于清洁的、带盖的废物桶。
6. 所有设施的安装检测应符合国家或当地的有关标准。
7. 污水和其他液体废料应被卫生处理。
8. 不得使用非水冲洗的污物处理设施。

7p. 供水系统

奶品厂的水源应位置适宜，保护良好并运作正常，而且容易取用、水源充足、安全卫生。

公共卫生考量

为了达到充分清洗的目的，供水应取用方便，水量要充足；为了避免奶品设备和容器的污染，供水应安全卫生。

管理要求[8]

当做到以下各项时，该条款即可认为是合格的。

1. 奶品厂的水源应位置适宜，妥善保护并运作正常、取用方便、安全卫生。

2. 供水应被国家水质部门确认批准为安全，在使用单独水源系统时也应遵从本条例附录 D 的规定和本条例附录 G 的细菌学标准。

3. 安全的供水系统与不安全或可疑供水系统，或任何污染源之间连接应是不相通的；否则安全的供水系统可能被污染。供水管道和补充水储藏罐(如回收的冷却或冷凝用水)之间的管路连接，除非装有"通气隙口"或有效的止逆装置，否则即构成违规。合格的通气隙口是指容器的顶端，存在一个无障碍直通大气的隙口，其垂直距离至少是最大进水管径或龙头口径的 2 倍。通气隙口的测定：饮用进水管道的底部或龙头到有效溢流口(如补充水储藏罐的注满溢出或内部溢流水平线)之间的距离。无论何种情况下，有效的通气隙口不能小于 1 in(2. 54 cm)。

4. 所有运输水的容器和奶罐都要密封，防止受到污染。这些容器和奶罐在奶品厂盛装饮用水之前，必须进行全面清洗和细菌学处理。为尽可能降低饮用水从饮用水罐传输到高架或地下水过程中受到污染的可能性，需借助泵、软管及配件等完成。当不使用泵、软管和配件时，排水口必须封盖并储存在配套的防尘外壳中以防受到污染。奶品厂用的储藏罐由防渗材料制成，有防尘和防雨盖，以及通风口和顶舱口。所有新水贮藏或蓄水池在使用前都要清洗干净并消毒(本条例附录 D)。

5. 来自奶或奶制品蒸发的冷凝水和用于制造真空的水或在真空热加工设备中的冷凝水，都应符合上述第2条的要求。在特殊情况下，若得到管理机构的批准，不完全符合上述第2条要求的水也可供使用，但蒸发器或真空热加工设备应有专门装置和正确的操作方法，通过冷凝水或用来产生真空的水来防止器材或内容物遭到污染。防止此类污染的方法如下：

a. 使用表面冷凝器，其内部正在冷凝的水是与水蒸气和已经冷凝的水相分离的；

b. 使用可靠的安全装置防止冷凝水从冷凝器溢进蒸发器。这样的安全装置包括一个气压真空柱，该装置的排放水准应至少与冷凝水管线出口底部保持35 ft的垂直距离；或者使用一个安全关闭阀门，此安全关闭阀门位于冷凝器的进水管道上，由一个控制装置自动启动。当水平面上升超过冷凝器里的预定点时，该控制装置会关闭进水。该阀门可以由水、空气或电力启动，并设计成不需要起始动力即能自动阻止水流进入冷凝器。

6. 所有奶或奶制品蒸发器的冷凝水应符合上述第2条的要求。在提供必需的保障措施后，奶或奶制品中的回收水在达到条例附录D第V节的要求时也可重新使用。

7. 新建的单独供水系统，经过修理或被污染过的供水系统，投入使用前必须经消毒处理(条例附录D)。在采样进行细菌测试之前，带有消毒剂的那部分水应抽送到废水当中。

8. 对于奶及奶制品及其从奶品厂压缩机热交换器回收水进行的单独供水系统和Ⅰ、Ⅱ类的细菌测试采样，应符合本条例附录D的规定，在验收主体结构施工时就地进行；随后每6个月进行一次测试；当供水系统进行维修或改造结束时也应进行检测。当水被运至奶品厂时，应该在使用地点取水样进行微生物学测验，必须在连续的6个月内于不同月份、至少采样4次送实验室做细菌学检测。管理机构负责采样，并在官方实验室进行检查。本章所规定的水样采集频率，其间隔应包括指定周期加上预期采样月所剩的天数。

9. 当前的供水测试结果记录，应在管理机构存档，或按照管理机构的指示保存。

10. 符合本章要求的饮用水供应系统，可能会与产品的真空蒸发器相连接，要求在连接点上安装一个止逆装置，以防止污染饮用水供应系统。

11. 当供水管道连接到生奶、热加工奶或奶制品生产线时，应做好有效的防回流措施。

注：参考条例第15p(A)管理要求，涉及奶及奶制品保藏的附加需求。

8p. 洗手设备

应提供便利的洗手设施，包括冷水、热水或温水、肥皂、个人卫生毛巾或其他被允许的干手装置。洗手装置应保持干净、维护良好。

公共卫生考量

正确使用洗手设施是保持个人卫生，减少奶及奶制品污染可能性的必备条件。

管理要求

当做到以下各项时，该条款即可认为是合格的。

1. 配备便利的洗手设施，包括冷水、热水或温水、肥皂、个人卫生毛巾或其他被允许使用的干手装置。
2. 在所有盥洗室(厕所)和奶品厂生产车间都应装备便利的洗手设施。
3. 洗手设备应保持干净，维护良好。
4. 蒸汽-水混合管阀和用来清洗瓶子、罐子或类似设备的水槽，不能作为洗手设施。

9p. 奶品车间清洁

所有奶及奶制品加工、处理或贮存的房间，或清洗存放盛奶容器、器具、设备的场所应保持干净、整洁，不能有昆虫和老鼠的痕迹。只有与加工操作处理工序直接相关的设备或容器、器具，才允许在热加工、加工、冷却、浓缩、干燥、包装和贮奶或奶制品的车间进行存放和操作。

公共卫生考量

干净的地面，清洁的墙面、天花板和奶品厂区的良好卫生，有益于保证奶及奶制品生产的干净卫生。干净整洁、没有昆虫和老鼠的危害，可减少奶及奶制品被污染的可能性。多余的设备或与奶品加工操作没有直接关系的设备，都不利于奶品厂保持整洁卫生。

管理要求

当做到以下各项时，该条款即可认为是合格的。

1. 只有与加工操作处理工艺直接相关的设备或容器、器具，才允许在热加工、加工、冷却、浓缩、干燥、包装和贮奶或奶制品车间里进行存放和使用。

2. 所有管道、地面、墙壁、天花板、鼓风机、货架、桌子和其他与物料产品不相接触的表面，都应是清洁的。

3. 在奶品车间内不应出现垃圾或固体废料或废弃的干燥产品，这些东西都应放在密闭的容器里。只有当灌装机或洗瓶机在运行时，其废物容器才可以是敞开的。

4. 所有加工、处理或存放奶及奶制品的工作间，或清洗存放容器、器具、设备的场所应保持干净、整洁，不能有昆虫和老鼠的痕迹。

5. 必须有效控制过多的产品尘埃，可以使用工业用的排气捕捉系统。在排气捕捉系统中回收到的产品尾渣和原料，不准再用作或制作人类食品。

10p. 管道的清洁卫生

所有与奶或奶制品接触的，或用于物料添加、抽送、排放的卫生管道、配件、管接件等，均应由光滑、防渗、抗腐蚀、无毒、容易清洗的材料制成。这些材料应经批准允许作为与奶或奶制品接触的材料。所有管道应维护良好。热加工奶或奶制品应全是通过卫生管道从一个设备输送到另一个设备[9]。

公共卫生考量

有时奶管和附件设计得很难清洗，或是由容易腐蚀的金属制成。在上述2种情况之下，它们不可能保持清洁。"卫生奶管"也是个专用术语，指的是设计、制造合理的管道，目的是为了防止经过热加工的产品被再次污染。

管理要求

当做到以下各项时，该条款即可认为是合格的。

1. 所有与奶或奶制品接触的，或用于物料添加、抽送、排放的卫生管道、配件、管接件等，均应由光滑、不易渗透、抗腐蚀、无毒、容易清洗的材料制成。

2. 所有卫生管道、接头和附件的制成材料如下。

a. AISI300系列的不锈钢。

b. 类似的无毒和无吸收性能的、抗腐蚀的金属材料。

c. 耐热玻璃。

d. 正常使用条件下相对惰性、抗刮、抗划、抗分解、抗裂、抗碎和抗变形的塑料、橡胶和橡胶样材料；这类材料必须无毒、防油、相对不吸水和不溶解；不得释放化学品成分或传递气味或异味于产品中。它们在重复使用条件下能保持其原有性能，可用于垫圈、密封等用途；或者由于必需的或功能性原因，而用于灵活的可拆卸连接。

3. 卫生管道、配件和管接件等，应设计成容易清洗、维护良好、无破裂、耐腐蚀、无管道死角；死角是奶或奶制品易聚积的地方。

4. 可拆卸的管道，包括阀门、配件和管接件等，其内侧面的设计、制造和安装都应方便检查和排水。

5. 所有由机械清洗的奶管和回流液管道应是刚性的、能自动导流、排列整齐并保持一定的倾斜度。用于回流液管道的材料应该符合上述第2条的要求。如果使用垫圈，这些垫圈必须是能自定位的；其制作材料必须达到上述第2条中描述的具体要求；而且其设计、加工与应用都必须以能形成光滑而齐平的内表面为准。如果不使用垫圈，则所有接件的表面应能自动定位并且应有一个光滑而齐平的内表面。所有管道焊接接头的内表面必须光滑、无凹陷、裂缝或杂质。

在焊接管道时，所有焊缝都要接受检查，必须得到管理机构的认可。

除了进液、出液口，每个清洗循环管道应有多个通路口。这些通路口可以是阀门、可移卸的部件、配件或采用其他方法的接合点；通过这些通路口可以充分检查管道的内部情况。通路口的分布应有一定的间距，便于掌握管道内侧的总体情况。

焊接管道系统的详细计划，在安装前应呈交给管理机构以获得书面批准。没有获得管理机构的书面批准，不得擅自变更、增加奶管系统的焊接。

6. 经过热加工的奶及奶制品必须通过卫生管道才可以从一个设备输送到另一个设备。

7. 对生产干燥奶或奶制品的加工厂，高压能使干燥器内的产品获得均一性，因此在连接高压泵和喷雾喷嘴之间的管路系统中应使用耐受高压的管接件连接或焊接。

11p. 容器和设备的制造与维修

所有与奶及奶制品接触的能多次使用的容器和设备，应使用表面光滑、防渗、耐蚀、无毒的材料制成，应容易清洗并维护良好。所有一次性使用的容器、盖子、垫圈和其他与奶及奶制品接触的部件应是无毒的、且以卫生方式进行生产、包装、运输和处理。凡一次性使用的物件均不得重复使用。

公共卫生考量

当设备的制造与安置使其不易清洗，并难以维护保养时，它就不可能被妥善清洁。未能以卫生方式制造处理的一次性使用部件很可能会污染奶或奶制品。

管理要求

当做到以下各项时，该条款即可认为是合格的。

1. 所有与奶及奶制品接触的、多次使用的容器和设备，应由表面光滑、防渗、抗腐蚀、无毒的材料制造。

2. 所有多次使用的容器和设备，其与奶接触的表面应由如下材料制成。

a. AISI300 系列的不锈钢。

b. 类似的无毒和无吸收性能的、抗腐蚀的金属材料。

c. 耐热玻璃。

d. 正常使用条件下相对惰性、抗刮、抗划、抗分解、抗裂、抗碎和抗变形的塑料、橡胶和橡胶样材料；这类材料必须无毒、防油、相对不吸水和不溶解；不得释放化学品成分或传递气味或异味于产品中。它们在重复使用条件下能保持其原有性能。

3. 容器、器具和设备中所有与相邻表面接合处应是平整光滑的，或者当表面是玻璃材质时，接合面应是连续的。砖地不适合用干燥机干燥。与干燥奶或奶制品接触的设备接口处或热空气管道可以采用其他可接受的方法进行封闭。若奶或奶制品接触面上附有一个转轴，那么转动面与固定面间的接合处应紧密相合。必须禁止凝脂油和齿轮、轴承的润滑油以及电缆线与奶及奶制品相接触。在奶或奶制品接触面上插有温度计或温度感应器的地方，其缝隙处应采用耐压力螺纹密封。

4. 罐、缸、分离器等盖子上的所有开口应有凸起的边缘以防止表面积水进入，否则须配有积水排出口。除非配置防水连接，所有管道、温度计或温度感应器及其他进入罐、钵、缸等类似设施的接合处，应设置冷凝水挡板。

5. 所有与奶或奶制品接触的表面，除气体管道和气旋或空气分离器外，都应是易于接近的或可卸下进行手工清洗，或设计为可机械清洗。储奶罐进出奶的管道如果是塑料或橡胶的软管，那么与奶罐的接头螺纹夹箍，应符合要求而且周边必须备有随手可得的螺丝起子等拆卸工具。所有与物料接触的表面应容易接近便于检查，并可自行疏水沥干。

6. 凡与奶或奶制品接触的表面都不应带有螺纹。除非出于功能和安全的考虑，如排渣机、泵、分离器等设备；必要的螺纹也应是卫生型的，除了用在连接高压泵和干燥器喷嘴之间的高压管道。

7. 所有多次性使用的容器及其他器具均应为圆弧角，维护良好、没有破裂、没有裂缝且不易腐蚀。奶桶应有伞状的顶盖。

8. 如需要过滤操作，应选用金属孔状滤网，其结构应设计成一次性过滤使用。可多次性使用的编织材料不准用来过滤奶。在生产某些奶制品如酪乳、乳清和奶粉产品时，由于功能原因的需要，只有使用多孔金属滤网是不切实际的时候，才可使用编织材料。然而编织材料的清洗应是由机械完成的，保证既能清洗干净又不会污染产品。

9. 干燥奶制品筛分器内的筛子应选用一次性使用的，如果选用可多次使用的，则需满足如下要求。

a. 塑料筛子的材料要求见第 2. d 条。

b. 不锈钢丝编织网的材料要求见第 2. a 条。

c. 棉、麻、丝或人造纤维，需要无毒、不溶解、无异味、易清洗、并且不会影响产品的味道。

过滤时的残留物，应连续不断地通过密封直通道排放到另一个附属的容器中，并不准用作人类食品。

10. 所有一次性使用的容器、盖子、垫圈和其他与奶或奶制品接触的物件均应是无毒的。

11. 一次性使用的容器、盖子、盖帽、垫圈和类似物件的生产、包装、运输和处理方法应符合本条例附录 J。要求所有使用于包装浓缩或干燥的奶及奶制品的纸张、塑料、衬箔、黏胶等其他各种材料，均应无毒无害并符合《联邦政府食品、药品和化妆品法案》(FFD & CA)的要求。

注：上述 11 中所提及的有关检查和测试应由 ICP 授权的 TPC 负责进行。

12. 无菌加工和灌装、灌装后再高压釜灭菌的奶或奶制品或高酸发酵、耐贮存加工和灌装的奶或奶制品处理过程中涉及的纸张、塑料、铝箔、黏胶和其他组件，应符合 CFR 第 21 号中第 113 和第 117 部分提出的要求。

注：奶品设备的 3-A 卫生标准是由乳品工业委员会所属卫生标准委员会、国际食品保护与乳品安全协会卫生程序委员会、食品安全和应用营养中心、食品药品监督管理局、公共卫生署、卫生与福利部等单位联合发布的。

凡按 3-A 卫生标准制造的设备，均认为符合本条例的卫生设计和制造标准。对于不符合 3-A 卫生标准的设备，管理机构将以 3-A 卫生标准和公共惯例为依据进行判定。

12p. 容器和设备的清洗与消毒

可多次使用的容器、器具和设备和用以运输、处理、浓缩、干燥、包装、搬运和贮存奶或奶制品的物料接触面应被有效清洗，并在每次使用前进行消毒。在批次生产之间，干燥器细粉收集系统应清洗消毒或清除净化；所使用的方法须征得管理机构的认可，并采用管理机构所推荐的供应商。

公共卫生考量

如果与奶及奶制品相接触的容器、器具和设备不能被妥善地清洗和消毒，奶及奶制品就不可能保持干净、安全。

管理要求

当做到以下各项时，该条款即可认为是合格的。

1. 所有可多次使用的容器和器具在每次使用后应彻底清洗，所有设备每天使用后至少要彻底清洗一次，除非管理机构在与 FDA 进行磋商后进行审核认可并出具书面文件，支持其多次使用的容器和器具的清洗频率可超过一天或为 72 h，例如储奶罐，又如连续使用的蒸发器为 44 h。应在资格期开始前递交申请支持报告并通过管理机构的审核批准。延长运行生产时间所生产的产品，必须满足本条例第 7 章的全部规定要求。任何重要设备或工艺变化都应通知管理机构，若此变化对奶或奶制品存在潜在的风险，则需要对操作程序进行重新设定。

报告可以包括下列内容，但不局限于此：

a. 建议陈述，包括申请的清洗频率。

b. 产品和设备说明。

c. 预期用途和消费者。

d. 产品的分发、储藏温度。

e. 主要工艺流程图。

f. 加工参数，包括温度和时间。

g. 危害分析及安全性评估。

h. 设备的设计卫生复核。

i. 在危害分析和安全性评估时，应形成一份基本控制计划，明确关键实施因素。

另外，储奶罐放空后应及时清洗，并且至少每 72 h 就清空一次。牛奶首次进入清洁且消毒的储奶罐的时间为 72 h。应备有记录以证明这些罐中的牛奶存储时间不超过 72 h。这些清洁记录应为：

a. 注明奶品厂名称和位置或奶品厂代码，清洁日期以及执行人的签名或姓名首字母。

b. 已被审查，注明日期并签名。

c. 须现场进行，且监管期间由监管机构审查至少前 3 个月的监管记录或由上次监管检查开始进行审查，此两者中以时间长者为准。如果可以从现场地点访问电子记录，则此电子记录可被认为是现场进行的。

d. 从创建日期后至少保留2年。如能在正式复核请求后24 h内检索并在现场提供这些清洁记录，则可准许现场储存这些清洁记录。

贮存已经进行过热加工奶的储奶罐，不到72 h就应机械清洗一次，应充分考虑本款下述第2. b条所要求的机械清洗记录。贮存时间超过24 h的存放原料奶或经热加工过的奶制品的储罐，以及存放生奶及奶产品或已经热加工的奶制品的立式储奶仓，须配置符合本条例附录H第IV节所要求的7天温度记录装置。电子记录应符合本条例附录H第IV和第V节的要求，无论是否有硬拷贝，都应使用7天温度记录装置。另外，蒸发器应在连续操作结束时清洗，不能超过44 h，其记录的时间应能被证实没有超过44 h。

干燥设备、布袋集粉系统、包装设备以及盛放干燥奶制品和干燥乳清制品的多次使用的容器，应在批次生产之间使用供应商提供的并经管理机构认可的方法进行清洗，这些方法可能是无须用水（干洗）的，如真空掸刷或刮铲。除去干洗之外，产品接触表面应在使用前立即进行有效消毒处理。布袋集粉系统和干燥器下游与产品接触的所有表面，在批次生产之间均应使用供应商提供的、并经管理机构认可的方法进行消毒或净化处理。盛放运送干燥奶及奶制品的周转箱，每次使用后应用干洗清洁，并应定期用水清洗和消毒。

注：关于干燥器、包装机，以及盛放干燥奶制品和干燥乳清制品的容器的干洗清洁，在本条例附录F中有进一步的说明。

所有运送优质“A”级奶及奶制品的奶罐车的清洗消毒，应在得到许可证的奶品厂、收奶站、转运站或奶罐车清洗站内进行。首次使用的奶罐车需进行清洗和消毒。若再次使用时距离上次使用超过96 h也需要对奶罐车再次消毒。

注：首次使用应定义为首次将牛奶转移到奶罐车中并记录时间。

按照管理机构要求，对奶槽车进行清洗消毒后，应即时贴上标签或作记录显示清洗日期、时间、地点和署名，或执行此操作的人员签字；除非槽车送奶员只为一个收奶单位工作，并明确其任务是清洗消毒则无须标签。标签应在奶槽车进行下次清洗消毒时取下，并按管理机构要求存档保留15天。

注：本条例附录B包含奶罐车清洗和消毒的要求。

2. 设计为机械清洗的管道/或设备应满足下列要求：

a. 对每次单独的清洗消毒循环，应遵循有效的清洗消毒制度。

b. 将符合本条例附录H第IV节规定的，由管理机构核准使用的温度记录设备或能提供足够信息充分评价清洗消毒制度的记录装置，应安装在回液管线上或其他合适区域，以记录管道或设备内的清洗消毒时间和温度。时间可以被定为规定时间(24 h)。电子记录应符合本条例附录 H 第 IV 和第 V 节的要求，无论是否有硬拷贝，都可以使用上文描述的清洁记录。为达到本章节提出的目的，如出现下列情况，即使所显示的记录不符合本条例附录 H 第 IV 节的规定，此记录设备也是被认可的。

(i)在每次清洗循环中，此装置能连续监测记录循环时间、温度、清洗液流速或清洗泵状况以及清洗剂的存在与浓度。

(ii)该记录能显示每次清洗循环的标准模式，能很方便地观察到清洗模式的变化。

(iii)电子储存清洗记录，只要是管理机构能随时检查，无论是否有硬拷贝，都可以被认可。电子记录必须满足本章标准和本条例附录 H 中第 V 节的有关条款。除此之外，如果计算机和计算机生成的温度记录没有丢失且可被监管机构审查，那么所需的温度记录(无论是否备有备份)，都是可以允许查阅的。前提是所用的计算机及其生成的文档应能被管理机构随时检视，并满足联邦政府 CFR 第 21 号第 11 部分标准要求。

c. 本节所要求的清洗流程图和电子存储记录应为：

(i)奶品厂名称和位置或奶品厂代码标识，日期和执行人签字或注明姓名首字母。

(ii)已经审核，注明日期，并签字或签署。

(iii)须现场进行，且监管期间由监管机构审查至少前 3 个月的监管记录或由上次监管检查开始进行审查，此两者中以时间长者为准。如果可以从现场地点访问电子记录，则此电子记录可被认为现场进行的。

(iv) 从创建日期后至少保留 2 年。如能在正式复核请求后 24 h 内检索并在现场提供这些清洁记录，则可准许现场储存这些清洁记录。

d. 在每次官方检查中，管理机构应检查流程图表和记录，以核实是否符合清洗制度。

3. 用手工方法清洗容器的奶品厂应配备带间隔的双槽清洗设施，分别用于洗涤和漂洗。还应提供一个蒸汽柜或单独的带罩蒸汽喷射槽，用来对清洗过的容器进行消毒，或者用化学药品进行消毒处理，即还需要第三个槽。

4. 使用自动洗瓶机的奶品厂，洗瓶机必须利用蒸汽、热水或化学品进行杀菌处理。在喷淋式洗瓶机内，杀菌效果取决于清洗液的酸碱度，表 2 详细说明了在指定浸泡时间和温度下所对应的碱液浓度；它列举了大型洗瓶机浸泡缸中碱性强度、时间、温度等与相应杀菌值间的关系。

表2　喷淋式洗瓶机中浸泡罐的NaOH溶液浓度、时间、温度与相应杀菌值之间的关系

(根据国家软饮料协会NSDA饮料瓶清洗规定)

温度							
℃	77	71	66	60	54	49	43
℉	170	160	150	140	130	120	110
时间(min)	NaOH溶液浓度(%)						
3	0.57	0.86	1.28	1.91	2.86	4.27	6.39
5	0.43	0.64	0.96	1.43	2.16	3.22	4.80
7	0.36	0.53	0.80	1.19	1.78	2.66	3.98

注：国家软饮料协会，华盛顿特区；20036碱性测试，国家软饮料协会苛性碱强度测试或其他适用方法以测定浸泡液浓度；每3个月应由管理机构测试碱液浓度。

当使用碱液时，最终瓶子需用清水漂洗；漂洗用水应经过热加工或化学处理，确保去除活性致病菌或其他有害生物体，防止在漂洗过程中瓶子被再次污染。

5. 所有多次使用的容器、器具和设备在使用前，应采用本条例第11r条所提到的一种或结合几种方法一起进行消毒。对于从事浓缩或干燥奶制品加工的奶品厂，应采用下列方法或者其他被确认与其类似的方法。

a. 敞口让蒸汽喷射至少1 min。

b. 在温度最低的地方安装合格的温度指示计，保证经受不低于83 ℃(180 ℉)的热空气至少20 min。

组合设备须在每天运行之前进行消毒处理；除非FDA和管理机构已出具核准文件，其多次使用的容器、器具和设备的消毒频率可超过1d。管理机构应对消毒功效进行定期测试，以证实其消毒程序是有效的、合格的。

对于从事浓缩或干燥奶制品加工的奶品厂，其所应用的高压管道应采用更高的温度和更长的时间消毒。事实证明先用72 ℃(160 ℉)的碱液冲洗30 min，后用同样温度的酸液冲洗30 min，可以得到满意的效果。研究指出，对干燥器的有效消毒须遵从下列步骤。

a. 用水代奶，但是至少以正常工作时的温度和速度进行喷雾。

b. 调整干燥仓内的气流压力高于0.5 in水柱。

c. 以干燥仓排风温度不低于85 ℃(185 ℉)连续运行至少20 min。

如果一个干燥器的某些部分或某些干燥器在实际上是不能采用上述方法处理的，则应采用其他的但是须经证实具有同等效果的方法处理。

6. 所使用的容器和盖子，应符合如下标准。

a. 可多次使用的容器和盖子中的细菌残留数应按本条例附录J列举的公式计算。用于包装热加工奶及奶制品的可多次使用的容器，一天内应从4个随机样品中测试其中的3个，其细菌残留数不应超过1个/mL(漂洗法检验)；若使用擦拭法检验时，每50 cm^2 产品接触面不应超过50个菌落(1个/cm^2)。所有可多次使用的容器不得检出大肠杆菌。一天内随机抽取的4个多次使用的容器要符合上述本条例附录J的细菌标准，这4个样本容器内不得有2个或以上样本超出细菌标准。所有多次使用的容器不得检出大肠杆菌。

b. 用来包装热加工奶及奶制品的一次性容器和盖子，一天内应从4个随机样品中测试其中的3个，其细菌残留数每个容器不应超过50个(漂洗法)。容积不足100 mL的容器不在此例。若使用抹片法时，容器中的细菌数不应超过10个或每8 in^2产品接触面不应超过50个菌落(1个/cm^2)。所有一次性使用容器不得检出大肠杆菌。在指定日期随机抽取的4个一次性使用容器或盖子样品须符合上述本条例附录J的细菌标准。这4个样本中不得有2个或以上样本超出细菌标准。所有一次性容器或盖子不得检出大肠杆菌。

c. 当一次性使用的容器或盖子是在另外一个符合本条例附录J标准的工厂里制造的，而且遵守管理机构的要求，这些容器或盖子就可能被管理机构接受而无需再作检验。一旦有理由怀疑容器或盖子可能不符合细菌学标准，就需要额外测试。如果容器或盖子是在奶品厂里制造的，则按照本条例附录J的规定，管理机构应每6个连续的月份应至少收集4套带有盖子的容器；对于每条独立流水线的容器，按照本条例附录J的规定，在4个独立的月份里如果有一个月抽了2个样品，则这2个样品不能在同一天内抽取而且间隔必须在20 d以上；按照本条例附录J的规定，样品应由"法定检验室"或得到州政府奶品检验认证的行业"特许检验室"测试。

7. 采用多次性使用塑料容器的热加工奶或奶制品的工厂应符合下列标准。

a. 所有容器应标明生产厂家、生产日期和所用塑料的型号和级别。这些信息可以是代码，但应能在管理机构得到证实。

b. 灌装线上应安装一个装置，用于检定每个容器在灌装前的挥发性有机污染物数量。所制造的测定设备要由管理机构密封，防止其敏感性能发生变化。如果检测设备使用空气喷射系统且内置有测试元件，就不必密封。为了保证检测设备的正常工况，操作人员必须能够调整其灵敏度。然而，那些采用外部测试装置的设备必须被密封。被检测设备判定为不合格的容器必须自动报废，不能用于灌装。另外，检测设备必须有内部自锁连接，只有当检测设备处于良好状况时系统才会工作。任何其他设备系统的设计和操作，只要能保证产品不被污染，并得到FDA

的认可，那么管理机构也可接受此设备。

如果使用其他设备代替挥发性有机污染物检测的设备，则须满足如下标准。

(1)用于清洗和消毒容器的喷淋式洗瓶机应满足下列标准。

(i)如果使用苛性碱，其强度和清洗的时间及温度必须按照表 2 执行。

(ii)如果使用非苛性碱的其他化学合成洗涤剂的，则应为中性的或偏碱性的，由磷酸钠和阴离子混合成的粒状洗涤剂须符合下列要求。

(A)使用的溶液浓度至少为 3%时，pH 值至少达到 11.9，并且其以氧化钠表达的碱度至少为 2.5%。

(B)在碱槽里喷淋的时间不少于 2 min。

(C)碱槽的温度不低于 69 ℃(155 ℉)。

(D)浸泡罐最后必须用消毒水漂洗处理。

(iii)喷淋式洗瓶机应设计成如果达不到操作所需的时间、温度和浓度，容器就不能从洗瓶机里取出。洗瓶机控制的时间、温度和浓度应该是固定不变的。

(2)应充分执行一个严格的检查步骤，有效地把碎裂、爆裂、损斑、变色、暗晦以及不干净的容器清除出来。这个地方应具有足够的光照，比通常对玻璃瓶的检查更为彻底。

c. 管理机构须根据有效可行的标准鉴定检测设备的灵敏度。

d. 容器应符合本条例第 11p 条的应用结构要求。容器盖子应是一次性使用的，不得使用螺纹盖。

e. 盛装产品的容器中，杀虫剂残留量或其他化学污染物不能超过联邦食品、药物和化妆品法案(FFD & CA)所颁布的有关规定。

f. 每个容器均应标明“仅限食品使用”。

8. 以下条款适用于 NCIMS 列出的使用一次性玻璃瓶包装“A”级奶及奶制品的工厂。

a. 一次性玻璃瓶由无毒材料生产，包装和运输也要避免受到污染，比如采用塑料包裹或管理机构认可的方法。生产的所有容器应可识别(具备合格编码)。瓶塞应为一次性，用以保护容器充填口，并且制造商应被列在 IMS 名单上。

b. 容器装载前需确认总体状况，是否损坏、是否含混杂物、破碎的玻璃和其他污染物等。

c. 管理机构要求，工厂加工过程中不洁净或无防卫状态下生产的一次性玻璃瓶在包装之前必须清洁和消毒，该清洁/消毒室应该与洗涤室和用于奶及奶制品热加工、加工、冷却和包装的房间分开。一次性玻璃瓶清洗设备和程序均需符合本章要求，包括管理机构推荐的消毒效率检测。

d. 一次性玻璃瓶应标注"仅限一次性使用"字样。

13p. 干净容器和设备的存放

所有可多次使用的奶及奶制品容器、器具和设备清洗后，在运输、贮存的过程中应保证沥干残水，防止使用前被污染。

公共卫生考量

如果容器和设备不能处于防污染保护状态，其消毒效果可能受损或完全丧失。

管理要求

当做到以下各项时，该条款即可认为是合格的：

所有可多次使用的容器、器具和设备在清洗后应及时运走，存放在食品级防渗材料制成的货架上或干净的悬离地面的柜子里。容器应倒置于货架上或柜子里，货架或柜子应是由无吸收性、防渗透、食品级、耐腐蚀、无毒的材料制成，要求能抗污染。

14p. 一次性容器、器具和材料的存放

与奶及奶制品接触的一次性使用的封盖、盛放盖子的盘格、羊皮纸、容器、垫圈和其他一次性使用的物件，应购自并且贮存在卫生的管盒、包装纸或纸箱里，并保存在洁净、干燥处直至被使用；采用卫生方式搬运。

公共卫生考量

弄脏或污染了的封盖、羊皮纸、垫圈和一次性容器完全不能符合本条例所要求的包装要求。在放进装瓶机前，将封盖一直保存在卫生管、包装纸或纸箱里保持原封状态，是保证封盖洁净的最好方法。

管理要求

当做到以下各项时，该条款即可认为是合格的。

1. 与奶及奶制品接触的一次性使用的封盖，盛放盖子的盘格、羊皮纸、容器、垫圈和其他一次性使用的物件，应购自并且贮存在卫生的管盒、包装纸或纸箱里，并保存在洁净、干燥处直至使用；并采用卫生方式搬运。

2. 用于盛装塑料袋以及未经灌装容器的运输纸板箱只能使用一次，除非能采用其他方法保证不被污染。

3. 溅落的封盖、垫圈和羊皮纸不应再装进管盒或纸板箱里。

4. 已取用过部分内容物的盒、箱应保持闭合。

5. 应提供适合的储物柜用于存放从大型外包装箱中取出的管子和已经打开的纸盒，其他能够防止封盖、盖子或容器不被污染方法也可使用。

15p. 防止污染

奶品厂的运作、设备和设施应选址于防止对奶及奶制品、辅料、容器、器具和设备污染的地方。所有被溅出、溢出或渗漏出的奶或奶制品或辅料均应废弃。在奶品厂加工或处理非“A”级奶或奶制品，应避免对“A”级奶及奶制品造成污染。存放、处理和使用有毒物品时，应防止对奶及奶制品、奶及奶制品的辅料、或与物料接触的容器、器具和设备的表面发生污染。奶品厂处理非乳制品食物过敏原时应制定书面食物过敏原控制计划，以保护奶或奶制品免受食品过敏原的交叉接触（包括在储存和使用过程中），并确保在产品标签上正确声明食物过敏原。未经奶品厂额外生产或加工而持有作为动物性食品进行配送的人用食品副产品，应准确标识，用通用名或俗名标注，并在防污染的条件下保存。

公共卫生考量

由于奶或奶制品其本身的特性和其容易被细菌、化学品和其他杂物污染的性质，以及奶或奶制品在某些设备中与食物过敏原交叉接触的可能性，因此应始终采取各种措施保护奶及奶制品。公共卫生官员早就认识到，原料奶中含有与公共卫生健康有关的微生物，因此，人们认识这点是很重要的，如果不采取措施将这些微生物污染的风险降至最低，在奶品厂环境中将会发现这些微生物，牛奶被环境污染可能导致奶源性疾病。滥用杀虫剂和其他有害的化学物品，将会对奶及奶制品或与之相接触的设备造成污染；这种污染会造成不良的健康后果。食物过敏原可引起轻度至重度的不良反应，有时还可能引起危及生命的反应。因此，重要的是不仅要在奶及奶制品的标签上声明所有食物过敏原，而且要防止奶及奶制品的交叉接触，使其不含有未标明的食物过敏原。

管理要求

当做到以下各项时，该条款即可认为是合格。

15p(A)

1. 奶品厂内设备和操作面的布局应避免过于紧密，防止由于飞溅、凝结或手工的接触造成对已经清洗消毒过的容器、器具和设备的污染。

2. 离开牛奶加工车间或厂房的、已经包装的奶及奶制品成品，不准再用作"A"级奶再次进行热加工。作为特例，管理机构可以批准重新加工包装好的奶或奶制品，但必须完全符合本条款的各项要求，包括贮存温度的合适性和容器的完整性；但也仅限于已在其他"A"级奶品厂进行过热加工或卫生处理，并由经过同等级的奶罐车运输的奶及奶制品，这些奶及奶制品的温度维持在 7 ℃(45℉)或更低。用于加工处理和存放回收来的、已经包装的奶及奶制品成品的设备和设施，应在指定的区域和车间，它们都应维护保养良好，干净卫生，以防止"A"级产品、设备和"A"级产品操作遭受污染。

注： 如上文 2 中所述，对单独要求的包装奶或奶制品处理的授权不适用于 ICP 授权的 TPC。

3. 所有与产品接触的容器、器具与设备，应加上封盖或妥善保护，防止昆虫、灰尘、冷凝物和其他污染物的污染。所有开口处，包括附接在储奶罐和奶槽车上的管道、阀门、泵、槽等都应加盖或妥善保护。当奶或奶制品需要在热加工工厂、接收站或中转站卸货时，应满足下列条件中的一条。

a. 如果卸货区域的墙、天花板是完全封闭的，卸货操作时门是紧闭的，而防尘盖或防尘孔是微开的，并有用于关闭盖子的金属钩撑持，可以不需要过滤盖。倘若防尘盖或出入孔盖敞开的间隙超过了金属夹具所能提供的间距或盖子被撤走，那就必须要加上过滤盖。

b. 如果在卸货过程中，该区域没有完全封闭或卸货区的门敞开着，那么出入孔或进气孔则需要合适的过滤装置，并且通过过滤支撑装置或这片区域屋顶或天花板的设计来为过滤装置提供保护。若天气和环境条件允许，在需要进行兽药残留检测采样时，出入孔和奶槽车顶盖可在户外短时间打开。奶槽车之间的直接连接必须通过阀门或出入孔盖完成。假若所有的连接处都采用箍套对接，则对通气孔要提供足够的保护。

除了在清洗和消毒、或倾倒奶汁时，收奶槽和倒奶槽应完全封闭。若使用过滤器，奶槽开口的盖子应被设计成能覆盖过滤器的开口。

4. 加入奶及奶制品中的原料应按照这种方式处理以防止污染。

5. 用于搅拌或转移奶或奶制品压缩空气、或直接与奶或奶制品表面接触的空气，应为无油、无尘、无锈、不潮湿、无杂质和异味，并达到本条例附录H的应用标准。干燥器需安装进风口以减少空气污染，并配以一次性过滤器、多次性使用的过滤器或连续式过滤器(本条例附录H)。严格禁用含有毒物质的蒸汽。当蒸汽与奶或奶制品接触时，蒸汽应是食品级的并符合本条例附录H的应用标准。

6. 干燥器不工作时，其出风口应用罩盖盖起来。

7. 禁止使用非“A”级奶或奶制品原料进行标准化“A”级奶或奶制品的生产。本条例允许的标准化是指通过加入或去除稀奶油或脱脂奶来调整乳脂肪含量的工艺操作。而这些稀奶油或脱脂奶是源于同一个奶品厂。

8. 用于装载已包装好的奶或奶制品的所有可重复使用的容器，均应清洁后再使用。

9. 用于制备或包装奶或奶制品的所有辅料和与产品不接触的材料，应存放在干净的地方，并妥善处理防止污染。

10. 已经热加工的奶或奶制品不能再过滤，除非通过有孔的金属滤网过滤。被浓缩在膜处理系统上的热加工过的奶或奶制品可以被允许再次过滤，前提是可以使用装配后再消毒的一次性的内置滤膜，并且该滤膜是膜处理系统的一部分。

11. 仅允许奶品厂必须使用的有毒有害物品可以存在于厂区内，包括(但不限于)杀虫剂、灭鼠剂、清洗剂、消毒剂、苛性碱、酸或相关的清洁化合物和药品。

12. 允许而且必须使用的有毒物品不能存放在奶或奶制品的接收、加工、热加工、浓缩、干燥或贮存间等场所；也不能存放在清洗容器、器具和设备的场所，或存放一次性容器、瓶帽、盖子、袋子的地方。

13. 允许而且必须使用的有毒有害物品应该盛放在标志明显的容器内，并保存在一个隔离区域里。假若能够满足前述条件，在消毒容器、器具和设备的清洗消毒场所，不排除可以存放方便即用的清洗、消毒剂。

14. 只有得到管理机构批准或在环境保护署(EPA)注册过的杀虫剂和灭鼠剂才能被用来控制昆虫和老鼠。应按照产品说明书使用这些杀虫剂和灭鼠剂，防止它们污染奶或奶制品、容器、器具和设备。

15. 假若需要间隔性地加工非"A"级和"A"级奶或奶制品，那么在加工非"A"级产品之后或加工"A"级产品之前，必须用水充分清洗以保证隔绝交叉影响；即使都是对"A"级奶进行加工，生奶和经过热加工的奶或奶制品也必须如此处理。

16. "A"级生奶或奶制品与非"A"级生奶或奶制品，包括奶制品与非奶制品，需设专用阀门分隔开。

17. "A"级经过热加工的奶或奶制品与非"A"级经过热加工的奶或奶制品，包括奶制品与非奶制品，需设专用阀门分隔开。

18. 除了正在用水冲洗生奶管道以及相关设施的情况之外，输水管路与未经热加工奶及奶制品和输送非热加工奶及奶制品的管路之间都应保证足够的间距，以防止水掺杂到奶中的意外事故发生。

19. 输水管道与生奶和加工奶制品的流水线以及相关设施之间可以设置一个防故障安全阀。当失去压缩空气或者动力时，该安全阀将移动至某一位置，停止或者阻止输水管线对奶及奶制品流水线以及相关设施的输送。用于引导水的输水管道应按照条例 15p(B)2 中的要求进行等同的热加工，并且热加工过的奶及奶制品流水线以及相关设施也应使用一个防故障安全阀隔开。另外，在防故障安全阀和奶制品流水线以及相关设施之间，应安装一个卫生止回阀或具有同等效力的卫生阀组合。卫生管道应被用在卫生止回阀的下游，针对卫生管道的清洁应符合相关规定。

注：根据条例 7p，针对水系统的保护，有附加的行政程序要求。

20. 当同一奶品厂的双接收设备接收两个等级的奶或奶制品时，不允许旋转式倾倒格栅。当同一奶品厂通过奶罐车接收两个等级的奶或奶制品时，可以使用下列选项。

a. 应提供单独的接收设备和卸载泵。

b. 如本部分管理要求 15 所述，在“A”级奶或奶制品使用之前，接收装置和泵应使用水进行冲洗。

c. 非“A”级奶或奶制品应在最后接收，并且在接收“A”级奶或奶制品之前应进行清洗和消毒。

15p(B)

1. 加工时，用来盛装或输送奶或奶制品的管道、设备应与装有清洗消毒液的罐或循环管路分隔开，这可通过下列途径完成。

a. 用来装载或引导奶或奶制品的管线和仪器上物理性断开罐/简仓，或含有清洁或消毒液的所有环路有连接点。

b. 通过两个自动控制阀和在这种环路中断开的、中间能连接大气的阀排水口的连接点，或者通过一个阀座之间有排液开口接通到大气的单体双位阀，可能存在下列情况。

(1)通向大气的排液口应和与进料阀连接的最大管线口径一样，或有下列特殊例外之一。

(i)如果管道开口的横截面积小于双座阀的最大管直径，那么双座阀的双阀座间的最大压力应等同于或小于两个自动控制压缩阀(通向管道的三通阀和分离产品线和清洁或消毒液线的双向阀)的双阻塞位的最大压力。

(ii)在低压下，重力排水管的使用，如从奶酪加工罐出来的奶酪凝乳转移线、产品线与清洁或消毒溶液管道尺寸相同或大于该管线，出口可能是溶液管道的尺寸，不需要对阀或阀座进行位置检测。为了接受这个变化，阀门不能位于使空气或功能损耗的固定位置，并且不应有泵能够挤压奶或奶制品、清洗液或消毒液进入这个组合阀。

(2)两个阀门或单体双座阀的阀座应处于可观察的位置，并且当其处于异常的阻断位置时，可发出电子信号(本条例附录 H 和附录 I，位置检测装置)。

(3)这些阀门或单体双座阀门的阀座是自动安全系统的一个部分，能防止产品被清洗或消毒液污染。自动安全系统应是为每个特别装置所设计的，但是也可基于以下前提：在机械清洗系统被激活用于清洗包括阀组合的循环管路前，两个断流阀座应处于阻断位置，下文(6)提及的情况例外。

(4)系统不设置任何手动代用装置。

(5)安全防范系统的控制应按照管理机构的指导，以防止被私自更改。

(6)对于除非奶或奶制品被移出或分隔，而不能直接清洗的排口，需要有一个合理设计并运行的单体双座阀。在这种情况下，即奶或奶制品被一个阀门隔断时就可以清洗排口。一个合理设计并运行的单体双座阀应满足以下要求。

(i)在阀座升起过程中，即使在垫片损坏或缺失的情况下，清洗液对阀座密封垫的反面不得产生任何影响。

(ii)即使阀门在垫片损坏或缺失的情况下，需要确保临近排口腔的阀座关键区域内的压力，始终是等于或低于大气压的。

(iii)在底座提升运行中，与被提升的底座反向的底座位置应由位置检测装置进行监控，这个位置检测装置是与清洁泵或机械清洁液压力来源连接的，因此，如果反向底座被检测到未完全关闭，会立即切断提供清洗泵或机械清洁液压力的动力。

(iv)单体双座阀的排口腔内的清洁，应该配置一个自动化故障安全控制系统，该控制系统应满足附录 H 热杀菌设备、过程和其他设备，本条例第 VI 节"A"级公共卫生控制电脑系统评价标准中的规定。

(7)如果不会削弱其保护功能，上述规范的变化可以个别予以评估和确认。

c. 采用 HHST 工艺对奶或奶制品进行热加工，在设备清洗或消毒时，奶及奶制品或者清洗和消毒液都将超过大气压下的沸点，那么隔离物料管道、设备与装有清洗、化学消毒剂的罐或环路就是必需的。应能使用安装在奶及奶制品与清洗液或化学消毒剂之间的蒸汽屏障报警系统，另外应满足以下条件。

(1)蒸汽屏障器应带有可观察的蒸汽管，其出口应位于底部。

(2)蒸汽管应带有温度传感器，能够区别蒸汽屏障器内没有积存水时通过蒸汽管的蒸汽温度和存在积水时的不同温度。

(3)蒸汽管应与其他蒸汽管道隔绝，以使传感器测得的温度是单根管路。

(4)温度传感器与自动调节器结合在一起，使奶或奶制品处在蒸汽屏障器的一侧，而清洗或化学消毒液处在另一侧时，蒸汽管内的温度传感器检测到的温度，如果温度显示的是液体，而不是蒸汽存在于蒸汽管中，清洁泵应被关闭，当需要阻止蒸汽屏障液压时，清洗或化学消毒液应自动地离开蒸汽屏障。除非系统的清洗和消毒液是由调速泵驱动的，该泵在警报状态下可以持续运作，同时配置了有效的液流转向装置(FDD)，以转移清洗和化学消毒液的流向使其远离蒸汽屏障。

(5)当使用本章描述的蒸汽屏障来使物料管道和设备与清洗或化学消毒液管道和设备分离时，液体流经蒸汽管时应无时间延迟或其他自动反应的延迟。

(6)虽然这个自动控制系统并不要求遵守本条例附录 H 第 V 节的规定，但是应提供测试和证明其传感器和自动控制运行的正确性。

为了便于检验，如同本章描述的，能启动自动控制的温度设置点，应被用于此目的的每一个蒸汽屏障识别。应提供方法来证明当使用蒸汽屏障时略低于温度设定点的温度时也可以启动控制系统，以使物料管道和设备与清洗和化学消毒液管道和设备分离。

注：本章节所述的阀门设置，不能用来将生奶、奶、非奶制品或水，与经过热加工的奶及奶制品分开。但是本章节的规定不能理解为禁止在系统中采用将奶及奶制品与清洁和消毒液分离的方法，只要该系统被 FDA 认定是有效并得到管理机构认可。

2. 除本条例第 16p 条允许的之外，未经热加工的产品、奶、非奶制品或水，与热加工奶或奶制品之间不准直接接触。如果已经热加工的非奶制品不能完全与热加工奶或奶制品分开，应合理设计运行设备的时间和温度进行热加工，并符合热加工定义规定的最低要求的时间和温度。如果水与巴氏杀菌的奶或奶制品接触，应该满足以下条件。

a. 不能满足本条例第 16p 条规定的，至少满足热杀菌定义中的最小时间和温度。

b. 满足本条例附录 H 第 IX 节中的要求。

c. 通过 FDA 和管理机构认可的等同处理方法。

d. 对具体奶品厂的供水进行危险评估和安全性评估，这些供水可能来自个人供水，市政供水系统或 I 类饮用水，已从本条例附录 D 所界定的奶厂的奶及奶制品，以及热交换器或压缩机中回收。相关设施按管理机构同 FDA 商讨的可接受的方法，进行额外的处理以破坏或移除细菌，以保证水不会对奶或奶制品构成威胁。支持信息应被提交获得管理机构的认可。支持信息包括但不仅限于下列内容。

（1）提案内容。

（2）用途。

（3）由于加工设备概述。

（4）加工利润表。

（5）表明具体奶品厂供水满足或超过环保局规定的安全饮用水细菌标准文件。安全评价对比样品来自具体奶品厂供水，巴氏杀菌水和巴氏杀菌水类似的水样。初始安装后的 2 周，每天应取巴氏杀菌类似的水样，2 周后，至少每 6 个月采样一次。

（6）用于持续监测的标准和程序方案。在系统进行任何维修或改造之后 1 周内，应每天检测。

在水质问题成为引起公众关注的紧急事件时，或者当供水管理当局颁布"煮水"法令时，就需要形成一个协议，就是否需要持续提供经过巴氏杀菌的水问题，来评估直接使用水是否真的不如经过巴氏杀菌的水。受其影响，将引发对奶及奶制品的安全性评估。

该章节不需要单独的冷或热加工机械清洁系统。

3. 热加工的循环管道、液流转向管道和恒定水平罐相连的捡漏管道的终端与生奶或奶制品溢出线间有一条空气带。空气带应相当于最大管道直径的2倍。为实现本章节的目的，溢出被定义为恒定液面罐或低于恒定液面罐溢出边缘的任何非限制出口，该出口应足够大，至少相当于最大管道直径的2倍。

4. 所有溢出的、漏出的、被溅出的或操作不正确的奶或奶制品均应丢弃。最终从处理设备排出的奶或奶制品，从去沫剂系统收集的奶和从设备、容器或管道中清洗出的奶或奶制品固体物，只有在卫生条件下处理并保存在7 ℃或更低温度条件下才可以被再次热加工。当热加工或冷却这些奶或奶制品时不能满足如上要求，其应被废弃。来自损坏的、刺破的或其他污染容器的奶或奶制品，或来自没有编码容器的产品不能经过再次热加工作为"A"级产品使用。

5. 需采取措施以防止奶或奶制品、容器、用具和设备从空中管道、平台或夹层滴落、溢出和溅落而造成污染。

6. 在加工非"A"级奶或奶制品的食品或饮料时，应采取措施防止它们被污染。

7. 除了本条例第一章界定的产品外，在奶品厂里不能处理有可能造成公共健康危害的产品。如果必须处理，只能在指定的设备和场所内进行，此类许可是暂时的，一旦存在异议应立即撤销。

8. 无论在何种情况下，经过热加工的奶及奶制品都不可与未经热加工的奶及奶制品一起标准化，除非标准化之后随即进行再次热加工。

9. 复原或调制的奶或奶制品，应在完成复原或调制后，对全部组分进行热加工。

10. 与法定的热加工不同，用来热回收的"生奶或奶制品-水-经过热加工的奶或奶制品"板式热交换器和双/三套管式热交换器，应根据下列要求建造、安装和运行。

a. 在板式热交换器和双/三套管式热交换器内，经过热加工的奶或奶制品一侧的压力始终自动地高于另一侧。

b. 在板式热交换器和双/三套管式热交换器的物流末端泵出口和物流入口之间，经过热加工的奶及奶制品的出入口的水平垂直高度，应该高于板式热交换器和双/三套管式热交换器通过水流的出入口至少30.5 cm(12 in)，这也是在供水槽下游接通大气的开口高度。

c. 在板式热交换器和双/三套管式热交换器中，经过热加工的奶及奶制品的出口，与最近的下游接通大气的开口处之间的水平垂直高度差，应该比最高的水流出口的水平垂直高度，至少高出 30. 5 cm(12 in)，这也是在供水槽下游接通大气的开口高度。

d. 供水槽的高位溢流口的水平垂直高度必须始终低于板式热交换器和双/三套管式热交换器中，用于热回收水的最低液面。

e. 有可能干扰板式热交换器和双/三套管式热交换器内部合理的压差关系的液流泵送装置不应该安置在板式热交换器和双/三套管式热交换器经过热加工的奶及奶制品的出口与下游最近的接通大气的开口之间。

f. 泵不能安装在板式热交换器和双/三套管式热交换器的热回收用水的入口与供水槽之间，除非设计和安装在板式热交换器和双/三套管式热交换器的经过热加工的奶及奶制品的一侧，而且仅仅在经过热加工的奶及奶制品一侧的压力高于泵所产生的最大压力时才能运行。可以通过对热回收水泵的布线来实现。

(1)经过热加工的奶或奶制品只在板式热交换器和双/三套管式热交换器的热加工奶或奶制品一侧流动。

(2)经过热加工的奶或奶制品一侧的压力比泵送热回收用水的压力至少高出 6. 9 kPa(1 lb/in^2)。压差控制器应有一个传感器安置在热回收用水的进入板式热交换器和双/三套管式热交换器的进口，与经过热加工的奶或奶制品的出口之间。该压差控制器的选址和设置安装需经管理机构现场调试确认(铅封)；此后每 3 个月至少校验一次；每当铅封破损或者发生更换和修理，都需遵循本条例附录 I 测试 9. 2. 1 中规定的测定程序进行测定，以保证压差控制器的探头是校正准确的。同时也必须遵循本条例附录 I 测试 9. 2. 2 中规定的程序进行测定，以确保压力差别控制器的准确校正，并且确保热回收泵在设定的压差出现时自动断电。

g. 在热回收用水的泵被关闭时，或者热回收用水与板式热交换器和双/三套管式热交换器断开连接时，应该保证板式热交换器和双/三套管式热交换器中的全部热回收用水能自动地流回至供水槽或者排向地面。

15p(C)

1. 食品过敏原控制。处理非食品过敏原的牛奶厂应实施书面的食品过敏原控制计划，包括控制食品过敏原的程序、实践和过程。食品过敏原控制应包括以下程序、实践和过程：

a. 确保奶或奶制品免受过敏原交叉接触，包括在储存、处理和使用期间。

b. 为成品奶或奶制品贴上标签，包括确保成品奶或奶制品没有在 FFD&CA 第 403(w)条下贴上未申报食品过敏原的错误标签。

c. 属于食品过敏原的原料和配料以及含有食品过敏原的再加工食品，应以防止食品过敏原交叉接触的方式进行标识和保存。

d. 防止食品过敏原与不卫生物品、人员、含非牛奶过敏原的食品、奶或奶制品、奶或奶制品包装材料以及其他奶或奶制品接触面交叉接触。

2. 作为动物食品的人类食品副产品的持有和分销。

a. 未经奶品厂额外制造或加工而作为动物食品分销的人类食品副产品应在适当的条件下保存，以防污染，最终用于动物食品。

b. 标识副产品的标签应贴在或随附在人类食品副产品上，以便作为动物食品进行分销。

c. 运输容器，即手提袋、滚筒、桶等和分销作为动物食品的人类食品副产品的散装车辆，应适合运输用作动物食品的人类食品副产品并防止在运输过程中被污染。

16p. 巴氏杀菌、无菌加工和灌装、灌装后再高压釜灭菌、高酸发酵、耐贮存的加工和灌装操作

巴氏杀菌的操作应按照第 1 章中热杀菌和本章第 16p 条的规定进行。无菌加工和灌装、灌装后再高压釜灭菌、高酸发酵、耐贮存加工和灌装的操作，应遵循 CFR 第 21 号中的第 108、第 113 和第 117 部分(本条例附录 I 和附录 S)的要求。

除了管理程序 3 中规定的特殊情况外，在任何其他情况下，生奶或奶制品的热加工应在生奶或奶制品进入反渗透、超滤、蒸发或浓缩设备之前实施，并且应在奶品厂内指定的地方实施。所有运至奶品厂用于干燥的浓缩奶或奶制品应在实施干燥的奶品厂内再次施行热加工。如果通过冷却已经部分结晶的浓缩乳清粉，且含有≥40%的总固形物，则可运输到另一个奶品厂实施干燥，无须再次热加工，但需遵循下列规定：

1. 浓缩的、部分结晶的乳清粉应冷却并保持在 7 ℃或以下。

2. 运输经过热加工产品的奶罐车，现用于运输浓缩的、部分结晶的乳清粉，

应于装车前进行清洗和消毒，并且在装车后密封直至卸载。

3. 卸料泵和管道是专用的，仅用于浓缩的、部分结晶的乳清粉的卸载。这些泵和管道应被作为一个独立的清洗回路进行清洗和消毒。

公共卫生考量

卫生官员一致公认巴氏杀菌法的公共卫生价值。长期经验证明，巴氏杀菌法可防止由奶引起的疾病传播。巴氏杀菌法作为唯一实用的商业灭菌手段，若使用恰当，就能破坏奶自身所携带的病原体。对奶畜和饲养员的检查虽然具有重要的意义，但只能定期进行。因而在发病前，致病菌有可能已经在不同的时期内污染了奶。致病菌也可通过一些偶然的途径如苍蝇、污水、器具等进入奶中。已经证实，如果将本条例规定的“温度-时间组合”处理奶的所有部分，可杀死奶自身所有的致病菌。多年来，公共卫生署/食品药品监督管理局(USPHS/FDA)所发布的有关奶源性疾病的报告显示，饮用生奶感染疾病的概率几乎高出巴氏杀菌奶的 50 倍。

需要注意的是，虽然巴氏杀菌法能杀灭微生物，却无法破坏某些葡萄球菌在奶中所产生的毒素；这些葡萄球菌可源于乳房感染，或由于在巴氏杀菌前生奶没有被妥善地冷藏。这些毒素可引发严重的疾病。无菌加工和灌装、灌装后再高压釜灭菌、高酸发酵、耐贮存加工和灌装的工艺也被证实能有效防止生奶中携带的致病菌引发的疾病。大量研究和观察清楚地证明，奶的食品价值不会因巴氏杀菌法而遭受严重损失。

管理要求

本条关于巴氏杀菌法的部分，达到以下各项时，该条款即可认为是合格的。

1. 满足本条和本条例附录 H 的要求，在合理设计、运行的设备中加热奶或奶制品，使所有的奶汁颗粒达到表 3 中指定的某一个温度，并至少在该温度连续保持不少于所指定的时间。

表 3　分批式(Vat)巴氏杀菌温度与时间(1)

温度	时间
63 ℃(145 ℉)*	30 min
72 ℃(161 ℉)*	15 s
89 ℃(191 ℉)	1.0 s

（续表）

温度	时间
90 ℃(194 ℉)	0.5 s
94 ℃(201 ℉)	0.1 s
96 ℃(204 ℉)	0.05 s
100 ℃(212 ℉)	0.01 s

* 若奶产品的脂肪含量为10%或更高，或总固形物含量为18%或更高，或含有甜味增强剂，则指定的温度需提高3 ℃(5 ℉)。

如果为蛋奶羹，应按如下温度和时间说明进行加热。

表3　巴氏杀菌温度与时间（2）

巴氏杀菌方式	温度	时间
分批式（Vat）巴氏杀菌	69 ℃(155 ℉)	30 min
连续式（HHST）巴氏杀菌	80 ℃(175 ℉)	25 s
	83 ℃(180 ℉)	15 s

另外，此款不得解释为禁止使用等同于巴氏杀菌的其他工艺来加工奶及奶制品，只要符合FFD & CA中第403(h).(3)部分的要求并得到FDA的认可。

2. 所有的奶和奶产品，如奶粉、乳清粉、脱脂奶粉、浓缩奶、奶油、脱脂奶等，蛋、蛋产品、可可、可可产品、乳化剂、安定剂、维生素和液体甜味剂，都应该在巴氏杀菌之前添加。可以考虑在巴氏杀菌之后加入的添加剂，仅限于风味添加剂和其他被认为安全和适合的添加剂，包含内容如下。

a. 就一种标准化的奶或奶制品而言，已经由CFR标准界定许可的组分。

b. 添加到发酵奶或奶制品中的新鲜水果和蔬菜能够达到平衡的pH值不大于4.6[在24 ℃(75 ℉)时测定]，并且在产品的整个货架期内一直能够维持。

c. 由FDA证明，该添加物已经经过了热加工或其他技术处理，已经被破坏或去除了病原微生物。

d. 添加物的水分活度系数(a_w)为0.85或更低。

e. 添加物为强酸性，pH值为4.6或更低[在24 ℃(75 ℉)时测定]；或为强碱性，pH值高于11[在24 ℃(75 ℉)时测定]。

f. 烘烤过的坚果。

g. 干燥的糖和盐。

h. 有高酒精含量的风味萃取物。

i. 安全且合适的微生物培养物和酶。

j. FDA 确认的安全且合适的添加物。

所有的添加物必须在卫生条件下生产，这样可以防止添加成分对奶或奶制品的污染。

3. 所有奶或奶制品在热加工前，应该先进入反渗透、超滤、蒸发或浓缩设备完成处理，并且均应在该奶品厂内进行作业，以下情况除外。

a. 如果产品为乳清，则不需要进行巴氏杀菌，但须满足以下条件。

(1)产品为酸性乳清(pH 值小于 4.7)。

(2)由反渗透或超滤设备在 7 ℃(45 ℉)或 7 ℃(45 ℉)以下加工。

b. 如果产品是用于巴氏杀菌的生奶，则产品可能需要使用反渗透或超滤等不具有热杀菌的膜技术浓缩，在进入设备之前，要求满足如下的抽样、检测、设计、安装和操作标准。

(1)处理前，应根据本条例附录 N 的规定对所有的生奶供应进行抽样和抗生素残留检测。

(2)反渗透和超滤设备系统的设计和运行应能确保奶或奶制品的温度在加工过程中保持在 18.3 ℃(65 ℉)或更低。如果产品温度超过 18.3 ℃(65 ℉)一段时间，但未超过 15 min，又如果产品温度超过 21.1 ℃(70 ℉)，产品应被立即转移至系统中的平衡罐直到产品再次低于 18.3 ℃(65 ℉)，或者被完全移出该系统。清除的产品应被丢弃，或立即降温至 7 ℃(45 ℉)以下或立即进行巴氏杀菌。

(3)反渗透或超滤系统，应同被监管机构可接受的温度检测和记录设备一起安装。最低要求是，奶或奶制品的温度应在进入系统前、进入包含冷却的处理程序的每个阶段前，以及滞留物在进入最终冷却器和在流出系统时被检测和记录。

(4)如果反渗透或超滤设备系统不符合上述的设计、安装和运行要求，则在进入反渗透或超滤设备系统之前，奶及奶制品必须先进行巴氏杀菌处理。

4. 需要巴氏杀菌的奶或奶制品可在巴氏杀菌前通过微过滤(MF)系统处理，目的是为了去除微生物，要求如下。

a. 处理前，应根据本条例附录 N 的规定对所有的生奶供应进行抽样和抗生素残留检测。

b. 如果在进料和排料系统中有连续的、循环的滞留物死角存在，则应遵守下列的设计、安装和操作要求。

(1)MF 系统的设计和运行应能确保奶或奶制品的温度在循环的滞留物死角中保持在 18.3 ℃(65 ℉)或更低，或 51.7 ℃(125 ℉)或更高。如果产品温度超过 18.3 ℃(65 ℉)或低于 51.7 ℃(125 ℉)一段时间，但时间未超过 15 min，又如果产品温度超过 21.1 ℃(70 ℉)或低于 48.9 ℃(120 ℉)，产品应被立即转移至系统中的平衡罐直到产品温度再次低于 18.3 ℃(65 ℉)或超过 51.7 ℃(125 ℉)，或者被完全移出该系统。清除的产品应被丢弃，或立即降温至 7 ℃(45 ℉)以下，或立即巴氏杀菌。

(2)MF 系统应同符合监管机构所要求规格的温度检测和记录设备一起安装。最低要求是，奶或奶制品温度应在进入 MF 系统前，以及在先于循环泵的循环滞留物回路的每个模块被检测和记录。

(3)MF 系统的渗透物应立即降温至 7 ℃(45 ℉)以下或立即巴氏杀菌。

5. 所有运至奶品厂进行干燥的浓缩奶及奶制品应在干燥的奶品厂再次进行巴氏杀菌。

6. 冷却的并已部分结晶的浓缩乳清含有至少 40%的总固形物，则可运输到另一个奶品厂干燥，无须再次热杀菌，但规定需遵循下列条件。

a. 浓缩的、部分结晶的乳清被冷却并保持在 7 ℃(45 ℉)或更低。

b. 用于运输浓缩的、部分结晶的乳清的奶罐车，应于即将装填之前进行清洗和消毒，并且在装填后加封直至卸载。

c. 应将专用于卸载浓缩的、部分结晶乳清的卸载泵和管道分开。这些泵和管道应被作为一个独立的清洗回路进行清洗和消毒。

7. 巴氏杀菌设备和所有附属设施的设计和操作均应符合 16p 的规定，即本条例 16p(A)、16p(B)、16p(C)、16p(D)条款的应用说明和操作程序。

16p(A). 分批式巴氏杀菌

与奶或奶制品分批式巴氏杀菌器连接的所有指示温度计和记录温度计均须符合本条例附录 H 测试温度计详述的应用规定，其他仪器的说明见本条例附录 I。

公共卫生考量

只有热杀菌设备的温控装置和设备确实在已知的精确度范围之内，否则就不能保证热杀菌温度操作是准确的。热杀菌必须在设计、操作合理的设备中进行，此设备应保证奶或奶制品的每个颗粒能在合适的温度下连续保持规定的一段时间。

记录温度计是向管理机构提供热杀菌时间和温度记录的唯一方式。经验显示，由于机械复杂性，记录温度计并不总是完全可靠的。因此，必须用更可靠的水银指示温度计或同等精度的温度计来校对记录温度计，确保操作所实施的杀菌温度的准确性。

记录温度计能即时显示其水银球周围的奶或奶制品的温度，但不能显示其他地方的正在进行热杀菌的奶或奶制品的温度。同样，它能显示手工卸料槽的保温时间，但不能显示自动卸料系统的保温时间。因此，热杀菌器应设计合理、操作得当，必要时配备自动控制装置，确保每部分的奶或奶制品达到正确的杀菌温度并保持所需要的时间。

只有杀菌槽的出口阀门和管路连接设计合理且操作得当，否则冷却夹套里的奶或奶制品可能会滞留在出口阀门或连接管路里，并且生的或未完全热杀菌的奶或奶制品可能会在灌装、加热或保温时渗漏到成品出料管。

实验显示，当槽或夹套中的奶或奶制品存在泡沫，在热杀菌过程中泡沫温度可能经常低于杀菌温度。在这种情况下，泡沫中的病原微生物就无法被杀死。经验证明，在某些特定的情况下，所有槽中都会存在一定量的泡沫。此外，在填充槽内，奶或奶制品经常被溅至奶或奶制品表面以上和夹具上，以及槽盖的内侧。这些溅洒液可能会回滴到物料中，而它们因为没有在热杀菌温度下保持所规定的保温时间，因此可能含有病原微生物。对物料面上的空气加热直到超过热杀菌温度，可以补救缺陷。如果不采取空气加热措施，则应在保温时间到达时经常对槽上壁和盖子内侧面用擦拭法采样，并进行磷酸酶检测，以证实杀菌效果。

许多奶品厂的报告显示，使用空气表层加热器，特别对带有非隔热盖子的未满载的槽，更容易使物料维持在均衡且充分的高温状态，有利于阻止嗜热微生物的生长，并易于清洗。

显然，如果槽和夹套的盖子在设计和构造上不能防止泄漏、冷凝水以及外来的水和灰尘的进入，物料就可能被带有病菌的东西所污染。加工期间关闭盖子将会减少污染的机会，如灰尘、昆虫、水滴和飞溅物进入物料。

管理要求

当做到以下各项时，该条款即可认为是合格的。

1. 分批式巴氏杀菌温度和时间的控制

a. *温度差异*。热杀菌器应设计成确保在保温阶段，槽内物料中心处最低温度与槽内其他地方的物料之间的同期温差始终不会超过 0.5 ℃(1 ℉)。杀菌槽须提供充足的搅拌，在整个保温阶段应不停地运转。奶或奶制品的液面应足以覆盖搅拌器，以保证充分搅拌，否则不能进行间歇巴氏杀菌。

b. 指示温度计和记录温度计的位置和必需读数。每个分批式热杀菌器都应配备一个指示温度计和一个记录温度计。

整个保温阶段内，温度计上的读数不应低于所要求的杀菌温度。开始保温时，操作工人就该检查记录温度计并比较指示温度计上所显示的温度，并将两者间的比较值登记在记录温度图表上。记录温度计上的读数不应超过指示温度计上的读数。一旦物料的容量不足以覆盖住指示温度计和记录温度计两者的温度计球体，就不准进行巴氏杀菌。

c. 确保最短保温时间。分批式巴氏杀菌应确保奶或奶制品的所有颗粒在不低于最低杀菌温度的条件下至少保温 30 min。

当奶或奶制品在槽内加热到杀菌温度，在打开出料阀时、或打开前开始进行冷却时，记录图表应显示出在不低于最低杀菌温度的情况下，奶料已经保温了至少 30 min。如果奶料在进槽之前，就已经预热到了杀菌温度，记录图表应能显示出在不低于最低杀菌温度条件下，加上奶料浸没记录温度计球体所需要的时间后，奶料保温时间至少为 30 min。若在打开出口阀门后就在槽内开始冷却，或完全在槽外进行冷却，记录图表应能显示出在不低于最低杀菌温度条件下，加上液面降到记录温度计球体时所需的时间后，奶料保温时间至少为 30 min。

杀菌温度记录表中的记录时间间隔，应包括充料时间和放空时间，操作工应将这些间隔时间登记在记录图表上，并通过将记录温度计的球泡移出奶或奶制品，使记录笔有足够的时间停滞，也可在保温时间即将结束时向保温槽的夹套内注入冷水，或在记录图表上记下保温时间。槽的充料时间和放空时间的设定，是由管理机构在初始审查时决定的；如果影响时间的因素发生改变，管理机构应再次审查，重新决定充料时间和放空时间。

保温一旦开始后，不得再向保温槽中添加奶或奶制品。

2. 空气层面的加热

a. 在保温期内分批式巴氏杀菌器应采取措施，使得保温期间维持奶或奶制品液面上的空气温度比所要求的最低杀菌温度至少高 3 ℃(5 ℉)(本条例附录 H)。

b. 每个分批式巴氏杀菌器应装备一个空气温度计。进行杀菌操作时，奶或奶制品的液面应比空气温度计球体底部至少低 25 mm(1 in)。

c. 在开始保温和结束保温时，以及在给定的时间点上或记录表上的参考时间点上，都应在记录温度计图表上记录下空气温度计所显示的温度。

3. 进出口阀门或其连接

下列定义适用于进料阀和出料阀或其连接。

a.“阀门关闭”允许转动阀塞至完全关闭位置的导向，但不超过完全关闭位置。

b.“完全打开”指阀门座处于允许最大流量进出巴氏消毒器的位置。

c.“关闭状态”指处于阀门座的任何位置都能阻止奶样进出巴氏消毒器的状态。

d.“完全关闭”指阀门座的关闭状态，要求最大限度地转动阀门才能达到全开放状态。

e.“关闭临界状态”指堵塞型阀门的关闭状态，该状态刚刚能阻止奶样的流进流出，或是沿着阀门座最大圆周所测量的间距在 2 mm 内。

f.“泄漏”指在保温或排空过程中非热杀菌奶样进入分批式热杀菌器，或在任何时间里非热杀菌乳料进入热杀菌乳料管道内。

g.“防漏阀”指一个带有泄漏换向装置的阀门。不管阀门处于何种关闭状态，都能防止奶样通过阀门泄漏。

h.“关闭连接阀”指一种阀门，其阀座与热杀菌器内壁为一体，或连接得很紧密，以至于在保温阶段任何时间里，阀门里奶料温度不会比杀菌器中心部位奶样温度低 0.5 ℃（1 ℉）以上。

如果关闭连接阀未嵌入热杀菌器内壁，若满足下列条件也视同合格：

（1）槽的出料口向外展开，其末端的最小直径要大于出料管径，加上喇叭口的深度。

（2）从阀门座到喇叭口小头的最大距离要比出口管道直径小。

（3）分批式巴氏杀菌的出料口和搅拌器的安装应保证奶或奶制品能很快从出口流出。

4. 阀门和连接管的设计和安装

所有阀门和连接管应符合下列要求。

a. 阀门和管道连接应满足本条例第 10p 条的要求。

b. 所有管道和接头应结构合理，位置合适，保证不会发生泄漏。

c. 为了防止堵塞和加速排放，所有旋塞型出口阀防漏槽其中心部位至少是 5 mm宽、2.3 mm 深。所有结合槽的咬合部都要达到这些尺寸要求，不论阀门是处于全关闭状态还是接近全关闭状态。当所有单个泄漏槽和其他结合泄漏槽咬合时，它们应能伸展到阀座的整个深度，以确保在阀座内的任何点发生泄漏时都可以转移，从而能防止气缚。垫圈或其他部件不应阻塞防漏槽。

d. 所有旋塞型出料阀门都应配备挡销，引导操作人员关闭阀门，防止未经热杀菌的奶样流入出口管道。所设计的挡销应确保旋塞在配备防漏槽或相应构造时不会逆转；配备了双重反向防漏槽的，所设计的挡销也应确保使操作人员无论在提升阀芯或在其他方式操作时都不可能将阀门拧得超过关闭状态。

e. 除上述要求外，出料阀门无论处于何种关闭状态都应防止未经热杀菌的奶或奶制品在阀门处的通道内积聚。

f. 槽式热杀菌器的所有出料口都应配备带法兰盘的防漏阀，并在进料、保温和排空的过程中得到类似保护。

g. 所有泄漏保护装置槽的出口阀应安装在合适的位置，保证防漏槽的功能和泄漏检测阀的排放。

h. 在灌装、加热和保温期间，所有出料阀都应全关闭。

i. 槽式热杀菌器上带法兰盘的出料阀座和阀芯应由不锈钢材或其他传热性能与不锈钢相同的材料制成。

j. 所有进料管在保温和排放过程中应断开连接，所有出样管在填装和保温阶段应断开连接。

5. 记录温度图表

所有温度计记录图表应遵从本条例第 16p(D)中第 1. a 条款的应用要求。

16p(B). 连续式巴氏杀菌

公共卫生考量

见本条例第 16p 条和第 16p(A)下的公共卫生考量。

管理要求

做到以下各项时，该条款即可认为是合格的。

1. 指示温度计和记录/控制仪

所有在奶或奶制品高温短时连续式巴氏杀菌中使用的指示温度计和记录/控制仪，应符合本条例附录 H 规定的应用要求。

2. 自动控制器

每个连续式巴氏杀菌系统都应配置一个自动转换奶流方向的控制器，其应符合下列定义、规格和性能要求。

a. 奶流方向自动控制器。

(1)奶或奶制品控件必须具有分流装置(FDD),该装置会根据法律规定的巴氏杀菌条件自动引起奶或奶制品的分流。

(2)控件应满足本条例第16p(B)、16p(C)和附录H的适用要求,并执行本条例第16p(D)2和附录I所列的适用测试。

(3)控制器供应商应向监管机构提供包括测试程序和说明的用户手册等相关文件,作为本条例的补充。

b. 液流换向装置。

用在连续式巴氏杀菌器中的所有液流换向装置(FDD)应符合下列要求或具有类似规格。

(1)一旦流动中的奶或奶制品的温度低于热杀菌温度且阀门不是位于完全换向位置时,通过切断进料泵动力的方式,以阻止低于"最低杀菌温度"的奶或奶制品向前流动。也可采取其他令人满意的方式。FDD和阀座的位置检测方法参见本条例附录H和附录I有关位置检测的部分。

(2)使用套管密封防止制动杆周边泄漏时,密封阀杆螺帽不可拧紧到妨碍阀门转换到完全换向位置。

(3)应在阀座顺流侧安装渗漏溢出装置。然而,当阀座顺流侧感受到背压时,同时奶或奶制品液流处于换向状态时,渗漏溢出装置应位于两阀座之间或同一阀座之间,一端向渗漏溢出装置上方溢流,另一端向渗漏溢出装置下方溢流。所设计安装的渗漏溢出装置应使渗漏液排放到外面,或通过与换向管分开的管道流进恒定液位罐。当渗漏液排放到恒定液位罐时,应在渗漏溢出装置管道上安装窥视玻璃,以便于观察渗漏情况。

(4)顺流阀座应关紧,以至于从阀座流出的渗漏液量不会超过渗漏溢出装置的排放能力,此时顺流管道应为脱离连接状态;为此,连接杆的长度不应被操作者随意调节,导致阀座的合适位置受到干扰。

(5)液流换向装置(FDD)的设计和安装附有功能:当初始动力失去时,必须自动转换奶或奶制品的流向。

(6)液流换向装置(FDD)应位于保温管的下游,其感应器应安装在液流换向装置入口上游46 cm(18 in)以内的奶或奶制品管道内。

(7)液流换向装置也可位于热回收段或冷却段的下游。在此情况下,要求该系统符合本条例附录H中有关下游换向装置的标准。

(8)液流换向装置的换向管道内的排放应能达到自流、畅通无阻、无阀门限制,如果有阀门也不会影响奶料的换向。要是在高热瞬时(HHST)巴氏杀菌系统里,液流换向装置位于热回收段或冷却器的下游，并由完全计算机联机控制清洗系统，包括在重新启动生产前排出奶料管路系统的，则应配置一种"非自流型"的冷却器。

(9)如果使用此设置，则来自液流换向装置渗漏检测器处的管道，应能达到自流、畅通无阻，并且不设阀门限制。

(10)在液流换向装置的运行时间内，定时泵的最大"关闭"时间延迟，最大允许值为1 s，以维持液流驱动装置保持于"开动"状态。

(11)当液流换向装置处于换向状态，而换向阀座和检测阀座间的区域不能自排放时，换向阀门和检测阀门之间的移动使液流换向装置回到顺流状态，延迟所需时间应在1~5 s的范围内。在下列情况下，延迟时间可超过5 s：计时系统为磁性流量计；或者在无限制的换向阀门管道里，换向流动的物料保温时间比本条例中热杀菌所定义的热杀菌时间更长；另外，在某些热杀菌系统中，当液流换向装置位于热杀菌器回收段下方，或正常启动过程中液流换向装置的所有顺流产品接触面已被消毒或灭菌时，可以不需要时间延迟。

(12)温度和保温时间满足本条例巴氏杀菌定义的高热瞬时(HHST)杀菌系统中，液流换向可能位于热回收段或冷却器的下游。则该液流换向器可选用本条例附录H所描述的"蒸汽分块型"系统。这种液流换向系统允许在清洗消毒或者换向时，换向的水或奶及奶制品可以通过合适的阀门和冷却器回流到进料平衡缸。

c. 奶或奶制品流向控制设备的结构。

奶或奶制品流向控制设备应满足下列要求。

(1)传感器位于固定管出口处的热限控制器应设计为铅封型，只有当控制器感应到奶或奶制品的温度超过条例中规定的杀菌温度时，流水线才能开始启动；而在整个过程中，只要温度低于杀菌温度时，奶就不会向前流动。监管机构在测试后需对流向控制设备进行铅封；在没有得到监管机构许可前不能摘除铅封。该巴氏杀菌系统的设计应确保奶或奶制品不能旁路控制感应器，在杀菌过程中也不能随意移动控制感应器。每天开始工作时，车间操作工应将指示温度计上所显示的奶或奶制品的温度读数记录在每日记录表上。

(2)对于标示为UP的奶或奶制品超巴氏杀菌处理系统，没有必要对热限控制器在138 ℃(280 ℉)或更高的一个温度点上设定铅封温度。同样，如果系统能满足超巴氏杀菌规定的所有公共卫生控制要求时，其控制记录仪图标应显示超巴氏杀菌奶或奶制品经过了至少138 ℃(280 ℉)的温度，并由管理机构验证保温时间也不少于2 s。如果需要铅封，应由管理机构在对设备进行测试后实施，摘除铅封也应得到监管理机构的允许。该系统的设计应确保奶或奶制品不能旁路控制感应器，在杀菌过程中也不能随意移动控制感应器。对于这样的杀菌系统，不要求操作者每天都测试开通或关闭的温度。

(3)驱动奶流通过换向装置的均质机、泵或其他设备的手工控制开关应与热限控制器连线，确保只有在奶或奶制品温度达到或高于本条例规定的杀菌温度或者工艺所设定的杀菌温度时，以及换向装置完全处于换向状态时，才可形成通路。

d. 保温管。

(1)保温管的设计应确保奶或奶制品每个粒子的保温时间至少达到本条例中规定的奶或奶制品热杀菌所定义的时间。

(2)保温管的设计应保证在保温过程中的任何时间内，在液流的任何断面上，最热的和最冷的奶或奶制品的同期温差不会超过0.5 ℃(1 ℉)。无须试验验证，直径在17.8 cm(7 in)以下的管式保温器中，在没有管接件的情况下，奶或奶制品可以畅通无阻流动，能满足上述要求。

(3)不准为弥补奶或奶制品流速的变化而允许保温管保留短路设计。保温管的安装不能漏掉部分管道，而造成保温时间的不足。

(4)保温管在流动方向上应安装一个向上的斜坡，其坡度不得小于2.1 cm/m (0.25 in/ft)。

(5)保温管应由支撑物固定其位置，避免横向或垂直移动。

(6)保温管的设计应确保进料口和记录控制器温度感应器之间的部位不会受热。

下列条款适用于高热瞬时(HHST)系统。

(7)由于保温管管道短，高热瞬时(HHST)杀菌系统的保温时间是根据泵速而不是盐传导率试验决定的。保温管的长度必须保证任何最快流动的奶或奶制品颗粒穿过保温管的时间不会短于规定的要求。在高黏度产品的杀菌过程中，保温管内会发生层流现象，即最快颗粒的流速是平均颗粒流速的2倍，所以保温管长度应按平均流速的要求保温时间的2倍计算。

(8)用蒸汽直接进行加热加工时，保温时间将缩短，因为蒸汽在喷射器里加热时冷凝成水，奶或奶制品的体积膨胀。随着热杀菌的奶或奶制品在减压室内的冷却，剩余的水分又被蒸发掉。例如，在添加蒸汽使温度上升到极限值66 ℃(120 ℉)的同时，保温管内物料的体积会增加12%。因此在杀菌器的出口处测量平均流速并不能反映保温管内的体积增加情况。然而，体积增加使保温时间缩短的因素，应在计算中加以考虑。

(9)对于那些保温管内压力低于518 kPa(75 lb/in^2)的高热瞬时(HHST)杀菌系统，压力限制指示器或压力开关必须用内线连接，使得当产品压力低于规定值时，液流换向装置会转到换向状态。若操作温度在 89~100 ℃(191~212 ℉)，设备压力必须设定为 69 kPa(10 lb/in^2)；若高热瞬时(HHST)杀菌系统运行温度高于 100 ℃(212 ℉)时，为防止保温管内液体汽化而缩短产品停留时间，当沸腾管处于最高温度时，设定的设备压力必须高于产品沸点压力 69 kPa(10 lb/in^2)。

(10)在蒸汽喷射系统中，喷射器处需安装压差限制指示器，来保证喷射室的适当隔绝。此设备须配有差压开关，当喷射器压力低于 69 kPa(10 lb/in^2)时，液流换向装置就应转到换向位置。

e. 指示温度计和记录温度计。

(1)指示温度计的安放位置应距离记录器/控制器的温度感应器尽可能近些，近上游端，使得两(2)温度计间的奶料温度无显著的差异。

(2)车间操作工应每天检查记录器或控制器上的显示温度，并与指示温度计上的显示温度相对照，所有读数应记录在表上。调整记录器或控制器，使其读数不高于指示温度计上的读数。

(3)记录器或控制器所应用的图表应符合本条例第 16p(D)中第 1 条的规定。

f. 液流驱动装置。

(1)驱使保温管内奶流动的泵和其他泵群应位于保温管上游；如果采取措施以排除保温管和泵进料口间的负压，则泵和其他液流驱动装置也可安装在保温管下游。当真空设备安装在保温管下游时，那就需要一个真空断路器，另加上一个能自动防止在固定管末端的液流换向装置和真空室之间的管路内产生负压的装置。

(2)调节保温管流速的泵或其他液流驱动装置，使其得到有效控制，保证奶或奶制品每个颗粒的保温时间符合本条例中对奶或奶制品杀菌定义中规定的杀菌时间。在各种情况下，通过普通传动轴、齿轮、滑轮、或变速驱动器将电动机与定时泵连接，而齿轮箱、滑轮箱和变速装置都应妥善保护，使保温时间不会在控制程序检测的情况下缩短。监管机构在测试后进行铅封就可完成，而铅封的拆除应及时得到监管机构的允许，此原则适用于具有定时泵的所有均质机。也适用于与定时泵连接的调速驱动器，使得皮带的磨损或拉伸只可能导致泵的减速，而不能加速。

保温管应该是正排量式的，或符合本条例附录 H 规定的计时性磁性流量计的规格。如果定量泵和均质机被用作调速泵来使用，那么从出口管道到入口管道之间，不得有旁通管道。否则在加工过程中，系统内将会出现额外的流量或真空。

如果在加工过程中，系统配备其他液流驱动装置或真空装置时，定量泵或均质机当作定量泵时，在其出料管和进料管之间不应有旁路管道。当一个均质机与定量泵一起使用，而且都位于保温管上端时，则必须满足下列情况之一。

(i)如果均质机的流量比定量泵大。在这种情况下，在出料管和进料管之间应有一个无限制的、开放的、循环管道连接均质机。循环管直径必须大于等于均质机中用于奶或奶制品的进料管。在循环管道上可使用一个控制阀，以控制从出料管到进料管的流动，其截面积应至少与循环管的尺寸相同。

(ii)如果均质机的流量比定时泵小并且位于定时泵之后。在这种情况下，应使用缓冲管和阀门。缓冲管应位于定量泵的后面、均质机进料口的前面，使得奶或奶制品回送到进料平衡罐或进料平衡罐的出口处，或回送到任何增压泵的上游或其他进料驱动装置。

(iii)当用于均质部分但不是全部奶或奶制品时，均质机的流量比定时泵小并且位于定时泵之前：在这种情况下，未均质奶或奶制品应与定时泵之前的均质奶或奶制品混合，并应使用无限制、开放的均质器旁通管来将未均质奶或奶产品线与均质奶或奶产品线连接起来。均质器旁通管的直径应至少等于或大于供给定时泵的入口管线的直径。

注：针对不是所有奶或奶制品都均质的情况，在处理过程中利用旁路管道完全绕过均质机的系统，那么旁路管道与阀门的连接，应该设计成能够保证这两个管道不能同时打开。合理设计一个带操作栓的三通旋塞阀，或采用其他自动防故障设施，即可达到此目的。如果部分或全部奶或奶制品绕过本注释或上文f.(2).(iii)中所述的均化器，则奶或奶制品不能标记为“均质”。

(3)保温时间是指奶或奶制品在达到或超过本条例规定的相应工艺的杀菌温度下，其中流动最快的物料颗粒穿过保温管所需要的时间；如保温管不受加热介质的影响，保温管应从下游方向连续向上倾斜并位于液流换向装置的上游位置。测试保温时间时，应将所有设备装置启动并调整到最大流速。当均质机位于保温管上游时，保温时间应由均质机保持开启状态和均质压力阀显示无压力的情况下确定。

针对这样的系统，上文f.(2).(i)中描述的利用旁路线并且不对全部奶或奶制品进行均质的情况，保温时间应在两种流动模式下分别测试，并以最短时间为准。保温时间的测试应分别在向前流和换向流模式中进行。如果必须延长换向液流的保温时间，可在换向管道垂直部分安装一个可识别的限流器。

(4)当真空设备位于保温管下游时，保温时间应在定量泵提供最大流速和降压设备提供最大负压的情况下进行测试。

(5)测定保温时间时，首先应由监管机构对保温时间进行测试，随后每半年一次；影响保温时间的因素发生或流速设定铅封遭受破坏时，都要再次进行保温时间的测试。对于使用定时泵的巴氏杀菌系统，应在正向和分流中测试保温时间。

g. 蒸汽直接加热。

蒸汽喷射本身是一个很不稳定的过程；因此，当蒸汽注入奶流中时，蒸汽的凝结很难能在注射器内全部完成，除非使用了合理的设计标准。注射器内没有完全冷凝会导致保温管的温度变化，从而可能导致某些奶或奶制品的颗粒在低于巴氏热加工温度下被加工。当蒸汽喷射至奶或奶制品中时，希望加热效果能够达到灭菌所需的温度，蒸汽喷射器的设计、安装和操作均应遵循下列或类似的规定。

(1)必须控制奶或奶制品的流动以及蒸汽的输送都与注射腔里的压力波动隔绝。一种隔离方法是在喷射器的物料进口和每一个蒸汽喷嘴加热之后的物料出口处都插入辅助孔。这两种孔径的尺寸，需在模拟的操作过程中，保持喷油器两端的压强不能小于69 kPa(10 lb/in^2)，而注射器能正常运作。

过度颤动、压力波动或产生怪异噪音，说明注射系统不稳定，需要检查注射腔的隔离情况。

(2)应尽可能避免来源于奶料或蒸汽的非冷凝气体。无论来自何处，非冷凝气体都会取代保温管中的奶料，而导致保温时间的缩短。另外，蒸汽里的非冷凝气体也会显著地改变喷嘴里的冷凝机制。因此，蒸汽锅炉应安装一个脱气器，有助于使保温管中的物料尽可能减少非冷凝气体。

h. 防止奶或奶制品掺入水分。

(1)从FDD下游方向直接将蒸汽注入牛奶或奶制品时，应设法防止额外蒸汽进入到牛奶或奶制品里，只有FDD处于正向流动位置时例外。为此，需要在蒸汽进口处的下游使用一个带有温度感应器的自动蒸汽控制阀；或在蒸汽管上安装一个自动螺管阀(电磁阀)，并且电路是与液流换向装置的控制器连锁的，只有当液流换向装置处于顺流位置时，蒸汽才能流动。

(2)直接将蒸汽注入奶或奶制品时，应采用自动装置，如单机或可编程逻辑控制器(PLC)为基础的比率控制系统，以维持进口奶或出口奶之间的适当温度差，以免产品被水稀释。

(3)在进水管与真空冷凝器连接之处，如果真空冷凝器与真空室没有用物理方法予以隔绝的话，应采取措施防止水从真空冷凝器倒流和溢流进入真空室。本条例规定使用的、自动控制的可切断进水的安全关闭阀门可解决此问题，此阀门位于真空冷凝器的进水管上。例如，当冷凝水泵停止转动和水平面超过真空冷凝器所设定的界线时，此阀门的控制器立即被启动关闭进水。该阀门可由水、气或电启动。当低于启动电流时所设计的阀门应停止供水进入真空冷凝器。

16p(C). 热能回收式热杀菌系统

公共卫生考量

为了防止热杀菌奶或奶制品的过程中热能回收的操作中发生污染，生奶或奶制品的物流应始终比经过热杀菌的奶或奶制品，或传热介质的物流压强都要低。如果在密封接头中隔绝生的和经过热杀菌的奶或奶制品的操作中存在缺陷，那么这个规定对于防止由生奶或奶制品造成经过热杀菌的奶或奶制品被污染的情况，就是非常必要的。

管理要求

当做到以下各项时，该条款即可认为是合格的。

“奶或奶制品—奶或奶制品”的热能回收

采用“奶或奶制品—奶或奶制品”的热能回收方式，且热交换的双方都是与大气封闭的热杀菌器，应遵循或符合下列条款：

1. 建造、安装和运行的热能回收器中的经过热杀菌奶或奶制品的一侧，应一直自动地高于生奶或奶制品那侧的压力。

2. 经过热杀菌的奶或奶制品的物流压强，在距热能回收器下游最近的出口处，应比生奶或奶制品物流最高的压强至少高出相当于30.5 cm(12 in)水柱高度的压强。与大气接通的出口位置应在进料平衡罐的下游。

3. 进料平衡罐顶部边缘的溢流面，应始终比在热回收器中最低的奶或奶制品水平面更低。

4. 泵或液流驱动装置可能会影响热回收器里正常的压力关系，所以，热回收器已经过热杀菌的奶或奶制品的出口一侧，与其下游最近的向大气开口的连通处之间不准安装泵或液流驱动装置。

5. 热回收器的原料奶或奶制品的入口处与进料平衡罐之间不应安装泵，除非设计安装考虑到实际操作，只有奶料流过热回收器内已经被杀菌的奶或奶制品产品一侧时，该侧物料的压强始终比泵所产生的最大压强还要高。这也可通过应用增压泵来实现，但需保证只有在下列条件下，增压泵才能运转。

a. 定时泵（如果存在）在运行中。

b. FDD 处在向前的顺流位置。

c. 经过热杀菌的奶或奶制品超过增压泵的最大压强至少 6.9 kPa(1 lb/in^2)。压力表应安装在热回收器的生奶及奶制品的入口，与热回收器的已经热杀菌过的奶或奶制品的出口或冷却器的出口处之间。这些必需的压力表应由管理机构在安装时检测其准确性；之后每一季度检查一次，在维修或调试后需要再次检测。

6. 增压泵的电机、机壳和叶轮应设定为随压力开关而运作的，只能安装在热杀菌器已经巴氏杀菌的奶及奶制品一侧，并且应按照监管机构的指示进行记录和保存。

7. 除了橡胶皮电线可用于增压泵最终的连接，其他所有电线应放在永久套管中，所有的电线连接均不应违反本条例的有关规定。

8. 在进料泵关闭时，热回收器里所有奶料应能自由回流到进料平衡罐，或者到地面。

9. 当真空设备位于液流换向装置下游时，应提供措施防止在转向或关闭期间，热回收器里已经杀菌过的物料侧的压力骤降。在真空室，与热回收器已经杀菌过的物料入口处之间的管道上应安装一个有效的真空阻断器和一个能防止负压产生的自动装置。

10. 当蒸汽直接注入奶或奶制品达到法定热杀菌温度，且真空设备位于保持管下游时，则可以解除在热回收器热杀菌侧入口处安装真空断路器的规定。但必须安装控制 FDD 的压差控制器，其安装和连接方法应按照本部分第 10 条的规定。

"奶—水—奶"热回收器

方案 1：对于"奶或奶制品—水—奶或奶制品"类型的热回收器，如果两种奶或奶制品以及与生奶或奶制品进行热交换的媒介水流都不与大气连通的话，应完全符合下列规则。

1. 此类热回收器在设计、安装和运行时，在与生奶或奶制品进行热交换的这一部分，需要确保其他物流的压强始终大于生奶或奶制品物流一侧的压强。

2. 媒介水应是安全的，并且应位于有盖的罐中，下游向大气开放的开口高度应该比进料平衡罐中任何生奶或奶制品的水平面至少高出 30. 5 cm(12 in)的高度。处在热回收器里的媒介水的出口，与下游距离最近的向大气开口点之间的媒介水，应提升至比系统中任何生奶或奶制品的垂直高度，至少高出 30. 5 cm(12 in)，并在这个高度或更高处与大气接通。

3. 开始运行时，媒介水环路必需充满水。运行过程中，只要有生奶或奶制品存在于热回收器中，应自动及时地补充全部损失的水。

4. 进料平衡罐顶部边缘的溢流面应始终比热回收器中，在与生奶或奶制品进行热交换的这一部分里的、生奶或奶制品物流的最低平面更低。热回收器的设计安装应确保一旦关闭原料奶供应泵，并断开原料奶管道与热回收器出口的连接，所有原料奶都能够畅通地回流到处于上游的进料平衡罐里。

5. 在热回收器生奶或奶制品的进料口与进料平衡罐之间不可安装泵；泵的设计安装只是使媒介水流过热回收器的传热段并使其压力比原料奶物流的压力更高。这可以通过将增压泵按照如下方法接入电路来实现，即只有满足下列情况时，泵才能运转。

a. 媒介水泵在运行中。

b. 媒介水压强超过热回收器中生奶或奶制品物流的压强至少 6. 9 kPa(1 lb/in^2)。压差控制器应安装在热回收器中生奶或奶制品入口与媒介水出口之间。生奶或奶制品增压泵应与压差控制器连锁，使其在只有存在压力差的情况下才能运行。所用的压差控制器应由监管机构在安装时检测其准确性；之后每一季度检查一次，并在维修或更新后再次检测。

方案 2：配有换向装置的巴氏杀菌器位于热回收器或冷却段下游。“奶—水—奶”热回收器也可以如此构造、安装和运转，只需要保证在“已经热加工过”的奶或奶制品物流一侧的压强始终大于传递热量物流的另一侧。应符合以下要求或同样令人满意的规格。

1. 必须使用压差控制器来监测经过热加工的奶或奶制品物流的压强和转递热量物流的压强。一个压力传感器需要安装在热回收器中经过热加工的奶或奶制品的出口处，其他的压力传感器应安装在热回收器经过热加工的奶或奶制品物流一侧的传递热量物流的入口处。当热回收器中经过热杀菌的奶或奶制品物流的最低压强，无法比传递热量物流另一侧的最大压强至少高出 6. 9 kPa(1 lb/in^2)时，控制器或记录式控制器将启动 FDD。自动阻止奶或奶制品物流向前的顺流，直到保温管和 FDD 之间的所有奶或奶制品达到或超过所需的热加工温度并连续地保持了相应的时间。

2. 连锁连接转递热量的媒介泵，除非定量泵或其他促流设备在运行中，否则它无法运行。

注：根据本条例附录H进一步讨论有关实现提供热回收器内所需压力关系的方法。

16p(D). 热杀菌记录，设备测试和检查

1. 热杀菌记录

所有FDA和监管机构认可的热杀菌温度和流速记录表或代替记录均应符合以下3个规则。

a. 已审查，注明日期，签字或注明其姓名首字母。

b. 须现场进行，由监管机构审查至少前3个月的监管记录或由上次管理检查开始进行审查，此两者中以时间长者为准。如果可以现场访问电子记录，则此电子记录可被认为现场进行审查。

c. 从创建之日起保留至少2年。如能在要求进行官方审查的24 h内检索并就地提供这些数量控制记录，则可准许异地储存。

表格的使用不得超过所规定的时限。重叠搭接的记录数据视同为违背本条款。下列信息应记录在表格或其他FDA认可的代替表格之中。

a. 分批式巴氏杀菌器。

(1)日期。

(2)当使用多个记录温度计时，应标明其编号和位置。

(3)产品温度的连续记录。

(4)保温持续时间，必要时包括灌装和排空的时间。

(5)在保温期的开始和最后，在给定的时间或记录上显示的参考点读取气层温度计的读数；如果气层温度计是数字结合气层/记录温度计，由它提供连续的气层温度计记录并且经过监管机构按照本条例附录I测试4的校准，记录纸上的气层温度计记录只需要反映出保温期的开始阶段。

(6)在保温期的开始阶段，在给定的时间或作为记录上显示的参考点读取气层温度计的读数。

(7)监管机构对记录温度计的计时准确性实行季度测试；对于纳入NCIMS管理的HACCP体系奶品厂，可由监管机构授权的行业人员执行。

(8)每批次分批式，或记录图表显示出运行过的，所有巴氏杀菌奶及奶制品的数量和名称，都应呈现在记录纸上。

(9)非常事件的记录。

(10)操作工的签名或姓名首字母。

(11)奶品厂名称和位置或其奶品厂代码。

b. HTST和HHST热杀菌器。记录温度的图表应包含上述(4)和(5)之外的条款a所指定的所有信息，另外，应包含下列信息。

(1)FDD处于向前顺流状态期间的时间记录。

(2)对于高温短时系统的运行，指示温度计显示，而且每天都要记录开车接通和关车切断时的奶或奶制品的温度，并且需要监管机构每季度签署；对于纳入NCIMS管理的HACCP体系奶品厂，则由管理机构授权的行业人员执行。

(3)上述(6)中的数据，每当更换图表后应立即记录。

注：温度记录表上显示的温度应用来确定含高脂或甜味剂的奶及奶制品是否已达到所需的温度。

c. 带有磁性流量计式定时系统的连续热杀菌系统。流速记录表应能连续记录流速警报器设定的流动速度，还要有能力记录比流速警报器的最高设定值至少高出19 L(5 gal)/min的流速。除上述(3)、(4)、(5)、(6)、(7)项外，流速记录表应包含a条款设定的所有信息，另外，还应包括下列信息。

(1)高流速和低流速/失去信号而警报的连续记录。

(2)流速的连续记录。

d. 电子数据收集、储存和报告。要求的热杀菌记录电子采集、储存和报告，无论是否有备份，都可以被认可。另外，生成的电子记录应能有利于管理机构根据这一部分和本条例附录H、附录V的标准对奶品厂提出复审。

2. 设备的测试和检查

监管机构应在设备安装交付时，按照表4所规定的内容对设备和仪器进行测试，之后每3个月进行一次，包括测试当月留存的天数计算；当发生影响设备或仪器正常运转的维修或更换时，或常规的铅封被破坏时，也需要进行测试。至少每6个月需要对热杀菌保温时间进行一次测试，包括测试当月剩余的天数进行计算。所需的巴氏杀菌设备测试的结果应记录在类似于本条例附录M中引用的参考文献的记录中。监管机构应向奶品厂提供记录的副本，奶品厂应在创建记录后保留这些记录至少2年。如果可以在要求进行官方审查的24 h内检索并提供这些记录，则可以将这些巴氏杀菌设备测试记录异地存储。

注：按照上述2提及的“TPC授权的国内监管人员ICP”规定，可以使用经过

培训和得到 TPC 授权的 ICP。

如遇紧急情况，在满足下列条件的情况下，热杀菌设备可由奶品厂的员工进行开封测试，并临时加封。

a. 加封的人员由启封的奶品厂聘用。

b. 该人员应合格地完成了监管机构认可的有关热杀菌设备控制器的课程。

c. 该人员在过去的一年中向在场的监管官员展示过其具有进行所有热杀菌设备和控制器测试的能力。

d. 该人员应由管理机构授权允许执行此类测试任务。

e. 该人员应在必须打开和移除法定铅封的第一时间通知监管机构以获得对测试和铅封该机器的许可。该人员也应告知管理机构关于影响热杀菌设备控制的信息、热杀菌设备运行失败的原因，如果知道还应告知进行维修和热杀菌仪器测试的结果。热杀菌仪器测试的结果对所有奶品厂而言，都应记录在规定的文件上(参见本条例附录 M 的例子)。该人员应向管理机构提供使用临时铅封时的奶及奶制品的批号和产量。

f. 如果监管热杀菌设备的测试表明热杀菌设备或者控制器不符合本条例，那么在此期间加工的所有奶及奶制品应该被管理机构召回。

g. 监管机构或一个具有相关州政府授权资质但不属任何政治团体的受过良好训练的管理官员，在接到企业报告的 10 个工作日内，应到达现场并打开临时铅封，重新测试并更换为正式铅封。

h. 在监管机构或一个具有相关州政府授权资质但不属任何政治团体的受过良好训练的管理官员，尚未对故障设备进行重新测试并正式铅封的 10 个工作日内，该设备不得用于加工"A"级奶及奶制品。

对于 NCIMS 管理的 HACCP 体系奶品厂，热杀菌设备应由管理机构认可的行业人员进行测试并铅封，确认是否满足下列条件。

a. 热杀菌设备测试的结果应记录在奶品厂全部有需要的文件上(参见本条例附录 M 的例子)。

b. 实施对热杀菌设备测试的行业人员必须完成培训，并向监管机构证实他们具有相关知识和对所规定的设备实施具体操作的能力。

(1)行业人员必须向监管机构证实，他们理解并且可以根据本条例的规定对设备实施具体操作。

(2)监管机构可以采用现场实践、书面测验、课堂培训、在职带教等数种方法相结合的方式来筛选行业人员，不能证实其确有能力从事测试工作的行业人员，不得授权。

(3)未获得授权者可以再次提出申请，但在此之前他们需要完成继续培训。方式如下但不限于此，在职监督培训、被认可的热杀菌培训课程。

c. 对热杀菌设备测试的频率应不低于本条例的规定。行业应承担实施所有热杀菌设备测试的责任。监管机构应至少每6个月对此测试进行督导。法定的测试包括半年度的高温短时和高热瞬时(HTST、HHST)流水线测试。6个月的热杀菌设备测试应在所有参与方都认为合适的时候执行。由于热杀菌设备测试的结果被用来支持CCP体系，所以即使在没有法定督导在场的情况下，也可进行此类测试。

d. 热杀菌设备在安装交付或维修改造时，热杀菌系统测试应在管理机构的监督下进行。

e. 由行业对热杀菌设备进行铅封的操作指南如下所述。

(1)本条例中所有需要被铅封的热杀菌设备，按照HACCP系统要求也应进行铅封。铅封应有奶品厂和监督管理机构认可的受过训练并获得证书的行业人员操作。

(2)监督管理机构可以对设备的铅封进行检查，以及对某人员操作铅封的技能和知识进行评估(接受或否定)。

f. 在审核期间，审核人员结合对设备的检查和对记录的复核，可以进行任何热杀菌设备的部分测试或全部彻底审核，得出令人信服的关于设备的安装和运行情况的结论。

表4　设备测试——分批式、高温短时、高热瞬时热杀菌系统(附录I)

序号	杀菌系统	设备测试
1.	分批式、高温短时，高热瞬时指示温度计和液面气层温度计	温度精确度
2.	分批式、高温短时、高热瞬时记录温度计	温度精确度
3.	分批式、高温短时、高热瞬时记录温度计	时间精确度
4.	分批式、高温短时、高热瞬时指示和记录温度计	记录和指示温度计对照
5.1	高温短时、高热瞬时液流换向装置	通过液流换向装置时的泄漏
5.2	高温短时、高热瞬时液流换向装置	液流换向装置的自流灵敏度
5.3	高温短时、高热瞬时液流换向装置	设备组装(单柄)
5.4	高温短时、高热瞬时液流换向装置	设备组装(双柄)
5.5	高温短时液流换向装置	手动换向
5.6	高温短时、高热瞬时液流换向装置	响应时间
5.7	高温短时、高热瞬时液流换向装置	时间延迟(视察)
5.8	高温短时、高热瞬时液流换向装置	时间延迟(机械清洗)
5.9	高温短时液流换向装置	时间延迟(泄漏-冲流)
6.	槽防漏阀	泄漏

（续表）

序号	杀菌系统	设备测试
7.	高温短时指示温度计	响应时间
8.	高温短时记录温度计	响应时间
9. 1	高温短时压力开关	热回收器压力
9. 2. 1	高温短时、高热瞬时压差控制器	校准
9. 2. 2	高温短时压差控制器	热回收器压力
9. 2. 3	高温短时*、高热瞬时压差控制器	热回收器压力
9. 3. 1	高温短时增压泵/液流换向装置	内配线检查
9. 3. 2	高温短时增压泵/计量泵	内配线检查
10. 1	高温短时液流换向装置	接通/切断温度
10. 2	高温短时*、高热瞬时液流转向系统(间接加热)	接通/切断温度
10. 3	高温短时*、高热瞬时液流转向系统(直接加热)	接通/切断温度
11. 1	高温短时保温管道/定时泵(电磁流量计式定时系统除外)	保温时间
11. 2. a	高温短时保温管道/电磁流量计式定时系统	保温时间
11. 2. b	高温短时、高热瞬时电磁流量计式定时系统	流量警报器
11. 2. c	高温短时、高热瞬时电磁流量计式定时系统	信号丢失/低流量
11. 2. d	高温短时电磁流量计式定时系统	流速
11. 2. e	高温短时电磁流量计式定时系统	时间延迟
11. 2. f	所有的电磁流量计式定时系统	高流量报警响应时间
11. 3	高热瞬时保温管道间接加热	保温时间
11. 4	高热瞬时保温管道直接注入加热	保温时间
11. 5	高热瞬时保温管道直接混入加热	保温时间
12. 1	高温短时*、高热瞬时间接加热	逻辑程序
12. 2	高温短时*、高热瞬时直接加热	逻辑程序
13.	高热瞬时系统	保温管道内压力
14.	高温短时*、高热瞬时系统使用直接注入加热的	注射器压差
15.	高温短时、高热瞬时(所有电子控制器)	电磁干扰

*针对所有带有位于热回收器或冷却装置下游的液流换向装置的高温短时热杀菌系统。

17p. 奶及奶制品的冷却

所有生奶及奶制品的原料均应维持在 7 ℃(45 ℉)或更低的温度下直至加工；所有用于浓缩的乳清和乳清制品均应维持在 7 ℃(45 ℉)或更低的温度或者 57 ℃

(135 ℉)以及更高的温度下直到加工，其中滴定酸度不低于 0.40%或 pH 值不大于 4.6 的酸性乳清，可免除温度要求。

如本条例附录 H 所述，含有奶及奶制品成分的、并不打算作为液态配料投入高温短时热杀菌系统进行加工的、添加了风味浆状物质的奶及奶制品，在罐或容器里混合操作或者保存的话，应每间隔 4 h 或更短的时间，完全清空并进行清洗，除非该浆料被存储在不高于 7 ℃(45 ℉)或高于 66 ℃(150 ℉)的温度下。

所有的热杀菌奶及奶制品，除下列产品，都应在灌装或包装之前，使用被认可的设备立即冷却到不高于 7 ℃(45 ℉)的温度下，除非浓缩后立即进行干燥处理。

1. 待发酵的。

2. 不论含脂率多少，pH 值为 4.7 或更低的所有发酵的酸奶油*。

3. 不论含脂率多少，pH 值为 4.6 或更低的所有酸化的酸奶油*。

4. 不论含脂率多少，灌装时 pH 值为 4.8 或更低的所有酸奶制品*。

5. 不论含脂率多少，pH 值为 4.6 或更低的所有发酵的酪乳*。

6. 不论含脂率多少，pH 值为 5.2 或更低的所有发酵的农家干酪*。

a. 在 63 ℃(145 ℉)或更高温度下*，对 4oz(118 mL)或更大的容器灌装。

b. 在 69 ℃(155 ℉)或更高温度下*，对 2.9oz(85.6 mL)的容器灌装。

c. 附加的临界因素*，如下文所示，适用于热灌装的情况，以确定在什么温度下灌装是可接受的。

d. 添加最低浓度为 0.06%的山梨酸钾，并在 13 ℃(55 ℉)或更低温度*下灌装。

e. 加入浓度如在 M-a-97 中所确定的对应微生物抑制剂或防腐剂，并在 13 ℃(55 ℉)或更低温度*下灌装。

7. 所有浓缩乳清和乳清制品在结晶的过程里，必须冷却至 10 ℃(50 ℉)或更低，整个浓缩过程应该不超过 72 h，包括灌装和排空的操作在内。如果灌装的温度在 57 ℃(135 ℉)以上，那么计算 72 h 时间的始点应该是开始冷却的时候。

*临界因素包括但不限于：pH 值、灌装温度、冷却时间和温度、山梨酸钾的浓度或在 M-a-97 中指定的微生物抑制剂或防腐剂，以及相应的标注浓度。应由监督管理机构通过对设备设施的监控和核查相关记录后决定是否适用。pH 限值带有“pH 值变化+0.05 个单位”是为了弥补 pH 值测量中的重现性和误差。配方或者工艺的任何改变，只要是影响到临界因素的，都应向监督管理机构报告。

注：微生物抑制剂或防腐剂及其所有各单个组分均应具有 GRAS 认证；它们的病原菌抑制效果应该有记录在案的研究结果支持，而监督管理机构和 FDA 已经认可了此类竞争性的研究结果。

所有巴氏杀菌处理了的奶及奶制品都应保存在 7 ℃(45 ℉)或更低的温度下，进行灌装或进入下一步加工处理，下述情况除外。

1. 无论脂肪含量多少，酸奶制品灌装后在培养杯中培养(杯子固定)，随后在 pH 值达到 4.8 或更低时移出培养箱，24 h 内 pH 值为 4.6 或更低*，在移出培养箱的 96 h 内必须冷却到 7 ℃(45 ℉)或以下**。

2. 无论脂肪含量多少，pH 值为 4.7 或更低的发酵酸奶油*，在灌装的 168 h 内必须冷却到 7 ℃(45 ℉)或以下**。

3. 无论脂肪含量多少，pH 值为 4.6 或更低的酸化酸奶油*，在灌装的 168 h 内必须冷却到 7 ℃(45 ℉)或以下**。

4. 无论脂肪含量多少，灌装时初始 pH 值为 4.8 或更低的酸奶制品*，灌装后的 24 h 内 pH 值为 4.6 或更低*，在灌装的 96 h 内必须冷却到 7 ℃(45 ℉)或以下**。

5. 无论脂肪含量多少，pH 值为 4.6 或更低的发酵酪乳*，在灌装的 24 h 内必须冷却到 7 ℃(45 ℉)或以下**。

6. 无论脂肪含量多少，pH 值为 5.2 或更低的发酵农家干酪*。

a. 在 63 ℃(145 ℉)或更高温度*下，灌装在 4 oz(118 mL)或更大容器内的，在灌装的 10 h 内必须冷却到 15 ℃(59 ℉)或更低**，并在灌装的 24 h 内必须冷却到 7 ℃(45 ℉)或以下**。

b. 在 69 ℃(155 ℉)或更高温度*下，灌装在 2.9oz(85.6 mL)的容器内的，在灌装的 10 h 内必须冷却到 15 ℃(59 ℉)或更低**，并在灌装的 24 h 内必须冷却到 7 ℃(45 ℉)或以下**。

c. 添加最低浓度为 0.06%的山梨酸钾，并在 13 ℃(55 ℉)或更低温度*下灌装的，在灌装的 24 h 内必须冷却到 10 ℃(50 ℉)或更低**，并在灌装的 72 h 内必须冷却到 7 ℃(45 ℉)或以下**。

d. 加入浓度如在 M-a-97 中所确定的对应微生物抑制剂或防腐剂，并在 13 ℃(55 ℉)或更低温度*下灌装的，在灌装的 24 h 内必须冷却到 10 ℃(50 ℉)或更低**，并在灌装的 72 h 内必须冷却到 7 ℃(45 ℉)或以下**。

*临界因素包括但不限于：pH 值、灌装温度、冷却时间和温度、山梨酸钾的浓度或在 M-a-97 中指定的微生物抑制剂或防腐剂，以及相应的标注浓度。应由监督管理机构通过对设备设施的监控和核查相关记录后决定是否适用。pH 限值带有"pH 值变化+0.05 个单位"是为了弥补 pH 值测量中的重现性和误差。配方或者工艺的任何改变，只要是影响到临界因素的，都应向监督管理管机构报告。

注：微生物抑制剂或防腐剂及其所有各单个组分均应具有 GRAS 认证；它们的病原菌抑制效果，应该有记录在案的研究结果支持，而监督管理机构和 FDA 已

经认可了此类竞争性的研究结果。

** 关于冷却的温度，应该监测冷却最慢的部位，如一个容器的中间；也应该监测冷却最慢的容器，如一个堆货板的中间。

所有经过巴氏杀菌处理过的，准备进一步加工为浓缩或干燥奶及奶制品的奶及其制品，都应储存在不高于 10 ℃(50 ℉)的温度下，直到进行下一步的处理。

为存放奶及奶制品、乳清和乳清制品、浓缩奶及奶制品的罐或筒都必须安装精准的指示温度计。

每个存放奶或奶制品的冷藏室均应配备准确的指示温度计、温度测量装置或温度记录装置。

在运输车中，奶及奶制品的温度不能超过 7 ℃(45 ℉)。

无菌加工和灌装处理的低酸度奶及奶制品，灌装后再高压釜灭菌处理的低酸度奶及奶制品，高酸发酵、耐贮存的加工和灌装的奶或奶制品都是包装在密封的容器中的，应从本款的冷却要求中剔除。

电子数据收集、储存和报告：只要是奶品厂里的计算机生成的、可供监督管理部门随时调阅的有关清洗的、产品存储温度的记录，都是可接受的。如果电子数据的记录遵循本条例附录 H 第 IV 和第 V 节的规定，无论有无备份，都可以作为就地清洗(CIP)的记录。

公共卫生考量

如果奶及奶制品没有在规定的时间内冷却，在奶品厂接收后，其细菌含量会大大地增加。相同的原理也适用于巴氏杀菌后的奶及奶制品的冷却，除非浓缩后立即进行干燥。

管理要求

当做到以下各项时，该条款即可认为是合格的。

1. 所有的生奶及奶制品都应保存在 7 ℃(45 ℉)以下直到加工，滴定酸度在 0.40%或更高或 pH 值在 4.6 或更低的酸性乳清可被排除在此温度要求外。如果生奶及奶制品、巴氏杀菌的奶及奶制品、乳清和乳清制品停留在正在使用的进料平衡罐或配料罐里的话(持续缓慢地流动但滞留时间不超过 1 h)，那么在不限制温度的情况下，最长的停留时间为 24 h。

2. 所有准备用于加工浓缩和干燥的乳清和乳清制品应保存在 7 ℃(45 ℉)以下，

或 57 ℃(135 ℉)以上直到加工。含有 7 ℃(45 ℉)或以上或低于 57 ℃(135 ℉)的乳清和乳清制品的储存罐应在使用后的每 4 h 内被清空，冲洗并消毒***。

3. 如本条例附录 H 所述，含有奶及奶制品成分的、并不打算作为液态配料投入高温短时热杀菌系统进行加工的、添加了风味浆状物质的奶及奶制品，在罐或容器里进行混合操作或者保存的话，应每间隔 4 h 或更短的时间完全清空并进行清洗，除非该浆料被存储在不高于 7 ℃(45 ℉)、或高于 66 ℃(150 ℉)的温度下。

4. 所有的热杀菌奶及奶制品，除下列产品，都应在灌装或包装之前，使用合格的设备立即冷却到 7 ℃(45 ℉)以下的温度，除非浓缩后立即进行干燥处理。

a. 待发酵的。

b. 不论乳脂率多少，pH 值为 4.7 或更低的所有发酵的酸奶油*。

c. 不论乳脂率多少，pH 值为 4.6 或更低的所有酸化的酸奶油*。

d. 不论乳脂率多少，灌装时 pH 值为 4.8 或更低的所有酸奶制品*。

e. 不论乳脂率多少，pH 值为 4.6 或更低的所有发酵的酪乳*。

f. 不论乳脂率多少，pH 值为 5.2 或更低的所有发酵的农家干酪*。

(1)在 63 ℃(145 ℉)或更高温度下*，对 4 oz(118 mL)或更大的容器灌装。

(2)在 69 ℃(155 ℉)或更高温度下*，对 2.9 oz(85.6 mL)的容器灌装。

(3)附加的临界因素*，如下文所示，适用于热灌装的情况，以确定在什么温度下灌装是可接受的。

(4)添加最低浓度为 0.06%的山梨酸钾，并在 13 ℃(55 ℉)或更低温度*下灌装。

(5)加入浓度如在 M-a-97 中所确定的对应微生物抑制剂或防腐剂，并在 13 ℃(55 ℉)或更低温度*下灌装。

g. 所有浓缩乳清和乳清制品在结晶的过程中，必须冷却至 10 ℃(50 ℉)或更低，整个浓缩过程应该不超过 72 h，包括灌装和排空的操作在内。如果灌装的温度在 57 ℃(135 ℉)以上，那么计算 72 h 时间的始点，应该是开始冷却的时候***。

*临界因素包括但不限于：pH 值、灌装温度、冷却时间和温度、山梨酸钾的浓度或在 M-a-97 中指定的微生物抑制剂或防腐剂，以及相应的标注浓度。应由监督管理机构通过对设备设施的监控和查核相关记录后决定是否适用。pH 限值带有"pH 值变化+0.05 个单位"是为了弥补 pH 值测量中的重现性和误差。配方或者工艺的任何改变，只要是影响到临界因素的，都应向监督管理机构报告。

注：微生物抑制剂或防腐剂及其所有各单个组分均应具有 GRAS 认证；它们的病原菌抑制效果，应该有记录在案的研究结果支持，而监督管理机构和 FDA 已经认可了此类竞争性的研究结果。

5. 所有巴氏杀菌处理了的奶及奶制品都应保存在 7 ℃(45 ℉)或更低的温度下，进行灌装或进入下一步加工处理，下述情况除外。

a. 无论脂肪含量多少，酸奶制品灌装后在培养杯中培养(杯子固定)，随后在 pH 值达到 4.8 或更低时移出培养箱，24 h 内 pH 值为 4.6 或更低*，在移出培养箱的 96 h 内必须冷却到 7 ℃(45 ℉)或以下**。

b. 无论脂肪含量多少，pH 值为 4.7 或更低的发酵酸奶油*，在灌装的 168 h 内必须冷却到 7 ℃(45 ℉)或以下**。

c. 无论脂肪含量多少，pH 值为 4.6 或更低的酸化酸奶油*，在灌装的 168 h 内必须冷却到 7 ℃(45 ℉)或以下**。

d. 无论脂肪含量多少，灌装时初始 pH 值为 4.8 或更低的酸奶制品*，灌装后的 24 h 内 pH 值为 4.6 或更低*，在灌装的 96 h 内必须冷却到 7 ℃(45 ℉)或以下**。

e. 无论脂肪含量多少，pH 值为 4.6 或更低的发酵酪乳*，在灌装的 24 h 内必须冷却到 7 ℃(45 ℉)或以下**。

f. 无论脂肪含量多少，pH 值为 5.2 或更低的发酵农家干酪*。

(1)在 63 ℃(145 ℉)或更高温度下*，灌装在 4oz(118 mL)或更大容器内的，在灌装的 10 h 内必须冷却到 15 ℃(59 ℉)或更低**，并在灌装的 24 h 内必须冷却到 7 ℃(45 ℉)或以下**。

(2)在 69 ℃(155 ℉)或更高温度下*，灌装在 2.9oz(85.6 mL)的容器内的，在灌装的 10 h 内必须冷却到 15 ℃(59 ℉)或更低**，并在灌装的 24 h 内必须冷却到 7 ℃(45 ℉)或以下**。

(3)添加最低浓度为 0.06%的山梨酸钾，并在 13 ℃(55 ℉)或更低温度*下灌装的，在灌装的 24 h 内必须冷却到 10 ℃(50 ℉)或更低**，并在灌装的 72 h 内必须冷却到 7 ℃(45 ℉)或以下**。

(4)加入浓度如在 M-a-97 中所确定的对应微生物抑制剂或防腐剂，并在 13 ℃(55 ℉)或更低温度*下灌装的，在灌装的 24 h 内必须冷却到 10 ℃(50 ℉)或更低**，并在灌装的 72 h 内必须冷却到 7 ℃(45 ℉)或以下**。

*临界因素包括但不限于：pH 值、灌装温度、冷却时间和温度、山梨酸钾的浓度或在 M-a-97 中指定的微生物抑制剂或防腐剂，以及相应的标注浓度。应由监督管理机构通过对设备设施的监控和核查相关记录后决定是否适用。pH 限值带有“pH 值变化+0.05 个单位”是为了弥补 pH 值测量中的重现性和误差。配方或者工艺的任何改变，只要是影响到临界因素的，都应向监督管理机构报告。

注：微生物抑制剂或防腐剂及其所有各单个组分均应具有 GRAS 认证；它们

的病原菌抑制效果，应该有记录在案的研究结果支持，而监督管理机构和FDA已经认可了此类竞争性的研究结果。

** 关于冷却的温度，应该监测冷却最慢的部位，如一个容器的中间；也应该监测冷却最慢的容器，如一个堆货板的中间。

6. 所有浓缩乳清和乳清制品在结晶的过程中，必须冷却至10 ℃(50 ℉)或更低，整个浓缩过程应该不超过72 h，包括灌装和排空的操作在内。如果灌装的温度在57 ℃(135 ℉)以上，那么计算72 h时间的始点，应该是开始冷却的时间***。

7. 每一个存储奶或奶制品、乳清和乳清制品、浓缩奶及奶制品的冷藏室，都应安装有一个精准的指示温度计温度测量装置或温度记录装置，这个指示温度计温度测量装置或温度记录装置应遵守本条例附录H的适用规范。这类指示温度计、温度测量装置或温度记录装置应安放于冷藏室温度最高的区域。

8. 每个储存罐也都应安装一个指示温度计，其传感器安装的位置应能保证当罐或筒内物质超过核定装载能力20%时，温度计显示的读数符合注册要求。温度计应符合本条例附录H的适用规范。

9. 在运输车内，奶及奶制品的温度不能超过7 ℃(45 ℉)。

10. 所有表面冷却器应遵循下列规则。

a. 开放式表面冷却器的安装，应在顶部间留有一个至少6.4 mm(0.25 in)的缺口，以便于清洗。

b. 若冷却器盖子的顶端没有完全封闭，应修整顶端间隙的上下部分，促使冷凝物从管道流走，或在顶端底部使用变流装置，或缩短顶端底部，或缩短底部槽，或利用其他允许的方法，防止顶端的冷凝物或泄漏物进入奶或奶制品。

c. 冷却器支撑物的位置应能防止冷凝物和泄漏物进入奶或奶制品。

d. 所有开放式表面冷却器应安装密封罩，保护奶及奶制品不被昆虫、灰尘、飞溅液滴、飞溅液或手工接触所污染。

11. 用于板或管状冷却器或热交换器，包括使用降凝剂的系统的循环冷却水，应来自于安全水源并免于污染。这种水应至少每6个月进行一次测试，并应符合本条例附录G样品的细菌含量标准。样品采样应由管理机构进行，并在官方实验室进行检测。循环冷却水系统若在维修工作或其他过程中受到污染，应妥善处理并在返回使用前进行测试。凝固点下降剂和其他化学添加剂若在再循环系统中使用时，应在无毒的条件下使用。丙二醇和所有添加剂应是USP级、食品级和GRAS级。为了确定循环冷却水样品已经按照本条要求的频率进行采样，时间间隔应包括指定的6个月，加上测试当月剩余的天数进行计算。

12. 虽然在无接头或焊缝的抗腐蚀连续管道内的循环冷却水不能满足机械工

程师协会(ASME)或非饮用水接触区域的相关标准，但是当敞开式蒸发器冷却塔内由非饮用水流经管外来冷却时，可以认为免受污染。在这些系统中，循环冷却水管道应进行适当的保养和安装，使管道的直径保持足够达到超过冷却塔的排放液流量至少2倍。

13. 敞开式蒸发器冷却塔里的水可用作冷却过程中冷却介质循环中的水。如果中间冷却介质循环中的水能一直有效地阻止塔水的渗透和污染，那么这些水也可被用于冷却产品。

如果用板型或双/三管型热交换器来回收敞开式蒸发器冷却塔中的水以及中间冷却媒介循环水的热能，必须由一个隔离系统来保护，以确保塔水不会污染到中间冷却媒介循环中的水。这个隔离系统应满足以下条件。

a. 塔水热交换器的建造、安装和操作，应使热交换器的中间冷却水一直自动地比热交换器开放塔的水压力更大。

b. 塔水热交换应能有效地从塔水系统中分离，并且热交换的塔水在关闭时应排干。

c. 隔离系统应由一个设置最小的为6.9 kPa(1 lb/in^2)的压差控制器控制。压力感应器应安装在塔水入口到热交换器和热交换器中间冷却水出口处之间。压差控制器应与相关的供应阀或泵连锁，就如同在关闭或断电时发生的那样，将自动关闭隔离系统中的所有供应泵和返回阀到故障安全位置，把塔水系统与离热交换系统分离。

d. 中间冷却水的压强应比塔水热交换隔离系统中最高的塔水垂直高度高出30.5 cm(12 in)，并应在这个高度有大气开口。关闭时，中间冷却水不能从塔水热交换中排空。

e. 隔离系统应满足下列要求中的一个。

(1)来自未经进料平衡罐的或者来自进料平衡罐比塔水热交换器最低水位更高的塔水直接供给的系统(参见本条例附录D第Ⅶ节中图8、图9和图10)。

此应用系统中，隔离系统在开始运转时，塔供水站“块”阀门应处在常闭位置，而结束运转时，在线的回流到塔的止回阀应处在开通的位置。

隔离系统应满足以下要求：

(i)关闭塔水供应阀时，塔水供应阀应是一个常闭的阀(弹簧关闭)。

(ii)在热回收器塔水流入一侧的阀门打开时，位于塔水回流的止回阀之前的那个溢流阀也应该打开，这个溢流阀应该是一个常开的阀(弹簧开启)。

(iii)所有位于排出阀和热交换器之间的管道或泵，应比热交换器的最低水平线低。

(iv)如果有的话，切断位于塔水蓄水池和塔水热交换间的所有的专用塔水输送泵。

(v)如果使用了塔水回流泵，那么在启动时需要用一个旁路支管来充满空泵。

(2)对于与大气接通口比热交换器的最低水平线还要低的系统(参见本条例附录D第Ⅶ节中图11和图12)。

在这个结构中，隔离系统应始于塔水平衡罐，止于回流到敞开式冷却塔的管道线上的止回阀。

通过满足以下要求来完成隔离。

(i)如果有的话，切断"局部塔水供应泵"(参见本条例附录D第Ⅶ节中图11)。

(ii)在塔水热交换供应边打开一个全口排气阀。

(iii)在塔水回线止回阀前开一个全口排出阀，这个排出阀是常开的(弹簧开启)。

(iv)排出阀和任何位于排出阀与热交换器之间的管道或泵，应比热交换器的最低水平线更低。

(3)在不降低本条例所需的保护要求情况下，也可以单独评估其他不同类型的隔离系统，如果同样能被监督管理机构接受认可的话。

测试：应研究用来测试这个隔离系统响应的方法，并提供给奶品厂。所需的压差控制器的精度应由监督管理机构在安装时进行检查；随后每6个月进行一次检查；并在维修或更换后进行检查。

*** **注**：任何规定都不能解释禁止其他时间和温度关系的应用，如果这些时间和温度关系已经被FDA认定是同等有效的，并且已被监督管理机构批准。

18p. 装瓶、灌装和包装

奶或奶制品的装瓶、包装和容器灌装应在热杀菌处理处以卫生的方式就地完成，并使用经批准的机械设备[11]。

对于从事干燥奶制品加工的奶品厂，其产品将被分装入新的容器，这可以防止内容物的污染，分装后也应储藏在卫生的地方。

对于从事浓缩或干燥奶制品的奶品厂，其产品也可能封装在卫生容器内运送到另外一个奶品厂再加工或分装。

浓缩或干燥奶制品的包装容器也应储藏在卫生的地方。

公共卫生考量

手工装瓶、包装和容器灌装的操作，非常容易使奶及奶制品遭受污染，而使热加工失败。奶从热加工车间转移到另一个车间装瓶、包装或容器灌装时，可能使热加工产品经受不必要的污染。干燥奶制品包装的重复使用可能会造成干燥奶制品的再次污染。

管理要求[12]

当做到以下各项时，该条款即可认为是合格的。

1. 所有奶或奶制品，包括浓缩奶及其制品，应该在执行最终热加工的车间内完成装瓶和包装，热加工完成后应该立即进行最终的装瓶和包装。

2. 所有的装瓶或包装都应在被认可的机械设备上进行。术语“被认可的机械设备”不应该排除手动设施，但是须排除灌装和封口不是同一个配套系列设备的情况。

3. 所有管道、连接、消泡设备和类似附属物应遵从本条例第 10p 条和第 11p 条的规定。来自连续消泡器的奶或奶制品不能直接进入到灌装料桶内。

4. 装瓶机或包装机械的供料罐或料钵应配备盖子，以防止污染物进入料罐或料钵里。在工作期间所有盖子都应在其位上。

5. 灌装机的每个灌装头都应装上一个滴液挡板。滴液挡板应设计和调整成能阻挡住冷凝物进入开口容器的位置。

6. 自动装瓶机或包装机械的容器输送带上应有护罩来保护瓶子或灌装容器不被污染。护罩应从洗瓶机的卸载处延伸到灌装口，或在一次性包装材料成型机械中，护罩从包装材料容器成型设备的卸载处延伸到灌装口，并从灌装口延伸到封口处。未封盖罐在输送进入灌装封盖时，输送带上也要求有护罩保护，直到封盖完成。

7. 容器编码/打印日期设备的设计、安装、运行应确保编码/打印日期的操作不会污染开口容器。应合理设计并安装遮蔽罩，确保开口容器不被污染。

8. 制作容器的材料，例如，纸浆基料、箔、蜡、塑料等要符合卫生要求，并在搬运和容器成型作业时防止不必要的暴露。

9. 装瓶机和灌装机里控制液面的浮子应设计成不须打开盖子即可调整的模式。

10. 所有装瓶机和灌装机的灌料管应有一个转向挡板或其他设施，使其尽可能接近料钵，以防止冷凝水进入料钵。

11. 灌装机的灌料筒应使用护罩保护其不被污染。当填料活塞、气缸或其他奶或奶制品接触面使用润滑油时，该润滑油应是食品级的，应以卫生方式操作。

对于生产浓缩或干燥或奶制品的奶品厂，应遵循下列要求。

1. 浓缩和干燥奶制品的灌装应使用机械设备，术语"机械设备"并不排除手动装置。

2. 对于管道、连接和其他设施的要求，遵从本条例第10p条和第11p条的规定。

3. 灌装设施的要求是防止对产品的污染。如果使用罩盖的，则在工作期间应该就位。

4. 包装好的干燥奶制品应储藏在经检验的洁净库房里，其堆放形式应便于接受检查并易于储藏室的清洁。

5. 所有对浓缩和干燥奶制品的容器灌装应采用如下卫生方法进行。

a. 防止产品遭受空气污染。

b. 防止人为触碰浓缩和干燥奶制品需要接触的表面。

c. 将人为对产品的接触可能性降低到最小。

6. 包装干燥奶制品的所有最终容器必须是新的，只供一次性使用的，在正常的处理、运输和储藏情况下，具有充分可靠的性能来保护其内容物品质免遭污渍和水气的影响。

7. 如果使用简易仓库，必须满足本条例第10p条和第11p条的规定。

8. 一旦灌装结束，应立即封口。

19p. 压盖、封盖和密封以及干燥奶制品的储藏

奶及奶制品容器的压盖、封盖或密封应由经认可的封盖机械或设备以卫生的操作方法来完成。盖帽或封口的设计应达到如下要求：使用时保证倾倒出口达到最大直径；对于盛满液体产品的容器，未检测前不能移除压盖或封口。

公共卫生考量

不正确的封盖或密封和手工封盖将污染奶及奶制品。避免覆盖容器口盖子在容

器后续的处理中被污染；并防止由于温度收缩造成盖子上的污染液体被吸回容器中，包括由于温度膨胀而溢流出已被污染的奶及奶制品。在没有完成检测前不能移除盖帽及封口，以利于保证奶及奶制品在包装之后没有再次污染的可能。

管理要求[13]

当做到以下各项时，该条款即可认为是合格的。

1. 奶或奶制品容器的压盖、封盖或密封应使用认可的封盖机械或设备以卫生操作方法完成。术语“认可的封盖机械或设备”不应排除手动操作设施。应禁止手工直接封盖。如无合适的设备对11.4 L(3 gal)或更大容积的容器实施封盖或密封，其他可防止污染的方法也可能被监督管理机构核准。

2. 所有压盖、封盖或密封机械设施的设计应最大限度地减少在操作过程中的调整。

3. 一旦发现不完全封盖、包装的瓶子和包装容器，应立即将其内容物倒进被检验的卫生容器里。应防止这些奶或奶制品被污染，维持在7 ℃(45 ℉)或更低温度下，随后进行重新热杀菌或废弃，干燥奶制品不在此列。

4. 所有盖帽或封口的设计应保证倾倒出口达到最大直径；对于盛满液体产品的容器，未检测前不能移除压盖或封口。应确保一次性容器在搬运、存放和初次开启时产品不会被污染。

5. 所有盖帽和封口都应以卫生的方式进行处理。每管或每卷盖膜的第一个盖子或最初的包装纸或纸盖都应废弃。继续使用前一次作业结束后遗留在打盖机内的散装盖子，如果这些盖子已经从盖管内取出过，则视为违背了本条例。如果散装的塑料盖子和盖封是由其他供应方以带外包装的塑料袋包装的方式提供的，也可在结束时立即从盖斗/整理器中取下，采用保护性包装后储存；而存留在盖斗和封盖机之间滑道里的塑料盖子和封盖，则应废弃。

6. 干燥奶制品应以卫生方式储藏。

20p. 员工——清洁和实践

工作开始前，应将手清洗干净，并尽可能地经常洗手以除去污物和污染。员工上厕所后，须仔细将手洗净，否则不得重新工作。在从事奶及奶制品以及容器、器具和设备的处理、加工、热加工、贮运作业时，所有人员必须穿上适合操作的干净外套。在加工奶或奶制品时，所有人员应戴上工作帽，不得抽烟。

公共卫生考量

干净的衣服、手以及手指甲可减少对奶或奶制品、容器、器具和设备污染的可能性。

管理要求

当做到以下各项时，该条款即可认为是合格的。

1. 任何患有传染病或携带传染病源的人，以及患有疾病、开放性病症(包括疮、溃疡或伤口感染)的人，均不得以任何身份在任何加工区工作。除非有诸如开放性病变、疮和感染伤口之类被例如不可渗透的覆盖物充分覆盖的条件，否则此类工作人员可能会沾染致病性微生物从而污染奶或奶制品以及奶或奶制品的接触表面。应指示人员向其主管报告此类健康状况(请参阅本条例第13章和第14章)。

2. 工作开始前，应将手清洗干净，并尽可能地经常洗手以除去污物和污染。

3. 每个员工在上厕所后和进行工作前必须洗手。

4. 在从事奶或奶制品以及其容器、器具和设备的处理、加工、热加工、贮运作业时，所有人员必须穿上适合操作的干净外套，以防止食物过敏原交叉接触和防止污染奶或奶制品，与奶或奶制品接触的表面或奶或奶制品的产品包装材料。在上述提到的区域中，不允许存储无抵押的珠宝以及衣物或其他个人物品。

5. 在加工、处理、贮存奶及奶制品的所有场所，或在清洗容器、器具和设备的所有场地，禁止抽烟、嚼口香糖、吃食物或喝饮料。这些场所至少应包括但不仅限于收奶间、加工间、包装间、产品贮存间、阴凉干燥的配料存放处、一次性物品贮存场所和容器具清洗场所等。从事奶及奶制品加工的所有员工应戴好罩网、帽子、胡须套或其他有效的束发带。

6. 特别要求凡进入干燥器内部的所有人员必须穿上洁净的鞋靴、衣帽和其他适用的布料或纸质的防护物。这些防护物应以卫生的方式储藏，以防止污染。鞋靴只要与干燥器之外的地面有过接触，就不能认为是干净的。

21p. 车　辆

用来运输热杀菌奶及奶制品的所有车辆的构造和运行，应能保证奶及奶制品维持在 7 ℃(45 ℉)或更低的温度，并防止污染。奶罐车以及周转箱槽禁止用于运输任何可能对人体有毒有害的其他物品。

公共卫生考量

奶及奶制品及运输容器无论何时何地都需要防止污染。

管理要求

当做到以下各项时，该条款即可认为是合格的。

1. 所有车辆应保持清洁。

2. 可能污染奶及奶制品的物料不能与奶及奶制品一起运输。

3. 除了干燥奶制品外，奶及奶制品均应维持在 7 ℃(45 ℉)或更低的温度下。

4. 奶罐车和周转箱槽的使用应符合如下规定。

a. 在从奶罐车或周转箱槽卸载奶及奶制品时，必须使用专用的卫生通道。所有的设施在待工时，必须盖上罩盖或有其他的防护设施。

b. 周转箱槽的进出口均应配有严密的防尘帽或防尘罩。

c. 奶品厂接收或运输奶及奶制品的周转箱槽、管道及周转箱槽附属设施等，均应充分清洗和消毒。

d. 周转箱槽一旦清空，应立即在卸货的奶品厂现场进行清洗；而在装货之前，应在装货的奶品厂现场对清洗过的周转箱槽进行消毒。对于没有装载的多次往返的奶罐车，则不必每次对空车进行清洗消毒。

e. 周转箱槽的连接管路和泵在每次使用后都应进行清洗和消毒。

5. 装货后应立即铅封运奶车的阀门和周转箱槽的帽罩，铅封应保持完整的状态直到运送至目的地。按照本条例第 4 章的规定，奶罐车或周转箱槽应带有载明内容物说明的标签或标记。

6. 车体应完全密封，车门合缝坚固。

22p. 周边环境

奶品厂周边环境应保持干净整洁，不允许存在可招引或藏匿苍蝇、昆虫、老鼠和其他损害环境的因素。

公共卫生考量

奶品厂周边环境应保持干净整洁，防止招引可能污染奶或奶制品的老鼠、苍蝇和其他昆虫。使用未经批准用于奶品厂的杀虫剂和灭鼠剂，以及不遵照标签说明使用经批准的杀虫剂和灭鼠剂都可能污染加工奶及奶制品。

管理要求

当做到以下各项时，该条款即可认为是合格的。

1. 奶品厂附近区域不应堆积垃圾、废料或类似的废弃物。即使贮存在合适的带盖容器里的废弃物，也应符合有关规定。

2. 奶品厂内的车道、通路和各种服务区域应予以分级管理、排水畅通、没有积水坑。

3. 奶罐车室外卸货区的地板应由光滑的混凝土或类似的不渗透材料铺成，有适当的倾斜度便于排水，配备的带盖板地漏的口径要足够大。

4. 只能使用监督管理机构批准的或在环境保护署(EPA)注册过的杀虫剂和灭鼠剂来控制昆虫和老鼠。

5. 干燥奶制品的屋顶须保持整洁，否则可能由于杂物的积聚形成卫生死角。

注：本条例附录M提供了奶品厂、收奶站和中转站的检查表格的样表，归纳了本章所适用的卫生要求。

第8章　家畜健康

1. 所有用于巴氏杀菌、超巴氏杀菌、无菌加工和灌装、灌装后再高压釜灭菌或高酸发酵、耐贮存的加工和灌装的生奶，均应来自净化结核病项目监控下的牛群，并应满足下列条件之一。

a. 美国农业部确定并认可的净化了结核病或更高水准的区域。

b. 对于无法达到该状态的区域。

(1)任何畜群都已被美国农业部认可。

(2)必须已经通过每年的结核病测试。

(3)该区域已针对家畜确立了一种结核病测试方法，以确保该区域的奶畜结核病的保护和监视，并且已通过FDA、美国农业部和监督管理机构的认可。

注：根据美国农业部布鲁氏菌病净化项目规定，仅家牛、北美野牛和圈养鹿在美国农业部国家布鲁氏菌病检测范围之内。因此，此计划不包括其他偶蹄目哺乳动物(山羊、绵羊、水牛等)。对于这些哺乳动物的要求可参考下述第3条的规定。

2. 所有用于巴氏杀菌、超巴氏杀菌、无菌加工和灌装、灌装后再高压釜灭菌或高酸发酵、耐贮存的加工和灌装的生奶均应来自净化布鲁氏菌病项目监控下的牛群，并应满足下列条件之一。

a. 获得了美国农业部颁布的无布鲁氏菌病区资格，并参与检测项目注册的地区。

b. 满足美国农业部无布鲁氏菌病牛群要求。

c. 至少每年开展2次生奶环状试验，间隔大约180天。对生奶环状试验结果阳性的牛群，在测试日期30天内需对全群牛进行血液检查。

d. 6月龄以上的家牛或北美野牛应做个体血液凝集试验，阉牛和切除卵巢的小母牛每年允许有不超过2个月的宽限期。

注：根据美国农业部布鲁氏菌病净化项目规定，仅家牛和北美野牛在美国农业部国家布鲁氏菌病检测范围之内。因此，牛是目前美国农业部布鲁氏菌病和结核病检测计划涵盖的唯一畜种。此计划不包括其他偶蹄目哺乳动物(山羊、绵羊、水牛、骆驼等)。对于这些哺乳动物的要求可参考下述第3条的规定。

3. 根据本条例的定义，用来进行巴氏杀菌、超巴氏杀菌、无菌加工和灌装、灌装后再高压釜灭菌或高酸发酵、耐贮存的加工和灌装的山羊、绵羊、水牛、骆驼或其他偶蹄目哺乳动物的生奶，应来自如下群体之一。

a. 已通过整体畜群的布鲁氏菌病或结核病的年度检测，并得到美国州兽医或美国农业部的地区责任兽医(AVIC)推荐，并使用了美国农业部动植物检疫署批准的针对特定疾病和物种的检测(针对布鲁氏菌病的血清学检测和针对结核病的结核菌素试验)。

b. 已经通过基本的整体畜群布鲁氏菌病或结核病检测，之后仅使用 USDA APHIS 批准的针对特定疾病和物种的测试对增补奶畜，或进入产奶期的奶畜，或作为奶畜出售的个体奶畜，继续进行检测(针对布鲁氏菌病的血清学检测和针对结核病的结核菌素试验)。

c. 已通过美国农业部动植物检疫署批准的针对特定疾病和物种的年度随机个体布鲁氏菌病或结核病检测计划(针对布鲁氏菌病的血清学检测和针对结核病的结核菌素试验，并能够提供置信度为 99%、*P* 值为 0.05 证书的。如果群体检验结果中，凡有一例或以上样本是阳性的话，则所有动物都需要重新检验，直到整个群体测试结果都是阴性为止。

d. 按照美国农业部推荐的测试频率，通过了美国农业部批准的散装奶测试，且允许使用的检测报告处在有效期内（布鲁氏菌病环试验已通过美国农业部动植物检疫署认证，适用于牛科动物，不适用于大多数非牛科动物)。

e. 通过州管理部门制定实施的无布鲁氏菌病或无结核病畜群认证项目，确定为无布鲁氏菌病或无结核病。这个计划包括文件监控程序，包括支持本条规定测试的记录，并向州兽医提交了官方年度书面证明以记录他们的牛无布鲁氏菌病或无结核病状态。监管计划应被记录在案，关于州无布鲁氏菌病或无结核病的官方年度书面证明应由州管理机构归档保存。官方年度书面证明应包括当年“A”级非牛畜群或群体(山羊、绵羊、水牛、骆驼等)清单，这份清单被涵盖在记录监察计划内，并被包含在州无布鲁氏菌病或无结核病的官方年度书面证明内*。

下表列举了为达到 99%、*P* 值为 0.05 置信度时的随机采样数量[14]。

---

* 如果是“A”级 PMO 定义的非常见哺乳动物的奶，虽然有可能被标上“A”级优质标识，并为 FDA 所认可而列入 IMS 表，但须受到附录 N 和第 6 章的对奶畜的检验方法(参见 M-a-98 最终版本，具有 FDA 验证和 NCIMS 接受的检验方法的特定的奶或奶制品)规定的约束。

畜群数量（头）	样本数量（个）	畜群数量（头）	样本数量（个）
20	20	500	82
50	41	600	83
100	59	700	84
150	67	800	85
200	72	1 000	86
250	75	1 400	87
300	77	1 800	88
350	79	4 000	89
400	80	10 000	89
450	81	100 000	90

4. 除了布鲁氏菌病和结核病之外的其他疾病，管理机构可以要求如理化和细菌学的测试，因为这些是必需的。泌乳动物其他疾病的诊断结果，应由有执照和有资格[15]的兽医、或官方机构雇用的兽医来提供。所有由检疫而诊断为有病的动物都应按照监督管理机构提出的处理意见进行处理。

5. 支持本节规定试验的记录应提供给监督管理机构，并由具有执照和公认的兽医或官方机构聘请认可的兽医签名后生效。

注：对于ICP，在上述条款1～5中提及的美国农业部或州，是指政府机构负责该国或地区的动物疾病防控。“公认的兽医”是指得到了国家或地区授权可从事相关活动的兽医。

公共卫生考量

动物的健康是需要高度重视的，因为奶畜会有许多疾病，包括可能被结核杆菌、布鲁氏杆菌、寇热、沙门氏菌、葡萄球菌和链球菌等传染，然后再以奶作为媒介传染到人类。大多数疾病的病原体既可能由乳房直接进入奶中，也可能间接地通过动物身体的排泄而掉入、溅入或吹入奶中。

为了最大限度地降低奶畜的结核病菌传染给人类，畜场里应实行良好卫生操作规范，检测奶畜场的家畜，以去除畜群中呈阳性反应的家畜，对乳汁进行热杀菌等一直是对这类疾病控制的有效方法。由于奶畜的结核病原体仍然大量地存在着，所以保持对这类疾病的警惕，必须作为奶品工业和和监督管理机构的一项长期工作。

管理要求

牛的结核病：按照美国农业部出版的当前版本统一的方法和规则，牛结核病根除、建立和维持已认证无牛结核病的牛群、改进已认证区域和改进国内奶牛已认证无牛结核病区域的统一方法和规则所要求的操作规范，进行所有的结核病菌检验和复测检验，并去除所有呈阳性反应的家畜。从结核病菌检验的角度来说，检验对象"畜群"的定义是：成年牛是指24个月及以上年龄的母牛，其中包括所有乳肉混合型的牛种。年龄小于2岁但已经挤奶的奶牛，也应被包含在此类牛群中接受检验。证明畜群的所在地为已认证区域的书信或其他官方通信，应包括核准日期、畜群检测证明、注射日期、以及美国农业部认可的兽医阅读报告日期和签署测试结果的日期等。该书信或其他官方通信，都可作为符合上述要求的证据。资料由管理机构归档(本条例附录A)。

注：对于ICP，证明畜群的所在地为已认证区域的官方书信或其他官方回应，包括初次鉴定或换发新证的日期、畜群检测证明、注射日期、阅读测定结果的日期，以及由国家兽医服务机构签署的结果，这些均应按TPC所示的要求提供。

牛的布鲁氏菌病：所有的布鲁氏菌病检验和复验、畜群中呈阳性反应的家畜的处理、犊牛接种、畜群和区域状态的认证，都应根据美国农业部颁布的根除布鲁氏菌病推荐的统一方法和规则来办理。所有在血凝集试验中呈阳性反应的家畜应立刻从挤奶群中分离，而且这些阳性反应奶畜的奶不能用于人类消费。

由兽医和检验室负责人一起签署针对家畜个体的鉴别证明应直接由管理机构归档。假如某只家畜在接受乳环试验后，其检验报告上只有日期和测试结果，那么在乳环试验结果有效期以后的30天内，和上次年度验血以后的13个月内，管理机构将要提醒这些奶畜场主或经营者必须去完成布鲁氏菌病管理要求的整个程序。在书面通知发出的30天内，如果这些奶畜场主或经营者还没有完成所要求的程序和手续，则将立即中止他们的许可证(本条例附录A)。

注：对于ICP，由国家兽医服务处和检验室负责人签署的、针对家畜个体的鉴别证明，应按TPC所示的要求提供。

第9章　可作为商品出售的奶或奶制品

自本条例实施之日起12个月后，只有“A”级巴氏杀菌、超巴氏杀菌、无菌加工及灌装的低酸度奶或奶制品、灌装后再高压釜灭菌的低酸度奶或奶制品，以及高酸发酵、耐贮存的加工和灌装的奶或奶制品可以作为产品销售给最终消费者、餐馆、冷饮店、杂货店或其他类似的商铺。只有“A”级生奶及奶制品可被出售至奶品厂用于“A”级奶或奶制品的商业计划。如果在特殊情况下，出售的巴氏杀菌、超巴氏杀菌、无菌加工及灌装的低酸度奶或奶制品、灌装后再高压釜灭菌的低酸度奶或奶制品，以及高酸发酵、耐贮存的加工和灌装的奶或奶制品并未进行定级分类或定级分类不明确的，则由管理机构裁定，可以把此类奶或奶制品标上“未定等级”的产品来处理。

注：上述“未定等级”的奶或奶制品的销售权不适用于ICP下的MCIMS。

第 10 章　转移、递送容器和冷却

除了本章所许可的情况以外，任何生产者、散奶收购员/采样员或分销商都不能在街道、卡车、商店转移和传递，只准在奶品厂、收奶站、转运站或专门用作此目的的场所，将奶或奶制品从一个容器或奶罐车转移到另一个容器或奶罐车中。不允许蘸取或用勺舀取奶或液态奶制品。

销售或提供经过热加工的奶及奶制品，如果不按本条例第 7 章中规定的温度进行保存则是违法的。如果存放热加工过的奶及奶制品的容器是置于冰里的话，那么容器的储存环境必须有良好的排水系统。

管理要求

转移： 除非用于立即加工浸沾或用勺舀取奶或液态奶制品是被明确禁止的。已在奶品厂被填充并铅封了的奶或奶制品容器可被用作运输奶或奶制品。封盖、封条或标签在运输过程中不得被移除或替换。

散装分销商： 由管理机构核准的散装分销商，应充分满足如下所规定的卫生设计、建造和操作要求。

1. 所有的散装分销商应遵从本条例第 7 章所规定的要求。

2. 所有产品接触的表面都不能被人触摸到，不能被其他液滴、灰尘或昆虫接触，但是散装分销商用以分发产品的管道管口部分可被排除在本要求之外。

3. 所有分发奶或奶制品的设施中，凡与产品接触的部分，包括任何的计量装置，都应在奶品厂里被彻底地清洗和消毒。如果散装分销商在进一步分发给零售商时需要使用配送阀门的话，也需要在这种设施里进行清洗和消毒。

4. 分发的容器应在奶品厂中进行灌装和封口，确保在不破坏封印的情况下不能取出容器内的任何产品和加入任何外界物质。

5. 所有奶或奶制品在每次分发操作时都应充分自动地混合，除非能保持产品均匀质地状态。

6. 所有的罐体应彻底地清洗和消毒。奶及奶制品须始终保持在 7 ℃(45 ℉)或以下的温度。散装分销商的分发容器应是整体型的，而且在整个运输和储藏期间必须处于被保护和合适的冷藏环境之中。

第11章　可豁免例行检查的奶或奶制品

超出常规检查范围或各地区机构管辖权以外的奶或奶制品亦可被出售[1]，只要它们是在合法情况下生产并进行巴氏杀菌、超巴氏杀菌、无菌加工和灌装、灌装后再高压釜灭菌、高酸发酵、耐贮存的加工和灌装浓缩或干燥，并且这些规定已经获得可接受的牛奶卫生和执行评级；或已获准进入本条例附录K明确的NCIMS管理的HACCP体系中可接受的HACCP名单；或来自于USPHS/FDA已确定的国家，在NCIMS被授予后，具有当地公共安全管理方案，并且该方案的政府监督对调节奶或奶制品的安全性具有同等效果。

管理要求

各州管理机构在以下情况下可以接受来自某一地区的，或其他单独发货的奶与奶制品，而不受例行检查的限制。

1. 奶及奶制品在到达之前应该保证达到细菌、理化和本条例第7章所说的温度标准，需要提供由一个以上管理机构出具该批产品细菌样品混合样的免检证书。各州管理机构在接受过程中，有权对个别生产者的混合样品微生物指标作出是否符合标准的处理决定。

2. 凡接收的巴氏杀菌、超巴氏杀菌、无菌加工和灌装、灌装后再高压釜灭菌、高酸发酵、耐贮存的加工和灌装浓缩或干燥的奶及奶制品，均应符合本条例第2章、第4章和第10章的标准。

注： 管理机构要求，对例行规则以外的奶及奶制品，生奶、巴氏杀菌奶和超巴氏杀菌奶及其制品必须留存样品。

3. 奶及奶制品的生产和加工规程完全等同于本条例要求。

4. 供货商处在正常的政府监控下。

5. 供货商已被授予符合《乳品卫生遵守等级》证书，证明其达到或高于当地90%卫生要求的等级。该证书由FDA授权的国家卫生等级办公室（SRO）颁发。

6. 由FDA认证、SRO授予的供货商资格，执法评级需与当地供应商相当或相同程度高于90%。如果评级标准相同程度低于90%，6个月内要求重新定级。乳品卫生遵守和强制等级应等于或高于90%，否则该供货商违反了本章规定。

7. 所有等级的建立是以《乳品承运商卫生等级制定方法(MMSR)》为基础。

注： 州际乳品运输人及其资质等级，经等级委员会报告，包含在IMS名单中并由FDA以电子的形式公布。该名单可从美国食品药品管理局(FDA)网站获得(http://www.fda.gov/food/federa/state-food-prgrams/interstate-milk-shippres-list.)。

8. 这些供货商要在FDA认证的SRO授权的本条例附录K中NCIMS管理的HACCP体系名单中。

9. 国外供货商要在ICP下通过FDA授权的TPC SRO颁发的证书。

10. FDA已确定，外国的公共健康监管程序和该程序的政府监督对调节奶或奶制品的安全性具有同等效果。USPHS/FDA有责任确定等价性，并且USPHS/FDA应在敲定等价判定之前与NCIMS协商。外国政府应提供充分的保证，其奶品安全系统提供的公众健康保护水平是与NCIMS计划提供的相当。

11. 无菌加工和灌装的低酸度奶或奶制品或高酸发酵、耐贮存的加工和灌装的奶或奶制品在本条例的奶制品定义中应被认为是“A”级奶或奶制品。用于生产无菌加工和灌装的低酸度奶或奶制品或高酸发酵、耐贮存的加工和灌装的奶或奶制品的来源应是IMS名单上的。无菌加工和灌装的低酸度奶或奶制品或高酸发酵、耐贮存的加工和灌装的奶或奶制品应被标记为“A”级，并且应满足本条例第4章标记的要求。进行无菌加工和灌装低酸度奶或奶制品或高酸发酵、耐贮存的加工和灌装的奶或奶制品的奶品厂应获得奶品卫生监管部门执法评级的90%以上的卫生要求，或者执法等级需与当地供货商相当或相同程度高于90%。如果强制等级相似度低于90%，要求6个月内重新定级。奶品卫生遵守的强制等级应等于或相似度高于90%，否则该供货违反了本章规定。在HACCP无菌名单中，需要一个可以被SRO接受的HACCP名单。对于生产无菌加工和灌装的“A”级低酸度奶或奶制品或高酸发酵、耐贮存的加工和灌装的奶或奶制品的奶品厂，在奶品厂参与NCIMS无菌加工包装程序或无菌试验计划之前，管理机构和评级机构的工作人员应先完成NCIMS和FDA认可的培训课程。FDA提出要在NCIMS无菌加工和灌装程序或高酸发酵、耐贮存的加工和灌装计划下开展监督检查程序。

12. 如果生产商如本条例奶制品部分定义中一样将其作为原料生产奶或奶制品，那么灌装后再高压釜灭菌的低酸度奶或奶制品也应如本条例奶制品定义中的规定一样，应被认为是“A”级奶或奶制品；或者如果它们在本条例的第4章中被认为是“A”级的，只要它们符合本条例奶制品定义中引用的条款，那么灌装后再高压釜灭菌的低酸度奶或奶制品应被标记为“A”级奶或奶制品。用作生产灌装后再高压釜灭菌的“A”级低酸度奶或奶制品的原料奶或奶制品应被列在IMS名单中。

生产灌装后再高压釜灭菌的“A”级低酸度奶或奶制品的整个奶品厂或奶品厂相关部门，应符合乳品卫生强制性评级的90%以上的卫生要求，或者强制性等级需与当地供货商相当或相似度高于90%。如果强制等级相似度低于90%，6个月内要求重新定级。乳品卫生遵守的强制等级应等于或相似度高于90%，否则该供货方违反了本章规定。在HACCP无菌名单中，需要一个可以被SRO接受的HACCP名单。对于灌装后再高压釜灭菌的“A”级低酸度奶或奶制品的奶品厂，在奶品厂参与NCIMS灌装后再高压釜灭菌计划之前，管理机构和评级机构的工作人员应先完成NCIMS和FDA认可的培训课程。FDA提出要在NCIMS无菌加工和灌装程序或无菌试验计划下开展监督检查程序。

第 12 章　新建和改建计划

本条例所涉及的奶畜棚舍、棚舍设备、挤奶厅、储奶室、奶罐车的清洗设施、奶品厂、收奶站和转送站等，凡需要建造、改造、大修理的工程计划，都应该事先充分做好准备，提交管理机构审批；待书面批复下达后才能施工。

第 13 章　个人健康

凡患有可能通过接触食品传播疾病的员工，不论其职位和能力高低，均不准从事直接接触巴氏杀菌奶、超巴氏杀菌、无菌加工和灌装低酸度奶或奶制品、灌装后再高压釜灭菌的低酸度奶或奶制品或高酸发酵、耐贮存的奶或奶制品的工作；也不准从事能与这些产品有关的所有物体表面接触的工作。

对于奶品厂、收奶站、或有 HACCP 系统的转运站，其受 NCIMS 管理的 HACCP 系统规定，HACCP 系统可解决本章节中描述的公共卫生问题，以相当于本章要求的形式提供保护。

管理要求

奶品厂管理者一旦获悉处理过巴氏杀菌奶、超巴氏杀菌奶、无菌加工和灌装低酸度奶或奶制品、灌装后再高压釜灭菌的低酸度奶或奶制品或高酸发酵、耐贮存的奶或奶制品的工作或接触过有关物体表面的员工患有传染性疾病，必须立即向管理机构报告详情。

奶品厂应告知奶品厂的员工，或已经被录用但未上班的人员有义务向奶品厂进行报告，以使奶品厂能阻断通过个别患有或可疑患有下列疾病的职工或被聘用的人员传染疾病的可能性。

1. 被诊断为带有诸如甲肝病毒、伤寒沙门氏菌、志贺氏菌、诺沃克或诺沃克样类似病毒、金黄色葡萄球菌、脓性链球菌、大肠杆菌 O157：H7、肠出血性大肠杆菌、肠产毒性大肠杆菌、空肠弯曲杆菌、溶组织内阿米巴原虫、贾第鞭毛虫、非伤寒类沙门氏菌、轮状病毒、猪带绦虫、小肠结肠炎耶尔森菌、霍乱弧菌 O1 型，或其他可能在接触、处置食物的过程中传播疾病的病原，或已由美国卫生和福利部(HHS)公布的传播性疾病，或者已为流行病学资料证实的疾病传播源。

2. 如果奶品厂的职工、包括已经被录用但还未上班的人员参加过或引起了确认为发生条款 1 中某一病菌的食源性疾病暴发的家庭聚会、宗教聚餐或民族节日等活动。

a. 可能由于制备食品而感染上疾病。

b. 可能由于食用食品而感染上疾病。

c. 可能由于消费了已被上述病菌所感染或患病人员制备的食品。

3. 与奶品厂的职工、包括已经被录用但还未上班的人员共同生活在一个屋檐下的任何成员，或工作地点在日托中心或学校或类似的场所，某一场所发生了确认条款 1 中所述疾病暴发的事件。

同样，应告知奶品厂的职工、包括已经被录用但还未上班的人员，如果发现此类情况，也有义务向工厂管理者报告。

4. 有急性肠胃疾病相关的症状如腹部绞痛，或腹部不适、腹泻、发烧、食欲不振达 3 天或以上者；发现呕吐、黄疸等情况的。

5. 发现身上有脓包如疖子，或被感染伤口者。

a. 在手上、手腕或手臂暴露部位有感染处，应立即停止工作，除非在感染处用了耐久防水的包扎物。

b. 身上其他部位有正在流液的伤口，应立即停止工作，除非在伤口上用了耐久防水的包扎物。

第 14 章　发生传染性疾病或高危险传染性疾病时的工作程序

当从事与巴氏杀菌奶、超巴氏杀菌奶、无菌加工和灌装的低酸度奶或奶制品、灌装后再高压釜灭菌的低酸度奶或奶制品、高酸发酵、耐贮存的牛奶或奶制品的工作或相关工作的员工符合本条例第 13 章中明确的 1 个或多个条件时，管理机构被授权要求执行以下任何一项或全部措施。

1. 根据表 5，立即限制此人从事热加工奶或奶制品，或处理相关接触表面的工作。这一限制可在合适的医疗治疗或症状消失或兼具两者后解除。

表 5　对传染性或高风险传染性疾病患者的隔离措施的撤除

健康状况	撤除隔离措施
a. 被诊断为带有诸如甲肝病毒、伤寒沙门氏菌、志贺氏菌、诺沃克或诺沃克样类似病毒、金黄色葡萄球菌、脓性链球菌、大肠杆菌 O157：H7、肠出血性大肠杆菌、肠产毒性大肠杆菌、空肠弯曲杆菌、溶组织内阿米巴、贾第鞭毛虫、非伤寒类沙门氏菌、轮状病毒、猪带绦虫、小肠结肠炎耶尔森菌、霍乱弧菌 O1 型，或其他可能在接触、处置食物的过程中得以传播的疾病源，或已由美国卫生和福利部（HHS）公布的传播性疾病，或者已为流行病学资料证实的疾病传播源	根据医疗治疗撤除隔离措施
b. 符合本条例第 13 章（管理要求 2 或 3）所叙述的一个高危情况，或第 13 章（管理要求 4 或 5）出现的症状	当症状停止，或医学诊断书证明那种传染已不存在，可去除隔离措施
c. 无症状，但是粪检沙门氏菌，志贺氏菌或大肠杆菌 O157：H7为阳性的	根据医疗治疗撤除隔离措施
d. 过去曾患有沙门氏菌，志贺氏菌疾病，大肠杆菌 O157：H7或其他传染病史，已经被确定为病菌携带者的	根据医疗治疗撤除隔离措施
e. 在已确诊或疑似甲型肝炎，黄疸发作的最后 7 天内	根据医疗治疗撤除隔离措施
f. 在已确诊或疑似甲型肝炎，黄疸发作超过 7 天以上	当症状消失，或医疗治疗撤除隔离措施

2. 医学评估一旦认为有证据表明奶或奶制品可能受到污染，则必须立即把那些受影响的奶或奶制品从分销渠道和消费者方面召回。

3. 一旦有人处于危险状态，要立刻进行医学检查和微生物学检验。

注：一旦有人处于传染病危险状态并要求进行检查时，也许要重新给该人安排工作，不能再从事与巴氏杀菌奶、超巴氏杀菌、无菌加工和灌装低酸度奶或奶制品、灌装后再高压釜灭菌的低酸度奶或奶制品、高酸发酵、耐贮存加工和灌装的奶或奶制品的工作或相关工作。

对于奶品厂、收奶站、或有 HACCP 系统的转运站，其受 NCIMS 管理的 HACCP 系统规定，HACCP 系统可解决本章节中描述的公共卫生问题，以等同于本章要求的形式提供保护。

第 15 章　执　行

本条例由管理机构按照“A”级 PMO 现行版本与行政程序一起强制执行。一份证明复印件[16]应被存放在管理机构的办公室内归档。其中规定强制遵守附录条款的，依照其规定视为本条例的规定。

第16章 处 罚

任何人违反了本条例的规定即是触犯了法律，必须受到不超过×××美元的处罚，并可能被宣告有罪。在不同时间点上发生的违法行为，应被视作构成独立的违法案件分别处理。

第 17 章　条例的生效

所有与本条例不相一致的法令和法令条款，自本条例通过日起计，12 个月后即行废除，届时本条例依法生效。

第 18 章　分离条款

假如本条例的任何章节、段落、句子、条款或短语，被判定为违反宪法或因其他原因被认为无效，本条例其余部分的法律效力并不因此而受影响。

前文注释

章节的所有注释将从本条例中移除并集合在本章，以便清晰和易于获得其信息。本章中文本的参考数字始终与文中注释编号一致。

1. 在本条例此处和其他处的所有内容都可以作为立法时的法律依据。

2. 管理机构可根据本条例选择不管理农家干酪和干凝乳农家干酪，并从奶制品的定义中删除下列内容：

农家干酪(CFR 第 21 号第 133. 128 部分)；

干凝乳农家干酪(CFR 第 21 号第 133. 129 部分)。

3. 乳清，酪蛋白酸，乳蛋白和其他奶衍生原料必须来自“A”级的原料奶源。

4. 在法律上不允许销售复原奶、还原奶及奶制品的州或区域内，则应删除本条例中的相关定义及其相应的条款。

注：此选项，如上文 4 中引用的，不得应用于 ICP 对 TPC 的授权。

5. 奶罐车的许可证可颁发给该车的责任人。

6. 管理要求按照《检查基本操作系统》对奶畜场的检查，应取代 5 中所描述的内容：“5. 按附录 P 奶畜场的《检查基本操作系统》中的规定来检查各个牧场。”

7. 管理机构要求依据本条例的条款管理农家干酪和干凝乳农家干酪，及脱脂或低脂农家干酪，应包括第 5p 条中的管理要求：

“农家干酪加工缸必须安装在独立的房间内，不能有昆虫和其他害虫进入，并保持干净的状态。如果是已有设备，则农家干酪加工缸可位于加工间，该区域应是不拥挤，没有过多的室内运输、冷凝水和飞溅水的场所。在加工间内的农家干酪加工缸必须安装有多次性或一次性使用的罩盖，并在整个凝乳期间必须盖上。”

8. 管理机构要求依据本条例的条款管理农家干酪和干凝乳农家干酪，及脱脂或低脂农家干酪，应包括第 7p 条中的管理要求：

供水管道的出水口应直接接到农家干酪加工缸。用来运输水和清洗农家干酪凝乳的软管要排除任何接触地面或产品的可能性。

9. 管理机构依据本条例的条款管理农家干酪和干凝乳农家干酪及脱脂或低脂农家干酪，应添加下列内容：

“农家干酪，干酪调料或干酪添加剂可使用不受污染的其他方式运输。”

10. 管理机构依据本条例的条款管理农家干酪和干凝化农家干酪及脱脂或低脂农家乳酪，应添加下列内容：

“可使用消毒或酸化饮用水冲洗干凝乳农家干酪。”

11. 管理机构依据本条例的条款管理农家干酪和干凝乳农家干酪及脱脂或低脂农家干酪，应添加下列内容：

“农家干酪和干凝乳农家干酪及脱脂或低脂农家干酪可置于一个密封容器内，在受保护、卫生的状态下，从一个奶品厂运送至另一奶油或包装厂内。如果没有合适的装备用于干凝乳农家干酪的包装，则可以使用其他被管理机构认可的消除污染的包装方法。”

12. 管理机构依据本条例中的条款管理农家干酪和干凝乳农家干酪及脱脂或低脂农家干酪，应包括下文第18p条中的管理程序：

“如果农家干酪和干凝乳农家干酪处在卫生方法的保护下，那么它们可置于一个密封容器内从一个奶品厂运送至另一奶油厂或包装厂内。”

13. 管理机构依据本条例中的条款管理农家干酪和干凝乳农家干酪及脱脂或低脂农家干酪，应包括第19p条中的管理要求：

（1）“如果没有合适的设备对农家干酪和干凝乳农家干酪及脱脂或低脂农家干酪进行保护，则可以使用其他被管理机构认可的消除污染的保护方式。”

（2）“农家干酪和干凝乳农家干酪，以及脱脂或低脂农家干酪的产品封盖必须要大于包装盒的外缘，以保护产品在后面的处理过程中免受污染。”

（3）“当封盖被用在完全封闭的包装内或包裹起来时，农家干酪和干凝乳农家干酪，及脱脂或低脂农家干酪可不应用此种封盖。”

14. 表1所述的统计数据出自以下资料：Victor C. Beal, Jr. 1975. Programs Development and Application, Veterinary Services, APHIS: Animal Health Programs。

15. 本章节中“有资质”这个词表示已得到美国农业部动物健康计划兽医署（USDA APHIS Veterinary Services）的认可。

16. 证明副本可由美国食品药品监督管理局担保（Food and Drug Administration, HFS-626, 5100 Paint Branch Parkway, College Park, MD20740-3835）。

注：关于注释2、7、8、9、10、11、12和13，出于ICP的目的，农家干酪和干凝乳农家干酪及脱脂或低脂农家乳酪应为“A”级，并受本条例约束。

附录 A　动物疾病控制

牛结核病根除的副本：统一的方法和规则(可在下列网站找到：http://www.aphis.usda.gov/animal_health/animal_diseases/tuberculosis/downloads/tb-umr.pdf)和布鲁氏菌病根除的副本：统一的方法和规则(可在下列网站找到：http://www.aphis.usda.gov/animal_health/animal_diseases/brucellosis/downloads/umr_bovine_b ruc.pdf)，可使用网络超链接或从各州兽医站上获得，或通过以下方式获得：

方式 1

Veterinary Services

Animal and Plant Health Inspection Service(APHIS)

U. S. Department of Agriculture 4700 River Road, Unit 43 Riverdale, MD 20737

http://www. aphis. usda. gov/animal_health/

方式 2

Federal Area Veterinarian in Charge

Veterinary Services，APHIS，USDA

Your State Capitol

建议管理机构启动或促进乳腺炎控制计划。一项周密的和有延续性的教育计划将会对生产者鼓励支持，并减少执法的问题。

国家乳腺炎委员会(NMC，www. nmconline. org)研究了大量的现有控制方案，并已制订出一份简易可靠的控制计划。此外可以从其出版物中检索有关乳腺炎的资料：《牛类乳腺炎的最新概念》和《牛类乳腺炎的实验室手册》。

卫生和公众服务部会筛选有用的检测异常乳的工具。样本筛选方法体细胞诊断和削减方案已在上面的引用中被讨论，以及乳制品实践委员会(DPC，www. dairypractices. org)的出版物：《牧场人员解决高体细胞计数指南》，DPC 指南 18 号。

乳腺炎的控制措施不应当建立在单纯的筛选测试基础上，而要与完整的乳腺炎控制计划和检查挤奶时间相互结合。

附录B　奶样的抽样、收集和运输

奶样抽样、收集和运输是现代奶品行业不可缺少的部分。抽样、收集和运输可以分为3个单独的步骤：乳品或行业工厂采样，散奶收集和抽样，乳品运输。

I. 评估散奶收购员/采样者的程序

奶品厂采样员是官方负责收集奶样的工作人员，这些奶样将用于本条例第6章所规定的常规检测。这些采样员是管理机构的雇员，至少每24个月由SSO或dSSO进行考核评定一次。这些采样员的评定表采用FDA表格2399号——奶样抽样员评定表，这份表格是由最新版本的乳品检测标准方法(SMEDP)衍生而成(本条例附录M)，奶品厂采样员也属于SSO或dSSO，不需要每24个月对其进行至少一次样品收集程序的考核评定。

注：为了确定散奶收购员/采样员、行业工厂采样员和奶品厂采样员的考核频率，时间间隔应包括指定的24个月加上考核当月剩余的天数。

散奶收购员/采样员负责收集官方奶样，用于本条例第6章或附录N所规定的常规检测。若监管机构允许，也包括奶牛场中恢复和清洁样品的工作人员，并可以从农场运输至奶品厂、收奶站或中转站的工作人员，并且已被授权允许对任何一个州的原料奶或奶制品进行收集。散奶收购员/采样员占据了独特的地位，成为当前乳品市场结构中的关键因素。站在官方公正的立场上，计量和采样员是乳品买卖的唯一评判者。作为一个乳品采样员，其操作水平直接影响了奶的质量和安全。当采样者的义务包括收集和运送奶样至实验室检测时，他们成为了质量控制和影响生产乳制品监管方案的重要组成部分。本条例第3章规定，管理机构需要建立对散奶搬运工/采样员发放许可证制度的标准。这些人员需最少每24个月由SSO或dSSO使用FDA表格2399a号——奶样抽样员评定表进行评定(本条例附录M)。

工厂采样员或散奶收购员/采样员是在监管机构允许的情况下，负责从直接装载的奶罐车上收集官方奶样的人员，或是为附录 N 中列出的奶品厂、收奶站、或转运站的常规目的而负责收集官方奶样的人。这些工厂采样员是奶品厂、收奶站或转运站的雇员，并需至少每 24 个月由 SSO 或 dSSO 使用 FDA 评定表进行考核评定。当收集附录 N 中要求的奶样时使用 FDA 2399 号——奶样抽样员评定表进行评定，当从奶品厂、收奶站或转运站直接装载的奶罐车收集奶样时使用 FDA 2399a 评定表进行评定(本条例附录 M)。

奶罐车司机是将生奶或热加工奶或奶制品在奶品厂、收奶站、中转站之间执行运输任务的人员。任何一次农场直接运输作业都要求奶罐车司机负责附上官方的抽样样本。

对这些人员发放许可证的标准至少应当包括以下部分。

培训：让被培训者了解生奶收集的重要性以及采样技术，包括获取一份可认可的样品和以奶罐车或农场生奶罐或简仓获取一份被认可的无菌样品，所有的散奶收购员/采样员或工业工厂采样员必须被告知为什么以及如何以正确的方式采集奶和收集样品。管理机构、奶品厂基层工作人员、运输线路调度员以及所有具有一定技术和实践经验的人都可以承担培训工作。如果管理者不能主持这样的培训活动，则必须在其认可或指导下完成。

培训采用课堂讲课的形式，由教员讲述乳品采集实际操作，示范采样及样品的保管，并为学员提供实习这些技术的机会。在培训课程中要讨论到有关清洁和个人卫生的基础常识，这对于确保乳品的质量至关重要。有关计量管理的官员也可参与培训课程，为学员提供乳品计量须知和记录存档。

培训课程结束时，管理机构批准进行考核。考核成绩低于 70 分的学员，视为不合格，将不予发放许可证，直到补考合格为止。考核要能够充分证明散奶收购员/采样员的能力。考试中应有不少于 20 个问题涉及如下的领域。

1. 6 个有关卫生和个人清洁的问题。

2. 6 个涉及采样和计量程序的问题。

3. 4 个有关设备的问题，包括正确的使用、维护、清洁等。

4. 4 个涉及正确的记录保存要求的问题。

监管代理人和管理度量衡的官员应定期安排进修短期课程，有助于维持和增加散奶收购员/采样员的效率。适当的培训与定期进修短期课程也应提供给工厂的采样员。

资格：

1. 经历 包括必要的观察期，在此观察期间申请者在担任散奶收购员/采样员的工作表现。

2. 推荐证明　申请许可证者须提交合适的推荐证明，证明其个人品格特点。

散奶收购员/采样员的评定：对散奶收购员/采样员进行定期常规评定，可为管理机构提供检查散奶收购员/采样员设备状况的机会，以及评定其符合实际操作的程度。

散奶收购员/采样员技术水平，是管理机构观察一个或多个农场的散奶收购员/采样员进行评定。在颁发许可证前，管理机构必须对每一个散奶收购员/采样员进行例行检查。这种检查须根据本条例第5章每24个月至少进行一次。散奶收购员/采样员在收集官方正式样本前，必须获取有效的许可证。各州管理机构可以使用管理机构的任何检查作为维护记录要求和执法的手段。

注：如上面提到的，选择利用其他监管机构建立的散奶收购员/采样员检查，并不适用于ICP下的TPC授权。

有关奶样采集与保存的程序必须遵循最新的乳品检测标准方法(SMEDP)的文本要求。

具体项目包括：

1. 个人仪表　散奶收购员/采样员必须保持良好的卫生习惯和整洁干净的外表，不能在贮奶间内抽烟。

2. 设备要求

a. 奶样架和样品收纳盒用于保存所有收集的样品。

b. 奶样(例如，冰和水的混合物)的保存温度应维持在0~4.5 ℃(32~40 ℉)。

c. 采样管及其他采样装置应符合管理机构的卫生设计和材料要求，保持清洁，维护良好。

d. 样品容器应为单次使用，保存良好。

e. 经过校验的小型温度计其精确度须每6个月验证一次；精确度为±1 ℃(±2 ℉)。

f. 核准使用的消毒剂请参阅《卫生定义BBB》第11r条和附录F以及根据第9r条正确构造的采样管容器。

g. 定时进行奶品搅拌的精确设备。

h. 适用于散装储奶罐出口阀和采样仪器消毒的消毒剂的测试工具包。

i. 应为散装罐的测量棒提供一次性使用的卫生毛巾。

3. 奶质量的检查

a. 用肉眼和嗅觉检查乳品，判断其是否有异常情况，决定其级别是否可以被接受，必要时可拒收。

b. 计量或采样前要充分地洗手，并使用一次性的毛巾或吹风机将手吹干。

c. 记录奶温、收集时间(可选，24 h间隔)、散奶收购员/采样员名字和证件，或农场磅奶单上的识别号。当使用测试温度计时，散奶收购员/采样员须每月对农场的每个散奶罐温度表的准确度进行检查并记录结果。所需的记录温度计的准确度需要使用标准温度计每月进行检查并记录。小型温度表应在所使用的消毒剂规定的适当时间或使用前至少1 min进行消毒。

注： 收集时间应定义为散装牛奶运输车/采样器完成“通用”样品收集的时间。如果没有“通用”奶样被收集到奶场直接装载的奶罐车中，则农场称重票上记录的采集时间应定义为从奶厂拿起奶罐车的时间。

4. 奶的计量

a. 奶的计量须在搅拌前进行。假若当奶罐车到达贮奶间时搅拌器正在工作，计量只能在等到奶液表面静止下来后才能进行。

b. 使用一次性的毛巾将测量杖拭干，小心地插入奶罐。重复此过程，直到得到2次测量结果。将此结果记录在农场磅奶单上。

c. 在计量时不要污染奶。

通用采样系统： 当散奶收购员/采样员在收集生奶样品时，须采用“通用采样系统”，即样品在每次从奶牛场采集乳品时收集。每当监管机构授权奶品厂采样员从奶品厂、收奶站或转运站的直接装载的奶罐车中收集样品时，也应使用此“通用采样系统”。这个系统使管理机构可以根据自己的判断，在任何时间，不预先通知的情况下对由散奶收购员/采样员工厂设备采样员收集的样品进行分析化验。使用“通用样品”做化验比由奶品厂人员收集的样品更为真实可信。以下为采样程序：

a. 奶样提取和处理的过程要遵循防止污染奶接触表面的原则。

b. 奶要搅拌足够的时间以获得均匀的混合物。遵照管理机构或制造厂商的手册，或当使用一个被认可的无菌样品设备时，应遵守明确的步骤和标准操作守则(SOP)(仅供参考，请参阅FDA颁发的M-I)。

c. 散装奶罐或筒仓搅拌时，将采样瓶、采样管、采样管的盛盒及消毒剂置于出口阀门处，或者将一次性使用的采样管采用无菌操作的方法带入贮奶间。取下散装奶罐或筒仓出口阀门的外盖，检查阀门出品处是否有奶垢或者异物，如果存在奶垢或异物，或不存在大罐盖，请冲洗并消毒。在取下外盖及存放外盖时，要防止盖子的污染。

d. 样品只能采集经过充分搅拌后的乳品。或当使用一个被认可的无菌样品设备时，应遵守明确的步骤和标准操作守则(SOP)。将采样管或者采样装置从消毒液中取出，或使用无菌采样瓶，并在奶中至少浸泡2次。

e. 用肥皂洗手并干燥后通过使用采样器或其他认可的无菌采样装置从散奶罐或简仓收集有代表性的样品(仅供参考：请参阅适用于所用无菌或在线采样器的M-I)。当从采样设备中取出样品时，小心注意不要将奶溅回到散奶罐或简仓中。样品容积不能超过采样瓶的3/4，将取样瓶盖子盖好。

f. 如果需要的话，将采样管上残余奶冲洗干净，并放回到盛盒内。

g. 将散奶罐的盖子关闭。

h. 所采集的生产者的样品应在收集时用生产者的标签、温度、日期和时间进行标识。

i. 从装运乳品的第一站开始，必须有一份样品是处于温度控制状态的(TC)。这份样品必须要标示采集的时间(可选，24 h 间隔)、日期、温度、生产者以及散奶收购员/采样员的编号。

j. 立即将采集的奶样放入样品储存箱中，参阅项目 2. a 和 2. b。

5. 泵奶程序

a. 当计量和采样工作完成后，在搅拌器还在工作时，可打开出口阀门开始泵奶。当奶液面达到搅拌器叶片时，关闭搅拌器。

b. 当奶品已经抽空时，将抽奶管从奶罐的出口阀门处移走，并盖上抽奶管的外盖。

c. 检查散奶罐内部是否有异物，并在农场磅纸上记录所看到的异常情况。

d. 在奶罐出口阀门打开的状态下，用温水充分洗涤奶罐的内部。

6. 采样责任

a. 所有用于采样的容器及一次性使用的采样管都必须符合当前出版的乳品检测标准方法(SMEDP)规定的要求(美国公共卫生协会的乳品检测标准方法)。样品在送往实验室的过程中都要冷藏保存在0~4. 5 ℃(32~40 ℉)。

b. 采取一定的措施保护样品箱中的奶样，保持一定的冷藏水平。

c. 必须使用样品架和样品漂浮物，使样品在样品存储箱中得到充分冷却和保护。

d. 对盛放奶样的储物箱或者冰柜进行隔热，以使样品始终处于合适的贮存温度中。

各个州标准检察官(SSO，State Standardization Officer)主持对采样程序的周期性的评定。这种评定将保证奶样收集程序的恒定与正确。

Ⅱ. 使用被认可的在线采样要求

（仅供参考：请参阅 M-I-06-6）

使用在线采样系统需要遵守的协议（SOP）必须由监管机构与采样设备制造商、牛奶生产商和 FDA 合作批准。被批准的无菌在线采样系统的 SOP 副本应存档并张贴在采样系统使用的位置。作为最低限制，该协议应包括如下内容。

1. 描述如何收集、识别、处理和存储奶样。

2. 描述在样品采集期内用于冷藏收集样品的装置和收集奶样容器的方法。

3. 一种监测生奶样品温度和奶温度的方法。

4. 如果不是一次性使用设计的采样器，描述采样器清洁和消毒的方法和时间。

5. 已接受维护、操作、清洗和消毒的样品收集装置，以及收集、识别、处理和存储奶样培训的被认可的散奶收购员/采样员名单。

6. 一种用于测定奶罐车上奶品重量的方法和手段的描述。

Ⅲ. 对奶罐车使用被认可的无菌采样器要求

（仅供参考：请参阅 M-I-06-12、M-I-16-17）

对于工业工厂采集者和奶罐车使用被认可的无菌采样器的特定协议(SOP)，应由管理机构会同采集设备制造商、奶品厂和 FDA 一起制定。作为最低限制，该协议(SOP)应包括如下内容。

1. 描述如何收集、识别、处理和存储奶样。

a. 无菌采样配件的安装，应根据制造商的建议，与其用途相兼容。

b. 无菌采样隔膜应根据制造商的指示安装。

c. 使用 SOP 特定的无菌采样器达到转移奶品的目的。

d. 一个适当的装置，如一个注射器，可用来转移奶品。

2. 如果不是一次性使用设计的采样器，按照每一个制造商的说明，描述采样器清洁和消毒的方法和时间。

3. 已接受维护、操作、清洗和消毒的样品收集装置，以及收集、识别、处理和存储奶样培训的工业工厂采样员名单。

批准的无菌采样器的 SOP 副本应归档在使用无菌采样器的位置。

Ⅳ. 对农场散装奶罐或筒仓使用认可的无菌采样器要求

（仅供参考：请参阅 M-I-06，M-I-06-12 或 M-I-12-4）

对于在牛奶装载运输之前，使用无菌采样器直接从养殖场的散装奶罐车/筒仓所要遵守的特定协议，应由监管机构与设备制造商、牛奶生产商和 FDA 一起制定。作为最低限制，该协议应包括如下内容。

1. 描述如何收集、识别、处理和存储奶样。

a. 无菌采样器的安装，应根据制造商的建议，与其用途相兼容。

b. 使用 SOP 特定的无菌采样器达到转移奶品的目的。

2. 如果不是使用一次性设计的采样器，按照每一个制造商的说明，描述采样器清洁和消毒的方法和时间。

3. 能够进行维护、操作、清洗和消毒样品收集装置的采样员，同时也可以收集、识别、处理和存储奶样。

4. 经批准的无菌采样器 SOP 的副本应存档并张贴在采样器使用的地点。

V. 对多辆和/或单辆农场小货车使用经批准的罐式农场散装奶罐无菌采样器的要求

1. 监管机构应与采样设备制造商和 FDA 合作，批准专门用于使用罐式农场散装奶罐无菌采样器的协议，该协议可用于从多个或单个农场中获取官方奶样。作为最低限制，该协议应包括如下内容。

a. 描述如何收集、识别、处理和存储牛奶样品。

b. 样本采集期间将样本维持在所需温度 0~4.5 ℃(32~40 ℉),如本附录所述的方法。

c. 对用于从农场散装牛奶罐中装载的牛奶温度进行获取的过程的说明。

d. 如果不是一次性使用设计,如何以及何时清洁和消毒采样器的说明。

e. 说明用于确保从每个农场散装奶罐中采集的牛奶样品的代表性和完整性的方法和手段。

f. 对用于确定农场散装牛奶罐中牛奶重量的方法和手段的说明。

2. 罐装农场散装奶罐采样器应根据制造商的建议并与监管机构进行协商,并以与其预期用途兼容的方式进行安装。

3. 应向国家监管机构提供经过培训以维护和操作无菌采样器以及收集、识别、处理和存储牛奶样品的经许可的散装牛奶运输者/采样器的列表。

4. 罐车上应存档经批准的油轮农场散装奶罐无菌采样器 SOP 的副本。

VI. 消毒采样阀芯和在线采样点的要求

1. 采样旋塞。准备一个消毒溶液,其中含有 200mg/L 的可用氯,例如次氯酸盐或其他等效强度的消毒剂。通过在其周围放一袋消毒溶液浸没采样旋塞。紧紧握住消毒液袋的尖端,围绕采样阀的主体,冲洗消毒器,使其进出采样旋塞至少 1 min,并且在采集常规样品文前至少用 2L 的牛奶冲洗取样旋塞。

2. 在线采样点(请参阅适用于所用无菌或在线采样器的 M-1)。

VII. 附录 N 中药品残留检测前对已冷冻生羊奶的要求

已冷冻的生羊奶可以用于附录 N 药物残留的检测,前提是采样草案已被该农场所在区域的管理机构认可。采样步骤应包括如下项目。

1. 样品由该农场所在区域的管理机构许可的散奶收购员/采样员采集。

2. 采样草案应保证采集有代表性的样品。

3. 确保生羊奶和样品在采集的 24 h 内被冷冻，与 FDA/NCIMS 2400 检测试剂盒表格中明示的阴性对照样品的储存方法一致。

4. 根据 FDA/NCIMS 2400 的一般要求，对采集到的生羊奶和样品置于冰箱中适当保存并监控温度。

5. 样品在冷冻的 60 天内送至实验室进行检测。

6. 应使用合适的样本标签来保证样品的识别和处理。

7. 批准的抽样协议的副本应被管理机构存档，并可以在牧场收奶工厂和实验室进行查阅。如果不能使用抽样协议的副本在牧场、收奶工厂或实验室进行查阅，应要求管理机构在 24 h 内重给一份副本。

注：如果采样草案并未得到管理机构的批准，或没有被跟踪，或为得到管理机构的批准对采样草案进行了修改，或进行测试的牧场、收奶工厂和实验室没有在 24 h 内接到管理机构的副本，则应视为牧场和收奶工厂违反了附录 N。

Ⅷ. 奶罐车许可证及检查

根据本条例第 3 章和第 5 章的有关要求，使用表格 FDA2399b 奶罐车检查报告对奶罐车进行每 24 个月加上该月剩余天数的评定检查(本条例附录 M)。

许可：每辆奶罐车都须附有用于奶或奶制品运输的许可证(详见本条例第 3 章)。许可证应由授权的管理机构签发给每位奶罐车车主。许可证鉴定和管理机构签发的许可证应在每辆奶罐车上显示。

互惠条例：在国家州际奶品贸易协会(NCIMS)互惠协议及本条例支持文件的框架下，每份许可证均应为其他管理机构认可。每辆奶罐车均需要附带一份由管理机构签发的有效许可证，并在管理机构认为必要时出示备检。当其他管理机构对非其签发的罐车履行检查，而不能出具有效许可证和检查合格证明时，将对奶罐车主征收检查费。每辆奶罐车在不同管辖区内拉运作业时只需持有一份许可证即可。管理机构拥有在其管辖范围内对出入这一管辖范围运送奶及奶制品的奶罐车进行随时检查的权限。每位奶罐车车主或司机都有责任保存一份有效的检查合格证，以免被重复征收检查费。各管理机构在奶罐车互惠协议中存在争议之处可提交给国家州际奶品贸易协会(NCIMS)主席或其指定人予以解决。

检查： 每个奶罐车的检查时间频率应该至少为24个月加上管理机构检查当月剩余的天数。(详见本条例第5章)。检查报告复印件须随车携带，或将合格证粘贴于奶罐车上，显示实施检查的管理机构及检查年月。粘贴的标签应设置于奶罐出口阀门附近。

如果管理机构发现奶罐车存在重大缺陷或违章之处，可将报告书送交给许可证签发单位并粘贴在奶罐车上，直到违章得到纠正为止。

对奶罐车实施检查要在合适的地点进行，如奶品厂、收奶站或转运站、奶罐车清洗站等。根据职业安全与卫生管理局(OSHA)的限制，这种检查可能不需要钻进狭窄的地方。一旦发现在清洁、结构或修理方面存在重大缺陷时，该辆奶罐车将被禁止营运，直到可以达到清洁和检修要求为止。清洁与修理须由专人验证，以达到管理机构的要求。

由管理机构而不是发证机构完成的检查报告，应送交给发证机构以验证本附录中许可部分所规定的要求。发证机关可以使用这些报告来满足许可要求。

奶罐车标准： 表格FDA 2399b奶罐车检查报告中的所有条目在检查中可以分为“执行”“未执行”“无法执行”。下列是表格FDA 2399b中所列检查项目(附录M)。

1. 样品与抽样设备(提供时)

a. 样品容器须贮存于不被污染的状态。

b. 样品盒应当维修良好，保持清洁。

c. 样品转移设备应干净卫生，以保证收集到合格的奶样。

d. 正确构造的采样仪器要配有盛装的容器(参见第9r条)，并使用合适的清洁消毒溶液。

e. 样品要妥善地存放，避免污染。

f. 样品贮存处要清洁干净。

g. 样品要存放在合适的温度0~4.5 ℃(32~40 ℉)中，要提供一份温度控制样品。

h. 采样员要有一支核准的温度表供使用。该温度表的精确度必须每6个月校验一次，其使用结果和日期要记录在表盒上。

2. 产品温度应低于7 ℃(45 ℉)

a. 产品温度必须符合本条例第7章第18r条——生奶冷却，以及第17p条——奶及奶制品的冷却的所有要求。

b. 残留在外转移系统里的超过7 ℃(45 ℉)的奶品须废弃。这包括泵、软管、脱气机或测量系统里残留的奶品。

3. 设备的结构、清洗、消毒和维修 表格 FDA 2359b 中第 1 条第 a 项应根据如下标准进行评定。

a. 结构和维修要求

(1)奶罐车及其所附属的所有部件都必须符合本条例第 7 章第 10p 条——管道的清洁卫生，以及第 11p 条——容器和设备的制造与维修的要求。设备的制造须符合 3-A 卫生标准，与本条例要求的卫生设计和结构要求一致。

(2)奶罐车的内胆结构应光滑、不黏附、防锈蚀、无有毒成分并处于良好的工况。

(3)奶罐车的附件，包括无菌采样器、奶管、奶泵和附件等都要制造光滑，使用无毒材料，并处于良好的工作状态。在需要伸缩性的地方，液体输送系统应无排水并固定成合适的坡度和排列状况。它们应当易于拆卸和便于检查。

(4)用于存放附件和采样设备的罐隔舱，应当在结构上设计为避免尘土污染，并保持清洁卫生，处于良好工况。

(5)奶罐车的顶盖装置、通气和防尘罩都要设计合理，保护奶罐和奶品免于污染。

b. 清洁和消毒要求

(1)奶罐车以及所有的附件都应符合本条例第 7 章第 12p 条——容器和设备的清洁与消毒的要求。

(2)奶罐车应当在第一次启用前，即经过清洗和消毒。在清洁和消毒超过 96 h 未使用，再次使用前应当重新再行消毒。

注：首次使用应定义为首次将牛奶转移到奶罐车中并记录下操作时间。

(3)奶罐车允许在 24 h 内多次连续装载，前提是每 24 h 使用后予以清洗。如果奶罐暴露于抗生素或其他污染物，则应在其下次使用前立即进行清洁和消毒。

4. 罐的外部状况 奶罐车的外部状况应当保持结构合适、工况良好。所有可能影响到奶罐车装载奶品的缺陷和损坏在奶罐车检测报告表格 FDA 2399b 中呈现，并且纠正措施也有描述。奶罐车外部清洁状况的评定要考虑到当时的天气和环境条件。

5. 清洗与消毒记录

a. 散奶收购员/采样员有义务确保奶罐车已在一个认证的奶品厂、收奶站、转运站或奶罐车清洁机构进行了彻底地清洁和消毒。没有明确清洁和消毒记录的奶罐车不得用于装卸奶品，直到其已证明经过清洁和消毒。

注：上文 a 中所提及的使用非 IMS 名单上的奶罐车清洁机构不适用于 ICP 授权下的 TPC。

b. 应当在奶罐车出口阀门上悬挂“已经清洁消毒”的标签直到下次清洗和消毒。在每次清洁消毒时，前次的清洁消毒标签应取下，并在清洗地点存放至少15天。

c. 清洁消毒标签应当包括以下内容：

(1)奶罐车识别号。

(2)奶罐车清洁消毒日期和时间。

(3)奶罐车清洁消毒的地点场所。

(4)奶罐车清洁消毒人员签字。

d. 清洁和消毒标签所有信息的保存是散奶收购员/采样员或奶罐车操作者的责任。

e. 每个州应当提交一个带有所有目前允许的非IMS更新名单上的奶罐车清洗机构名单给NCIMS执行秘书。这个名单用于在NCIMS网站上公示。

6. 最近一次清洁/消毒的地点 在任何奶罐车检测期间，最后一次清洗和消毒的地点需要被管理机构证实，并在奶罐车检查表中记录。

7. 标签 对所有货运单据、运输发票、船运账单或重量票据的所有相关信息的保存是散奶收购员/采样者的责任。从一个奶品厂、收奶站或转运站运输生奶、热加工奶或奶制品到另一奶品厂的奶罐车被要求标记奶品厂或搬运工的名字和地址，并且奶罐车应有合适的铅封。所有的运输文件应包括本条例第4章中概述的下列信息：

a. 运输者的姓名、住址及许可证号。每辆奶罐车装载奶品的农场磅奶单或拉货票证上都须包括有州际牛奶承运商(IMS)统一编制的奶罐车识别号，或IMS名单的加工厂编号，奶品厂与农场的组合编号。

b. 如非承运人的雇员，则需要有搬运工许可证号。

c. 搬运的起点。

d. 奶罐车的编号。

e. 货名。

f. 货重。

g. 所载货物的温度。

h. 装运日期。

i. 其内含物是否为生奶或巴氏杀菌奶，或者是奶油、低脂或脱脂奶，是否经过热加工。

j. 在进出口、清洗接口和通气孔的密封签号。

k. 货物的等级。

上述内容包含的所有信息应由管理机构核实，并记录在合适的检查表上。

8. 汽车和奶罐车的正确标识　车主或司机应负责给车辆做上合适清晰的标记识别。

9. 前期检查表或可用的附着标签　当某奶罐车运输奶及奶制品由某一管理机构辖区到达另一辖区时，并不需要每次都要接受检查。奶罐车车主或者司机必须携带能被识别的管理机构所签发的最近的检查证明。每辆奶罐车都可能随时接受管理机构的必要检查。

10. 样品监管链　当由某个体负责运送样品供官方实验室分析时，样品监管链必须建立。司机须持有准许采集官方实验室分析用奶样的许可证，每 2 年签定一次。本附录第 I 章——评估散奶收购员/采样者的程序，第 7 条——采样职责应被用作评估的基础。此外，有一个替代方案，即根据管理机构的要求使用密封样品箱也是可行的。

附录 C　奶畜场的建筑标准及生奶生产

I. 厕所和污水排放设施

冲洗式厕所

冲洗式厕所比蹲坑式、土坑式或者化学品处理的厕所更适用于奶品厂和奶畜场。厕所的安置应当符合当地或者国家下水处理条例。厕所应设置于通风明亮之处，要有防冻设施。在安置时要防止下列缺陷出现：

1. 水压和水量不足。
2. 管道泄漏。
3. 下水堵塞，常见为厕所地漏外溢。
4. 瓷砖破裂或排水池堵塞。
5. 奶畜通道的地势比污水排放区低洼。
6. 污水排放区为易于吸收的地面。
7. 厕所地面为尿液或其他排泄物的浸泡。
8. 令人不快的气味或表现为清洁程度差劣。
9. 粪便区、化粪池、合并区、或滤清池建于接近水源供应处等都是本条例附录 D 所禁止的。

化　粪　池

厕所粪便应排放到卫生污水系统中。如果奶畜场或奶品厂不具备这样的条件，至少应采用比较满意的方法将粪便予以处理后再排放到地下。土质渗透性能达不到要求的地方，污水排放应遵循当地或国家卫生当局的规定。最好将地面流水，与器具清洗的污水等分别在不同的系统中予以处理。当厕所污水与其他污水同时进入化粪池时，一定要小心考虑化粪池和滤清池的设计流量。

化粪池的设置地点应考虑到本条例附录 D 所规定的与水源地的安全间隔距离。在动工前管理机构须预先检查批准，其位置应当便于检查和清洁。所选择的场所应当有足够的污水排放区域。

化粪池容积的设计要根据平均每天粪便的排放量，以每 24 h 间隔的容量和足够的污泥沉积量为单位。化粪池的最小液体容量为 3 000 L。其出口应设置有隔板，阻拦浮渣外溢。化粪池的盖板要设计为防水密封，防止鼠害和蝇虫滋生并能承受重力压迫。化粪的每个隔舱都应当设置有进人孔，并附有牢固的盖板。进人孔应当防水密封。化粪池所用的材料要特别耐腐蚀。

化粪池的排放

下水排放系统可考虑使用一个分配池。应当根据预计的下水排放量、排放区土质的吸收能力以及排放渠的底部总面积来设计排放区域的面积。瓦管或多孔排放管道被设计用于排放渠，其直径不应小于 10 cm。每条支渠的排列间距应当至少为渠宽的 3 倍，最小为 2 m。

排放渠应当用碎石或筛砾石铺垫，从排放管底部下方 15 cm 深度铺设到将管道顶部埋入 5 cm 的水平。如使用排水瓦管时，接头处要留出至少 5 mm 的空隙，空隙的上方和侧面要用柏油纸带保护。要用未经处理过的建筑纸或类似的材料作为隔离带保护排水瓦管的整体性，防止回填物的松陷下沉。每一排放支渠单位的排放有效吸收面积至少要有 13.9 m^2(150 ft^2)，即 30 m×46 cm。排放支渠的单位长度最好不能超过 30 m(100 ft)，每条支渠的坡度范围应保持在每 30 m 长度下降 5~10 cm(2~4 in)的坡度，但不要超过 15 cm(6 in)。对于瓦管排水管道，其理想的终端坡度应保持在 46 cm(18 in)内，平均支渠的深度不要超过 91 cm(36 in)。

在某些情况下，渗流坑是一种比较满意的排放污水的方法。渗流坑的壁面应当有一定的渗透性，其容积不小于化粪池。坑壁面积与土层吸收性能及预计的排放量成一定的比例。

有关土层吸收性能需要的实验数据可从当地或者国家卫生部门获取。同时还可得到众多用户有关渗透渠面积及相关的渗透率的建议。为了获取当地的第一手资料，建议在开始建设污水处理区前先进行咨询，获得帮助。

土坑式旱厕

在那些不具备上下水系统的奶畜场，使用土坑式旱厕解决排泄物的方式不失为行之有效的方法。土坑式旱厕各不相同，但其基本原理却大同小异。

1. 总体要求 土坑的容量设计可能足够使用多年而不用移位。排泄物和手纸直接进入土坑。需氧菌分解复合有机物，使它们降解。要防止昆虫、动物、地面流水进入土坑中。最为重要的是土坑的设计要能防蝇。

2. 选点 选择建立土厕地点要考虑到防止污染水源。要采用本条例附录 D 规定的标准。在坡地建厕，要选择在水源的下方。如在平地上建厕，厕所与水源地处于同一水平线，就要考虑对土厕加设土堤。如果建立土厕将危害水源的安全，则只能另行选择厕所的方式。

厕所的位置应当方便所有人。也应当考虑到主导风向，以减少苍蝇和气味的困扰。土厕的位置应在房舍或围栏界线 2 m 以外，以方便建设和维护。

3. 坑、基底、围堤 粪坑容积应大于 4.6 m^3(50 ft^3)。土坑要紧密地嵌入地面 1 m 以下，但其开口面应低于地平面。盖板要高出地表 25~50 mm(1~2 in)，使基底和盖板的上方要留有一定的间隙，以免整个上部建筑和地板压在盖板上。整个上部建筑和地板由一道钢筋混凝土基底支撑。这道基底应当浇灌在坚实、稳固的土地上。

一道土质的围堤，其厚度起码与混凝土基底相同，应在各个方向上高出基底 46 mm(18 in)。

4. 地面与踏板 用不透水材料如混凝土制作地面与踏板是比较理想的。由于厕位通常是用于小便的，踏板用不透水材料制作有利于打扫卫生。在寒冷的气候下，用经过木馏油防腐处理的木材制作踏板，既经久耐用又能减少冷凝水的产生。因此，在美国很多地方只要当地或者州卫生当局批准就可以使用木质踏板。

5. 座位(马桶)与盖子 座位与盖子两者是铰链着的并且可以抬起。所用的材质要轻便耐用。且座位要舒适，盖子要能自动关闭。自动关闭的马桶盖有两大缺陷，一是竖立的盖子会抵着如厕者的后背而不舒服；二是盖子的底面经常带有秽物或者冷霜，会玷污衣服。有一种新发明的马桶盖可以克服这些缺点。这种盖子可以转到马桶的后方再竖立起来。这样的话，盖子的正面就会朝向如厕者，而不是通常暴露在粪坑的底面。

6. 通风 厕所通风问题在美国因气候的差异而各不相同。比如在一些州，特别是南方，通风完全被省略了，但是效果也还能够令人满意。流通的空气一般是通过粪坑和竖管垂直向上经房顶或者直接从地板旁的墙上出去。由粪坑和竖管产生的垂直气流可能导致水平方向的对流，经由两侧墙面或者厕所的一个角产生对角气流。

所有情况下，通风口都要加滤网。镀锌的、喷漆的铁丝网、铜网或青铜网都可以使用。通常采用每1 cm 6目的筛孔网(即每英寸16目)。通风口的外部要罩上一个金属套，防止外面杂物堵塞通风口。

某些权威人士声称，土厕通风没有什么作用，应被删除。只有当一些技术问题得到解决后，有关通风的建议才能令人满意。其中最大的问题是因为粪坑与上部建筑之间的温差而产生的冷凝水而造成的。这里建议采用冷壁，这样可以使冷凝水凝结在粪坑里。

7. 上部建筑 在某种程度上厕所的结构是标准化的。大多是1.2 m×1.2 m(4 ft×4 ft)的空间，前沿高为2 m(6.5 ft)，后沿高为1.8 m(5.5 ft)。屋顶的坡度建议保持在1∶4。建筑使用的材料要坚固结实，罩漆可以应对天气的变化，地板建议使用快速凝固材料。挑檐的架设应当合理，从而有利于分散雨水。

屋顶应采用不漏水的密封材料，如木材、复合瓦或合金。通常采用省略屋顶下方侧墙来达到通风的效果，但是在冷天要装上带孔的侧墙板。在北方地区，一般要装上窗户并配备上窗钩。

8. 土坑式旱厕的缺陷 安装土坑式旱厕时，要考虑到它们的如下缺陷。

a. 在土坑的边缘处可见深穴。

b. 粪坑满溢。

c. 马桶盖子损坏，不能打开或自动关闭。

d. 通风管折断、穿孔或者不能筛滤。

e. 厕所内部无法保持一定的清洁度。

f. 厕所开口朝向直接通向挤奶间或贮奶间。

g. 当马桶盖抬起时，光线会进入粪坑。

拱底砖石结构厕所

拱底砖石结构的厕所通常是由防渗透材料制作的，主要是为了较好地处理排泄物。

1. 功能 拱底砖石结构厕所主要用于地下水面比较接近地面，或者需要保护附近的水源、水井、泉源的地区。在那些石灰岩构造地区，为防止污染由石灰岩溶解而形成溪流，也建议使用这样构造的厕所。要使这种厕所的处理效果达到令人满意的效果，必须具有良好的维护服务配套措施。

2. 结构 拱底结构可由砖块、石头或者混凝土组成，以混凝土为最佳。拱池必须防水，不但要防止地面水流入，同时也要防止池中污物外泄。用于掏粪的出粪门应当预留，并设计成可以防止昆虫、动物和地面水进入粪池内。形成拱池部分盖板的上部建筑的地板应不能透水，推荐使用混凝土材料制作。

化学厕所

在某些地区土坑式厕所可能会影响到供水系统，也可能因缺水而不能使用水厕，在当地还没有条令法规禁用的情况下，可以采用化学厕所。这种厕所要配备以下设施：

(1)一个由防酸材料制成的粪缸，有易于清洗的开口。

(2)一个不吸水的掏粪勺，可以充分地从粪缸内提升污物而不溅泼。

(3)粪缸要配备一根带滤网的通风管，最好是铁的，直径为 7.6 cm(3 in)，通风管长度高出屋檐线至少 60 cm(2 ft)。

(4)定时给粪缸加入化学杀菌剂原液和浓缩液。

(5)厕所要建在光线充足，通风良好的房间，不能直接开口朝向挤奶间或贮奶间。

(6)要有一个最终处理方法，包括焚烧、滤清池或者化粪池。但所有这些方法都不能危害供水系统。

1. 形式 化学厕所与一般的厕所不同之处是其通常是放置在住宅内，而普通厕所总是与住宅分离。化学厕所一般有 2 种形式。

a. 便桶式，在座位下部放置一个盛有化学溶液的小桶。

b. 便缸式，一个盛有化学溶液的便缸安置在地下，缸上安放座圈。有一根管道将粪缸与竖管相通。粪缸一般通过排水到化粪池的办法予以清理。

2. 功能 这种类型的厕所主要用于气候比较寒冷的地区，因为这些地区的厕所需要设置于室内或者离家近的地方，同时这些地区因为没有冲洗式厕所的存在而使用这种类型的厕所。

3. 化学品 氢氧化钠所配制的苛性碱溶液一般都被用于便桶式和便缸式这 2 种化学厕所。化学溶液经水溶解后被盛放在容器内。施用化学溶液的目的是将粪便内容物和手纸软化，并进一步使其液化。为了使化学品充分发挥作用，就要维持其足够的浓度，每次使用厕所后，都要充分搅拌。如果碱液浓度变淡或者搅拌不充分的话，由于氨气的释放可能产生臭味。

当碱液的浓度被稀释，失去了软化的功能，麻烦就会产生。那时，化学品会因为吸收了空气中的二氧化碳而被分解，碱性失效。粪便处于自然分解状态，产生恶臭。

4. 污泥的处理　处理积存的混合污物是一件难事。对于小型的便桶，一般采用在地面填土的方法处理。便缸一般设计成可使粪便直接进入化粪池。当软化作用不充分时，纸的碎屑可能堵塞化粪池，便需要相应的措施加以解决。由于在设计上考虑到基本功能的要求不尽相同，化学厕所与其他类型的厕所只是在座位的结构和通风的方式上基本雷同。通常，踏步或者便凳都已经商品化生产。

化学厕所只适用于那些能够经常维护并妥善处理内容物的地方。由化学厕所排出的污泥或者液体都不能排放到污水处理系统中。否则，这些含有化学物质的污泥或者液体可能严重地干扰微生物的作用，而这些微生物正是污水处理系统所依赖的。

5. 缺陷　以下为安装化学厕所的缺陷。

a. 违背上述规定的要求。

b. 化学品添加得不够及时或者添加的浓度不够易导致臭气逸出。

c. 便缸内容物处理不良。

d. 厕所间卫生欠佳。

建筑设计

符合法规要求的化粪池、坑式厕所、砖石拱顶型厕所及化学厕所的详细设计图纸可在当地的或者各州卫生部门查询。

Ⅱ. 第45号标准——自流式奶牛舍粪沟

（奶畜管理委员会颁布）

自流式粪便清理槽的概念来源于欧洲。牛粪通过牛舍的地板落入一个深沟，沟内粪便由于重力的作用流入交叉的渠道或者牛舍外的管道排入贮粪池（图1~图3）。在粪沟的下方有一个较低的、8~20 cm(3~8 in)高的栏板，可以作为润滑层使粪便能够流出(图1)。在粪沟启用后1~3周后，粪便的表面会形成一个高出栏板 1%~3%的坡面，粪便则会不断地从坡面上流下去。粪沟应有足够的深度来容纳牛粪形成这样的浅坡。

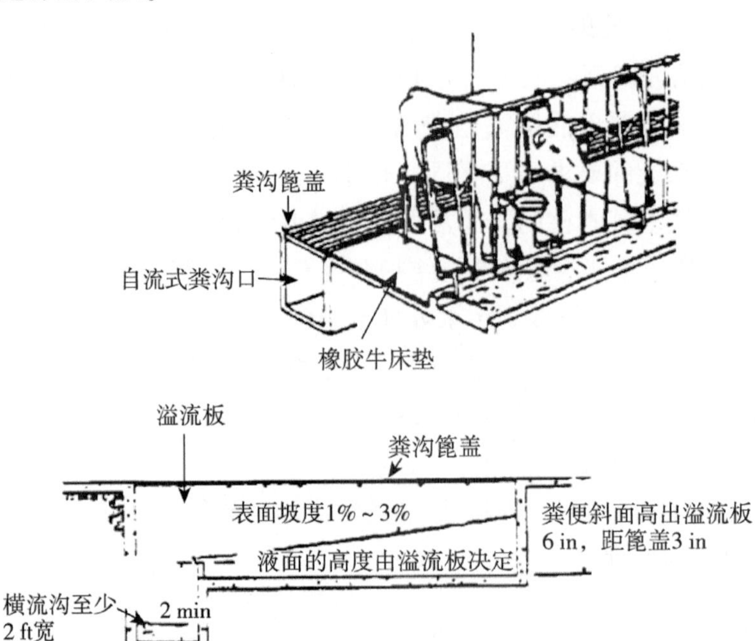

图 1　自流式粪沟的侧、横断面

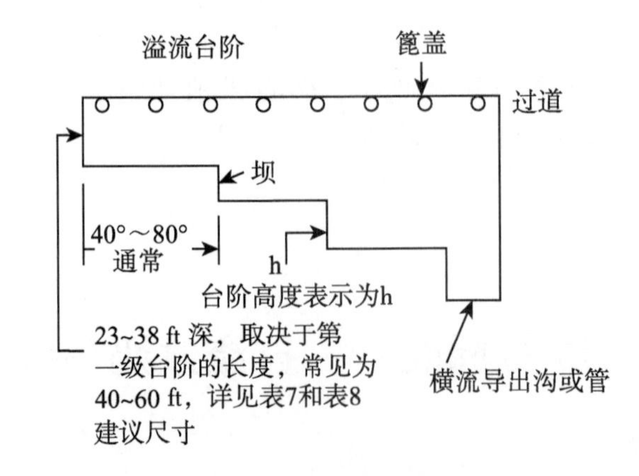

图 2　台阶式自流粪沟

粪便的清除是通过自身的重力，并不需要借助于机械。总体而言，盖板和粪沟的费用要比安装、使用和维护清粪机械省得多。

这种系统既不是冲刷式粪沟，每头母牛平均需要用水 115~225 L 冲走粪便；也不是那种地下贮粪牛舍(漏缝地板式牛舍)。这种系统实际上是自走式粪沟，将牛粪从牛体后侧运到室外贮粪场所。有记录表明，粪沟表面的粪液每小时可移动 3 m(10 ft)。

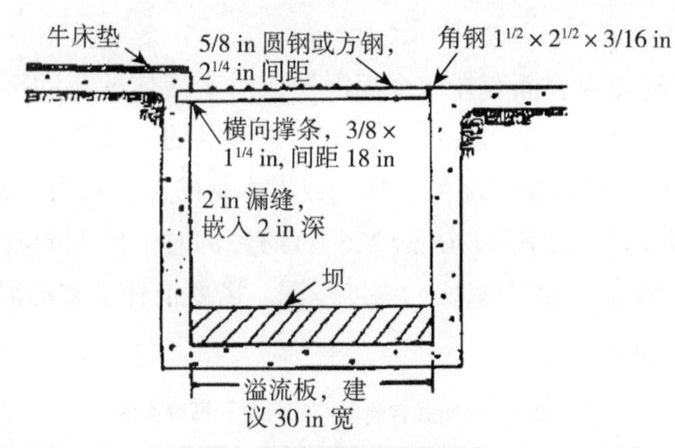

图 3　粪沟与篦盖的横断面

结　构

1. 粪沟的深度　粪沟的深度取决于粪沟的长度和粪便液面的倾斜角度。本条例假设粪便表层的坡度为 3%。大多数饮食形成湿润粪便，在没有垫料混入的情况下，坡度可降低 1%。溢流板的底部要保持水平，以便形成一层均匀的液面。粪沟末端的最大深度不要超过 138 cm(54 in)。此外，出口处不能有障碍物堵塞。

粪沟的深度要为溢流板和篦盖分别留出 15 cm(6 in)和 8 cm(3 in)的余量。漏缝尺寸与牛龄需要有合适的比例（表 6)。

设置台阶能减小粪沟的最大深度（表 7)。每级台阶的深度均不一样，这都取决于两级台阶之间的距离(图 2)。

表 6　漏缝尺寸与牛龄

牛龄（月）	1~6	6~12	12~24	24 以上
漏缝(in)	1~1. 125	1. 125~1. 375	1. 375~1. 675	1. 5~1. 675

表 7　自流式粪沟的深度与长度比例(适用于泌乳牛)

长度		深度	
m	ft	cm	in
12	40	58	12
18	60	78	18
24	80	96	24
30	100	114	30
36	120	132	36

2. 粪沟的宽度　粪沟底部的宽度不要超过 91 cm(36 in)。建议的尺寸为76 cm (30 in)。粪沟的开口处可能收窄至 50~60 cm(20~24 in)，以减少篦盖的尺寸

和减少花费。

3. 溢流板 溢流板表面存在一个润滑层，对于液体的流动至关重要。溢流板的高度范围应在 8~20 cm(3~8 in)。如果它是活动的，需要的时候就更加方便于清洗。溢流板的材料可以是水泥的、铁的或者木材的，并且需要密封起来。

4. 长度 当设计一段长达 70 m(226 ft)的粪沟时，标准的溢流平台间距应为 12~24 m长(40~80 ft)。粪沟越长、深度越深、需要消耗更多的混凝土和钢筋，因此成本更高（表 8）。

表 8 台阶式自流粪沟的长度和高度比例

	台阶高度	
溢流台阶之间距(ft)	粪液倾斜度为 1.5%时(in)	粪液倾斜度为 3%时(in)
40	7	14
50	9	18
60	11	22
70	13	25
80	15	29

注：1 ft≈0.3048 m；1 in≈2.54 cm。

5. 篦盖 钢制篦盖一般用于栓系式牛舍，混凝土板是自由式牛舍常用的方式。表 7 中缝隙的宽度可供参考。栓系式牛舍的篦盖可用圆钢或条钢制作。

6. 横向导出沟 横向导出沟也可以做成与粪沟一样的结构。建议从台阶的顶部到横向导出沟的底部深度至少要保持 60 cm(30 ft)，以防止粪液倒流。导出沟可以直接延伸到贮粪池。粪渣应当进入沟底，防止积存气体及冷空气反流回升进入导出沟。横向导出沟的地板以下要有足够的深度，防止结冰。

也可以通过混凝土管、铁管或塑料管将粪液自流导入室外的贮粪池底部。直径小到 38 cm(15 in)的管道也能起到作用。但是建议最好使用 60 cm 直径的管道（图 4）。

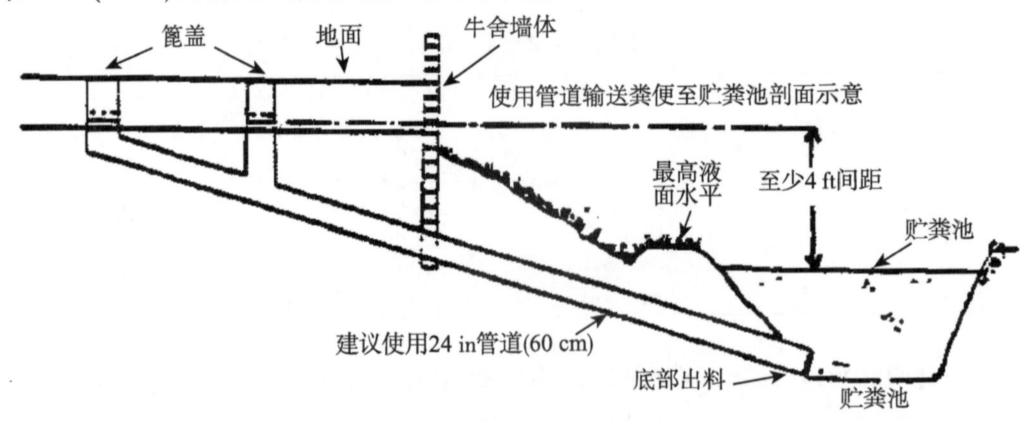

图 4 粪便输送至贮粪池

不能将导出沟排空并延伸到贮粪坑或粪池，或者直接开放于牛舍。这样的贮粪方式会产生气体和气味，并通过牛舍里的通风系统进入室内。

管　理

1. 粪沟注水　在牛进入牛舍之前，给粪沟注入8~15 cm(3~6 in)深的水，产生润滑面。

2. 牛床垫料的使用　牛床垫料使用的种类和数量是成功的关键。每头泌乳牛每天使用0.5 kg(1 lb)锯木，刨花末或者粉碎好的花生壳也可以使系统处于良好的工作状态。有些地方使用长秸秆作垫料，但这不推荐。使用长秸秆和过量的垫料会使粪便变硬变稠，容易堵塞粪沟。泌乳牛一定要提供足够的垫料。有时要对粪沟注水，这就取决于日粮的成分和垫料使用的数量。

3. 废物和沉降物　不要将草料扔入粪沟。由室外带入的泥土、石灰可能在粪沟内沉积。为此，在某些设计中，粪沟内的溢流板是可以移动的，这样可以方便清洗。在正常的管理条件下，产生固体物不会造成太大的麻烦，但如果粪沟长期不用，就需要清理，尤其是需要检查是否有固体沉积物，如过量的垫料或饲料形成堆积。及时清理这些沟壁上形成的堆积物，保证流动通畅。

4. 清洗篦盖　篦盖要每周清洗，最好是每天进行。利用一个带有水管的扫帚可以方便清洗。

5. 苍蝇和气味　蝇害问题不会过大，只要使用可降解油，如矿物油，喷洒在粪便的表面就可以控制蚊蝇。如果室内通风良好的话，可以使气味基本消除。没有必要为粪沟增加排风扇。

Ⅲ. 挤奶棚和牛舍中的产棚

挤奶棚和牛舍中混凝土地板的要求和稳定是良好环境卫生的关键，某些地区的气候环境要求将产棚安置在挤奶棚和牛舍内。

因此，只要符合以下条件，产棚就有可能被允许放置在挤奶棚和牛舍内（图5)。

1. 除了产棚外，所有的奶牛生产设施内的地面都是不透水、带有排水坡度并符合法规最新规定。

2. 透水材料制作地面的产棚中挤下的奶不得进入分配系统或上市出售。

3. 产棚中不得采用常规方法挤奶。

4. 产棚不能位于可能污染水源和乳保温转运设施的地方，必须远离水井 15m (50 ft)之外。

5. 产棚所有侧面外都要有至少 15 cm(6 in)的高沿围隔。

6. 产棚始终要保持清洁、干燥、铺垫良好。

7. 在高沿围隔区内不能设置有水龙头或饮水池。

8. 当这些产栏存在卫生问题时，当地的州卫生官员可能要求必要时清洗或者重建这样的产栏。

9. 建议每 50 头泌乳牛设置一个产棚。

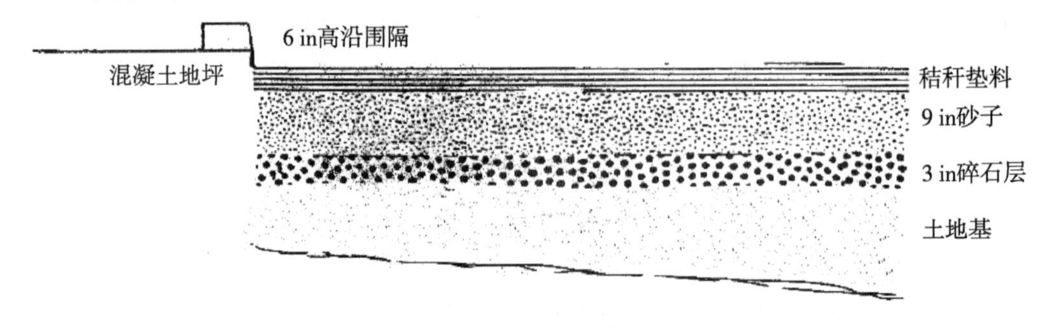

图 5　产栏剖面示意

Ⅳ. 传统式附带液态粪便贮存系统卧式牛舍的设计指导

简　介

挤奶棚地下贮存液态牛粪可能是一种省钱、省力、高效处理奶畜废物的方法。这种系统有助于污染的控制，并为人、畜提供安全以及卫生的环境。其必须遵循的原则如下。

1. 在牛棚开始动工修建前，其建筑设计须报请管理机构批准。竣工后，建筑商须给买方提供签字生效的书面文件以证实该系统是遵照这些法规建设的。

2. 液态贮粪池的容积应当至少能容纳 9 个月的积存量。

3. 一个负压机械通风系统的安装必须符合以下要求(图 6 和图 7)。

a. 具备 40 倍空间体积的每小时换气能力。其中有一半的换气量即每小时 20 倍空间体积用于冷天对贮粪池的通风。还有一半的换气量用于热天对墙壁的通风。

b. 在用于贮粪池通风的 20 倍空间体积换气量中，其中有 4 倍空间体积换气量是需要连续的。另外有 16 倍空间体积换气量在冬天使用时是由温度控制系统调节的。所有对贮粪池排风的风扇都固定在牛棚的外墙并与贮粪池直接相通。这些风扇应当设置为单速的，额定送风压力为 6 mm(0. 25 in)静水压。有 1 台粪池风扇必须连续运转。换气流须由牛舍经过粪沟导出。不允许使用变速风扇。

c. 那些在夏天补充排气量的风扇应当架设成可以直接通过牛棚墙壁通风的结构。它们可能需要设置在建筑之外，很多带有隔热板的对外开口在冷天时经常是关闭的。或者当这些风扇被安装在墙上时，其内侧装有隔热保护，防止在百叶窗或支架上产生冷凝水或霜冻。天气热时用的风扇如同粪池风扇一样，开设在同侧。它们的额定送风压力为 3 mm(0. 125 in)静水压，单速。

d. 除了那些提供持续抽风的风扇，所有其他风扇都由设计在牛棚墙体外的温控调节。所有粪池风扇的启动均要先于壁扇。每台风扇都要配备过热保护装置。

e. 计算方法：计算换气容积(立方英尺/分钟，cfm)的方法为，牛棚的长×宽×天花板的平均高度，即可得到平均空间容积，以 ft 计。平均空间容积除以 15 即为最小 4 倍每小时空间体积换气量的每分钟换气率(cfm)(4×15=60 min)。

$$\frac{W \times L \times H}{15} = \text{cfm}$$

例如，一栋标准 60 头成年母牛栏附带两个产栏，其宽为 36 ft，长为 160 ft，平均天花板高度为 8 ft 6 in。计算其最小连续换气率为：

$$\frac{36 \times 160 \times 8.5}{15} = 3\ 264\ \text{cfm}$$

冷天总换气量为每小时 20 倍空间容积也即需满足最小连续换气率的 5 倍，为：3 264×5=16 320 cfm。

使用两台排风率为 3 246 cfm 及两台排风率为 4 896 cfm 的组合，即能满足总换气量的要求。所以要建造两个风扇室，每个风扇室分别安装一台换气率为3 264 cfm 和一台换气率为 4 896 cfm 的风扇。其中一台3 264 cfm 的风扇是连续工作的。而另一台3 264 cfm 的风扇是温控在 4. 5 ℃(40 ℉)，而两台大功率的风扇则分别温控在 6 ℃(43 ℉)和 8 ℃(46 ℉)。将热天补充换气的另外每小时 20 倍空间容积的换气量分别由三台 5 440 cfm 的风扇负担。这些风扇安装在墙上，温度控制在 10～13 ℃(50～56 ℉)(图 6)。要想精确地计算排风扇的换气量是不太可能的，所以一般会选择排风率较高的风扇。

f. 为了保证风扇排风系统的正常功能，必须提供补充适量的新鲜空气。一个设置在单侧的能够手工调节连续性的进风隙，就可以使整个牛舍进风均匀(图 7)。根据天气的冷热情况对风扇对侧的进风隙进行手工调节。保证良好的新鲜空气进风结构对于整个通风系统至关重要。

4. 要有备用发电机组以备停电时通风系统的正常工作。

5. 建筑要求：

a. 贮粪池上方的地面设计要能够安全地支持所有奶畜的重量，加上可能使用拖拉机搬运病畜和死畜时增加的载重。贮粪池的搅拌和泵送应由安装在牛舍外部的附属设备完成(图 6 和图 7)。泌乳牛的牛舍和工作区之间应当设置有带篦盖的下水，通向粪池。

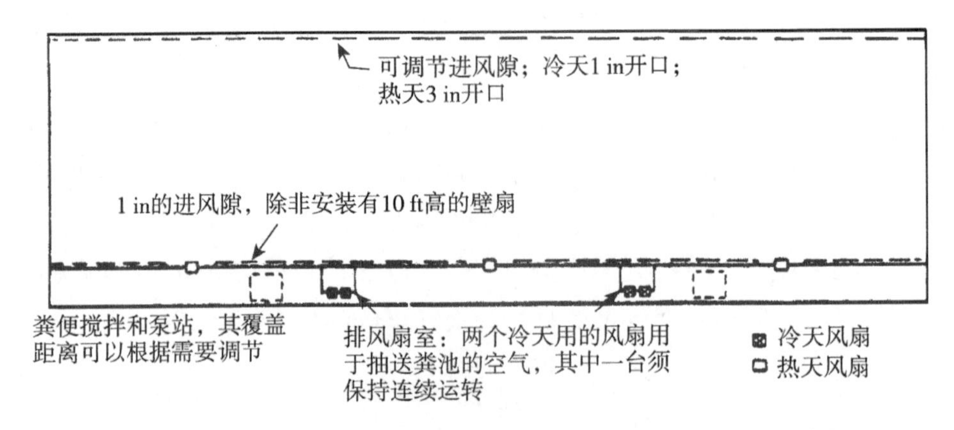

图 6　一个典型的卧牛栏牛舍附带篦盖贮粪池的排风扇位置示意(由墙端透视)

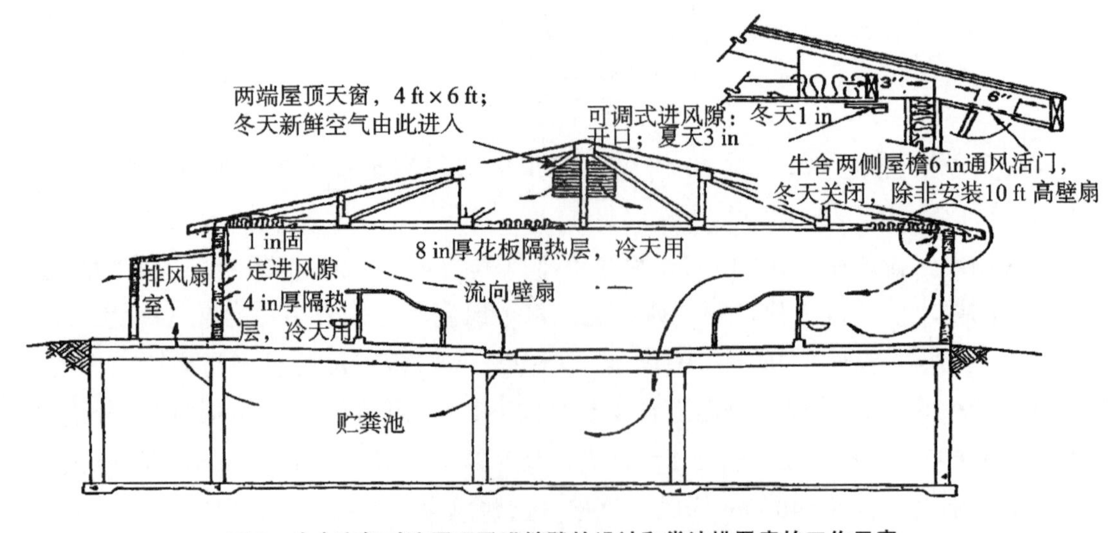

图 7　牛舍空气对流原理及进缝隙的设计和粪池排风扇的工作示意

b. 来自挤奶厅的污水可以排放到粪池。但卫生间的下水(厕所)不能通过贮粪池处理。当挤奶厅的下水排放到贮粪池时，要采用沉降管将污水排放到贮粪池的下方，以避免产生湍流和异味。

c. 粪沟上的篦盖，粪池上的漏缝板要有足够的承载强度。对纵向粪沟的篦盖的选材比较理想的是用 16 mm(0. 625 in)直径的平滑钢条。第一根钢条的中心位置与牛舍平台的垂直面的间距应为 57 mm(2. 25 in)。其他钢条中心对中心的间距为 63 mm(2. 5 in)。粪沟横撑的直径应为 19 mm(0. 75 in)，每根中心对中心的间距为 40 cm(16 in)。

6. 使用这种饲养体系应当少用或者禁用牛床垫料，在牛舍建筑时应当考虑配置橡胶牛床垫或者相应的垫物以及限牛棒。建议每天都用硬扫帚或者刮粪板清扫篦盖。

7. 有关其他卧牛栏牛舍的管理和建筑标准也应一并遵照执行。

8. 清空贮粪池的要求：

a. 在贮粪池搅拌时，移走所有奶牛，在所有的门上张贴告示，禁止人员滞留在挤奶棚。

b. 在清粪和搅拌时要启动所有的粪池风扇。

c. 所有储奶厅、料房地区的开放处，如门、窗等都要关闭。

d. 在粪池搅拌和清粪工作完成后至少 1 h，工作人员和牛群才能准许进入挤奶棚。

V. 奶畜场的建筑与管理

挤奶棚、牛舍或待挤厅

无数的因素，包括牛场的场地面积、地形，公用设施的配套，现有建筑物的位置和状况，牛场主的最终经营目的以及建设费用的预算等，都会给生产者的畜舍带来各种各样的问题。

然而，人们逐渐形成一种意识，即畜舍和挤奶系统的实用性应占据首位；毫无疑问，设计中出现的所有优缺点都会影响到一个奶畜场经营的成败。当我们考虑到了每个系统在单项执行过程中可能出现的每个问题，那么要生产出清洁卫生，符合法规要求的乳品就变得非常简单容易了。例如：容纳泌乳牛和用于挤奶的牛棚里的员工发现良好的通风不仅可以减少冷凝水集聚，而且减轻了门、窗、天花板上尘土、霉变的问题。当系枷牛舍的窗台带有坡度或者玻璃窗与内墙齐平时，令人生厌的灰尘杂物就会显著减少。同样，隐蔽带罩的灯具比那些突出于天花板下面的灯具更容易保持清洁，减少损坏。

此外，散放式饲养体系挤奶间的操作人员也会对一些设计的特点作出评估。譬如由机械操纵的各个活动门以及墙壁的光洁度，这些设计会影响到奶牛上台的速度及挤奶结束后挤奶台的清洗效率。清洁的泌乳牛群是对活动场和牛床精心设计和管理的结果。每头奶牛至少需要 9 m^2(100 ft^2)的活动场面积和不小于 5 m^2(50 ft^2)的牛床供其生活。每天都必须要清除活动场和过道上的牛粪。而使用散放式牛舍的工作人员则非常喜欢使用自由卧牛栏。他们得出的结论是：正是这种卧牛栏解决了多年来采用散放式牛舍泌乳牛体的肮脏状况，以及使用过量的垫料等这些令人头痛的问题。乳品生产者在计划新的建筑或者在原有畜舍的基础上作较大幅度修改时，要慎重地研究其性能特征。

在挤奶棚、牛舍或待挤厅的所有工作区都必须保证充足的光线。因为奶牛大量的活动是在天黑后进行的，所以必须保证人工照明至少要维持在 10 ft 烛光(110 lx)以上的标准。而且要用测光计进行测定以保证绝对符合标准。经验显示，在挤奶棚每三个槽位需配备一个 100 W 灯泡(或者相当的日光灯)就可以大致满足本条例的要求。同样，需要在对头式牛棚后尾排或者对尾式牛棚的两排泌乳牛中间，每间隔 3 m 过道配备同样的照明灯。此外，还可配备一些小功率的灯泡，间隔均匀地排列在奶牛的头前方饲喂过道上。当自然采光时，每 5.6 m^2(60 ft^2)的地面应至少保证 0.37 m^2(4 ft^2)的窗户面积。

公共卫生专家和奶畜场主可参考来自不同管理体系的建筑设计和建议，其中包括美国农业部、地方技术推广站、各类农业期刊以及建筑工业供应商协会等。

储奶间

贮奶间面积必须足够大，以满足当前的需要，同时必须考虑将来的发展余地。所有安装就位的贮奶间设备都要方便操作人员的工作。操作过道须至少留够 76 cm(30 in)宽度，同时也要保证奶罐出口和其邻近的清洗槽所需要的操作空间。特别重要的是要为奶罐的清洗机械系统留够必要的空间，以方便拆卸、检查和维修。

除非检修空间足够大，一般地面下水不应当位于奶罐的下方，更不应当位于奶罐出口的正下方。下水和污水处理系统应当能够充分容纳清洗液体的排放量。

贮奶间应当保持通风良好。良好的通风条件不但可以避免设备和墙壁上冷凝水积聚的缺陷，也能延长建筑和设备的使用寿命。对通风不佳的贮奶间墙壁和天花板除霉去藻，不断刷新油漆以及修理各种木质器具、门框等对于经营者来说就意味着不断地花钱。

在可能的情况下，窗户应当设置为可以对流通风。此外，应当开设一个或若干个天窗吸纳来自清洗槽和其他产生湿气的气体。

有时可用玻璃砖代替贮奶间建筑中的窗户。在这种情况下，必须采用机械通风。现在提倡采用正压过滤空气送风系统，而排风通风经常可以将尘土、虫子和异味吸入到奶房。

在贮奶间管理工作中对水要求最为紧迫的是防止管路冻结。水管保温隔热装置、环绕式电加热带、红外灯以及温控室内加热器的使用等都是有效的。

隔热性能良好的奶房防冻、更加经济节约、并为操作人员提供更加舒适便利的条件。而个人的方便常常带来操作人员更好地表现，从而有利于乳品质量的保证。

自动化挤奶和挤奶设备的机械清洗系统大大地增加了贮奶间热水的使用量。表 9 显示了一个长为 30 m(100 ft)的挤奶管路在不同管径情况下用水量要求。

表 9 不同管径工作用水量

管径(in)	用水量(gal)
1	4.7
1.5	9.2
2	16.3

注：1 in≈2.54 cm；1 gal≈3.79 L。

由于大多数的清洗装置采用的是预洗，接着是清洗和漂洗的程序，表 9 实际上只代表了挤奶时间段里所需要的 1/3的热水量。而且，它还并不包括洗涤挤奶器、奶泵和橡胶部件所需的热水。

乳房冲洗、奶罐的清洗及储奶房其他类似的工作都需要使用额外的热水。

公共卫生专家应当在其亲自监督下计算出挤奶系统各个环节对热水的需要量，并保证任何时间都有充裕的热水供应。乳品生产者应意识到一个事实，即机械清洗装置在没有足够热水的情况下不可能有效清洗，应保证热水的供应。这样的规划避免了紧急短缺，并考虑到了畜群和设备正常的扩张情况。

有关贮奶间设计的细节，以及有关热水需要，保温、光照和通风的建议都可以从电力公司、建筑供应商协会、地方农业推广站以及各州大学获取。

所有使用汽油机、柴油机作动力的冰箱、电力和机械系统都不准安装在贮奶间、挤奶间或者任何贮奶间与挤奶间连接的过道中。因为这些设备都有可能发生油料泄漏或者排烟。凡是被这些设备占据的地方，很难保持清洁而且常常成为杂物和易燃物品的堆放处。在有效的设计中，这些发动机及其附属设备可以被安装在不妨碍其正常工作的地方，例如一个单独的房间或者建筑内，可以与贮奶间或牛棚相邻。

挤奶方法

对于成功的挤奶程序，目标是在确保乳房健康且生产细菌数和体细胞数少的奶的前提下，对大部分奶畜进行快速、温和且彻底地挤奶。

3-A 挤奶和挤奶设备的设计、制造和安装的公认惯例(编号 606-##)提供了有关性能、信息要求和某些尺寸要求的指南，以满足挤奶设备挤奶和清洁的功能。为了确保与此公认惯例的要求一致，NMC 指南中有关于评价泌乳系统的真空状态和气流的程序中介绍了测试挤奶设备的方法。

NMC 出版物《牛乳腺炎的当前概念》和 NMC 实况报道《挤奶程序建议》中介绍了推荐的挤奶程序，以最大程度地降低患乳腺炎的风险并提高牛奶质量。

反冲系统

反冲系统的设计、安装、运行等，应符合下述要求。

1. 所有产品接触的容器表面都应符合本条例第 9r 条款的要求。

2. 在清水或化学试剂与奶或奶制品接触的容器表面两者之间，都应始终有连通大气的逸口。

3. 凡有预冲洗的过程，均应使用安全合格的水。

4. 系统应提供如下功能：

a. 使用化学试剂进行化学试剂反冲的，必须符合本条例附录 F 的要求。

b. 化学试剂的浓度应在保证乳品中不会有残留的同时，也达到预想要消毒的目的。

c. 使用安全的水进行预冲洗，应考虑使用经过处理的安全合格的水以防止嗜冷菌的污染。

d. 排水循环应持续足够的时间给排水或移除反冲系统中所有产品接触表面的水分。

5. 当压缩空气在使用时，接触到产品接触表面或接触到化学试剂表面，压缩空气应符合本条例第14r条款的要求。若可以保证符合以下要求，终端过滤器的空气管道下游的管道部分可作为特例，不必要求符合相关的规定。

a. 管道只通过过滤后的空气。

b. 至少有一个可以检查空气管道清洁状况的入口。

c. 管道由表面平滑、不吸水、防腐、无毒的材料制成，在任何连接处不使用黏合剂。

在某些装置中，要求使用止回阀来防止水或化学试剂进入上述的输气管道。

避免药物残留的控制措施

奶牛的编号识别和记录保存是避免乳品药物残留的关键。生产者应当建立起保证正确使用兽药的系统并能够提供证据证明他们是妥善地执行了用药控制，以防止其残留在乳品或牛肉中。这些控制系统应当达到以下目的。

1. 对接受过治疗的泌乳动物：

a. 利用腿标或者白笔标记牛号。

b. 与牛群分离开。

c. 其他一些措施来保证药物不会在售出的奶中残留。

2. 治疗记录，包括如下信息：

a. 被治疗奶牛的标号。

b. 接受治疗的日期。

c. 用药或者其他化学物的名称。

d. 用药剂量。

e. 弃乳时间。

f. 屠宰前的停药时间(即使是零)。

注：记录主要包括纸张和文件档案、卡片档案、书型日历、月历、粉笔板(暂时记录)和电子记录等。

3. 记录保存。一些动物药品的使用可能会造成奶中(4~45天)或者肉中(18~24个月)有部分残留。药物治疗记录的验证可能在调查事件或追溯行业或监管机构确定具体治疗的动物的过程中是必要的，其可能与奶或奶牛肉品有关。生产者必须将用药记录至少保存2年，以便发现有残留的奶或肉后进行追查。

4. 采用将治疗过的奶牛隔离或者其他方法，使得处方规定的禁市时间内不得出售奶或者将奶牛送至屠宰场。

5. 对治疗奶牛的有关人员开展妥善使用药物方法的培训教育，以避免将残次奶和肉上市作为人们的食物。

虫害和鼠害的控制

完全消除农场建筑内的苍蝇实际上是很难做到的。但是，奶畜场经营者通过持之以恒地执行卫生计划、使用防蝇纱窗以及适当地使用杀虫剂可以大量地减少蝇害的侵扰。

乳品生产者或加工厂经营者应当始终明白，大多数的农药，包括杀虫剂和灭鼠剂对于人类和动物所具有的潜在威胁。只能使用那些经过权威机构推荐的杀虫剂和灭鼠剂，用以消除虫、鼠害问题；在使用时要绝对地遵照生产厂家的标签说明。有关使用农药的问题可以咨询管理机构或者地方农业推广站。

可以遵循以下指导安装间歇性、定时释放的高压昆虫雾化或喷涂系统：

1. 所用的杀虫剂必须在环保局注册。

2. 杀虫剂上的标签必须说明此杀虫剂是否能用于奶牛场或乳品加工区。

3. 标签必须有杀虫剂使用的相关说明。

4. 在间歇性、定时释放的高压昆虫雾化系统上所使用的杀虫剂必须与标签指出的方法一致。

5. 盛放浓缩杀虫剂或使用溶液的容器、罐或桶、泵或加压机器不可放在贮奶间。

6. 喷雾所用的喷嘴不可置于贮奶间。

7. 喷嘴放置、安装和操作的地方必须保证喷雾不会喷洒到奶线和回流线开口、其他有关产奶的设备上，比如奶杯、流量传感器和连接管、奶接收器或释放器、奶泵、奶抽吸器、称奶瓶和一些乳品测定设备等。同时，与牛奶转移、倒出等相关的区域也不能安装喷嘴。

8. 喷嘴不能安装在可能污染饲料或饮水的地方。

9. 安装于挤奶间或待挤厅的喷雾系统在产奶时间段不允许使用。此外，清洗相关乳品设备时也不允许使用。可以利用一种交互电路系统，这个系统可以保证在挤奶或者清洗的时候会有一个由真空泵或者断路开关控制的信号提示挤奶工，这个时间段不能打开喷嘴进行喷雾作业。

10. 当需要消灭苍蝇或其他虫害时，喷雾用量只要能够达到预期效果即可，如果使用了过量杀虫剂，导致墙面、地面以及设备上都覆盖着杀虫剂，那么也违反了本条例第19r条款。

11. 这个喷雾系统仅能作为厕所的附属结构来使用，在奶牛场中，它并不能完全替代一个能够处理奶牛粪便、有效控制虫害的高效厕所。

有效的鼠害控制如同虫害控制一样，清洁卫生是生产成功的决定因素。仔细地清除垃圾和木料堆积处，老鼠藏身的料仓和玉米储槽以及类似的地方；将溅泼的饲料和粪便迅速地清理到最终处理场所；在所有的农场建筑物内有意识地清除老鼠的掩蔽所，采取一切使牛场附近老鼠不宜生存的措施。这种灭鼠计划同样也对节约饲料，减少农舍的维修成本，减轻火灾的发生和家畜疾病的传播起着极好的作用。

使用一些抗凝血毒物，如杀鼠灵、氟乙酰胺等为农场控制鼠害的有效手段。须根据说明谨慎用药，防止家畜误食；这些化学剂应当撒放在鼠群密集的地区，随时进行检查并另行制定出意外防范措施。

参考文献

Bates D W. 1972. How to Plan Your Dairy Stall Barn, M-132(Revised 1972) University of Minnesota.

Midwest Plan Service, 1974, Ames, Iowa, Plan No. 72327, Dairy Barn, 60 Tie Stalls, Gable Roof, Liquid Manure.

Bates D W. and Anderson J F. , 1979. Calculation of Ventilation Needs for Confined Cattle, J. of the American Veterinary Medical Association.

Midwest Plan Service, 1985, Ames, Iowa, Dairy Housing and Equipment Handbook.

附录D　水源标准

FDA对于“A”级PMO的正式解释以及美国公共卫生署和食品药品监督管理局的其他建议，应该被用于评测奶牛场、奶品厂和单向服务设备和奶盖制造商的单独供水和水系统建设。

在水务管理局正在使用的用水条例中，不如“A”级PMO严格的条例将会被“A”级PMO中的条例所替代，而比“A”级PMO更严格的条例则不会用于相关用水的评级等。举个例子，“A”级PMO要求水样每3年检测一次，而州政府的法律则要求1年进行一次检测。如果在“A”级PMO检查中满足了3年检测的要求，则进行包括农场在内的卫生评级的SRO会给予该农场水样全额信用评级，这样也就不用满足州的1年一次检测的要求。

除供水外其他的物资，如果能达到水务管理局用水条例，也可以作为与本条例第7章一样的可接受物资用于“A”级奶。就如同其他IMS一样，不需要对水井、蓄水池相关处理设备和一些检查记录进行更深入的调查。

I．水源位置

与污染源的距离

所有地下水的水源都应该离开污染源，位于安全的地区。在水源严重缺乏的时候，如果能对可能受污染的地下蓄水层进行处理，也可以使用该水源。对一个区域的水源作出定位决定后，还必须要确定离污染源源头的距离和水流的方向。制定离开污染源的安全距离应根据当地的各种具体因素，对于影响水源定位的因素应当基于下面描述的卫生调查。

因为很多因素影响着水源和污染源之间的所谓的安全距离，所以设定固定距离是不切实际的。当信息资料不足以决定安全距离时，应该在经济、土地范围、地质和地形所许可的情况下，把这个距离放到最大。应该注意：地下水流方向不能沿着地表的斜坡方向。在检查各个井位时，受过充分训练和经验丰富的人应该评估考虑与井位有关的所有因素。

地下水源安全性主要依靠良好的井结构和地质条件，这些因素应该根据不同情况指导决定安全距离。下面的标准只能应用于结构良好的井。结构不佳的井不会有安全的距离。

建造在疏松土质的井有很好的过滤作用，通过类似的土质，蓄水层自己就能过滤污染。调查和经验表明 15 m(50 ft)是一个合适的隔离污染源的距离。要缩短这一距离，只有在全面卫生调查后，由当地或州水控制管理办公室来指导和决定这样短的距离是否是必要的和安全的。

如果在不清楚地质状况下建造一个良好设计的井的话，必须要向州立或国家地质勘查部门和当地或州立健康机构咨询。

井必须建造在渗水的地层中，特别小心的是井位的选址和安全距离的设置，众所周知，污染物质在这样一个地层里面会传播很远。井的拥有者在这方面应要求当地或州立的健康机构给予帮助。

表 10 提供的是制定可接受的隔离污染源距离的指导性意见。

表 10　井到污染源的隔离距离

地层	离开污染源的最短距离
有利(不渗水)	15 m(50 ft)——缩短距离只能在政府机构的批准下，建井的地方和与其周围紧接的环境都要全面卫生勘察
未知	15 m(50 ft)——只有在就地全面地质勘察后，并且周围环境是符合政府机构要求
不利(渗水)	安全距离的确定只有建立在全面的地质和全面的卫生勘察上。这些勘察也包括了决定井到污染源的方向，不能少于 15 m(50 ft)的距离

评估井受污染的威胁

根据对污染源控制的不利状况，可以要求增加井和污染源之间的距离。

1. 大自然的污染　人类和动物的排泄物和有毒的化学废弃物使我们的健康受到严重损害。盐类、清洁剂和其他溶解在水里的物质能与地下水融合并散播，它们通常不能被地表层过滤去除。

2. 深埋的废弃物　污水处理池、干枯的井、处理和废弃的喷射井和埋的较深的废弃物会延伸到蓄水层并且减少废弃物与蓄水层之间地层物质的过滤作用，因此会增加污染的危险。

3. 有限的过滤 在井周边和蓄水层上方的地表物质太疏松的时候，则不能有效地提供过滤，如石灰石、粗糙的沙砾层等，或者当它们形成的地层太薄，污染的危险程度会增加。

4. 蓄水层 当蓄水层本身的材料太疏松而不能有很好的过滤时，如石灰石、断裂的岩石等，污染物就会通过露头或挖掘过的坑道进入蓄水层，可能会散播的很远。尤其重要的是在以下情况：地下水流动的方向和露头地层构成状况、挖掘过的坑道、与“上游”足够的接近所形成的威胁。

5. 废弃物的量 因为大量的废弃物和延伸到蓄水层会很大程度地改变水系的斜度和地下水流方向，所以显而易见的是大量的废弃物能增加污染的威胁。

6. 接触表面 如化粪池浸出系统、污水池和浸坑等所使用的池坑和通道应被设计和建造成能增加吸收能力的结构，并且当使用密集的下水道或污水管时需要与水源有更大的间隔。

7. 污染源的集中程度 不止一个污染源存在一个区域内会增加污染的总负担，因此也会增加污染的危险。

卫生勘察

必须高度强调水源卫生勘察的重要性。也有新的说法提到，卫生勘察应该结合原始工程数据，要考虑到此水源的变化发展，要让它满足现在和未来供水需要的能力。卫生勘察应该包括所有受健康威胁的勘察和评估它们对现在和未来健康的重要性。应该让受过公共卫生工程和水生流行病学训练并有专业能力的人员指导卫生勘察。在现存的情况下，卫生勘察的频率应该与控制健康威胁和保持良好卫生质量的要求相适应。

卫生勘察提供的信息对完成细菌学和频繁的化学数据的解释是必不可少的。这些信息应该总是与实验室的工作联系在一起。下面的大纲包括了在卫生勘察中应该被调查和考虑的本质要素。在某些情况下，不是全部的条目和任何一种水源都有关；有些条目并不在此勘察目录中，但却很重要。

地下水水源的勘察内容包括以下几个方面。

1. 当地的地质特征和地表坡度。

2. 自然的土壤和下面的多孔渗水的地层；是否是黏土、沙子、沙砾、岩石（尤其是多孔渗水的石灰石），沙子或沙砾的疏松度，含水层的厚度，地下水系及其位置的深度，正在使用和已经废弃的当地井的记录及其结构的详细资料。

3. 地下水系的斜度，比较恰当地应从观察井来确定，假定但不是肯定的，可以通过地平面的斜坡来确定。

4. 排水流域的范围可能促进水的供应。

5. 自然、距离以及当地污染源的方向。

6. 地表水进入供水源和井后造成泛滥的可能性以及防止的方法。

7. 通过排污水处理保护水源不被污染的方法，废弃物的处理也是如此。

8. 井的构造。

a. 井的总深度。

b. 保护性的外套：直径、井壁厚度、材料、到地表的高度。

c. 滤网或(井壁)筛孔：直径、材料、结构、位置和长度。

d. 密封的形式：材料、水泥、黄沙、斑脱土等，封层的深度、圈环的厚度和布置的方法。

9. 井顶的保护措施。井的卫生密封性完好，井体高出地面洪水高度，井通风口的保护，保护井不被腐蚀也不被动物破坏。

10. 泵房结构。地面、排水沟等，泵的功率，泵工作时的泄漏排放。

11. 不安全水源的使用。就地水源的使用，可能会引起公众的健康受到威胁。

12. 消毒设备。监督、检测工具或其他检验控制手段。

地表水水源的勘察内容包括以下方面。

1. 地表的自然状态。土壤和岩石的特征。

2. 植被的特征。森林，栽植和灌溉的土地，包括土地的盐分、灌溉水的影响等。

3. 每平方英里下游区域的人口数和排污水道数。

4. 排污水的处理方法，用流域分水岭或专门处理的方法。

5. 流域分水岭处理污水方法的特性和效率。

6. 接近排泄污染源的水源的取水口。

7. 工业废弃物，油田的盐水，酸性的矿水等的临近程度、来源和特性。

8. 足够的水量。

9. 湖和水库。风向和风速的数据，污染的漂流物，阳光的数据，还有藻类。

10. 生水的特征和品质：大肠菌群(MPN 最大菌群数)、藻类、混浊程度、颜色、不需要的矿物元素。

11. 蓄水池水或水库水滞留的时间。

12. 水从污染源流到水库和水库的进口可能需要的最少时间。

13. 从水库的进口到水源的取水口之间由风向和储放电引起的，可能对水流产生影响的水库的形状。

14. 与使用分水岭联系一起的环境保护测量，以控制渔业、船舶、飞机的降落、游泳、河床、冰的切割和允许动物在岸边区域和水上或水中活动。

15. 有效和持续的监管。

16. 水处理。各种适当的设备、备配件，水处理的效率，适当的监督和测试，消毒后的接触期，水中保持有残留氯。

17. 泵的设备。泵房、泵的功率、备用设备、存储设备。

Ⅱ. 建 筑

井的卫生结构

有渗透蓄水层结构的井可能形成一条直接被地下水污染的通道。虽然有不同类型的井和良好的结构，还是必须考虑和遵循基本的卫生问题。

1. 井体外围的一圈应浇注一个水密性的水泥区，在冻土线以下或在挖井时的最深处周围筑一个胶黏土层，以尽可能避免已污染的水进入。

2. 为保持自流井的压力，井体穿过不渗水的覆盖层进入蓄水层时必须要被密封。

3. 当蓄水形成时有低质量的水渗透过来，要筑一个密封构层以防止污染进入水井和蓄水层。

4. 卫生井密封装置应带有一个合适的通气口，安装在井的顶端，它能避免污染水或其他外来物质的进入。

井体和管道：井的所有自地表面以下 3 m（10 ft）以内的吸水和出水管部分，必须要被一个水密性的管道包覆，并直至地面平台或地表面，作为井身也许要做到顶端为止。每个井的上端点都应高出地平面。井身外围自地表面以下至少 3 m（10 ft）深的一圈应浇注一个水密性的水泥区或胶黏土层，以筑成类似密封的结构。挖掘井的井身要由水密性的水泥，外部有水泥层的釉陶瓦管，或其他的适当材料所组成。这部分的结构应至少在地表面下有 3 m（10 ft）深，上面直至井台，或泵房水密性的水泥地面。在如此的情况下，井台或地面上要做个围住吸水和出水管的套筒，以作为地面以上部分的保护性措施。

井盖和井封：每个井都应该在有一个大于井身或井的顶部的紧密配合的密封盖，以防止污染水或其他的物质进入井内。

卫生井封在遭受可能的洪水泛滥时，应能保持水密性位于已知的最高水位以上 0.6 m(2 ft)。预测到井在洪水时可能泛水，应该对井再加上一段与大气直通的水密通气管，其管口也应该高于预测的洪水最高水位 0.6 m(2 ft)。

在可能的洪水来临时，不能让井内的水封被洪水淹到，为此必须安装一段合适的通气管，或者安装上一个大于井口并向下翻边的自动排水结构。如果这个水封是非水密型的自动排水结构，则在它帽盖上所有的开口处都必须不能漏水，或者加上向上翻起的凸缘，并要装上大于开口和凸缘直径的向下翻边的盖子。

在井体上端的一些泵和电器部件都有有效的密封封闭装置，但是当这些装置处于敞开状态或处于喷射和吸水型泵的位置时，这时的卫生井封就显得尤其重要。有几种可接受的设计，包括一个可膨胀的合成橡胶垫圈夹在两个钢片之间。在井修护时它们都应很容易地被安装和拆下。泵和水井的供应商一般都备有卫生井封的存货。

如果钻好井和安装井体后不马上安装泵的话，那么在井体的顶端应该用一个金属盖拧紧或点焊到位，或使用卫生的井封盖上。

大直径的井，例如自挖井，就较难安装卫生井封，因此要用一个钢筋水泥的板层盖住井身，再用柔性封垫或橡皮垫圈加在上面。井身外围的一圈应先用适当的水泥或密封材料筑上，然后再依次用水泥、黏土和细沙等向外筑成一个区域。

井台不仅是有效的卫生防护，它还能防护被掘洞穴动物和昆虫的破坏，也能保护井不被沉降所破碎或冰冻而隆起或被交通工具和振动机器所破坏。水泥浆的密封结构更有效。然而，在井身外用混凝土制成的井台和地面容易进行清洗和改善外观。如有必要建造地面，也要在井封做好和浅坑安装被检验后才能进行建造。

井盖和泵的平台必须高于邻近的地面高度。泵房的地面必须用水密性钢筋混凝土制成，并注意它的高度和自井向外的坡度，以保证废水不能滞留在井的附近。平台和地面的厚度不能小于 10 cm(4 in)。混凝土平台或地面的密封结构，不能在有冰冻危险时进行浇注，应在井体完成塑料或树脂涂料的封固后再进行浇注，以防止水泥与其黏结。

所有的水井都要求便于在井口位置进行检验、修护和测试。这需要井上的任何结构都应能容易地被移走、不妨碍对井的修护工作。所谓的井的“掩埋密封”是指在地下几米深处就对井盖掩埋封合的处理方法，出于以下原因这是不可行的。

1. 妨碍了周期性检验和预防维护工作。

2. 很有可能在泵修护和井的修理期间制造严重的污染。

3. 使井的修护费用增加。

4. 挖掘暴露井会增加对井顶端，包括盖板、排气口和电气的连接件的损害。

井架和排水：为避免污染，井口、井身、泵、泵系统的设施、连接抽吸泵阀门及暴露的吸水管不允许安装在地平面以下的任何井架内、扩充的房间或空间里，也不允许安装在地平面以上，被墙壁封闭而不能畅通排水的任何房间或空间内，因为它们无法利用重力自由排水。首先，在此规定下良好的挖井构造，应有管线排布和覆盖保护，而不仅是一个深坑。其次，水泵设备和其附件也可能位于建筑的地下室，但不能遭受洪水的侵袭。最后，建成的水井应符合本附录各方面的要求，并在下列各项情况中得到州当局的水务机构认可后，井架内安装才能被认为是可接受的。

1. 井架应有不漏水的结构，井壁要超出建成的地面高度至少 15 cm(6 in)。

2. 井架应有不漏水的结构，有排水坡度的混凝土地面，并能让水排到低于井架海拔的位置，然后再排出地面，这个位置到地面的深度可能会有至少 9 m (30 ft)；或者如果可能，可在坑底再建一个水泥的排水坑，装备排水泵，排水泵距离排水坑至少 9 m(30 ft)。

3. 井架应筑有混凝土地面作为泵或泵设施的基础，地面至少高于井架地面 30 cm(12 in)。

4. 在任何情况下，井架应有防水的建筑或结构保护。

5. 如果检查结果表示以上状况没有被适当地维护，则该水井将不能被核准。

注：“A”级 PMO 允许在现存水源地上建立水井装置，而不允许在新的水源地上建立。这里的“现存水源地”特指该水井的制造商拥有了“A”级许可证。因此，达到上述条件的水井的安装，才可被接受。如果需要对水源地的建筑做一些不影响物理结构的改变，则不需要完全拆除水井。

进人孔：进人孔可能会设置在挖井、蓄水池、水箱和其他的类似的供水设施中。如果要安装进人孔，必须附有围栏，进人孔出口应高出平台至少 10 cm (4 in)。作为实质性的保护，在进人孔盖上大于进人孔直径的防水盖板，盖板能锁上或用门栓栓上。盖板向下翻边至少 5 cm(2 in)。除打开的时候，进人孔盖必须时刻保持关闭状态。

管道溢口：任何用于乳品水供应的水库、水井、蓄水池或其他的类似的蓄水设施，都应具有通气、溢水或水位控制等设施，而且它们的结构应能避免鸟、昆虫、灰尘、老鼠等任何类似污染的物质进入。设施上通气管道开口的顶端应在通气的位置处高出泵房间的地面或蓄水池的顶部或盖板至少 46 cm(18 in)。通气管开口应是向下的，并装有抗腐蚀的 16×20 目网孔的保护网。溢水口应位于蓄水池顶部，并与屋顶、屋顶排水管、地面和地面排水沟或超过开放的水供应固定装置至少 15 cm(6 in)。溢水口还必须安装有抗腐蚀且不小于 16×20 目网孔的保护网和 0. 6 cm(0. 25 in)孔径的钢丝网，或终止于一个水平方向的止回阀。

泉水的利用

泉水作为内部水源有 2 个基本的要求。

1. 选择的泉水要有合适的流量和质量，以满足全年的计划使用。

2. 泉水卫生质量的保护。考察要使用的泉水时必须研究周围地质环境和水的来源。

利用泉水的基本要点如下。

1. 底部开放，不漏水的截水池延伸到基岩或收集管和蓄水池。
2. 能避免地面的排水和杂碎片进入蓄水池的盖子。
3. 定期清除杂物和清洗蓄水池。
4. 规定安装溢水装置。
5. 与分配管线或辅助设施的连接(图 17)。

蓄水池通常是就地用钢筋混凝土制成，它的大小按照尽可能拦截和储存最多的泉水来设计制作。当泉水站位于一面山坡的时候，它的下方墙和墙边要延伸到岩床或到达一定的深度，应保证对蓄水池维持一个适当的水位。辅助的截流墙，混凝土和不透水黏土坝也常常被用来帮助定位后的蓄水池控制水台。蓄水池上方截流墙的墙下面部分要用石块、砖和其他材料建成，以便让水顺利地从含水层流入水池。回填碎石和沙子会有助于阻挡细微物质从地下含水层流向蓄水池。

蓄水池的盖板应就地浇灌以保证良好的固定位置。浇注模具的设计应该考虑到混凝土的收缩和木模的变形膨胀。蓄水池盖板的外缘必须盖住池顶并向下伸出至少 5 cm(2 in)的边缘。蓄水池盖板必须要有足够的重量，以便它不能够被儿童搬走，并且要安装锁定装置。

在蓄水池底部附近的池墙上要安装一条装有外部阀门的排水管，排水管应水平安装并通往外面。排水管应位于池底清理排污时的高度以上至少 15 cm(6 in)。排水管的端口处必须装有护网以避免老鼠和昆虫的进入。

溢水管的位置通常处在稍低于最高水位的位置，并在出口处加护网。溢水管出口处周围应用石块砌成围堤以避免附近土壤被侵蚀冲刷。泉水站的出水管应位于蓄水池排污出口上方至少 15 cm(6 in)，并且安装适当地滤网。注意浇灌在蓄水池墙壁内的出水管，应保证它与混凝土很好地结合，不能使它周围的混凝土产生蜂窝状空洞。

泉水的卫生保护

当附近的高地有污染源，诸如牲畜棚、下水道、腐臭的水箱、污水坑或其他污水源的时候，通常会受污染影响泉水。然而在石灰石地区，污染物质常常会通过落水洞或其他敞开的通道连同地表水经过长距离的流动进入地下水层。同样，如果来自污染源的物质在管状通路中流动时有结冰状态的话，那么这水又可能会长期和长距离地保持它的污染状态。

下列预警措施将有助于利用泉水，并保证水质保持恒定的高质量。

1. 改变地表水流的位置。地表的排水沟渠应位于水源的上游，这样就能截取来自上游的地表水，并把它引走。应该考虑流水沟渠和位置的问题，考虑的要素应该包括地形、地质地表、土地所有权和土地使用等方面。

2. 构造围栏防止家畜的进入。围栏的位置应该按上面第 1 条中被提到的原则考虑布置。围栏应把家畜从水源的上游地表水系涉及的所有地区排除出去。

3. 保持蓄水池的维护通路，但是要加一个适当的锁定装置以防止盖板被移走。

4. 通过周期性的检测污染监视泉水的质量。当一次暴风雨后的泉水变混浊或流量显著增加，这很好地表明地表水正进入泉水水源。

地 表 水

作为各自不同的供水系统，选择和使用地表水作为水源时需要考虑的附加因素是通常不让地表水和地下水源合成一个水系。当小溪流、露天的池塘、湖泊或露天的水库必须用作水源的时候，污染的危险和肠道疾病的传播，如伤寒和痢疾等的疾病也常常会随之增加。通常，只有当地下水没有或者是不够用的时候，才使用地表面的水。老话说流水“能使它洁净”，清澈的水不一定表示水的质量已经达到安全可饮用的标准，靠流水的距离来判断水质是错误的。

物理和生物的污染使地表水变成不安全的水源，这是个必须正视的问题。作为当地水源使用时，一定要经过可靠的处理包括过滤和消毒等加工程序。

地表水的加工处理要保证水质的稳定，一个安全的供水要求系统拥有者进行勤勉的操作和维护。

当地下水源被限制使用的时候，就只能考虑发展地表水作为当地的水源加以使用。地表水取来后可作为储存用水、家禽和园林的用水、也可作灭火等用途。通常认为用于家畜的地表水不一定进行加工处理，然而发展趋势是要求家禽和家畜的饮用水没有细菌和化学物质的污染。

在自然界中各种水源都无法考虑而只能使用地表水的时候，就要利用农场池塘、湖泊、溪流和建筑物的屋顶排水等作为地表水的水源了。这些水实际上都毫无例外地被污染了，它们都必须经过仔细的加工处理才能被使用以达到安全和满意的标准。这种加工处理包括曝气、过滤、安装驱除悬浮物质的沉淀装置，以及最后例行的完全消毒等工艺过程。

如果有挤奶、奶房、奶品厂、收奶站或转送站等要使用地表水作为水源，那么生产者或奶品厂的生产人员应先得到管理机构的批准，并遵从州水务管理局对选用水源的所有关于建筑、防护和处理加工方面的要求和规定。

注：环保署出版了《各种供水系统操作手册》，该手册是一份非常好的对各种不同水源的开发利用、建筑结构和操作规则作出详细说明的文件，该手册也搜集了挖井的规范。

Ⅲ. 水源消毒

所有新建造或新维修的井都必须进行消毒，以消除在建造或维修期间受到的污染。每一口井都必须在建造或维修之后立刻进行消毒，以及在做细菌检测之前进行冲洗。

对井及其附属构件进行有效和经济的消毒方法是使用次氯酸钙盐，它大约含70%的有效氯。这种化学药品呈细颗粒状，能在五金商店、游泳池设施供应商或化学药品供应商那里购买到。在井消毒的时候，次氯酸钙的使用量在每升井水大约 50 mg 就足够。这样的消毒浓度大概相当于每 13.5 L(3.56 gal)的井水加1 g (0.03 oz)固体化学药品。制备消毒母液的方法是：把 30 g(1 oz)经严格检查的次氯酸盐混合到 1.9 L(2 qt)用水中去。混合操作很容易：把细颗粒的次氯酸钙先加入少量的水中，然后搅拌至均匀薄浆糊状但无块状物的状态，再把此混合液剧烈搅拌 10~15 min。此时混合液中的不溶物会沉淀下来，去除沉淀物，此液含有有效氯可作消毒剂使用。每 1.9 L(2 qt)的母液会对 378 L(100 gal)的井水提供大约 50 mg/L 的消毒浓度。此消毒母液应该装在干净的器具中备用，但容器应该避免由金属制成，因为溶液中的氯有强烈的腐蚀金属的作用。装消毒母液的容器推荐使用陶器、玻璃或橡皮等制成的容器。

如果一次消毒需要的剂量不大，以至不能使用秤来计量，那么可以用小匙取得。满一汤勺的颗粒状次氯酸钙的秤重大约是14 g(0.5 oz)。

如果没有次氯酸钙，其他的有效氯的来源如次氯酸钠(有效氯占12%~15%的容积)也可使用。次氯酸钠，是一般家庭都可获得的，如液态的漂白剂就是相当于5.25%有效氯的消毒剂，可以把此消毒剂加两倍体积水稀释后作为母液使用，然后用此液1.9 L(2 qt)可以去消毒378 L(100 gal)的水。

如果没有较好的储存，任何的液态氯都会快速地失效。储存液态氯应该用密闭加盖的黑色玻璃或塑料瓶灌装。储存液态氯的瓶和罐应该储存在阴凉和无直射日光处。如果没有适当的储藏设备，则应在每次使用之前配制新鲜的溶液，并立刻使用。

完全详细关于测试残留氯的介绍可见由最近美国公众健康协会出版的《检测水和废水的标准方法》一书中。

挖 井

在井体和管道已经完成后，接下的工作按以下的程序继续进行。

1. 清除所有的不属于井的永久性的设施和材料。

2. 使用硬扫帚或刷子，用高浓度的溶液(有效氯100 mg/L)对井体和管道进行完全的清洗和消毒。

3. 把井盖盖上，从进人孔、新安装在泵和排水系统上的管道中倒入必需量的氯溶液。用胶管或其他水管把氯溶液注入上述部位，而且再通过上下移动胶管的方法把氯溶液尽可能地分散到所有井水接触的地方，并尽可能地使各处的溶液浓度均匀分布。该方法应尽可能使用。

4. 用氯溶液清洗泵体的外部表面和已安装在井内低处的排水管。

5. 泵的准备工作全部结束之后，启动泵把井水打出，经过整个管线分配系统把井水送到牛场，直到闻到强烈的氯的气味时结束。

6. 氯溶液留在井中应保持至少24 h。

7. 24 h或者更长时间后，再冲洗整个井，以消除所有氯的残留。

钻井、打入井和自流井

在井体和管道已经完成后，接下来的工作按以下的程序继续进行。

1. 清除所有的不是属于井的永久性的设施和材料。

2. 在为井测试生产量的时候，测试泵应该一直运行工作，直至井水从混浊变到尽可能清澈为止。

3. 在测试仪器被撤走以后，在安装永久性设备之前向井筒里慢慢地倒入必需量的氯溶液。在井水里分散化学药品的方法也可以按前面所描述那样进行。

4. 用氯溶液清洗泵体的外部表面和已安装在井内低处的排水管。

5. 泵的准备工作全部结束之后，启动泵把含氯的井水通过整个分配系统排出，排出的井水有明显的氯气味。重复这样的程序几次，每次1 h间隔，要保证溶解在井水中的氯溶液的循环是通过井和泵送系统进行的。

6. 让氯溶液留在井中应保持至少24 h。

7. 氯溶液留在井中24 h以后。再冲洗整个井，以消除所有氯的残留。泵应该一直运行工作，直到排出的水中没有氯气味为止。

在深井处于高水位的时候，就可能必须采用特别的方法才可把消毒剂送进井里，并让氯溶液很好地分散整个井中。建议的方法如下：

把颗粒状的次氯酸钙盐放进一根两端封闭的短管，并在管身和管的两端面钻些小洞。其中一个管端封帽上钻个孔，孔中放入合适的绳缆。抽动绳缆上下移动短管，消毒剂随之在井的不同深度得以均匀地分散。

含水地层

有时常用的消毒方法会对某一个井无法生效。此情况常常是进入含水层的替换水污染了这个井。含水层内的污染可以通过氯进入层内而消除或减弱。根据井的不同构造，引入氯消毒液的方法也有好几种。在一些井中，建议向井中灌入相当量的氯消毒溶液，然后使这井水进入含水层。使用这方法时，要使井中的含氯量的浓度达到50 mg/L。向其他的井施加氯消毒溶液，如建设有标准的厚重井身的钻井，其方法可以灌入氯消毒溶液，再在井口上加上井帽，然后引入压缩空气。当空气交替施加和释放时，就可以获得有力涌动效果，从而把含氯的井水强力地压入含水层中。这样的处理方法会导致被消毒水中的含氯量降低，在某些井的处理时会造成含水层中的氯含量被稀释降到最低限度。为此在实施这种方法时需要氯消毒溶液的浓度提高2～3倍，也就是说在刚开始的消毒井水含氯浓度要达到100～150 mg/L。井被这种方法处理之后，再把这些含氯的井水完全排掉。

泉水的消毒

泉水及其设施的消毒程序应该类似挖井的消毒程序。如果水的压力不足以把水升到其设施的顶端，可以关闭水流，把消毒剂保留在设施内 24 h 以上。如果水流不能够完全地被关闭，可以不断地向设施内施放消毒剂，该措施应保持在整个消毒期内。

配水系统的消毒

这些指令包括对配水系统和配套的储水塔或蓄水池的消毒。在下列各项情况下，对配水系统在使用前非常有必要地进行消毒。

1. 对一个生水或污染水运转过的系统，要在其配送加工水的任务之前进行消毒。

2. 对一个新完成的系统，要在其开始配送加工水或优质水之前进行消毒。

3. 在维护和修理操作的完成后对整个系统消毒。

整个系统，包括水箱或储水塔，应该彻底地用水冲洗除去任何可能在生水运行期间产生的沉淀物。在冲洗之后，系统应该加入次氯酸钙盐的消毒液和已加工过的水。消毒溶液的配制是：在 3 785 L(1 000 gal)的水中加入经严格检验的 70%的次氯酸钙盐 550 g(1.2 lb)。这样的混合液可提供每升至少 100 mg 的有效氯。

消毒剂应该留在系统中、水箱或储水塔中至少 24 h，然后检查水中的残留氯，再全部排出。如果水中没有剩余氯被检出，则消毒程序必须再来一次。再用已加工过的水对系统进行冲洗，系统才可以正式运行。

Ⅳ. 持续性消毒

如果供水已经能够足量地供应，但其不能达到本条例关于微生物的指标，该水源就必须要进行连续的消毒。由于每个水源的情况各不相同，所以必须根据情况调查制定不同的处理方案，才能生产出达到微生物指标的安全的用水。

由于各种原因，包括经济、效率、稳定和使用方便等原因，使氯成为水源消毒的最流行的化学消毒剂。当然这不排除使用其他的一些安全有效的化学消毒剂。

应该提供合适的品种和种类，包括各种合适的有机和氧化性能的材料。为保证杀菌的效果，适当的消毒应该是其氯浓度略超过正常杀菌的所需要。大体上，以下这些因素是氯在杀菌效率方面所起的最重要的作用。

1. 自由氯的含量。氯含量越高，消毒作用更大和消毒效率也更高。
2. 微生物和消毒剂接触的时间。接触时间越长，消毒作用更大。
3. 消毒水的温度。消毒时水温越低，消毒作用越小。
4. 消毒水的pH值。消毒时井水pH值越高，消毒作用越小。

举例来说，如果在高的pH值和低水温度的情况结合在一起时，就需要增加氯的浓度或消毒的时间。而且，如果由于配水系统送水到第一个使用者之前不能留有足够的消毒时间，那么要增加氯含量。

过氯化作用–去氯化作用

过氯化作用：过氯化作用技术的使用是让过量的氯快速破坏存在于水中的有害的微生物。如果使用过量的氯，自由氯将留存于水中。当氯的含量增加时，消毒会加快，因而用于保证水质安全的消毒时间会减少。

去氯化作用：去氯化作用就是减少可能留在水中任何的部分氯或全部氯的残留。当去氯化和适当的过氯化结合使用时，能够将水进行适当的消毒，并且处理的水可供家庭或厨房使用。

在不同的供水系统中使用活性炭和去氯过滤器都能完成去氯化作用，化学的去氯化作用可用二氧化硫或硫代硫酸钠等来实现，当然这只能批量式地进行去氯化的作用。硫代硫酸钠也常在作为细菌学的检验之前被用作制备去氯化作用的水样。

消毒设备

次氯化物添加机是最常用来对细菌污染进行化学去除的专用设备。操作方法就是用泵或注射器把氯溶液加入进水中。只要适当地操作，次氯化物添加机就能可靠地对水消毒提供有效氯。

次氯化物添加机的类型包括正排量式添加机、吸出式添加机、抽气式添加机和药片式次氯化物添加机。

这种设备可以即刻适应各种供水系统的处理要求，它可按水处理的需要调节氯溶液的添加量。

正排量式添加机：通常类型的正排量式添加机是一种用一个活塞泵或隔膜泵

喷射药剂溶液的设备。这种设备在操作期间是可调整的，可根据需要来供给可靠的和精确的注入量。有电气设施配合使用的话，这种添加机的运转和停止也可以自动地进行。这种添加机能被用在各种供水系统中。特别的是它能用在低水压和水压有波动的供水系统中。

吸出式添加机：吸出式添加机的工作原理是通过一项简单的产生真空的水力原理，即用水流经过一个文丘里管或有正交管道的喷嘴产生真空。氯溶液被真空从氯液容器中吸进到添加机，并和经过那里的水流混合，再靠水流注射进入需要消毒的供水系统中。在大部分的情形下，加氯机的进水管连接水泵出水一侧的水管，然后氯溶液再被注射回到同一个泵的进水一侧的水管。这种加氯机只有泵工作的时候它才能工作。氯溶液的流量是通过控制阀来调节；而压力变化被用来控制氯溶液的注入量。

吸入式添加机：有一种类型的加氯机是由一根单管从氯溶液桶引出，通过加氯机再与水泵的进水一侧连接。氯溶液由加氯机抽出，然后由水泵的再抽吸混入水中。

另一种类型的加氯机通过虹吸原理进行工作，氯溶液由此而直接地进入井内。这种类型的加氯机也由一根单管组成，但是这根单管的终段是在井水的水面以下而不是靠水泵泵送过来的。在水泵工作时，加氯机被激发打开阀门，氯溶液便进入井中。

药片式氯添加机：药片式氯添加机把水加入浓缩的片状次酸钙盐平槽中，然后让其溶液通过计量由泵送进消毒系统。

水的紫外线消毒

紫外光消毒的方法已经成为一种可以有效使水中微生物失去活性的消毒方法，有些病原菌利用传统的方法难以消灭，比如隐孢子虫。然而，使用紫外消毒系统的奶牛场、奶品厂、收奶站或转运站的操作人员，必须严格按照本条例对于相关的水源、污染保护、物化性质进行操作。紫外消毒并不会改变水的理化性质，比如降低或去除浑浊、改变矿物质水平或者降低砷含量，它必须在有其他条件的影响下才能达到这些要求。另外，紫外消毒也不会产生消毒副产物。有些设备可能需要常规化学消毒，例如有消毒剂残留的分配系统，因此有可能需要继续定期冲洗配水系统和消毒。此外，水中的杂质可能会引起流动困难，因此我们必须对水中杂质进行处理，以保证不产生过量的浑浊和过深的颜色。

颜色、浑浊度和有机杂质都会影响消毒时水中紫外能量的流动并且会降低消毒效率，影响对病原微生物的破坏。通常来讲，颜色与浑浊度测量数值无法精确表现对于紫外消毒的影响。消毒效率等于紫外穿透率乘以时间。为了得到结果，需要有一台串联的紫外穿透率分析仪来确保整个过程都保持了一定的紫外消毒量，同时，在消毒过程中要保持稳定的水质就必须对水中杂质进行预处理。

如果能够按照 PMO 规定使用设备，那么紫外消毒就可以满足 PMO 中对于微生物的标准。美国安全饮水管理条例或 CFR 第 40 号第 141 部分以及部分州立法律限定的供水系统必须遵照这些条例和规则，未根据该法和地方有关法规实施的单独水系统，则可按照以下标准进行紫外消毒技术运用。

紫外线消毒装置的可接受标准：

1. 为了使清洁饮用水达到消毒标准，所有的水必须接受紫外线照射，并且至少要满足以下要求：紫外光要达到每 1 m^2 为 2 537 Å(254 nm)，能量为 186 000 $\mu W \cdot s/m^2$或达到 EPA 记录的病毒减少的等效剂量。

2. 为了使所有的水通过水流堵塞口或分流阀接收所要求的最小剂量，需要提供一个水流或时间延迟的机械装置。

3. 该装置的设计应允许在不拆卸时可以清洁多次并能确保系统在任何时候能够提供所需的剂量。

4. 一个杀菌灵敏度在 2 500～2 800 Å(250～280 nm)范围内的精密紫外光校准传感器，用以测量紫外灯发出的能量。每一个紫外灯应当有一个传感器。

5. 需要在饮用水流水线上安装分流阀或自动式切断阀装置，只有当紫外灯照射能力达到剂量标准，流水线才能工作。当该装置没电时，阀门会关闭，水流不会进入饮用水流水线。

6. 在所预计的流量范围之内，应安装一个自动式流量控制阀以控制该处理系统，使得全部水量可以满足所有水消毒所需要的最小剂量。

7. 此装置的制造材料不得是具有有毒成分的结构材料，也不能发现由紫外线能量而产生的物理或化学变化生成的有毒物质进入水中。

水流量小于每分钟 20 gal 的农场水源使用紫外消毒的可接受标准：

1. 为了使清洁饮用水达到消毒标准，所有的水必须接受紫外线照射，并且至少要满足以下要求：紫外光要达到每平方厘米 2 537 Å(254 nm)，能量为 40 000 $\mu W \cdot s/m^2$。

2. 为了使所有的水通过水流堵塞口或分流阀接收所要求的最小剂量，需要提供一个水流或时间延迟的机械装置。

3. 该装置的设计应允许在不拆卸时可以清洁多次并能确保系统在任何时候能够提供所需的剂量。

4. 一个杀菌灵敏度在 2 500～2 800 Å(250～280 nm)范围内的精密紫外光校准传感器，用以测量紫外灯发出的能量。每一个紫外灯应当有一个传感器。

5. 需要在饮用水流水线上安装分流阀或自动式切断阀装置，只有当紫外灯照射能力达到剂量标准，流水线才能工作。当该装置没电时，阀门会关闭，水流不会进入饮用水流水线。

6. 在所预计的流量范围之内，应安装一个自动式流量控制系统或阀以控制该处理系统，使得处理的最大剂量正好可以满足所有水消毒所需要的最小剂量。

7. 此装置的制造材料不得是具有有毒成分的结构材料，也不能发现由紫外线能量而产生的物理或化学变化生成的有毒物质进入水中。

注：达到本附录中相关要求的现存水源，可以按照M-a-18标准(水的紫外消毒法)继续使用紫外消毒系统。如若有其他替代的系统必须同样遵照本条例。

V. 来自奶及奶制品和来自奶品厂热交换器或压缩机的再生水

来自"A"级奶及奶制品的再生水可以在奶品厂再次投入使用，如果不是"A"级，想要再投入则需要提供再生水产生设备的设计与操作书，而这些设计与操作书必须通过本条例的要求。在蝶式或其他类型的热交换器或压缩机等设备中，不包括使用垫圈进行油水分离的设备，用作热交换的水可以在"A"级奶品厂中回收用于奶品厂的操作。下面主要讲述了再生水利用的三种类型。

I类——饮用

作为合适的饮用水，包括食品加工用蒸气在内的再生水应符合下列各项要求。

1. 水应达到本条例附录G中的细菌学标准，除此之外不应超过每毫升500个的细菌总计数。

2. 在水站开始被允许运行后2个星期内每天采样，然后至少每6个月采一次样。而且以后对系统有任何的维修或变动时，还需要在1周内每天采样测试。

3. 对于奶及奶制品中的回收水，要小于5单位标准浊度；或通过化学需氧量或高锰酸盐消耗实验测量的，要求电导率(EC)的保持与少于12 mg/L的有机含量相关。

4. 对于奶及奶制品中的回收水，应该在储存容器前的回收水管线的任一处安装自动安全失效监测装置，监测并能把任何超过标准的水自动地切换转移。

5. 水应该有满意的感官评定质量，没有异味、臭味或泥状物。

6. 水应该每周采样作一次感官评定测试。

7. 被许可使用的化学药剂如氯化物等在消毒时必须有一个适当消毒作用时间，或符合附录准则的紫外线消毒可用于抑制细菌的繁殖，避免和防止异味。

8. 化学药剂的添加应该使用自动的配比设施，配制完成后再将此溶液储存进储箱。应保证储箱内溶液的质量总是合格的。

9. 在日常测试规范中，对添加的化学药剂还要每天进行一次检测，检测所添加的化学药剂是否有效，所添加的化学药剂是否有有害的物质以及对供水是否产生污染。

10. 储箱或平衡罐应用合适的材料和结构制成，它应不会污染供水，也应能被很容易地清洗。

11. 奶品厂的水分配系统，如有再生水使用，则再生水系统应该与市政供水网或其他专用的供水系统分开，不能相互联通。

12. 所有的物理、化学和微生物测试都应符合最近版本的水和废水评价标准方法(SMEWW)所制定的规范。

13. 如果来自奶或奶制品的再生水要用于生奶保温，那么再生水应当按照下列标准进行处理。

a. 这类型的热交换器的热交换中心应设计安装于热交换器还有生奶或奶制品这一方，会自动产生比在生奶或奶制品这一边更大的压力。

b. 在这个热交换系统中，热交换管的两个口(水口和气口)及管都要高于生奶或奶制品至少30.5 cm(12 in)，并在这一点或更高处开口面向大气。

c. 当生奶或奶制品在热交换管旁保存时，热交换管回路在运行开始时必须充满水，一旦发生水损失，必须立即补充。

d. 当生奶或奶制品泵关闭时，热交换器的设计与安装必须保证生奶或奶制品可以大量蒸发回流到供应罐中，同时，生奶或奶制品流水线也必须与热交换器出口分离。

e. 只有当热交换管中有水流动并且压力大于生奶或奶制品时，放置在热交换器入口和平衡罐之间的各种泵才可以工作。通常是在下列情况下，可以利用升压泵达到这样的条件：

(1)热交换水泵工作中。

(2)热交换水压超过6.9 kPa(1 lb/in^2)，生奶或奶制品被压在蓄热室时，需要在生奶或奶制品入口和热交换水出口处安装一个差压控制器。产生差压时，生奶或奶制品升压泵就会开始工作。差压控制器的精确度会按照国家标准要求，之后完成安装、检测及后续一系列的维修更换。

f. 对生奶热交换器和蒸发器的管道系统要进行清理，并且可以使用离子交换膜法处理再生水水库，这部分也要建立相应规章制度。

g. 生奶热交换系统及相关管道的清理频率需与再生水产生频率相同。

注： 使用离子交换膜法产生的再生水不得用于分类Ⅰ，除非这部分再生水已经按照本条例巴氏杀菌法的要求，达到最短的热加工时间和温度条件，或者通过了国家食品药品管理局及管理机构的对等条例。

Ⅱ类——用于其他有限的方面

再生水用于有限的方面，指的是：

1. 制造食品加工用的蒸汽。

2. 预清洗，但不能用于接触奶或奶制品的机械表面的预清洗。

3. 清洗液的配制用水。

4. 可作为针对下述条例1提到的未经巴氏杀菌的奶或奶制品和酸乳清所采用的未循环热交换媒介。

5. 与条款15p(B)第10条提到的一致，针对巴氏杀菌后的奶及奶制品，可使用蝶式或二连管/三连管热交换器作为未循环热交换媒介。

用于以下用途时，I类中条款3~11也需要满足并且有相关文件证明，如果只是用于热交换器或者热压缩器时，满足条款5~11即可。

1. 水不能延期到第2天才使用，被取来的任何水都应马上被用掉；或者满足下列条件。

a. 在储箱或分配系统的水温能保持在7 ℃(45 ℉)或以下，或63 ℃(145 ℉)或以上温度，并有自动的保温措施在保温。

b. 经适当的和被核准的化学药剂处理过的水在进入储箱之前，一直处在按比例加氯的自动装置或符合附录D准则的紫外线消毒控制下抑制细菌的增殖。

c. 水应达到本条例附录G中的细菌学标准，除此之外不应超过每毫升500个的细菌总计数，在水站开始被允许运行后2个星期内每天采样，然后至少每6个月采一次样。而且以后对系统有任何的维修或变动，还需要在1周内每天采样测试。所有的物理、化学和微生物测试都应符合最新版本的SMEWW所制定的规范。

2. 配水系统的硬管和软管都应清楚地被标明：“限制使用的再生水”。

3. 在奶品厂里水处理的操作条例和管理条例都应被描述清楚，并且在适当的位置醒目地展示这些告示。

4. 这些供水管道不应被永久性地连接在产品加工罐上，管道不能有直通大气的破裂处和处于充分的自动控制之下，防止疏忽导致再生水流进成品水中。

Ⅲ类——不符合本条例要求的再生水

不符合本条例要求的回收水，可被用做锅炉用水，但不能用来生产食品加工用的蒸气，或者进入带有前后端厚封板封闭的热交换器。

Ⅵ. “A”级奶畜场中从热交换器或压缩机产生的再生水

使用在乳品加工厂的热交换器或“A”级奶畜场中其他类型的热交换器或压缩机用过的饮用水，也许可回收作为奶畜场挤奶操作之用，只要符合下列的标准。

1. 储存水的容器必须是由不污染水质的材料构成，并且被设计成能保护水免于遭受的可能污染。

2. 储水容器必须要安装有排水装置和安装在能方便清洗的位置。

3. 不允许让供水系统与任何不安全的，或有问题的水系，或任何其他受污染的水系交联。

4. 进水口不能处在可能被污染的水中。

5. 水质应该是有满意的感官评定质量，而且没有异味。

6. 水质应该是符合本条例附录 G 规定的微生物标准。

7. 水样必须在许可开始供水之前和至少 6 个月之后被采集和分析。

8. 被许可使用的化学药剂如氯化物等在消毒时必须有一个适当消毒作用时间，或符合本条例附录 D 准则的紫外线消毒用于抑制细菌的繁殖，避免和防止异味。

9. 在添加化学药剂时，要有监测程序对添加化学药剂是否有效和所添加的化学药剂是否带来有害的物质以及对供水产生污染进行监测。

10. 如果要作为消毒用水对供水站的设施、设备、反冲系统等进行消毒，可以使用被许可作为消毒剂的碘剂，通过自动配比装置把碘剂配置成消毒液，消毒液的加注口应位于储水箱的下游和消毒对象的上游。

注：从生奶热交换器排放处直接得到的水，可再使用一次，限于用在对乳品相关设备的预冲洗或其他与饮用无关的场合。应符合如下条件：

1. 只可再使用一次，用于对乳品相关设备的预冲洗，包括奶管、爪型管套件、集奶容器等，然后应作为废水排出。

2. 从板式换热器排出的水直接排到洗槽或洗池中。

3. 水管系统应符合本条例第 8r 条款的规定。

Ⅶ. 水塔构造图

注： 图 8 至图 12 是不同类型的冷却塔配水路线图。

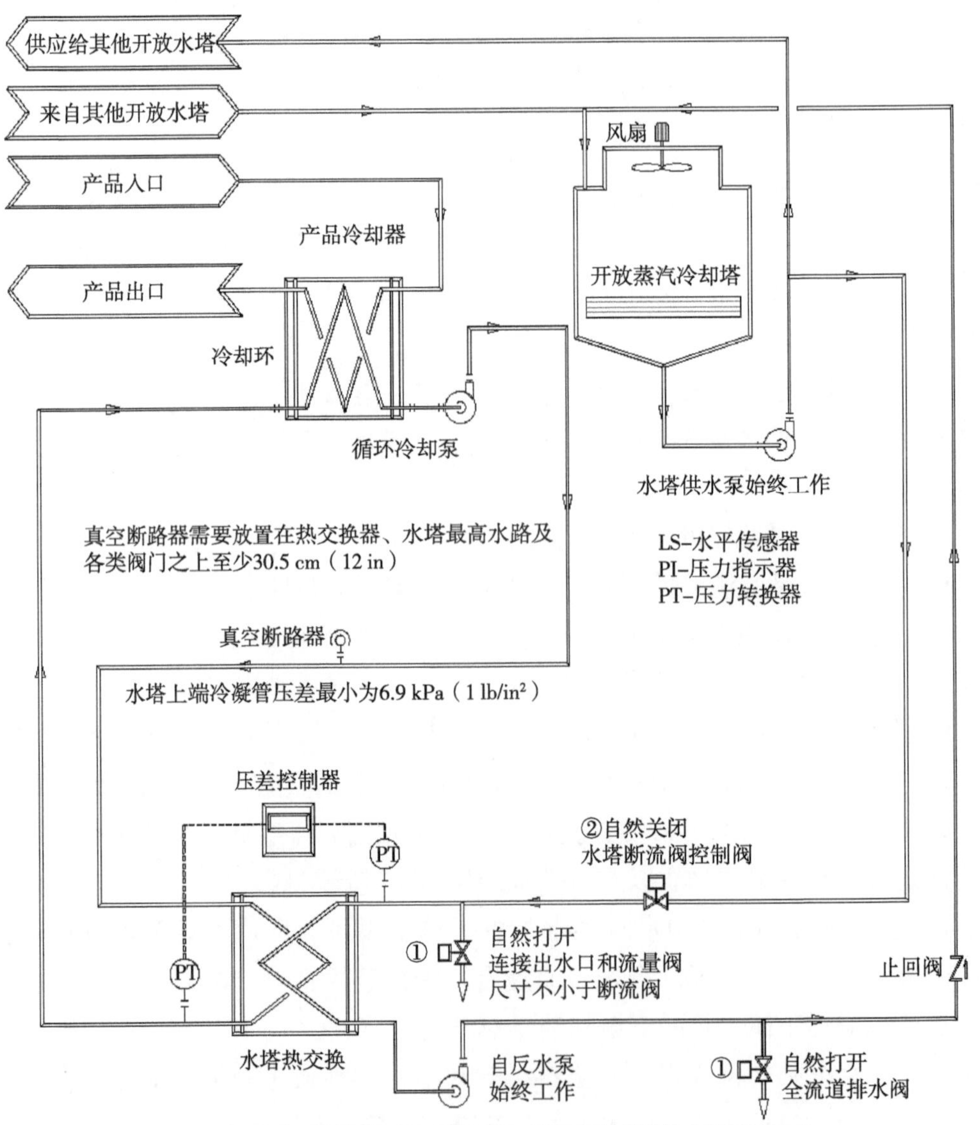

图 8　无平衡罐冷却塔配水路线

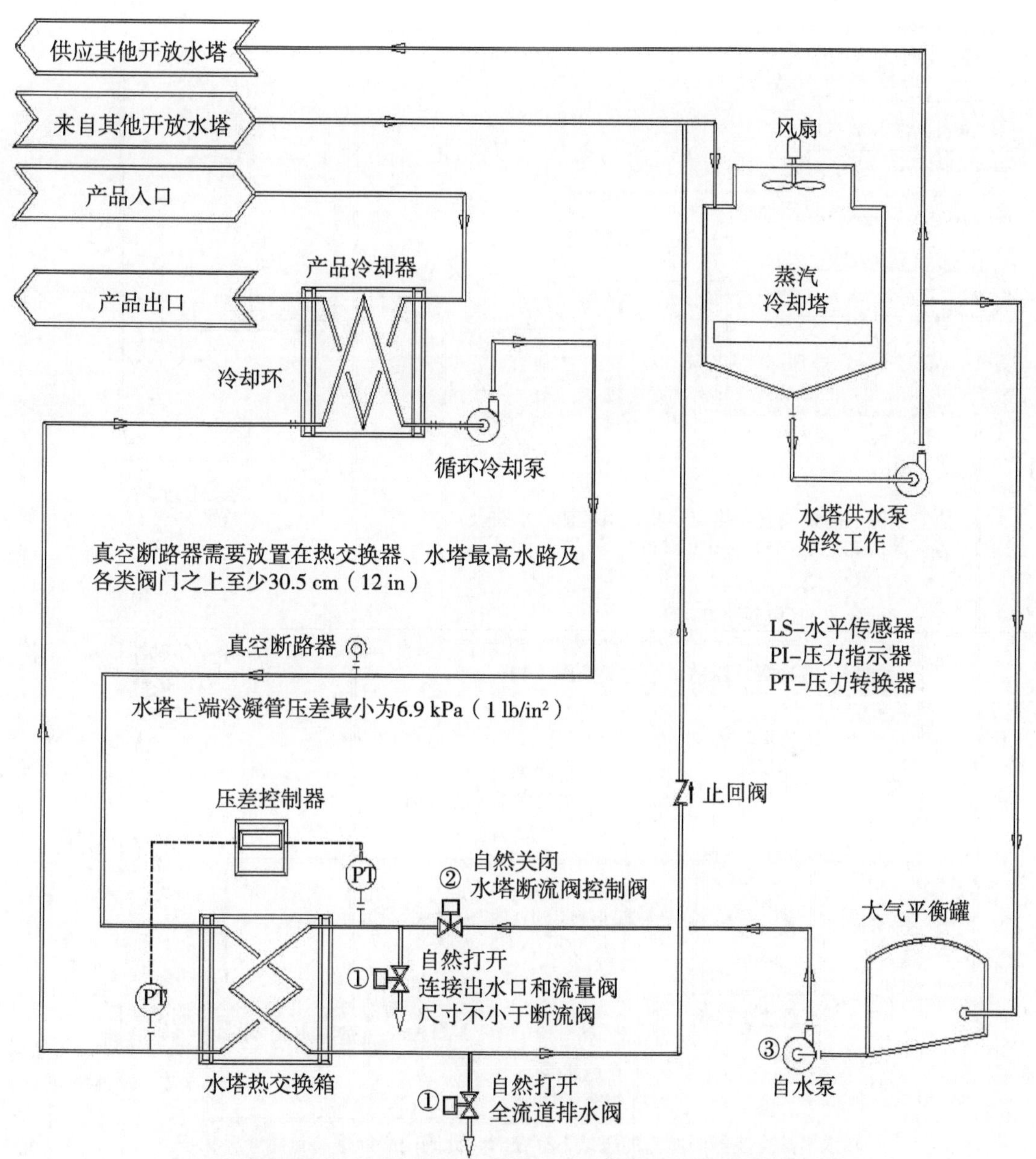

图9　含平衡罐冷却塔配水路线(含自水泵，平衡罐溢流层高于热交换器)

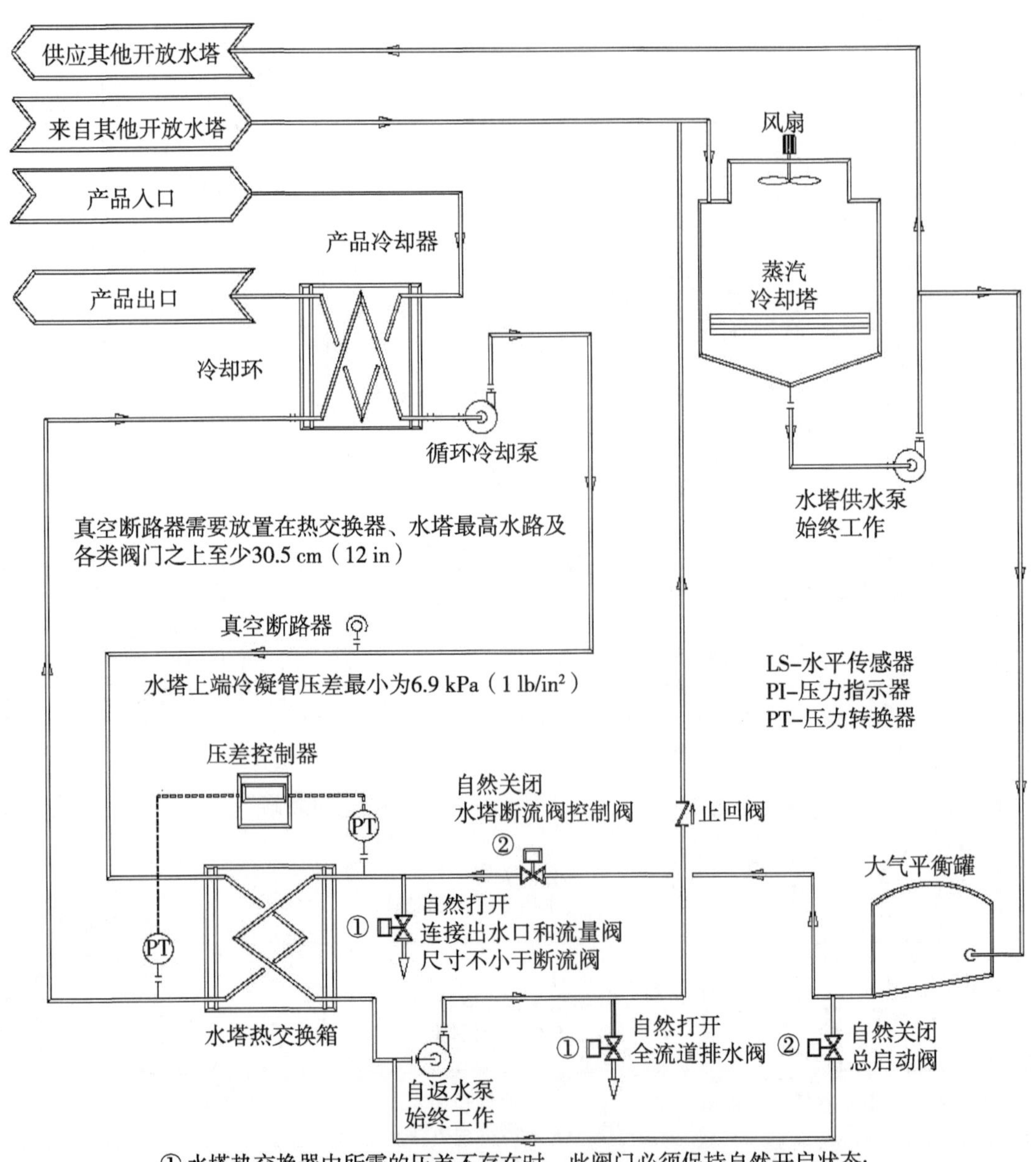

图 10　含平衡罐冷却塔配水路线(含自返水泵与旁线路，平衡罐溢流层高于热交换器)

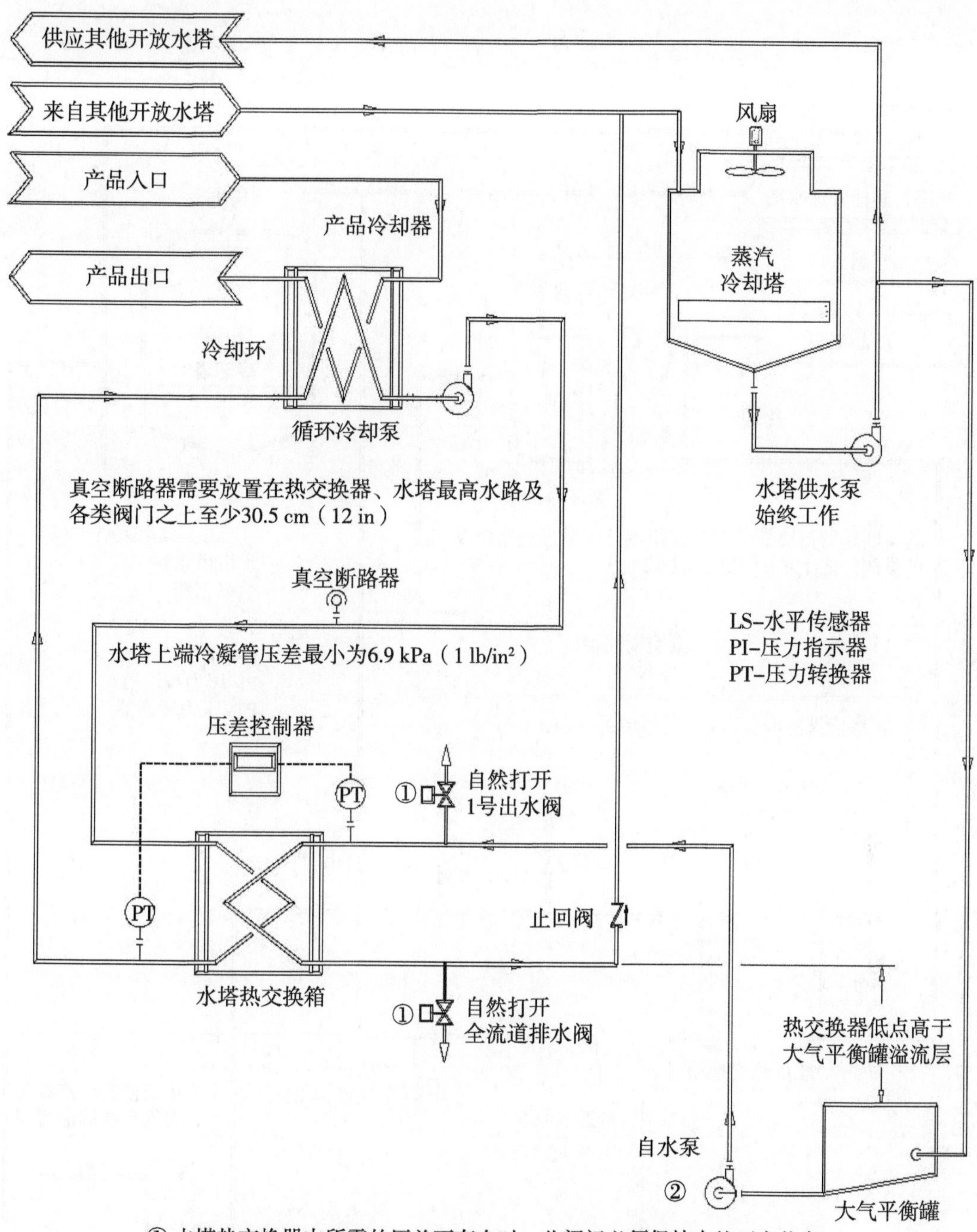

① 水塔热交换器中所需的压差不存在时，此阀门必须保持自然开启状态；
② 水塔热交换器中所需的压差不存在时，此泵必须断电。

图11 含平衡罐冷却塔配水路线(含自水泵，平衡罐溢流层低于热交换器)

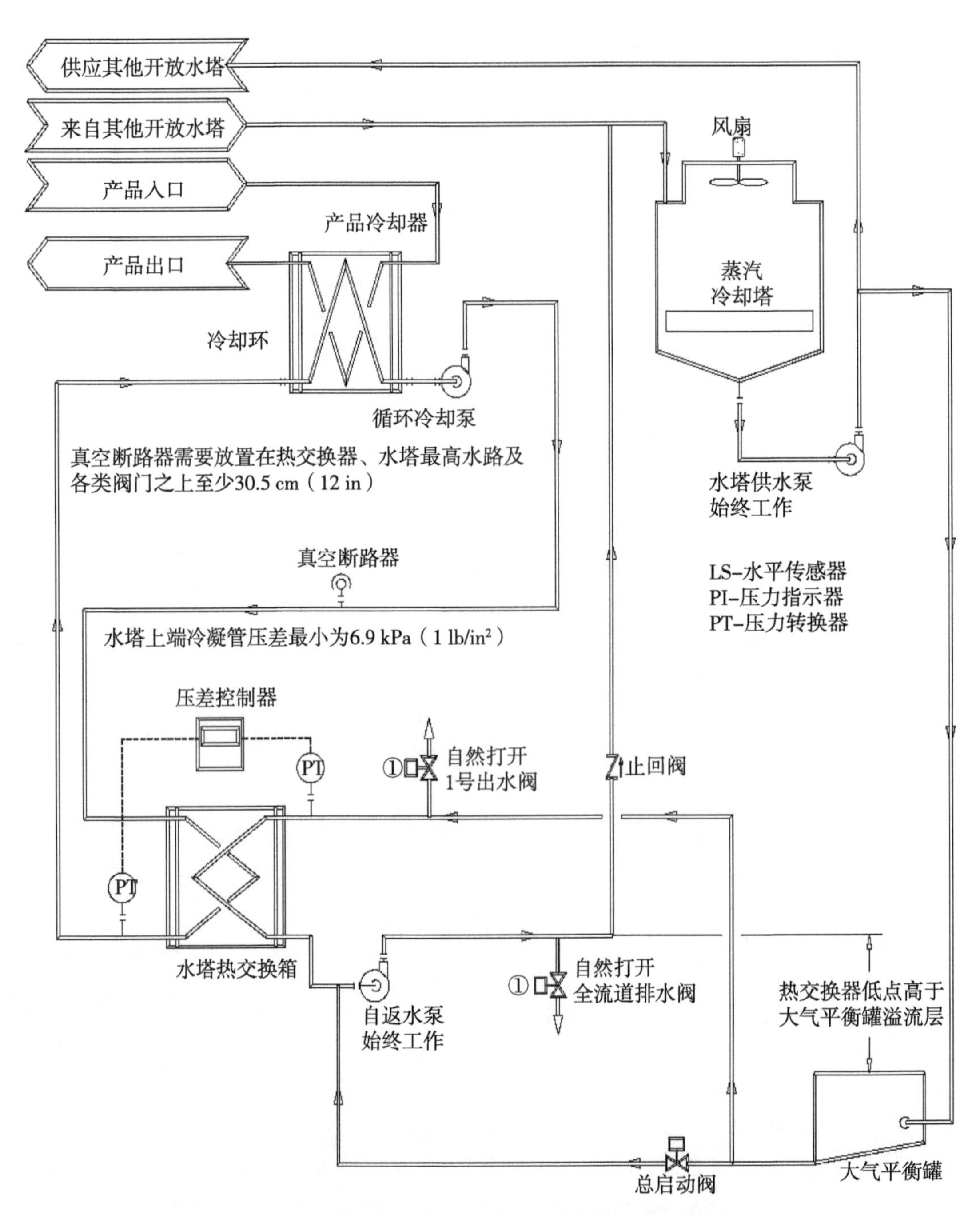

①水塔热交换器中所需的压差不存在时，此阀门必须保持自然开启状态。

图 12　含平衡罐冷却塔配水路线(含自返水泵和旁线路，平衡罐溢流层低于热交换器)

Ⅷ. 水源构造图

注：图13至图30是从《独立供水系统手册》中摘录，该书由环境保护署(EPA)出版(出版号EPA-430-9-73-003)。

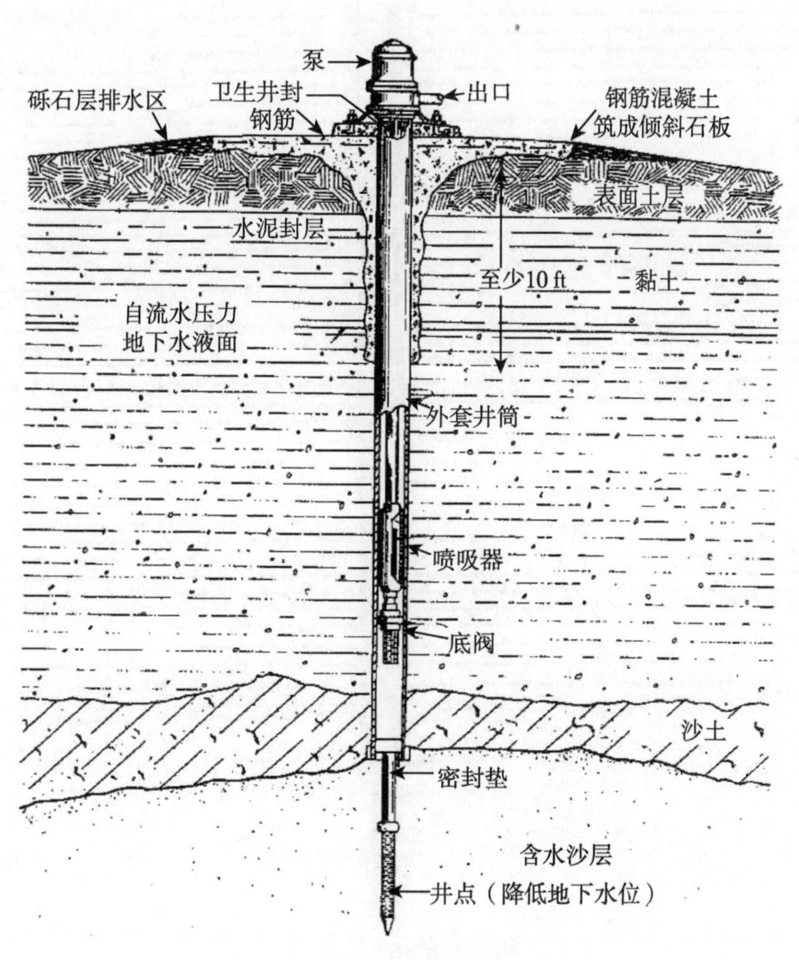

图13 自流井

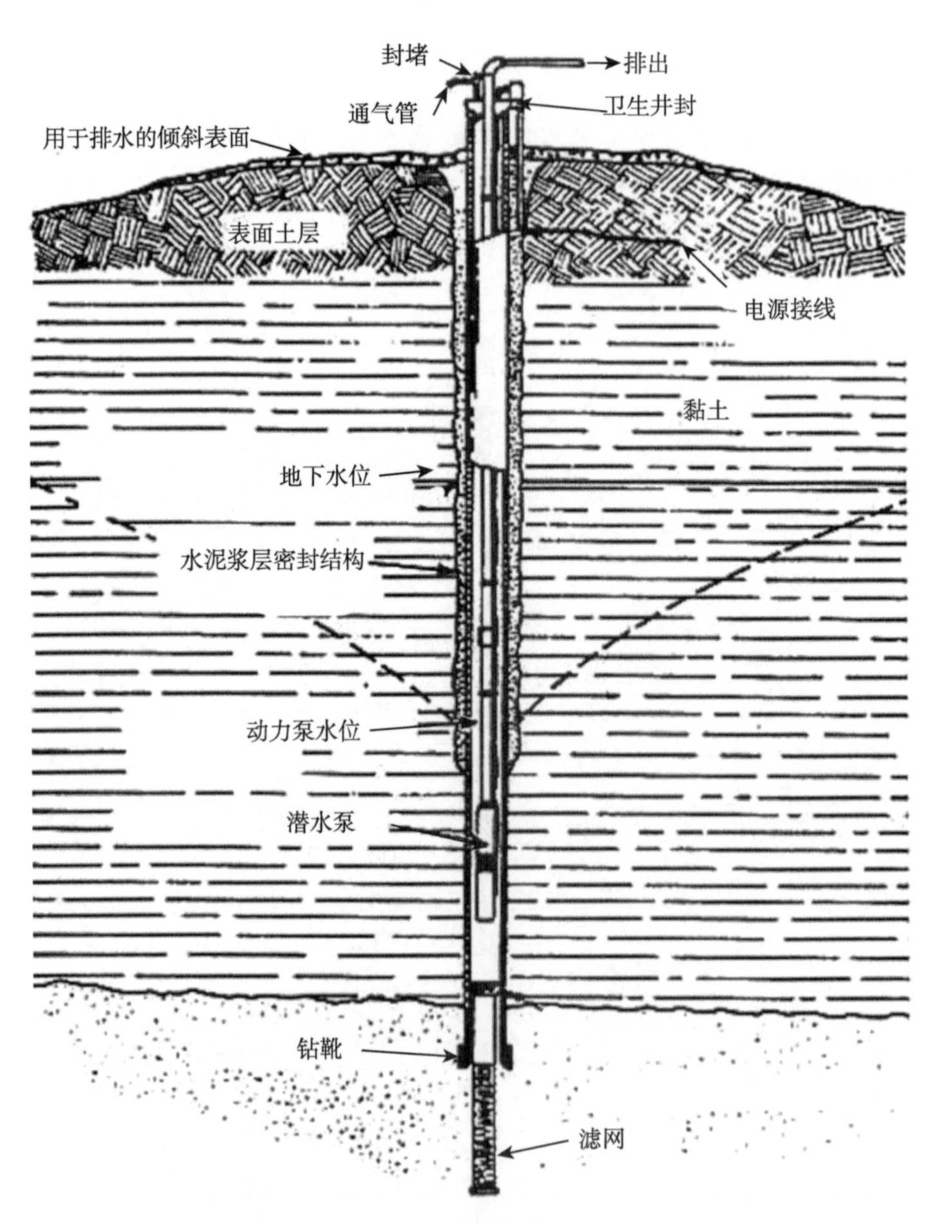
封堵
排出
通气管
卫生井封
用于排水的倾斜表面
表面土层
电源接线
黏土
地下水位
水泥浆层密封结构
动力泵水位
潜水泵
钻靴
滤网

图 14　用潜水泵的钻井

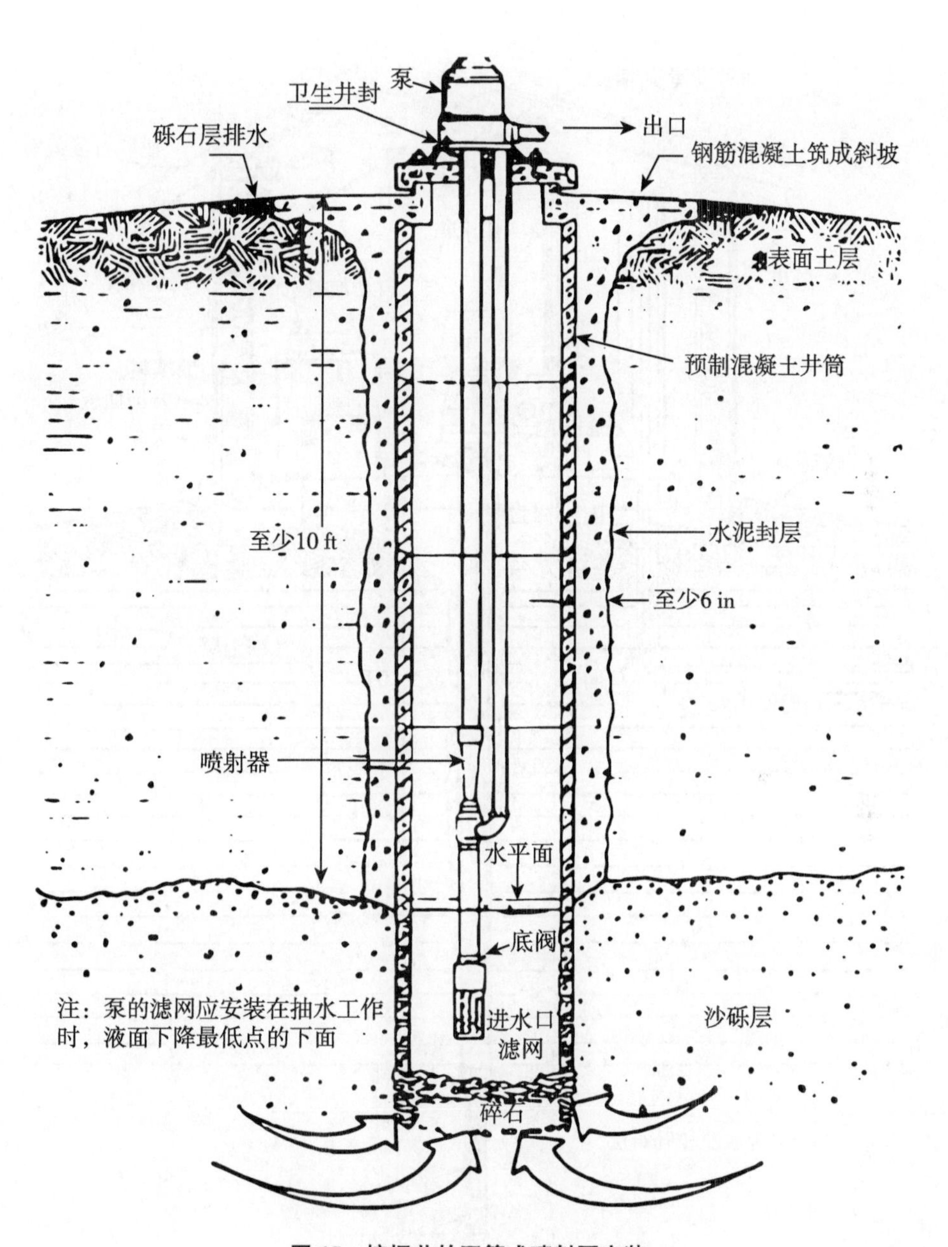

图 15 挖掘井的双管式喷射泵安装

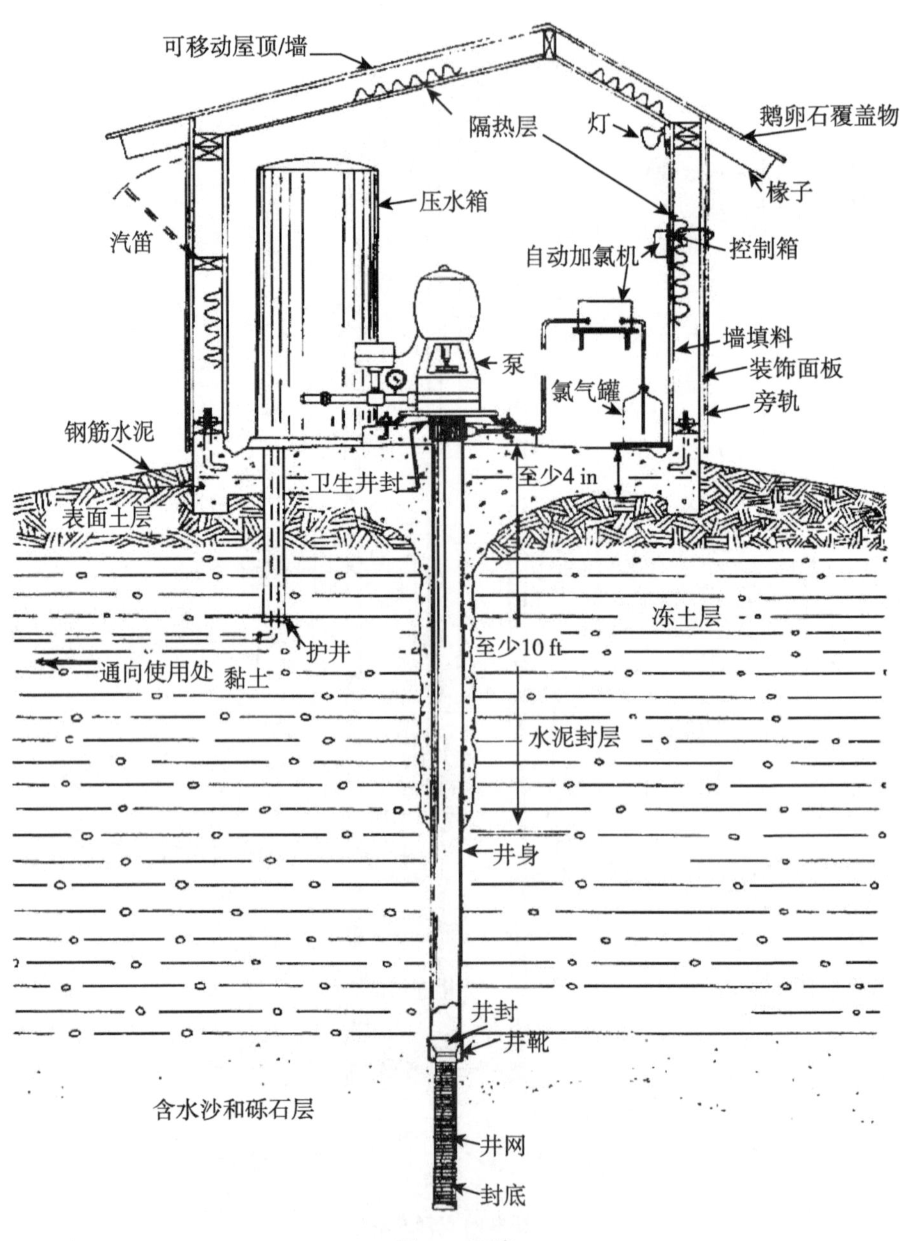

可移动屋顶/墙
隔热层
灯
鹅卵石覆盖物
椽子
压水箱
汽笛
控制箱
自动加氯机
墙填料
泵
装饰面板
氯气罐
旁轨
钢筋水泥
卫生井封
至少4 in
表面土层
冻土层
护井
至少10 ft
通向使用处
黏土
水泥封层
井身
井封
井靴
含水沙和砾石层
井网
封底

图 16　泵房

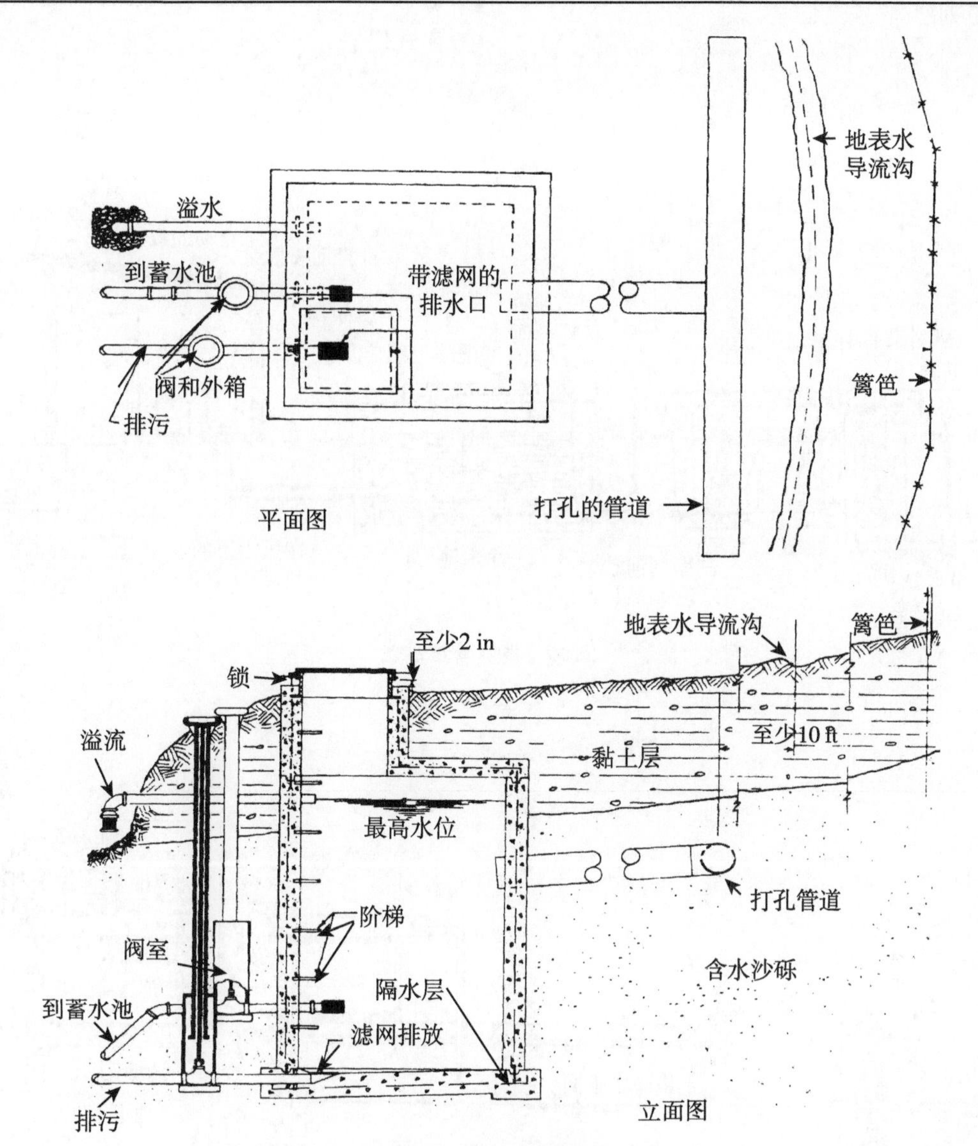

图 17　泉水的保护

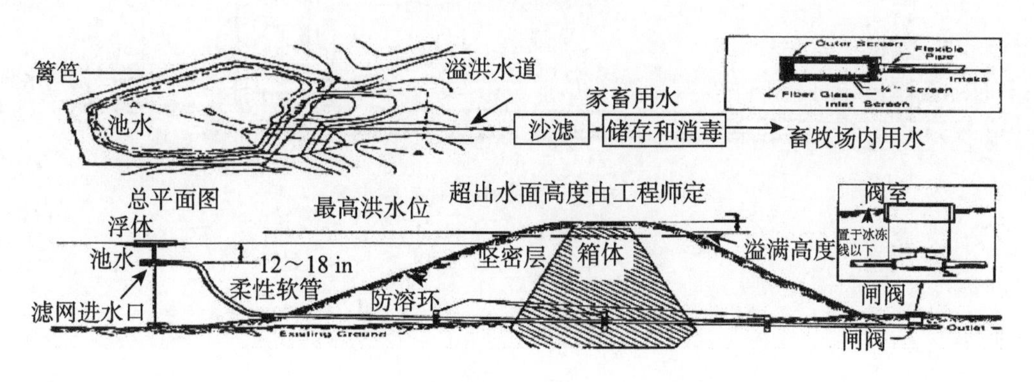

图 18　池水

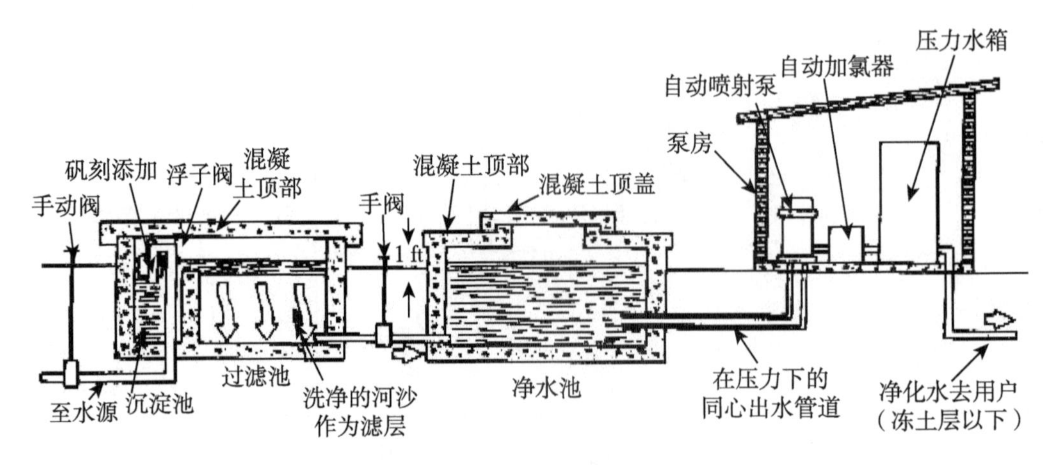

图 19　池水处理系统

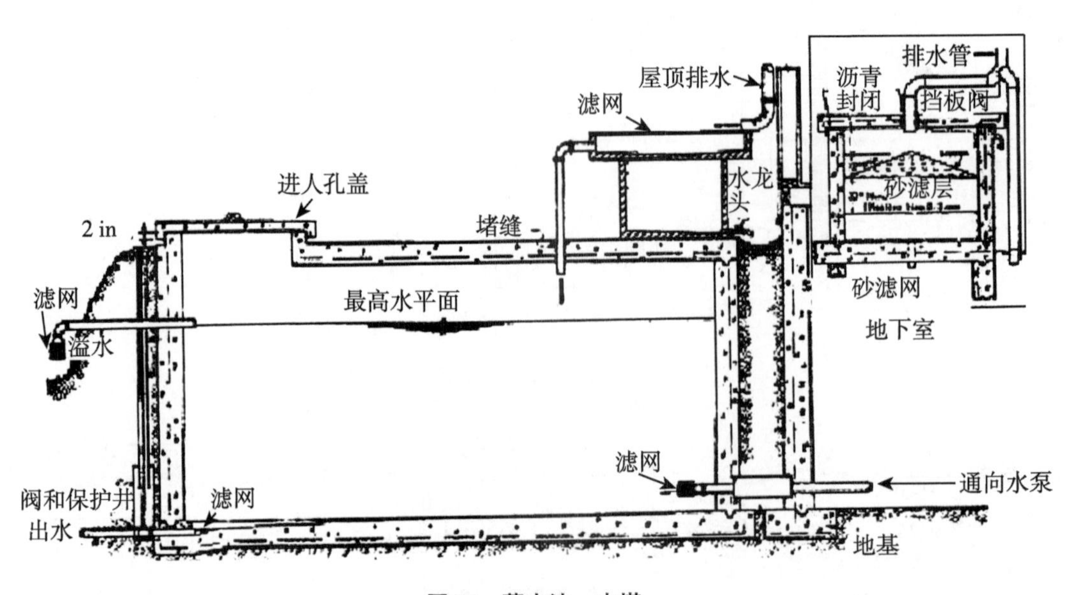

图 20　蓄水池、水塔

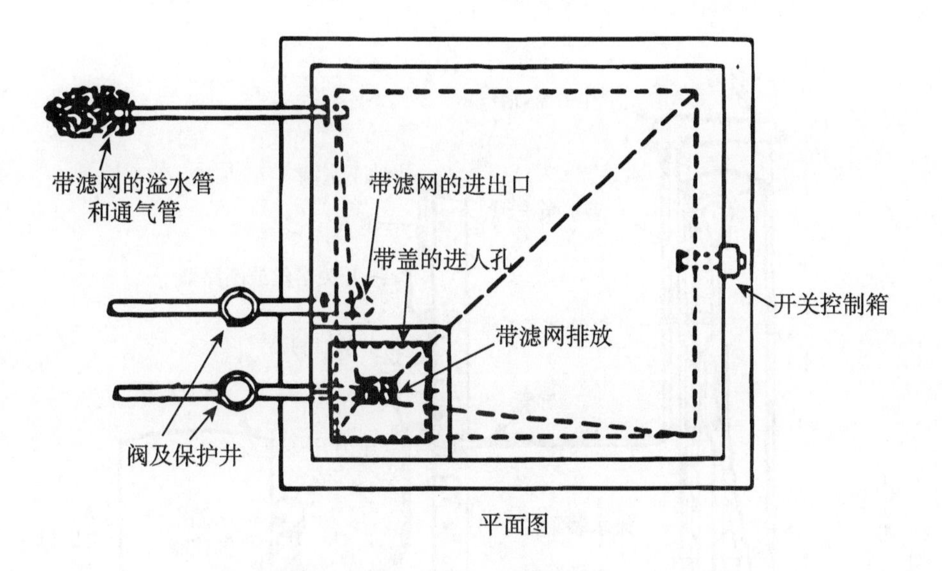

平面图

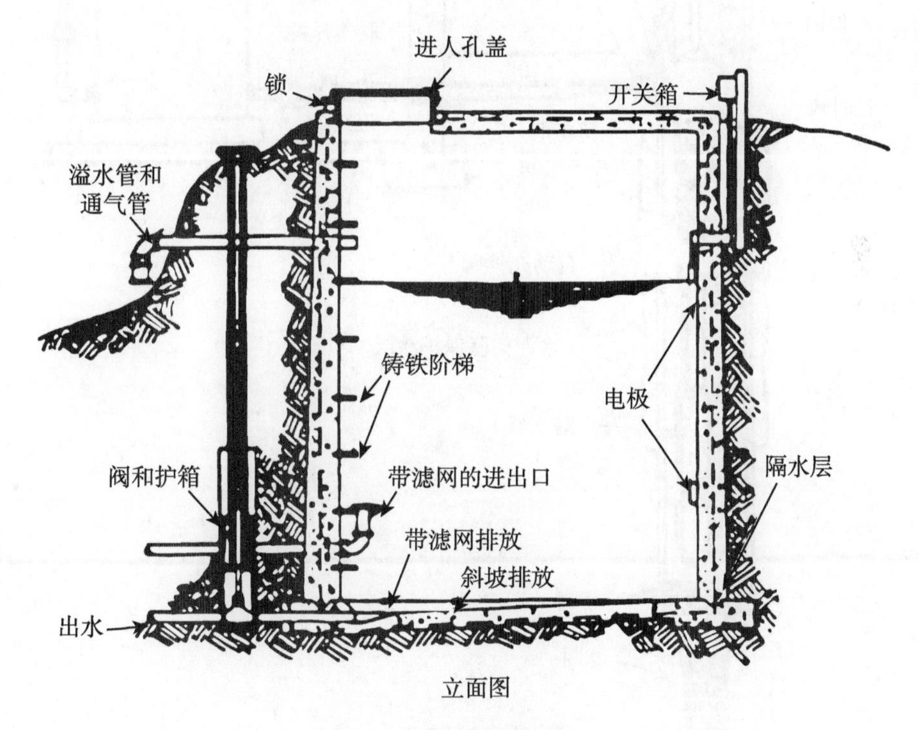

立面图

图 21　典型混凝土蓄水池

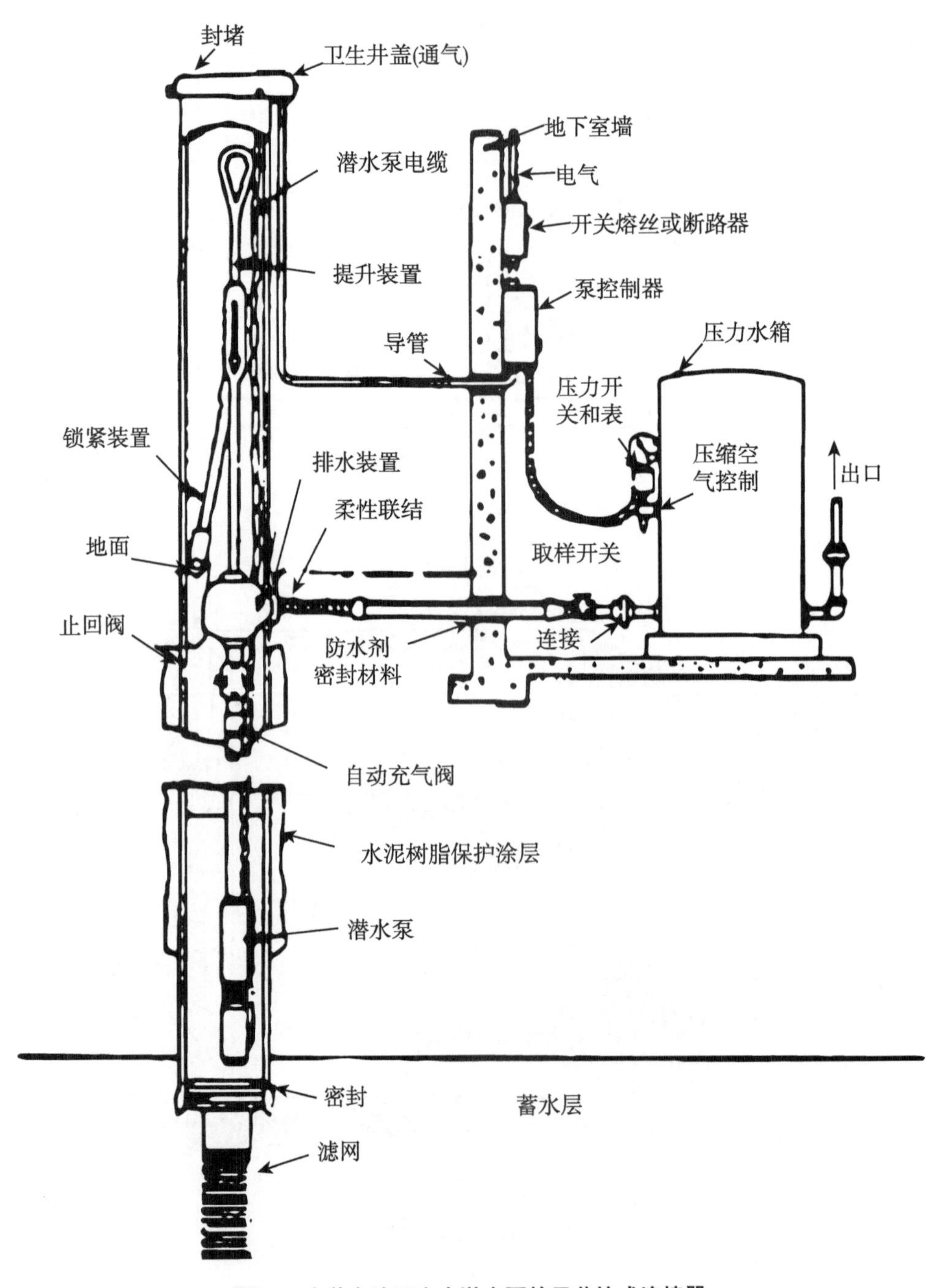

图22　安装在地下室内潜水泵的无井坑式连接器

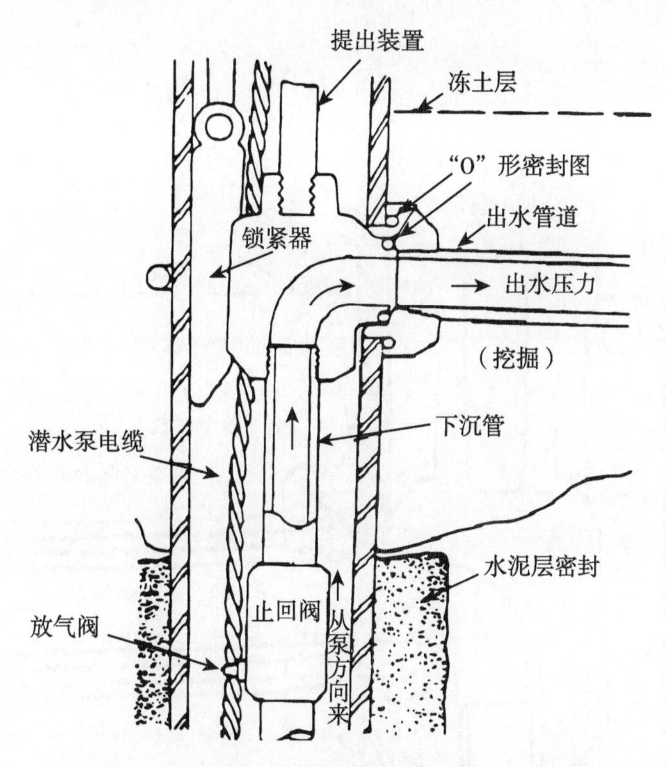

图 23　安装浅井泵同心套管的夹合式无井坑连接器

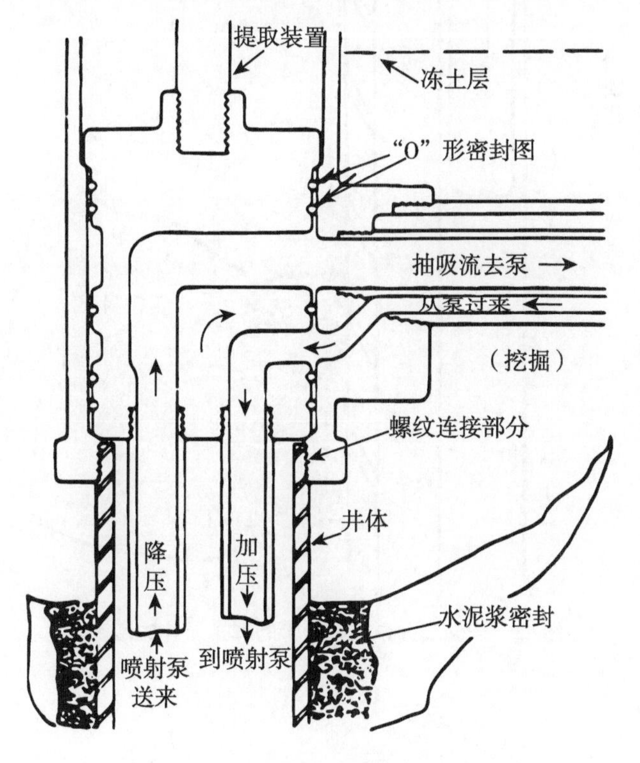

图 24　安装喷射泵同心套的无井式部件

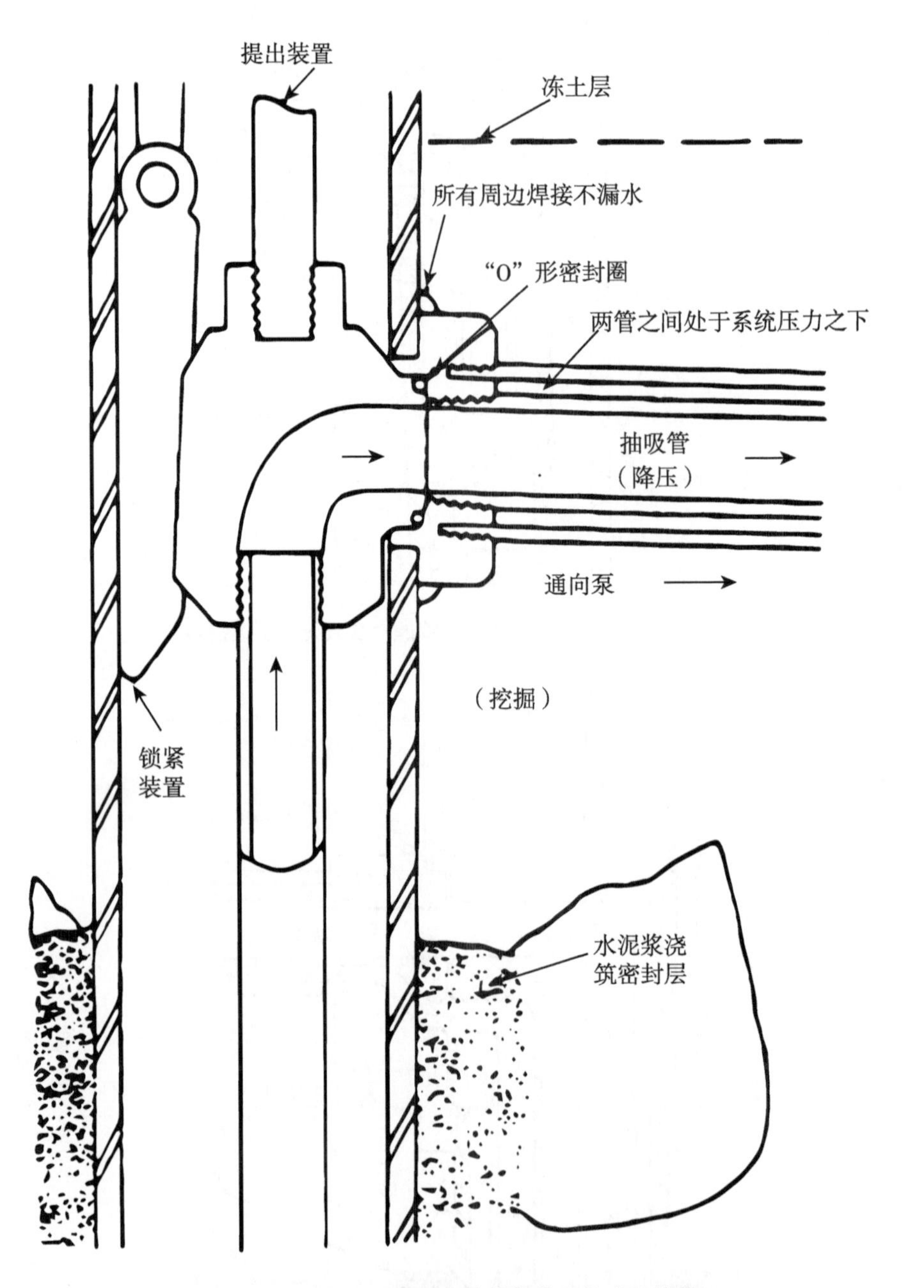

图 25　安装浅井泵同心套管的焊接无井式连接器

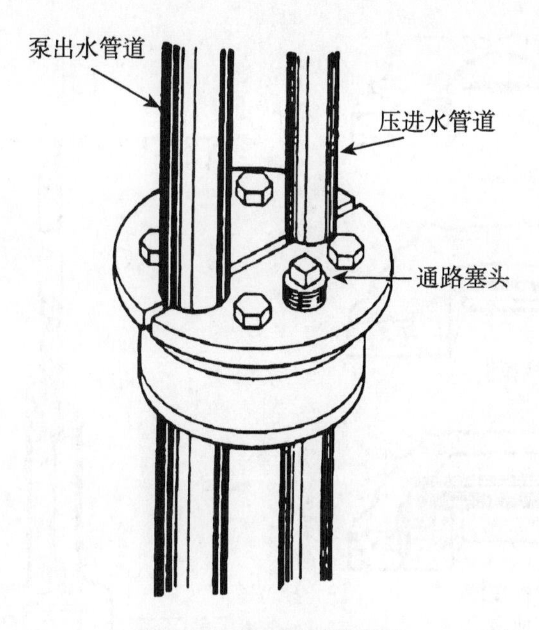

图 26 安装喷射泵的井封

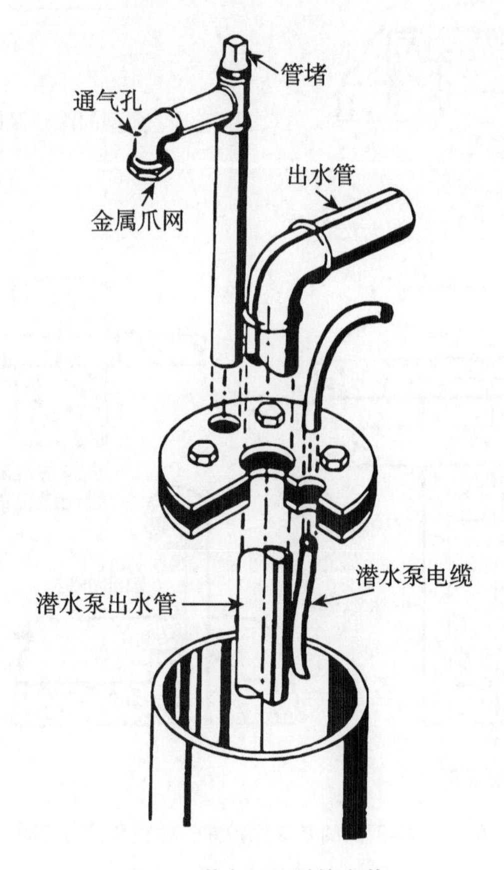

图 27 潜水泵井封的安装

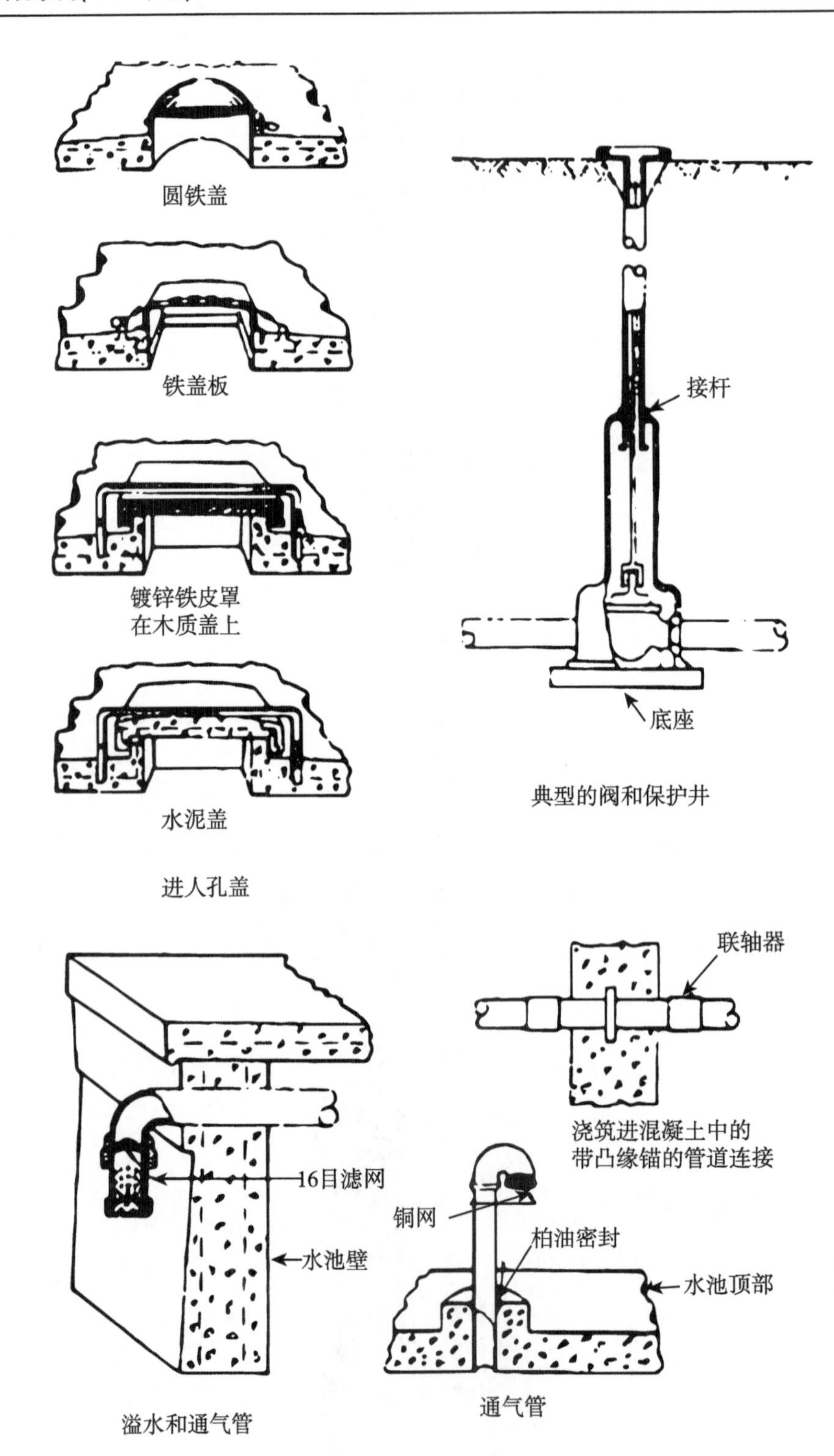

图 28　典型的阀及其保护井，井盖和管道安装

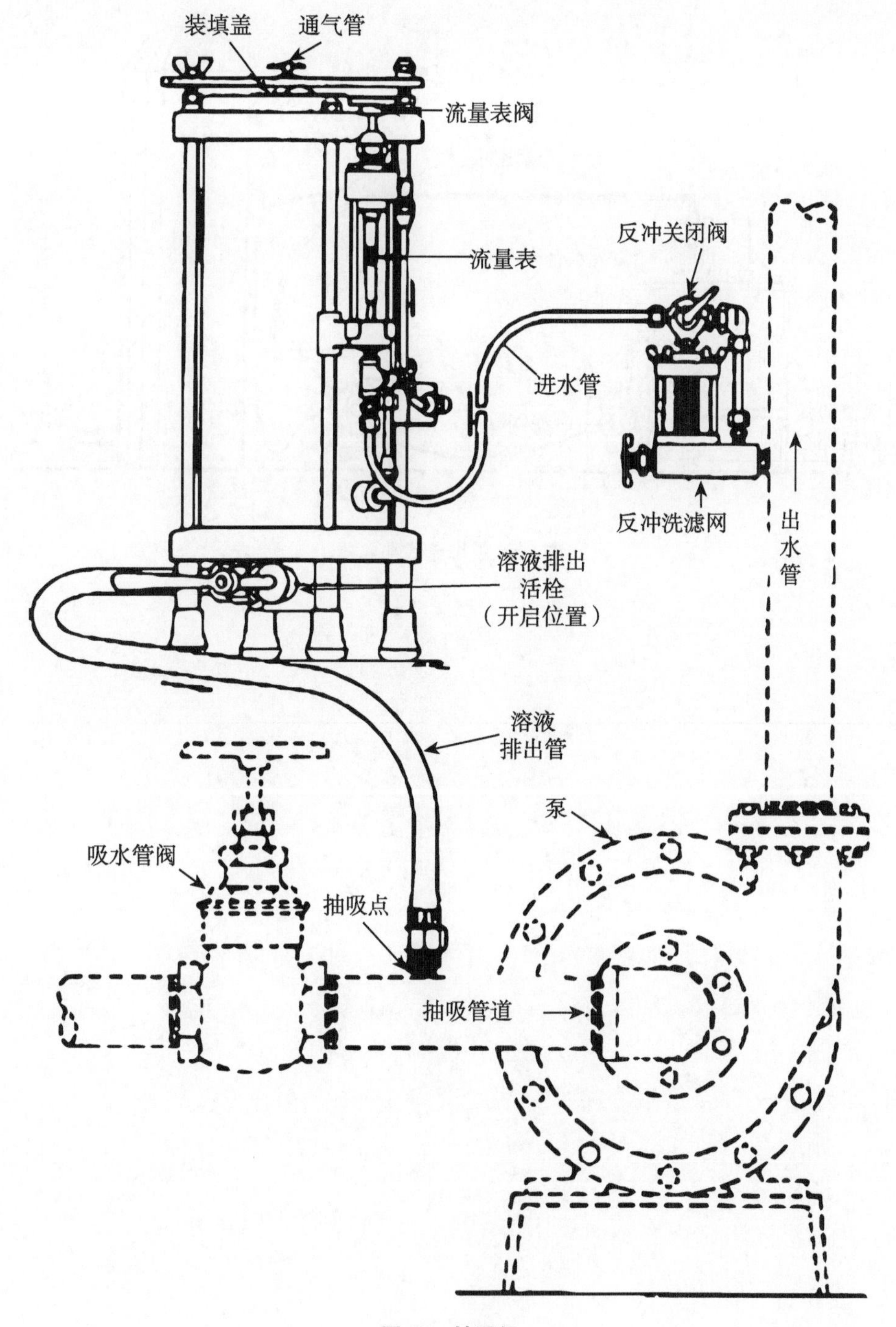
装填盖
通气管
流量表阀
流量表
反冲关闭阀
进水管
反冲洗滤网
出水管
溶液排出活栓（开启位置）
溶液排出管
泵
吸水管阀
抽吸点
抽吸管道

图29　抽吸机

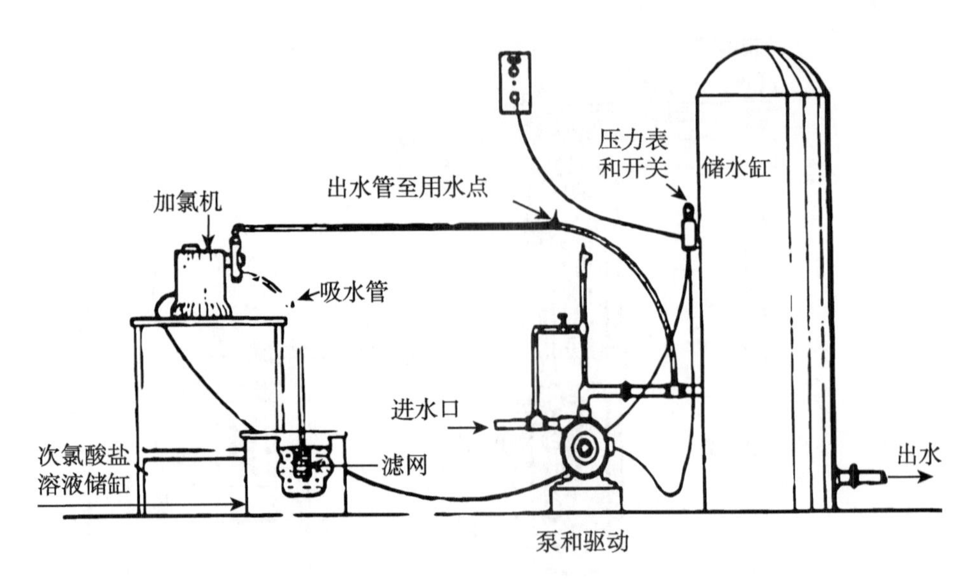

图30　正排量式加氯器

附录E “5服从3”强制程序的实例

表11展示了第6章中描述的强制执行应用的例子。给出的例证虽然只与热加工奶细菌数和生奶体细胞数有关，但是此类似方法也可应用于冷却温度、大肠杆菌数等已有标准的执行。磷酸酶反应为阳性的热加工奶或奶制品，具有药物残留、农药或者其他杂质的奶或奶制品应分别按照第2章和第6章的方法处理。

表11 关于热加工奶实验室检测强制执行规程的例证

日期	菌落数（个/mL）	基于20 000个/mL标准的强制执行措施
2019.01.05	6 000	无须执行强制措施
2019.01.28	11 000	无须执行强制措施
2019.02.11	12 000	无须执行强制措施
2019.03.15	22 000	超标；无须执行强制措施
2019.03.25	23 000	超标；当最后一轮的4个样品中的2个超过了标准即向乳企下达书面通知(只要最后一轮4个连续样中的2个超过了标准这个公告就应生效)。附加样品应在书面通知日期后的21天内，但不能在截止日期前3天内
2019.04.02	9 000	无须执行强制措施
2019.04.19	51 000	超标(最后5个样品中3个超标)；需要监管措施： 1. 终止奶品厂许可证； 2. 假如超标的奶或奶制品不是以"A"级销售的，则不终止奶品厂许可证； 3. 假如违规的奶或奶制品不是以"A"级销售的，则以罚款的方式取代终止许可证
2019.04.23		通过对奶品厂考察(如果可以的话)对其发放临时许可证。尽快安排样品采集时间。按照此法规第6章，为了确定合适的标准，样品的采集频率为3周时间内的不同单日，且不高于2次/周
2019.04.25	11 000	无须执行强制措施
2019.04.29	3 000	无须执行强制措施
2019.05.04	22 000	超标；无须执行强制措施 **注**：2013.04.23前采集的样品不需要强制用于后续的菌落总数检测
2019.05.09	5 000	允许完全恢复许可证

表 12　关于生奶实验室检测强制执行规程的例证

日期	体细胞数/mL	标准的强制执行措施的界定标准为 750 000 个/mL
2019. 07. 10	500 000	无须执行强制措施
2019. 08. 15	600 000	无须执行强制措施
2019. 10. 01	800 000	超标；无须执行强制措施
2019. 11. 07	900 000	超标；当最后一轮的 4 个样品中的 2 个超过了标准即向乳企下达书面通知(只要最后一轮 4 个连续样中的 2 个超过了标准这个公告就应生效)。附加样品应在书面通知日期后的 21 天内，但不能在截止日期前 3 天内
2019. 11. 14	1 200 000	超标(最后 5 个样品中 3 个超标)；需要监管措施： 1. 终止奶品厂许可证； 2. 假如超标的奶或奶制品不是以"A"级销售的，则不终止奶品厂许可证； 3. 假如违规的奶或奶制品不是以"A"级销售的，则以罚款的方式取代终止许可证。而以下情况可免除牛奶生产者供应超标牛奶会被处以罚款而不取消生产许可的决定：如果罚款是由于体细胞计数超标，监管机构应该核实牛奶供应是否在第 7 章条例规定的限制范围内。而且样品的采集频率应符合此法规第 6 章的规定，即样品的采集频率为 3 周时间内的不同单日且不高于 2 次/周
2019. 11. 18	700 000	采样表明牛奶在第 7 章规定的标准后可以发放临时许可证。如引用中先于 2019. 11. 14 开始加速采样时间安排进程
2019. 11. 20	800 000	超标；无须执行强制措施 **注**：先于 2019. 11. 18 采集的样品不需要强制用于后续的体细胞计数
2019. 11. 24	700 000	无须执行强制措施
2019. 11. 29	550 000	无须执行强制措施
2019. 12. 03	400 000	允许完全恢复许可证

附录F　清洁和消毒

I. 消毒方法

化学处理

使用部分化学物质能对牛奶罐、器具和设备进行有效地卫生处理。这些都罗列在需按照标签说明使用的CFR第40号中的180.940中，或者包含在下文第Ⅱ节所阐述的现场生产的电化学(ECA)设备生产商说明中。

蒸汽处理

使用蒸汽时，每一批管道设备应分别处理。通过将蒸汽软管插入管道入口，并在管口出口处蒸汽温度达到94 ℃(200 ℉)后保持5 min以上。这一过程的处理时间要比单个金属罐的时间长，这是因为此处理过程中大面积暴露于空气使得热损耗较多。在处理过程中覆盖物应在合适的位置。

热水处理

热水从管口入口泵入，并在最终出口温度不低于77 ℃(170 ℉)的条件下保持至少5 min。

脉冲光处理

CFR 第 21 号 179.41 中所述的脉冲光可以安全地用于食品处理。用作食品包装消毒剂的脉冲光不应影响包装材料，使包装材料的成分在被认为不安全的水平上迁移到食品中。由于玻璃这种耐用且不可渗透的材料不会导致任何物质向食物中迁移，因此使用脉冲光消毒用于盛装牛奶和/或奶制品的一次性玻璃容器不太可能引起任何安全问题。

因此，脉冲光可以安全地用于单一用途的玻璃容器，只要满足以下规定：

1. 一次性玻璃容器的内表面应处理至最小通量为 1 J/cm^2。

2. 脉冲光处理系统每天须用已校准的传感器进行检查，以确保每个容器消毒所需要的最少处理量，如上文 1 所述。传感器应每年根据可查阅的公认的标准，如美国国家标准与技术研究院(NIST)的标准进行校准。校准记录应供监管机构检查。

脉冲光发生器应满足 CFR 第 40 号 152.500 对器件的要求。工厂应保存文件，证明该设备符合 CFR 第 40 号 152.500 的要求。脉冲光产生设备的制造商应按照 CFR 第 40 号 152.500 的要求进行注册，并遵守适用的记录保存要求。脉冲光产生装置应符合联邦杀虫剂、杀菌剂和灭鼠剂法案(FIFRA)的标签要求 212，第 2(q)(1)条和 CFR 第 40 号 156，包括制造商的注册号。

Ⅱ. 现场生产及使用电化学(ECA)生成次氯酸消毒处理多用途储罐、器具和设备的标准

以下是使用电化学现场生成的次氯酸作为消毒剂用于卫生处理多用途储罐、器具和设备的一些标准。

1. ECA 设备生产商应按照 CFR 第 40 号 152.500 以消毒设备公司的名义在环保公司注册，并应符合 CFR 第 40 号 156.10 中列出的标签规定。

2. 根据 EPA DIS/TSS 4 消毒剂漂洗功效规定，应使用活性氯稀释比率为 50~200 mg/kg的消毒剂预先对奶会接触的容器表面进行 30 s 的消毒。消毒剂的生产应依照 CFR 第 40 号 158 部分对照注册、农药评估指南——细则 G 中 91-2(f)的要求，其实验报告应依照 GLPs 的要求。

3. 生产消毒剂的盐应为食品级且纯度不低于 99.6%，并且应使用饮用水以确保消毒剂的质量和一致性。

4. ECA 设备及其浓缩液贮存设备生产材料应使用无毒并在 ECA 生产过程中不会发生物理和化学反应的材料，从而避免有毒物质释放到消毒剂中。

5. ECA 浓缩液存储设备应按下列信息标示。

a. 内容。

b. ECA 生产商的 EPA 编号。

c. 使用稀释度说明及包含有有效日期的贮存条件。

d. 活性和非活性成分列表。

e. 简称为 MSDS 的其他需要公开的安全信息。

6. 生产次氯酸消毒剂的 ECA 设备应控制和记录仪器参数，以保证 ECA 设备的运转是在仪器设计的范围之内并提供有效的实时运转报告或警报，并且在设备参数超出 ECA 设备生产商限定的范围时能自行关闭。

7. 消毒剂使用前其浓度应使用 FAC 滴定或者氯试纸等标准测定方法测定，以保证氯含量在 50~200 mg/kg。测定设备应检查校准并记录数据。管理机构能够审核所有记录。FAC 浓度测定的所有电子记录应符合本条例第 5 章和附录 H 的标准详细说明。

Ⅲ. 蒸发、干燥和干燥产品的设备清洁

清　洁

1. 蒸发和浓缩设备的清洁　部分蒸发设备的设计使得奶或奶制品能在有利于微生物生长的温度下长时间大面积的暴露。

具有自动机械清洗的蒸发设备的管道和设备设计应符合以下标准。

a. 在清洁和消毒过程中被清洗的管线或设备应在回流管线安装 pH 值检测设备以检测 pH 值和时间。

b. 这 pH 值记录图表应包括：

（1）奶品厂名称和位置，奶品厂代码，日期以及执行人的签名或其姓名首

字母。

（2）已审查，注明日期，签字或注明姓名首字母。

（3）须现场进行，由监管机构审查至少前 3 个月的监管记录或由上次管理检查开始进行审查，此两者中以时间长者为准。如果可以现场访问电子记录，则此电子记录可被认为现场进行审查。

（4）从创建之日起保留至少 2 年。如能在要求进行官方审查的 24 h 内检索并就地提供这些数量控制记录，则可准许异地储存。

以下是蒸发和浓缩设备清洁消毒的建议步骤。

蒸发设备内表面面积很大。这不仅需要大型的分离器室和蒸气管线，还需要具有多达 500～1 400根 3～15 m 长的蒸气管的蒸气室。其总表面积应在 4 000～35 000 ft^2，因此可能需要更大的体积用以循环。这些表面应认真清洁和消毒以防奶或奶制品污染。蒸发设备的工作温度非常接近耐热型和某些常温型细菌的生长温度。首次的作用温度为60～77 ℃，第二次作用温度为 52～63 ℃，第三次为 38～49 ℃。被蒸发的产品会在最后有效阶段进行循环直到达到预定浓度，因此会提供给微生物足够的繁殖时间。清洁的蒸发设备运行效率更高。针对长时间运转的设备的清洁是更加必要的，因为附着的微生物会降低传热和效率。适时停止并清洁设备要比持续运转更加的经济节约。清洁不仅仅是出于卫生考虑还有运转效率的考虑。管道和加热板应清洁以保证良好的热传导。如果蒸气管线不清洁，当去除真空环境时会引起蒸气倒灌。这会使得尘土混入奶或奶制品中从而降低产品质量。这些尘土也会沉入设备热压机中，阻碍蒸气的运输从而降低运行效率。清洁混合物通常分为两大类：

a. 碱性清洁剂通常含有能提高清洁效率的腐蚀物包括水质改善剂、合成洗涤剂和泡沫抑制剂。碱性清洁剂的作用是清洁大量的污渍。通常 1%～3%浓度的碱性清洁剂被首先使用，并在 83～88 ℃（180～190 ℉）的温度下运行 30～60 min。

b. 酸性清洁剂应到达食品级别，含有合成洗涤剂和抑制剂以抑制对金属的腐蚀。酸性清洁剂的作用是去除矿物质的附着，中和残留的碱性清洁剂和增亮管内壁。通常0. 2%～0. 5%的酸性清洁剂在 60～71 ℃（140～160 ℉）的条件下被最后使用。

所有清洁剂和清洁操作指南应按照清洁剂生产商的说明使用。同样清洁步骤等也应遵循蒸发设备生产商的使用说明。运行压缩氨的蒸发设备需要特别的清洁防范措施。

清洁方法：该种蒸发设备的清洁方法主要有 4 种。

1. 煮沸。

2. 循环。

3. 喷雾清洁。

4. 三种方法的组合。

a. 煮沸方法最古老但仍十分有效。它在局部真空条件下通过旋转或煮沸清洁剂来完成清洁。蒸发设备通过自身的高温加热，从而产生足够的真空以旋转溶液。通过打开和关闭真空阀开关的方式将洗涤剂提升至圆顶或较高的地方。但因此方法很难清洁到顶部位置，因此在煮沸清洁后部分区域要使用手工进行清理。

b. 循环清洁是一种新型的清洁方法。清洁剂会通过奶或奶制品流经过的管道并重回起点从而达到循环的目的。通过预热器、管道和蒸气喷嘴(通常称作煮沸喷嘴)对其进行加热。这种方法无法适用于所有的蒸发设备，并且通常必须在蒸气室内增加喷雾清洁设备盒底部管板。

c. 喷雾清洁是最新的蒸发设备清洁方法。清洁剂通过喷雾装置泵入并分散在奶或奶制品接触过的设备表面。通过预加热器和缓冲槽，或者流动蒸气进行加热。合理的设计及喷雾清洁系统的使用会使得清洁问题降到最低。喷雾清洁比上述两种清洁方式更有利，清洁剂和水的使用减少。这不仅节约了水资源、热量和清洁剂，同时可以使用高浓度的清洁剂从而使清洁更加有效。从外部加入热清洁水和清洁剂以抑制额外的管壁附着物生成。由于不需要真空，加热溶液的热量减少从而降低了能耗。采用更高的温度能提高清洁效率。喷雾清洁也存在一些缺点。由于需要根据不同设备特别设计从而使花费更高。喷雾设备应安装在合适位置从而能覆盖设备顶部、切线入口、蒸气管线、观察窗和蒸气室导管。喷雾清洁需要特定的不锈钢管道输送必要体积的清洁剂。同时也需要大型泵泵入足量体积的清洁剂。尽管存在这些缺点，但节省能源、水、清洁剂和时间的优点似乎更胜一筹。

d. 有时使用联合清洁系统更有优势。使用煮沸的方法清洁蒸气室和使用喷雾的方法清洁分离设备是可行的。有时使用循环的方法清洁蒸气室，使用喷雾的方法清洁分离设备和其他单元部分也是可行的。某些清洁方法的组合，尤其是喷雾清洁系统中加入循环方式，会在某些特定的蒸发设备中发挥良好的效果。

e. 不同清洁方法的选择主要取决于蒸发设备的类型。在降膜型蒸发设备中，循环清洁可用于清洁管腔，喷雾清洁可用于清洁蒸发室。当使用板式蒸发设备时，循环清洁最有效。在清洁内在管壁时，利用煮沸方式清洁管道和利用喷雾的方式清洁分离器是最有效的。对于管道外蒸发设备，喷雾清洁很有效。使用消毒手段对清洁处理后仍存在的微生物进行清除。最适消毒方法是使用化学消毒剂。如果所有表面能加热到 83 ℃(180 ℉)或者更高时则可以使用加热的方法。由于不锈钢设备花费较高，因此使用不腐蚀设备的清洁和消毒产品是必要的。化学消毒剂可以通过喷雾设备或者雾炮的方法使用。

2. 高压泵和高压管线　干燥器喷嘴的高压泵和高压管线需要被作为一个单独的回路系统进行清洁，因高压管线连接喷嘴和副水箱，而水箱连接着高压泵入口。奶及奶制品雾化喷嘴在清洁前应去除。

另一种清洁高压泵和高压管线的方法是将这些设备包含在使用湿法清洁某些类型的喷雾干燥器的循环系统中。任何情况下浓度在1%～3%，加热到72 ℃(160 ℉)的化学剂应循环至少30 min。并且应每天通过雾化作用系统泵入添加缓冲剂的酸溶液以去除高压泵和高压管线的乳结石。加缓冲剂的酸溶液应在循环至少10～15 min后用饮用水漂洗干净。

同时也建议每天将高压泵头卸下后进行最终清洁并置于桌面或架上晾干。当泵被拆解后，这一部分应被检查其是否清洁干净和是否需要维修。同时检查泵座是否完好。由于高压泵每天负载很重，阀门和泵座应定期地进行打磨以保证雾化喷嘴施加压力时均匀。使用前，整个系统需要进行消毒。

3. 干燥器湿式清洗　有数种湿式清洗方法。

a. 第一种为手刷式。清洁人员携带装有清洁剂的桶和刷子进入干燥设备并清洁设备表面，随后用软管冲洗。

b. 还可以使用手动操作的喷雾枪。这些喷枪具有压力泵，可在高压条件下减少液体的使用。许多情况下，盒子型的干燥设备通过外加的7 ft的压力枪就能完全的清洗干净。使用高压喷雾枪和高合成洗涤清洁剂能有效去除顽固污渍。

c. 第三种湿式清洁方法是通过许多固定或者旋转的喷雾设备进行喷雾清洁。其通常在高容量的低压力状态下工作，压力范围在69～138 kPa(10～20 lb/in^2)。喷雾设备的合理设计可以使喷雾范围恒定。由于干燥设备中存在许多内壁、收集器和下降管等从而需要数个喷雾设备。使用喷雾设备进行完全清洁所需时间短。该系统的安装从而使清洁管线能更方便地连接到喷雾设备和有效的回收系统中。喷雾清洗减少了进入干燥设备的人工。筒仓或者立式干燥设备通常高6.2～30.4 m，人工清洁有一定的难度和危险。如果设备干燥了次级的奶或奶制品，在干燥“A”级奶或奶制品时应当全面的对其进行清洁。喷雾清洁具有一定的缺点。喷雾设备应合理的安装以便达到全面清洗的效果，并且是可拆卸的以防阻碍干燥过程中气体的流动。然而其优点如安全、清洁时间短和自始至终完全清洁的能力等明显胜过缺点。典型的喷雾清洁设备清洁过程如下：

(1)许多喷雾头安全牢固地固定于干燥设备中。清洗水通过喷雾设备泵入喷雾头并沿干燥设备器壁流下。洗涤剂是温和的碱或氯化物清洁剂，浓度应在0.3%～1%，加热到71～83 ℃(160～180 ℉)并循环45 min至1 h。最终进行冲洗和晾干。不定期使用酸性洗涤剂去除矿物质层。使用化学消毒剂消毒是一个有争议的步骤。可以通过加热的方法消毒，但很难将所有表面加热到 83 ℃。加热到 83 ℃持续 10 min 不能杀死孢子。然而，化学消毒剂能杀死孢子。即使使用加热方法消毒，化学消毒也会被不定期的使用。将化学消毒剂泵入高压泵或者高压下形成喷雾，能很好地覆盖带奶或奶制品接触的设备表面。实际上，设备在使用前应完全的干燥。含氯消毒剂会造成腐蚀。因此，这些化合物应慎重使用。如果含氯化合物残留在设备表面经过加热则会浓缩形成高浓度小液滴从而在设备表面形成凹槽。当使用含氯清洁剂时，干燥的表面能完全的得到清洁或者至少部分清洁并且溶液能完全地被冲洗掉。酸合成清洁剂型消毒剂被发明出来并能有效地杀死孢子。这些化合物具有杀菌力，在硬水中有效且对冷热稳定。但它们对乳品设备并不具有腐蚀性。

(2) 即使没有必要每天都用湿法清洁干燥设备，但是仍需要一个定期清洁的时间表。从效率角度来看，只要干燥设备连续的运转就没有必要去清洁。一些类型的干燥设备只需要很少的清洁，可能一月一次；而其他类型则需要较频繁的干燥清洁。长期未使用的干燥设备需要进行清洁和消毒。闲置期间微生物会滋生。干燥设备需要喷雾清洁，如果清洁不当会导致干燥罐内产生焦糊。当干燥设备起火或者发生焦糊现象，则至少对干燥罐进行全面清洁是必要的。质量是奶粉企业的关键。对蒸发和干燥设备的清洁和消毒应当有一定的程序。只有定期对蒸发和干燥设备进行清洁才能获得高质量的奶及奶制品。

4. 干法清洁　不讨论合理的操作过程特别是干燥设备的开关而单纯讨论清洁过程是不恰当和困难的。假设干燥设备整个干燥循环过程都正确的启动和运转，清洁过程的第一步就是正确的关闭干燥设备。不同类型的能源供给如蒸气或天然气，其关闭的方法也不同。正确的关闭蒸气加热干燥器的方法步骤如下。

a. 在恰当的时间关闭主蒸气阀。

b. 通过逐渐减小的高压泵的输出使干燥器出口保持适当的温度，直到蒸气蛇形管温度降低到一定的点后干燥器出口温度不能继续保持适当的温度或者直到通过高压泵泵入的奶或奶制品不能保持良好的喷雾状态。

c. 保持干奶粉移除系统和输送系统的运转。

d. 保持空气进入和干燥器排气扇的运转直到罐体能有效地冷却适合工人进入进行清洁为止。

燃气加热的喷雾干燥器，燃烧器组件只有很少或者没有余热。因此，关闭更为迅速。正确的关闭燃气加热干燥器的方法步骤如下。

a. 关闭燃烧器燃气供应。

b. 立即关闭高压泵。

c. 与蒸气加热干燥器操作相同。

d. 上述步骤完成后关闭进气扇。保持排风扇和振动器或振荡器以及奶及奶制品移除装置继续运转。排风扇需要有严格的阻尼控制使其产生较小的气流。小型的辅助风机通常用来代替阻尼排气扇。风扇的使用有两方面的目的：第一，有助于干燥器内部产生轻微的负压从而避免奶及奶制品飞出干燥系统进入厂区内；第二，至关重要的是防止热气流通过干燥系统形成反向气流，因为反向气流会导致奶或奶制品沉降到加热表面和送气通道。奶或奶制品沉降至蒸汽蛇形管上会影响加热效率，形成沉积和细菌滋生区域。如果干燥器是天然气加热，还有可能存在火灾隐患，这很重要。因此，生产商提供的进气管道处的开关或盖子和风扇应同时关闭。在主要的奶或奶制品移出蒸发干燥器后，就可以清洁干燥系统。清洁工人应当每天穿戴干净的工作服、白帽、白口罩、橡胶靴或鞋套(帆布或单次使用的塑料)。穿好服装前，应先拆除掉干燥设备的喷雾嘴和软管，因为这些通常同液体干燥饲料仪器一起清洁。穿好工作服，携带好刷子和吸尘器清洁设备，进入主干燥器室，逆着奶或奶制品移出方向或者风力输送机方向进行清洁。

(1)首要清洁的部分为收集装置。可以将刷子插入管子内部，刷净管子。使用吸尘器清洁装置能达到更好的效果。

(2)移除防尘罩，擦刷或吸尘器清洁喷嘴口。

(3)人工擦刷或者吸尘器器清扫干燥器天花板和墙壁。

(4)清扫或者使用吸尘器清扫干燥器地板，将奶或奶制品放入容器。

注：不能通过奶或奶制品移出系统移出这些奶或奶制品。

(5)检查干燥器干燥过程中可能发生的疏忽湿式喷雾或者喷嘴滴漏。如果有一种情况发生，就需要使用最少量的水和工作去除黏性的物质。任何外来的水分在运转前都应被去除，因为其会影响奶或奶制品的流动光滑性，并会给微生物的生长提供一个良好的环境。

(6)离开前检查收集器是否松散，以及其他必须要检查的装置。

(7)完全关闭烘干机，检查开关以确保它们在合适的起始位置。在不超过3周时间的适当间隔下，操作工人应检查和清洁进入干燥器的热空气，确保干燥器这段时间能合理的运转。然而，如果操作员不按合理的操作流程操作关闭设备导致出现故障，这就需要较短的间隔来检查和清洁设备。经常的检查会减少沉淀物的污染。

(8)在干法清洁完收集器重启后，最初的两袋奶或奶制品应丢弃。这主要是去除关闭系统后残留在管子和系统中的奶或奶制品。

辅助产品干燥设备

1. 筛子　通常乳品生产企业用到两种不同类型的干燥产品筛子，分别是震动类型和旋转或者涡旋类型。两种筛子在手动袋装或者出口处包装时被设计用来运转不同容量的产品，或者是为自动打包设备设计。

对筛子生产商和奶粉企业的通用指南，表 13 中不同开口大小的筛子是被推荐用来筛分下列不同的奶粉产品。

表 13　筛径和型号

产品	国际性组织(ATSM)筛目标号	最大筛孔(近似)	
		mm	in
脱脂奶粉	#25	0.707	0.027
全脂和脱脂奶粉	#16	1.19	0.047

公认的大筛目的筛网可能对于筛选特定的奶粉是必要的，例如“即时”产品，可将奶粉根据不同粒径大小分类。

上文提到的筛目大小是基于关于如何有效地去除奶粉块或潜在的污染物以及当前使用最多的筛子在这些孔径大小下有效的筛选奶粉而不造成良好奶粉被当做“剔除料”损失的基本常识。其他因素也会影响损失，例如：

a. 筛网的开孔面积百分比。

b. 液体流向筛子的流速不均匀。

c. 筛选面积和干燥器能力的比率。

d. 应用于筛选面的能量大小和形式。

e. 筛子的设计和建造。

f. 被筛选的干物质的特质。

不同筛孔的大小可以通过线的粗细和每 in 线的数目来实现。例如，如果筛网表面由不锈钢网线组成，0.707 mm 开口的筛网可以通过使用 0.399 mm 的线编织成 24×24 网眼筛绢，或者通过使用 0.185 mm 的线编织成 30×30 网眼筛绢或者其他许多的组合。这些组合为寻求筛网强度和开口区域百分比之间平衡提供了一个广泛选择。如果使用非不锈钢网线来组成筛子面，类似的组合也同样适用。

清洗奶粉筛网的建议：

a. 干燥清洗程序

该过程包括如下 4 个步骤。

(1)全部拆开后用吸尘器清洁器清洁或者干刷子清洁所有奶及奶制品接触的筛网表面。完成后尽快重新组装并始终保持干燥。

(2)检查筛面是否有破损、是否有线错位和框架内是否有其他开孔，这些可能会导致其他物质穿过筛孔。筛子的其他部分，包括球盘和球，如果有使用都应检查其是否完好。尽快修理替换损坏部件。

(3)连接筛网入口和出口的可伸缩橡皮管或布应每天按照筛子推荐的程序进行完全的清洁。同时，应经常检查连接是否有洞、裂缝或者其他损坏。

注：为了促进清洁，推荐使用容易拆装的固定装置。

(4)全吸尘器清洁或者干刷清洁筛子外部所有部分，包括筛网框架和驱动装置。

b. 湿法清洁程序

该过程包括如下4个步骤。

(1)如a(1)中提到的完全拆除；去除所有松散的奶粉；然后使用清洁水冲洗所有部分；随后使用通用乳品清洁剂完全的用手刷清洗所有部分。完全冲洗去除所有清洁剂和污渍。推荐使用77 ℃(170 ℉)或更高温的热水，从而对设备进行消毒并有助于后续的烘干。

(2)重装前应确保所有部分都已烘干。

(3)湿法清洗应尽可能频繁，如果筛网不是每天使用则每次使用过后都应清洗。

(4)在清洗烘干和重装之后应避免奶粉出口处被污染。

c. 常规建议

(1)吸尘器清洁较刷子清洁和常压空气清洁更为推荐，因为它能减少灰尘飘落到奶粉厂的其他区域。

(2)用于清洁奶粉接触面的刷子或吸尘器清洁配件不能用于清洁其他非奶粉接触表面或者其他用处，否则会导致污染。这些刷子和专门的设备在不使用时应当放在密闭的橱柜中。从保护和管理方面考虑，这些橱柜最好使用非木材且应该内含带网眼的金属架子。

注：更详细信息见3-A 奶及奶制品筛子卫生标准，系列26-##。

2. 储存/运输箱子 手提箱、手提袋、大号麻布袋或者其他手提存储/运输箱子应满足本条例11p条款的设计要求，清洁和消毒要求需满足本条例12p条款。

奶品厂储罐内部需要的支柱和梯子，应选用光滑圆形的金属，并应安装在距离罐壁足够远的地方。连接输送装置的奶粉入口和卸料口应是隔尘的且易于清洁。外部通风口应覆盖有易移动的合适体积的空气过滤器或者容易移动的盖子。如果在奶粉区引入空气，则应是遵照适用标准附录 H 过滤后的空气。辅助搅拌器等其他内部设备，如果使用，其设计应满足光滑、无裂缝且易于清洁。容器外壁应光滑、精加工和易清洁。如果使用盖子的铰链，其应是可拆卸的。在不倾倒奶粉产品时盖子或者门应能围住奶粉区。这些都应经过设计以防止灰尘或者异物在开盖子时滑入奶粉中。罐子应设计检修孔。这样的检修孔最小尺寸不能小于 45.7 cm (18 in)。盖子的安装应不需内在加固，并应该有铰链和快速打开装置。开口的垫圈应是固体材质且无毒、不吸水、光滑并不受奶粉的影响。无论是在某个奶品厂持续地使用还是从一个奶品厂运输到另一个奶品厂，必要时都应遵循生产厂商的使用指南对储存/运输罐进行清洁。可使用改良的干法清洁或者湿法清洁对其进行清洁。

3. 包装和包装设备 奶粉包装设备根据不同包装桶、罐或者袋的设计的不同而大有不同。无论使用何种设备，其设计应能够保证奶粉在包装过程中不受到外环境或者空气的污染。所有和包装设备连接的传输设备都应设计有防尘连接。所有的与包装设备连接的传送带、管道、传送带和螺丝都应有集尘系统以减少任何明显的灰尘。所有奶粉漏斗使用时都应有防尘措施使其避免污染。除了调整自动称量设备之外不允许人工装填。

附录G 化学和微生物测试

I. 单独供水和用于附录D分类I中定义的从奶及奶制品以及奶品厂中的换热器或压缩机回收的用于饮用的纯净水

参考：第7章，生奶第8r、第7p、第15p条，以及本条例附录J第D部分第7条。

应用：提供给奶牛养殖场，奶品厂，收奶站，中转站，奶罐车清洁设备和一次性使用的容器和/或瓶盖制造厂使用的单独供水；以及用于奶品厂的I类供水。

频率：首先，应检测水中总大肠菌群的存在，如果总大肠菌群呈阳性，应检测水中大肠杆菌的数量；之后对奶牛养殖场，奶品厂，收奶站，中转站，奶罐车清洁设施以及一次性使用的容器和/或瓶盖制造厂的单独供水系统进行全面维修、校正或消毒；对于所有奶品厂，收奶站，中转站和奶罐车清洁设备的单独供水以及以及奶品厂的I类用水至少每6个月一次；对于一次性使用的容器和/或瓶盖制造厂，至少每12个月一次；此后，在奶牛场中至少每3年一次。为确定是否按本条款规定的频率进行了水样采集，时间间隔应分别包括指定的6个月、12个月或3年，加上采样当月剩余的天数。

标准：首先，应检测水中总大肠菌群的存在，如果总大肠菌群呈阳性，应检测水中大肠杆菌的数量。通过复式管发酵(MTF)技术检测10个10 mL的重复样品或5个20 mL的重复样品，或者通过某一个显色底物进行检测时，测定的最大菌群数少于1.1个/100 mL；使用膜过滤技术直接计数则结果应小于1个/100 mL；而使用MTF技术检测100 mL的样品或者底物变色方法进行现隐实验(P/A)的测定结果应小于1个/100 mL。当使用荧光底物检测10个10 mL的重复样品或5个

20 mL 的重复样品时，大肠杆菌的最大菌群数少于 1.1 个/100 mL。使用 MF 荧光底物多管技术直接计数结果应少于 1.1 个/100 mL；或使用荧光底物检测 100 mL 样品，P/A 结果显示最大菌群数小于 1 个/100 mL。任何不可计数(TNTC)的样品或者 MTF 技术下汇合生长(CG)的样品；或在假定实验中混浊不产气并且经过 MTF(MPN 和 P/A)验证不产气的试验应被确认为无效，并且要对同一样品或重新采集的样品进行 HPC，菌落数少于 500 CFU/mL 的则认为是符合要求的。HPC 结果应为阳性的或者未被检测到。

仪器、方法和程序：实验的进行应符合当前版本的 SMEWW 或者是 FDA 认可的、EPA 发布的检测水和废水的方法，或者是常用的 FDA/NCIMS 2400 表(M-a-98，最新版本)。

校正：当水样的实验室报告表明，样本总大肠杆菌呈阳性，但没有发现存在大肠杆菌或在之前被认为无效的样品的 HPC 结果大于 500 CFU/mL 时，对存在问题的水系统应当认为存在病原污染的风险，应由监管机构进行实地检查，并进行必要的纠正，直到后续样品符合细菌学检测的要求。该检测应做好记录，并在阳性检测结果之日起 30 天内完成。如果这个初步检查和纠正措施已经完成，但是存在问题的水系统仍然是总大肠菌群检验呈阳性，但是没有发现大肠杆菌，监管机构应对所涉供水系统进行实地检查，并且应纠正所有存在的问题，直到后续样品符合细菌学检测的要求。如果水样的实验室报告显示样本的总大肠菌群和大肠杆菌均呈阳性，或者该设施未能在最初检测结果阳性的 30 天内完成水系统检查，则认为水质不安全。存在问题的水系统应由监管机构进行实地检查，并进行必要的纠正，直到后续样品符合细菌学检测的要求。

Ⅱ. 再生水和循环冷却水的微生物学

参考：第 7 章，生奶第 8r、第 18r 条和产品奶第 7p、第 17p 条，以及本条例附录 J 第 D 部分第 7 条。

应用：再生水和循环冷却水，用于奶品厂、收购站、中转站、一次性使用容器或瓶盖制造厂(水槽)和奶牛场。

频率：首先，奶牛场、奶品厂、收购站、中转站和一次性使用容器或瓶盖制造厂(水槽)的再生水或循环冷却水供应需进行维修、校正或消毒后方可使用；奶品厂、收购站、中转站和一次性服务容器或瓶盖制造厂(水槽)和奶牛场中使用的再生水和循环冷却水应至少每 6 个月进行一次检测。为了确定是否已按照本条款规定的频率进行水样采集，该间隔应包括指定的 6 个月，加上采样当月剩余的天数。

标准：应测试再生水和循环冷却水中是否存在大肠菌群。通过 MTF 技术检测 10 个 10 mL 的重复样品或 5 个 20 mL 的重复样品，或者通过某一个显色底物进行检测时，测定的最大菌群数少于 1.1 个/100 mL；而使用 MTF 技术检测 100 mL 的样品或者底物变色方法进行现隐实验(P/A)的测定结果应小于 1 个/100 mL。对于循环冷却水，不能使用显色底物进行检测。任何不可计数(TNTC)的样品或者 MTF 技术下汇合生长(CG)的样品；或在假定实验中浑浊不产气并且经过 MTF(MPN 和 P/A)验证不产气的试验应被确认为无效，并且要对同一样品或重新采集的样品进行 HPC，菌落数少于 500 CFU/mL 的则认为是符合要求的。HPC 结果应为阳性的或者未被检测到。

校正：当再生水或循环冷却水样品的实验室报告表明该样品不合格时，对存在问题的再生水或循环冷却水供应系统应由监管机构进行实地检查，并进行必要的纠正，直到后续样品符合细菌学检测的要求。

Ⅲ. 巴氏杀菌效率——现场磷酸酶测定

参照：本条例第 6 章。

频率：实验室任何磷酸酶实验为阳性时，或者因设备不符合或未能满足条例 16p 要求而对巴氏杀菌的妥善性存在疑问时。

标准：电子磷酸酶检测小于 350 mU/L。

设备：Fluorophos(仪器)，Paslite 试剂盒和快速碱性磷酸酶试纸条(Charm)，碱性磷酸酶试纸条(Neogen Accupoint)，经验证过的标准和辅助程序。

方法：实验基于磷酸酶的检测，巴氏杀菌 63 ℃保持 30 min 或者 72 ℃保持 15 s会导致成分失活。当巴氏杀菌不恰当时，就会通过电子荧光检测或者通过底物反应的化学荧光检测到磷酸酶。

过程：参考最新版本的 FDA/NCIMS 2400 和 M-a-98。对特殊奶或奶产品采用经过验证的磷酸酶测试方法。

校正：只要磷酸酶反应呈阳性，就应确定其原因。如果是由于不适当的巴氏杀菌造成时，应及时更正，且奶或奶制品不得销售。

Ⅳ. 高温短时巴氏杀菌产品磷酸酶测试

奶和奶油等经过加热加工后可检测到一定量的磷酸酶则被认为是受到了不恰当的巴氏杀菌造成的。然而，随着现代 HTST 的发展，一些证据表明在某些情况下，不恰当巴氏杀菌和磷酸酶存在之间的关系并不成立。

许多从事研究 HTST 巴氏杀菌方法的学者认为，尽管处理之后得到的是阴性的结果，但当贮存一段时间后，特别是样品没有持续的冷却或者正确的冷却时，样品就会呈现阳性的结果。这种现象被称为再活化。

再活化现象发生在经过贮存的 HTST 巴氏杀菌产品中，即使贮存的最适温度在 34 ℃(93 ℉)，但温度低至 10 ℃(50 ℉)时仍可发生此现象。高脂含量的奶会产生相对更多的再活化磷酸酶。

再活化现象在 110 ℃(230 ℉)热加工的产品中最普遍，但也可在更高温度的热加工过的产品中发生，或者也可发生在低至 73 ℃(163 ℉)的热加工过的产品中。

增加保持时间会减少再活化。在贮存前向 HTST 处理的经过巴氏杀菌的奶或奶油中加入醋酸镁会加速再活化过程。贮存时添加或不添加镁的充分巴氏杀菌的样品与贮存时添加或不添加镁的未充分巴氏杀菌的样品之间的差异，构成了一个区分残留物是否充分巴氏杀菌和磷酸酶的基础检测。

Ⅴ. 奶中农药的测试

任何认同这项条例管理机构都应按照第 2 章所阐述的在一定的控制程序下运转以保证奶供应不受到农药的污染。

农药可通过很多途径污染奶制品，途径如下：

1. 对泌乳期奶牛使用。

2. 使用到环境中，致使奶牛吸入有毒气体。

3. 摄入的饲料和水中残余农药。

4. 奶、饲料和器具以外的污染。

目前，主要应关注氯化烃类农药。尽管存在其他一些更有毒性的防治害虫的农药，但氯化烃类农药能够在哺乳动物和人类的脂肪中积累，同时受污染的泌乳期奶牛会将其分泌到乳汁中。人类持续食用受污染的奶产品，体内农药就会不断积并且可能达到危险浓度。由于灵敏性较低，使得纸层析的残留量检测方法使用减少。检测机构可定期检测到浓度在 0.01 mg/hg 的氯代有机物的农药残留。因此，需使用气相色谱或者薄层层析等可达到这一灵敏度要求的检测方法。

后两个一般的筛选方法在 FDA 发布的农药分析手册(PAM)第一卷有描述和记载。

监测牛奶供应中农药残留的进一步需求刺激了检测技术的进一步发展。监管机构需着手开始仔细检查所拥有的仪器是否适用于所要进行的检测。

为了检测微生物的情况，个体奶业生产者需在连续 6 个月内检测 4 次，然而这一广谱程序非常耗费时间。因此有一种更为实际的方法，其步骤如下：

1. 每 6 个月通过广谱方法检测每条奶罐车运输线的某个奶样并追踪阳性样品。

2. 应用最有效的工具方法，每 6 个月检测 4 次生产者奶样的氯代烃类农药残留情况。

注：步骤 1 中，已知来源的混合奶样采集自收购站贮奶罐。步骤 2 中奶样可直接采集自称重罐。

Ⅵ. 奶中药品残留测试

奶中药品残留的问题与治疗乳腺炎或者其他疾病有关。奶畜治疗后，但不能在上市之前达到足够长的保存时间会使得药品残留在奶中。这种奶不合乎要求的原因如下：

1. 来自不健康的泌乳奶牛。

2. 掺入了次品。

残留在奶中的某些日常使用会引起过敏的药物对消费者存在健康隐患。同时，由于药物在作用过程中的抑制作用会使奶厂损失大量的副产物。应当使用条例第6章中的方法检测药物残留。这些方法在FDA备忘录中有详细说明(批准的药物试验参考最新版本的M-a-85，特殊试验方法参考FDA/NCIMS 2004，关于特殊奶及奶制品的批准药物试验则参考最新版本的M-a-98)。

Ⅶ. 奶及奶制品中维生素A、维生素D含量的分析

参考：本条例第6章。

频率：每种产品类型每年检测一次，或者在有维生素问题时进行分析。

方法：维生素检测应使用FDA允许的方法或其他在统计学上与FDA方法相当的官方方法(参考M-a-98，最新版本，关于特殊奶及奶制品使用经过FDA确定和NCIMS接受的维生素检测方法)。

参考资料

Official Methods of Analysis of AOAC INTERNATIONAL. 2012. 19th Edition. AOAC International.

Pesticide Analytical Manual, (PAM) available from the U. S. Food and Drug Administration, Center for Food Safety and Applied Nutrition, HFS-335, 5100 Campus Drive Parkway, College Park, MD 20740-3835.

附录H 连续流动巴氏杀菌系统（设备和程序）和其他设备

I. 高温短时巴氏杀菌

高温短时巴氏杀菌系统的操作

HTST巴氏杀菌具有较高的运行效率，从而对奶品厂至关重要。正确的运转能在较小的空间达到较高的产量。

HTST巴氏杀菌保证奶及奶制品安全的能力取决于时间-温度-压力之间的关系，这是运行过程中始终要考虑的事情。奶品厂操作工了解HTST巴氏杀菌过程从而正确的监视仪器设备很重要。基本过程如下：

1. 恒定供应罐中冷藏的生奶或奶制品泵入HTST巴氏杀菌热回收器中。

注：部分操作工倾向于开始时不经过热回收器。因此，冷藏奶或奶制品被过程3中的定时泵直接泵入加热部分。剩下的过程继续进行。省略此步更便于加快启动运转。当前面的冷藏奶是在FDD中建立时，手动或自动操纵旁路从而省略此步，而生奶或奶制品则流过储热器。二代启动技术包括使用77 ℃的消毒液。消毒液经过设备所有单元，其后紧跟的为奶或奶制品。前期的奶或奶制品会被稀释；因此应当注意这部分奶或奶制品不要包装。

2. 热回收器部分，冷藏奶或奶制品会由另一不锈钢细管中反向流动的热的巴氏杀菌奶或奶制品而被加热。

3. 生奶或奶制品在抽吸作用下，在压力条件下通过正相定时泵传送到剩下的HTST巴氏杀菌系统。

4. 生奶或奶制品被打入加热部分，另一面不锈钢细管中的热水或蒸汽将生奶或奶制品加热到 72 ℃(161 ℉)或相应产品要求的最低巴氏杀菌温度。

5. 生奶或奶制品应在巴氏杀菌温度和压力下在保持管中至少 15 s。生奶或奶制品在保持管中的最大流速受到定时泵、管径、保持管长度和表面摩擦力的控制。

6. 通过温度计和记录仪感应灯后，生奶或奶制品进入 FDD。假设奶或奶制品在预设温度下，比如 72 ℃(161 ℉)通过记录/控制灯泡，它会自动呈现正向流动。

7. 未适当加热的奶或奶制品会通过其他通路重新回到进料平衡罐中。

8. 经过适当加热的奶或奶制品通过正向流动通路到巴氏杀菌奶或奶制品储热器部分，这一部分被用来加热冷藏奶或奶制品，而其本身被冷却。

9. 热奶或奶制品会流经冷却部分，该部分是在巴氏杀菌奶或奶制品反面的薄不锈钢表面，将奶或奶制品冷却至 4.5 ℃(40 ℉)或者更低。

10. 冷的巴氏杀菌奶或奶制品被传送到贮存罐或桶等待包装。

HTST 巴氏杀菌技术在奶或奶制品以及全封闭奶或奶制品热回收器中的应用

本条例第 7 章中第 16p(C)条款制定了热回收器标准。这些标准保证了生奶或奶制品相对于巴氏杀菌奶或奶制品总是在较低压力状态下，以防其污染存在于关闭裂缝或者连接处的巴氏杀菌奶或奶制品。热回收器详细说明如下。

正常的操作过程中，例如，定时泵运转正常时，生奶或奶制品在亚大气压状态下会被泵入热回收器。而奶或奶制品到奶或奶制品热回收器之间的巴氏杀菌奶或奶制品会高于常压。当热回收器一边的巴氏杀菌奶或奶制品顺流穿过热回收器到类似巴氏杀菌奶或奶制品中，没有促进装置时会产生所需要的压差，而且热回收器中的巴氏杀菌奶或奶制品顺流时至少升高了 30.5 cm(12 in)，这高于进料平衡罐中生奶或奶制品顺流的高度，按照条款 16p(C)管理过程#2 的规定，应在此高度或者更高的高度时连接大气。

例如，关机后计时泵停止时，热回收器中生奶或奶制品在吸力作用下保存，而此吸力作用会随着在更高的外部气压下通过板状垫片进入热回收器中的空气作用而消除。具有自由排水动能的热回收器需满足条款 16p(C)管理过程#8 的要求。

热回收器中生奶或奶制品的下降缓慢，这是由垫圈的紧密度决定的，最终会低于进料平衡罐中奶或奶制品的高度。然而，在这些情况下，只要热回收器中有奶或奶制品，其就是处在亚气压状态。

关机时，热回收器中巴氏杀菌奶或奶制品应处在大气压或者稍高压力下，其海拔高度应遵循条款 16p(C)管理过程#2 的要求。

当巴氏杀菌奶或奶制品处在或高于所需海拔时需保持高于大气的压力，通过禁止下游泵可防止由于吸力作用导致的失压。

在泵关闭阶段任何奶或奶制品通过 FDD 的回流都会降低巴氏杀菌奶或奶制品的品质，因此应减少热回收器中奶或奶制品的压力。在这种情况下不能依靠 FDD 来减少回流的发生，因为在关闭泵的最初几分钟，奶或奶制品仍然在足够高的温度并使 FDD 保持顺流位置。遵循本条例条款 16p(C)管理过程#2 和#3；然而，热回收器需要有合适的压差。

运行开始时，从生奶或奶制品或水泵入热回收器中开始，直到巴氏杀菌奶或奶制品或水达到条款 16p(C)管理过程#2 要求的高度，热回收器中巴氏杀菌奶或奶制品一侧要在常压或较高压状态下。即使这段时间应停止定时泵，热回收器中巴氏杀菌奶或奶制品的压力都要高于生奶或奶制品的亚大气压。只要热回收器中保存有生奶或奶制品，就要遵循条款 16p(C)管理过程#2 和#3。当生奶或奶制品升压泵安装到 HTST 巴氏杀菌系统时，应按照条款 16p(C)管理过程#5 的规定，在升压泵开始工作前，采用自动方式始终确保生奶或巴氏杀菌奶在热回收器中需要的压差。

对于某些系统，在启动期间和 FDD 位于分流位置时，需要绕过生乳热回收器。在设计这种旁路系统时应注意确保不存在死管路。死管路会使奶或奶制品长时间保持在环境温度并使细菌在奶或奶制品中生长。还需要注意这类旁路系统和旁路系统中使用的所有阀门，确保奶或奶制品不会在生乳热回收器板的压力下被截流，并且在停机时不会被自由地排放回恒定液位罐。

高温短时巴氏杀菌系统中分离器的使用

HTST 巴氏杀菌系统中分离器的安装和运转应不能影响热回收器的压力，运转中不能在 FDD 中形成负压，也不会导致奶或奶制品流过保温管，因为这可能会导致公众健康问题。

1. 分离器应安装在原料热回收器出口和定时泵之间，或者如果分离器有自动阀门系统则可位于原料热回收器部分，分离器原料泵在以下情况是切断的：

a. 计时泵没有运转。

b. FDD 双重阀杆在检查位置。

c. 在 FDD 双重阀杆系统中，分离器位于原料热回收器部分，在 CIP 模式下需要 10 min 延迟的第一个 10 min 内，以及在任何液体改道的时间内。

d. 任何位于分离器后的原料热回收器部分的压力超过了条例要求的压力范围。

注：分离的原料热回收器的第二部分应自动的排水到进料平衡罐内或在关闭时排到地上。

2. 分离器不能安装在计时泵和 FDD 之间。

3. 分离器在以下情况下可以安装在巴氏杀菌旁的 FDD 中。

a. FDD 和分离器之间有正确安装的大气阻断装置。

b. 所有的奶或奶制品应比系统中最高的生奶或奶制品高出至少 30.5 cm(12 in)，并且在分离器出口和巴氏杀菌旁的热回收器入口之间存在某些点可连通大气。

c. 所有的奶或奶制品应比系统中最高的生奶或奶制品高出至少 30.5 cm(12 in)，并且在巴氏杀菌旁的热回收器出口和分离器入口之间存在某些点可连通大气。

d. 分离器有自动阀门隔离系统并且分离器原料泵应被切断：

(1) 当双重阀杆 FDD 在 CIP 模式下需要 10 min 延迟的第一个 10 min 内。

(2) 当 FDD 在产品模式或者检查模式时。

(3) 当计时泵没有运转时。

(4) 当温度低于巴氏杀菌要求的温度且 FDD 没有完全在其位置时。

4. 分离器安装阀门时需要遵循以下标准。

a. 阀门安装应能够隔离产品供应线和分离器。

b. 阀门安装能够防止所有奶液倒流回分离器下游的巴氏杀菌系统。

c. 阀门需要移动从而能够实现以上两个标准，并且其应移动到阀门位置，所有原料泵的分离器应被切断以避免空气或能量的损失。

5. 分离器的安装标准是分离器需安装在 HTST 系统的原料方，奶油或脱脂平衡罐没有被用于收集 HTST 系统流出的奶油或脱脂乳。

a. 自动防故障装置(在空气或能量泄露时利用弹簧模式关闭)、开关阀门或者阀门应安装在从分离器流出的奶油或脱脂线的下游，并且在任何泵或者奶油或者脱脂贮存罐前，而且应当低于连接大气的巴氏杀菌旁的 HTST 热回收器 30.5 cm (12 in)，无论何时，只要当分离器需要自动断开及分离器原料泵被切断时，分离器自动防故障安全阀和阀的布置都应是紧闭的。

b. 如果使用电脑或任何具有此功能的可编程仪器，都应遵守条例附录 H 的 VI

条款的要求。

c. 如果安装没有遵循a和b，当确定HTST系统的最高原产品高度时应当考虑奶油和脱脂乳贮存罐的高度。

高温短时巴氏杀菌系统中的液体成分注射

如果满足下列条件，奶或奶制品调味剂、炼乳或浓缩乳制品、标准化奶油或者脱脂物及类似成分可在最后一个热回收器后、计时泵前的某个位置加入。

1. 料浆喷射阀是关闭的，料浆泵是断开的。

a. 当FDD处在检测模式时。

b. 当计时泵没有运转时。

c. 当温度低于法律规定的最低巴氏杀菌温度且FDD没有完全在转换位置时。

d. 对MFMBT3来说，流量不满足要求（过高、过低或信号丢失）且FDD未完全转向。

注： 如果存在以下情况料浆泵保持通电状态。

1. 弹簧关闭阀门和气开阀门位于料浆注射泵和2中描述的料浆注射阀之间。

2. 所有阀门应内部链接以确保当FDD不在顺流位置，或者任何位于FDD上游能增加流量的流量促进装置没有运转时，其能完全将料浆泵隔离开巴氏杀菌系统。

2. 料浆喷射阀具有自动防故障装置，弹簧关闭和气开阀门，以及料浆不能被注射时，HTST分离位和料浆泵之间应有一个和大气相通的完全的“开关”设计或者一个单体双座的防混阀设计。

3. 料浆泵和注入点之间的料浆管道系统安装应当高于料浆储存罐溢出线，但应低于巴氏杀菌系统中大气开口处至少30.5 cm(12 in)。

4. 料浆供应罐会有一定的溢出，因此其直径要比入口管大至少2倍，或者所有入口管是分离的，并且在料浆泵运转时所有的开口都封盖。

5. 在最后一个热回收器流出的奶或奶制品流管线上有单向阀，典型的阀门位置应在分离器和注入阀之间。

6. 对用于混合和保存含有奶或奶制品调味剂的储罐或者容器，应当每隔4 h或更短的时间进行完全地清空和清洁，除非料浆储存在7 ℃(45 ℉)及更低的温度，或者在66 ℃(150 ℉)及更高的温度下保存直至添加使用。

7. 如果使用电脑或任何具有此功能的可编程仪器，都应遵守条例附录H第VI节的要求。

8. 应对内在所需的连线和功能进行适当的测试评价。

注：

1. 这部分内容描述了一种经过评价可接受的方法，并不排除其他经过评价后可接受的方法。

2. 为了确保遵循条例第 2 章，监管机构应要求奶品厂在系统循环奶或奶制品时关闭料浆阀和断开料浆泵，比如在循环模式改道时，或者 CIP 循环的前 10 min。如果使用电脑或任何具有此功能的编程仪器，都应遵守本条例附录 H 第 VI 节的规定。

高温短时巴氏杀菌系统中位于保持管下游的释压阀

热回收器中巴氏杀菌系统侧的压力比热回收器中生奶侧的压力低，但差值不能超过 6.9 kPa，包括关闭阶段。具有自动防故障装置的巴氏杀菌系统 FDD 中的释压阀符合这一标准。释压阀漏气会导致巴氏杀菌系统中的热回收器在关闭阶段损失巨大压力并被认为违反了条例 16p(C)。任何释压阀的漏气都应很容易被发现，可以通过打开释压阀直接向地面排泄或者通过从释压阀排气口到进料平衡罐之间安装污水管的方法来检测。如果使用后者，管子应当适当的倾斜以确保能够排水到进料平衡罐中，并且应当在合适位置上安装玻璃视窗。

位置检测设备

可以通过机械或者电子手段对需要 FDDs 和气门座的位置进行确定，例如机械限位开关或者电子限位开关。当气门座处在完全关闭状态时，这些开关应当能够提供信号，并能提供更进一步的位置检测能力。位置检测系统(PDDs)应具有可重复性，并且任何时间都能够探测到少于 3.18 mm 的气门座移动。

持续流动的巴氏杀菌系统中基于电磁流量计的计时系统

许多巴氏杀菌系统使用基于电磁流量计的计时系统(MFMBTS)。通过一系列液流提升设备会使液流穿过的这些计时系统得到发展，包括升压机和填料泵、分离器和澄清器、均质器和正相活塞泵。

第 7 章 16p(b)2(f)条款阐明了系统的用途，提供了下列必须要满足的设计、安装和使用的技术参数。

组成：基于电磁流量计的计时系统应当包括下列组件。

1. 经过FDA审核的电磁流量计或者符合以下精确度和稳定性标准的电磁流量计。

a. 自我诊断电路能够恒定的监视所有传感、输入和调节电路。诊断电路应能够检测开放电路、回路、不良连接和故障部分。当检测到任何元器件损坏时，电磁流量计数显示装置将会是空白或者不可读数。

b. 电磁流量计的电磁兼容性应有记档且管理机构可查验。电磁流量计应当进行测试，以确定静电放电、功率波动、传导发射和灵敏性、辐射发射和灵敏性的影响。

c. 应当记录暴露在特定环境条件下的影响。电磁流量计应被测试低温和高温、热击、潮湿、物理碰撞和盐雾对其的影响。

d. 对于那些需要将流量传感器密闭的电磁流量计，应当安装电磁流量计变流器或者发射器以及流量传感器，以便管理机构能将其封锁。

e. 电磁流量计的校准应当避免擅自改变。

f. 电磁流量计应当避免擅自更换变流器或者发射器。如果更换了流管，应当通知管理机构，因为这样的置换应被认为是电磁流量计的更换，应服从管理机构的检查和遵循条例附录I进行适当地检测。

g. 流管应当用适当的材料包裹，最终的安装应当遵守条例中条款11p规定的条件。

h. 校准：电磁流量计校准应在其变化范围内选取多点校准的方法。电磁流量计的测试应当按照NIST的标准。电磁流量计校准的流程应被记录且管理机构可查验。

i. 精确度：在中点值，同一流量设定应进行6次连续的流量测定。使用这6个测量值计算其标准偏差。标准差应当小于0.5%。电磁流量计的性能应当在实际地安装使用中进行评价。

2. 使用合适的转换器转化电或气信号到合适的模式来运转系统。

3. 合适的流量记录器能够记录流量警戒点的流量和高于流量警戒点至少19 L/min的流量。流量记录器应当有结果记录并能够指示关于流量的警戒状态。

4. 设有可调节临界点的流量警报装置应当安装在系统内，在任何过多的流量导致奶或奶制品的保持时间低于巴氏杀菌过程条例规定时间的时候，它能够自动的引起FDD移动到转接位置。管理机构检测应遵循附录I，测试11中2A条款和2B条款对流量预警装置进行定期检测。流量预警装置调整应被盖章。

注：测试 11，2A 条款不适用于 HTST 巴氏杀菌系统。

5. 系统应当安装低流量或信号丢失的警报装置，它能够在低流量或者电磁流量计信号丢失的时候自动引起 FDD 移动到转接位置。低流量或者信号丢失的设备应由监管机构依照条例中附录 I，测试 11，2C 条款定期认定。低流量或者信号丢失设备应贴封。

6. 对 HTST 系统来说，当规定流速重建时，紧接着会出现较大的流速，这时应当有一个时间延迟，根据巴氏杀菌的产品类型和使用的温度延迟至少 15~25 s，从而防止 FDD 出现在前流位置。延迟的时间应当有监管机构认定和贴封。

HTST 巴氏杀菌系统中，当规定的流速重建时，紧接着会有较大的流速，延迟时间的确定应至少与规定保持的时间一致，因此直到保持管保持时间重新建立为止以防止 FDD 出现在液流前沿位置在 FDD 位于 HHST 系统最终冷却器之后的情况下。时间延迟应当成为前后逻辑的一部分，这需要满足所有规定的巴氏杀菌条件以及在 FDD 出现在液流前沿位置前，从保持管到 FDD 的温度为规定的巴氏杀菌温度。

7. 对于 HTST 系统，清洁止回阀或正常条件下关闭自动控制的卫生阀应同电磁流量计一同安装，旨在当电力障碍、电力关闭或液流转移发生时防止热回收器中的生奶或奶制品产生正压力。

注：该条款不适用于 HHST 巴氏杀菌系统。

8. 所有的 MFMBTS 巴氏杀菌系统都应当被设计、安装和运转，以便监管机构定期进行条例第 7 章条款 16p(C)规定的测验。当设备或监控部分进行调整或更换时，监管机构应当贴封条，以杜绝非监管下的调整。

9. 除了那些直接和计时泵实际存在相关的需求，此条例最新版本的所有其他要求是适用的。

各组件的布置：MFMBTS 的独立部件应当遵守下列布置条件。

1. 电磁流量计应当位于初级产品热回收器的最后一个出口和保持管上游之间。电磁流量计和保持管之间应当没有液流促进装置。

2. 对于 HTST 巴氏杀菌系统，当上文条款 7 描述的卫生止回阀或日常关闭的自动控制卫生阀与带有变速或者恒速的液流促进装置共同使用时，阀门应安装在最后一个热回收器出口和保持管上游之间。

注：该条款不适用于 HHST 巴氏杀菌系统。

3. 所有 FDD 上游的以及能产生通过 FDD 液流的液流促进装置应恰当地与

FDD 内部连接，以便能够在亚规定温度下运转并产生液流通过系统，但这只有当 FDD 完全在液流转换位置，以及在“产品”运转模式下或者 10 min 延迟结束时的 CIP 模式才被允许。这样的液流促进设备在检查模式下应被断开。分离器或澄清器继续运转，在它们被断电后同自动防故障装置阀门一样自动切断系统中液体的流动，从而不能产生液流。

4. 电磁流量计和保持管间的任何产品都不能进入或离开巴氏杀菌系统，例如分离器或其他部位的奶油或脱脂乳产品。

5. 电磁流量计的安装应能使奶或奶制品在流过系统时始终和电极接触。这能通过在液流从下到上的垂直位置上安装电磁流量计液流管得以轻松实现。然而，当采取其他预防措施以保证两个电极都能接触产品并且在工作期间水平管线内充满液体的时候，水平安装也是可以被接受的。电磁流量计不能安装在水平线上，这可能会导致部分充满液体从而滞留空气。

6. 电磁流量计的安装应从电磁流量计中心到任何拐角或转向之间的上游和下游为一段至少 10 倍管径长度的直管。而经过 FDA 检测和认可的一些电磁流量计上游和下游管道系统也可被使用。

高温短时连续流动巴氏杀菌系统真空断路器的使用

HTST 连续流动巴氏杀菌系统经常使用真空断路器以保持奶热回收器各部分间适当的压力关系，或者放置在 FDD 和其他下游液流促进装置间以阻止形成负压。HTST 连续流动巴氏杀菌系统中真空断路器的使用应当满足下列条件：

1. 当存在负压时应当打开真空断路器连接大气。

2. 热回收器出口和最近的下游空气开口点间的巴氏杀菌奶或奶制品应被提高高度，使其高于生奶或奶制品的最高液面和进料平衡罐下游 30. 5 cm，并应在此高度或以上高度时连通大气。

不允许使用弹簧关闭真空断路器。

FDD 在热回收器和冷却器下游部分的使用

FDD 在满足以下条件的前提下，可以放置于热回收器和(或)冷却器的下游：

1. 自动防止 FDD 处于正向流动的位置，直到保持管和 FDD 之间的所有产品接触面已连续且同时至少在本条例规定的巴氏杀菌时间内保持或高于所需的巴氏杀菌温度。

2. 额外的温度控制器和定时器与热控制器互联。控制系统应被设置和密封，保证奶或奶制品不会开始向前流动，直到保持管和 FDD 之间的所有产品接触面已连续且同时至少在本条例规定的巴氏杀菌时间内保持或高于所需的巴氏杀菌温度。控制系统也应进行设置和密封，确保奶或奶制品在保温管道中温度低于要求的巴氏杀菌温度时，不能继续向前流动。对于这些巴氏杀菌系统，操作员不需要每天测量输入和输出温度。

此外，对于 FDD 位于热回收器和(或)冷却器下游的连续流动巴氏灭菌系统，适用以下方法：

1. 当巴氏杀菌系统通过互连控制或计算机控制来彻底清洗系统时，包括重新开始生产前的分流管道、分流管道中可能存在的无法自排的冷却部分。

2. 在巴氏杀菌系统中，FDD 所有正向流动产品的接触表面都需要消毒，或在正常启动过程中进行灭菌，则不需要本条例 16p(B)2. b. 11 中的时间延迟。

3. 条例第 16p(C)部分奶或奶制品至奶或奶制品热回收加热中(2)、(3)、(5)、(7)和(8)段中的要求可能会被取消。前提是，压差控制器用于监测热回收器生乳或奶制品侧的最高压力和巴氏杀菌侧的最低压力，同时控制器与 FDD 互锁并设置和密封，以便每当热回收器中出现不适当的压力时，奶或奶制品的正向流动就被自动阻止，并且直到保持管和 FDD 之间的所有产品接触面已连续且同时至少在本条例规定的巴氏杀菌时间内保持或高于所需的巴氏杀菌温度时才可以再次开始。

4. 当压差控制器如本章第 3 段所述安装并连线去控制 FDD 时，生乳和(或)奶制品增压泵可以始终运行，前提是定时泵(如果存在)处于运行状态。

HTST 和 HHST 流程图

图 31 至图 43 中的图线示例及名词缩写如下:

图线示例
LINE LEGEND

生乳产品	RAW PRODUCT	————————
热杀菌产品	PASTEURIZED PRODUCT	— — — — -
热交换介质	HEAT EXCHANGE MEDLA	—— —— ——
电信号	ELECTRICAL SIGNAL	------------------------

缩写:

AUX STLR=辅助安全发热限制记录器
AUXTE=辅助温度元件
CLT=恒定高度罐
CMR=冷却介质出口
CMS=冷却介质入口
CTLR=控制器
DPLI=压差范围限制器
DRT=电子温度计
FC=故障自动关闭装置(与液流转移设备内部连锁)
FRC=流量记录器/控制器
HMR=加热介质出口
HMS=加热介质入口
MBTS=计时系统
P=热杀菌
PC=电压调整器
PLI=限压装置
PT=压力传送器
R=未处理
RBPC=蓄热回收器背压控制装置
RC=比例控制装置
RDPS=蓄热回收器压差转换器
STLR=发热限制安全记录/控制器
T=气门(调制)阀
TC=温度控制器

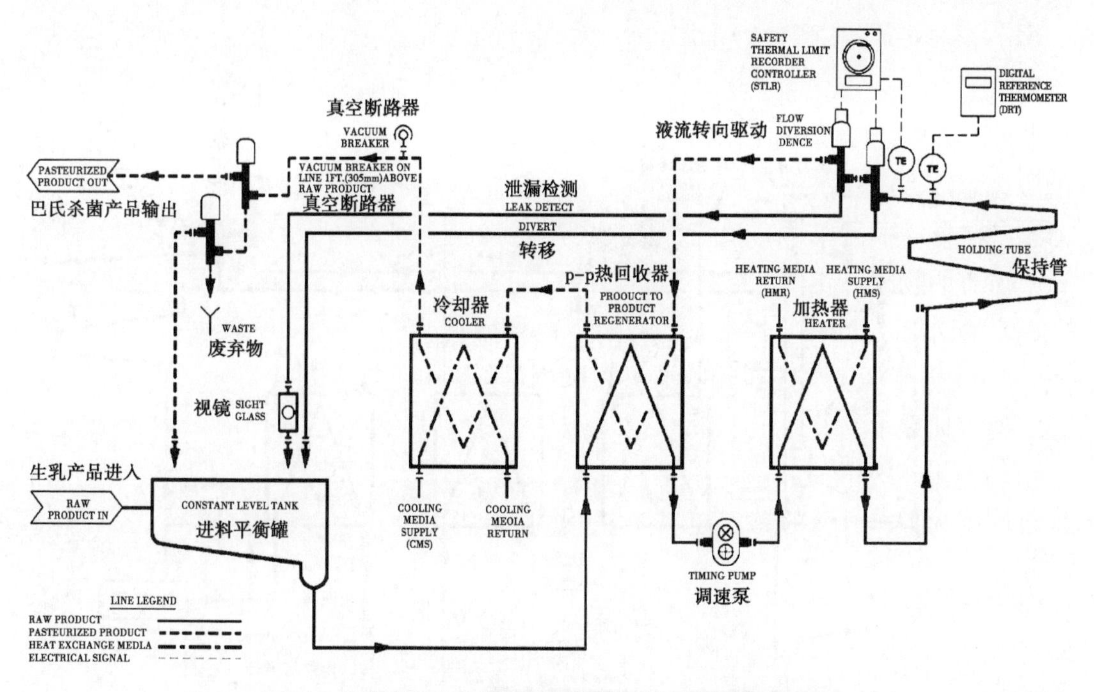

图 31　携带容积式旋转计时泵的 HTST 巴氏杀菌消毒器

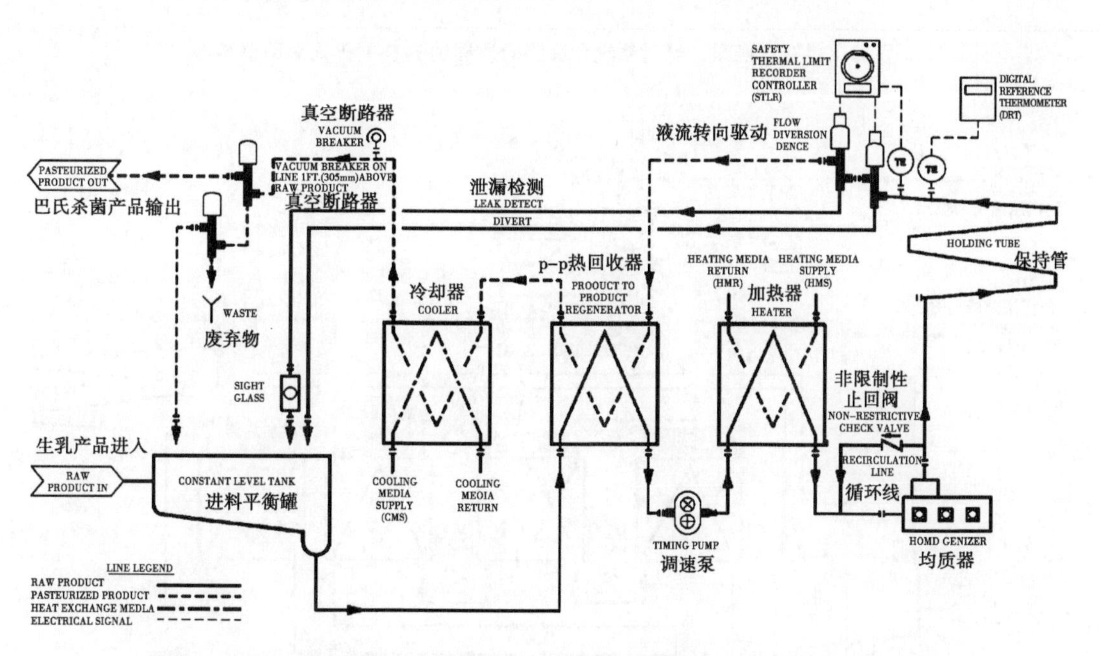

图 32　加热部分出口装有匀质器和比计时泵更大容量的 HTST 巴氏杀菌消毒器

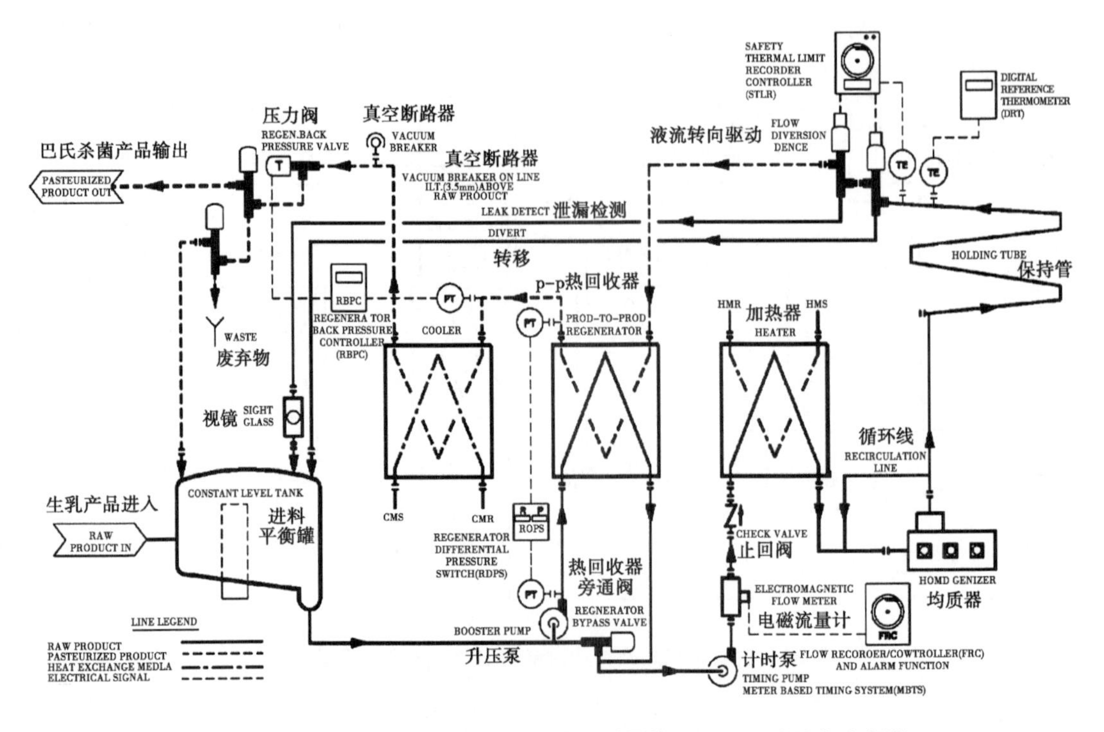

图33 具有升压泵、计时系统和旁路匀质器的HTST巴氏杀菌消毒器

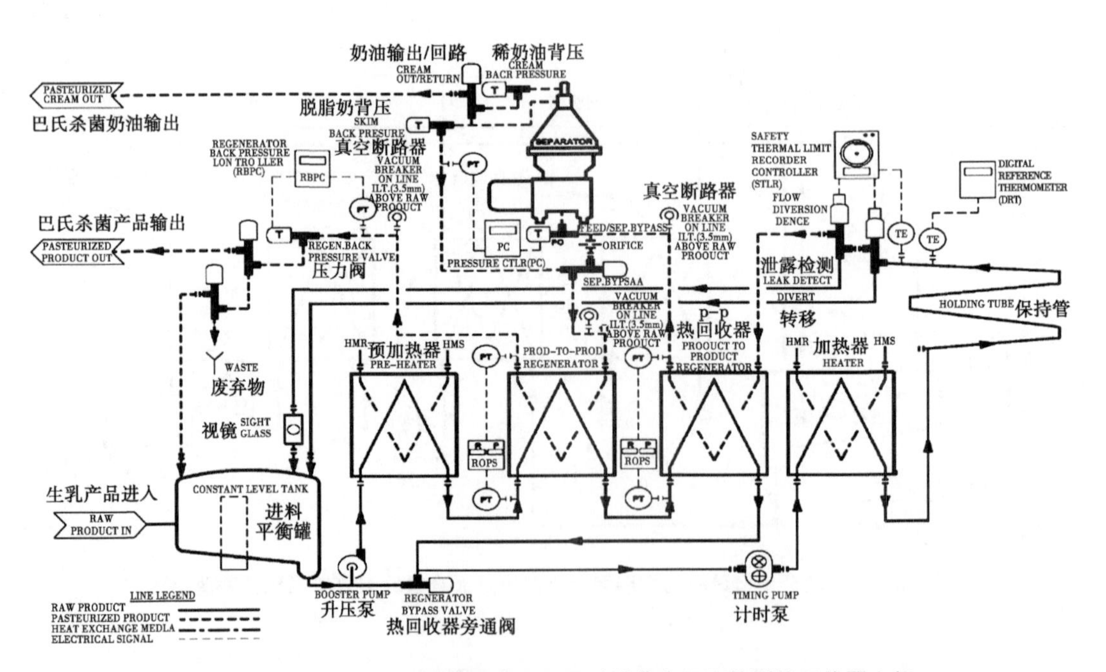

图34 具有升压泵、计时泵和位于两巴氏杀菌产品预热型热回收器之间CIP型分离器的HTST巴氏杀菌消毒器

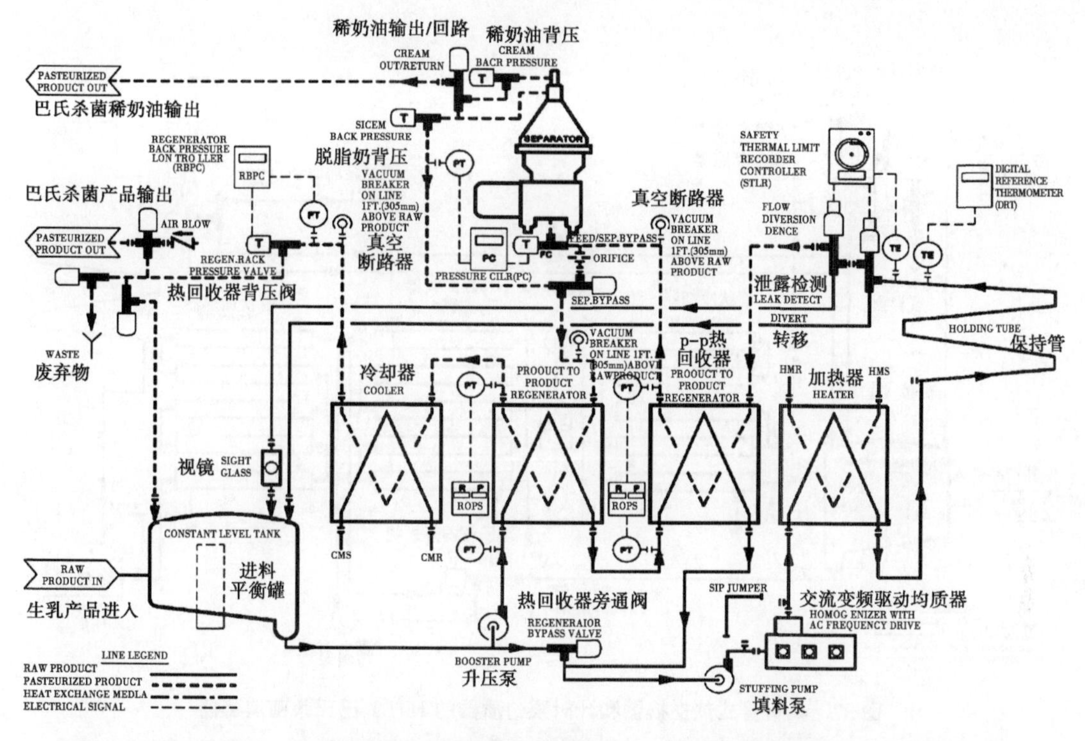

图 35　具有升压泵、AC 变频驱动计时泵样的匀质器、位于两个巴氏杀菌产品热回收器之间的 CIP 型分离器和气动卸料阀的 HTST 巴氏杀菌消毒器

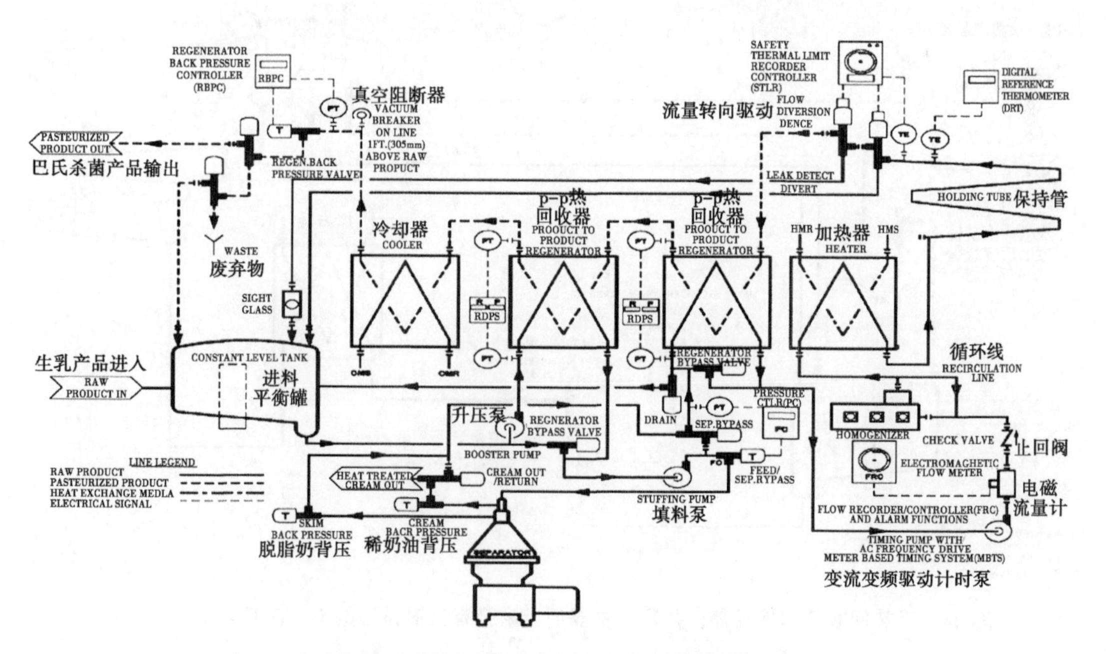

图 36　在原料热回收器和有计时系统和热回收器旁路的加热部分之间具有分离器的 HTST 巴氏杀菌消毒器

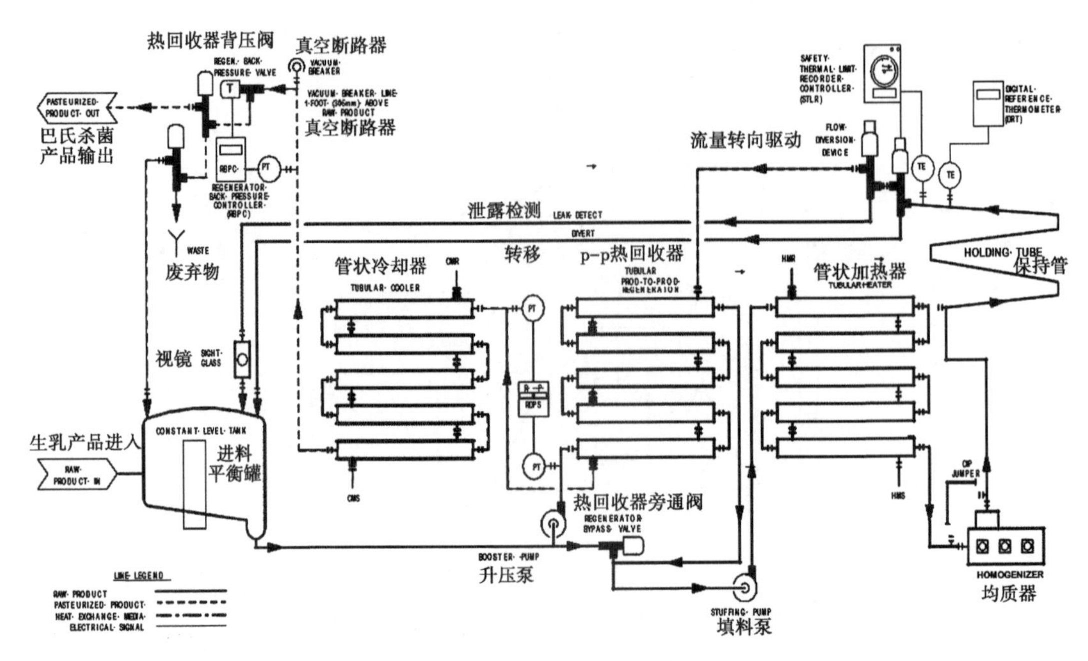

图 37 具有管式热交换器和计时泵匀质器的 HTST 巴氏杀菌消毒器

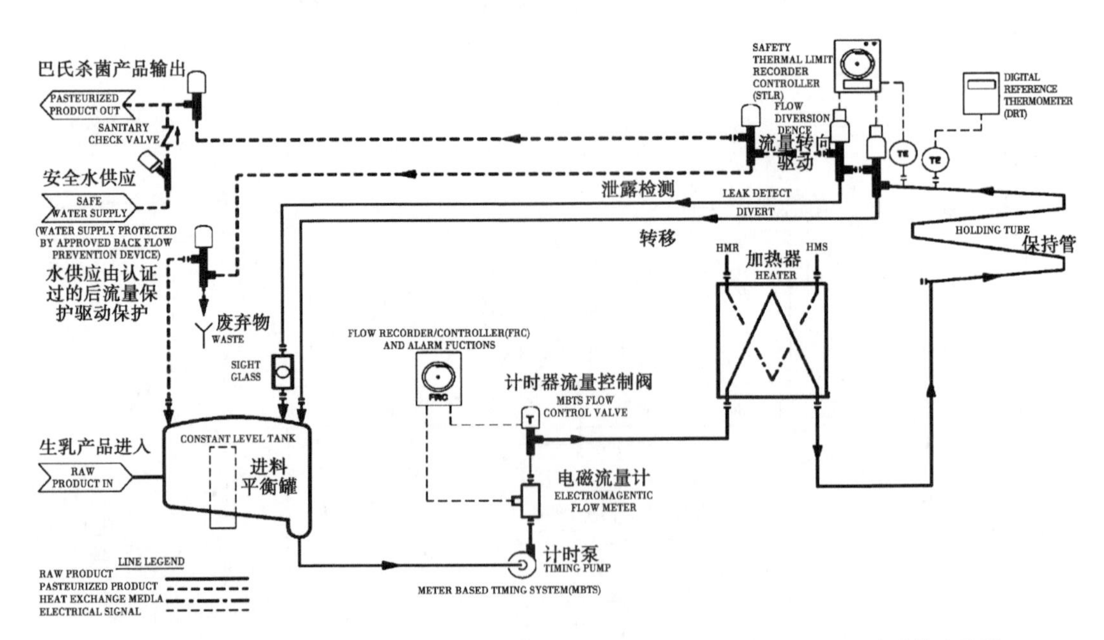

图 38 无热回收器和冷却器、并在蒸发器的上游带有计时系统的 HTST 巴氏杀菌消毒器

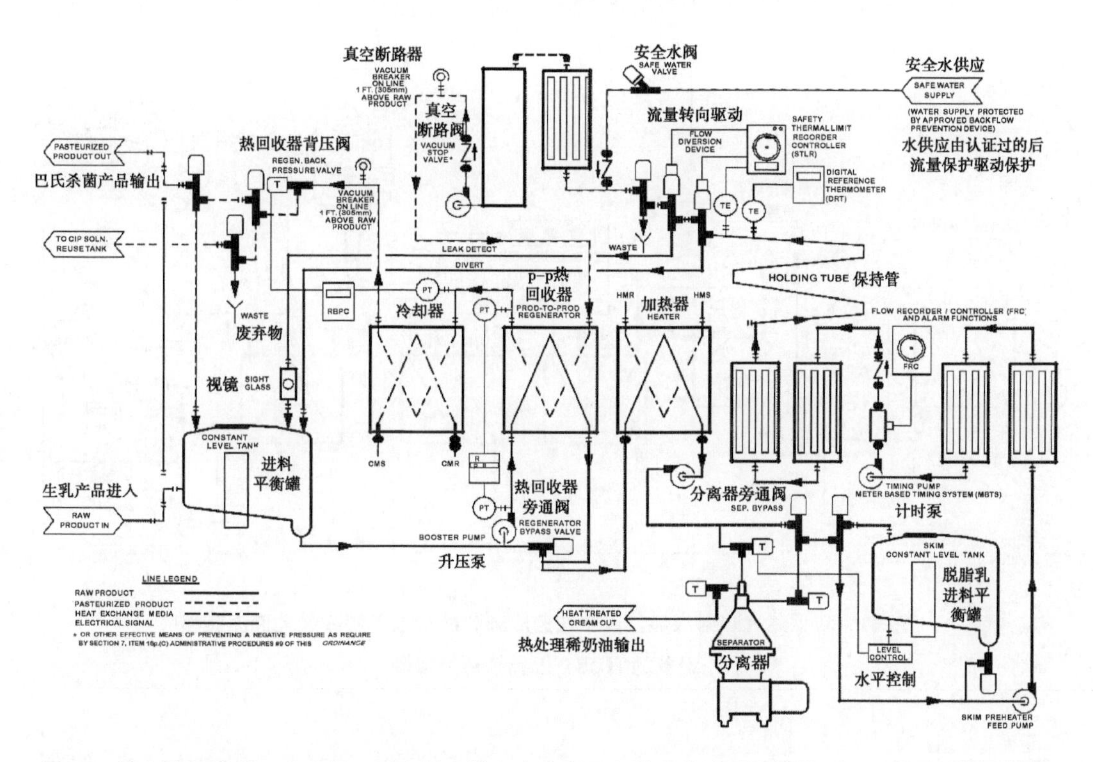

图 39　具有热回收器、分离器、脱脂缓冲槽和在蒸发泵上游安装计时系统的 HTST 巴氏杀菌消毒器

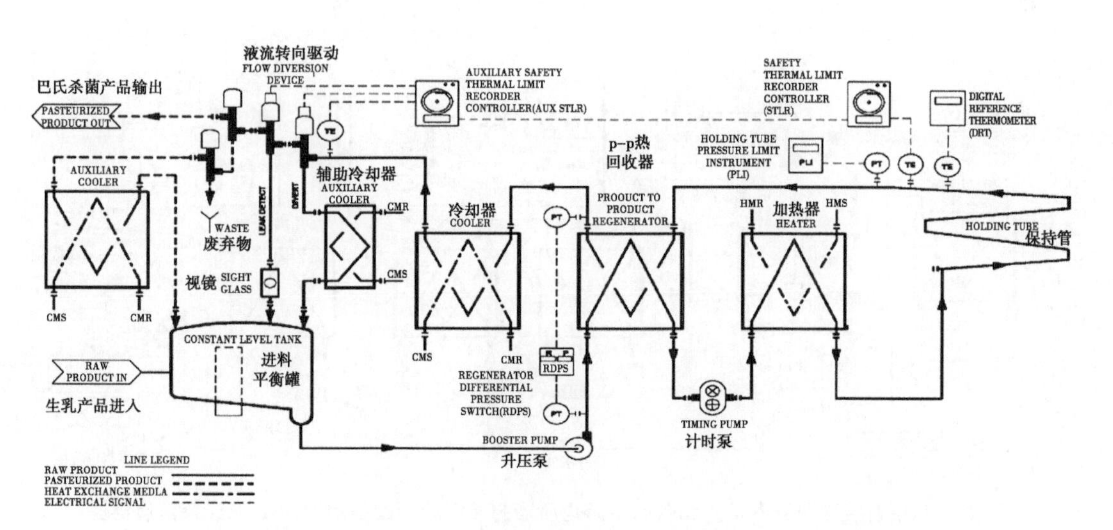

图 40　具有在冷却部分下游安装液流转移装置的 HHST 巴氏杀菌消毒器

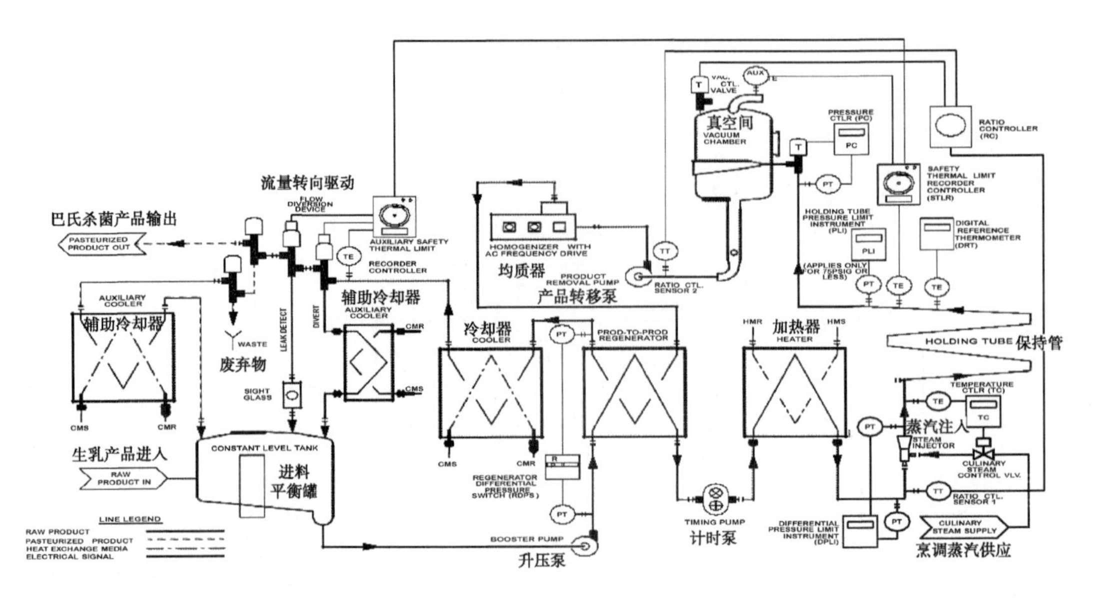

图 41　利用蒸汽喷射加热，真空快速冷却和冷却泵下游安装的液流转移设备的 HHST 巴氏杀菌消毒器

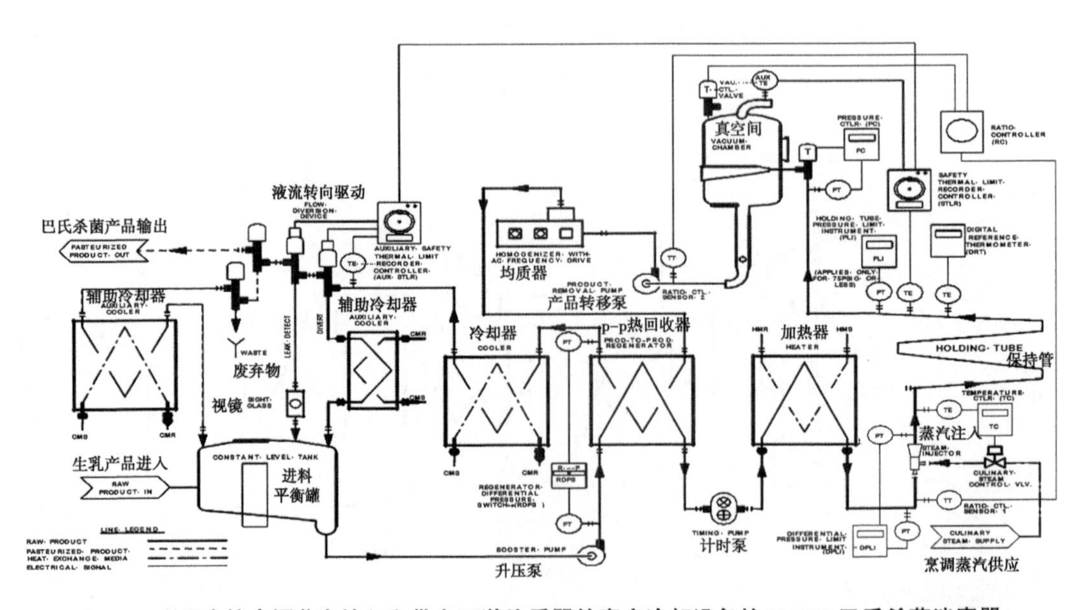

图 42　利用直接烹调蒸汽输入和带有下游均质器的真空冷却设备的 HHST 巴氏杀菌消毒器

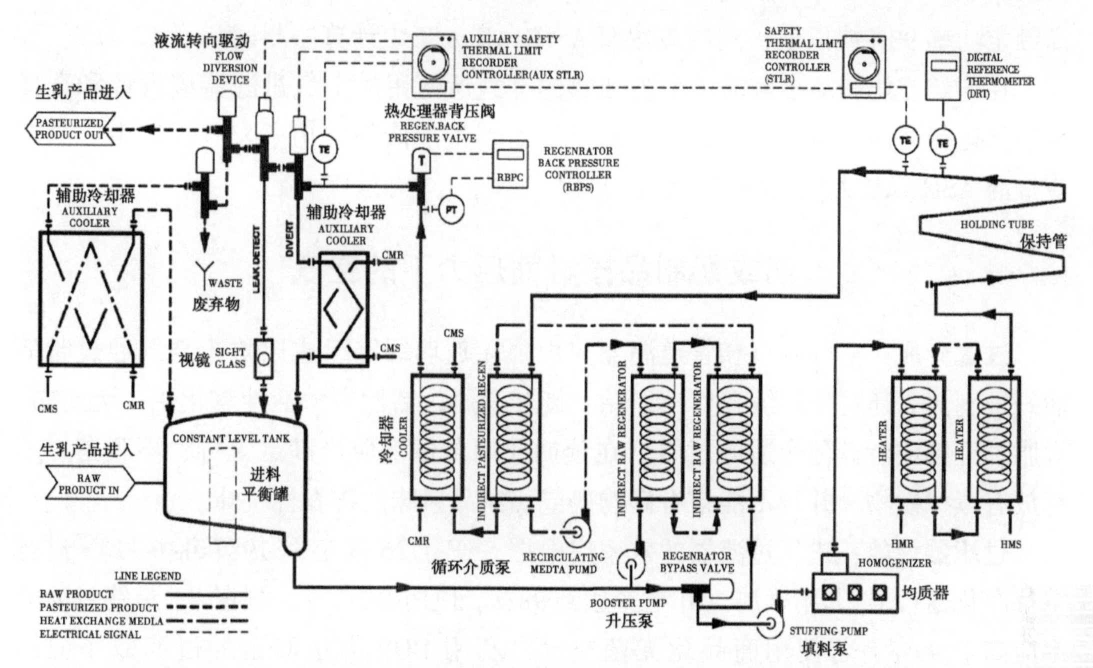

图 43　使用均质器作为计时泵且使用带有间接再生系统的螺旋管式加热器的 HHST 巴氏杀菌消毒器

Ⅱ. 干燥设备的空气和压力下——直接与奶或奶制品表面接触的空气

干燥设备的空气

过滤介质：入口空气过滤介质应由强化玻璃纤维组成以防止空气通过时玻璃纤维剥落，还可使用绒布、毛织品、旋转金属、活性炭、活性氧化铝、无纺布、脱脂棉纤维、或者其他合适的材料。在预期使用条件下应当满足无毒、不脱落，不释放有毒挥发物，并且不能带有影响奶或奶制品风味的挥发性气味。介质中的化学交联物质应在任何使用条件下都无毒、不挥发和不溶解。一次性介质不能进行清洁再使用。利用静电沉降原理收集悬浮微粒的电子空气除尘器只能在喷雾干燥系统中作为预滤器使用。

过滤器性能：空气供应系统和管道应正确安装，以使空气在与奶表面接触前已经通过合适的空气过滤介质过滤。在与奶或奶制品接触前会被加热的空气所使用的空气过滤器应设计和选择合适的表面运行风速，安装时应当满足过滤器生产商额定功率 90%或以上，测试应按照 ASHRAE 人工尘计算法测试①。

在与奶或奶制品接触前不会被加热的空气所使用的空气过滤器应设计和选择合适的运行迎面风速，安装时应当满足过滤器生产商额定功率 85%或以上，测试应按照 ASHRAE 大气尘埃点方法。

奶或奶制品接触面压力下的空气

过滤介质：空气入口和管道滤器应由强化玻璃纤维组成以防止空气通过时玻璃纤维剥落，还可使用绒布、毛织品、旋转金属、活性炭、活性氧化铝、无纺布、脱脂棉纤维或者其他合适的材料。在预期使用条件下应当满足无毒、不脱落、不释放有毒挥发物，并且不能带有影响奶或奶制品风味的挥发性气味。

过滤器性能：进气过滤器的效率应根据 SAE J726 规定②(1987 年 6 月)③进行空气净化器(AC)非精确测试并至少达到 98%。使用 DOP 方法测定④，最终过滤效率应高于 99%。若使用商品化无菌空气，利用 DOP 方法测定的过滤效率应达到 99.99%。

装配和安装

空气供应设备：压缩设备应当设计成能够避免润滑油的蒸气和烟气污染空气。可以通过下列某种方法或类似方法产生无油空气：

a. 使用碳环活塞式压缩机。

b. 使用能通过冷却压缩空气从而有效地分离油雾的油润滑压缩机。

c. 使用水润滑或者不需要润滑的鼓风机。

供应的空气应采集于洁净的空间或者相对干净的室外空气并通过压缩设

---

① Method of Test Air Ueaning Devices, ASHRAE Standard 52. Available from The Arnerican Society of Heating Refrigerating and Air-Conditioning Engineers。

② DOP-Smoke Penetration and Air Resistance of Filters. Military Standard No.282. Section 102.91. Naval Supply Depot. 5801 Tabor Avenue, Philadelphia, Pennsylvania 19120。

③ Dill, R.S., A Test Method for Air Filters. 1938. Transactions of the American Society of Heating and Ventilation Engineers. 44: 379. Society of Automotive Engineers, 400 Commonwealth Drive, Warrendale, PA 15096-0001(412)776-4841。

④ MIL-STD-282-Military Standard 282: Method 102.9.1: Dicoctyphthalate Fog Method (DOP). Standardization, Document Order Desk (Department of Navy), 700 Robinson Avenue, Buklding 4, Section D, Philadelphia, PA 1911-5094。

备上游的过滤装置过滤。过滤器的位置和安装应便于检查且过滤介质易于拆卸和清洁。过滤器应受到保护而免受天气、排水系统、水、溢出产品和物理的损坏。

除湿设备：压力系统中气压超过 1 bar 时，例如 103. 5 kPa，应当进行除湿处理。除湿可以通过冷凝和聚集过滤、吸收或类似的方法去除系统中的多余水分。如果有冷却压缩空气的需要，则应在压缩机和空气储藏罐之间安装二次冷凝器以达到去除压缩空气中水分的目的。

过滤器和除湿装置：过滤器的安装应当确保只有空气能通过过滤介质。联合过滤器和相关的除湿装置应当位于压缩设备下游的空气管道中，如果使用空气罐，则应位于空气罐下游管道。过滤器应易于检查、清洁和更换过滤介质。除湿装置应安装小龙头或者其他类似装置排除积累的水分(图 44，图 45 和图 48)。

当使用联合过滤器时，应使用适当的方法测定过滤器各处的压差。压差设备需要更换过滤介质。

所有的联合过滤设备应有去除过滤设备壳体冷凝水的方法。这可以通过安装在过滤壳体底部自动或人工排水装置得以实现。

最终的过滤介质应是一次性的。过滤介质应位于空气管线作用点的下游，并尽可能靠近作用点(图 44、图 45 和图 48)。当压缩设备是风扇或是鼓风机且工作压强低于 1 bar 时，例如 103. 5 kPa，不需要终滤设备（图 46 和图 47)。

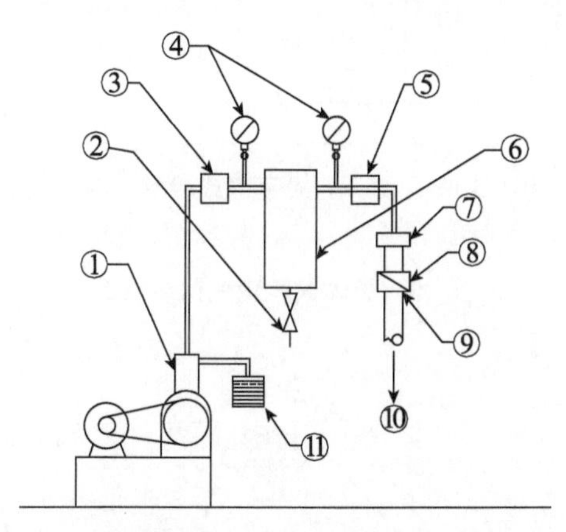

1—压缩设备；2—排水阀；3—二次冷却器；4—压力表；5—烘干机；6—联合性过滤器和水分诱捕设备空气管线；7—终滤器；8—产品连接阀；9—该点下游的清洁管道；10—作用点；11—入口过滤器。

图 44　单一压缩型空气供给器

可以使用基于电磁沉降原理收集颗粒物的电子空气净化器。

一次性过滤介质不能清洁和再利用。

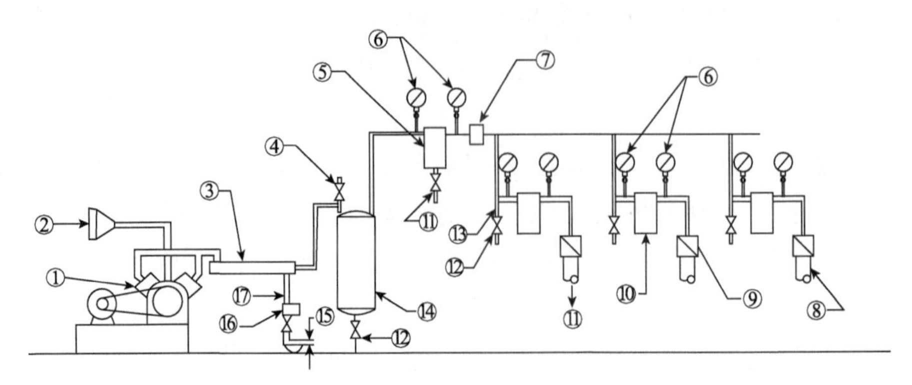

1—压缩设备；2—入口过滤器；3—二次冷却器；4—清洁安全阀；5—联合性过滤器和水分诱捕设备空气管线；6—压力表；7—干燥器；8—该点下游清洁管道；9—产品单向阀；10—终滤器；11—作用点；12—排水阀；13—除湿器；14—空气储罐；15—空气缝隙；16—疏水和排水阀；17—凝结水管。

图45　中央压缩型空气供给器

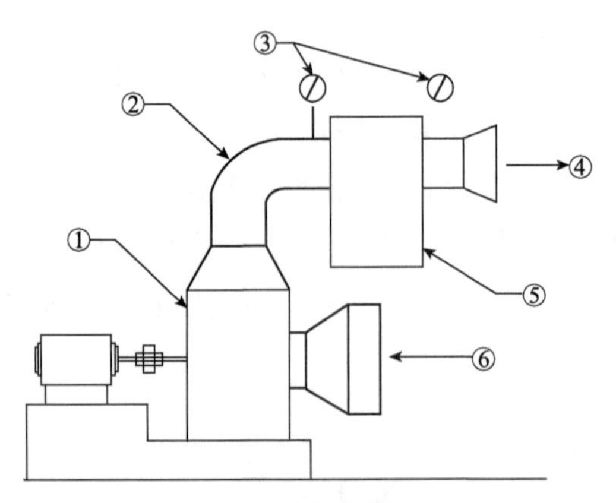

1—鼓风机或风扇，34.5～103.5 kPa；2—空气管道或导管；3—压力机；4—作用点；5—终滤器；6—入口过滤器。

图46　单体鼓风型气体供给器

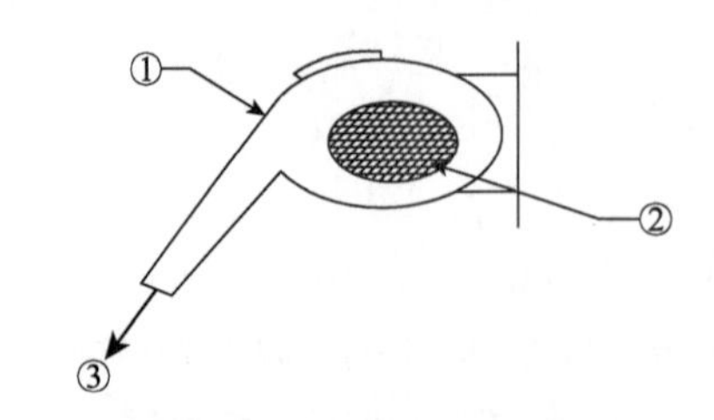

1—鼓风机或风扇；2—入口过滤器；3—作用点。

图47　单体风扇型空气供给器

空气管道：压缩设备到过滤装置和疏水设备之间的空气管道应有排水功能。

出于卫生设计的奶或奶制品单向阀应安装在空气管道一次性过滤介质的下游，以防止奶或奶制品回流到空气管道。如果通向奶或奶制品区域的空气管道在某一点高于与大气相连的奶或奶制品的液流平面时，或者用于干燥产品使用时，或者在没有液体的地方干燥时，则不需要单向阀。

当不需要单向阀时，可以在终滤器和作用点之间使用塑料、橡胶、橡胶类似管和合适的兼容配件，以及塑料或者不锈钢连接件。

终滤器之后的气体分离管道和配件应是防腐材料。

排出系统的卫生单向阀和处理设备之间的气体分流管道、配件和垫圈必须是符合条例第 7 章中条款 10p 的卫生水管，以下情况除外：

如果压缩的空气直接接触容器内的产品表面、瓶塞或附属设备时，从终滤器到使用点之间的空气通道应该由无毒、相对吸水性差的材料生产。在这种情况下不能使用单向阀。终滤器应尽可能安装在实际作用点附近(图 48)。

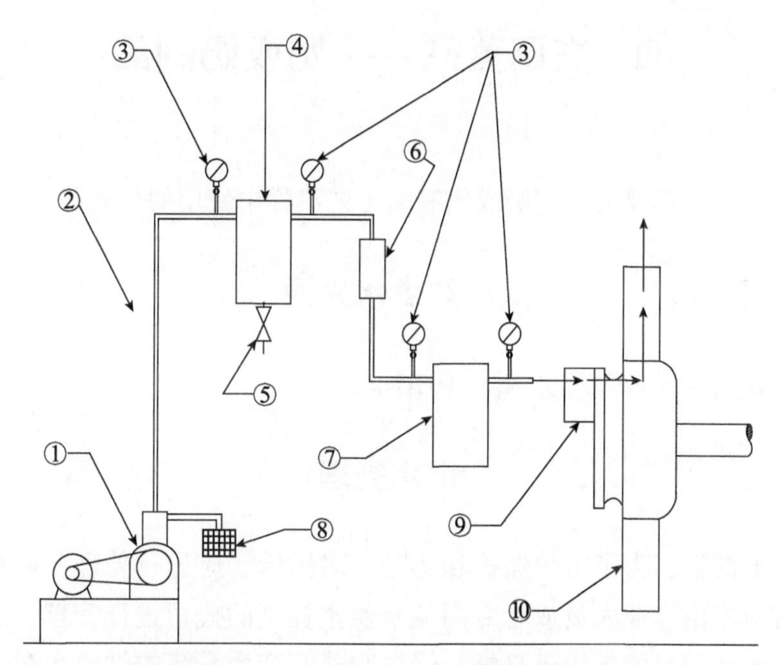

1—压缩设备；2—二次冷凝设备；3—压力表；4—聚结过滤器和除湿器空气管道；5—排水阀；6—干燥器；7—终滤器；8—入口过滤器；9—固定空气管道；10—旋转芯轴设备。

图 48　旋转芯轴设备

当用于通气搅拌时，用于引导空气进入产品或产品区的管子应是符合条例第 7 章中条款 10p 的卫生管，不应直接穿过产品接触面。当使用钻孔或者穿孔管时，内部孔的毛边应当去除且管子外表面应当挖口。如果压缩设备提供的空气超过了搅动需要的体积，则应采取合理的方法减少过量的空气体积。

在奶品厂和牛奶接收站，利用压缩的空气将奶或奶制品输送到牛奶储存罐/筒仓，或将牛奶储存罐/筒仓内的牛奶向外运输时，在牛奶储存罐/筒仓处安装的一个终滤器可以起到多重作用，紧接着终滤器下游装有卫生止回阀，且止回阀下游所有卫生管道、配件和连接件均符合本条例第10p的要求，并且按照本条例第12p的规定，每天至少清洗和消毒一次。

注：*更多细节参考*：

（1）3-A Accepted Practices for Supplying Air Under Pressure in Contact with Milk，Milk Products and Product-Contact Surfaces 604-##。

（2）3-A Accepted Practices for Spray Drying Systems 607-##。

Ⅲ. 烹调蒸汽——奶或奶制品

以下方法和过程规定了在奶或奶制品工艺流程中使用的烹调蒸汽的质量。

锅炉供水来源

应使用饮用水或者管理机构认可的水。

供水处理

如果必要的话，为了锅炉保护和运行，对供给水应进行处理。锅炉供给水的处理和控制应当由专业人员或者专门从事供水控制的公司进行管理。这类人员应被告知蒸汽的使用目的是用于烹饪。锅炉和蒸汽产生系统的供给水在进入锅炉或者和蒸汽产生系统前应进行预处理以降低水硬度，这优于向锅炉水中加入调节混合物的方法。只有符合CFR第21号的173.310中的混合物可以用于防腐蚀，去水垢或促进清除污泥。

锅炉水处理化合物的用量不能高于控制水垢或其他目的用量的最小需求量。用于处理或用于巴氏杀菌奶或奶制品的蒸汽使用量不能多于所需量。

需要注意的是，经常添加到锅炉水中可以在锅炉水排污时促进去除淤泥的单宁酸已被报道会产生气味问题，因此应当注意使用。

含有环己胺、吗啉、硬脂胺、二乙氨基醇和联氨的锅炉化合物不能在与奶或奶制品直接接触的蒸汽中使用。

锅炉操作

设备的正常运转需要清洁、干燥饱和的蒸汽。锅炉和蒸汽产生设备在运转时应当在防止产生发泡、爆炸、残留和锅炉水中过度的泡沫进入蒸汽中。锅炉水的添加剂残留会导致生产的奶或奶制品有异味。应当参考生产商所提供的关于水位和排污的建议说明并严格遵守。应当密切关注锅炉水的排污，以避免超浓度的锅炉水固体和气泡的产生。建议定期分析冷凝水样品。这些样品应该在最后蒸汽分离设备和奶或奶制品的蒸汽引入点之间采集。

管道装配

关于蒸汽输送和注入的管道安装参考图 49 和图 50。其他能保证清洁、干燥饱和蒸汽的安装方法也可接受。

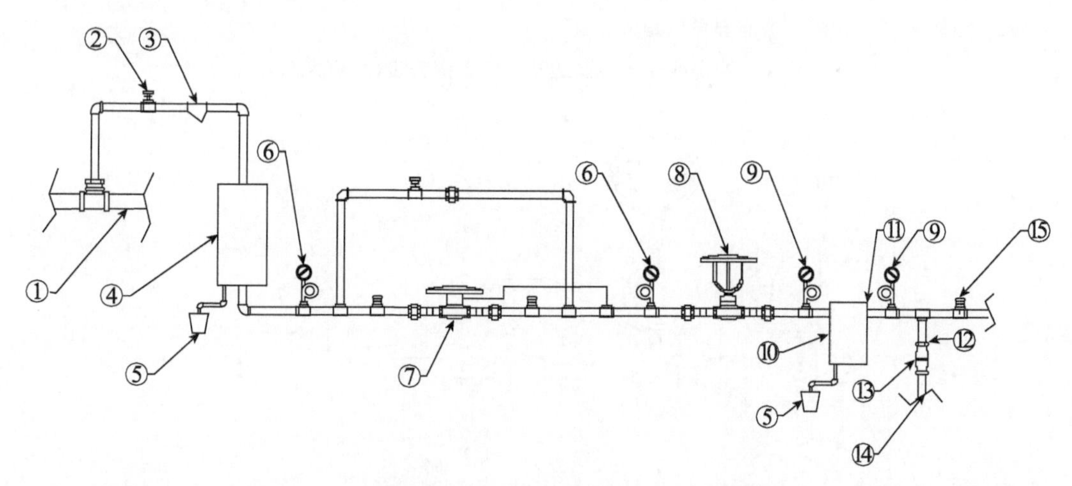

1—蒸汽总管；2—截止阀；3—过滤器；4—雾沫分离器*；5—冷凝槽*；6—压力表；7—蒸汽压力调节阀；8—蒸汽节流阀；9—压差测量仪器*；10—过滤设备*；11—不锈钢*；12—清洁管道和配件*；13—弹簧清洁单向阀*；14—处理设备过程管道*；15—抽样点*。

*必需设备。

图 49　运输或注入烹调蒸汽的管道安装

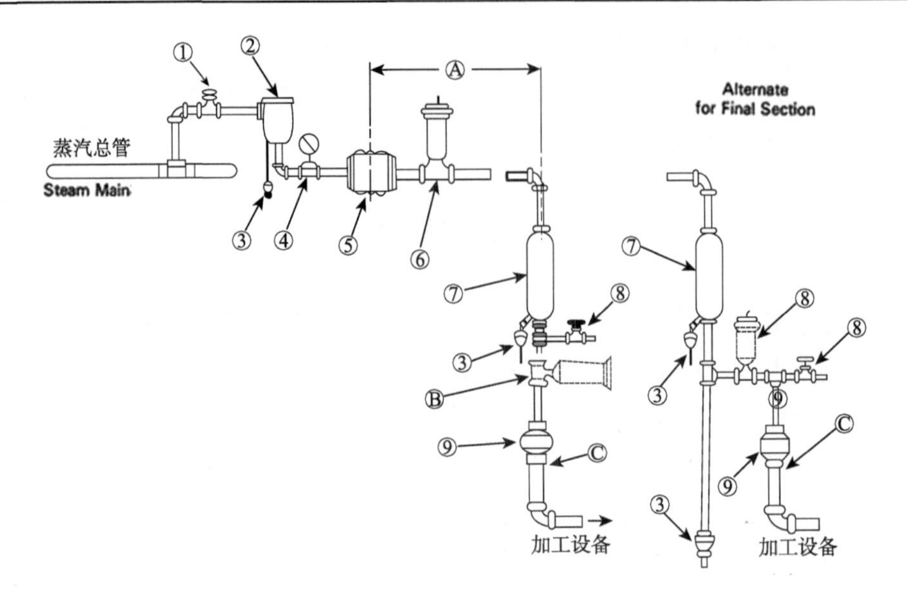

1—关闭蒸汽总管的终止阀；2—过滤器，碳芯或类似物；3—疏水阀；4—压力计；5—蒸汽压力调节阀；6—蒸汽调节阀（自动或手动)，在 B 中展示了替换位置；7—蒸汽净化器；8—蒸汽采样阀及连接；9—弹簧卫生止回阀。

A—在压力调节阀和蒸汽过滤阀之间将会安装减温器或足够长度的管道系统；B—可接受的蒸汽调节阀安全位置；C—在指定位置和加工设备之间将会使用卫生管和过滤器。

注：附加阀、滤水管、疏水器、计量器以及管道系统可能用于控制和方便操作，蒸汽调节阀，图例 2~7 的位置根据需要可以颠倒。

图 50　输送或注入烹调级蒸汽的管道安装(可选配置)

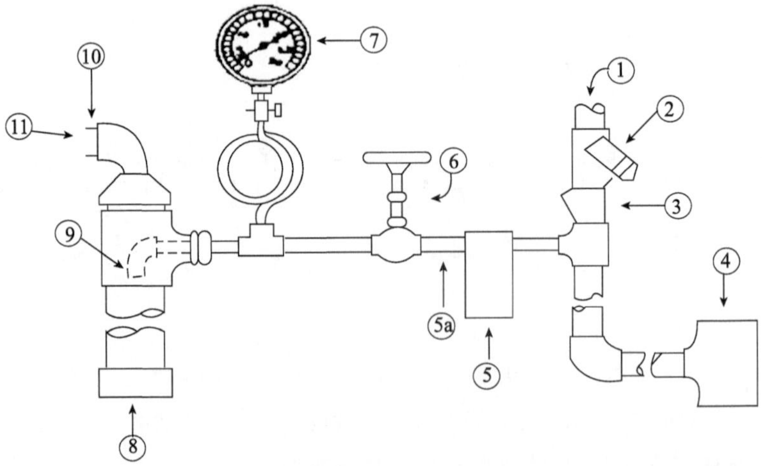

1—蒸汽主管；2—过滤器；3—雾沫过滤器*；4—疏水器*；5—过滤设备*；5a—不锈钢*；6—控制针阀*；7—压力表；8—排水孔盖；9—帽孔板；10—清洁管道；11—连接设备。

*必需设备。

图 51　用于空间加热和消泡的烹调级蒸汽管道安装

Ⅳ. 温度计规格

分批式巴氏杀菌消毒的指示温度计

类型

1. 直读汞柱型

a. 安装在防腐蚀箱内，防止破损并能方便观察汞柱和标尺。

b. 由氮气或者其他适用气体填充汞柱。

c. 汞柱应放大至不少于 1.6 mm 的明显宽度。

2. 独立数字型

a. 在分批式巴氏杀菌消毒中使用超过 3 个月的温度计的读数相比认证的温度计温度漂移不能超过 0.2 ℃（0.5 ℉）。

b. 带有自我诊断电路，能持续监测所有输入电路和调整电路的变化。诊断电路应能监测"开放"电路、短路、不良连接和错误元件。当检测到任何元件损坏时，该设备应呈空白或不可读状态。

c. 做此用途的电磁兼容设备应被记录且供管理机构审查。该设备应进行测试以确定静电放电、功率波动、传导发射和敏感性、辐射波和敏感性的影响。该设备应当符合工业设备性能等级特性的要求。

d. 暴露在特定环境下对该设备的影响应被记录。该设备应进行测试以确定高低温、热击、潮湿、物理冲击和盐雾对设备的影响。

e. 安装探测器和展示柜以便管理机构密封。

f. 已校准的设备应当防止未授权的更改。

g. 该设备应避免替换未经授权的元件或传感元件。任何元件或者传感元件的替换都应视作温度计的替换，应当遵循条例附录 I 接受管理机构的检查和应用检测。

h. 传感元件应被包封在合适的材料内，并使最终的装配符合条例中条款 11p 规定的条件。

i. 设备的检测应从传感元件一直到终端输出部分。

3. 数字组合

a. 在分批式巴氏杀菌消毒中使用超过 3 个月的温度计的读数相比认证的温度

计温度漂移不能超过0.2 ℃(0.5 ℉)。

b. 带有自我诊断电路，能持续监测所有输入电路和调整电路的变化。诊断电路应能监测“开放”电路、短路、不良连接和错误元件。当检测到任何元件损坏时，温度传感器输出信号和指示显示应超出观察范围。

c. 做此用途的电磁兼容设备应被记录且供管理机构审查。该设备应进行测试，以确定静电放电、功率波动、传导发射和敏感性、辐射波和敏感性的影响。该设备应当符合工业设备性能等级特性的要求。

d. 暴露在特定环境下对该设备的影响应被记录。该设备应进行测试，以确定高低温、热击、潮湿、物理冲击和盐雾对设备的影响。

e. 安装探测器和展示柜以便管理机构密封。

f. 已校准的设备应当防止未授权的更改。

g. 该设备应避免替换未经授权的元件或传感元件。任何元件或者传感元件的替换都应视作温度计的替换，应当遵循条例附录I接受管理机构的检查和应用检测。

h. 传感元件应被包封在合适的材料内，并使最终的装配符合条例中条款11p规定的条件。

i. 设备的检测应从传感元件一直到终端输出部分。

数值范围：应有一个不少于14 ℃(25 ℉)的范围，这个范围包括巴氏杀菌温度±2.5 ℃(±5 ℉)；小刻度为0.5 ℃(1 ℉)，每2.54 cm的间距不超过9 ℃(16 ℉)；并使其在105 ℃(220 ℉)不受到损坏。如果分批式巴氏杀菌消毒的温度计在超过71 ℃(160 ℉)的巴氏杀菌奶或奶制品中使用30 min后，指示温度计有1 ℃(2 ℉)的波动，并且每2.54 cm的范围内少于6 ℃(28 ℉)的温度计是可以使用的。

校准：规定的范围在±0.2 ℃(±0.5 ℉)。如果，分批式巴氏杀菌消毒的温度计在超过71 ℃(160 ℉)的巴氏杀菌奶或奶制品中使用30 min后，指示温度计的波动应在±0.5 ℃(±1 ℉)内(参考附录I，测试1)。

水下阀杆装置：对着保持器内壁的压力密封座；没有接触到奶或奶制品的线路；以符合3-A卫生标准来确定器壁型或其他类似卫生设施的底座位置。

玻璃泡：康宁标准或其他同样合适测温的玻璃。

巴氏杀菌管道上的指示温度计

类型

1. 直读汞柱型

a. 安装在防腐蚀箱内，防止破损并能方便观察汞柱和标尺。

b. 由氮气或者其他适用气体填充汞柱。

c. 汞柱应放大至不少于 1.6 mm 的明显宽度。

2. 数字型

a. 在分批式巴氏杀菌消毒中使用超过 3 个月的温度计的读数相比认证的温度计温度漂移不能超过 0.2 ℃(0.5 ℉)。

b. 带有自我诊断电路，能持续监测所有输入电路和调整电路的变化。诊断电路应能监测"开放"电路、短路、不良连接和错误元件。当检测到任何元件损坏时，该设备应呈空白或不可读状态。

c. 做此用途的电磁兼容设备应被记录且供管理机构审查。该设备应进行测试，以确定静电放电、功率波动、传导发射和敏感性，辐射波和敏感性的影响。该设备应当符合工业设备性能等级特性的要求。

d. 暴露在特定环境下对该设备的影响应被记录。该设备应进行测试，以确定高低温、热击、潮湿、物理冲击和盐雾对设备的影响。

e. 安装探测器和展示柜以便管理机构密封。

f. 已校准的设备应当防止未授权的更改。

g. 该设备应避免替换未经授权的元件或传感元件。任何元件或者传感元件的替换都应视作温度计的替换，应当遵循条例附录 I 接受管理机构的检查和应用检测。

h. 传感元件应被包封在合适的材料内，并使最终的装配符合条例中条款 11p 规定的条件。

i. 设备的检测应从传感元件一直到终端输出部分。

数值范围：应当有一个不少于 14 ℃(25 ℉)的范围，这个范围包括巴氏杀菌温度±2.5 ℃(±5 ℉)；小刻度为 0.5 ℃(1 ℉)，每 2.54 cm 的间距不超过 9 ℃(16 ℉)；并使其在 105 ℃(220 ℉)不受到损坏，但如果在 HHST 巴氏杀菌系统中使用应并使其在 149 ℃(300 ℉)不受到损坏。水银温度计的最小刻度为 0.2 ℃(0.5 ℉)，并且每 2.54 cm 的间距不超过 4 ℃(8 ℉)。数字温度计的读数应不超过 0.05 ℃(0.1 ℉)。

校准：规定的范围在±0.2 ℃(±0.5 ℉)(参考附录 I，测试 1)。

阀杆装置：对着保持器内壁的压力密封座；没有接触到奶或奶制品的线路。探针的设计应能分辨出感应部分与其他部位。正确安装后探针的总长度应使感应部分位于奶或奶制品液体中。

温度应答：当室温下的温度计进入搅拌均匀的比巴氏杀菌温度低 11 ℃(19 ℉)或以内的水中时，从水域温度减去 11 ℃(19 ℉)到水域温度减去 4 ℃(7 ℉)的读数时间不能超过 4 s。在温度延迟检测中，数显温度计显示屏显示的温度变化应能够被操作员或者管理机构记录(参考附录 I，测试 7)。

玻璃泡：康宁标准或其他同样合适测温的玻璃。

分批式巴氏杀菌空间指示温度计

类型：

1. 直读汞柱型

a. 安装在防腐蚀箱内，防止破损并能方便观察汞柱和标尺。

b. 汞室的底部大小应在 51～89 mm(2～3.5 in)，并且低于盖子的下侧面。

c. 由氮气或者其他适用气体填充汞柱。

d 汞柱应放大至不少于 1.6 mm 的明显宽度。

2. 独立数字型

a. 在分批式巴氏杀菌消毒中使用超过 3 个月的温度剂的读数相比认证的温度剂温度漂移不能超过 0.2 ℃(0.5 ℉)。

b. 带有自我诊断电路，能持续监测所有输入电路和调整电路的变化。诊断电路应能监测“开放”电路、短路、不良连接和错误元件。当检测到任何元件损坏时，该设备应呈空白或不可读状态。

c. 做此用途的电磁兼容设备应被记录且供管理机构审查。该设备应进行测试，以确定静电放电、功率波动、传导发射和敏感性、辐射波和敏感性的影响。该设备应当符合工业设备性能等级特性的要求。

d. 暴露在特定环境下对该设备的影响应被记录。该设备应进行测试，以确定高低温、热击、潮湿、物理冲击和盐雾对设备的影响。

e. 安装探测器和展示柜以便管理机构密封。

f. 已校准的设备应当防止未授权的更改。

g. 该设备应避免替换未经授权的元件或传感元件。任何元件或者传感元件的替换都应视作温度计的替换，应当遵循条例附录 I 接受管理机构的检查和应用检测。

h. 传感元件应被包封在合适的材料内，并使最终的装配符合条例中条款 11p 规定的条件。

i. 设备的检测应从传感元件一直到终端输出部分。

j. 汞室的底部大小应在 51～89 mm(2～3.5 in)，并且低于盖子的下侧面。

3. 数字组合型

a. 在分批式巴氏杀菌消毒中使用超过 3 个月的温度计的读数相比认证的温度

计温度漂移不能超过 0.2 ℃(0.5 ℉)。

b. 带有自我诊断电路，能持续监测所有输入电路和调整电路的变化。诊断电路应能监测“开放”电路、短路、不良连接和错误元件。当检测到任何元件损坏时，温度传感器输出信号和指示显示应超出观察范围。

c. 做此用途的电磁兼容设备应被记录且供管理机构审查。该设备应进行测试，以确定静电放电、功率波动、传导发射和敏感性、辐射波和敏感性的影响。该设备应当符合工业设备性能等级特性的要求。

d. 暴露在特定环境下对该设备的影响应被记录。该设备应进行测试，以确定高低温、热击、潮湿、物理冲击和盐雾对设备的影响。

e. 安装探测器和展示柜以便管理机构密封。

f. 已校准的设备应当防止未授权的更改。

g. 该设备应避免替换未经授权的元件或传感元件。任何元件或者传感元件的替换都应视作温度计的替换，应当遵循条例附录 I 接受管理机构的检查和应用检测。

h. 传感元件应被包封在合适的材料内，并使最终的装配符合条例中条款 11p 规定的条件。

i. 设备的检测应从传感元件一直到终端输出部分。

j. 汞室的底部大小应在 51~89 mm(2~3.5 in)，并且低于盖子的下侧面。

数值范围：应当有一个不少于 14 ℃(25 ℉)的范围，这个范围包括巴氏杀菌温度 66 ℃±2.5 ℃(150 ℉±5 ℉)；小刻度为 1 ℃(2 ℉)，每 2.54 cm 的间距不超过 9 ℃(16 ℉)；并使其在 105 ℃(220 ℉)不受到损坏。

校准：规定的范围在±0.5 ℃(±1 ℉)(参考附录 I，测试 1)。

阀杆装置：密闭底座或者其他适合的卫生配件无外露螺丝。

分批式巴氏杀菌温度记录仪

1. 使用温度低于 71 ℃(160 ℉)

箱：奶品厂内正常运转下的防潮。

图标比例尺：应当有一个不少于 11 ℃(20 ℉)的范围，这个范围包括巴氏杀菌温度±2.5 ℃(±5 ℉)；小刻度为 0.5 ℃(1 ℉)，在 60~69 ℃(140~155 ℉)至少有 1.6 mm 的空间。当墨水线很细足够清晰的辨认印字线时，就可以使用每 0.5 ℃的空间小于 1 mm 的刻度标尺；时间刻度等级不能超过 10 min；在 63~66 ℃(145~150 ℉)的刻度线长度不能小于 6.3 mm。

温度准确度：60~69 ℃(140~155 ℉)的误差应在±0.5 ℃(±1 ℉)。

时间准确度：在至少30 min的巴氏杀菌温度时间内，记录纸所显示的被记录的时间不能超过一个精准的手表真正走过的时间，分批式巴氏温度记录设备应当安装弹簧驱动或者电子驱动时钟(参考附录I，测试3)。

笔臂调整系统：易得且对于调整汞柱温度计来说易调整。

热敏设备

1. 汞柱 玻璃球、管和弹簧，保护其在105 ℃(220 ℉)下不受损坏。

2. 数字

a. 在分批式巴氏杀菌消毒中使用超过3个月的温度计的读数相比认证的温度计温度漂移不能超过0.5 ℃(1 ℉)。

b. 带有自我诊断电路，能持续监测所有输入电路和调整电路的变化。诊断电路应能监测“开放”电路、短路、不良连接和错误元件。当检测到任何元件损坏时，该设备应能收到故障信号，变成不可读状态或超出观察范围。

c. 做此用途的电磁兼容设备应被记录且供管理机构审查。该设备应进行测试，以确定静电放电、功率波动、传导发射和敏感性、辐射波和敏感性的影响。该设备应当符合工业设备性能等级特性的要求。

d. 暴露在特定环境下对该设备的影响应被记录。该设备应进行测试，以确定高低温、热击、潮湿、物理冲击和盐雾对设备的影响。

e. 安装探测器和展示柜以便管理机构密封。

f. 已校准的设备应当防止未授权的更改。

g. 该设备应避免替换未经授权的元件或传感元件。任何元件或者传感元件的替换都应视作温度计的替换，应当遵循条例附录I接受管理机构的检查和应用检测。

h. 传感元件应被包封在合适的材料内，并使最终的装配符合条例中条款11p规定的条件。

水下阀杆装置：对着保持器内壁的压力密封座；没有接触到奶或奶制品的线路；套圈底部到玻璃球感应区域的距离不少于76 mm。

记录速度：圆形记录一个循环应在12 h以内。如果一天之内操作超过12 h应使用两个记录。圆形记录纸的最大记录量应为12 h。带状记录可以连续记录超过24 h。

图纸支撑驱动：图纸支持驱动应有针穿过图纸从而能避免虚假的旋转。

2. 使用温度高于71 ℃(160 ℉)

超过71 ℃(160 ℉)单独使用分批式巴氏杀菌系统30 min的巴氏杀菌奶或奶制

品可能要遵照本部分第 1 点，使用带有以下选择的温度记录设备：

图表比例：65～77 ℃（150～170 ℉）范围内 1 ℃的温度刻度的分开距离不少于 1 mm；标刻的时间刻度不超过 15 min；71～77 ℃（160～170 ℉）的直线长度不小于 6. 3 mm。

温度准确度：71～77 ℃（160～170 ℉）的误差在±1 ℃内。

热敏数字装置：在分批式巴氏杀菌消毒中使用超过 3 个月的温度计的读数相比认证的温度计温度漂移不能超过 1 ℃（2 ℉）。

记录纸速：圆形记录一个循环应在 24 h 以内且最大记录量应为 24 h。

连续巴氏杀菌记录器/控制器

箱：奶品厂内正常运转下的防潮。

图表比例：应当有一个不少于 17 ℃（30 ℉）的范围，这个范围包括一个设定的转移温度±7 ℃（±12 ℉）；小刻度为 0. 5 ℃（1 ℉），每 0. 5 ℃（1 ℉）的温度刻度的相距距离应不小于 1. 6 mm。当墨水线很细足够清晰的辨认印字线时，就可以使用每 0. 5 ℃的空间小于 1 mm 的刻度标尺；时间刻度等级不能超过 15 min；在转移温度±0. 5 ℃（1 ℉）处有一个 15 min 的线或者长度不小于 6. 3 mm 的直线。

温度准确度：控制器被设置转换的温度±3 ℃的误差在±0. 5 ℃以内（参考附录 I，测试 2）。

动力驱动：所有连续巴氏杀菌记录器/控制器都由电力驱动。

笔臂调整系统：易得且对于调整汞柱温度计来说易调整（参考附录 I，测试 4）。

笔和记录纸：笔尖粗度直径不超过 0. 07 mm 且易于保存。

温度敏感设备：

热敏设备

1. 汞柱　对于玻璃球、管、和弹簧，应保护其在 105 ℃（220 ℉）下不受损坏。如果在 HHST 系统内使用的记录器/控制器热敏设备，应保护其在 149 ℃（300 ℉）下不受损坏。

2. 数字

a. 在分批式巴氏杀菌消毒中使用超过 3 个月的温度计的读数相比认证的温度计温度漂移不能超过 0. 5 ℃（1 ℉）。

b. 带有自我诊断电路，能持续监测所有输入电路和调整电路的变化。诊断电路应能监测“开放”电路、短路、不良连接和错误元件。当检测到任何元件损坏时，该设备应能收到故障信号或不可读状态。

c. 做此用途的电磁兼容设备应被记录且供管理机构审查。该设备应进行测试，以确定静电放电、功率波动、传导发射和敏感性、辐射波和敏感性的影响。该设备应当符合工业设备性能等级特性的要求。

d. 暴露在特定环境下对该设备的影响应被记录。应当检测高温低温、热击、潮湿、物理冲击和盐雾对该设备的影响。

e. 应安装探测器和展示柜以便管理机构密封。

f. 校准的设备应当防止未授权的更改。

g. 该设备应避免使用未经授权的元件或传感元件的替换。任何元件或者传感元件的替换都应视作指示温度计的替换，应当遵循本条例附录I管理机构的检查和应用检测。

h. 敏感元器件应使用合适材料包裹，使最终的装配符合本条例中条款11p的规定。

i. 设备的检测应从传感元件一直到终端输出部分。

阀杆装置：压力密闭底座倚靠支持物的内壁；没有接触奶或奶制品的线路；套圈底部到玻璃球感应区域的距离不少于76 mm。

记录速度：圆形记录一个循环应在12 h以内。如果一天之内运作超过12 h应使用两个记录。圆形记录纸应在最大刻度处标上12 h刻度。带状记录显示一个超过24 h的连续记录。

记录笔：记录器/控制器应在记录纸外缘装有额外的PM来记录FDD在前部或者转流位置的时间。图表时间线应与参考弧线一致，记录笔应取决于与参考弧线匹配的时间线。

控制器：有与记录笔相同的传感器驱动，但其接入和断开响应独立于记录笔臂的移动。

控制器调整：响应温度调整的机理。应设计其温度设置不能更改或者管理员不在监管时不能操作。

温度计的响应：室温下记录器/控制器玻璃泡在高于接入点4 ℃浸入被充分搅动的水浴或油浴，记录器读数低于接入点7 ℃的时间点和接入时间点之间的间隔不能超过5 s（参考附录I，测试8）。

图纸支撑驱动：图纸支持驱动应当装备有针刺穿图纸从而能防止不正常的旋转。

储罐指示温度计

刻度范围：包括正常储存温度±3 ℃（±5 ℉）内的温度跨度应不小于 28 ℃（50 ℉），可在两端适当延长，刻度分隔不能大于 1 ℃（2 ℉）。

温度刻度分隔：2~13 ℃（35~55 ℉）的分隔不能小于 1.6 mm。

准确度：规定范围在±1 ℃（±2 ℉）以内。

阀杆装置：压力密闭底座或其他合适的卫生设备中没有线外露。

储罐使用的温度记录设备

箱体：奶品厂工作条件要防潮。

图表比例：包括正常储存温度±3 ℃（±5 ℉）在内的温度跨度应不小于 28 ℃（50 ℉），可在两端适当延长，刻度分隔不能大于 1 ℃（2 ℉）。当墨水线能够清晰的与打印线分开时，允许线之间分开距离不小于 1 mm。标注的时间刻度应不超过 1 h，并在 5 ℃（41 ℉）有一条长度不小于 3.2 mm 的直线。这些图标应该能记录到最高 83 ℃（180 ℉）。不能应用于超过 38 ℃（100 ℉）的跨度规格。

温度准确性：规定范围在±1 ℃（±2 ℉）以内。

记录笔臂调整装置：方便且易调整。

记录笔和记录纸：经合理校正后的线宽度不应超过 0.635 mm 且易于保存。

温度传感器：100 ℃温度保护装置。

阀杆装置：压力密闭底座或其他合适的卫生设备中没有线外露。

记录纸速：圆形记录纸一次旋转不应超过 7 天且应当标刻 7 天最大限度。带状记录纸每小时移动应不小于 2.54 mm 且能持续使用 1 个月时间。

清洁系统温度记录装置

位置：温度传感器在回流管道下游。

箱体：工作环境注意防潮。

图表比例：温度范围在 16~83 ℃（60~180 ℉），两端可有适当延长，标刻的时间刻度分隔不能超过 15 min。44 ℃（110 ℉）之上的图纸标刻的温度分隔不能大于 1 ℃（2 ℉），分开的区间不能小于 1.6 mm。当墨水线能够清晰的与打印线分开时，允许 1 ℃（2 ℉）温度刻度分隔距离小于 1 mm。

温度准确性： 44 ℃（110 ℉）以上，精确度±1 ℃（±2 ℉）。

记录笔臂设定装置： 易得且易于调整。

记录笔和记录纸： 经合理校正后的线宽度不应超过 0.635 mm，且易于维护。

温度传感器： 保护温度为 100 ℃。

阀杆装置： 管内壁压力密闭底座没有线体外露。

记录纸速： 圆形记录纸旋转一圈应不超过 24 h。带状记录纸每小时移动距离不小于 25 mm。记录超过一个清洁操作时圆形或者带状记录纸同一部分不能重叠。

贮存奶或奶制品的冷藏室的指示温度计

温度范围： 包括正常储存温度±3 ℃（±5 ℉）在内的温度跨度应不小于 28 ℃（50 ℉），可在两端适当延长，刻度分隔不能大于 1 ℃（2 ℉）。

温度刻度分隔： 在 0~13 ℃（32~55 ℉）的分隔应不小于 1.6 mm。

准确度： 规定的刻度范围准确度在±1 ℃内（±2 ℉）。

蒸发器自动 CIP 清洁系统 pH 值记录参数

位置： pH 值传感器应当位于工艺设备回线的下游，且所有管线应包含在 CIP 清洁环道内。

箱体： 工作条件注意防潮。

图标比例： pH 值范围应在 2~12，两边可适当延长，标注的时间分度不应大于 15 min。记录纸标刻的 pH 值分隔应不大于 0.5pH 值且分开的距离不小于 1.6 mm。

pH 值精度： ±0.5pH 值。

记录笔臂设定装置： 易得且易调整。

记录笔和记录纸： 经合理校正后的线宽度不应超过 0.635 mm 且易于保存。

pH 值传感器： 保护温度为 83 ℃（180 ℉）。

记录纸速： 圆形记录纸旋转一圈应不超过 24 h。带状记录纸每小时移动距离不小于 25 mm。记录超过一个清洁操作时圆形或者带状记录纸同一部分不能重叠。

V. 评价电子数据收集、贮存和报告的标准

背　景

电脑电子化的数据收集、数据储存和报告对于替代圆形记录纸记录器或者手动记录有很大优势。这种呈递"A"级 PMO 需要信息的方法应从根本取代手工或者圆形记录器的用途和功能。这些设备包括 CIP 记录器，巴氏杀菌记录器，未加工的和热加工的产品储存罐的温度、清洁设备和膜过滤温度检测器。评价的标准阐述了人工记录或圆形记录器和电子或电脑记录之间的差别。这些标准中提出的差别阐述了系统稳定性、安全性和可靠性的验证以及确保公众健康安全和检查可用的准确信息。

下列是一些人工记录和图形记录器与电脑电子数据收集、数据存储和信息报告的不同。

1. 人工记录和圆形记录器本质上是可视的：奶品厂员工和管理人员能看到和接触到记录，并进行依次摆放和安全保管。然而，电脑数据收集系统不是这样，它们需要一些保证信息安全和存放的方法。

2. 人工记录和圆形记录器本质上是可接触的：奶品厂员工和管理人员能手动记录以及实际标记记录；因此，需要对公共卫生活动负责。同时，质量保证管理员应对数据存储的完整性负责。然而，电脑数据收集和报告系统需要录入操作员的信息同时需要奶品厂某些人员对数据存储的完整性负责。

3. 人工记录和圆形记录器直接与专用仪表设备硬件连接：传感器，比如温度或液流传感器和最终记录设备间不存在复杂连接。这使得日常的维护、校准和人工记录以及圆形记录器的检查相对简单。然而，电脑数据收集、存储和报告系统需要在适当的位置有文件化的记录以确保系统改变、升级和正常运行程序不会危害公众健康安全信息和报告的完整性。

标　准

以下标准是用于电子收集、存储和记录或者条例第 7 章，条款 12p 和条款 16p(D)中任何报告需要的信息。

注：这些标准没有提出关于公共安全方面的计算机仪表化或者巴氏杀菌的电子控制。

所有电脑生成的适用记录和报告应当含有条例中需要的信息。计算机化数据的收集、存储和报告系统需要有奶品厂分配和指定特定的人员负责该系统，相关人员名字应提供给监管机构和 FDA。

1. 公共卫生安全报告需要的任何电脑包括数据收集电脑、数据存储电脑、或者报告服务器需要由不间断供电（UPS）系统供电以维持 20 min 的电脑数据收集、存储和报告系统。

2. 应提供计算机数据收集、存储和报告系统的书面使用指南并解释系统的构建，软件使用和传感器或设备的监控。这一综述可以通过文本或者图表的形式呈现。概况的副本需要由监管机构保留。这一文件需要由奶品厂分配管理该程序的指定代表人签名，且监管机构和 FDA 能够在奶品厂查验该文件。这一文件应当解释以下内容：

a. 系统的构架、使用的软件和传感器或者仪器的监控。

b. 计算机数据收集、存储和报告系统的报告界面。

c. 有保证所有公共健康安全数据报告存储安全的备份程序。

d. 有改变或维持设备、传感器、硬件或电脑的程序，这一程序会解释当奶品厂控制程序发生改变时，受到影响的信息是如何检查以确保安全的。

e. 系统有效清单和适用说明报告，如何获取报告的说明和每个报告中内容解释的相关实例。

3. 奶品厂应当保存手写记录来标识电脑数据收集、存储和报告系统、软件、驱动、联网或者服务器的任何改变或更新从而确保任何数据的收集，存储或报告没有被盗用。这一文件需要由奶品厂分配管理该程序的指定代表人签名，且监管机构和 FDA 能够在奶品厂查验该文件。

4. 至于 CIP 和生鲜奶或热加工牛奶存储罐的记录、数据的存储，应在能提供合理的记录处理说明的速率下进行。这一速率为两数据间隔不能超过 15 min。报告系统的数据应当每 24 h 至少备份一次，或者终报告应当每 24 h 至少备份一次。

5. 至于巴氏杀菌记录，对每次必需的变化数据的存储不少于每5 s一次。任何需要人工记录的结果，比如转移条件，无论过程多短都要记录。条款应当允许操作者以电子的方式记录额外结果，比如不正常事件的记录。报告系统的数据应当每24 h至少备份一次。或者，终报告应当每24 h至少备份一次。

6. 最初安装阶段，应当连续7个工作日从外表上确认电脑生成的报告在奶品厂实际应用中的准确性和无误性。应当打印出这7天的报告并且由系统销售人员和奶品厂指定人员签字，或者附有系统销售人员和奶品厂指定人员签字的说明。如果奶品厂优化计算机化数据存储、收集、存储和报告系统，程序员和奶品厂指定人员不能是同一人。只需要在安装初始阶段进行7天的报告验证，且无论何时用电子数据收集、存储和报告系统替代圆形记录器或者手动记录时都只需要进行一次。这些7天报告应当由奶品厂存档，需要时副本应当提供给管理机构。

7. 无论何时，当发生影响报告系统可靠性或准确性的变化、更新或者系统初安装后观察到异常现象时，应对这些变化、更新或者观察到的异常现象进行评价和研究，并记录任何被授权的更正。每次评价和更正记录应当由销售人员和奶品厂指定人员签字，记录应当存档并在需要时提供给管理机构。

8. 电子计算机数据收集、存储和报告系统应提供任何该条例需要的操作者的签名或姓名缩写。正确的操作者电子签名或者姓名缩写应是测定或运行人员的任何希腊字母或数字符号的组合。签名或姓名缩写的录入可以提供直接与指定人相关的独特识别方式，包括但不局限于生物识别器、卡或者无线电设备，或者直接进入。该条例要求当需要时每次都要进行签名或姓名缩写的录入。除了巴氏杀菌记录中，只要当操作人变更时，就需要记录操作人的签名或者姓名缩写，最小频率也应为每24 h记录一次。

9. 电子报告数据应当存储在数据库或者WORM数据档案系统中。

10. 系统应提供任何可能会影响报告有效性的指示系统或通信失败的异常报告。这一异常报告应自动保存在其他任何可能受系统异常影响的报告中。任何单独的错误日志或系统日志不能满足这一需求，因为任何异常都需要有与异常直接相关的评价和调查。

注：虽然电子和电脑系统能提供各种不同的校验和异常报告，但这些标准需要提供影响遵循本附录及本条例第7章第12p和第16p(D)中的数据丢失报告，以及本条例包含的其他所需报告。

11. 当报告展示在电脑屏幕上时，这种格式可不需要遵守标刻温度分隔、温度刻度分隔和这一附录的行距需要。

12. 打印报告应以本章程需要的格式展示数据。

Ⅵ.“A”级公共卫生电脑控制系统评价标准

背　景

电脑系统已广泛应用于乳品巴氏杀菌系统的公共卫生控制设备功能中。这些电脑系统经过编程后用于监管和控制HTST和HHST巴氏杀菌设备。同时也能控制设备的作业状态，比如FDDs、升压泵等。虽然这一技术能给制造工艺带来许多优点，但公共安全电脑系统应从根本上取代硬线类似物。这些电脑系统与硬线系统评价相似且所有需要的公共安全控制都应遵循该章程规定的标准。电脑和硬线控制在3个主要方面有所不同。为了提供合适的公共卫生保护，计算机化公共卫生的控制设计应注意以下3个方面的问题。

首先，不像提供公共安全实时监控的传统硬线系统，电脑能有序的完成任务，且电脑与回流装置的真正接触时间可能只有1 ms。在下一个100 ms或者电脑完成任务循环一次的时间里，FDD保持前流，不受保持管温度的控制。通常，这不是一个问题，因为大多数的电脑都能在1 s中内把100个步骤循环很多遍。问题出现在当公众健康控制的计算机受到另外的一台计算机的指令；或计算机的程序被改变；或难得使用的UMP，BRANCH或GOTO等指令将会让计算机从它公众健康控制的工作转移开。

其次，在计算机化系统中，控制逻辑容易被改变是因为计算机的程序能容易地被改变。在键盘敲击某些按键就能完全地改变计算机程序的控制逻辑。密封该公共安全电脑编程功能能解决上述的问题。特定的程序可以保证在管理机构密封公共安全电脑时，其有正确的程序。

最后，对于公共卫生控制，公共安全电脑程序应当且能够达到无误，因为公共卫生安全需要的程序相对简单。这需要通过保持公共卫生电脑程序简单和有限的控制范围来实现。

术　语

地址：每个电脑存储单元的数字标签。计算机使用这个地址来传递输入或输出信号。

计算机：以有序执行逻辑和数值函数功能排列的大量通断开关。

数据网络：允许联网的计算设备相互交换数据的电信网络。

默认模式：在启动和电脑待机操作时某些存储单元处于被预先描述的位置。

EAPROM：可变可编程只读存储器。个体存储单元可以在不擦除残留记忆下改变。

EEPROM：电可擦可编程只读存储器。在电信号下所有记忆可被擦除。

EPROM：可擦可编程只读存储器。经紫外线处理记忆可全消除。

自动防故障装置：在电、空气或其他的支持系统崩溃时能引起设备或系统转移到安全位置的设计考虑。

可变域：具有特定设计和功能的设备，可以被用户或者维修人员轻易改变。

FDD：巴氏杀菌系统中流转向阀或设备的常用简称。

强制关闭：任何输入或输出置于关闭状态的可编程的电脑设备设置，独立于其他任何程式指令。

强制打开：任何输入或输出置于打开状态的可编程的电脑设备设置，独立于其他任何程式指令。

人机接口：通常指操作员接口，通常计算机允许个人使用触摸屏或键盘对电脑系统进行检测和控制。

输入：应用于电脑的电信号和电脑用于是否激活一个或更多输出的逻辑决定时，输入信号来自温度和压力设备、液面控制器、PDDs 和操作控制面板开关的数据。

输入/输出端口：为所有输入和输出提供与电脑连接的电器面板。面板上有输入/输出的地址标签。指示灯显示所有面板上的输入和输入在“开”或“关”的状态。这一端口通常位于电脑上，并通常被称为“公交车”。

梯形逻辑框图：一种具有代表性的用于工业电脑的和乳品巴氏杀菌系统的编程语言。

终状态开关：启动阶段，命令电脑所有输出处于“开”“关”或者“终状态”的人工控制开关或者软件设置。“终状态”位置指示计算机将输出置于开或关的状态，发生在能量最后损失过程中。

操作员操纵电门：独立于任何程式指令之外，允许操作员控制输入或输出处于“开”或“关”位置的手动开关。

输出：受控于电脑、控制阀门电机、灯、喇叭或者其他设备开关的电信号。输出可能由操作员信息和数据组成。

位置检测设备(PDD)：能够提供电信号的机械限位开关或者电子接近开关。

可编程逻辑控制器(PLC)：通常用于工业机械、设备和过程控制的电脑，也称作 PLCs。

RAM：随机存储器是电脑用来运行程序、存储数据、读取输入和控制输出的存储器。电脑可以从存储器读取数据或者写入数据。

ROM：只读存储器是电脑用来运行自己内部不可改编程序的存储器。电脑只能从存储器读取。不能写入存储器或者任何方式改变存储器。

RTD：电阻温度检查器。

待机状态：电脑被打开、运行并等待运行输入数据的指令。通常由人工手动开关实现。

状态打印：一些用于中断图表记录打印，打印关键设置点和条件的电脑编程，例如，冷牛奶温度、保持管温度、转向温度设置和记录纸速度。

WORM：这是一种数据存储技术，只允许信息写入设备一次且阻止设备擦除数据。

标　准

所有用于“A”级巴氏杀菌奶及奶制品的HTST系统和HHST系统的电脑都应当遵循以下列出的标准。另外，所有系统更应当遵循该章程其他的现有规定。

1. 用于巴氏杀菌控制的电脑或者PLC应当只能用于公共卫生安全控制。公共卫生电脑在例行奶品厂操作中不应有其他的任务。假如它不危害公共卫生电脑的公共卫生功能或者不危害巴氏杀菌系统和本章程的所有要求和安全措施，则公共卫生控制的电脑功能外围设备，例如CIP循环阀，是可以接受的。

2. 公共安全电脑及其输出不能受其他任何电脑系统或者人机接口的控制。其信息地址不能被任何其他的计算机系统访问。计算机主机不能够覆盖它的指令或把它置于备用状态。公众健康评估计算机的所有信息地址必须准备随时处理数据。

3. 每个HTST和HHST系统都应使用单独的公共卫生电脑。只有用于公共卫生安全控制的电脑能支配HTST和HHST系统的公共卫生设备和功能。

a. 任何其他非公共卫生计算机或人机界面可能要求HTST或HHST巴氏杀菌系统内的设备(如阀门、泵等)的功能；但是，公共卫生电脑的系统会根据公共卫生电脑计划的状况及条例的公共卫生规定而决定是否批准要求。

b. 公共卫生计算机的输入和输出状态只能作为其他计算机系统的输入。

c. 其他计算机系统的数字输出可以连接到公共卫生计算机的输入端，要求对公共卫生计算机控制的设备进行操作。

d. 接线连接应配备隔离保护装置，如继电器、二极管或光耦合装置，以防止公共卫生输出被其他非公共卫生计算机系统控制。

4. HTST或HHST巴氏杀菌系统内的所有公共卫生输出或设备，如螺线管、电机控制和频率驱动器，应通过公共卫生计算机输出终端总线至设备的专用硬接线或数据网络进行控制。公共卫生计算机的专用硬接线连接可以点对点连接到每个设备，或者可以通过 HTST 或 HHST 巴氏杀菌系统专用的数据网络连接多个设备。

a. 使用数据网络时，与数据网络相关的任何电子交换设备(交换机、路由器、集线器等)应放置在监管机构密封的外壳内。

b. 与个人巴氏杀菌系统的公共卫生控制功能无关的非公共卫生计算机或设备不得连接到数据网络。

c. 在设备能够通过电子重新编程来禁用或修改监管限制时，该功能应通过监管机构密封的硬件开关被禁用。

d. 所有能够连接到公共卫生计算机的数据网络电缆或端口应由管理机构密封，以防止任何其他设备连接。

5. 公共安全电脑动力损失时，所有的公共安全控制应当呈现自动防故障位置。大部分电脑可以通过程序命令或者人工开关使其处于待机状态。当公共安全电脑处于待机状态时，所有的公共安全控制应当呈现自动防故障位置。一些电脑在启动阶段会进行自动的自我诊断检查。在这一阶段，公共安全电脑设置所有输出处于默认模式。在这一默认模式下，所有的公共卫生安全控制应当处于自动防故障位置。出于报告目的公共卫生电脑的输出或者输入状态会向另外的电脑提供状态信息。这只能通过公共卫生电脑的一个硬线输出到另一个电脑系统的输入来完成。不允许其他公共安全电脑的通信交流。

6. 一些带有“终状态开关”标识的输入/输出端口(总线)的电脑和(或)PLCs，允许设计者决定输出总线在通电、关机后或断电时应处的状态。当电脑丢失动力时，可选择“开”“关”或者“持续状态”。这些终状态开关应当处在“自动防故障位置”或者“关闭”状态。电脑动力损失时，所有的公共卫生控制应当处在失效保护状态。大部分电脑可以通过程序指令或者人工开关使其处于待机状态。在除了正常程序运行外的其他任何运行状态，公共安全电脑应当具有手动开关以保持所有输出处于关闭状态。

7. 电脑有序的执行任务，大多数状态下电脑输出锁定在开或者关的位置，从而等待电脑从循环中唤醒。因此，应当写入公共安全电脑程序从而监视所有输入和精确时间表上所有输出的更新每秒至少一次。大部分电脑每秒能执行这一功能许多次。在公共卫生电脑能够改变逻辑扫描顺序或者扰乱该顺序时，程序指令可能不存在。这些可能包括“JUMP”或者“GOTO”型指令。

8. 用于控制 HTST 或者 HHST 巴氏杀菌系统的具有公共卫生功能的电脑程序应当存储于 ROM 中，且可供公共卫生电脑开机使用。不能使用磁带或者光盘。

9. 应当密封公共卫生安全电脑程序的使用权。所有电话调制调解器的使用应当密封。如果输入或者输出终端包括“终状态开关”，输入或输出终端应当密封。销售人员应当向管理机构提供测试程序和说明以确保当前公共卫生安全电脑使用的程序是正确的。通常是提供HTST或者HHST系统中控制公共安全电脑程序的复印本。管理机构应当根据检测步骤确保在开机、正常运行阶段和任何密封破损时使用的程序是正确的。正常运转下入侵系统应当包括入侵与CIP电脑内部连接要求。通过CIP电脑使用升压泵有一种方法。当FDD模式选择器处在“程序”或者“产品”时，可以尝试通过CIP电脑使用升压泵。巴氏杀菌系统中由这一入侵组成的公共卫生控制器应被更换或者重新编程以避免这一情况，且这台电脑程序的使用应当由管理机构密封。其他类似入侵可能在电脑控制的其他必需安全公共安全设备上被执行。

10. 如果公共安全电脑包括强制打开、强制关闭功能，则公共安全电脑应当装备指示灯指示强制打开、强制关闭功能的状态。销售人员的使用说明应当提醒管理机构强制打开、强制关闭功能在管理机构对公共安全电脑进行密封前清楚阐述。

11. 公共安全电脑的输入/输出端口应当不包含操作者超越电门。

12. 用于公共卫生电脑打印记录图表的计算机化系统必须保证良好的校正维护。在图标打印过程中，从任务转移到公共卫生电脑的时间不能超过1 s。在返回到公共卫生控制任务时，公共卫生电脑在回到图表打印之前要完成至少一个完整的公众健康评估程序工作周期。

13. 打印图表时，有些系统在打印纸上会打印输入/输出的状态选择报告。这种输入/输出的状态选择报告通常会在图表打印的间隔中被插入进行打印。对于状态报告的打印，这样的插入只有在连续记录仪打印图表的时候才能进行。当中断程序开始时，中断开始的时间将会在中断起始和中断结束时被打印在图表上。计算机从它的公众健康评估的工作状态转移到打印的状态的间隔时间不应超过1 s。在返回到公共卫生控制任务中，公共卫生电脑在回到图表打印之前要完成至少一个完整的公众健康评估程序工作周期。

14. 当公共安全电脑以特定的间隔而不是连续变化线打印保持管温度记录时，温度读数的打印应不少于5 s/次。另外，在记录器/控制器温度反馈测试中，温度应当在一定的时间变化率下打印或者显示，使管理机构能够测量温度升高7 ℃的时间，参考该条例附录Ⅰ测试8记录器/控制器温度反馈。

15. 当公共安全电脑打印事件描线的位置，FDD位置以特定间隔而不是连续的前进或者转向时，公共安全电脑应当记录所有位置的变化并打印在图纸上。另外，当FDD的位置变化可以测定保持管温度时，应在图纸上记录事件描线位置和保持管温度。

16. 销售人员应提供用于测试的内置程序或者提供协议，以便管理机构对每项设备都能进行本条例附录Ⅰ中所有合适的公共安全测试。

a. 记录式温度计：温度准确性、时间准确性，对指示温度计的检测和温度计的反应检测。

b. FDD：阀座的泄漏、阀杆的操作、回流装置的驱动、手动转换、回应时间和时间延迟间隔等。

c. 增压泵：良好的接线和适当的压力控制设定。

d. 能够产生贯穿保持管流动的动力促进装置：接线有良好的连锁。

17. 电脑应具备高质量和完全稳定的电压以便安全可靠的运转。假的电压峰值会导致公共安全电脑 RAM 产生有害的变化。保证公共安全电脑无误的运行需要遵循以下参数：

a. 公共安全电脑提供电力的电源应当相对没有峰值、抗干扰以及无其他不规则性。

b. 密闭时需要确认程序的正确性。

c. 输出总线“终状态”开关应当处在关闭或者失效保护位置，当出现假的程序错误时能够停止所有 HTST 或者 HHST 巴氏杀菌消毒系统的运转。

d. 所有公共安全电脑输出不应有任何操作者无视 DOS 的命令，并应当以只允许公共安全 PLC 完全掌控的方式进行连接。

在管理机构密封电脑前，公共安全 PLC 安装工或者设计者应保证公共安全电脑存储器中有合适的程序。如果有备份芯片，任何程序改变都有必要写入公共安全电脑备份芯片。

18. 用于巴氏消毒公共安全管控的电脑程序应当遵循附加的逻辑图表。为了调节或删除特定 HTST 或者 HHST 巴氏杀菌系统的特有条目而进行的图表微改动是被允许的。例如 FDD 选择开关处于 CIP 位置时的电度表底座计时系统：

a. FDD 在转向流中保持需要 10 min 的时间延迟。

b. 在这段时间延迟中，升压泵应当关闭并保持 10 min，之后程序化的 CIP 操作被用来执行整个 HTST 或者 HHST 巴氏杀菌系统的清洁，包括允许计时泵、分离器和升压泵/加料泵在清洁时和 FDD 暂停或者循环时运转。

19. FDD 和升压泵的梯形逻辑图展示了作为计算机系统一部分的程序化的 CIP 清洁循环的运转过程。一些奶品厂工人想要使用其他的电脑来运行 CIP 系统，以便奶品厂职工可以改变 CIP 清洁程序。使用这种方法时，FDD、升压泵和奶品厂电脑间的连接应当装备有螺管式继电器或者为 FDD 和升压泵安装相似的设备。这样可以避免奶品厂电脑的控制，除了当 FDD 模式开关处在 CIP 位置和所有合适要求得到满足时。

20. 销售人员应提供给管理机构如下的协议和文件。

a. 公共安全电脑附属的控制器、仪器和设备的布线图。

b. 电脑梯形逻辑图打印输出或存储设备(编程的 RAM 芯片等)与控制巴氏杀

菌消毒器的公共安全电脑相同。通常是以梯形逻辑的形式代表巴氏杀菌系统的每个部件，并且可以包括为 CIP 和其他功能编程。

c. 如本部分第 9 条所要求的包含有测试过程和说明的使用手册。

计算机化的系统逻辑图

计算机化的系统逻辑图（图 52 至图 56）中的名词缩写如下：

图例
t=时间
T=温度
PDD=位置检测设备
FDD=回流装置
LOSA=信号丢失/低流警报
HFA=高流警报
STLR=发热限制安全记录仪/控制器

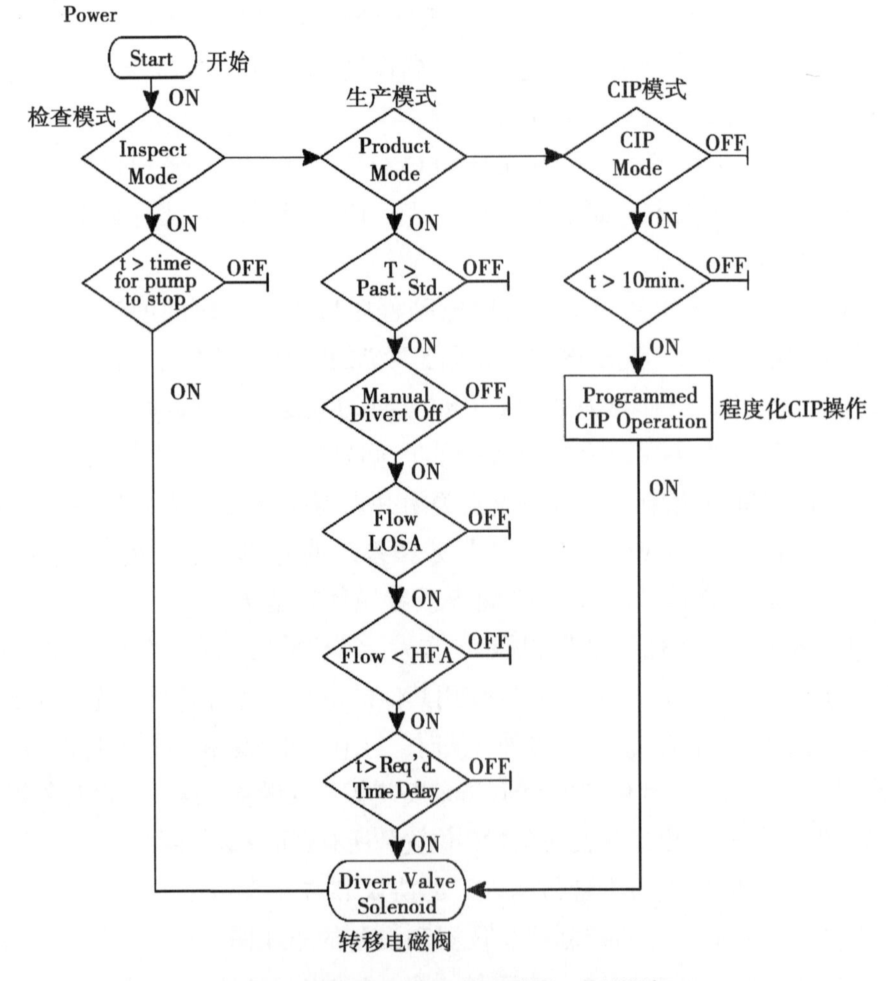

图 52　逻辑图：HTST 回流装置、回流阀杆

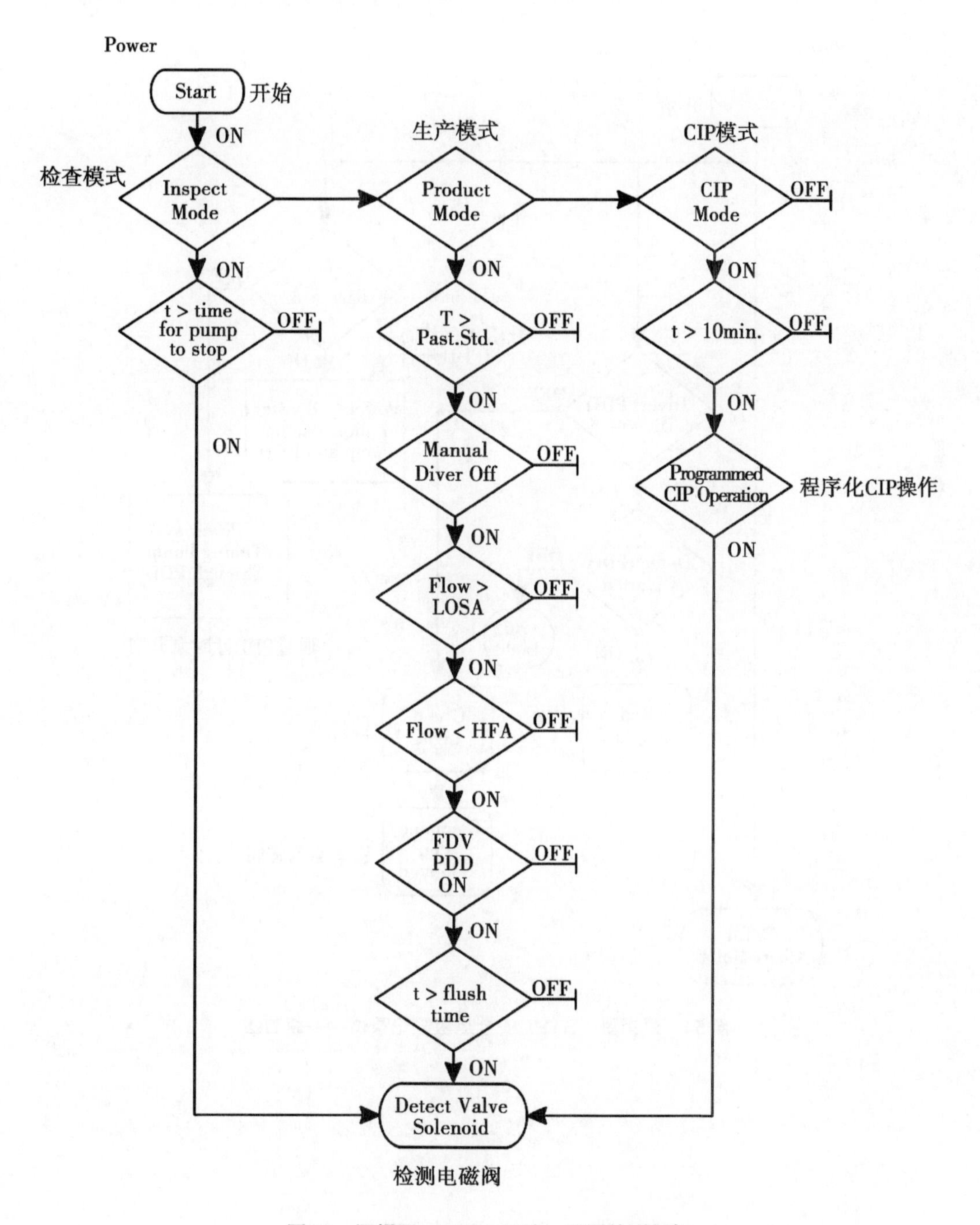

图 53　逻辑图：HTST 回流、泄漏检测阀杆

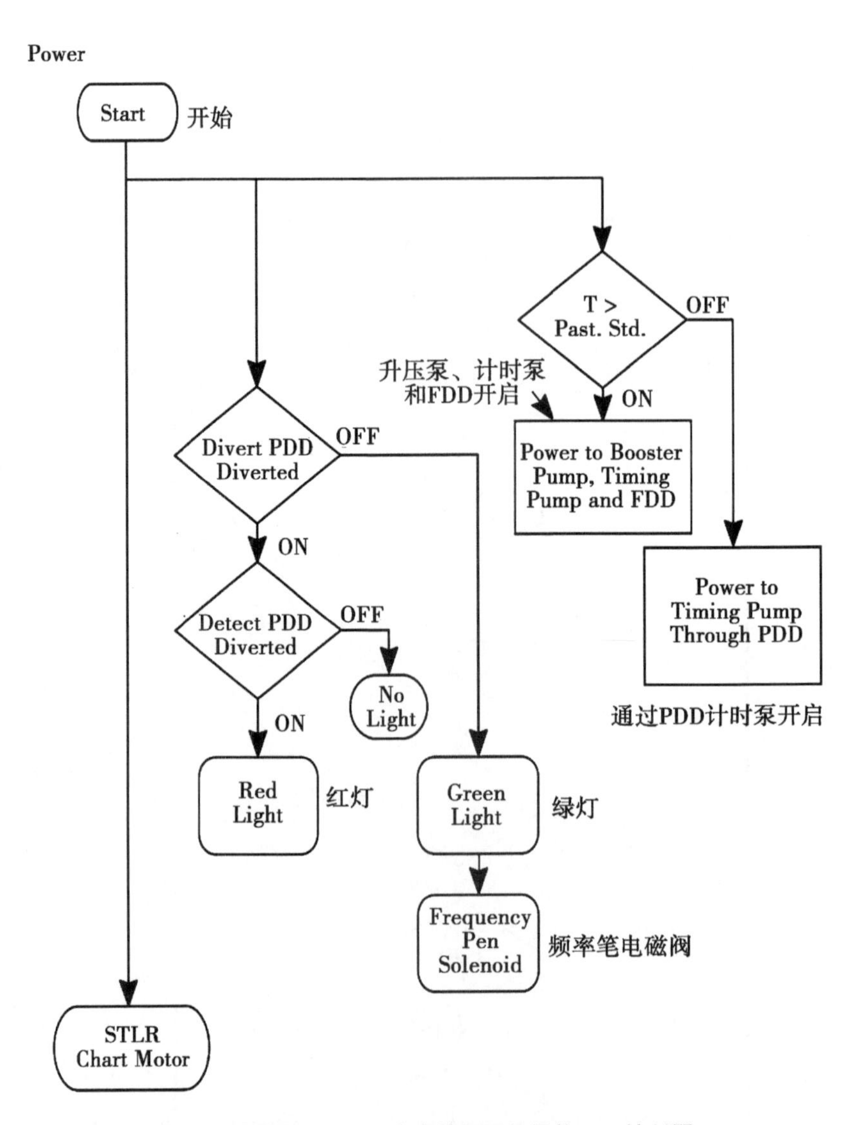

图 54　逻辑图：HTST 安全热极限记录仪——控制器

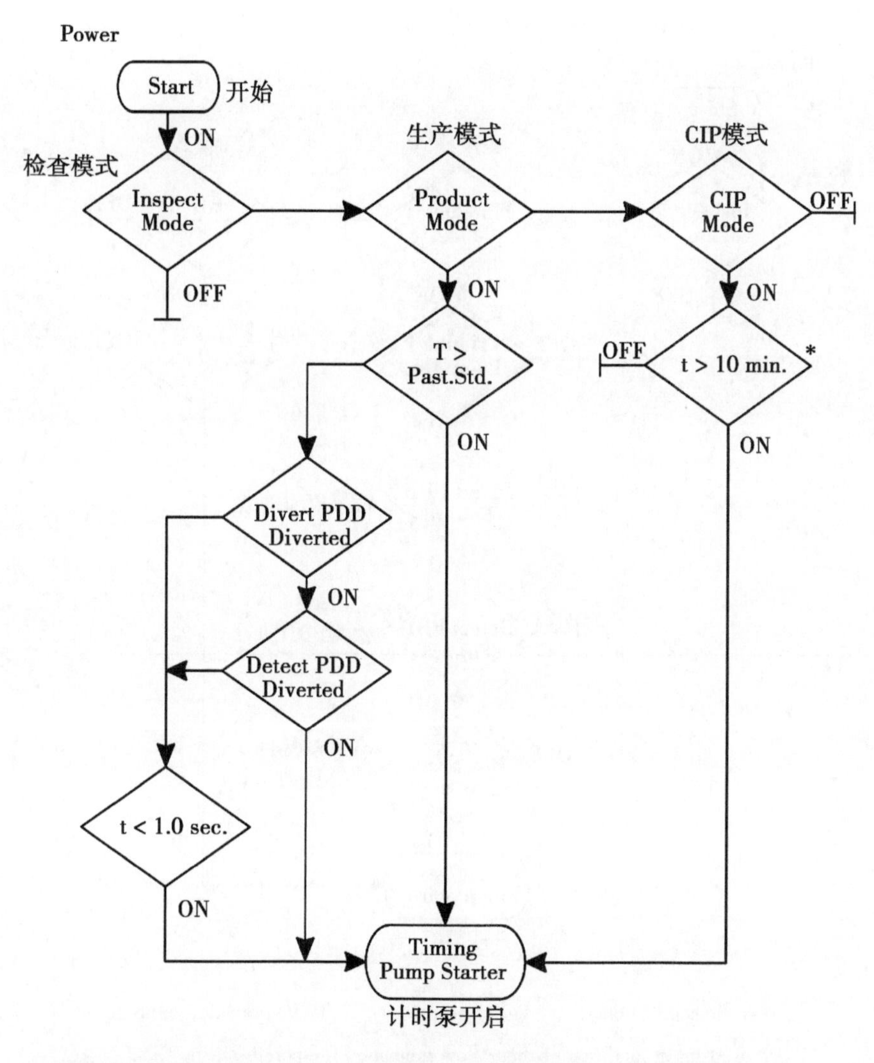

* This diamond (ocndition) is not necessary, if the 10 min. time relay is not used for a condition of these flow promoters to operate during CIP.

* 如果时间延迟没有用于 CIP 期间操纵这些流量启动器，此条件不是必须的。

图 55 逻辑图：HTST 计时泵

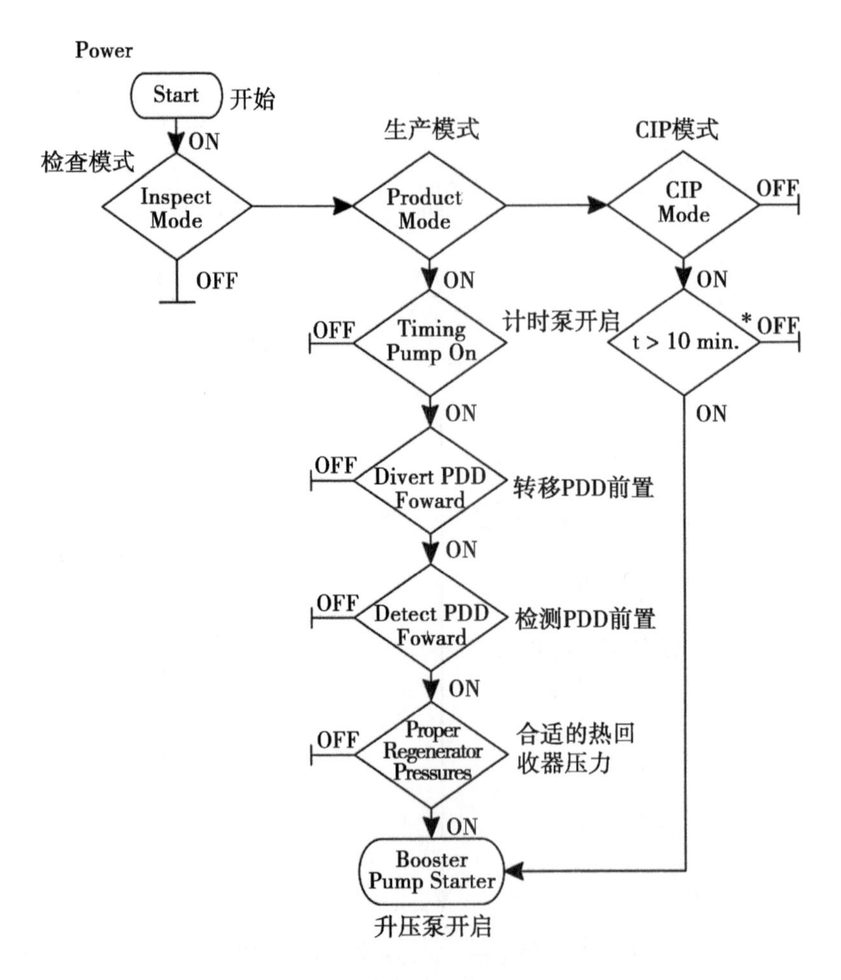

* This diamond (condition) is not necessary, if the 10 min. time relay is not used for a condition of these flow promoters to operate during CIP.

* 如果时间延迟没有用于 CIP 期间操纵这些流量启动器，此条件不是必须的。

图 56　逻辑图：HTST 升压泵

Ⅶ. 蒸汽阻塞型 FDD 系统标准

1. 蒸汽阻塞型 FDD 系统应当在巴氏杀菌消毒器和缓冲罐/填充物之间有两个蒸汽阻塞区域。应当有持续可见的蒸汽流或者每个蒸汽阻塞区域都有冷凝物到排水系统。

2. 蒸汽阻塞区应当有温度监控且当温度显示蒸汽阻塞区内有液体时会有警报提醒。

3. 主要的转向阀和其他关键阀应当可检测且有自动防故障装置，需要时可提示进行保护。

注：对于 FDD 和阀底座位置的检测参考本条例附录 H 和附录 I，位置检测设备。

4. 在 HHST 巴氏杀菌消毒器中，只有当需要的条件都达到时，蒸汽阻塞型 FDD 系统才能移动到前流位置，并且在与标准 FDD 相同条件下必须转向。

5. 当蒸汽阻塞型 FDD 系统在转向条件下时，蒸汽阻塞区失温的警报会引起蒸汽阻塞区的孔径全开以排水。

6. 当蒸汽阻塞型 FDD 在转向液流时，应当使两个蒸汽阻塞区失效，奶或奶制品不能进行分装销售。

7. 电脑控制应当遵循该附录。

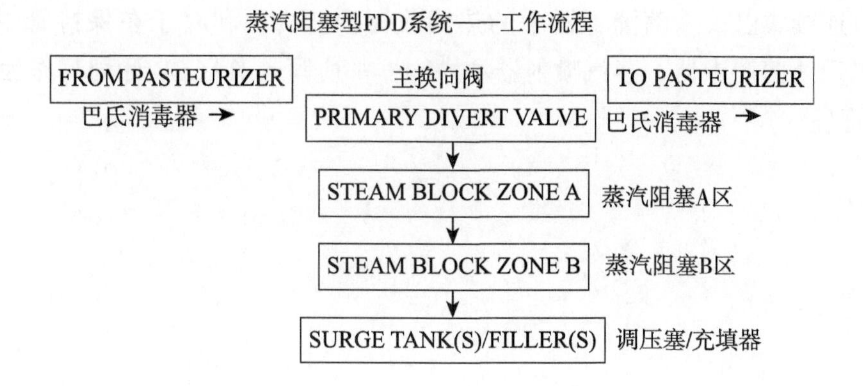

Ⅷ. 巴氏杀菌设备中奶或奶制品 HACCP CCP 模板

参与 NCIMS HACCP 示范计划的奶品厂应将巴氏杀菌作为一个 CCP 纳入 HACCP 计划中。以下是一些可使用的模版(HACCP 计划综合归纳表)。也可使用其他能起到监管巴氏杀菌作用的 HACCP 计划综合归纳表。

奶及奶制品连续式(HTST 和 HHST)巴氏杀菌消毒法——CPP 模板 HACCP 计划概要

(参考 304 页的表格示例)

HTST 和 HHST 巴氏杀菌消毒法基本要素是:

1. 时间。
2. 温度。
3. 压力。

每一个要素都应写入 HACCP 计划中。

(1)具有密封计时泵的连续式巴氏杀菌消毒器中,巴氏杀菌温度下保持的最少时间应当作为在 HACCP 计划中一个 CCP 核查对象。带有基于计时系统电磁流量计的连续式巴氏杀菌消毒器,在最低温度的计时应当被列为关键限值(CL)。

(2)应当始终将温度作为一个 CL 计入 HACCP。

(3)连续式巴氏杀菌消毒器中的热回收器内压力,和对于在保持管中需要的 HHST 巴氏杀菌消毒器,蒸汽喷射器和灌输器都应写入 HACCP 计划且作为 CPP 核查进行管理。

VAT(分批式)巴氏杀菌消毒奶及奶制品——CCP模板HACCP计划概述

(参考305页的表格示例)

分批式巴氏杀菌的基本要素包括：

1. 时间。
2. 温度。

每个要素都应作为一个CL写入HACCP计划。

奶及奶制品连续式巴氏杀菌消毒法(HTST 和 HHST)——CPP 模板 HACCP 计划概述

临界控制点 CCP	危害	CL	监管				纠偏措施*	CCP 核查**和***	记录
			内容	方式	频率	人员			
奶及奶制品巴氏杀菌(HTST 和 HHST)	生物学–具有繁殖能力的致病菌(不产生孢子)	所有奶及奶制品都在设计合理、校准精确、运行良好的巴氏杀菌机中，根据现行"A"级 PMO 中规定的温度和时间等要求进行加热。 **注**：对持续式巴氏杀菌机而言(控时泵已加封印)，在巴氏杀菌温度所需最短保温时间长度要求应被作为 HACCP 计划内的 CCP 核查对象	保温管出口端的温度 在磁控流量控时系统的持续式巴氏杀菌机内保温管内的停留时间(核实最短保持时间)	温度记录器的记录图 液流记录器的记录图	在巴氏杀菌过程中持续进行 在巴氏杀菌过程中持续进行	巴氏杀菌机操作员 巴氏杀菌机操作员	手动转向乳品液流 将受影响的乳品隔离 评估、决定产品处置方法：如重新加工或销毁 文档方面的工作	检查记录： 检查巴氏杀菌机的记录图 设备性能检查： 操作人员每天对设备进行必要的检测，并将结果记录在温度记录图上 授权的厂内人员(可能需要受到管理机构的监管)根据《乳制品厂设备检测报告》上罗列的项目执行检查 (FDA 表格 2359b) 密封： 每天检查监管封印的情况	巴氏杀菌机的记录图 纠偏措施记录 CCP 核查记录，包括设备检测记录

* HTST 或 HHST 巴氏杀菌正确的操作应是当未达到预先设置点时，将原产品转向到恒定水平罐中；

** 在一个合理设计，校准和运行的巴氏杀菌消毒器中，奶或奶制品的受热都应是"A"级 PMO 规定的特定温度时间的组合；

*** 连续式巴氏杀菌消毒器中的蓄热器内压力，和对于在保持管中需要的 HHST 巴氏杀菌消毒器，蒸汽喷射器和灌输器都应写入 HACCP 计划且作为 CPP 核查进行管理。

产品描述：__________ 存储和分装方法：__________

预期用途和消费人群：__________

签名：__________ 日期：__________

奶及奶制品 VAT(分批式)巴氏杀菌消毒法——CCP 模板 HACCP 计划概述

CCP	危害	CL	监管				纠偏措施	CCP 核查*	记录
			内容	方式	频率	人员			
奶及奶制品巴氏杀菌(槽中)	生物学-具有繁殖能力的致病菌(不产生孢子)	时间和温度	时间和温度(若在槽中应不间断地搅动以保证在生产加工期间槽中乳品温差不超过 0.5 ℃)包括最少需要的时间，乳品温度和空间温度	温度记录器的记录图	在巴氏杀菌过程中持续进行	巴氏杀菌机操作员	在巴氏杀菌过程中：继续巴氏杀菌过程直至满足温度和时间的对等要求。若此要求在 2 h 内仍不能得到满足，应评估如何处置相关乳品。 在巴氏杀菌完成后(例如，在检查记录期间)：若发现某批乳品在加工当时未能满足温度和时间的对等要求，则应将所有受影响的乳品全部扣下，随后评估、决定处置方法：如重新加工或销毁。	检查记录： 检查巴氏杀菌机的记录图 设备性能检查： 操作人员针对每一批次巴氏杀菌都需要观察显示型温度计和放置在空间里的温度计的情况(后者需分别在保温开始和结束时进行)，并将结果记录在记录图上 授权的厂内人员(可能需要受到管理机构的监管)根据《乳制品厂设备检测报告》上罗列的项目执行检查(FDA 表格 2359b) 密封： 若可行，需每天检查监管封印的情况	巴氏杀菌机的记录图 纠偏措施记录 CCP 核查记录，包括设备检测记录

* 在一个合理设计，校准和运行的巴氏杀菌消毒器中，奶或奶制品的受热都应是“A”级 PMO 规定的特定温度时间的组合

产品描述：＿＿＿＿＿＿＿＿　存储和分装方法：＿＿＿＿＿＿＿＿

预期用途和消费人群：＿＿＿＿＿＿＿＿

签名：＿＿＿＿＿＿＿＿　日期：＿＿＿＿＿＿＿＿

Ⅸ. 公认的巴氏杀菌消毒与巴氏杀菌消毒同等效果的水生产过程

紫外消毒水

背　景

众所周知，2 000~4 000 Å(200~400 nm)波长的紫外线能通过多种机制抑制水中的致病微生物，包括形成抑制微生物繁殖和侵染的 DNA 嘧啶二聚体。不同的微生物对特定波长的紫外线有不同的反应，这能够解释总剂量需求的差异。某些能够利用自身酶和机制，或者宿主细胞内的酶修复损伤 DNA 的微生物，需要更高剂量的紫外线（UV）造成不可逆转的损伤，以及巴氏杀菌级别的有效消毒。

决定任何时间都能稳定获得必须剂量 UV 的能力的 3 个要素：紫外线在水中的透射率、灯的性能和消毒室内液压装置的水流速。颜色、浑浊度、粒径和有机杂质都会影响紫外线能量的传递和降低消毒效率至低于确保杀死致病微生物的水平。同样，灯管会不同程度的老化，污水会弄脏保护套和阻止紫外光接触到某些微生物。液压模式下，液流过高或者过低都会导致紫外剂量不平均的分配，使得一些区域无法进行消毒。

其他重要因素还包括反应器的几何构型、能量、波长和 UV 灯的安装以及紫外路径长度等。过长的紫外灯路径会导致紫外线光子的相互作用和失活。

水流过消毒器时紫外线具有及时的杀菌作用，但不能提供残余杀菌作用。运用紫外照射消毒水不能取代对奶品厂配水系统进行的适当维护，定期冲洗和消毒。

标　准

下列为使用 UV 处理，被视为等同于巴氏杀菌水需要满足的标准。

1. 当被视为等同于巴氏杀菌消毒水时，紫外消毒的剂量应至少满足下列条件以达到消毒所用水的目的：

a. 低压紫外光在 2 537 Å(254 nm)，186 000 μW · s/cm^2 或者 4 log 腺病毒当量；

b. 中压紫外光在 120 000 μW · s/cm^2 或者 4 log 腺病毒当量。

2. 应当有适当的时间或者液流延迟机制以保证所有液流通过停止或者转向阀时，都能获得以上所要求的最低剂量。

3. 单元的设计应当满足不拆卸状态下能经常的清洗，同时应当经常清洁以保证系统总能提供需要的剂量。

4. 应当在准确预期的压力范围内，安装自动液流控制系统阀来限制其流量，从而使所有微粒都获得上文提到的最小限度以上的剂量。

5. 适当过滤使其波长限制在 2 500~2 800 Å(250~280 nm)杀菌谱，并且精确校准的 UV 传感器可测量灯的 UV 能量。

6. 每一个 UV 灯都应有一个传感器。

7. 灯的校准应当基于实时紫外线透过率（UVT）分析器对水质量的测定，从而保证剂量计算的正确性和稳定地供应。

8. 应安装液流转向阀或自动关闭阀，使得只有在供应所需的最低剂量的 UV 时，液流才能进入巴氏杀菌产品线。当能量没有提高时，阀门处在关闭(失效)位置，从而阻止水流向巴氏杀菌产品线。

9. 建筑材料不能释放有毒物质到水中，建筑材料中不能含有有毒物质，以及在紫外光照射下发生物理或者化学的变化。

10. 该单元应能实时记录运行的参数(液流、UVT 和剂量)。这些记录应受到监管机构的监管。如果使用电子记录，应符合本条例附录 H 条款 V 中详细说明的标准。

X. A 级公共卫生控制所用自动挤奶装置(AMIs)的计算机系统评估标准

背　景

AMIs 安装有计算机系统，这些系统经过编程，可监测或控制各种传感器、仪器和各种装置(如泵和阀门)的运行状态。以下标准可用于本条例第 1r、13r 及 14r

条款内 AMI 电脑系统的评估。

标　准

1. 验证所有负责检测和转移异常牛奶的计算机控制系统的控制功能；准备适当的奶嘴；防故障安全阀系统分离异常牛奶和准备出售的牛奶；在计算机系统调试时记录清洁/消毒溶液和准备出售的牛奶，可以视监管机构的需要增加记录次数。

2. 该验证是指监管机构人员的外部观察；或表明由 AMI 制造商完成的测试文件；或监管机构接受的其他方式。

3. 制造商关于计算机监视系统和控制功能的书面或电子文件应阐述清楚所控制的装置、所监控的传感器或仪器以及测试程序。本文件将按照要求提供给监管机构、FDA 和其他相关方。

附录I 巴氏杀菌设备和控制器——测试

I. 测试装置规格

测试温度计

类型

1. 水银汞柱或者无毒液体型：应容易清洗、表面平滑、瓷釉背面、长度最少30.5 cm(12 in)；测试浸没点应标刻在柱体上，在0 ℃(32 ℉)时水银或无毒液体收缩于贮槽内。玻璃无毒性液体型应和水银汞柱型温度计具有相同的准确性和可靠性。

刻度范围：温度计的工作刻度范围应当在巴氏杀菌温度±7 ℃(±12 ℉)，允许上下限刻度的延伸，并在149 ℃(300 ℉)处设置保护。

提供的最小温度刻度范围：0.1 ℃(0.2 ℉)

每25 mm(1 in)刻度数：不超过4 ℃或6 ℉。

准确度：在标定的刻度范围内，±0.1 ℃(±0.2 ℉)的精确度。该精确度须由美国国家标准与技术研究院(NIST)验证的标准温度计予以校验。

玻璃球：普通硬度的或与温度计相同的玻璃。

盒子：适用于运输过程及不使用时提供保护。

2. 数字式温度测试计：手提式、高精度数字式温度计，电池或者AC线供电，防止私自改动的校准保护功能。

刻度范围：−18~149 ℃(0~300 ℉)；最小温度刻度为0.01 ℃，并用数字显示。

准确度： 系统准确度：±0.005 6 ℃(±0.100 ℉)；探针准确度±0.05 ℃(±0.09 ℉)；重复性±0.005 ℃(±0.009 ℉)；3个月稳定性：±0.025 ℃(±0.045 ℉)。温度计从0~150 ℃(32~302 ℉)的稳定性：±0.05 ℃(±0.09 ℉)。校准不确定性：±0.004 7 ℃(±0.008 46 ℉)。精确度的检查须由通过美国国家标准与技术研究院(NIST)校验的标准温度计进行。校准应每年由“官方实验室”或“官方指定实验室”相关的经过良好培训的人员进行；或者通过有资质的温度计生产商；或通过经过培训的管理机构人员。校准协议/SOP应由监管机构协同温度计生产商和FDA共同制定。经管理机构培训的人员的身份证明文件应由监管机构保存。签署的数字式温度计校准证书应与该设备一起保存。

自我诊断线路： 应对所有的感应、输入和线路的调节进行不断的监测。检测线路应该能够识别探头所发出的校准信息。当探头连接不良时，将对操作人员发出警告，并且不出现温度显示。

电磁兼容性： 这些设备预期的用途应具备证明文件并可为管理机构审查使用。在现场使用这种温度计须按照欧洲电磁适应性指令中所规定的用于重工业的标准进行测试。

浸没： 探头应标记最低浸没点。在控制实验中，探头应在水中或油中浸没相同的深度。

盒子： 适用于运输过程及不使用时提供保护。

通用型温度计

类型： 袖珍型

刻度范围： 1~100 ℃(30~212 ℉)，两端允许适当的延长，保护温度在105 ℃(220 ℉)。

最小温度刻度： 1 ℃(2 ℉)。

准确度： 整个特定刻度范围内在±1 ℃(±2 ℉)。定期使用已知准确温度计校正。对于汞柱型通用温度计，应使用以下额外的技术参数。

水银柱的放大率： 不小于1.6 mm的宽度。

每in刻度的读数： 不超过29 ℃ (52 ℉)。

盒子： 金属，有钢笔夹。

玻璃珠： 普通硬度的或与温度计相同的玻璃。

电导率测定器

类型：手动或自动式。

电导率：能够检测出硬度为 100 mg/kg 的水中增加 10 mg/kg 浓度氯化钠的电导率变化。

电极：标准型。

自动仪：电子钟，时间间隔不超过 0.2 s。

计 时 器

精确的计时器应不仅限于秒表、数显表、导电设备计时器或者其他任何精确计时的设备。

秒 表

类型：表盘敞开，可指示秒以下的小数。

精确度：精确到 0.2 s。

指针：在使用时，长秒针可以每 60 s 或更少时间转动一周。

刻度：不大于 0.2 s。

表顶按钮：揿压表顶按钮操作开始、停止及调零。

Ⅱ. 测试程序

下文列出和引用的巴氏杀菌设备的测试应由监管机构执行；或者如条款 16p(D)中对于 HACCP 列出的奶品厂、有资质的工厂员工，应由管理机构认可；或者如条款 16p(D)中在紧急情况时，管理机构授权工厂的临时测试和密封程序。按照管理机构指导的测试结果，应当以适当的形式记录和存档(参考本章附录 M)。试运行的新巴氏杀菌系统应当在需要的位置安装管理标志。如果公共卫生管理器受运行巴氏杀菌系统的公共安全控制设备电脑系统的控制，那么在电脑程序封闭前计算机应遵循本章附录H条款VI。当管理封条破损时，巴氏杀菌设备经过管理机构或有资质的人员遵循条款16p(D)和应用测试过程检测后重新密封。

注：如果巴氏杀菌系统有一个或者多个测试没有被通过，巴氏杀菌系统只有在纠正引起失败的错误后，并通过管理机构审查后才能运转；或者如条款16p(D)中对于HACCP列出的奶品厂、有资质的工厂员工，应由管理机构认可；或者如条款16p(D)中在紧急情况时，管理机构授权工厂的临时测试和密封程序。

如果需要揭除封条进行下列任何的测试，在测试完成以及得到确认后，需要由监管机构或者监管机构接受的HACCP认定的人员更换封条。

注：对于用于巴氏杀菌系统各部分设备的批准，明确评估设备的测试过程包含在FDA认可的设备操作手册中或根据FDA的审查和验收设备所发出的M-b中。这些测试程序应被使用。

测试1
指示温度计——温度精确度

参考：本条例条款16p(A)、16p(B)和16p(D)。

应用：所有指示温度计，包括空气温度计，如果适用，用于测定奶及奶制品在巴氏杀菌或超巴氏杀菌中的温度。如果液柱分开或者毛细管破损则不能进行测试。

频率：安装时；每3个月至少一次；当温度计被更新替换时或对数字感应器进行调整密封时，以及数字控制盒被损坏时均须进行调试。

标准：在特定的温度范围内，巴氏杀菌或者超巴氏杀菌指示温度计在±0.25 ℃(±0.5 ℉)，空气温度计在±0.5 ℃(±1 ℉)。假如，用分批式巴氏杀菌器对物料进行长达30 min的热加工，其温度超过71 ℃(160 ℉)时，则指示温度计的精确度应为±0.5 ℃(±1 ℉)。

设备：

1. 用于测试的温度计须符合本附录第I节所引用的规定。
2. 水浴、油浴或其他相应介质浴和搅拌器。
3. 适用于加热介质浴的加热器。

方法：如果适用，指示或空气温度计和测试温度计应放入同一温度的水浴、油浴或者其他液体中。如果适用，指示或空气温度计的读数应和测试温度计比较。

过程：

1. 准备一种介质，将介质的温度提高到巴氏杀菌或超巴氏杀菌最低密封断流温度的±2 ℃(±3 ℉)范围内，或批次巴氏杀菌的最低法定指示或空气温度。

2. 保持介质浴温度的稳定并快速搅动。

3. 不断搅动，如果适用，将指示或空气温度计与测试温度计插入到浴锅内，并浸入到浸没指示点。

4. 比较测试温度范围内的温度计读数。

5. 重复比较温度计读数。

6. 如果测试结果在条例规定的范围之外，如果使用指示温度计或空气温度计的话，应当由奶品厂工人校正使其符合测试温度计，重新测试并以合适的方式记录。

7. 当结果符合并经过确认后，记录两个对照的温度计读数，以适当形式记录温度计确认状况或者位置。

8. 酌情重密封数字式温度计的传感元件和控制盒。

执行：如果巴氏杀菌系统有一个或者多个测试没有通过，则其不能运转，直至没有通过的原因都被纠正后并且符合管理机构审查后才能运转；或者如条款16p(D)中对于 HACCP 列出的奶品厂、有资质的工厂员工，应由管理机构认可；或者如条款 16p(D)中在紧急情况时，管理机构授权工厂的临时测试和密封程序。

测试 2
温度记录和记录控制器温度计——温度准确性

参考：本条例条款 16p(A)、16p(B)和 16p(D)。

应用：适用巴氏杀菌或超巴氏杀菌过程中记录奶或奶制品温度的所有温度记录和记录控制器，除了由电或者电脑控制的。

频率：安装时；每 3 个月至少一次；当温度计被更新替换时或对数字感应器进行调整密封时，以及数字控制盒被损坏时均须进行调试。

标准：如过程 1 中描述的特定的温度范围内±0. 5 ℃(±1 ℉)。假如，用分批式巴氏杀菌器对物料进行长达 30 min 的热加工，其温度超 71 ℃(160 ℉)时，则指示温度计在 71~77 ℃(160~170 ℉)的精确度应为±1 ℃(±2 ℉)。

设备：

1. 先前经过已知精确温度计测试的指示温度计。

2. 水浴、油浴或者其他合适的介质并搅动。

3. 合适的加热介质的方法。

4. 冰。

注：当测试工作温度高于水、油或者其他介质沸点的HHST热加工系统温度记录控制器时，应当取代过程1、4、5、6、7温度的水和过程2、3、5的沸水。代替沸水的油浴温度应当高于正常操作范围但低于记录纸最高温度分区。

方法：温度记录或记录控制器温度计的精确度测试涉及将温度计置于高温和冰水后，其记录笔能否回到先前所规定的精度范围，即上述测试标准中设定的0.5 ℃(1 ℉)或1 ℃(2 ℉)的范围内。

过程：

1. 加热介质到恒定温度，利用下列温度中的任一个。

a. 最低密封断流巴氏杀菌温度。

b. 间歇巴氏杀菌最小法定指示或空气巴氏杀菌温度。

假如，用分批式巴氏杀菌器对物料进行长达30 min的热加工，其温度超71 ℃(160 ℉)时，测试用介质的温度应在71~77 ℃(160~170 ℉)。

将温度记录或者记录控制器温度计传感元件浸入介质中。经过5 min稳定时间，如果有必要校正温度记录或记录控制器温度计笔，直到读数达到先前测定的指示温度计读数。在整个稳定期间介质应被快速搅动。

2. 准备第二种介质，加热介质到水的沸点，或就HHST热加工系统而言，温度加热超过正常运转范围但低于记录纸最高的温度刻度并保持。准备第三种冰水混合物介质。将所有介质放置在温度计或记录控制器温度计温度感应元件工作范围内。

3. 将温度计或记录控制器温度计感应元件浸没到过程2中准备好的热介质浴中，保持至少5 min。

4. 从热介质浴中移出温度记录或记录控制器温度计感应元件并浸入过程1中的介质浴。保持指示和温度记录或记录控制器温度计稳定5 min。对比指示温度计和温度记录或记录器控制温度计读数。如同上述标准规定，温度记录或记录器控制温度计读数与指示温度计比较应在±0.5 ℃(±1 ℉)或者±1 ℃(±2 ℉)内。

5. 从测试过程中使用的温度范围内的介质浴中移出温度记录或记录控制器温度计感应元件，并浸入冰水混合物中保持不少于5 min。

6. 从冰水浴中移出温度记录或记录控制器温度计感应元件并浸入过程1中的介质浴。保持指示和温度记录或记录控制器温度计稳定5 min。对比指示温度计和温度记录或记录器控制温度计读数。如同上述标准规定，温度记录或记录器控制温度计读数与指示温度计比较应在±0.5 ℃(±1 ℉)或者±1 ℃(±2 ℉)内。

7. 当达到要求时，必须重新密封温度传感元件和记录控制器，以适当的形式记录过程1、4、6中指示温度计和温度记录温度计或者记录控制器温度计读数。

执行：如果温度记录或记录控制器温度计笔没有回到过程4和过程6中要求的±0.5 ℃(±1 ℉)或者±1 ℃(±2 ℉)内，那么奶品厂工人就应维修或者更换温度记录或记录控制器温度计。如果巴氏杀菌系统有一个或者多个测试没有通过，则其不能运转，直至没有通过的原因都被纠正，并且符合管理机构审查后才能运转；或者如条款16p(D)中对于HACCP列出的奶品厂、有资质的工厂员工，应由管理机构认可；或者如条款16p(D)中在紧急情况时，管理机构授权工厂的临时测试和密封程序。

测试3
温度记录和记录控制器温度计——时间准确性

参考：本条例条款16p(A)、16p(B)和16p(D)。

应用：适用于记录巴氏杀菌或超巴氏杀菌时间的所有温度记录和记录控制器温度计。

频率：安装时；每3个月至少一次；当温度计被更新替换时或对数字感应器进行调整密封时，以及数字控制盒被损坏时均须进行调试。

标准：记录的巴氏杀菌或超巴氏杀菌时间不能超过实际的时间。

设备：精确的计时设备。

方法：与精确计时器不少于30 min的读数比较。

过程：

1. 判定记录纸是否适合温度记录或记录控制器温度计。保证记录笔对准记录纸中心和边缘的时间弧度。

2. 在记录笔指向记录图谱表的地方做上一个标记，并记录这个时间。

3. 在利用精确时间测量装置指示的最终30 min时，在记录笔指向图谱表的位置打上第2个标记。

4. 测量此两个标记之间的距离，与相同温度段中记录图谱上的时间分隔距离作比较。

5. 必要时重新密封调节控制器；将结果输入图表，进行初始化并记录其结果；合适的方式记录开始和结束时间。

执行：如果记录时间错误，那么奶品厂工人就应维修或者更换温度记录或记录控制器温度计。如果巴氏杀菌系统有一个或者多个测试没有通过，则其不能运转，直至没有通过的原因都被纠正后并且符合管理机构审查后才能运转；或者如条款16p(D)中对于HACCP列出的奶品厂、有资质的工厂员工，应由管理机构认可；或者如条款16p(D)中在紧急情况时，管理机构授权工厂的临时测试和密封程序。

测试4
温度记录和记录控制器温度计——用指示温度计检查

参考： 本条例条款16p(A)、16p(B)和16p(D)。

应用： 适用于所有在巴氏杀菌或超巴氏杀菌系统中记录奶或奶制品温度的温度记录和记录控制设备，适用于数显空气间层/记录温度计和持续记录空气间层温度组合的分批式巴氏消毒器，记录纸只在巴氏杀菌持续阶段的开始进行空气间层温度的读取和记录。

频率： 安装时；每3个月至少一次；当温度计被更新替换时或对数字感应器进行调整密封时，以及数字控制盒被损坏时均须进行调试。

标准： 温度记录温度计和记录控制器温度计读数不能高于预先经过准确测定的指示温度计或间层空气温度计。

设备： 不需要辅助材料。

方法： 只需要测试暴露在稳定温度或者高于最低巴氏杀菌温度条件下温度记录温度计、记录控制器温度计或间层空气温度计读数与指示温度计的同一时间的读数。

过程：

1. 当指示和温度记录或记录控制器温度计温度读数稳定在或者超过规定的最低巴氏杀菌温度时，读取指示温度计。

2. 对于分批式巴氏杀菌，当空气间层指示和记录温度读数稳定在或者超过规定最低巴氏杀菌温度，读取空气检测温度计。

3. 立即录入结果，进行对比，并初始化记录表。这可以通过划出一条与记录笔所指示记录温度弧或者其他管理机构认可的其他方法来实现。

4. 以适当的形式记录观测到的指示和温度记录温度计或者记录控制器温度计读数。

执行： 如果温度记录温度计或记录控制器温度计读数高于指示温度计，奶品厂员工应校正记录笔或者温度调节设备与指示温度计一致。经过校正温度记录温度计或者记录控制器没有通过测试，巴氏杀菌或超巴氏杀菌系统不能运转，直至没有通过的原因都被纠正后，并且符合管理机构审查后才能运转；或者如条款

16p(D)中对于 HACCP 列出的奶品厂、有资质的工厂员工，应由管理机构认可；或者如条款 16p(D)中在紧急情况时，管理机构授权工厂的临时测试和密封程序。

测试 5
FDD——正确的安装和功能

参考：本条例条款 16p(B)和 16p(D)。

应用：下文 5.1~5.4，5.6~5.8 适用于所有连续式巴氏杀菌系统 FDDs。5.5~5.9 仅适用于 HTST 巴氏杀菌系统 FDDs。

频率：安装时；每 3 个月至少一次；当温度计被更新替换时或对数字感应器进行调整密封时，以及数字控制盒被损坏时均须进行调试。

标准：FDD 应在所有运行条件下按要求运转，当 FDD 故障或者 FDD 没有正确安装时，切断计时泵和所有其他导致液体通过 FDD 的液流促进装置。

5.1　阀门底座泄漏测试

设备：能拆卸 FDD 及任何连接卫生管道的合适工具。

方法：观察阀门底座的泄漏。

过程：

1. 使用水测试巴氏杀菌系统，将 FDD 置于液流转向位置上。

a. 对于单杆 FDD，拆开前流的卫生管道，观察阀门底座泄漏。检查泄漏端口是否是打开状态。

b. 对于双杆 FDD，观察检测线泄漏或视镜泄漏。

2. 适当形式记录测试结果。

执行：如果有泄漏，则奶品厂相关人员应当对 FDD 进行适当的维修。经过调整或维修的 FDD 仍没有通过测试，巴氏杀菌或超巴氏杀菌系统不能运转，直至没有通过的原因都被纠正后，并且符合管理机构审查后才能运转；或者如条款 16p(D)中对于 HACCP 列出的奶品厂、有资质的工厂员工，应由管理机构认可；或者如条款 16p(D)中在紧急情况时，管理机构授权工厂的临时测试和密封程序。

5.2　阀杆动作测试

设备：拧紧单杆 FDD 填密螺母的适当工具。

方法：观察阀柄是否转动灵活。

过程：

1. 对于单杆FDDs，尽可能拧紧阀杆填密螺母。在最大压力下运行巴氏杀菌系统并将FDD多次置于前进和转换位置。在杆密封螺母旋紧状态下，阀杆能够轻松自如地在前进和转换位置相互转换。注意阀柄活动的自由度。

2. 对于双杆FDDs，在最大压力下运行巴氏杀菌系统，并将FDD置于前进和转换位置多次。阀杆能够轻易地在前进和转换位置移动。注意阀柄活动的自由度。

3. 适当形式记录测试结果。

执行：如果阀杆的活动不灵活，则奶品厂相关人员应当对其进行适当的维修。经过调整或维修FDD仍没有通过测试，巴氏杀菌或超巴氏杀菌系统不能运转，直至没有通过的原因都被纠正后，并且符合管理机构审查后才能运转；或者如条款16p(D)中对于HACCP列出的奶品厂、有资质的工厂员工，应由管理机构认可；或者如条款16p(D)中在紧急情况时，管理机构授权工厂的临时测试和密封程序。

5.3 设备安装——单杆FDD

设备：能拆卸FDD及连接任何卫生管道的合适工具。

方法：当FDD装配不当，并且在转向位置处低于断流器温度时，观察计时泵和所有驱动液流通过FDD的液流促进装置的运转。

过程：

1. 当巴氏杀菌系统处于“过程”模式运行并且低于回流温度时，将阀端与阀体紧固的13号六角螺母拧松半圈。这样将会切断定时泵以及所有可能驱送物料到FDD的液流促进装置。另外，分离器或下游真空源应能有效地排出巴氏杀菌系统。这项测试应当在没有任何卫生管道连接FDD前流端口的状态下进行。当螺母松动时会导致阀门顶端移动。重新旋紧13号六角螺母。

2. 当巴氏杀菌系统处于“过程”模式运行并且低于回流温度时，移除阀杆底部的连接件。应当切断计时泵和其他所有可能驱送物料到FDD的液流促进装置。另外，分离器或下游真空源应能有效地排出巴氏杀菌系统。

3. 尝试重新启动每个引起液流通过FDD的液流促进装置。所有这些液流启动装置能启动或运转。分离器或真空源应能有效地控制巴氏杀菌系统。

4. 适当形式记录测试结果。

执行：如果任一液流促进装置不能如上文那样有相应反馈，奶品厂工作人员应当立即检查FDD的安装和连接，以确定错误的原因并纠正。经过调整或维修的

FDD仍没有通过测试，则巴氏杀菌或超巴氏杀菌系统不能运转直至没有通过的原因都被纠正后，并且符合管理机构审查后才能运转；或者如条款16p(D)中对于HACCP列出的奶品厂，有资质的工厂员工，应由管理机构认可；或者如条款16p(D)中在紧急情况时，管理机构授权工厂的临时测试和密封程序。

5.4　设备安装——双杆FDD

注：这一部分的测试程序是FDA认可的许多特定类型FDDs的代表性方法。测试细节在不同版本的FDD操作手册中可能略有不同，这已经经过FDA的审核且具有FDA的M-bs特定编号。M-b中的每一个检测方法，如果存在词组“计量泵”或“计时泵”，则应当理解为“计时泵和其他驱动液流通过FDD的液流促进装置”。

设备：不需要辅助设备。

方法：当FDD没有正确安装时，观察能引起液流通过FDD的计时泵和所有驱动的运转。

过程：

1. 因为温度而使FDD处于转向液流状态并且FDD正常装配，通过移动开关到“检查”模式将此装置移动到直流状态，并将阀柄与被检测的阀制动器断开连接。

2. 通过移动开关到“产品”模式将FDD移动到液流转换位置，打开计时泵和其他能够驱动液流通过FDD的液流促进装置。计时泵和其他液流促进装置应断开且不能运转。如果任何驱动液流通过FDD的液流促进装置暂时的启动并被关闭，它就会有条款16p(B)2.b中允许的指示不恰当连线的1 s延迟。另外，分离器或真空源应能有效地控制巴氏杀菌系统。将开关转换到“检查”模式并正确的重新安装FDD，启动计时泵和其他驱动液流通过FDD的液流促进装置检查FDD是否已被正确安装。

3. 其他制动器重复这一过程。

4. 适当形式记录测试结果。

执行：如果任何能够驱动液流通过FDD的液流促进设备不能像预期那样进行反馈，奶品厂工作人员应当立即检查FDD的安装和连接以确定和纠正错误的原因。经过调整或维修FDD仍没有通过测试，则巴氏杀菌或超巴氏杀菌系统不能运转，直至没有通过的原因都被纠正后，并且符合管理机构审查后才能运转；或者如条款16p(D)中对于HACCP列出的奶品厂、有资质的工厂员工，应由管理机构认可；或者如条款16p(D)中在紧急情况时，管理机构授权工厂的临时测试和密封程序。

5.5 手动转向

设备：不需要其他辅助设备。

方法：手动转向激活和失活时观察下文过程1和过程2中适当的反馈。

过程：

1. 在HTST系统处于工作状态及FDD处于前流位置时，激活手动换向按钮。

a. FDD呈现换向位置。

b. 任何FDD下游能够促进液流通过FDD的液流促进设备都应断开。

c. 任何FDD下游的分离器或真空源应能有效地控制巴氏杀菌系统。

2. 如果HTST系统中安装有升压泵且巴氏杀菌系统在FDD位于液流前缘位置时处于运转状态，则：

a. 激活人工转向控制。断开升压泵。保持热回收器中原奶或奶制品与巴氏杀菌奶及奶制品之间的压差不小于最小值6.9 kPa。

b. 当原始压力达到0 kPa时，停用手动转向控制并观察热回收器中原奶或奶制品与巴氏杀菌奶及奶制品之间压差不小于最小值6.9 kPa的保持状况。

执行：如果上文描述未出现，或者热回收器中生奶或奶制品与巴氏杀菌奶及奶制品之间的最小压差没有得到保持，奶品厂工作人员应当立即检查和评价HTST巴氏杀菌系统，并改正缺陷或适当的校正。经过调整或维修FDD仍没有通过测试，则巴氏杀菌或超巴氏杀菌系统不能运转直至没有通过的原因都被纠正后，并且符合管理机构审查后才能运转；或者如条款16p(D)中对于HACCP列出的奶品厂、有资质的工厂员工，应由管理机构认可；或者如条款16p(D)中在紧急情况时，管理机构授权工厂的临时测试和密封程序。

5.6 响应时间

设备：

1. 水、油或其他合适的介质浴。

2. 加热介质浴的合适方法。

3. 精确的计时设备。

方法：判定在温度下降时、FDD在激活切段温度控制机制瞬间和完全流向转换时，FDD制动瞬间所需时间不超过1 s。

过程：

1. 将水、油或合适的介质浴温度调节到高于回流温度，并逐渐使其冷却。当回流机械装置被激活的瞬间，按下秒表开始计时。当 FDD 完全达到换向位置的瞬间，停止计时。

2. 适当的方式记录结果。

执行：如果反馈时间超过了 1 s，奶品厂人员应当立即纠正 FDD 的效率。经过调整或维修 FDD 仍没有通过测试，则巴氏杀菌或超巴氏杀菌系统不能运转直至没有通过的原因都被纠正，并且符合管理机构审查后才能运转；或者如条款 16p(D) 中对于 HACCP 列出的奶品厂、有资质的工厂员工，应由管理机构认可；或者如条款 16p(D) 中在紧急情况时，管理机构授权工厂的临时测试和密封程序。

5.7 计时泵和其他液流促进装置时间延迟连锁

应用：所有带有手动前流开关的双柄 FDD。

设备：不需要其他辅助设备。

方法：当计时泵或其他任何驱动液流通过 FDD 的液流促进装置工作时，确定 FDD 不处于手动前流位置状态。

过程：当巴氏杀菌系统通过前流运行时，将控制开关转到“检查”位置，观察下列事件有序自动的出现：

1. FDD 立即移动到液流转向位置，计时泵和其他能驱动液流通过 FDD 的液流促进装置被切断，或者对于分离器或下游真空源能被有效地排出巴氏杀菌系统。

2. FDD 系统保持在液流转向位置直到计时泵和其他能驱动液流通过 FDD 的液流促进装置停止运转，或者对于分离器或下游真空源能有效地控制巴氏杀菌系统。

3. FDD 应在液流前缘位置。

4. 用合适的方式记录测试结果，密封控制盒。

执行：如果上述的作业没有发生，奶品厂工作人员需要进行计时器校准或者连接线更换。如果经过校准或维修之后 FDD 仍没有通过测试，则巴氏杀菌或超巴氏杀菌系统不能运转，直至没有通过的原因都被纠正后，并且符合管理机构审查后才能运转；或者如条款 16p(D) 中对于 HACCP 列出的奶品厂，有资质的工厂员工，应由管理机构认可；或者如条款 16p(D) 中在紧急情况时，管理机构授权工厂的临时测试和密封程序。

5.8 CIP 延时继电器

应用: 适合于所有在 CIP 循环中需要液流促进设备的连续式巴氏杀菌系统。

标准: 当 FDD 的模式开关从"过程"移动到"CIP"时,FDD 应立即移动到液流转向位置。当开始在 CIP 模式的正常循环之前,其应当保持在液流转向位置至少 10 min,使所有公共安全控制需要的"过程"模式运行。在 HTST 巴氏杀菌系统中,应当断开升压泵,原料热回收器和分离器或 FDD 下游真空源之间的分离器,应在需要的 10 min 延迟时间内有效地切断巴氏杀菌系统。

设备: 精确的计时设备。

方法: 通过观察 FDD 移动到溶液前缘或者再一次移动到溶液前沿位置的时间判定 CIP 时间延迟设置点与需要的 10 min 是否相当或者比其高。

过程:

1. 运行开关在 FDD 控制"过程"位置的巴氏杀菌系统至液流前缘的模式,使用高于最低规定巴氏杀菌温度的水。对于基于计时系统的电磁流量计,在流量低于流量警报设置点和高于低流量或者丢失信号警报设置点时运行系统。

注: 用于模仿保持管正常巴氏杀菌温度的适当温度感应元件可置于水浴、油浴或者其他合适介质浴中,以代替巴氏杀菌系统中以高于法定最低巴氏杀菌的温度进行加热。

2. 将 FDD 上的开关模式切换到"CIP"位置。FDD 应立即移动到液流转向位置。当 FDD 移动到液流转向位置时打开精确计时设备。确认在转向液流"过程"模式下的所有公共安全控制处于运行中。

3. 当 FDD 移动到液流前缘位置或者再一次移动到液流前缘位置时暂停精确计时设备。这时,巴氏杀菌系统就会不需要 FDD 的控制继续运行,而通常在生产过程中处于"过程"模式。

4. 合适的方式记录测试结果。

5. 在时间延迟后重新密封管理设备附件。

执行: 当 FDD 模式开关从"过程"移动到"CIP"模式之后,如果 FDD 没能在液流转向位置保持至少 10 min,则增加时间延迟的设置点然后重复该测试过程。当巴氏杀菌系统处在"过程"模式转向液流时,所有的公共安全控制器应当在这 10 min内运转。如果上述没有发生,奶品厂员工需要进行计时器校准或者连接线更换。如果经过校准或维修之后 FDD 仍没有通过测试,则巴氏杀菌或超巴氏杀菌系统不能运转,直至没有通过的原因都被纠正后,并且符合管理机构审查后才能运转；或者如条款 16p(D)中对于 HACCP 列出的奶品厂、有资质的工厂员工，应由管理机构认可；或者如条款 16p(D)中在紧急情况时，管理机构授权工厂的临时测试和密封程序。

5.9 泄漏探测阀门冲刷——时间延迟

应用：当 FDD 在转向液流位置，连续巴氏杀菌消毒器中在转向和泄漏探测阀间的空间不能自行排水。

标准：在转向阀移动到液流前缘位置后，以及泄漏检测阀移动到液流前缘位置前转向阀和泄漏检测阀之间的空间应冲刷不少于 1 s 且不大于 5 s。

以下条件时不能使用最大 5 s 延迟时间：

1. 不需要使用任何转向管线时就能够达到液流转向中公认的最短巴氏杀菌保持时间；

2. 计时系统是电磁流量计型。

设备：精确的计时设备。

方法：观察转向和泄漏探测阀到液流前缘位置的运动并记录两个阀运动的时间间隔。

过程：

1. 通过以下任一方法将 FDD 从液流转换位置移动到液流前缘位置。

a. 提高温度使其高于切入设置点。

注：用于模仿保持管正常巴氏杀菌温度的适当温度感应元件可置于水浴、油浴或者其他合适介质浴中，以代替巴氏杀菌系统中以高于法定最低巴氏杀菌温度进行加热。

b. 在人工转向模式下，在高于切入设置点温度运行 HTST 巴氏杀菌系统，然后释放人工转向控制。

2. 当转向阀开始移动到液流前沿位置时，启动精确计时设备。

3. 当泄漏检测阀开始移动到液流前沿位置时，停止精确计时设备。

4. 适当的方式记录使用的时间。

5. 除了上文标准中提到的免责条款，如果使用的时间大于 1 s 而不大于 5 s 时，根据需要延迟设备的密封时间。

执行：除了上文标准中提到的免责条款，如果使用的时间小于 1 s 或大于 5 s 时，奶品厂应对巴氏杀菌系统或巴氏杀菌系统 FDDs 控制器进行适当的改变。如果经过校准或维修之后 FDD 仍没有通过测试，则巴氏杀菌或超巴氏杀菌系统不能运转，直至没有通过的原因都被纠正后，并且符合管理机构审查后才能运转；或者如条款 16p(D)中对于 HACCP 列出的奶品厂、有资质的工厂员工，应由管理机构认可；或者如条款 16p(D)中在紧急情况时，管理机构授权工厂的临时测试和密封程序。

测试 6
间歇式巴氏消毒器泄漏保护出口阀

参考：本条例条款 16p(A)和 16p(D)。

应用：适用于所有带有出口阀的间歇式巴氏消毒器。

频率：安装时；每 3 个月至少一次。

标准：在阀门关闭时，阀座无泄漏。

设备：不需要其他辅助设备。

方法：在出口阀出口处水面存在压力时，观察阀门阀座是否有泄漏发生。

过程：

1. 用奶、奶制品或水填装分批式巴氏杀菌系统到正常的运转水平。

2. 在关闭位置观察排除阀并确定是否有奶、奶制品或水分别从排除阀底座泄漏到阀门出口。

3. 适当的方法记录测试结果。

执行：如果在闭合位置排出阀底座发生泄露，应当有工作人员维修或更换出口阀阀塞。如果出口阀没有通过测试，分批式巴氏杀菌消毒器不能运转，直至没有通过的原因都被纠正，并且符合管理机构审查后才能运转；或者如条款 16p(D)对于 HACCP 列出的奶品厂、有资质的工厂员工，应由管理机构认可；或者如条款 16p(D)中在紧急情况时，管理机构授权工厂的临时测试和密封程序。

测试 7
HTST 巴氏杀菌系统中的指示温度计——温度计反馈

参考：本条例条款 16p(A)和 16p(D)。

应用：适用于除了 FDD 在巴氏杀菌消毒器热回收器下游或在终冷却器的所有 HTST 巴氏杀菌消毒器。

频率：安装时；每 3 个月至少一次；指示温度计维修或更换时；数字敏感元件或者数字控制盒的管理密封破损时。

标准：不大于4 s。

设备：

1. 精确计时设备。

2. 指示温度计，近期通过了已知的精确温度计检测。

3. 水、油或其他合适介质浴和搅拌器。

4. 适当的介质加热方法。

5. 冰水介质浴。

方法：在特定的温度范围内增加7 ℃(12 ℉)，测试指示温度计读取所需要的时间。这个温度范围应当包括规定的最低巴氏杀菌温度。如果有多重切入温度且一个或多个超过7 ℃(12 ℉)的分隔，那么这个测试应不包括下文过程1中最初的7 ℃(12 ℉)范围的切入温度。

过程：

1. 将介质浴温度加热到至少高于指示温度计最小读数11 ℃(19 ℉)的范围，插入指示温度计。指示温度计的使用是水浴的温度应该比巴氏杀菌所必需的最高温度高出4 ℃(7 ℉)。

2. 将此指示温度计浸在冷水中，冷却数秒。

注：在执行程序3、4、5的过程中需要不断搅动热水浴。从程序1结束到程序3开始，所使用的时间不应该超过15 s，除非使用恒温水浴来防止热水浴的骤然冷却。

3. 将指示温度计插入到热水浴中，使温度计球浸没到合适的深度。

4. 当指示温度计的读数低于水浴温度11 ℃(19 ℉)时，开启准确计时设备。

5. 当指示温度计的读数低于水浴温度4 ℃(7 ℉)时，关闭准确计时设备。

6. 以适当方式记录测试结果。

例如：对用于巴氏杀菌温度设置为71.7 ℃(161 ℉)和74.4 ℃(166 ℉)的指示温度计，其所用测试的水浴温度应定为78.3 ℃(173 ℉)。比78.3 ℃(173 ℉)低10.5 ℃(19 ℉)的水浴温度应该是67.8 ℃(154 ℉)；比78.3 ℃(173 ℉)低3.9 ℃(7 ℉)的水浴温度应为74.4 ℃(166 ℉)。因此，将原先已经浸入过冰水浴的指示温度计浸没在78.3 ℃(173 ℉)的水浴中，当温度计的读数显示为67.8 ℃(154 ℉)时开启秒表，而当温度计的读数为74.3 ℃(166 ℉)时关闭秒表。

注：该例子包括巴氏杀菌温度设置为71.7 ℃(161 ℉)和74.4 ℃(166 ℉)。假如巴氏杀菌温度设定为71.7 ℃(161 ℉)和79.4 ℃(175 ℉)，则在7 ℃(12 ℉)的幅度范围内不可能完全包括两个设定。当巴氏杀菌温度设定为71.7 ℃(161 ℉)和79.4 ℃(175 ℉)时，测试应当分开为两个测试点进行。

执行：若反馈时间超过 4 s，奶品厂工作人员应维修或更换指示温度计。如果温度计未通过测试，巴氏杀菌消毒器不能运转，直至没有通过的原因都被纠正并且符合管理机构审查后才能运转；或者如条款 16p(D)中对于 HACCP 列出的奶品厂、有资质的工厂员工，应由管理机构认可；或者如条款 16p(D)中在紧急情况时，管理机构授权工厂的临时测试和密封程序。

测试 8
温度记录—控制温度计—温度计的响应

参考：本条例条款 16p(B)和 16p(D)。

应用：适用于除了 FDD 在巴氏杀菌消毒器热回收器下游或在终冷却器的所有 HTST 巴氏杀菌消毒器。

频率：安装时；每 3 个月至少一次；指示温度计维修或更换时；数字敏感元件或者数字控制盒的管理密封破损时。

标准：不大于 5 s。

设备：

1. 精确计时设备；
2. 指示温度计，近期通过了已知的精确温度计检测；
3. 水、油或其他合适介质浴和搅拌器；
4. 适当的介质加热方法。

方法：在特定的温度范围内增加 7 ℃(12 ℉)，测试指示温度计读取所需要的时间。这个温度范围应当包括规定的最低巴氏杀菌温度。如果有多重切入温度且一个或多个超过 7 ℃(12 ℉)的分隔，那么这个测试应不包括下文过程 1 中最初的 7 ℃(12 ℉)范围的切入温度。

测量温度记录-控制温度计温度读数小于切入温度 7 ℃(12 ℉)的瞬间和温度记录控制器计入时刻这两者之间的时间间隔。时间间隔的测量是在温度记录控制器传感元件插入到快速搅拌并保持在高于切入温度 4 ℃(9 ℉)的介质浴中进行的。

过程：

1. 必要时检查和调整记录温度计的记录笔的设置，以使其读数和在巴氏杀菌温度时的指示温度计一致。
2. 允许温度计记录控制器冷却至室温。
3. 将水浴加热到高于切入温度 4 ℃(9 ℉)，同时搅动水浴以确保温度均衡。
4. 将温度记录控制器感应元件浸没在介质浴里。在以下过程 5 和过程 6 中持续不断地搅动水浴。

5. 当记录温度计达到低于切入温度 7 ℃(12 ℉)时，启动精确计时设备。

6. 当温度记录控制器切入时，关闭精确计时设备。

7. 以适当的方式记录测试结果。

8. 对每一个温度切入点重复过程 1~7。

执行：若反馈时间超过 5 s，奶品厂工作人员应维修或更换指示温度计。如果温度计未通过测试，巴氏杀菌消毒器不能运转，直至没有通过的原因都被纠正，并且符合管理机构审查后才能运转；或者如条款 16p(D)中对于 HACCP 列出的奶品厂、有资质的工厂员工，应由管理机构认可；或者如条款 16p(D)中在紧急情况时，管理机构授权工厂的临时测试和密封程序。

测试 9
热回收器压力控制器

参考：本条例条款 16p(C)和 16p(D)。

9.1 压力转换器

应用：适用于所有控制 HTST 巴氏杀菌系统热回收器中升压泵元件的压力转换器。

频率：安装时；每 3 个月至少一次；增压泵或开关线路发生任何变动或者压力开关密封破损时。

标准：当热回收器部分巴氏杀菌奶或奶制品压力差不小于 6.9 kPa 时，才能运行升压泵。

设备：

1. 卫生压力表。

2. 用于检测和调试压力开关设置的气压测试设备。

注：一个简单的压力测试设备，由一个出口带有盖的双承丁字管组成，这个双承丁字管被钻孔、刻上螺纹并按照放气阀盖子、减压阀[建议范围 0~414kPa(0~60 lb/in^2)]和奶品厂气线附属的气动设备的快速断开装置的顺序进行安装。

3. 串联电路中与压力开关连接的合适电压的测试灯，与升压泵发动机平行。

方法：检查和调整压力开关以防止升压泵的运行，除非热回收器部分的巴氏杀菌奶或奶制品面的压力至少高于升压泵压力 6.9 kPa。

过程：

1. 判定升压泵的最大压力。

a. 在卸下的增压泵上安装卫生压力表。

b. 用水运行巴氏杀菌系统；FDD在液流前沿位置；计时泵以可能的最小速度运行；升压泵在最大速度运行。如果分离器或真空设备位于热回收器部分原出口和计时泵之间，分离器或真空设备应能有效地排出巴氏杀菌系统。

c. 在这种情况下通过压力表测定最大压力。

2. 检查和设定压力开关。

a. 断开测试的巴氏杀菌系统压力开关并连接到气压测试设备双承丁字管的一个出口。

b. 将卫生压力表连接到双承丁字管的第三个出口。

c. 关闭空气压力调节阀，完全打开放气阀。缓慢的操作阀门使气压测试设备的压力在需要的范围内。

注：小心操作空气减压阀门和放气阀，气压检测设备的气压应缓慢准确的调节。当运行气压测试设备时，应当注意避免将压力表和卫生压力计暴露在对压力开关造成损害的过强压力下。

d. 移出管理密封条和盖子以展现压力开关机械调节装置。

e. 运行压力测试设备，确定压力开关上的升压泵启动点压力机读数，此时会点亮测试灯。如果压力开关短路，则在使用空气压力前测试灯就会闪亮。

f. 如果需要调节升压泵启动点，以便出现过程1中高于升压泵运行压力至少6.9 kPa的压力计读数。如果需要调节，参考生产商使用指南中的校准程序。经过校准，重新检查升压泵启动点。

g. 重新盖盖子，密封压力开关，将压力计传感器放置到原位。

3. 识别升压泵的发动机、机箱和旋叶。

4. 以适当方式记录最大升压泵压力、压力开关设置，以及识别升压泵的发动机、机箱和旋叶。

执行：如果压力开关没有通过测试，则巴氏杀菌或超巴氏杀菌系统不能运转，直至没有通过的原因都被纠正后，并且符合管理机构审查后才能运转；或者如条款16p(D)中对于HACCP列出的奶品厂、有资质的工厂员工，应由管理机构认可；或者如条款16p(D)中在紧急情况时，管理机构授权工厂的临时测试和密封程序。

9.2 控制器压差

应用：本测试 9.2.1 适用于所有压差控制器，这些压差控制器被用于控制 HTST 巴氏杀菌系统中增压泵；或被用于控制连续式巴氏杀菌系统中巴氏杀菌再生器或终端冷却部分下游的 EDD 的运行，FDD 使用了板式、双管或三管式热交换器。

测试 9.2.2 只适用于 FDD 位于保持管之后的 HTST 巴氏杀菌系统。

测试 9.2.3 适用于使用压差控制器来控制 FDD 的连续巴氏杀菌系统中的板式、双管或三管式热交换器。

频率：安装时；每 3 个月至少一次；以及当压差控制器进行调节或修理时。

标准：除非热交换器热回收段杀菌侧的物料压力高于原料奶侧 6.9 kPa ($1\ lb/in^2$) 以上，否则增压泵不会工作，而且整个巴氏杀菌器也没有顺流输液动作的发生。当压差控制器用于控制 HTST 巴氏杀菌系统的 FDD 并且热回收器部分出现错误压力时，FDD 应当移动到液流转换位置并保持直到热回收器部分重新建立适当的压力，以及奶或奶制品在保持管和 FDD 之间的接触面已连续同时保持在最低规定巴氏杀菌温度需要的最少时间。

设备：

1. 卫生压力计。
2. 压力开关测试 9.1 中用于检查和校正压差测试开关的气压测试设备。
3. 水、油或者其他合适介质浴和搅拌器。
4. 适当的介质加热的方法(参考 9.2.2)。
5. 测试灯(参考 9.2.3)。

方法：检查并调节压差开关以防止增压泵的启动运转以及液流前流，除非热回收器巴氏杀菌侧的压力大于原料奶侧的压力 6.9 kPa 以上。

9.2.1 压差控制器传感元件校准

程序：

1. 将连接压力传感器两端的卫生管道松开，等待物料从卫生管道接头处流出。压力指示器或数字显示器都会显示压力为 0~3.5 kPa。否则，应调节压力指示器或数字式显示器到读数为 0 kPa。

2. 从巴氏杀菌系统移除两个压差控制感应器，装配到一个既可与增压泵的出口相接也可与气动力测试装置连接的测试三通管中。要注意分开设置两个压力指示器或数字式显示器。两个感应器放置高度的变化会导致读零的不同。开启增压泵开关并按下测试按钮使增压泵转动。压差控制器高压部分的变化会导致0 kPa读数的一些变化。打开升压泵开关，激活测试开关/按钮运行升压泵，或者如果使用压力测试装置代替增压泵，则调节空气压力到增压泵的正常操作压力。注意压力指示器，或数字式显示器的读数在加压前所观察到的范围应在6.9 kPa (1 lb/in^2)以内。

3. 以适当方式记录测试结果。

执行：如果压差控制器的反馈没有达到预期效果，那么奶品厂工人就应立即检查压差控制器。如果经过维修/更换之后压差控制器仍没有通过测试，则巴氏杀菌系统不能运转，直至没有通过的原因都被纠正，并且符合管理机构审查后才能运转；或者如条款16p(D)中对于HACCP列出的奶品厂、有资质的工厂员工，应由管理机构认可；或者如条款16p(D)中在紧急情况时，管理机构授权工厂的临时测试和密封程序。

9.2.2 HTST-压差控制器和升压泵内线连接

方法：测定当热回收器部分压差没有适当的保持时，升压泵是否停止运转。

过程：

1. 巴氏杀菌热回收器压差控制器传感元件连接到其他端口带有盖子的测试三通管。

注：如果HTST巴氏杀菌系统中有水，在定时泵开启之前，应保证将记录控制器敏感元件和巴氏杀菌热回收器部分压差控制器敏感元件端口盖上盖子。

2. 打开升压泵和计时泵。

3. 将记录控制敏感元件放置在超过切入温度的热介质浴中。

4. 调整三通管的空气供给为升压泵提供充足的压差，升压泵应开始工作。

5. 调整三通管的空气供应，当巴氏杀菌奶或奶制品压差控制敏感元件压力高于原料奶或奶制品面压差控制感应元件压力在14 kPa以内时停止。

6. 以合适的方式记录结果。

执行：当压差没有保持的时候升压泵没有停止工作，奶品厂工人应当检测和解决这一问题。经过维修或者校正压差控制器仍没有通过测试，则巴氏杀菌系统不能运转，直至没有通过的原因都被纠正，并且符合管理机构审查后才能运转；或者如条款16p(D)中对于HACCP列出的奶品厂、有资质的工厂员工，应由管理机构认可；或者如条款16p(D)中在紧急情况时，管理机构授权工厂的临时测试和密封程序。

9.2.3　HHST连续式巴氏杀菌系统中压差控制器与FDD的内线连接

应用：适用于所有压差控制器，这些压差控制器被用于控制HTST巴氏杀菌系统中的增压泵；或被用于控制HSST中的FDDs和巴氏杀菌热回收器或终端冷却部分装有FDD的HTST巴氏杀菌系统的操作。

方法：除了当巴氏杀菌系统方面热回收器的奶或奶制品的压力高于原料奶或奶制品反应器部分的压力至少6.9 kPa时，压差控制器都应检测和校准以防止液流前流。对于巴氏杀菌消毒面热回收器内受保护的奶或奶制品—水—奶或奶制品，热回收器"水边"部分应被当作是"原料部分"，从而达到这项测试的目的。

过程：

1. 从压差控制器到FDD，将测试灯与信号串联。

2. 校正压差控制器和感应元件(使用测试9.2.1)。

3. 调整压差感应元件上的压力到正常运行的压力，使巴氏杀菌奶或奶制品的压力高于原料奶或奶制品的压力在14 kPa以内。

a. 测试灯应当闪亮。如果没有，增加巴氏杀菌奶或奶制品的压力或者减少原料奶或奶制品的压力直到测试灯闪亮。

b. 逐渐地降低巴氏杀菌奶或奶制品的压力或者增加原料奶或奶制品的压力直到测试灯熄灭。

c. 当巴氏杀菌奶或奶制品的压力高于原料奶或奶制品的压力在14 kPa以内时测试灯应当熄灭。

d. 注意测试灯熄灭时的压差。

e. 逐渐地增加巴氏杀菌奶或奶制品的压力或者降低原料奶或奶制品的压力直到测试灯闪亮。

f. 在巴氏杀菌奶或奶制品的压力高于原料奶或奶制品的压力在14 kPa以内时测试灯不能闪亮。注意测试灯熄灭时的压差。

注：此测试可以使用能够在可重复上述条件的传感元件上产生压差的充气测试装置完成。

4. 以合适的方式记录数据。

执行：如果压差控制器不能像上述预期的那样进行反馈，奶品厂人员应当立即检查压差控制器以确定和解决问题。经过维修或者校正压差控制器仍没有通过测试，则巴氏杀菌系统不能运转，直至没有通过的原因都被纠正，并且符合管理机构审查后才能运转；或者如条款 16p(D)中对于 HACCP 列出的奶品厂、有资质的工厂员工，应由管理机构认可；或者如条款 16p(D)中在紧急情况时，管理机构授权工厂的临时测试和密封程序。

9.3 针对升压泵附加的 HTST 巴氏杀菌系统测试——内部连线

应用：除了测试 9.3.2 中不需要基于电磁流量计计时系统操作外，适合于所有的 FDD 在保持管下游的 HTST 巴氏杀菌系统升压泵。

频率：安装时；每 3 个月至少一次；增压泵或开关线路发生任何变动或者压力开关密封破损时。

标准：当 FDD 处于转向位置或当定时泵处于停止工作状态时，增压泵的配线设计应使其停止转动。

设备：

1. 卫生压力表。
2. 测试 9.1 压力开关中描述的气压测试装置，可以用于检查和校正压差控制器设置。(参考测试 9.1)。
3. 水、油或者其他合适的介质浴和搅拌器。
4. 合适的加热介质的方法。

9.3.1 升压泵-FDD 内部配线连接

方法：通过降低温度以及使 FDD 换向以测定增压泵是否会停转。

过程：

1. 将巴氏杀菌热回收器压差控制器感应元件连接到其他端口带有盖子的测试三通管。

注：如果 HTST 巴氏杀菌系统中有水，在定时泵开启之前，应保证将记录控制器敏感元件和巴氏杀菌热回收器部分压差控制器敏感元件端口盖上盖子。

2. 打开升压泵和计时泵。
3. 将记录控制器敏感元件放置在超过切入温度的热介质浴中。
4. 增加三通管的空气供给为升压泵提供充足的压差，升压泵应开始工作。
5. 将记录控制器敏感元件移出热介质浴。
6. 当 FDD 移至转向位置，升压泵应停止工作。确保压差保持在高于或者等于

6.9 kPa，并且计时系统中的另一个能引起液流穿过 FDD 的液流促进装置继续运行。

7. 合适的方式记录结果。

执行：当 FDD 在转向位置时升压泵没有停止工作，奶品厂工人应当检测和解决这一问题。经过维修或者校正压差控制器仍没有通过测试，则巴氏杀菌系统不能运转，直至没有通过的原因都被纠正，并且符合管理机构审查后才能运转；或者如条款 16p(D) 中对于 HACCP 列出的奶品厂、有资质的工厂员工，应由管理机构认可；或者如条款 16p(D) 中在紧急情况时，管理机构授权工厂的临时测试和密封程序。

9.3.2 升压泵—计时泵内部配线连接

方法：当计时泵停止运转时测定升压泵是否停止。

过程：

1. 将巴氏杀菌热回收器压差控制器感应元件连接到其他端口带有盖子的测试三通管。

注：如果 HTST 巴氏杀菌系统中有水，在定时泵开启之前，应保证将记录控制器敏感元件和巴氏杀菌热回收器部分压差控制器敏感元件端口盖上盖子。

2. 打开升压泵和计时泵。

3. 将记录控制器敏感元件放置在超过切入温度的热介质浴中。

4. 增加三通管的空气供给为升压泵提供充足的压差，升压泵应开始工作。

5. 关闭计时泵，升压泵应停止运行。确保足够的压差，并且 FDD 保持前流位置。

6. 以合适的方式记录结果。

执行：如果计时泵停止时升压泵没有停止运转，奶品厂人员应当判定和改正造成这种现象的原因。如果经过维修或者校正压差控制器仍没有通过测试，则巴氏杀菌系统不能运转，直至没有通过的原因都被纠正，并且符合管理机构审查后才能运转；或者如条款 16p(D) 中对于 HACCP 列出的奶品厂、有资质的工厂员工，应由管理机构认可；或者如条款 16p(D) 中在紧急情况时，管理机构授权工厂的临时测试和密封程序。

测试 10
奶或奶制品液流控制器以及奶或奶制品接通和切断的温度

参考：本条例条款 16p(B)和 16p(D)。

频率：针对奶或奶制品接通和切断的温度，应按照规定的测试频率，采用下列测试方法之一对奶或奶制品液流控制器进行测试。

设备：

1. 水、油或者其他合适的介质浴和搅拌器。
2. 适当的介质加热方法。
3. 测试 10.2 和 10.3 的测试灯。

10.1 HTST 巴氏杀菌系统

应用：除了 FDD 在巴氏杀菌热回收器下游或在冷却段外的所有与 HTST 巴氏杀菌器连接的记录控制仪。

频率：安装时；每 3 个月至少一次；记录控制器或记录控制温度计发生任何变动时；压力开关密封破损时；每天由奶品厂操作人员进行一次测试。

标准：至少在最低巴氏杀菌温度达到前，液流不能向前流动。当温度降低到低于规定的最低巴氏杀菌温度时，液流开始转向。

方法：物料在开始向前流动时(接通)及停止前进时(切断)，观察指示温度计的实际温度。

过程：

1. 接通温度

a. 当奶、奶制品或水完全浸没记录控制器感应元件和已经过准确温度计校正的指示温度计时，缓慢加热以不高于 0.5 ℃/30 s 的速度提高奶、奶制品和水的温度。如果用水、油或者其他合适的介质代替巴氏杀菌系统中流动的奶、奶制品或水时，水、油或者其他合适介质浴应当在测试中充分持续地搅动。

b. 观察液流开始向前流动时的温度计读数，例如，FDD 移动。观察记录控制器结果笔读数与记录纸上的同一参考弧的记录笔是同步的。

c. 立即记下并在记录纸上确认在接通和最初记录纸上观察到的指示温度计读数。这可以通过在记录笔接触点画一条贯穿记录温度弧线的方法或者其他管理机构认可的方法完成。

2. 断开温度

a. 当接通温度确定后，并且奶、奶制品或者水在接通温度以上时，允许奶、奶制品或水以不超过 0.5 ℃/30 s 的速度缓慢冷却。如果水、油或者其他介质浴代替巴氏杀菌系统中流动的奶、奶制品或水时，水、油或者其他合适介质浴应当充分持续地搅拌。

b. 观察液流转向时指示温度计的读数。观察记录控制器结果笔读数与记录纸上的同一参考弧的记录笔是同步的。

c. 立即记下并在记录纸上确认在接通和最初记录纸上观察到的指示温度计读数。这可以通过在记录笔接触点画一条贯穿记录温度弧线的方法或者其他管理机构认可的方法完成。

3. 合适的方式记录接通和断开的测试结果

执行：如果接通或断开指示温度计读数低于最低规定巴氏杀菌温度，奶品厂工作人员应调整接通或断开设置。如果经过维修或者校正接通或断开温度仍没有满足测试要求，则巴氏杀菌系统只有在导致测验没有通过的原因都得到纠正并符合管理机构审查后才能运转；或者如条款 16p(D)中对于 HACCP 列出的奶品厂、有资质的工厂员工，应由管理机构认可；或者如条款 16p(D)中，在紧急情况时，管理机构授权的工厂暂时的测试和密封程序。

10.2 间接加热的巴氏杀菌系统

应用：适用于所有 FDD 位于巴氏杀菌热回收器下游或使用间接加热的终冷却器的 HHST 和 HTST 连续式巴氏杀菌系统。

频率：安装时；每 3 个月至少一次；记录控制器或记录控制温度计发生任何变动时；记录控制温度计管理密封破损时。

标准：在保持管和 FDD 达到最低巴氏杀菌温度前巴氏杀菌系统液流不能向前流动。当保持管温度降低到规定最低巴氏杀菌温度前奶或奶制品液流应当转向。

方法：位于巴氏杀菌系统中的指示温度计上读取的接通和断开的温度，通过使用介质浴和保持管和 FDD 的感应元件测定。

过程：

1. 接通温度

a. 将测试灯与保持管记录控制器感应元件控制接头串联。将记录控制器和保持管指示感应元件浸没在介质浴中。以不超过 0.5 ℃/30 s 的频率提高介质浴温度。当测试灯亮时，读取的指示温度计读数即是接通温度。

b. 以适当的方式记录观测到的指示温度计接通温度。

2. 断开温度

a. 确定了接通温度后并且介质浴温度高于接通温度时，介质浴应以不超过 0.5 ℃/30 s 的速度缓慢冷却。当测试灯熄灭时，观测记录控制器的温度读数即是断开温度。测定记录控制器的断开温度与最低规定巴氏杀菌温度相同或者高于这一温度。

b. 以适当的方式记录观测到的指示温度计断开温度。

3. 对 FDD 感应元件重复该过程

重新将测试灯与 FDD 感应元件控制接头串联。

执行： 需要进行校正，请参考制造商使用说明。校正、维修、替换或者任何管理密封破损时应重新测试接通和断开温度。经过校正接通或断开温度仍不能满足测试要求，则巴氏杀菌系统只有在导致测验没有通过的原因都得到纠正并符合管理机构审查后才能运转；或者如条款 16p(D)中对于 HACCP 列出的奶品厂、有资质的工厂员工，应由管理机构认可；或者如条款 16p(D)中，在紧急情况时，管理机构授权的工厂暂时的测试和密封程序。

10.3 直接加热巴氏杀菌系统

应用： 适用于所有 FDD 位于巴氏杀菌热回收器下游或使用直接加热的终冷却器的 HHST 和 HTST 连续式巴氏杀菌系统。

频率： 安装时；每 3 个月至少一次；记录控制器或记录控制温度计发生任何变动时；记录控制温度计管理密封破损时。

标准： 在保持管、真空室和 FDD 中达到最低规定巴氏杀菌温度前，巴氏杀菌系统液流不能向前流动。当保持管温度降低到规定最低巴氏杀菌温度前，奶或奶制品液流应当转向。

方法： 位于巴氏杀菌系统中的指示温度计上读取的接通和断开的温度，通过使用介质浴和保持管、真空室和 FDD 的感应元件确定。

过程：

1. 接通温度

a. 将测试灯与保持管记录控制器感应元件控制接头串联。将记录控制器和保持管指示感应元件浸没在介质浴中。以不超过 0.5 ℃/30 s 的频率提高介质浴温度。当测试灯亮时，读取的指示温度计读数即是接通温度。

b. 以适当的方式记录观测到的指示温度计接通温度。

2. 断开温度

a. 确定了接通温度后并且介质浴温度高于接通温度时，介质浴应以不超过0.5 ℃/30 s的速度缓慢冷却。当测试灯熄灭时，观测记录控制器的温度读数即是断开温度。确定记录控制器的断开温度与最低规定巴氏杀菌温度相同或者高于这一温度。

b. 以适当的方式记录观测到的指示温度计断开温度。

3. 对FDD感应元件重复该过程

重新将测试灯与FDD感应元件控制接头串联。

执行：需要进行校正，请参考制造商使用说明。校正、维修、替换或者任何管理密封破损时，应重新测试接通和断开温度。经过校正接通或断开温度仍不能满足测试要求，则巴氏杀菌系统只有在导致测验没有通过的原因都得到纠正，并符合管理机构审查后才能运转；或者如条款16p(D)中对于HACCP列出的奶品厂，有资质的工厂员工，应由管理机构认可；或者如条款16p(D)中，在紧急情况时，管理机构授权的工厂暂时的测试和密封程序。

测试11
连续式巴氏杀菌系统保持管——巴氏杀菌保持时间

应当按照下列测试方法之一进行连续式巴氏杀菌系统保持管的巴氏杀菌保持时间的测试

参考：本条例条款16p(B)和16p(D)。

11.1 HTST巴氏杀菌系统
(不包括基于电磁流量计的计时系统)

应用：适用于所有的巴氏杀菌保持温度在15 s及以上的HTST连续式巴氏杀菌系统，不包括基于电磁流量计的计时系统。

频率：安装时；每6个月至少一次；任何影响巴氏杀菌保持时间、保温时间、流速，如泵、电动机、传送带、驱动器或滑轮的更换，以及HTST巴氏杀菌消毒器换热板数量或保温管能力减少时；当工作效能检查发现流速增加时；或者当计时泵速度设置的管理密封破损时。

标准：奶或奶制品的每一个粒子都应在不小于最低规定巴氏杀菌温度下，分别在前流和转向流中保持15 s或25 s。

设备：

1. 能够检测电导改变的电导率测试设备并配备有 1 个或 2 个标准电极；

2. 食盐（氯化钠）或者其他合适的电导溶液；

3. 能将盐溶液或者其他合适电导溶液注射到保持管中的装置；

4. 精确的计时设备。

方法：通过对注射跟踪物质，如氯化钠，经过整个规定保持管的时间来确定巴氏杀菌保持时间。尽管需要最快速的奶或奶制品颗粒的时间间隔，但这项电导率测试使用的是水。由于计时泵可能不像递送水那样递送同样量的奶或奶制品，使用水得到的结果要使用下列给出的体积或重量公式转化成奶或奶制品液流巴氏杀菌保持时间。

过程：

1. 用水运行巴氏杀菌系统，能够促进液流通过 FDD 的所有液流促进装置以最大功率运转，所有的液流阻碍装置调节最小或置于旁路，以达到液流以最小阻碍通过巴氏杀菌系统的目的。计时泵吸力不应有任何泄漏。

注：在计时泵和保持管始端之间装备有泄压阀的巴氏杀菌系统，如果泄压阀观察到有泄漏，则不能进行测试。

a. 对于可变速率计时泵，调节计时泵到最大功率，最好有新皮带和全尺寸旋叶。

b. 对于均质器当作计时泵的，检查均质器管理密封，以及齿轮或滑轮的鉴定。

c. 对于交流电可变速计时泵，检查计时泵控制箱的管理密封。

注：对于本条例附录 H 描述的使用了液体注射（料浆）系统的巴氏杀菌系统，应当接通料浆注射泵并以最大速度运行，料浆供应罐应完全充满水。

2. 如果使用带有 2 个标准电极的电导率测量装置在规定保持管开始端口安装一个电极，其他电极安装在保持管末端如果使用带有单个标准电极的电导率测量装置，将在规定保持管末端安装电极。

3. 在不低于最小规定温度条件，并且 FDD 位于液流前缘位置时用水运行巴氏杀菌系统。

4. 迅速在规定保持管入口处注入饱和氯化钠或者其他合适电导溶液。

5. 当精确计时装置检测到电导率变化时，精确计时装置启动使用 2 个电极时，可以通过检测保持管起始处电导率的变化来实现这一过程；使用单个位于保持管末端的电极时，可以通过放置在保持管起始位置的开关来实现该保持管与注射过程同步。

6. 当精确计时装置在规定保温管结束处检测到电导率变化时，精确计时装置停止。

7. 重复该测试6遍或以上，直到6个连续的数据彼此差值在0.5 s内。这6个连续数据的平均值即为水试前流的保持时间。

注：如果不能获得一致的测试读数，清洁巴氏杀菌系统，检查测试仪器和连接，检查计时泵吸入口是否有空气泄漏。重复过程7，当重复过程7后仍不能获得一致的读数时，使用这些测试获得的最快的时间作为水试前流的巴氏杀菌保持时间。

8. 以合适的方式记录过程7中进行的水试前流的巴氏杀菌保持时间结果，以及6个连续测试结果的平均值。

9. 重复过程3~7以确定转向流水的巴氏杀菌保持时间。

10. 合适的方式记录过程9中所有的转向流水的巴氏杀菌保持时间测试结果。

11. 适当完成下列a、b和c：

a. 对于所有齿轮驱动的计时泵完成下列过程12~16。

b. 对于将均质器用作计时泵的，当测定的水试巴氏杀菌保持时间比最低规定巴氏杀菌温度小于120%时，完成下列过程12~16。

c. 对于将均质器用作计时泵的，当测定的水试巴氏杀菌保持时间比最低规定巴氏杀菌时间大于或等于120%时，选择性进行下列过程12，不需要下列过程13~16。

12. 使用相同转速的泵和所有能促进液流通过FDD的液流促进装置，按照过程1要求调节过的液流阻碍设备，测定使用正常巴氏杀菌系统工作压力下的巴氏杀菌系统排水口，将已知重量或体积的水填充容量为38 L(10 gal)的罐的时间。将数次测试结果予以平均(至少3次)。

注：由于大容积单位的液流速度很难测定将已知重量或体积的水填充38 L(10 gal)的罐的时间，因此建议使用有相应刻度的罐。也可使用其他测定已知重量或体积的水的方法。

13. 合适的方式记录所有罐充满时间的结果以及填充38 L(10 gal)罐需要的平均时间或者其他如上文注：描述的过程12测量已知重量或体积水的方法的平均时间。

14. 用牛奶重复上述过程12。

15. 适当的方式记录充满38 L(10 gal)罐的平均时间或者其他如过程14测量已知重量或体积牛奶的其他方法的时间。

16. 使用下列任一公式通过体积或重量计算奶试巴氏杀菌保持时间。分别计算前流和转向流。

通过体积

调整过的牛奶巴氏杀菌保持时间等于：

水保持时间乘以输送一定容量牛奶所用的时间与输送等容量水所用时间的商。

$$Tm = Tw(Vm/Vw)$$

式中：

Tm 为调整后牛奶的保持时间；

Tw 为水保持时间，即盐水试验结果；

Vm 为泵送一定容量的牛奶所用的时间，以s为单位；

Vw 为泵送等容量的水所用的时间，以s为单位。

通过重量(使用比重)

调整过的牛奶巴氏杀菌保持时间等于：

牛奶的比重乘以水保持时间乘以输送一定重量牛奶所用的时间与输送等重量水所用时间的商。

$$Tm = 1.032 \times Tw(Wm/Ww)$$

式中：Tm 为调整后牛奶的巴氏杀菌保持时间；1.032为牛奶的比重。

注：如果使用另一种奶制品，选用合适的比重值。

Tw 为水保持时间，即盐水试验结果；

Wm 为泵送一定容量的奶所用的时间，以s为单位；

Ww 为泵送等容量的水所用的时间，以s为单位。

17. 适当的方式记录使用过程16中体积或重量公式计算的牛奶前流和转向的校正巴氏杀菌保持时间。

执行：当计算的校正牛奶巴氏杀菌保持时间小于转向流或者前流的最小的规定巴氏杀菌保持时间，应当减少计时泵的速度或应当校正保持管的长度或直径然后重复测试11.1，直到达到一个合适的巴氏杀菌保持时间。如果FDD专线管需要安装空口以适应转向流中规定最小巴氏杀菌时间，不应该有任何额外的压力施加在FDD阀底座的下面。对于那些计时泵上不能根据条款16p(B)2.f(2)条款的要求提供稳定速度的马达，应密封可变的调速器。如果经过校正巴氏杀菌保持管时间没有达到要求，则巴氏杀菌或超巴氏杀菌系统只有在导致测验没有通过的原因都得到纠正并符合管理机构审查后才能运转；或者如条款16p(D)中对于HACCP列出的奶品厂、有资质的工厂员工，应由管理机构认可；或者如条款16p(D)中在紧急情况时，管理机构授权的工厂暂时的测试和密封程序。

11.2A 使用基于电磁流量计计时系统的连续式巴氏杀菌系统——巴氏杀菌保持时间

应用：适用于所有使用基于电磁流量计计时器替代计时泵的连续式巴氏杀菌系统。

频率：安装时；每 6 个月至少一次；当任何影响巴氏杀菌保持时间、液流速度或保持管容积的改变时；当工作效能检查发现流速增加时；或当液流警报的管控密封破损时。

标准：奶或奶制品的每一个粒子都应在不小于最低规定巴氏杀菌温度下分别在前流和转向流保持 15 s 或者 25 s。

设备：

1. 能够检测电导改变的电导率测试设备并配备有 1 个或 2 个标准电极。
2. 食盐(氯化钠)或者其他合适的电导溶液。
3. 能将盐溶液或者其他合适电导溶液注射到保持管中的装置。
4. 精确的计时设备。
5. 水、油或者其他合适介质和搅拌器。
6. 合适的加热介质的方法。

方法：通过对注射跟踪物质，如氯化钠，经过整个规定保持管的时间来确定巴氏杀菌保持时间。

过程：

使用测试选项 I 或测试选项 II。

注：*在计时泵和保持管始端之间装备有泄压阀的巴氏杀菌系统，如果泄压阀观察到有泄漏，不能进行测试。*

测试选项 I：

1. 调整超过经评价可接受的流速的高流量警报设置点或者高流量警报旁路。

2. 调整液流记录控制器设置点使其达到预计流量以满足适当的巴氏杀菌保持时间。

3. 如果使用带有 2 个标准电极的电导率测量装置，那么在规定保持管开始的一端装上一个电极，在保持管末端安装其他电极，如果使用的是带有单个标准电极的电导率测量装置，则装在规定保持管的末端安装电极。

4. 在最低规定巴氏杀菌温度或超过此温度时，用水运行巴氏杀菌系统，同时 FDD 在液流前缘位置运行。

注： 合适的温度感应元件应被置于水、油或者其他适当介质中来模仿保持管中最低规定巴氏杀菌温度，作为取代加热巴氏杀菌系统中加热水到最低规定巴氏杀菌温度的方法。

5. 在保持管起始端处快速注入饱和氯化钠溶液或者其他合适的电导溶液。

6. 计时器在保持管起始端发现电导率有变化时开始计时使用2个电极时，可以通过检测保持管起始处电导率的变化来实现这一过程；使用单个位于保持管末端的电极时可以通过放置在保持管开始的一端的开关实现，该保持管与注射过程同步。

7. 计时器在保持管末端发现电导率有变化时停止计时。

8. 重复此试验6次或以上，直到6次连续结果之间的误差小于0.5 s。这6次测试结果的平均数即为水试直流保持时间。

注： 如果6次连续结果中每次的误差都不能达到0.5 s以内。则参照下面所述的执行。

9. 合适的方式记录过程8进行的前流水试的巴氏杀菌保持时间和6次连续测试的结果。

10. 这个过程不是必需的测试，其可以作为管理机构的选择。在液流记录控制器设置点与过程2相同时，测定用已知重量或体积的水使用正常巴氏杀菌系统工作压力下的巴氏杀菌系统排水口将容量为38 L(10 gal)的罐注满的时间。将数次测试结果予以平均(至少3次)。大容积单位的液流速度使其很难测定其时间，因此建议使用有相应刻度的罐。也可使用其他可测定已知重量或体积的水的方法。

11. 如果管理机构选择进行过程10，合适的方式记录充满38 L(10 gal)罐的所有时间以及平均时间或者过程10中用已知重量或体积牛奶测量平均时间的方法。

测试选项Ⅱ：

1. 如果使用带有2个标准电极的电导率测量装置，那么在规定保持管起始端装上一个电极，在保持管末端安装其他电极，如果使用带有单个标准电极的电导率测量装置，那么在规定保持管末端安装电极。

2. 转向位置的FDD在刚好超过高流警报设置点的流速状态下用水运行巴氏杀菌系统。

3. 在保持管起始端快速注入饱和氯化钠溶液或者其他合适的电导溶液。

4. 计时器在保持管始端发现电导率有变化时开始计时使用2个电极时，可以通过检测保持管起始处电导率的变化实现这一过程，使用单位位于保持管末端的电极时，可以通过放置在保持管开始端的开关实现，该保持管与注射过程同步。

5. 计时器在保持管末端发现电导率有变化时停止计时。

6. 重复此试验6次或以上，直到6次连续结果之间的误差小于0.5 s。此6次测试结果的平均数即为水试直流保持时间。

注：如果6次连续结果中每次的误差都不能达到0.5 s以内，则参照下面的执行。

7. 合适的方式记录所有过程6中前流水试的巴氏杀菌保持时间和6次连续测试的结果。

8. 当进行测试选项Ⅱ时，如果在转向液流中得到了最低规定巴氏杀菌保持时间，在低于高流警报设置点以下的所有通过巴氏杀菌系统的液流能满足前流所需要的最低规定巴氏杀菌保持时间，转到过程10。

9. 当进行测试选项Ⅱ时，如果前流测试结果不全在所需最低巴氏杀菌保持时间之上，应当进行测试选项Ⅰ。

10. 这个流程不是必需的测试，其可以作为管理机构的选择。在液流记录控制器设置点与过程2相同时，测定用已知重量或体积的水使用正常巴氏杀菌系统工作压力下的巴氏杀菌系统排水口将容量为38 L(10 gal)的罐注满的时间。将数次测试结果予以平均(至少3次)。由于大容积单位的液流速度很难测定将已知重量或体积的水充满38 L (10 gal)的罐的时间，因此建议使用有相应刻度的罐。也可使用其他测定已知重量或体积的水的方法。

11. 如果管理机构选择进行过程10，合适的方式记录充满38 L(10 gal)罐的所有时间以及平均时间或者过程10中用已知重量或体积牛奶测量平均时间的方法。

执行：当计算的牛奶巴氏杀菌保持时间小于转向流中最低规定巴氏杀菌保持时间，应当减少记录控制器流速设置点，或者奶品厂人员应当调整保持管的长度或者直径以获得正确的保持时间，且应当重复测试选项Ⅰ，直到获得满意的巴氏杀菌保持时间为止。如果经过校正，巴氏杀菌系统仍没有符合标准，则巴氏杀菌系统只有在导致测验没有通过的原因都得到纠正，并符合管理机构审查后才能运转；或者如条款16p(D)中对于HACCP列出的奶品厂、有资质的工厂员工，应由管理机构认可；或者如条款16p(D)中，在紧急情况下，管理机构授权的工厂暂时的测试和密封程序。

11.2B 使用基于电磁流量计计时系统的连续式巴氏杀菌系统——保持管和高液流警报

应用：适用于所有基于电磁流量计计时器取代计时泵的连续式巴氏杀菌系统

频率：安装时；每6个月至少一次；当巴氏杀菌保持时间、液流速度或保持管容积改变时；当工作效能检查发现流速增加时；或当液流警报的管理密封破损时。

标准：当高流速度等于或者超过测定的巴氏杀菌保持时间值时，液流警报器会使FDD处于换向状态，即使保持管内奶或奶制品的温度高于规定巴氏杀菌温度。

设备：不需要其他设备。

方法：应当设置高流警报设置点以便当流速等于或超过测定或计算的巴氏杀菌保持时间时液流转向。

过程：

1. 在前流状态下，液流速度低于高流警报设置点时，在高于最低巴氏杀菌温度下用水运行巴氏杀菌系统。

注：合适的温度感应元件可被置于水、油或者其他适当介质浴中来模仿保持管中最低规定巴氏杀菌温度，作为取代加热巴氏杀菌系统中加热水到最低规定巴氏杀菌温度的方法。

2. 缓慢的提高巴氏杀菌系统液流速度直到出现下列情况。

a. STLR的频率表和流速记录控制器指示FDD在液流转换位置时。

b. 观察到FDD移动到液流转换位置时。

3. 以适当方式记录液流速度；高流警报设置点；当液流转向出现时STLR的温度。

执行：当液流记录控制器的频率表显示液流转换时，如果FDD没有移动到液流转换位置，奶品厂员工应当对FDD或STLR记录控制器进行必要的修正。如果经过校正，巴氏杀菌系统仍没有达到要求，则巴氏杀菌系统只有在导致测试没有通过的原因都得到纠正并符合管理机构审查后才能运转；或者如条款16p(D)中对于HACCP列出的奶品厂、有资质的工厂员工，应由管理机构认可；或者如条款16p(D)中，在紧急情况时，管理机构授权的工厂暂时的测试和密封程序。

11.2C 使用基于电磁流量计计时系统的连续式巴氏杀菌系统——保持管和低液流/丢失信号警报

应用：适用于所有基于电磁流量计计时器取代计时泵的连续式巴氏杀菌系统。

频率：安装时；每6个月至少一次；当巴氏杀菌保持时间、液流速度或保持管容积改变时；当工作效能检查发现流速增加时；或当低液流/丢失信号警报的管理密封破损时。

标准：只有当流量超过最低流量/丢失信号警报设置点时前流才出现。

设备：不需要其他辅助材料。

方法：通过观察液流记录控制器频率表的运动和 FDD 位置。

过程：

1. 使用低于高液流警报设置点并高于低液流/丢失信号警报设置点的前流的水来运行巴氏杀菌系统。

注：合适的温度感应元件可被置于水、油或者其他适当介质浴中来模仿保持管中最低规定巴氏杀菌温度，作为取代加热巴氏杀菌系统中加热水到最低规定巴氏杀菌温度的方法。

2. 干扰电磁流量计供电以激活丢失信号警报或减少通过流量计的液流使流速低于最低液流警报设置点。观察 FDD 的液流转向位置以及 STLR 频率表和流速记录控制器的转向位置。

3. 适当的方式记录测试结果和低液流/丢失信号警报设置点结果。

执行：如果 FDD 没有转向或者频率表没有在假定液流转向位置，奶品厂工人应当对低流量/丢失信号警报或 FDD，STLR 或流速记录控制器进行必要调整。如果经过校准巴氏杀菌系统仍不合要求，则巴氏杀菌系统只有在导致测验没有通过的原因都得到纠正并符合管理机构审查后才能运转；或者如条款 16p(D)中对于 HACCP 列出的奶品厂、有资质的工厂员工，应由管理机构认可；或者如条款 16p(D)中，在紧急情况时，管理机构授权的工厂暂时的测试和密封程序。

11.2D 使用基于电磁流量计计时系统的连续式巴氏杀菌系统——保持管和液流速度的接通和断开

应用：适用于所有基于电磁流量计计时器取代计时泵的连续式巴氏杀菌系统。

频率：安装时；每 6 个月至少一次；当巴氏杀菌保持时间、液流速度或保持管容积的改变时；当工作效能检查发现流速增加时；或当低液流/丢失信号警报的管理密封破损时。

标准：只有当流量低于最高警报设置点和高于最低液流/丢失信号警报设置点时前流才出现。

设备：不需要其他辅助材料。

方法：通过观察流速记录控制器读数，同时还有频率笔在液流记录控制器的动作和 FDD 位置。

过程:

1. 使用低于高流量警报设置点并高于低液流/丢失信号警报设置点的前流的水来运行巴氏杀菌系统。

注: 合适的温度感应元件可被置于水、油或者其他适当介质浴中来模仿保持管中最低规定巴氏杀菌温度,作为取代加热巴氏杀菌系统中的水到最低规定巴氏杀菌温度的方法。

2. 使用流量记录控制器,缓慢的增加流量直到流量记录控制器的频率表指示转向液流,因为这已经超过了高流量警报设置点。FDD 应当在假定的液流转向位置。观察流量记录控制器前流断开出现时的流量读数,同流量记录控制器频率笔指示的一样。

3. 使用水运行巴氏杀菌系统,在高于最低巴氏杀菌温度下,并且超过最高流量警报设置点使 FDD 位于液流转向位置开始,缓慢降低流量直到流量记录控制器频率表指示前流 FDD 开始移动时为止,其代表流量接通点。由于 11.2E 中描述的时间延迟,FDD 不能立即移动到前流位置。观察流量记录控制器流量接通出现时的流量读数,同流量记录控制器频率笔指示的一样。

4. 适当的方式记录测试的流量接通和断开结果。

执行: 如果流量接通和断开点出现在流量等于或高于测定的巴氏杀菌保持时间时,奶品厂员工应当调整高流量警报到较低的设置点并且重复该测试。如果经过校准巴氏杀菌系统仍不合要求,则巴氏杀菌系统只有在导致测试没有通过的原因都得到纠正,并符合管理机构审查后才能运转;或者如条款 16p(D)中对于 HACCP 列出的奶品厂、有资质的工厂员工,应由管理机构认可;或者如条款 16p(D)中,在紧急情况时,管理机构授权的工厂暂时的测试和密封程序。

11.2E 使用基于电磁流量计计时系统的连续式巴氏杀菌系统保持管和时间延迟

应用: 适用于所有 FDD 位于使用 MFMBTS 保持管末端而取代计时泵的连续式巴氏杀菌系统。

频率: 安装时;每 6 个月至少一次;当巴氏杀菌保持时间、液流速度或保持管容积的改变时;当工作效能检查发现流速增加时;或当液流警报的管理密封破损时。

标准: 遵循测试 11.2D 描述的接通流量的测定,在保持管中奶或奶制品在或者高于最低规定巴氏杀菌温度并保持最短规定巴氏杀菌时间之前,不能出现前流。

设备：精确计时设备。

方法：设置等于或者高于最低规定巴氏杀菌保持时间的时间延迟。

过程：

1. 使用低于高流量警报设置点并高于低流量/丢失信号警报设置点的前流的水来运行巴氏杀菌系统。

注：合适的温度感应元件可被置于水、油或者其他适当介质浴中来模仿保持管中最低规定巴氏杀菌温度，作为取代加热巴氏杀菌系统中的水到最低规定巴氏杀菌温度的方法。

2. 使用流量记录控制器，缓慢的增加流量直到流量记录控制器的频率表指示转向液流，并且FDD转移至转向位置为止。液流记录控制器频率笔和FDD之间不应有时间延迟。

3. 由于超过高流量警报设置点，使用水运行巴氏杀菌系统，在高于最低巴氏杀菌温度下，并且超过最高流量警报设置点使FDD位于液流转向位置时，缓慢降低流量。

4. 当流量记录控制器的频率笔指示流量接通瞬间，运转精确计时设备。

5. 当FDD开始向前流位置移动瞬间，停止精确计时设备。

6. 以合适的方式记录测试结果。

执行：如果时间延迟小于最低的巴氏杀菌保持时间，奶品厂员工应当增加时间延迟的设置并重复测试11.2E。如果经过校准的巴氏杀菌系统仍不符合要求，则巴氏杀菌系统只有在导致测试没有通过的原因都得到纠正并符合管理机构审查后才能运转；或者如条款16p(D)中对于HACCP列出的奶品厂、有资质的工厂员工，应由管理机构认可；或者如条款16p(D)中在紧急情况时，管理机构授权的工厂暂时的测试和密封程序。

11.2F 使用基于电磁流量计计时系统的连续式巴氏杀菌系统——高液流警报反应时间

应用：适用于所有基于电磁流量计计时器取代计时泵的连续式巴氏杀菌系统。

频率：安装时；每6个月至少一次；当巴氏杀菌保持时间、液流速度或保持管容积改变时；当工作效能检查发现流速增加时；或当液流警报的管理密封破损时。

标准：当流量等于或超过测定的巴氏杀菌保持时间时，高液流警报应在1 s内使FDD转到预想的液流转换位置。

设备：精确计时设备。

方法：快速增加流量以超过高液流警报并确认 FDD 在 1 s 内移动到液流转换位置。

过程：

1. 使用高于最低规定巴氏杀菌温度的水运行巴氏杀菌系统，前流流量速率低于测试 11. 2B 过程 2 中的高液流警报设置点的 25%。

注：合适的温度感应元件可被置于水、油或者其他适当介质浴中来模仿保持管中最低规定巴氏杀菌温度，作为取代加热巴氏杀菌系统中加热水到最低规定巴氏杀菌温度的方法。高液流警报反馈时间的检测和记录应当按照下列过程 3～6 进行。

2. 确定流量记录控制器记录的高流警报设置点。这可以通过在记录笔位置添加记录流量弧线交叉线或者其他管理机构认可的方法来实现。

3. 以实际最快的速度增加巴氏杀菌系统流量直到高于流量警报设置点。

4. 当流量记录控制器记录笔超过高流警报设置点时开启精确计时装置。

5. 当 FDD 移动到转向流位置时停止精确计时装置。

6. 合适的方式记录高液流警报反馈时间。

执行：如果反馈时间超过 1 s，奶品厂员工应立即纠正 FDD 的工作效率。如果经过校准巴氏杀菌系统仍不合要求，则巴氏杀菌系统只有在导致测验没有通过的原因都纠正，并符合管理机构审查后才能运转；或者如条款 16p(D)中对于 HACCP 列出的奶品厂、有资质的工厂员工，应由管理机构认可；或者如条款 16p(D)中，在紧急情况时，管理机构授权的工厂暂时的测试和密封程序。

11.3 使用间接加热 HHST 巴氏杀菌系统巴氏杀菌保持时间的计算

应用：适合于所有使用间接加热的巴氏杀菌系统。

频率：安装时；每 6 个月至少一次；任何影响巴氏杀菌保持时间、保温时间、流速，如泵、电动机、传送带、驱动器或滑轮的更换，或 HHST 巴氏杀菌消毒器热交换板数量或保持管容纳量减少时；当工作效能检查发现流速增加时；当计时泵速度设置的管理密封破损时。

标准：奶或奶制品的每一个粒子在前流和转向流中都保持了合适的最少巴氏杀菌时间。

设备：不需要其他辅助设备。

方法：对于这项测试，假定完全处于层流状态并且所需保持管长度通过泵送率实验测定计算获得。泵送率的测定可通过测定巴氏杀菌系统充满已知体积的容器的时间得到；通过除法转化这些数据来获得流量(单位 gal/s)；之后这些数值乘以表 14 中相应的数值来获得需要的保持管长度。

表 14 保温管长度-HHST 巴氏杀菌器(1 gal/s 的泵速率间接加热)

巴氏杀菌保持时间(s)	管子尺寸(in)		
	2	2.5	3
	保持管长度(in)		
1.0	168.0	105.0	71.4
0.5	84.0	52.4	35.7
0.1	16.8	10.5	7.14
0.05	8.4	5.24	3.57
0.01	1.68	1.05	0.714

注：1 in≈2.54 cm；1 gal≈3.79 L。

过程：

1. 用水运行巴氏杀菌系统，在前流位置使所有能够促进液流通过 FDD 的液流促进装置以最大功率的运转，并且所有的液流阻碍装置被调节或置于旁路以达到最小阻碍液流通过巴氏杀菌系统的目的。

计时泵吸力面不应有任何泄漏。

a. 对于调节计时泵到最大功率的可变速率计时泵，最好使用新皮带和全尺寸旋叶。

b. 对于均质器当作计时泵的，检查均质器管理密封以及齿轮或滑轮的鉴定。

c. 对于交流电可变速计时泵，检查计时泵控制箱的管理密封。

注：对于附录 H 描述的使用了液体成分注射(料浆)系统的巴氏杀菌系统，应当接通料浆注射泵并以最大速度运行，料浆供应罐应完全充满水。

2. 测试巴氏杀菌系统排水口输送一定已知体积水所需要的时间。重复进行测试直到测试值一致。

3. 通过收集巴氏杀菌系统转向流出口的水在转向流中重复过程 1 和 2。

注：基于电磁流量计计时系统的 HHST 巴氏杀菌系统不需要过程 3。

4. 选择最高的流速，已知体积输送最短的时间；通过将已知的液量除以收集已知液量所用的时间来计算得出以 gal/s 为单位的流速；将此流速乘以表格 14 中相应的数值即可测算出所需保持管的长度。

5. 保持管可能含有连接件。配件中心线的长度被视为是直管的等价长度。中心线的长度可以用卷钢尺沿着接头的中线测量。通过在已知的直管长度上增加相应连接件长度来计算保持管的总长度。

注：保持管应被排列使其有一个与液流方向不小于 2.1 cm/m 的连续地上升倾斜。

当保持管实际的长度等同于或者大于计算的最小保持管长度时，适当的方式记录连接件的数目和型号，直管的数目和长度，保持管的外形和结果。如果保持管的实际长度小于计算的最小保持管长度，参考如下内容执行。

测量流速的替代方案：将一个无菌粮油计悬浮在恒定水平的罐中，以最大流量运行巴氏杀菌系统。记录恒定水平罐中水位降低两个粮油计刻度所需的时间。水的体积由恒定水平罐的外形和水的下降水平计算。流量计算如下：

1. 将平衡缸中排出的水量除以排放时间，以秒为单位。
2. 然后，根据上文过程 3 和 4 使用流速计算需要的保持管长度。

测定非标管径保温管的长度的替代测试程序：保温管的长度可以通过以下方程精确计算。

$$L = 588\ Qt/D^2$$

式中：L 为保持管长度(in)；

Q 为泵送率(gal/s)；

t 为巴氏杀菌保持时间标准(s)；

D 为保持管内部直径(in)。

注：表 15 给出了 HHST 巴氏杀菌系统普通外径为 2.0 in、2.5 in、3.0 in 和 4.0 in 的保持管的内管直径。为高压设计的巴氏杀菌系统保持管内径和表 15 中未列出的外径的保持管内径应当分别测定，并使用上述公式计算最小保持管长度。

表 15　标准不锈钢卫生管尺寸[1]

正常外径（in）	内径（in）
2.0	1.870
2.5	2.370
3.0	2.870
4.0	3.834

[1] 参考表 6.1“管和热交换管尺寸”，食品加工工程基本原理；1 in≈2.54 cm。

经过计算获得最小必须保持管长度后，测量保持管的长度以确定其至少和计算的长度一样长。适当的方式记录连接件的数目和型号，直管的数目和长度，保持管的外形和结果。

执行：如果保持管长度小于计算的必须最小长度，以这个较小长度或者奶品厂工人延长保持管或者同时包含这两个为基础，在较小的最大速度下重新密封计时系统，并重复上文测试流程。如果经过校准巴氏杀菌系统仍不符合要求，则巴氏杀菌系统只有在导致测验没有通过的原因都纠正，并符合了管理机构审查后才能运转；或者如条款16p(D)中对于HACCP列出的奶品厂、有资质的工厂员工，应由管理机构认可；或者如条款16p(D)中，在紧急情况时，管理机构授权的工厂暂时的测试和密封程序。

11.4 使用直接加热HHST巴氏杀菌系统时巴氏杀菌保持时间的计算

应用：适用于所有使用直接加热的巴氏杀菌系统。

频率：安装时；每6个月至少一次；任何影响巴氏杀菌保持时间、保温时间、流速，如泵、电动机、传送带、驱动器或滑轮的更换，或HHST巴氏杀菌消毒器热交换板数量或温度保持管容纳量减少时；当工作能力检查发现流速增加时；或者当计时泵速度设置的管理密封破损时。

标准：奶或奶制品的每一个粒子在前流和转向流中都保持了合适的最小巴氏杀菌时间。

设备：不需要其他辅助材料。

方法：假设完全是处于层流状态并且加温是通过喷射49 ℃蒸汽实现的，则处理器选择温度时间标准和保持管的必要长度可由泵送率实验测定计算得到。

过程：

1. 用水运行巴氏杀菌系统，在前流位置使所有能够促进液流通过FDD的液流促进装置以最大功率的运转，并且所有的液流阻碍装置被调节或置于旁路以达到最小阻碍液流通过巴氏杀菌系统的目的。

计时泵吸力面不应有任何泄漏。

a. 对于调节计时泵到最大功率的可变速率计时泵，最好使用新皮带和全尺寸旋叶。

b. 对于匀质器当作计时泵的，检查匀质器管理密封以及齿轮或滑轮的鉴定。

c. 对于交流电可变速计时泵，检查计时泵控制箱的管理密封。

d. 当存在真空设备时，使用最大真空率运转设备。

注：对于附录H描述的使用了液体成分注射(料浆)系统的巴氏杀菌系统，应当接通料浆注射泵并以最大速度运行，料浆供应罐应完全充满水。

2. 测试巴氏杀菌系统排水口输送一定已知体积水所需要的时间。重复进行测试直到测试值一致。

3. 通过收集巴氏杀菌系统转向流出口的水在转向流中重复过程1和过程2。

注：基于电磁流量计计时系统的 HHST 巴氏杀菌系统不需要过程 3。

4. 选择最高的流速，已知体积输送最短的时间；通过将已知的液量除以收集已知液量所用的时间来计算得出以 gal/s 为单位的流速；将此流速乘以表 16 中相应的数值即可测算出所需保持管的长度。

表 16 保温管长度-HHST 巴氏杀菌器(1 gal/s 的泵速率的直接加热)

巴氏杀菌保持时间(s)	管尺寸(in)		
	2	2.5	3
	保持管长度(in)		
1.0	188.0	118.0	80.0
0.5	94.0	59.0	40.0
0.1	18.8	11.8	8.0
0.05	9.40	5.90	4.0
0.01	1.88	1.18	0.8

注：1 in≈2.54 cm；1 gal≈3.79 L。

5. 保持管可能含有连接件。配件中心线的长度被视为是直管的等价长度。中心线的长度可以用卷钢尺沿着接头的中线测量。通过在已知的直管长度上增加相应连接件长度来计算保持管的总长度。

注：保持管应被排列使其有一个与液流方向不小于 2.1 cm/m 的连续上升倾斜。

6. 当保持管实际的长度等同于或者大于计算的最小保持管长度时，适当的方式记录连接件的数目和型号，直管的数目和长度，保持管的外形和结果。如果保持管的实际长度小于计算的最小保持管长度，参考如下纠偏。

测量流速的替代方案：将一个洁净粮油计悬浮在恒定水平的罐中，以最大流量运行巴氏杀菌系统。记录恒定水平罐中水位降低两个粮油计刻度所需的时间。水的体积由恒定水平罐的外形和水的下降水平计算，流量计算如下。

1. 平衡缸中排出的水量除以排放时间，以秒为单位。

2. 然后根据上文过程 3 和 4 使用流速计算需要的保持管长度。

测定非标管径保温管的长度的替代测试程序：保温管的长度可以通过以下公式精确计算。

$$L=(588\ Q\cdot t\times 1.12)/D^2$$

式中：L 为保持管长度(in)；

Q 为泵送率(L/s)；

t 为巴氏杀菌保持时间标准(s)；

1.12 为蒸汽 12%的膨胀；

D 为保持管内部直径(in)。

注：表 15 给出了 HHST 巴氏杀菌系统普通外径为 2.0 in、2.5 in、3.0 in 和 4.0 in 的保持管的内管直径。为高压设计的巴氏杀菌系统保持管内径和表 15 中未列出外径的保持管内径应当分别测定，并使用上述公式计算最小保持管长度。

经过计算获得最小必须保持管长度后，测量保持管的长度以确定其至少和计算的长度一样长。适当的方式记录连接件的数目和型号、直管的数目和长度、保持管的外形和结果。

执行：如果保持管长度小于计算的必须最小长度，以这个较小最大速度或者奶品厂工人延长保持管或者同时包含这两个为基础，在较小的最大速度下重新密封计时系统，并重复上文测试流程。如果经过校准巴氏杀菌系统仍不符合要求，则巴氏杀菌系统只有在导致测验没有通过的原因都纠正，并符合管理机构审查后才能运转；或者如条款 16p(D) 中对于 HACCP 列出的奶品厂、有资质的工厂员工，应由管理机构认可；或者如条款 16p(D) 中在紧急情况时，管理机构授权的工厂暂时的测试和密封程序。

11.5　使用具有蒸汽释压安全阀和真空室空口取代计时泵的蒸汽灌入加热的 HHST 巴氏杀菌系统保持时间

应用：适用于所有使用具有蒸汽释压安全阀和真空室空口取代计时泵的蒸汽灌入加热的 HHST 巴氏杀菌系统。

频率：安装时；每 3 个月至少一次；蒸汽灌输壳或输气管线，释压安全阀或真空室孔口修理或更换时；管路密封破损时。

标准：每一个溶液前流和转向流的奶或奶制品颗粒都应保持最小的巴氏杀菌时间。

设备：不需要其他辅助材料。

方法：

1. 蒸汽灌输壳或蒸汽管线应装备释压安全阀。释压安全阀应有适当的位置和大小以保证蒸汽灌输壳或蒸汽管线内部压力不会超过该蒸汽释压阀的设置点。

2. 永久性地安装明细接头上的节流孔或限流器应位于紧邻真空室前方的保持管上。节流孔或限流器上的开口应有适当大小以保证物料停留的时间，至少要与所选择的 HHST 巴氏杀菌标准所规定的时间一致。

3. 节流孔或者限流器开口的大小和压力安全阀的设置应反复试验测定。一旦确定了适当的最大流速和最小规定巴氏杀菌保持时间，节流孔或限流器和压力释放阀的蒸汽压力释放点应由管理机构密封以防止被改动。

过程：

1. 用水运行巴氏杀菌系统，在前流位置使所有能够促进液流通过 FDD 的液流促进装置以最大功率的运转。并且所有的液流阻碍装置被调节或置于旁路以达到最小阻碍液流通过巴氏杀菌系统的目的。

计时泵吸力面不应有任何泄漏。

a. 对于调节计时泵到最大功率的可变速率计时泵，最好使用新皮带和全尺寸旋叶。

b. 对于均质器当作计时泵的，检查均质器管理密封，以及齿轮或滑轮的鉴定。

c. 对于交流电可变速计时泵，检查计时泵控制箱的管理密封。

注：对于附录 H 描述的使用了液体成分注射(料浆)系统的巴氏杀菌系统，应当接通料浆注射泵并以最大速度运行，料浆供应罐应完全充满水。

2. 蒸汽灌输壳和蒸汽管线的蒸汽压力应提高到即将到达释压安全阀压力释放安全点下限的水平。

3. 保持管中的所有止回阀或者其他可变的限制都应呈现完全打开的状态。

4. 所有抽入真空室中的气体应当封闭，以保证真空室在最大限度的真空状态下工作。

5. 在最大流速下运行巴氏杀菌系统大概 15 min，以冲散巴氏杀菌系统中的气体。

6. 测试巴氏杀菌系统排水口输送已知体积水所需要的时间。重复进行测试直到测试值一致。

7. 通过收集巴氏杀菌系统转向流出口的水在转向流中重复过程 1~5。

注：基于电磁流量计计时系统的 HHST 巴氏杀菌系统不需要过程 7。

8. 选择最高的流速，已知体积输送最短的时间；通过将已知的液量除以收集已知液量所用的时间来计算得出以 gal/s 为单位的流速；将此流速乘以表 14 中相应的数值即可测算出所需保持管的长度。

9. 保持管可能含有连接件。配件中心线的长度被视为是直管的等价长度。中心线的长度可以用卷钢尺沿着接头的中线测量。通过在已知的直管长度上增加相应连接件长度来计算保持管的总长度。

注：保持管应被排列使其有一个与液流方向不小于 2. 1 cm/m 的连续的上升倾斜。

10. 当保持管实际的长度等同于或者大于计算的最小保持管长度时，适当的方式记录连接件的数目和型号，直管的数目和长度，保持管的外形和结果。

执行：如果保持管长度小于计算的必须最小长度，以这个较小最大速度或者奶品厂工人延长保持管或者同时包含这两个为基础，在较小的最大速度下重新密封计时系统，并重复上文测试流程。如果经过校准巴氏杀菌系统仍不符合要求，则巴氏杀菌系统只有在导致测验没有通过的原因都纠正，并符合管理机构审查后才能运转；或者如条款 16p(D)中对于 HACCP 列出的奶品厂、有资质的工厂员工，应由管理机构认可；或者如条款 16p(D)中，在紧急情况时，管理机构授权的工厂暂时的测试和密封程序。

测试 12
热限制控制器的控制——顺序逻辑测试

参考：本条例条款 16p(B)和 16p(D)。

FDD 位于巴氏杀菌热回收器部分下游或冷凝器部分并使用热限制控制器的 HHST 和 HTST 巴氏杀菌系统，应当按照规定的频率使用以下任一种方法进行测试。

12.1 巴氏杀菌法——间接加热

应用：适用于所有 FDD 位于巴氏杀菌热回收器下游或冷凝器部分使用间接加热的 HTST 和 HHST 巴氏杀菌系统。

频率：安装时；每 3 个月至少一次；温度限制控制器维修或更换时；或者管理密封破损时。

标准：在保持管下游奶或奶制品接触表面消毒之前，巴氏杀菌系统不能向液流前进方向运行。一旦开始运行，奶或奶制品接触表面应在适当的巴氏杀菌温度下充分暴露相应的巴氏杀菌或消毒时间。如果任何因为不正确温度、压力或液流等公共安全控制引起的 FDD 处在假定的液流转向位置，那么在保持管下游奶或奶制品接触的表面经过再杀菌或再消毒之前，液流不能向前流动。

设备：恒定温度水、油或者其他适合介质浴，使用测试 9.1 压力开关描述的气压测试设备的压力灯来检查热限制控制器的顺序逻辑控制。

方法：热限制控制器的控制顺序逻辑是通过监测热限制控制器上电传感的 2 个位于 FDD 和保持管中传感元件在切入温度之上时，在介质浴的浸入和移出间的电信号变化来测定的。

过程：

1. 加热介质浴到恒定的温度，略高于热限制控制器的接通温度。将测试灯与热限制控制器和 FDD 之间的信号串联。

注：考虑到公共卫生的原因，某些处理器在控制逻辑中可能存在时间延迟。假如是这样的装备，旁路时间的延迟可以解释它们对前流延迟的影响。

2. 将 FDD 传感元件浸没在高于接通温度的介质浴中。测试灯应保持熄灭，指示液流转向。将这一传感元件留在介质浴中。

3. 将保持管传感元件浸没在介质浴中。测试灯应闪亮，指示连续式巴氏杀菌系统在最少时间 1 s 这一延迟时间后液流向前。

4. 将 FDD 传感元件从介质浴中移出。测试灯应保持闪亮，指示液流向前。

5. 将保持管传感元件从介质浴中移出。测试灯应立即熄灭，指示液流转向。

6. 重新将保持管传感元件浸没到介质浴中。测试灯应保持熄灭，指示液流转向。

7. 以适当的方式记录测试结果。

执行：如果热限制控制器的顺序逻辑控制不符合这些流程，应当重新配置这些设备使其符合这一逻辑。如果经过重新配置，巴氏杀菌系统仍不符合要求，则巴氏杀菌系统只有在导致测验没有通过的原因都纠正，并符合管理机构审查后才能运转；或者如条款 16p（D）中对于 HACCP 列出的奶品厂、有资质的工厂员工，应由管理机构认可；或者如条款 16p（D）中，在紧急情况时，管理机构授权的工厂暂时的测试和密封程序。

12.2 巴氏消毒器——直接加热

应用：适用于 FDD 位于巴氏杀菌热回收器部分下游或冷却器部分并使用直接加热的所有 HTST 和 HHST 巴氏杀菌系统。

频率：安装时；每 3 个月至少一次；当热限制控制器的维修或更换时；或当管理密封破损时。

标准：在保持管下游奶或奶制品接触表面消毒之前，巴氏杀菌系统不能向液流前进方向运行。一旦开始运行，奶或奶制品接触表面应在适当的巴氏杀菌温度下应充分暴露相应的巴氏杀菌或消毒时间。如果任何因为不正确温度、压力或液流等公共安全控制引起的 FDD 处在假定的液流转向位置，那么在保持管下游奶或奶制品接触的表面经过再杀菌或再消毒之前，液流不能向前流动。

设备：恒定温度水浴，油浴或者其他适合介质浴，使用测试 9.1 压力开关描述的气压测试设备的压力灯来检查热限制控制器的顺序逻辑控制。

方法：热限制控制器的控制顺序逻辑是通过监测热限制控制器上电传感的 3 个位于 FDD、真空室和保持管中传感元件在切入温度之上时，在介质浴的浸入和移出间电信号的变化来测定。

过程：

1. 加热介质浴到恒定的温度，略高于热限制控制器的接通温度。将测试灯与热限制控制器和 FDD 之间的信号串联。

注：考虑到公共卫生的原因，某些处理器在控制逻辑中可能存在时间延迟。比如这样装备，旁路时间的延迟可解释它们对前流延迟的影响。在进行此测试前，确保应该关闭的前流压力开关已被断开。

2. 将 FDD 传感元件浸没在高于接通温度的介质浴中。测试灯应保持熄灭，指示液流转向。将这一传感元件留在介质浴中。

3. 将真空室传感元件浸没在介质浴中。测试灯应保持熄灭，指示液流转向。将这一传感元件移出介质浴。

4. 将真空室和 FDD 的两个传感元件浸没在介质浴中。测试灯应保持熄灭，指示液流转向。将这两个传感元件留在介质浴中。

5. 将保持管传感元件浸没在介质浴中，测试灯应闪亮，指示连续流式巴氏杀菌系统在 1 s 这一最少延迟时间后液流向前。

6. 将 FDD 传感元件从介质浴中移出。测试灯应保持闪亮，指示液流向前。

7. 将真空室传感元件从介质浴中移出。测试灯应保持闪亮，指示液流向前。

8. 将保持管传感元件从介质浴中移出。测试灯应立即熄灭，指示液流转向。

9. 重新将保持管传感元件浸没到介质浴中。测试灯应保持熄灭，指示液流转向。

10. 适当的方式记录测试结果。

执行：如果热限制控制器的顺序逻辑控制不符合这些过程，应当重新配置这些设备使其符合这一逻辑。如果经过重新配置，巴氏杀菌系统仍不合要求，则巴氏杀菌系统只有在导致测验没有通过的原因都纠正，并符合管理机构审查后才能运转；或者如条款 16p(D)中对于 HACCP 列出的奶品厂、有资质的工厂员工，应由管理机构认可；或者如条款 16p(D)中在紧急情况时，管理机构授权的工厂暂时的测试和密封程序。

测试 13
奶或奶制品保持管压力控制开关设置

参考：本条例条款 16p(B)和 16p(D)。

应用：适用于奶或奶制品在液流前流模式运行并能够保持管压力低于 518 kPa 的所有 HHST 巴氏杀菌系统。

频率：安装时；每 3 个月至少一次；当压力开关维修或更换时；当运行温度改变时；或当压力开关管理密封破损时。

标准：只有保持管产品压力至少超过奶或奶制品沸腾压力 69 kPa 时，巴氏杀菌系统才能在液流前流运行。

设备：卫生压力表和测试 9.1 压力开关描述可用于检查和校准压力开关设置的气压测试装置。

方法：压力开关经过检查和校正以防止液流前流，除非保持管产品奶或奶制品压力至少超过奶或奶制品沸腾压力 69 kPa。

过程：

1. 使用图 57 来确定对巴氏杀菌系统运行温度必要的压力开关设置，不要使用转向温度。在气压测试装置上安装卫生压力计和压力开关传感元件。

2. 移除管理密封和盖子露出压力开关的调节机械设备。将测试灯与压力开关触点串联或者使用其他方法监控接通信号。

3. 使用大气压操作压力开关传感元件，并确定能点亮测试灯的压力开关接通点压力计读数。如果压力开关短路，在施加大气压之前测试灯就会闪亮。

4. 确定压力开关的接通压力等于或者大于图 57 必须的压力。如果必须进行调节，参照厂商说明。

5. 经过必要校正，再次进行测试。

6. 适当的方式记录测试结果。

执行：如果前流是通过小于超过保持管奶或奶制品沸点压力 69 kPa 获得的，校正压力设置并重新测试。如果经过校正巴氏杀菌系统仍不符合要求，则巴氏杀菌系统只有在导致测验没有通过的原因都纠正，并符合管理机构审查后才能运转；或者如条款 16p(D)中对于 HACCP 列出的奶品厂、有资质的工厂员工，应由管理机构认可；或者如条款 16p(D)中在紧急情况时，管理机构授权的工厂暂时的测试和密封程序。

对于任何 HHST 巴氏杀菌系统温度，奶或奶制品压力开关设置如图 57，此压

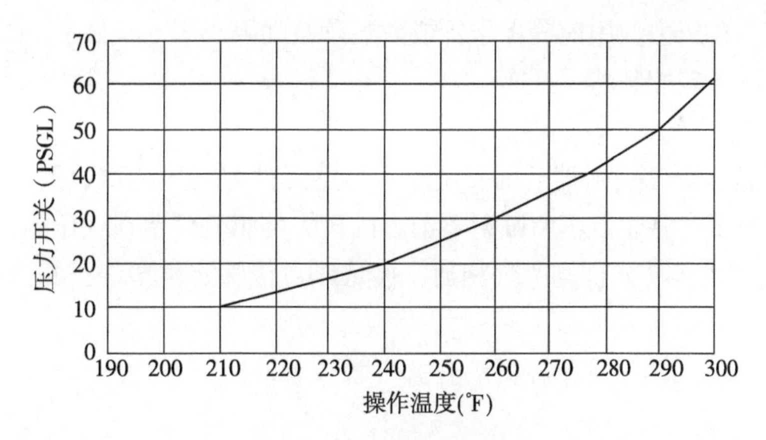

图 57　压力开关设置

力设置应随着当地正常大气压与海平面气压的差别而上调。

测试 14
蒸汽注射器中压差控制器的控制设置

参考： 条款 16p(B)和 16p(D)。

应用： 适用于所有的使用直接蒸汽喷射加热的 HTST 和 HHST 巴氏杀菌系统。

频率： 安装时；每 3 个月至少一次；当压差控制器维修或更换时；当压差控制器管理密封破损时。

标准： 除非通过蒸汽喷射器的奶或奶制品压力下降到 69 kPa 以下，否则巴氏系统不能以液流前进状态运行。

设备： 卫生压力表和测试 9.1 压力开关描述可用于检查和校准压力开关设置的气压测试装置。

方法： 除非蒸汽喷射器压差达到至少 69 kPa，否则应调整压差控制器防止液流前进。

过程：

1. 蒸汽喷射器压差控制器传感元件的校准。

a. 松开压力控制传感元件之间的连接，让任何液体从连接处排出。虽然传感元件仍在初始位置，指针或数字显示应在 0~3.5 kPa。如果不是，调整指针或数字显示使指示为 0 kPa。

b. 移除传感元件并安装在三通管或把它们连接到气压测试装置。传感元件安装在三通管过程中记录流程 1. a 可能出现的读取 0 kPa 的差异。将三通管和传感元件连接到测试 9.1 压力开关描述的气压测试装置上，并调整大气压到蒸汽喷射器的工作压力。在压力使用前确保指针或数显读数间隔小于6.9 kPa。如果不是，需要调整或维修压差控制器。

2. 蒸汽喷射器压差控制器的设置。

a. 断开位于蒸汽喷射器后的安全压力传感元件与气压测试装置之间的连接并在开口盖上盖子。将位于蒸汽喷射器前方的压力传感元件留在气压测试装置上。

b. 其他压力传感元件与大气相通，但是压力传感元件与气压测试装置在相同高度。

c. 将测试灯与压差控制器微动开关串联或者使用设备生产商提供的方法以监控接通信号。

d. 将大气压应用于压力传感元件并通过测试灯确定不同压力控制器接通点的气压表读数。

e. 压差控制器的不同接通压力差应至少69 kPa。如果需要进行必要校准，请参考生产商说明。

f. 经过校正，重复该测试。

3. 适当的方式记录测试结果。

执行：如果经过校正巴氏杀菌系统仍不符合要求，则巴氏杀菌系统只有在导致测验没有通过的原因都纠正，并符合管理机构审查后才能运转；或者如条款16p(D)中对于HACCP列出的奶品厂、有资质的工厂员工，应由管理机构认可；或者如条款16p(D)中，在紧急情况时，管理机构授权的工厂暂时的测试和密封程序。

测试15
便携式通信设备的电磁干扰

应用：适用于确保符合公众健康安全措施的奶品厂HTST和HHST连续式巴氏杀菌设备的所有电子控制设备。

频率：安装时，每3个月至少一次；当电子控制设备更换时；当奶品厂使用的便携式通信设备型号或瓦数改变时。一旦便携式通信设备能引起电子控制设备不利的反应，则电子控制设备应被维修并用相同类型的便携式通信设备重新测试(参考下文注)。如果更换任何电子控制设备或使用的便携式通信设备发生改变时，应当对电子控制设备进行测试。

标准：便携式通信设备的使用不应对电子控制设备的公共健康保护产生不利影响。

设备：一个有代表性的在厂内使用的某种型号的手持式通信设备。测试时该设备的输出应设置到最大，并充足电。

方法：通过观察便携通信设备对电子控制设备的实际影响，从而确定当它在加工设备附近使用时，没有对公共健康保护造成危害。

过程：

1. 将便携式通信设备安装在公共健康保护所在的电子控制设备前30.5 cm处。

2. 将便携通信设备置于“发送”模式5 s并观察对电子控制设备公共健康保护措施的影响。对电子控制设备不应有任何影响。不利的影响是指任何会对电子控制设备的公共健康安全措施造成不利影响的变化。

3. 如果可以，在检修门打开状态下重复测试。

4. 对每一个设备上的便携式通信设备重复上述测试。

5. 对每一个用于调节巴氏杀菌系统公共健康保护的电子控制设备重复上述测试。

6. 适当的方式记录每个测试的便携式通信设备的构造和模型以及测试结果。

例如：对于温度设置点，在转向流中以“产品”模式在最低接通温度3 ℃以内稳定的温度用水运行巴氏杀菌系统。在这个例子中，负面影响定义为FDD的前流或者任何人为增加温度。

执行：检查奶品厂屏蔽、接地和其他电子控制设备的安装影响并重新测试。在找到一个管理机构认可的不会对电子控制设备公共健康保护造成负面影响的方法前，在电子控制设备公共健康保护区域不能使用便携式通信设备。

注：持续的“无约束便携式通信设备”或“不产生无线电干扰”等并不是能消除电子控制设备公共安全保护不利影响的办法。

附录J　奶或奶制品一次性容器或盖的制造标准

前　言

在乳品行业，一次性包装容器和盖已经使用多年。由于工厂在生产制作这些材料时采用了质量保证控制体系，使得这些产品符合应用卫生要求，而不至于使用有毒有害的材料用于包装奶及奶制品。

在最近几年，一次性包装容器制造商还引进新材料、新设备和新的设计概念。对容器生产工厂进行生产和装卸技术基础进行评估，并建立卫生标准，有助于确保制作的一次性容器或盖的安全符合本条例12p中的微生物标准。

奶或奶制品一次性容器或盖子生产标准

A. 目的和范围

采用这些标准可以确保奶及奶制品一次性包装容器和盖的卫生，如同本条例所述。

这些标准应该适用于所有空容器制作、转炉、印刷机、制盖机、塑料层合机、纸张成形器、吹模机、塑料挤出机、注入成模机、预成形、阀、管和分配装置以及样品容器的制作以及其他类似的设备工厂。这些标准也适用于制造容器和盖子等组件的制造商，这些组件将用于最终组装产品的产品接触面或装配组件。这些要求不适用于造纸厂或树脂制造工厂。

乳品和食品工厂给其他奶或奶制品工厂（正如本条例定义的）生产或销售的这些容器应符合标准的要求。

本条例定义的“A”级奶及奶制品工厂应使用来自最近半年出版的州际乳品运输卫生许可和强制分级 IMS 名单中认证过的包装容器（参看本附录条款 E）。

这些标准为 IMS 当前认证的一次性产品制造商提供了某些标准（参看《MMSR》章节 1）。

B. 定　义

以下定义将被用于这些卫生标准。

1.“残卷和整卷”指在加工过程中清除了不可使用的纸或纸板包装物卷筒，比如在造纸机上加工整理的卷筒。还包括成型加工过程中未经印刷的卷筒，但前提条件是这些纸或纸板在加工、处置、运输等各个环节都一直保持干净卫生状态。

2.“认证的单一服务顾问（SSC）”是指通过公共卫生服务/食品药品监督管理局（PHS/FDA）认证的个人，拥有有效的资格证书，可以为 IMS 名单——州际牛奶托运人（IMS）卫生合规和执法评级的名单上的奶或奶制品制造商提供国外一次性容器和（或）盖子的认证和列名，并且对要认证的国外一次性容器和（或）盖子的例行监管检查和执行或监管审核不承担直接责任。

3.“盖”是指帽、盖、密封条、管、阀、盖材料或其他容器里面或上面的装置，它用来包裹或分隔内容物。

4.“裹涂层”指容器或覆盖物直接接触奶或奶制品产品表面的那层物质。

5.“组成部分”指各自本身不具备包装功能，但组合在一起后能成为一次性包装容器或密封物的某个部分。“组成部分”应包括但不只限于：盒坯、纸页（薄片）、阀、阀的部件、管、分装装置和样本收纳容器。所有用于制造“组成部分”的物料，都应符合 FFD & CA 修订版的标准要求。

6.“生产商”指生产供“A”级奶或奶制品包装物、采样使用的容器或其他密封物的企业或个人。

7.“生产过程”指注塑、挤塑、吹塑等生产过程。

8.“金属”特指在使用时能保持无毒、无吸收性、防腐蚀的那些金属。

9.“无毒材料”指材料中不含有任何可能会对人体健康产生危害的物质，也不含有可能会对奶及奶制品的味道、气味、组成或微生物指标等产生负面影响的物质，并符合 FFD & CA 修订版的标准要求。

10.“纸张原料”指由以下物质为原料生产出来的纸张：

a. 由以下物质为原料生产出来的纸和纸板，包括来自清洁、化学性稳定或机械拉力符合要求的纸浆或来自“残卷和整卷”，前提条件是在加工、处置、储藏等各个环节都一直保持干净卫生状态，或者使用经认可符合 CFR 第 21 号中第 176.260 部分要求的制造规范生产出来的再造纸纤维。

b. 其组分必需满足 FFD & CA 中修订版标准关于原料的要求。

11.“注塑、成型、挤塑和层压树脂”指：

a. 树脂或树脂与其他类似组分组成的混合物，应符合 FFD & CA 修订版标准的要求。

b. 塑料切削料、回收物料仅指干净的切削料、回收物料，前提条件是在加工、保存等各个环节都一直保持干净卫生状态。

c. 不应该排除使用回收的塑料材料，只要这些材料符合 FDA 修订版标准的要求。

12.“未成形包材”指尚未最终成形的包装材料，还不能用来灌装产品。

13.“产品接触面”指容器或密封物能接触到被包装物的表面。

14.“废弃材料”指在一次性容器、密封物的生产加工过程中遗留下来的部分物品/材料，它们在加工、处置等各个环节中未达到“残卷和整卷”或“回收物料”的卫生安全标准，但它们可以被收集起来用于回收，例如在生产过程中掉到地上的容器或被裁剪去掉的物料。

15.“回收物料”指在一次性容器、密封物的生产加工过程中被裁剪下来、实际干净的塑料质地的物料及外形不符合要求的一次性容器、密封物制品，但前提条件是它们在加工、处置等各个环节都一直保持干净卫生状态。在生产厂内，它们可以在不改变形态的情况下直接被放进合适的粉碎机内作回收利用。但“回收物料”不包括那些来源不符合规定的、来源不明(如化学性质不明或加工处置过程不明)或其塑料成分中可能会含有有毒、有害物质(指转移到食品上的有毒有害物质量会超过监管控制的水平)的物料、容器或密封物。在都经认证合格的奶品厂之间运输这类“回收物料”时，必须选用合适干净、密封良好且有合适标签的容器。不排除使用通过 FDA 检查认可的回收塑料。

16.“试样组”

a. 用漂洗法进行检测，至少需要检测 4 个容器。

b. 用棉拭法进行检测，至少需要检测 4 个容器，每个容器都至少需要有 250 cm^2 的表面区域接受检测。假如单个容器或密封物上的产品接触表面小于 250 cm^2，就需要多准备几个容器或密封物接受检测，确保总的检测面积至少达到 250 cm^2 乘以 4 的水平。

17.“消毒”指利用有效方法或物品，将表面病原体和微生物尽可能破坏、杀死的过程。整个过程不应影响设备、奶或奶制品及消费者的健康，并得到管理机构的认可。消毒方法应符合本条例附录 F 中的规定。

18.“一次性物品”指全部或部分由纸、纸板、模制纸浆、塑料、金属、裹涂层或类似物料制成的或是由这些物料组合在一起制成的物件，对生产厂家而言只准作为一次性使用。

19.“一次性容器”指准备用于包装、加工处理或储存“A”级奶或奶制品的容器，特点是只准一次性使用。

20. “一次性容器或盖子制造商认证” 是指由牛奶卫生评级官员(SRO)对美国奶及(或)奶制品的一次性容器或盖子制造商进行的认证；或第三方认证机构(TPC)的乳品卫生评价人员(SRO)或为国外奶及(或)奶制品一次性容器和盖子的制造商提供服务的认证的单一服务顾问(SSC)，衡量一次性容器或盖子制造商是否符合本条例附录 J 的规定，以列入 IMS 清单-州际牛奶托运人(IMS)卫生合规和执法评级。认证以本条例附录 J 的要求为基础，按照《牛奶运输商卫生评级方法》和《奶及(或)奶制品制造商一次性容器和(或盖子)认证/清单》(MMSR)中规定的程序进行。

C. 一次性容器或盖子的微生物标准和检测

1. 造纸原料应符合微生物标准，其菌落数不应超过 250 个/g。纸张原料提供者需保证纸张生产符合这一标准。这仅适用于层压之前的纸张。

2. 适合采用漂洗法测试的，每个容器微生物残留不应该超过 50 个，而对于容量小于 100 mL 的容器，其菌落数不应超过 10 个。若使用棉拭法进行检测，每 50 cm^2 产品接触表面的菌落数不超过 50 个。对于包含 4 个一次性容器或盖子组成的样本，在随机给定的一天内抽样检测，按照本条例附录 J 的细菌标准，样品集的 4 个样本中不得有 2 个或 2 个以上超过细菌标准。所有一次性容器、密封物都不得检出大肠菌群。

3. 在连续的6个月中，必须至少抽查4个样本组，且至少分在4个不同的月份中进行，除非在3个月中，有2次抽样虽然发生在同一个月中，但之间至少相隔20天。对样本的检验分析将在官方实验室内进行，或委托所属州乳品实验认证机构特别认证许可的商业性实验室或行业内其他实验室来执行本文要求的检测任务(见第12p条中巴氏杀菌工厂的容器与盖子的采样部分)。

注：如果一次性容器和盖子的生产不是连续每月进行的，那么就不能满足本章的采样频率要求，即在任何连续6个月内，必须至少抽查4个样本组，且至少分在4个不同的月份中进行，除非在3个月中，有2次抽样虽然发生在同一个月中，但之间至少相隔20天，否则每个生产月至少应收集1个样品集。

4. 若某种一次性容器、密封物是由一种或几种"组成部分"(按照本文中的定义)组成的，只有最终组合成型的产品，即包含产品接触表面的产品，需要按照本条例C的规定接受抽样检查。当一次性容器或盖子采用如本文件所述的一种或多种组分组成时，仅那些可能接触产品表面的最终成型的产品，必须按照本节的规定进行采样和测试。

5. 从每一"生产过程"(按照本文中的定义)中选取的样本组应符合如下规定：若用漂洗法进行检测，至少需要检测4个容器或密封物；若用棉拭法进行检测，至少需要检测4个容器或密封物，总的检测面积要至少达到250 cm^2 乘以4的水平。

6. 以下原则适用于某些特定的"未成形部件"或瓶子的生产厂家，初步的未成形加工是在一家工厂内进行，而成型加工又是在另一工厂内完成：

a. 生产"未成形部件"的厂家必须入围IMS的名单，但出产的"未成形部件"不需要直接接受采样检查。

b. 假如第一家生产厂自己也进行成型加工，产出成品容器，此厂家必须入围IMS的名单，且出产的成品容器需要直接接受采样检查。

c. 假如第二家产出成品容器的生产厂是一家一次性产品的生产厂，此厂家必须入围IMS的名单，且出产的成品容器需要直接接受采样检查。

d. 假如第二家内部生产成品容器的生产厂是一家奶品厂，生产的成品容器仅供自己使用，其奶品厂的资质应已能提供足够支持，但内部生产的成品容器仍需要直接接受采样检查。

关于这些产品样本获取的步骤流程及实验室检验方法可查阅SMEDP的最新版本，实际使用时应与这些方法流程从根本上保持一致。而这些步骤流程和检验方法的设定和实施情况还需要接受评估，以保证能符合EML现行版本中的相关规定。具有资质的实验室名单也可从FDA出版的IMS上查得，或查阅网站www.fda.gov。

D. 生产车间标准

注：采用与FDA 2359C加工厂检验报告同样的表述——奶或奶制品一次性容器和/或瓶盖（见本条例附录M）。

1. 地板

a. 地板应该光滑、密封并且保证其处于良好维护状态。

b. 墙壁和地板连接处应不漏水、密封且应该有弧形或密封接口。

c. 倘若要从地板排水，水要能够收集汇拢，地板应该有一定倾斜度以便于排水。

2. 墙和天花板

a. 生产车间的墙壁和天花板应该是光滑、可清洗的且是浅色表面。

b. 生产和贮藏区应该保持处于良好维护状态。

c. 管道、管线或类似装置若有部分穿过墙或天花板，其开口处需要有良好的密封保护。

3. 门和窗

a. 所有向外开的窗户应该可以有效防护昆虫、蚊蝇、灰层和空气传播性污染。

b. 所有向外开的门应该紧密且可以自动关闭。

4. 照明和通风

a. 所有房间必须具备良好的光照条件，无论是使用自然光照、人工照明还是两者结合使用，在生产加工区域应保证有相当于20 ft烛光(220 lx)，在储存区域应保证有相当于5 ft烛光(55 lx)在制造区域应提供抗碎灯泡、固定装置、天窗或在玻璃破碎时防止污染的其他保护措施。进行包装、密封、捆绑、贴标签和其他类似工作的地方应被视作是生产加工区域的一部分。

b. 应该有足够的通风以防止车间内过多异味富集和浓缩水雾的形成。

c. 在生产车间所有压力通风系统中吸入或排出的空气均需要经过过滤。

5. 隔离间

a. 所有生产车间必须与非生产车间隔离以防止污染。若这个车间均符合所有的卫生需求且不存在交叉污染源，则可以不要隔离间。

b. 所有塑料回收料和包装材料的切碎、包装或打包都应该在一个与生产车间隔离的房间内进行，或者也可以在生产车间内预先设计好的小间内进行，只要保证该操作卫生且无灰尘产生。

6. 厕所间设施——污水处理

a. 污水和其他废弃物的处理应该纳入到公共污水处理系统或者根据国家和地方法规以某种方式进行处理。

b. 所有卫生洁具均应符合地方和国家卫生法规。

c. 厕所间应该有坚固、自动关闭的门，且不能直接向生产车间开启。

d. 厕所间及其洁具应保持干净、卫生，且维护良好。

e. 每个厕所间应该光照良好且有足够通风。从厕所间排出的空气应该直接通向外界。

f. 厕所间内需配备合适的洗手用设施。

g. 所有窗户开启时应该有屏蔽网。

h. 所有厕所间应贴有标志，以提醒员工在回车间工作前要洗手。

i. 厕所间内禁止进食或贮藏食物。

7. 水供给

a. 如果供水是来自公共水系统，则应该采用经过负责水质量的国家机构认证的水资源，对于个别自供水系统的，则至少需要符合本条例附录D中所示的规定。

b. 在安全供水和任何不安全或有问题供水或任何可能污染安全水的污染源之间应该没有交叉联系。

c. 对个别供水进行微生物测试的样品采集应该在物理结构获批准的初期进行；在以后每隔12个月至少进行一次测试，一旦有维修或供水系统发生改变，均需要采样测试。样品的测试应该由官方指定实验室进行，为确定水样是否已按本条例所规定的频率采集，间隔时间应包括指定的12个月加上样品到期时当月的剩余天数。

d. 用于盛循环水冷却产品接触表面的容器应符合附录G的规定，水样至少需每半年检查一次为确定水样是否已按本条例所规定的频率采集，间隔时间应包括指定的6个月加上样品到期时当月的剩余天数。

e. 所有与水质检测有关的记录都必须保存至少2年，记录必须存放在管理机构部门认可的地方。

8. 洗手设施

a. 热和冷或温水、肥皂、空气干手器或卫生手巾应配备在所有生产车间。倘若没有水，则要提供含杀菌剂的溶液或软皂。当使用个人卫生手巾时，需配备有盖子的垃圾回收箱。

b. 洗手设施应保持干净清洁。

9. 工厂清洁

a. 地板、墙壁、天花板、横梁、固定设备、产品输送管道和输送管路、贮藏、物料回收、打包和装箱车间都应该保持干净。

b. 所有产品车间、仓库、厕所间、餐厅和贮物柜区域都不应该有昆虫、蚊蝇和飞鸟。

c. 机器和设备应该保持干净。要保证伴随正常生产操作而产生的少量纸张、塑料或金属屑和其他生产污物的积累不损坏机器设备。

10. 储物柜和餐厅

a. 贮物柜和餐厅应该与生产车间隔离，且应该配有自动关闭的门。

b. 禁止在生产车间和藏贮车间进食或贮藏食物。

c. 贮物柜和餐厅应保持干净和清洁卫生。

d. 应备有可清洗的垃圾箱，并贴上标签，该垃圾箱要有盖子、密封、防漏、且放置在易接近处。

e. 贮物柜和餐厅应该配有洗手设施。

f. 应该张贴标签明示，以提醒员工在返回工作间前洗手。

11. 废物处理

a. 所有废弃物和垃圾应该贮藏在有盖子、密封且防漏的垃圾箱中。这一要求不适用于生产中所产生的废物料。

b. 所有垃圾箱应该清晰标示其回收种类和内容物。

c. 如果有可能的话，垃圾和各种各样的废物应该贮存在户外的垃圾箱中，垃圾箱也应该有盖子、密封且可清洗。如果贮存在房间内，则应贮存在类似的容器中，但应与生产车间隔离。

12. 个人卫生

a. 在开始生产前应该彻底洗手，要尽可能频繁地洗去杂质和污物，上完厕所或从餐厅返回工作间要彻底洗净手。

b. 所有员工都应该穿上适合操作的干净的服装和戴帽子或其他有效的头发遮挡物来防止对奶或奶制品包装材料的污染。

c. 任何感染传染病的人或携带类似病原体的人以及有感染伤口或身体上有其他形式的受伤都不得在任何生产操作车间工作，因为如果让这类人接触产品或产品表面，可能使产品污染致病微生物(见本条例第13章和第14章)。

d. 在生产、物料回收和贮藏车间禁止使用烟草类产品。

e. 在生产加工区域不允许佩戴不安全的饰件。

13. 污染防护措施

a. 向上的、开口的容器应该在上端盖上防护盖以防止被污染。

b. 在任何场合下，只要通入空气直接接触树脂或产品接触表面，空气必须无油烟、无灰层、无铁屑、无过多水分、无外来异物和异味，或者应符合本条例附录 H 中的要求。

c. 直接通过风扇或鼓风机导入产品或产品接触表面的空气必须经过过滤，否则必须符合本条例 H 中的有关规定。

d. 用于控制昆虫和蚊蝇所使用的杀虫剂必须是食品工厂允许使用的，或者是 EPA 注册过的。

e. 杀菌剂的使用应遵循生产商的使用说明，以免包装容器或瓶盖受到污染。

f. 加工过程中的一次性物件应使用一次性覆盖纸(薄膜)或使用其他装置物品加以保护，如硬纸板、间隔物、分离器、袋子或其他可作为产品接触面的物品。

g. 用于生产非食品级物料的机械设备不能直接用于生产加工供奶及奶制品使用的一次性容器或密封物，除非这些设备已经过彻底的清洗保洁，并且在不污染到食品级物料的情况下，彻底清除掉了所有非食品级的物料。

h. 在为奶或奶制品生产加工一次性容器或密封物的过程中，应注意不能使原料或回收物料与非食品级的物料之间发生交叉污染。

i. 厂区内设备的安放和生产布局的设计应注意避免过于拥挤，需要为清洗保洁和维护留出空间，并方便工作。

j. 所有有毒物质，包括清洗保洁和维护用的化学合成剂，都必须与原料和产品严格区分，单独保存。

k. 厂内生产出来的供存放食物使用的容器不能用作放置其他不相关的杂物或化学品。

14. 材料和终产品的存储

a. 空白、卷筒材料和所有其他一次性容器、瓶塞和物品在使用前应当存储在干净、干燥的地方；并以卫生清洁的方式存储和操作；与墙壁隔开有效的距离以便设备的检查、清洁和害虫防治。任何卷筒材料外部或边缘有灰尘或泥土时，应当在使用前丢弃足够的外圈材料并将边缘修剪掉以避免污染。

b. 应当使用合适的干燥清洁设备存储一次性容器、瓶塞、包装纸板、黏合剂、空箱和其他产品材料以保护其免受水、灰尘和其他污染。

c. 容器和瓶塞不在原始生产制造的场所。

(1)容器、空箱和瓶塞在使用前应当存储在原纸箱中并密封。

(2)部分使用容器、空箱和瓶塞的纸箱应重新密封以备使用。

d. 用于存储树脂和其他原材料、回收料、边角料生产过程中使用的材料的容器，应当有盖、清洁、不透水、并经过适当的鉴定。贮存容器如果有塑料内衬则可以重新利用。

e. 生产线上用于贮存容器或盖子的贮存箱，因为接触到产品表面，所以应该采用可清洗、无吸收性的材料，且保持干净。

15. 加工设备

这一部分是关于所有生产容器和瓶塞的设备和过程的要求，不涉及材料的使用。其中的一些设备包括研磨机、卷筒机、铰床和切割机、成模和灌装机、挤压机、提升机、树脂罐和印刷机、空罐机和密封设备。

a. 滚筒、冲模、皮带、工作台、心轴、转换管路和其他任何接触表面都应当保持干净、卫生且不应该有纸屑、塑料或铁屑和其他污染物积累。针对奶品厂设计的用于预成型容器的设备应当在运转前保持卫生和清洁。

b. 不应使用诸如胶带、绳子、麻线、纸板等临时材料。所有的紧固件、辅助线、悬吊管、支架和挡板都应由不透水、可清洁的材料组成且保持良好的维修状态。

c. 启动台和其他容器或接触表面应该采用可清洁材料制成，且应保持干净和处于良好维护状态。

d. 所有用于二次粉碎的研磨机、碎纸机和类似设备应被安装在地板上或以能被保护的状态被安装，从而防止地板上金属或其他污染物进入研磨机和碎纸机。

e. 用于塑料树脂的存储箱、贮仓或箱子应能够防止树脂受到污染。所有的通风口应当有过滤装置防止灰尘、污物或昆虫进入。用于输送树脂的空气管道应当维修良好且其安装应能防止树脂受到污染。输送树脂的空气管道应有链条或缆绳连接的端盖以防止污染。此条款也适用于所有其他类似处理的原材料。

16. 生产容器和盖子的材料

a. 只有符合CFR第21号第174~178部分要求的树脂可用于贮存容器和瓶盖的生产只能使用遵循这些标准的生产商或制造厂生产的塑料压片和挤压物、层压塑料纸、卷筒材料、组成部件、模塑或成型部分、金属和空白纸板或其组合件。在IMS名单中的工厂被认为是符合要求的。

b. 容器和紧密接触面只能使用食品级的无毒材料。应当去除轴、滚筒、轴承座套和芯轴多余的润滑油。这些润滑油的处理和贮存应当避免与非食品级润滑油交叉污染。这些存储区域应清洁并足够通风。

c. 地板上的容器、树脂和颜料以及地板上收集起来的废料禁止回收再利用。

当这些材料符合FDA所允许和修订的回收条例时可被使用。

17. 蜡、黏合剂、密封剂、涂料和墨水

a. 用于制造容器和瓶塞的蜡、黏合剂、密封剂、涂料和油墨的处理和存储应当避免其与类似非食品级材料交叉污染。这些存储区域应清洁并足够通风。

b. 不使用的材料应被覆盖，贴标签并妥善保存。

c. 蜡、黏合剂、密封剂、涂料和油墨的味道不能带入奶及奶制品中，不能造成产品微生物污染和有毒有害物污染。所有用于产品接触面的材料应符合CFR第21号中第174~178部分的要求。

d. 转移集装箱应当保持干净，并被合理的认证和覆盖。

e. 应当进行上蜡以保证容器或瓶塞完全地被包裹且蜡应当在不低于60 ℃环境下保存。

18. 容器、盖子和设备操作

a. 容器和盖子表面操作应保持在最低限度。

b. 操作员应频繁消毒双手或穿戴干净的一次性手套。如果使用洗手液，应当放置在手工操作区内方便的位置。

19. 打包和运输

a. 空罐、盖子、1/2罐、嵌套式或预成型容器和部件如阀、套、管和其他零配件应该在运送之前很好地打包或集装化。

b. 外包装或外箱应保护内容物不受外界灰层和其他物质污染。

c. 用于运送来自一次性容器或盖子生产车间的最终产品或车间运送的运输工具必须干净且应该处于良好维护状态，该运送工具未曾用于运送垃圾、废物或有毒物质。

d. 纸板箱、包装纸和接触容器或盖子表面的间隔板不能回收再次用于该用途。

e. 所有容器或盖子接触产品表面的包装材料应该符合CFR第21号第175~178部分中的规定和本条例附录C中的细菌标准，但该材料不一定要在已登记的一次性容器生产厂生产。某些外包装材料，如用于奶纸箱平面的波形厚纸板箱，不需要满足细菌学标准。平面的边缘在容器成型和封印过程中会被加热。没有关于细菌采样频率的规范条例。监管机构可以选择性收集包装材料的样品以确定是否符合本章节的细菌标准。

20. 产品标识和档案

a. 包装箱外需标明生产工厂的名称和所在城市，用于自己工厂的包装箱除外。对于国外包装工厂，外包装应标明国家。对于一个公司经营多家工厂的情况，可使用共同的公司名称，只要在包装箱外直接标明或采用FIPS编号标示其内容物制造的厂址。

b. 一次性玻璃容器应标上标签并注明“仅供一次性使用”。

c. 所有需要的容器和瓶盖的微生物测试结果应在生产工厂保留2年时间并且结果应当符合本标准C部分的要求。

d. 经检查确认已登记认证的工厂的责任是保存微生物证明结果和终装配产品中使用的所有组分的安全性记录。

e. 生产工厂应该拥有原料供应商，蜡、黏合剂、密封剂和墨供应商的资料信息，以表明这些材料符合CFR第21号中第174~178部分的规定。

f. 生产厂家应该拥有符合这些标准的包装材料供应商信息，以表明这些材料符合CFR第21号中第174~178部分的规定和本标准C部分中的细菌标准。采样频率并无标准。管理机构会从包装材料中采样以确定其是否符合该部分微生物标准。

附录 K　HACCP 程序

Ⅰ. HACCP 系统介绍

HACCP 历史：HACCP 体系的使用对乳品行业而言并不陌生。HACCP 体系逻辑性强、简单、有效，能通过高度系统性的结构有效控制食品安全。

HACCP 作为航天食品生产，是在 20 世纪 60 年代期间被引入食品工业。美国国家航空航天局(NASA)当时使用 HACCP 是为了保证航空飞行器部件质量都能达到所要求的最高标准。这一控制产品质量的程序化手段后被运用到对宇航员食品质量的控制上。

美国军方的 Natick 实验室与 NASA 一起开始开发适合人类太空旅行食用的食品。他们与 Pillsbury 公司签约一起设计、生产第一批太空食品。Pillsbury 公司在为如何解决无重力情况下食品漂移等问题伤透脑筋的同时，也肩负着另一项重任——保证食品尽可能 100%的无细菌或无病毒性病原体。

使用食品工业传统的质量控制方法很快就被证明无法适用于 Pillsbury 公司所要完成的工作。当时现有的程序化手段根本无法保证所需要达到的安全系数，而且若要达到如此高的安全系数所要付出的采样成本大大超过了太空食品至多可产生的商业价值。Pillsbury 公司于是弃用了一般标准的质量控制方法，转而与 NASA、Natick 实验室一起开始进行宽泛性的食品安全评估研究。不久他们意识到，要成功达到此目标，他们必须要控制好过程、原材料、环境和相关的人。1971 年，他们推出了 HACCP，作为一种预防性的体系，可帮助生产厂商提高食品安全的可靠程度。

背景：HACCP 是一种管理方法，通过结构严密、科学的方法达到控制可识别危害的目的。在食品安全方面，HACCP 对更好地作决策提供了理论逻辑方面的基础。HACCP 在国际上已被认可为是一种控制食品安全危害的有效手段，并已得到以下机构共同认可：如联合国粮食与农业组织(FAO)、世界卫生组织(WHO)食品法典委员会。美国国家食品微生物标准咨询委员会(NACMCF)也已认可 HACCP。

HACCP 管理的理念可帮助那些 HACCP 计划监督下经营的厂商们逐步建立起预防性的措施：在生产环境中识别潜在的危害并加以控制(如对产品问题的预防)。HACCP 为食品安全问题提供了一套预防性的、系统性的解决方案。

自愿参加：本附录提供的 NCIMS HACCP 中的内容，在自愿前提下可作为传统检查体系的替代。只有在管理机构与其一起参加的情况下(如管理机构需对设施监管疏漏负责)，奶品厂、收奶站或中转站才能被批准参加自愿性质的 NCIMS HACCP 示范计划。双方应以书面形式确定各自义务，以保证参加 NCIMS HACCP 示范的各方面资源都已具备。

各州和各奶品厂、收奶站或中转站的领导层应为 HACCP 体系的成功启动和贯彻执行提供足够的资源支持。

HACCP 的原则：以下 7 点作为 HACCP 的原则，应被包含在 HACCP 计划中。

1. 进行危害分析。
2. 确定 CCP。
3. 建立 CL。
4. 建立监管程序。
5. 准备执行。
6. 建立查(复)核流程。
7. 建立记录保存和编辑存档流程。

前期必要的准备程序(PP)：在启动 HACCP 计划之前，奶品厂、收奶站或中转站应准备一份书面形式的 PP，并按此执行。PP 为生产安全、健康的食品提供了基础环境和运行条件。这其中的许多条件和操作规定在联邦政府和州政府的法规和指导意见中已有列明。

PP 和 HACCP 体系都对影响公众健康的因素做了强调，例如以下条文中提到的内容，GFR 第 21 号第 7 部分“产品召回”；第 113 部分“经热加工的低酸度密封包装食品”；第 117 部分人类食品中“良好生产规范”“危害分析”和“相关风险的防范与控制”；第 131 部分“奶和稀奶油”；A 级热加工奶条例；以及现行版本的 NACMCF HACCP 原则和应用规范。

总结：HACCP 的 7 项原则也被称作 HACCP 计划。它们和 PP 一起构成了 HACCP 体系。本附录中所描述的 NCIMS HACCP 示范计划包括 HACCP 体系和其他“A 级”热加工奶准则，如药物残留测试和跟踪回查、只选用卫生合格率达 90%或以上的原奶或 IMS HACCP 合格名单上供应商的原奶、第 4 章中关于标识方面的规定等。在正确履行的情况下，本附录中所描绘的 HACCP 建设方案将为奶及奶制品提供与在原来传统检查体系下相同的安全保障效果。

Ⅱ．HACCP 系统的执行

准备步骤：在制定 HACCP 计划时，应先执行 NACMCF 文件中规定的“先期步骤”。对所有生产的奶及奶制品都应制定完整的、符合现实需要的流程控制图。当各类流程、产品和危害相类似时，流程控制图可合并制作。

前期主要的准备程序和其他程序：HACCP 并非一独立可运作的程序，而是一个更大规模控制系统中的一部分。PP 为控制奶品厂的环境条件提供了一个通用型的流程步骤，用于在总体上控制奶或奶制品的安全。PP 是一个方案规划、操作规则与流程步骤的集合体，是能在干净卫生的环境中生产、分销奶及奶制品的必要条件。PP 与 CCP 的不同之处在于，PP 是一项基础性的卫生保障流程程序，可用于降低乳制品潜在危害的发生可能。许多场合下，HACCP 计划中的 CCP 和 PP 控制方法对控制食品安全危害都是需要的。

具有建造、运营都符合安全卫生要求的环境和设施保证是执行 HACCP 的必要条件。在奶品厂、收奶站或中转站内、场地、建筑物、相关维护和物业管理都是上述环境、设施保证的构成要件。奶品厂、收奶站或中转站可根据自己的选择，通过自己的管理控制程序或 PP 来有效控制上述因素。

对 PP 的具体设定可根据应用范围的不同而不同，如针对不同的奶或奶制品、加工方式等。在设计和执行每一项 HACCP 计划时，应对 PP 的执行情况和效果进行评估。PP 应有正式文案记录，并定期接受稽查。稽查的内容包括目标对象是否有完整的运行流程计划，能对每一项 PP 做好监管、控制。对 PP 的设定和管理应独立于 HACCP 计划之外。

除 PPs 外，可能还需要其他程序来确保 HACCP 程序正常运行。

1. 所要求的 PP。关于以下所要求的 PP 应有书面的简要说明或检查清单，以方便稽查是否符合要求。PP 应包括可监管的流程步骤、各监管内容的详细记录、监管的频率。奶品厂、收奶站或中转站所制定和执行的 PP 中应包括各阶段的状态条件要求和执行内容要求，包括在生产加工之前、生产加工过程中和生产加工之后。PP 应列明以下要求。

a. 对能接触到奶或奶制品或其表面的水(包括蒸汽和冰)都应保持干净。

b. 对能接触到奶或奶制品的设备表面应保持干净。

c. 保护奶或奶制品、奶接触的表面、包装材料、其他食品接触的表面不与不卫生的物品发生交叉污染，包括器具、手套、外套等。乳品和其他食品包括原料形态及加工后的产品。

d. 洗手、消毒装置、厕所设施的维护和保养。

e. 保护奶或奶制品、包装材料、奶接触的表面不受以下物质的污染，如润滑油、燃料、杀虫剂、清洗用化学品、消毒剂、水汽和其他化学、物理或细菌污染。

f. 对有毒化学品应加有正确标识、储藏和使用。

g. 控制人员的健康状况，特别是对"高危"人员——指可能会对奶或奶制品、包装材料、奶接触的表面造成微生物污染危害的人员。

h. 奶品厂区域内不应出现宠物。

i. 员工培训包括以下内容：

(1)直接负责原材料和配料的卸货和储存、"A"级奶或奶制品的储存、装载及加工等工作的员工每年接受食品安全培训，内容包括食品 GMPs、本条例附录 K 的规定、HACCP 概述和过敏原相关的内容。

(2)员工接受(1)中提到的培训的日期和类型应记录在日志中。

除以上列出的 PP 以外，其他根据危害分析得出的可以降低潜在危害发生可能性的 PPs，也可被列为所要求的 PP，并同样需要监管、稽查、做好文案记录。

2. 监管和纠偏。奶品厂、收奶站或中转站应对所要求的 PP 的执行情况和状态多加以监管，以保证它们自己的正常运行和所加工处置的奶或奶制品的安全。若有问题发生，奶品厂、收奶站或中转站应记录针对不正常状态或情况所采取的措施，并备案。用于监管 PP 的显示型温度计和记录型温度计需要根据奶品厂、收奶站或中转站要求的频率进行校验，以确保精度。

3. 记录要求。所有奶品厂、收奶站或中转站应根据本附录中的相关要求将监控和纠偏记录存档备案。这些记录同时也需要符合本附录中针对记录保存方面的规定。

危害分析：所有奶品厂、收奶站或中转站都应准备(或已经准备好)书面形式的危害分析报告。此报告应列明在奶品厂、收奶站或中转站加工生产或处置每一种类型的奶或奶制品的过程中，经分析有哪些危害有可能会发生，而影响到奶或奶制品的质量。此报告可帮助奶品厂、收奶站或中转站明确应采取哪些措施来控制这些可能发生的危害。

危害分析报告中所包含的“危害”应将奶品厂、收奶站或中转站单位内外的环境情况都考虑在内，同时需将所有处置、运输、加工、分销等工作环节也都考虑在内。

所谓经分析较有可能会发生的危害是指每个较谨慎负责的奶品厂、收奶站或中转站单位内的人员根据经验、疾病统计数据、科学研究报告及其他一些信息都应该能预见到若不采取某些措施，危害就很有可能在某种奶或奶制品的加工处置过程中发生。危害分析的具体执行应根据本附录中的相关要求、请接受过良好培训的人士来负责。最终报告的留存需要符合本附录中针对记录保存方面的规定。

1. 在评估针对奶或奶制品有哪些危害较有可能会发生时，至少应考虑以下因素。

a. 微生物污染。

b. 寄生虫。

c. 化学污染物。

d. 药物和杀虫剂残留量超标。

e. 天然有毒物质。

f. 不合规使用食品添加剂或着色剂。

g. 可能会引起过敏的未申报成分。

h. 物理危害。

2. 奶品厂、收奶站或中转站内负责危害分析的人员应评估各种因素，如产品成分、加工流程、包装、储存、产品消费对象；设施与设备的功能和设计；奶品厂的卫生状况包括员工的健康状况等，来确定最终产出的每一种奶或奶制品可能会给消费对象造成哪些潜在的危害影响。

HACCP 计划

1. HACCP 计划。只要先期进行的危害分析表明确实有一种或多种经分析较有可能会发生的危害存在，所有奶品厂、收奶站或中转站应准备好书面形式的 HACCP 计划。HACCP 计划的具体起草应根据本附录中的相关要求、请接受过良好培训的人士来负责。最终文件的留存需要符合本附录中针对记录保存方面的规定。HACCP 计划应对每一区域位置和每种产品都做出具体的要求。此计划可针对产品种类类似或流程类似的情况，将它们作为一组问题一并要求，但前提是它们所涉及的危害、为此所要制定的 CCP、CL 以及本部分第 2 点要求鉴定和执行的程序从本质上讲都是类似的，同时还要保证 HACCP 计划所有细节的要求标准都能细化、对应到各种不同的具体产品及工艺方法之上，并且在操作期间有人负责监管。

2. HACCP 计划的内容。HACCP 计划应至少包括以下内容。

a. 对所有生产的奶及奶制品都应制定完整的、符合现实需要的流程控制图。当各类流程、产品和危害相类似时，流程控制图可合并制作。

b. 根据以上危害分析的结果列出所有经分析较有可能会发生的危害，而对危害的控制需要落实到每种具体产品之上。

c. 就每一项已判别的危害列出相应的 CCP，包括：

(1) CCP 用来控制在奶品厂、收奶站或中转站所属区域环境之内可能发生的危害及可能由于外界因素而引发的危害。

(2) CCP 用来控制在奶品厂、收奶站或中转站所属区域环境之外可能发生的危害，包括在到达奶品厂、收奶站或中转站之前可能发生的危害。

(3) 列出每一 CCP 所要求的 CL。

d. 列出针对每一 CCP 所要求的 CL 的实际执行情况进行监管的步骤和频率。

e. 另需包括根据本附录规定所起草的执行预案，一旦某 CCP 发生未达到 CL 要求的偏差，就可按此采取措施。

f. 列出查(复)核和查验时效性的步骤、频率，奶品厂、收奶站或中转站在制定、执行此项内容时，需要符合本附录中关于查(复)核和查验时效性的要求。

g. 建立记录保存机制，将对 CCP 的监管记录悉数计下，在制定、执行此项内容时，需要符合本附录中关于记录方面的要求。记录内容应包括在监管过程中实际获得的数据和观察得到的信息。

3. 卫生标准。卫生监管也可被列入 HACCP 计划中。但假如已被列入 PP 的监管之下，就不需要单独包含在 HACCP 计划中。

执行：一旦发生了未达到 CL 要求的偏差，奶品厂、收奶站或中转站应立即采取下文 1 或 2 中所列的措施。

1. 根据本附录中的规定，奶品厂、收奶站或中转站可起草一份执行预案，作为 HACCP 计划的一部分。此执行预案可以就执行作出一些预先的规定及安排，一旦发生未达到 CL 要求的偏差，奶品厂、收奶站或中转站就可按此行事。一份合格的预案应就每一偏差发生后的情况都能有针对性的提供应当采取的处理步骤，并安排好执行这些步骤的人员，以确保：

a. 所有由于出现偏差而产出的对健康有害的或掺杂(假)的奶或奶制品不得上市销售。

b. 假如这些问题奶品已经进入市场，应被立即召回。

c. 需更正发生偏差的原因。

2. 若发生了未达到 CL 要求的偏差，但奶品厂、收奶站或中转站没有处置此偏差问题的合适预案，此时奶品厂、收奶站或中转站应当：

a. 将这些问题乳品与其他产品隔离，并一直保持隔离状态至少要到完成本段落中的 2. b 和 2. c 部分的内容。

b. 由自己或请人对问题乳品进行检查，以判断是否具备上市销售的必要条件，检查人应接受过良好的培训或具备足够的相关经验。

c. 若需要，则应采取行动，确保所有由于出现偏差而产出的对健康有害的或掺杂(假)的奶或奶制品不得上市销售。

d. 若需要，则应采取执行，更正发生偏差的原因。

e. 根据本附录中的规定，由自己或请人对 HACCP 计划的时效性进行检查，以判断 HACCP 计划是否需要修改，以降低重复发生此项偏差的可能，若需要，则就对 HACCP 计划进行修改。检查人应具备足够的资质。

3. 所有根据本条款要求所采取的操作都应该完整的记录在案，以备查(复)核。采取执行的纠正措施应该遵从附录 T 的要求。

查(复)核和查验时效性

1. 查(复)核。所有的奶品厂、收奶站或中转站都应核实 HACCP 系统是按照设计运行的，除了由本章规定的奶品厂 RPPS 和 AQFPPS 应当与 NCIMS 和 RPPS 系统分开管理，尽管在危害分析中被确认为 CCP。奶品厂 APPS、RPPS 或 AQFPSS 应当由 FDA 或 FDA 指定的州管理机构遵循 CFR 第 21 号的 108、113 和 117 部分以 FDA 确定的频率进行检查。

a. 查(复)核工作应包括：

(1)CCP 过程-检测设备的校准，例如巴氏杀菌测试等。

(2)根据奶品厂、收奶站或中转站的选择对最终产品或生产过程进行定期地测试。

(3)由符合该章程培训要求的人员出具的包括签字和日期的记录的评审应记载以下内容。

(i)CCPs 的监测。这项评审的目的最低应保证记录完整及查证记录的数据在 CLs 之内。评审的频率应当与记录的重要性匹配且按照 HACCP 计划的详细说明。这些审查应在创建记录后的 7 个工作日内进行。

(ii)采取的纠偏措施。本项检查的目的最少应保证记录完整及证明采取的纠偏措施符合先前引用的纠偏措施要求。评审的频率应当与记录的重要性相匹配。应将所有偏差发生的记录集中在日志上。这些审查应在创建记录后的 7 个工作日内进行。

(iii)CCPs 使用的过程监控装置设备的校验记录，以及奶品厂、收奶站或中转站定期对其最终产品或生产过程进行测试的记录。校验记录的审核应在记录完成后的合理时间内进行。

本项评审的目的最少应保证记录完整以及这些活动应符合奶品厂、收奶站或中转站的书面流程。

(4)任何确认步骤需要采取纠偏措施时，采取纠偏措施步骤。

b. CCP 过程监控设备的校准和任何定期地最终产品和生产产品测试性能应当按照该附录的要求备有文件记录保存。查验应遵从该附录的要求。

2. 查验 HACCP 计划的时效性。每一个奶品厂，收奶站或中转站都应确认 HACCP 计划能够控制有可能发生的危害。这一确认过程应当在安装之后的 12 月内进行至少一次，其后每年至少一次，或者发生任何可能会影响危害分析或改变 HACCP 计划的变动时都应确认。这些变动应当包括以下方面。

a. 原材料和原材料来源；产品配方；加工方法或系统，包括电脑和其软件；包装；成品分配系统；成品的预期用途或成品的预期消费者和消费者投诉。

负责查验的人员应根据本附录中的要求接受过良好的培训。查验记录需要符合下文中关于记录方面的要求。一旦查验结果发现 HACCP 计划已不再能完全符合规定的要求，就需要立即对其进行修订。

3. 查验危害分析结果的时效性。若奶品厂、收奶站或中转站的危害分析报告认为没有任何危害可能会发生，而不需要/无法制定 HACCP 计划；一旦当生产加工流程发生了变化，以至于很可能会有全新的危害因素出现，那么奶品厂、收奶站或中转站就需要对原先的危害分析结果进行重新评估。这些变化可能包括以下方面。

a. 原材料或原材料的来源。

b. 产品配方。

c. 加工方法或处理系统，包括计算机和软件。

d. 包装。

e. 产品的分销体系。

f. 产品的目标用途或目标消费群。

g. 客户投诉情况。

负责查验的人员应根据本附录中的要求接受过良好的培训。

记录

1. 所需记录。对奶品厂、收奶站或中转站而言，在编写整个 HACCP 体系的文案时，非常重要的一点是要对每一件设备、每一份记录、文件或其他程序保持、使用统一的术语、称谓。奶品厂、收奶站或中转站应保持以下记录作为记录

HACCP体系执行情况的文档资料。

a. PP实施情况的记录，包括书面形式的概述、监管和执行的记录。

b. 书面形式的危害分析报告。

c. 书面形式的HACCP计划。

d. 以上1. a至1. c所要求的文档及表格应标有日期，并需标识版本号码。若某页码上的内容已被更新，则应重新标上日期和版本号码。

e. 集中记录HACCP系统各程序步骤内容及实施情况的表单，表单需标明主题并妥善保存，以备检查。

f. 文件变更日志。

g. HACCP计划实施情况的记录。

(1)对CCPs及其CLs的监管记录，包括对奶品厂、收奶站或中转站HACCP计划规定实际时间、温度或其他检测的结果。

(2)纠偏措施，包括所有对偏差问题采取的措施记录。

(3)集中记录所有偏差发生情况的日志。

(4)计划批准日期。

h. 记载HACCP系统检验和确认的记录，包括HACCP计划、危害分析和PPs。

2. 一般要求。该部分要求的记录包括以下内容。

a. 奶品厂、收奶站或中转站的名称和地址。

b. 记录的时间和日期。

c. 操作人员或记录人的签名或姓名首字母。

d. 适时确认奶及奶制品的相关信息和可能存在的产品代号。生产加工处理等方面的信息应在第一时间记录在案。记录内容应包括在监管过程中实际获得的数据和观察信息。

3. 文件。文件记录要求如下。

a. 该部分1. a至1. c的记录应当由奶品厂、收奶站或中转站在场的直接负责人签字和标注日期。这个签字表示这些记录公司是认可的。

b. 该部分1. a至1. c的记录应当签字和标注日期。

(1)在一开始确定认可时。

(2)在发生任何更改时。

(3)按上文要求在进行检验和确认时。

4. 记录保存。对于记录保存要求如下。

a. 除非管理机构要求保存更长的时间，否则对于易腐败或冷冻产品，这一部分需要的所有记录应当保存在奶品厂、收奶站或中转站中，从产品生产日起至少一年时间；对于冷冻、腌制或货架产品，至少应保存 2 年时间或到产品有效期为止。

b. 与设备及生产加工处理过程有关的记录，如委任记录和加工过程验证记录等，包括那些通过科学研究或评估得出的结果记录。记录的保存应从上次奶品厂、收奶站或中转站使用此设备或运行此生产加工过程开始在奶品厂、收奶站或中转站中保存至少 2 年。

c. 从监管发生日算起 6 个月时间内允许工作进度记录异地存储，且要求这些记录能够在官方检查时 24 h 之内被取回和检查。电子档记录可被认为是现场的，如果他们从现场能轻易获得。

d. 如果加工设备要关闭很长时间，记录应当转移到其他合适的地方，但是当需要时应能够立即返回到加工设备处供检查。

5. 官方审查。在合理的期限内，该部分需要的所有记录都应供官方检查使用。

6. 保存在电脑中的记录。允许符合上述要求的记录在电脑中保存。

Ⅲ. 员工的教育和培训

成功的 HACCP 系统取决于教育和培训管理以及生产安全奶及奶制品的员工的重要性。这也应当包括奶生产和加工所有阶段相关的奶及奶制品危害控制的信息。特定的培训活动应当包括能概括监管特定 CCPs 和 PPs 员工的任务的操作规程和程序。

Ⅳ. 培训和标准

对工厂和管理人员进行的 HACCP 培训应当基于当前 NACMCF 中的“危害分析和关键点控制原则和申请指导”，以及当前 FDA HACCP 的建议以及本附录管理要求和本章相关部分。

使用 NCIMS 志愿的 HACCP 程序进行评价，批准和常规设备审查的管理机构人员应当受到与执行传统 NCIMS 功能培训等同的培训。同时应受到运行 HACCP 系统审查的特定培训。

工厂、管理、评级和 FDA 人员应同时进行培训。

HACCP 培训

1. 基础课程。奶业 HACCP 基础课程包括两个方面。

a. 基础 HACCP 培训。

b. NCIMS 志愿的 HACCP 程序需要的定向培训。

基础 HACCP 培训包括 HACCP 中的 NACMCF 原则应用到食品产业的说明。这项培训包括进行危害分析和评价潜在危害的实用性练习、HACCP 计划的撰写、计划的校验，这些应当由经验丰富的教师传授。

理论上定向内容应当和基本的 HACCP 培训结合，但可以分开传授。定向的内容可以在 NCIMS 指导下进行。其目的是使工厂和管理人员熟悉特定的乳业 HACCP 关注点和 NCIMS 志愿 HACCP 程序下的管理要求。应当由在 NCIMS 志愿 HACCP 程序下有 HACCP 使用经验的教师讲授。

执行该附录的特定职能需要训练的业内人士或者该部分第 2 点列举的业内人士应当顺利地完成通过奶及奶制品加工 HACCP 原则的应用培训，至少受到与此等同的奶业 HACCP 核心课程的培训。或者只要相关人员能拥有足够的经验则也能胜任相同的工作，但前提是其经验所能提供的知识体系应至少等同于参加标准化的课程所能获得的知识体系。

2. 业内人士。只有符合该部分第 1 点中要求的业内人士才能负责执行以下工作。

a. 更新 PPs。

b. 更新危害分析，包括按照规定的描述控制措施。

c. 更新适合于奶品厂、收奶站或中转站的 HACCP 计划以满足这些要求。

d. 遵循纠正措施流程和认证审查详细说明进行校验和修饰 HACCP 计划。

e. 对 HACCP 计划的相关记录进行检查。

3. 监管人员。从事 HACCP 审计的管理人员应当成功完成了适当的关于奶及奶制品生产过程培训 HACCP 原则的应用培训或至少完成了与奶业 HACCP 核心课程相等的培训。

进行 HACCP 审核的监管人员应成功完成有关奶或奶制品加工的 HACCP 或食品安全计划准则应用的培训，至少相当于在奶制品 HACCP 核心课程下获得的培训。FDA 提供奶品厂 HACCP 系统审核的专门针对附录 T 的培训与经批准简化的培训课程相结合，可以满足培训需求。

V. HACCP 审计和跟进工作

管理机构审查、执行审查、行动和跟进工作：应当对奶品厂、收奶站或中转站和 NCIMS 志愿的 HACCP 项目进行审查以保证符合 HACCP 系统和其他 NCIMS 相关管理要求。

在某些情况下，例如初步审计、跟踪审计、新建工程和巴氏杀菌器检查等，可由审计员事先告知。当在未通知的情况下进行审查时，应当给予奶品厂工作人员适当的时间整理所有的相关记录供审查员查阅。

审查流程：

1. 审查前管理人员面谈审查和讨论奶品厂 HACCP 系统包括以下方面。

a. 管理结构的改变。

b. 危害分析——确保能够估计到所有的奶及奶制品危害。

c. HACCP 计划的改变。

d. PPs 的改变。

e. 流程图的改变。

f. 奶及奶制品加工过程的改变。

2. 回顾之前的审查报告(AR)并纠正可能存在的缺陷和不合格。

3. 奶品厂审查 HACCP 系统的实施和确认。

4. 审查 HACCP 系统的记录。

5. 审查其他合适的 NCIMS 管理要求。

6. 讨论观察和调查结果。

7. 准备和发布基于不足和不合格的调查结果的 AR，AR 应当包括针对所有确定的不足和不合格进行整改的时间线。

8. 结束面谈。

注：其他合适的 NCIMS 要求的例子。

1. 原料奶供应来源。

2. 标签。

3. 有无掺杂。
4. 执照要求。
5. 药物残留测试盒来源追踪。
6. 样本管理。
7. 经认可的、可委托进行监管项目检测的实验室。
8. 巴氏杀菌设备的设计和安装。
9. 作为动物性食品的人类食品副产品的持有和销售。
10. 本条例附录 T 概述的以下项目：
a. 书面召回计划。
b. 书面的基于风险的供应链计划。
c. 书面环境监测计划。
d. 其他适用的要求。

管理机构的强制执行/跟进工作： 管理机构应当进行以下工作。

1. 准备和发布基于不足和不合格的调查结果的审查报告。

2. 审查奶品厂的审查报告以及针对所有确定的不足和不合格建立整改的时间线和其他 NCIMS 要求。

3. 跟进稽查工作，确保对象在稽查报告签发后已经采取了纠偏措施。

4. 当发现新的健康危害时应当立即采取措施防止奶及奶制品的流通直到此危害被消除。

5. 当奶品厂、收奶站或中转站没有意识到或者纠偏措施不当时，应采取管理强制措施如吊销或废止许可证、召开听证会、采取法庭行动及其他有同等效力的措施。

审查时间周期表

审查	最低频率
首次审查后第一年	初次审查； 下次审查为 30~45 天；之后时间间隔为 4 个月，除非管理机构要求加大频率的审查。
后续审查	每 6 个月进行一次，除非管理机构要求更大频率的审查*
跟踪回访	跟踪回访应按照必须的频率，以确保管理机构审查到的问题得到解决

* 只要符合以下条件，管理机构就可以延长最低审查时间至 4~6 个月。

1. FDA 2359 m-奶品厂、收奶站或中转站 NCIMS HACCP 系统审查报告第 12b 条，未标记在当前 HACCP 审核的监管审核中。

2. 近期提供的奶或奶制品没有出现 4 次样本中有 2 次不合格，或 5 次样本中有 3 次不合格的情况，也没有水样违规结果而收到警告书的记录。

3. 本次或先前审查中没有发现关键列表元素。

审查报告格式：参考本条例附录 M。

附录L　适用规定，奶及奶制品鉴定标准，联邦食品、药品和化妆品法令和联邦杀虫剂、杀菌剂和灭鼠剂法令

CFR 第 7 号 58. 334 巴氏杀菌

CFR 第 7 号 58. 2601 乳清

CFR 第 21 号第 7 部分——强制措施

CFR 第 21 号第 11 部分——电子记录；电子签名

CFR 第 21 号第 101 部分——食品标签

CFR 第 21 号第 108 部分——紧急情况下的许可证控制

CFR 第 21 号第 113 部分——密封包装的经热加工的低酸性产品

CFR 第 21 号第 114 部分——酸化食品

CFR 第 21 号第 117 部分——GMP(生产、包装和保存人类食品)现行标准

CFR 第 21 号 130. 10——食品添加剂的命名要求和准则

CFR 第 21 号 131. 3 定义——奶油，经巴氏杀菌和超巴杀处理

CFR 第 21 号 131. 110 乳

CFR 第 21 号 131. 111 酸化乳

CFR 第 21 号 131. 112 发酵乳

CFR 第 21 号 131. 115 浓缩乳

CFR 第 21 号 131. 120 甜味浓缩乳

CFR 第 21 号 131. 123 低脂乳粉

CFR 第 21 号 131. 125 脱脂乳粉

CFR 第 21 号 131. 127 加入维生素 A 和 D 的脱脂乳粉

CFR 第 21 号 131. 147 全脂乳粉

CFR 第 21 号 131. 149 奶油粉

CFR 第 21 号 131. 150 高脂奶油

CFR 第 21 号 131. 155 低脂奶油

CFR 第 21 号 131. 157 低脂搅打奶油

CFR 第 21 号 131. 160 酸性奶油

CFR 第 21 号 131. 162 酸化奶油

CFR 第 21 号 131. 170 蛋黄乳

CFR 第 21 号 131. 180 半奶油半全脂奶

CFR 第 21 号 131. 200 酸奶

CFR 第 21 号 131. 203 低脂酸奶

CFR 第 21 号 131. 206 脱脂酸奶

CFR 第 21 号 133. 128 农家干酪

CFR 第 21 号 133. 129 农家干凝乳

CFR 第 21 号 173. 310 锅炉水添加剂

CFR 第 21 号第 174 部分——间接食品添加剂：常规

CFR 第 21 号第 175 部分——间接食品添加剂：黏合剂和涂料成分

CFR 第 21 号第 176 部分——间接食品添加剂：纸和纸板组成

CFR 第 21 号第 177 部分——间接食品添加剂：聚合物

CFR 第 21 号第 178 部分——间接食品添加剂：助剂、产品助剂和防腐剂

CFR 第 21 号第 179. 41 部分——用于食品处理的脉冲光

CFR 第 21 号 182. 6285 磷酸氢二钾

CFR 第 21 号 184. 1666 丙二醇

CFR 第 21 号 184. 1979 乳清

CFR 第 21 号 184. 1979(2)浓缩乳清

CFR 第 21 号 184. 1979(3)乳清粉

CFR 第 21 号 184. 1979a 低乳糖乳清

CFR 第 21 号 184. 1979b 低矿物质乳清

CFR 第 21 号 184. 1979c 乳清的蛋白质浓缩物

CFR 第 21 号 1240. 61 针对用于直接消费的已最终包装的所有奶及奶制品的强制巴氏杀菌

CFR 第 40 号第 141 部分——国家基本饮用水条例

CFR 第 40 号 512. 500 设备要求

CFR 第 40 号 156. 10 设备和产品标签要求

CFR 第 40 号 158 登记数据要求，杀虫剂评价参考

CFR 第 40 号 180. 940 食物中残存农药的法定容许量及豁免(食品接触面消毒

溶液)

美国联邦食品、药品和化妆品法令，关于条款 402.［342］掺杂食品部分的修正

美国联邦食品、药品和化妆品法令，关于条款 403.［343］标识不规范食品部分的修正

美国联邦杀虫剂、杀菌剂和杀鼠剂法案第 2(q)部分，建立登记要求

附录M　报告和记录

以下表格参考：

http: //www. fda. gov/AboutFDA/ReportsManualsForms/Forms/default. htm

表格 FDA 2359 奶品加工厂检查报告

表格 FDA 2359a 奶畜场检查报告

表格 FDA 2359b 奶品加工厂设备监测报告

表格 FDA 2359c 生产工厂监测报告(用于牛奶或牛奶生产的一次性容器和瓶塞)

表格 FDA 2359d 报告证明(奶及奶制品一次性容器和盖子生产)

表格 FDA 2359m 奶品厂、收奶站或中转站 NCIMS HACCP 审查报告表格

表格 FDA 2359n NCIMS HACCP 体系监管机构评审报告

表格 FDA 2359P NCIMS 无菌加工和包装程序，或在包装程序列出关键元素后进行蒸馏处理

表格 FDA 2359q NCIMS 无菌项目委员会—关键清单要素，通过活菌或活性培养物发酵，获得 pH 值不大于 4. 6 的优级高酸发酵、耐贮存加工和包装的奶或奶制品

表格 FDA 2399 奶样收集器评价报告(奶品厂采样——原料和巴氏杀菌奶)

表格 FDA 2399a 原奶运输工和采样员评估表格

表格 FDA 2399b 奶槽车监测表格

附录N　药物残留测试和农场监管

Ⅰ. 工厂职责

监控和监督

所有的原奶收集罐或所有的未转移到原奶收集罐中的原料乳供应，不考虑最终使用用途，工厂都应进行β-内酰胺药物残留的筛选。另外，当FDA委员会确定了如同本条例第6章引用的潜在问题时，应当通过实施随机样品程序对所有的原奶收集罐或所有的未转移到原奶收集罐中的原料奶进行抽样筛选其他药物残留。随机的原奶收集罐或所有的未转移到原奶收集罐中的原料奶供应和测试计划应当代表和包括：在连续的6个月时间内，至少4个样品采集自分开的4个月中，除非3个月中有1个月内含间隔至少20天的2个样品。在这一随机采样程序下采集的样品应当按照FDA的说明进行分析(参考本条例第6章)。

原奶收集罐应当在最后生产者取料之后，在添加任何物质进去之前进行抽样。这些原奶收集罐样品应当使用认可的无菌收集器采集。样品应当具有代表性。原奶收集罐测试应当在奶加工前完成。原奶收集罐样品应使用M-a-85最新修订版中批准的测试方法确认药物残留呈阳性，用于检测特定药物或药物系列的测试方法少于两种的情况除外。在这种情况下，使用未经FDA评估但被NCIMS** 接受的检测方法验证的筛查阳性结果是可以接受的，而不需要额外的确认。这些样品应在监管机构确定需要时予以保留。

所有的未经过原奶罐运输的原料奶供应应当在加工前进行采样。样品应当能够代表每个储存罐，奶品厂原料奶储罐或筒仓，其他原料奶存储容器等。所有的未经过原奶罐运输的原料奶的测试应当在加工前进行采样。

注：农场生产者/加工人员在存储和运输原料羊奶去冷冻之前应当进行采样。

样品的采集应当用奶品厂由管理机构认可的采集器进行采集。原料羊奶样品采集之后应由认证的实验室或筛选设备进行测试。如果这是农场生产者/加工人员的原料仅有的羊奶供应，那么这项测试应当满足必需的附录N关于所有未经原奶罐运输的原料奶供应的测试，且应当在奶品加工前完成测试。对于羊奶厂，原料奶的冷冻应当满足管理机构通过的本条例附录B中奶品厂位置的规定，并送到认证实验室进行测试。测试结果或原料奶样品应当清楚地与所有冷冻原料羊奶样品和送至奶品厂的冷冻奶号码进行区分。

关于混合原料奶罐、原奶收集罐或所有未经原奶收集罐运输的原料奶供应，农场原料奶供应罐/筒或完成的奶及奶制品的所有药物残留假阳性测试结果应报告给管理机构。原奶收集罐或所有未经原奶收集罐运输的原料奶供应确认为药物残留阳性的样品应当留样或按管理机构要求进行处理。

使用批准的检测方法在所有成品奶或奶制品上进行的药物残留阳性检测结果应报告给进行检测的监管机构。

奶品厂采集器应当按照第6章详细规定的要求进行评价，并按照本条例第5章的频率进行。

报告和奶畜场跟踪

当使用批准的检测方法或使用未经FDA评估但被NCIMS接受的检测方法检测到原奶收集罐或所有未经原奶收集罐运输的原料奶供应药物残留结果为假定的阳性时，进行测试的管理机构应当立即告知检测结果和原料奶的处理方式。

原奶收集器生产样品使用经批准的检测方法或未经FDA评估但被NCIMS** 认可的检测方法检测，发现药物残留阳性时，应当单独进行测试以确定不同来源的奶畜场。样品测试应当由管理机构直接管理。

当被用于未经原奶收集罐运输的原料奶供应的农场原奶储罐/筒，奶品厂原料奶罐或筒，其他原料奶存储器等使用经批准的检测方法或未经FDA评估但被NCIMS** 认可的检测方法检测，发现药物残留阳性时，如果药物残留来源的奶场因此已经确定，则不需要进行更多的奶源确定测试。

在正式通知监管机构和违反个体生产规定的牛奶生产商后，通过原料奶收集罐、未进入原料奶收集罐的生乳和(或)使用违规个体生产者生产的牛奶的牧场应立即停止进一步收取（是指仍在牧场原料奶收集罐/桶中的牛奶，或者正在装载到原料奶收集罐中的奶）。在此之前，使用生产商最初被发现违法时相同或等效的测试方法(最新版MI-96-10)进行测试，并且不再测试出药物残留。任何之前在奶品厂、接收站、转运站或在正式通知监管机构和牛奶生产商过程中收取的原料奶，如果按照本附录的规定测试呈阴性，则不应被视为违章。

注： 农场进一步回收是指仍在牧场原料奶收集罐/桶中的牛奶，或者正在装载到原料奶收集罐中的奶。

记录要求

检测记录可采取任何管理机构认可的方式，但必须至少包括以下内容。

1. 检测人的身份信息。

2. 用于供应原料奶存储的未经生奶收集罐运输的生奶收集罐或农场生奶罐/筒，奶畜场原料奶罐/筒，其他原料奶容器的鉴定①。

3. 测试的日期/时间。

4. 测试的身份信息批号/部分和阳性阴性全部控制(+/-)。

5. 测试结果。

6. 如果最初测试阳性，对照(+/-)的后续测试。

7. 检测发生的具体位置。

8. 使用批准的测试方法或未经FDA评估但被NCIMS认可的测试方法推断呈阳性的奶品应提供先前的测试文件。

所有样本的测试记录应由行业组织在受测地或监管机构指定或行业同意的其他地点保存至少6个月。对于实验室调查，调查时应提供近2年的记录。

注： ** 两种测试特定的药物或药物系列(不包括β-内酰胺类)的方法被FDA和NCIMS接受一年后，如最新版M-a-85中所述，应使用本附录第Ⅵ部分中的最新修订的选项1或选项2进行确认。

Ⅱ. 管理机构职责

在收到包含有另外管理机构管辖的原奶收集罐或未经原奶收集罐运输的原料奶供应通知后，样品使用经批准的检测方法或未经FDA评估但被NCIMS认可的检测方法检测出药物残留假定阳性时，应通知来源地的管理机构。

监控和监督

管理机构可通过日常检查或不告知检查来监督行业组织的监管行为及成效，

① 包括在奶槽车上显示的奶罐车识别码、奶(牛)场标号连同如上信息或所有未经原奶收集罐运输的原料奶供应。

检查的具体方式包括从原奶收集罐或未经原奶收集罐运输的原料奶中采集样本以及检查行业组织采样工作的记录。管理机构在抽查原奶收集罐或未经原奶收集罐运输的原料奶时，应以当天应来此地接受采样的至少10%的数量作为基准。在采样及分析时使用的方法，应适合样本分析的需要，并且能在使用同等浓度(指与行业组织所使用的检测方法相比)情况下检测出同样类型的药物残留。另一种方法是管理机构或检测实验评估官员可携带一组已知检测结果的样本前往稽查地，检查行业分析员是如何来检测此批样本的。若收奶地的采样分析员参与了NCIMS检测实验认证计划，则此类收奶地的采样分析工作不适合使用本条款中的内容进行监管。所有被认可的行业分析师和行业主管成功参与有LEOs举办的2年一次的现场评估和每年一次的余样比较的收奶地的采样分析工作也不适合使用本条款中的内容进行监管。

整个检查工作的要点应至少包括，但不仅限于以下内容。

1. 该程序对于药物残留的检测是否是合适的日常监测项目?

2. 该项目使用了合适的检测方法吗?

3. 采样检测工作的覆盖面是否包括了所有的原奶供应者，并且是否要求他们根据本附录第I部分中的频率要求接受采样检测?

4. 该项目能否保证定期地对管理机构认可的阳性结果、原奶收集罐或未经原奶收集罐运输的原料奶供应和奶源厂的追溯进行合理的确认?

5. 奶牛场是否能立即停止并不在从违规原奶供应者处收集生奶，在随后使用与原奶供应者最初被发现违规时使用的相同或等效(M-I-96-10，最新版本)检测方法进行检测之前，如何确定牛奶的药物残留呈阴性?

要达到上述要求应做到以下几方面:

a. 管理机构与行业组织之间应约定好问题上报的方式，保证能及时报告，如采用电话或传真的方式，需另加书面材料。

b. 为保证能对出现问题的奶品采取及时的处置措施，管理机构与行业组织之间可预先约定好处置措施，或者由管理机构直接负责对此类奶品的处置。

c. 对通过筛选测试法确认的阳性样品，应使用与先前通过筛选测试法确认阳性样品时同样或等价的方法［同为M-I-96-10(最新版本)规定的或同等类似的方法］来追查原奶供应者的身份。核查测试(对奶槽车样本阳性反应的确认、关于“追查原奶供应者/决定是否吊销许可证”的再测试)应由官方实验室、官方指定实验室或经认证的行业监管人员(CIS)来负责执行。对原奶供应者应根据本附录中的规定加以处置。

d. 所有使用未经FDA评估但被NCIMS** 接受的测试方法筛选的、未经其他方法验证的阳性样品，应使用同样的方法来追查原奶供应者的身份。原奶供应者的追查应按照事先与监管机构签订的书面协议中的规定执行（参阅本附录的第Ⅵ节）。经验证筛查阳性的原奶供应者应根据本附录中的规定加以处置。

e. 当被用于未经原奶收集罐运输的原料奶供应的农场原奶储罐/筒、奶品厂原料奶罐/筒、其他原料奶存储器等发现药物残留阳性时，药物残留来源的奶畜场已经确定，则不需要进行更多的奶源确定测试。核查测试应由官方实验室、官方指定实验室或CIS来负责执行。对原奶供应者应根据本附录中的规定加以处置。

f. 在管理机构的指导和监管之下，行业组织有职责对出现问题的牧场采取暂停、终止收集奶品的措施。根据管理机构的要求，行业组织或管理机构处应保留以下记录信息：

（1）建立结果为阳性的未经原奶收集罐运输的原料奶或生产者的身份以及呈阳性的承载者身份。

（2）确保不收集和使用药物残留阳性的生产者生产的奶，除非监管机构已经根据本附录第Ⅱ节的适用要求，使用与先前通过筛选测试法确认阳性样品时同样或等价的方法同为M-I-96-10（最新版本）进行了检查，并清除了已收集和使用的奶。

应检查全部的记录，以确认对所有原奶收集罐或未经原奶收集罐运输的供应原料奶的采样是在未采取任何附加的混合动作的情况下进行的，并且检测结果都已反映在了相应的奶罐车识别码之上。

管理机构同时还需要根据本条例第6章的相关规定就药物残留问题开展日常性的采样和检测。

执行

如果奶的检测结果呈现药物残留阳性，那么，除了可以在FDA的政策指南（CPG 675.200）下进行重新调整的奶外，其他奶或奶品必须以某种合理的方式被处理掉，以防止其进入人类或动物的食物链。管理机构应该确定违规的生产商。

暂停许可证以及停止牛奶销售：在任何时候，经批准的测试方法确认测试结果药物残留呈阳性时，管理机构应该立即中止生产商的“A”级许可证或采取同等有效措施以防止含药物残留乳品的销售。在向监管机构和牛奶生产商正式通知确认阳性后，通过原奶收集罐、未经原收集罐运输的原料奶供应、使用违规个体生产商牛奶的牧场应立即停止进一步收取（是指仍在牧场原奶收集罐/桶中的牛奶，或者正在装载到原奶收集罐中的牛奶）。在此之前，使用生产商最初被发现违规时相同或等效的测试方法（MI-96-10最新版本）进行测试，并且不再测试出药物残留。任何以前在奶品厂、接收站或中转站的散装牛奶收集罐运输车，或者在正式通知监管机构和牛奶生产商之前正在运输途中的任何原奶收集罐运输车，只要按照附录 N 的规定测试为阴性，则不被视为违规。

注：农场进一步收取是指仍在牧场原奶收集罐/桶中的牛奶，或者正在装载到原奶收集罐中的牛奶。

停止牛奶销售：没有额外确认的情况下，使用未经 FDA 评估和 NCIMS 认可的测试方法一旦发现牛奶测试为药物残留呈阳性时，管理机构应立即采取有效措施，停止销售含有药物残留的牛奶。

药物残留阳性牛奶的处罚：该处罚应该涉及所有原奶收集罐或未经原奶收集罐运输的原料奶供应者，以及受污染运输车的处理。管理机构可以从违规的生产商或购买者处得到作为符合其需要的证明。

再申请："A"级生产者执照可以重新申请，或以其他形式取得，使其被允许将奶品作为人类食品销售。但这有个条件，就是从奶品厂取得的代表样品在与其他任何奶品混合之前，从生产者的牛奶中提取代表性样品，使用与最初发现生产者违规时相同或等效的(M-I-96-10，最新版本)测试方法进行检测，不再呈现药物残留阳性。

原因追查：当使用批准的测试方法或未经 FDA 评估但 NCIMS **接受的测试方法检测出药物残留呈阳性时，应找出其产生的原因。奶畜场监督检察工作由管理机构完成，或者由其代理机构来确定残留原因，并采取措施以防止再次出现违规情况。

1. 根据管理机构所推荐的对奶畜场工作程序进行变更，以防止再次发生药物残留事件。

2. 对本条例附录 C 所指出的药物残留防治控制措施进行讨论和学习。

撤销执照：如果在 12 个月期间使用经批准的发生 3 次违规事件，则管理机构应该行使本条例的第 3 章执照部分中所赋予的权利，启动管理程序对其撤销"A"级奶生产商执照。

记录要点

针对行业组织上报的使用经批准的检测方法或未经 FDA 评估但被 NCIMS 认可的检测方法验证的收集罐或未经原奶收集罐运输的原料奶阳性检测结果，管理机构的记录应包括以下内容。

1. 管理机构的指导性意见是什么？

2. 管理机构是何时得知此结果的？是由谁报告的？

3. 出问题的那车奶品的身份信息是什么？

4. 核查过程中采用的是何种检验或测试方法？检验测试员是谁？

5. 对那些掺杂奶的处置结果如何?

6. 哪个原奶供应者应对此事件负责?

7. 在允许恢复从此原奶供应者收集原奶之前，使用与最初发现生产商违规时相同或等效(M-I-96-10，最新版本)的检测方法记录阴性检测结果。

注：** 两种测试特定的药物或药物系列(不包括β-内酰胺类)的方法被FDA和NCIMS接受一年后，如最新版M-a-85中所述，应使用本附录第Ⅵ部分中的最新修订的选项1或选项2进行确认。

Ⅲ. 建立药物残留测试程序

术语

该附录使用术语如下。

1. 假定的阳性 推断为阳性反应的，是指在针对生奶收集罐或未经生奶收集罐运输的原料奶提取的样本使用M-a-85(最新版本)或M-I-92-11认可的方法测试完成后，结果呈阳性反应；针对同一样本，使用同样方法立即进行的对阳性和阴性控制样的对照测试结果有一个或两个呈阳性反应。

2. 筛选检测呈阳性(对收集罐或未经原奶收集罐运输的原料奶供应样本阳性反应的确认) 通过筛选测试法确认的阳性反应是指在针对“假定的阳性”样本，使用与先前测出呈推断阳性反应的测试方法同样或类似的方法(M-I-96-10，最新版本)，重复测试(分别对阳性和阴性对照)后，有一个或两个结果呈阳性反应；而控制样的测试结果反应正常。这项测试应由官方实验室、官方授权实验室或CIS来负责执行，测试方法应使用相同或类似的方法(M-I-96-10，最新版本)。

3. 追究原奶生产者/许可证行动 这方面的测试是由官方实验室、官方授权实验室或CIS，在确认样本确实呈阳性之后才进行的。测试时应使用与先前测出呈推断阳性反应的测试方法同样或类似的方法(M-I-96-10，最新版本)。确定原奶供应者样本是否呈阳性的方法应与确定奶槽车样本是否呈阳性的过程方法相一致。当原奶生产者样本初步被鉴定为阳性反应(即原奶供应者样本呈假定阳性反应)后，使用先前测出呈假定阳性反应的测试方法对此样本进行重复测试。测试分别对阳性和阴性对照进行，若一个或两个结果呈阳性反应；而阴性对照的测试结果反应正常，则此原奶生产者的样本就被确认为阳性。

注： 当被用于未经原奶收集罐运输的原料奶供应的农场原奶储罐/筒、奶品厂原料奶罐或筒、其他原料奶存储器等使用经批准的检测方法发现药物残留阳性时，药物残留来源的牧场已经确定，则不需要进行更多的奶源确定测试。

4. 单个原奶生产者的装载 是指奶槽或奶罐里只装载来自单个奶畜场的原奶。

5. 个体牧场生产者及加工者的原料奶供应 原料奶可借助原奶收集罐运输至个体牧场生产者及加工者处；也可将牧场中存储的原料奶直接倒入分批巴氏杀菌系统的原奶储罐或储筒中，以及巴氏杀菌系统的恒定容量的罐中；或者将奶场的原奶储罐或储筒直接运输到奶品厂分批巴氏杀菌系统的原料奶储罐或储筒，以及巴氏杀菌系统的恒定容量的罐和其他原料奶存储器中。

6. 行业分析员(IA) 此职位在经认证的行业监管人员(CIS)或行业监管人员(IS)的监督下工作，专门负责根据附录N药物残留检测方面的要求执行对奶品样本的检测分析工作。

7. 行业监管人员(IS)/经认证的行业监管人员(CIS) 这些人员应接受过LEO的良好培训。负责监管行业组织分析员并对他们进行培训，保证他们能根据附录N药物残留检测方面的要求，执行对奶品样本的检测分析工作。

8. 经认证的行业监管人员(CIS) 这些人员已经通过LEO的评估认证并被列入名单，负责在行业内的药物残留检测，执行A级PMO附录N中规定的监管层面的检测工作(如对奶槽车样本的核查确认、关于“追查原奶供应者/决定是否吊销许可证”的再测试)。

9. 经验证的筛选阳性测试 是指针对原奶收集罐车或未经原奶收集罐车运输的原料奶供应，使用未经FDA评估但被NCIMS认可的测试方法进行原始测试获得的阳性结果，对结果中的阳性(+)和阴性(-)对照立即进行两次重复测试，给出正确结果，同一样品采用相同的测试方法进行一次或两次重复测试，给出阳性结果。

10. 无需进行暂停许可证的生产商溯源 使用未经FDA评估但被NCIMS接受的测试方法确认阳性后，实验室使用与此相同的测试方法即可找到原奶生产者，无需额外确认。确定原奶供应者样本是否呈阳性的方法与确定奶槽车样本是否呈阳性的方法一致。当原奶生产者样本初步被鉴定为阳性(即原奶供应者样本呈假定阳性反应)后，使用先前测出呈假定阳性反应的测试方法对此样本进行重复测试。分别对阳性和阴性对照进行测试，若一个样品或两个重复样品呈阳性反应；而阴性对照的测试结果正常，则此原奶生产者的样本就被确认为阳性(请参阅本附录的第Ⅵ节)。

注：当供应奶品厂原料奶的牧场运奶槽车或奶仓、奶品厂原料奶罐或奶仓、其他原料奶储存容器等用于奶品厂原来奶供应时，原料奶未经原奶收集罐运输，并发现使用未经 FDA 评估并被无进一步确认的 NCIMS 认可的测试方法进行药物筛选阳性验证，药物残留来源的牧场已经确定，则不需进一步的牧场来源测试。

经认证的行业监管人员以及评价和记录

参考 *EML*

1. 经认证的行业监管人员(CISs)/行业监督人(ISs)/行业分析员(IAs) 管理机构可在行业监管人员队伍中挑选一部分经过认证评估成为 ISs。在这种体制下，这些经认证的行业监管人员可代表官方进行监管层面的检测工作，如对奶槽车样本的核查确认和负责关于“追究原奶生产者/许可证行动”的再测试。在执行附录 N 的相关规定时，LEO 可使用附录 N 中 2400 系列的相关评估表格对州内的官方实验室、官方指定实验室或经认证的行业监管人员、行业监管人员和行业组织的分析员进行评估。经认证的行业监管人员/行业分析员有职责就行业组织的分析员经评估的胜任情况全部上报给 LEO。

所有经认证的行业监管人员、行业监管人员和行业分析员，他们的名单、接受培训情况和评估的情况都应在州 LEO 处保存，若发生人员的替换、增加、减少，则应及时更新记录资料。州 LEO 应查核每一经认证的行业监管人员或行业监管人员是否已对其所管理的行业组织的分析员建立起了专业能力方面的评估机制。州 LEO 同时应至少每年分 2 次查核每一行业监管人员和行业组织的分析员是否能在药物残留的检测工作上体现出足够的专业水平。证明包括分支样品的分析或现场表现评价或熟练测定，以保证 LEO 和 FDA LPET 的通过是合理的。

若行业监管人员或行业组织的分析员在查核过程中未能达到 LEO 对专业水平的要求，则他们就将从行业监管人员或行业组织分析员的上榜名单中被除去。重新恢复他们的检测资质，必须首先重新接受完整的培训，并且/或者顺利通过对分离样本的测试，并且/或者通过考核人员在实地对其工作表现的评估，或者通过 LEO 设置的其他评估测试过程(参见 EML，其中描述了对“经认证的行业监管人员”的认证要求及对行业监管人员或行业组织的分析员的培训要求)。

2. 对原奶收集罐的采样和测试 原奶收集罐应当在最后生产者取料之后，在添加任何物质进去之前进行抽样。样品应当具有代表性。原奶收集罐测试应当在乳品加工前完成。

3. 未经原奶收集罐运输的原料奶供应的采样和测试 所有的未经过原奶罐运

输的原料奶供应应当在加工前进行采样。样品应当能够代表每个储存罐、奶品厂原料奶储罐或筒仓、其他原料奶存储容器等。所有的未经过原奶罐运输的原料奶的测试应当在加工前进行采样。

4. 在得出阴性结果之前已卸下原奶　若在得出阴性结果之前，原奶收集罐已经卸下原奶，并已与其他的奶相混合，那么一旦使用经批准的检测方法或使用未经 FDA 评估但 NCIMS 认可的检测方法筛选测试的结果呈阳性就应通报管理机构。无论对此混合后的生奶之后再得出什么样的检测结果，则此部分生奶都肯定应被判定为掺杂(假)奶，不得供人食用，并应在管理机构的监督下进行妥善处置。

5. 在得出阴性结果前对未经原奶收集罐运输的原料奶进行加工　如果未经原奶罐运输的原料奶供应在获得阴性测试结果前进行了加工且筛选测试为假阳性，应当立即通知管理机构。如果未经原奶罐运输的原料奶供应为阳性，则此部分生奶都肯定应被判定为掺杂(假)奶，不得供人食用，并应在管理机构的监督下进行妥善处置。

原奶收集罐或所有未经原料奶收集罐运输的原料奶供应筛选测试

1. 操作测试/控制　对每一套购买来的试剂盒应当在初次使用时及之后每个使用日开始工作时根据本条款执行附录 N 相关规定——对原奶收集槽车采用筛选测试所需要物品和条件中的定义进行阳性(+)和阴性(-)对照试验。所有阳性(+)和阴性(-)对照操作测试结果都应当进行保存。

2. 最初的药物检测程序　以下步骤适用于根据本条例附录 N 的规定对原奶收集罐或所有未经原料奶收集罐运输的原料奶进行药物残留测试。行业组织分析员负责对奶槽车样本进行检测，并可决定收取原奶或拒收原奶。奶品厂、收奶站、中转站和其他检测场所都可申请参加行业监管人员认证计划。

a. 使用经批准的检测方法测定的行业假定阳性反应：针对假定阳性反应，行业组织有如下 2 种处理方法。

(1)应通知相关的(原属地和接收地)管理机构。相关的管理机构应将假定阳性反应的原奶或未经散装奶储罐运输的原奶加以严格控制。管理机构之后还应提交书面的关于假定阳性反应的检测报告。对假定阳性反应样本的核查测试应在官方实验室、官方指定实验室内进行，或由经认证的行业监管人员在管理机构认可的检验场所进行。先前测试的相关文件应在开始核查测试之前递交到位。在管理机构的指示下，对样品重新采样，并可在使用与先前测定呈假定阳性反应同样或类似的方法(M-I-96-10，最新版本)。检测时需要对样本重复测试 2 次并有阳性和阴性对照。若有一个或两个结果呈阳性反应，而阳性(+)阴性(-)控制的测试结果反应正常，则就被看作通过筛选测试法确认为阳性(奶罐车或未经散装奶储罐运输的原奶确认)。随后，应将此测试结果以书面形式上报给管理机构。牵涉到的奶品则不能上市销售或被加工成供人类消费的食物。

(2)若假定为阳性反应的原奶的所有者拒绝将已提供的那部分原奶接受进一步的检查，那么牵涉到的奶品则不能上市销售或被加工成供人类消费的食物。这部分问题原奶不应重新接受检测。应通知相关的(原属地和接收地)管理机构。在这种情况下，需要对原奶供应者进行跟踪调查。

注： 当被用于未经散装奶收集罐运输的原料奶供应的农场散装奶储罐/筒，奶品厂原料奶罐或筒，其他原料奶存储器等使用经批准的检测方法发现药物残留阳性时，药物残留来源的奶场因此已经确定，则不需要进行更多的奶源确定测试。

3. 重新采样

a. 使用经批准的检测方法对假定阳性反应的重新采样。有时，在初步得出假定阳性反应后，发现采样过程曾存在一定的错误，或对测试结果存有一定的疑问。在这种情况下，管理机构可能会允许行业组织对奶样重新采样。需要申请重新采样的理由必须在测试记录中清楚表达并报送管理机构。这些书面记录应递交给管理机构，并应与对那车原奶的检测记录一起保存。

b. 对使用经批准的检测方法筛选测试已确认结果的重新采样。不提倡对筛选测试已确认结果的重新采样或进行其他附加的测试分析。但若管理机构判定原先的采样步骤或分析方法与 NCIMS 要求的操作规程［附录 N 中的 SMEDP2400 系列表格及 FDA 颁发的带解释条款的(或通告性质的)备忘录中的相关内容］相背，则可进行重新采样或进行其他附加的测试分析。管理机构的判定必须以客观事实为基础。一旦管理机构允许重新采样，就应立即采取跟进措施，确认原先问题的所在，并采取适当的纠偏措施以保证原先引起重新采样需要的问题不再重复出现。若需要进行重新采样或其他分析，应对包括采样员、分析员或实验室在内的因素进行逐一核查，确认原先问题的所在，并采取适当的纠偏措施以确保原先的问题不再重复出现。需要申请重新采样或分析的理由必须在测试记录中表达清楚，并报送管理机构保存，同时应与对那车原奶的检测记录一起保存。

4. 追查原奶生产者

a. 对通过筛选测试法阳性(确认)的奶罐应使用相同的或类似的方法(M-I-96-10，最新版本)来追查生产者的身份。核查测试(奶槽车和生产者追查/允许行为)应由官方实验室、官方指定实验室或经认证的行业监管人员来负责执行。对原奶供应者应根据本附录中的规定加以处置。

注： 当被用于未经散装奶收集罐运输的原料奶供应的农场散装奶储罐/筒、奶

品厂原料奶罐或筒、其他原料奶存储器等使用经批准的检测方法发现药物残留阳性时，药物残留来源的牧场已经确定，则不需要进行更多的奶源确定测试。

b. 所有使用未经FDA评估但被NCIMS**接受的测试方法筛选的、未经其他方法验证的阳性样品，应使用同样的方法来追查原奶供应者的身份。原奶供应者的追查应按照事先与监管机构签订的书面协议中的规定执行(参阅本附录的第Ⅵ节)。经验证筛查阳性的原奶供应者应根据本附录中的规定加以处置。

注：当供应奶品厂原料奶的牧场运奶槽车或奶仓、奶品厂原料奶罐或奶仓、其他原料奶储存容器等用于奶品厂原来奶供应时，原料奶未经原奶收集罐运输，并发现使用未经FDA评估并被无进一步确认的NCIMS认可的测试方法进行药物筛选阳性验证，药物残留来源的牧场已经确定，则不需进一步的牧场来源测试。

确保来自单个生产者的单一奶罐车和多个奶畜场奶罐车的代表样品：奶罐车在到达每一奶畜场收集生奶之前，应先保证收集到具有其代表性的样本，并随车将此类样本一直送交到管理机构认可的指定地点。

记录要求：检测记录可采取任何管理机构认可的方式，但必须至少包括以下内容。

1. 检测人的身份信息。

2. 用于未经生奶收集罐运输的原料奶供应的农场生奶储罐/筒、奶品厂原料奶罐或筒、其他原料奶存储器等的鉴定①。

3. 检测发生的时间/日期(年/月/日/时刻)。

4. 检测信息/批号/部分和全部对照(+/-)。

5. 检测结果，若分析结果呈阳性，则记录需包括如下内容。

a. 与阳性的奶槽车盛装的原奶有关的所有生奶供应者的身份信息。

b. 将信息通报给了管理机构的哪一位官员。

c. 通报的时间。

d. 是如何完成通报的。

6. 若最初测试为阳性或者无阴性，并且所有对照正常(+/-)时，进行后续测试。

7. 检测发生的具体位置。

8. 使用经批准的测试方法或经验证的阳性筛选(采用未经FDA评估并被NCIMS认可的测试方法)样品时，应提供作为假定阳性样品的预先测试文件。*包括原奶收集罐车上的牧场BTU编号或具有上述信息的所有未经原奶收集罐运输的原料奶。

---

① 包括在原奶收集槽车上显示的奶罐车识别码奶(牛)场标号连同如上信息。

对于原奶收集罐或所有未经散装奶收集罐运输的原料奶供应进行附录 N 规定所需的测试

1. 操作测试/控制(+/-)

a. 每一套购买的试剂盒应进行阳性或阴性对照测试。

b. 每个筛选设备每天都要进行阳性和阴性测试。

c. 所有 NCIMS 认可的原奶收集槽车或所有未经散装奶收集罐运输的原料奶供应的确认筛选测试法都包括如下的共通原则：针对所有假定阳性反应的样本，应尽可能早地在管理机构的指示下由经认证的测试分析员(官方实验室、官方指定实验室或经认证的行业监管人员)在同一批样品和阳性(+)阴性(-)对照上使用与先前测出呈假定阳性反应的相同或类似的方法(M-I-96-10，最新版本)重复测试 2 次。若对照组结果正常，而整个样本测试的结果为阴性时，则可判定此奶槽车样本为阴性。若样本测试有一个或两个结果呈阳性反应，则应将此样本判定为通过筛选测试阳性(确认)，并需上报给管理机构。

d. 用于药物残留测试工具包的所有阳性(+)对照都应用标签标明具体药物及对应的浓度水平控制点。

(1)针对只检测青霉素、氨苄青霉素、羟氨苄青霉素和头孢匹林的有效测试，阳性(+)对照应为青霉素 G(5±0.5)μg/L。

(2)针对可检测邻氯青霉素的测试工具包，阳性(+)对照应为邻氯青霉素(10±1)μg/L。

(3)针对只可检测一种药物残留的测试工具包，阳性(+)对照应为此类药物残留安全水平或可接受高限的 10%。

2. 工作区域

a. 温度在试剂盒生产标签说明的范围内。

b. 测试过程中有充足的光照。

3. 试剂盒温度计

a. 温度计是需经过连环对比检验(NIST)认证的温度计。

b. 最小刻度间隔不超过 1 ℃。

c. 不能使用刻度温度计来测量乳品实验室内样本、试剂、冰箱或细菌培养器的温度。

4. 冷藏

a. 试剂盒试剂应根据生产厂商的要求在冷藏环境下保存。

5. 天平(电子)

a. 阳性(+)对照的配制需达到 0.01 g。

b. 在±5%的误差以内有适当灵敏度的天平可用于校准移液装置。这些装置可在经 LEO 认可的其他地点接受校正。

6. 筛选测试的采样要求

a. 确定和记录生奶收集罐或所有未经散装奶收集罐运输的原料奶的温度。

b. 收集针对药物残留测试使用的，具有代表性的生奶收集罐或所有未经散装奶收集罐运输的生奶。

c. 测试应在样品收集的 72 h 内完成。

7. 筛选测试的体积测试设备

a. 附录 N 筛选员认可的、由试剂盒生产商提供的一次性设备。

b. NCIMS 认证实验室的移液/分装装置需已接受过校正。这些装置可在经 LEO 认可的其他地点接受校正。

c. 凡测试工具包生产厂商在设计生产计量装置时在某端标有刻度线，则视为符合附录 N 筛选测试的相关要求。

Ⅳ. 设立药物残留高限或安全检测水平

“安全检测水平”只是 FDA 用来引导警戒控制的参考，生奶中药物残留低于“安全水平”并不意味它就在合法范畴内。简而言之，FDA 使用“安全检测水平”作为警戒控制，与 CNI v. Young 所言一致。这个词不能得出任何结论，不能限制“管理机构”任何方式的决策行为，也不能“保护”生奶生产者或生奶免受法律约束。

不能将“安全水平”认作与 FFD & CA 修订版条款 512(b)中对动物药物残留设定的“可接受高限”视为同一概念。“安全检测水平”有以下特点：

1. 不会限制法庭、公众(包括生奶生产者)或机构(包括 FDA 员工)的决策行为。

2. 没有法律普适性的或法律约束力的“法律效力”。

有关“安全水平”设定方面的通告、变化、新增内容，可通过备忘录方式的定期转导机制进行。

Ⅴ. 认证的测试方法

管理机构和行业组织在对生奶收集罐或所有未经散装奶收集罐运输的生奶进行β-内酰胺残留检测时，应使用 M-a-85(最新版本)认可的方法(具体步骤应符合本附录第Ⅲ部分中的规定要求)，也可根据本条例第 6 章的规定，使用 AOAC 的最初的和最终的工作方法。在展开以任何测试工具及方法为根据的监管行动前，需确定是否符合 FDA 和本条例第 6 章的规定，并且展开后会一直持续到评估完成。

两种测试特定非 β-内酰胺类药物或药物家族的方法被 FDA 和 NCIMS 接受一年后，其他未评估的用于测定该特定非 β-内酰胺类药物或药物家族的药物测试方法不能用于确定原奶收集罐中或所有未经散装奶收集罐运输的生奶的药物阳性筛查试验。FDA 和 NCIMS 对非 β-内酰胺类药物测试方法的认证并不强制行业或监管机构使用已评估的药物测试方法进行任何额外的筛查，除非 FDA 专员确定供应的牛奶中存在其他潜在的动物药物残留问题。

由 FDA 提交给 NCIMS 用于认证的新药检测方法，对个别药物检测的药物残留量不得低于50%的耐受量或25%的安全检测水平*，但附录N 和其他药物检测可接受的下列情况除外：

1. 青霉素 G 的浓度为 2 μg/L。

2. 四环素药检测试剂盒检测四环素的水平为金霉素大于 150 μg/L，土霉素大于 119 μg/L，四环素大于 67 μg/L。

注： * 安全检测水平由 FDA 根据现有科学确定，不是由市售测试方法的检测限确定的。

VI. 未经 FDA 评估并被 NCIMS 认可的非 β-内酰胺类药物残留测试方法

使用未经 FDA 评估并被 NCIMS 认可的药物测试方法对样品进行初筛，然后使用经 FDA 评估并被 NCIMS 认可的药物测试方法(M-A-85 最新版本和 M-I-92-11)确定初筛获得的阳性结果(确认未经原奶收集罐运输的生奶或原料奶供应)

未经 FDA 评估并被 NCIM 认可的测试方法可用于筛选原奶收集罐或未经原奶收集罐运输的所有原料奶中的非 β-内酰胺类药物残留，前提是满足以下条件：

1. 测试方法创建者提供测试方法的灵敏度和选择性数据。

2. 当美国目标测试水平或非零容忍度可用时，测试方法创建者的数据表明测试的灵敏度等于或低于这些浓度。

在使用这种测试方法之前，测试方法的使用者、牛奶供应商和管理机构之间应达成事先书面协议，用于确定采用如 M-a-85(最新版版)和 M-I-92-11 中所述的经 FDA 评估并被 NCIMS 认可的测试方法来确认存在非 β-内酰胺药物残留的设施和规程。每当测试方法的使用者和牛奶供应商同意使用未经 FDA 评估并被 NCIMS 认可的测试方法对非 β-内酰胺类药物进行自愿测试时，则应就需遵循的程序征求监管机构的同意。

如 M-a-85 （最新版版） 和 M-I-92-11 中所述，2 种用于测试原料奶中除 β-内酰胺类药物外的特定药物或药物家族的检测方法被 FDA 和 NCIMS 认可 1 年后，应使用以下 2 个选项之一(1 或 2)进行确认。

选项 1：

如果未经 FDA 评估并被 NCIM 认可的药物测试方法的初步测试结果为阳性，则应立即使用阳性(+)和阴性(-)对照进行重复实验，给出同一样品相同测试方法的正确结果。当重复实验结果中的一个或两个重复样品呈阳性时，初始测试结果被证实为筛选阳性。应通知相关的(来源地和接收地)监管机构。相应的监管机构应该控制已验证的筛选阳性奶罐和/或未经奶罐车运输的原料奶供应。经验证的筛选阳性测试结果的书面副本应遵循管理机构的原始通知。用于确认已验证的筛选阳性奶罐或未经奶罐车运输的原料奶的测试，应采用 M-a-85(最新版本)和 M-I-92-11 的测试方法，并应该在官方实验室、官方指定实验室或经认证的行业监督员(CIS)在管理机构认可的场所进行。应向负责分析奶罐或未经奶罐车运输的原料奶的人员提供先前所有的测试文件。根据监管机构的规定，对已验证的筛选阳性奶罐或未经奶罐车运输的原料奶供应，在使用 M-I-96-10(最新版本)中的测试方法进行分析之前，应重新取样。测试时需要对样本重复测试 2 次并有阳性(+)和阴性(-)对照。如果两个重复样品中的一个或两个结果呈阳性，而阳性(+)和阴性(-)对照的测试结果正常，则样品被视为筛选测试阳性(奶罐车或未经散装奶储罐运输的原料奶确认)。测试结果的书面副本提供给监管机构。涉及到样本来源的原料奶不允许销售或加工成人类食品。生产者溯源、报告和强制执行应按照本附录的规定执行。

选项 2：

如果使用未经 FDA 评估并被 NCIMS 认可的药物测试方法的原始测试结果为阳性，样品应立即使用 M-a-85(最新版本)和 M-I-92-11 中的测试方法重新测试。采用 M-a-85 和 M-I-92-11 测试方法获得的初始测试结果为假定阳性，通过相同测试方法，对同一样品，进行阳性(+)和阴性(-)对照重复实验，以获得正确的结果，其中一次或两次重复测试的结果为阳性，则初始测试结果为阳性。应通知相关的(来源地和接收地)监管机构。相应的监管机构应该控制已验证的筛选阳性奶罐或未经奶罐车运输的原料奶供应。假定阳性测试结果的书面副本应遵循管理机构的原始通知。确认奶罐或未经奶罐车运输的原料奶假定阳性的测试，应在官方实验室、官方指定实验室或经认证的行业监督员(CIS)在管理机构认可的场所进行。应向负责分析奶罐或未经奶罐车运输的原料奶的人员提供先前所有的测试文件。根据监管机构的规定，对假定阳性奶罐或未经奶罐车运输的原料奶供应，在使用 M-I-96-10(最新版本)中的测试方法进行分析之前，应重新取样。测试时需要对样本重复测试 2 次并有阳性(+)和阴性(-)对照。如果两个重复样品中的一个或两个结果呈阳性，而阳性(+)和阴性(-)对照的测试结果正常，则样品被视为筛选测试阳性(奶罐车或未经散装奶储罐运输的原料奶确认)。测试结果的书面副本提供给监管机构。涉及到样本来源的原料奶不允许销售或加工成人类食品。生产者溯源、报告和强制执行应按照本附录的规定执行。

当经FDA评估并被NCIMS认可的药物测试方法(M-A-85最新版本和M-I-92-11)不可用时，使用未经FDA评估并被NCIMS认可的药物测试方法对样品进行初筛，并确定已验证的筛选阳性奶罐或未经奶罐车运输的原料奶供应

未经FDA评估并被NCIM认可的测试方法可用于筛选原牛奶收集罐或未经原奶收集罐运输的所有原料奶中的非β-内酰胺类药物残留，前提是满足以下条件：

1. 测试方法创建者提供测试方法的灵敏度和选择性数据。

2. 当美国目标测试水平或非零容忍度可用时，测试方法创建者的数据表明测试的灵敏度等于或低于这些浓度。

在使用这种测试方法之前，测试方法的使用者、牛奶供应商和管理机构之间应达成事先书面协议，确定用于存在非β-内酰胺药物残留的设施和规程。每当测试方法的使用者和牛奶供应商同意使用未经FDA评估并被NCIMS认可的测试方法对非β-内酰胺类药物进行自愿测试时，则应就需遵循的程序征求监管机构的同意。

如M-a-85(最新版本)和M-I-92-11中所述，2种用于测试原料奶中除β-内酰胺类药物外的特定药物或药物家族的检测方法被FDA和NCIMS认可1年后，选项3不能用于非β-内酰胺酶类药物的筛选和验证：

选项3：

如果使用未经FDA评估并被NCIMS认可的药物测试方法的原始测试结果为阳性，应立即根据先前书面协议中确定的设施中使用相同的药物测试方法对样品进行重新测试。初始测试结果为经验证的筛选阳性，通过相同测试方法，对同一样品，进行阳性(+)和阴性(-)对照重复实验，以获得正确的结果，其中一次或两次重复测试的结果为阳性，则初始测试结果为阳性。应通知相关的(来源地和接收地)监管机构。相应的监管机构可以控制已验证的筛选阳性奶罐或未经奶罐车运输的原料奶供应。经验证筛选阳性测试结果的书面副本应遵循管理机构的原始通知。应处理经验证的筛选阳性奶罐或未经奶罐车运输的原料奶供应，避免其进入人类或动物食物链。如事先书面协议所述，生产者溯源应该由行业使用相同的药物测试方法，在监管机构的指导下进行。如果由药物测试方法获得的原始生产者的样品测试结果为阳性，应立即根据先前书面协议中确定的场所使用相同的药物测试方法对样品进行重新测试。初始测试结果为经验证的生产者筛选阳性，通过相同测试方法，对同一样品，进行阳性(+)和阴性(-)对照重复实验，以获得正确的结

果，其中一次或两次重复测试的结果为阳性，则初始测试结果为阳性。监管机构应该通知生厂者溯源结果。将经验证的筛选阳性的奶从人类或动物食物链中移除，并由测试者、牛奶供应商和奶制品生厂商进行管理。

在对违规生产者的代表性奶样使用生产者最初被发现违规时相同的测试方法或未经 FDA 评估但被 NCIMS 认可的等效方法进行进一步检测之前，禁止进一步收取和使用违规生产者提供的奶(进一步收集是指仍在牧场散装奶收集罐或奶仓中的奶，或者正在装载到散装奶收集罐的奶)或使用违规个体生厂者的牛奶。任何以前在奶品厂、接收站或中转站收到的散装奶收集罐车，或者在正式通知监管机构和牛奶生产商之前正在运输途中的任何散装奶收集罐车，只要按照附录 N 的规定测试为阴性，则不被视为违规。每当药物残留测试被证实为筛选呈阳性时，监管机构或其代理人可以完成调查，以确定药物残留的原因，并采取措施防止今后出现违规。

注：进一步收集是指仍在牧场散装奶收集罐或奶仓中的奶，或者正在装载到散装奶收集罐的奶。当牧场散装奶收集罐/奶仓、奶品厂原料奶罐/奶仓、其他原奶储存罐等被用做奶品厂的原料奶，在装运到散奶收集罐之前，使用被认可的测试方法或者使用未经 FDA 评估并被 NCIMS 认可的测试方法已经确认药物残留筛选阳性，无需进行额外的检测来确认来源牧场，因为药物残留已经确定，不需要进行进一步的牧场来源测试。

附录O　添加维生素的液态奶产品

维生素可以在牛奶加工生产工艺的不同阶段添加，但通常认为在牛奶分离工艺之后(包括在分批式的巴氏杀菌槽、高温短时高热瞬时或高温超导杀菌的平衡罐)添加为好，还可以根据供应商的推荐以“在线连续添加”的方式(即放在标准化后、杀菌前)进行添加。此外，维生素的添加方式也是多样的，可采用批量添加，也可以用计量泵添加。批量添加需要精确称量需添加维生素的牛奶总量和检测维生素浓缩制品的浓度，还要混合均匀。用维生素计量泵将维生素添加到高温短时(HTST)杀菌或高热瞬时(HHST)杀菌系统时，计量泵应该与杀菌器的进料电机连接，即只有当杀菌器处于顺流状态时，才能启动计量泵。根据供应商的一般推荐，维生素的添加必须在巴氏杀菌前完成。

维生素添加发生的问题经常与在加工过程中所选的添加点有关。维生素A和维生素D是脂溶性维生素，它们将逐渐融入到牛奶的乳脂肪部分。无论是脂溶性的还是水溶性的维生素，都存在可能流失的问题。如果在分离和标准化前添加适量的维生素，则当产品在分离和标准化后，将出现低脂产品低添加，高脂产品添加过量的现象。水溶性维生素浓缩制品在分离之前添加则会使该问题降低到最小限度。采用该工艺添加的操作者在操作时应该进行确定性分析测试，以保证每一产品的维生素添加水平。

现在许多高温超导，高温短时或高热瞬时巴氏杀菌系统都与脂类标准化设备连接在一起，在这样的系统里，可通过控制线路在不关闭系统的情况下，实现对奶及奶制品添加维生素D与添加维生素A和D之间的转换。在这类系统中，维生素的添加点应选择在标准化步骤以后、巴氏杀菌前，加入时应随时有剂量控制，可使用卫生的容积式泵来协助达到此要求。

有2个方案可供选择：

1. 第一类是活塞类型的无阀门计量泵。它配有一测微计，该测微计可基于产品流的流动速率，持续稳定、精确地添加维生素。

2. 第二类是蠕动泵，它通过活塞管大小和泵流速精确控制流量。该系统只有泵的活塞管是与维生素接触，清洗简易。

这些容积式泵具有很好的稳定性和可靠性，可长期使用。所有计量泵的设计均应该遵循本条例的有关规定。

建议维生素的注入口设在分离之后、均质之前。这能使均质过程将维生素更好分散到牛奶中去。建议安装止回阀以防止牛奶污染高浓度的维生素。

当注入多种维生素浓缩制品时，建议使用分离泵、管道和止回阀(图58)。

有必要根据巴氏杀菌系统流速对泵进行校正。对于不同乳制品，如果其流速发生变化，则可能需要额外的维生素添加泵。在没有校验其准确度的情况下，不提倡随意做简单的调校。建议定期对计量泵进行校验。下列几条是关于如何获得所需的维生素添加水平的建议：

1. 加强对添加量准确性的管理，既要注意过量添加也要注意添加量不够的问题。

2. 系统设计正确，应在标准化之后，杀菌之前正确添加维生素浓缩制品。

3. 对于每个需要添加维生素的奶或奶制品的生产，必须对所有进行维生素添加的操作人员提供书面的添加程序和相应的培训。这些书面程序应该重点关注产品生产的初始阶段和更换产品时的操作。

4. 坚持准确记录维生素使用量和奶或奶制品生产量，每日每批与理论值比较，以检查是否正确。应注意生产小批量的奶或奶制品的维生素添加量适当强化不会被生产大批量的奶或奶制品掩盖。

批量添加

应使用经过校准的塑料量筒或移液管等测量装置。测量装置的尺寸应与添加的浓缩液量相符，即如果添加8 mL，则选择10 mL量筒是合适的。测量仪器应该用强化的奶或奶制品冲洗，以确保没有残留的浓缩物。

计 量 泵

只使用准确、卫生、正相移位的计量泵，每次使用后采用预设的清洗程序进行清洗。

在注入生产线上安装止回阀来防止牛奶反冲回注入管道。这与泵的位移有关。

维生素计量泵应与分流阀和循环阀互联，以防止在分流或循环流动期间运行。

通过输送率的准确性来定期检查计量泵的准确度，包括泵和活塞管。在蠕动泵系统中只采用校正过的活塞管，且要经常性更换活塞管。

需要定期排空给计量泵提供维生素浓缩制品的贮存罐。应该按程序对这些贮存罐、泵和管道进行定期系统性的清洗和消毒。

维生素浓缩制品的贮存和保存期限应该与供应商提供的推荐说明相一致。

定期地分析最终产品，结果应以国际单位/夸脱(IU/Quart)的形式进行报告。由于进行这些测试时的灵敏度比较高，测试比较困难，所以很有必要寻找一家能熟练测试奶制品中添加维生素的专业实验室来进行测试。

再加工回收奶及(或)奶制品时应注意，使维生素A水平不超过标注值的150%[3 000 IU(900 μg)/qt]，且维生素D水平不超过840 IU(21 μg)/qt。

良好的生产实践

良好的生产实践要求维生素A和维生素D的添加水平符合CFR第21号中131.110的陈述：“(b)维生素添加(适量)。①如果添加，维生素A的量应当满足每夸脱含有不少于2 000 IU，由此才满足良好生产实践的要求。②如果添加，维生素D的量应当满足每夸脱含有不少于400 IU，由此才满足良好生产实践的要求。”

液态奶中维生素A含量低于标注值的100%[2 000 IU(600 μg)/qt]或高于150%[3 000 IU(900 μg)/qt]，或维生素D_3含量低于标注值的100%[400 IU(10 μg)/qt]或高于840 IU(21μg)/qt*，应当重新进行采样并确定问题的原因。

注： *基于预期方法的重复精度，允许过量添加5%的维生素D_3，即最多为840 IU(21μg)/qt。

(请参阅最新版M-a-98中关于已通过FDA认证和NCIMS认可的特定奶中维生素A或维生素D的测试方法)。

CFR第21号130.10中以营养成分标准化术语(b)命名的食物要求和条款标准说明：“应当在食物中添加营养物质以恢复其营养成分含量以便产品在营养成分上不低于本章第131—169部分定义的标准化食物营养素的添加量。”因此，维生素

A 应当添加到脱脂的奶制品中；比如减脂、低脂和脱脂产品，以补偿由于牛奶的脱脂而损失的维生素。

测试方法

用于检测维生素 A 或维生素 D 的测试方法应由 FDA 认证或者其他官方提供的能与 FDA 方法获得相同数据的方法。维生素的分析应当由 FDA 认证并且由管理机构认可的实验室进行(参考 M-a-9，最新版本，关于 FDA 认证和 NCIMS 认定的特定的奶或奶制品、维生素 A 或维生素 D 的测定方法)。

可使用的浓缩液类型

许多不同类型的浓缩液都可以使用，都含有维生素 D 或维生素 A 棕榈酸脂。最好能将所有的浓缩液冷藏储存，除非生产说明书有其他要求。为了获得适当的分散，黏性浓缩液应当在添加前放置到室温。

添加的需求

维生素 A 是脂溶性维生素。它能够在与脂肪混合时溶解，而不溶解于水。因此，维生素 A 存在于全脂牛奶中而在低脂牛奶中含量要低得多，在无脂牛奶中则不含维生素 A，除非在这些产品中额外添加。

维生素 A 有多种功能。其中之一是提高视网膜的暗适应能力。维生素 A 缺乏可导致夜盲症。维生素 A 也与眼睛的辨色能力有关。

维生素 D 是肠道中钙吸收的重要调节因子。对新鲜牛奶进行维生素 D 的添加已经被认为可防止儿童出现佝偻病。因为正常水平的维生素 D 含量对优化小孩的钙吸收是非常必要的，而且我们也知道这一水平是随着年龄增长而增加，直到 70 岁。充足的维生素 D 与降低骨质疏松症的发生率有关。

液态奶中维生素 A 和维生素 D 含量过高可能会对人体健康造成潜在危险。液态奶中维生素 A 含量超过6 000 IU(1 800μg)/qt，维生素 D 含量超过1 500 IU(37.5 μg)/qt 被认为是有害的，应提交 FDA 进行健康危害审查。

强化设计的问题

含有大量脂肪的奶或奶制品相对来说是维生素 A 良好的膳食来源，但是对于其他天然食物，维生素 D 在未添加的奶中的含量就很低。正如其他牛奶组分，维生素 A 和维生素 D 的水平受到饲养、季节、日粮和哺乳期的影响，对于维生素 D，还受到动物暴露在阳光下的影响。

总的来说，当哺乳动物从奶畜场阶段转移到冬季的定量供给时，可以预测生奶维生素 A 和维生素 D 的含量将降低。这个变化缓慢发生在整个冬季，直到次年春季才再次升高。若精心饲养和提高饲料营养水平，这一影响可降低到最小程度。自然情况下，维生素 A 的水平从冬天的 400 IU/qt 上升到夏天的1 200 IU/qt，而维生素 D 则从冬天的 5 IU/qt 上升为夏天的 40 IU/qt。这是大致的季节变化幅度。因为存在季节性和其他变化因素，所以有必要检测维生素的添加水平以确保添加水平是在良好生产实践范围内。维生素浓缩制品会随着时间推移发生一定量的降解。维生素浓缩制品的贮存应该根据供应商推荐说明书进行，以保持标示的活性。维生素浓缩制品的活性应该由维生素供应商来证实。

维生素 D 在均质奶中是非常稳定的，它不受巴氏杀菌或其他加工工艺过程的影响。在均质奶中添加的维生素 D 在长期贮存过程中活性不损失或微量损失。在正常的货架期内维生素 D 将不发生变化。

维生素 A 和维生素 D 添加的低脂和脱脂乳制品中维生素 A 含量会减少，因为维生素已经不再像在全脂牛奶中一样有脂肪保护。在液态脱脂或低脂牛奶中添加维生素 A，维生素 A 会在正常贮存温度(4.5 ℃)和黑暗条件下逐渐地失效，但一旦牛奶贮存在透明的玻璃瓶或塑料瓶中，使牛奶暴露在阳光下，则维生素 A 将迅速被破坏。维生素 A 的破坏程度取决于光强度、波长以及原料奶。采用琥珀色或棕色玻璃瓶，有色塑料瓶配上特定的挡光材料和有色纸盒有助于延缓维生素 A 的失效。来自 5 个乳品加工厂的低脂(2%)牛奶中维生素 A 的损失范围是 8%~31% 不等，当其是在不透明塑料瓶包装中置于 200 W 荧光灯下照射 24 h。在荧光管上罩上有色容器或金属可有效防止维生素损失。

注： 图 58 详述了使用两个泵和两种维生素浓缩源的两种添加速度的维生素添加设备。通过调节三向阀可以改变不同维生素浓缩液和不同泵速。

推荐：

1. 通过卫生单向阀将牛奶管线和维生素浓缩液分离。
2. 所有的奶或奶制品接触表面应当经过卫生设计，便于清洁和检查。

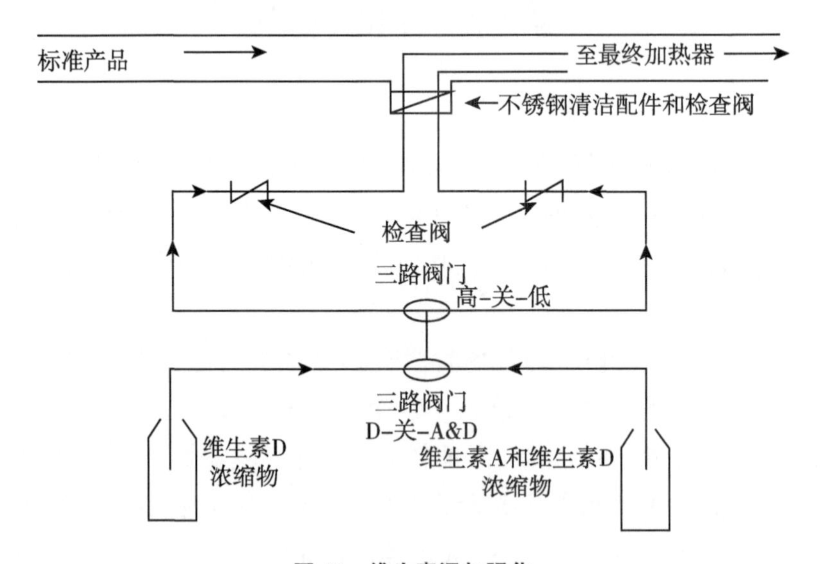

图 58　维生素添加强化

附录 P　绩效为基础的奶品厂检查系统

前　言

绩效为基础的奶品厂检查系统，对于“A”级牛奶厂，至少每 6 个月进行一次传统的日常检查。这给管理机构提供了一个选择。对于一些管理结构，通常对每个农场一年检查 2 次就能有效的对其监管并有效的利用检查资源。对于其他管理机构，一个基于奶品厂生产者和检查绩效而决定日常农场检查频率的选择系统可能会更好、更等效，并能有效利用有限的检查资源。用于奶畜场行为规范检查体系的全面检查的耗费可能高于或低于传统检查体系，因为在这个分级体系里，对某些奶畜场只需要每 6 个月进行一次常规检查。

检查间隔和标准

根据前面 12 个月奶畜场检查和牛奶质量数据，奶畜场会至少每 3 个月被分类一次。根据下列标准，奶畜场被分级成 4 类不同的检查间隔期，如下所述。

最小一年检查间隔(每12个月1次检查)

前12个月必须满足下列所有标准。

1. 不存在标准平板计数（SPC）>25 000样品，且样品应小于10 000。

2. 所有牛奶样品体细胞数<500 000。

3. 冷藏温度不存在波动。

4. 没有违规药物残留。

5. 在农场检查中观察到没有"关键控制点"违规。关键违规项目可在奶畜场检查报告FORM FDA2359a中反映出来。

a. 10——清洗和11——卫生。

b. 15(d)——药物正确标识和15(e)——药物适当的使用和存储。

c. 18——冷却(明显变化)。

6. 没有造成掺假的严重风险或潜在健康危害的违规。

7. 任何检查表没有超过5个违规存在。

8. 在检查条目上没有连续的检查违规。

9. 没有因为检查、牛奶质量或药物残留而导致执照或营业许可证被暂停的记录。

10. 供水需保证细菌学安全。

注：分属该类的奶畜场如果出现牛奶指标的一项不符合(体细胞数量大于500 000，或冷却温度不符合)则就得重新被分到6个月间隔检查期一类，一旦它在后6个月满足以上所有10项标准，则可再次被分类到一年间隔检查期一类中。

最小6个月检查间隔(每6个月检查一次)

前12个月必须满足下列所有标准。

1. 可能有不少于一个的样品SPC>25 000。

2. 可能有一个或者更多 SCC 样品>500 000。

3. 不超过一封由于先前官方 4 个样本中 2 个 SPC 和 SCC 不符合而收到的警告信。

4. 冷藏温度不存在波动。

5. 没有违规药物残留。

6. 在农场检查中观察到没有“关键控制点”违规，关键违规项目可在奶畜场检查报告 FORM FDA2359a 中反映出来。

a. 10——清洗和 11——卫生。

b. 15(d)——药物正确标识和 15(e)——药物适当的使用和存储。

c. 18——冷却(明显变化)。

7. 没有造成掺假的严重风险或潜在健康危害的违规。

8. 任何检查表没有超过 5 个违规存在。

9. 在检查条目上没有连续的检查违规。

10. 没有因为检查、牛奶质量或药物残留而导致执照或营业许可证被暂停的记录。

11. 供水需保证细菌学安全。

注：奶畜场如果满足以上一年或 6 个月的检查间隔的条款，但奶畜场检查和牛奶质量的历史小于 12 个月，如新奶畜场，则必须被列入 6 月检查间隔一类。

最小 4 个月检查间隔(每 4 个月检查一次)

下列任何一项可导致在距下一次分类之前的 12 个月内，奶畜场被置于 4 个月的检查间隔这一类：

1. 超过一封由于先前官方 4 个样本中 2 个 SPC 和 SCC 不符合而收到的警告信。

2. 奶畜场条件致使奶业管理局采取官方管理措施，例如警告信、暂停意向、再检查等。

3. 一次药物残留违规。

4. 在农场检查中观察到没有“关键控制点”违规，关键违规项目可在奶畜场检查报告 FORM FDA2359a 中反映出来。

a. 10——清洗和 11——卫生。

b. 15(d)——药物正确标识和 15(e)——药物适当的使用和存储。

c. 18——冷却(明显变化)。

5. 发生掺假或其他危害健康的违规行为。

6. 在任何一份检查报告中违规项目超过 5 项。

7. 供水不安全。

最小 3 个月检查间隔(每 3 个月检查一次)

下列任何一项可导致在距下一次分类前的 12 个月内，奶畜场被置于 3 个月的检查间隔这一类。

1. 超过一次药物残留事件。

2. 在过去 12 月的评估期间由于任何非药物残留原因而被法规管理部门暂停执照的任何奶畜场。

3. 由于奶畜场条件或牛奶质量参数违规而被奶业管理局采取超过一次的官方管理行动，如警告信、暂停意向和再检查等的事件。

注：以上关于“A”级奶畜场检查间隔期限的指南并不排除进行更加频繁的奶畜场检查的可能，一旦奶业管理局认为需要，可对奶畜场进行更加频繁的检查。

附录 Q
保留

注：附录 Q 的内容在 2019 年版的《优质乳条例》中未引用，内容作保留。

附录R　奶或奶制品安全的时间/温度控制的测定

食品技术协会(IFT)拟定和呈递了一份报告，这份报告是FDA协议的一部分，其包含了FDA提出的许多关于潜在食品安全(PHF)问题的回答。IFT回顾了条例、PHF、建议改变食品安全的时间/温度控制(TCS)，以及一个用于确定食品加工技术效率的科学框架。

报告审查了内在因素，比如a_w、pH值、氧化还原电位、自然或添加的抗菌物质和竞争性微生物和外在因素，比如包装、环境、贮藏条件、加工步骤和影响微生物生长的新保存技术。报告也分析了与食品安全的时间/温度控制相关的微生物危害。

IFT还建立了一个框架可用于决定食品是否是TCS。适用于"A"级奶及奶制品部分的框架包括2个关于pH值和a_w相互作用的表格，不管奶制品是经过热加工后立即包装的(表A)还是没有经过热加工以及未经热加工未经包装的(表B)。当需要进一步评价产品时，微生物挑战测试(接种研究)的应用以及奶及奶制品的病原体建模程序和重新配制一起讨论。报告中包含额外的参考条目。

TCS食品是按照安全是否需要时间/温度控制以限制致病微生物生长和有毒物质生成而定义的。该定义并不是说食品不促进微生物的生长，而是可能包含一定水平的致病微生物或化学或物理食品安全危害，从而引发食源性疾病或危害。所有食品微生物的生长被认为是缓慢或快速的。

TCS定义考虑了a_w、pH值以及a_w和pH值的相互作用，热加工和后续包装，从而能相对简单的决定食品是否需要时间/温度控制以确保安全。如果奶或奶制品经过巴氏杀菌消除了致病微生物，则需要说明与原始产品或经过不恰当加热的原始产品的差异。另外，如果奶或奶制品为了防止巴氏杀菌后再污染而进行了包装，则应承受高范围的pH值变化或a_w，因为产芽孢细菌是唯一关注的微生物危害。奶及奶制品应当在限制进入的区域防止污染并在A级热加工奶条例规定的温度下进行包装。在一些奶及奶制品中，很可能足够低的pH值或a_w值不能单独的控制或消除致病微生物生长；然而，pH

值和 a_w 值相互作用能达到这一目的。这是栅栏技术的一个例子。栅栏技术的使用是在当几个限制因素联合使用时可控制或消除致病微生物生长而单独使用却是无效的。

另一个需要考虑的重要因素是组合产品。组合产品是指一种包含有两种或者两种以上明显差异成分的食品，并且其成分之间相互作用，具有和单独产品不同的性质。确定食品是否有差异的组分；例如，松软干酪水果或蔬菜添加和奶油混合物，或者是否有统一的外观，例如松软干酪混合或原味酸奶。在这些产品中，交界面处的 pH 值对确定其是否是 TCS 奶或奶制品具有重要作用。

FDA 认可的合适证据；例如其他科学研究或使用接种实验来确定食品是否能在没有时间/温度控制下保存：

1. 准备组合产品。

2. 食物中其他用于控制和消除致病微生物生长的外在因素(包装/环境)或内在因素(氧化还原电位、盐含量、抗菌物质等)。

在使用包含在该条例中的奶或奶制品安全的时间/温度控制定义中的表 A 或表 B 时，在决定奶或奶制品是否需要 TCS 时，以下问题的答案需要被考虑：

1. 目的是在不适用时间和温度控制的条件下保存奶及奶制品吗？如果答案是“不”，则不需要采取更多行动；如果该条目是 TCS 奶及奶制品，则不需要继续确定。

2. 奶或奶制品是原始的还是经过热加工的，或是巴氏杀菌的奶或奶制品？

3. 对于奶或奶制品 A 级热加工奶条例已经使用 TCS 了吗？

4. 是否一个有良好科学理论的产品历史就可以预示一个安全的使用历史？

5. 奶或奶制品的加工和包装不需要 TCS 了吗？例如，无菌加工和灌装 A 级低酸度奶或奶制品或在包装 A 级低酸度奶或奶制品后灭菌加工，或高酸发酵、耐贮存的加工和灌装的奶或奶制品。

6. 正在基于实验室结果的讨论中的奶或奶制品，什么样的 a_w 和 pH 值才能被 FDA 认可？

表 A 或表 B 中指定 PA 的奶或奶制品(需要更进一步的产品评价)应被考虑 TCS，直到能够提供有效的信息说明其安全性。PA 将是对奶或奶制品组限制微生物生长能力的一个评价。评价这一评估方式的方法包括(但不仅限于)：类似牛奶产品、接种研究、专业风险评估或管理机构评价的文献审查。

使用表A和表B的说明

1. 生产者不使用时间或温度控制来保存奶或奶制品吗?

a. 否:长久在7 ℃或者低于"A"级热加工乳条例要求的温度保存奶或奶制品。

b. 是:继续使用决策树来选择表格以确定是否需要TCS。

2. 奶或奶制品是经过巴氏杀菌的吗?

a. 否:奶或奶制品是原始的或未经热加工的。继续到步骤3。

b. 是:奶或奶制品使用本条例中巴氏杀菌的定义在所需的巴氏杀菌温度和时间下进行巴氏杀菌处理。继续到步骤4。

3. 奶或奶制品是否使用其他与巴氏杀菌等同效果的方法处理吗?

a. 否:奶或奶制品是原始的或未经热加工的,可能会使营养细胞和孢子存活。继续步骤6。

b. 是:如果使用其他等同于巴氏杀菌的方法进行灭菌;例如,照射、高压处理、光脉冲、超声波、感应加热等,新技术应当由FDA认证能够提供与巴氏杀菌相同的安全效果,其处理效果应当有充足的证据或者其他方法证实。继续步骤5。

4. 是否经过包装以防止再污染?

a. 否:经过巴氏杀菌的产品可能受到再污染,因为其并不是立即包装的。继续步骤6,使用表B。

b. 是:如果经过巴氏杀菌的奶或奶制品,为了防止再污染而进行了立即包装,则可以允许 a_w 和pH值的大范围波动,因为产芽孢菌是唯一微生物危害。继续步骤6,使用表A。

5. 需要更详细的PA和奶品厂文件。

a. 该产品的生产商应能够提供FDA认可的足够证据以证明他们生产的产品不使用TCS但保证安全。

b. 假如与巴氏杀菌同等的能保证奶或奶制品安全的新技术已被FDA认可且证明其工作效率的证据已被FDA接受,则使用新技术准备或加工的奶及奶制品可以在没有温度/时间的控制下保存。

6. 奶或奶制品的加工参数,已知 a_w 和pH值,将奶或奶制品参数置于合适表格中。

a. 选择包含讨论中的奶或奶制品pH值的pH值列。

b. 选择包含讨论中的奶或奶制品 a_w 值的 a_w 值行。

c. 注意行和列的交叉点以确认奶或奶制品是否无 TCS，是否不需要时间/温度控制，或是否需要更详细的 PA。其他因素，比如，氧化还原电位、竞争性微生物、盐分或加工方法等，可能会允许产品在没有时间/温度的控制下保存。但是，需要 FDA 认可的证明。

7. 当致病微生物孢子和具备繁殖能力的微生物细胞是安全隐患时，对未经过巴氏杀菌或巴氏杀菌后没有立即包装的奶或奶制品使用表 B；当只有致病微生物孢子是安全隐患时，对经过巴氏杀菌并立即包装的奶或奶制品使用表 A。

8. 确定奶或奶制品是否适用 TCS 的则需要更详细 PA。

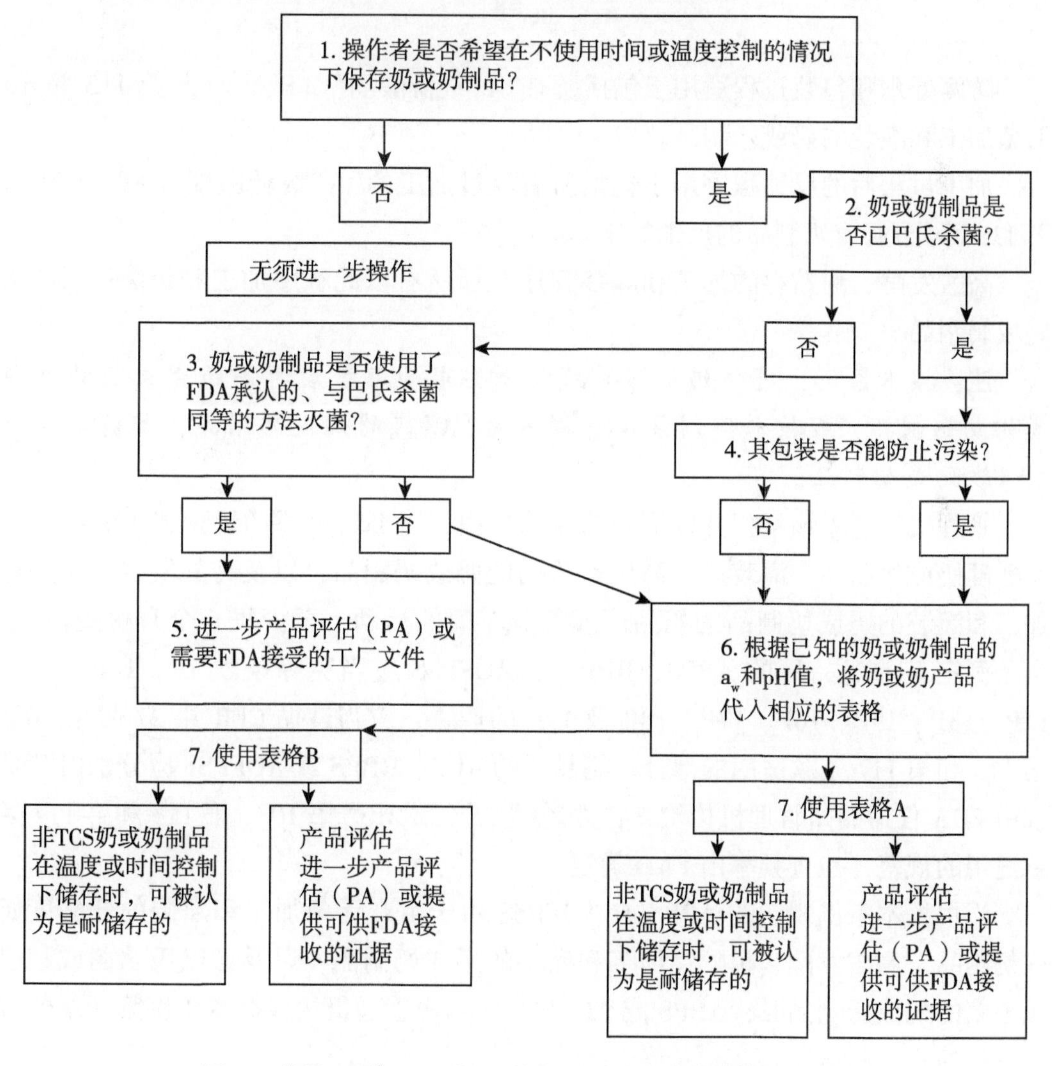

图 59　使用 pH 值、a_w 或 pH 值和 a_w 交互作用的决策树以决定奶或奶制品的安全是否需要时间/温度控制

附录S　无菌加工和灌装程序、灌装后再高压釜灭菌的程序及高酸发酵、耐贮存的加工和灌装程序

防腐处理和包装过程适用于包括所有“A”级低酸度(CFR 第 21 号第 113 部分)无菌加工和灌装的奶或奶制品。

加工过程后的反馈程序用于包括所有经过加工的“A”级低酸度(CFR 第 21 号第 113 部分)奶或奶制品的反馈加工。

高酸发酵、耐贮存的加工和灌装程序包括所有以此程序加工和包装的“A”级奶或奶制品。

注：按本条例，符合奶或奶制品成分要求的灌装后再高压釜灭菌的低酸度奶或奶制品，或被本条例第 4 章描述为“A”级的奶或奶制品，都被认为是“A”级奶或奶制品。

管理机构遵循该章程并以下列信息为前提，对 IMS 列举的无菌加工和灌装的低酸度奶或奶制品、灌装后再高压釜灭菌的奶或奶制品，以及高酸发酵、耐贮存加工和灌装的奶或奶制品的奶品厂或部分车间的活动，至少每 6 个月检查一次。本条例定义的奶品厂的 APPS、RPPS 或 AQFPSS 应当免除条款 7P、10P、11P、12P、13P、15P、16P、17P、18P 及 19P 的职责，应当遵循 CFR 第 21 号第 108、第 113 和第 117 条款适用的部分。奶品厂的 APP、RPPS 或 AQFPSS 应分别由 FDA 或由 FDA 任命的州管理机构检查，并遵循 CFR 第 21 号第 108，第 113 和第 117 条款适用的规范，检查频率由 FAD 确定。

当根据本条例规定的 APPS 或 AQFPSS 用于生产无菌加工和灌装的低酸度奶或奶制品、高酸发酵、耐贮存加工和灌装的奶或奶制品，以及经巴氏杀菌或超巴氏杀菌的奶或奶制品时，APPS 或 AQFPSS 应当由管理机构根据本条例第 7 章的规定进行检查和测试。

无菌加工和灌装程序，灌装后再高压釜灭菌以及高酸发酵、耐贮存的加工和灌装程序的 CFR/A 级 PMO 对比总结

PMO，第 7 章条款	无菌程序/高压釜灭菌程序/高酸发酵、耐贮存的加工和灌装程序	授权
1p. 地面——结构	1p：无菌加工和灌装低酸度奶或奶制品、灌装后再高压釜灭菌的奶或奶制品经加工和包装后的高酸发酵、耐贮存的加工和灌装的奶或奶制品的储藏室不需要地面排水系统	PMO
2p. 墙壁和天花板——结构	2p：低酸度奶或奶制品的无菌加工和灌装、灌装后再高压釜灭菌及高酸发酵、耐贮存的加工和灌装的奶或奶制品的干燥储藏室对于天花板无要求（与奶粉或奶制品相同） 低酸度奶或奶制品干粉储存室要求与干燥奶或奶制品相同	PMO
3p. 门和窗户	无	PMO
4p. 照明和通风	无	PMO
5p. 单独的工作间	在 APPS、RPPS 或 AQFPSS 内，用于无菌加工和灌装的低酸度奶或奶制品、灌装后再高压釜灭菌的低酸度奶或奶制品以及高酸发酵、耐贮存的加工和灌装过程的容器和瓶塞无要求	PMO
6p. 厕所——污水处理设施	无	PMO
7p. 供水系统*	免除 APPS、RPPS 或 AQFPSS**，但应遵循 CFR	PMO/CFR
8p. 洗手设备	无	PMO
9p. 奶品车间清洁	无	PMO
10p. 管道的清洁卫生*	免除 APPS、RPPS 或 AQFPSS**，但应遵循 CFR	PMO/CFR
11p. 容器和设备的制造与维修*	免除 APPS、RPPS 或 AQFPSS，但应遵循 CFR。用于无菌加工和灌装低酸度奶或奶制品、灌装后再高压釜灭菌的奶或乳制品及高酸发酵、耐贮存的加工和灌装的低酸度奶或奶制品加工过程的纸、塑料、金属片、黏合剂和其他容器及瓶塞的组成部分不需要遵循本条例中的附录 J；不需要来源于 IMS 名单；但应遵守 CFR 要求	PMO/CFR
12p. 容器和设备的清洁与消毒*	免除 APPS、RPPS 或 AQFPSS，但应遵循 CFR	PMO/CFR
13p. 干净容器和设备的存放*	免除 APPS、RPPS 或 AQFPSS，但应遵循 CFR	PMO/CFR
14p. 一次性容器、器具和材料的存放	无	PMO
15p. (A)污染的预防*	免除 APPS、RPPS 或 AQFPSS，但应遵循 CFR	PMO/CFR
15p. (B)交叉接触污染的预防*	免除 APPS、RPPS 或 AQFPSS，但应遵循 CFR。对于奶及奶制品以及清洁或化学消毒剂之间的蒸汽阻塞区域相关的 APPS 和 RPPS 设备不需遵守 PMO 要求	PMO/CFR

(续表)

PMO，第7章条款	无菌程序/高压釜灭菌程序/高酸发酵、耐贮存的加工和灌装程序	授权
16p. 巴氏杀菌和无菌加工和灌装(A)通过(D)*	免除APPS、RPPS或AQFPSS，但应遵循CFR。管理机构不需要进行设备的季度检测和无菌或加工设备的密封。日常检查、评价或检查评级不需要审阅记录和记录表。但AQFPSS的记录和记录图应根据FHA CLE#5进行评估。前提是AQFPS的记录和记录图表应按照FHA第5条进行评估	CFR
17p. 奶及奶制品的冷却*	无菌加工和灌装、灌装后再高压釜灭菌低酸度奶或奶制品的储存以及高酸发酵、耐贮存的加工和灌装的奶或奶制品的储存，可免除APPS、RPPS或AQFPSS，但应符合CFR	PMO/CFR
18p. 装瓶、灌装和包装*	免除APPS、RPPS或AQFPSS，但应遵循CFR	CFR
19p. 压盖、封盖和密封，以及干燥奶制品的储藏	免除APPS、RPPS或AQFPSS，但应遵循CFR	CFR
20p. 员工——清洁	无	PMO
21p. 车辆	无	PMO
22p. 周边环境	无	PMO

*注：对于条款只适用于APPS、RPPS或AQFPSS的奶场区域，这些条款应当根据适用的FAD法规进行检查和调整(CFR第21号第108、第113和第117条)。

**注：只有AQFPSS中包含在FDA 2541G表格文件的部分将不受此要求的限制。未包含在FDA 2541G表格文件中的任何其他设备将按照PMO的要求进行检查。

附录T　优质奶及奶制品人类食品需要的预防性控制

食品安全计划

本条例及其附录，以及本条例所规定的奶品厂特定程序应构成符合21CFR 117.126规定的奶品厂食品安全计划，该程序适用于处理所有该奶品厂可确定的风险。奶品厂的食品安全计划应以书面形式编制，由一名或多名预防控制合格人员监督编制。奶品厂的书面食品安全计划及内容应包括以下方面：

1. 书面召回计划。
2. 书面危害性分析。
3. 针对本条例未涉及危害的书面预防措施。
4. 针对本条例未涉及危害的书面供应链计划。
5. 针对本条例未涉及危害的预防措施实施情况的书面监管程序。
6. 针对本条例未涉及危害的书面纠正措施程序。
7. 针对本条例未涉及危害的书面验证程序。

以下情况，奶品厂所有者、经营者或者负责人应当在食品安全计划上签字并标明日期：

1. 初次完成后。
2. 任何修改后。

至少每3年应对奶品厂书面食品安全计划进行一次整体再分析。以下情况，需要对奶品厂书面食品安全计划的整体或适用部分进行重新分析：

1. 生产活动发生重大改变，产生新的潜在危害或使已确定危害显著提高。

2. 奶品厂了解到与奶或奶制品相关的潜在危害的新消息。

3. 出现意外的食品安全问题后任何合适的时间。

4. 奶品厂发现预防控制及其组合或者食品安全计划整体无效。

5. 食品药品监督管理局确定有必要对新型危害和科学认知发展做出反应。

预防控制合格人员应执行或监督上述所有重新分析过程。

奶品厂当前的书面食品安全计划作为一份记录，应现场保存。如果现场可以访问电子记录，则认为电子记录在现场。食品安全计划停止使用后，记录在奶品厂保留至少 2 年。

召回计划

奶品厂应该制定书面召回计划，包含描述所采用步骤的程序，并分配所采用步骤的责任，便于奶品厂执行以下作业：

1. 通知被召回的奶或奶制品的直接收货人，告知如何退回或处置受影响的奶或奶制品。

2. 在适当情况下告知公众奶或奶制品带来的任何危害，以保障公众健康。

3. 进行有效性检查，以验证召回是否已经执行。

4. 适当处置召回的奶或奶制品。在本条例允许的情况下进行再加工或者返工，产品转用于不会引起乳制品安全问题的用途，或是销毁产品。

注：食品药品监督管理局关于产品召回的更多信息和指导，奶品厂还应参考当前的行业指南：产品召回，包括移除和更正，网址为：

http：//www.fda.gov/Safety/Recalls/IndustryGuidance/ucm129259.htm

危害性分析

奶品厂应对每种或每组加工的奶或奶制品进行书面危害性分析。如果危害和程序基本相同，奶品厂可以将相似类型的奶或奶制品或相似类型的生产方法进行分组。危害识别需考虑以下因素：

1. 已知或可合理预测的危害。

a. 生物危害，包括寄生虫、环境病原体和其他病原体等微生物危害。

b. 化学危害，包括放射性危害、杀虫剂和药物残留等物质、天然毒素、分解物、未经批准的食品或者色素添加剂以及食物过敏源。

c. 物理危害，如石头、玻璃和金属碎片。

2. 奶或奶制品中可能存在的已知或可合理预测的危害，原因如下。

a. 自然发生的危害。

b. 可能无意中引进的危害。

c. 可能是因经济利益而故意引入的危害。

预防性控制

奶品厂应确定并实施书面预防性控制措施，以确保任何需要预防控制的危害显著下降或者被预防，并且奶或奶制品的加工、包装或保存不会出现 FFD&CA 第 402 条中所述的掺假或第 403(w)条所示的标签错误。预防性控制包括：

1. 关键控制点的控制。

2. 除关键控制点外，其他适用于食品安全的控制措施。

预防控制措施应包括适用于奶品厂以及奶或奶制品的措施：

1. 过程控制包括程序、做法和过程，用于确保操作过程中对参数的控制。

2. 食物过敏原控制，包括本条例第 15p(C)项所述的控制食物过敏原的程序、做法和过程。

3. 卫生控制，包括程序、做法和过程，确保奶品厂维持在足够的卫生条件下，以显著减少或预防如环境病原体、员工操作引起的生物危害和食物过敏原危害。

4. 供应链控制，详见本附录。

5. 召回计划。

6. 其他控制，如员工卫生培训和其他现行良好操作规范。

监控

奶品厂应制定并实施包含程序执行频率的书面程序，以监控预防性控制措施，并应以足够的频率监控预防性控制，确保其实施的一致性。奶品厂应做好预防性控制的监控记录，用于验证监控是否按要求进行，以及所需的监控记录是否在记录创建后的7个工作日内得到审查。

纠正措施

奶品厂应建立并实施书面纠正措施程序，当预防控制措施未能适当实施时，启动纠正措施程序，包括适当处理以下问题的程序：

1. 产品测试结果中检测到的病原体或适当的指示生物的存在。
2. 通过环境监测检测到的环境病原体或适当的指生物的存在。

纠正措施程序应描述采取的步骤，以确保：

1. 采取合适的措施识别和纠正实施预防性控制时出现的问题。
2. 必要时采取适当的措施以减少问题再次发生的可能性。
3. 对所有受影响的奶及奶制品进行安全性评估。
4. 如果奶品厂不能确保受影响的奶及奶制品根据FFD&CA的第402条例没有掺假或根据FFD&CA的第403条例错误贴标签，所有受影响的奶或奶制品进入市场。

奶品厂应以书面形式记录所有的纠正措施，并在适当时间记录所采取的纠正措施，并在创建记录后7个工作日内审查所需的纠正措施和纠正记录。

验证

根据预防控制的性质及其在奶品厂食品安全体系中的作用，验证程序应包括：

1. 审核。
2. 验证监控是否按要求进行。
3. 验证是否按要求对纠正措施做出适当决定。
4. 验证预防控制措施是否得到持续有效实施，是否显著降低或防止了危害。
5. 重新分析。

奶品厂应进行适用于该厂和该厂生产的奶或奶制品，以及该厂预防性控制性质的成品奶及奶制品检测，检测的作用是在奶品厂食品安全体系中对病原体、指示生物或其他危害的识别。奶品厂应酌情建立和实施成品奶及奶制品检测的书面程序，该程序应包括：

1. 具有科学有效性。
2. 识别测定的微生物或者其他分析物。
3. 指定确定样品的程序，包括它们与特定批次的奶或奶制品的关系。
4. 包括抽样程序、抽样数量和抽样频率。
5. 确定进行的测试，包括使用的分析方法。
6. 确定进行测试的实验室。
7. 包括对产品检测结果中发现的病原体或适当指示生物的纠正措施程序。

奶品厂应对所有验证活动记录备份。

确认

奶品厂应根据预防性控制的性质及其在奶品厂食品安全体系中的作用，确认实施的预防控制措施足以控制危害。预防性控制措施的确认应由预防控制合格人员执行或在其监督下执行：

1. 在食品安全计划实施之前。

2. 必要时，在可适用的奶或奶制品首次生产后90天内，证明控制措施按设计进行。

3. 当控制措施或控制措施组合发生改变可能影响其控制效果时，如果实施得当，将有效的控制危害。

4. 当食品安全计划的重新分析证明有必要进行确认时。

奶品厂不需要确认以下事项：

1. 食物过敏原控制。

2. 卫生控制。

3. 召回计划。

4. 供应链项目。

5. 本条例第16p条目规定的巴氏杀菌法。

奶品厂应该存档所有进行确认活动的记录。

记录

奶品厂应当建立和保存下列记录，记录食品安全计划的实施情况：

1. 食品安全计划文件。

2. 记录预防控制措施监控情况的文件。

3. 记录纠正措施的文件。

4. 记录验证的文件，包括(适用于)以下相关内容。

a. 确认。

b. 监控验证。

c. 纠正措施验证。

d. 过程监控和验证仪器的校准。

e. 适当的产品测试。

f. 环境监测。

g. 记录核查。

h. 重新分析。

5. 记录供应链项目文件。

6. 记录奶品厂员工和预防控制合格人员培训的文件，包括培训日期、培训类型和受训人员。

奶品厂食品安全计划中要求的记录：

1. 标明奶品厂的名称和位置或奶品厂的代码，注明日期以及从事此活动的人员的签名或姓名首字母。

2. 现场可供监管机构审查，如果现场能够访问电子记录，证明有现场记录。

3. 自创建日期起保留至少 2 年，如果这些记录可以在正式审查请求后的 24 h 内检索并在现场提供，则允许对这些记录进行异地存储。

监控和纠正措施记录应在创建后的 7 个工作日内在预防控制合格人员的监督下进行审查、注明日期、签名或草签。

个人资历

1. 奶品厂的所有者、经营者或负责人应确保所有接收、处理、加工、包装奶或奶制品等的相关人员具备履行其分配的职责的资格。

2. 从事奶或奶制品接收、处理、加工、包装等的人员，包括临时和季节性人员，或负责监督的人员应符合：

a. 具备接收、处理、加工、包装奶或奶制品所需的教育、培训、经验或综合能力，以适应个人所分配的职责。

b. 接受与奶或奶制品、奶品厂和个人分配的职责相适应的食品卫生和食品安全原则的培训，包括加强员工健康和人员卫生的重要性。

3. 确保个人遵守要求的责任，应明确分配给具有监督清洁和安全的奶及奶制品生产所需的教育、培训或经验及综合能力的监督人员。

4. 自制定之日起至少 2 年内，奶品厂应建立、维护和保存培训记录的文件。

以下奶品厂食品安全计划措施必须由至少一名预防控制合格人员来执行或监督：

1. 制定食品安全计划。

2. 确认已识别和实施的预防控制措施足以控制与预防控制性质及其在奶品厂食品安全体系中的作用相适应的危害。

3. 审查记录。

4. 食品安全计划再分析。

环境监测

奶品厂应该具有书面的环境监测程序，该程序基于即食奶或奶制品在包装之前环境暴露，并且包装的奶或奶制品未采取后续处理或未包含能够显著减少病原体的控制措施(例如致死病原体的制剂)。环境检测项目至少应包括：

1. 具有科学有效性。

2. 识别测定的微生物。

3. 在常规环境监测期间，确定样本采集地点和测定地点的数量，且足以确定预防性控制措施是否有效。

4. 确定采集和测定样品的时间和频率，且足以确定预防控制措施是否有效。

5. 确定进行的测试，包括使用的分析方法。

6. 确定进行测试的实验室。

7. 包括通过环境监测检测到的环境病原体或适当的指示性生物的纠正措施。

供应链计划

奶品厂针对已识别出需要供应链应用控制的原料和其他成分中的危害，建立并实施基于风险的书面供应链计划。供应链计划至少应：

1. 所有奶或奶制品成分文件均从 IMS 清单的来源中获得，在没有 IMS 来源的情况下，供应商至少应备有基于功能风险的程序，该程序具有明显降低优质奶或奶制品中使用的非 IMS 所列来源的成分中危害的措施。

2. 奶品厂优质奶或奶制品中使用的非奶或奶制品成分的供应商应具有功能性的书面食品安全计划，该计划保证需要供应链应用控制的危害显著减少或得到预防，并且还包括食品过敏原管理。

3. 供应链计划应包括：

a.选择被认可的供应商。奶品厂在收到原料和其他配料之前，应对供应商进行审计，并记录审批文件。

b.制定适当的供应商审核措施，包括确定审核的频率。

c.在使用原料和其他配料之前，开展并记录供应商审核活动。以下一条或多条是适用于供应商原材料和其他配料的审核活动。

（i）每年对严重危害进行现场审核，有书面文件表明其他验证活动和(或)低频率的现场审核提供充分证据证明危害得到控制的情况除外。

（ii）原材料和其他配料的抽样测试。

（iii）审查供应商的相关食品安全记录。

（iv）其他基于供应商业绩和原料成分相关风险的适当的供应商审查活动。

d.适用时，由奶品厂供应商以外的机构负责审核实施的供应链控制措施，并记录。

e.包括接收原料和其他成分的书面程序，以及执行记录。

如果奶品厂通过审计、审核测试、文件审查、相关消费者、顾客或其他投诉，或者其他相关食品安全信息，那些供应商未控制的奶品厂确定需要进行供应链应用控制的危害，奶品厂需要立即采取措施并记录，确保供应的原材料不会导致产品出现 FFD&CA 第 402 条例中的掺假现象或者第 403 条例中错误贴标签的现象。

注意：规模有限的企业不受本附录约束。

第十五章　病毒学

第一节　病毒的一般特征

病毒是一类必须在细胞内增殖的非细胞结构的微生物，个体非常微小、结构极其简单。

一、病毒的形态与结构

（一）病毒的大小和形状

病毒一般以病毒颗粒的形式存在，具有一定的形态、结构及传染性。

病毒颗粒极其微小，以纳米（nm）为测量单位。病毒颗粒能够通过细菌滤器，大小多在20~300nm范围内，必须用电子显微镜才能观察到。病毒颗粒的直径可以用电子显微镜直接观察并测量，也可以通过分级过滤、梯度超速离心、电泳等方法间接测定。

病毒的形态多种多样（图15-1）。电镜下可看到的形态主要有5种：球状（大多数动物病毒为球状，如疱疹病毒、腺病毒等）；丝状及杆状（多见于植物病毒）；弹状（如狂犬病毒）；砖状（如痘病毒）；蝌蚪状（某些噬菌体为蝌蚪形，由一卵圆形的头和一条细长的尾组成）。

病毒衣壳的对称形式有3种，即二十面体对称、螺旋对称和复合对称（图15-2）。

1. 二十面体对称

由20个等边三角形构成12个顶、20个面、30个棱的立体结构。二十面体容积最大，能包装更多的病毒核酸。除痘病毒外，所有的脊椎动物DNA病毒均为二十面体对称。

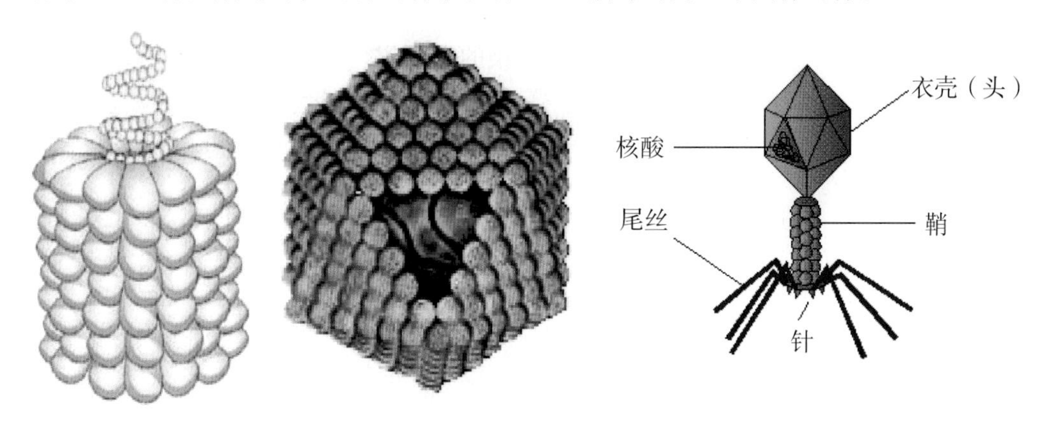

图15-1　病毒的形态

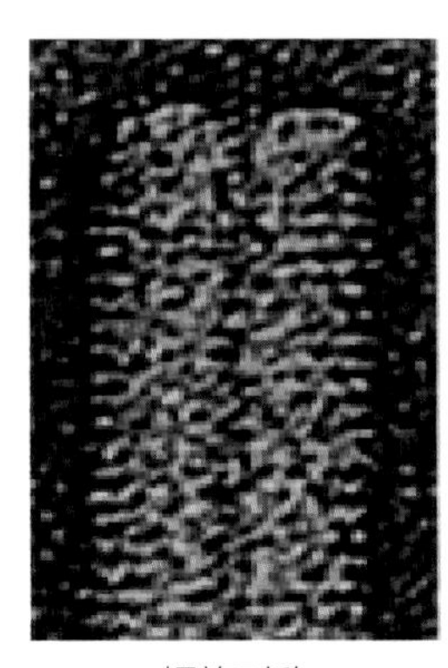
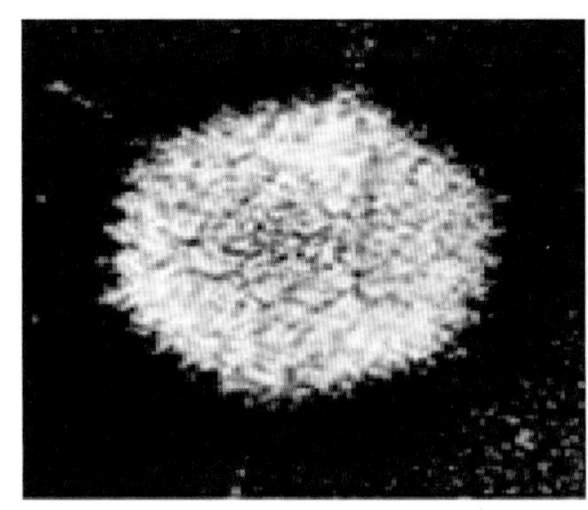
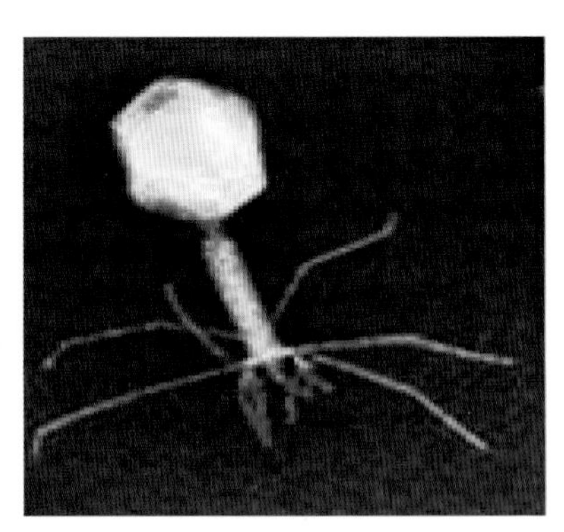

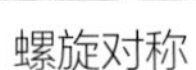

螺旋对称　　二十面体对称　　复合对称

图 15-2　病毒衣壳的对称形式

2. 螺旋对称

为一种"螺旋形楼梯"的结构，对称的螺旋中间存在一个"轴"。在螺旋排列中，蛋白质亚基排列在核酸之间的转角上，构成病毒的衣壳。螺旋对称的衣壳（两端除外）的每个亚基都是严格等价的，并与相邻亚基以最大数目的次级键结合，保证衣壳结构处于稳定状态。动物病毒中衣壳呈螺旋对称的均属于有囊膜的单股 RNA 病毒，如狂犬病病毒（rabies virus）、水泡性口炎病毒（VSV）和流感病毒等。

3. 复合对称

螺旋对称和二十面体对称相结合的对称形式为复合对称。仅少数病毒的衣壳为复合对称结构。病毒衣壳由头部和尾部组成，包装有病毒核酸的头部通常呈二十面体对称，尾部为螺旋对称。大肠杆菌的 T 偶数噬菌体（例如 T4 噬菌体）便具有典型的复合对称结构。

（二）病毒的结构

病毒粒子（virion）是指一个结构和功能完整的病毒颗粒（图 15-3）。病毒粒子主要由核酸和蛋白质组成。核酸位于病毒粒子的中心，构成了病毒的基因组（genome）。蛋白质包围在核芯周围，构成了病毒粒子的衣壳（capsid）。核酸和衣壳合称为核衣壳（nucleocapsid）。

某些病毒在核衣壳外还包裹着一层囊膜(envelope）结构。这些有囊膜的病毒称为囊膜病毒（enveloped virus），无囊膜的病毒称为裸露病毒（naked virus）。

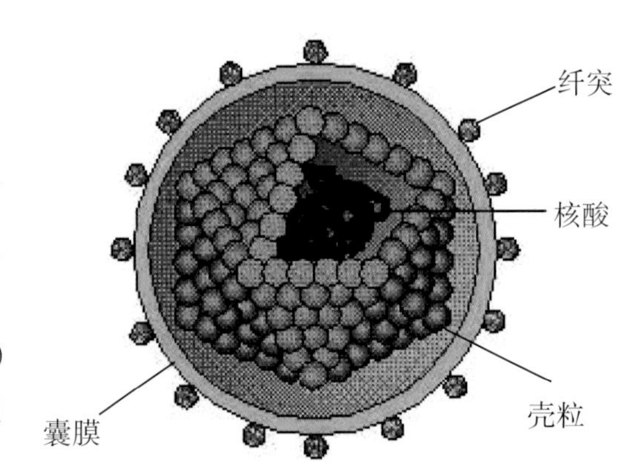

图 15-3　病毒的囊膜与纤突结构

也有一些特殊的病毒，例如，朊病毒目前被认为只含有蛋白质，类病毒等则只含有核酸。

有些病毒在增殖过程中还可以产生病毒样颗粒。病毒样颗粒（virus-like particle，VLP）是只含蛋白不含核酸的一种特殊形式的病毒粒子，一般自我组装形成，外观与有核酸的病毒颗粒无差异。不具有感染性，但具有免疫原性。能产生 VLP 的病毒已发现有 30 多种，例如兔出血症病毒、传染性囊病病毒等。

1. 核酸

核酸位于病毒衣壳的内部，为病毒的复制、遗传和变异等提供模板和遗传信息。某些病毒，例如，冠状病毒、微 RNA 病毒、疱疹病毒等，在除去囊膜和衣壳后，裸露的 DNA 或 RNA 也能感染细胞，这样的核酸称为感染性核酸（infectious nucletic acid）。感染性核酸一般不分节段，本身可作为 mRNA 或利用宿主细胞的转录酶生成 mRNA。

2. 衣壳

又称为蛋白外壳（protein coat）。它是由一定数量的壳粒排列形成的高度有序的结构。每个壳粒又由一个或者多个多肽组成。不同种类病毒的衣壳所含的壳粒数目不同，是进行病毒鉴别和分类的依据之一。衣壳能够保护病毒核酸免受环境中核酸酶或其他影响因素的破坏；还能吸附宿主细胞表面的受体，介导病毒核酸进入宿主细胞；此外，衣壳蛋白具有抗原性，是病毒颗粒的主要抗原成分。

3. 囊膜

囊膜是围绕核衣壳的双层脂质膜，由脂类、蛋白质和寡聚糖组成。它是病毒在成熟过程中从宿主细胞获取的，含有宿主细胞膜或核膜的化学成分，一般具有细胞膜或内膜的特性。在囊膜的脂质双层膜表面，通常有嵌入其中的膜蛋白，一般为病毒的糖蛋白，是病毒重要的蛋白成分。囊膜的主要功能包括维系病毒的外形结构、保护病毒核酸以及介导病毒与宿主细胞的融合。

4. 纤突

病毒的囊膜表面还有一些糖蛋白的突起物，称为纤突（spike）。囊膜与纤突构成病毒颗粒的表面抗原，与病毒的宿主细胞嗜性、致病性和免疫原性有密切关系。

病毒的形态和结构主要是通过电镜技术来解析的。近年来，随着 X 射线衍射、氨基酸测序结合空间构象模拟等技术的发展和应用，越来越多的病毒的细微结构正在逐步被解析。

二、病毒的化学组成

病毒的化学组成包括核酸、蛋白质、脂质和糖类。核酸和蛋白质是病毒的最主要的成分，由病毒基因组编码。脂质和糖类是病毒从其宿主细胞中获得的。

（一）核酸

病毒的核酸是主导病毒感染、增殖、遗传和变异的物质基础。它构成了病毒的基因组，是病毒粒子中最重要的成分，也是病毒分类鉴定的重要依据。迄今发现的成熟病毒颗粒中，一种病毒只含有一种核酸（DNA 或 RNA），但其存在形式可多种多样。核酸可以以双股或单股、线状或环状、分节段或不分节段等形式存在。

以 mRNA 的碱基序列为标准，病毒 RNA 与 mRNA 碱基排列顺序相同，称为正链 RNA（+RNA），正链 RNA 可以直接行使 mRNA 的功能。与 mRNA 碱基排列顺序互补的称为负链 RNA（−RNA）。根据核酸类型和结构的不同，病毒可分为双链 DNA 病毒、单链 DNA 病毒、双链 RNA 病毒、单股正链 RNA 病毒和单股负链 RNA 病毒。

不同病毒的核酸可能具有不同的结构特征，主要有黏性末端、循环排列和末端重复序列等。分段基因组（segemented genome）是指某些病毒（如流感病毒）的基因组是由数个不同的核酸分子构成。

除了逆转录病毒的基因组为二倍体外，其他病毒的基因组均为单倍体。不同病毒的基因组大小差异很大。

（二）蛋白质

蛋白质是病毒构成衣壳和囊膜的主要成分，具有保护病毒核酸的功能。衣壳蛋白、囊膜蛋白或纤突蛋白可特异地吸附至易感细胞表面的受体上，并促使病毒穿入细胞，是决定病毒对宿主细胞嗜性的重要因素。同时，病毒蛋白质是一种良好的抗原，可激发机体产生免疫应答。

病毒的蛋白质分为结构蛋白和非结构蛋白。

结构蛋白（structural protein）指构成一个形态成熟的、有感染性的病毒颗粒所必需的蛋白质，包括衣壳蛋白、囊膜蛋白和基质蛋白等。又可分为未修饰蛋白和修饰蛋白 2 类，前者如无囊膜病毒的衣壳蛋白，后者如病毒囊膜的糖蛋白，其前体需要糖基化修饰。

非结构蛋白（nonstructural protein）是指由病毒基因组编码的，在病毒复制或基因表达调控中具有一定的功能，但不参与病毒体构成的蛋白成分。非结构蛋白的作用和应用价值近年来已经逐步被了解。例如，冠状病毒和流感病毒的非结构蛋白有一定的抗宿主免疫的功能，有助于病毒在体内的复制和增殖。

（三）脂质与糖类

病毒的脂类成分来自宿主细胞的胞膜或核膜，因此具有宿主细胞的某些特性。例如，流感病毒的囊膜具有与正常动物细胞相同的抗原性。脂质主要存在于病毒的囊膜中，但在少数无囊膜病毒中也发现有脂类成分的存在，如 T 系噬菌体。在脂类成分当中，50%~60% 为磷脂，20%~30% 为胆固醇，其余为甘油三酰酯、糖脂、脂肪酸、脂肪醛等。

脂类的存在与病毒的吸附和侵入有关。因囊膜存在脂质，故乙醚、氯仿等脂溶剂可除去囊膜，使病毒失去感染性。而绝大多数无囊膜病毒不含有脂类成分，脂溶剂处理后不会丧失感染性。因此，常用乙醚、氯仿等脂溶剂鉴定病毒是否存在囊膜结构。

糖类是所有病毒核酸的成分之一，核糖与核苷酸共同构成了核酸的骨架。除此之外，大多数囊膜病毒的囊膜中还含有少量的糖类。主要是半乳糖、甘露糖、氨基葡糖、葡萄糖等，以寡糖侧链存在于病毒糖蛋白和糖脂中。还有一些病毒含有内部糖蛋白或糖基化的衣壳蛋白。糖类在病毒凝集红细胞的过程中起着重要的作用。用糖苷酶处理具有血凝特性的病毒，可破坏其血凝素中的糖类，使病毒丧失血凝活性。糖蛋白与病毒的吸附（吸附蛋白）和病毒的侵入（融合蛋白）有关，是病毒的重要抗原。

第二节　病毒的增殖及与细胞的相互作用

一、病毒的复制

病毒是严格的胞内寄生物，只有在活细胞内才能进行复制。其复制周期大致包括吸附、穿入与脱壳、生物合成、组装和释放 4 个步骤。

（一）吸附

吸附是病毒感染宿主细胞的第一步，有静电吸附和特异性吸附 2 种。前者是病毒与宿主细胞在随机接触后因静电引力而结合，这种吸附通常是暂时的、可逆的、非特异的。病毒感染细胞至关重要的是特异性吸附，是指病毒表面分子与敏感细胞表面的相应受体（宿主细胞表面的特殊结构）发生特异性的、不可逆的结合，这种特异性结合决定了病毒的细胞嗜性。

（二）穿入与脱壳

穿入又称病毒内化，发生于吸附之后。

动物病毒穿入细胞的方式主要包括：利用细胞的吞噬或吞饮作用进入细胞；囊膜病毒通过囊膜与细胞膜融合，核衣壳脱离囊膜进入细胞质中；通过与细胞表面相应受体相互作用而发生细胞膜移位，使核衣壳进入细胞；以完整的病毒粒子直接穿过宿主细胞膜进入细胞质。

脱壳是病毒粒子在进入细胞后或进入细胞的过程中脱去其衣壳和囊膜的过程，是复制的前提。脱壳方式因病毒的不同结构类型和不同的穿入方式而异。可发生在细胞膜、内吞小体及核膜上。

（三）生物合成

生物合成包括 mRNA 的转录、病毒核酸的复制和蛋白质的合成。

1. mRNA 的转录

由病毒基因组转录生成 mRNA 是病毒复制的关键步骤。除了大多数正链 RNA 病毒的基因组无需任何转录步骤，其他病毒的基因组均需要转录为 mRNA 后再进行蛋白表达。在细胞核内复制的 DNA 病毒通过宿主细胞的 DNA 依赖的 RNA 聚合酶Ⅱ执行转录，而其他病毒则靠病毒自身编码的特有转录酶进行转录。

2. 核酸复制

动物病毒基因组结构多样，复制方式也各有不同，主要有以下 6 种。

（1）双链 DNA 病毒。按照“中心法则”进行复制。DNA 既可以作为复制的模板，通过半保留方式复制出子代病毒的 DNA，又可以直接翻译为蛋白。

（2）单链 DNA 病毒。所有单链 DNA 病毒的核酸均为正链 DNA，先由正链 DNA 合成互补的双链 DNA，然后以正链 DNA 为模板合成 mRNA。

（3）双链 RNA 病毒。通过半保留方式复制，以负链 RNA 为模板合成互补链，即 mRNA。

（4）单正链 RNA 病毒。病毒基因组可直接作为 mRNA，翻译生成蛋白质，也可以作为模板复制出互补的负链 RNA，然后再以负链 RNA 为模板合成子代正链 RNA。

（5）单负链 RNA 病毒。病毒粒子携带转录酶，负链 RNA 可作为模板合成互补的正链 RNA，并由此翻译出 RNA 复制酶等蛋白质。

（6）单链 RNA 的逆转录病毒。逆转录病毒的单链 RNA 在复制过程中会形成 RNA-DNA 杂交分子和双链 DNA2 种中间体，双链 DNA 可整合到细胞的 DNA 中，并可以作为模板合成子代单链 RNA。母代和子代 RNA 都可作为 mRNA 合成各种蛋白质，又可作为基因组 RNA 装配到子代病毒颗粒中。

3. 蛋白质的合成

经加工的病毒单顺反子 mRNA 与细胞的核糖体结合，采用与细胞 mRNA 同样的方式翻译蛋白质。一般而言，病毒早期翻译的是病毒复制需要的蛋白，包括聚合酶等。晚期翻译的是子代病毒的结构蛋白。

（四）组装和释放

组装是指将合成好的核酸与蛋白质组合成完整的病毒粒子的过程。释放是指成熟的病毒粒子从被感染的细胞内转移到外界的过程。病毒的组装和释放显示了病毒的成熟，成熟的部位因病毒而异。

二、病毒的细胞培养

病毒是严格的细胞内寄生物。培养病毒必须使用细胞或者活体动物，如细胞、组织、动物或鸡胚。细胞培养是进行病毒增殖最常用的方法。

（一）培养细胞的种类

根据细胞来源及其生物学特性，用于病毒增殖的细胞主要有以下几类。

1. 原代细胞

指将动物新鲜组织经胰蛋白酶等方法消化处理后获得的离散细胞。大多数原代细胞只能进行有限的数次传代。但是因为直接来源于动物体，具有和动物体一样的病毒易感性。

2. 传代细胞

由原代细胞癌变而来，因此具有癌细胞的特性，能够进行无限的分裂增殖及传代培养。传代细胞产量高，但有的细胞系对野毒不敏感。

3. 二倍体细胞

由原代细胞继续培养传代获得。其染色体数目与原代细胞一样，仍是二倍体，且保持了原代细胞的大多数特征。但是，这种细胞对培养条件的要求更加严苛，如抗生素、温度、pH 值等。有的细胞，如神经细胞，因不能在体外继续分裂，故没有相应的二倍体细胞。

4. 病毒基因转染细胞系

将病毒基因转染入细胞后建立细胞系，带有某种病毒的全部或部分基因组，病毒基因组整合于细胞染色体中，能表达病毒全部或部分成分，或组装出完整的病毒粒子。

（二）细胞培养的基本条件

细胞培养要求严格。必须无菌、无毒，且温度和酸碱度适宜，营养成分充足，细胞才能生长良好。

1. 培养基

培养基的主要成分是氨基酸、葡萄糖、维生素和无机盐等。常见的有 DMEM、RPMI 1640、199 培养基等，应根据不同细胞的特性及生长需求选择使用。

2. 血清

培养基中还需添加一定量的血清。一般来说，生长液添加 10%~20%，维持液添加 2%~5%。常用的血清有胎牛血清、小牛血清和马血清等。血清中富含血清蛋白、球蛋白、生长因子和维生素等营养成分，可以为细胞生长提供原料，促进细胞生长；血清中的糖蛋白、脂蛋白等有助于细胞贴壁；血清还可以解除脂肪酸、重金属离子、蛋白酶等对细胞的毒性，起到保护细胞的作用。

3. 酸碱度

细胞生长的最适 pH 值为 7.0~7.4，最大耐受范围为 pH 值 6.6~7.8。过酸不利于细胞的生长。

4. 温度

理论上，细胞的最适培养温度应与来源的动物体温一致。实际上，一般选用 37~38℃作为细胞生长的温度，32~35℃作为维持温度。

5. 其他条件

5% CO_2 的气体条件利于维持细胞液的酸碱度。因此，常用 CO_2 培养箱进行细胞的培养。

（三）细胞培养的方法

最常用的是静置培养和旋转培养。有特定需求时，还可能用到悬浮培养或微载体培养等。现介绍前两种最常用的细胞培养方法。

1. 静置培养

将消化分散的细胞悬液分装于细胞培养瓶（皿、孔）中，封口后静置于恒温 CO_2 培养箱中。可根据不同细胞种类选择不同的培养温度和 CO_2 浓度。

2. 旋转培养

与静置培养不同，旋转培养需要不断地缓慢旋转（5~10r/h）。此方法细胞产量高，密度大，适用于疫苗生产。

三、病毒与细胞的相互作用

病毒种类繁多，其与宿主细胞的相互作用形式也千差万别。

（一）病毒感染对细胞的作用

并非所有病毒感染都会造成细胞死亡，有些非杀细胞性病毒可长期与宿主细胞共存甚至将基因组整合到宿主细胞染色体中，并与细胞一起分裂增殖，通常引发持续感染。

（二）病毒的杀细胞作用

CPE 病毒感染导致的细胞形态学损伤称为 CPE，可在光学显微镜下观察到，因病毒与细胞种类的不同有多种形式，例如细胞皱缩、圆缩、崩解、肿大、形成合胞体、形成包涵体、形成空泡等。

凋亡与坏死：凋亡是由病毒感染引致的不伴随炎症反应的细胞的程序性死亡；坏死是由病毒感染引致的伴随炎症反应的细胞死亡。

ADE 病毒感染抗体依赖的增强作用简称 ADE。是指在某些 RNA 病毒感染的过程中，宿主产生的抗体会加剧病毒对细胞的感染。

（三）病毒的非杀细胞作用

病毒感染细胞后，不会造成细胞死亡，此为病毒的非杀细胞作用。有以下 2 种表现。

1. 稳定感染

有些病毒在感染细胞后并不严重影响细胞的新陈代谢，可在相当长的一段时间里与细胞共存，这种感染称为稳定感染。

2. 整合感染

有些病毒可以将部分或者全部的基因组整合到宿主细胞的染色体内，并随细胞一同分裂增殖，这种感染称为整合感染。

（四）细胞对病毒感染的应答

在长期的进化过程中，细胞形成了对抗病毒感染的应答能力。

1. RNA 干扰

指细胞利用小分子双链 RNA 片段，特异性降解同源基因的 mRNA，从而导致靶基因转录后沉默的现象。

2. 干扰素（IFN）

它是细胞对强烈刺激（如病毒感染）应答时产生的一过性分泌物。干扰素是一类具有广谱抗病毒活性的蛋白质。干扰素的抗病毒活性无病毒特异性。干扰素本身不能直接杀灭病毒，而是通过刺激邻近细胞产生一组抗病毒蛋白（ISG），作用于病毒复制周期的一个或多个环节，进而发挥抗病毒作用。

3. 细胞凋亡

一般来说，凋亡是宿主细胞的重要防御机制，有别于细胞坏死。凋亡总是发生在病毒复制完成之后，是细胞在子代病毒产出之前通过有序的基因调控而诱导的自杀，以尽早清除感染病毒的细胞，限制病毒在体内的进一步扩散。

第三节　病毒的变异与演化

一、病毒的变异

病毒是自然界最简单的生命体之一。其遗传信息绝大多数都由核酸携带。病毒在快速的增殖过程中经常会自发产生核酸的改变，由此产生的众多子代病毒都会存在不同程度的变异。其中，大多数变异是致死性的，它会使病毒丧失存活和复制的能力，只有少数能适应环境生存下来。

常见的病毒变异主要有以下几种。

（一）突变（mutation）

病毒的突变是指基因组中核酸碱基顺序上的变化，可以是单个核苷酸的改变，也可以是小段或大段核苷酸的缺失、插入或易位。以突变概率而言，点突变最为常见，小片段核苷酸的缺失或插入次之，大片段核苷酸的缺失很少发生。

随着 PCR 及核苷酸测序技术的日益普及，我们可以采用定点诱变技术人为地将 DNA 或 RNA 中任何既定部位的核苷酸替换、缺失或者改变性插入。自然条件下，病毒复制过程中的自发突变率一般为 10^{-3}~10^{-11}。而各种物理、化学诱变剂可以提高突变率，如温度、射线、5- 溴尿嘧啶、亚硝酸盐等均可诱发突变。突变株与原先的野生型病毒株可能在病毒毒力、抗原组成、宿主范围等方面有差异。

1. 毒力增强或减弱

突变株致病能力增强成为强毒株，或者减弱成为弱毒株。后者可制成弱毒活病毒疫苗，如猪繁殖与呼吸综合征病毒（PRRSV）弱毒细胞疫苗、麻疹疫苗等。

2. 条件致死性突变株（conditional lethal mutant）

它是一种表型突变，指病毒突变后只在特定条件下能够增殖而在原来的条件下不能增殖。其中最主要的是温度敏感突变株（temperature sensitive conditional lethal mutant），简称 ts 株。ts 株在特定温度下孵育能进行复制增殖，其他温度下则不能增殖。可以通过改变培育细胞的温度来筛选这些突变株。现已从许多动物病毒中分离出 ts 株，选择遗传稳定性良好的品系用于制备减毒活疫苗，如流感病毒及脊髓灰质炎病毒 ts 株疫苗。

3. 宿主范围突变株（host range mutant）

例如猪瘟兔化弱毒疫苗（HCLV）。它是将病毒经兔体传代数百次后选育的一株适应家兔而对猪基本无毒力，但保持良好免疫原性的弱毒疫苗株。国外称为 C 株。C 株是国际上公认的效果最好的猪瘟弱毒疫苗，不仅为我国，也为欧洲国家猪瘟的控制做出了重大贡献。

（二）基因重组（genetic recombination）

当 2 种不同病毒或者同一种病毒的不同毒株同时感染同一宿主细胞时，在核酸复制的过程中彼此的遗传物质发生交换，产生不同于亲代的子代病毒，称为基因重组。包括分子内重组（intramolecular recombination）、基因重配（reassortment）和复活（reactivation）。

1. 分子内重组

2 种不同的通常密切相关的病毒间的核苷酸片段的交换。DNA 病毒可发生此种现象，RNA 病毒更为普遍。通常不同科的病毒之间或者是同一种病毒的不同毒株或者亚型之间都可以发生分子内重组。如 SV40 与腺病毒的重组，SV40 DNA 具有腺病毒的衣壳。

在病毒与宿主细胞的基因组之间也会发生分子内重组。在逆转录病毒基因组内发现有细胞基因。病毒将宿主细胞的肿瘤基因掺入自身基因组，使其变为病毒的肿瘤基因。例如，鸡马立克病病毒的基因组含有肿瘤基因。序列分析表明，该基因来源于禽逆转录病毒或宿主细胞内的禽逆转录病毒肿瘤基因的类同物。

2. 基因重配

它又称为基因重排，是指多个遗传性相关的基因组分节段的 RNA 病毒在同时感染某一细胞时，互换其基因组节段，产生稳定的或者不稳定的重配毒株。重配只是 RNA 片段的简单交换，所以发生频率很高。在自然界中，人和动物流感病毒间不断的重配产生抗原性漂移，可引起新的疾病的暴发。

3. 复活

它又称增殖性复活（multiplicity reactivation），指用一株病毒的产生不同程度致死性改变的若干病毒颗粒同时感染一个细胞时，病毒重新具有感染性。这是因为病毒核酸上受损害的基因部位不同，通过基因重组得以弥补从而复活。另外，在有感染性的病毒与灭活的相关病毒或者该病毒的基因组片段之间，可发生交叉复活、基因组拯救以及 DNA 片段拯救。上述现象在制备病毒疫苗时应予以重视。例如，将能在鸡胚中生长良好的甲型流感病毒疫苗株（A0 或 A1 亚型）经紫外线灭活后，与感染性的亚洲甲型流感病毒（A2 亚型）一同培养，能够获得具有前者生长特点的 A2 亚型流感病毒，可用来制作疫苗。

（三）病毒基因产物间的相互作用

它病毒之间不仅有核酸水平的相互作用，其基因产物——蛋白质水平也会发生相互作用。蛋白质水平的相互作用可影响或改变病毒的表型。病毒基因产物间的相互作用主要表现为表型混合（phenotype mixing）和补偿作用（complementation）。

1. 表型混合

2 个病毒混合感染后，一个病毒的基因组偶尔装入另一病毒的衣壳内，或装入 2 个病毒成分构成的衣壳内，子代病毒获得两者的表型特性，称为表型混合。子代病毒的混合表型是不稳定的，传代后可恢复至基因组原有的特性。某些无囊膜病毒之间的表型混合可以以衣壳转化的形式出现，即病毒的衣壳可以全部或者部分在病毒之间互换。例如，脊髓灰质炎病毒的核酸可由柯赛奇病毒的衣壳包裹；腺病毒 2 型的核衣壳之内包裹着腺病毒 7 型的基因组。衣壳转化可以改变病毒的组织嗜性。

偶尔也会出现 2 种病毒的核酸混合装在同一病毒衣壳内，或 2 种病毒的核衣壳偶尔包在一个囊膜内，但它们的核酸都未发生重组，所以没有遗传性。副黏病毒在成熟过程中也会出现数个核衣壳被一个囊膜包裹的现象。

2. 补偿作用

同一种病毒的 2 个毒株、2 种相关或不相关的病毒感染同一个细胞时，由于蛋白质的相互作用，拯救了一种或 2 种病毒或增加了病毒的产量，即为补偿作用。一种病毒为另一种病毒提供了其不能合成的基因产物，使后者在二者混合感染的细胞中得以增殖。缺损病毒与其辅助病毒之间，2 个缺损病毒之间，活病毒与灭活病毒之间都可以发生补偿作用。

二、病毒的演化

病毒在自然界中会不断地发生自发性突变，往往获得与亲代病毒性质有别的子代病毒。变异的子代病毒如果要适应生存并进一步演化，必须具备以下条件。

第一，具备快速复制的能力。大多数毒力强的毒株复制均较一般性毒株快。但是，如果太快，致病力太强，会导致宿主很快死亡，不利于病毒的传播。

第二，能达到较高的滴度。只有病毒的突变体增殖到群体水平时，才有可能发生演化。并且，这种突变在病毒复制过程中能被导入到每一个核酸分子中。感染病毒的细胞产生大量的子代病毒，这也是病毒演化的生长点。

第三，能在特定组织内进行增殖。病毒抗原与细胞受体结合的特异性决定了病毒对宿主细胞的嗜性，决定了病毒能感染哪些组织器官。如果病毒能在脑、肾组织或免疫器官的细胞内增殖，则具有更强的生存能力。

第四，能长期排毒。慢性排毒有利于病毒的存活和对环境的适应。如能复发及间歇性排毒，病毒存活和演化的机会更多。

第五，能够耐受外部环境的变化。病毒的衣壳和囊膜能够保护核酸抵御环境因素的影响，使其能够在一定的恶劣环境中生存下来。

第六，能够逃避宿主的免疫防御。宿主在进化过程中产生了抵御病毒的免疫系统。与此同时，病毒侵袭宿主的机制也在进化。例如，某些病毒，尤其是一些拥有较大基因组的病毒，能够编码干扰宿主抗病毒活性的蛋白，因此造成免疫耐受性感染。

第七，能进行垂直传播。垂直传递的过程可使病毒免受外界环境的影响，也是病毒适应性演化的一种表现。

病毒根据遗传物质的不同可以简单地分为 DNA 病毒和 RNA 病毒。DNA 复制具有校正功能，所以就复制的突变率而言，RNA 病毒远远高于 DNA 病毒。通常，病毒演化存在 2 种常规途径。在 r- 选择和 K- 选择下，病毒和它的宿主以统一体的形式共存。r- 选择的病毒产量更高，每一代生存时间短且能致死宿主细胞，而 K- 选择的病毒能够与宿主共存更长时间。由于病毒的复制完全依赖感染宿主，病毒的演化更倾向于通过 2 种途径中的一种。在第一种途径中，病毒与宿主共同演化，因此它们面临相同的命运：感染宿主的数量增加，病毒群体的数量也会增加。但如果不能感染其他宿主，病毒群体就会遭遇遗传瓶颈，例如，采取抗病毒措施或者宿主死亡，整个病毒群体就会被清除。在另一种演化途径中，病毒群体占据更广泛的生态位，可以同时感染多种宿主群。当一种宿主被感染，病毒群体就可以在另一个宿主群体中复制。通常情况下，第一种途径是DNA病毒典型的演化途径，而第二种途径是RNA病毒典型的演化途径。这2种途径都为病毒提供了极佳的生存策略。

在免疫功能正常的个体内，当病毒复制达到一定水平时，在抗体和细胞毒性T细胞的清除作用下，会出现对清除作用突变株的选择。抗原漂移和抗原转换就是病毒产生多样性的独特机制。以甲型流感病毒为例，漂移发生在某个亚型之内，是点突变的积累，其中和表位与未突变株稍有差异；转换则骤然获得一个全新的HA或NA基因，从而产生新的亚型，可能在全世界范围内导致新型流感的暴发。

病毒变异就是病毒本身为适应环境而进行演化的方式。它不促使病毒基因组从简单到复杂，也不沿着追求完美的轨迹发展，更确切地说，演化是为了清除目前不适应的因素而产生的，不能期望其为将来做更好的准备。

三、准种

1971年，Manfred Eigen在研究大分子进化模型时第一次提出“病毒准种”的概念。随着遗传学、生化学、免疫学等对病毒研究的不断深入，准种的概念逐渐完善。目前，病毒学家公认的病毒准种概念如下。

病毒准种是受遗传变异、竞争及选择作用影响的高度相关但不完全相同的变异株和重组基因组组成的动态种群。

就某一种病毒而言，它是一个群体，群体内的各种病毒颗粒具有保守的表型特性的同时，兼有遗传动态的差异。如果病毒核酸复制不发生错误，那就不再有表型变化，如果错误率太高，病毒种群将不再具有完整性。只有在错误率不大不小时，种群才能在变异中保持稳定。由于自然选择的结果，环境适应的突变得以积累并发展，从而实现病毒的演化。

第四节　病毒的致病性

病毒致病性的强弱由动物个体感染该种病毒后表现出来的临床症状体现，如动物感染病毒后的发病率和死亡率。病毒与机体之间的相互作用需要通过一定的途径联系起来。病毒可以通过呼吸道、胃肠道、皮肤、眼、口、泌尿生殖道、胎盘等途径入侵宿主组织和器官，并通过血液循环、淋巴循环、神经扩散等方式在机体内扩散和排放，引发机体的隐性感染和显性感染，造成机体出现病毒血症、组织器官损伤和免疫系统损伤。其中，免疫系统损伤是病毒致病的重要机理。

一、病毒感染的途径

病毒感染宿主的途径主要包括呼吸道感染、胃肠道感染、皮肤感染及其他途径感染。

（一）呼吸道感染

机体吸入带有病毒的空气导致感染较为常见。病毒首先与呼吸道黏膜上皮细胞上的相关受体特异性结合，逃避了纤毛和巨噬细胞的清除作用。随后在呼吸系统定殖，或通过细胞间的扩散入侵组织，或通过淋巴和/或血流引起广泛扩散。呼吸道病毒最初入侵并损伤上皮细胞，逐步损坏呼吸道黏膜的保护层，暴露出越来越多的上皮细胞。病毒感染早期，呼吸道纤毛摆动实际上有助于子代病毒沿着呼吸道扩散。感染后期，当上皮细胞损坏时纤毛停止摆动。呼吸道表面上皮的退行性变化非常迅速，但能迅速再生。例如，雪貂感染流感病毒后，其移行上皮细胞增生为新的柱状上皮细胞只需几天时间。移行上皮及其新分化的柱状上皮能抵抗感染，原因可能是这些细胞分泌干扰素或缺乏病毒受体。

（二）胃肠道感染

一般而言，引起单纯肠道感染的病毒，如肠病毒，都能抵抗胃酸和胆汁。轮状病毒和一些冠状病毒不仅能抵抗胃蛋白酶的水解作用，其感染力还可因此而增强。前者的衣壳蛋白被肠蛋白酶水解后，感染力增强。病毒经消化道感染多数潜伏期短，没有任何前驱症状。引起动物腹泻的病毒主要有轮状病毒、冠状病毒、环曲病毒、细小病毒、嵌杯病毒、星状病毒、某些腺病毒。轮状病毒感染肠绒毛顶端的细胞，感染细胞明显变短。相邻肠绒毛有时发生融合，肠道吸收面积减少，导致肠腔中黏液积累并腹泻。细小病毒则感染并损伤分化中的肠腺上皮，切断了肠绒毛上皮细胞的来源，其感染常发生在小肠近端，并逐步向空肠和回肠或结肠扩展。感染的扩展程度与摄入的病毒量、毒株的毒力以及宿主的免疫状况有关。随着感染的发展，肠绒毛的吸收细胞被不成熟的立方上皮细胞代替，后者的吸收能力和酶活性大为下降，但较能抵抗病毒的感染。腹泻引致的脱水如果不致死，这种病毒感染常常是自限性的，机体可很快康复，如果只感染肠腺尤其如此。

（三）皮肤感染

皮肤是机体天然的免疫屏障，防御病原感染的第一道防线。病毒入侵皮肤的一个主要的有效途径是通过节肢动物的叮咬，如蚊、蜱、库蠓、白蛉等可作为病毒的机械性传播媒介。例如，流行性乙型脑炎病毒、马传染性贫血病毒、兔出血病病毒和黏液瘤病毒、禽痘病毒等都能够通过昆虫咬伤的方式传播。在节肢动物体内复制的病毒称为虫媒病毒。病毒也可通过动物咬伤的方式获得传播，如狂犬病病毒。兽医或相关人员的某些操作也可导致病毒医源性感染。例如，马传染性贫血病毒可通过污染的针头、绳索、马具传播；乳头瘤病毒和口疮病毒可通过耳标、文身或被病毒污染的物体传播。病毒还可以通过破损的皮肤伤口直接感染动物机体。

（四）其他途径感染

病毒还可以通过生殖道、泌尿道、眼球、血液、母婴等途径引起感染。单纯疱疹病毒可通过阴道进入宿主。带毒动物在进行交配时阴道上皮出现磨损，利于性病病毒如免疫缺陷性病毒的传播。一些腺病毒和肠病毒可从眼结膜进入宿主。病毒也可经胎盘、产道或哺乳由母体传给胎儿或动物幼畜。

二、病毒的致病

病毒与宿主细胞相互作用的结果可引致宿主的临床和病理变化。了解病毒对动物个体的致病机理是理解动物全体乃至生态系统中病毒致病本质的基础。病毒感染宿主后可通过对宿主组织和器官的损伤和对免疫系统的损伤形成对宿主的致病效果。

病毒在细胞内增殖可造成细胞溶解死亡，并阻断宿主细胞蛋白质及核酸的合成，增强细胞膜和溶酶体膜的通透性，病毒衣壳蛋白还可以直接造成宿主细胞的损伤。病毒致病的严重程度与该病毒在组织细胞引致的病变程度并无直接关系。许多肠病毒能引起组织细胞病变，但不产生临床症状。反之，逆转录病毒和狂犬病病毒能引起动物的致死性疾病，但并不产生细胞病变。病毒引起的细胞和组织损伤是否会产生临床疾病因器官而异，损害肌肉或皮下组织等的功能与损害心脏或脑组织器官的功能，所致的后果显然不同。

（一）对皮肤的损伤

皮肤是感染的初始部位，还可经由血流被再次入侵。伴随病毒感染的皮肤损伤可以是局部的，如乳头瘤，也可以是扩散的。病毒引起的动物皮肤损伤包括斑点、丘疹、小水泡、脓疱等。某些病毒会造成特征性皮肤病变，例如，水泡是口蹄疫病毒感染的特征，丘疹是痘病毒感染的特征。

（二）对神经系统的损伤

作为中枢神经系统的脑和脊髓对某些病毒非常易感，常引起严重的致命性损伤。病毒可经由神经或血液从末梢部位扩散到脑。从血液扩散而来的病毒必须首先突破血脑屏障。一旦进入中枢神经系统，病毒很快扩散，引起神经细胞和神经胶质细胞的进一步感染。披膜病毒、黄病毒、疱疹病毒等引起的脑炎、脑脊髓炎等神经细胞裂解性感染以神经细胞坏死、噬神经现象和血管周围积聚炎性细胞为特征。狂犬病病毒感染神经细胞后无杀细胞作用，并且炎性反应轻微，但对大多数哺乳动物可致死。一些病毒感染还可出现其他的特征性病理变化。如引起牛海绵状脑病和羊痒病的朊病毒导致慢性进行性神经细胞退化和空泡化；感染犬瘟热病毒的犬由于神经胶质细胞受损出现进行性脱髓鞘病变。

（三）对其他器官的损伤

动物机体中几乎所有器官都能通过血流循环而感染病毒。大多数病毒都有特征性的感染靶器官。以动物肝脏作为靶器官的病毒相对较少。病毒介导的动物心脏损伤也不常见。

（四）对胎儿的损伤

胎盘屏障可以保护胎儿免受病原微生物的感染。但是一些病毒能跨过胎盘屏障感染胎儿，如猪繁殖与呼吸综合征病毒、猪瘟病毒、猪伪狂犬病病毒、猪细小病毒、猫泛白细胞减少症病毒、犬疱疹病毒、蓝舌病毒、禽脑脊髓炎病毒等。病毒感染胎儿的后果取决于病毒株的毒力、组织嗜性及胎龄，一般会造成产畸形胎、死胎、木乃伊胎，母畜流产等繁殖障碍。

（五）对免疫系统的损伤

动物机体的免疫系统由免疫器官、免疫细胞和免疫效应分子组成。许多病毒如猫白血病病毒、猫免疫缺陷病毒、猴免疫缺陷病毒、人免疫缺陷病毒 1 型和 2 型、传染性囊病病毒、人疱疹病毒 4 型能够直接感染免疫细胞，如 T 淋巴细胞、B 淋巴细胞、单核细胞、树突状细胞、淋巴网状组织基质细胞，造成机体免疫功能抑制，免疫力低下。另外，病毒感染免疫细胞导致免疫系统的损伤，从而加重疾病或使宿主易于再感染另一种或几种病原体（如病毒、细菌、寄生虫）。

三、病毒感染的类型

病毒感染的类型根据临床症状的明显程度可分为 2 种，隐性感染和显性感染。

（一）隐性感染

病毒感染后机体不表现任何临床症状，此为隐性感染。病毒毒力弱或机体防御能力强是造成隐性感染的可能原因。病毒在体内不能大量增殖，不会造成细胞和组织的严重损伤，或者病毒不能最后侵犯到达靶细胞，都可能不出现临床症状。隐性感染者可向体外不断散播病毒，是重要的传染源。

（二）显性感染

病毒在宿主细胞内大量增殖引起细胞损伤和死亡，机体表现出明显的临床症状，此为显性感染。显性感染又分为急性感染和慢性感染。

急性感染的特征为发病急，进展快，病程一般为数日至数周。发病动物有的在急性期死亡，有的耐过后产生后遗症，多数耐过痊愈。

慢性感染的特征为病毒长期存在于寄主体内，可达数月至数年，造成慢性持续性感染。慢性感染又可分为 4 种类型。

1. 持续性感染

不论是否发病，感染性病毒始终存在，可能很迟才发生免疫病理或肿瘤病。

2. 潜伏感染

只有被激活之后才能检测到感染性病毒颗粒。例如，牛疱疹病毒 1 型，可导致奶牛的传染性鼻气管炎。只要不发病，在潜伏感染的奶牛体内是分离不到病毒的。

3. 长程感染

具有感染性的病毒颗粒在一个很长的临床前阶段逐渐增多，最终导致缓慢的、渐进性致死疾病。导致绵羊痒病的朊病毒在感染神经组织若干年后才能被检测到，直至动物死亡时病毒在动物脑组织中才达到较高的滴度。

4. 迟发性临床症状的急性感染

此类病毒的持续性复制与疾病的进程无关。例如，猫泛白细胞减少症病毒，胎猫时已受感染，直至青年猫才表现小脑综合征。在神经损伤出现时，并不能分离出病毒。因此这种小脑综合征多年来一直被误认为是一种先天性的小脑畸形。

第五节　病毒性传染病的实验室诊断与防治

当遇到原因不明、症状不典型的传染病时，首先要考虑做病毒分离。要验证病原与疾病发生的关系，必须要按照科赫法则进行病原致病性的鉴定。

一、病毒的分离

（一）病料的采集与处理

病料一般可采集发病或死亡动物的血液、鼻咽分泌物、粪便、脑脊液或病变的器官组织等。采集的样本宜低温保存、冷藏速送。

固体样本可用细匀浆器或乳钵研磨制成匀浆，反复冻融 2~3 次，加入 Hanks 液稀释，3 000r/min 离心 10min，将上清用 0.22 μm 滤膜除菌后接种敏感细胞。液体样品可直接离心取上清，滤膜除菌后接种敏感细胞。

（二）病毒的分离和培养

灭菌处理（过滤、离心及加抗生素）的病料可接种易感细胞或鸡胚或易感动物，观察细胞或鸡胚是否出现病变或死亡，易感动物是否出现相应症状或死亡等。

细胞培养比动物接种和鸡胚接种更容易操作，且不易导致实验室感染。因此，细胞培养是分离病毒的首选方法。如果对于新发病毒的种类和特性不清楚，可以在培养时多选择几种细胞，以提高分离成功率。若接种病料后细胞未出现细胞病变，可用免疫荧光法进一步检测并观察病毒是否存在。如果仍是阴性，可将分离培养物盲传 3 代，每代均用免疫荧光法进行检测。阳性培养物可用电子显微镜进一步观察病毒的形态。

不同种类病毒的易感细胞往往不同。进行病毒的分离和培养时首先要选择敏感的细胞，特别是从样本中直接分离病毒时，原代细胞的敏感性较强，对原有组织更具代表性。但是原代细胞不能多代培养，制备技术麻烦，应用受限。二倍体细胞和传代细胞在病毒分离培养方面的应用更为广泛。一种病毒往往对多种细胞敏感，在分离病毒的时候应进行合理选择。

二、病毒的检测与鉴定

将病料接种细胞后，还需要进一步确认病毒是否在细胞中进行了有效增殖。针对病毒的检测包括病毒颗粒的检测、感染单位的检测、血清学检测和核酸检测。

（一）病毒增殖的鉴定

病毒在敏感细胞中进行增殖，通常会有以下几种表现。

1. 细胞病变效应（CPE）

大多数病毒感染敏感细胞，在细胞内增殖并与之相互作用后，会引起受感染细胞发生聚集、脱落、融合，形成包涵体，甚至损伤死亡，可在低倍镜下直接观察。感染细胞的特征性的形态学改变称为细胞病变效应（cytopathic effect，CPE）。CPE 随病毒种类及所用细胞的类型不同而异，可进行病毒的初步鉴定。

2. 红细胞吸附现象

某些病毒感染细胞后一定时间会在细胞膜上出现病毒的血凝素，可吸附豚鼠、鸡等动物和人的红细胞，此为红细胞吸附现象。该现象可被相应的抗血清所抑制，称为红细胞吸附抑制试验。某些囊膜病毒，如流感病毒或某些副流感病毒，感染单层细胞后不产生明显的 CPE。但其合成的血凝素蛋白质可插入受感染细胞的细胞膜中，使受感染细胞获得吸附红细胞的能力。

3. 干扰现象

指一种病毒感染细胞后可以干扰另一种病毒在该细胞中的增殖，造成一种或 2 种病毒的滴度下降。可利用干扰现象对某些不能产生 CPE 的病毒进行初步鉴定。

4. 细胞代谢的改变

如细胞糖代谢的改变等。除此之外，还可以利用血清学方法，如间接免疫荧光试验、免疫酶试验等直接观察在感染细胞中的病毒抗原信号，判定病毒在细胞中的增殖情况。

（二）病毒颗粒的观察

电子显微镜（EM）观察是鉴定病毒最直观的方法，但仅适用于形态具有明显特征的病毒颗粒，如轮状病毒、痘病毒等。形态难以区分的病毒可以利用免疫电镜技术进行观察。

（三）病毒感染单位的检测

常用空斑形成单位（PFU）、半数致死量（LD_{50}）或半数组织感染量（$TCID_{50}$）来表示感染性病毒颗粒的滴度。HA 是检测具有血凝活性的病毒的滴度的常用方法。

空斑试验技术类似于细菌培养。将不同稀释度的病毒悬液接种于单层细胞上，使病毒吸附于细胞，然后覆盖一层营养琼脂培养基。琼脂限制了病毒在细胞中的扩散，使病毒只能感染周围的细胞，最终出现没有细胞生长的空斑区域。一个空斑理论上可认为是由一个病毒粒子感染形成的，即一个空斑形成单位(plaque forming unit，PFU)。空斑试验可作为定量检测感染性病毒颗粒(病毒感染单位)的方法。

（四）血清学检测

基于抗原与抗体特异性反应的血清学技术可用于病毒及其相应抗体的检测。如中和试验、凝集反应、酶联免疫吸附试验（ELISA）、补体结合试验、免疫荧光、免疫沉淀技术、血凝抑制试验等。

（五）分子生物学鉴定

运用聚丙烯酰胺凝胶电泳、蛋白质肽图与 N 末端氨基酸分析、核酸的酶切图谱、序列测定、聚合酶链式反应（PCR）等方法鉴定病毒的核酸、蛋白质等组分的性质，就是在分子水平上阐释病毒的性质。

三、病毒性传染病的防治

坚持“预防为主”。针对自身情况制订有效的疫苗免疫程序，注重生物安全管理，同时加强饲养管理，搞好卫生消毒工作。

基础传染病学

第十六章 基础传染病学

第一节 动物传染病的传染和流行

动物传染病学是研究动物传染病的发生和发展的规律以及预防、控制和消灭传染病，保障公共卫生安全的科学。动物传染病的控制和消灭程度是衡量一个国家兽医事业发展水平的重要标志。

一、感染与传染病的概念及其特征

（一）感染

病原微生物侵入动物机体，并在一定的部位定居、生长繁殖，从而引起机体产生一系列的病理反应，这个过程称为感染。动物感染病原微生物后会有不同的临床表现，从完全没有临床症状到明显的临床症状，甚至死亡，这不仅取决于病原本身的特性，也与动物的遗传易感性和宿主的免疫状态以及环境因素有关。

（二）传染病

凡是由病原微生物引起，具有一定的潜伏期和临床症状，并具有传染性的疾病称为传染病。传染病具有以下特性。

1. 病原特异性

传染病是在一定条件下病原微生物与动物机体相互作用引起的，每一种传染病都有其特异的致病性微生物。如猪繁殖与呼吸综合征是由猪繁殖与呼吸综合征病毒引起的，没有猪繁殖与呼吸综合征病毒就不会发生猪繁殖与呼吸综合征病。

2. 传染性和流行性

如从患有传染病的动物体内排出的病原微生物，能够侵入另一有易感性的健康动物体内的现象，就是传染病与非传染病相区别的一个重要特征。当一定的环境条件适宜时，在一定时间内，某一地区易感动物群中可能有许多动物被感染，致使传染病蔓延散播，形成流行。

3. 耐过动物获得免疫力

大多数耐过传染病的动物能获得特异性免疫。动物耐过传染病后，在大多数情况下均能产生特异性免疫，使机体在一定时期内或终生不再患该种传染病。

二、感染的类型和传染病的分类

（一）感染的类型

根据病原微生物与动物机体的相互作用及其表现可将感染分为不同的类型。按感染动物的临床症状表现分为显性感染、隐性感染、一过型感染和顿挫型感染；按感染发生的部位分为全身感染和局部感染；按病原微生物来源分为外源性感染和内源性感染；按病程长短分为最急性、急性、亚急性和慢性感染；按病原种类分为单纯感染、混合感染和继发感染；按症状是否典型分为典型感染和非典型感染；按感染的严重程度分为良性感染和恶性感染。

（二）动物传染病的分类

按疾病的危害程度，国内将动物传染病分为 3 类。

一类动物疫病是指对人和动物危害严重、需要采取紧急、严厉的强制性预防、控制和扑灭措施的疾病，一类动物疫病大多数为发病急、死亡快、流行广、危害大的急性、烈性传染病或人和动物共患的传染病。按照法律规定，此类疫病一旦暴发，应采取以区域封锁、扑杀和销毁动物为主的扑灭措施。

二类动物疫病是指可造成重大经济损失、需要采取严格控制和扑灭措施的疾病。按照法律规定，发现二类动物疫病时应根据需要采取必要的控制、扑灭措施。

三类动物疫病是指常见多发、可造成重大经济损失、需要控制和净化的动物疾病。法律规定应采取检疫净化的方法，并通过预防、改善环境条件和饲养管理等措施控制。

与国内的疫病分类情况不同，世界动物卫生组织（OIE，旧称国际兽医局）2006 年取消了 A 类疫病和 B 类疫病的提法，统称为“List diseases”，译为“通报疫病”。与之前的 OIE 法典相比，疫病种类有所增加。增加及调整最多的是贝类及虾蟹类；猪病方面增加了尼帕病毒性脑炎及猪繁殖与呼吸综合征病毒，但是未列入猪圆环病毒 2 型和猪链球菌 2 型；高致病性禽流感仍位列禽病之内。

三、传染病病程的发展阶段

传染病的发展过程在大多数情况下可分为 4 个阶段，即潜伏期、前驱期、明显期（发病期）和转归期（恢复期）。

（一）潜伏期

从病原微生物侵入机体开始到出现临床症状为止的这段时间，称为潜伏期。处于潜伏期的动物可能是传染的来源。

（二）前驱期

潜伏期过后即转入前驱期，是疾病的征兆阶段。特点是临诊症状开始出现，但特征性症状仍不明显。

（三）明显期（发病期）

前驱期之后，表现出该种传染病的特征性的临诊症状，是疾病发展到高峰的阶段。在这个阶段，感染动物会相继出现很多有代表性的特征性症状，在诊断上比较容易识别。

（四）转归期（恢复期）

动物体的抵抗力得到改进和增强，可以转入恢复期。如果病原体的致病性增强或者机体的抵抗力减弱，动物可发生死亡。

四、动物传染病流行的基本环节

动物传染病的一个基本特征是能在动物之间经直接接触传染或通过媒介物（生物或非生物的传播媒介）间接传染，构成流行。动物传染病的流行过程就是从动物个体感染发病发展到动物群体发病的过程。

传染病在动物群中蔓延流行，必须具备 3 个相互连接的条件，即动物传染病流行过程的 3 个基本环节：传染源、传播途径、易感动物。当这 3 个条件同时存在并相互联系时就会造成传染病的流行。

（一）传染源

传染病的病原体在其中寄居、生长、繁殖，并能向外界排出病原体的动物机体称为传染源。动物受感染后，可以表现为患病和携带病原 2 种状态，因此传染源一般可分为 2 种类型。

1. 患病动物

病畜是重要的传染源。前驱期和症状明显期的病畜能排出病原体且具有症状，尤其是在急性过程或者病程转剧阶段可排出大量感染性较强的病原体，因此作为传染源的作用也最大。潜伏期和恢复期的病畜是否具有传染源的作用，则随病种不同而异。病畜能排出病原体的整个时期称为传染期，不同传染病传染期长短不同。

2. 病原携带者

病原携带者是指外表无症状，但体内有病原体存在，并能繁殖和排出体外的动物。它是危险的传染源，易被忽视。病原携带者一般分为潜伏期病原携带者、恢复期病原携带者和健康病原携带者 3 类。

潜伏期病原携带者携带的病原体数量很少，一般不具备排出条件，因此不能起传染源的作用。但有少数传染病如狂犬病、口蹄疫和猪瘟等在潜伏期后期能够排出病原体，此时就有传染性。

恢复期病原携带者是指在临诊症状消失后仍能排出病原体的动物。一般来说，这个时期动物的传染性已逐渐减少或已无传染性了。但还有不少传染病如猪气喘病、布鲁氏菌病等在临诊痊愈的恢复期仍能排出病原体。

健康病原携带者是指过去没有患过某种传染病但却能排出该种病原体的动物。一般认为这是隐性感染的结果，通常只能靠实验室方法检出。如巴氏杆菌病、沙门菌病、猪丹毒和马腺疫等病的健康病原携带者为数众多，有时可成为重要的传染源。

值得注意的是，病原携带者存在着间歇排出病原体的现象。仅凭一次病原学检查的阴性结果不能得出正确的结论，只有反复多次检查均为阴性时才能排除是病原携带状态。

（二）传播途径

病原体从传染源排出后，经过一定的方式再侵入健康动物经过的途径，称为传染病的传播途径。

传播途径可分两大类，水平传播和垂直传播。水平传播指传染病在群体之间或个体之间以水平形式横向平行传播；垂直传播指从母体到其后代两代之间的传播。水平传播又分为直接接触传播和间接接触传播。垂直传播分为经胎盘传播、经卵传播和经产道传播。

1. 直接接触传播

病原体通过被感染的动物（传染源）与易感动物直接接触（交配、舐咬等）而引起的传播方式。以直接接触为主要传播方式的传染病以狂犬病最具有代表性。直接接触传播的传染病的流行特点是一个接一个地发生，形成明显的链锁状。这种方式使疾病的传播受到限制，一般不易造成广泛的流行。

2. 间接接触传播

病原体通过传播媒介使易感动物发生传染的方式，称为间接接触传播。将病原体从传染源传播给易感动物的各种外界环境因素称为传播媒介。传播媒介可以是生物，也可以是无生命物体。间接接触传播的途径包括空气（飞沫、飞沫核、尘埃）传播、经污染的饲料和水传播、经污染的土壤传播、经活的媒介物传播等。

3. 经胎盘传播

受感染的孕畜经胎盘血流传播病原体感染胎儿，称为胎盘传播。可经胎盘传播的疾病有猪瘟、猪细小病毒感染、牛黏膜病、蓝舌病、伪狂犬病、布鲁氏菌病、弯曲菌性流产、钩端螺旋体病等。

4. 经卵传播

主要见于禽类。由携带有病原体的卵细胞发育而使胚胎受感染，称为经卵传播。可经卵传播的病原体有禽白血病病毒、禽腺病毒、鸡传染性贫血病毒、禽脑脊髓炎病毒、鸡白痢沙门菌等。

5. 经产道传播

病原体经孕畜阴道通过子宫颈口到达绒毛膜或胎盘引起胎儿感染。或胎儿从无菌的羊膜腔穿出而暴露于严重污染的产道时，胎儿经皮肤、呼吸道、消化道感染母体的病原体。可经产道传播的病原体有大肠杆菌、葡萄球菌、链球菌、沙门菌和疱疹病毒等。

（三）动物的易感性

易感性是指动物对某种病原体的感受性的大小。动物易感性的高低虽与病原体的种类和毒力强弱有关，但主要还是由动物的遗传特征等内在因素、特异性免疫状态决定的。外界环境条件如气候、饲料、饲养管理、卫生条件等因素都可能直接影响到动物的易感性和病原体的传播。

五、疫源地和自然疫源地

（一）疫源地

有传染源及其排出病原体存在的地区称为疫源地。疫源地的含义除了包括传染源之外，还包括被污染的物体、房舍、牧地、活动场所，以及这个范围内怀疑有被传染的可疑动物群和储存宿主等。疫源地具有向外界传播病原体的条件，因此可能威胁其他地区的安全。而传染源则仅仅是指带有病原体和排出病原体的动物。

根据疫源地范围大小可分别将其称为疫点和疫区。疫点通常指由单个传染源所构成的疫源地。疫区由许多在空间上相互连接的疫源地组成。在疫源地存在的时间内，凡是与疫源地接触的易感动物都有受感染并形成新疫源地的可能，这样一系列的相继发生就构成了传染病的流行过程。

（二）自然疫源地

自然疫源地是指自然疫源性疾病存在的地区。自然疫源性指某种病原体不依赖人和动物的参与而能在自然界生存繁殖，并只在一定条件下才传给人和家畜。自然疫源性疾病可以通过传播媒介（吸血昆虫等）感染宿主（主要是野生脊椎动物）造成流行。其发生具有明显的地区性和季节性，并受经济活动的显著影响。一定意义上说，自然疫源性是一种生态学现象。

六、流行发展的规律性

（一）流行形式

根据在一定时间内发病率的高低和传播范围的大小，可将动物传染病的表现形式分为以下 4 种。

1. 大流行性

发病数量大，流行范围可达几个省份、全国甚至几个国家。如历史上出现过的口蹄疫、牛瘟和流感等的大流行。

2. 流行性

指一定时间内，一定畜禽群中出现比较多的病例，是疾病发生频率较高的一个相对名词，没有绝对的数量界限。因此，任何一种病当其被称为流行时，各地各畜群所见的病例数是很不一致的，流行性疾病的传播范围广、发病率高，不加防治的话，可能传播至几个乡、县或者省。如猪瘟、鸡新城疫等重要疫病可能表现为流行性。

3. 地方流行性

在一定的地区或畜禽群中发病动物的数量较多，但传播的范围不大，带有局限性传播的特征。有 2 个方面的含义：一是发病数量多于散发性；二是呈地区性或者区域性。

4. 散发性

发病数目不多，在一个较长时间里只有个别的零星发生，发病没有规律性，称为散发。

（二）流行过程的季节性和周期性

1. 季节性

指某些传染病常发生在一定季节或在一定的季节内发病率显著升高。原因可能有 3 个方面。其一，季节对病原体在外界环境中存在和散播有影响。高温和烈日暴晒可使外界环境中的大多数病毒很快失去活性，相应的疾病的流行一般在夏季会减缓或平息。其二，传播媒介（如节肢动物）的生长周期具有明显的季节性。如在夏季，蝇、蚊、虻类等吸血类昆虫大量滋生、活动频繁。以它们为传播媒介的疾病会比较容易发生并流行，如流行性乙型脑炎、马传染性贫血、非洲猪瘟等。其三，不同季节动物的活动和抵抗力有差异。如冬季舍饲期间，舍内温度降低、通风不良、湿度增高等常易诱发畜群呼吸道传染病。而寒冬或初春时动物抵抗力普遍下降，则更容易暴发呼吸道及消化道传染病等。

2. 周期性

指某些动物传染病经过一定的时间间隔（常以数年计）后会再度流行。处于 2 个发病高潮的中间一段时间，称为流行间歇期。

七、影响流行过程的因素

传染病的流行必须具备传染源、传播途径及易感动物 3 个基本环节。只有这 3 个环节相互连接协同作用，传染病才得以发生并流行。动物活动所在的环境和条件，即各种自然因素和社会因素通过作用于传染源、传播途径和易感动物影响着疾病的流行过程。

（一）自然因素

1. 作用于传染源

例如，季节变换、气候变化常常引起机体抵抗力的变动。气喘病隐性病猪在寒冷潮湿的季节里病情会恶化，咳嗽频繁，导致排出的病原体增多，散播传染的机会增加。反之，在干燥温暖的季节里病情易好转，咳嗽减少，散播传染的机会也会变小。自然因素对于一些以野生动物为传染源的疫病影响更加显著。疫病的传播常常局限于这些野生动物生活的自然地理环境（如森林、沼泽、荒野等），形成自然疫源地。

2. 作用于传播媒介

传播媒介具有特征性的生长周期，因此自然因素对传播媒介的影响非常明显。夏季气温上升，利于蚊类吸血昆虫的滋生，进而导致其传播的乙型脑炎病毒的感染病例也增多。

3. 作用于易感动物

自然因素对易感动物的影响体现在其对动物体免疫力或者抵抗力的改变。低温高湿的条件下，易感动物易受凉，呼吸道黏膜的屏障作用降低，易诱发呼吸道传染病。长途运输、过度拥挤等应激也可导致动物机体的抵抗力下降，使传染病更易暴发并流行。

（二）社会因素

影响疫病流行过程的社会因素主要包括社会制度、生产力和人们的经济、文化、科学技术水平以及贯彻执行法规的情况等。动物和它所处的环境，除受自然因素影响外，还在很大程度上受人们的社会生产活动的影响，而后者又受社会制度的制约和管理。

除此之外，养殖场的饲养管理要素，如，动物舍的整体设计、场址的选择、建筑结构、饲养管理制度、卫生防疫制度和措施乃至工作人员的素质都会影响疫病的发生及是否流行。

简而言之，疫病的流行是多因素综合作用的结果。传染源、传播途径和易感动物不是孤立地起作用，而是相互衔接方可构成传染病的流行过程。掌握传染病流行的基本条件及其影响因素有助于制订正确的防疫措施，控制传染病的蔓延及流行。

第二节　动物传染病的防疫措施

一、防疫工作的基本原则

（一）加强防控技术研究，提升我国动物传染病防控能力

随着现代化动物养殖规模的日益扩大，传染病发生或流行会给生产带来越来越严重的损失，特别是一些传播能力较强的传染病。一旦发生即可在动物群中迅速蔓延，有时甚至来不及采取相应的措施就已经造成疫病的大面积扩散和流行。因此，必须重视并坚决贯彻“预防为主”的防治原则。

另外，还应尽快完善新技术并迅速加以推广应用，全面提高我国动物传染病防控能力与水平，确保我国养殖业的健康发展和人民财产安全。鼓励到生产实践中去推广动物传染病新技术，提高科技成果转化对现代养殖业发展的支持力度。同时，着力改变“重治轻防”的传统兽医防疫模式，建立健康的兽医防疫体系，为我国畜牧业绿色可持续发展提供平台支撑。

（二）逐步完善兽医防疫法律法规建设，形成有效的疫病防控工作体系

兽医行政部门要以兽医流行病学和动物传染病学的基本理论为指导，以《中华人民共和国动物防疫法》等法律法规为依据，根据动物生产的规律，制定和完善动物保健和疫病防治相关的法规条

例以规范动物传染病的防治。从全局出发，统一部署，各相关部门密切配合，建立、完善动物产品生产全过程的动物防疫监管机制。建立和完善垂直管理的官方兽医体制，实现对动物饲养、管理、屠宰、加工、销售等各个环节的全程监控。

（三）建立并依靠动物传染病流行病学调查监测平台，全面有效处理突发性动物传染病疫情

不同传染病在时间、地区及动物群中的分布特征、危害程度和影响流行的因素有一定的差异。制订适合本地区或养殖场的疫病防治计划或措施必须建立在对该地区展开流行病学调查和研究的基础上。建立动物传染病流行病学调查监测平台及疫情通报网络，实时监控疫情发生情况，迅速针对突发疫情制订并实施有效防控措施，是控制或消灭动物传染病的有力手段。在实施和执行综合性措施时，需要考虑不同传染病的特点及不同时期、不同地点和动物群的具体情况，突出主要因素和主导措施，即使为同一种疾病，在不同情况下也可能有不同的主导措施，在具体条件下究竟应采取哪些主导措施要根据具体情况而定。

二、防疫工作的基本内容

传染源、传播途径和易感动物 3 个环节决定了动物传染病的流行。因此，要从消除或切断 3 个基本环节及其相互联系来制订防疫措施，以预防或遏制传染病的流行。综合性防疫措施的制订至关重要。综合性防疫措施可分为平时的预防措施和发生传染病时的扑灭措施。

（一）平时的预防措施

制订标准化动物饲养模式、实行健康养殖和生物安全动物生产体系、贯彻自繁自养和全进全出原则；定期制订预防接种计划，提高动物特异性免疫水平；平时注意消毒、杀虫、灭鼠及对粪便和废弃物等的无害化处理；严格执行各种检疫工作，根除垂直传播的传染病，防止外来传染病的侵入，及时发现并消灭传染源。

（二）发生传染病时的扑灭措施

发现疫情后及时上报，尽快通知邻近单位做好预防工作，迅速诊断并查明疾病来源；尽快隔离或扑杀患病动物，对污染的场所和环境进行紧急消毒。重大传染病（如口蹄疫、炭疽、高致病性禽流感等）须依法采取封锁等综合性措施；必要时可使用疫苗或特异性抗体进行紧急预防接种，对可疑动物进行治疗或预防性治疗；完善和强化养殖场的生物安全措施，并依法进行病死和淘汰患病动物的无害化处理。

三、疫情报告与诊断

（一）疫情报告

当家畜突然死亡或怀疑发生传染病时，应立即通知兽医人员。

在兽医人员尚未到场或未作出诊断之前，应迅速隔离疑似病畜；对病畜停留或接触过的地方和污染的环境、用具进行消毒；密切接触的同群动物不得随便急宰或转移与出售；病畜的皮、肉、内脏禁止食用。

从事动物疫情监测、检验检疫、传染病诊疗与研究以及动物饲养、生产、屠宰、经营加工、贮藏、隔离运输、采购畜禽及其产品等活动的单位和个人，一旦发现动物突然死亡或者疑似染疫时，应当立即向当地兽医主管部门、动物卫生监督机构或者动物传染病预防控制机构报告，并采取隔离

消毒等控制措施，以防止疫情的进一步扩散。

接到动物疫情报告的单位，应及时采取必要的控制处理措施，并按照国家规定程序上报。紧急疫情应以最迅速的方式上报有关领导部门。

（二）传染病的诊断

动物疫病的控制和消灭均应建立在正确诊断的基础上。传染病的诊断方法通常分为两大类。临床诊断（包括流行病学、临床症状、病理解剖学诊断等）和实验室诊断（包括病理组织学、病原学、血清学和分子生物学方法等）。

同一种传染病可用不同的方法进行诊断，而不同检测方法的特异性、敏感性、稳定性和判定标准又有一定差异。因此，对病例进行确诊往往需要多种方法的联合使用。

四、检疫、隔离与封锁

（一）检疫

动物检疫是遵照国家法律、运用强制性手段和科学技术方法对动物及其相关产品和物品进行传染病的检查（包括病原体或抗体的检查）。检疫的目的是查出传染源，以便切断可能的传播途径，防止传染病传入和扩散。实施检疫的动物包括各种家畜、家禽、皮毛兽、实验动物、野生动物和蜜蜂、鱼苗、鱼种等；动物产品包括生皮张、生毛类、生肉、种蛋、鱼粉、兽骨、蹄角等；运载工具包括运输动物及其产品的车船、飞机、包装、铺垫材料、饲养工具和饲料等。

动物检疫可分为动物生产地区的检疫、运输检疫和国际口岸检疫。

（二）隔离

隔离是控制传染源、防治传染病的重要措施之一。将不同健康状态的动物严格分离、隔开，完全彻底切断其间的来往接触以防传染病的传播或蔓延即为隔离。

隔离对象分为2种，包括新引进动物的隔离和传染病发生时对病畜和可疑感染病畜的隔离。在传染病流行时应首先查明传染病在畜群中的蔓延程度，将畜群分为病畜、可疑感染家畜和假定健康家畜三大群。

其中，有典型或类似症状或实验室检查阳性的动物均可列为病畜。它们是最危险的传染源，应迅速隔离，并划出适当范围的隔离区，区内用具、饲料、粪便等未经彻底消毒处理不得运出。人员出入严格遵守消毒制度。隔离观察时间的长短应根据患病动物带、排菌（毒）的时间长短而定。

没有任何症状，但与患病动物及其污染环境有过明显接触的动物为可疑感染动物。这些动物有可能处在潜伏期，并有排毒（菌）的危险。应限制其活动，经常消毒，详细观察，出现症状的按患病动物处理，有条件的应立即进行紧急免疫接种或预防性治疗。隔离观察时间应根据该传染病的最长潜伏期长短而定。经最长潜伏期后仍无病例出现时，可取消其限制。

除上述2类外，疫区内其他易感动物均属于假定健康动物。应禁止假定健康动物与以上2类动物接触，加强防疫消毒和相应的保护措施，立即进行紧急免疫接种。必要时，可根据实际情况分散喂养或转移至偏僻牧地。

（三）封锁

封锁就是切断或限制疫区与周围地区的往来自由，以避免传染病的扩散及安全区健康动物的误入。当暴发某些重大传染病时，除了采取隔离、扑杀、销毁、消毒和紧急免疫接种等强制性措施外，还应划区封锁。我国《动物检疫法》的规定，当确诊为牛瘟、口蹄疫、炭疽、猪水疱病、猪瘟、非洲猪瘟、牛肺疫、高致病性禽流感、高致病性蓝耳病等重大传染病以及严重的人畜共患病或当地新发现的重大疫情时，兽医人员应立即报请当地政府机关，划定疫区范围，进行封锁。其目的是要把传染病控制在封锁区内，保护更大区域畜群的安全和人民健康。

封锁的疫点原则上应严禁人员、车辆出入和畜禽产品及可能污染的物品运出。在特殊情况下人员必须出入时，须经有关兽医人员许可，经严格消毒后出入。县级以上农牧部门有权扑杀病死畜禽及其同群畜禽并实行销毁或无害化处理等措施。疫点内的畜禽粪便、垫草、受污染的草料必须在兽医人员监督指导下进行无害化处理。牧区畜禽与放牧水禽必须在指定牧场放牧，役畜限制在疫区内使役。

封锁的解除需要在确认疫区内（包括疫点）最后一头病畜扑杀或痊愈后，经过至少一个潜伏期的监测，未再出现病畜禽，经彻底消毒清扫，由县级以上农牧部门检查合格后，报原发布封锁令的政府发布解除封锁令，并通报毗邻地区和有关部门。疫区解除封锁后，病愈畜禽需根据其带毒时间，控制在原疫区范围内活动。

五、治疗

动物传染性疾病在治疗过程应遵守以下原则。

一是在传染病发生或流行早期及时诊断并确定病因，以采取相应的治疗方法和策略。在传染病发展的早期阶段，病原体尚处于增殖阶段，机体尚未受到严重损伤，此时治疗可以保证疗效。

二是传染病发生时，应注意隔离和消毒并防止病原体的传播和扩散。治疗过程中，应隔离患病动物，安排专人管理，确保环境清洁。

三是根据疫病种类及其危害程度确定治疗方法。如 OIE 规定的必须通报疫病或我国规定的一类疫病和部分二类疫病、刚刚传入的外来疫病、人兽共患病等发生或流行时，往往应采取以扑杀为主的严密控制措施。对于那些无法治愈的传染病、治疗费用超过动物本身价值的疾病以及某些慢性消耗性传染病也可采取扑杀和淘汰的处理方式。

四是选用药物或生物制品时应了解药物或生物制品的特性和适应证。特别是对细菌性传染病的治疗，应通过药敏试验选择适当的敏感药物以确保可靠的治疗效果。要严格遵守行业标准和职业道德规范，禁止滥用药物或制品，盲目加大使用剂量、盲目投药、盲目搭配其他药物等，以减少耐药菌株的产生。

严禁使用国家规定的各种违禁药品。严格执行动物宰前各种药品休药期的规定，以减少或防止动物产品中的药物残留。

第三节　消毒、除害、免疫接种与药物预防

一、消毒

饲养环境的消毒是养殖场日常的例行工作。严格的消毒管理可以及时净化设施内外的病原体并

避免重大动物疫病的发生。

规范消毒流程可从 3 方面着手：建立严格可控的消毒管理制度、实行定期消毒和工作人员的技术培训。

消毒方式总体可分为 3 类：物理消毒法、生物消毒法和化学消毒法。物理消毒法主要包括清扫地面、高压水清洗、焚烧等。生物消毒法是指对生产中产生的大量粪便、污水、垃圾及杂草等进行生物发酵杀灭病原体。化学消毒法是采用化学消毒剂杀灭病原。常用的消毒剂主要有氢氧化钠、氧化钙、福尔马林、高锰酸钾等。

二、除害

（一）杀虫

养殖场应定期清除并扑杀能够传播病原微生物的所有昆虫。昆虫等传播媒介是许多疾病的接种和传播者，动物设施是昆虫的栖息地。可在昆虫易滋生的水沟、草丛、粪便池、堆积发酵池等地进行集中定期消毒，及时清理废弃物，喷洒消毒液，熏蒸畜舍等。根据饲养动物的特点建立驱虫程序，在春秋和季节转换时及时投放驱虫药。

（二）灭鼠

由于畜禽养殖场食源、水源丰富，温度适宜，环境良好，有利于鼠类的生存和繁殖。老鼠可携带多种病原体，传播多种疫病。在养殖过程中，首先应调查了解畜舍内外的鼠密度；其次，选择合适的灭鼠剂或毒饵。根据鼠情选择合适的投药方式，间隔多长时间分多少批次给药都需要摸索。灭鼠最佳时期一般选择在每年 3 月中旬，对于鼠密度高的畜禽养殖场，每年 11 月可再进行 1 次统一灭鼠。

（三）防鸟

防鸟工作对养禽场尤为重要，家禽的禽流感多由野鸟传播而来。防鸟不能仅限于养禽场。除日常免疫防鸟外，设施防鸟也是非常重要。尤其需要注意的是，地处候鸟迁徙线路上的养殖场应采取全封闭式的饲养方式。冬春季节是禽流感高发期，应注意加强对养殖场的管理。养殖场及周边环境要尽量做到确保无鸟类食物且无其歇息或停留地点，迫使鸟类自行远离养殖场。

三、免疫接种

采取有组织有计划的免疫接种是常见的预防和控制动物传染病的重要措施之一。疫苗的免疫接种可分为预防接种、紧急接种以及环状免疫带和免疫隔离屏障建立等。

（一）预防接种

为了防患传染病的发生，在经常发生或有潜在传染病的地区，或者易受传染病威胁的地区，平时有计划地为健康动物进行的免疫接种称为预防接种。预防接种通常使用疫苗、菌苗、类毒素等生物制剂。

（二）紧急接种

紧急接种指在暴发某些传染病时为迅速控制和扑灭传染病的流行，对疫区和受威胁区未发病动物进行的应急性免疫接种。经验证明，在疫区内使用某些疫（菌）苗进行紧急接种是切实可行的，尤其适合急性传染病。

（三）环状免疫带建立

指在发生急性烈性传染病的某些地区在封锁疫点和疫区的同时根据该病的流行特点对封锁区及其外围一定区域内所有易感动物进行的免疫接种。其目的是将传染病控制在封锁区内，并将其扑灭以防疫情扩散。

（四）免疫隔离屏障建立

指为了防止传染病从疫病发生国家向无该病的国家扩散，对国界线周围地区的动物群进行的免疫接种。

免疫接种应根据生物制剂的不同特点采用不同的接种方式。如皮下、皮内、肌内注射或皮肤刺种、点眼、滴鼻、喷雾、口服等。

为了保证免疫接种的有效性，应注意以下几点。

（1）免疫接种要有周密的计划。

（2）免疫接种前应注意动物群体的健康状况，并对免疫用器械进行严格消毒，检查并确保疫苗质量。

（3）疫苗接种后加强对动物群体的饲养管理，增强群体抵抗力和免疫机能，减少接种后的不良反应；及时检查免疫效果，尤其是改用新的免疫程序及免疫疫苗种类时。

（4）尽量联合使用疫苗。同一地区同一种家畜同一季节内往往可能有 2 种以上传染病的发生和流行。联合疫苗制剂可一针防多病，大大提高了防疫效率，是预防接种工作的发展方向之一。

（5）制订合理的免疫程序。畜牧场要根据各方面的情况制订科学合理的免疫程序，包括接种疫苗的类型、顺序、间隔时间、次数、方法等规程和次序。做好免疫监测，根据监测结果指导和调整免疫程序。

另外，免疫接种失败有很多原因。归纳起来要从 3 个方面考虑：即疫苗本身的问题、动物身体状况和人为因素。具体表现在：疫苗质量问题，如病毒滴度较低，不能够刺激机体产生有效的免疫应答；疫苗的运输、保存、配制或使用不当，使其质量下降甚或失效，或过期、变质等；疫苗株与流行株血清型不一致；免疫程序不合理；接种活苗时动物体内母源抗体水平较高或残留抗体产生的干扰；接种时动物已处于潜伏感染状态，或接种污染；动物群中有免疫抑制性疾病的存在；防疫措施不力、多种疾病感染、饲养管理水平低、各种应激因素的影响等使动物免疫力降低；接种途径或方法错误；药物干扰。

四、药物预防

药物预防是一种为了预防某些传染病，在动物饲料或饮水中加入某种安全的药物进行群体性投饲的预防方式，是预防和控制畜禽传染病的重要措施之一。至今仍然是养殖场用于畜禽传染病防控最常用的措施之一。

但药物预防存在明显的弊端，如药物残留问题；易引起畜禽体内外微生物产生耐药性或抗药性，使得药效降低，用药量增加；造成畜禽体内正常的有益微生物菌群的微生态体系失衡；使动物对药物产生依赖性，抗病能力下降；抑制动物免疫系统的发育，降低动物免疫功能。

第四节　动物传染病的治疗与尸体处理

一、传染病的治疗

科学技术的不断发展使得细菌性或病毒性传染病都可以通过一定的方法进行治疗。通过治疗可以阻止病原体在机体内的增殖并清除传染源。

传染病的治疗首先要考虑是否有助于该传染病的控制与消灭，同时还应该力求以最少的花费取得最佳的治疗效果。治疗也在“预防为主”的基础上进行。及时诊断、早期治疗是提高治疗效果的关键；争取做到尽早治疗，标本兼治，特异型和非特异性结合，药物治疗与综合性措施相配合。

传染病的治疗方法分为针对病原的治疗方法、针对畜群机体的疗法、微生态制剂调整疗法和中药制剂的治疗等。

（一）针对病原的治疗方法

1. 特异性疗法

应用针对某种传染病的高免血清、高免卵黄抗体、痊愈血清等特异性生物制品进行治疗。这些制品只对某种特定的传染病有疗效，对其他种病原无效。

2. 抗生素与化学药物的疗法

抗生素作为细菌性急性传染病的主要治疗药物在兽医实践中的应用十分广泛。合理使用抗生素和化学药物是发挥其疗效的重要前提。使用一般要注意抗生素与化学药物的适应证，要考虑到药物的用量、疗程、给药途径、不良反应以及经济效益等，要考虑抗生素与其他药物的联合使用。

3. 干扰素

干扰素是动物机体内天然存在的一种生物活性物质。当机体发生任何病毒感染时都能产生干扰素防御。目前临床上常用的干扰素是 α 型干扰素。

（二）针对畜群机体的疗法

治疗患病动物要考虑帮助机体消灭或抑制病原体，消除其致病作用，又要帮助机体增强抵抗力，调整生理功能，恢复健康。主要从加强护理和对症治疗 2 方面入手。

（三）微生态制剂调整疗法

正常动物肠道中的微生物总数可达 10^{14} 个。这些正常定殖的微生物群落之间以及微生物与宿主之间在动物的不同发育阶段均建立了动态的稳定平衡关系，这种稳定平衡关系是动物健康的基础。微生物菌群的生理功能是动物生存所必需的。胃肠菌群促进黏膜细胞的发育和成熟；肠黏膜菌群发挥着屏障作用；并能够激活免疫系统；酸化肠道环境，激活酶系统和抑制偏碱性有害微生物的生长。因此，动物体内的微生态系统有着抑制有害菌群、增强免疫功能、防治疾病、提高饲料消化转化效率、促进动物产品的形成和品质改善等功能。

（四）中药制剂的治疗

无论是单方还是复方中药制剂均对病原体有抗菌、抗病毒作用，能够促进机体的免疫功能。有不少中药虽然抗菌能力不强，却具有明显的“解毒”作用，能够缓解毒素引起的多种病状和对机体的进一步病理损伤。

二、尸体处理

因患传染病而死亡的动物尸体含有大量的病原体，是重要的传染源。正确、及时处理病死动物尸体对防治动物传染病、维护公共卫生安全具有重大意义。

常见的动物尸体处理方法有以下几种。

（一）化制

指病尸经过某种特定的加工处理，既进行了消毒处理又保留了许多有再利用价值的材料。化制处理需要一定的设备条件，限制了其大范围推广。

（二）掩埋

病尸掩埋于地下。经过一定时间的自然发酵后可以消除具有一般抵抗力的病原体，但若处置不当会形成新的污染源。尸体的掩埋应选择干燥、平坦和偏僻地区进行。尸坑的长和宽以容纳尸体侧卧为度，深宽在 2m 以上。此法简便易行，应用比较广泛。

（三）腐败

将尸体投入专用的尸坑内使其自然腐败分解以达到消毒的目的，并可以作为肥料加以利用。尸坑为直径 3m、深 9~10m 的圆形井，坑壁与坑底用不渗水的材料砌成，坑沿高出地面一定高度，坑口有严密的盖子，坑内有通气管。此法较掩埋法方便、合理。当尸体完全分解后还可以作为肥料。但腐败法不适合炭疽、气肿疽等芽孢菌所致疾病的尸体处理。

（四）焚烧

通过高温火焰焚烧尸体，是一种最彻底的处理病尸的方法。但花费较高，一般不常用。该法最适合患特别危险的传染病的动物尸体的处理，如炭疽、气肿疽、痒病、牛海绵状脑病及新的烈性传染病等。

兽医寄生虫学

第十七章　寄生虫与宿主

第一节　寄生虫和宿主的类型

一、寄生虫的类型

寄生虫是指暂时或永久地在宿主体内或体表营寄生生活的动物。寄生虫的发育过程是极其复杂的，由于寄生虫和宿主之间关系历史过程的长短、相互之间适应程度的不同，有的寄生虫只适合于在一种动物体内生存，有的寄生虫则在幼虫和成虫阶段分别寄生于不同的宿主，因而使寄生虫和宿主之间的关系呈现为多样性。这样也使寄生虫显示出不同类型。

（一）内寄生虫和外寄生虫

按寄生的部位来分：凡寄生于宿主动物或人的内脏器官及组织中的寄生虫称为内寄生虫。如蛔虫、球虫等；凡寄生在宿主动物或人的体表的寄生虫称为外寄生虫。如虱、蜱、蚤等。

（二）永久性寄生虫和暂时性寄生虫

按寄生的时间来分：全部发育过程都在宿主动物或人体上进行的寄生虫称为永久性寄生虫。这类寄生虫终生不离开宿主，否则难以存活，如旋毛虫、虱等；只有在采食时才与宿主动物或人相接触的寄生虫称为暂时性寄生虫。这类寄生虫在它们的生活过程中只有一部分短暂的时间营寄生生活，其余的大部分时间营自由生活，如蚊、虻、蜱等。

（三）土源性寄生虫和生物源性寄生虫

按寄生虫的发育过程来分：土源性寄生虫是指随土、水或污染的食物而感染的寄生虫，如猪蛔虫，它们的虫卵随粪便排出体外，在自然界适宜条件下，发育为具有感染性的虫卵，猪由于采食了被感染性虫卵污染的饲料和饮水而获感染。由于这类寄生虫发育过程中仅需要一个宿主，也称为单宿主寄生虫。由于生活史比较简单，这类寄生虫一般分布比较广泛，流行比较普遍。生物源性寄生虫是指通过中间宿主或媒介昆虫而传播的寄生虫。如扩展莫尼茨绦虫，其孕卵节片或虫卵随牛羊粪便排出体外，被中间宿主地螨吞食，在地螨体内发育到具有感染性的似囊尾蚴阶段，当牛羊吃草时，采食了含有似囊尾蚴的地螨而感染。由于这类寄生虫发育过程中需要多个宿主，也称多宿主寄生虫。

（四）专一性寄生虫和非专一性寄生虫

按寄生虫寄生的宿主范围来分，专一性寄生虫是指寄生于一种特定宿主的寄生虫。如鸡球虫只

杰尼336 （审定编号：吉审玉2011018；种质库编号：S1G03145）

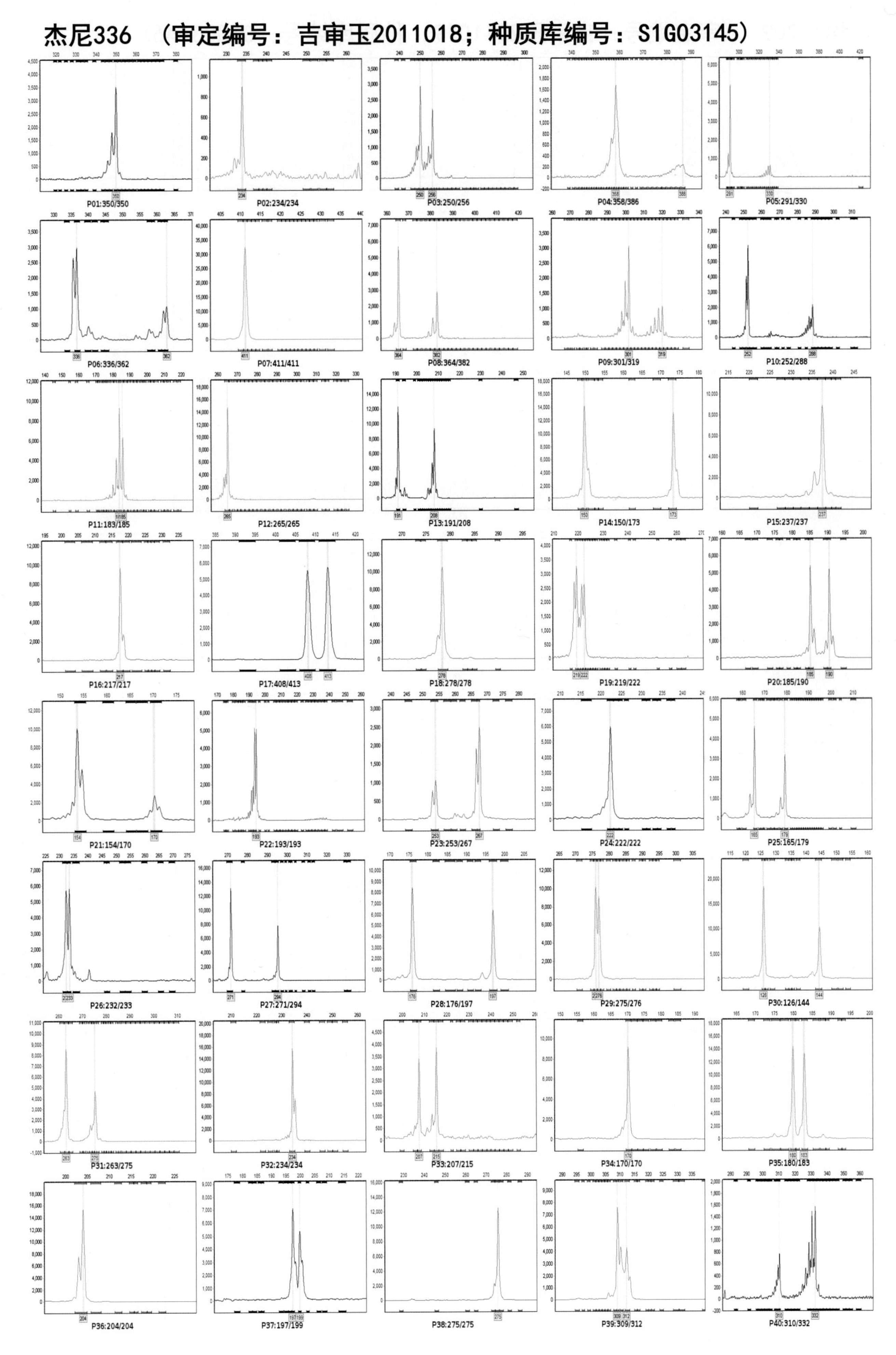

恒宇709 （审定编号：吉审玉2011019；种质库编号：S1G03146）

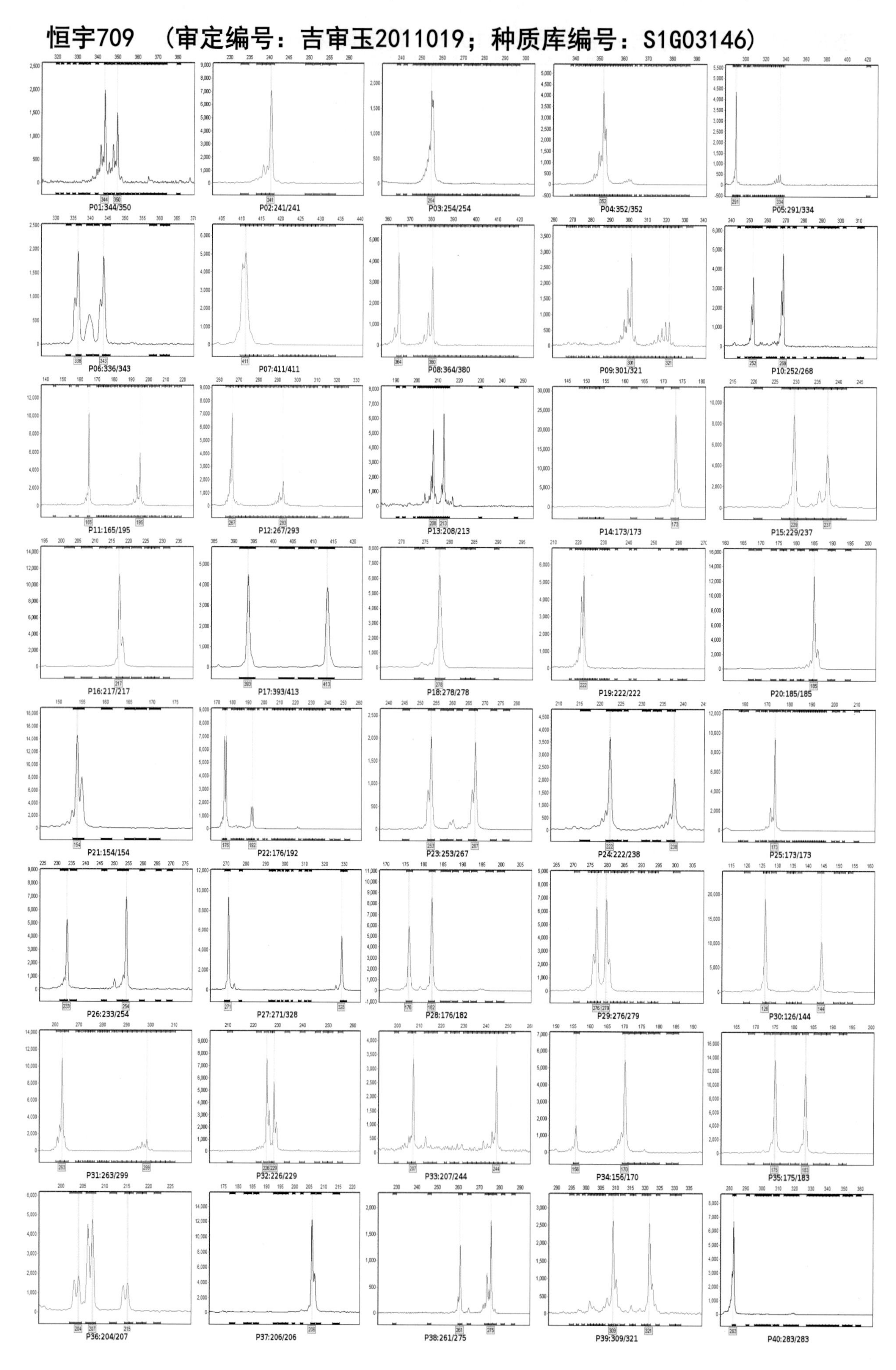

吉东54 （审定编号：吉审玉2011020；种质库编号：S1G03147）

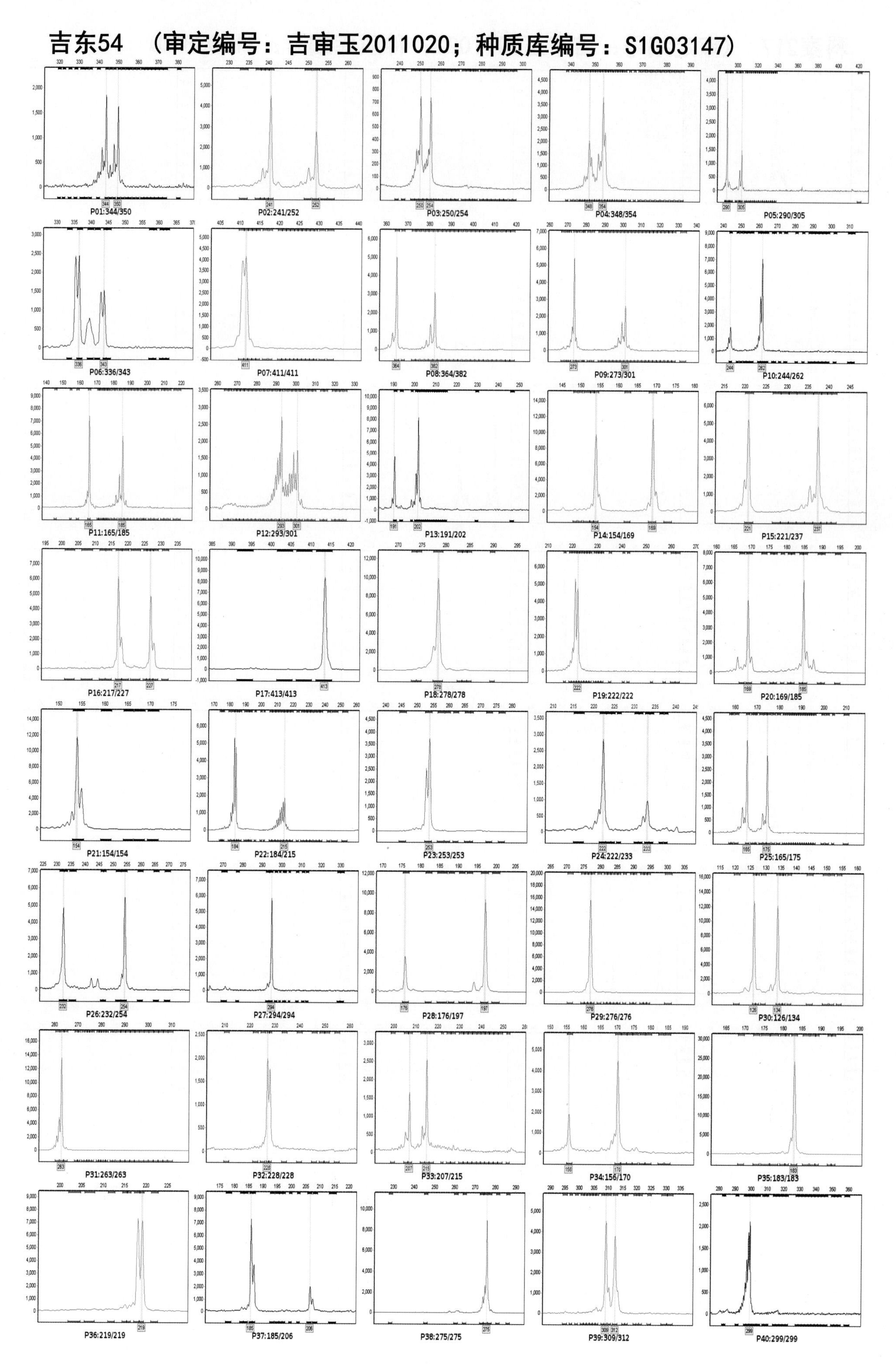

科泰217 （审定编号：吉审玉2011021；种质库编号：S1G03810）

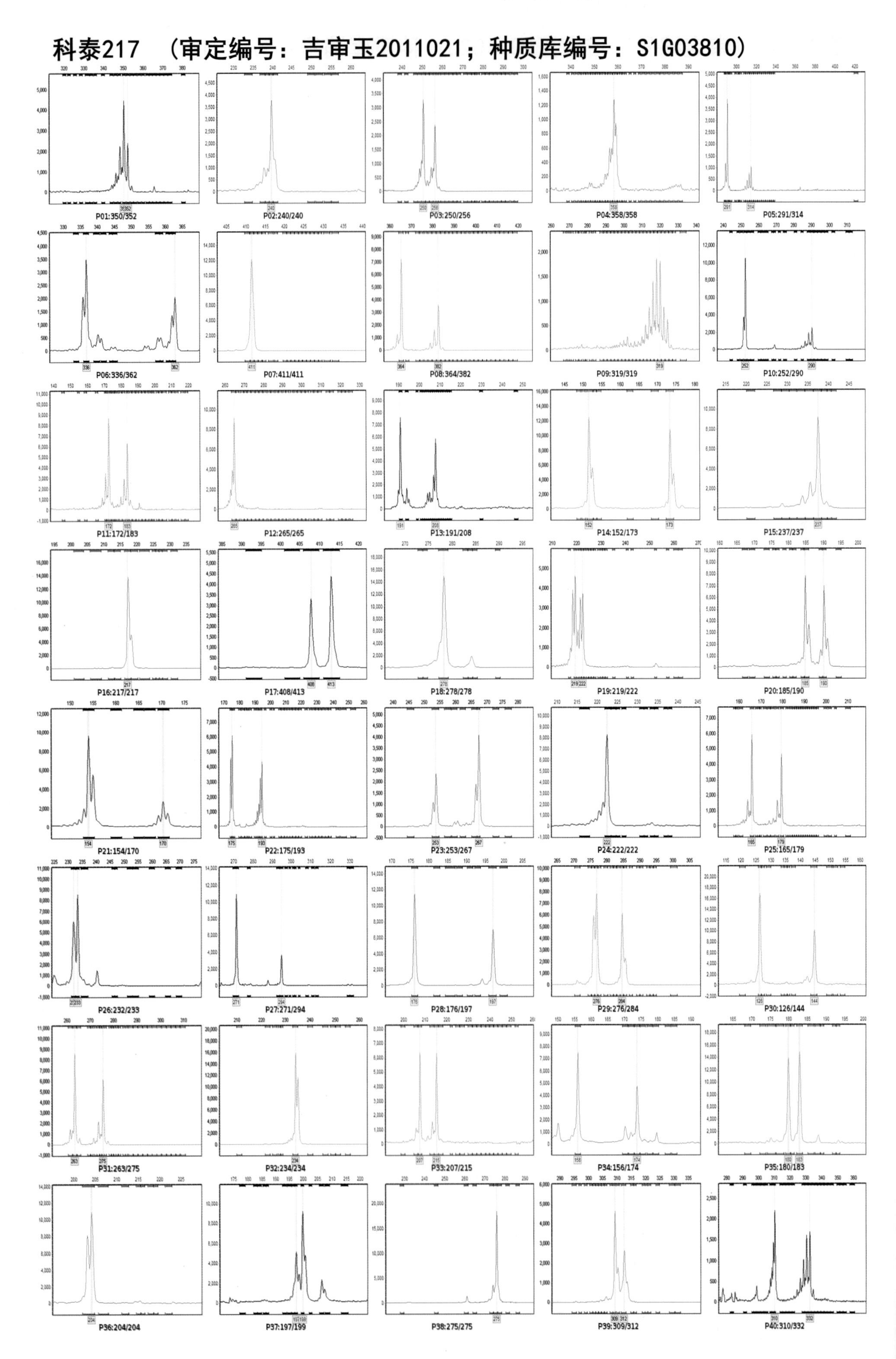

吉农玉898 （审定编号：吉审玉2011022；种质库编号：S1G04188）

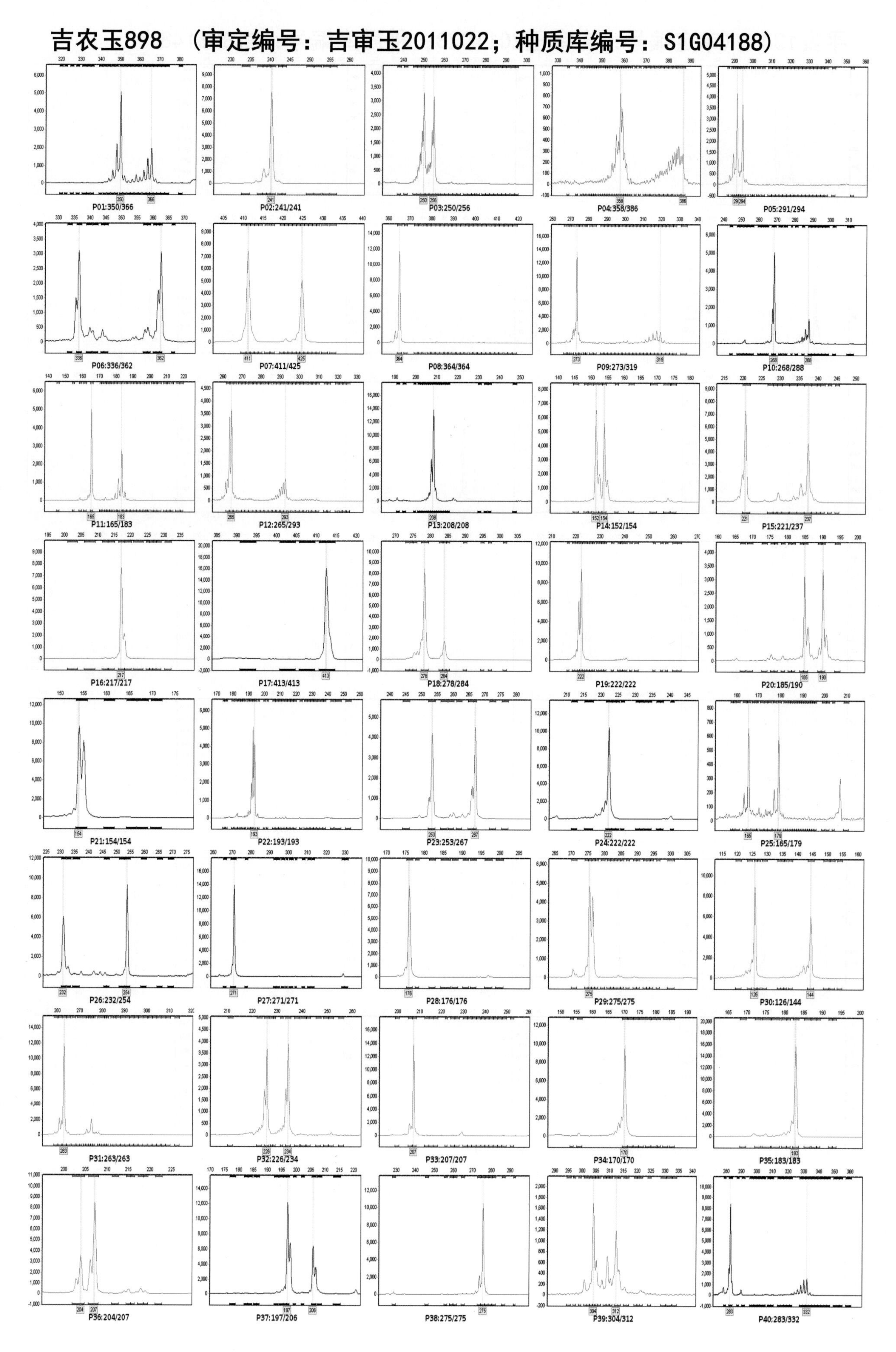

平安134 （审定编号：吉审玉2011023；种质库编号：S1G03148）

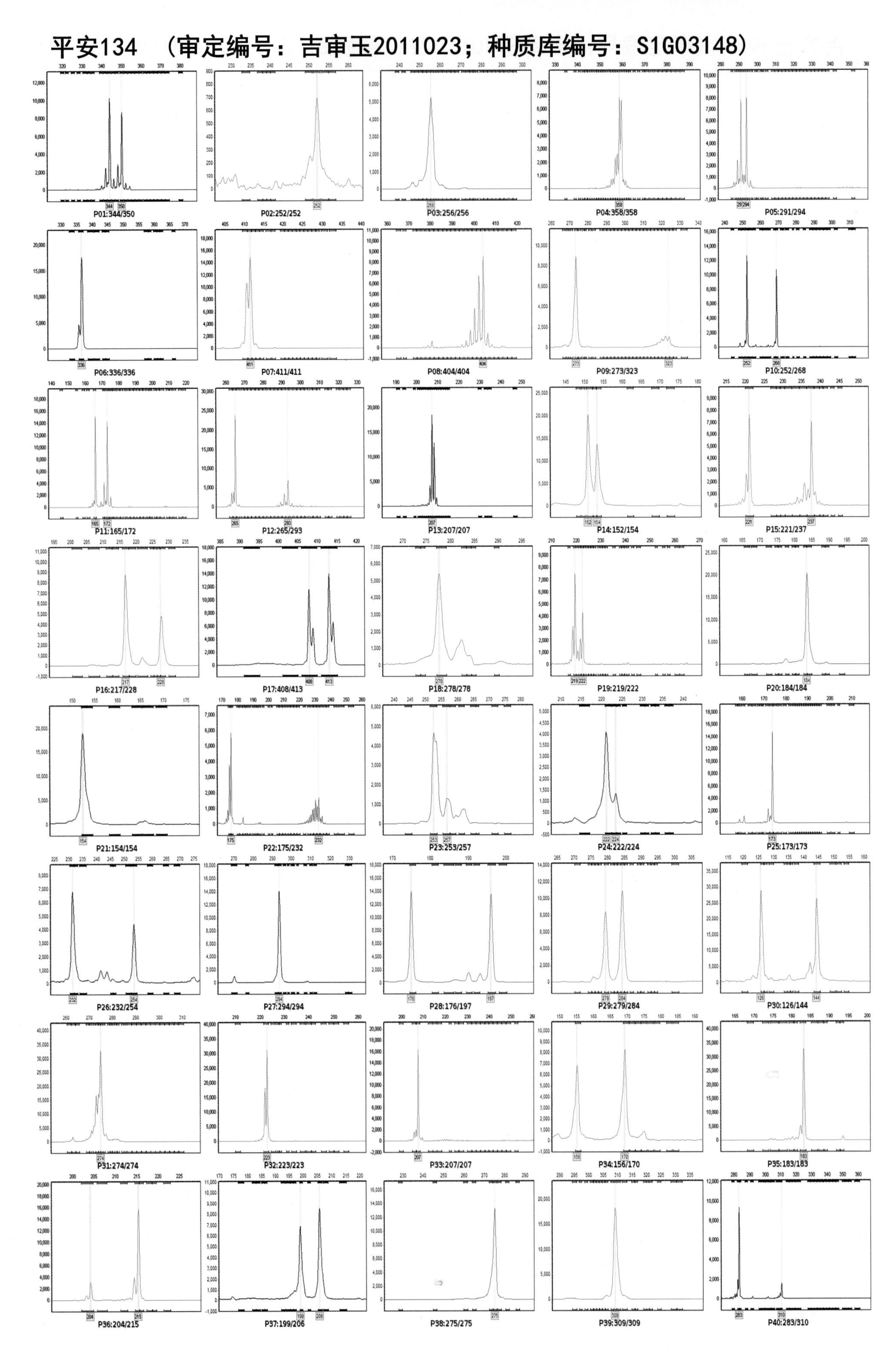

吉第67 （审定编号：吉审玉2011025；种质库编号：S1G03149）

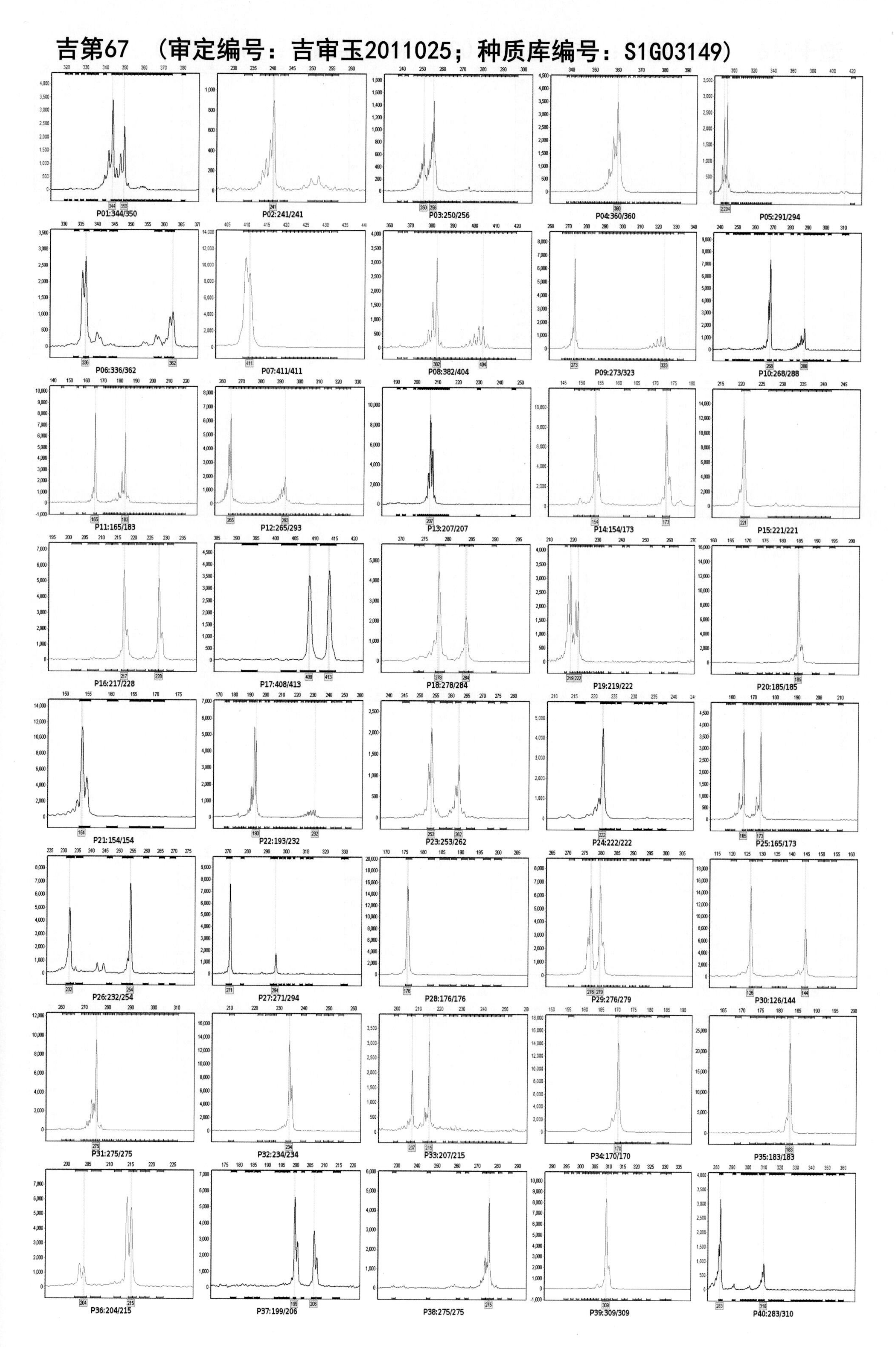

迪卡516 （审定编号：吉审玉2011026；种质库编号：S1G03809）

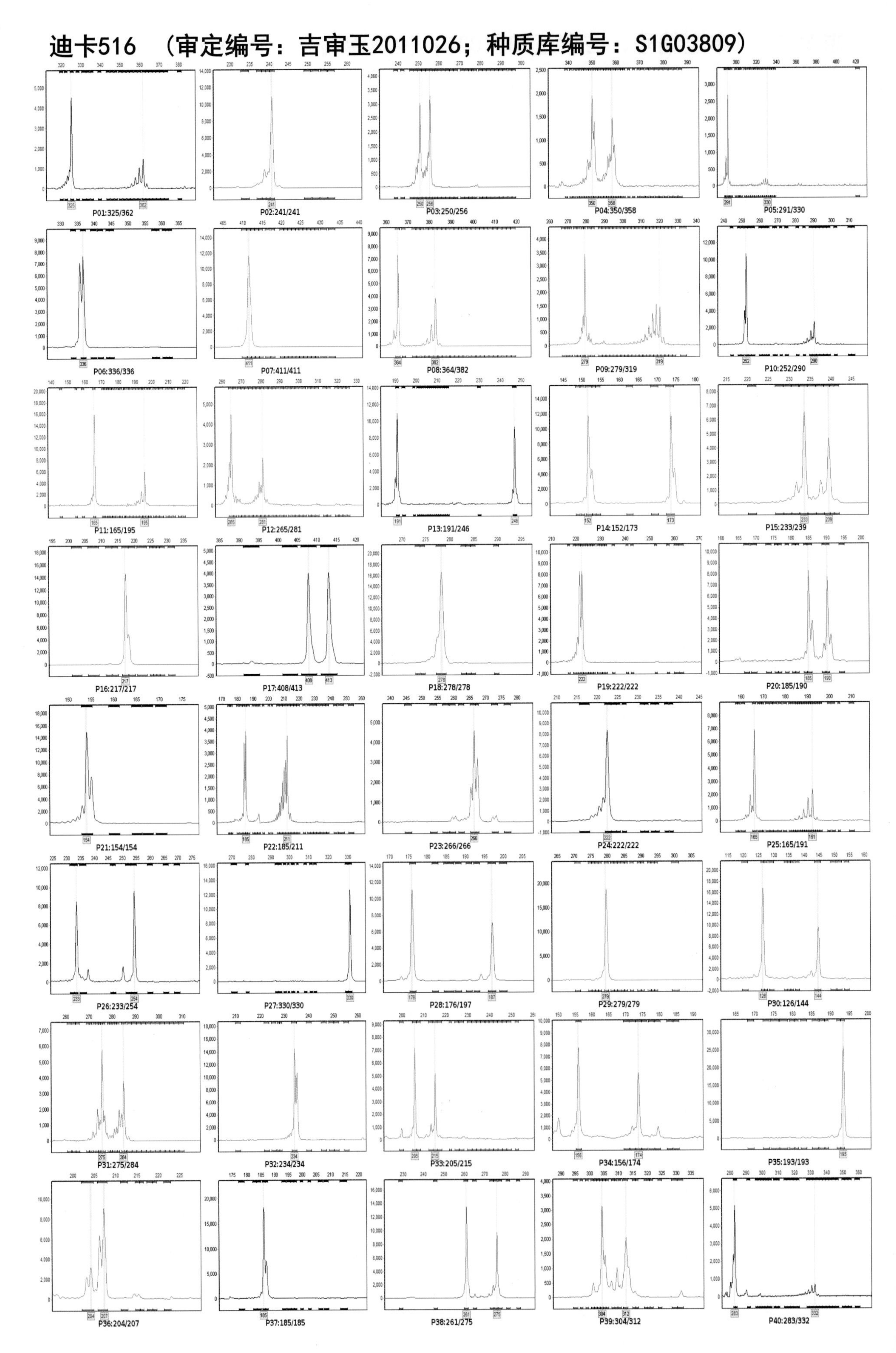

金庆707 （审定编号：吉审玉2011027；种质库编号：S1G03150）

P01:325/352　P02:234/234　P03:250/280　P04:358/378　P05:291/316

P06:336/362　P07:411/411　P08:382/406　P09:301/319　P10:290/290

P11:183/191　P12:265/265　P13:208/208　P14:169/173　P15:233/237

P16:217/228　P17:413/413　P18:278/278　P19:222/222　P20:185/190

P21:154/170　P22:232/232　P23:253/267　P24:222/233　P25:165/173

P26:232/232　P27:271/294　P28:191/197　P29:276/279　P30:126/126

P31:263/263　P32:234/234　P33:207/215　P34:156/170　P35:180/193

P36:204/215　P37:197/199　P38:261/275　P39:304/312　P40:283/332

平安188 （审定编号：吉审玉2011028；种质库编号：S1G03151）

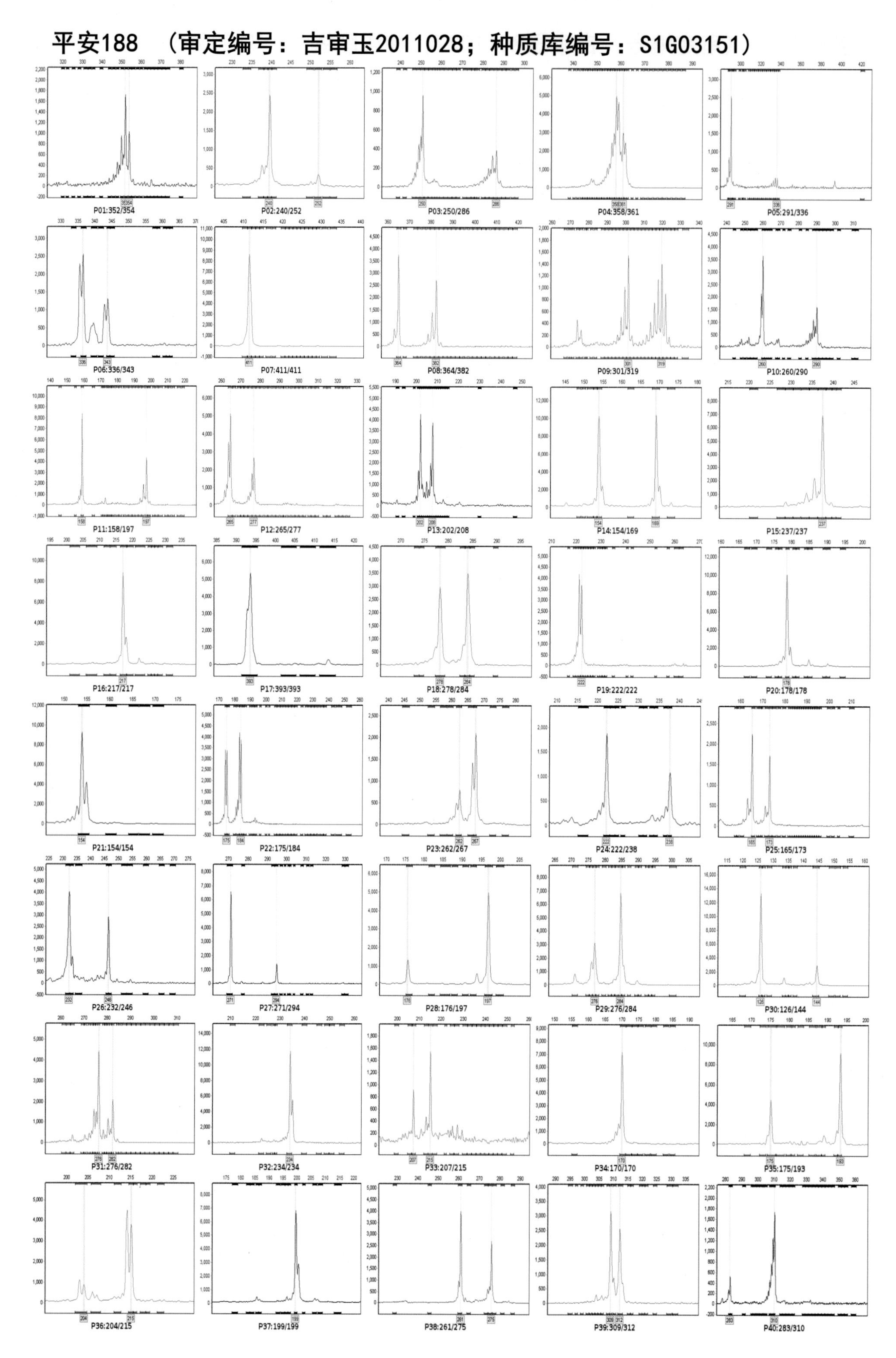

吉东59 （审定编号：吉审玉2011029；种质库编号：S1G03152）

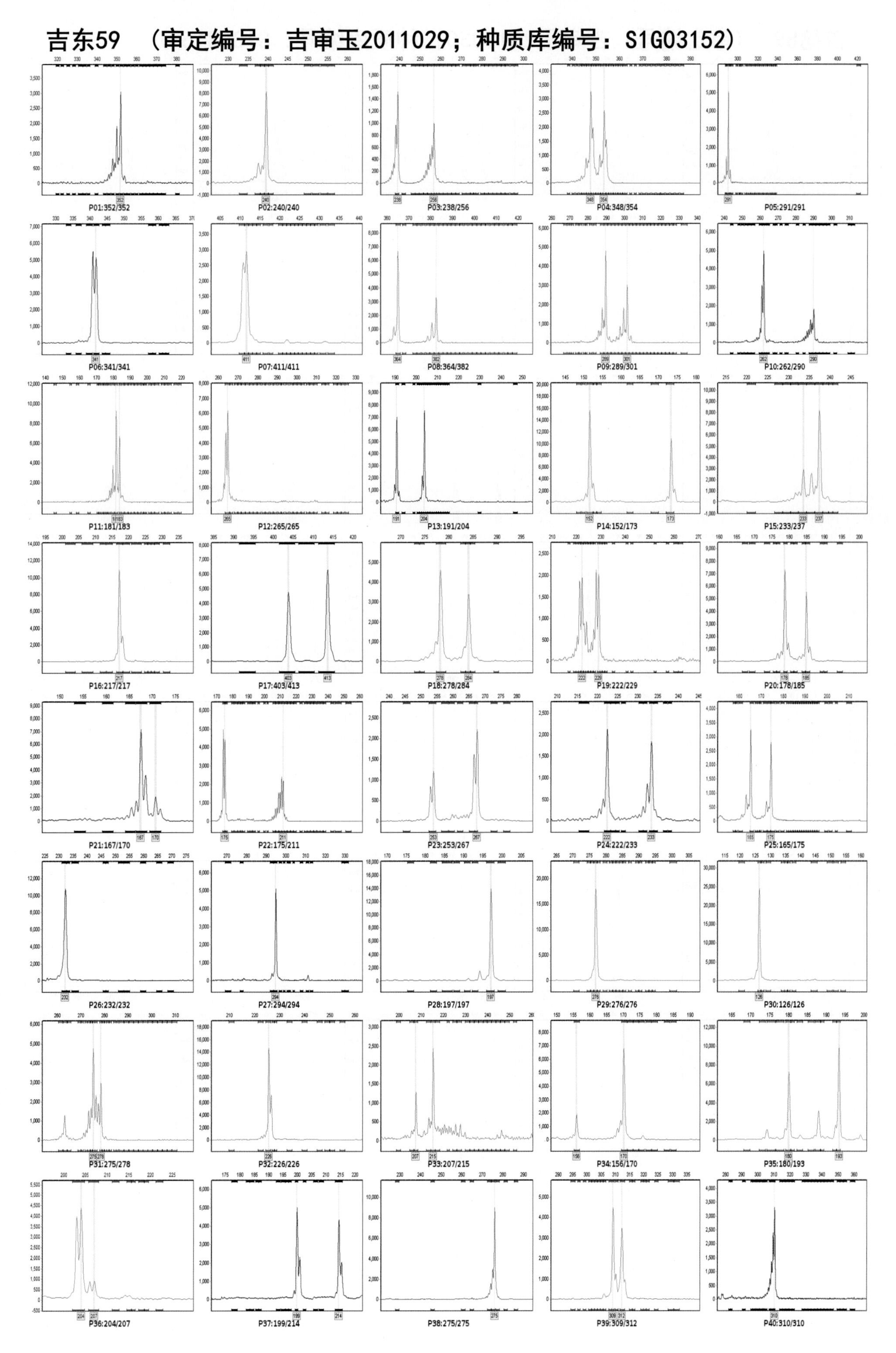

吉德89 （审定编号：吉审玉2011030；种质库编号：S1G03153）

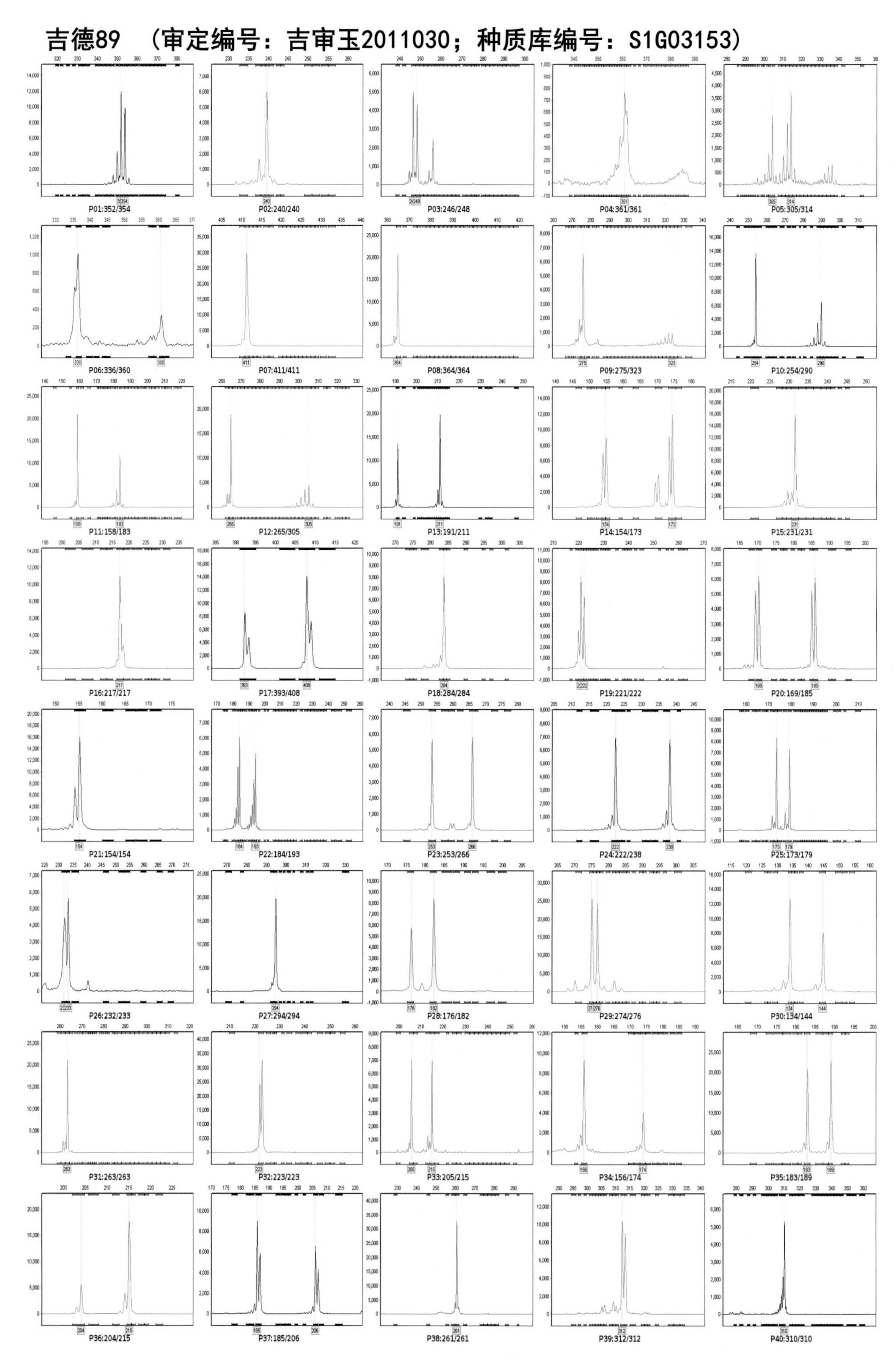

吉第57 （审定编号：吉审玉2011031；种质库编号：S1G03154）

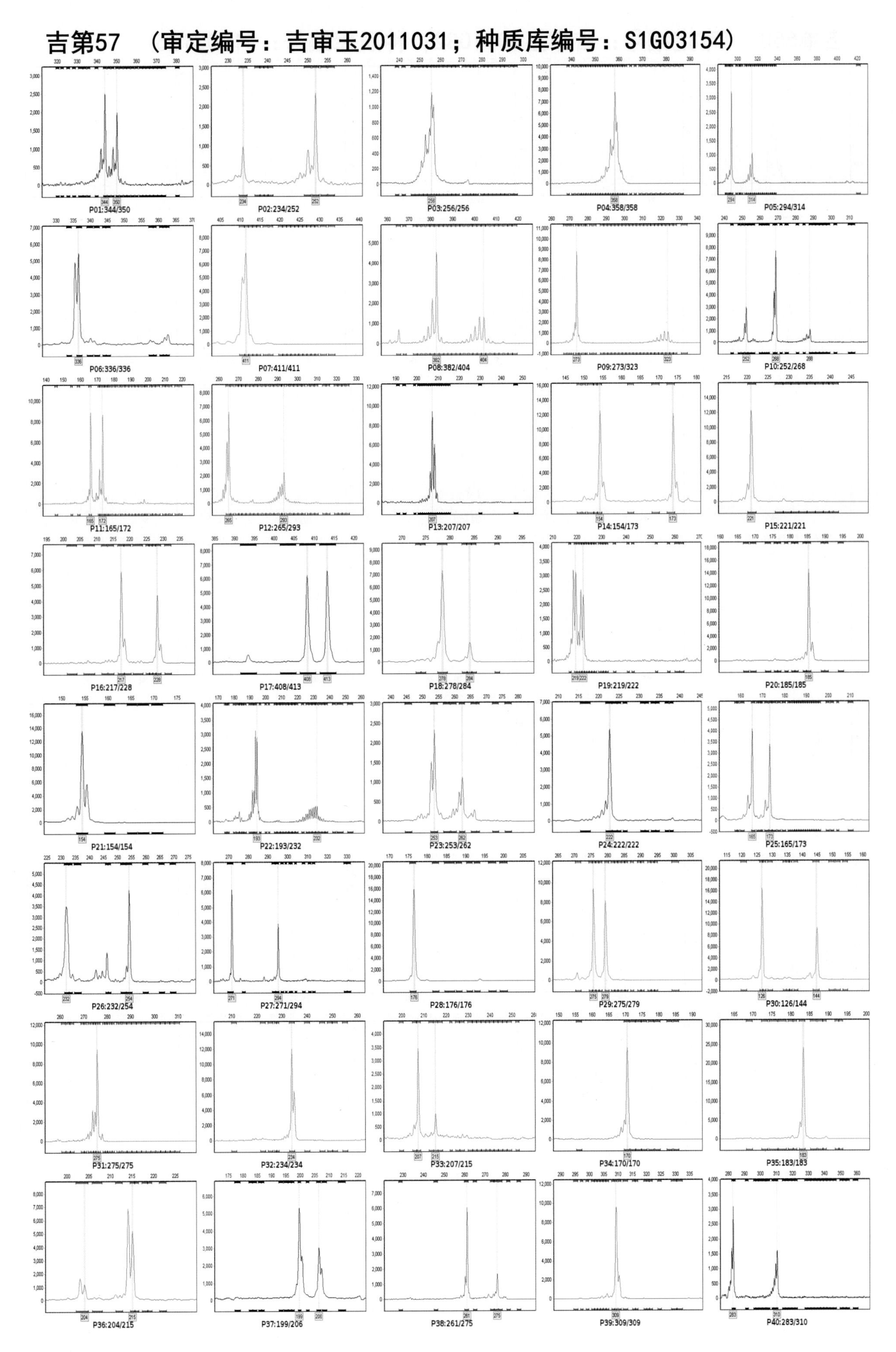

吉单550 （审定编号：吉审玉2011032；种质库编号：S1G03155）

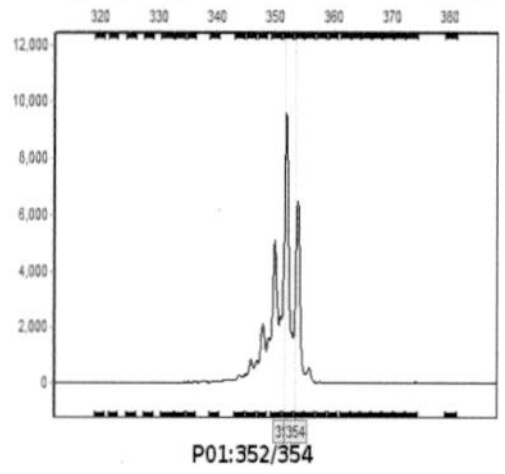

P01:352/354 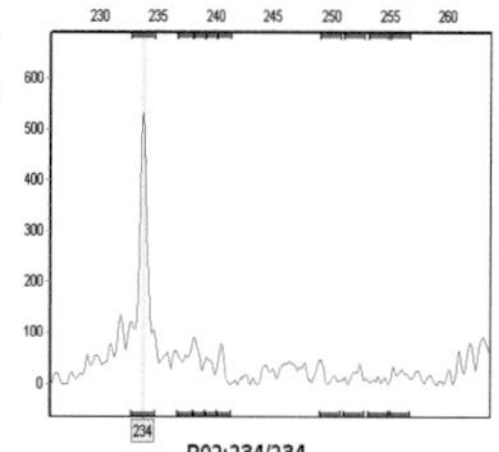　P02:234/234 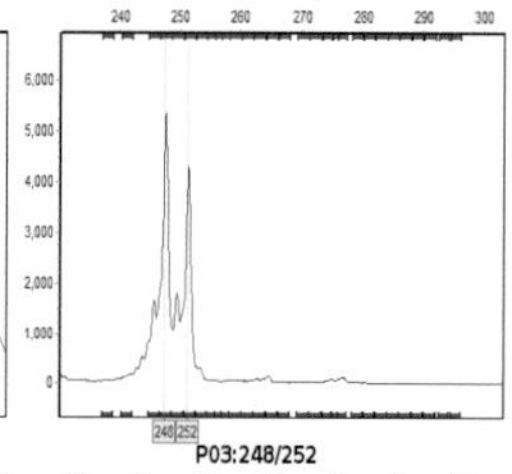　P03:248/252 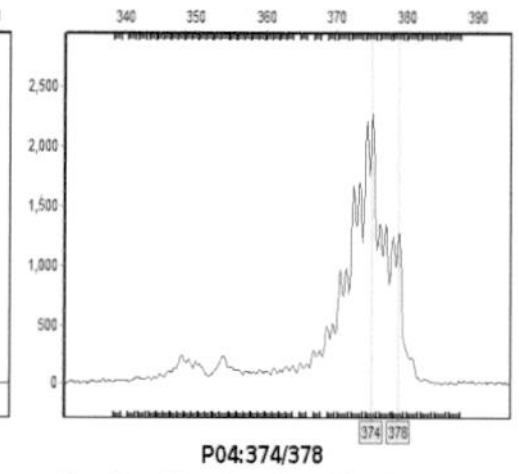　P04:374/378 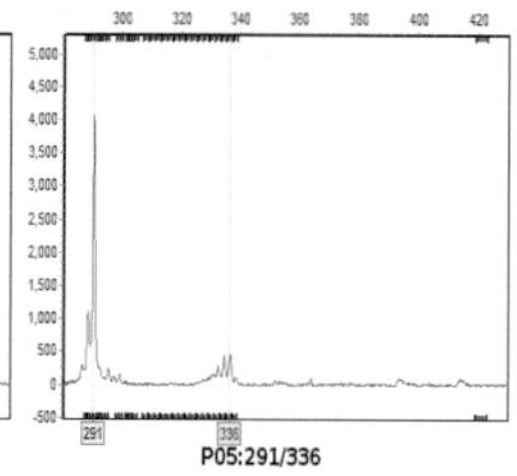　P05:291/336

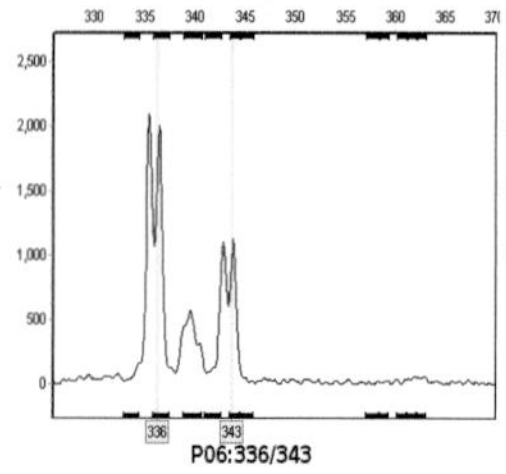

P06:336/343 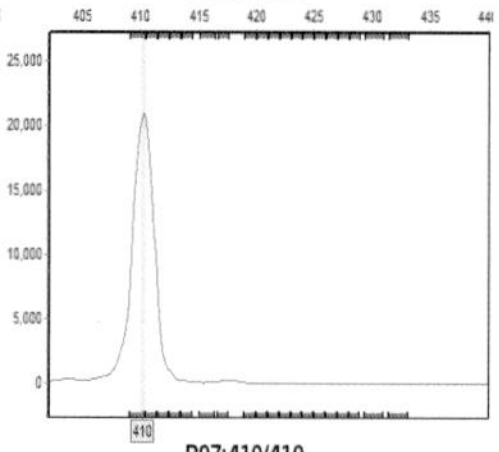　P07:410/410 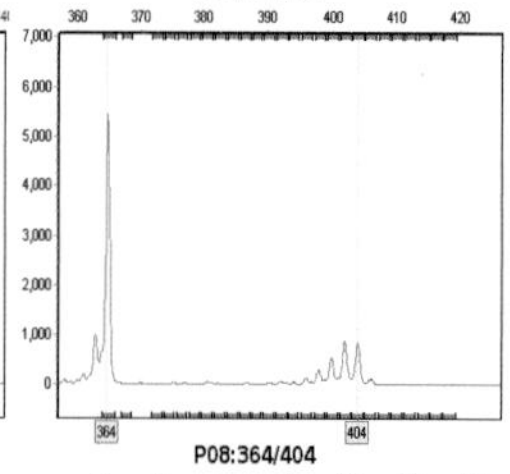　P08:364/404 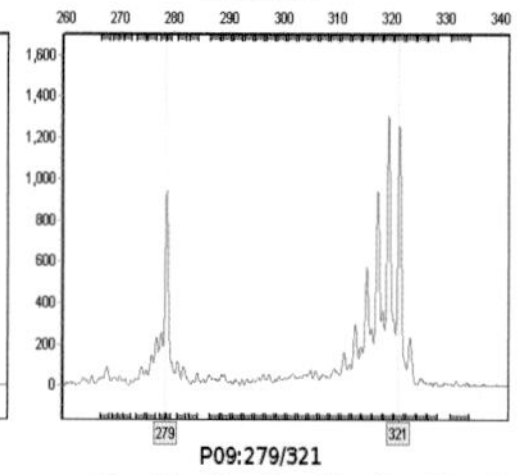　P09:279/321 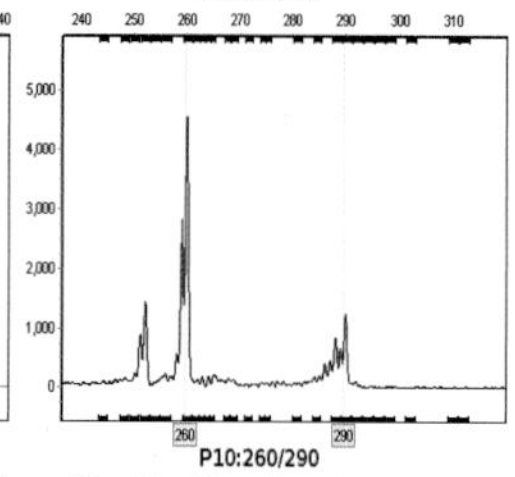　P10:260/290

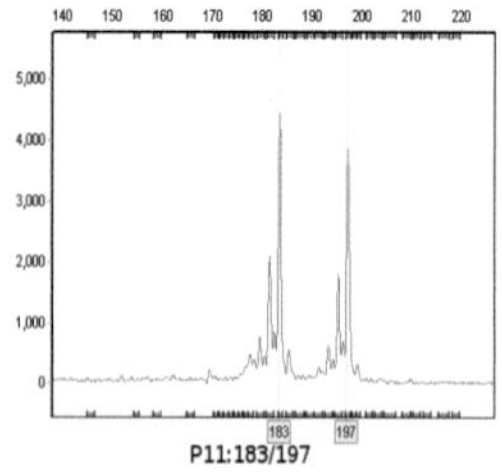

P11:183/197 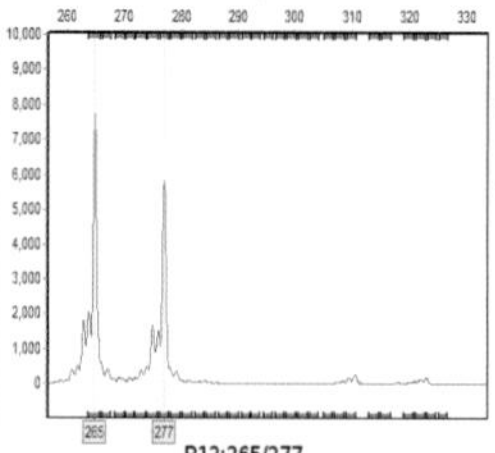　P12:265/277 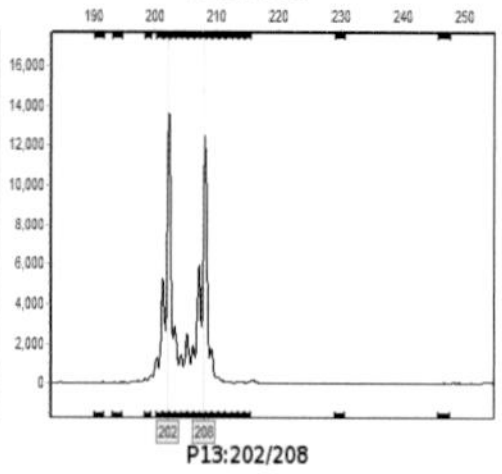　P13:202/208 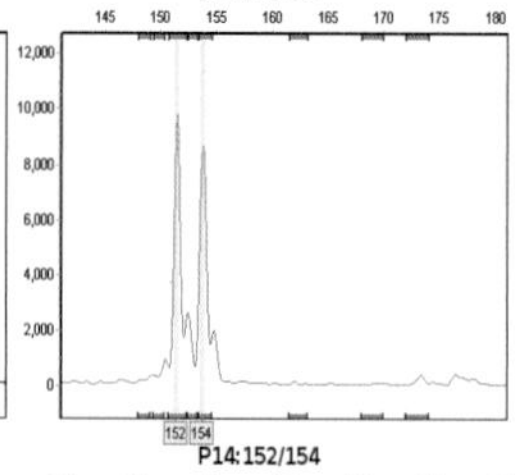　P14:152/154 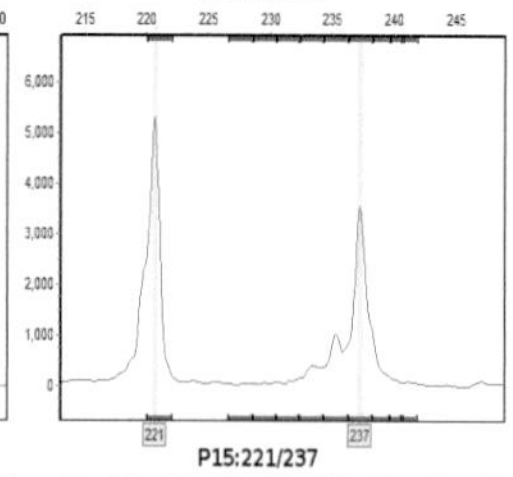　P15:221/237

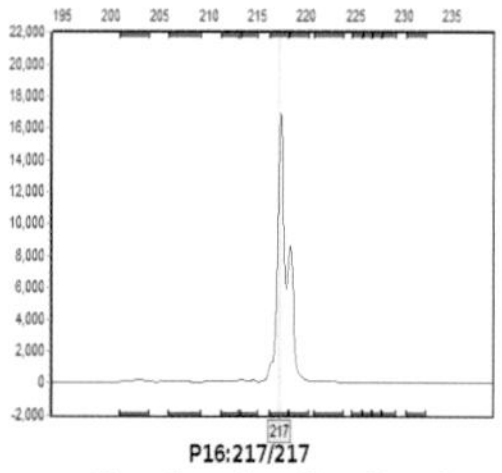

P16:217/217 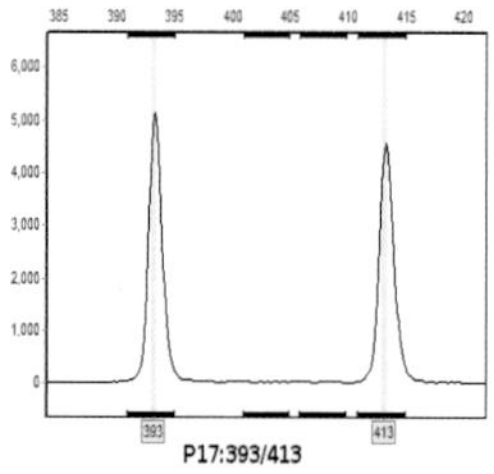　P17:393/413 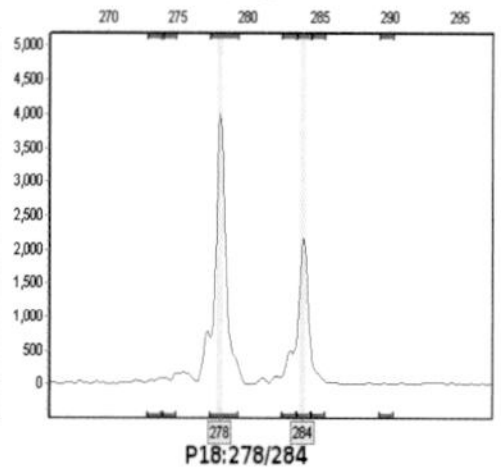　P18:278/284 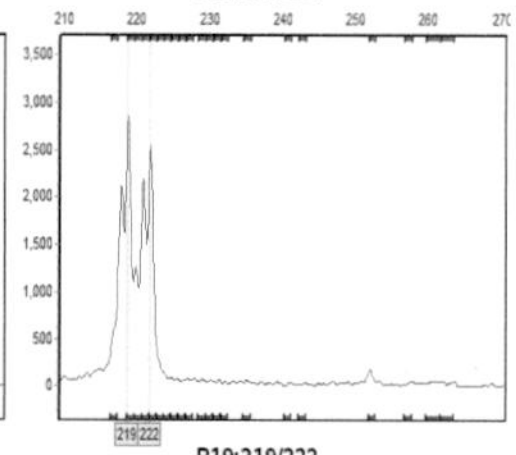　P19:219/222 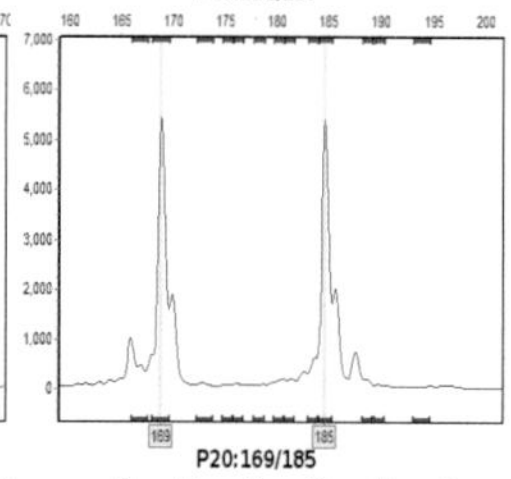　P20:169/185

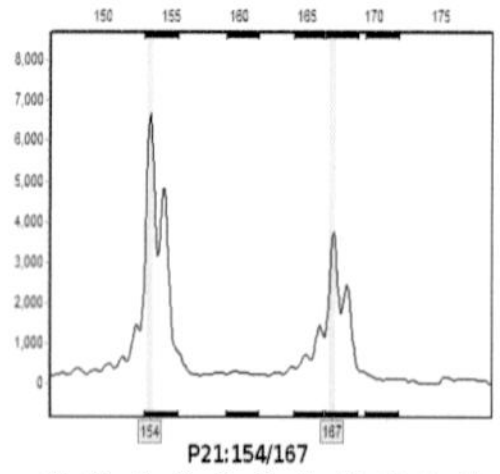

P21:154/167 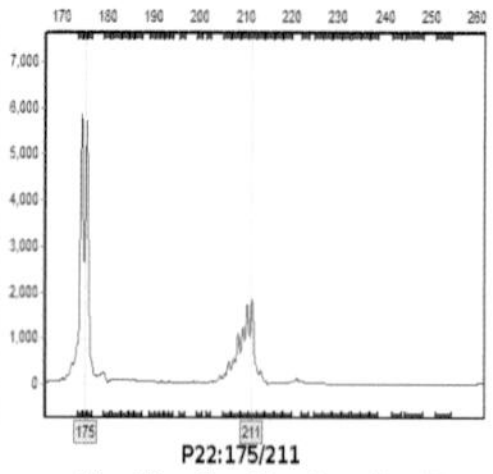　P22:175/211 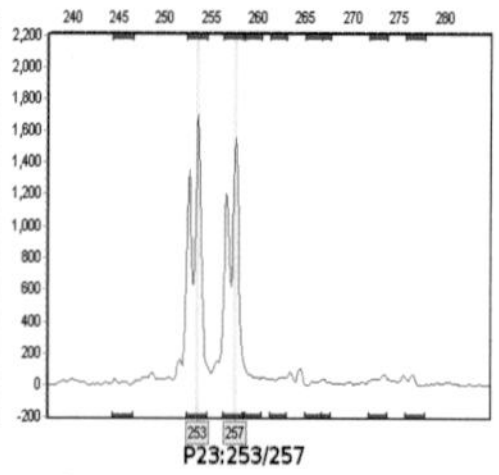　P23:253/257 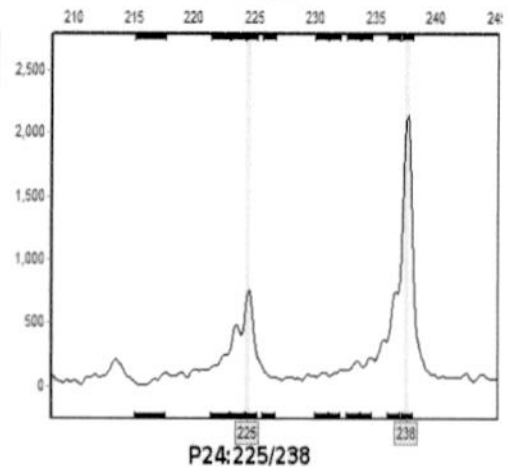　P24:225/238 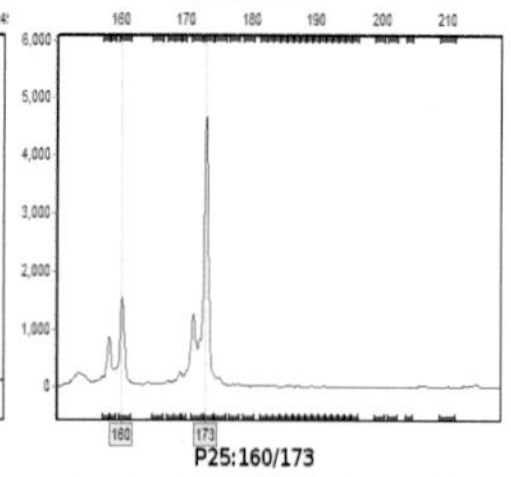　P25:160/173

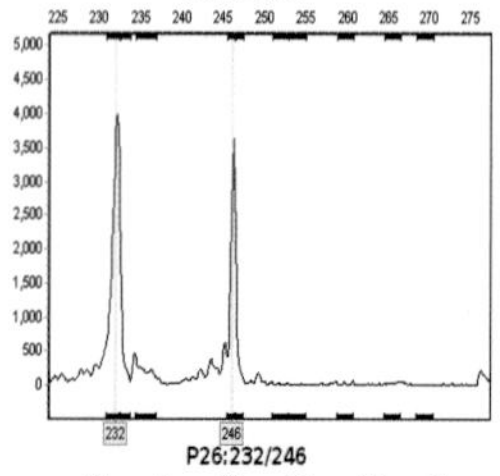

P26:232/246 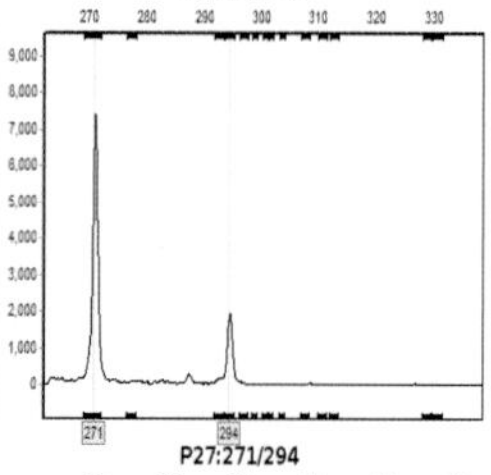　P27:271/294 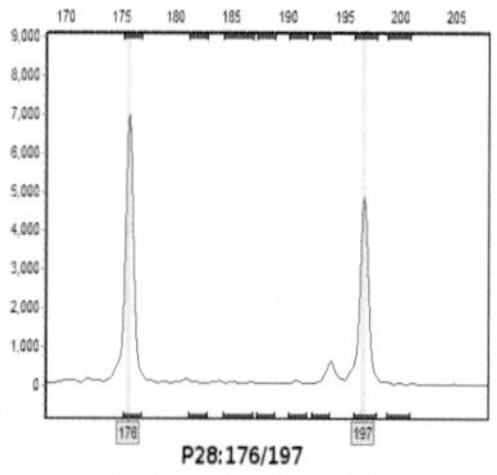　P28:176/197 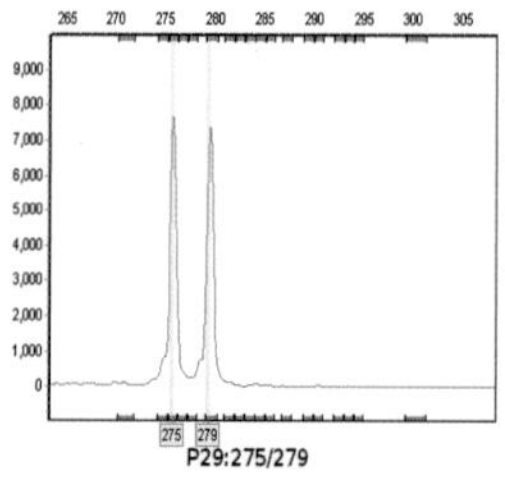　P29:275/279 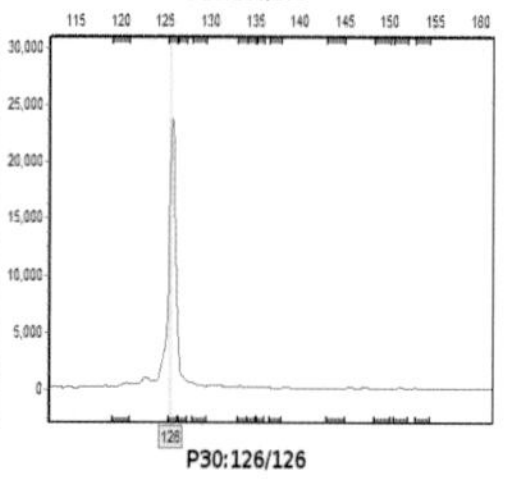　P30:126/126

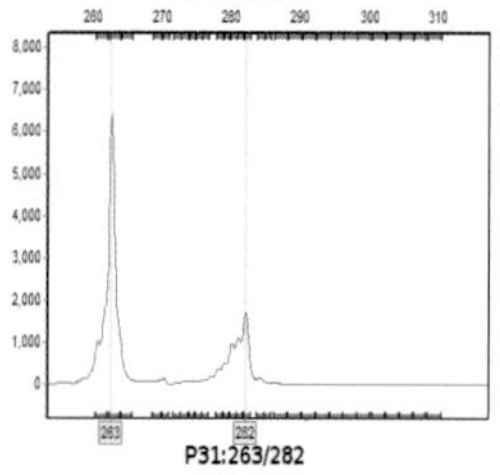

P31:263/282 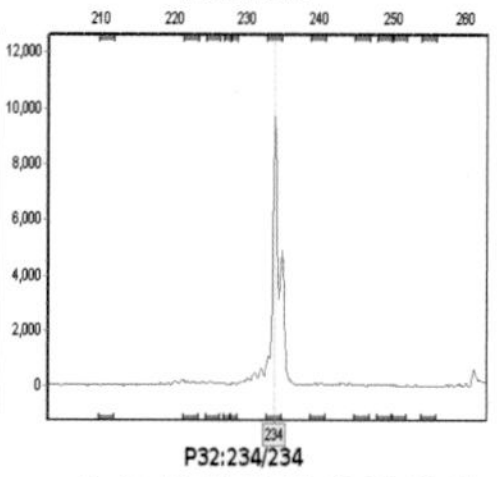　P32:234/234 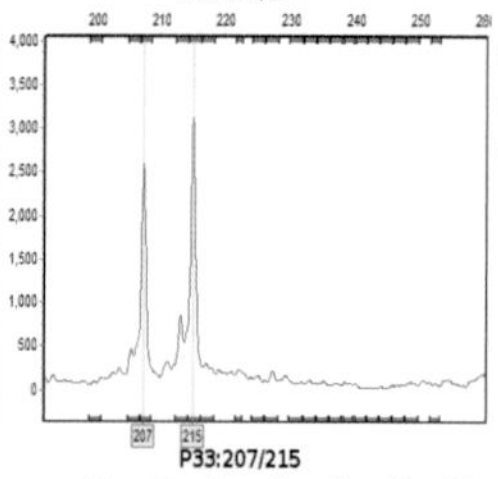　P33:207/215 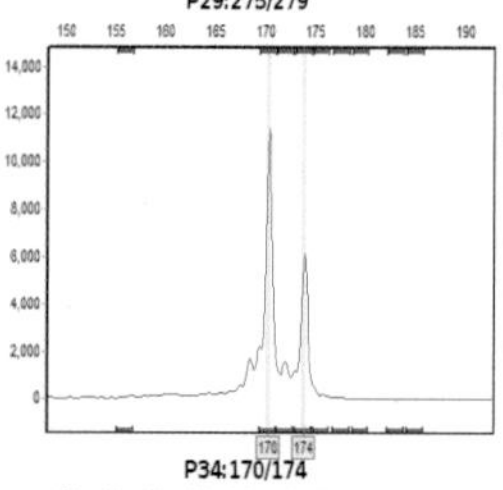　P34:170/174 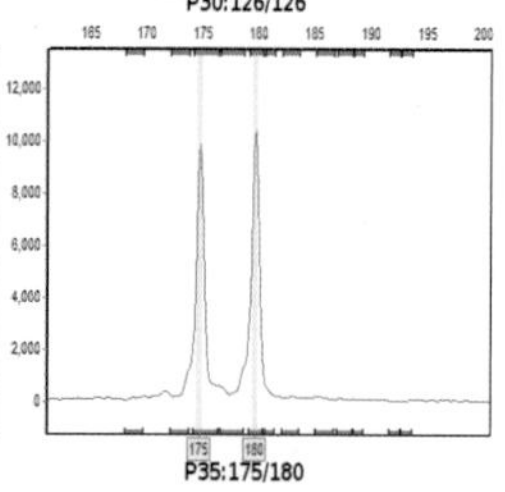　P35:175/180

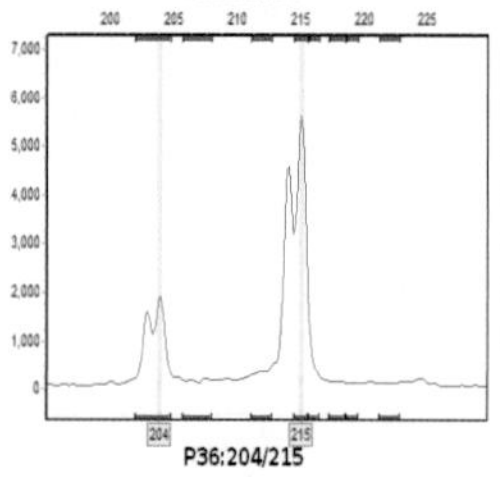

P36:204/215 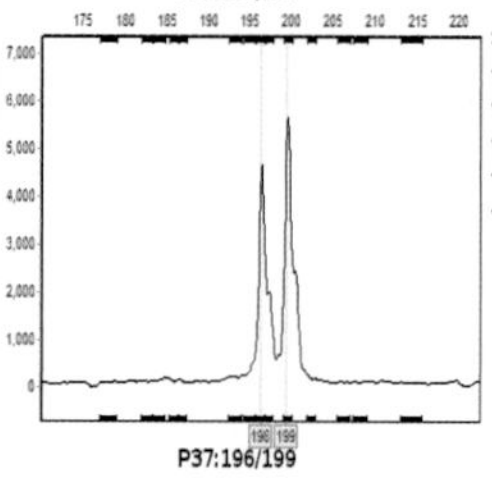　P37:196/199 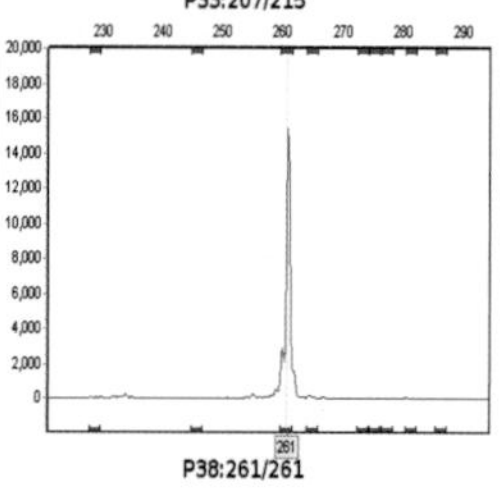　P38:261/261 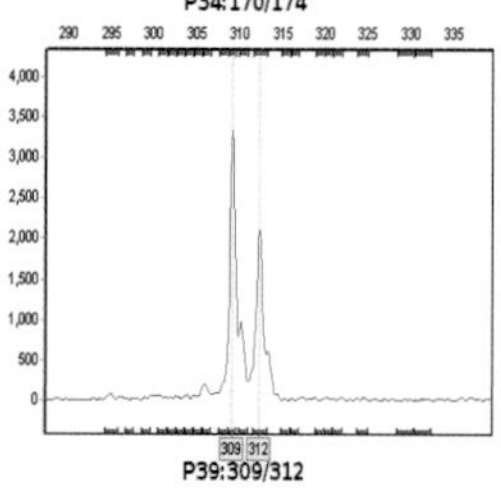　P39:309/312 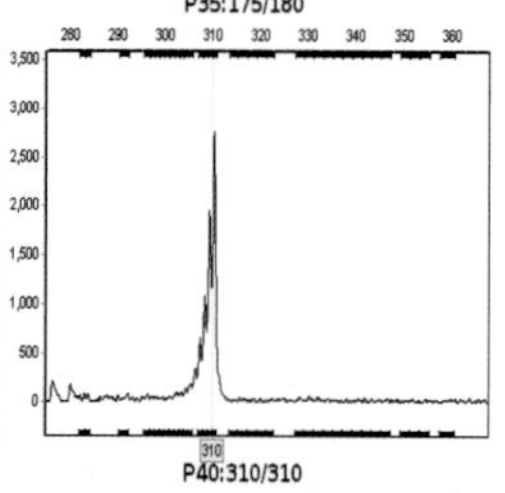　P40:310/310

吉农大935 （审定编号：吉审玉2011033；种质库编号：S1G04190）

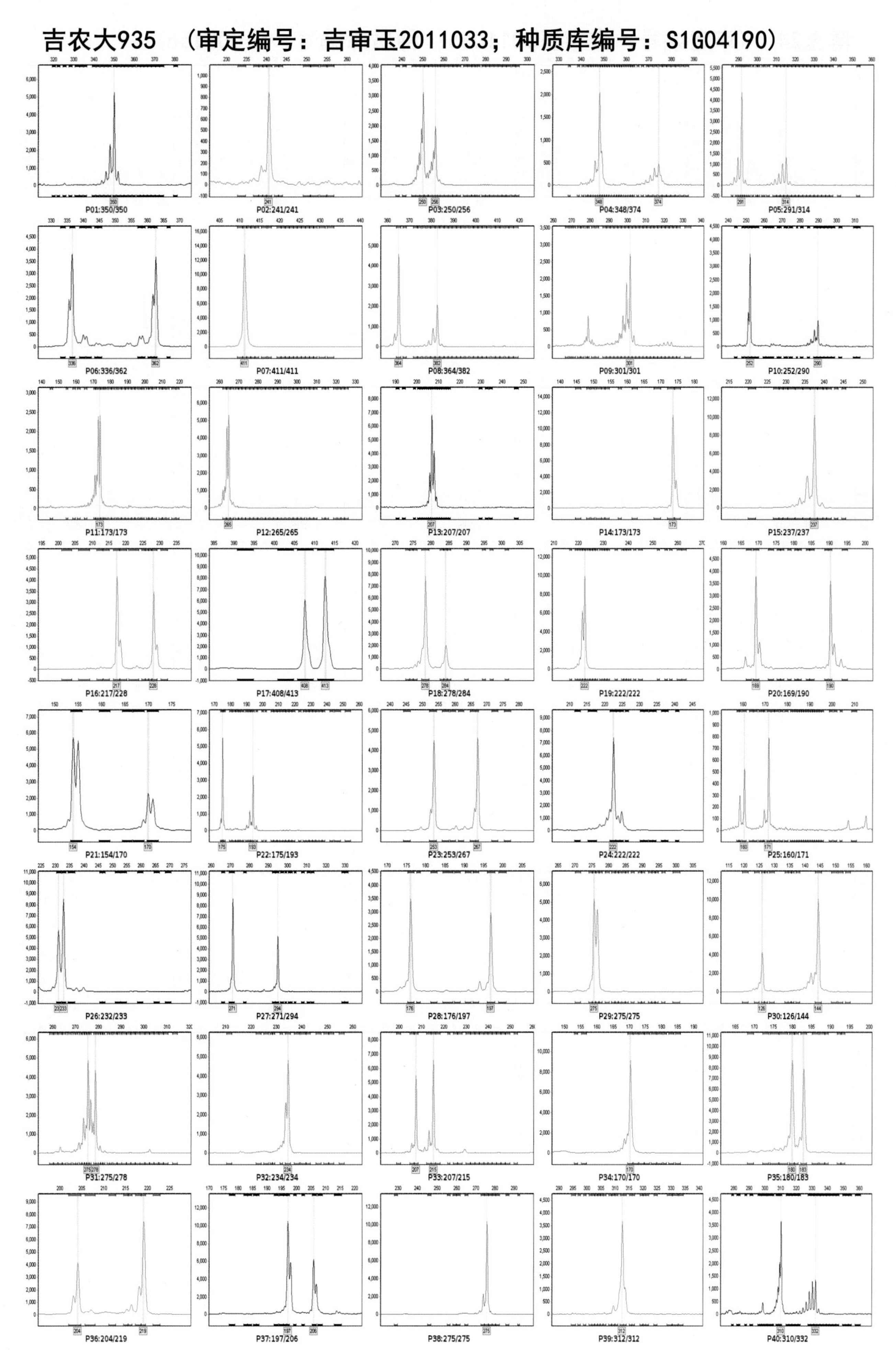

博玉24 （审定编号：吉审玉2011035；种质库编号：S1G03156）

P01:350/366 P02:241/241 P03:248/256 P04:359/374 P05:294/314

P06:336/336 P07:411/425 P08:364/384 P09:273/323 P10:252/268

P11:165/183 P12:265/267 P13:204/208 P14:152/154 P15:235/237

P16:217/217 P17:413/413 P18:278/284 P19:222/222 P20:169/185

P21:154/154 P22:192/192 P23:245/253 P24:222/222 P25:160/173

P26:233/233 P27:294/294 P28:176/176 P29:275/284 P30:126/144

P31:263/275 P32:226/226 P33:207/207 P34:170/170 P35:180/183

P36:204/204 P37:206/206 P38:261/261 P39:301/312 P40:283/310

禾玉33 （审定编号：吉审玉2011037；种质库编号：S1G03158）

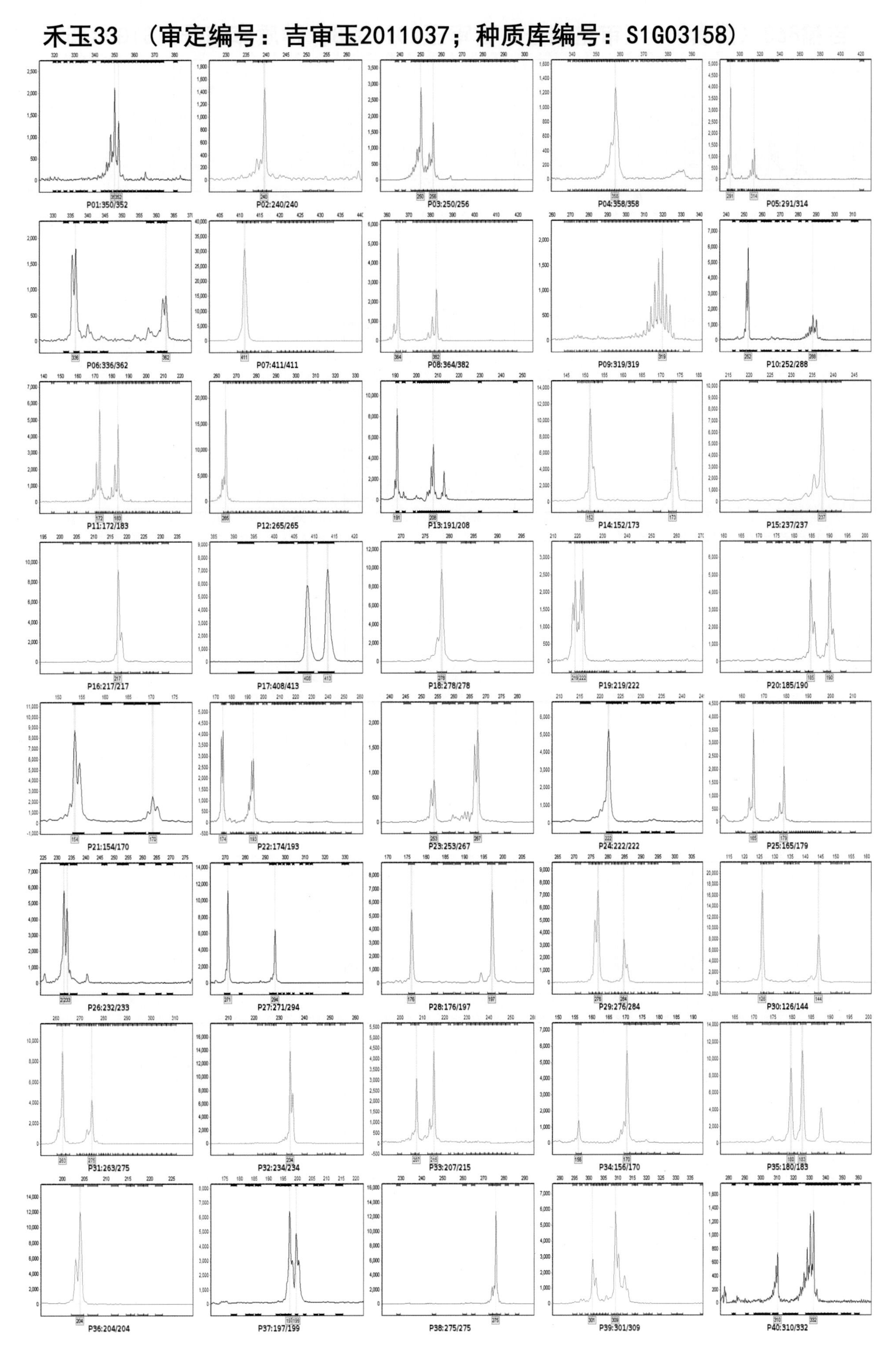

吉糯863（鲜食）　（审定编号：吉审玉2011038；种质库编号：S1G03159）

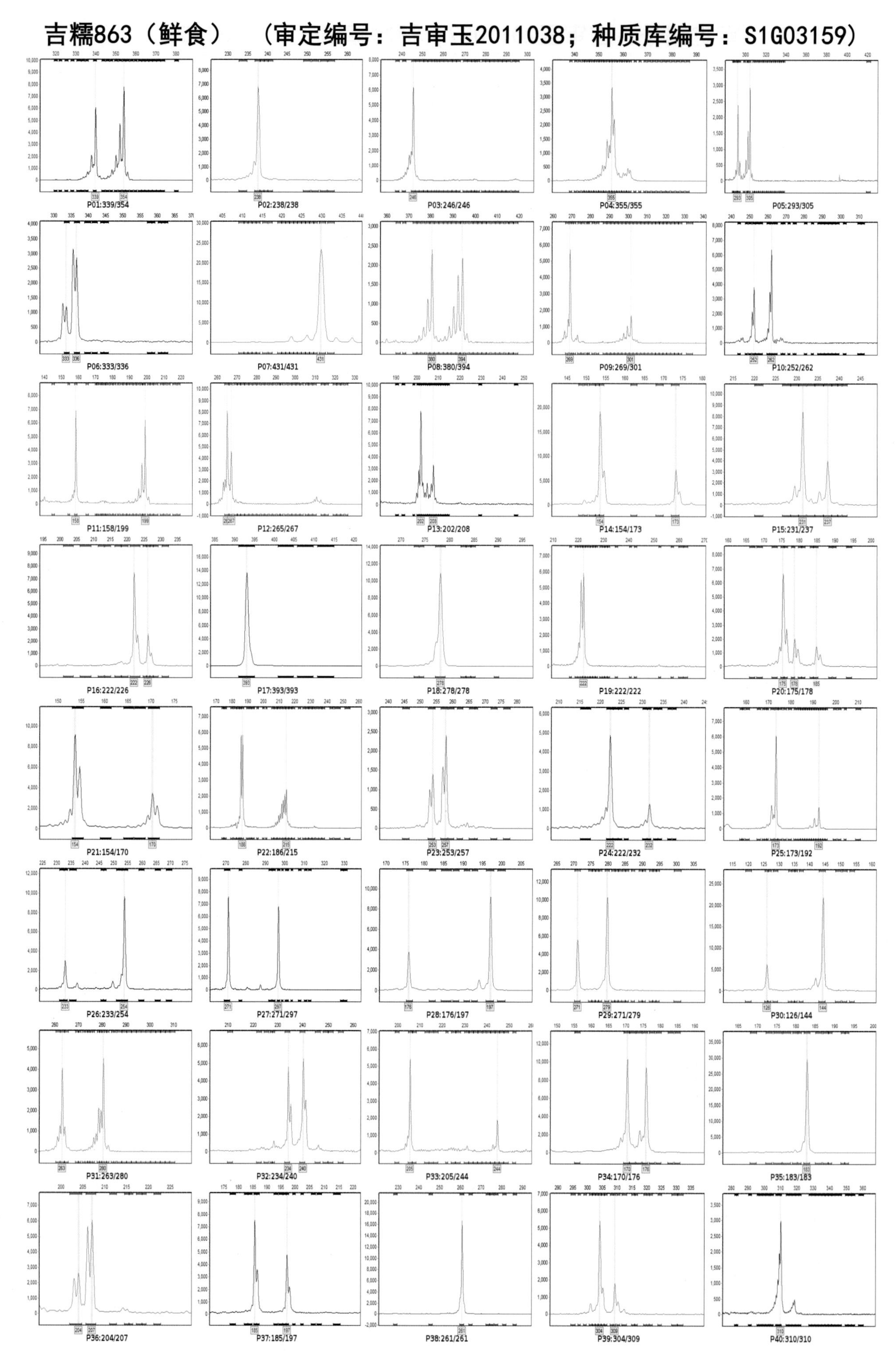

吉爆5 （审定编号：吉审玉2011041；种质库编号：S1G03160）

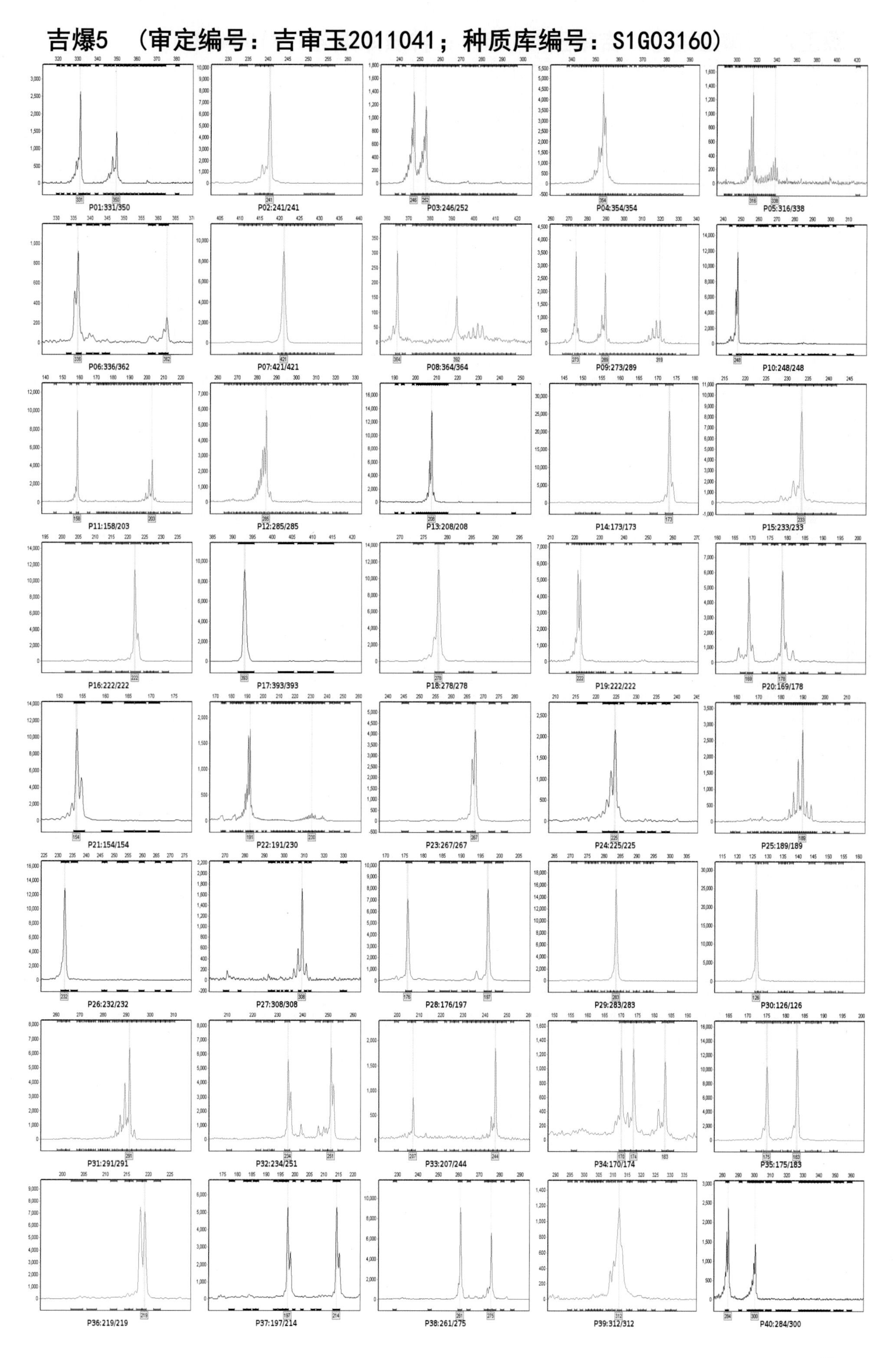

源玉7 （审定编号：吉审玉2012001；种质库编号：S1G04185）

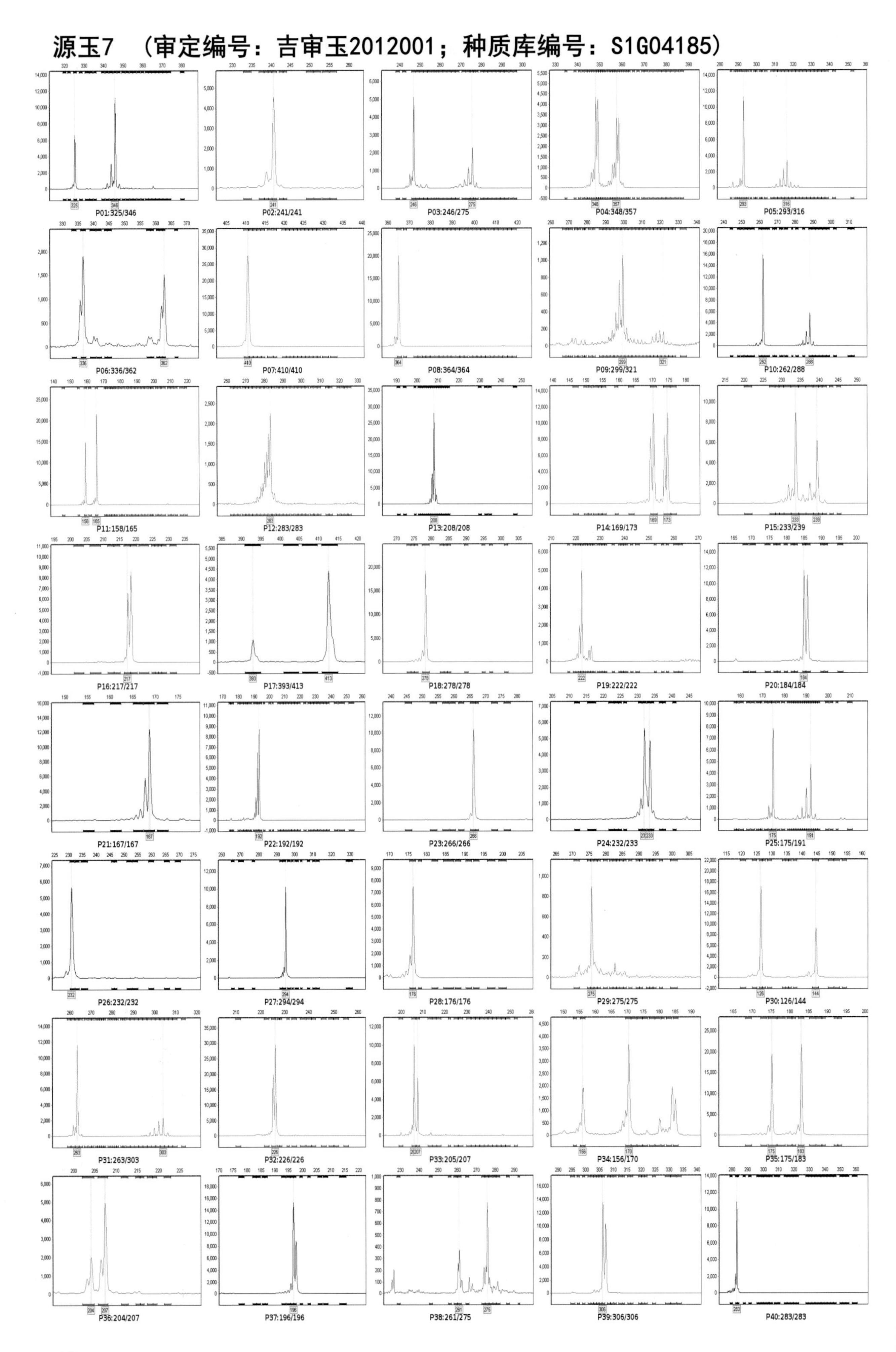

吉单441 （审定编号：吉审玉2012002；种质库编号：S1G03388）

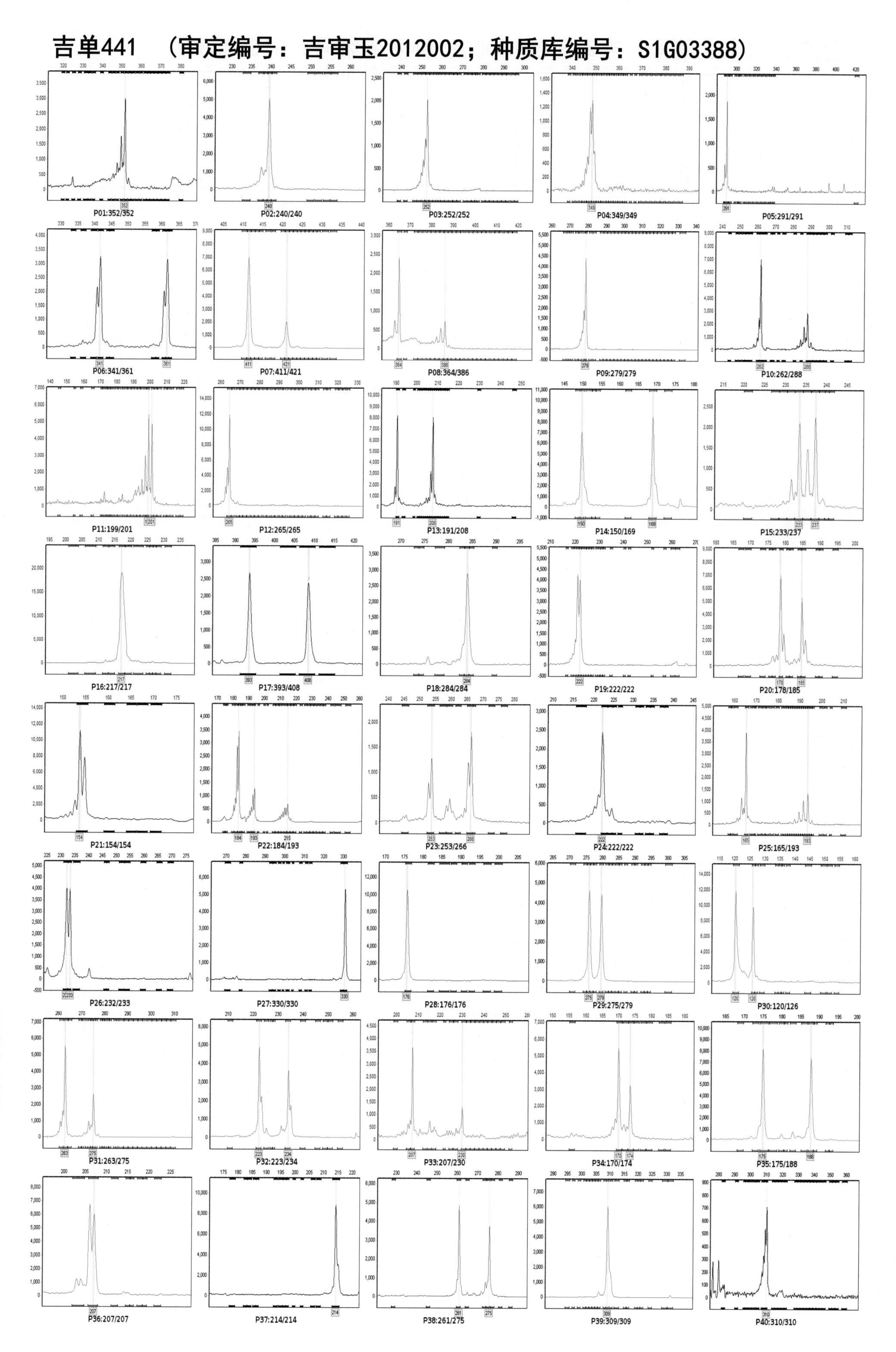

金产5 （审定编号：吉审玉2012003；种质库编号：S1G03389）

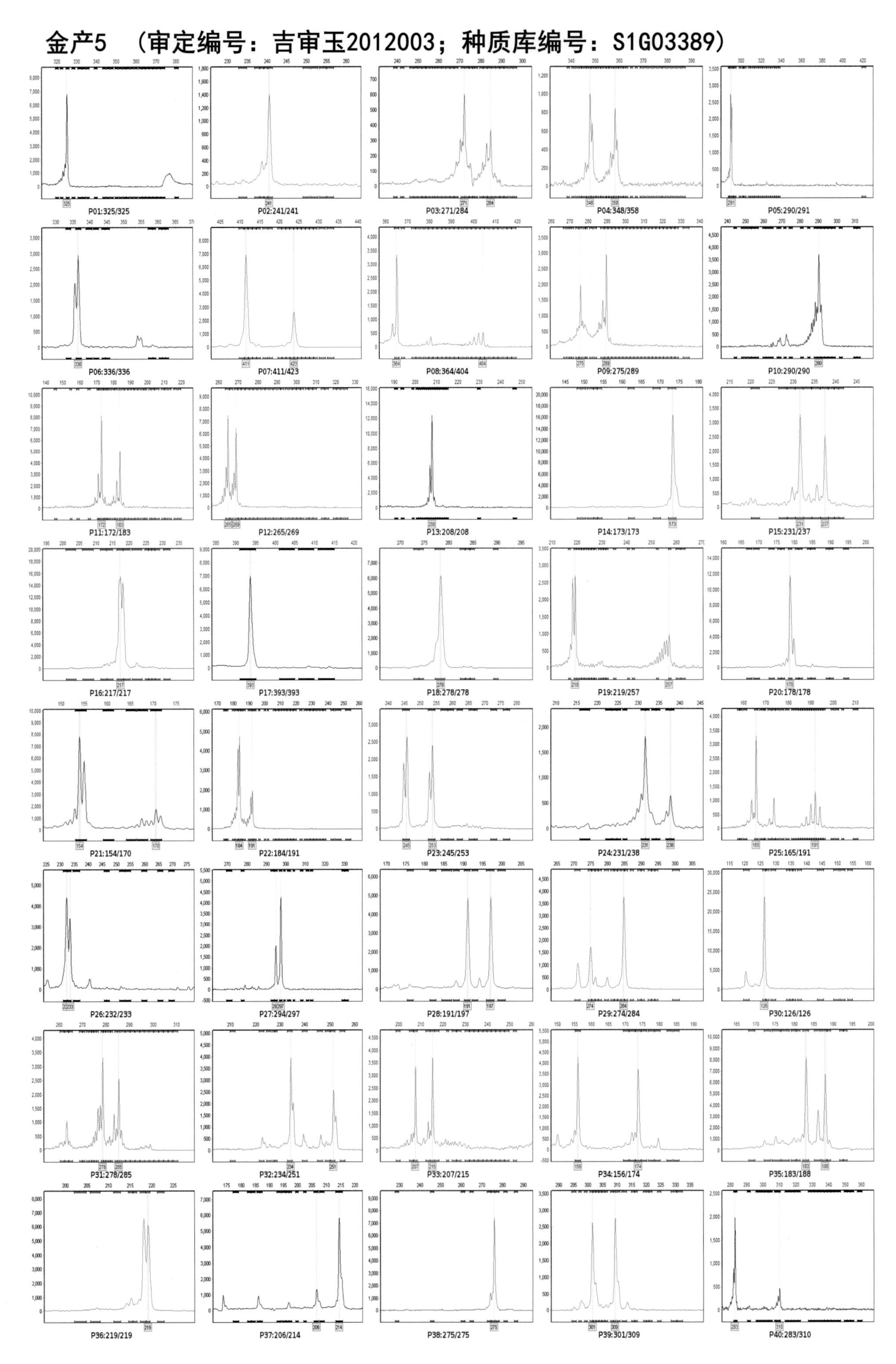

吉农玉876 （审定编号：吉审玉2012005；种质库编号：S1G03390）

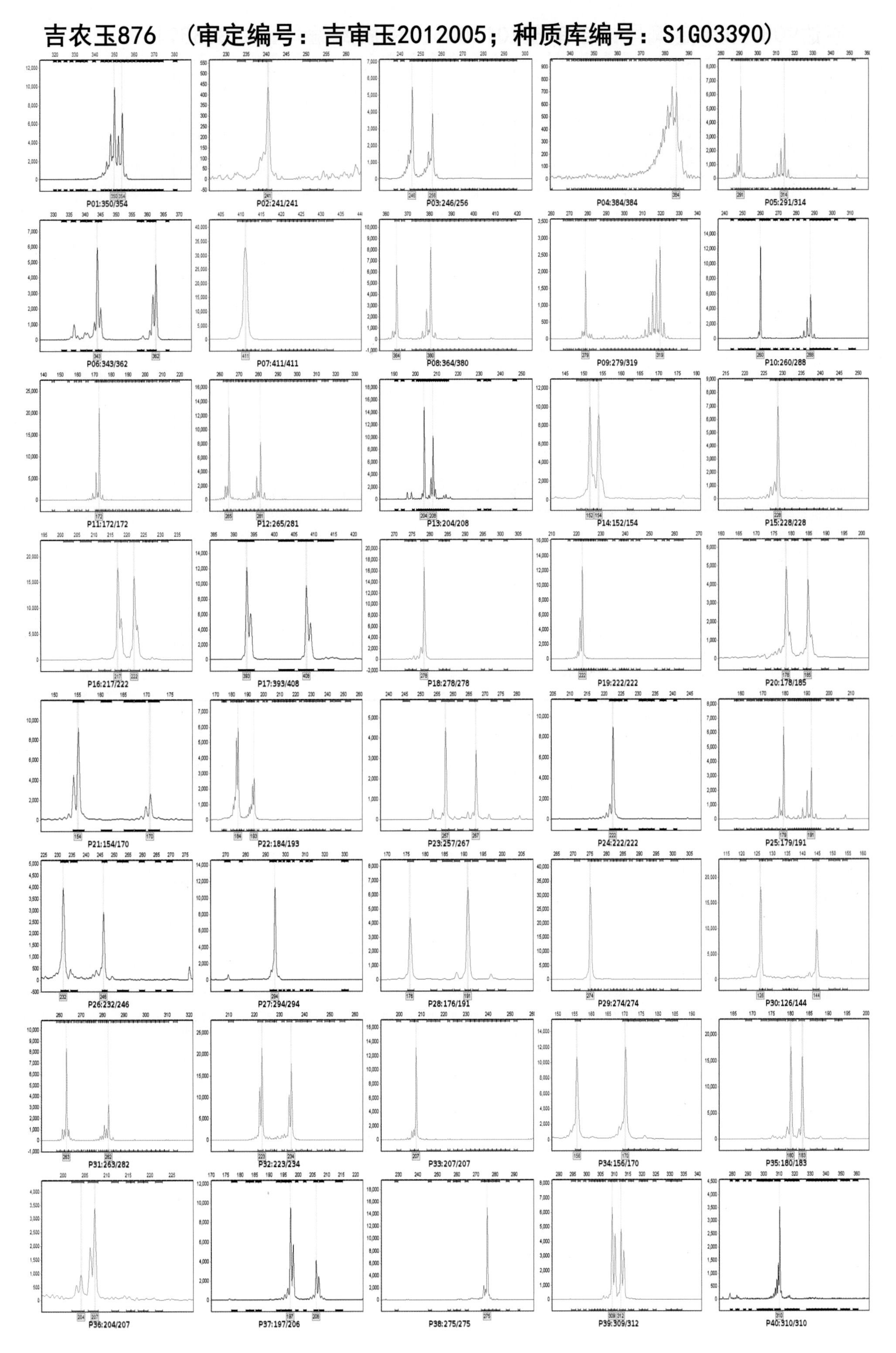

亨达903 （审定编号：吉审玉2012006；种质库编号：S1G03391）

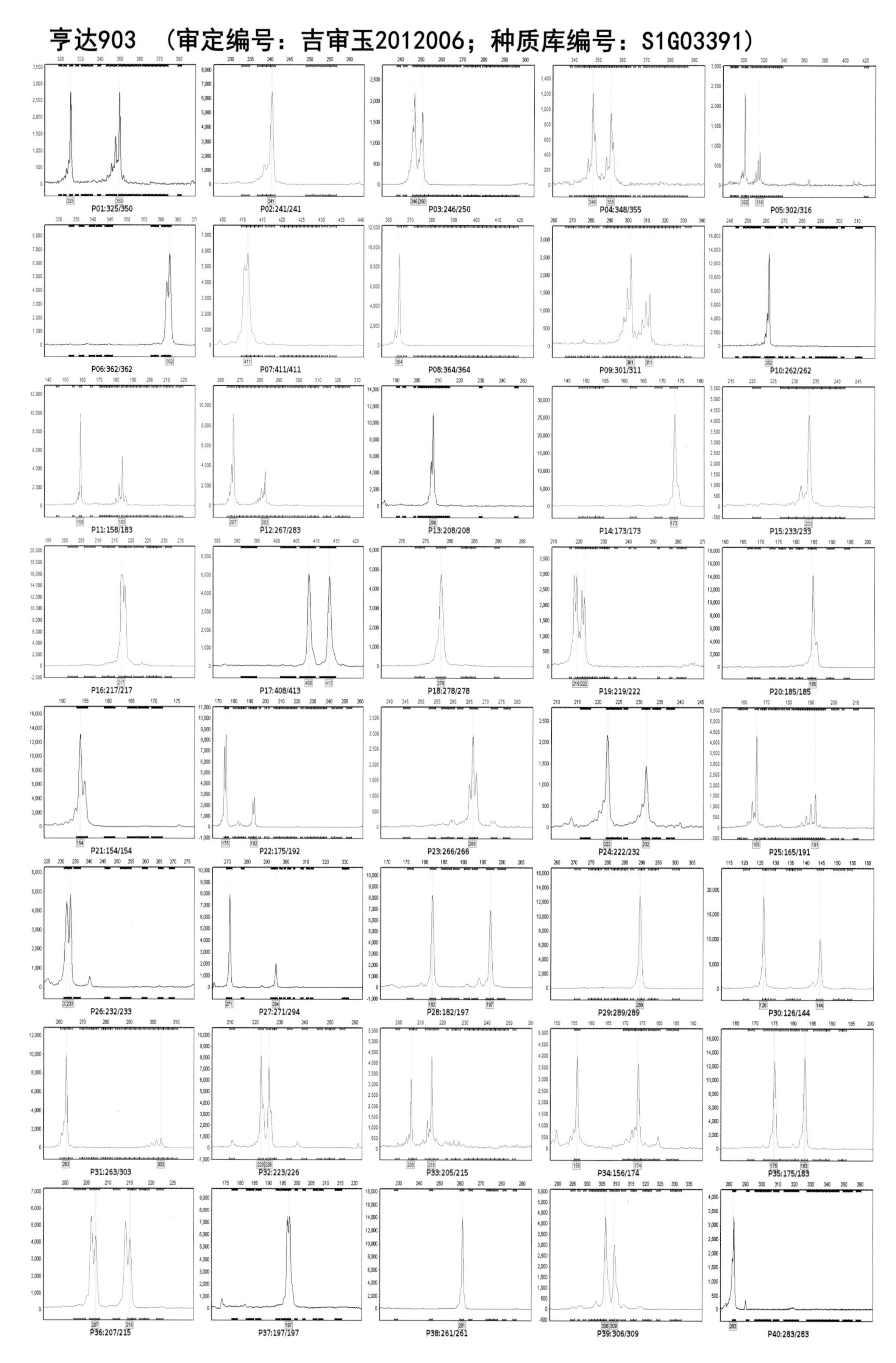

穗禾369 （审定编号：吉审玉2012007；种质库编号：S1G03392）

P01:325/325

P02:241/241

P03:248/256

P04:345/348

P05:290/316

P06:336/336

P07:410/410

P08:364/364

P09:289/289

P10:262/290

P11:172/191

P12:265/265

P13:191/208

P14:152/173

P15:231/233

P16:217/217

P17:393/408

P18:278/278

P19:219/222

P20:178/185

P21:154/154

P22:191/232

P23:253/266

P24:216/233

P25:165/193

P26:233/233

P27:294/297

P28:197/197

P29:274/275

P30:144/144

P31:263/265

P32:226/251

P33:205/207

P34:156/156

P35:175/183

P36:207/219

P37:196/196

P38:261/275

P39:309/312

P40:283/283

省原78 （审定编号：吉审玉2012008；种质库编号：S1G03393）

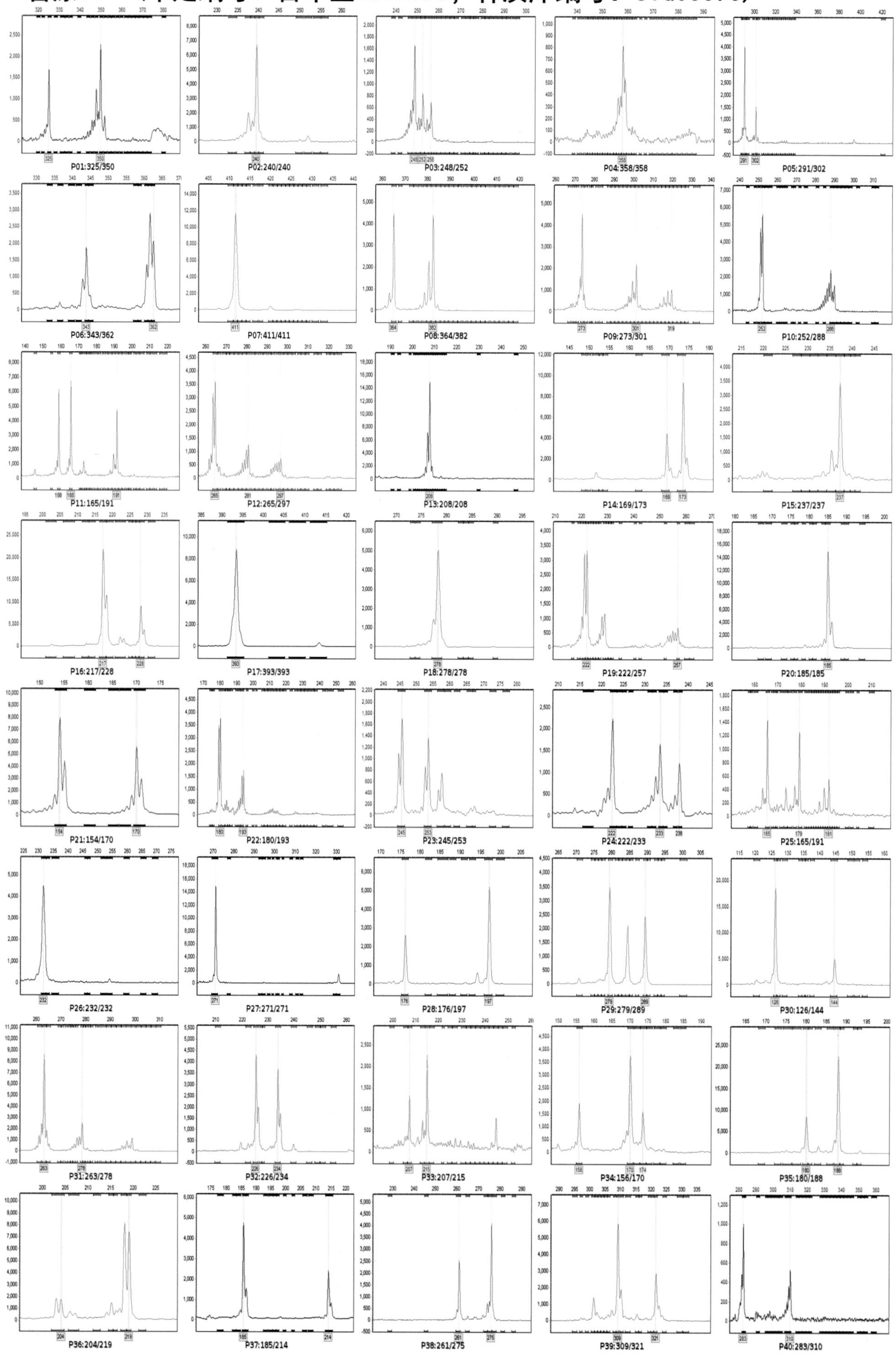

P01:325/350 P02:240/240 P03:248/252 P04:358/358 P05:291/302

P06:343/362 P07:411/411 P08:364/382 P09:273/301 P10:252/288

P11:165/191 P12:265/297 P13:208/208 P14:169/173 P15:237/237

P16:217/228 P17:393/393 P18:278/278 P19:222/257 P20:185/185

P21:154/170 P22:180/193 P23:245/253 P24:222/233 P25:165/191

P26:232/232 P27:271/271 P28:176/197 P29:279/289 P30:126/144

P31:263/278 P32:226/234 P33:207/215 P34:156/170 P35:180/188

P36:204/219 P37:185/214 P38:261/275 P39:309/321 P40:283/310

平安180 （审定编号：吉审玉2012009；种质库编号：S1G03394）

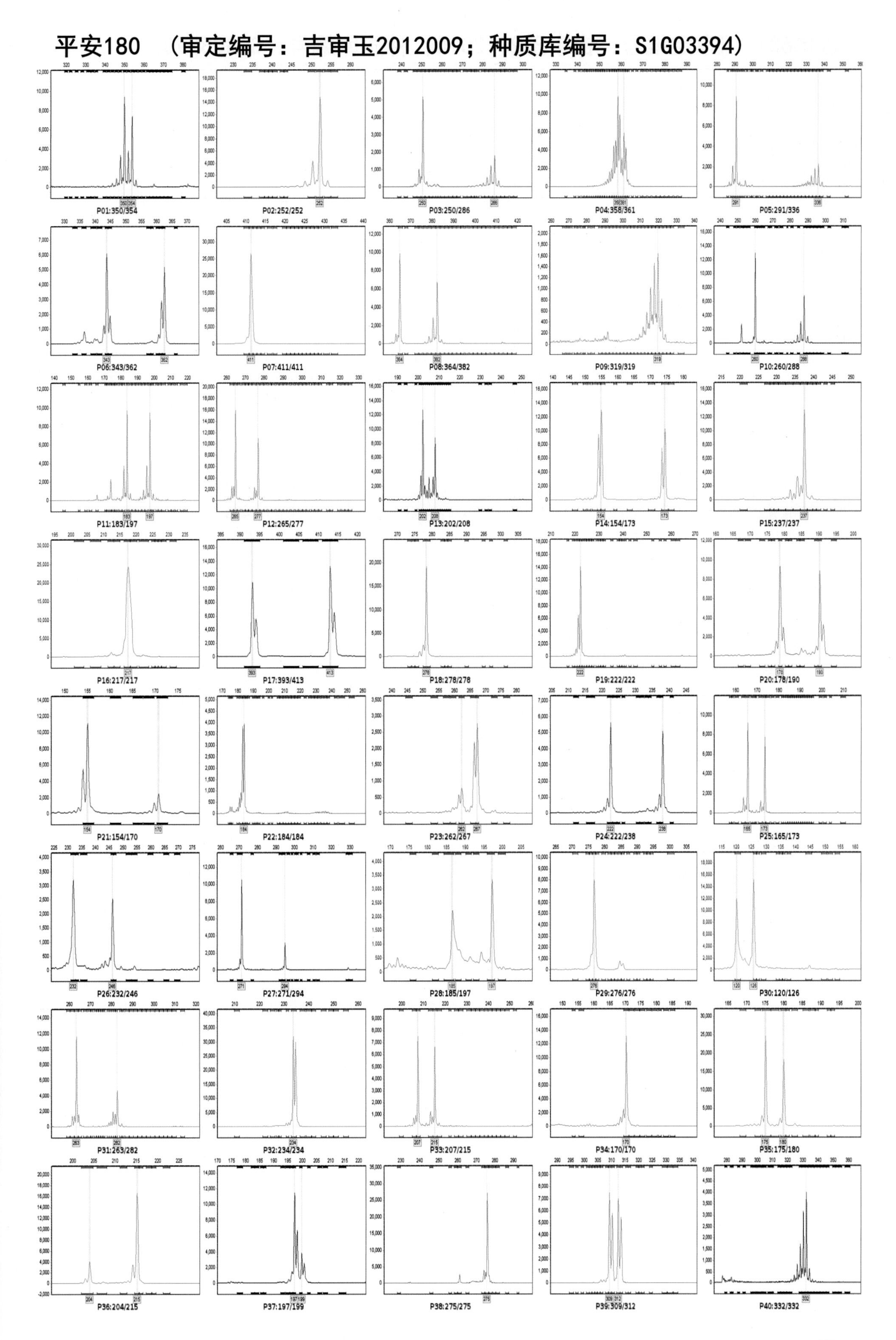

吉单631 （审定编号：吉审玉2012010；种质库编号：S1G03395）

P01:322/352
P02:241/241
P03:250/252
P04:348/358
P05:292/338
P06:336/361
P07:411/411
P08:384/404
P09:301/303
P10:252/252
P11:172/181
P12:265/265
P13:191/207
P14:169/173
P15:233/237
P16:217/227
P17:413/413
P18:278/278
P19:222/222
P20:185/190
P21:154/170
P22:175/211
P23:253/253
P24:225/233
P25:171/193
P26:232/232
P27:271/271
P28:176/197
P29:271/271
P30:126/144
P31:263/275
P32:226/234
P33:215/215
P34:170/170
P35:183/183
P36:204/207
P37:199/199
P38:275/275
P39:309/309
P40:332/332

和育187 （审定编号：吉审玉2012011；种质库编号：S1G03396）

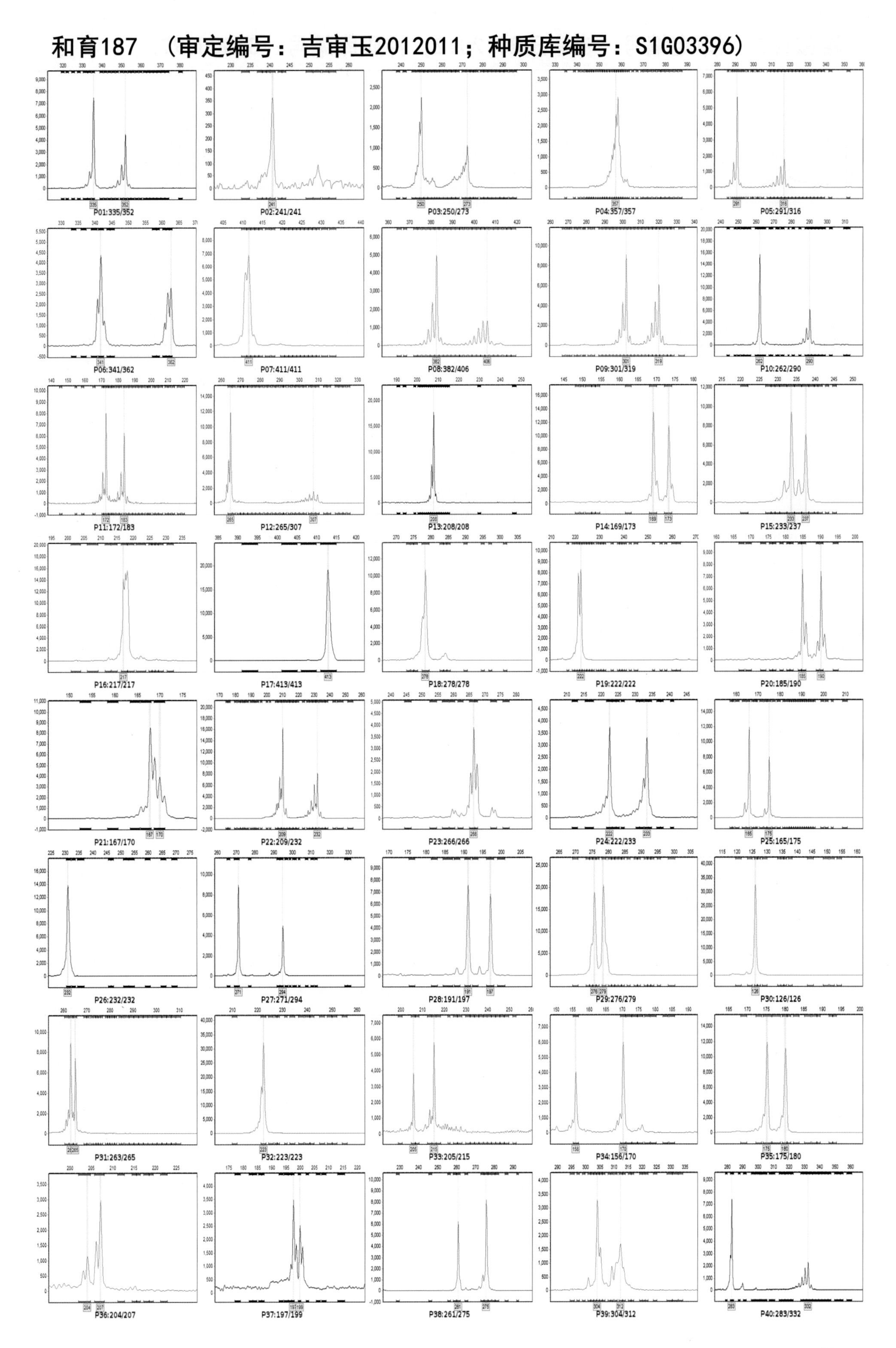

稷秾107　（审定编号：吉审玉2012012；种质库编号：S1G03397）

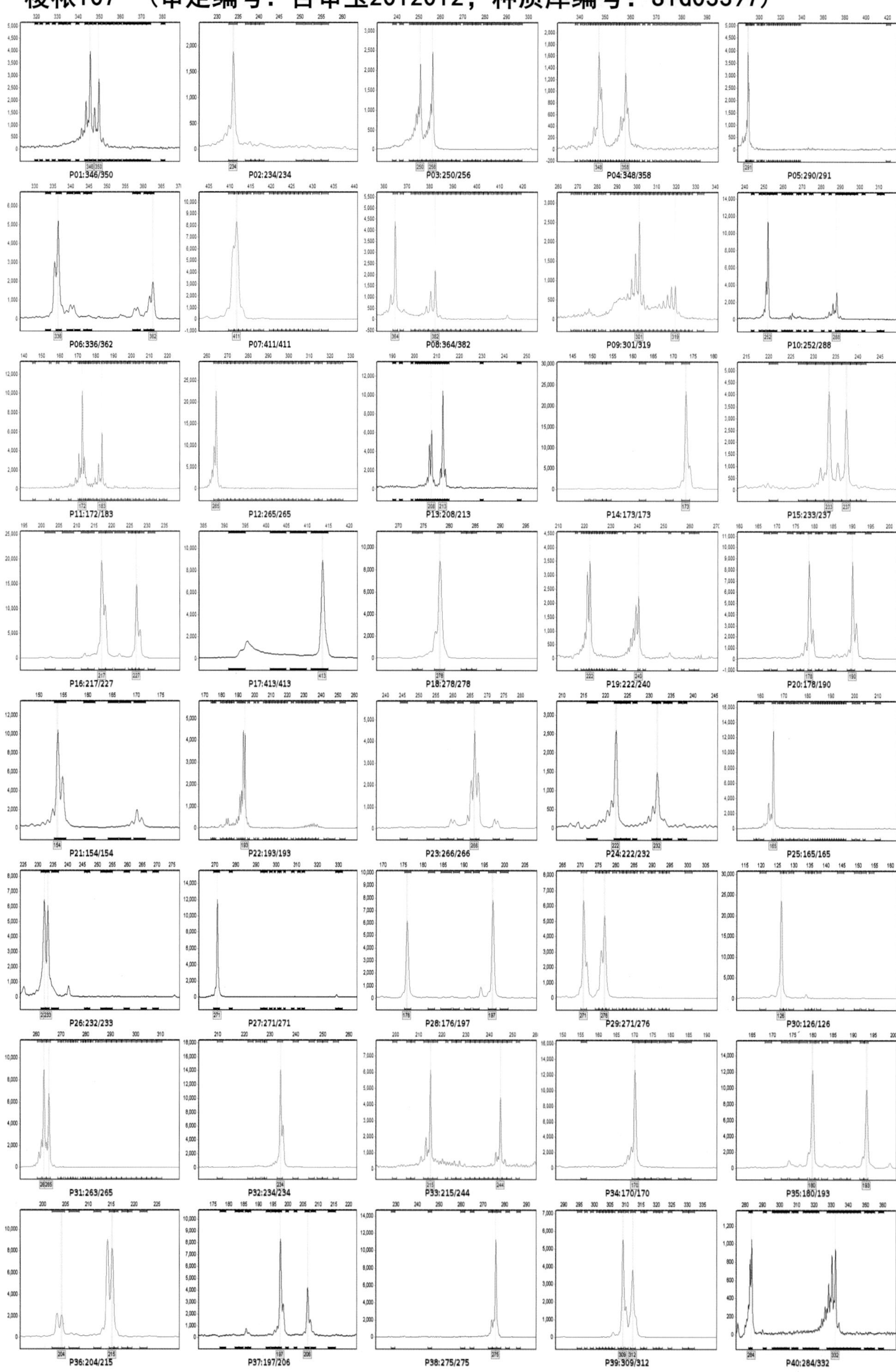

松玉419 （审定编号：吉审玉2012013；种质库编号：S1G03398）

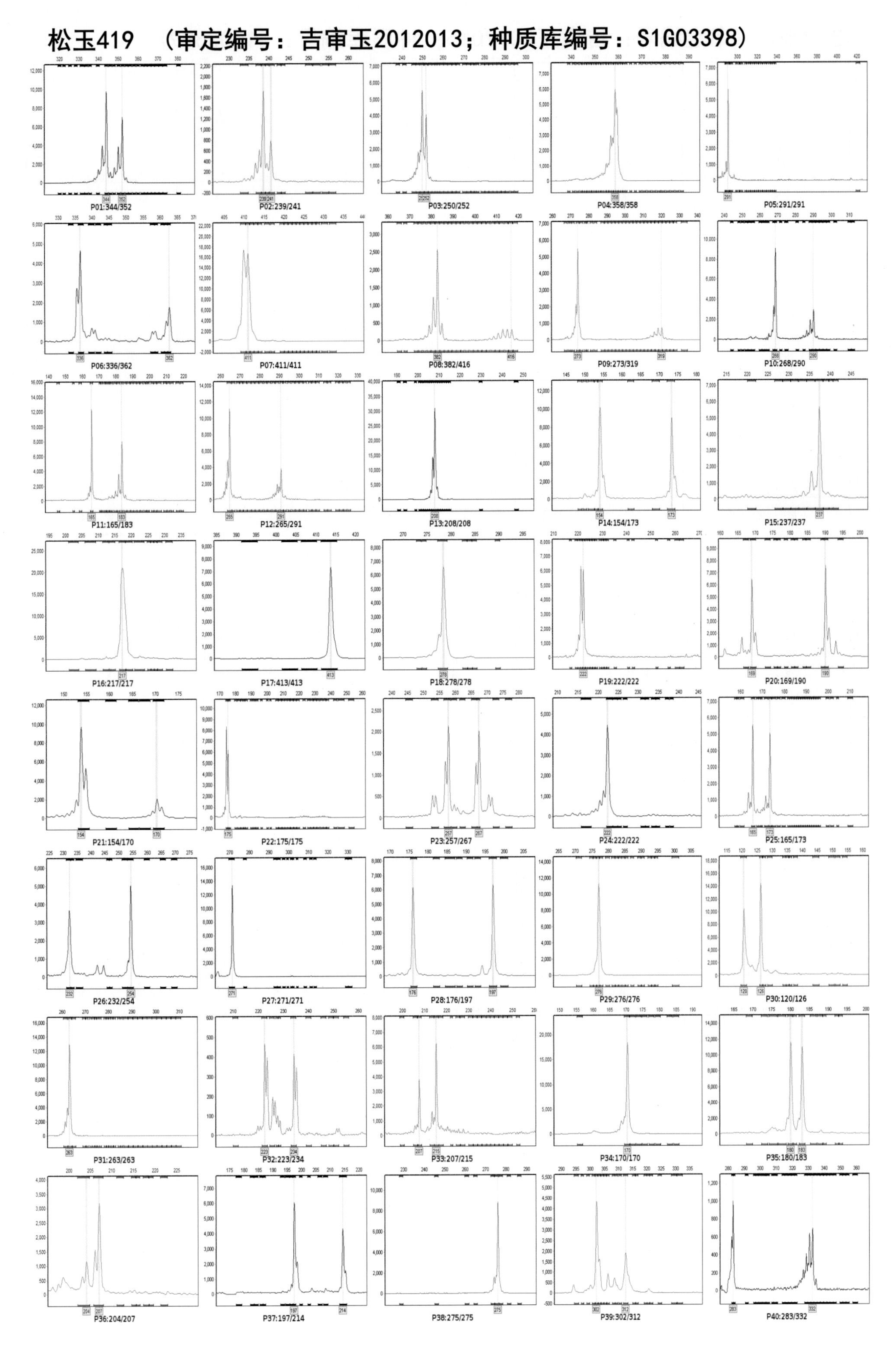

吉兴86 （审定编号：吉审玉2012015；种质库编号：S1G03399）

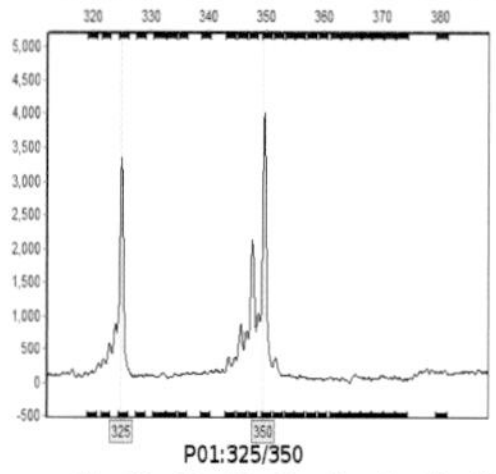

P01:325/350

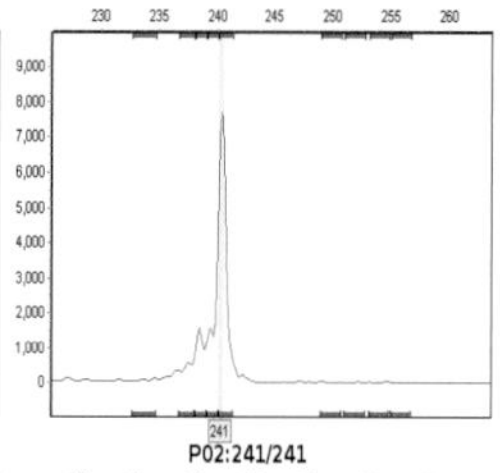

P02:241/241

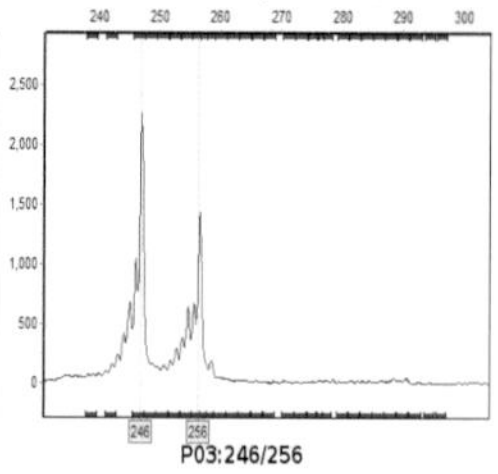

P03:246/256

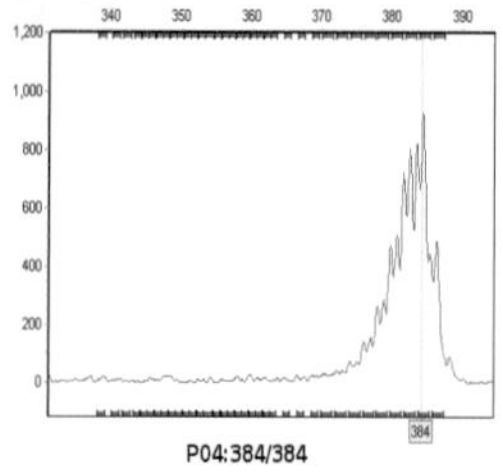

P04:384/384

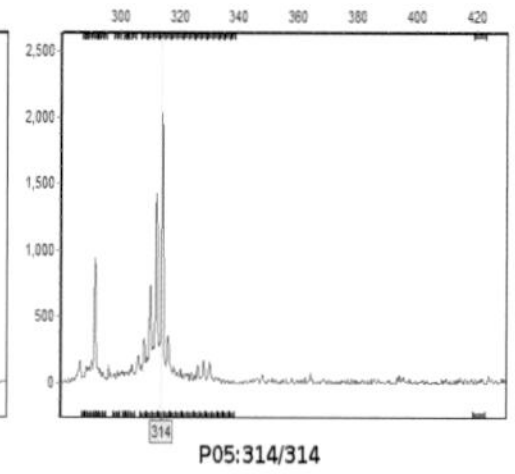

P05:314/314

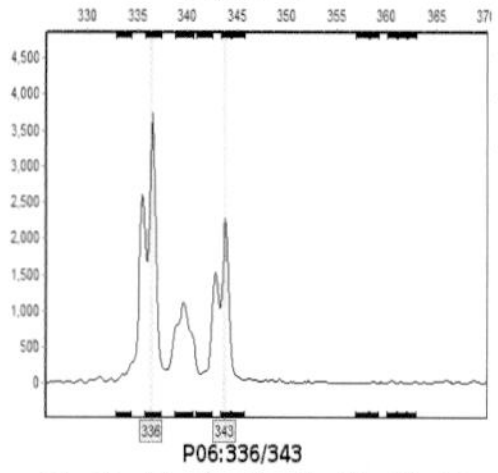

P06:336/343

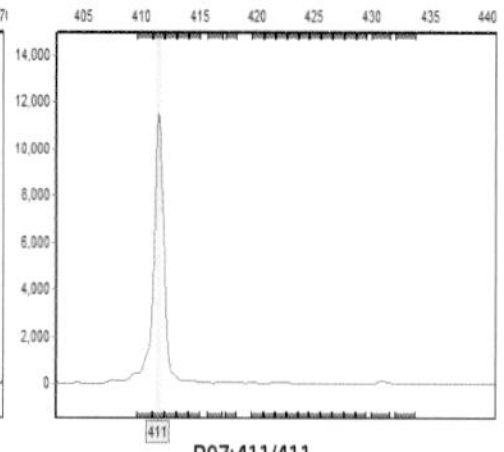

P07:411/411

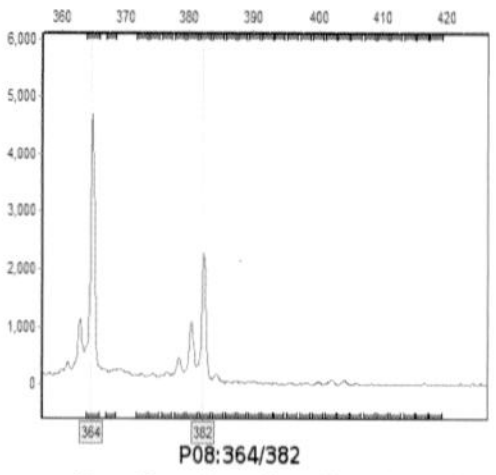

P08:364/382

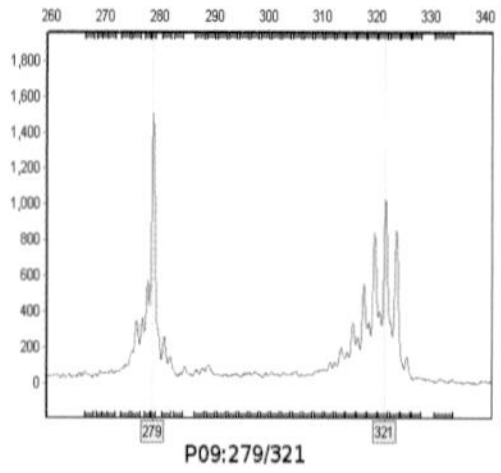

P09:279/321

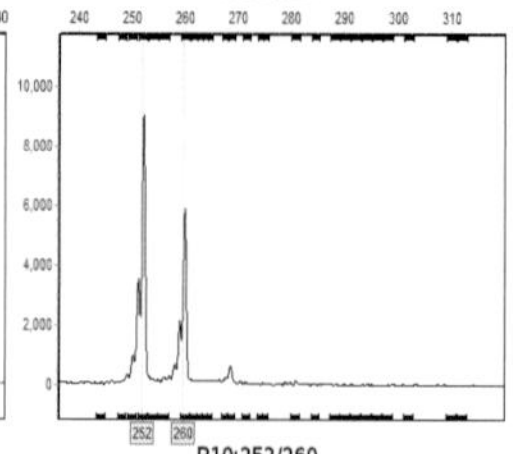

P10:252/260

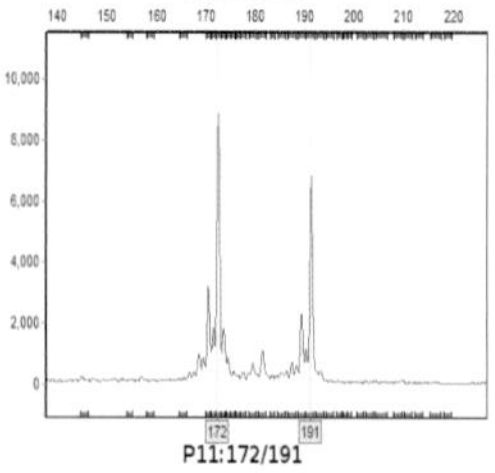

P11:172/191

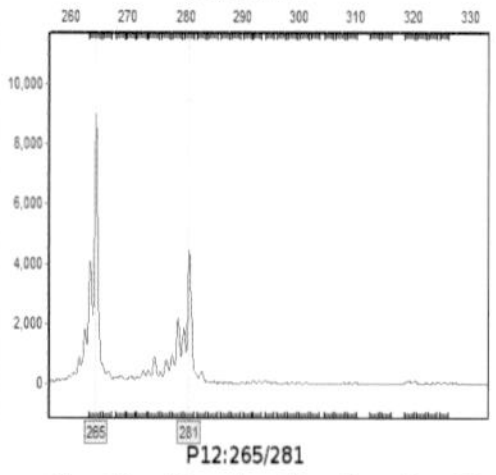

P12:265/281

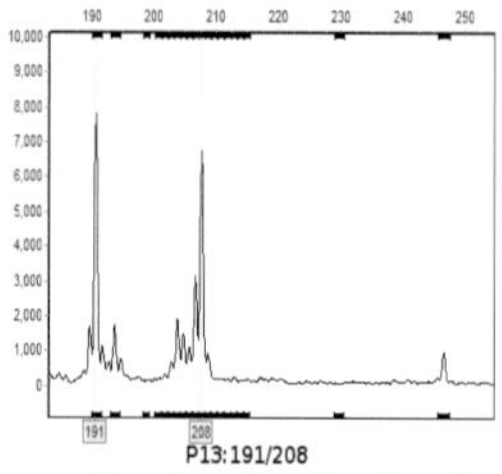

P13:191/208

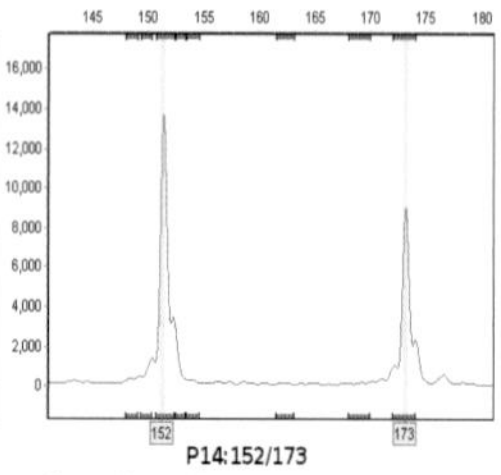

P14:152/173

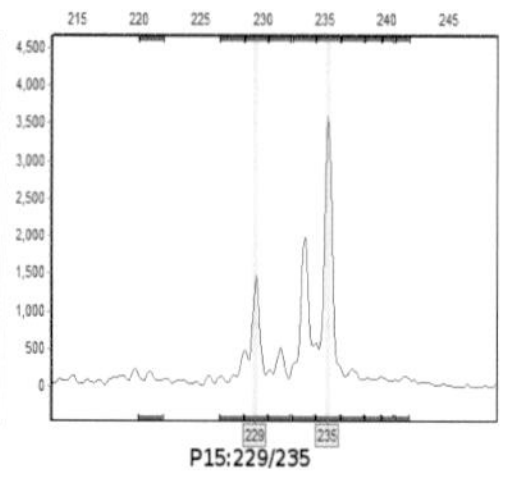

P15:229/235

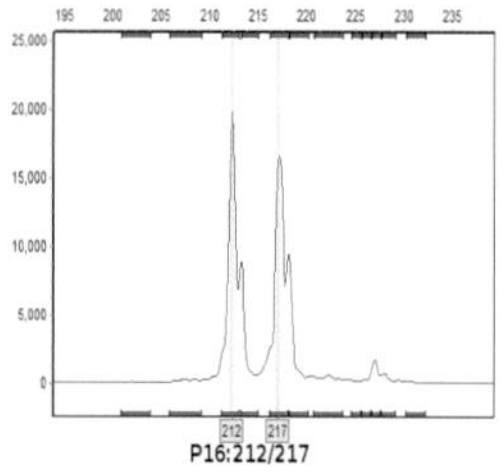

P16:212/217

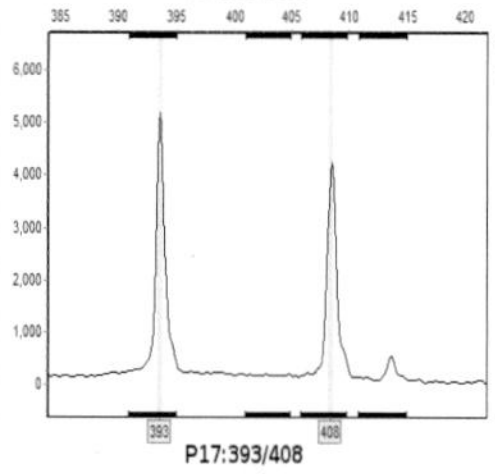

P17:393/408

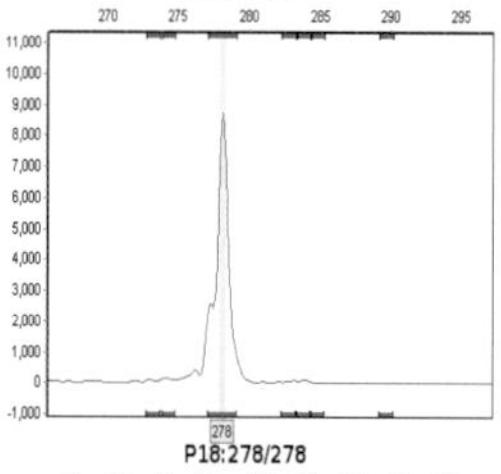

P18:278/278

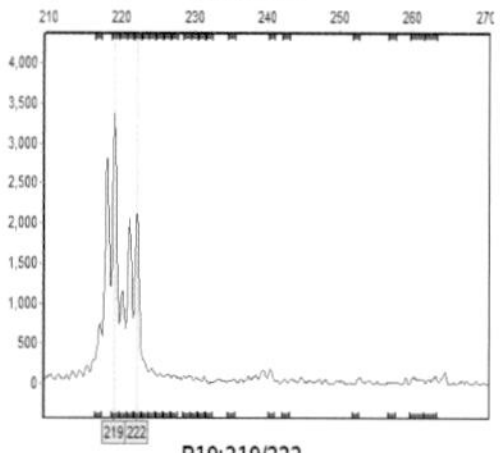

P19:219/222

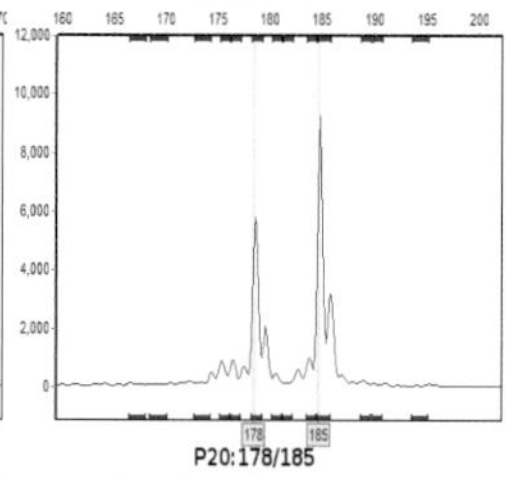

P20:178/185

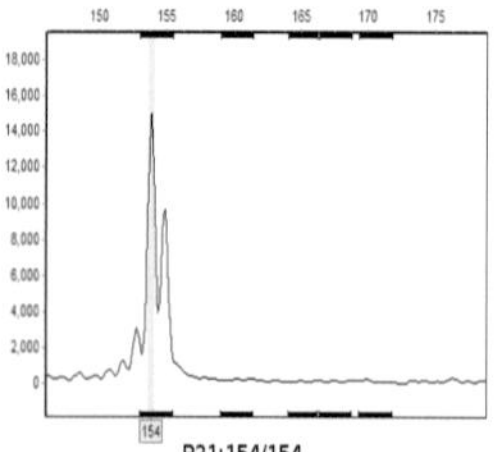

P21:154/154

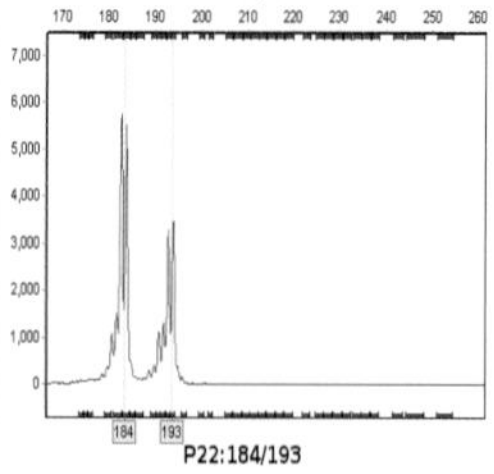

P22:184/193

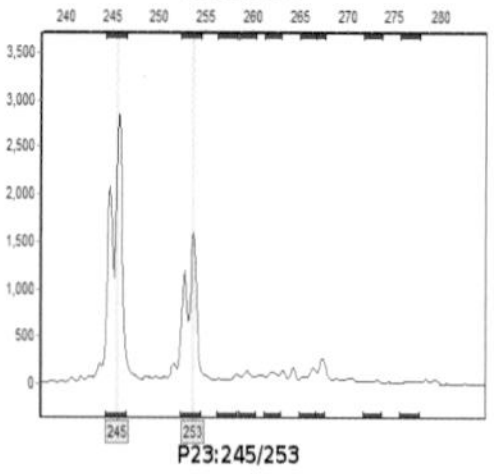

P23:245/253

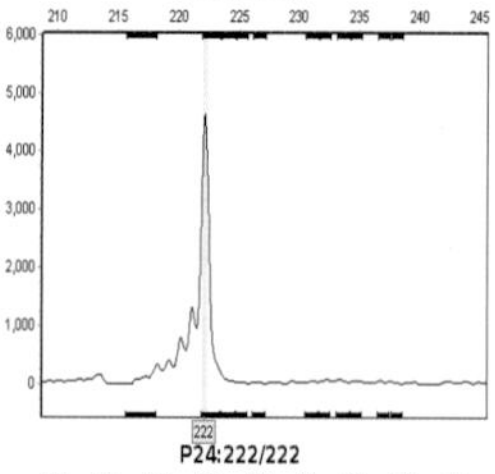

P24:222/222

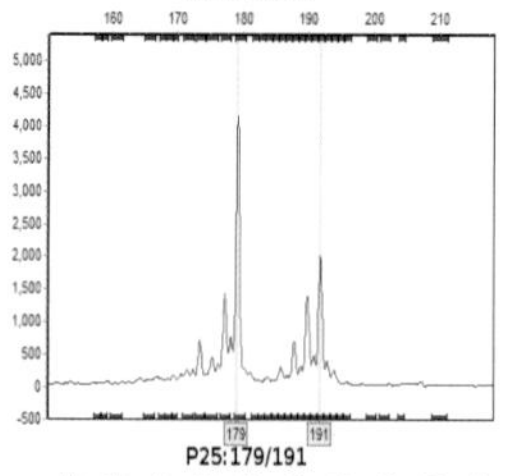

P25:179/191

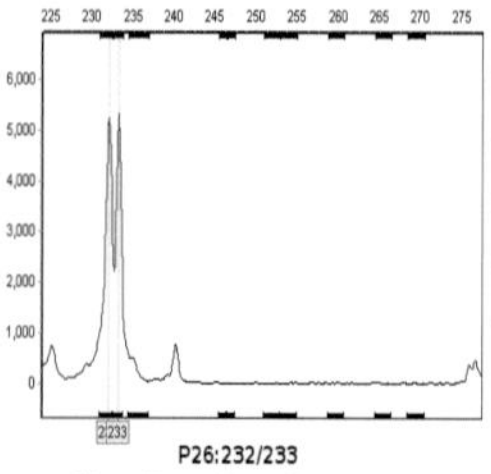

P26:232/233

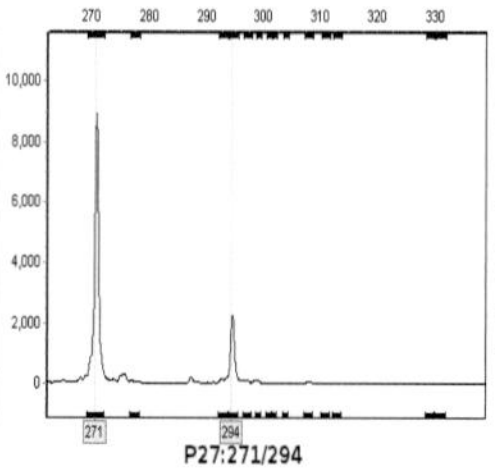

P27:271/294

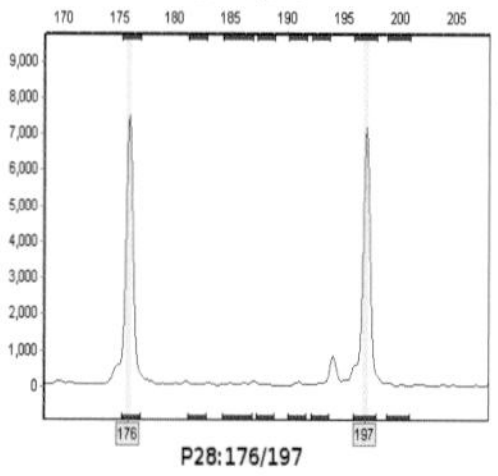

P28:176/197

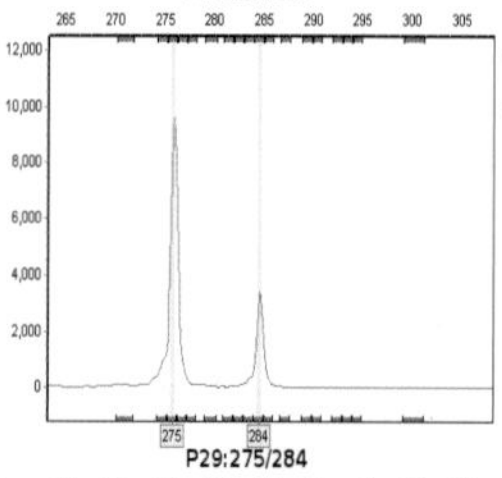

P29:275/284

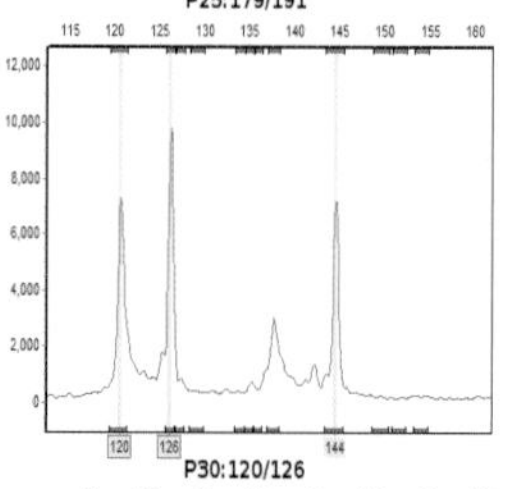

P30:120/126

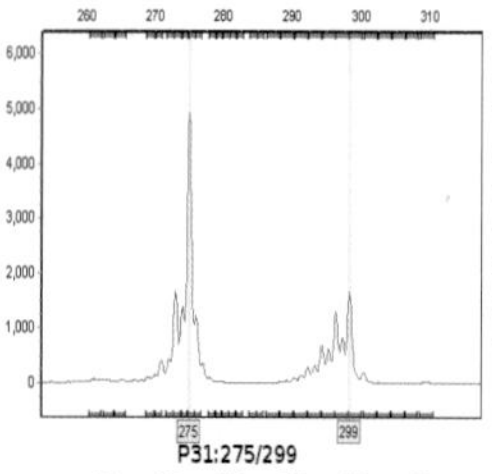

P31:275/299

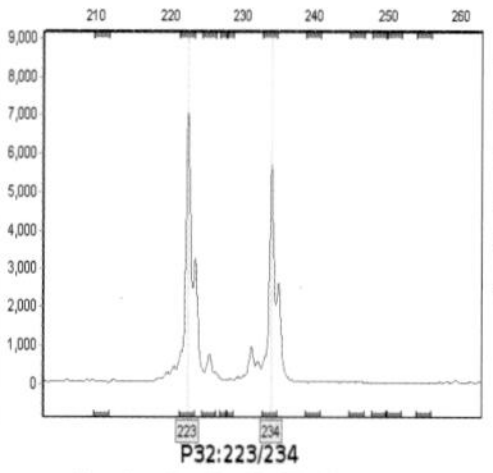

P32:223/234

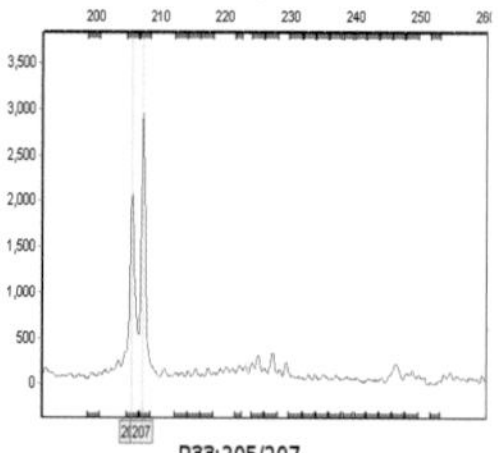

P33:205/207

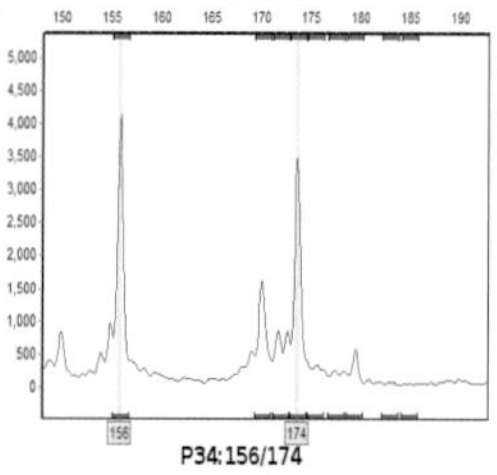

P34:156/174

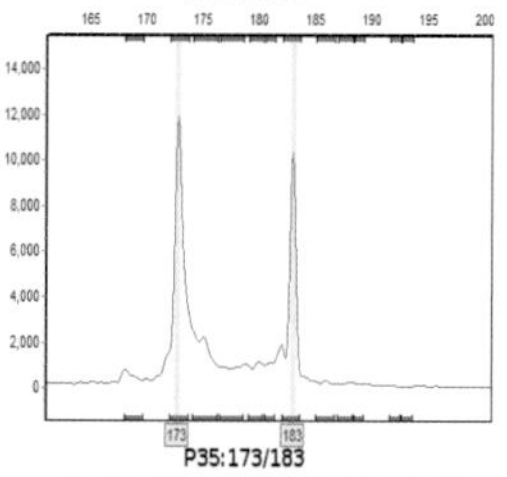

P35:173/183

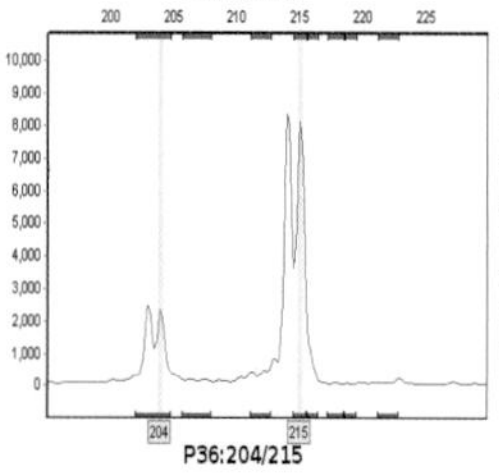

P36:204/215

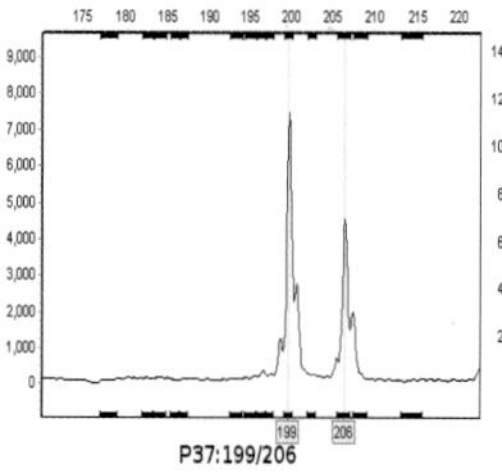

P37:199/206

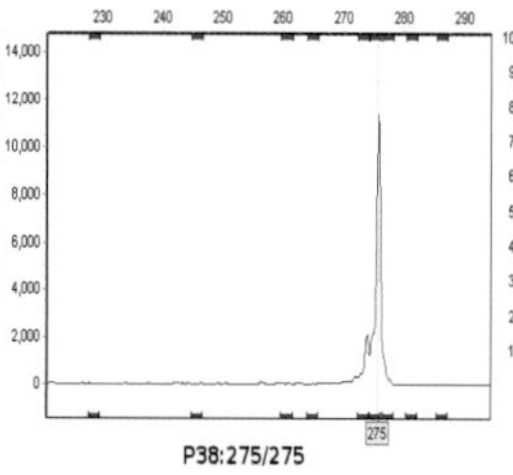

P38:275/275

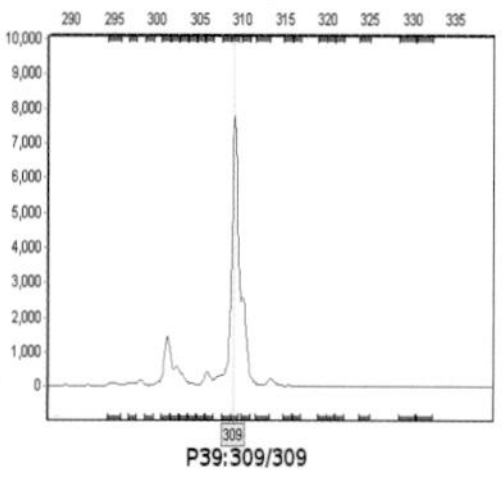

P39:309/309

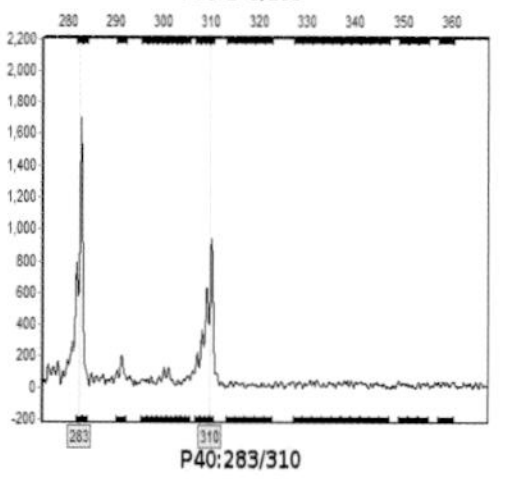

P40:283/310

瑞秋113 （审定编号：吉审玉2012016；种质库编号：S1G03400）

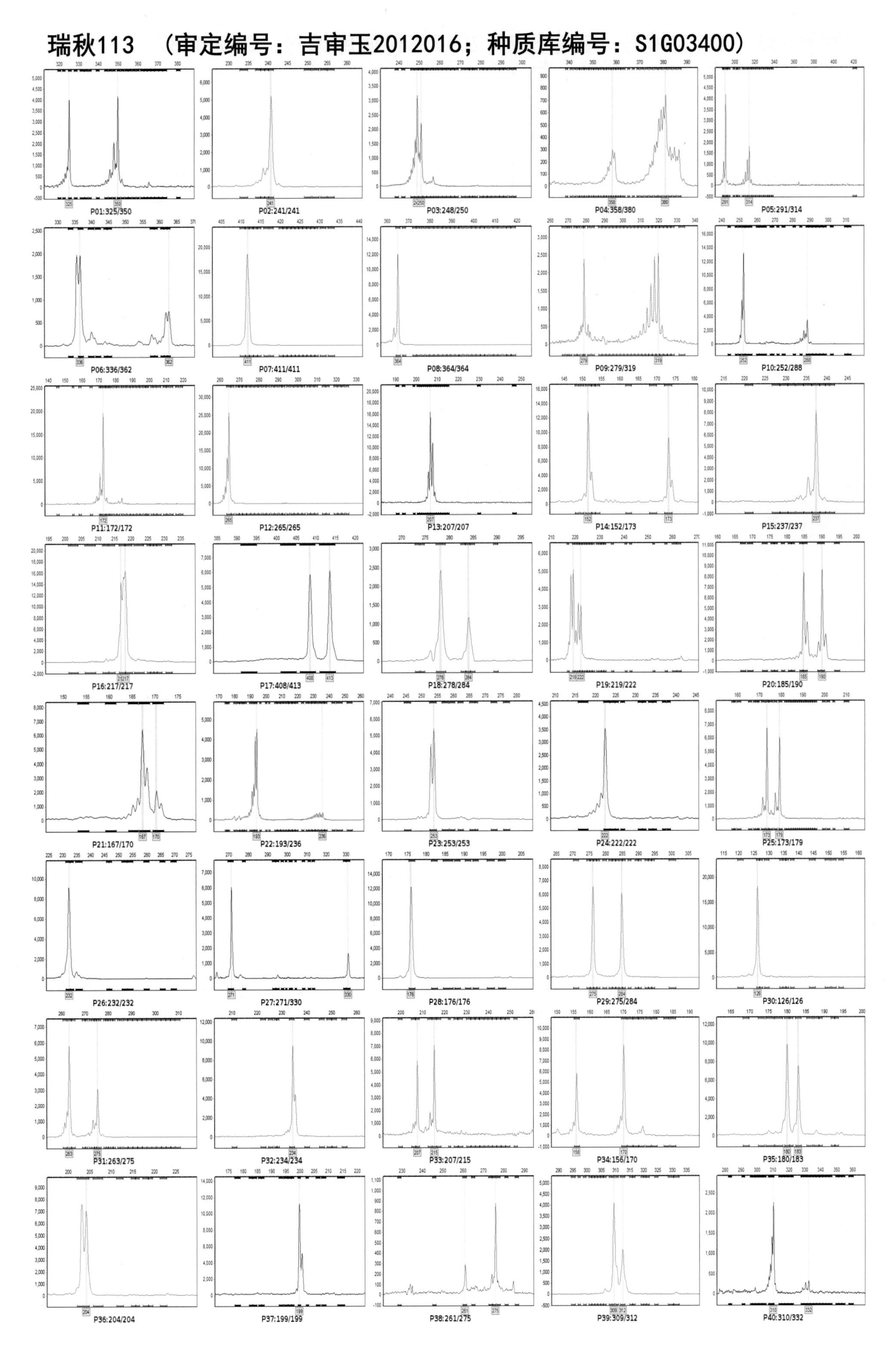

军育535 （审定编号：吉审玉2012017；种质库编号：S1G04187）

P01:325/350

P02:241/241

P03:250/256

P04:358/358

P05:290/314

P06:336/362

P07:411/411

P08:364/382

P09:319/319

P10:244/288

P11:181/183

P12:265/265

P13:191/208

P14:169/173

P15:228/237

P16:217/217

P17:393/413

P18:278/285

P19:222/222

P20:190/190

P21:154/170

P22:180/180

P23:253/267

P24:222/233

P25:165/165

P26:232/233

P27:271/294

P28:197/197

P29:276/284

P30:126/144

P31:263/275

P32:234/234

P33:215/215

P34:170/170

P35:180/183

P36:204/204

P37:197/199

P38:261/275

P39:312/312

P40:332/332

宁玉524 （审定编号：吉审玉2012018；种质库编号：S1G01828）

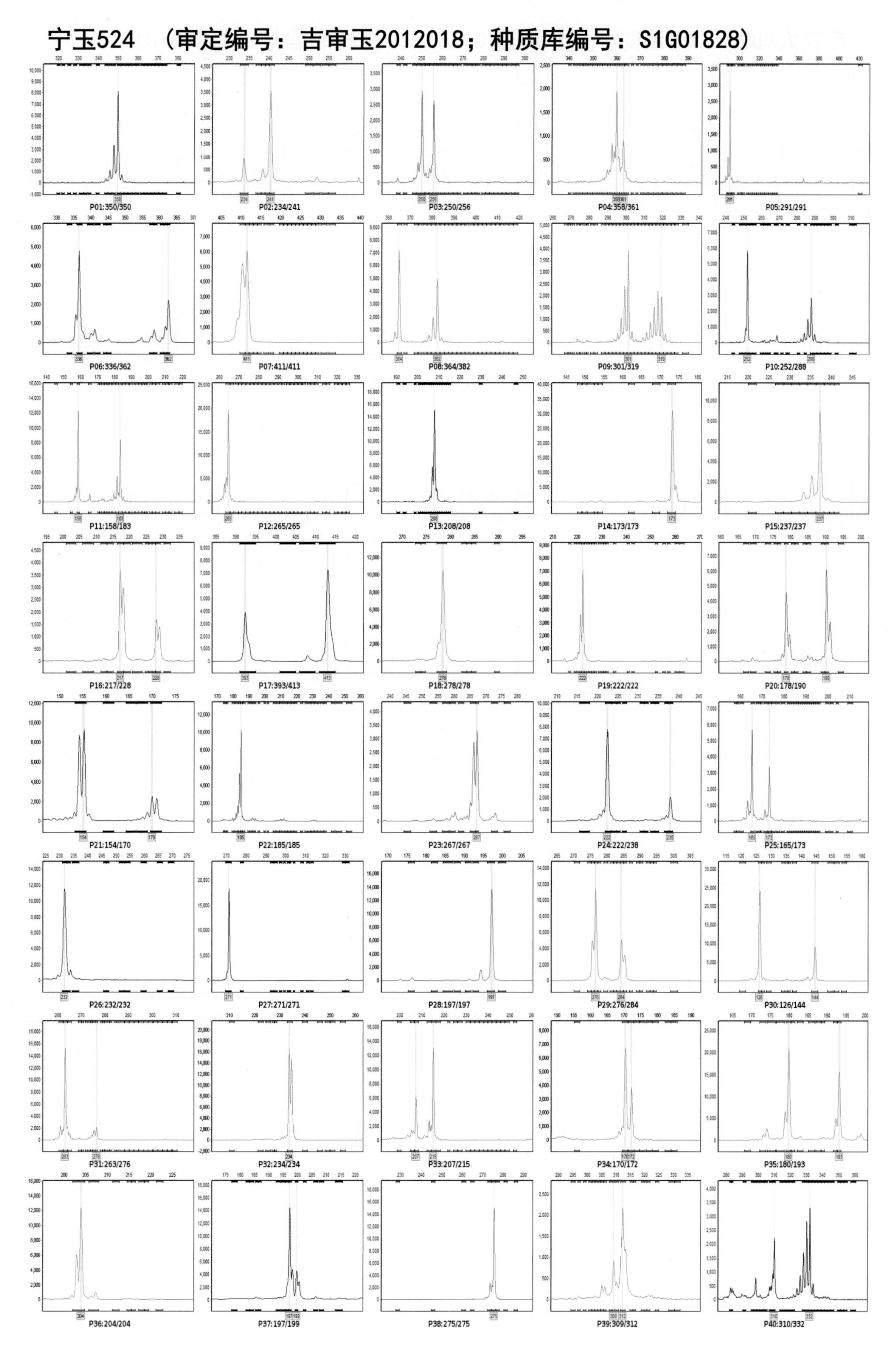

吉农大889 （审定编号：吉审玉2012019；种质库编号：S1G03401）

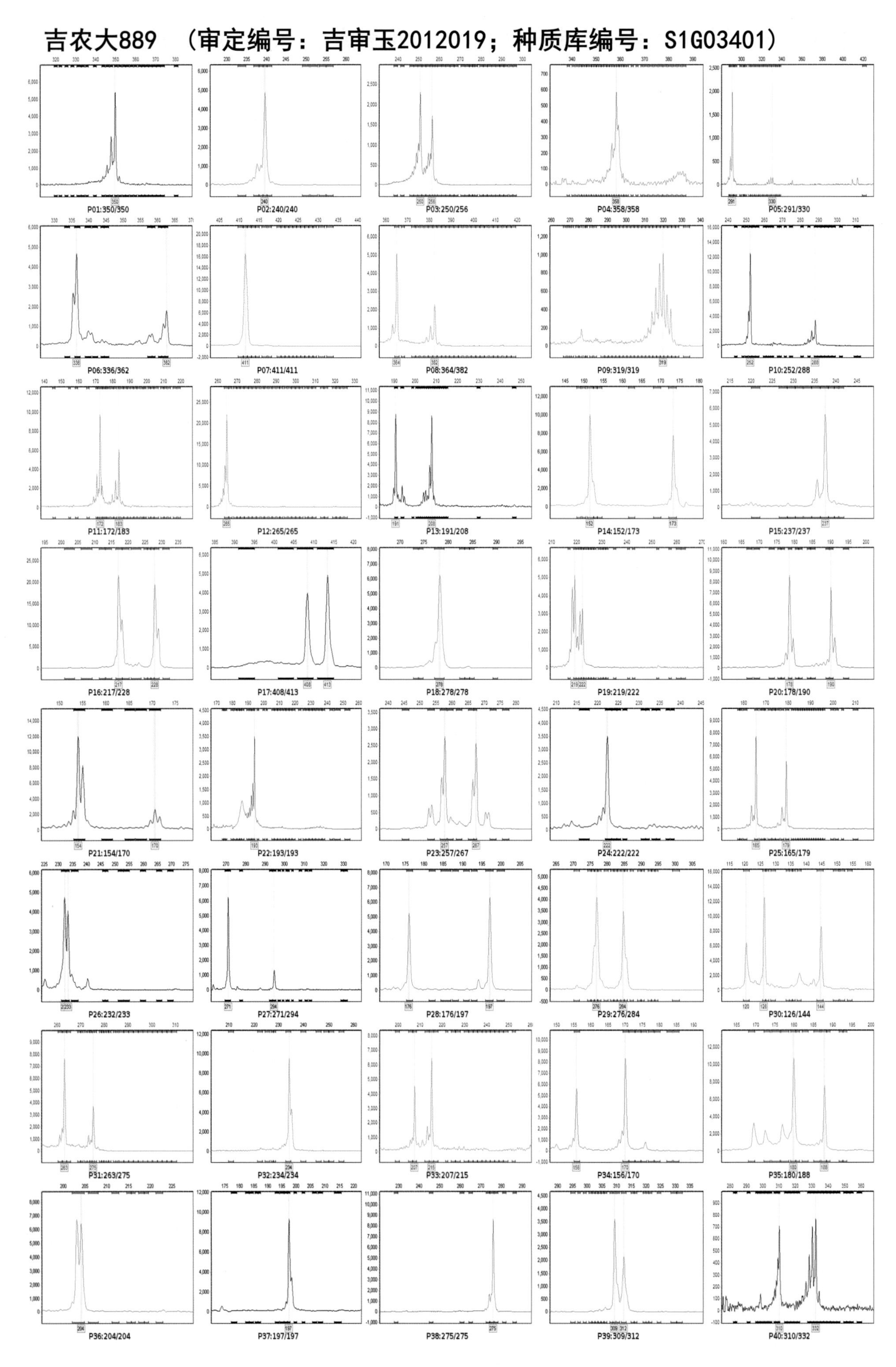

五瑞605 （审定编号：吉审玉2012020；种质库编号：S1G03402）

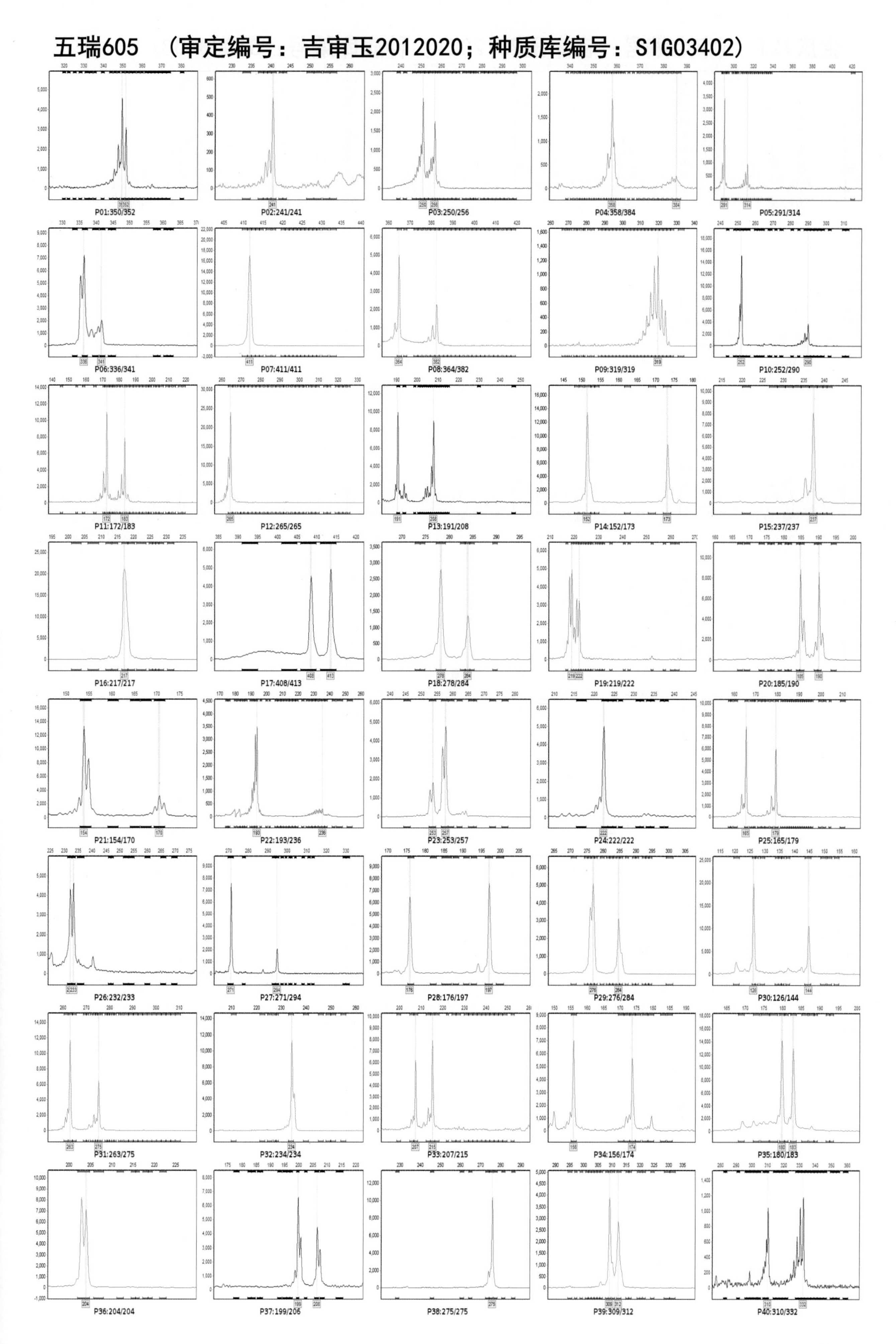

金庆121 （审定编号：吉审玉2012021；种质库编号：S1G03403）

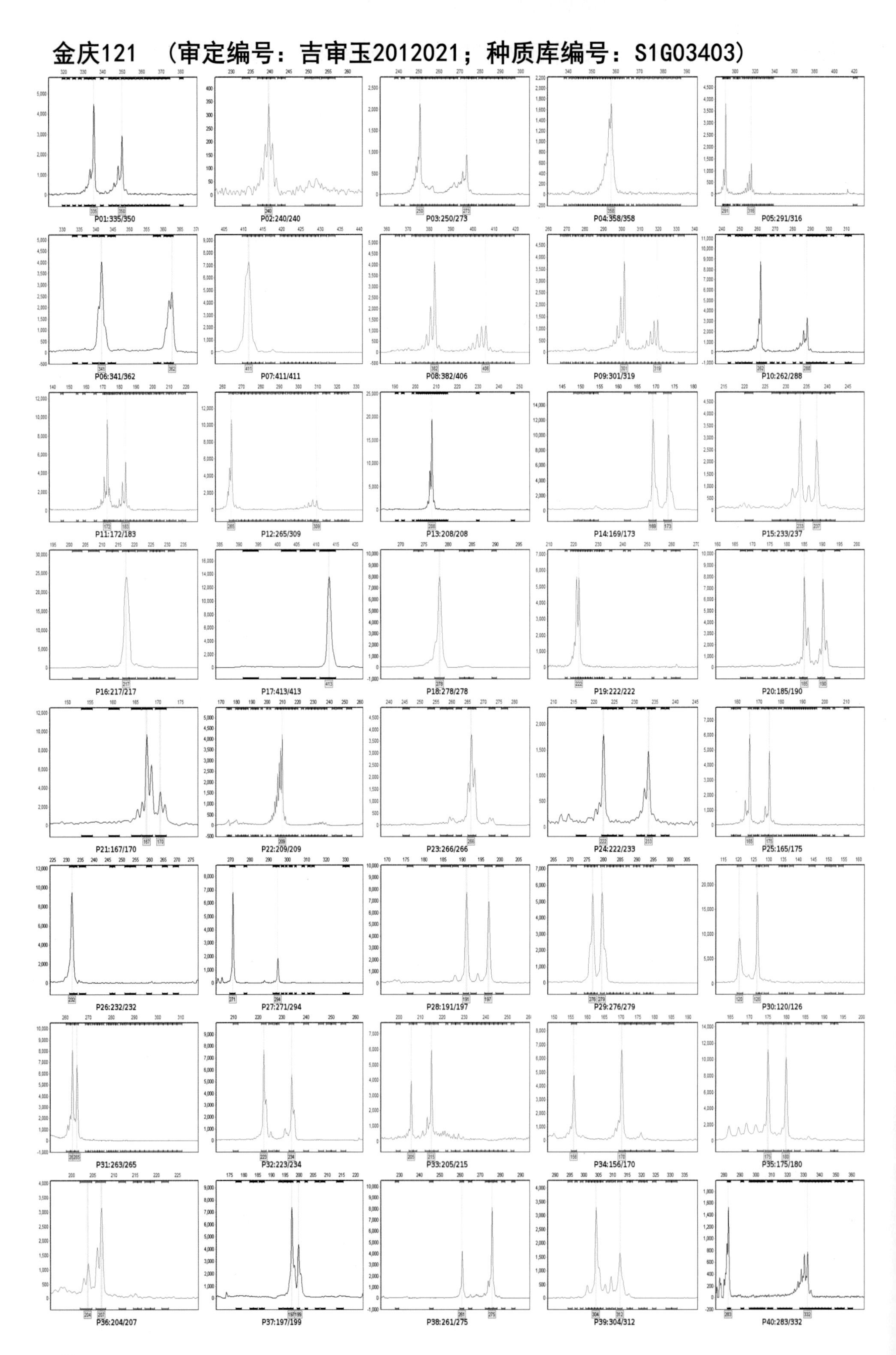

吉单558 （审定编号：吉审玉2012022；种质库编号：S1G03404）

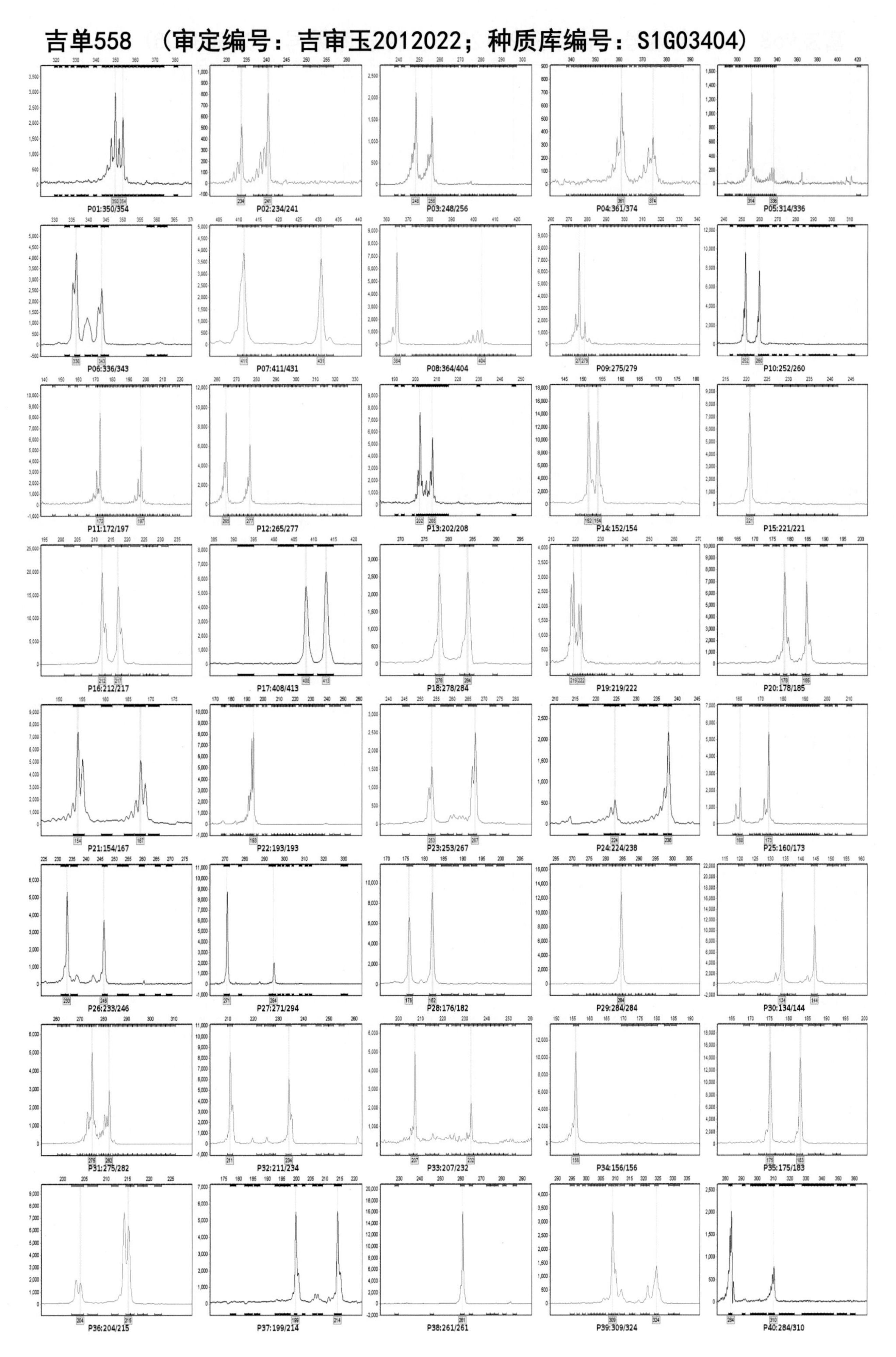

富友968 （审定编号：吉审玉2012023；种质库编号：S1G03405）

P01:350/352 P02:241/241 P03:250/256 P04:358/384 P05:291/314

P06:336/362 P07:411/411 P08:364/382 P09:319/323 P10:252/290

P11:172/183 P12:265/265 P13:191/208 P14:152/173 P15:228/237

P16:217/217 P17:408/413 P18:278/284 P19:219/222 P20:185/190

P21:154/170 P22:175/193 P23:253/267 P24:222/222 P25:165/179

P26:232/233 P27:271/294 P28:176/197 P29:276/284 P30:126/144

P31:263/275 P32:234/234 P33:207/215 P34:156/170 P35:180/183

P36:204/204 P37:197/199 P38:275/275 P39:309/312 P40:310/332

KX3564 （审定编号：吉审玉2012024；种质库编号：S1G02517）

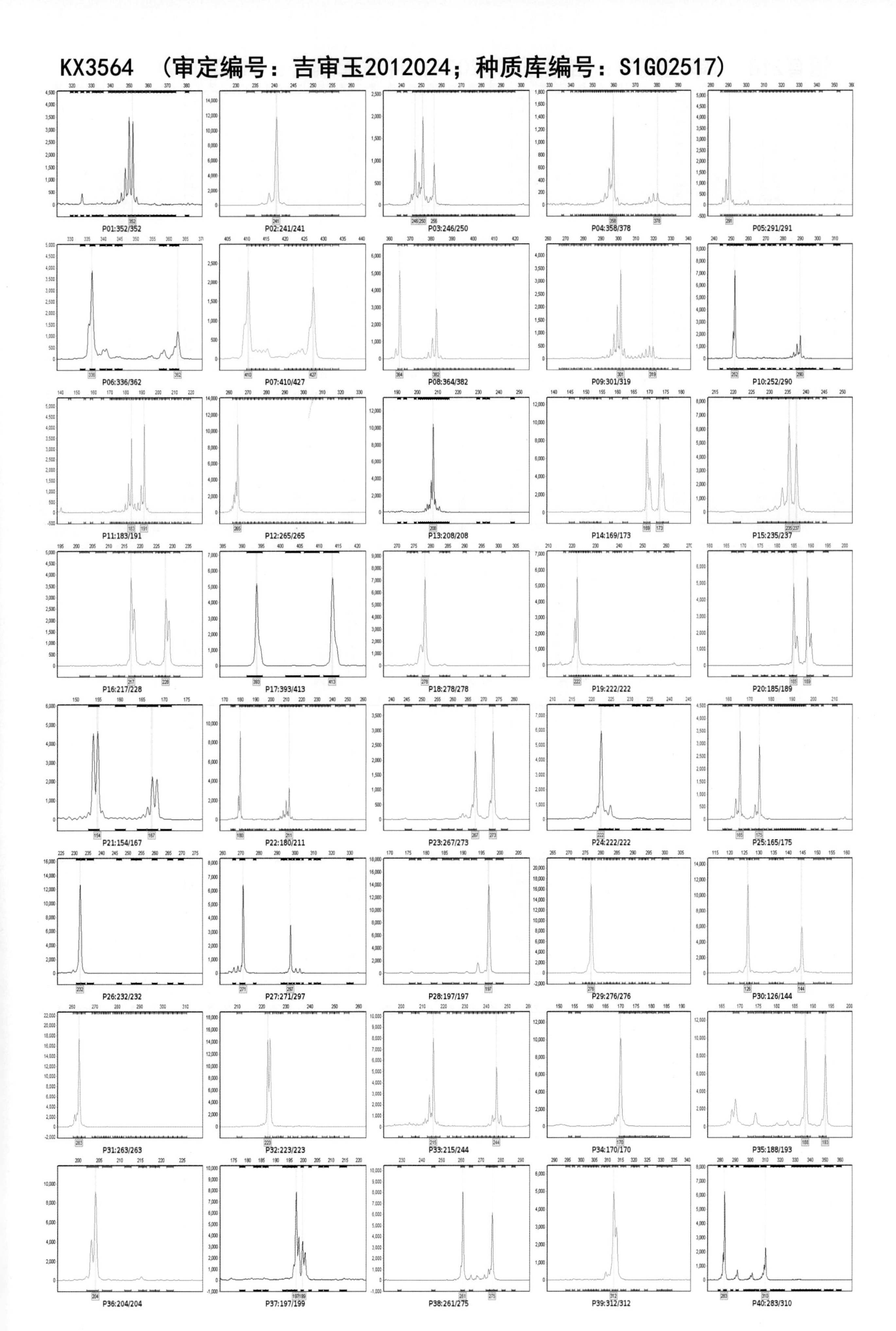

恒育218 （审定编号：吉审玉2012026；种质库编号：S1G04189）

P01:344/350 P02:241/241 P03:256/256 P04:358/374 P05:294/314

P06:336/336 P07:411/411 P08:382/404 P09:273/323 P10:268/288

P11:165/183 P12:293/299 P13:207/207 P14:154/173 P15:221/228

P16:217/228 P17:393/413 P18:273/278 P19:219/222 P20:184/184

P21:154/154 P22:232/232 P23:253/262 P24:222/233 P25:160/173

P26:233/254 P27:294/294 P28:176/197 P29:275/279 P30:126/144

P31:275/275 P32:223/223 P33:207/207 P34:170/170 P35:183/183

P36:204/215 P37:199/206 P38:261/275 P39:309/309 P40:283/310

海禾558 （审定编号：吉审玉2012027；种质库编号：S1G03407）

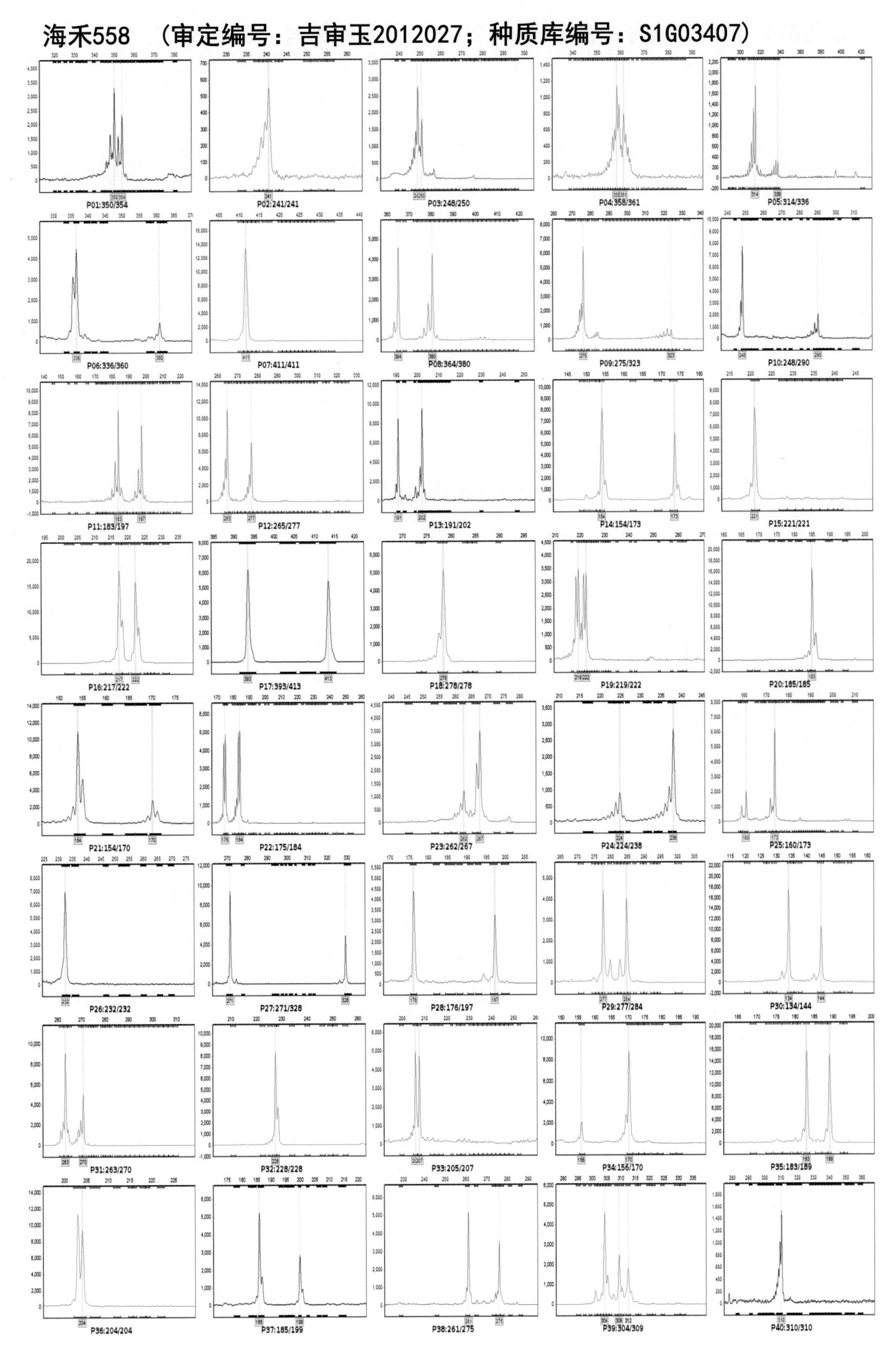

金正891 （审定编号：吉审玉2012028；种质库编号：S1G03408）

P01:350/350 P02:241/241 P03:250/256 P04:358/358 P05:291/314

P06:336/362 P07:411/411 P08:364/382 P09:319/319 P10:252/288

P11:172/183 P12:265/265 P13:191/208 P14:152/173 P15:237/237

P16:217/217 P17:408/413 P18:278/278 P19:219/222 P20:185/190

P21:154/154 P22:193/193 P23:253/267 P24:222/222 P25:165/179

P26:232/233 P27:271/294 P28:176/197 P29:276/284 P30:126/144

P31:263/275 P32:234/234 P33:207/215 P34:156/170 P35:180/183

P36:204/204 P37:197/199 P38:275/275 P39:304/309 P40:310/332

西旺3008　（审定编号：吉审玉2012029；种质库编号：S1G03409）

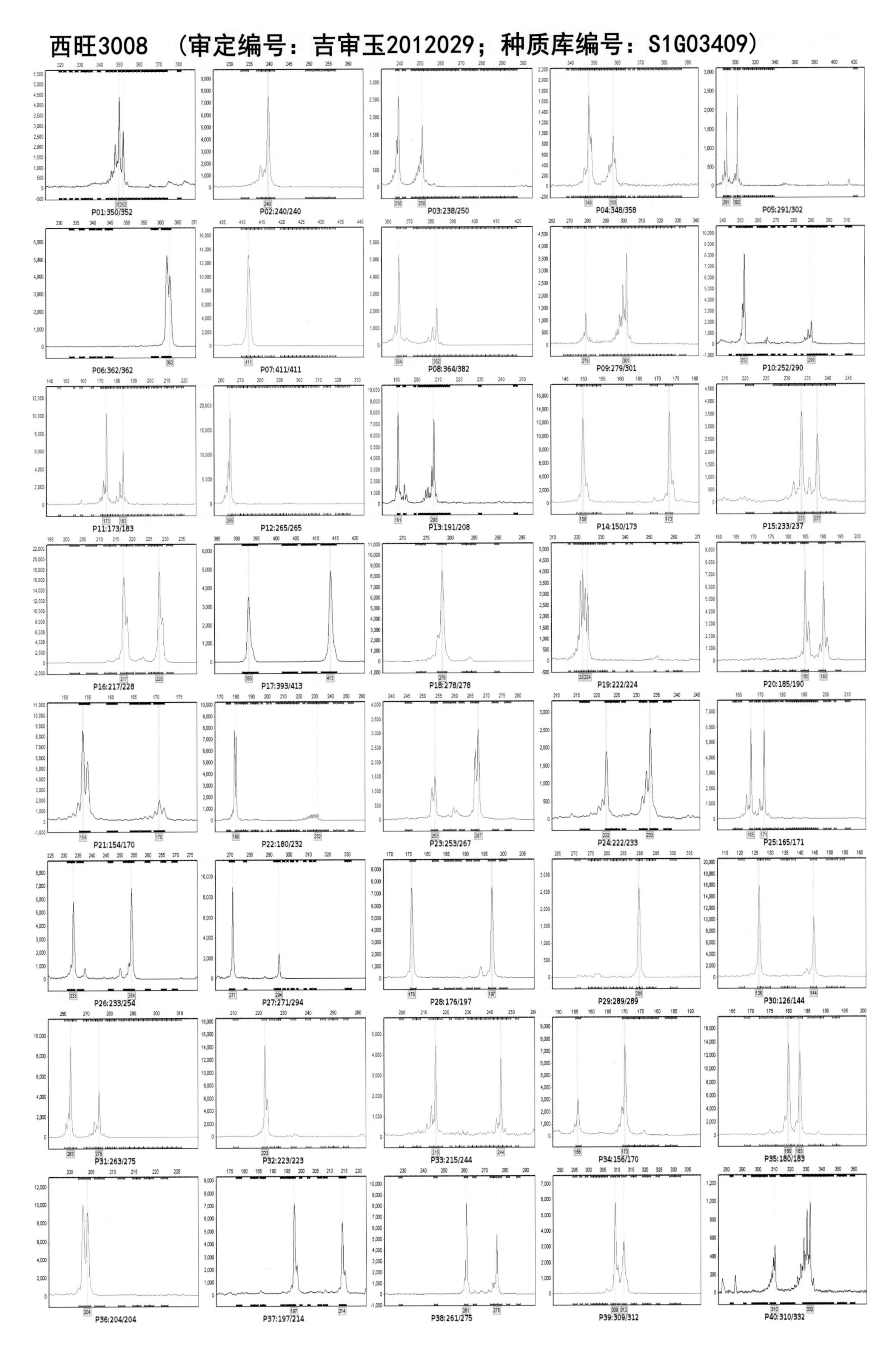

德单129 （审定编号：吉审玉2012030；种质库编号：S1G03410）

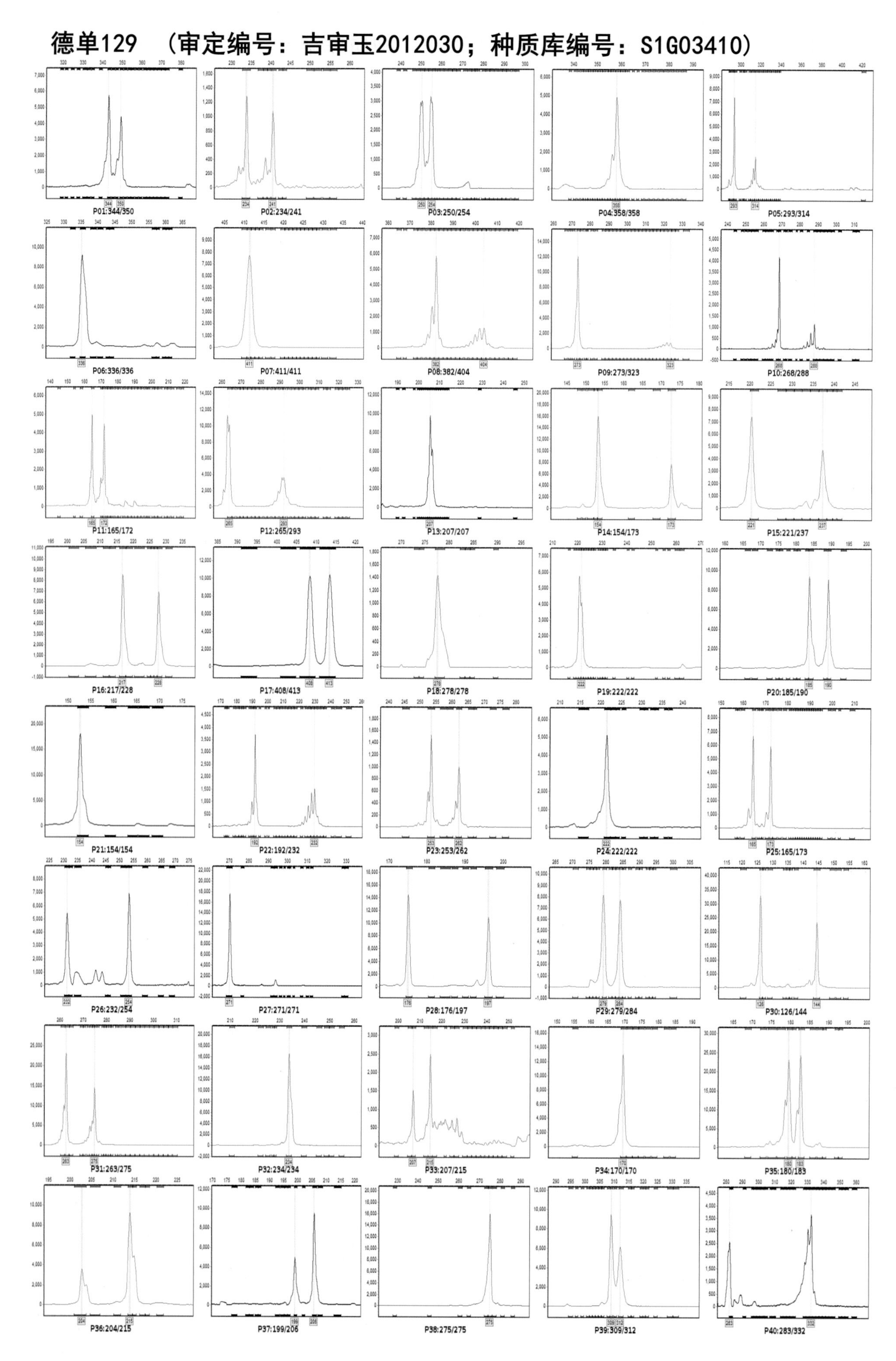

德育817 （审定编号：吉审玉2012031；种质库编号：S1G03411）

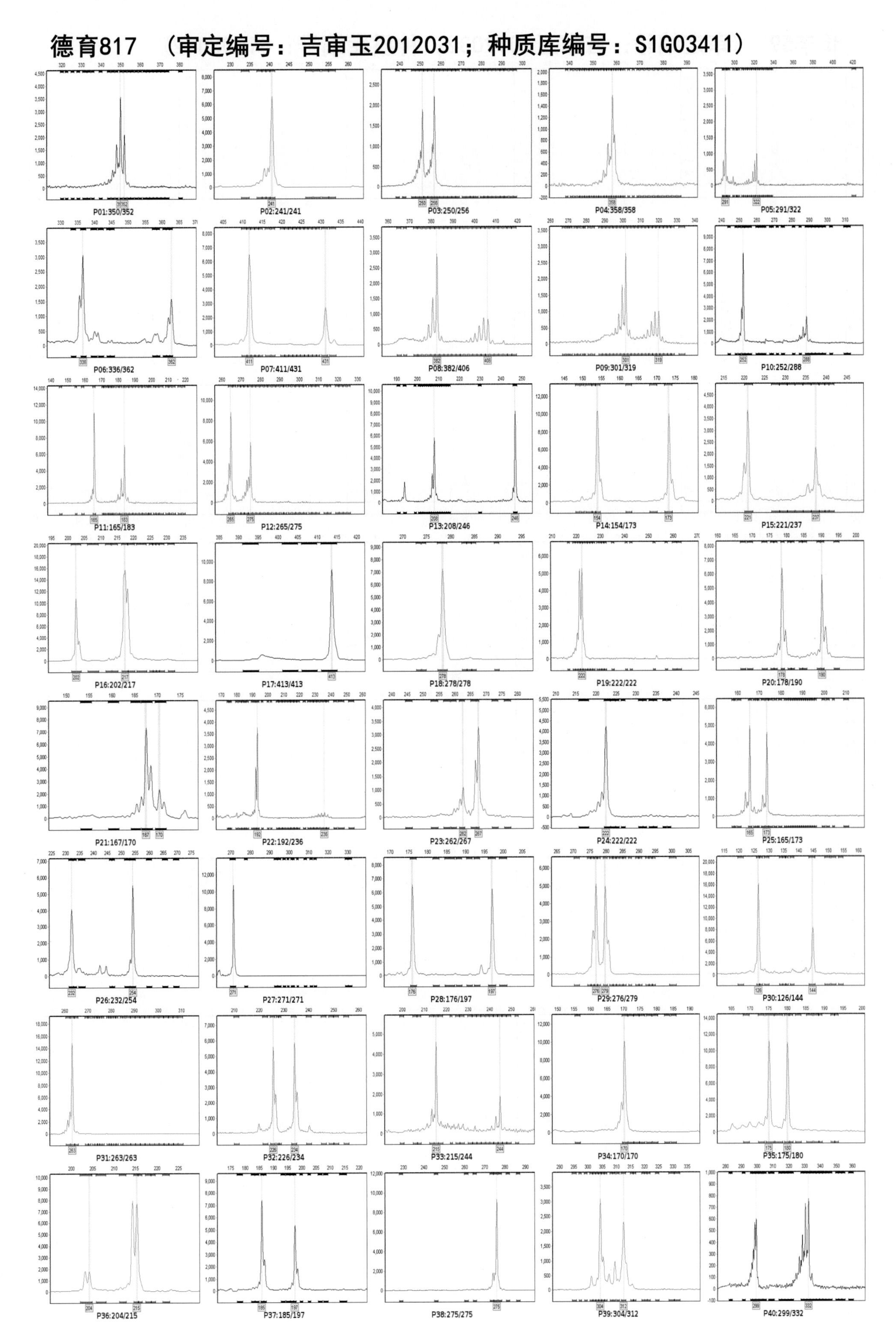

长丰59 （审定编号：吉审玉2012032；种质库编号：S1G03412）

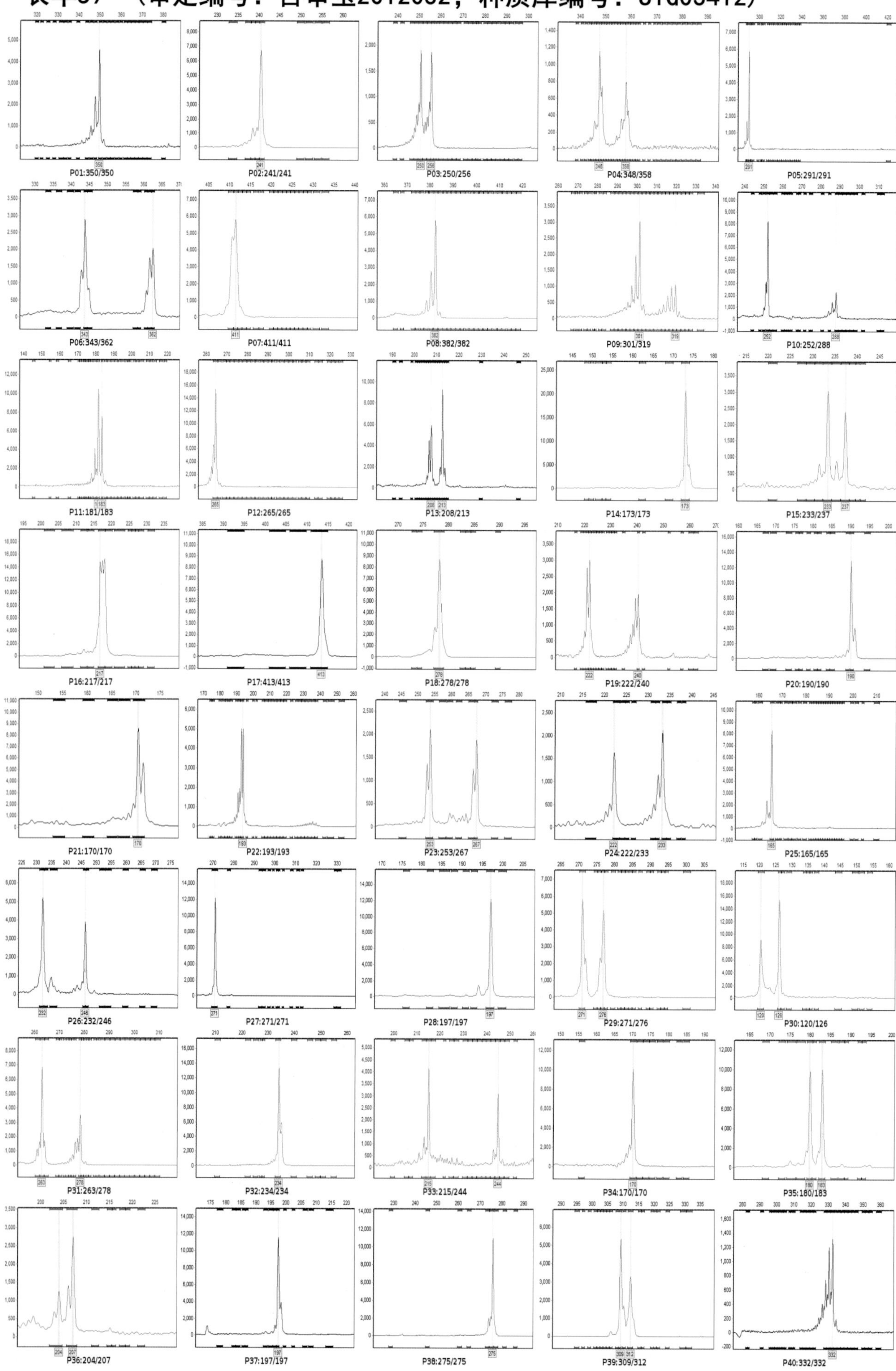

辽吉939 （审定编号：吉审玉2012033；种质库编号：S1G03413）

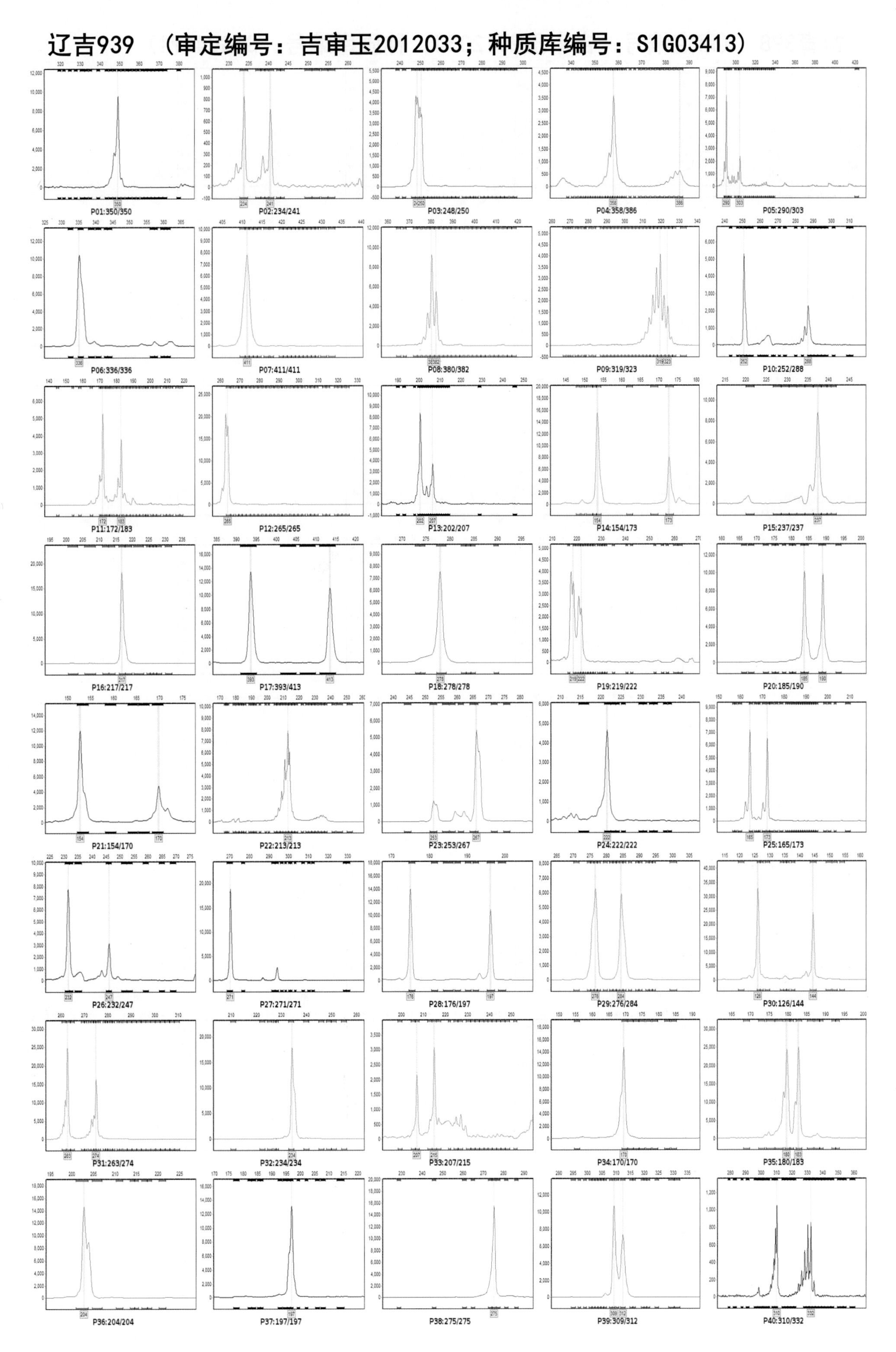

恒育398 （审定编号：吉审玉2012034；种质库编号：S1G04191）

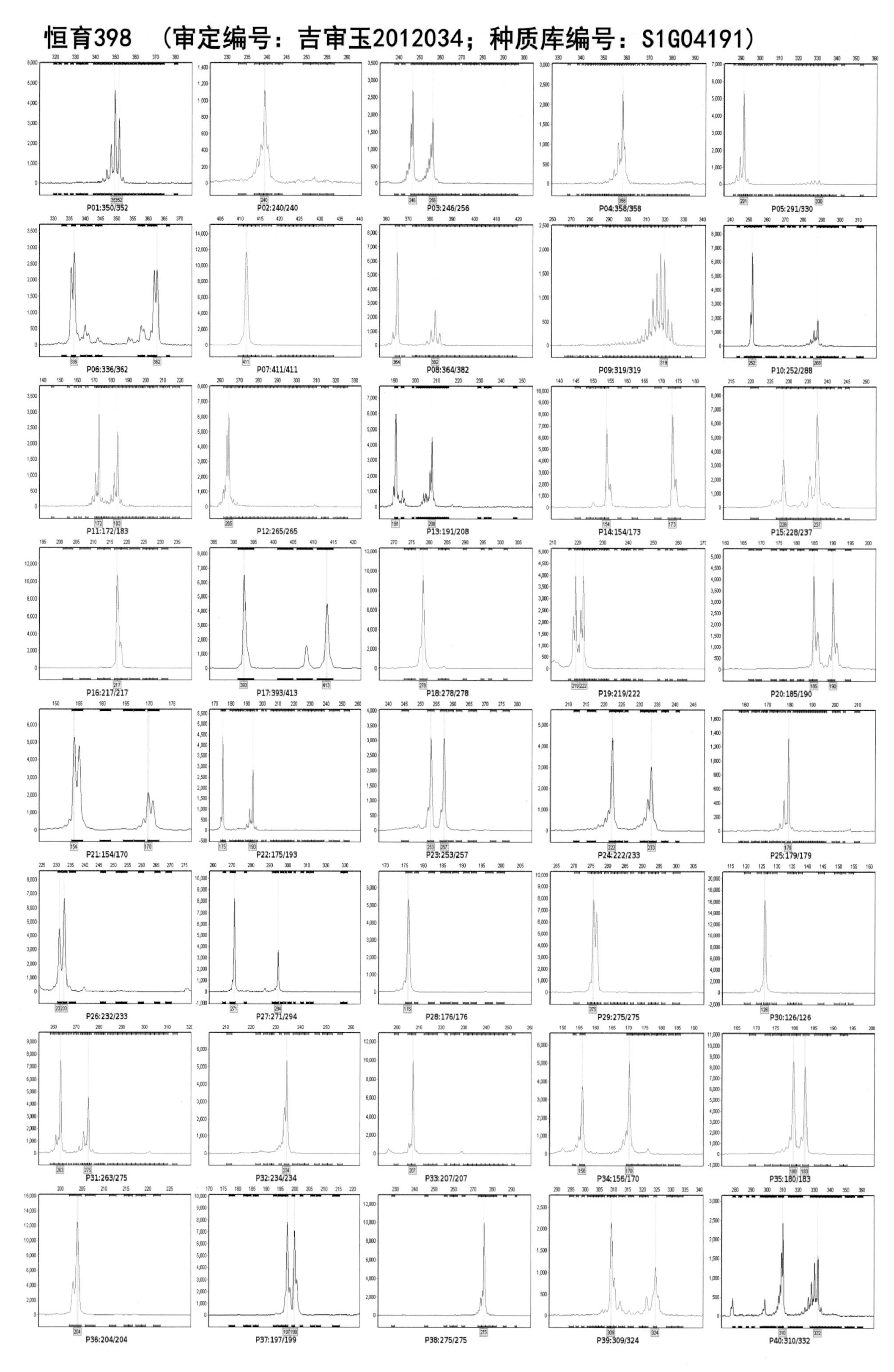

银河126 （审定编号：吉审玉2012035；种质库编号：S1G03414）

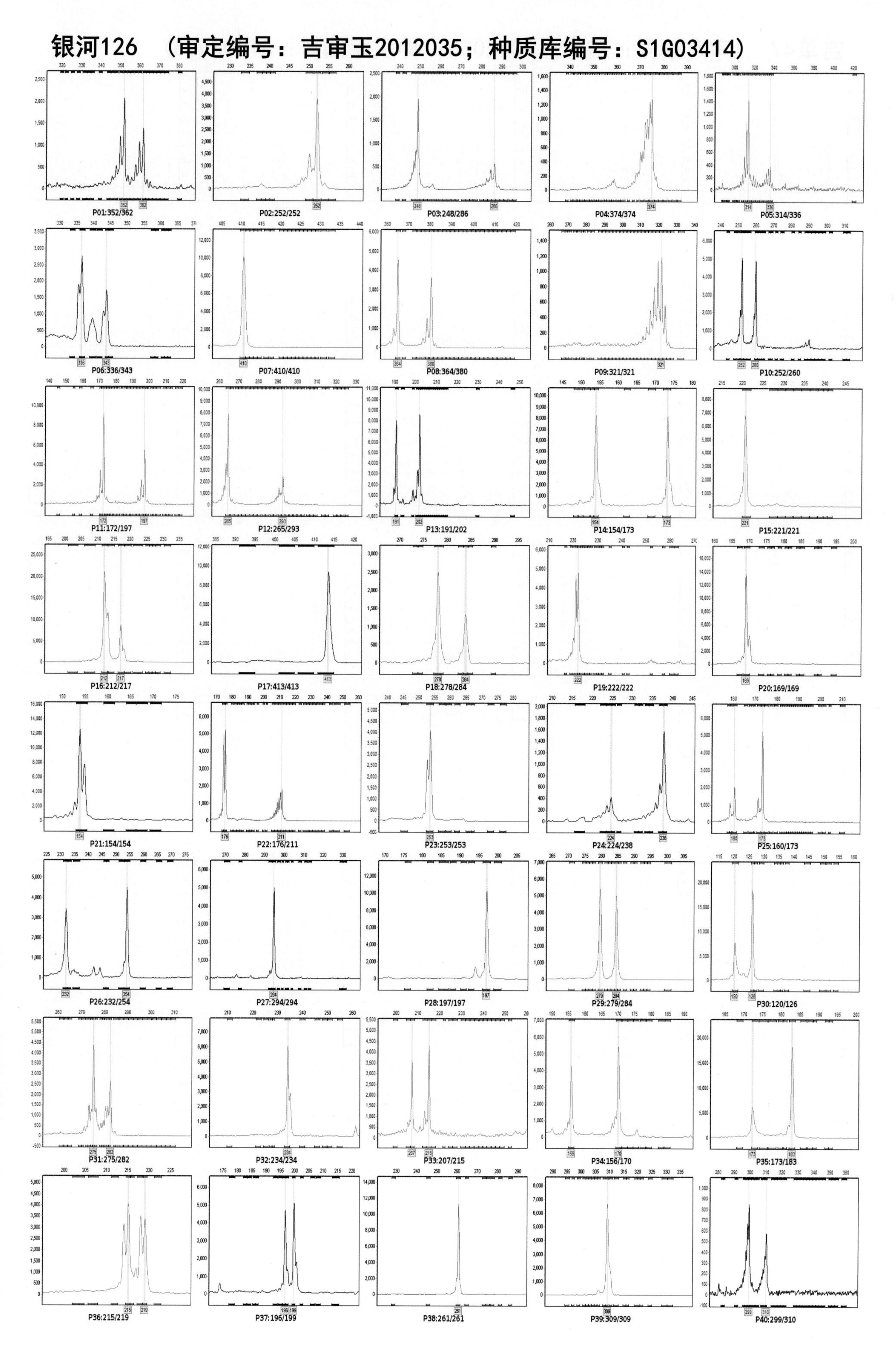

吉单47 （审定编号：吉审玉2012036；种质库编号：S1G03415）

P01:322/350
P02:241/241
P03:248/256
P04:361/384
P05:291/314
P06:336/343
P07:411/411
P08:364/382
P09:273/323
P10:252/290
P11:172/181
P12:265/281
P13:191/208
P14:152/169
P15:237/237
P16:217/217
P17:408/413
P18:278/278
P19:219/222
P20:185/185
P21:154/154
P22:193/211
P23:253/257
P24:222/238
P25:165/179
P26:232/233
P27:294/294
P28:176/197
P29:275/279
P30:126/144
P31:275/285
P32:223/234
P33:207/215
P34:156/174
P35:173/183
P36:204/204
P37:199/214
P38:275/275
P39:309/312
P40:283/310

中玉990 （审定编号：吉审玉2012037；种质库编号：S1G03416）

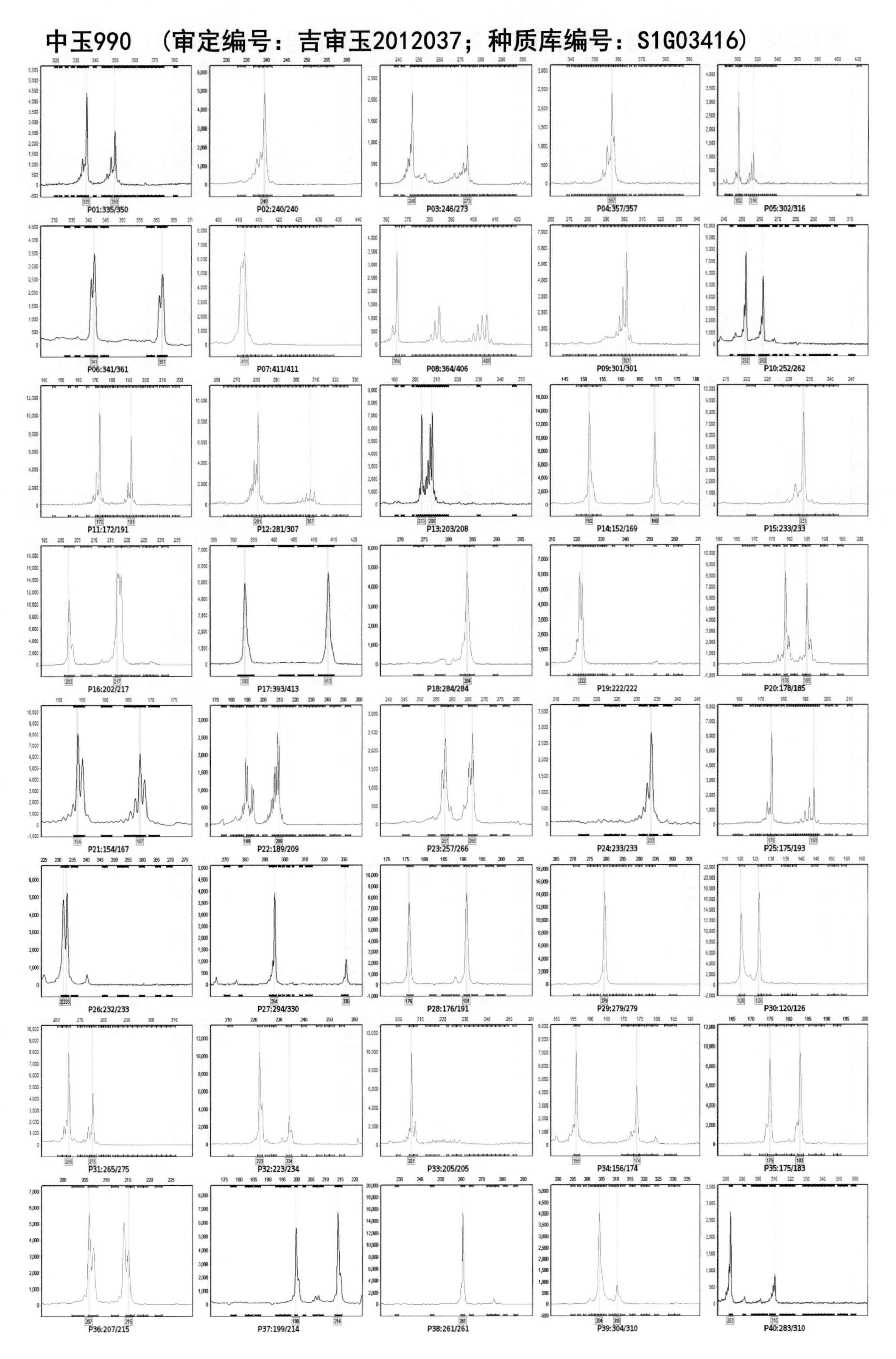

奥邦368　（审定编号：吉审玉2012038；种质库编号：S1G03417）

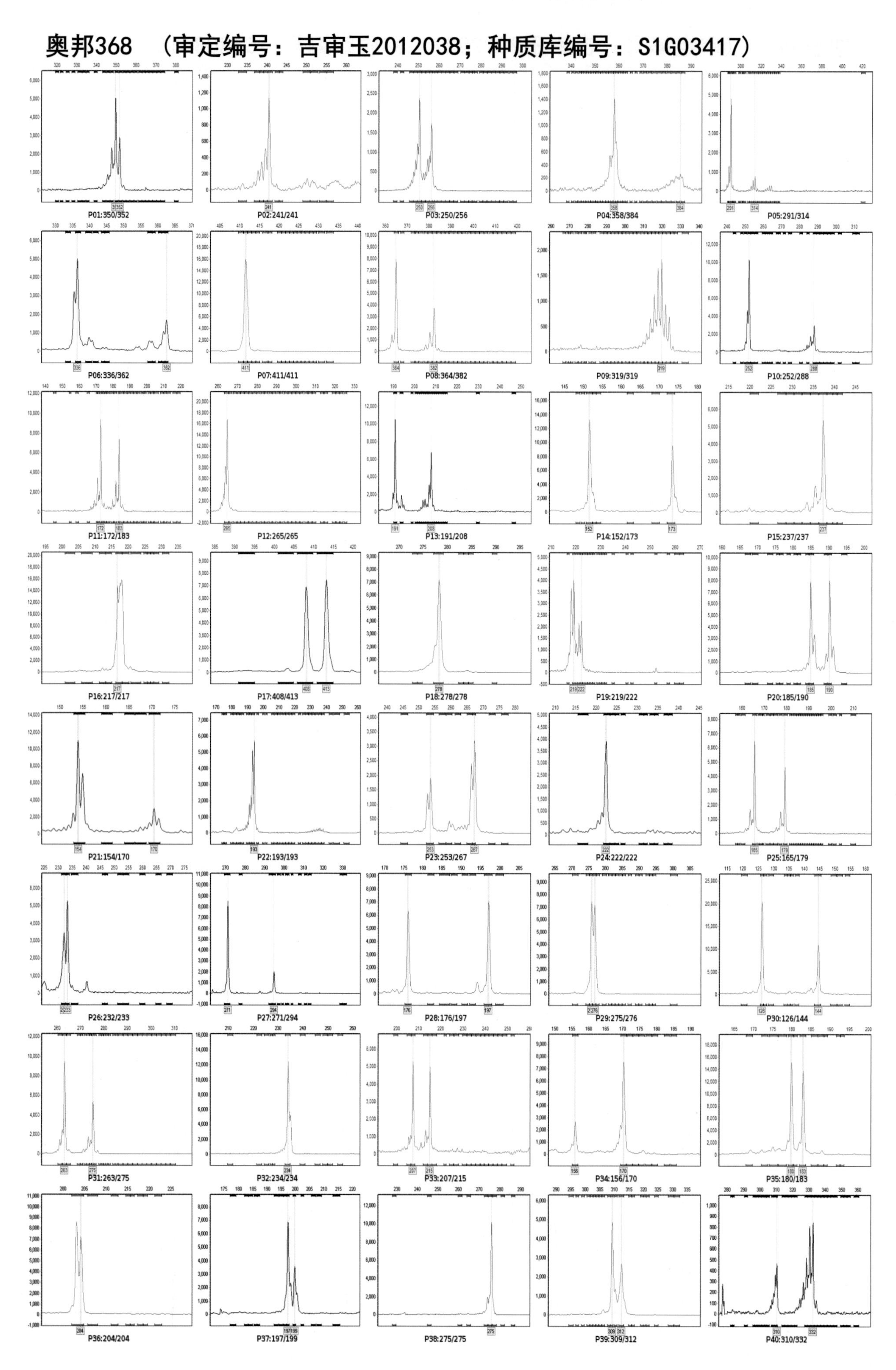

双玉99 （审定编号：吉审玉2012039；种质库编号：S1G03418）

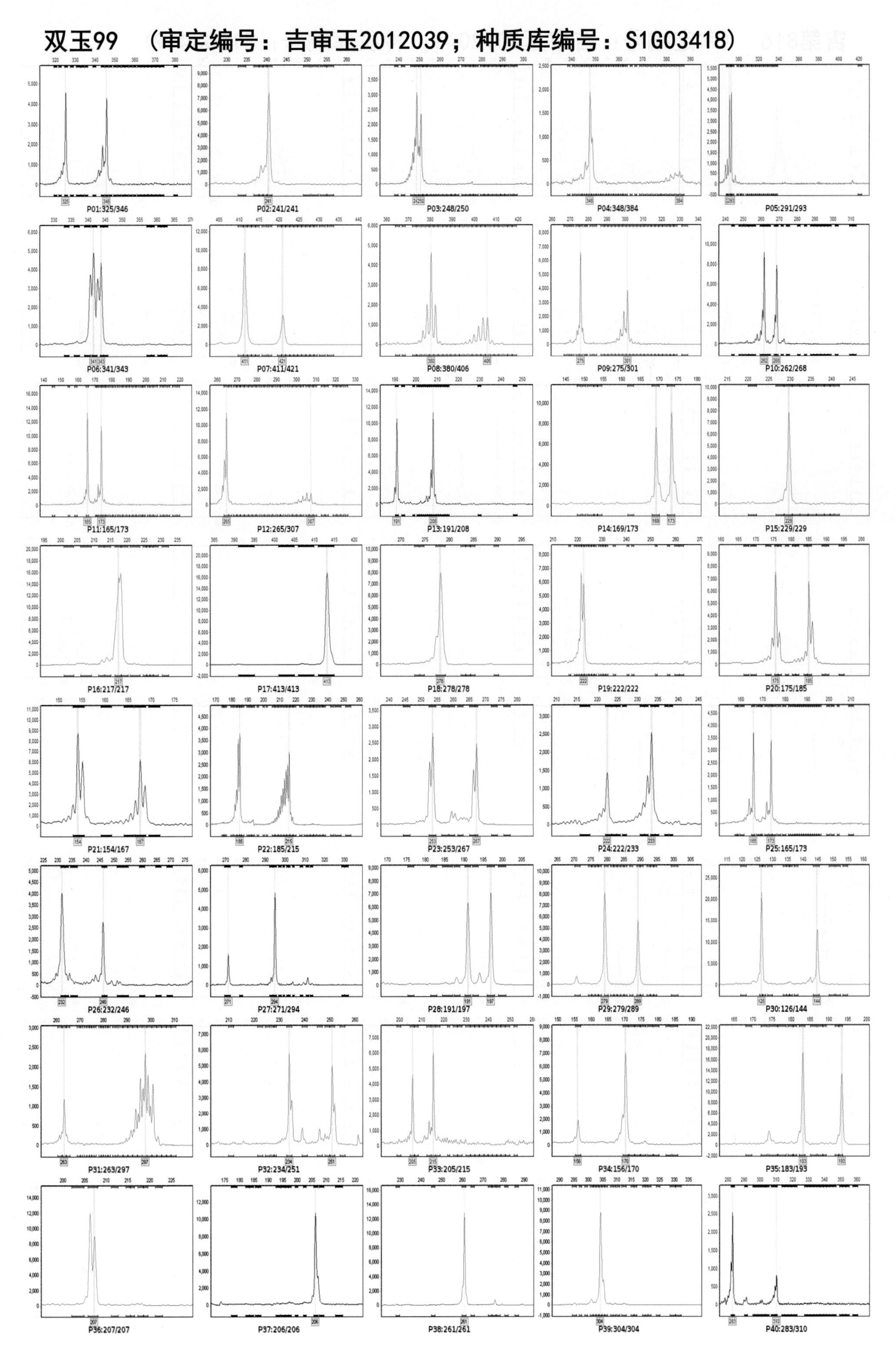

吉第816 （审定编号：吉审玉2012041；种质库编号：S1G03419）

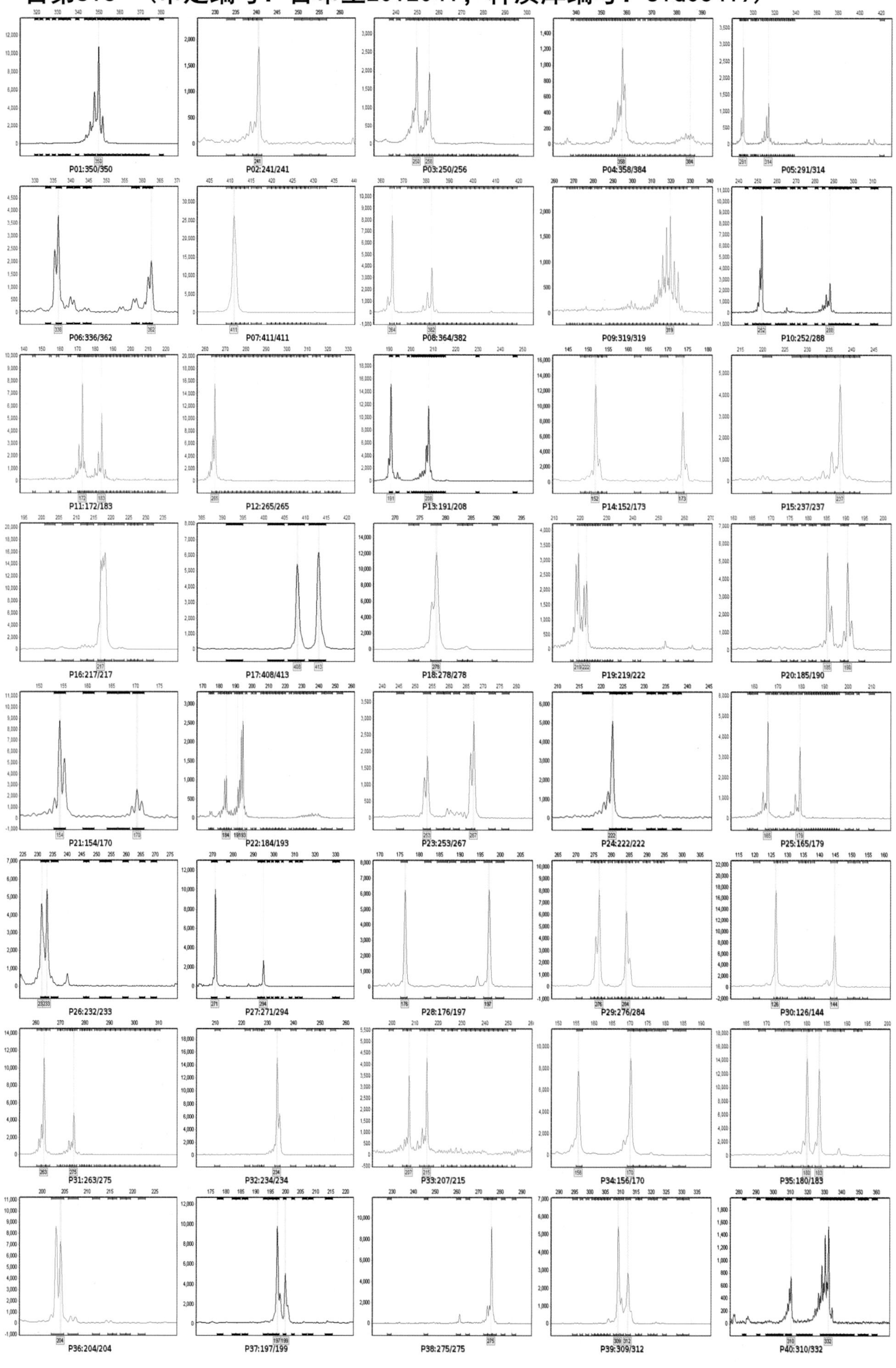

P01:350/350	P02:241/241	P03:250/256	P04:358/384	P05:291/314
P06:336/362	P07:411/411	P08:364/382	P09:319/319	P10:252/288
P11:172/183	P12:265/265	P13:191/208	P14:152/173	P15:237/237
P16:217/217	P17:408/413	P18:278/278	P19:219/222	P20:185/190
P21:154/170	P22:184/193	P23:253/267	P24:222/222	P25:165/179
P26:232/233	P27:271/294	P28:176/197	P29:276/284	P30:126/144
P31:263/275	P32:234/234	P33:207/215	P34:156/170	P35:180/183
P36:204/204	P37:197/199	P38:275/275	P39:309/312	P40:310/332

长单916 （审定编号：吉审玉2012042；种质库编号：S1G03420）

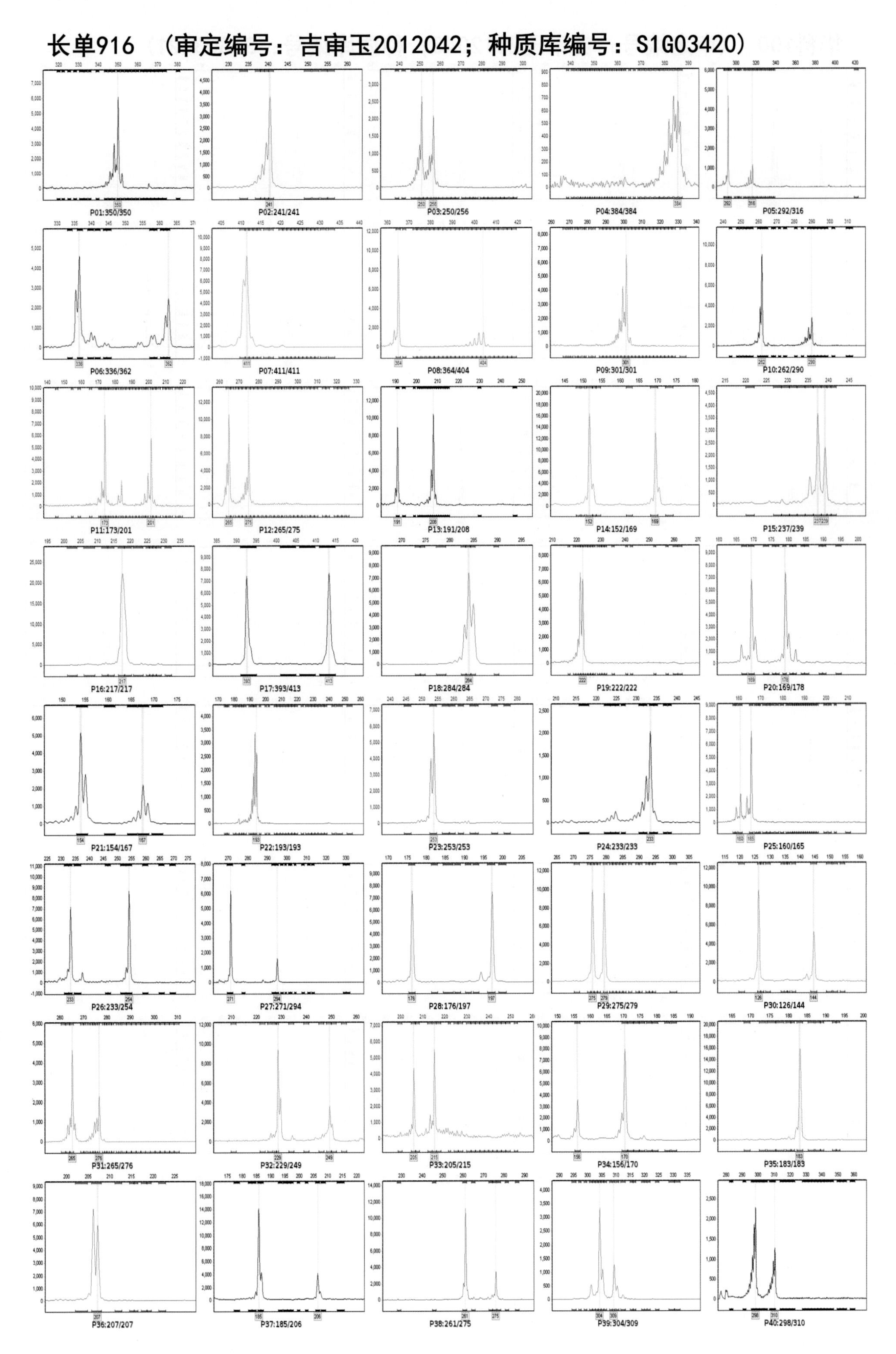

华科100 （审定编号：吉审玉2012043；种质库编号：S1G03421）

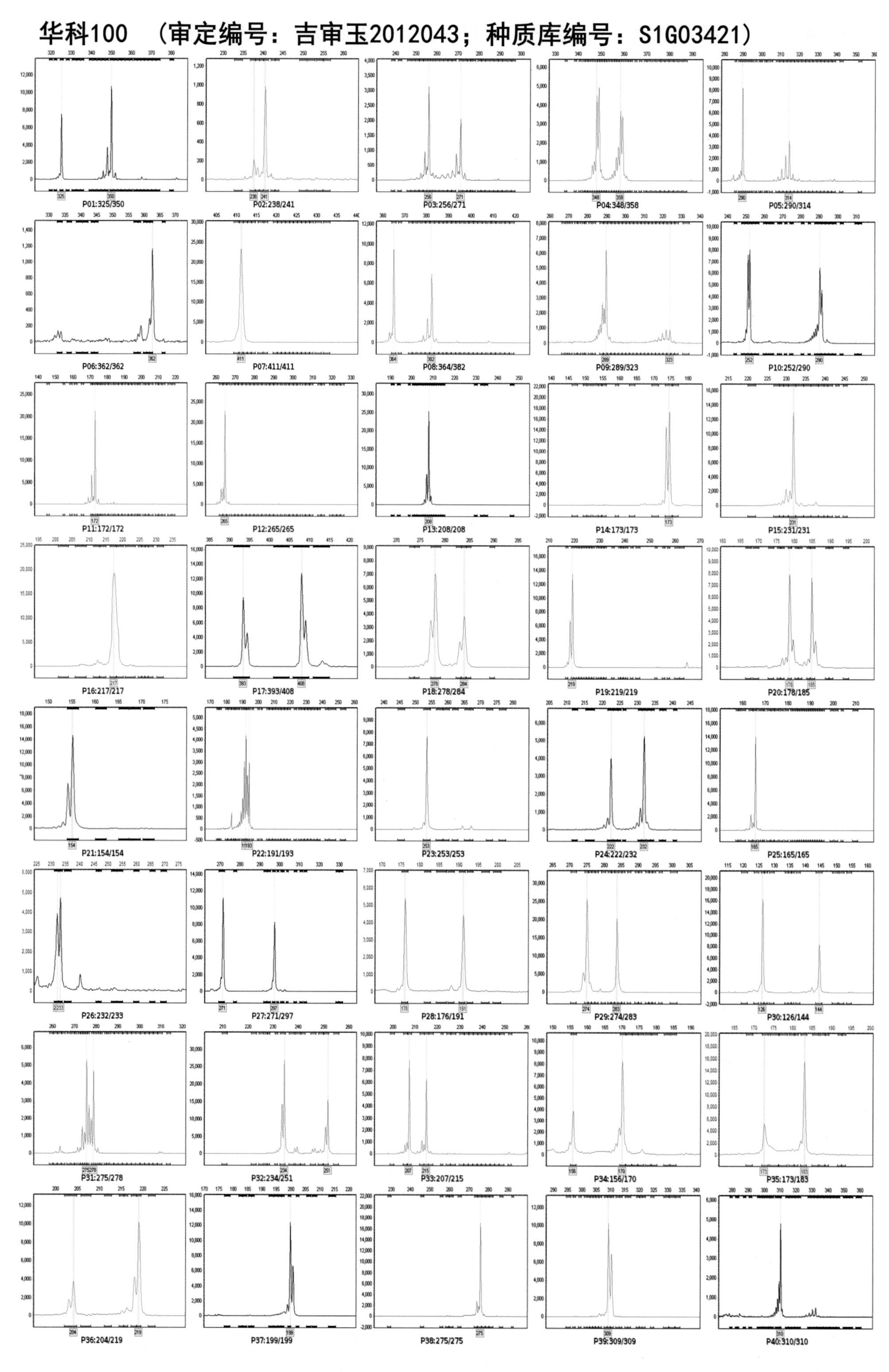

桥峰617 （审定编号：吉审玉2012045；种质库编号：S1G03422）

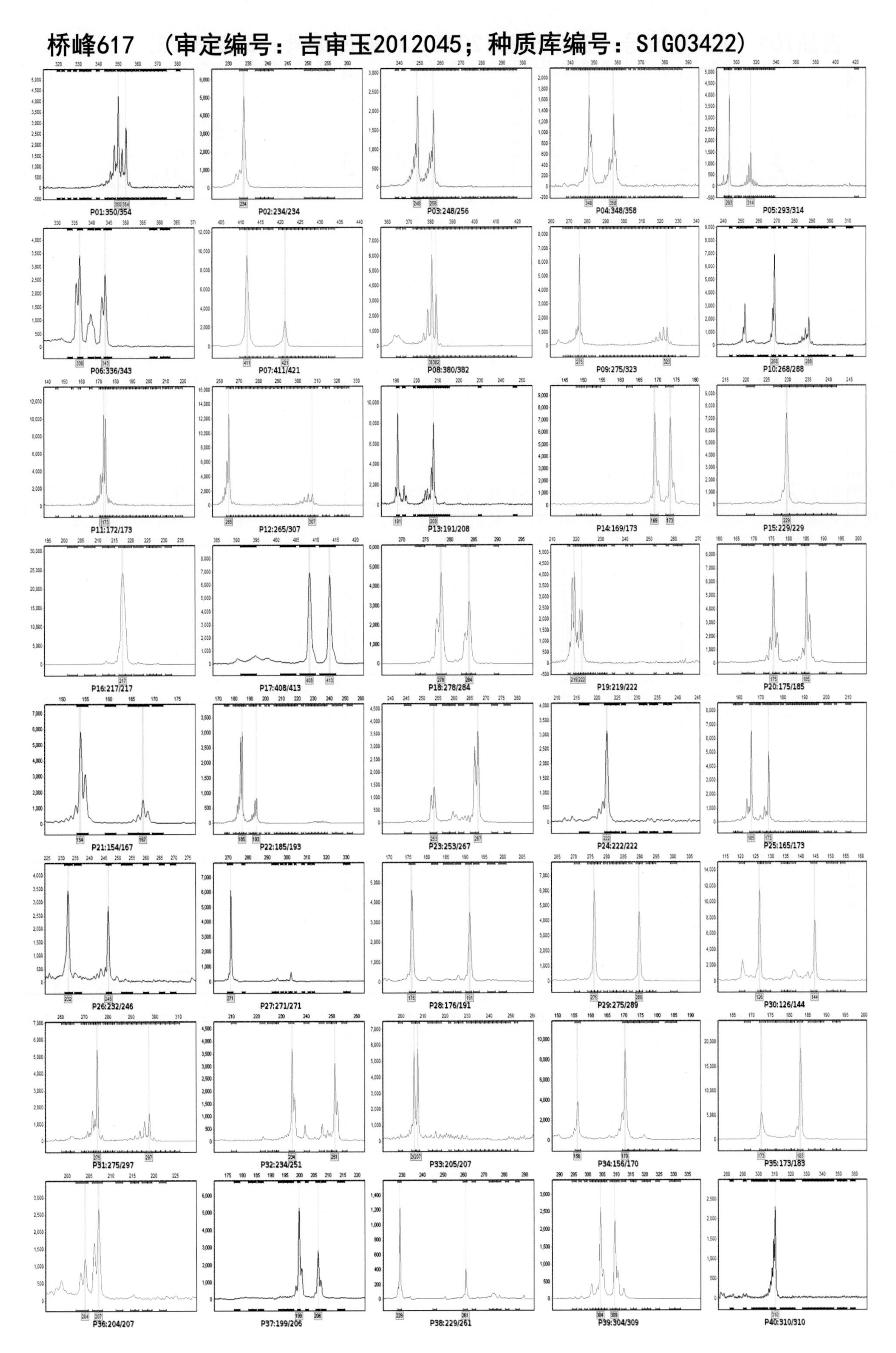

吉品704 （审定编号：吉审玉2012046；种质库编号：S1G03423）

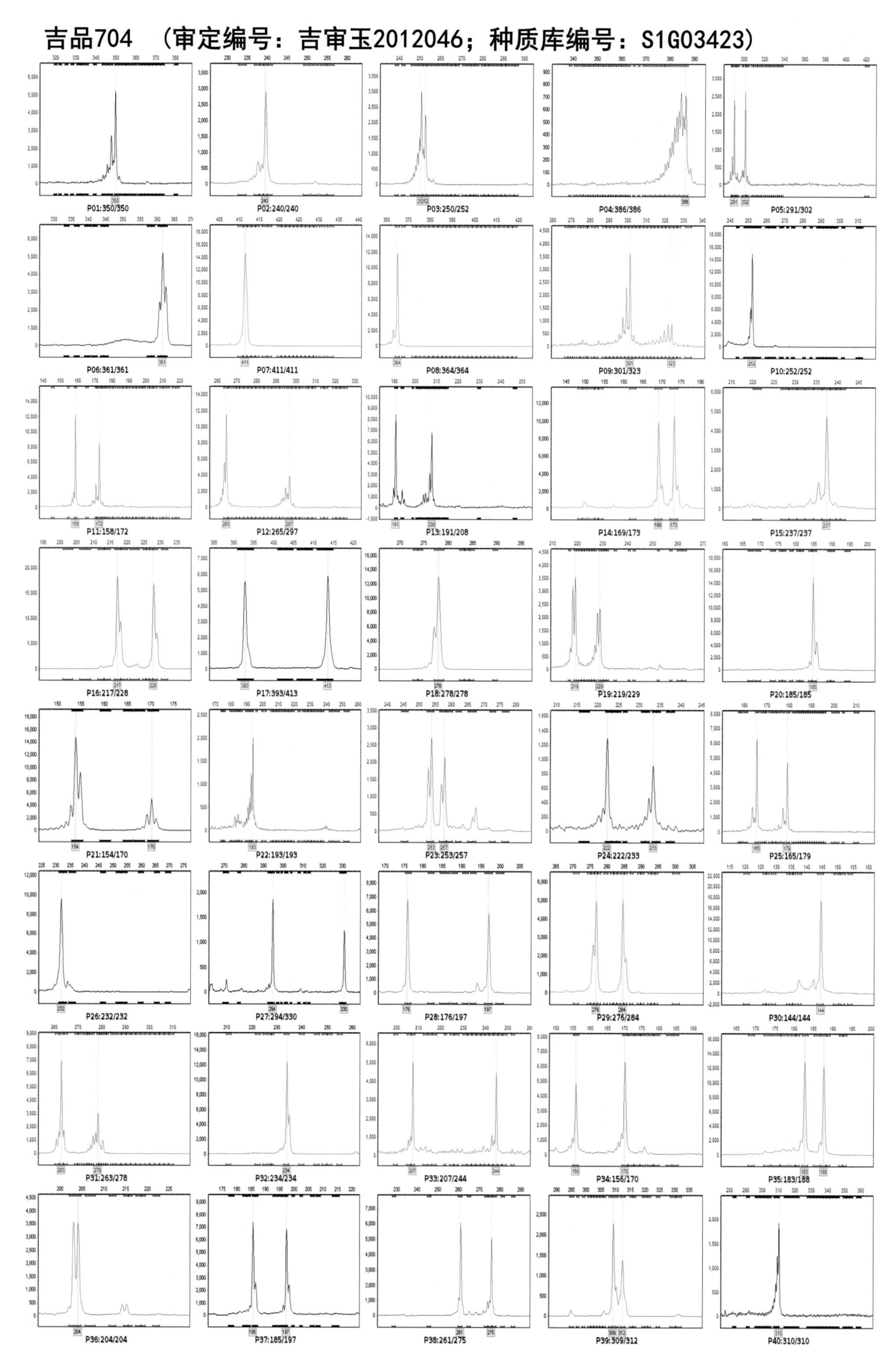

龙单59 （审定编号：吉审玉2012047；种质库编号：S1G01774）

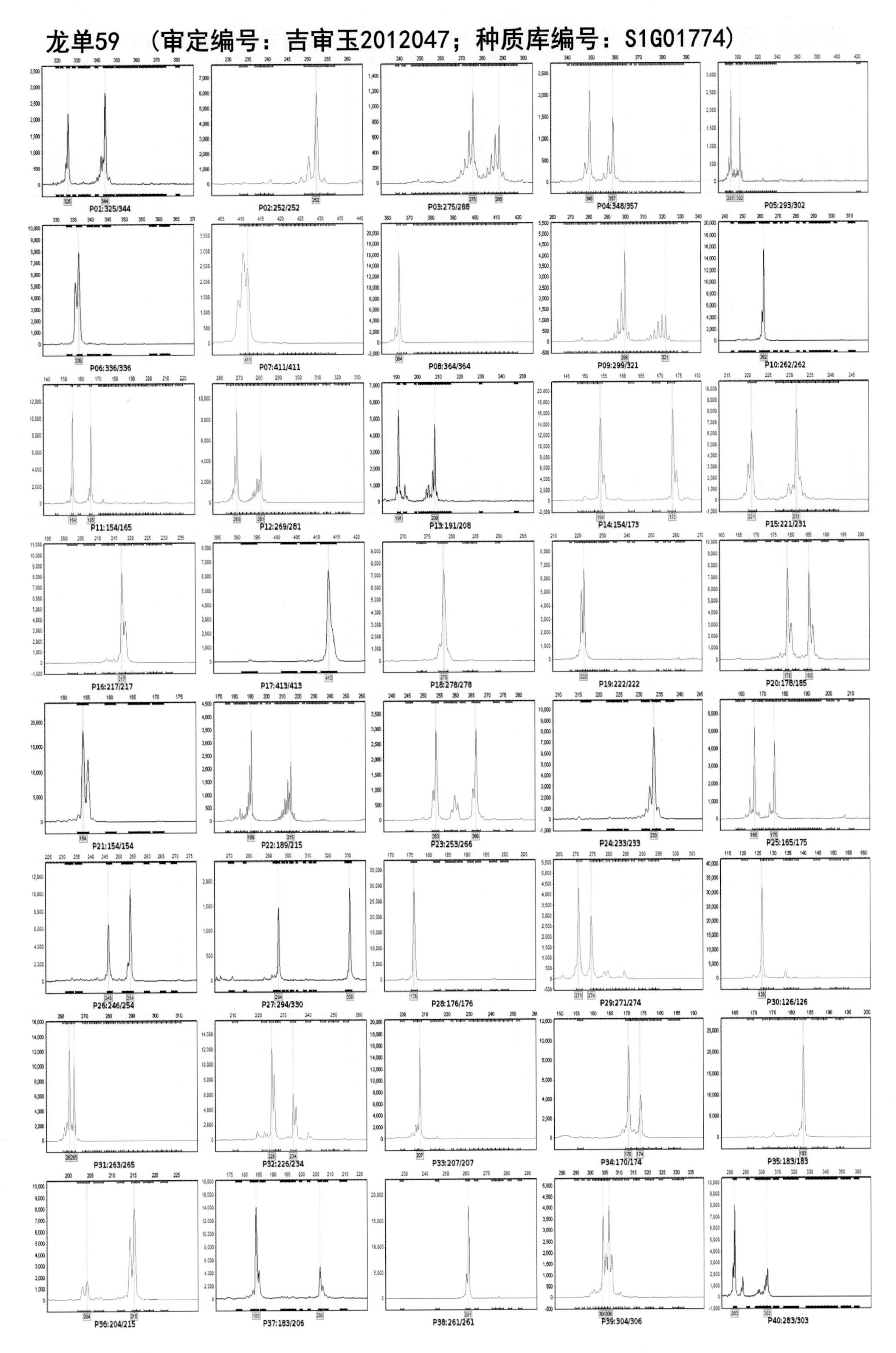

德美亚1号 （审定编号：吉审玉2012048；种质库编号：S1G01694）

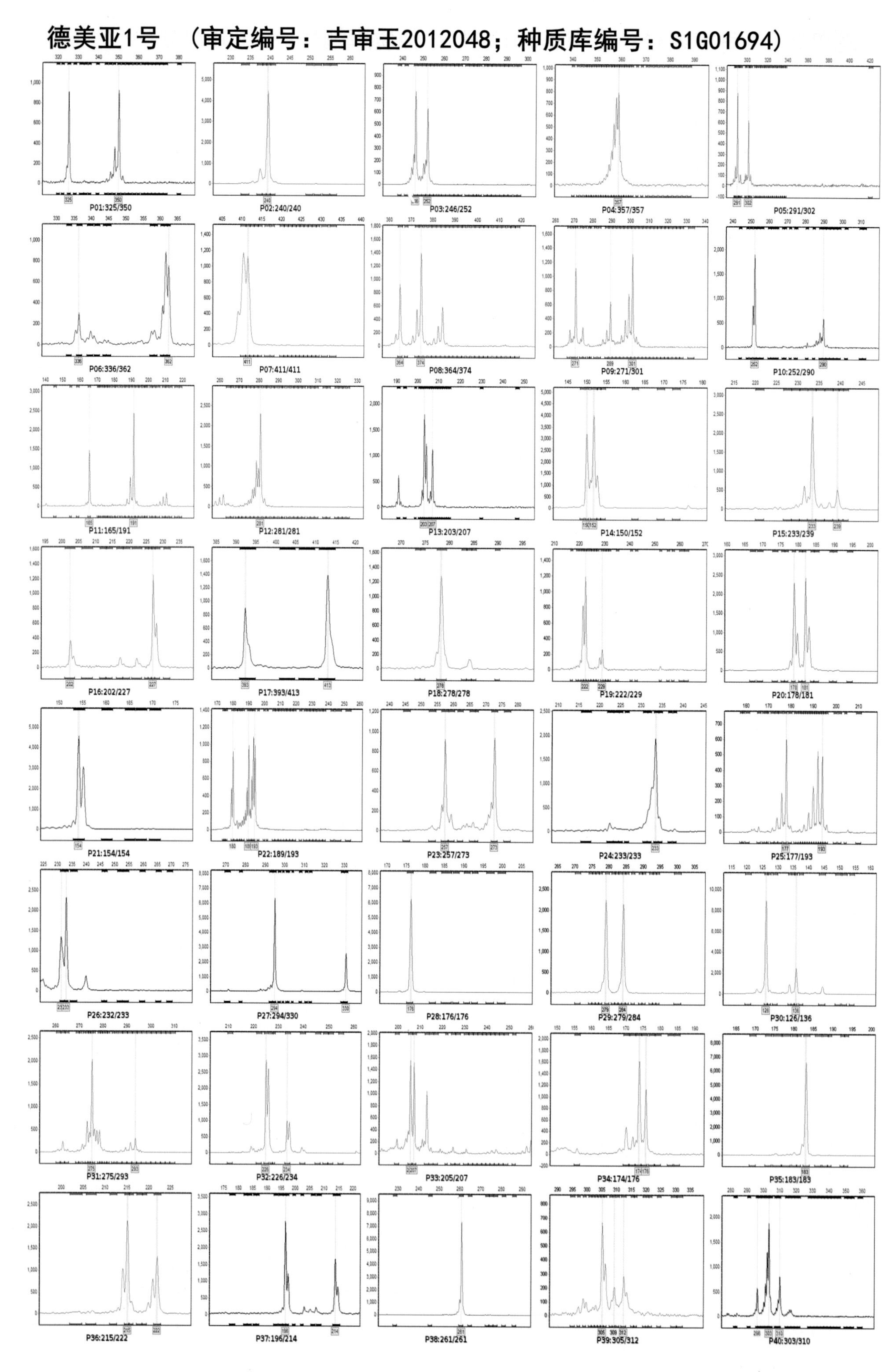

德美亚3号 （审定编号：吉审玉2013001；种质库编号：S1G03778）

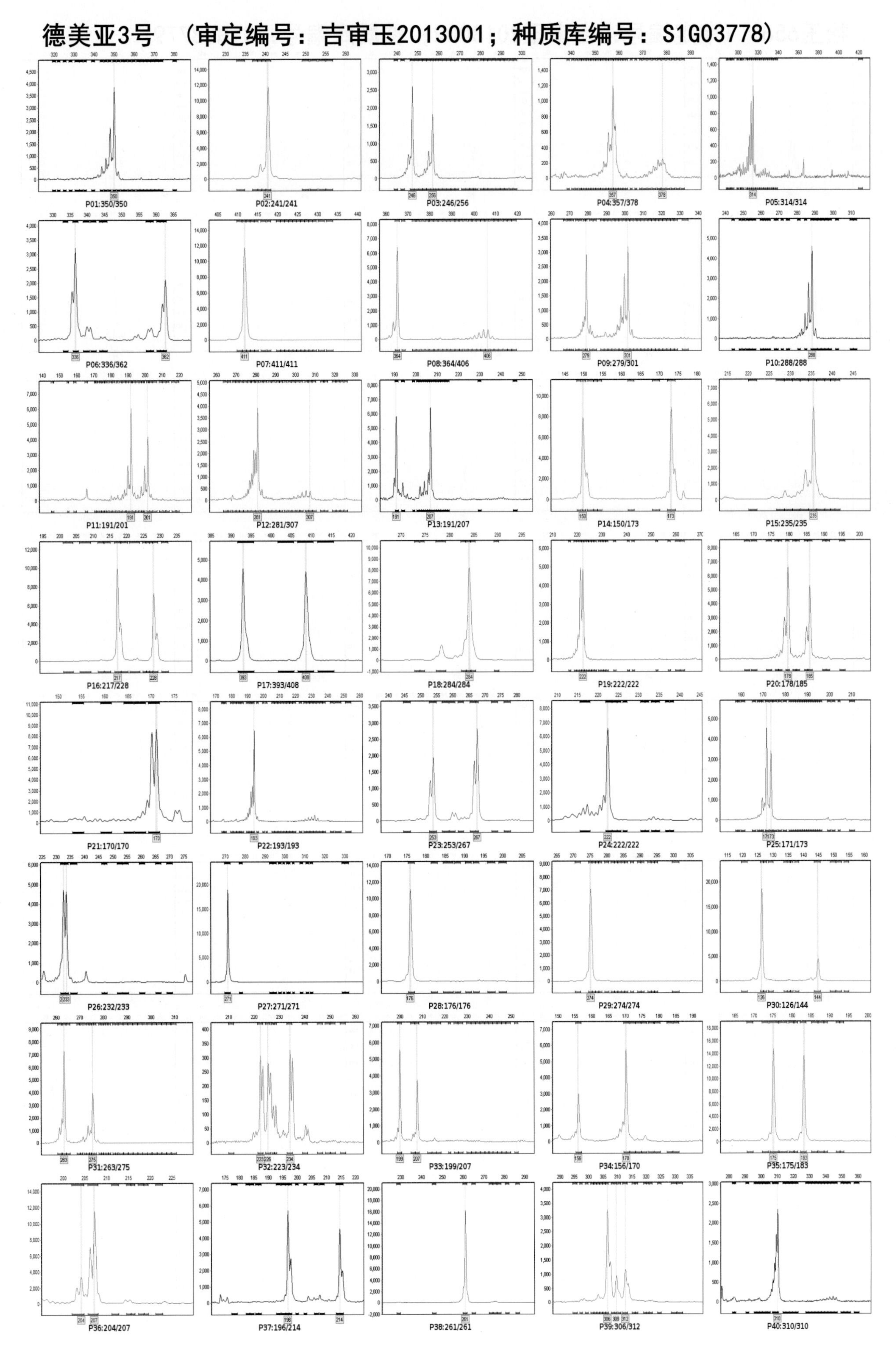

松玉656 （审定编号：吉审玉2013002；种质库编号：S1G03779）

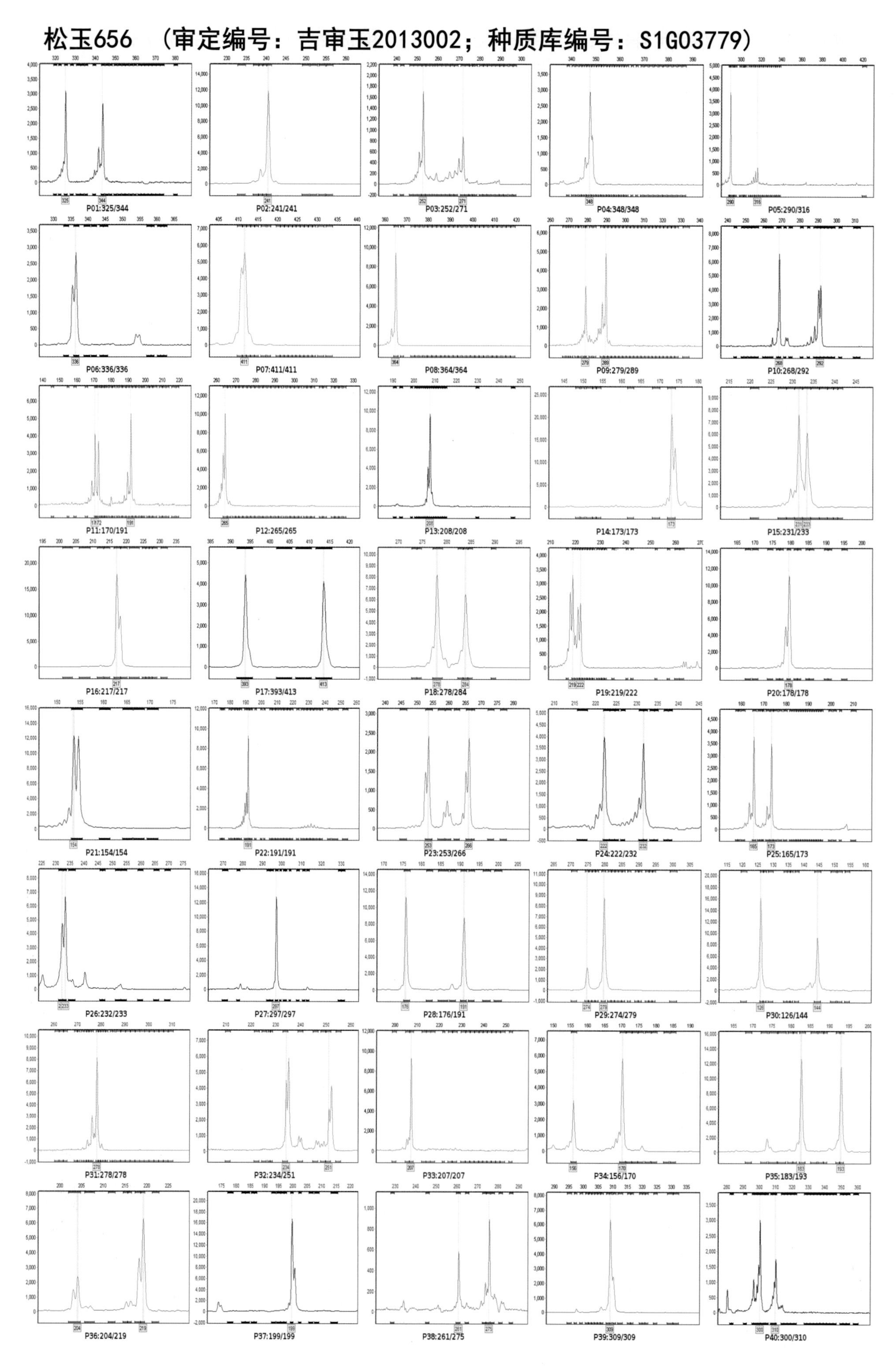

龙单63 （审定编号：吉审玉2013003；种质库编号：S1G02414）

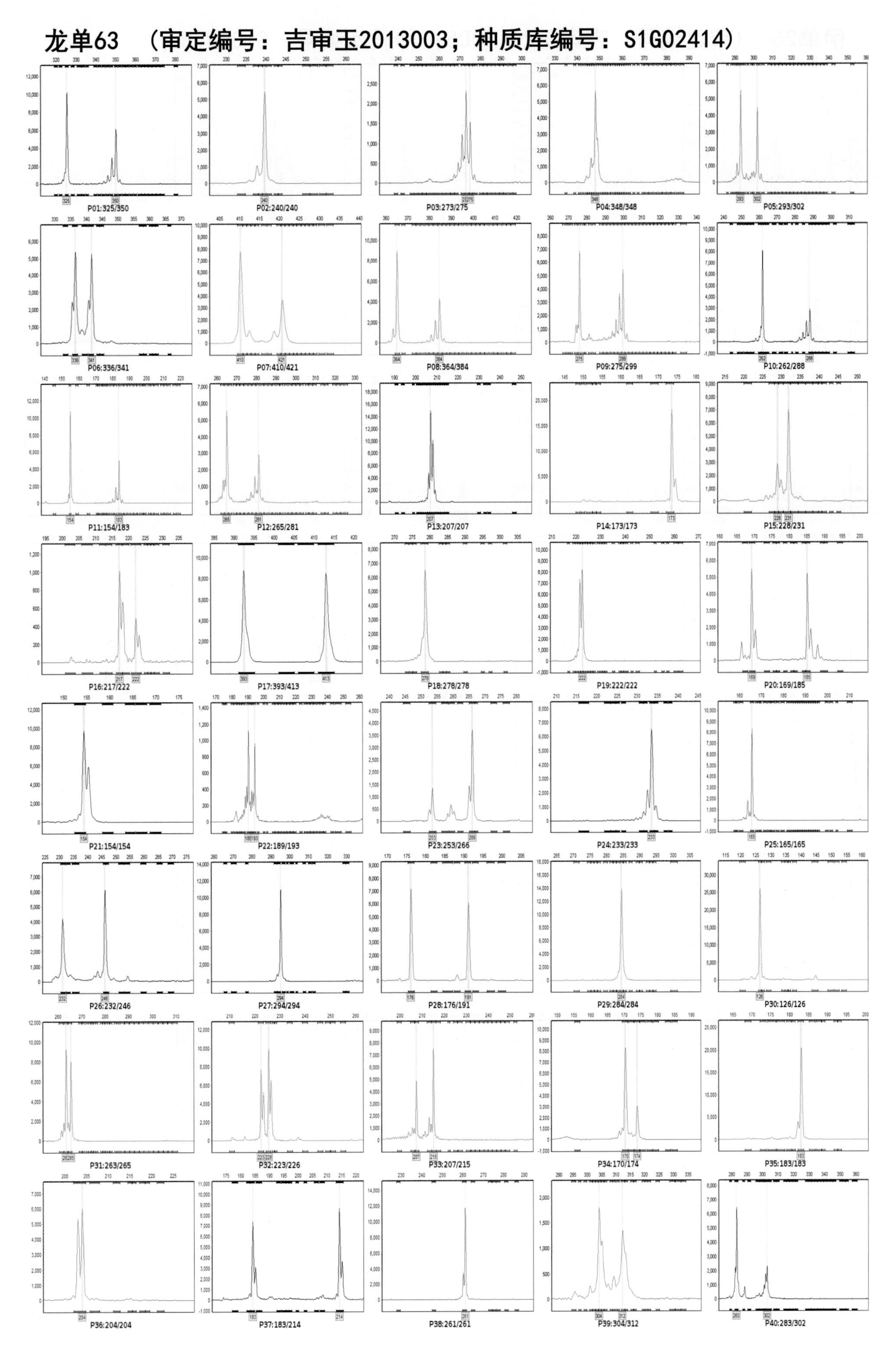

伊单26 （审定编号：吉审玉2013005；种质库编号：S1G03780）

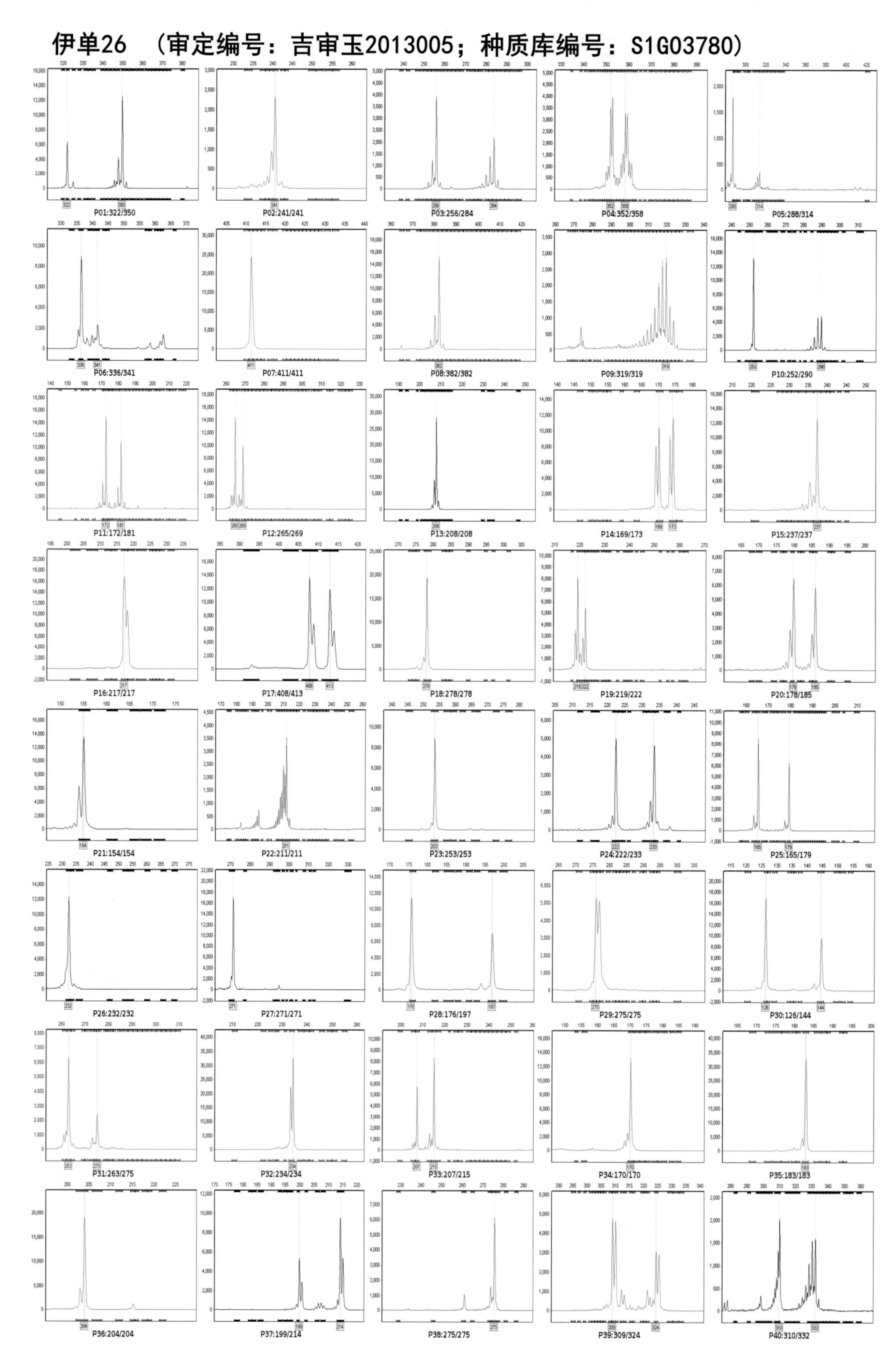

军单23 （审定编号：吉审玉2013006；种质库编号：S1G03781）

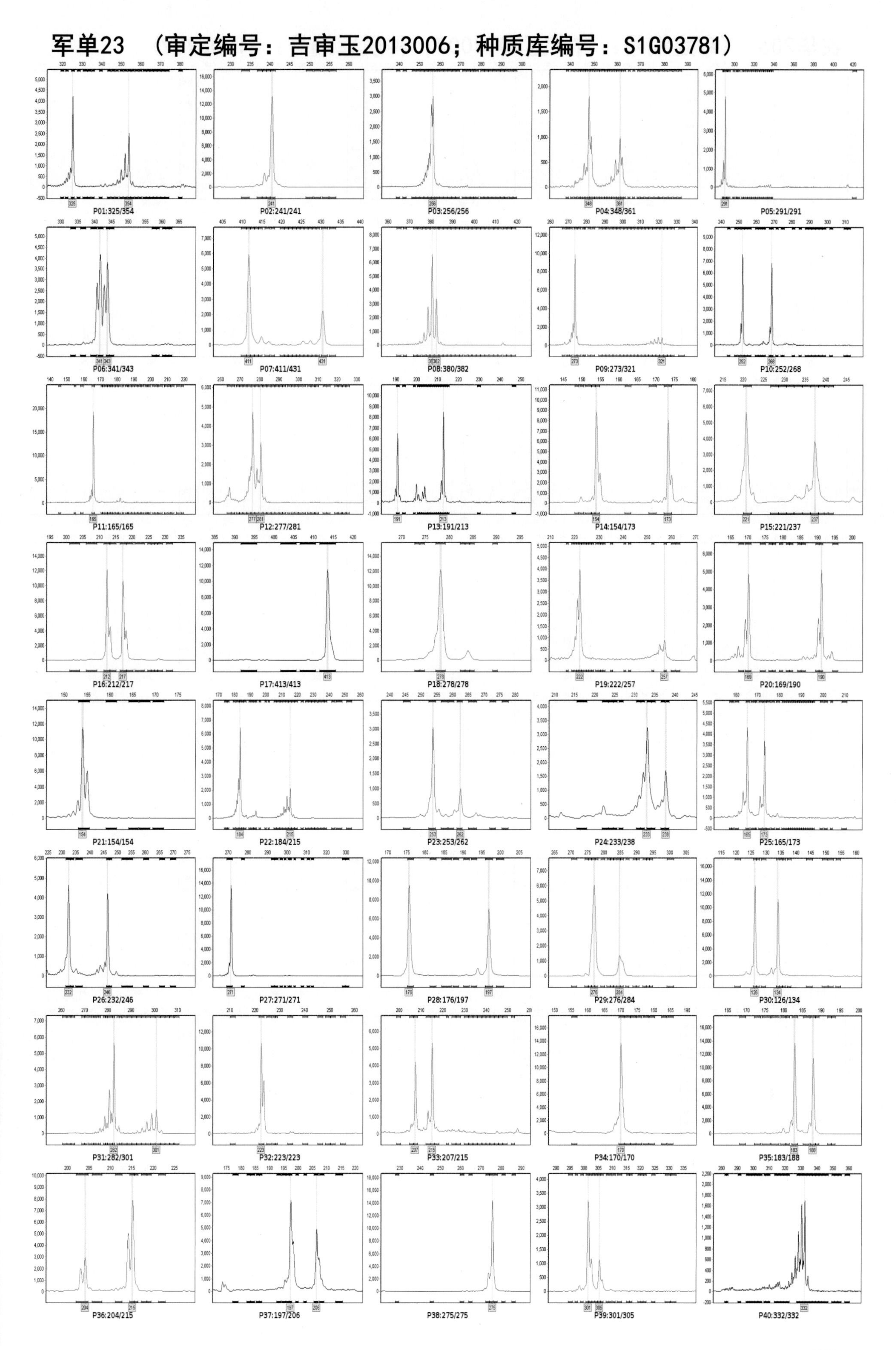

农华206 （审定编号：吉审玉2013007；种质库编号：S1G03782）

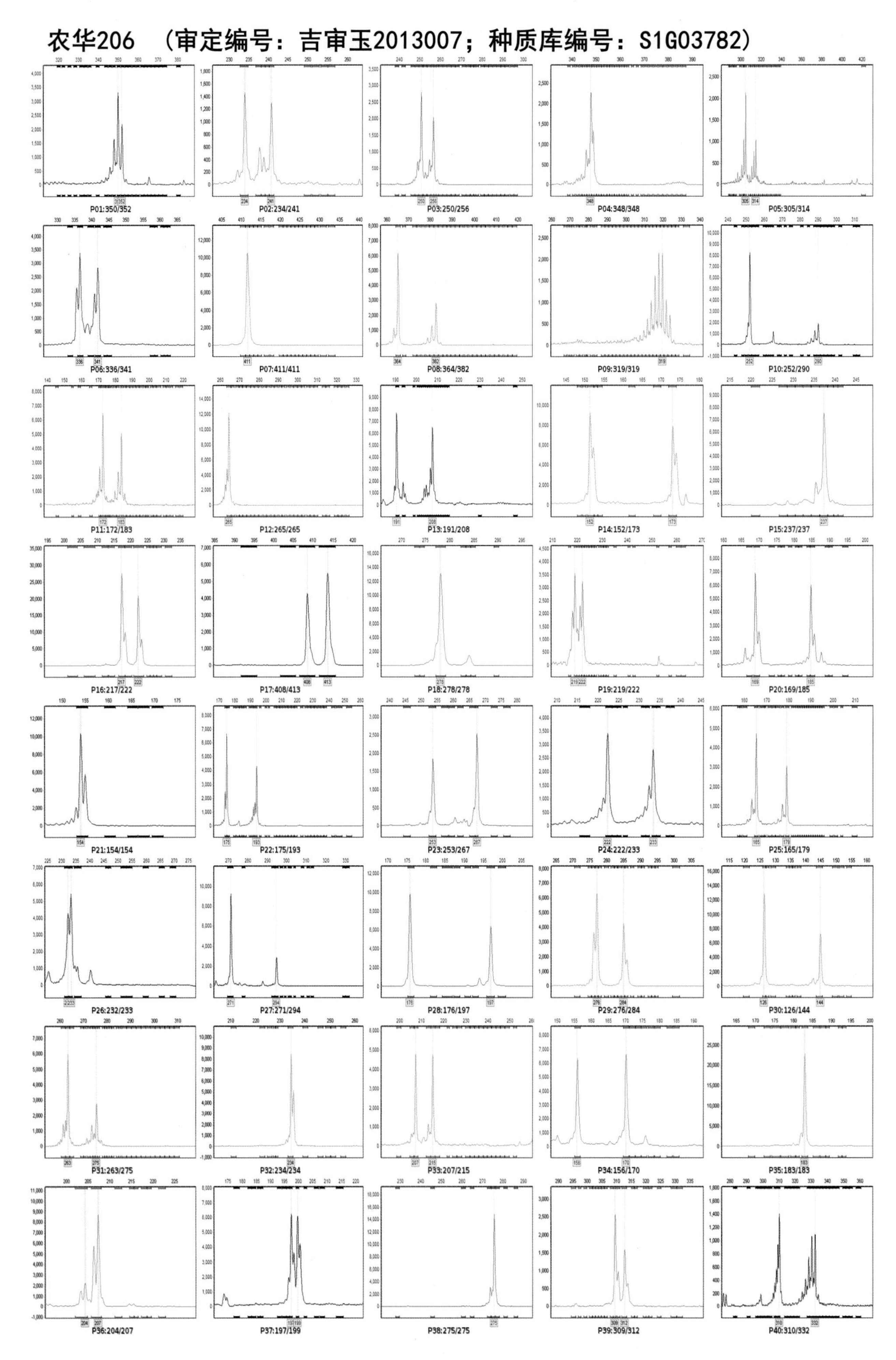

穗育85 （审定编号：吉审玉2013008；种质库编号：S1G03783）

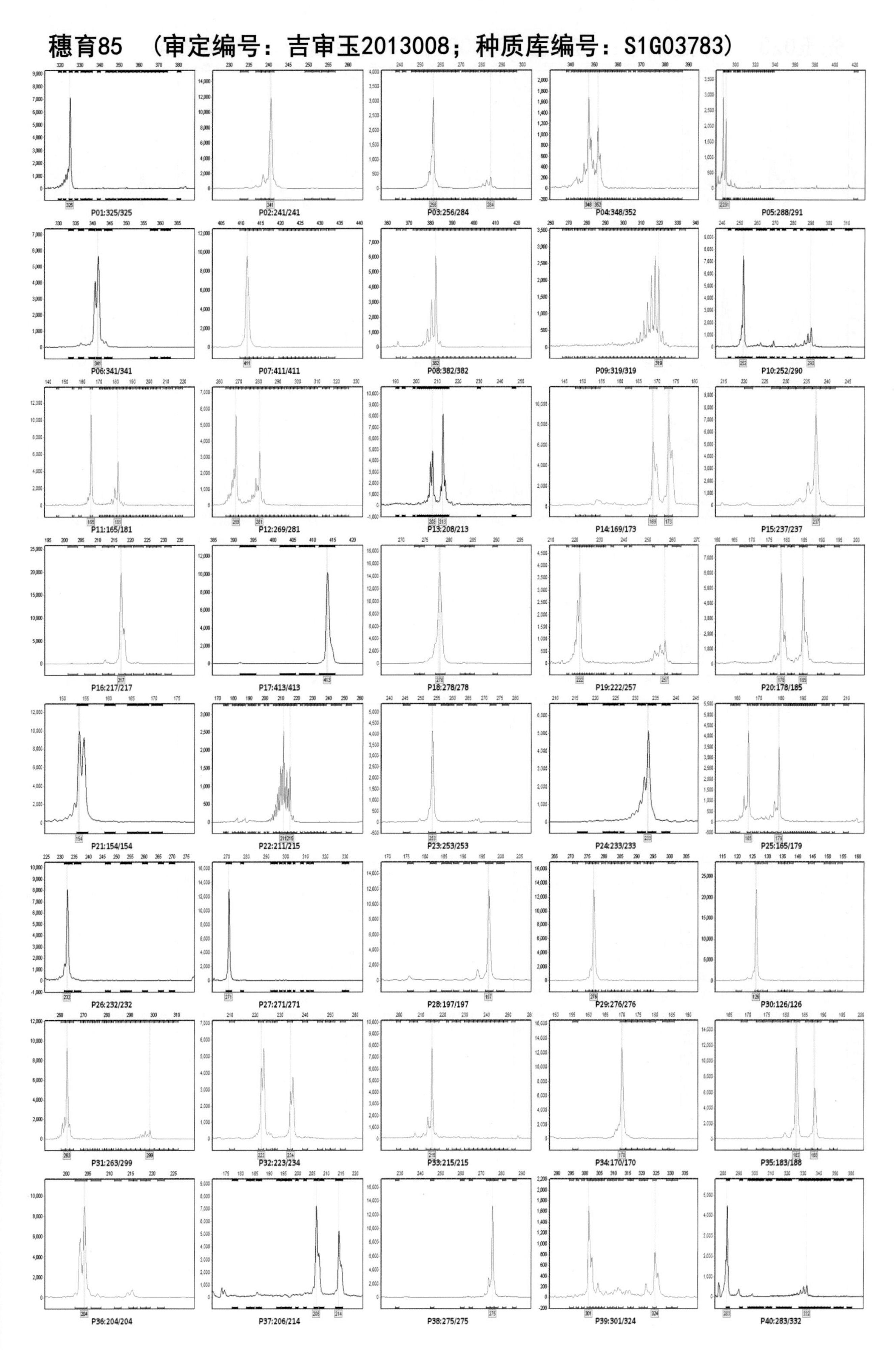

先玉023 （审定编号：吉审玉2013009；种质库编号：S1G03784）

P01:344/352

P02:239/241

P03:250/256

P04:348/354

P05:302/316

P06:341/362

P07:411/411

P08:382/402

P09:301/323

P10:252/290

P11:173/183

P12:265/265

P13:191/208

P14:150/173

P15:233/237

P16:217/228

P17:393/413

P18:278/278

P19:222/222

P20:185/190

P21:154/167

P22:180/180

P23:267/273

P24:216/233

P25:165/171

P26:232/233

P27:271/294

P28:176/197

P29:275/275

P30:144/144

P31:263/275

P32:234/234

P33:205/215

P34:170/170

P35:180/183

P36:204/207

P37:199/206

P38:275/275

P39:312/324

P40:310/332

恒育598 （审定编号：吉审玉2013010；种质库编号：S1G03785）

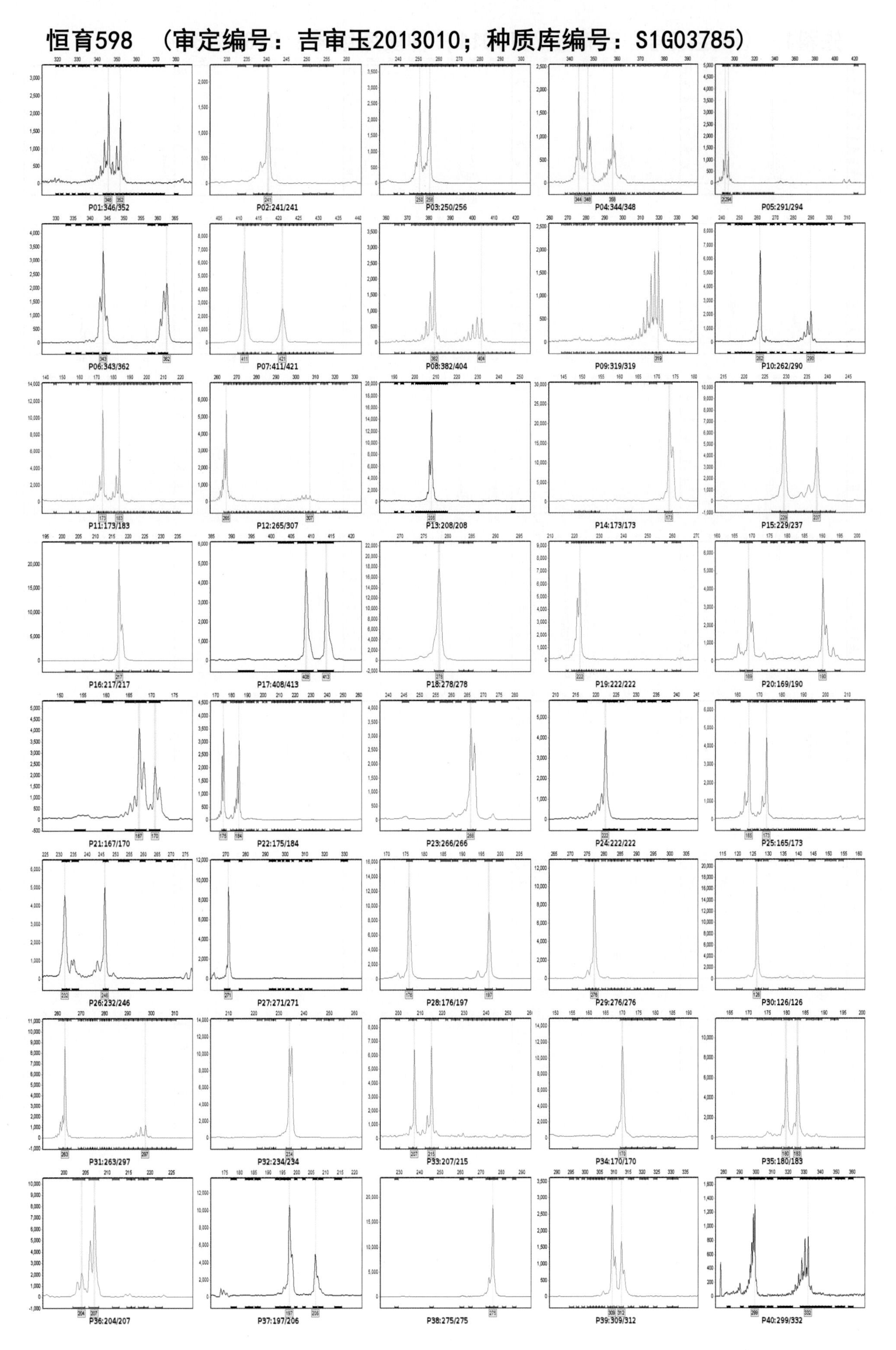

先科1 （审定编号：吉审玉2013011；种质库编号：S1G03786）

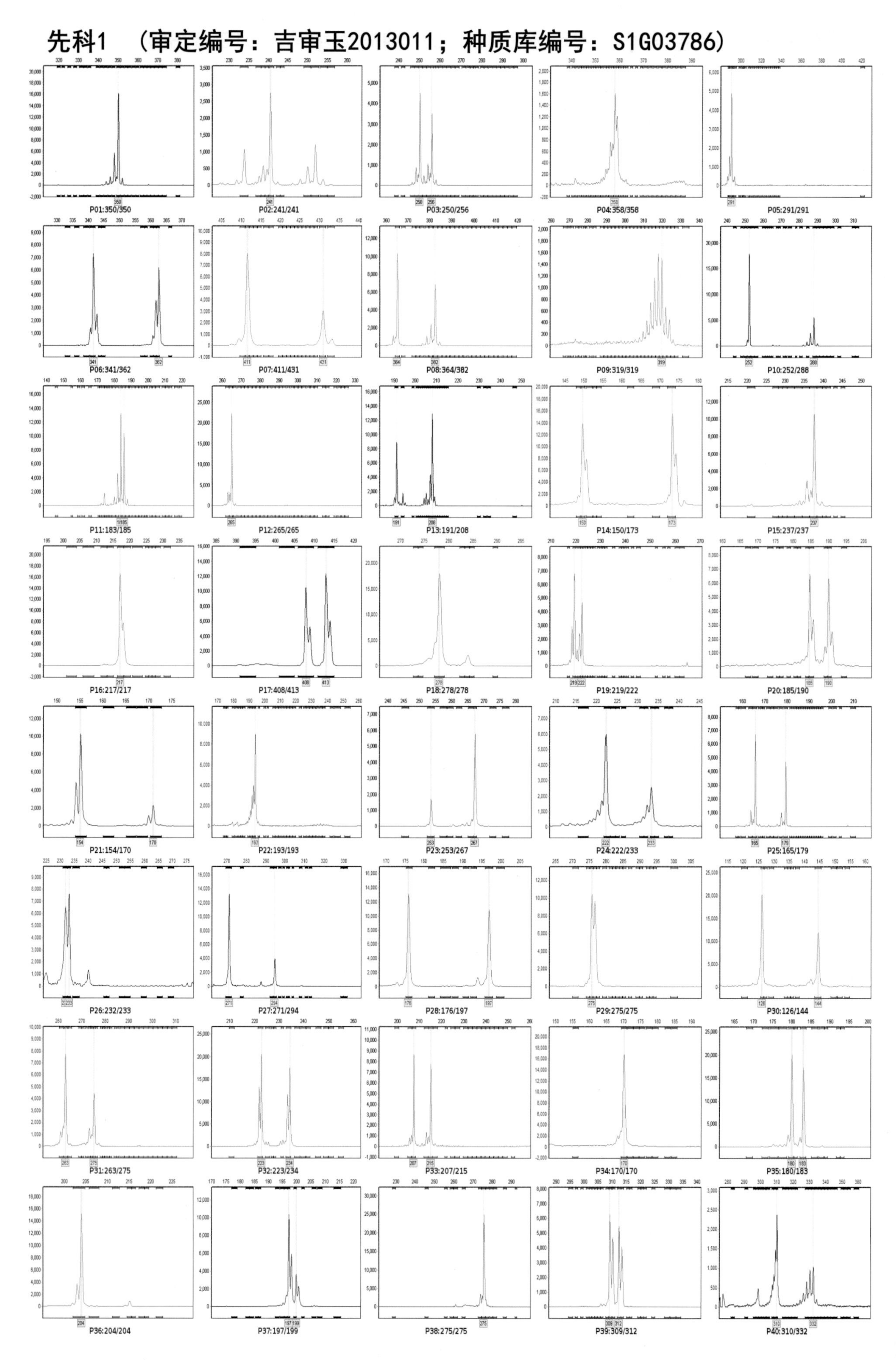

平安169 （审定编号：吉审玉2013012；种质库编号：S1G03787）

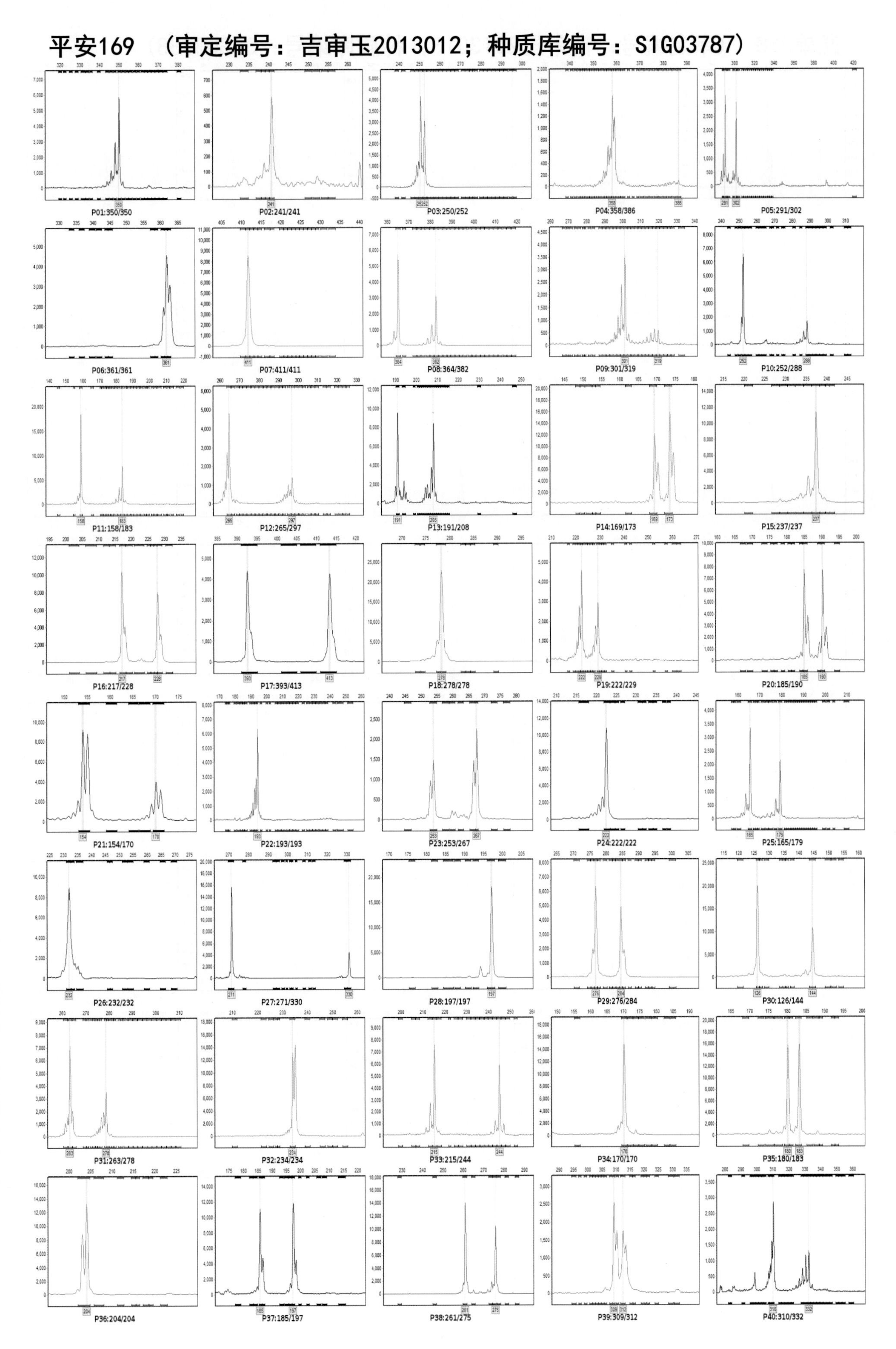

通单258 （审定编号：吉审玉2013013；种质库编号：S1G03788）

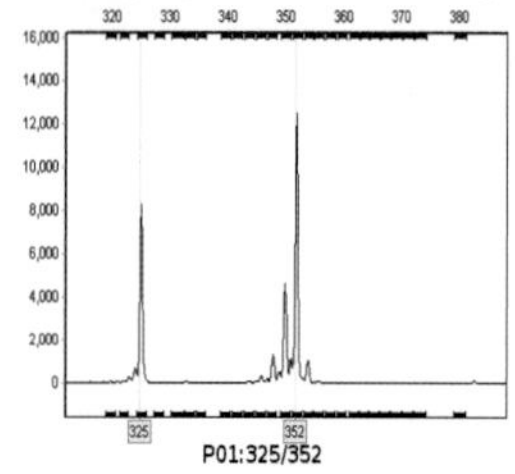

P01:325/352
P02:241/241 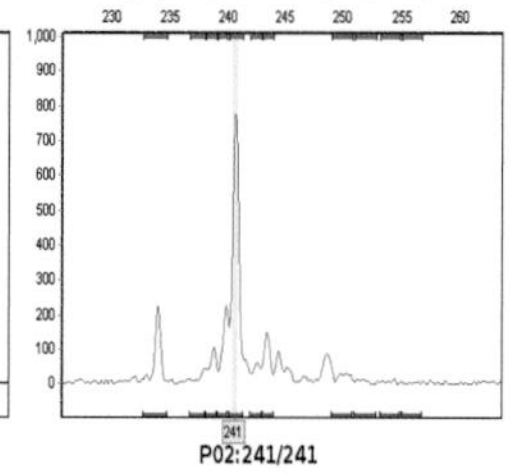
P03:250/280 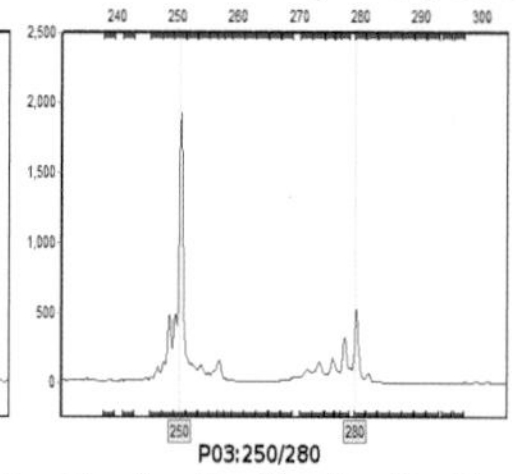
P04:358/378 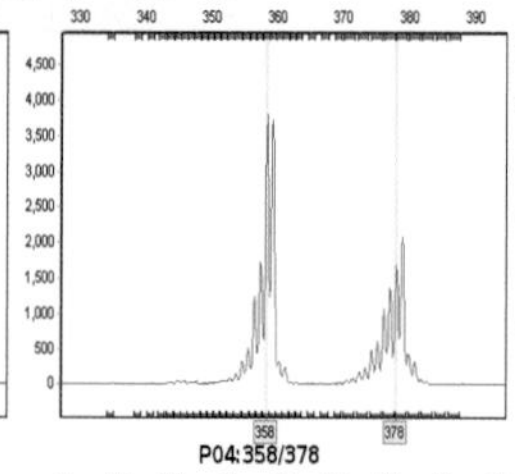
P05:291/316 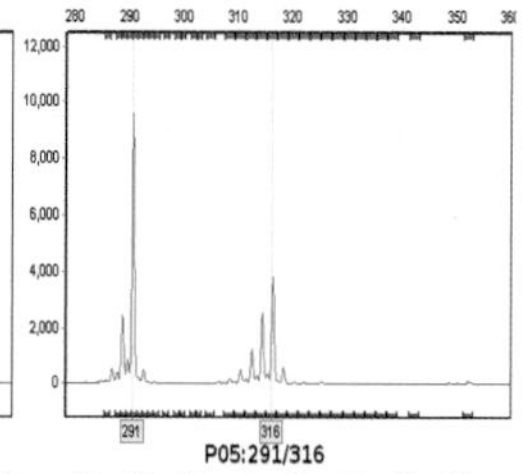
P06:336/341 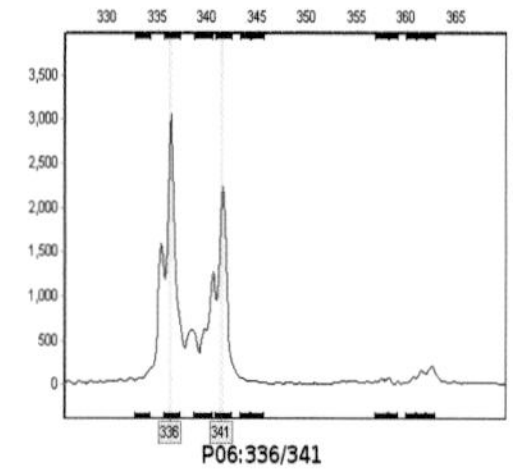
P07:411/411 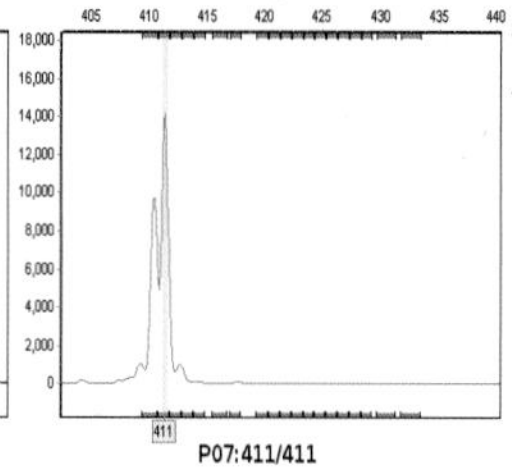
P08:382/406 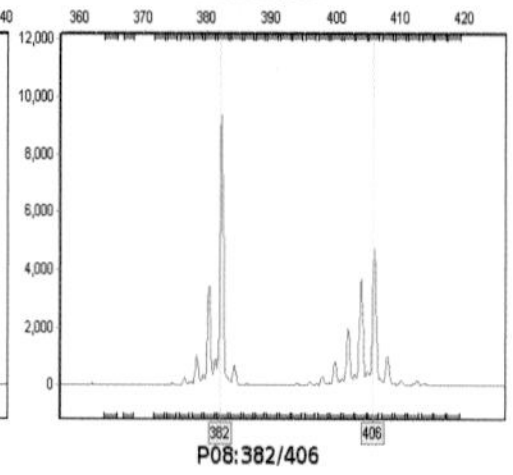
P09:301/319 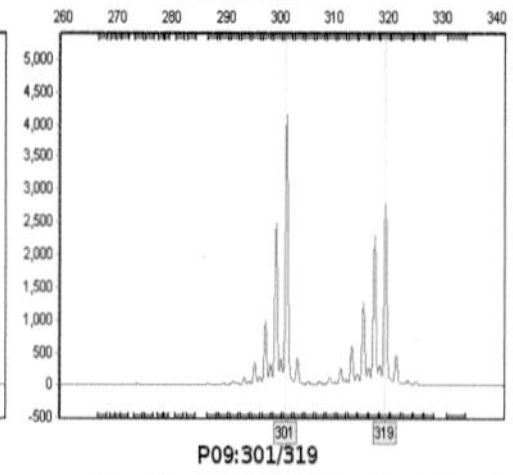
P10:290/290 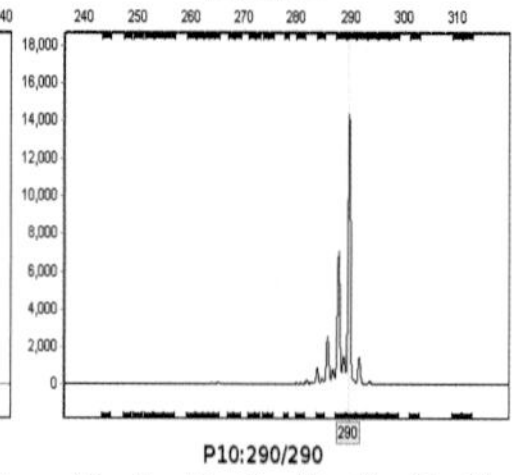
P11:183/191 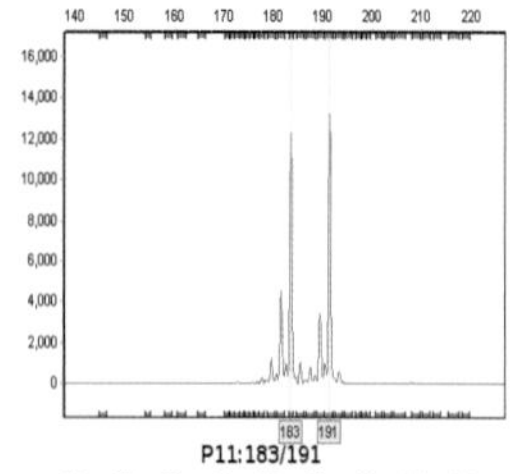
P12:265/265 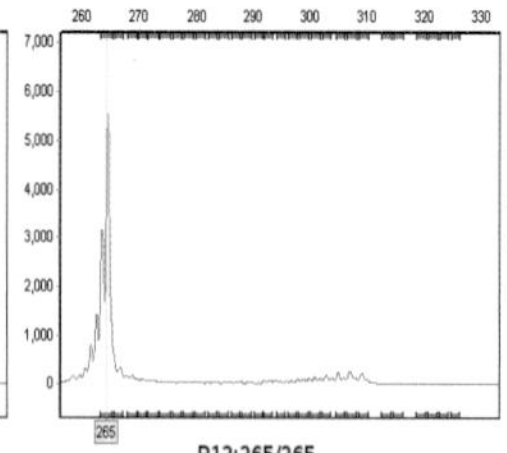
P13:208/208 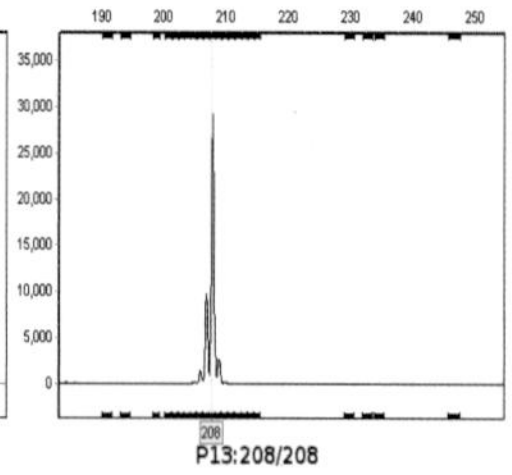
P14:169/173 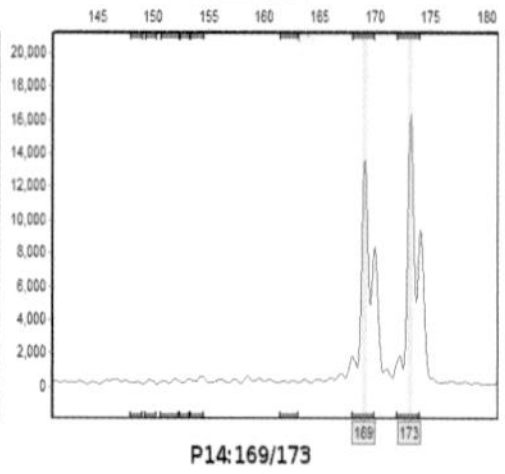
P15:233/237 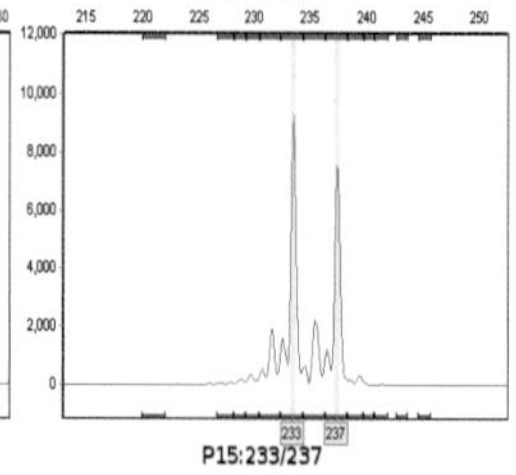
P16:217/228 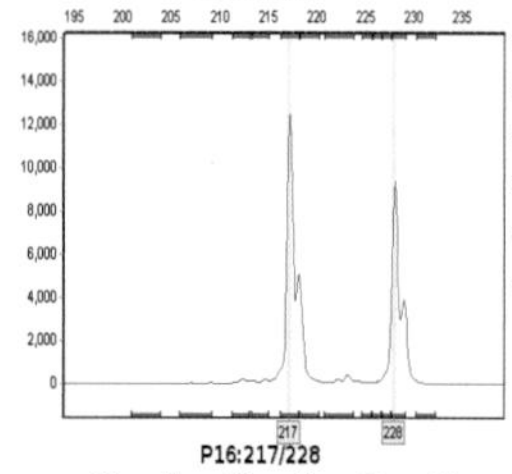
P17:413/413 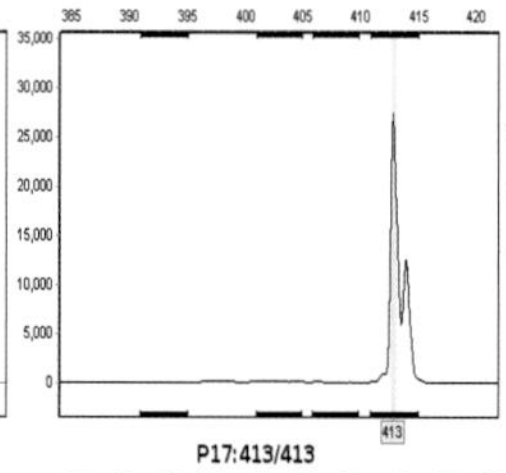
P18:278/278 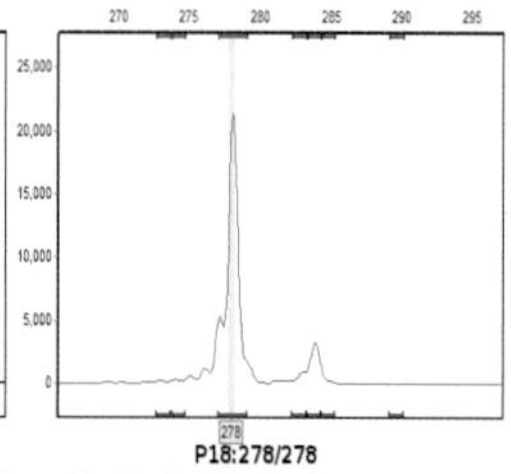
P19:220/222 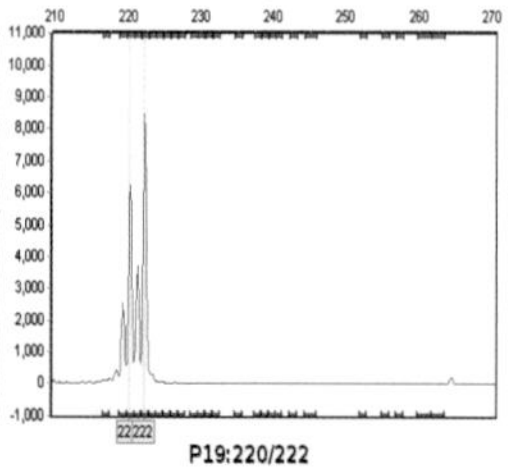
P20:185/190 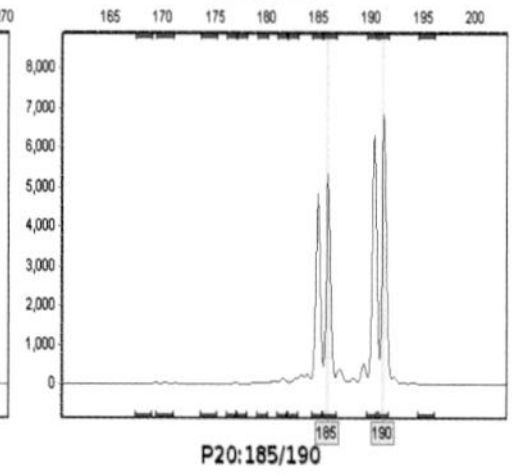
P21:154/170 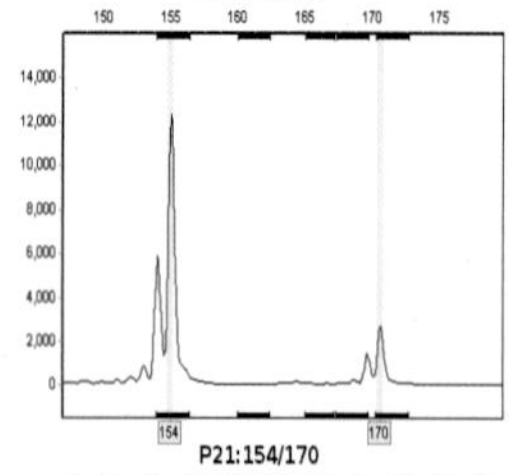
P22:175/232 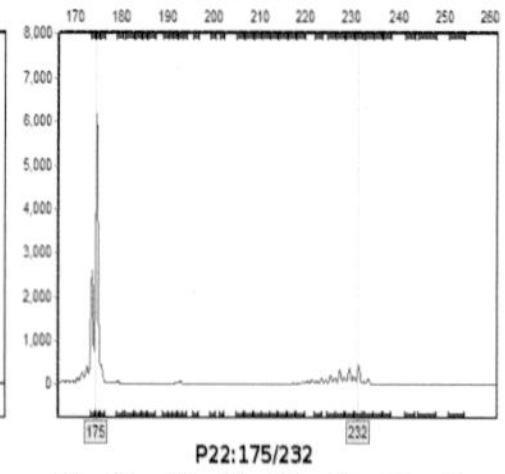
P23:253/257 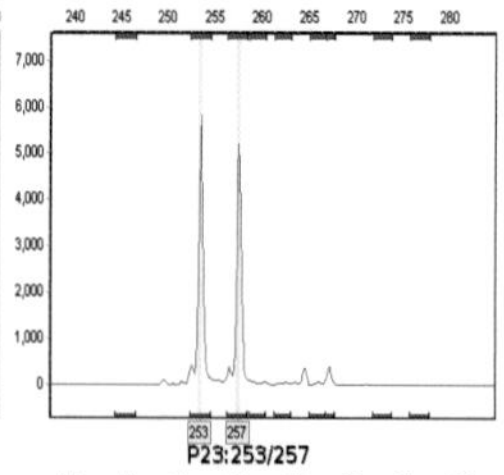
P24:222/233 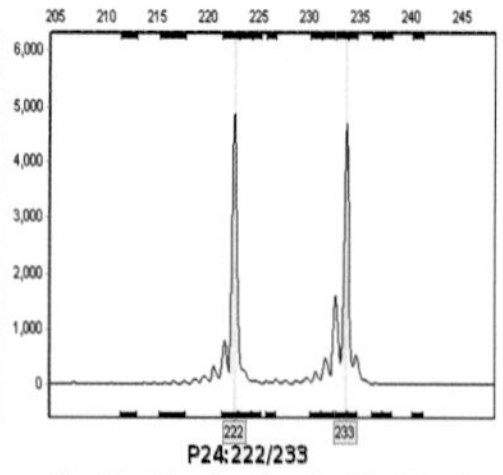
P25:165/173 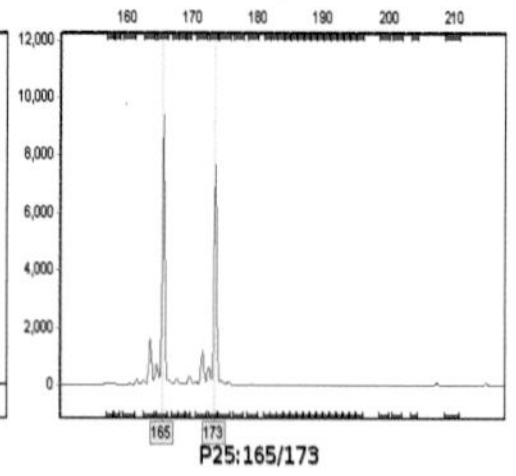
P26:232/232 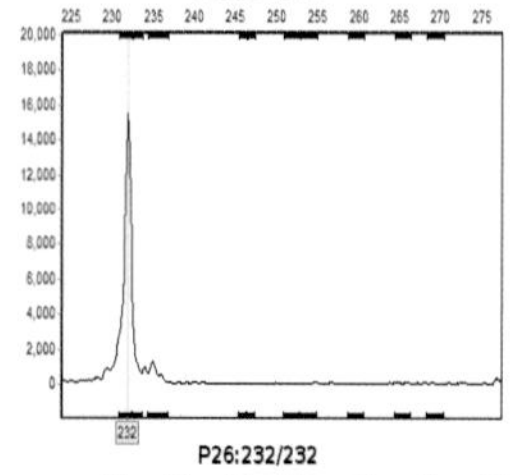
P27:271/294 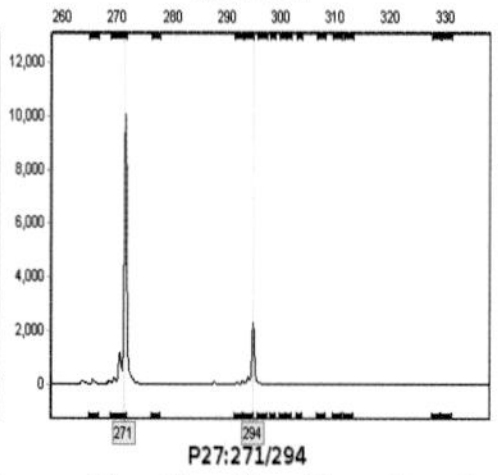
P28:191/197 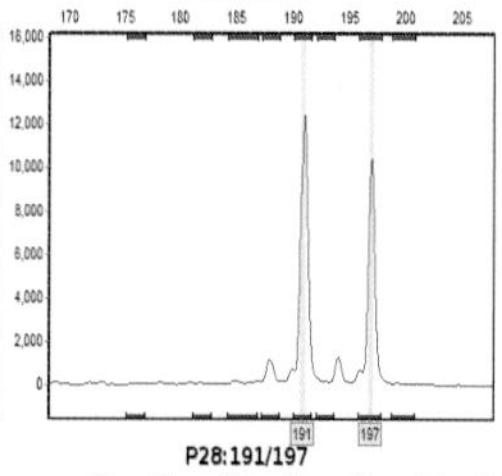
P29:275/279 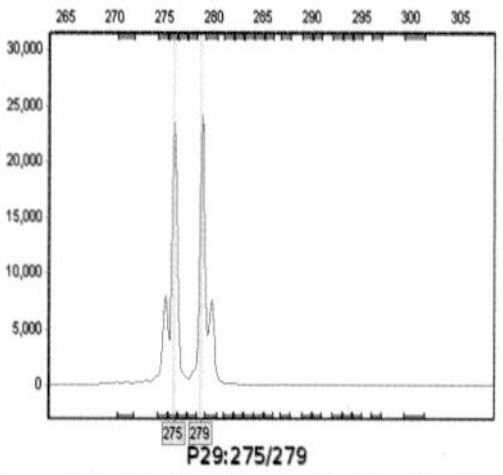
P30:126/126 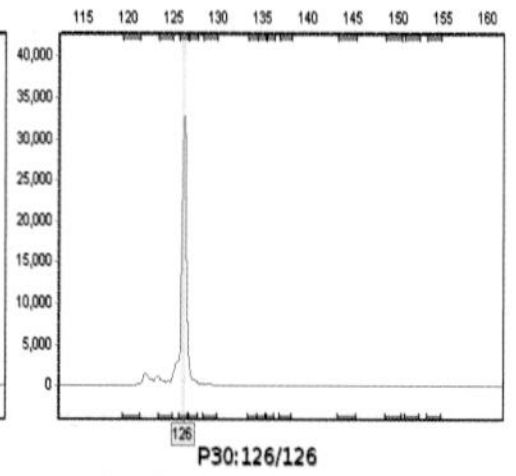
P31:263/265 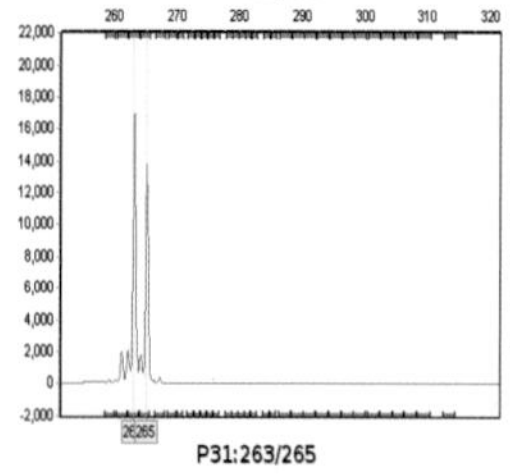
P32:234/234 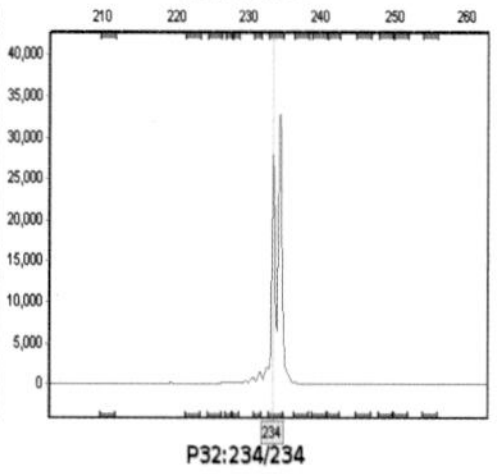
P33:207/215 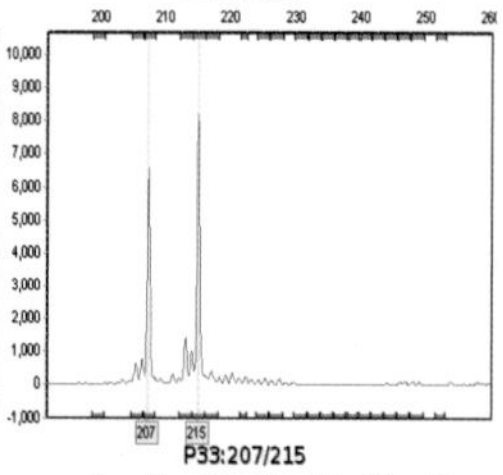
P34:156/174 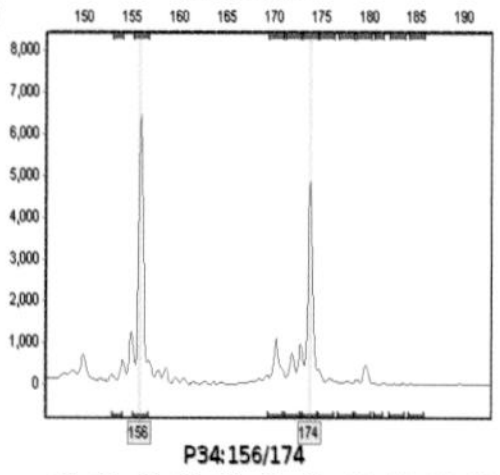
P35:180/193 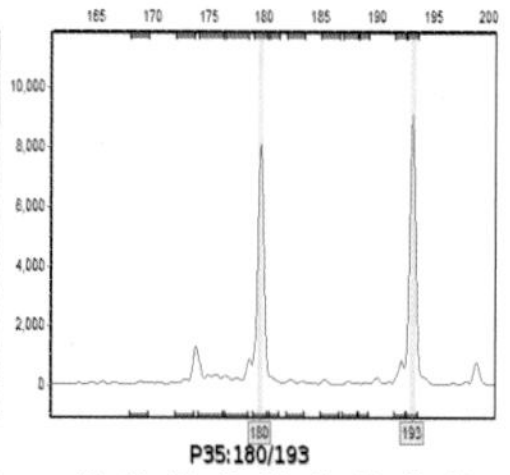
P36:204/215 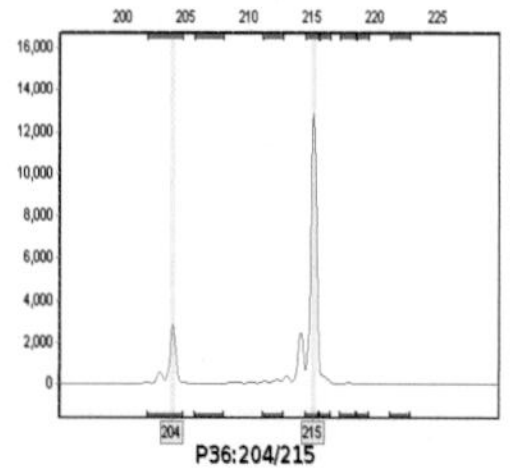
P37:199/206 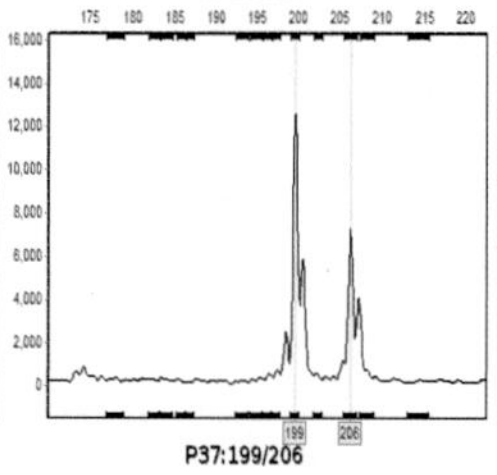
P38:261/275 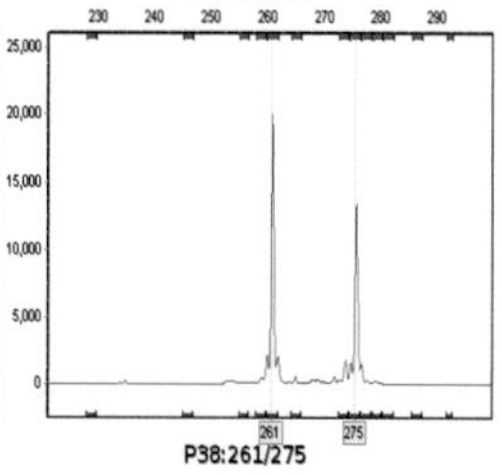
P39:304/319 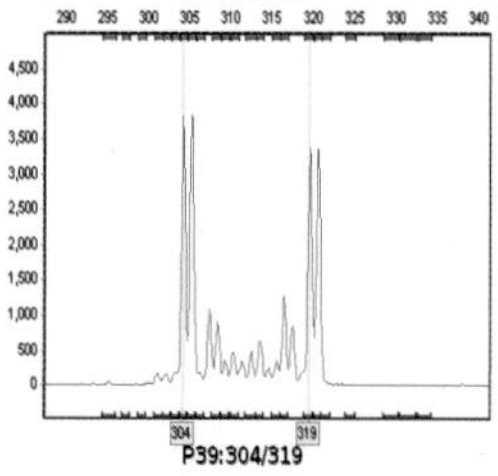
P40:283/332

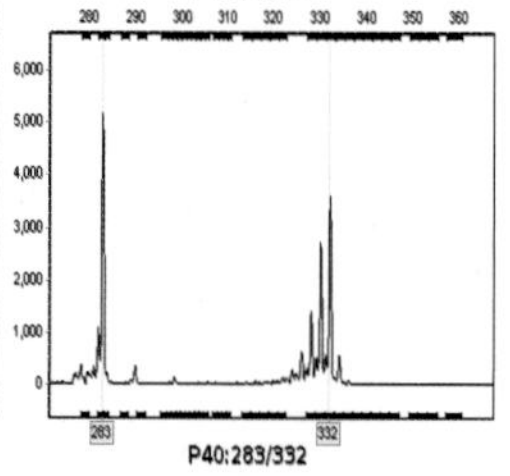

银河158 （审定编号：吉审玉2013015；种质库编号：S1G03789）

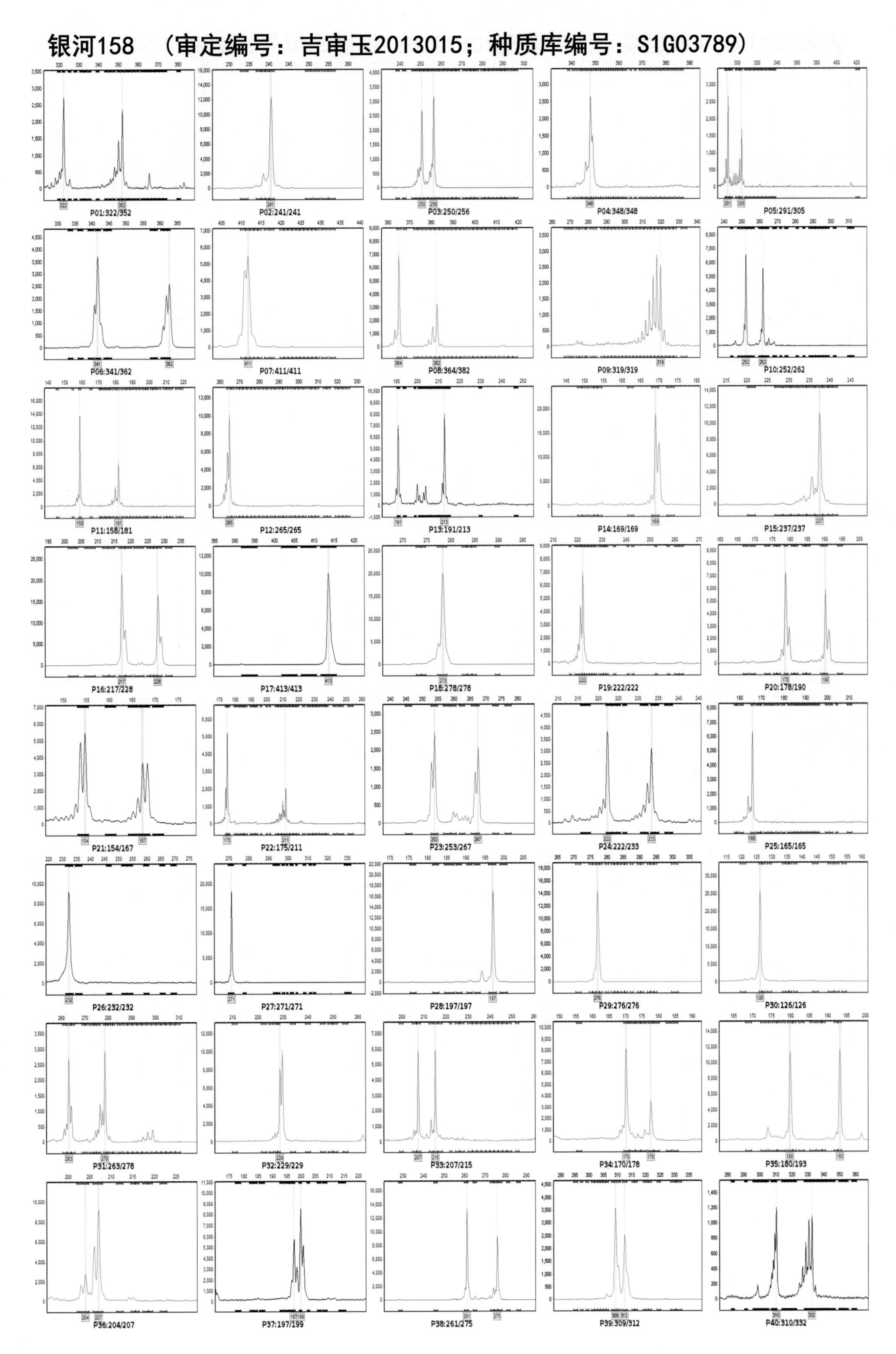

吉农大819 （审定编号：吉审玉2013016；种质库编号：S1G04564）

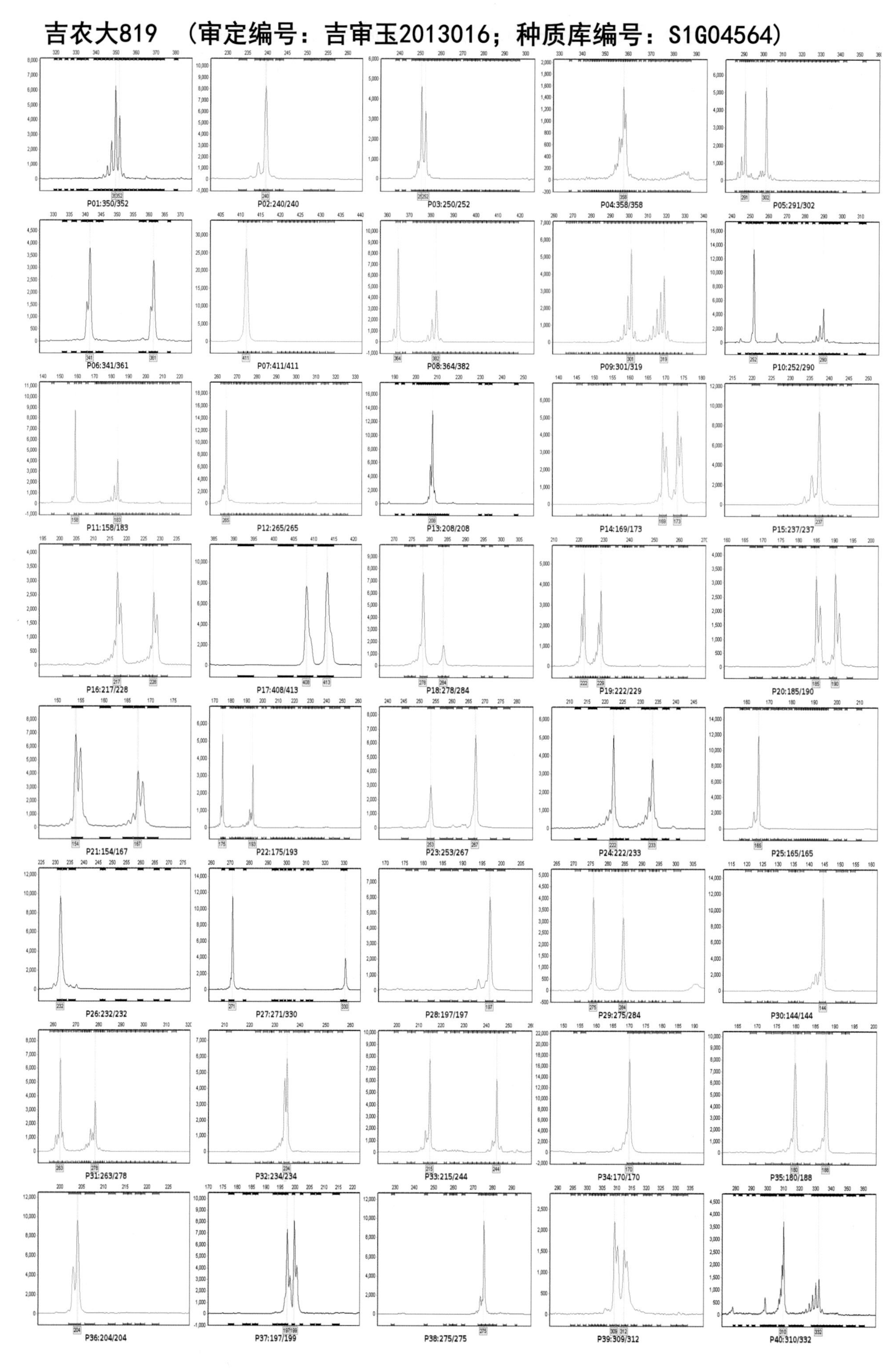

宏兴1号 （审定编号：吉审玉2013017；种质库编号：S1G03791）

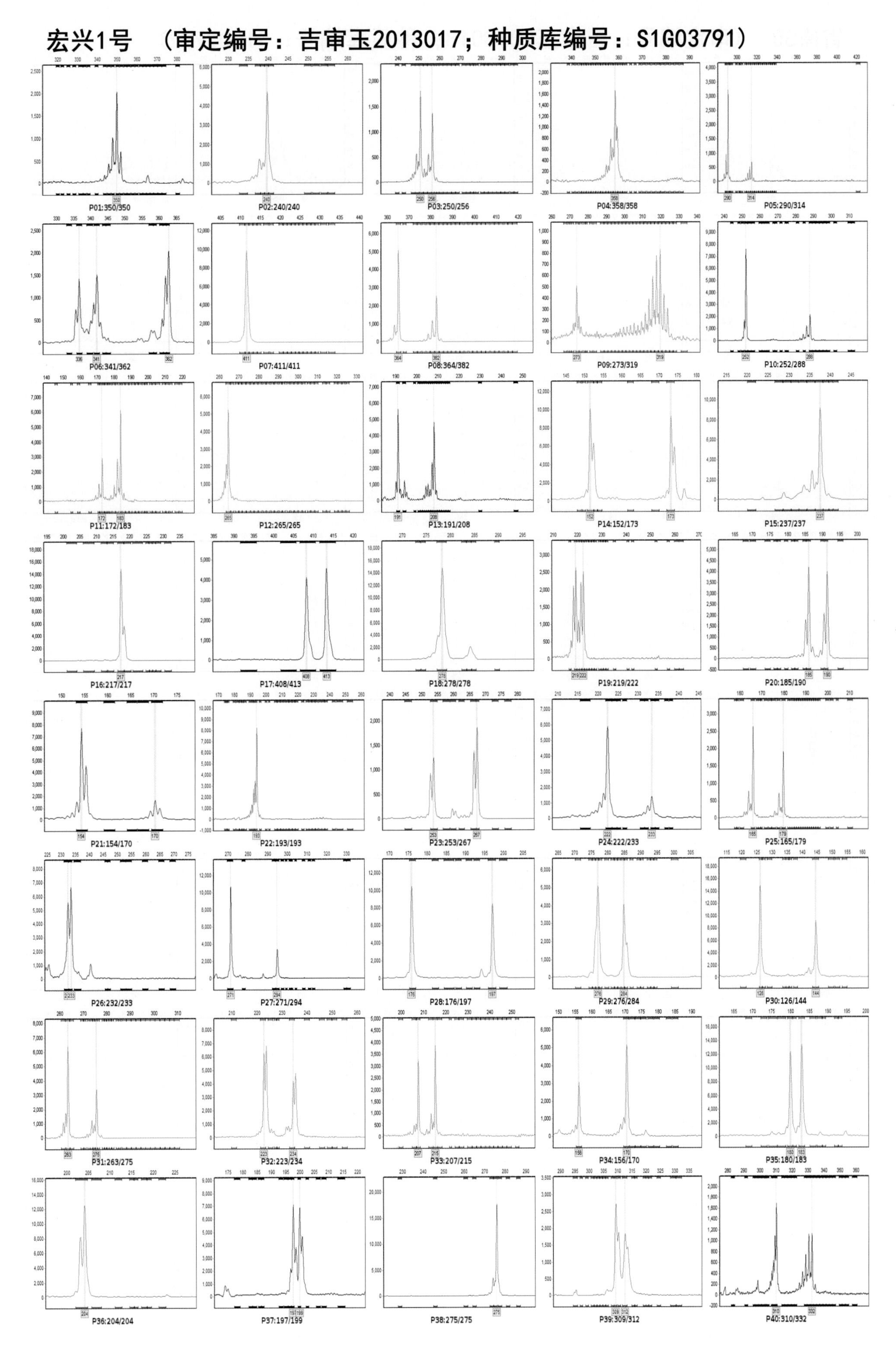

省原80　（审定编号：吉审玉2013018；种质库编号：S1G03792）

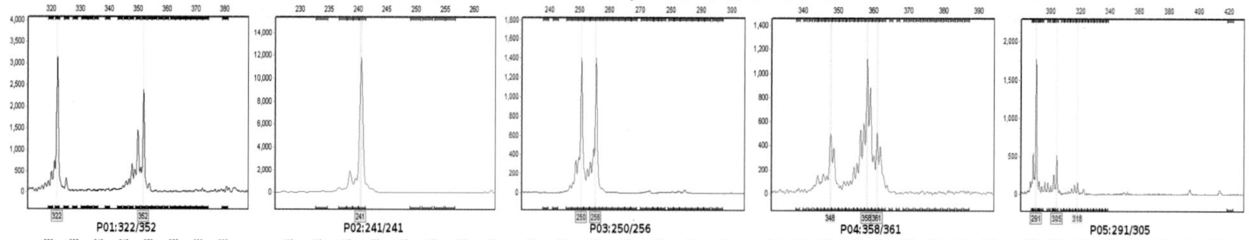

P01:322/352　P02:241/241　P03:250/256　P04:358/361　P05:291/305

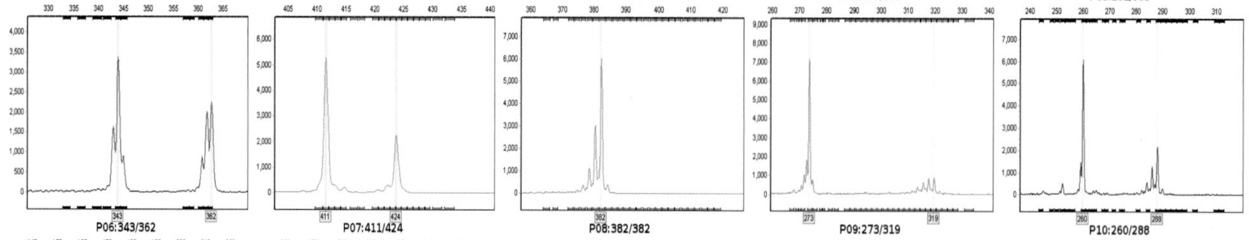

P06:343/362　P07:411/424　P08:382/382　P09:273/319　P10:260/288

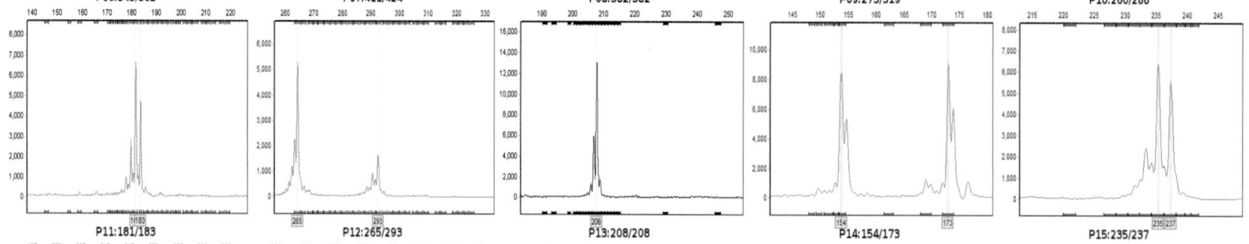

P11:181/183　P12:265/293　P13:208/208　P14:154/173　P15:235/237

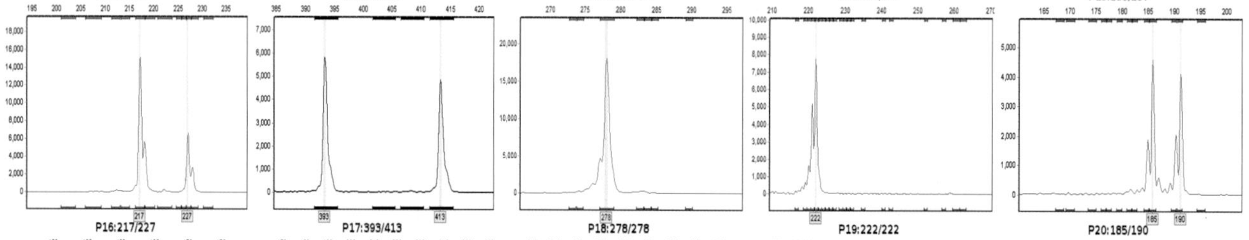

P16:217/227　P17:393/413　P18:278/278　P19:222/222　P20:185/190

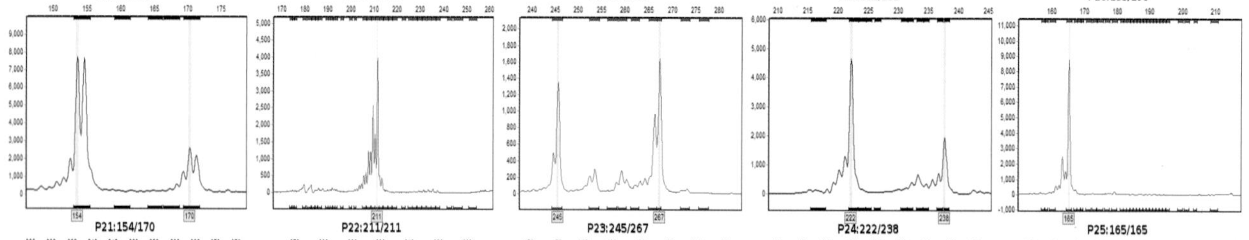

P21:154/170　P22:211/211　P23:245/267　P24:222/238　P25:165/165

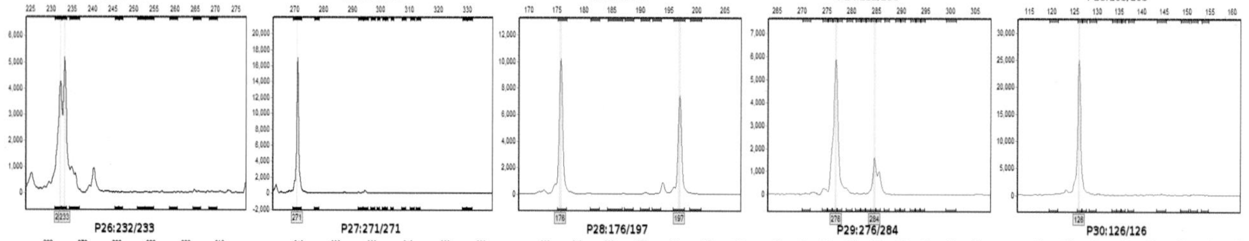

P26:232/233　P27:271/271　P28:176/197　P29:276/284　P30:126/126

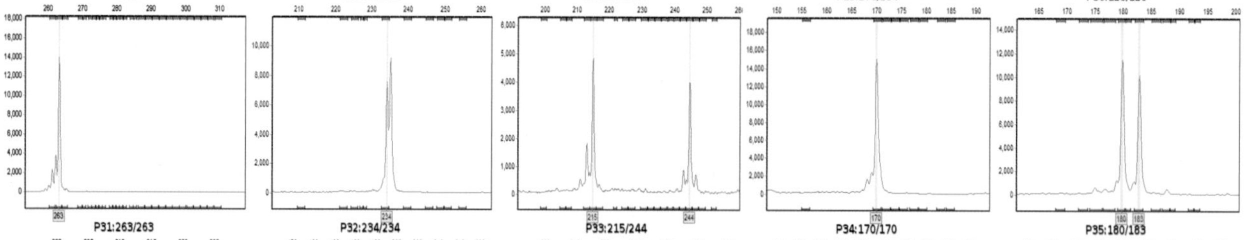

P31:263/263　P32:234/234　P33:215/244　P34:170/170　P35:180/183

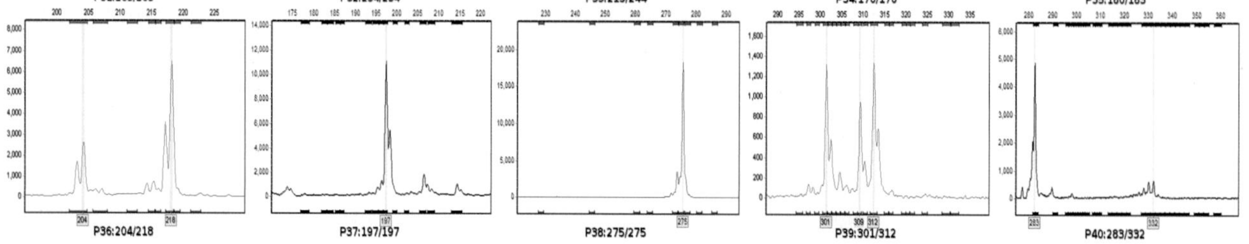

P36:204/218　P37:197/197　P38:275/275　P39:301/312　P40:283/332

豫禾863 （审定编号：吉审玉2013019；种质库编号：S1G03793）

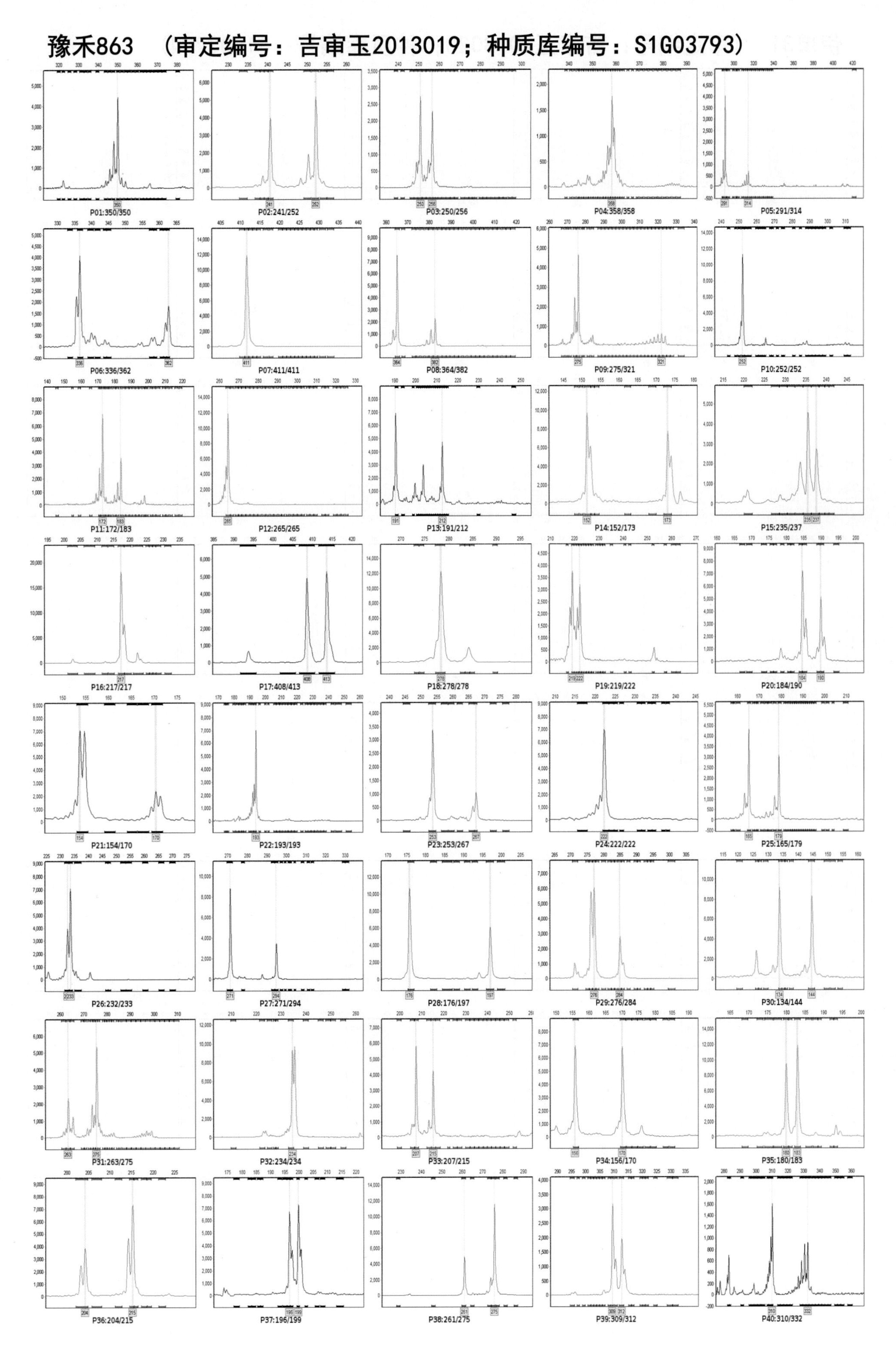

伊单31 （审定编号：吉审玉2013020；种质库编号：S1G03794）

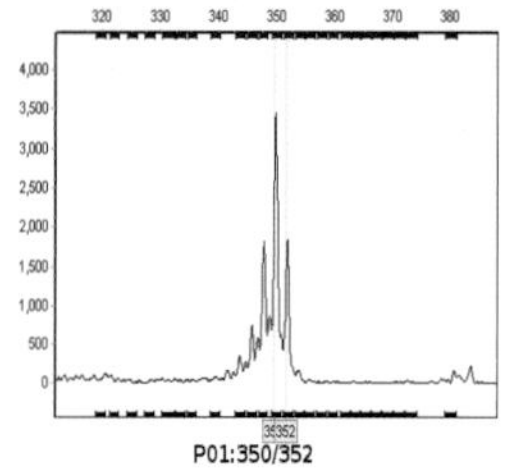

P01:350/352

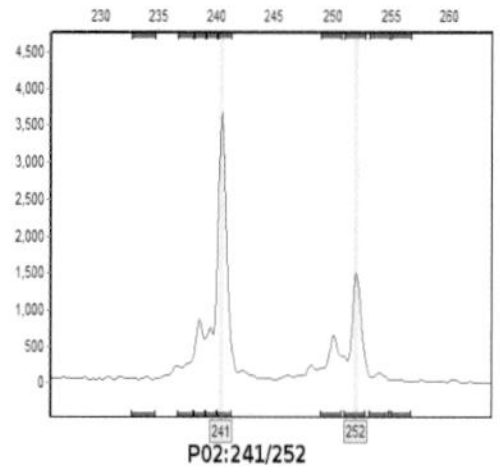

P02:241/252

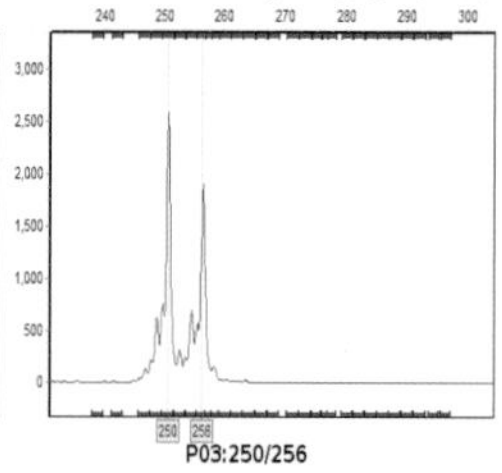

P03:250/256

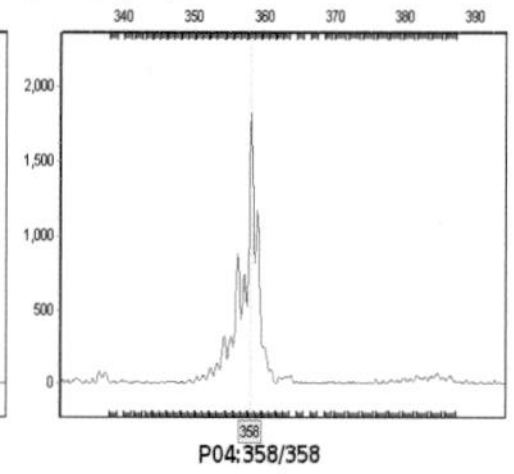

P04:358/358

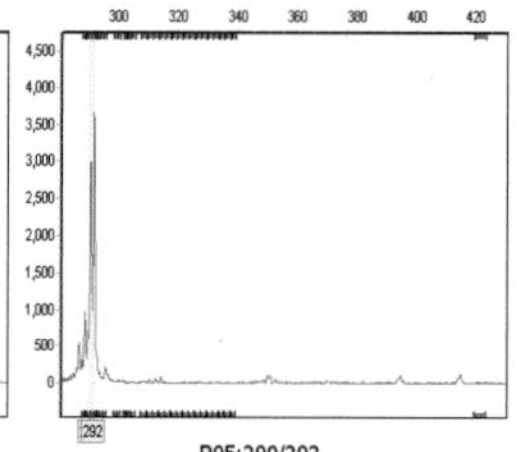

P05:290/292

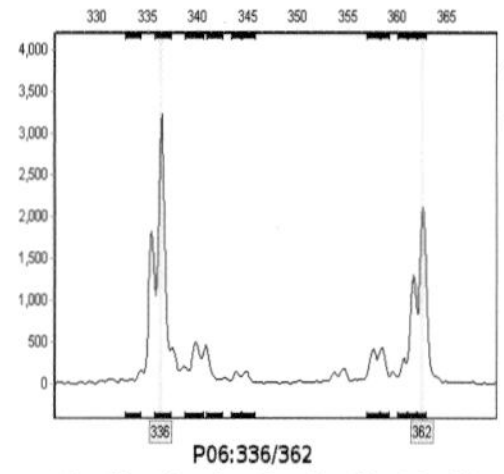

P06:336/362

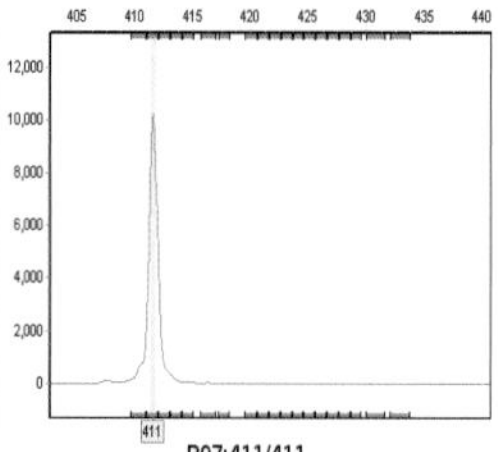

P07:411/411

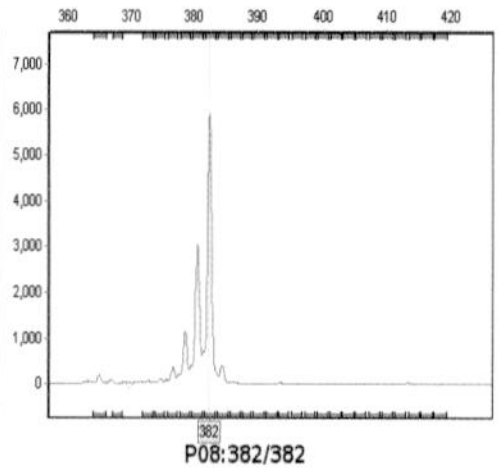

P08:382/382

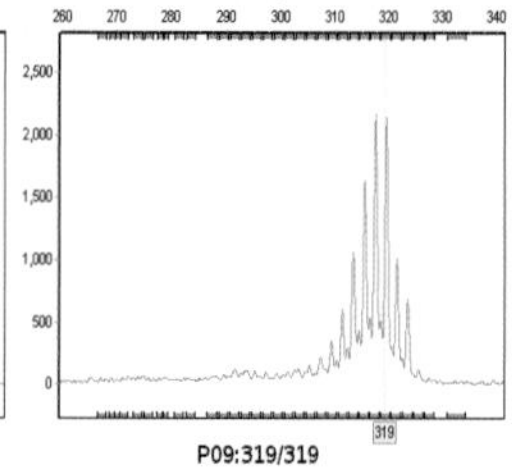

P09:319/319

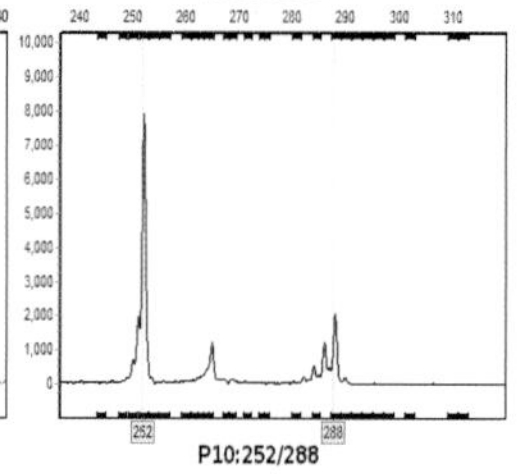

P10:252/288

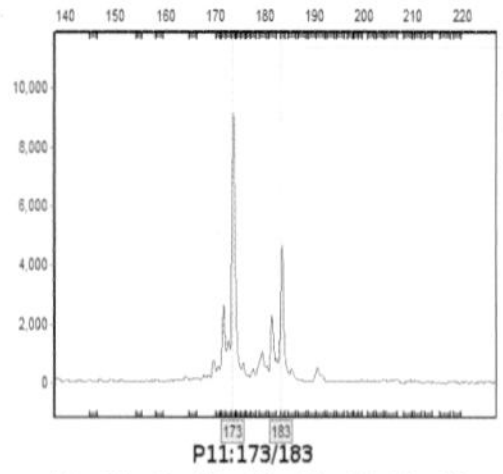

P11:173/183

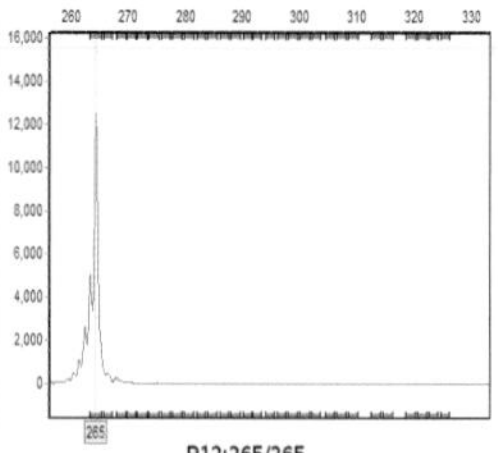

P12:265/265

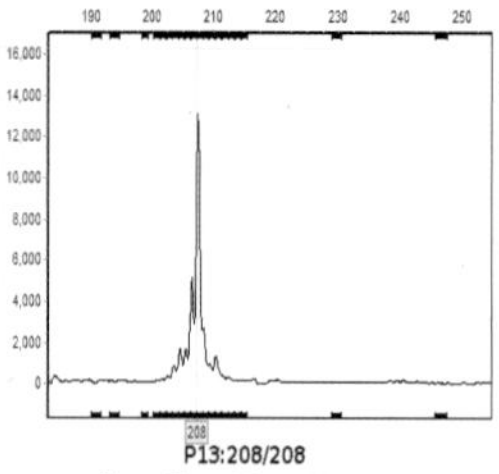

P13:208/208

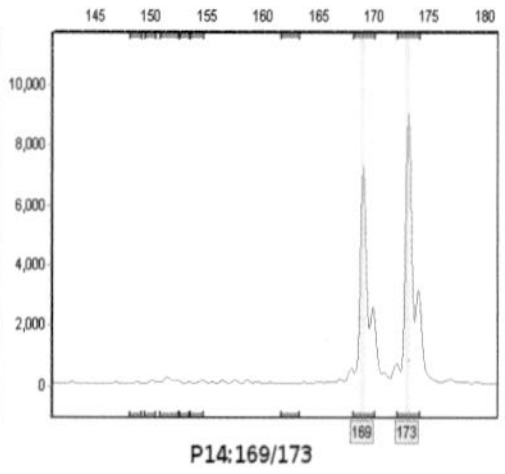

P14:169/173

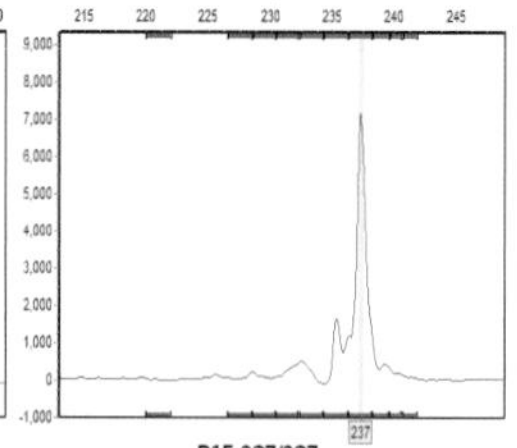

P15:237/237

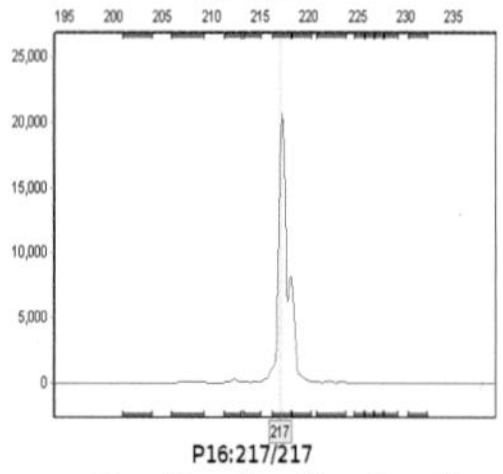

P16:217/217

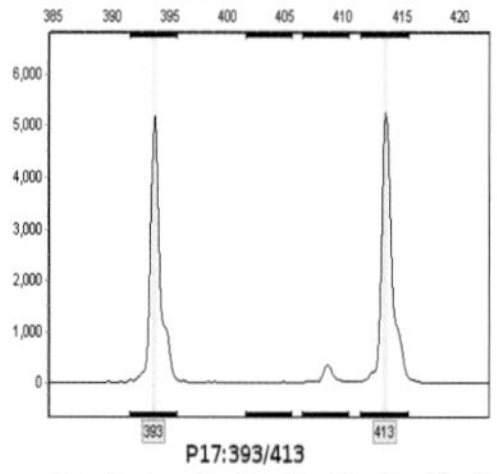

P17:393/413

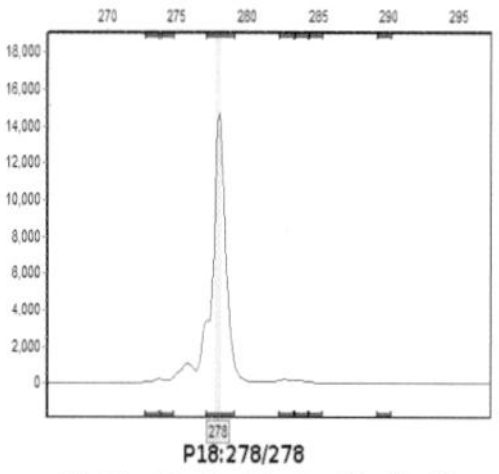

P18:278/278

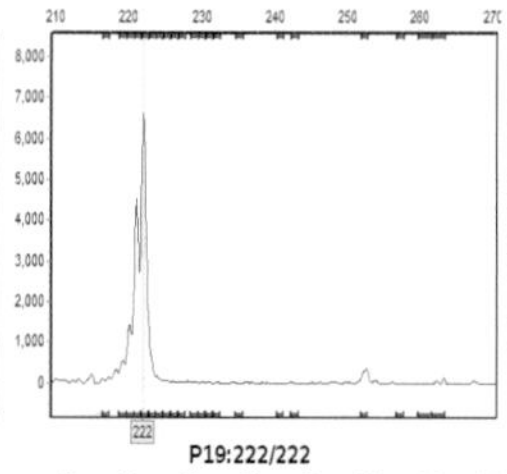

P19:222/222

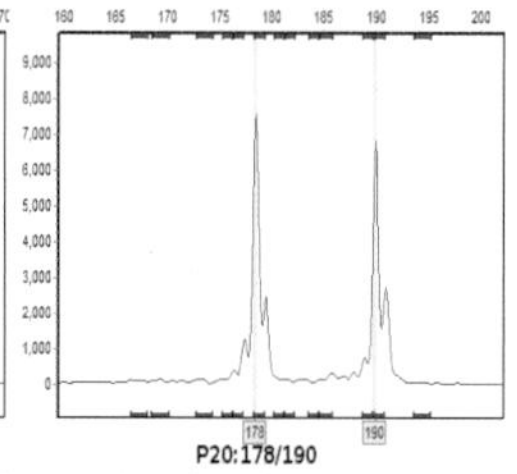

P20:178/190

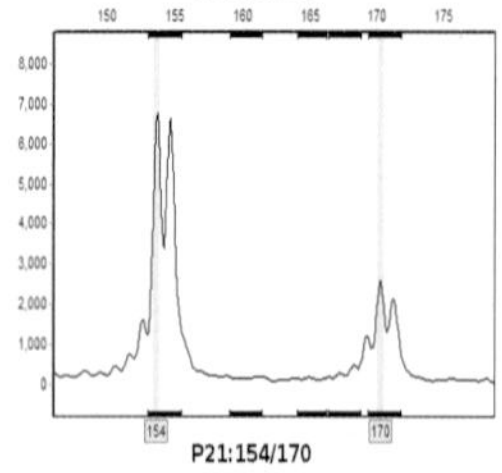

P21:154/170

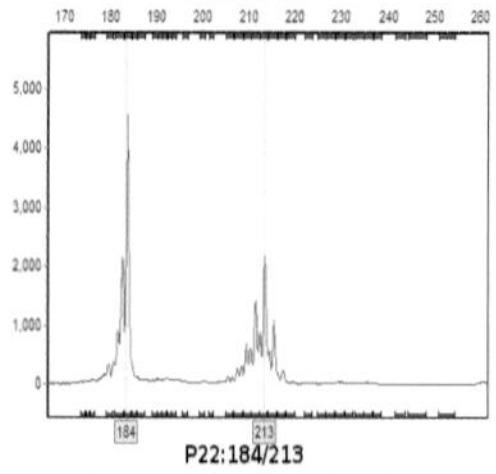

P22:184/213

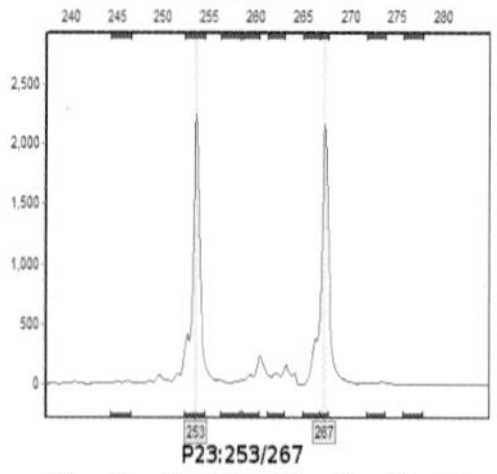

P23:253/267

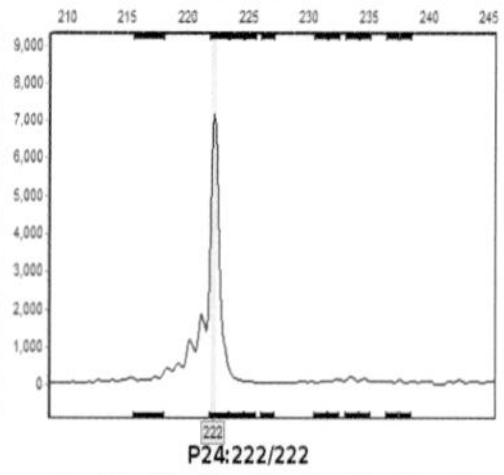

P24:222/222

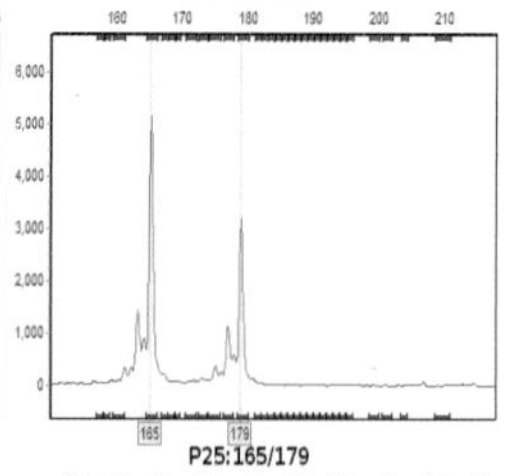

P25:165/179

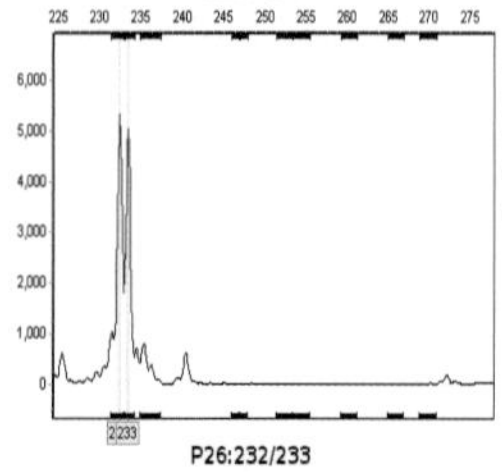

P26:232/233

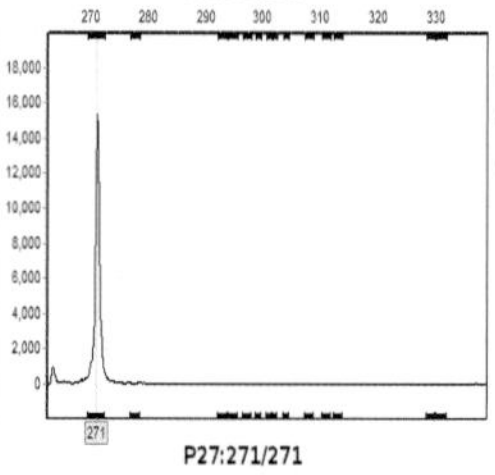

P27:271/271

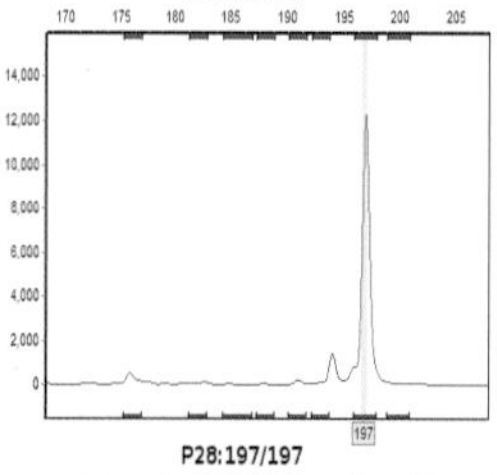

P28:197/197

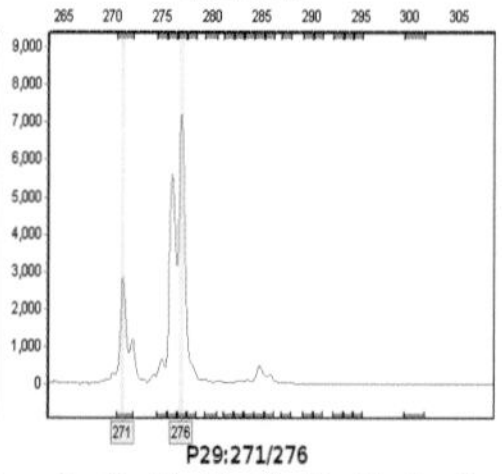

P29:271/276

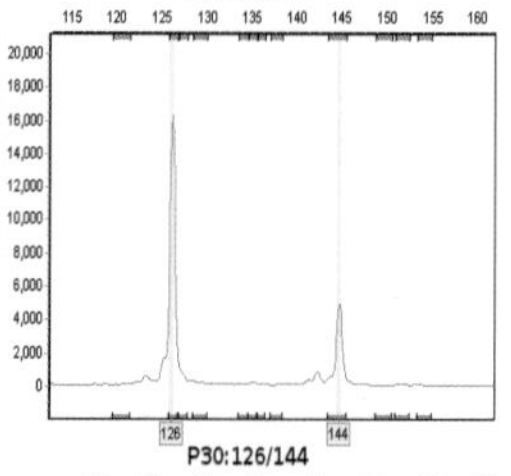

P30:126/144

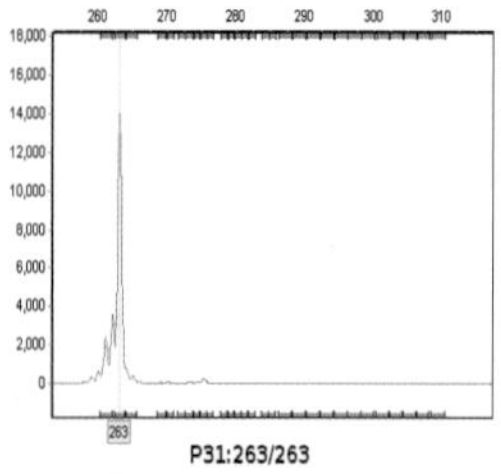

P31:263/263

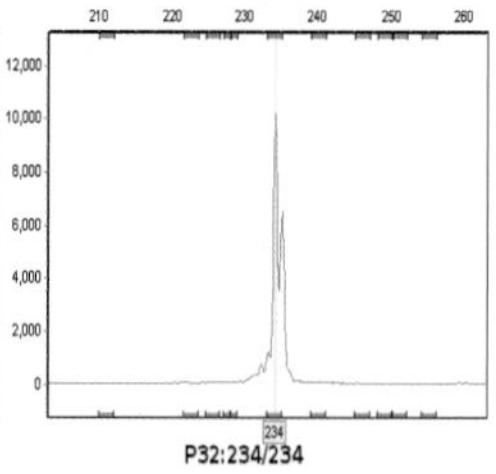

P32:234/234

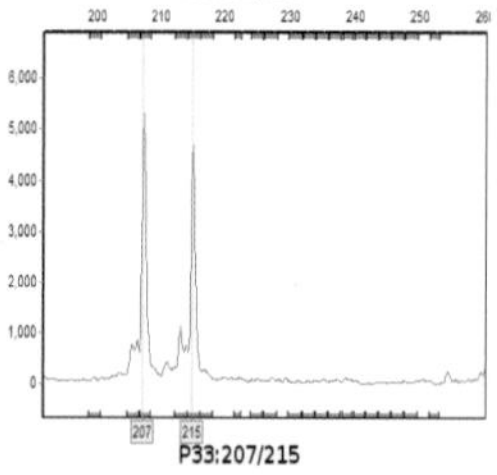

P33:207/215

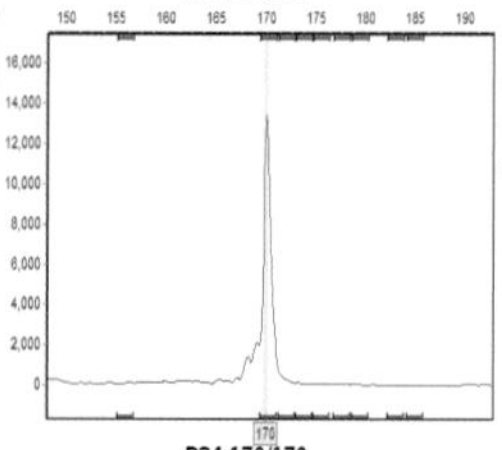

P34:170/170

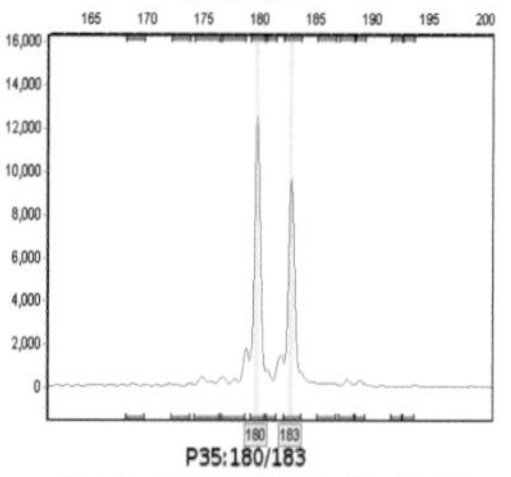

P35:180/183

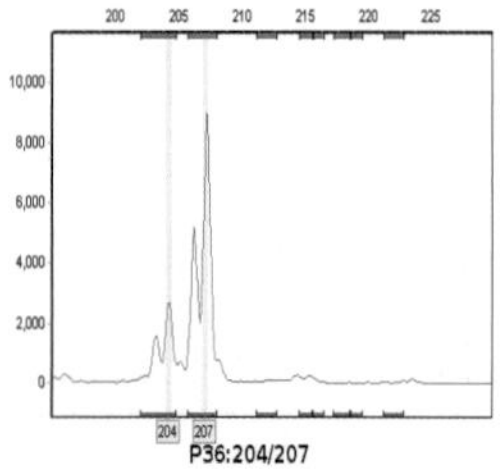

P36:204/207

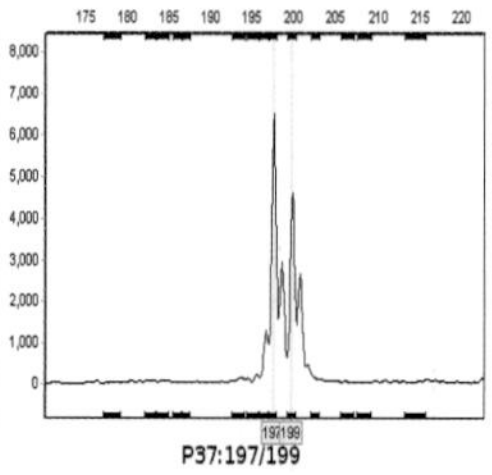

P37:197/199

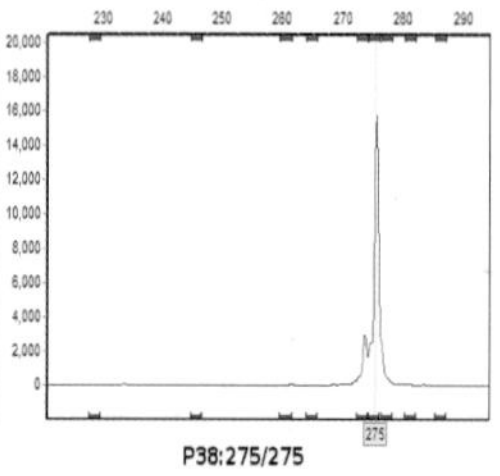

P38:275/275

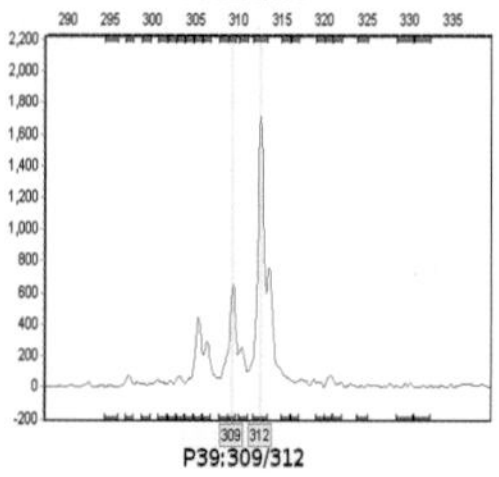

P39:309/312

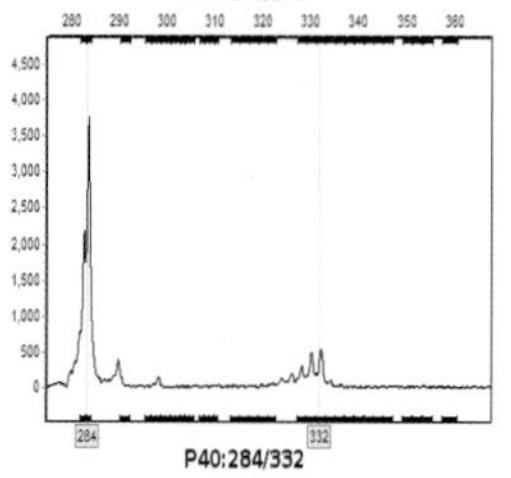

P40:284/332

德单1002 （审定编号：吉审玉2013021；种质库编号：S1G03795）

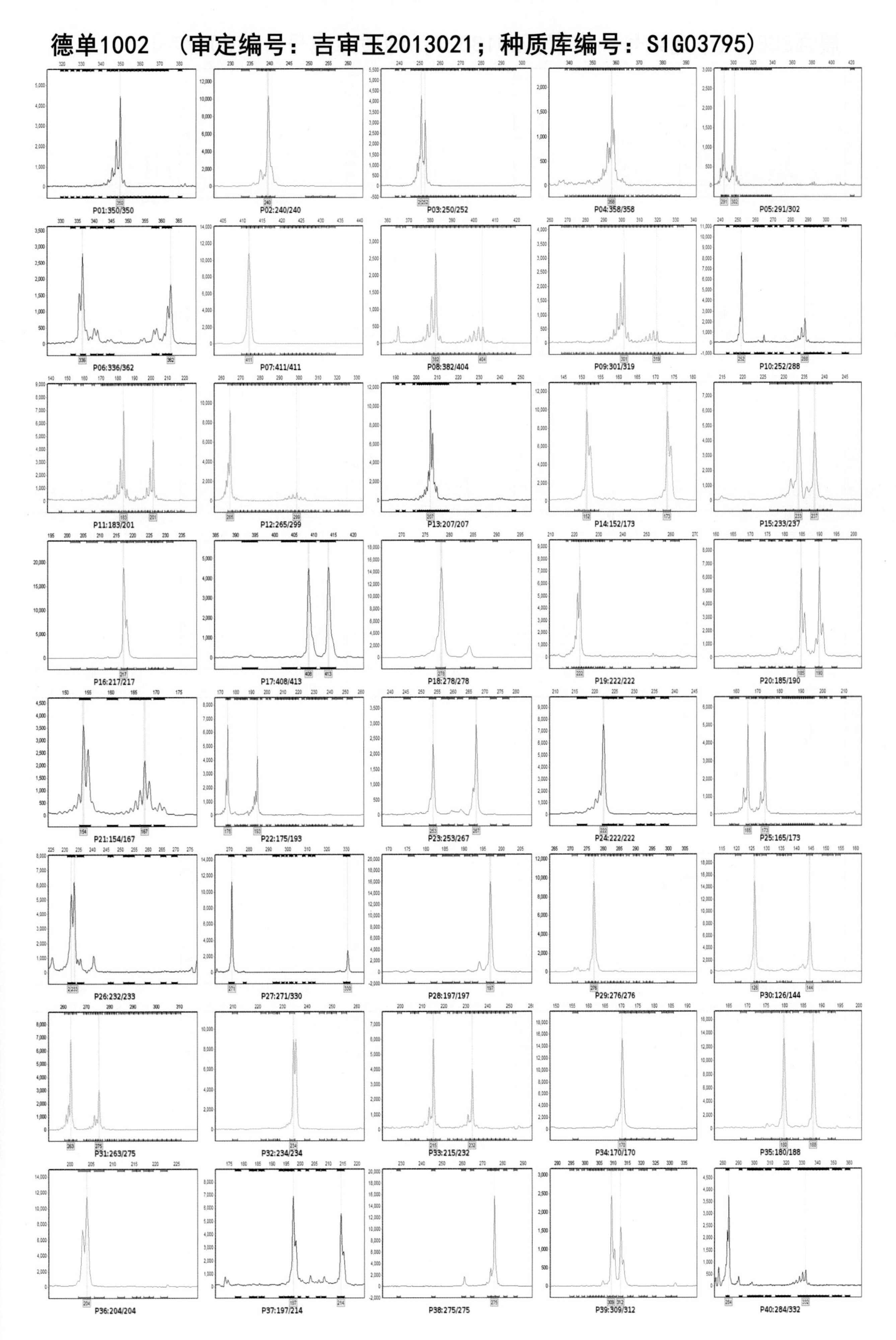

晨强808 （审定编号：吉审玉2013022；种质库编号：S1G03796）

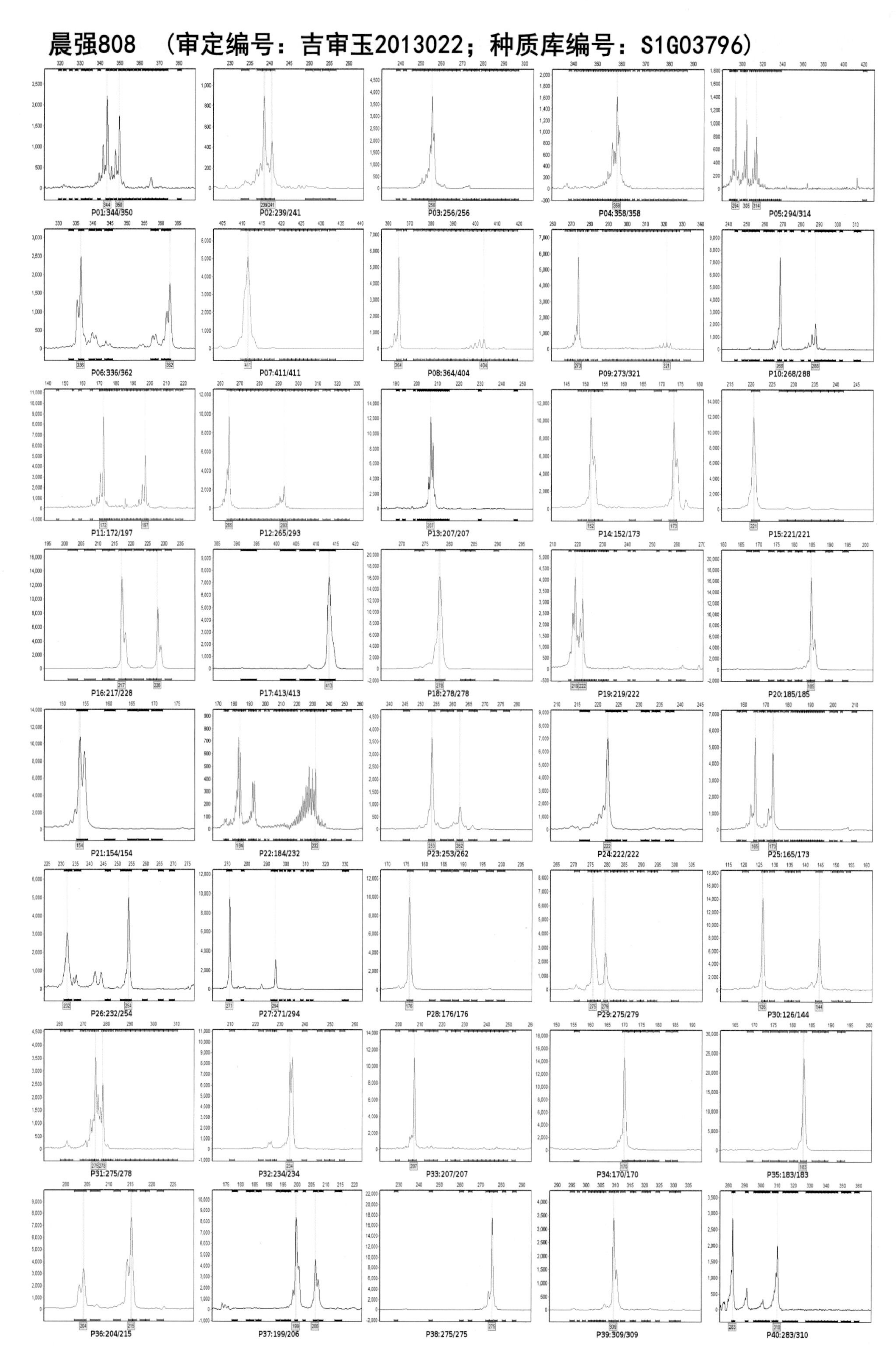

金辉185 （审定编号：吉审玉2013023；种质库编号：S1G03797）

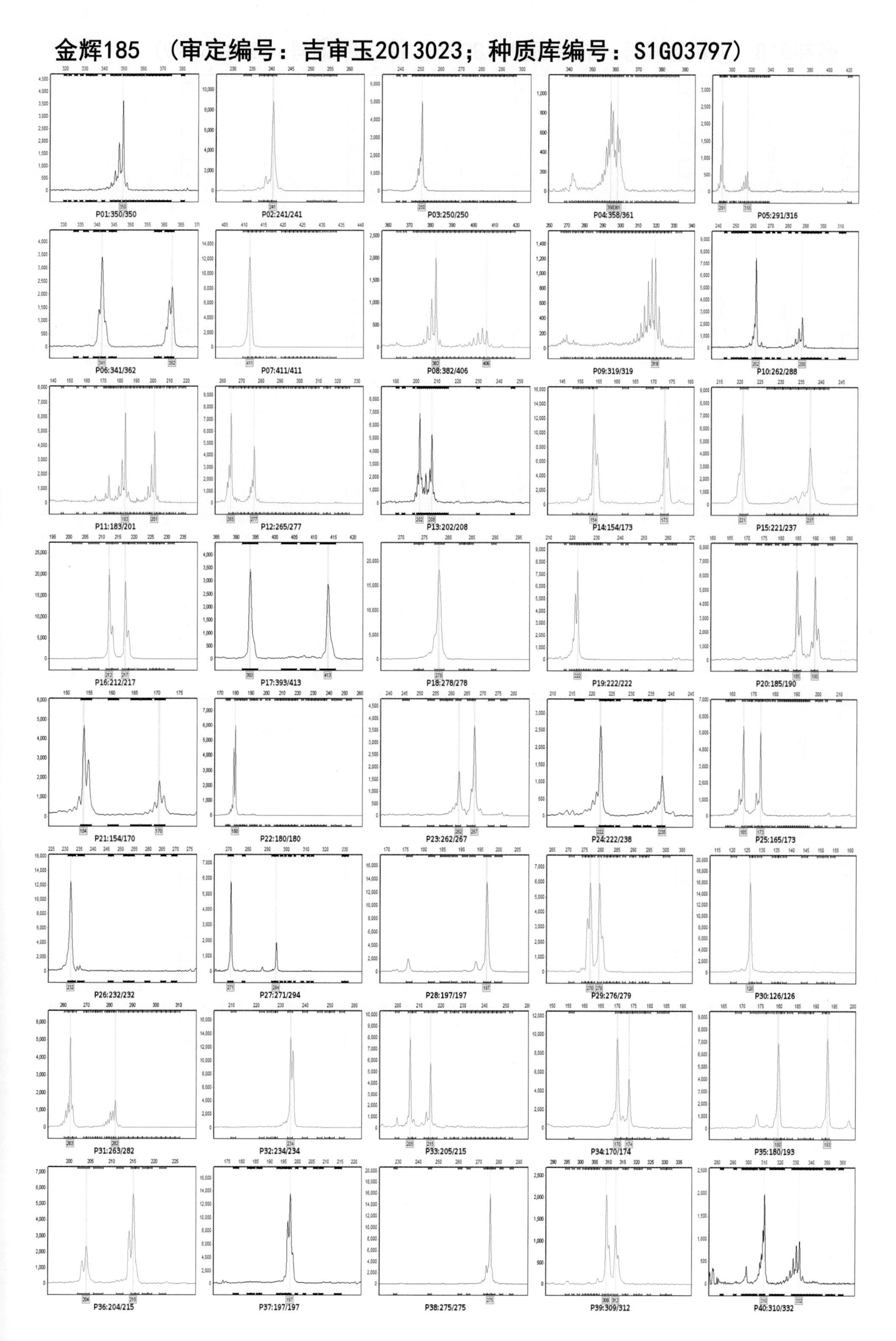

奥邦818 （审定编号：吉审玉2013026；种质库编号：S1G03799）

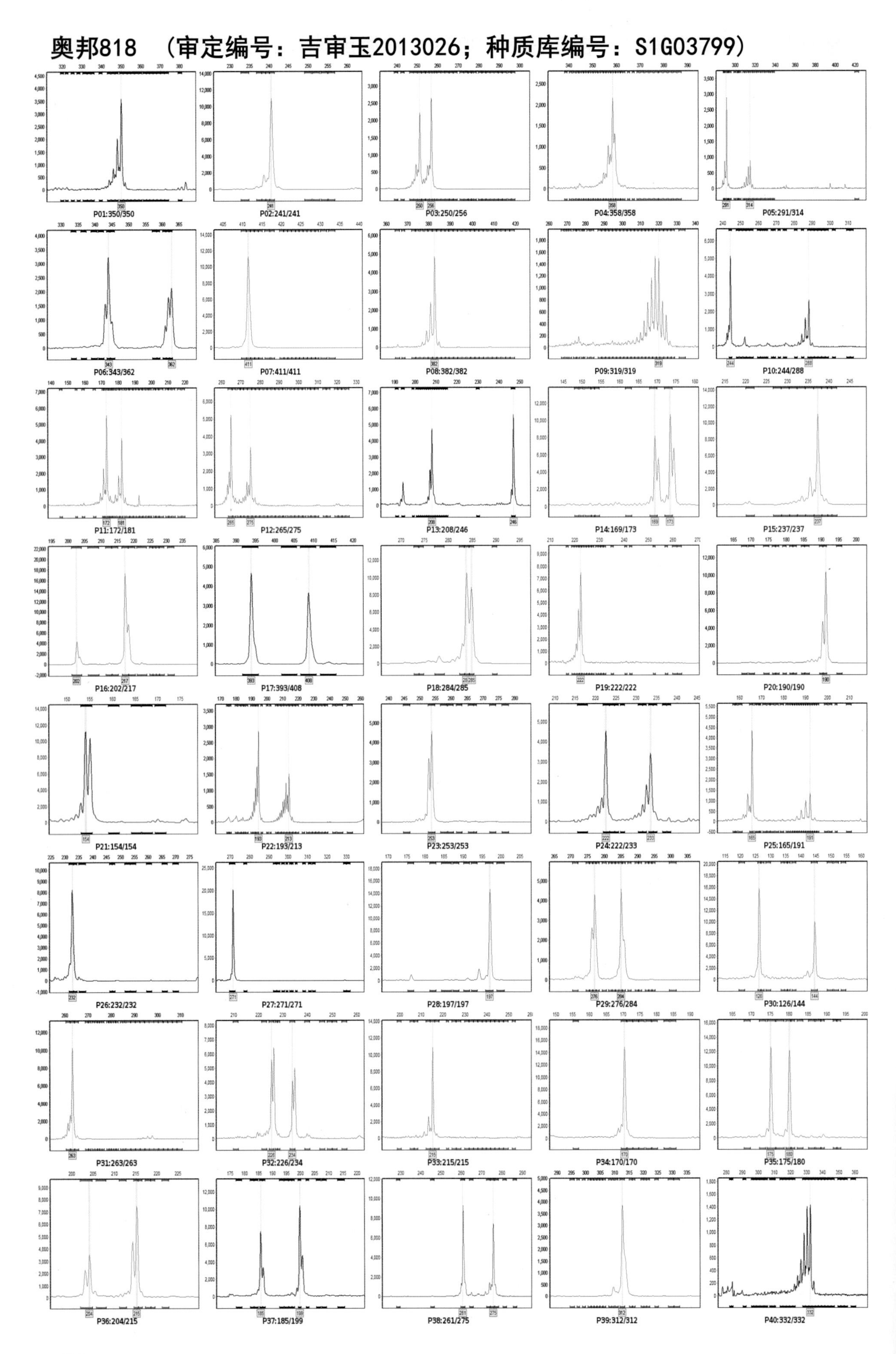

军丰6 （审定编号：吉审玉2013027；种质库编号：S1G03800）

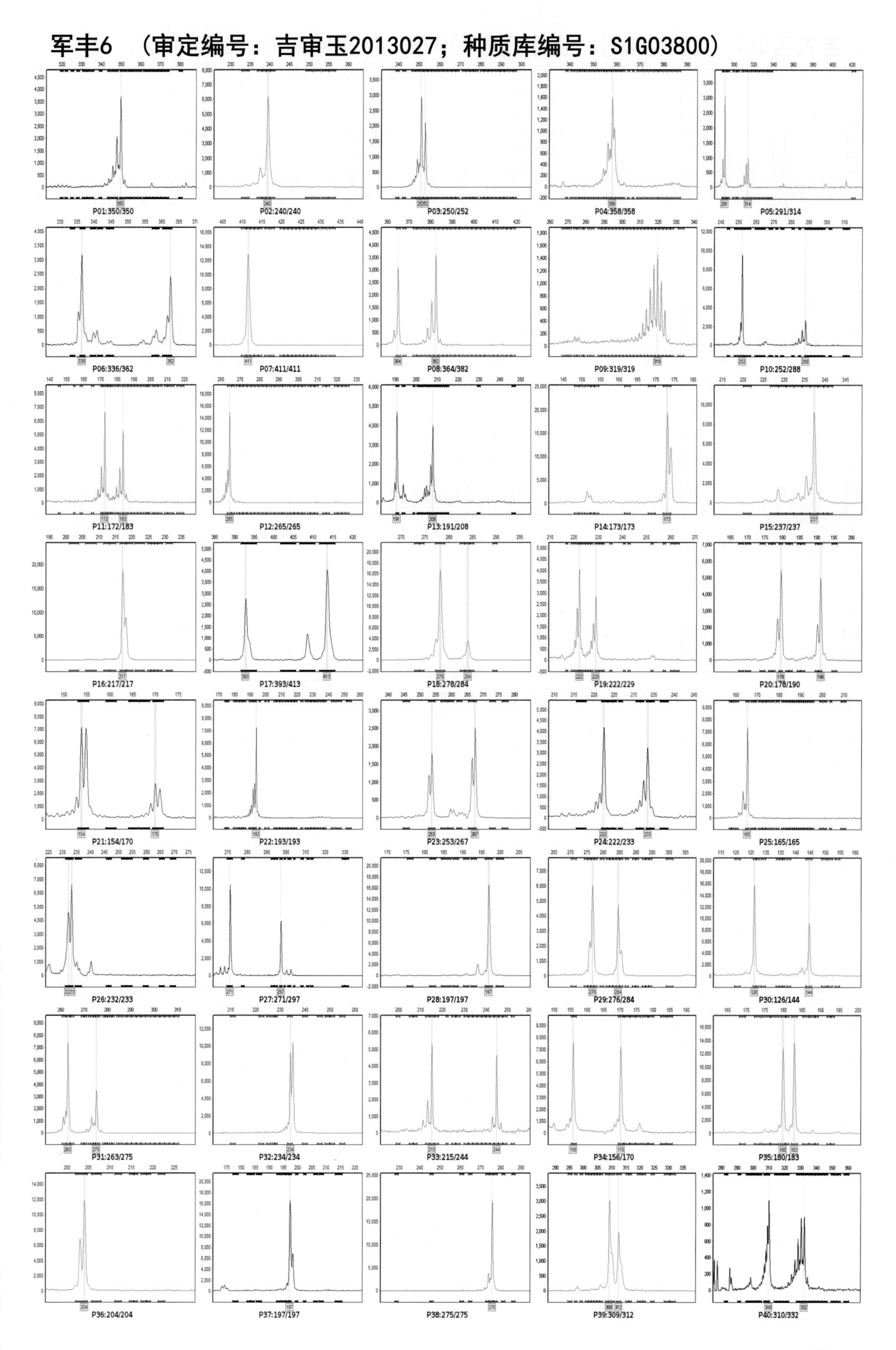

吉农玉367 （审定编号：吉审玉2013028；种质库编号：S1G03801）

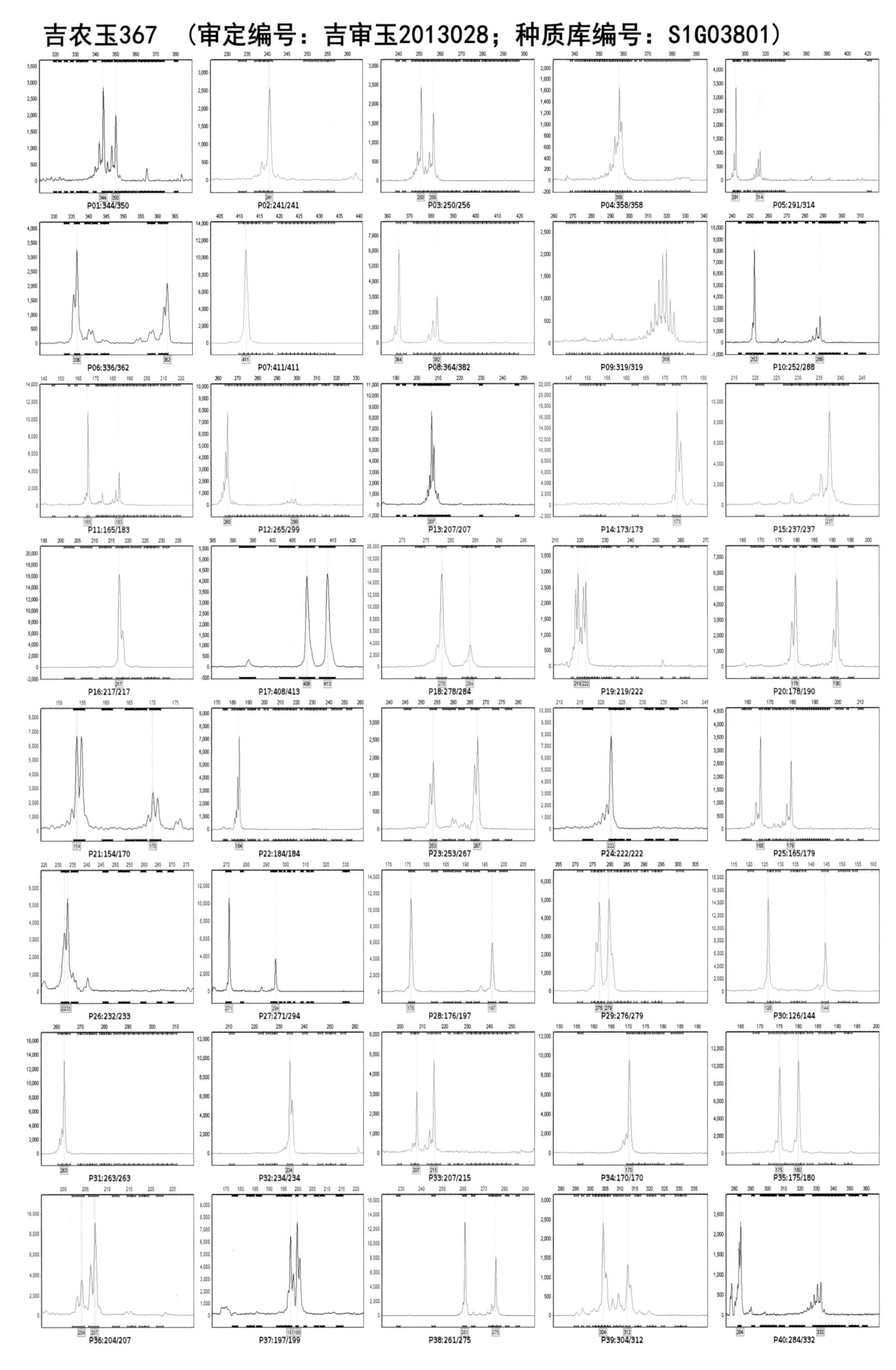

晋单73 （审定编号：吉审玉2013029；种质库编号：S1G03802）

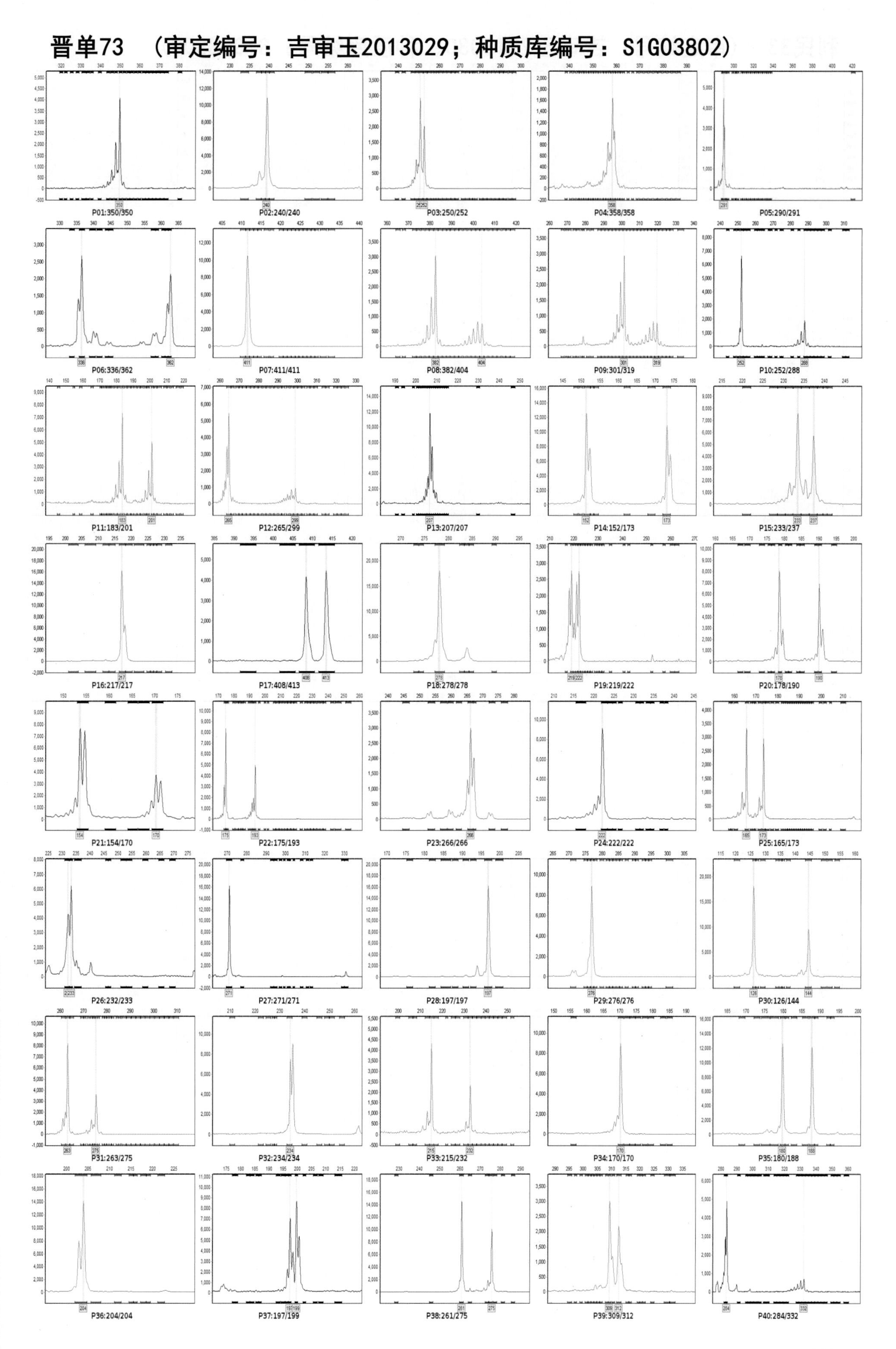

利民33 （审定编号：吉审玉2013030；种质库编号：S1G03803）

P01:325/325
P02:241/241
P03:256/256
P04:348/352
P05:288/320
P06:336/341
P07:411/411
P08:382/404
P09:279/319
P10:262/290
P11:181/183
P12:265/265
P13:208/230
P14:169/169
P15:233/237
P16:217/222
P17:413/413
P18:278/278
P19:222/222
P20:190/190
P21:154/170
P22:211/211
P23:253/253
P24:232/233
P25:175/179
P26:232/232
P27:271/294
P28:197/197
P29:276/276
P30:126/126
P31:263/263
P32:226/234
P33:215/215
P34:156/174
P35:183/193
P36:204/207
P37:199/214
P38:275/275
P39:312/319
P40:332/332

华科425　（审定编号：吉审玉2013031；种质库编号：S1G03804）

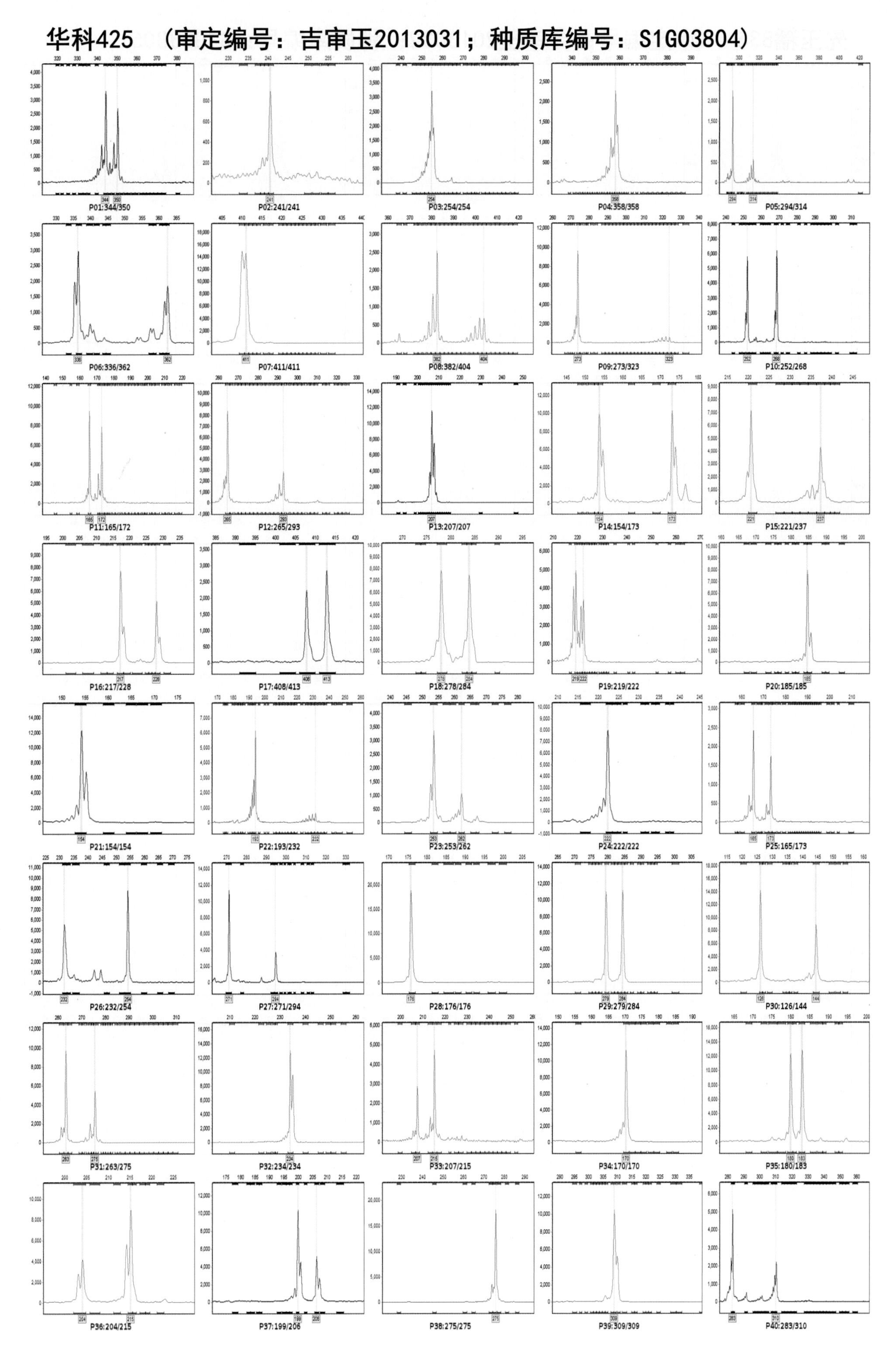

先玉糯836 （审定编号：吉审玉2013032；种质库编号：S1G03805）

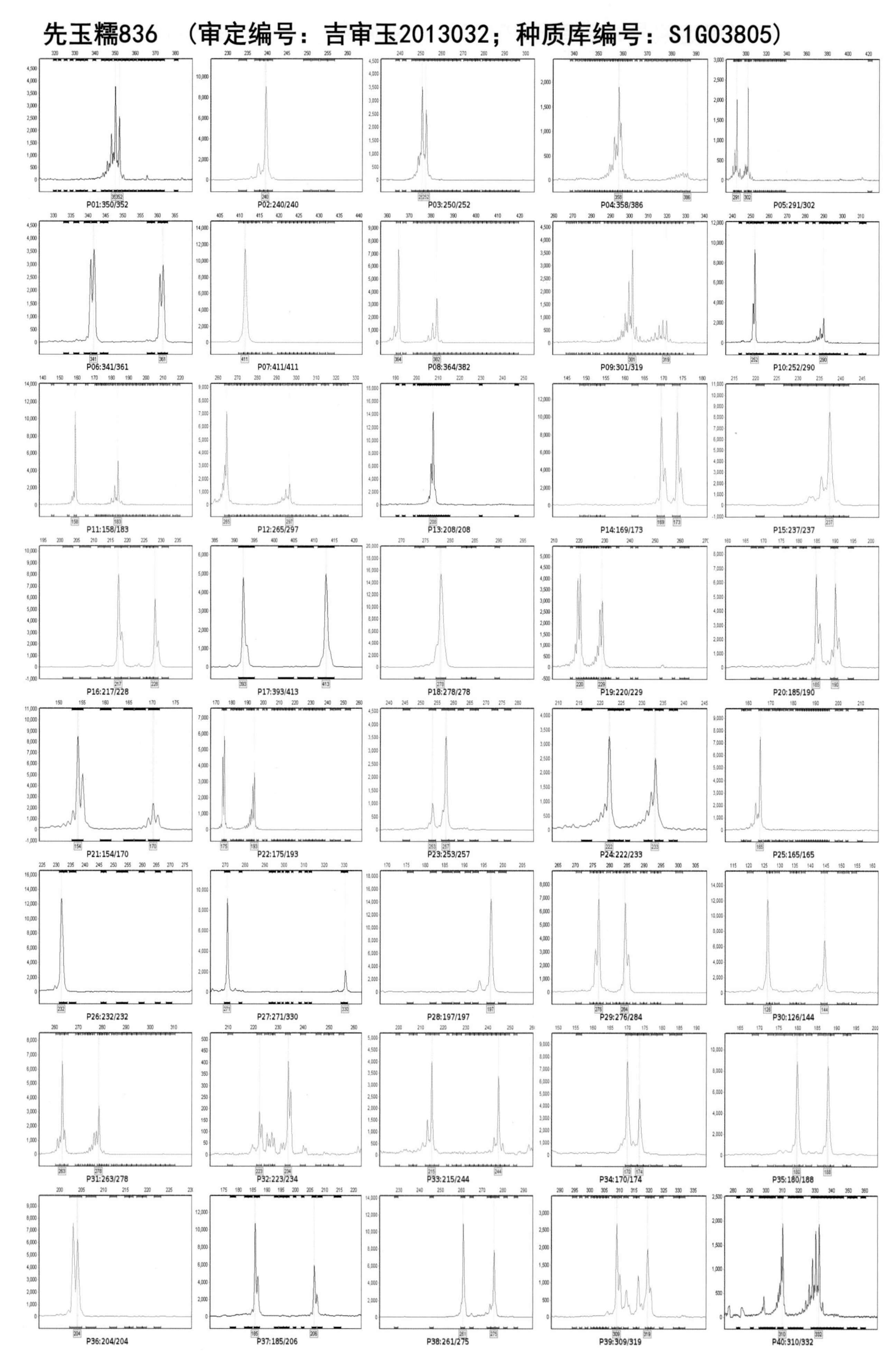

中玉糯8号 （审定编号：吉审玉2013033；种质库编号：S1G03806）

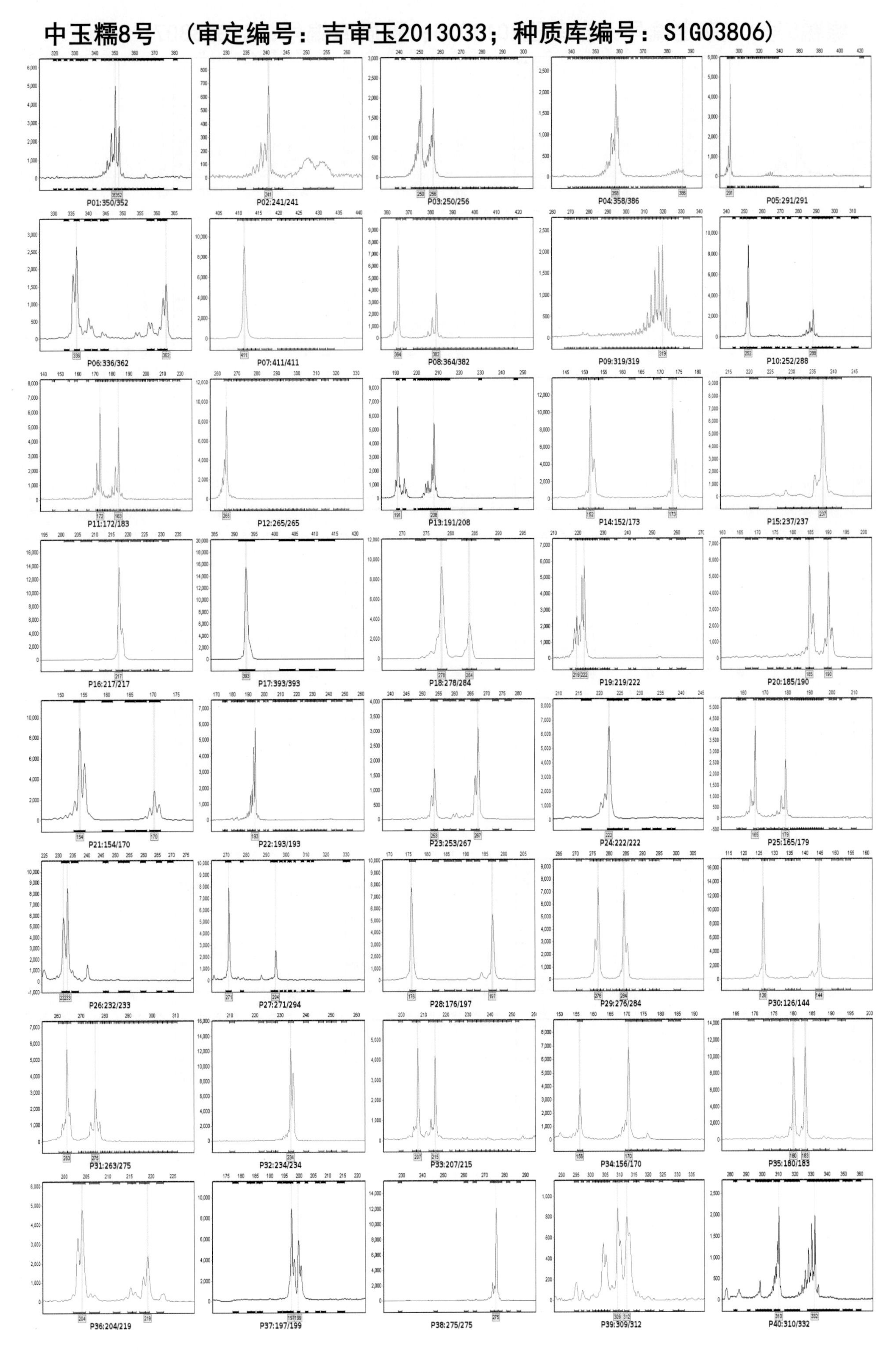

绿糯5号　（审定编号：吉审玉2013035；种质库编号：S1G03807）

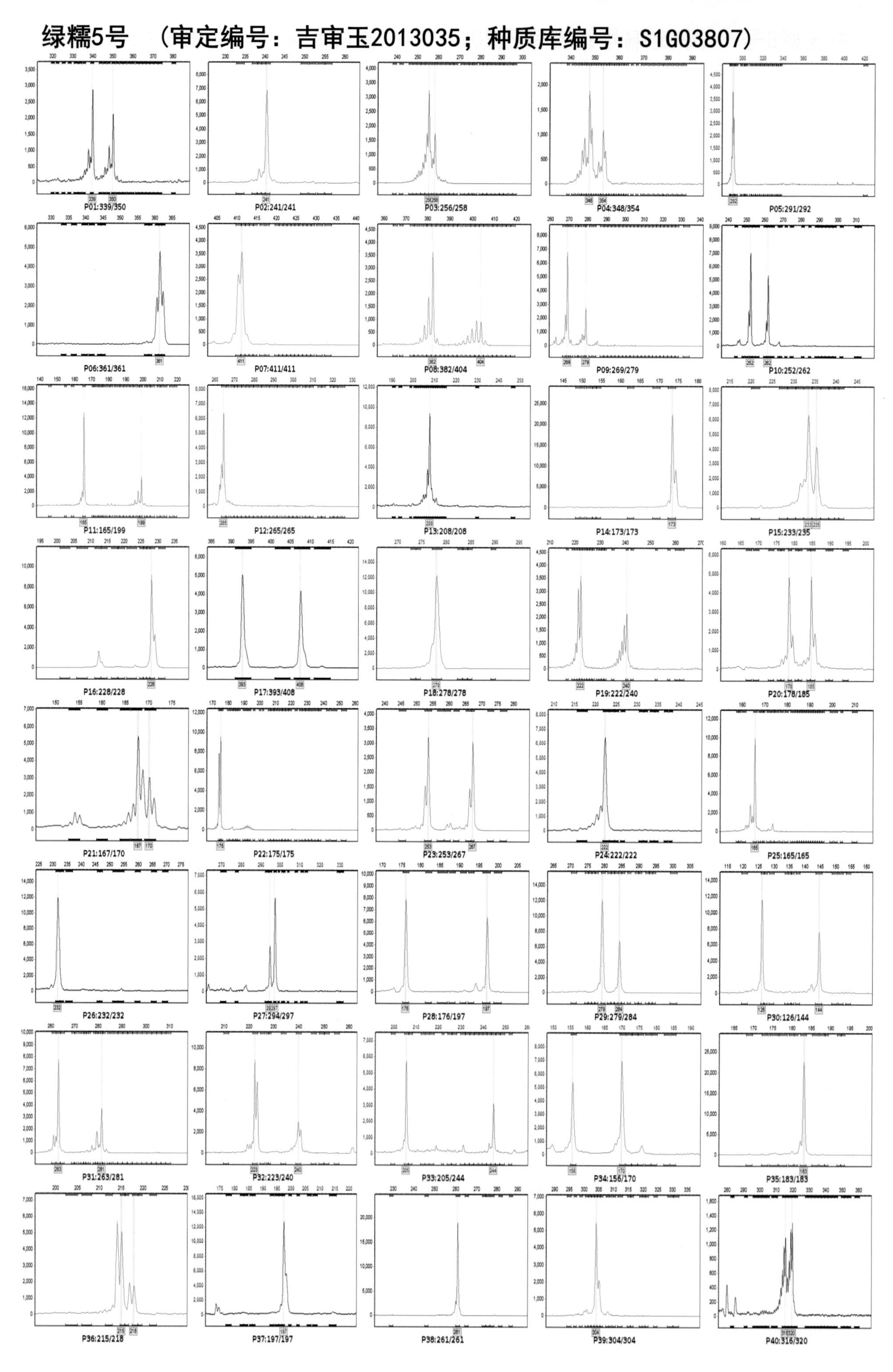

吉农糯8号 （审定编号：吉审玉2013036；种质库编号：S1G03808）

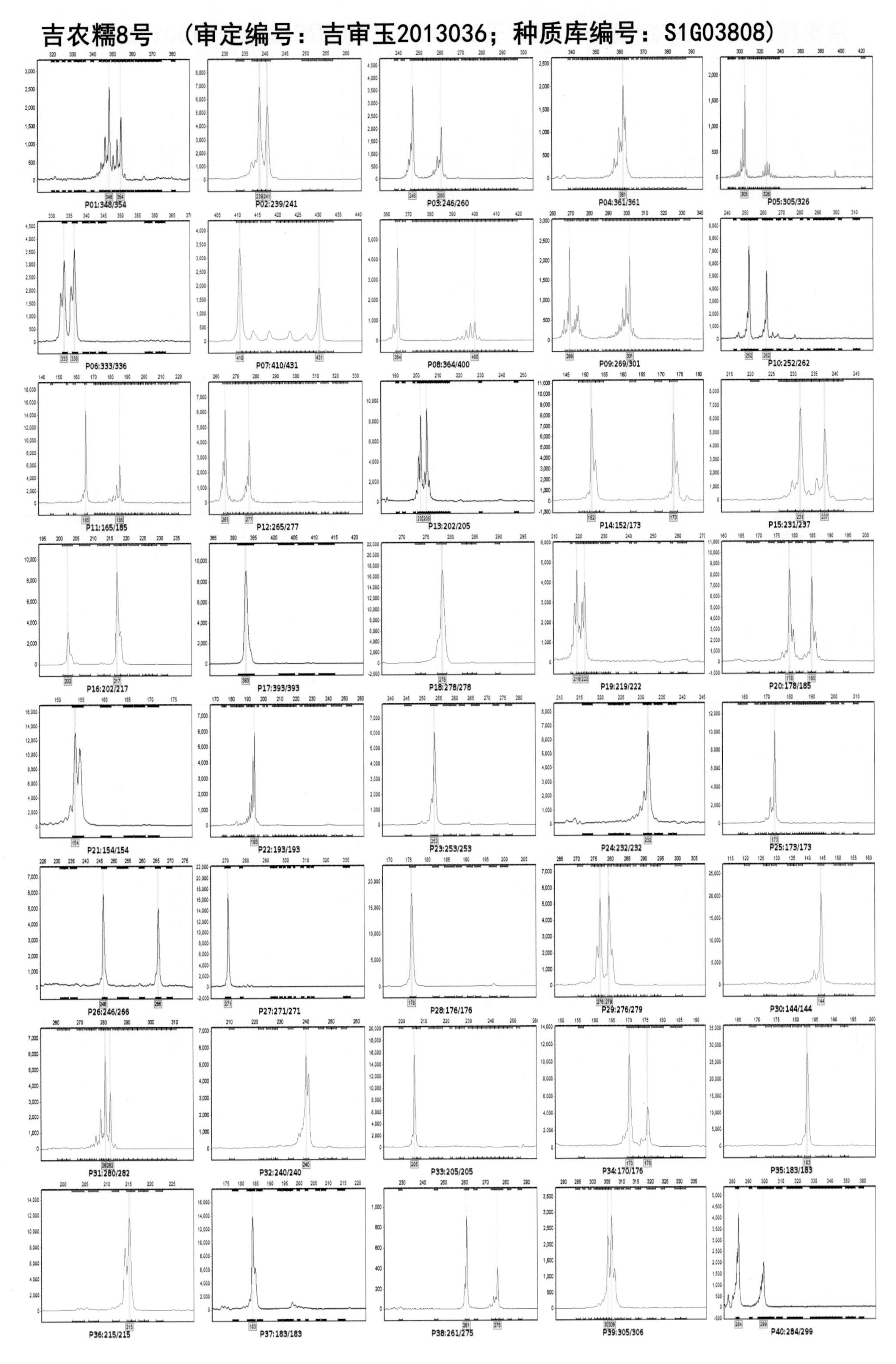

京花糯2008 （审定编号：吉审玉2013037；种质库编号：S1G01261）

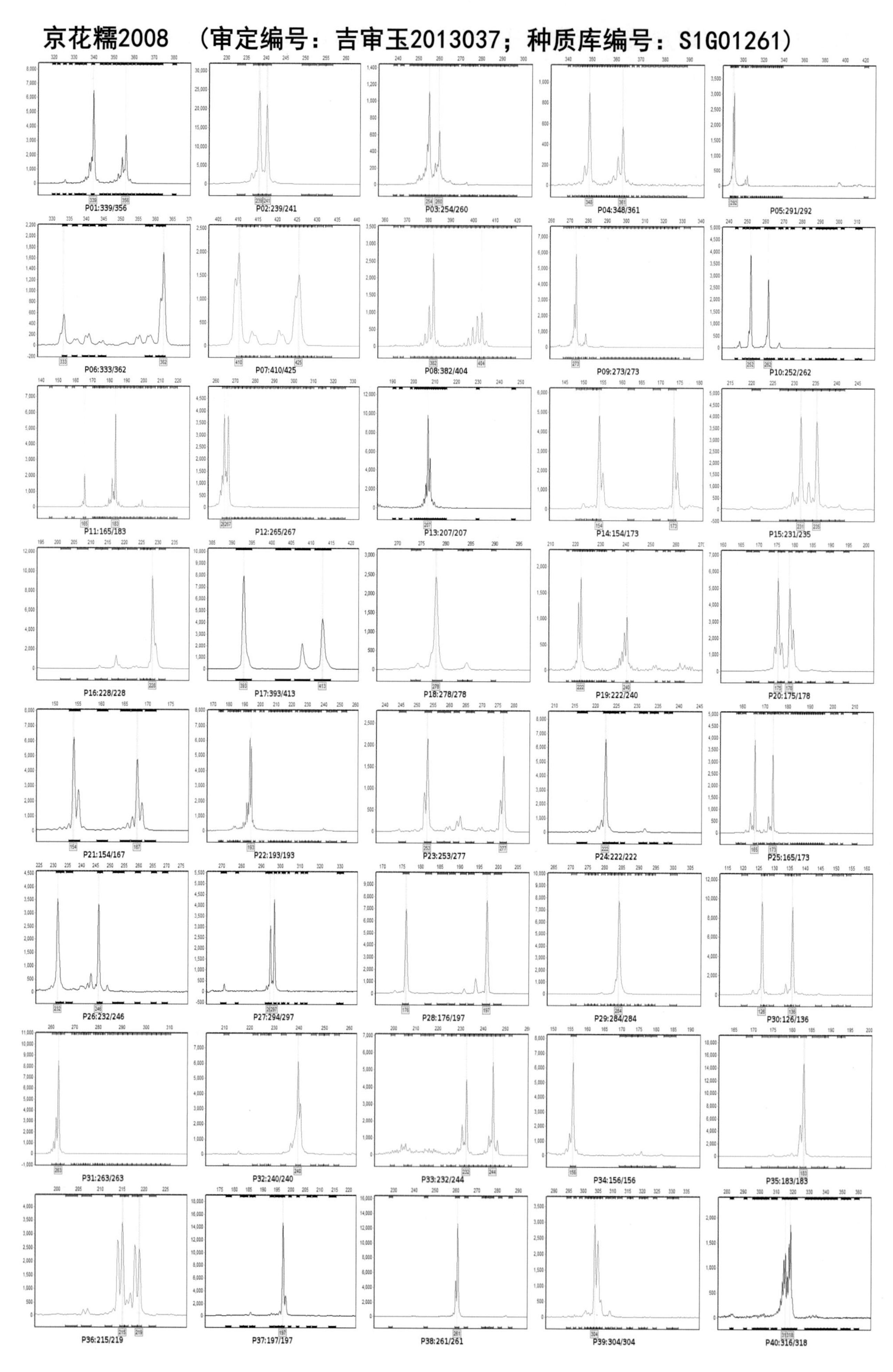

金庆801　（审定编号：吉审玉2014001；种质库编号：S1G04525）

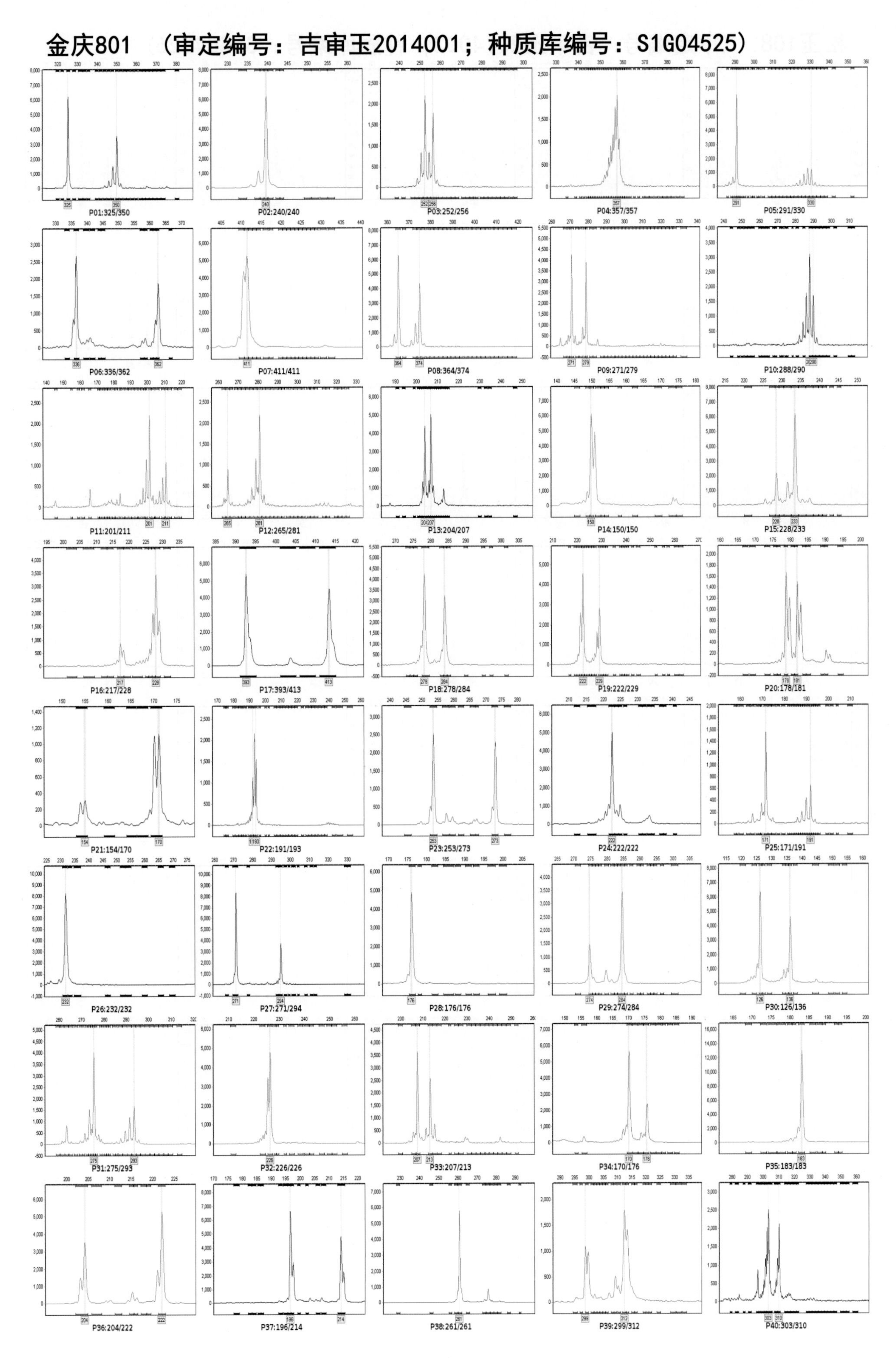

松玉108 （审定编号：吉审玉2014002；种质库编号：S1G04526）

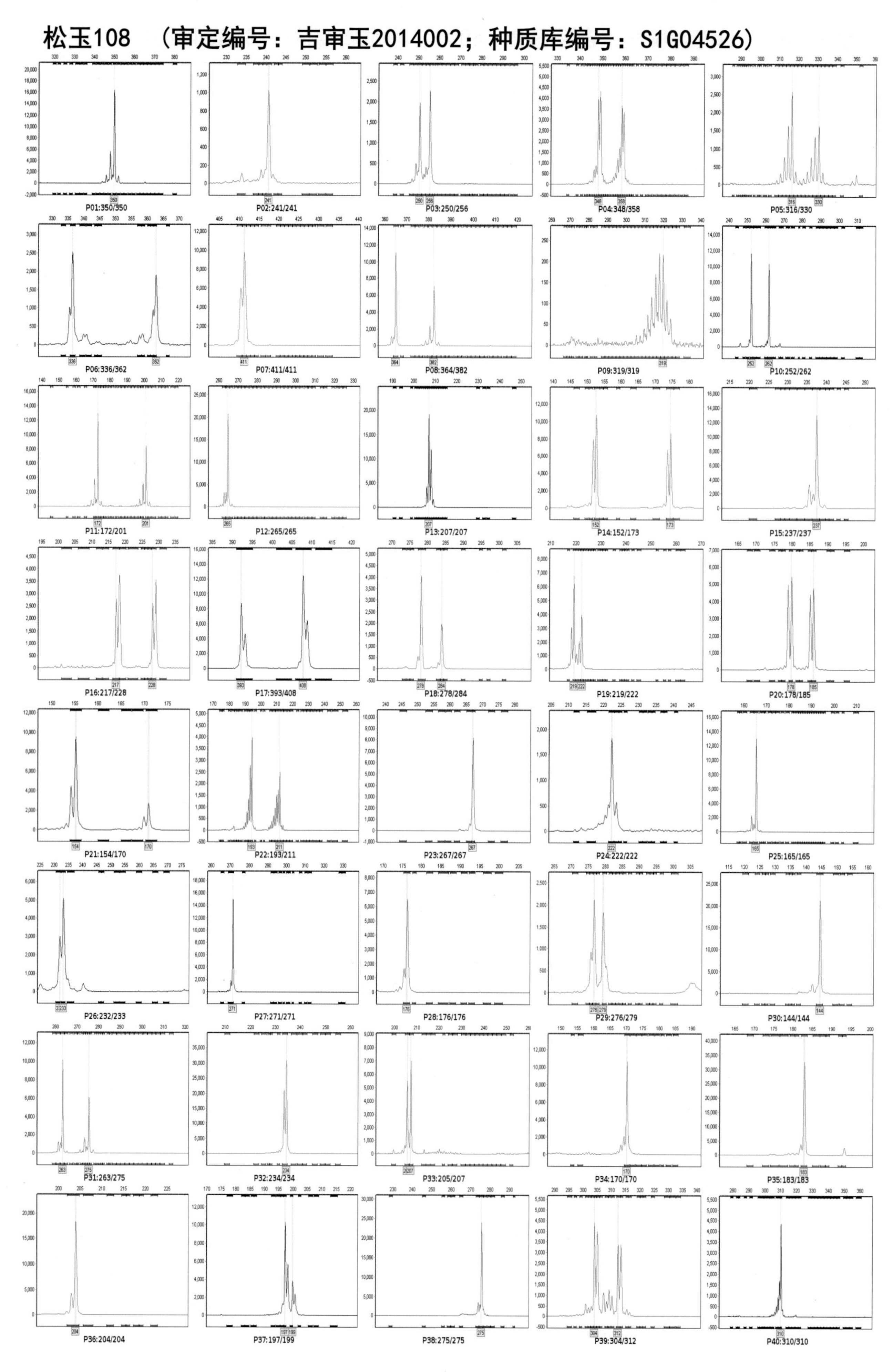

原玉10 （审定编号：吉审玉2014003；种质库编号：S1G04527）

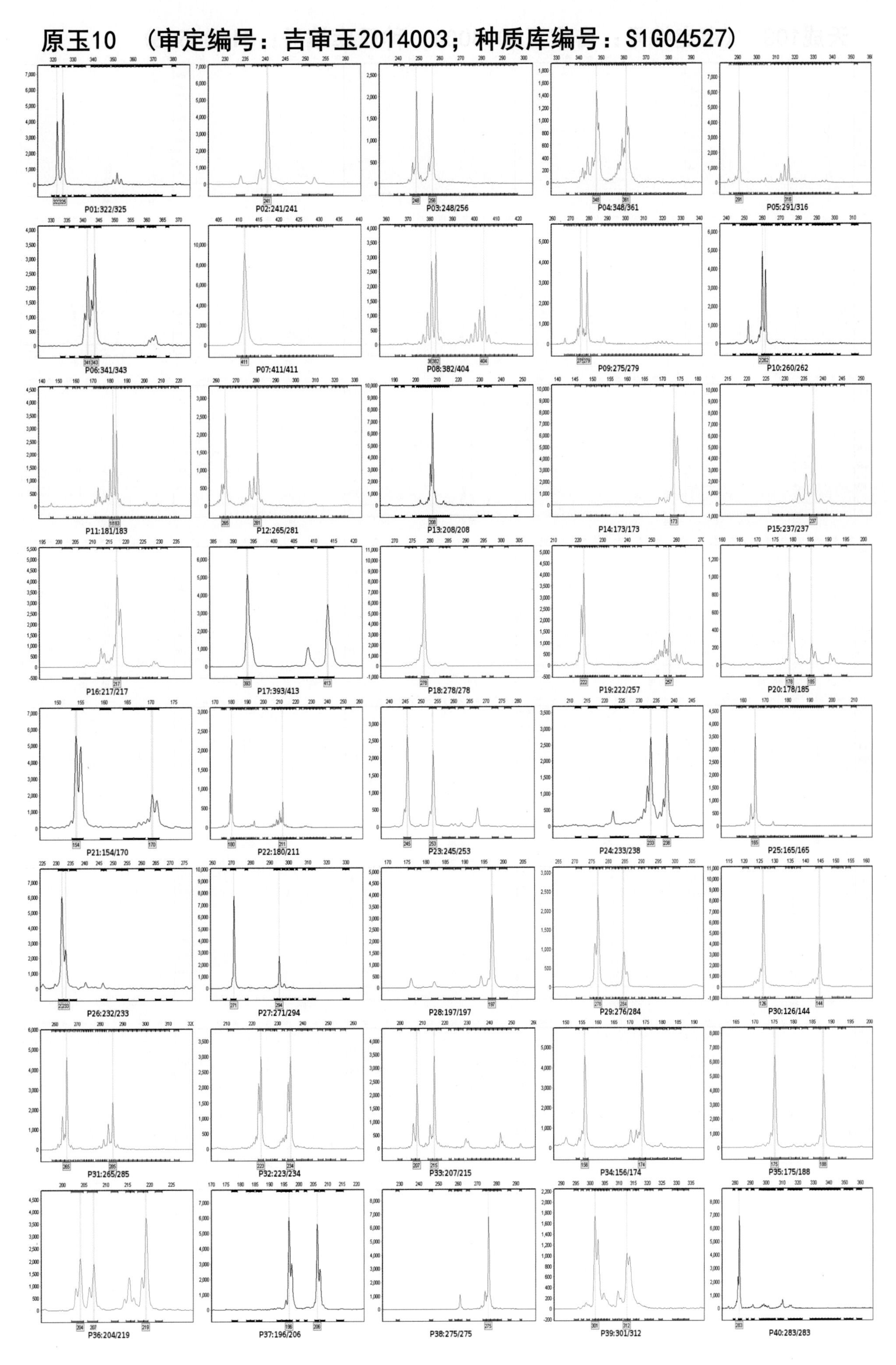

天成103 （审定编号：吉审玉2014004；种质库编号：S1G04528）

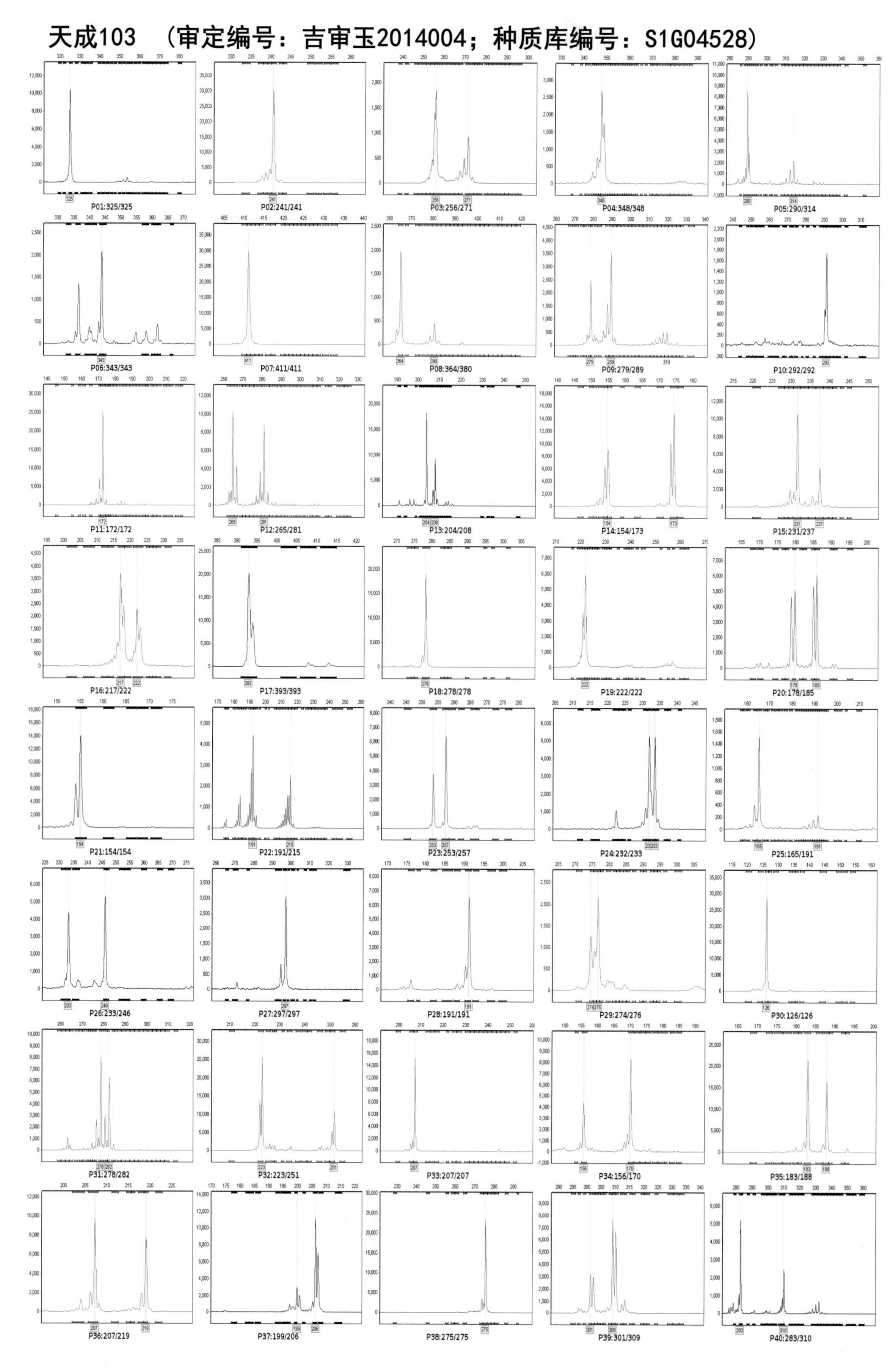

吉农大5号 （审定编号：吉审玉2014005；种质库编号：S1G04529）

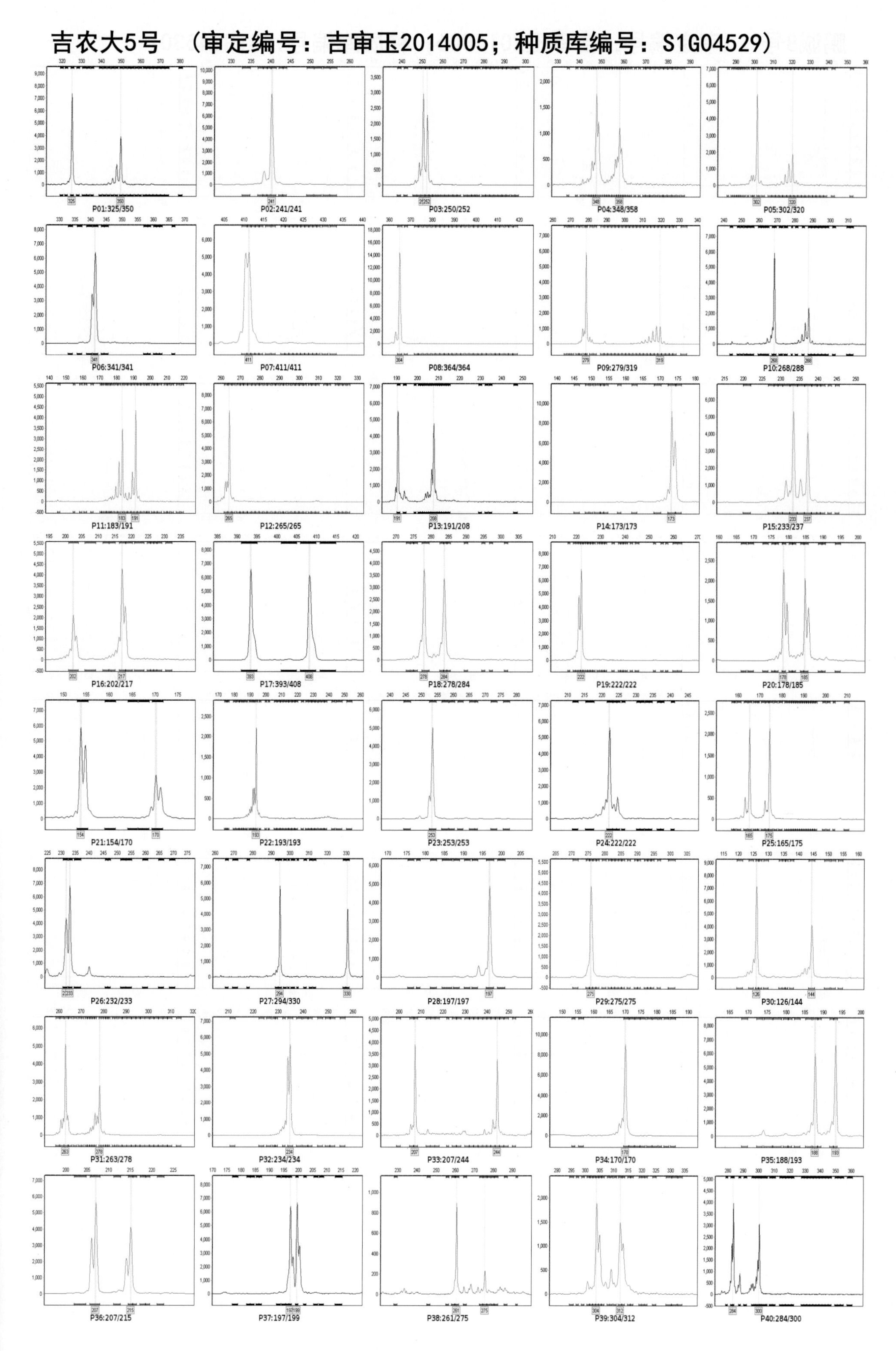

鹏诚8号 （审定编号：吉审玉2014006；种质库编号：S1G04530）

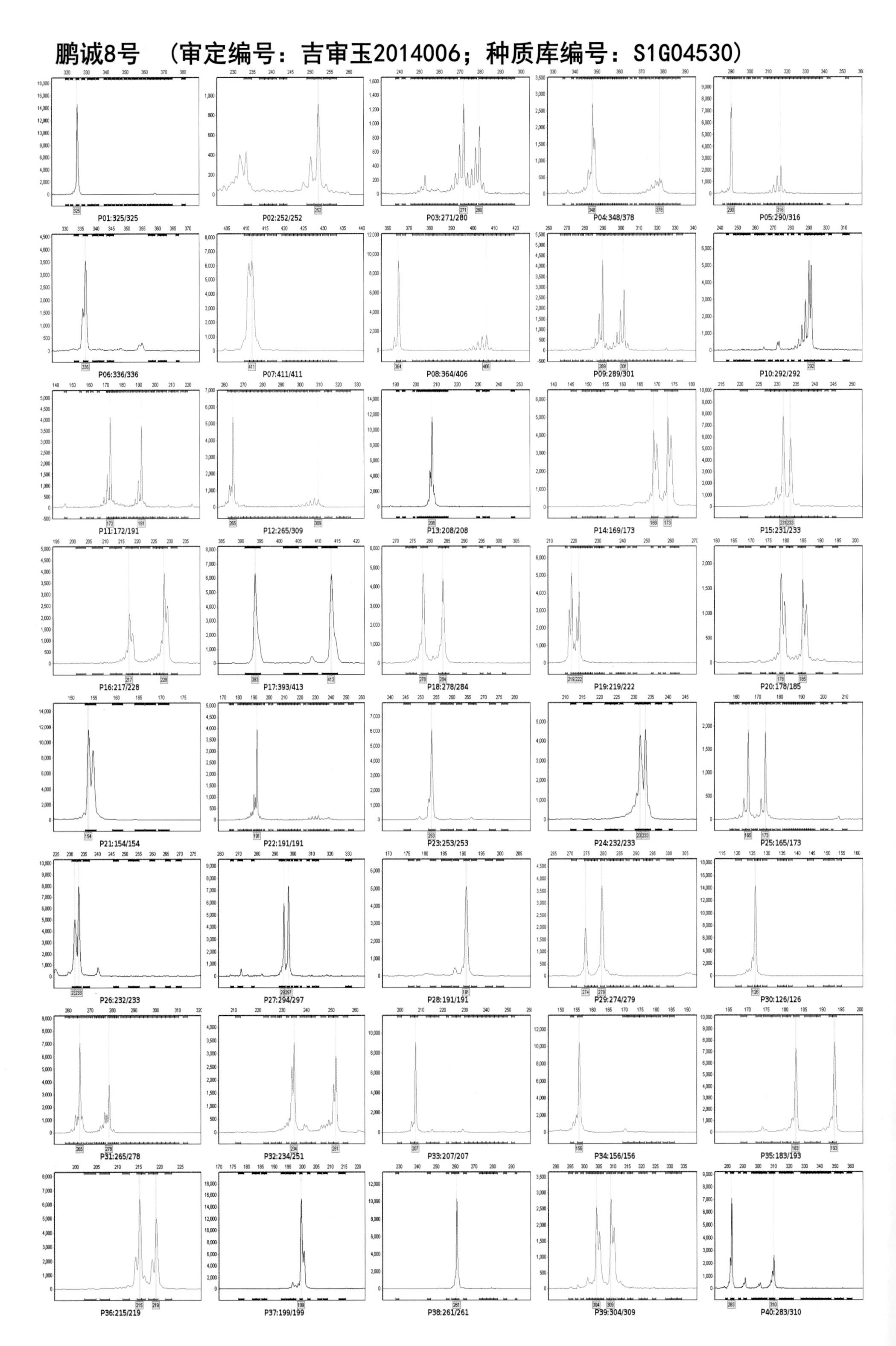

吉农大2号 （审定编号：吉审玉2014007；种质库编号：S1G04531）

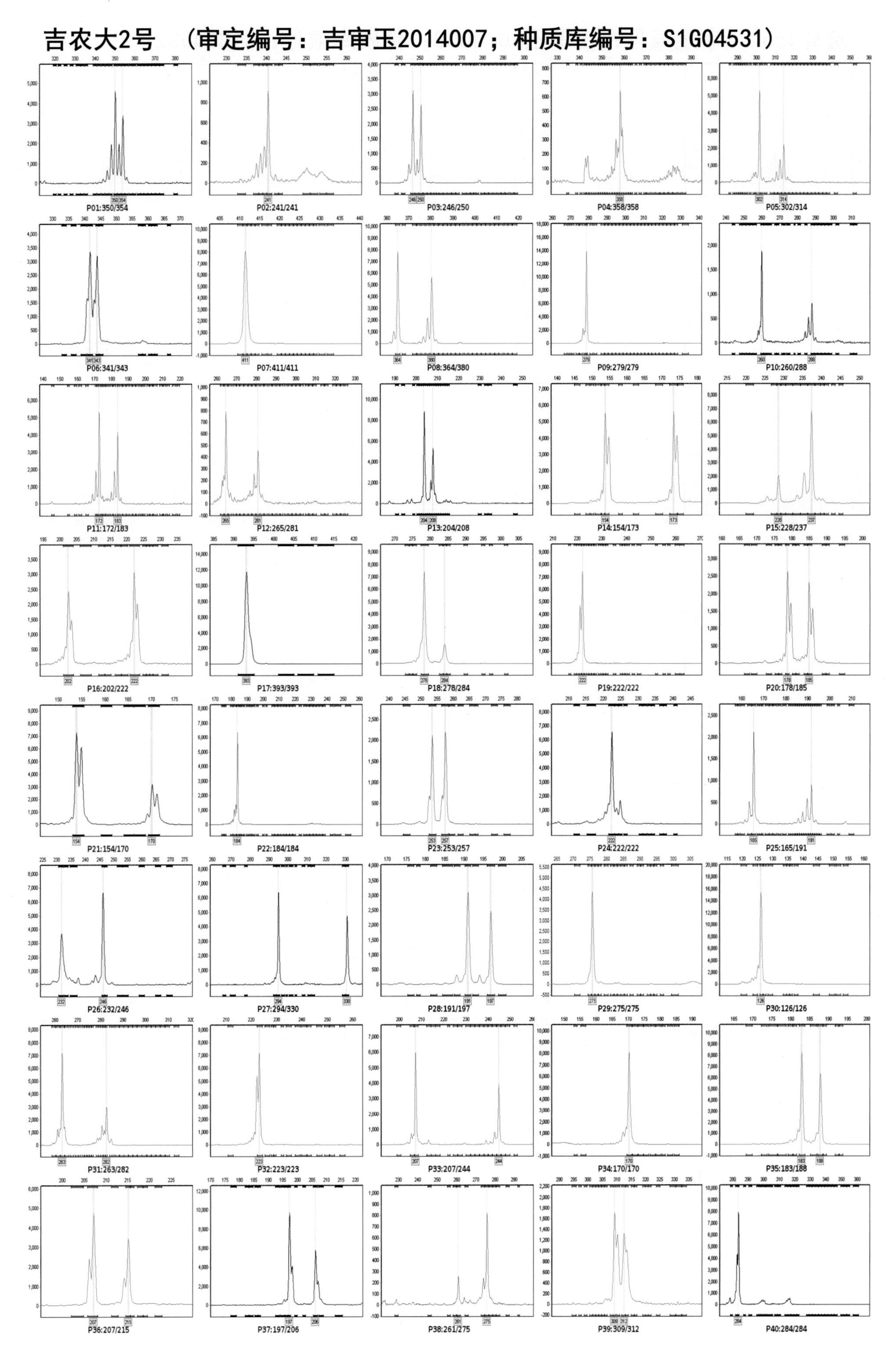

宏育466 （审定编号：吉审玉2014008；种质库编号：S1G04532）

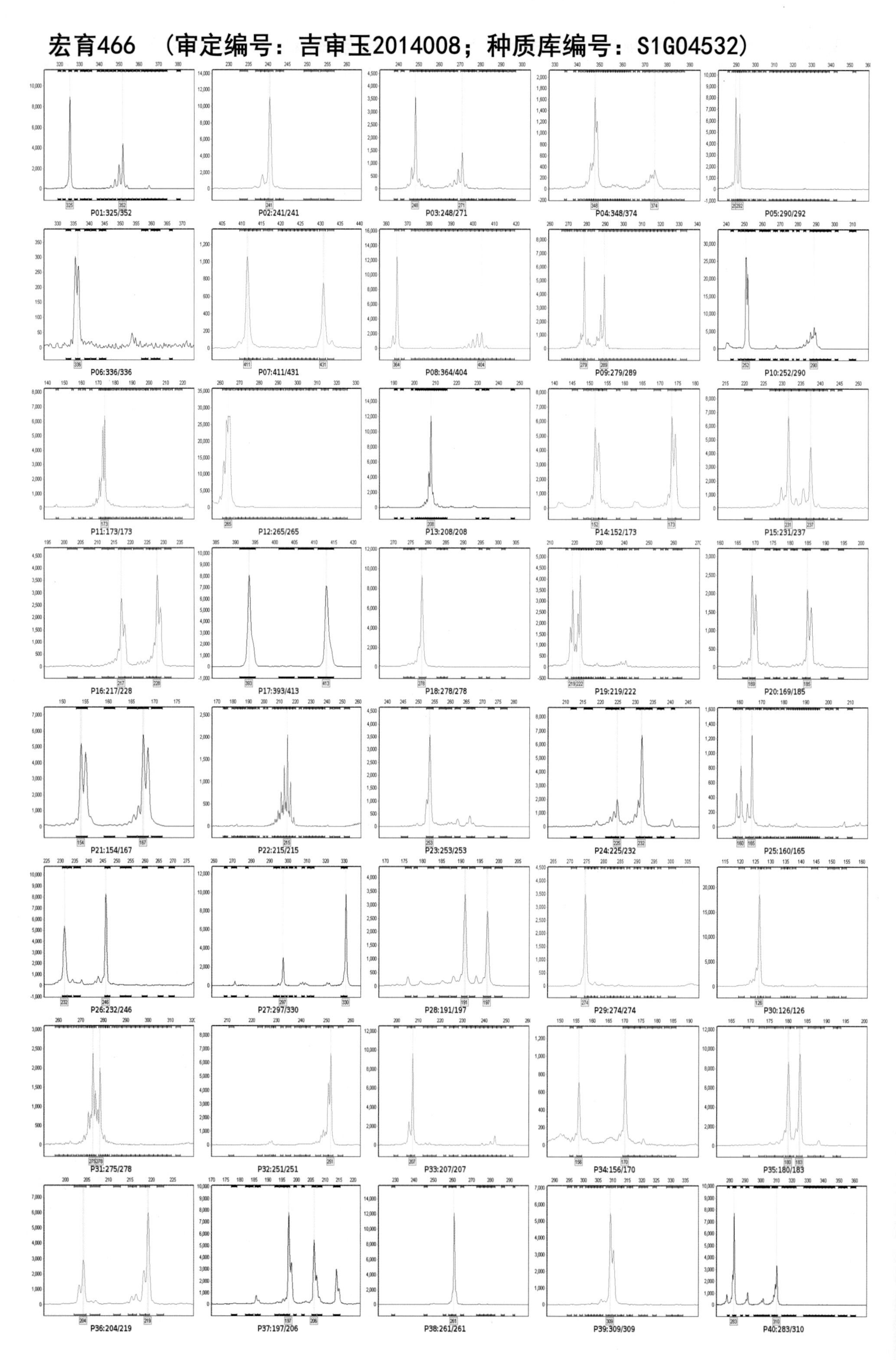

鹏诚216 （审定编号：吉审玉2014009；种质库编号：S1G04533）

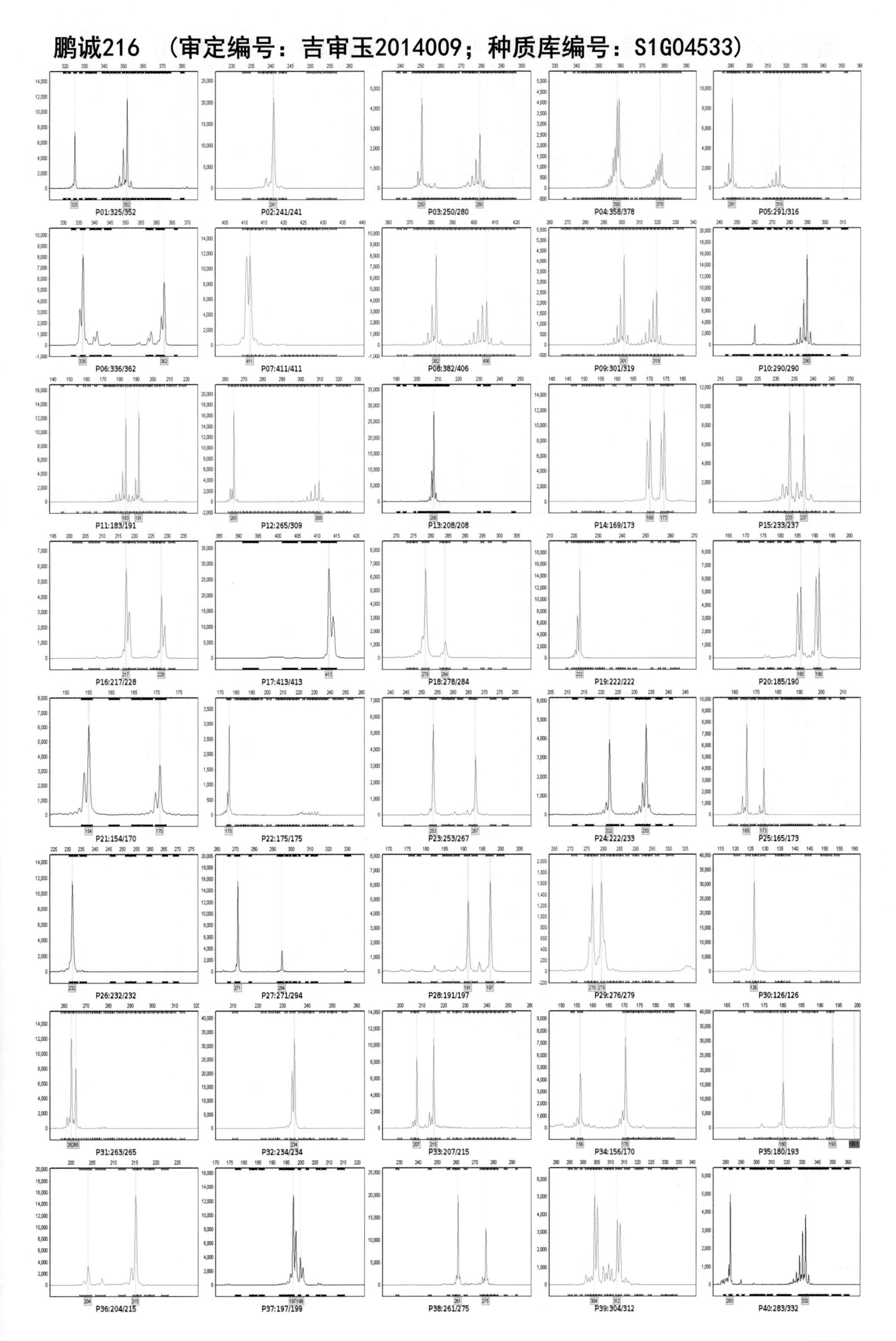

明凤159 （审定编号：吉审玉2014010；种质库编号：S1G04534）

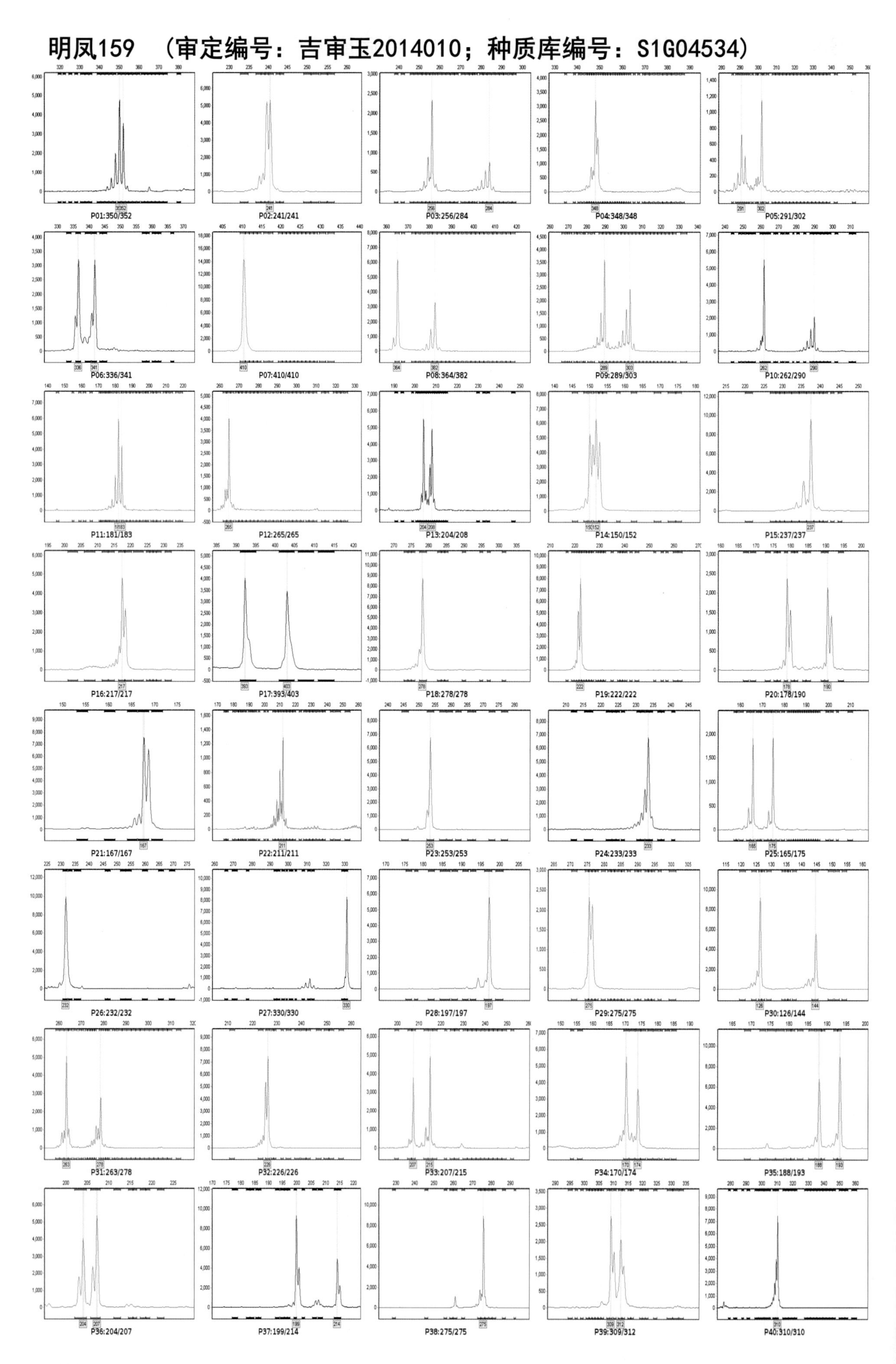

通科007 （审定编号：吉审玉2014011；种质库编号：S1G04535）

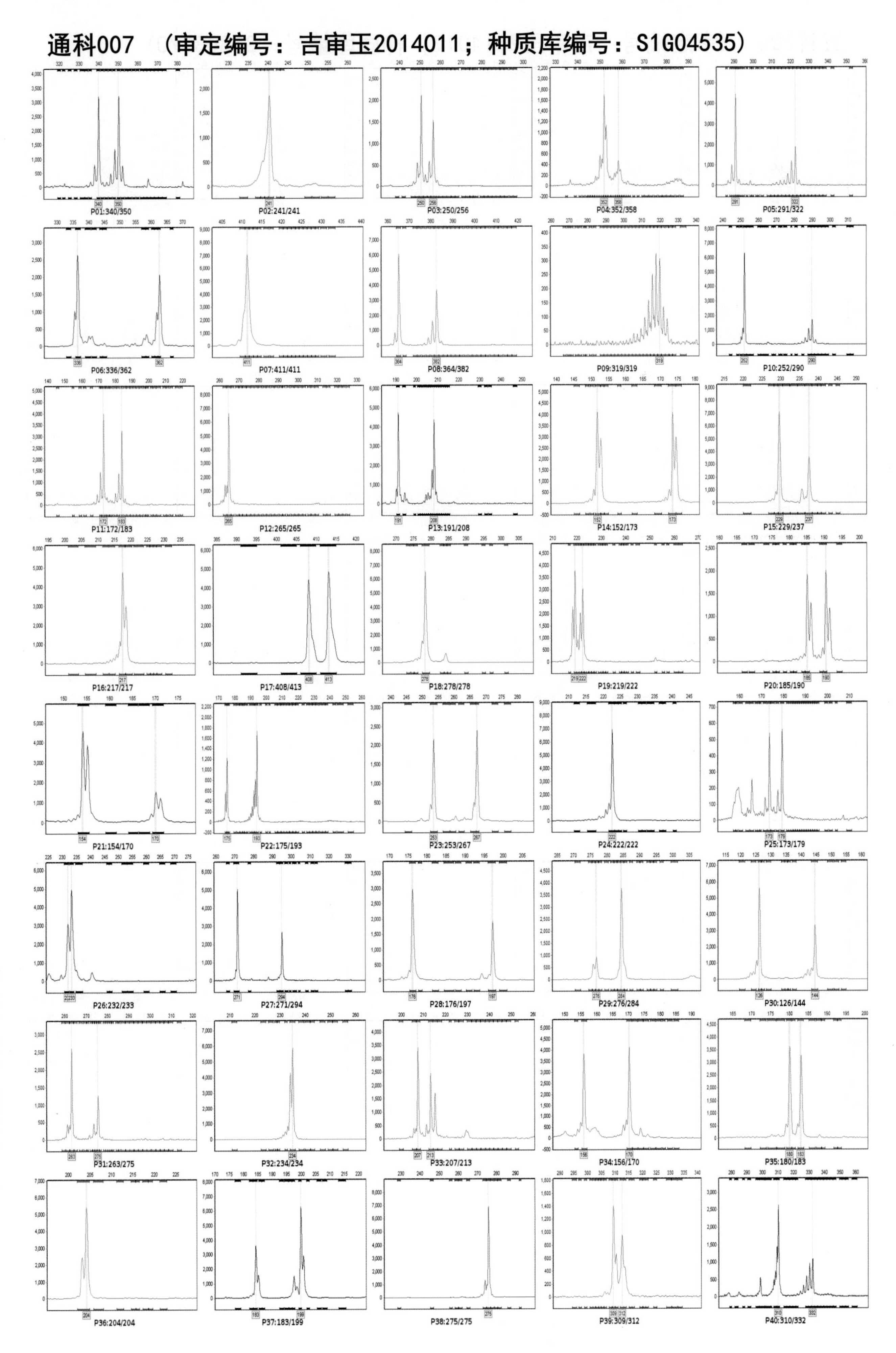

五谷704 （审定编号：吉审玉2014012；种质库编号：S1G03770）

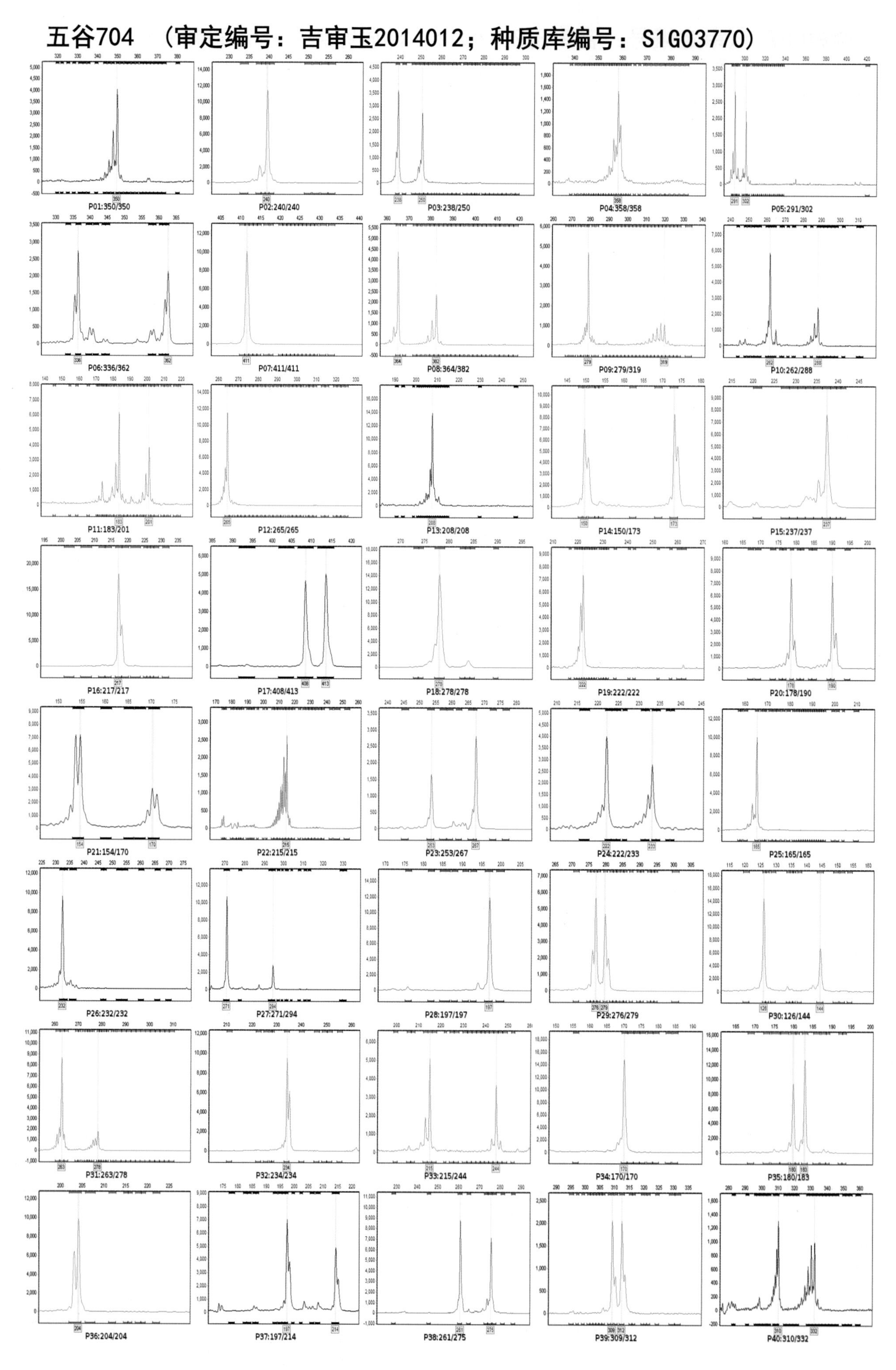

良科1008 （审定编号：吉审玉2014013；种质库编号：S1G04536）

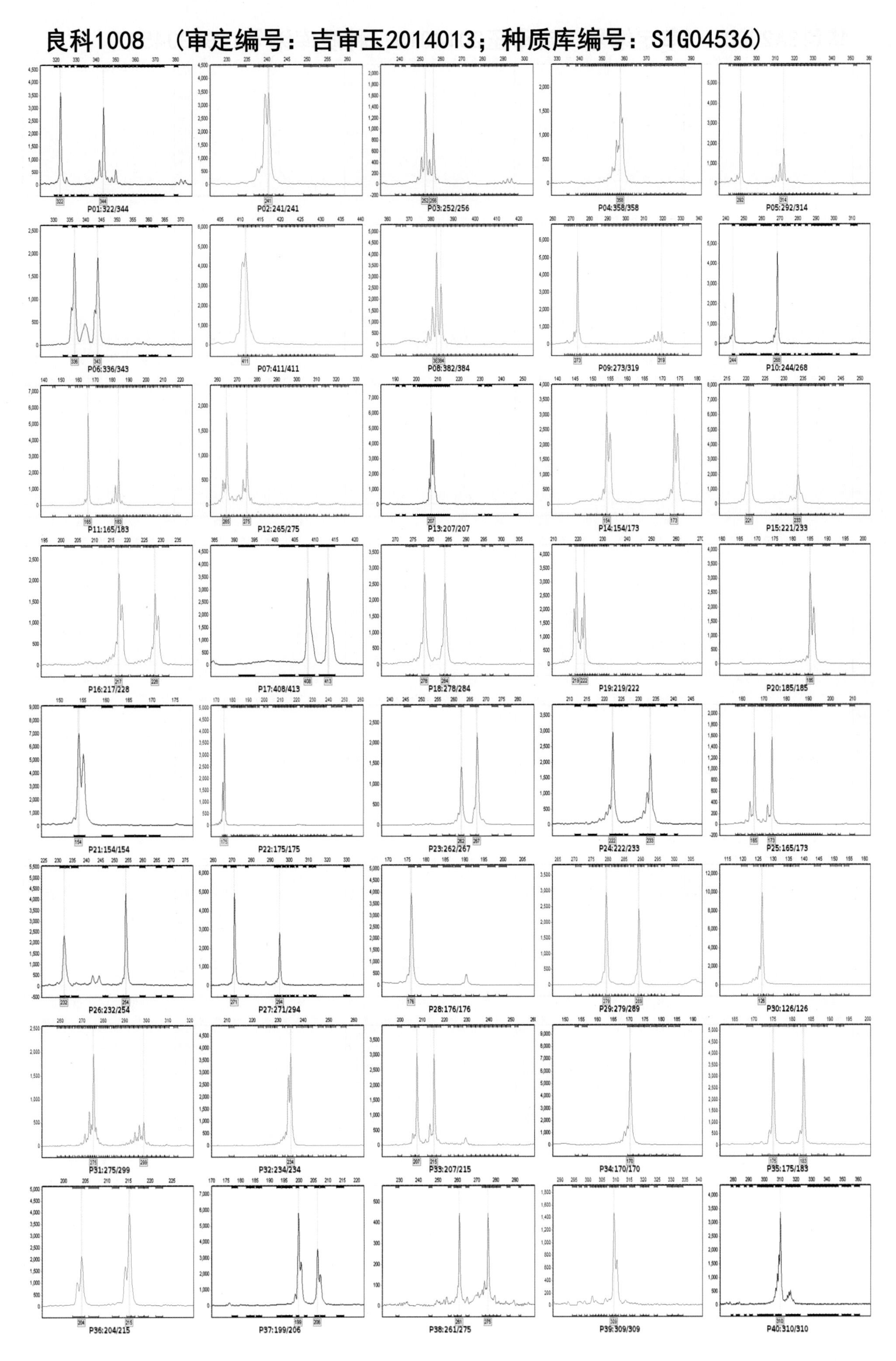

华科3A2000 （审定编号：吉审玉2014015；种质库编号：S1G04537）

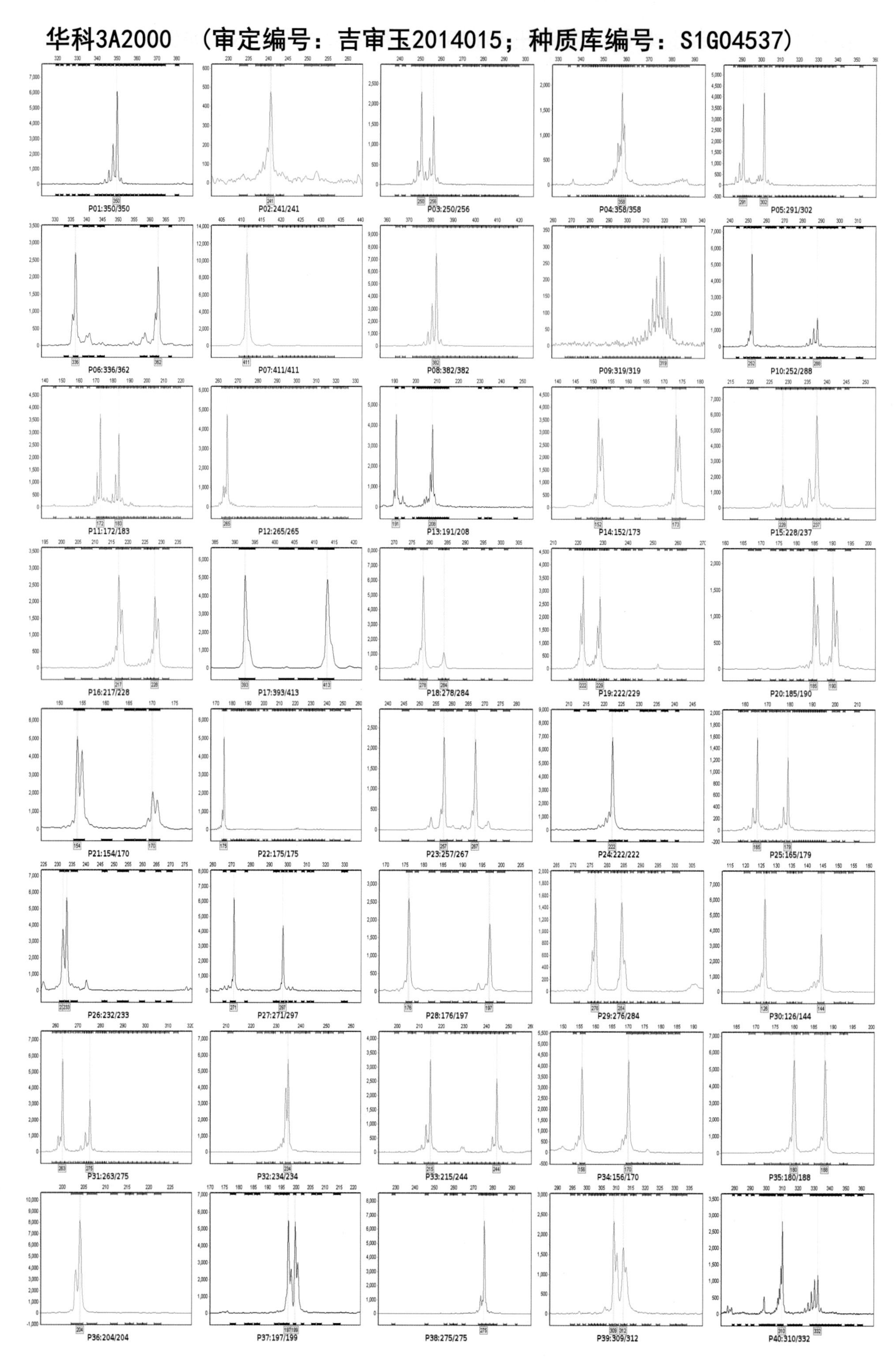

科育186 （审定编号：吉审玉2014016；种质库编号：S1G04538）

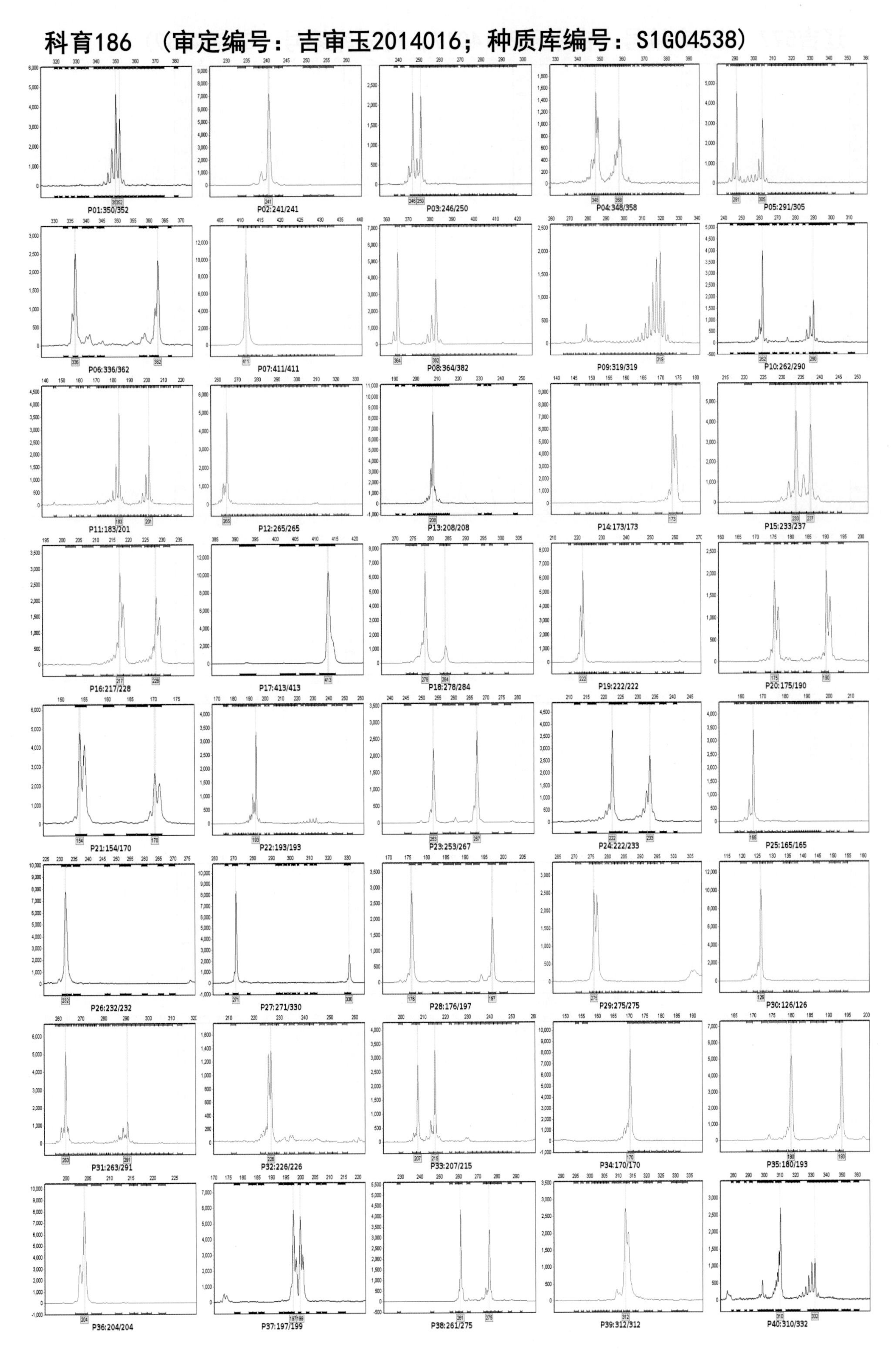

辽吉577 （审定编号：吉审玉2014017；种质库编号：S1G04539）

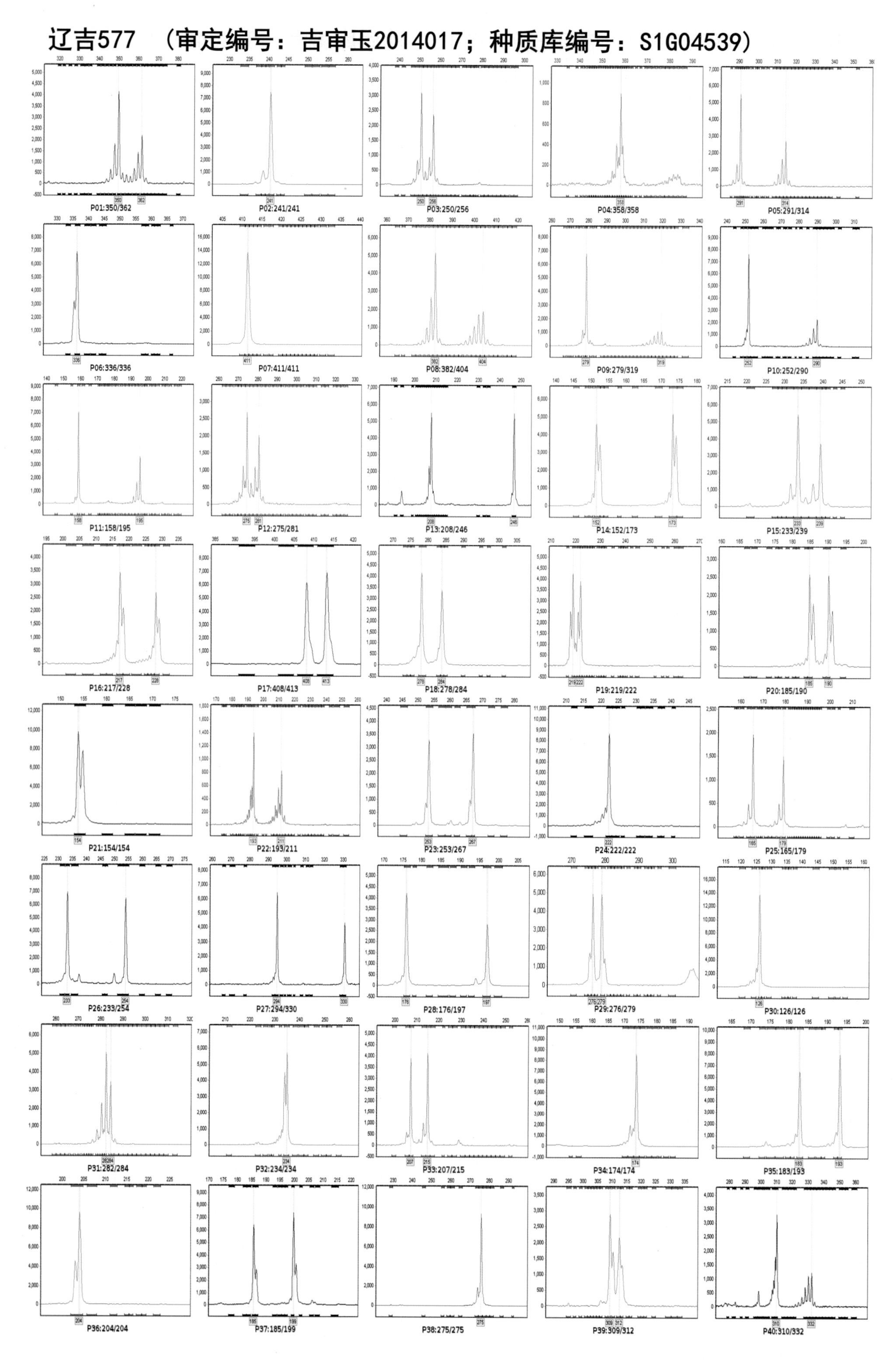

飞天358　（审定编号：吉审玉2014019；种质库编号：S1G04477）

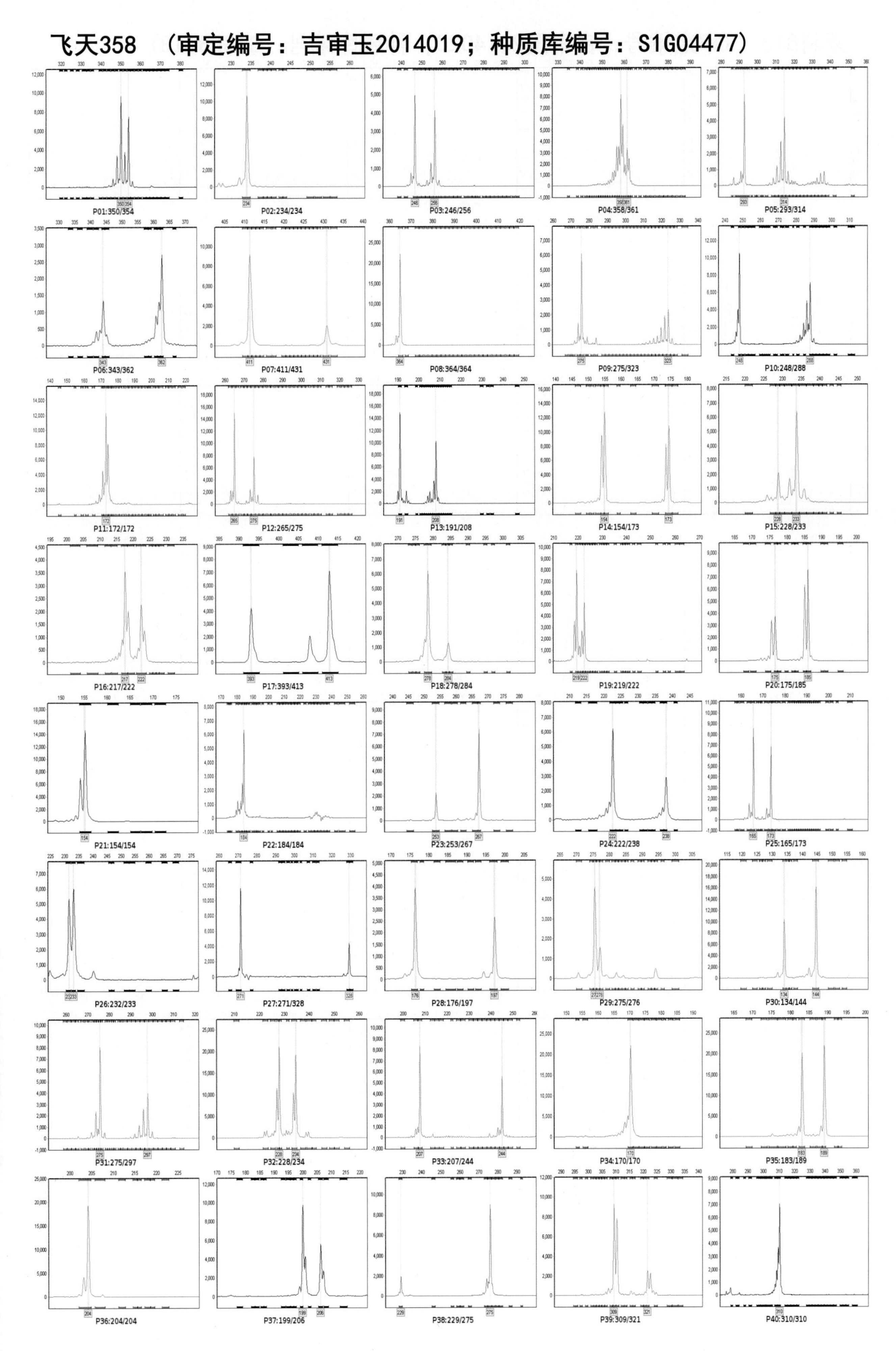

莱科818 （审定编号：吉审玉2014020；种质库编号：S1G03613）

P01:350/350

P02:241/241

P03:250/256

P04:358/358

P05:291/292

P06:336/362

P07:411/411

P08:382/382

P09:319/319

P10:252/288

P11:173/183

P12:265/265

P13:208/208

P14:169/173

P15:235/235

P16:217/217

P17:393/413

P18:278/278

P19:222/222

P20:178/190

P21:154/170

P22:213/213

P23:253/267

P24:222/222

P25:165/179

P26:232/233

P27:271/271

P28:197/197

P29:275/275

P30:126/144

P31:263/263

P32:234/234

P33:207/215

P34:170/170

P35:180/183

P36:204/207

P37:197/199

P38:275/275

P39:309/312

P40:284/332

平安194 （审定编号：吉审玉2014021；种质库编号：S1G04540）

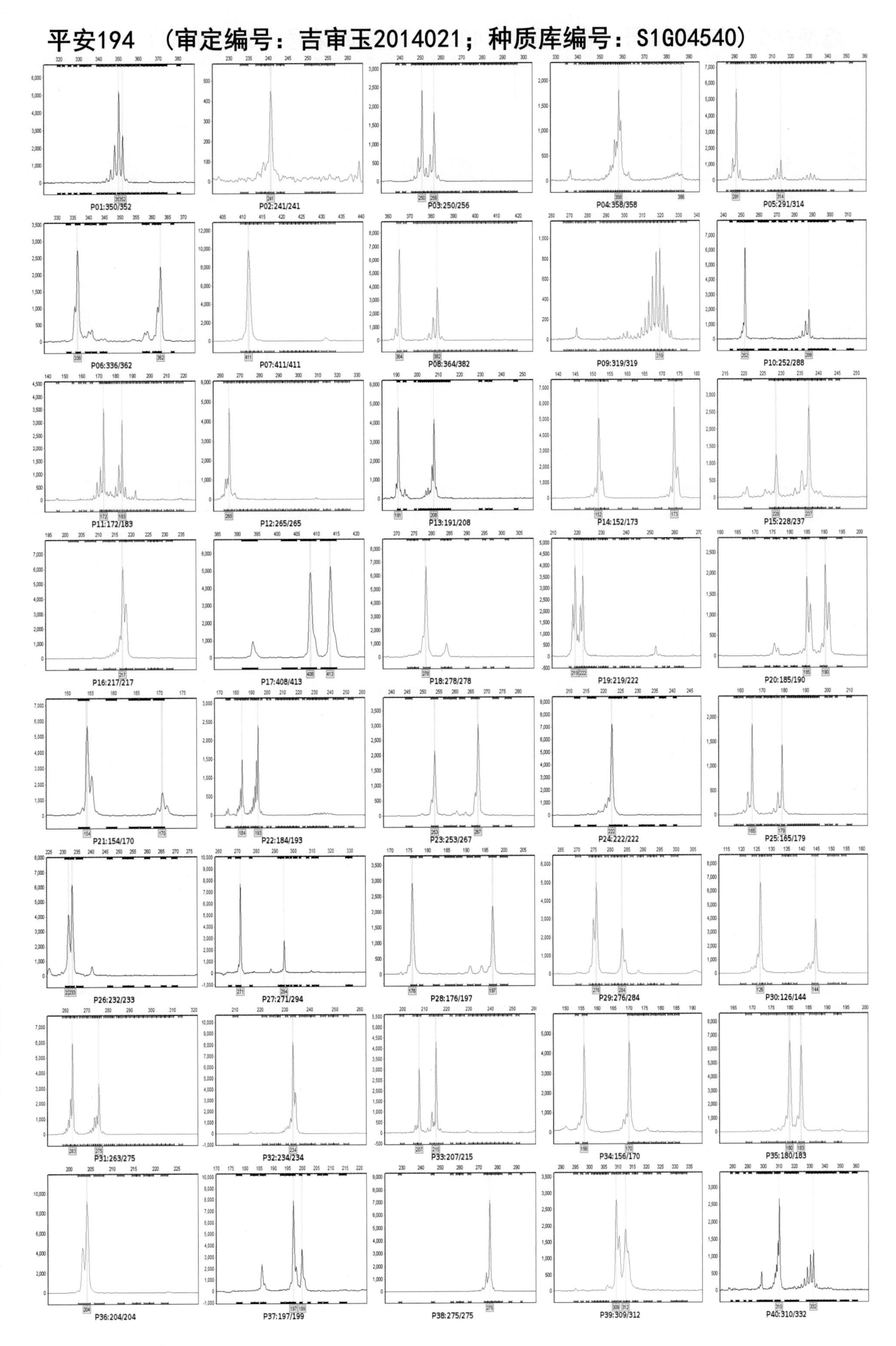

鑫海985 （审定编号：吉审玉2014022；种质库编号：S1G04541）

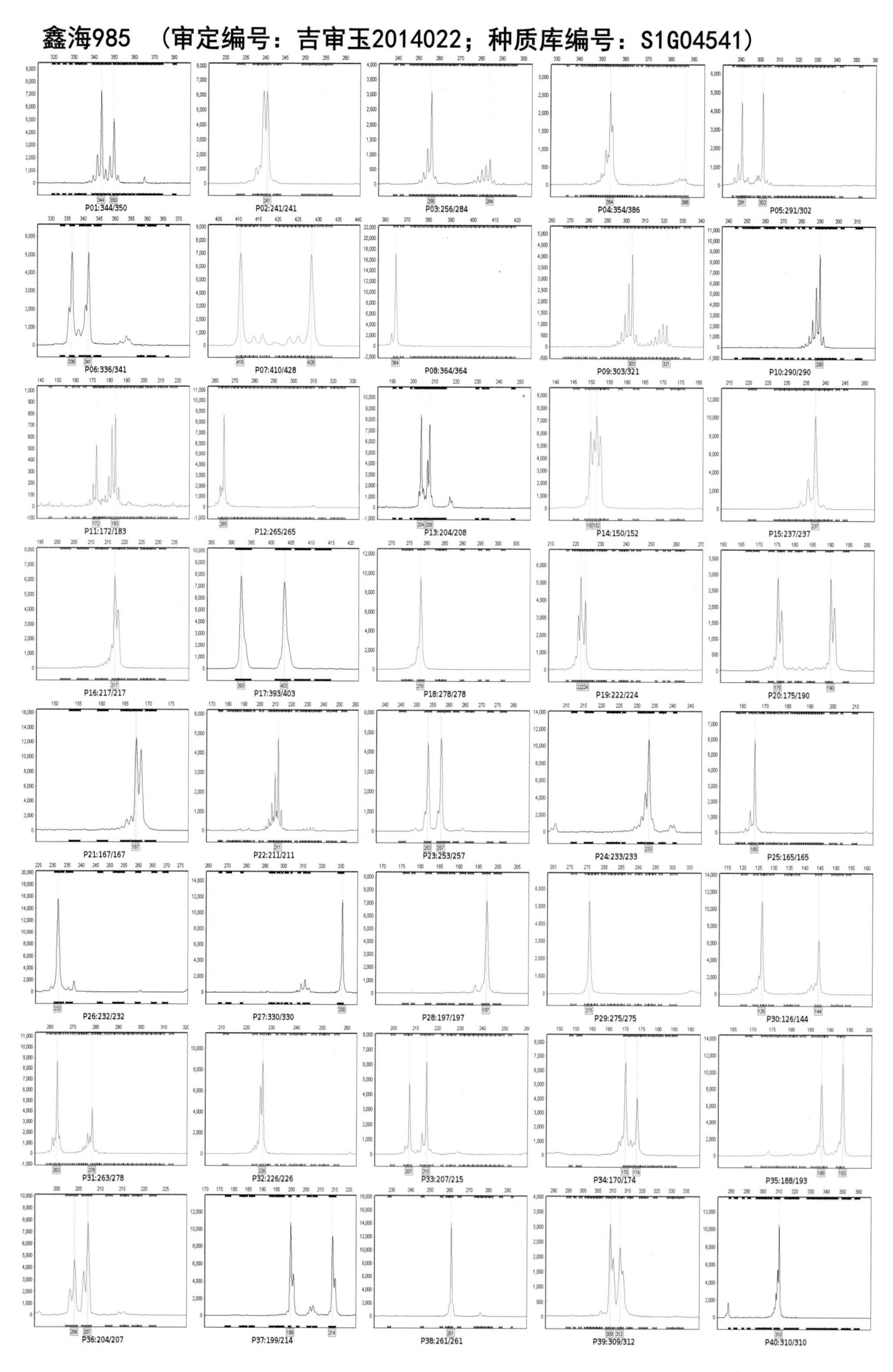

金园15 （审定编号：吉审玉2014023；种质库编号：S1G04542）

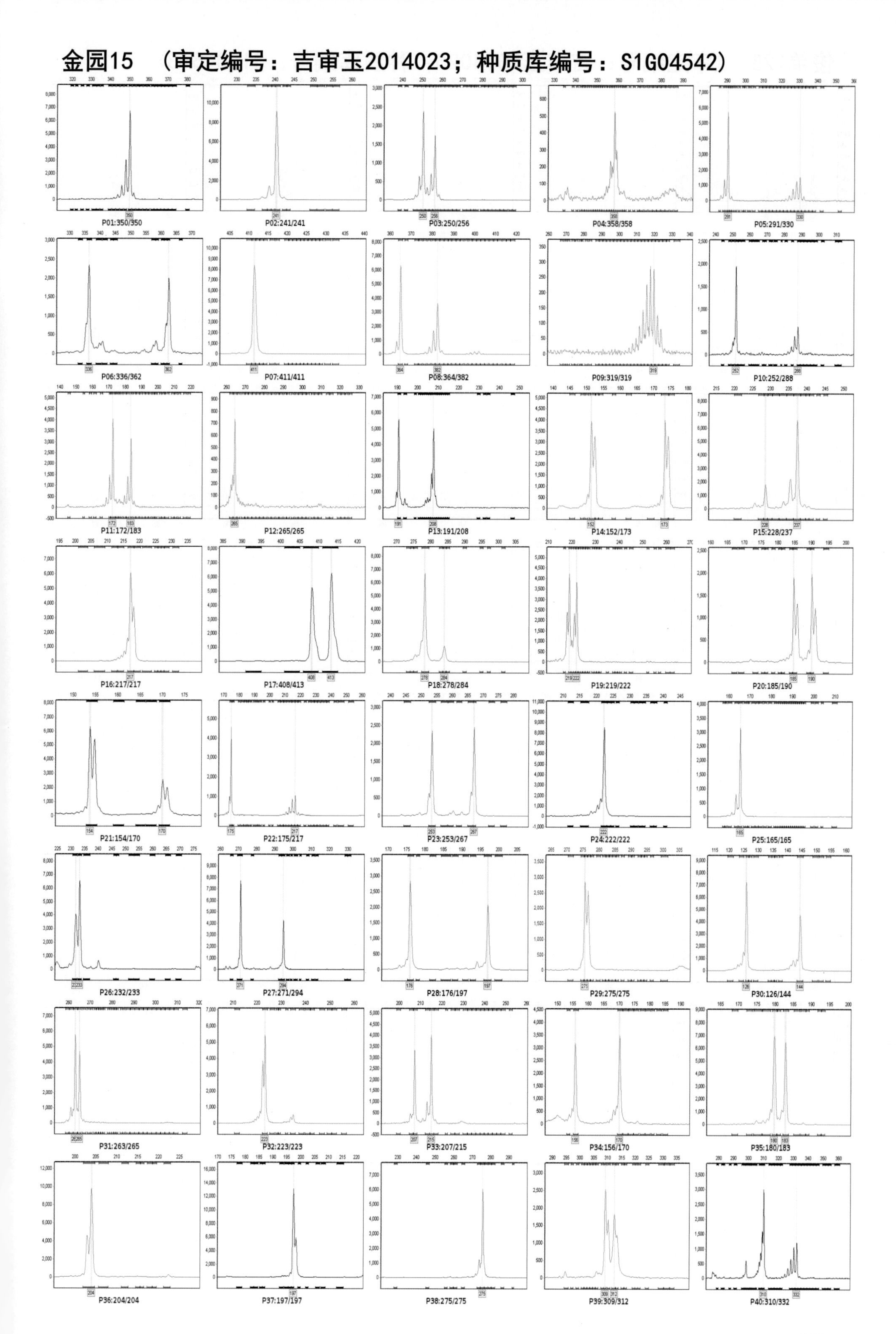

俊单128 （审定编号：吉审玉2014025；种质库编号：S1G04543）

P01:325/350	P02:252/252	P03:250/256	P04:358/358	P05:291/320
P06:343/362	P07:411/411	P08:382/382	P09:301/319	P10:262/288
P11:165/183	P12:265/275	P13:208/246	P14:154/173	P15:221/237
P16:212/217	P17:393/413	P18:278/278	P19:222/222	P20:185/190
P21:154/170	P22:184/184	P23:267/267	P24:222/233	P25:165/191
P26:232/232	P27:271/294	P28:176/197	P29:276/289	P30:126/126
P31:263/263	P32:226/234	P33:215/244	P34:156/170	P35:180/180
P36:204/204	P37:197/197	P38:275/275	P39:309/312	P40:316/332

银河160 （审定编号：吉审玉2014026；种质库编号：S1G04544）

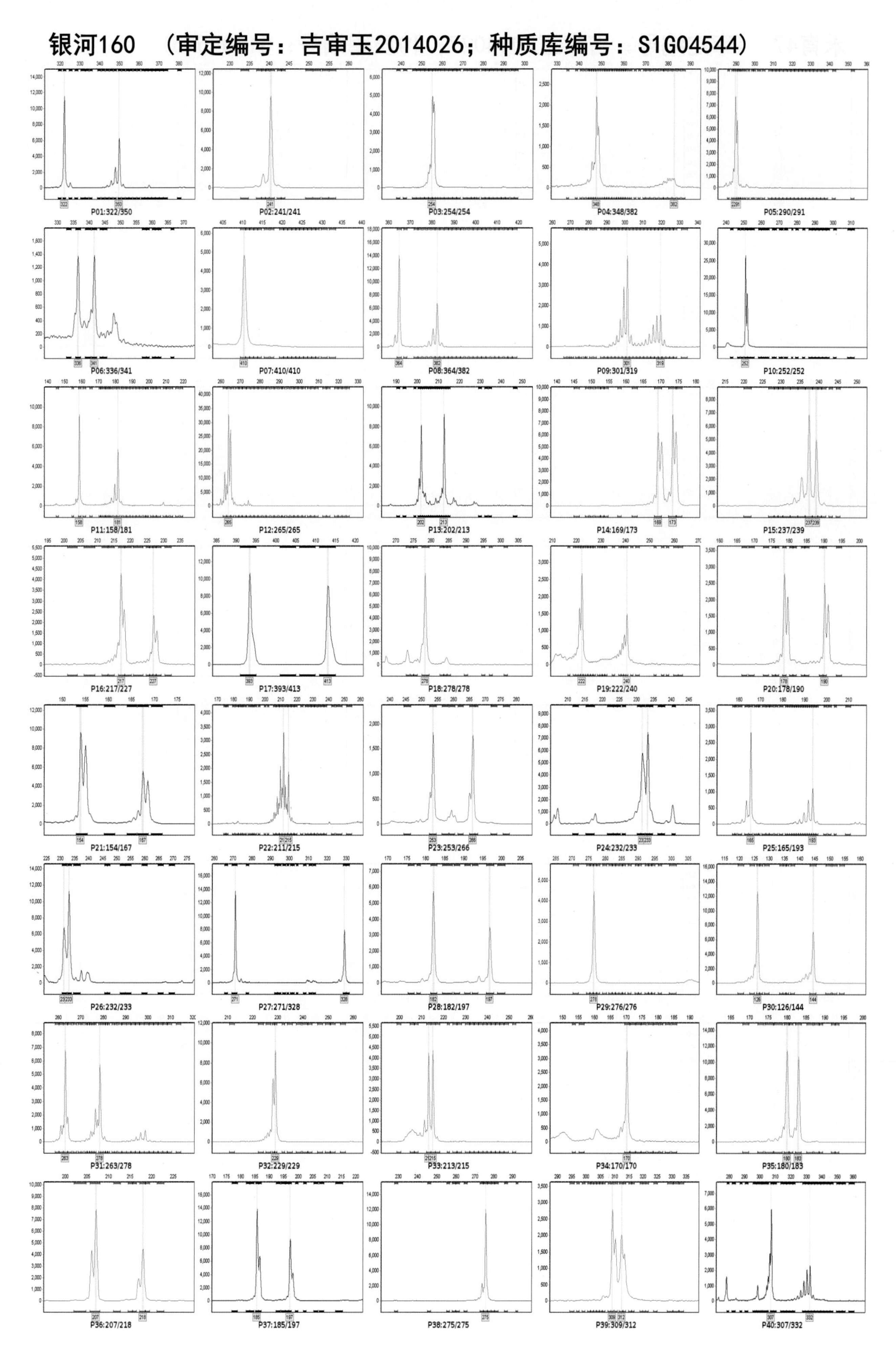

禾育47 （审定编号：吉审玉2014027；种质库编号：S1G04545）

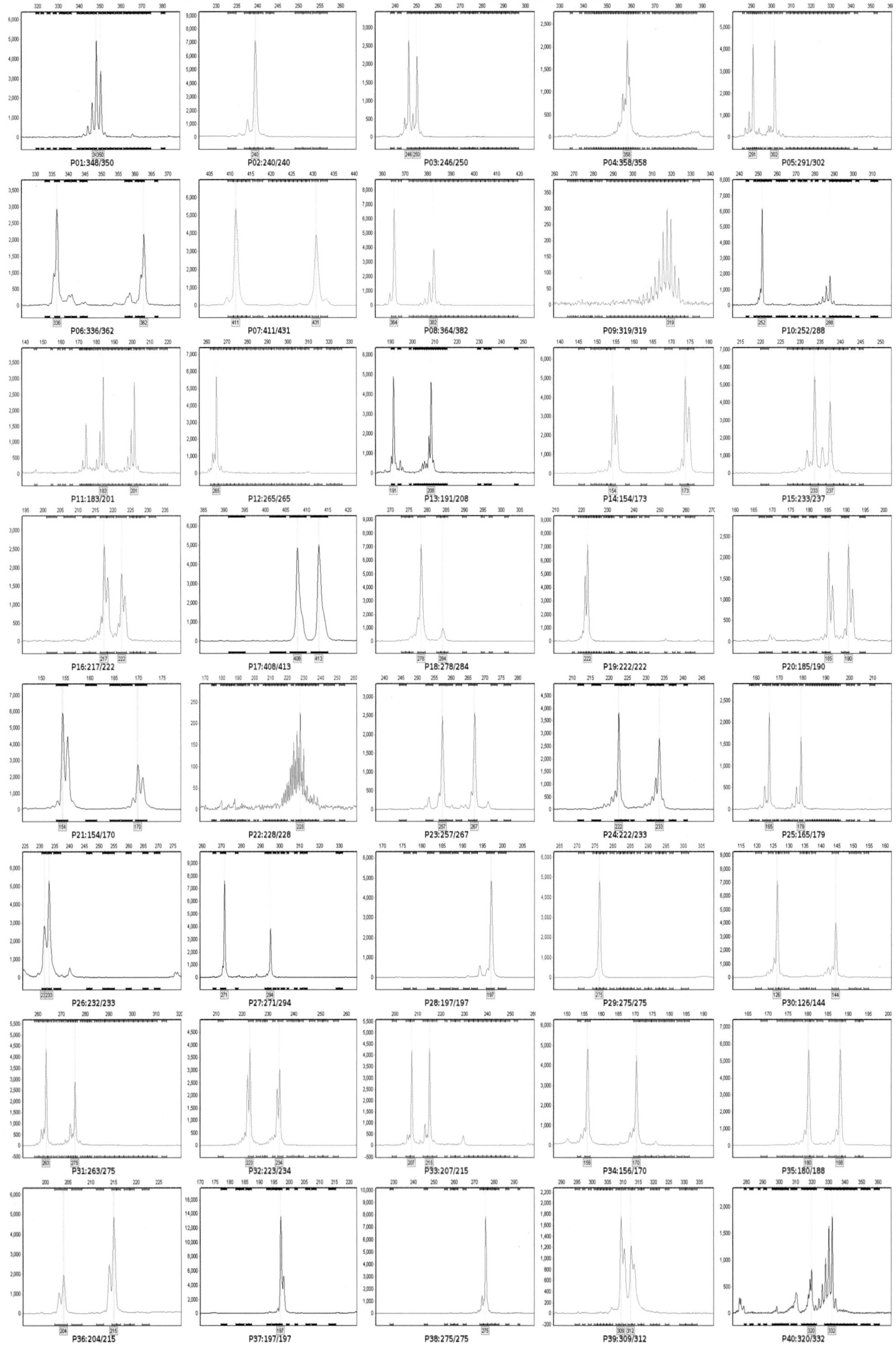

P01:348/350
P02:240/240
P03:246/250
P04:358/358
P05:291/302
P06:336/362
P07:411/431
P08:364/382
P09:319/319
P10:252/288
P11:183/201
P12:265/265
P13:191/208
P14:154/173
P15:233/237
P16:217/222
P17:408/413
P18:278/284
P19:222/222
P20:185/190
P21:154/170
P22:228/228
P23:257/267
P24:222/233
P25:165/179
P26:232/233
P27:271/294
P28:197/197
P29:275/275
P30:126/144
P31:263/275
P32:223/234
P33:207/215
P34:156/170
P35:180/188
P36:204/215
P37:197/197
P38:275/275
P39:309/312
P40:320/332

吉农大928 （审定编号：吉审玉2014028；种质库编号：S1G04546）

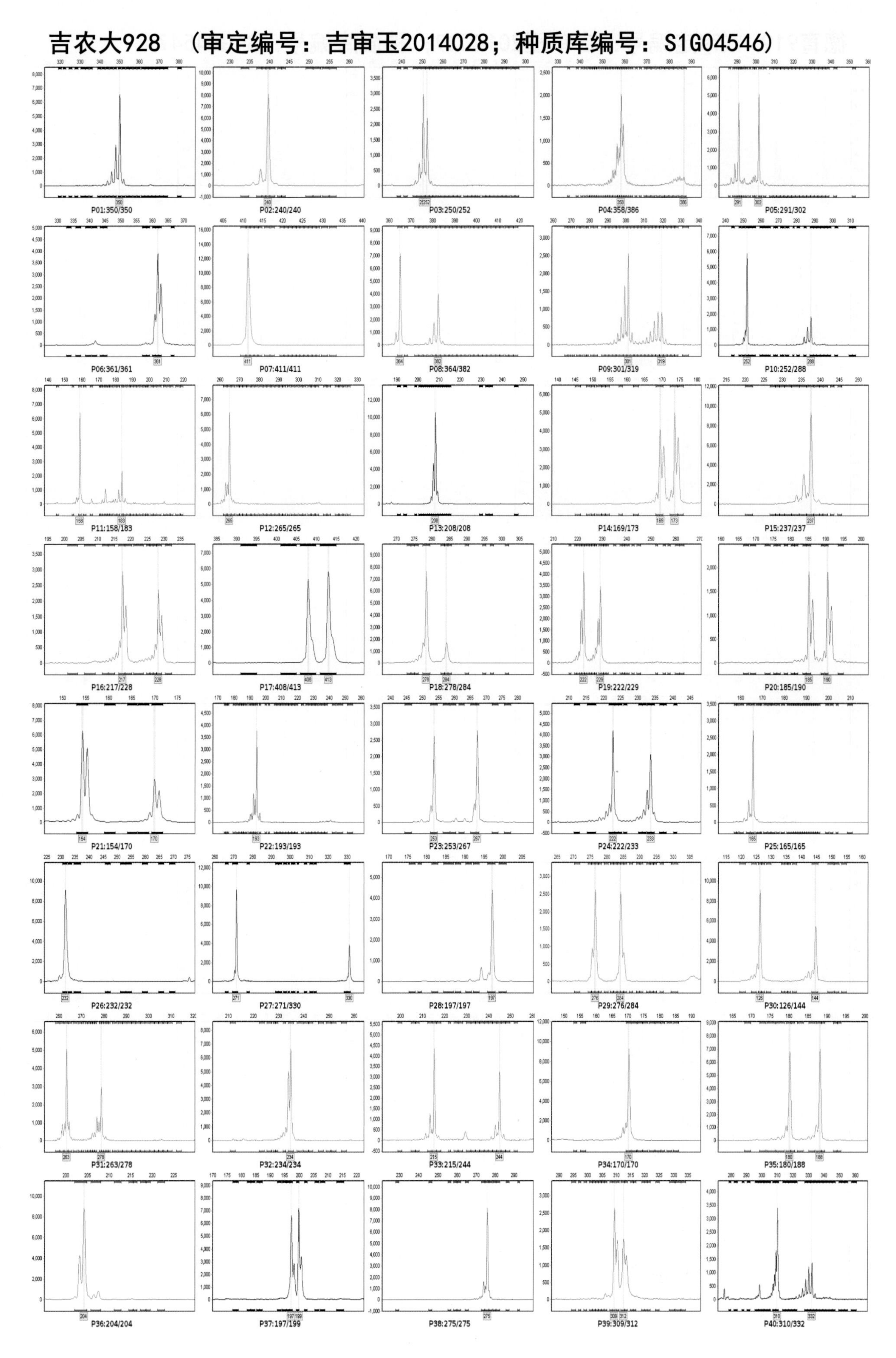

德育919 （审定编号：吉审玉2014029；种质库编号：S1G04547）

P01:325/350
P02:241/241
P03:256/256
P04:358/358
P05:290/314
P06:336/341
P07:411/413
P08:364/382
P09:319/319
P10:252/290
P11:172/191
P12:265/265
P13:208/208
P14:173/173
P15:228/233
P16:217/228
P17:393/408
P18:278/284
P19:219/222
P20:185/190
P21:154/170
P22:193/193
P23:253/273
P24:222/232
P25:165/165
P26:232/232
P27:271/271
P28:176/191
P29:275/279
P30:126/144
P31:275/278
P32:234/234
P33:207/215
P34:170/172
P35:180/183
P36:204/215
P37:197/199
P38:261/261
P39:309/309
P40:310/310

绿育9935　（审定编号：吉审玉2014030；种质库编号：S1G04548）

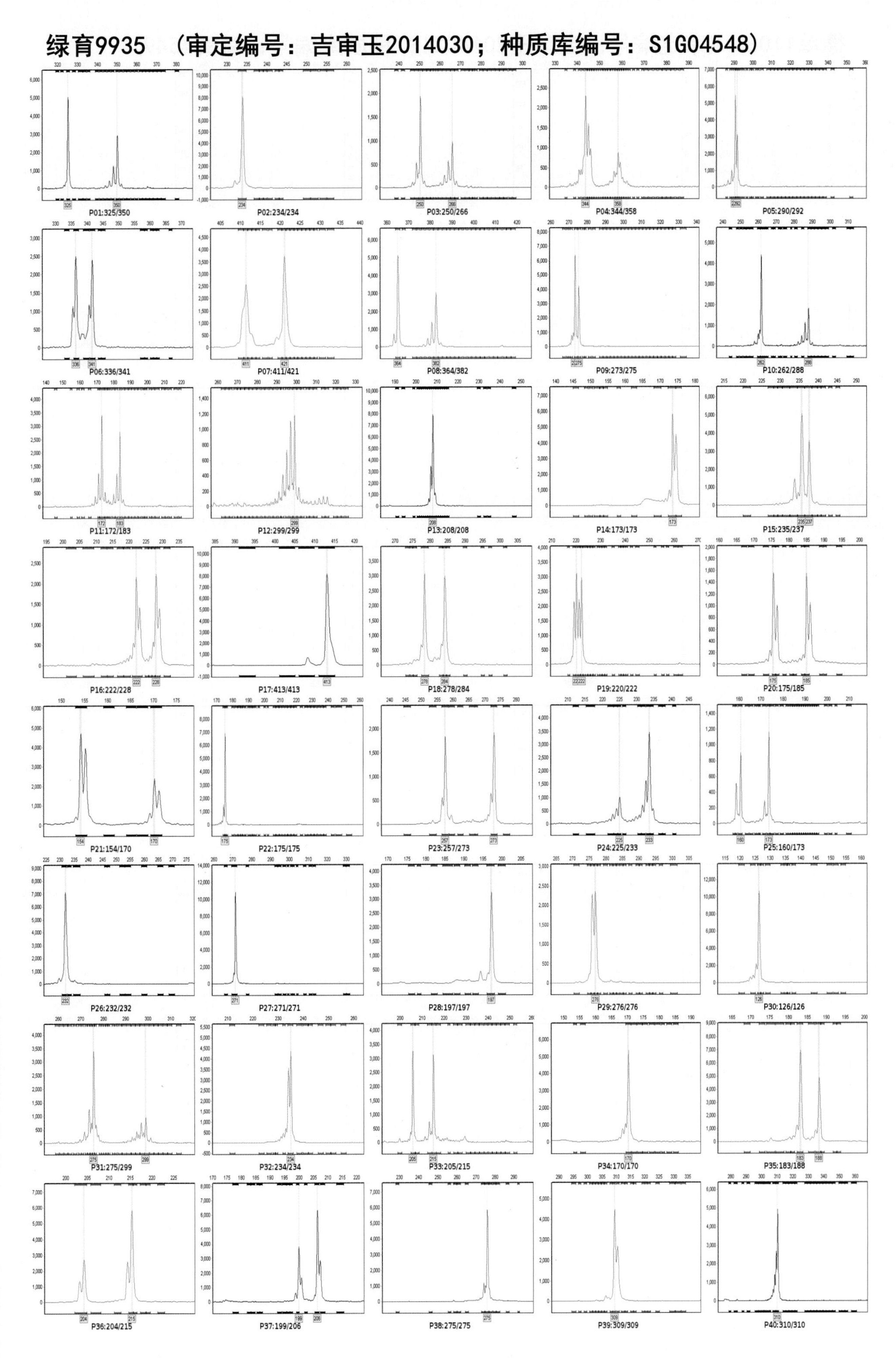

德单1108 （审定编号：吉审玉2014031；种质库编号：S1G04549）

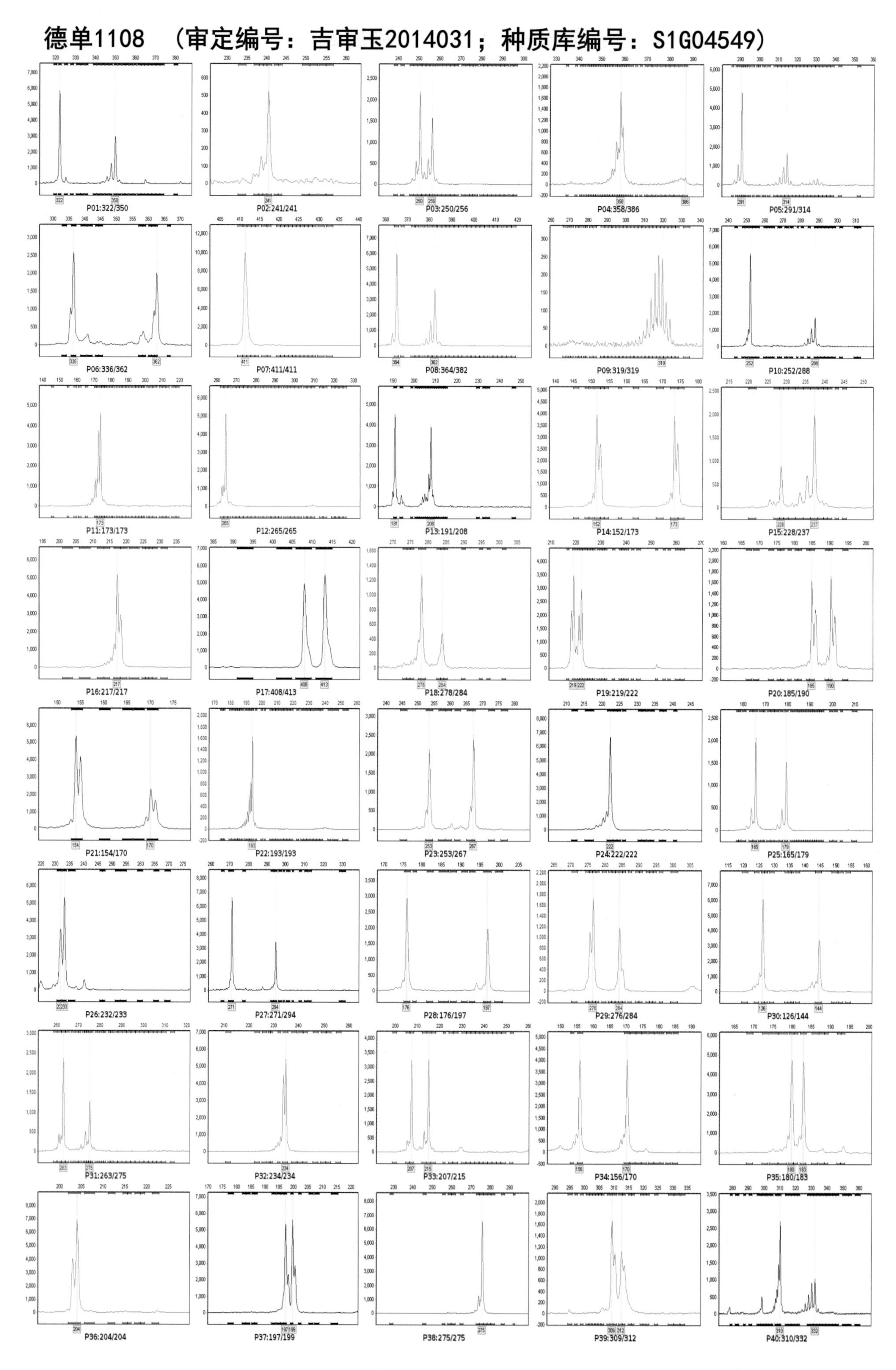

金庆202　（审定编号：吉审玉2014032；种质库编号：S1G04550）

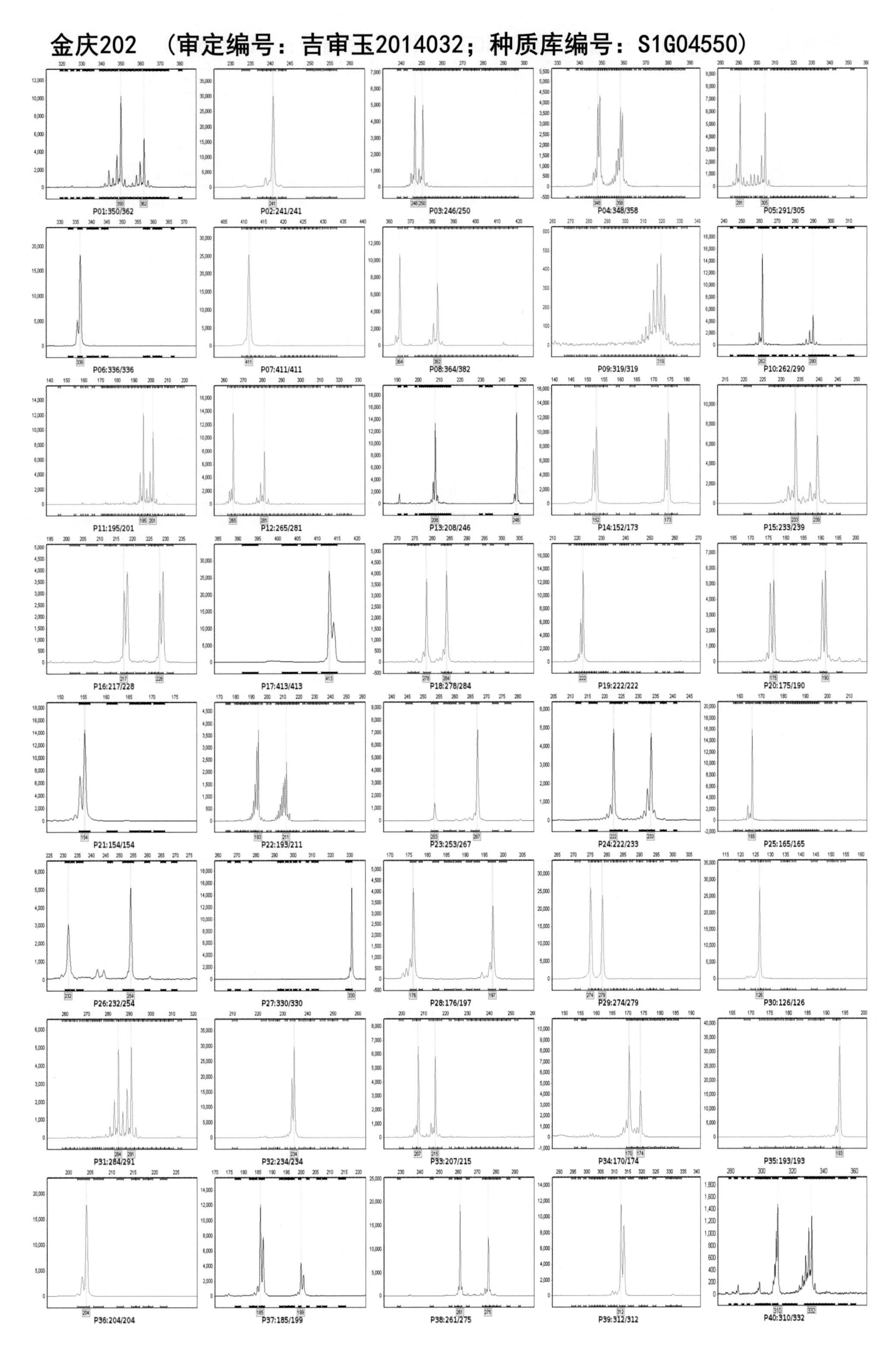

禾育35 （审定编号：吉审玉2014033；种质库编号：S1G04551）

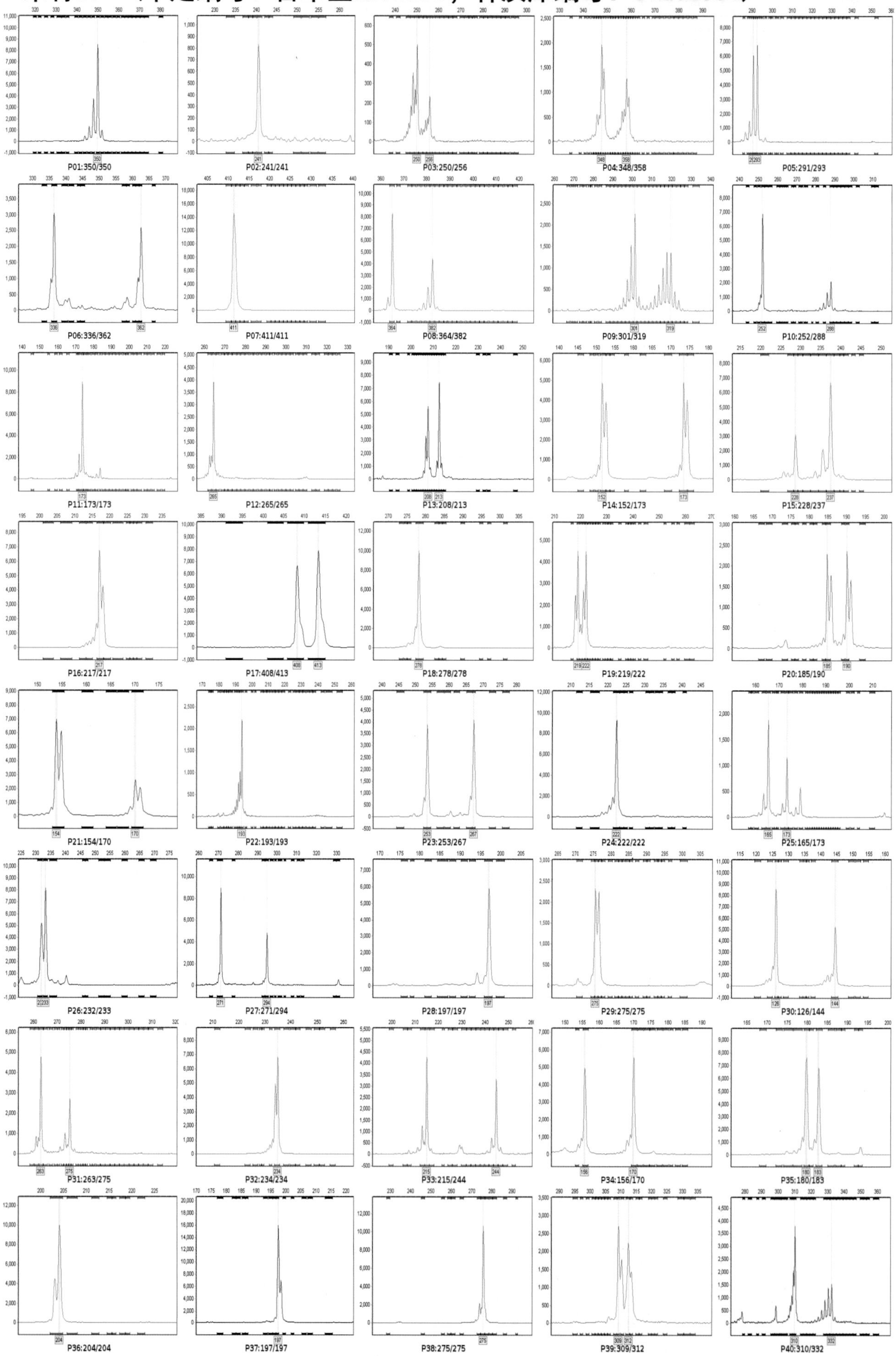

P01:350/350
P02:241/241
P03:250/256
P04:348/358
P05:291/293
P06:336/362
P07:411/411
P08:364/382
P09:301/319
P10:252/288
P11:173/173
P12:265/265
P13:208/213
P14:152/173
P15:228/237
P16:217/217
P17:408/413
P18:278/278
P19:219/222
P20:185/190
P21:154/170
P22:193/193
P23:253/267
P24:222/222
P25:165/173
P26:232/233
P27:271/294
P28:197/197
P29:275/275
P30:126/144
P31:263/275
P32:234/234
P33:215/244
P34:156/170
P35:180/183
P36:204/204
P37:197/197
P38:275/275
P39:309/312
P40:310/332

远科105 （审定编号：吉审玉2014035；种质库编号：S1G04552）

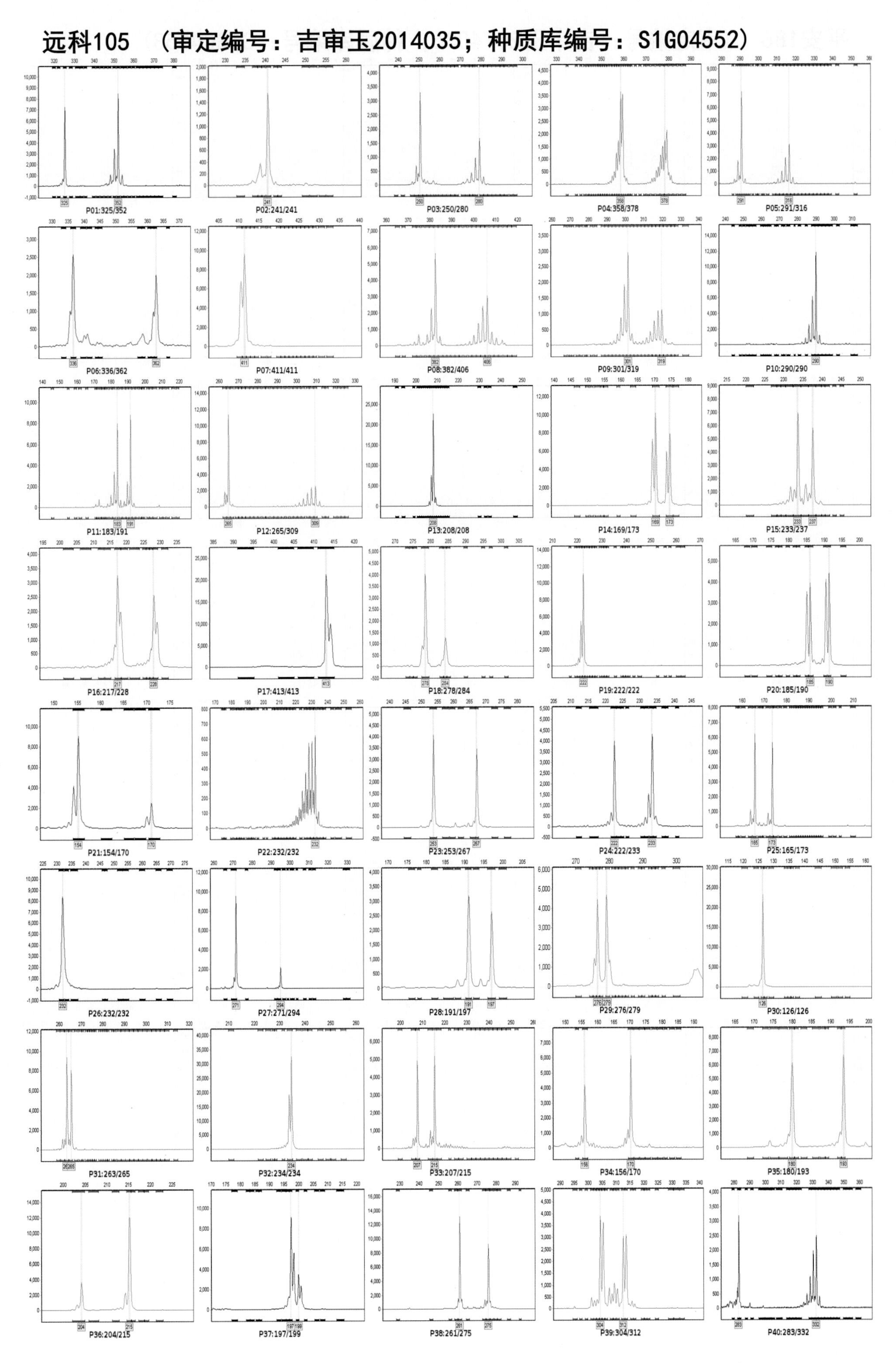

平安186 （审定编号：吉审玉2014036；种质库编号：S1G04553）

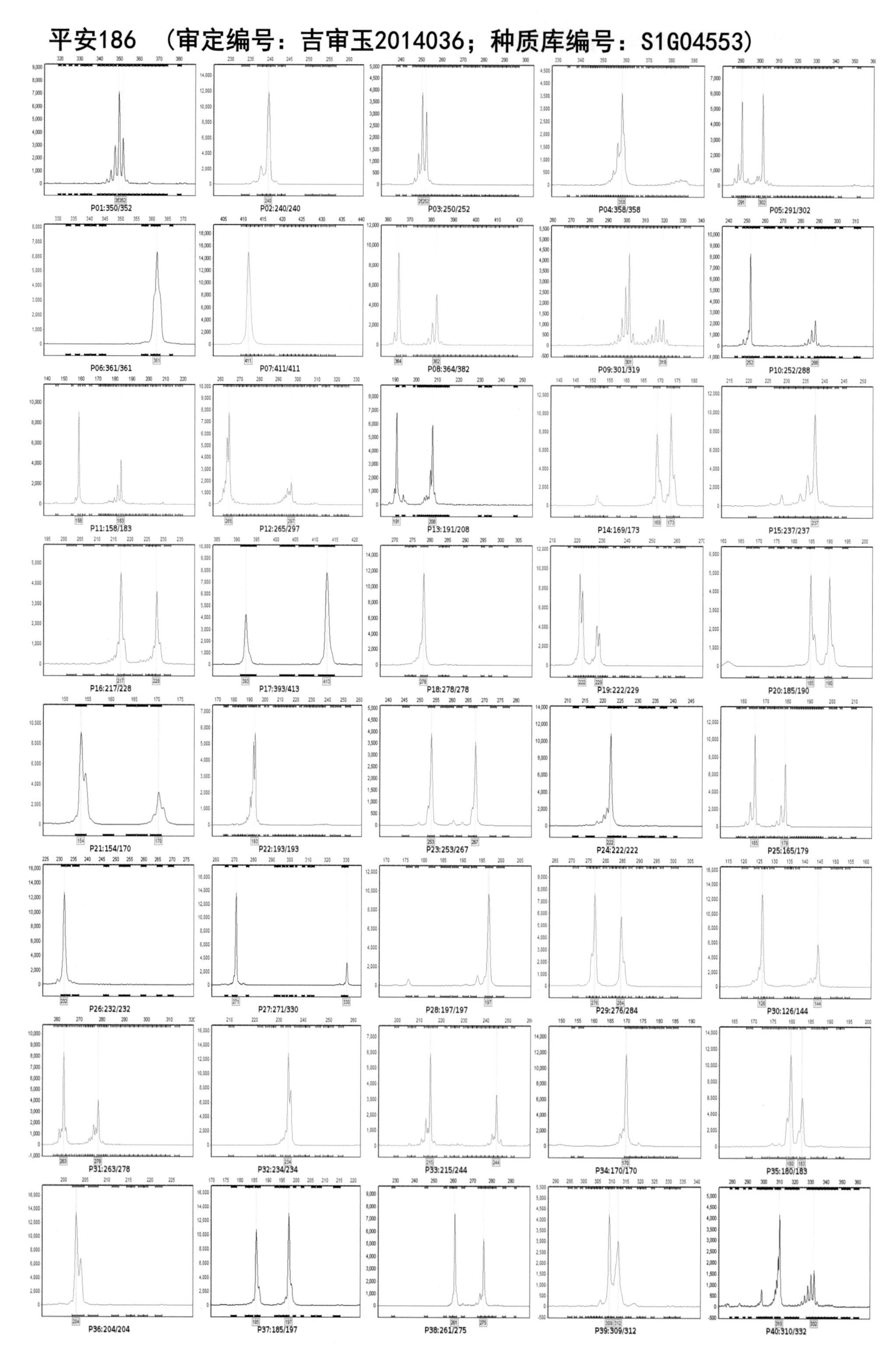

云玉66 （审定编号：吉审玉2014037；种质库编号：S1G04554）

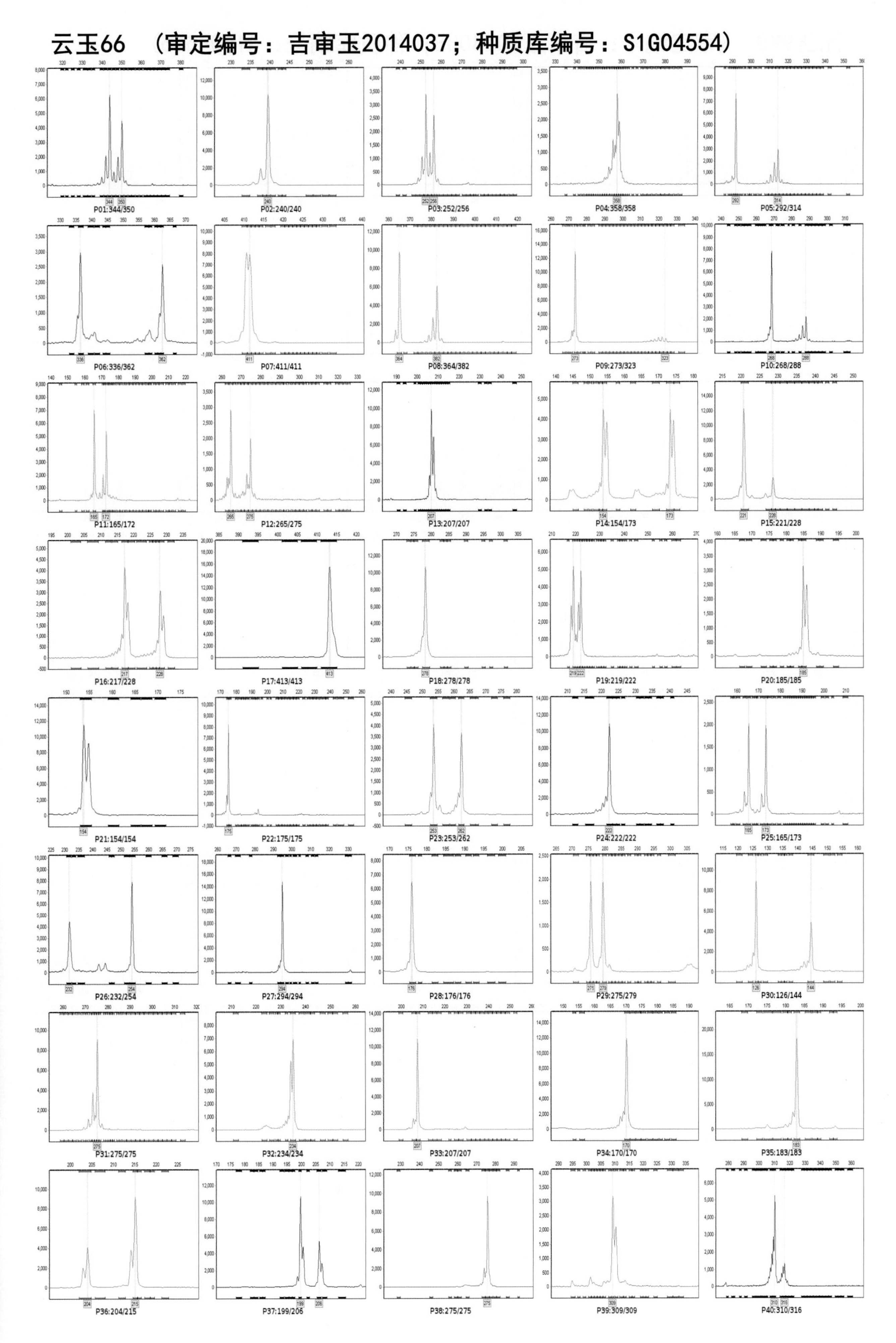

翔玉998 （审定编号：吉审玉2014038；种质库编号：S1G04555）

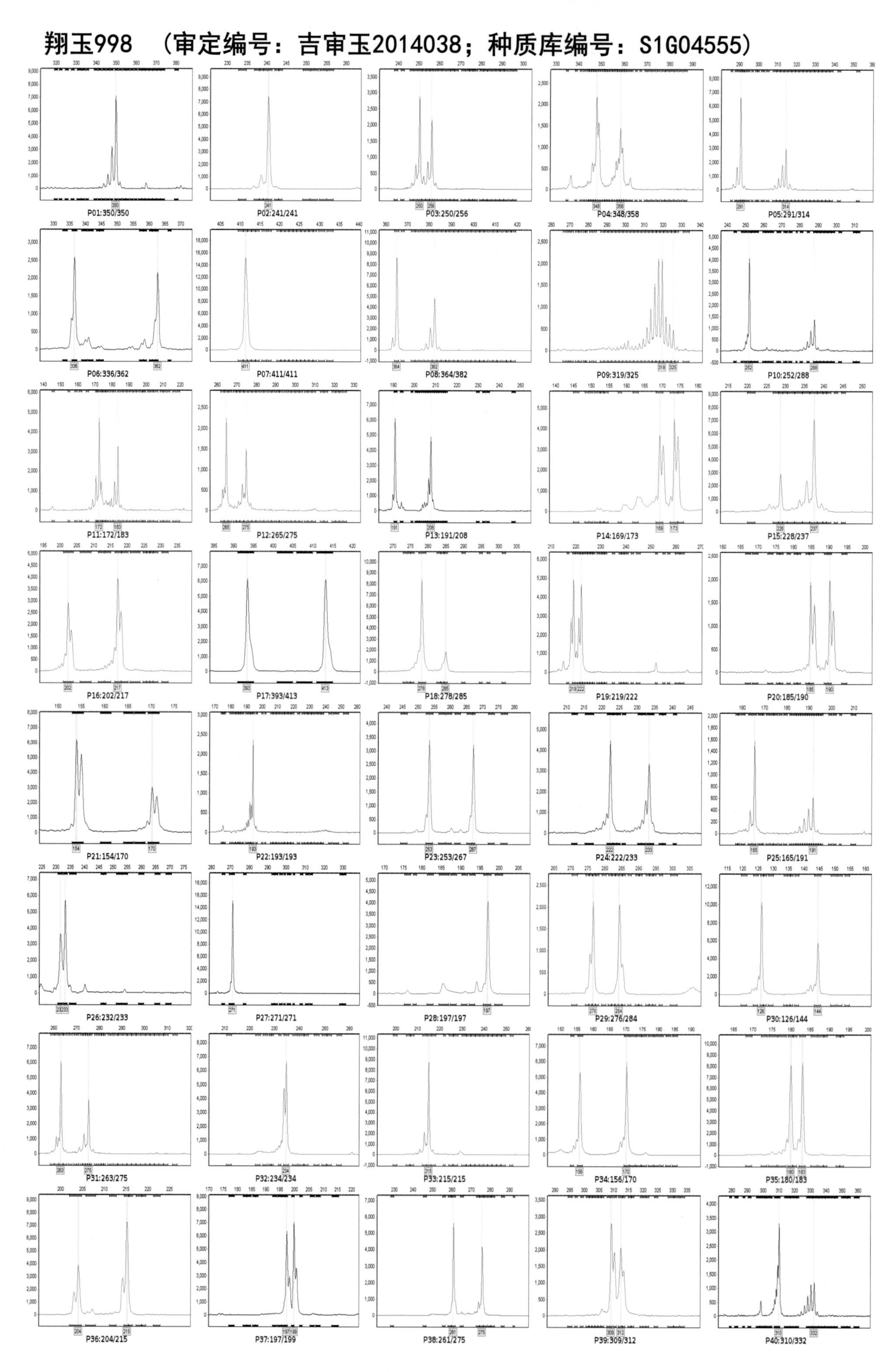

大民899 （审定编号：吉审玉2014039；种质库编号：S1G04556）

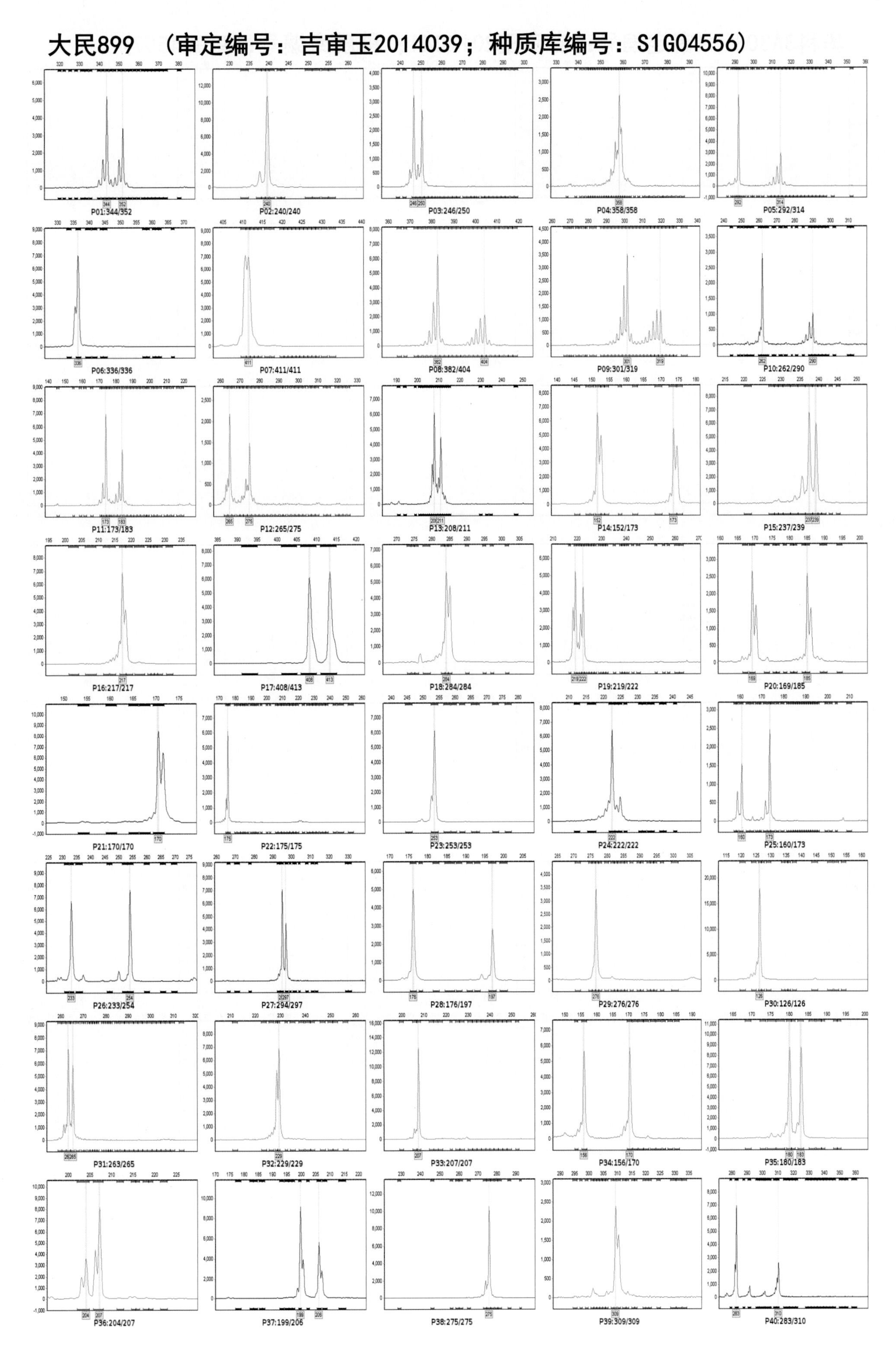

华科3A308 （审定编号：吉审玉2014041；种质库编号：S1G04557）

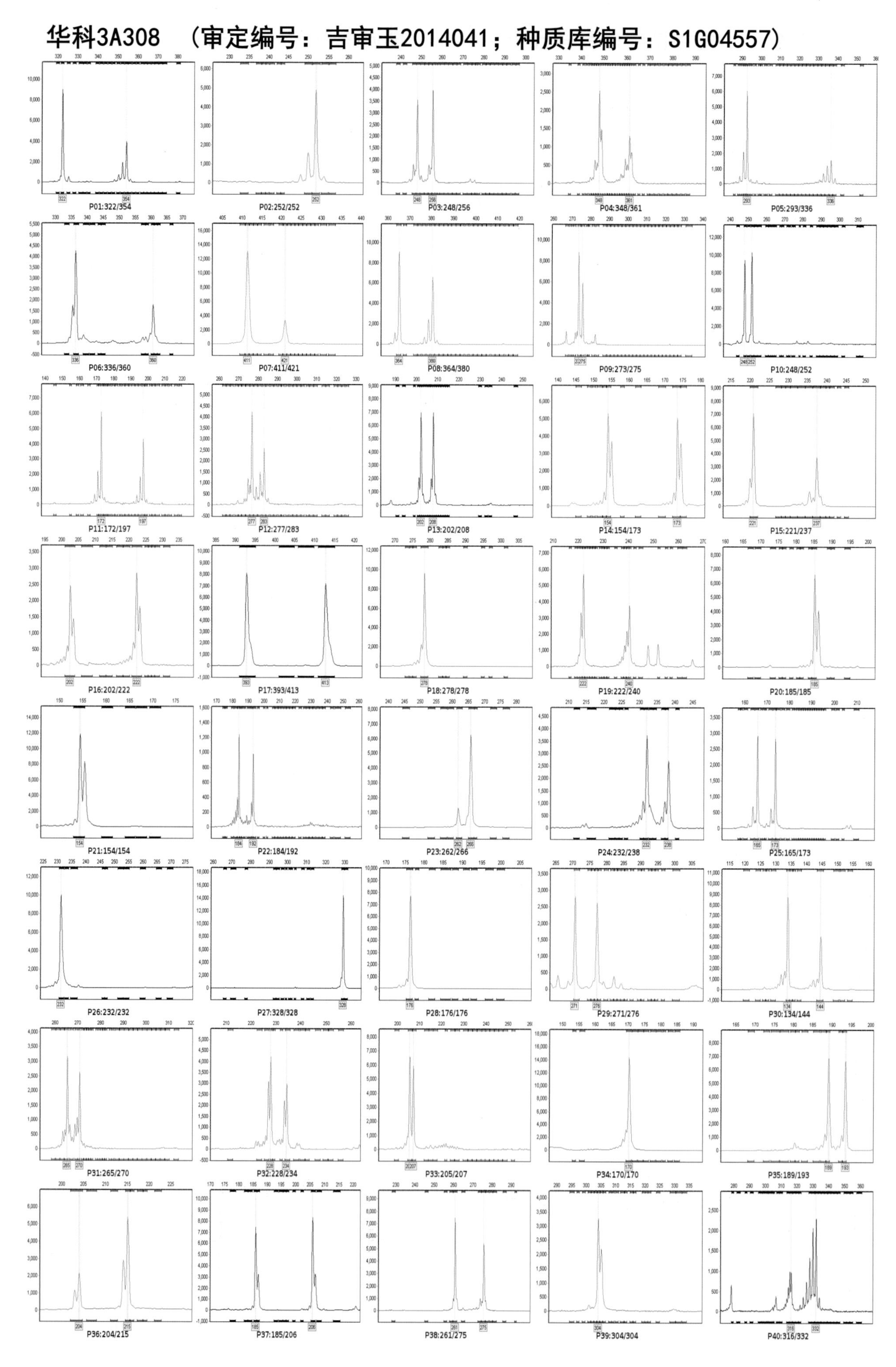

益农玉1号 （审定编号：吉审玉2014042；种质库编号：S1G03580）

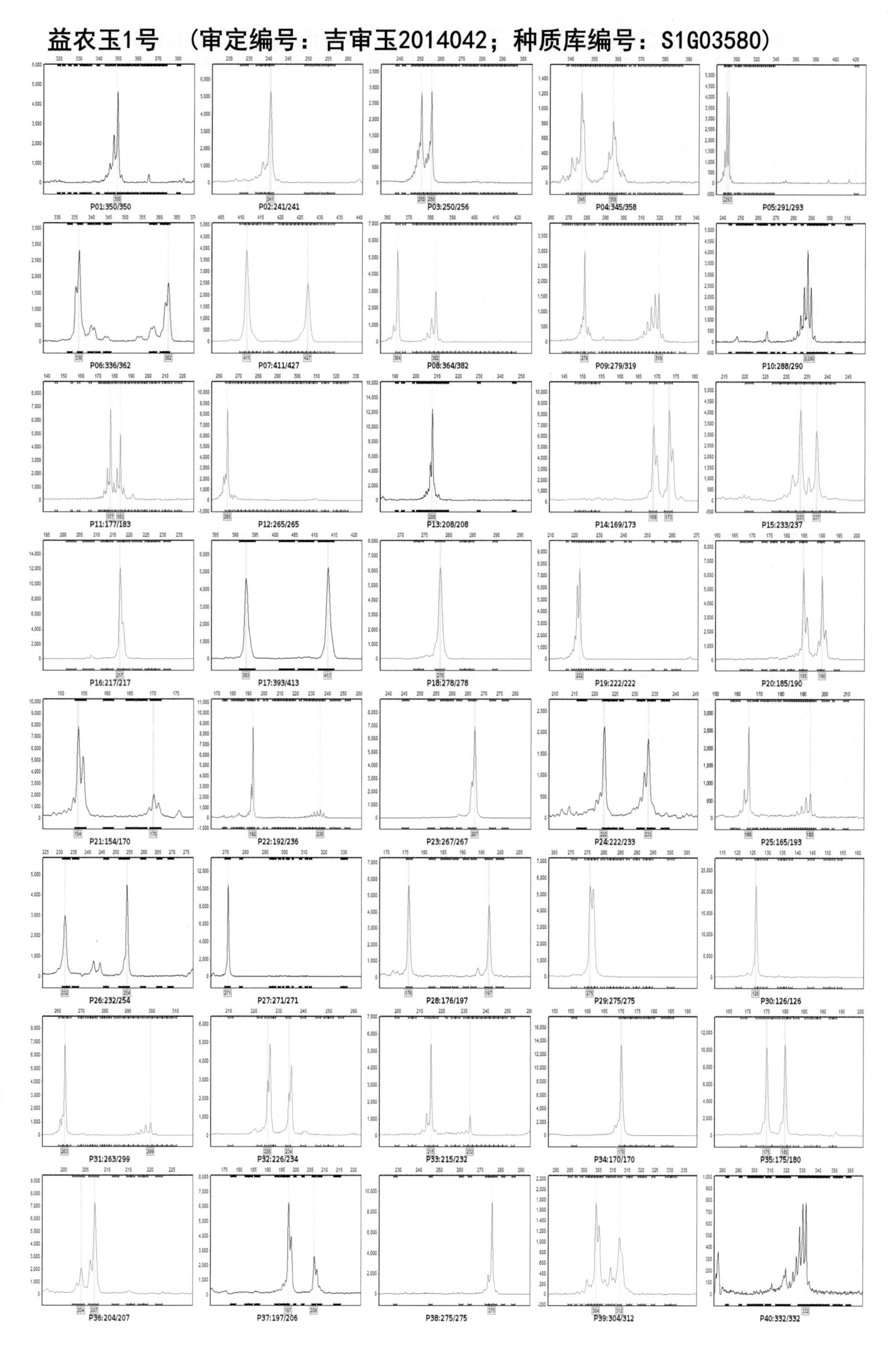

吉农糯14号 （审定编号：吉审玉2014043；种质库编号：S1G04558）

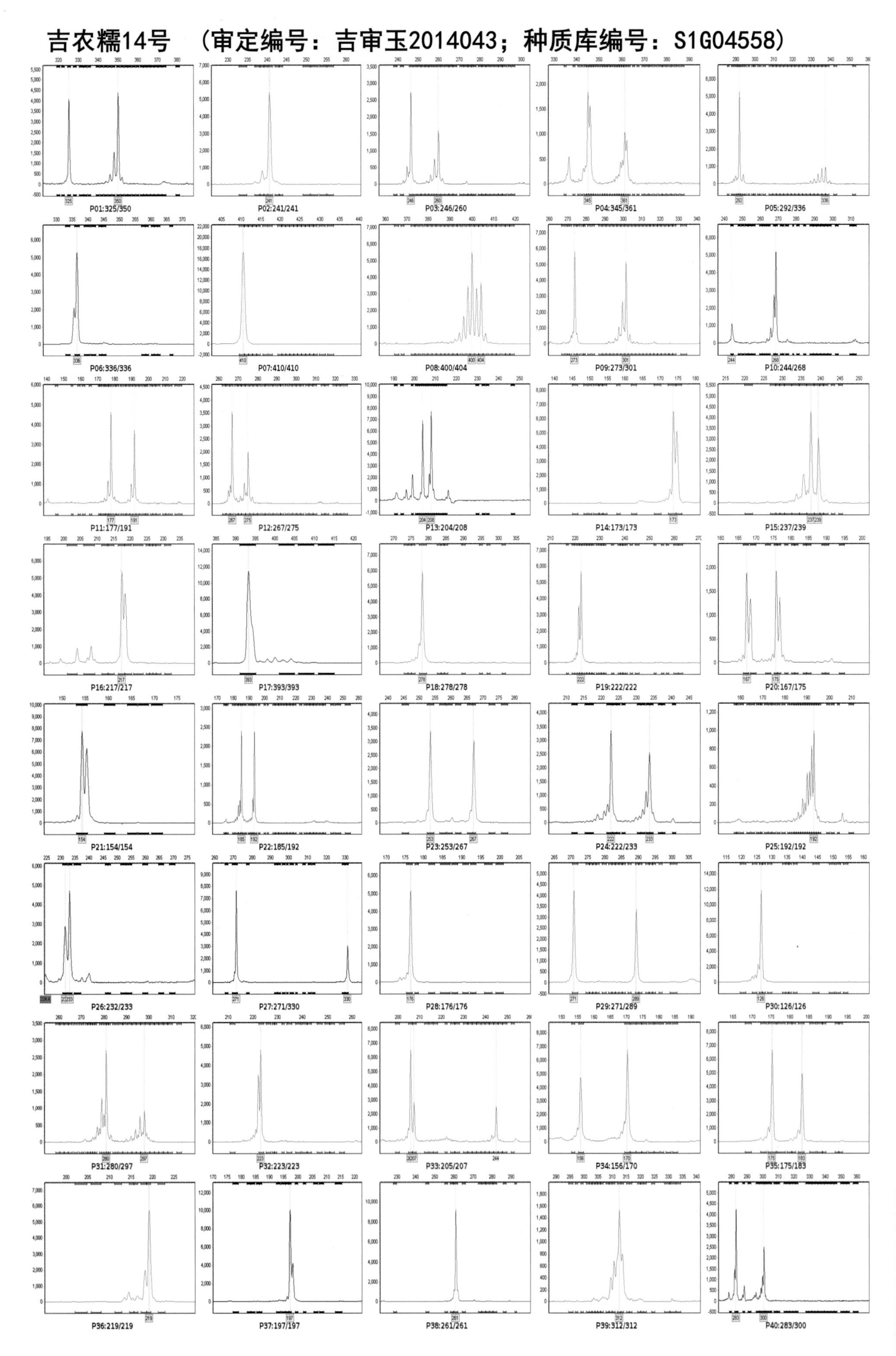

吉糯6 （审定编号：吉审玉2014045；种质库编号：S1G04559）

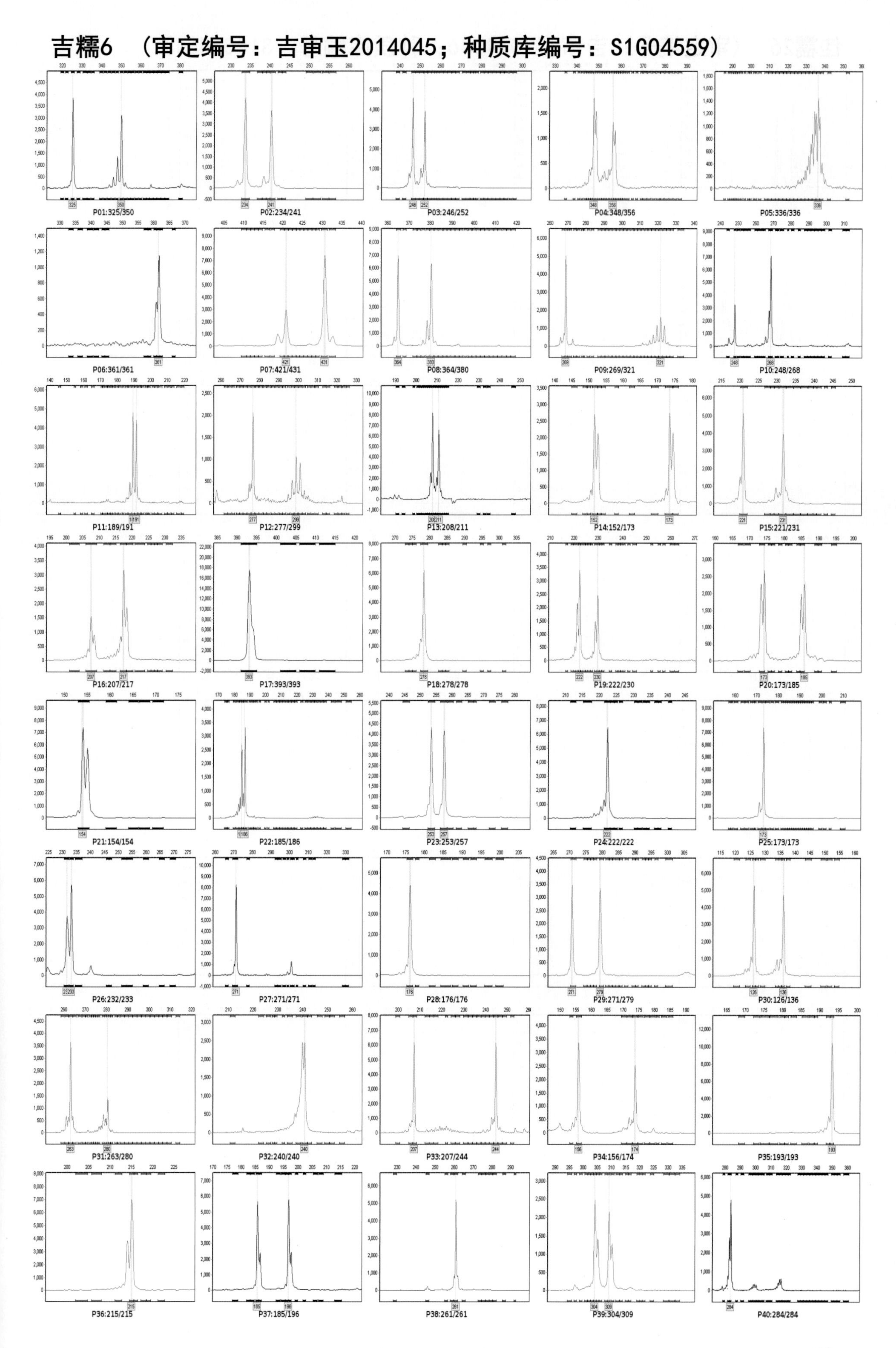

佳糯26 （审定编号：吉审玉2014046；种质库编号：S1G03451）

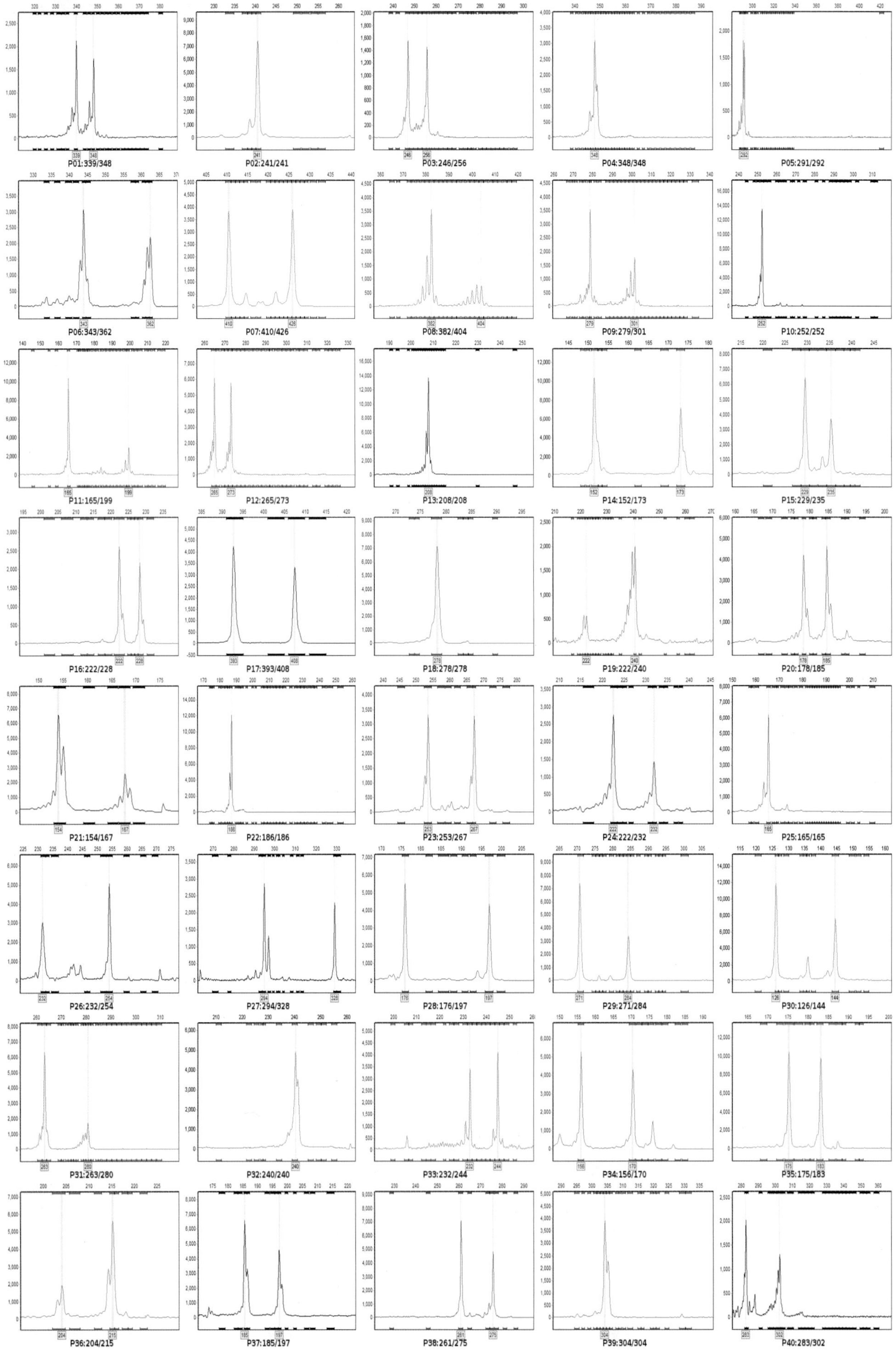

P01:339/348
P02:241/241
P03:246/256
P04:348/348
P05:291/292
P06:343/362
P07:410/426
P08:382/404
P09:279/301
P10:252/252
P11:165/199
P12:265/273
P13:208/208
P14:152/173
P15:229/235
P16:222/228
P17:393/408
P18:278/278
P19:222/240
P20:178/185
P21:154/167
P22:186/186
P23:253/267
P24:222/232
P25:165/165
P26:232/254
P27:294/328
P28:176/197
P29:271/284
P30:126/144
P31:263/280
P32:240/240
P33:232/244
P34:156/170
P35:175/183
P36:204/215
P37:185/197
P38:261/275
P39:304/304
P40:283/302

吉大糯2号 （审定编号：吉审玉2014047；种质库编号：S1G04560）

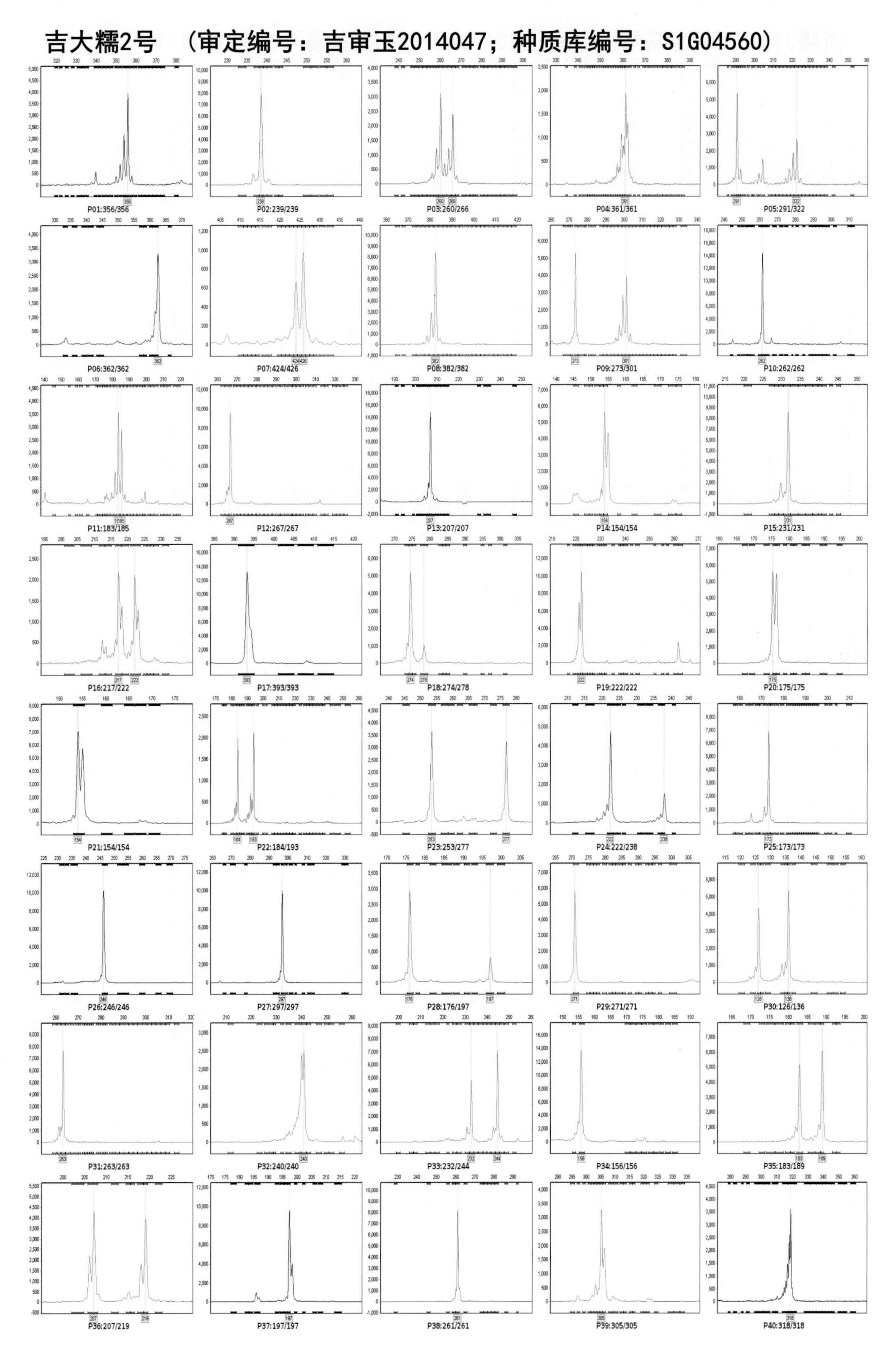

景糯318　（审定编号：吉审玉2014048；种质库编号：S1G00471）

P01:322/356　P02:239/241　P03:260/266　P04:361/361　P05:291/322

P06:333/336　P07:423/425　P08:380/382　P09:273/301　P10:262/262

P11:183/185　P12:265/267　P13:207/207　P14:154/154　P15:221/231

P16:222/222　P17:393/393　P18:274/278　P19:222/222　P20:175/178

P21:154/154　P22:184/193　P23:253/277　P24:222/238　P25:173/177

P26:232/246　P27:297/328　P28:176/197　P29:271/271　P30:136/144

P31:263/263　P32:234/240　P33:232/244　P34:156/156　P35:183/189

P36:207/219　P37:197/197　P38:261/261　P39:305/309　P40:310/310

金花糯1号 （审定编号：吉审玉2014049；种质库编号：S1G04561）

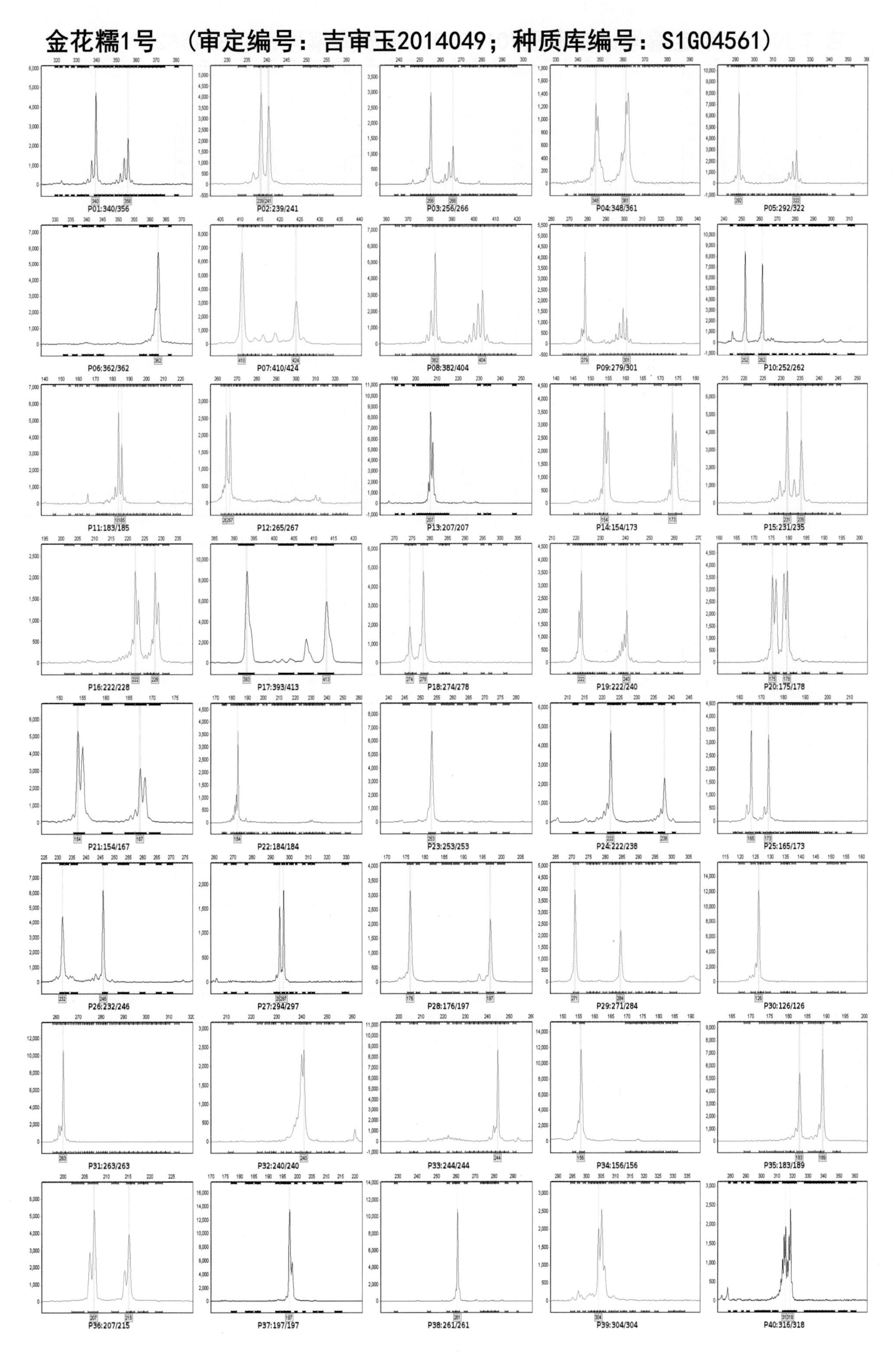

吉洋306 （审定编号：吉审玉2014050；种质库编号：S1G04562）

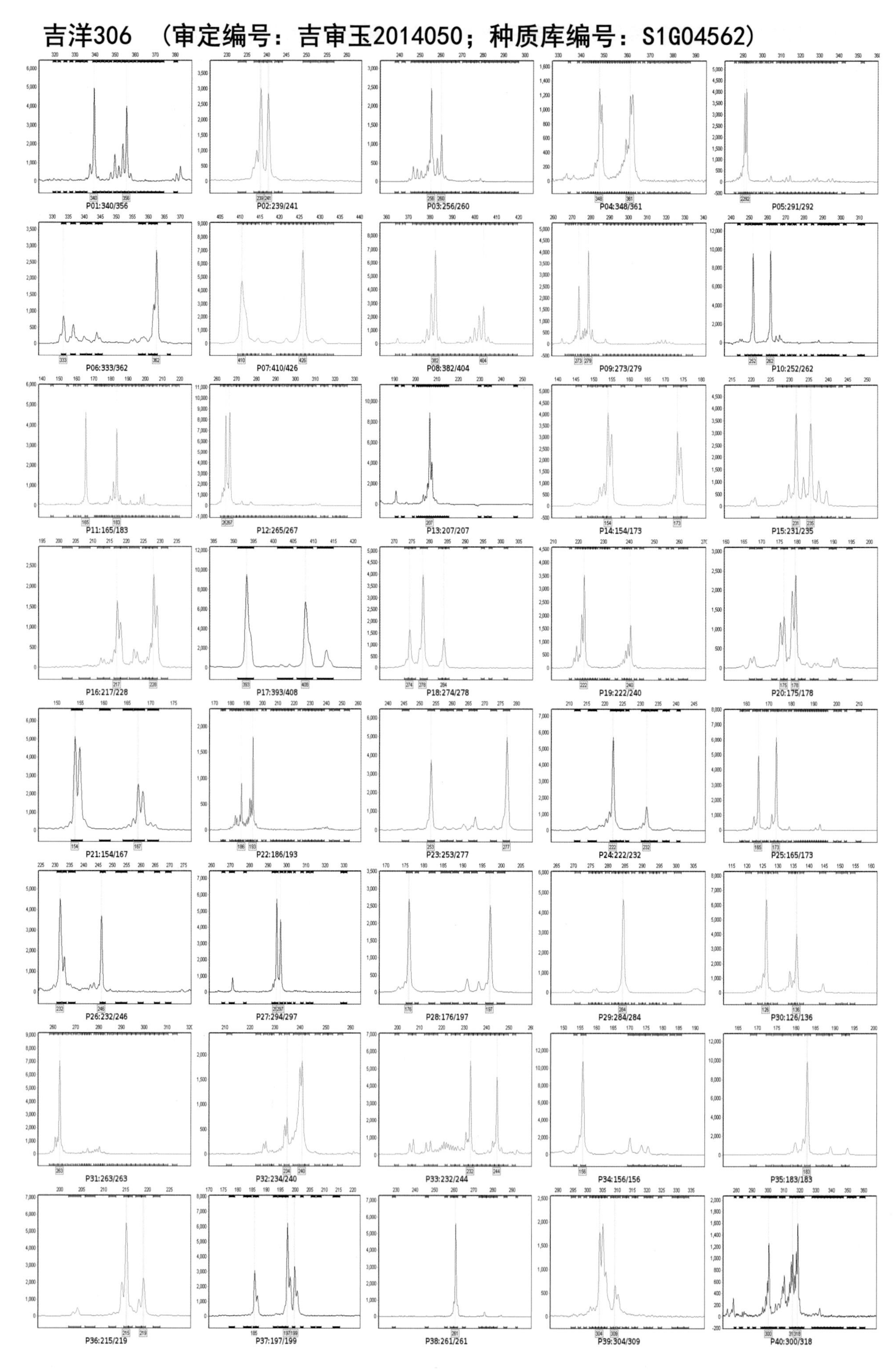

吉甜10号 （审定编号：吉审玉2014051；种质库编号：S1G04563）

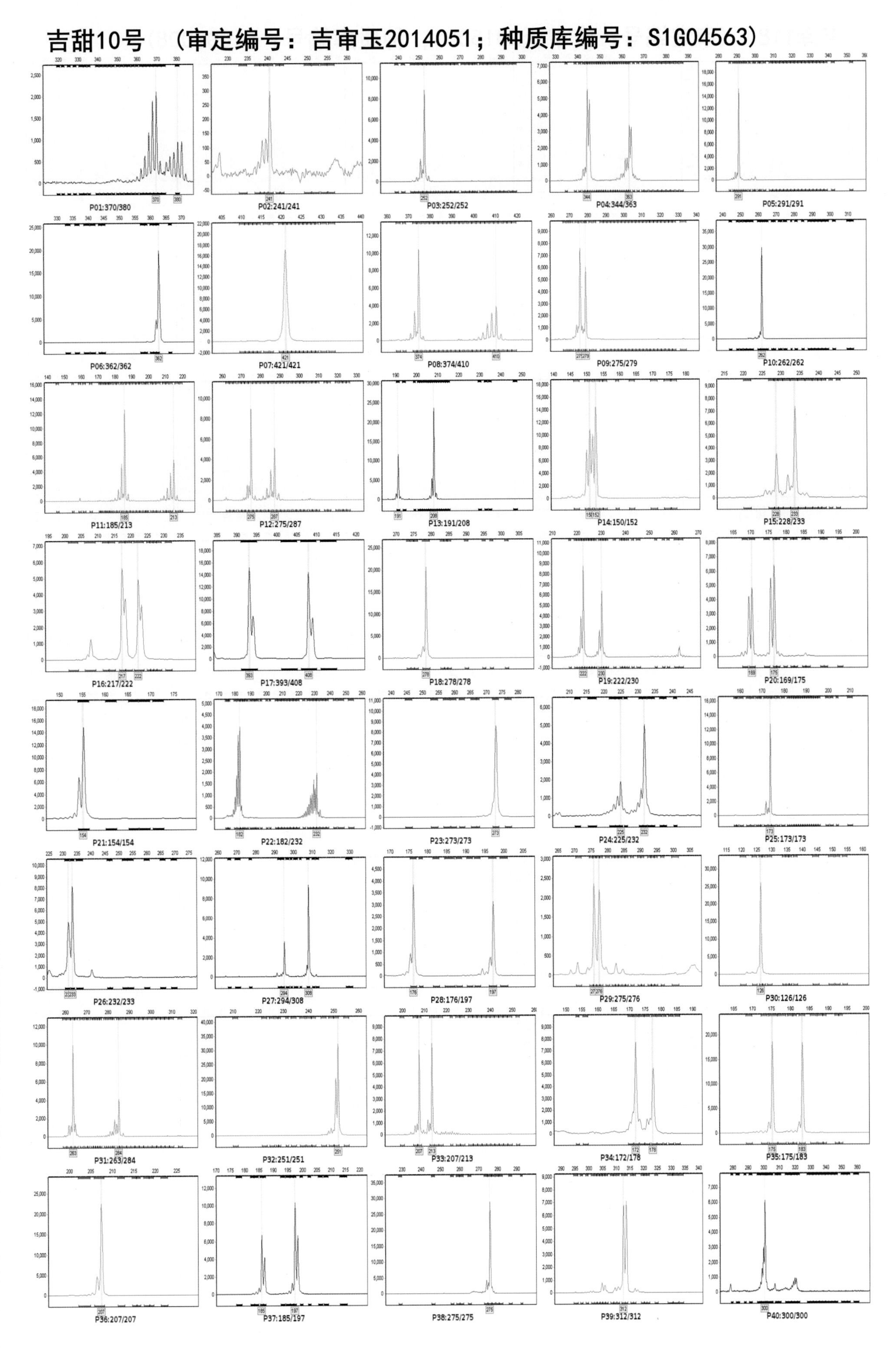

丰泽118 （审定编号：吉审玉2015001；种质库编号：S1G05008）

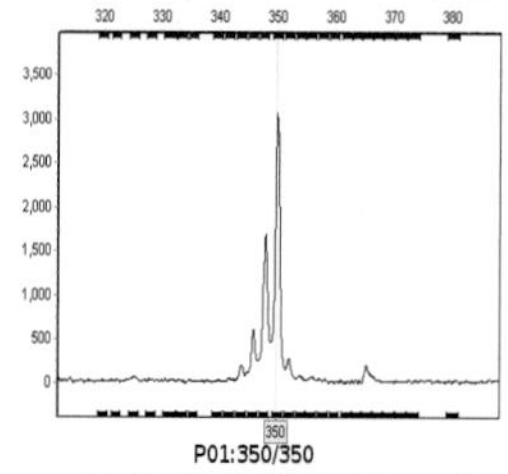

P01:350/350

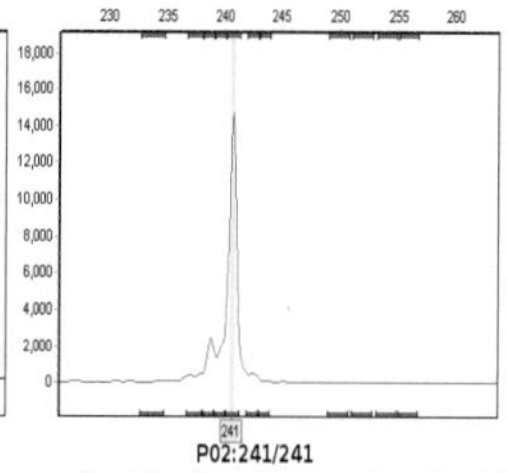

P02:241/241

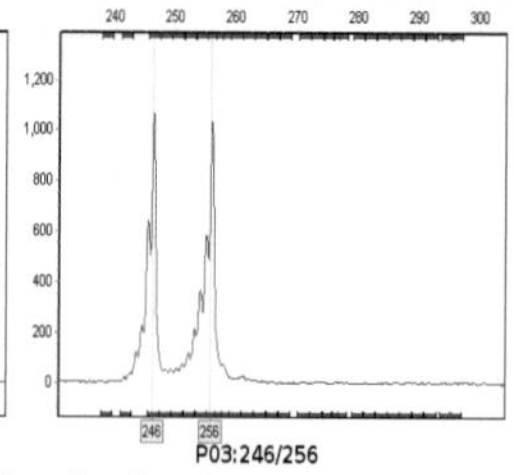

P03:246/256

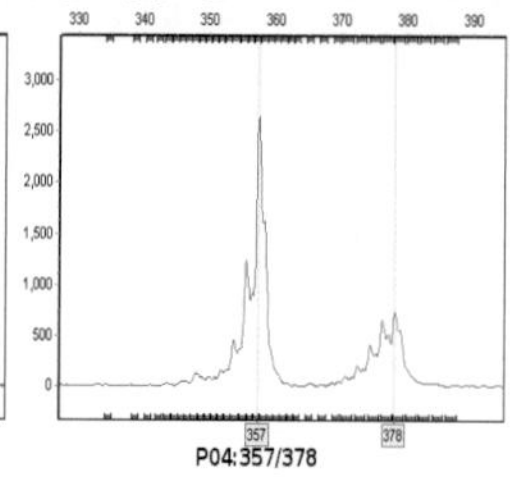

P04:357/378

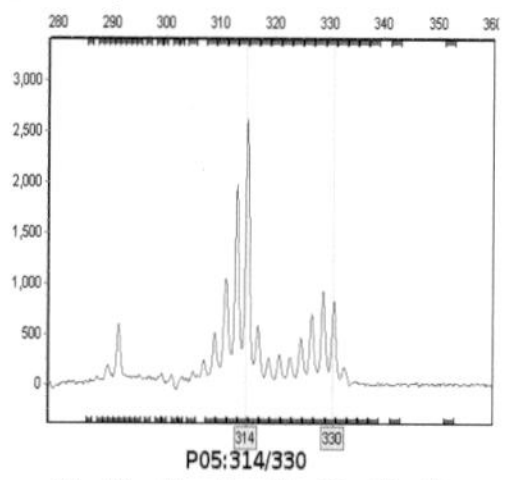

P05:314/330

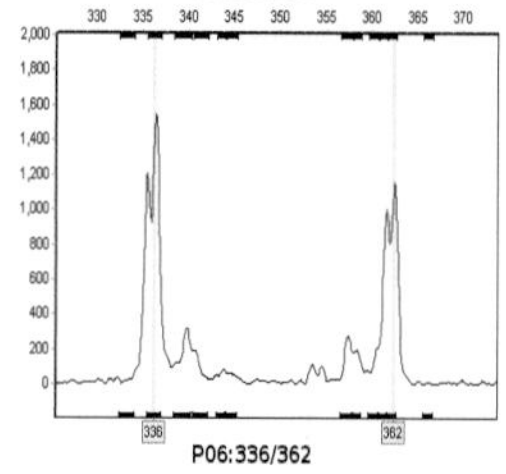

P06:336/362

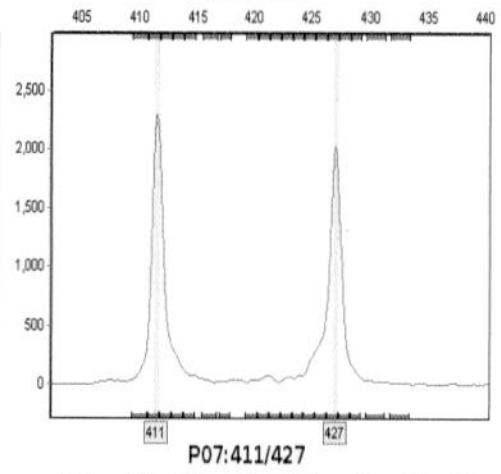

P07:411/427

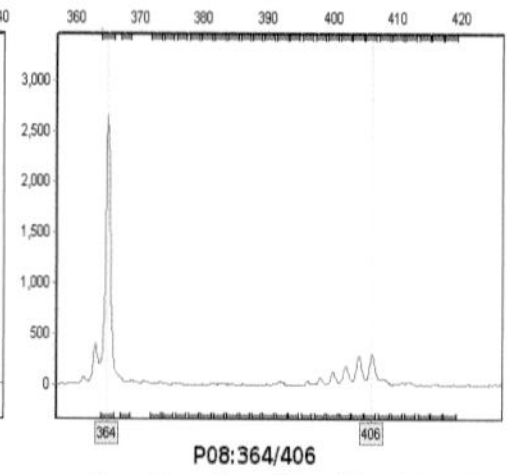

P08:364/406

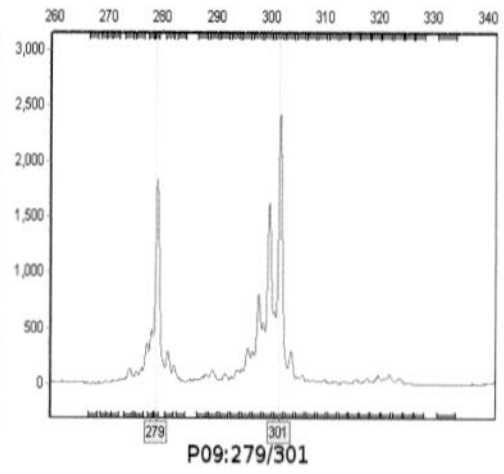

P09:279/301

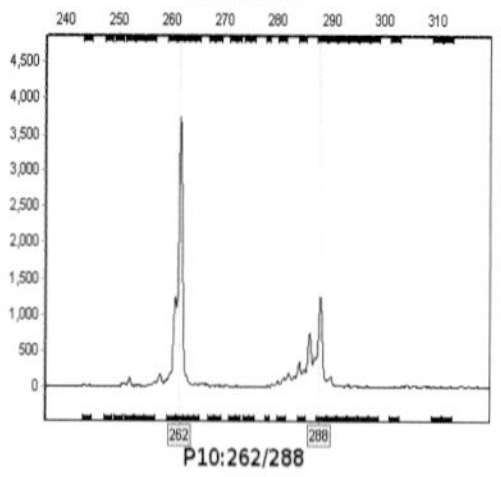

P10:262/288

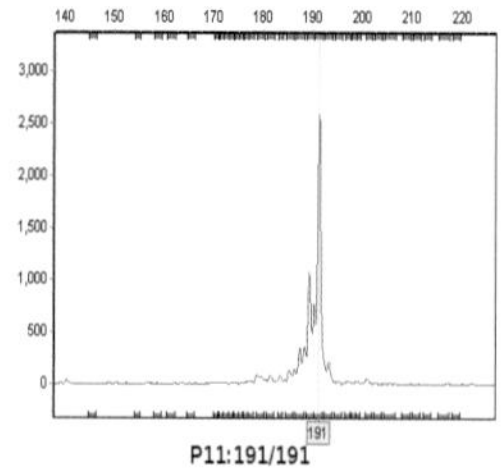

P11:191/191

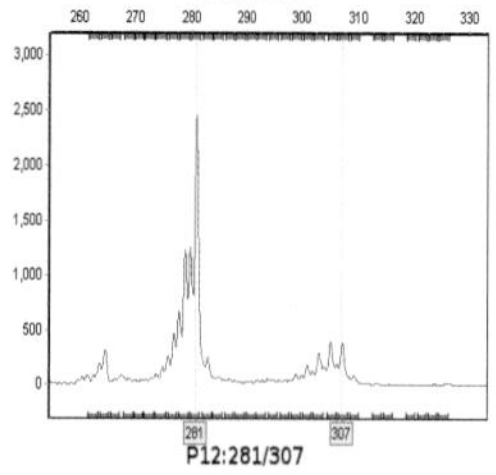

P12:281/307

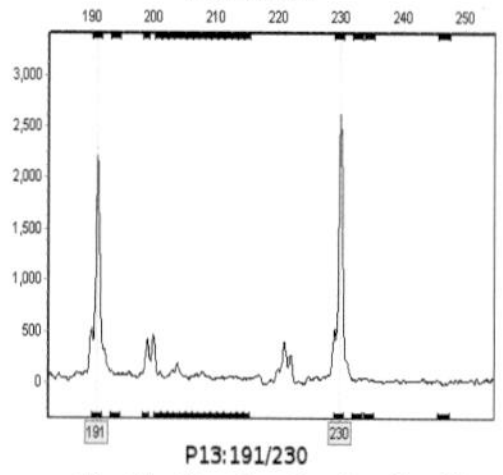

P13:191/230

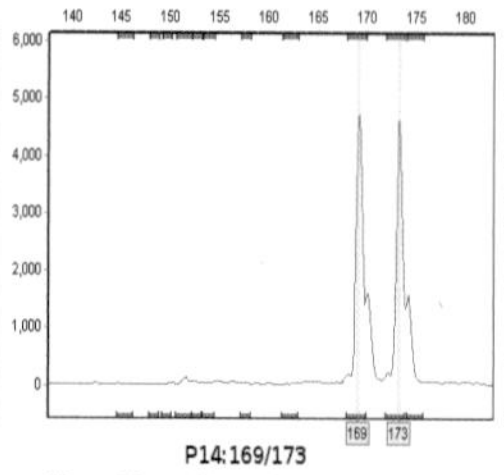

P14:169/173

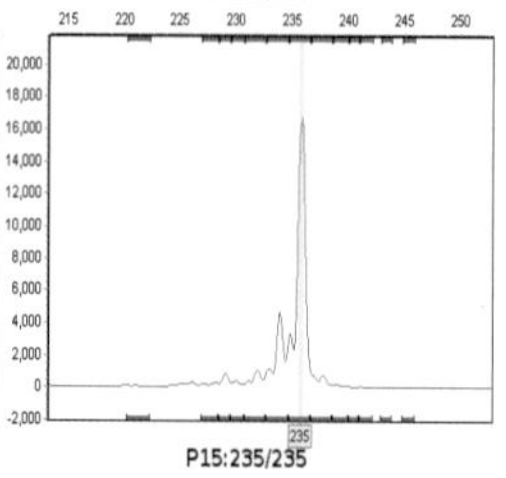

P15:235/235

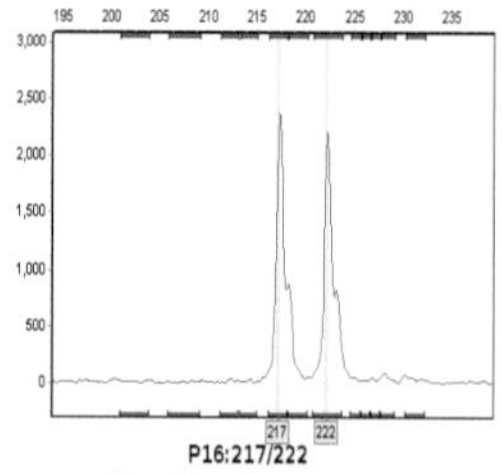

P16:217/222

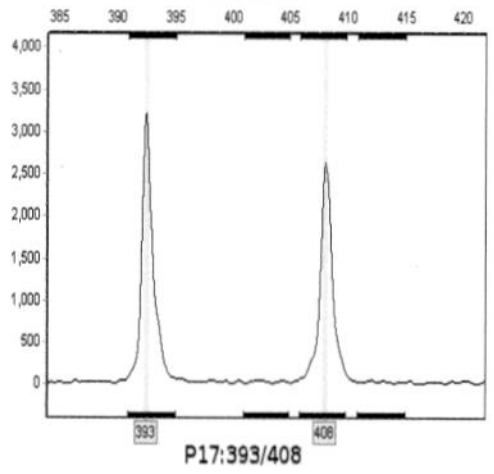

P17:393/408

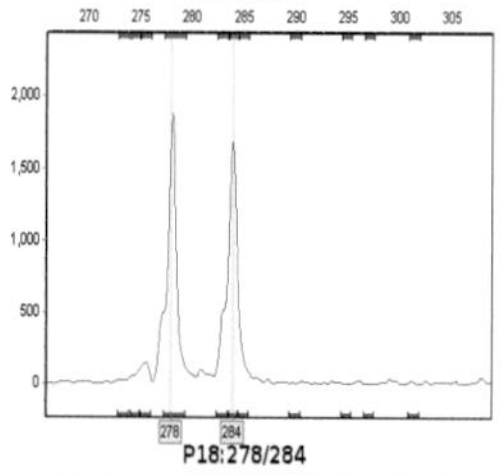

P18:278/284

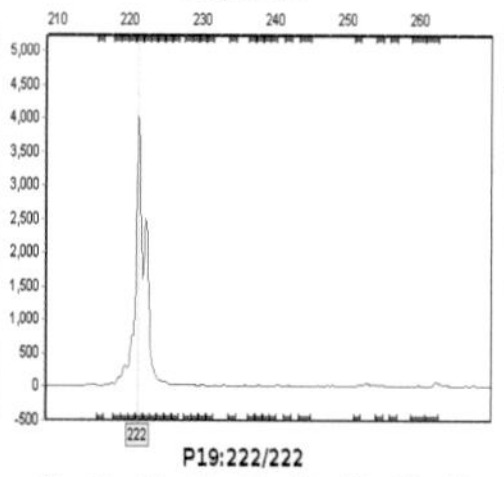

P19:222/222

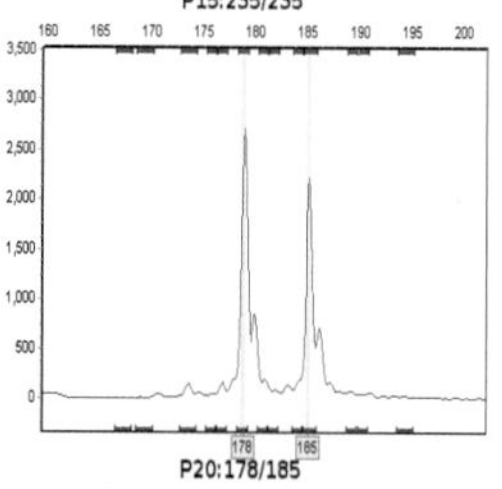

P20:178/185

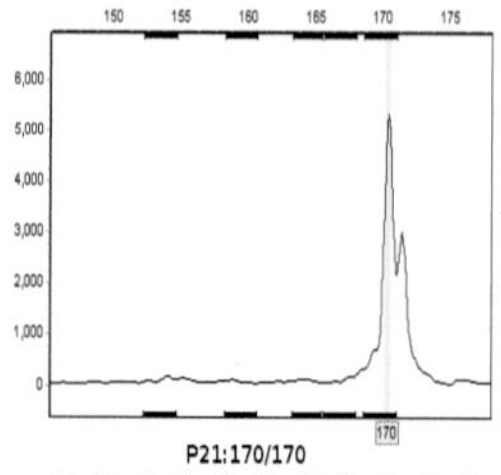

P21:170/170

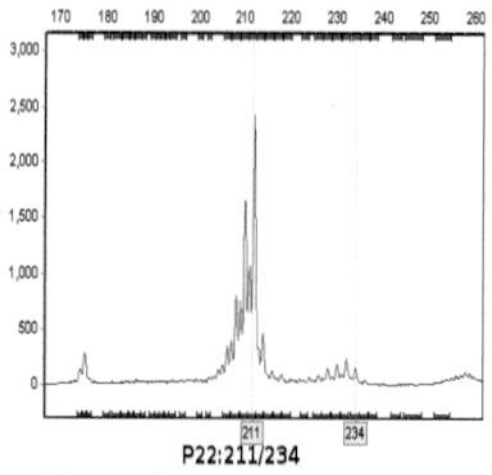

P22:211/234

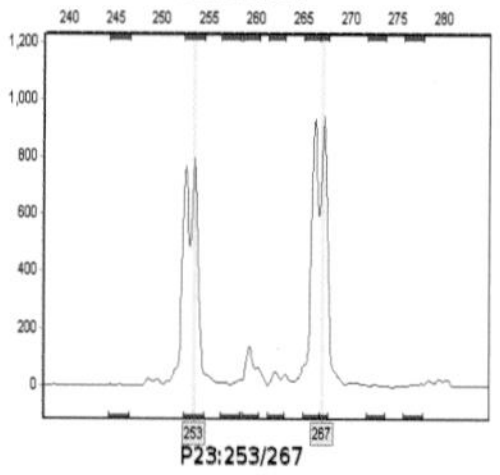

P23:253/267

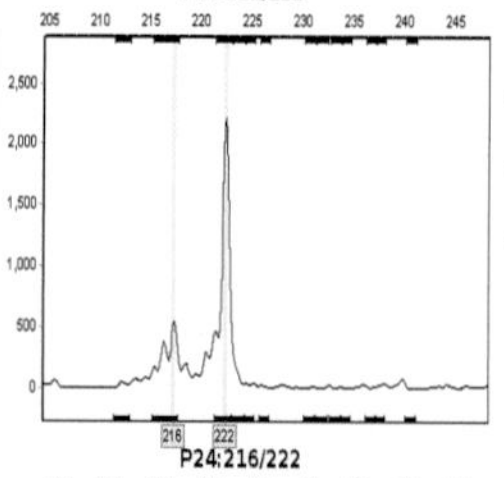

P24:216/222

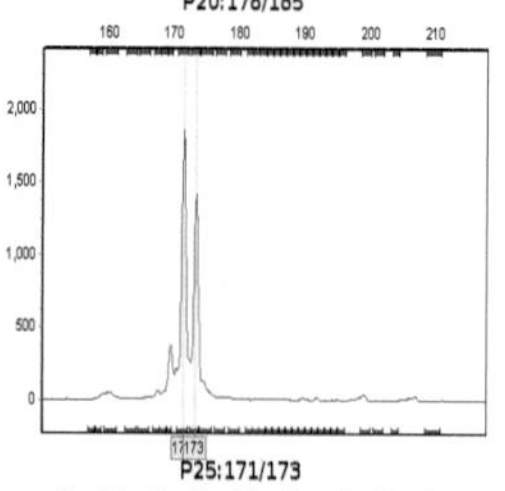

P25:171/173

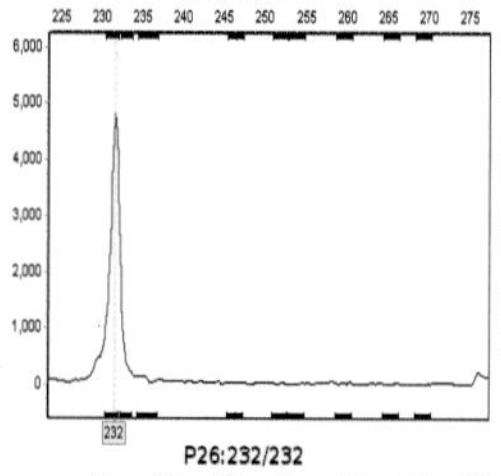

P26:232/232

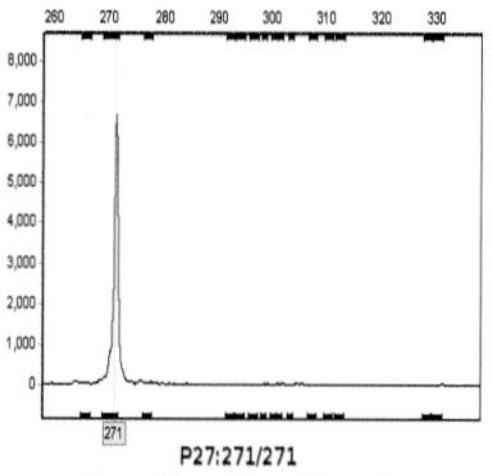

P27:271/271

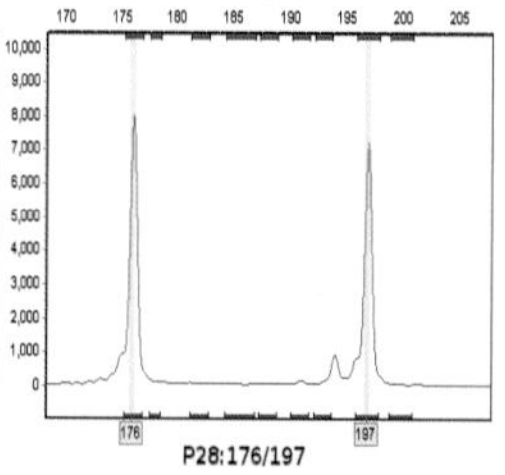

P28:176/197

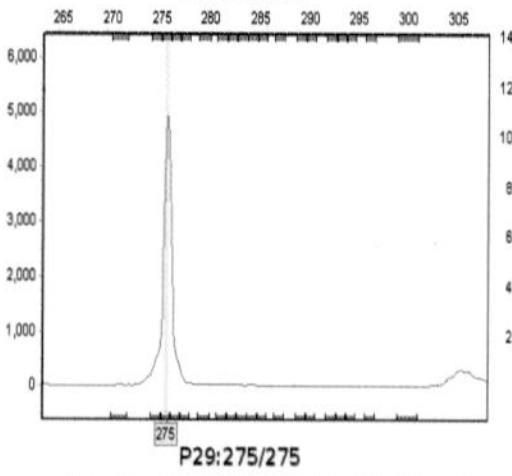

P29:275/275

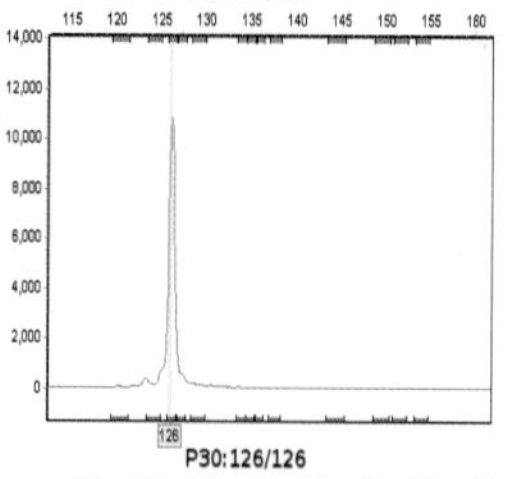

P30:126/126

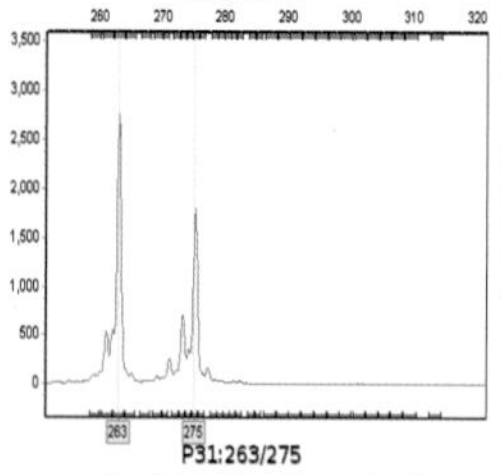

P31:263/275

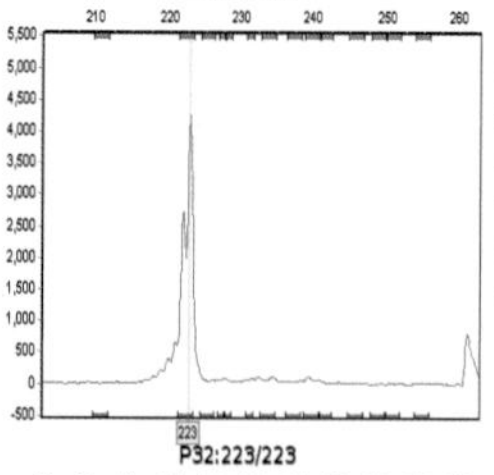

P32:223/223

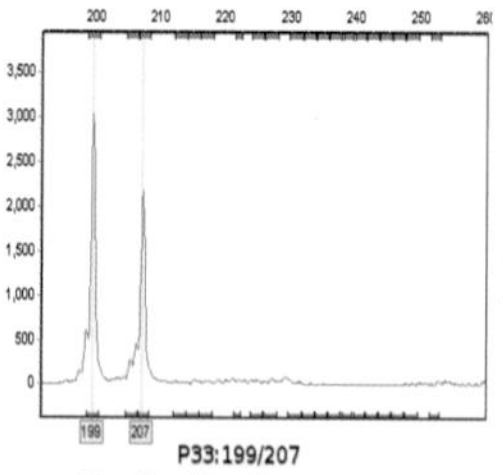

P33:199/207

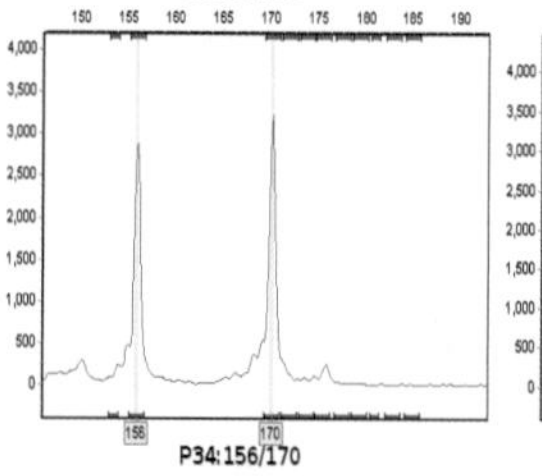

P34:156/170

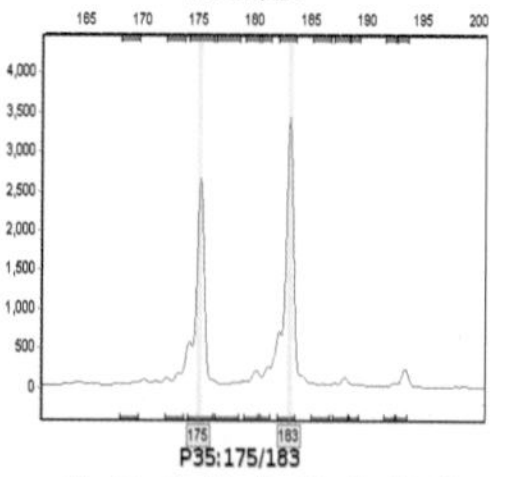

P35:175/183

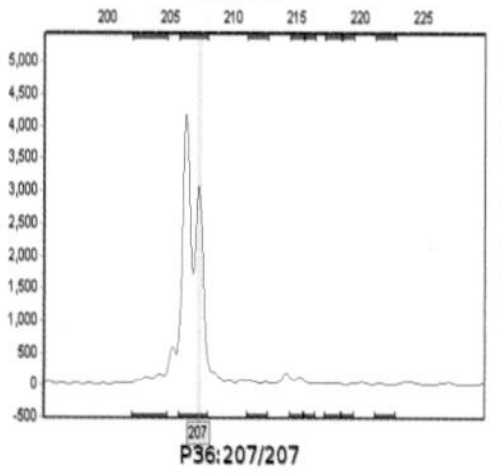

P36:207/207

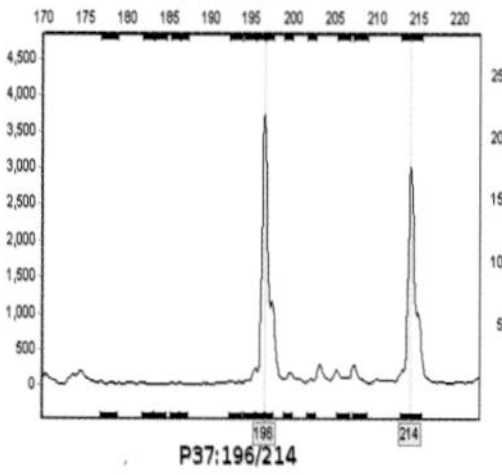

P37:196/214

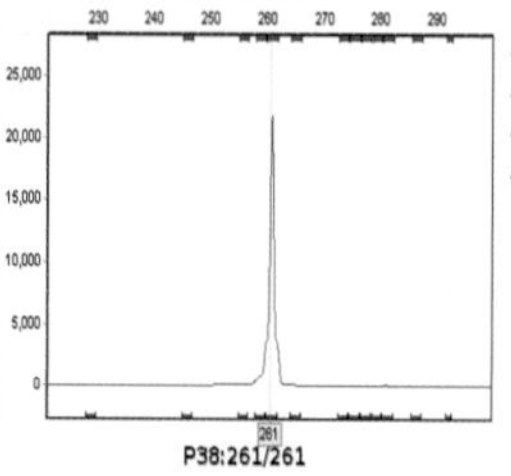

P38:261/261

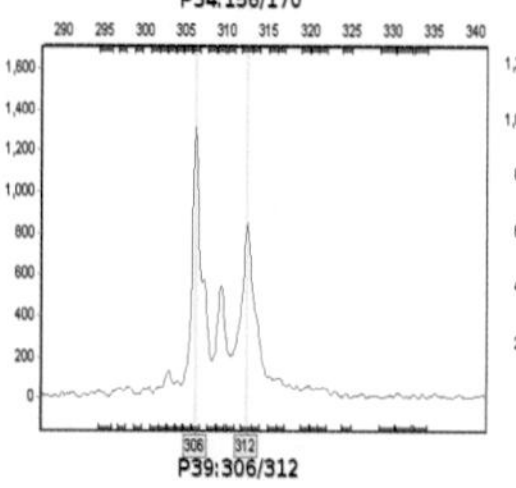

P39:306/312

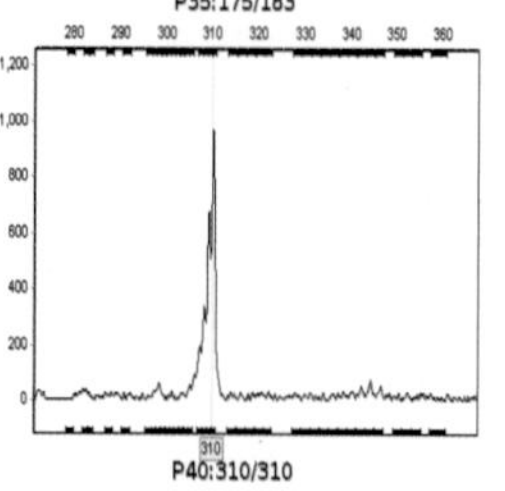

P40:310/310

天和2号 （审定编号：吉审玉2015002；种质库编号：S1G05009）

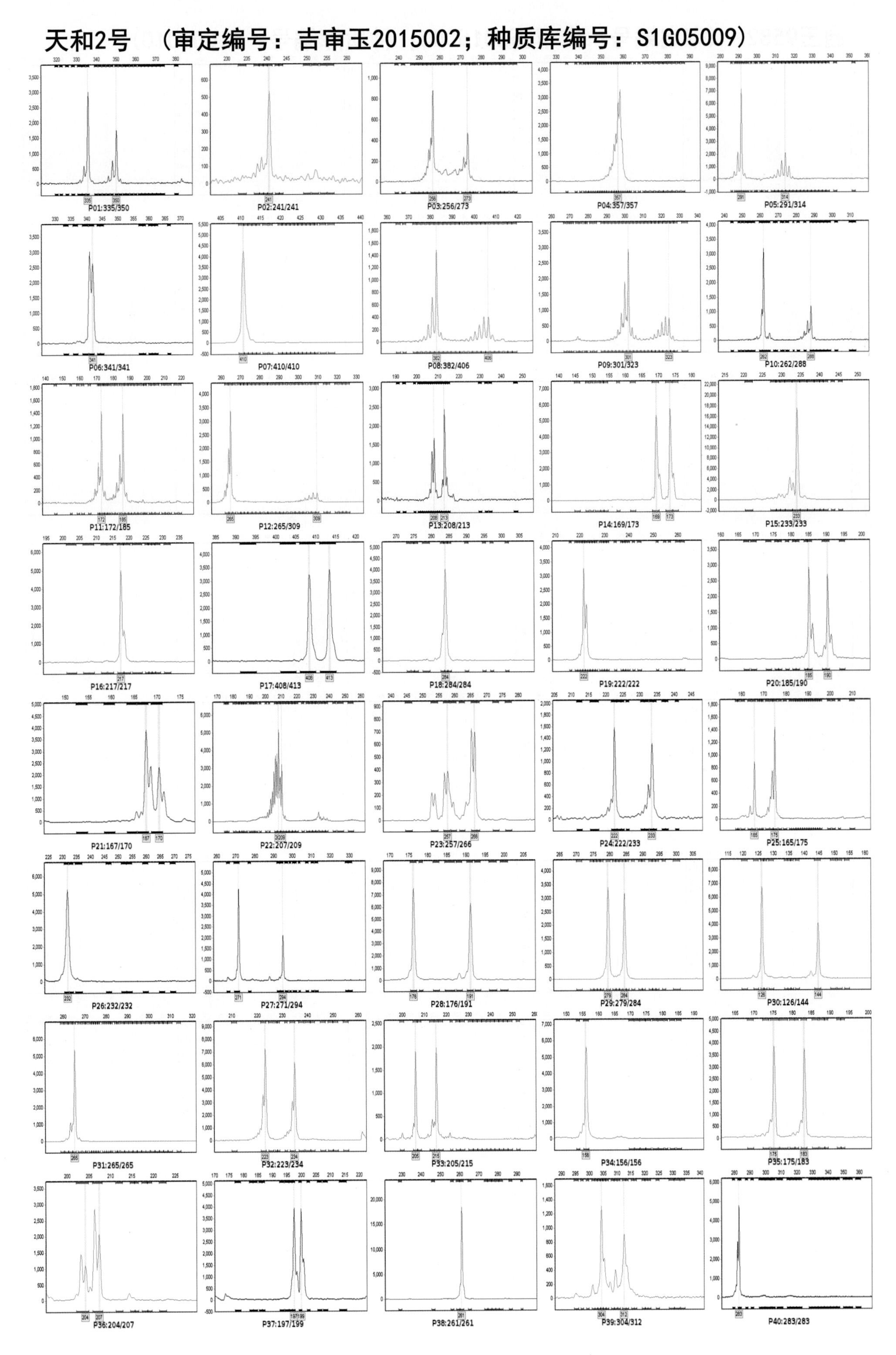

通玉9582 （审定编号：吉审玉2015003；种质库编号：S1G05010）

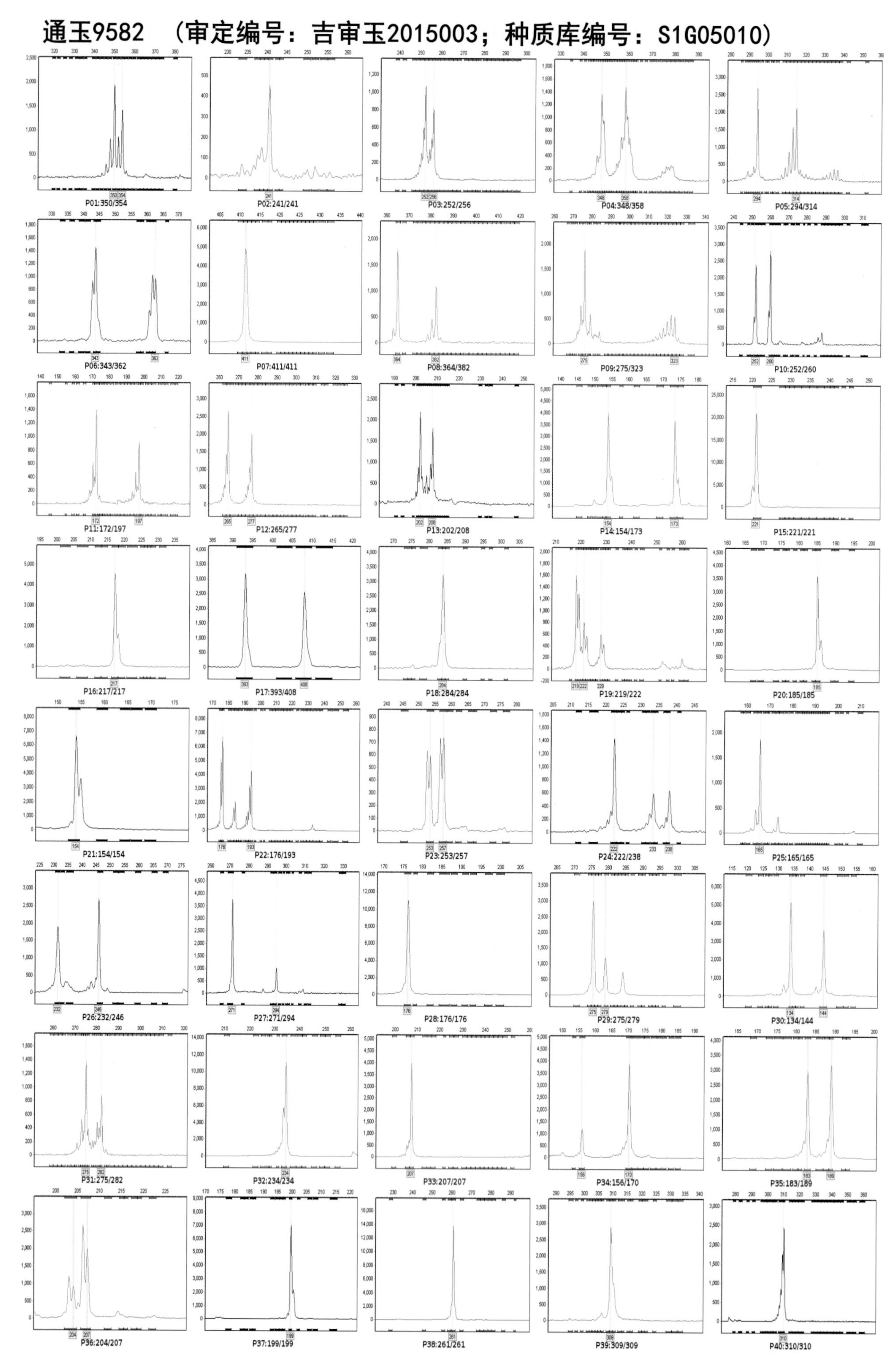

银河170 （审定编号：吉审玉2015005；种质库编号：S1G05011）

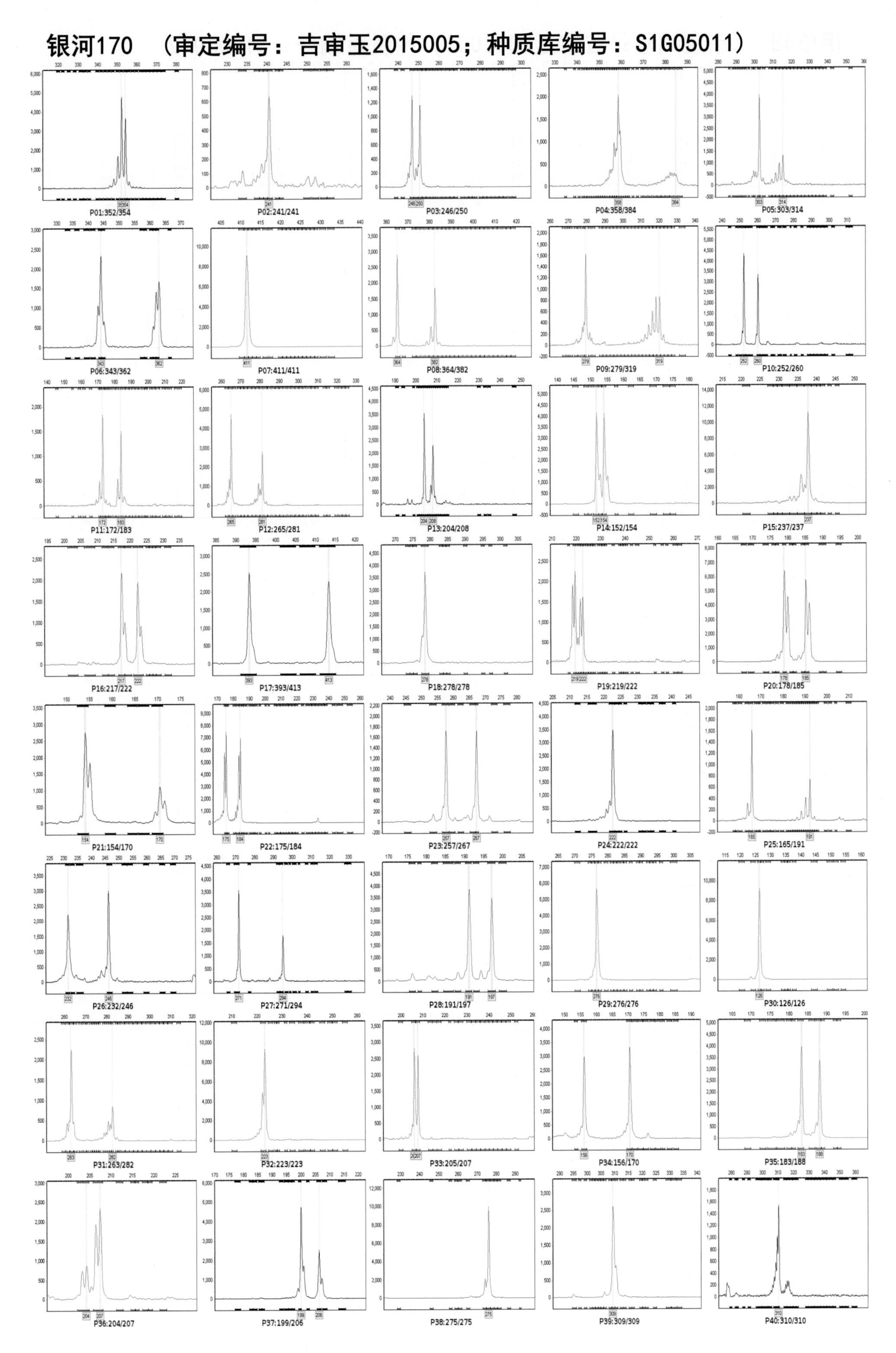

伊单48 （审定编号：吉审玉2015006；种质库编号：S1G05012）

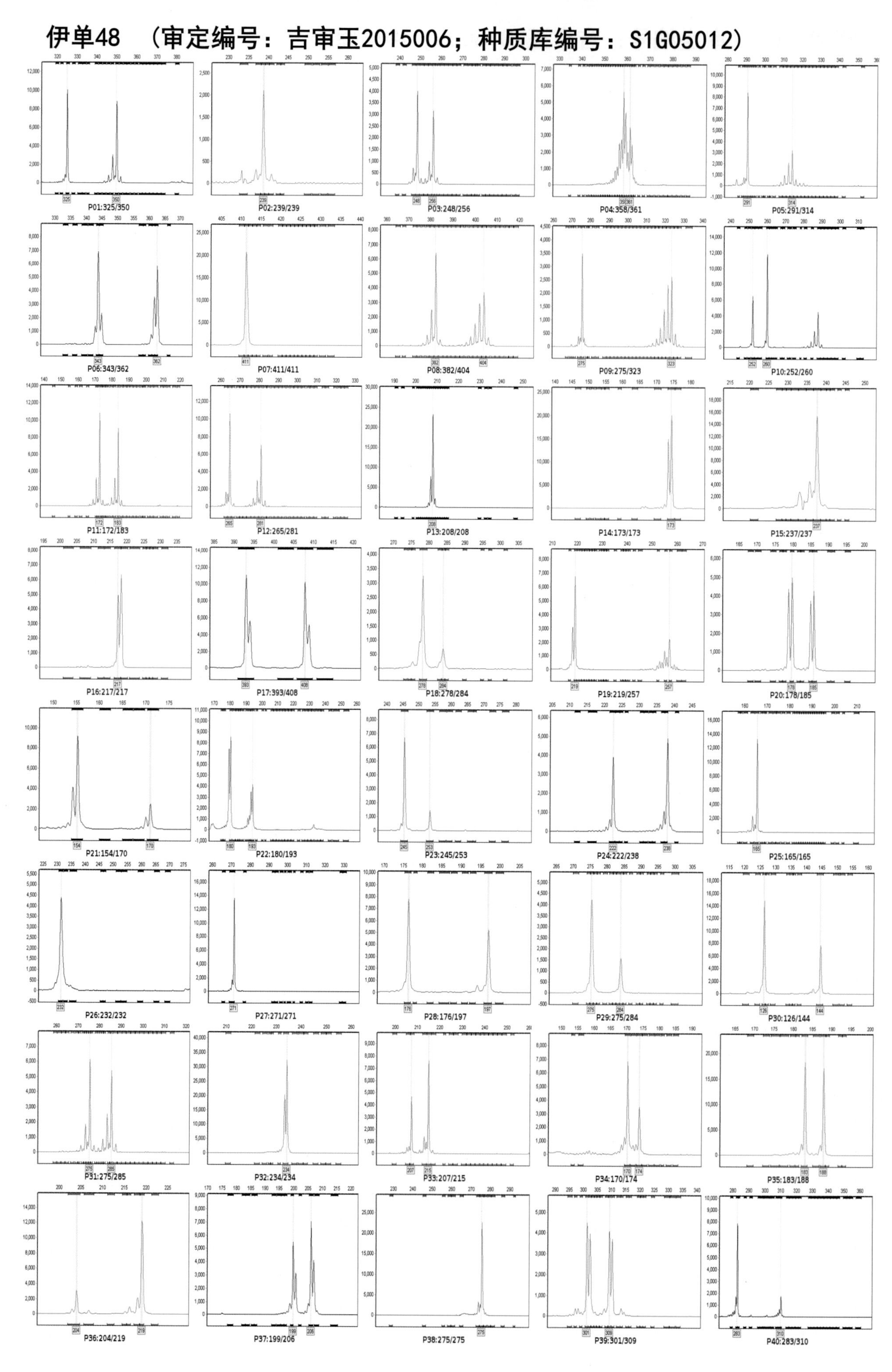

恒育898 （审定编号：吉审玉2015007；种质库编号：S1G05013）

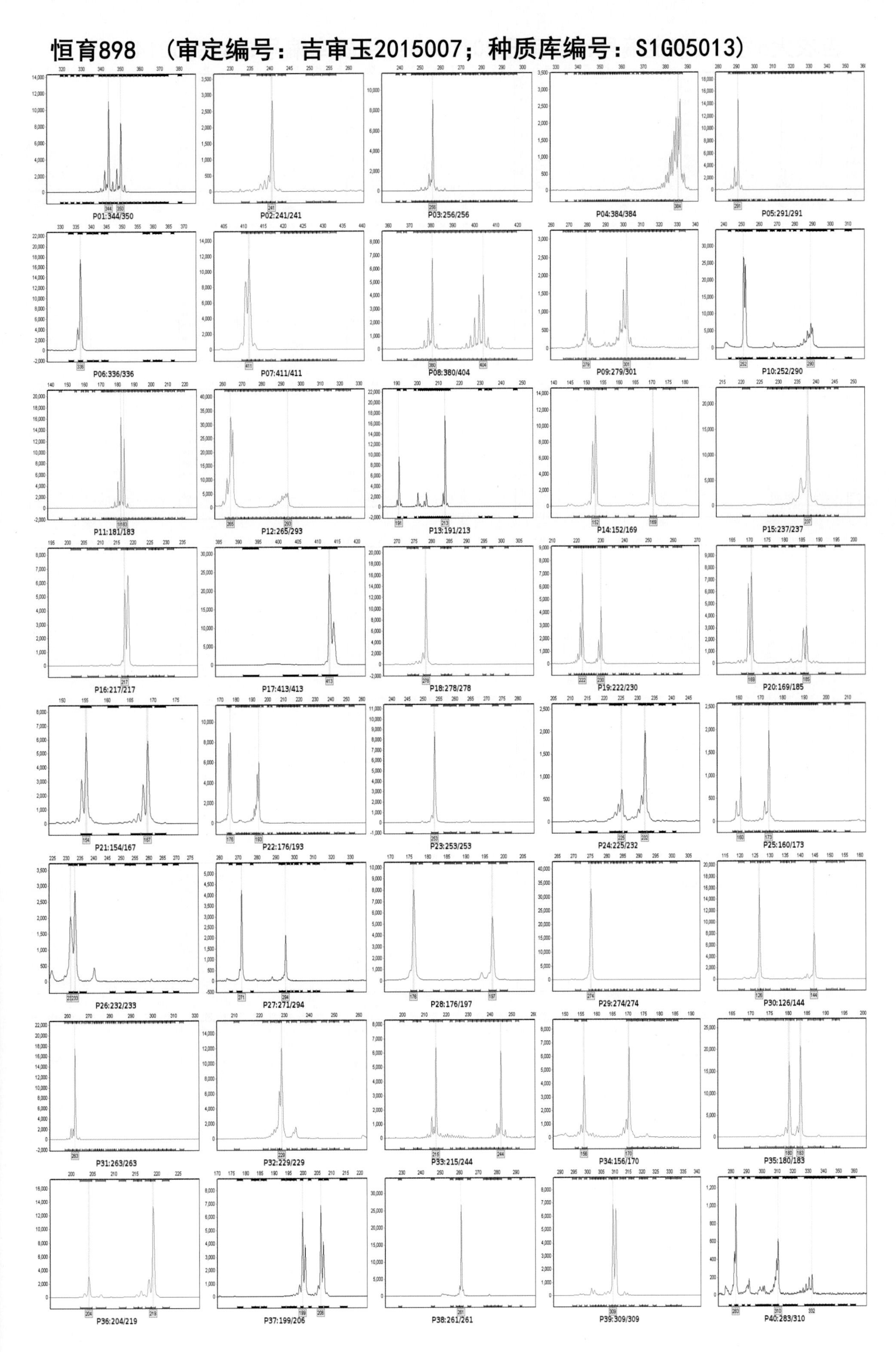

吉农大6号 （审定编号：吉审玉2015008；种质库编号：S1G05014）

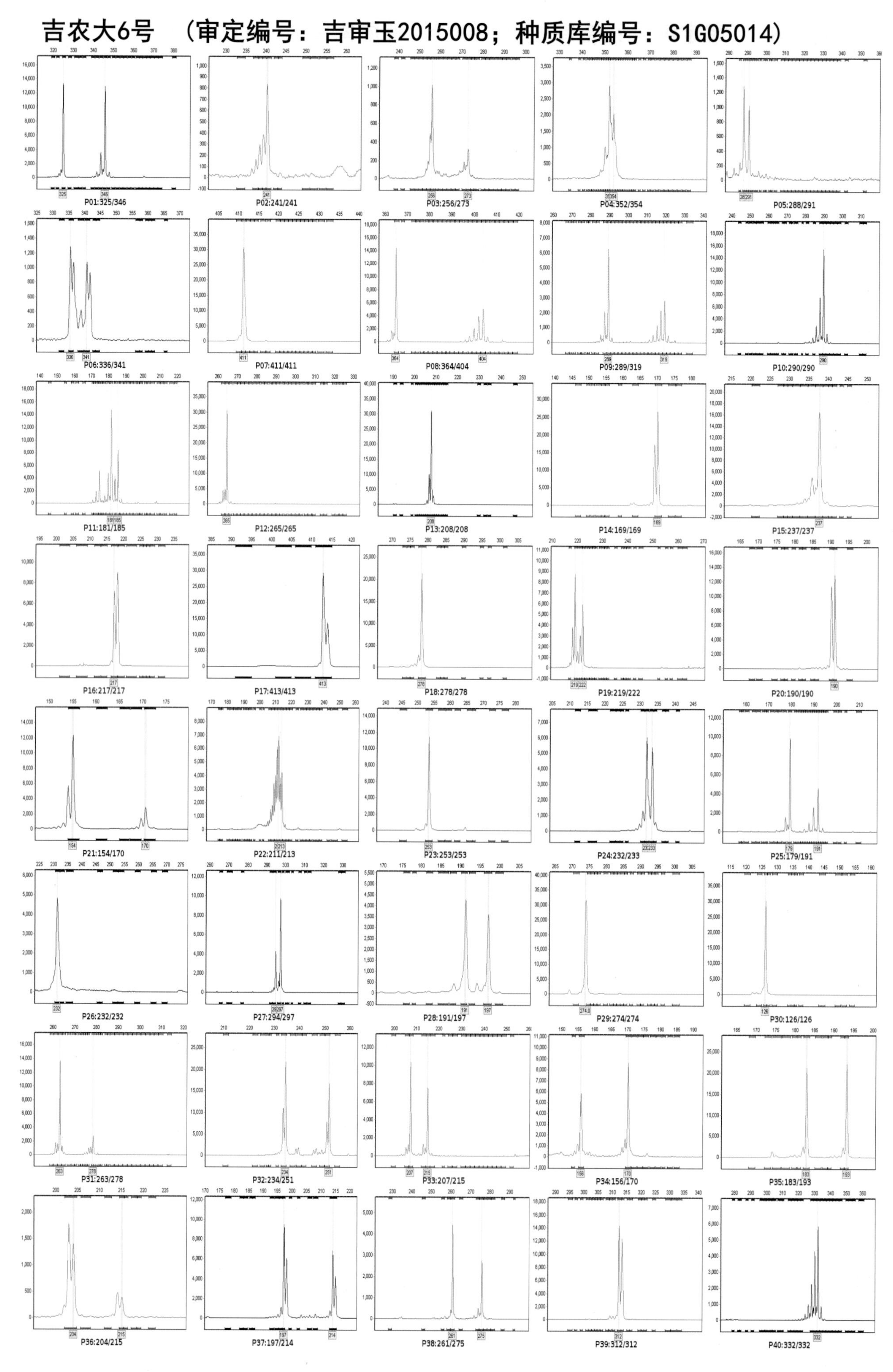

禹盛256 （审定编号：吉审玉2015009；种质库编号：S1G05015）

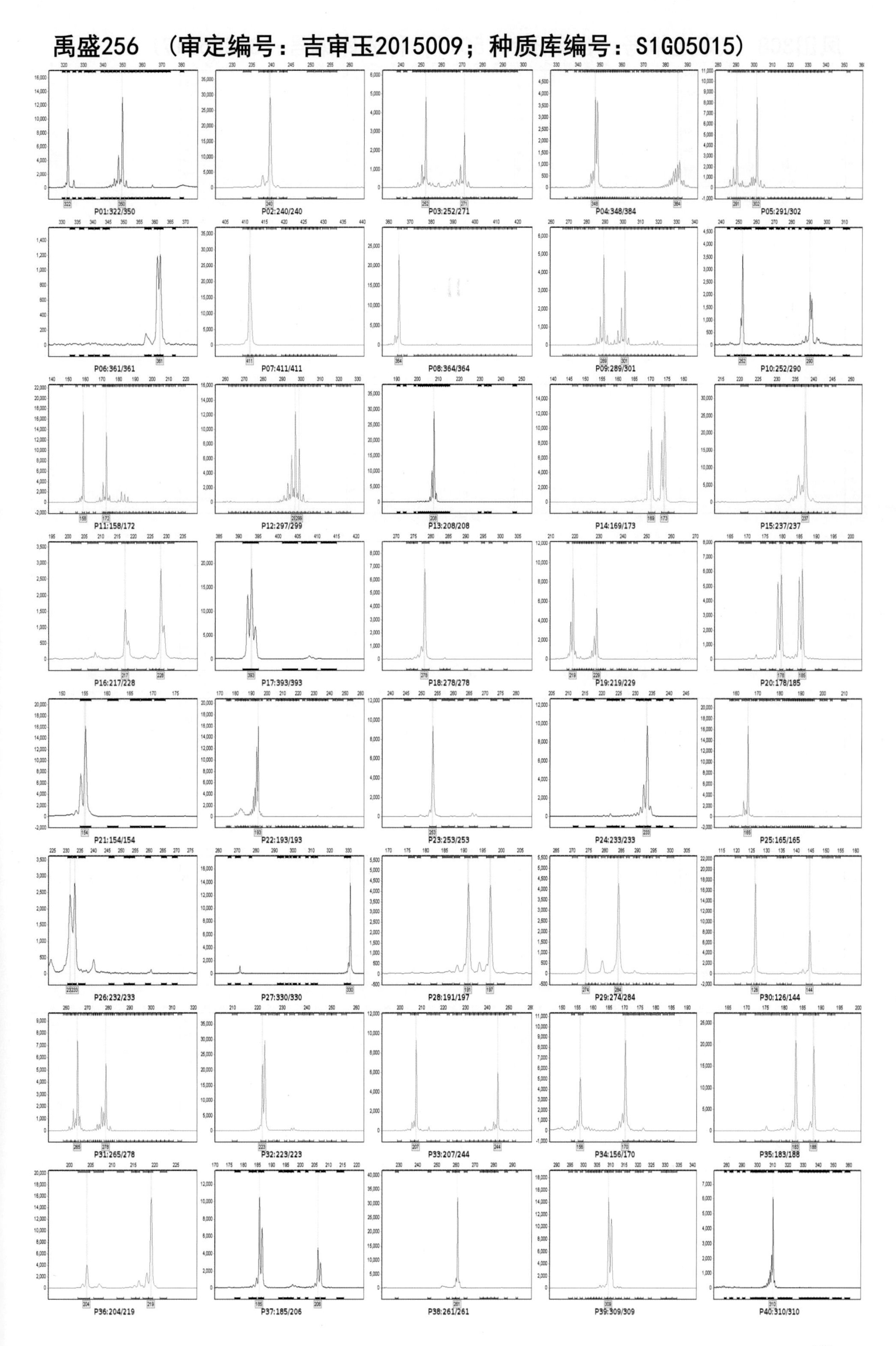

凤田308 （审定编号：吉审玉2015011；种质库编号：S1G05017）

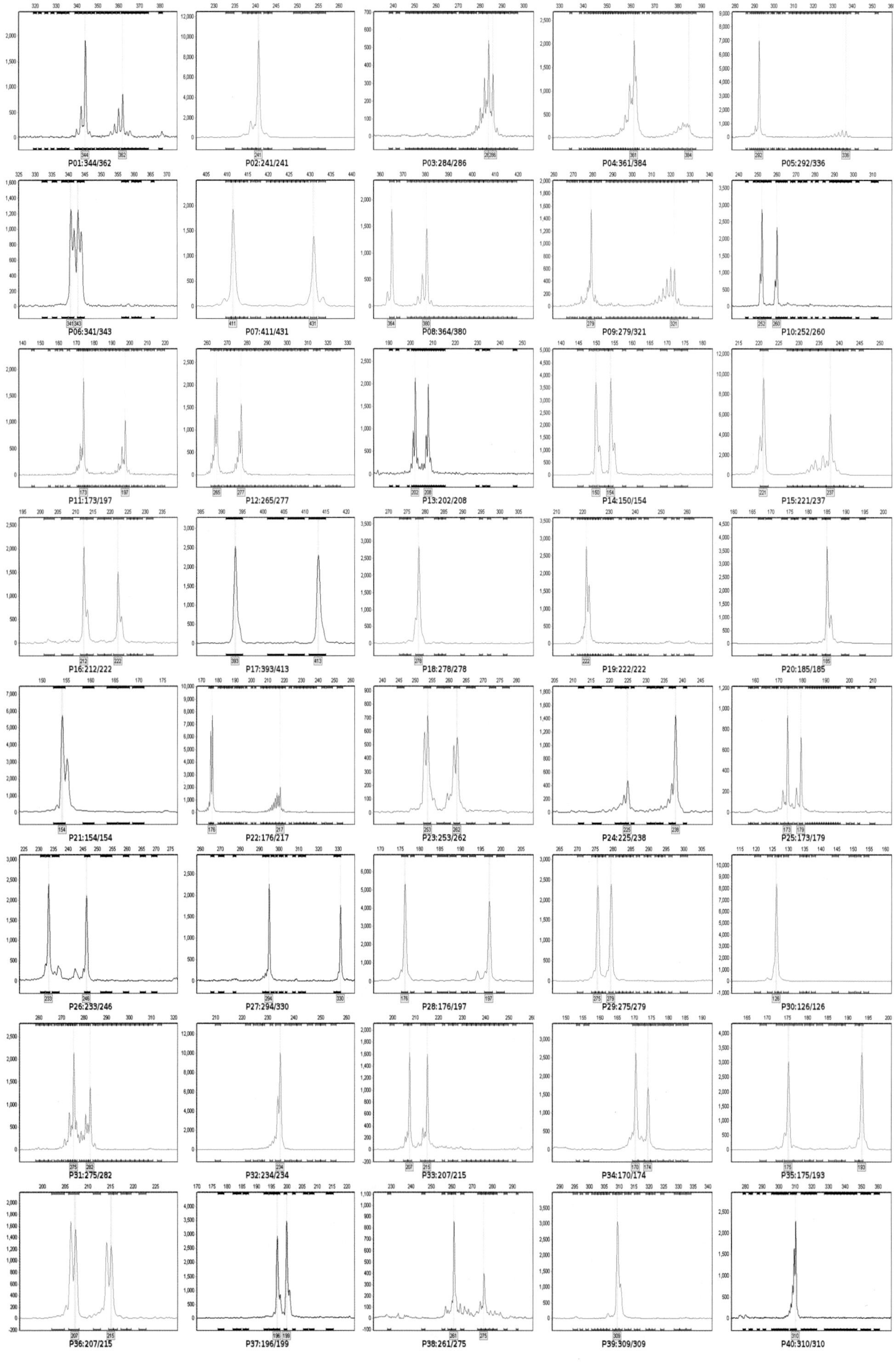

P01:344/362
P02:241/241
P03:284/286
P04:361/384
P05:292/336
P06:341/343
P07:411/431
P08:364/380
P09:279/321
P10:252/260
P11:173/197
P12:265/277
P13:202/208
P14:150/154
P15:221/237
P16:212/222
P17:393/413
P18:278/278
P19:222/222
P20:185/185
P21:154/154
P22:176/217
P23:253/262
P24:225/238
P25:173/179
P26:233/246
P27:294/330
P28:176/197
P29:275/279
P30:126/126
P31:275/282
P32:234/234
P33:207/215
P34:170/174
P35:175/193
P36:207/215
P37:196/199
P38:261/275
P39:309/309
P40:310/310

临单789 （审定编号：吉审玉2015012；种质库编号：S1G05018）

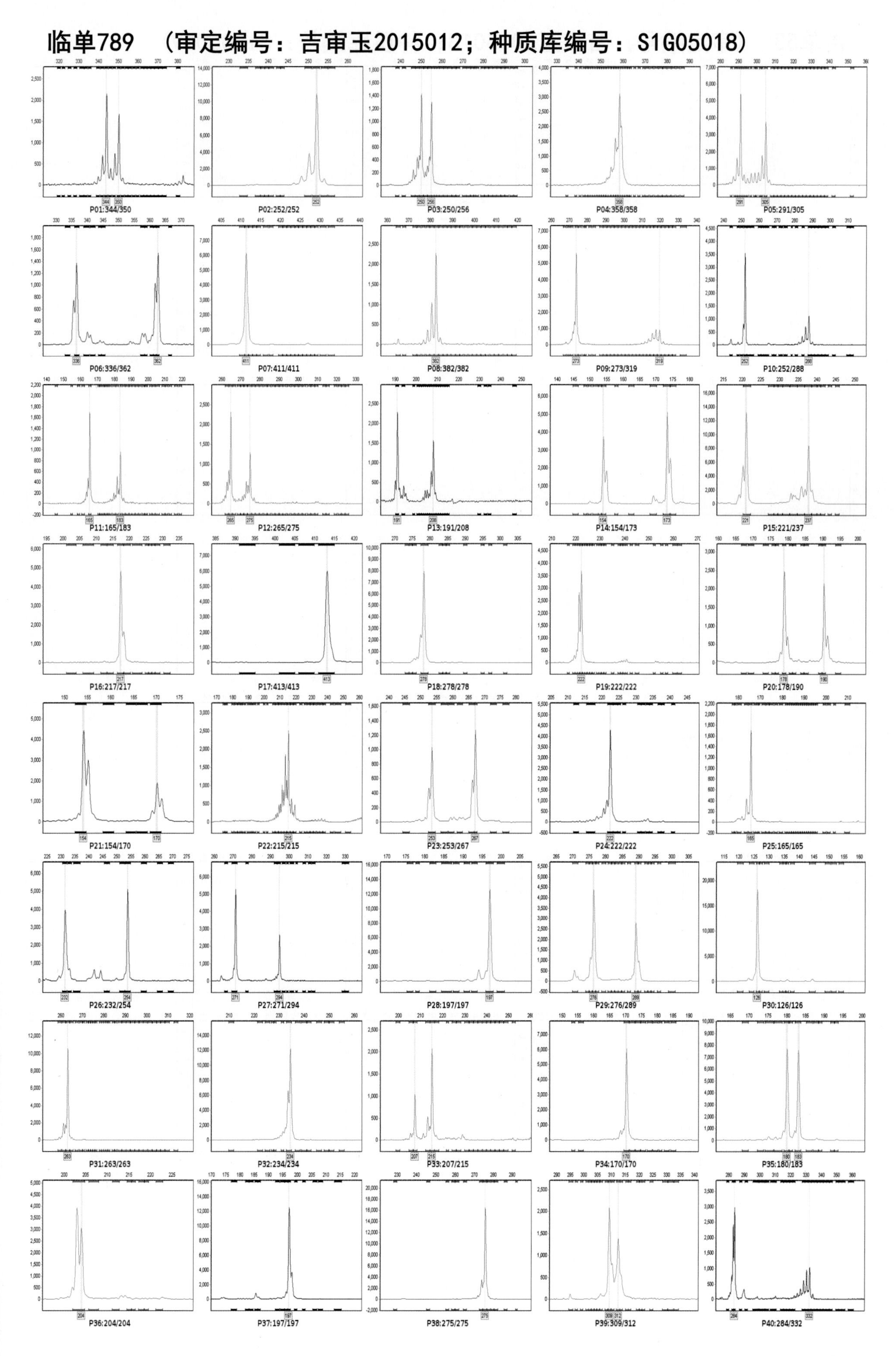

吉单53 （审定编号：吉审玉2015013；种质库编号：S1G05019）

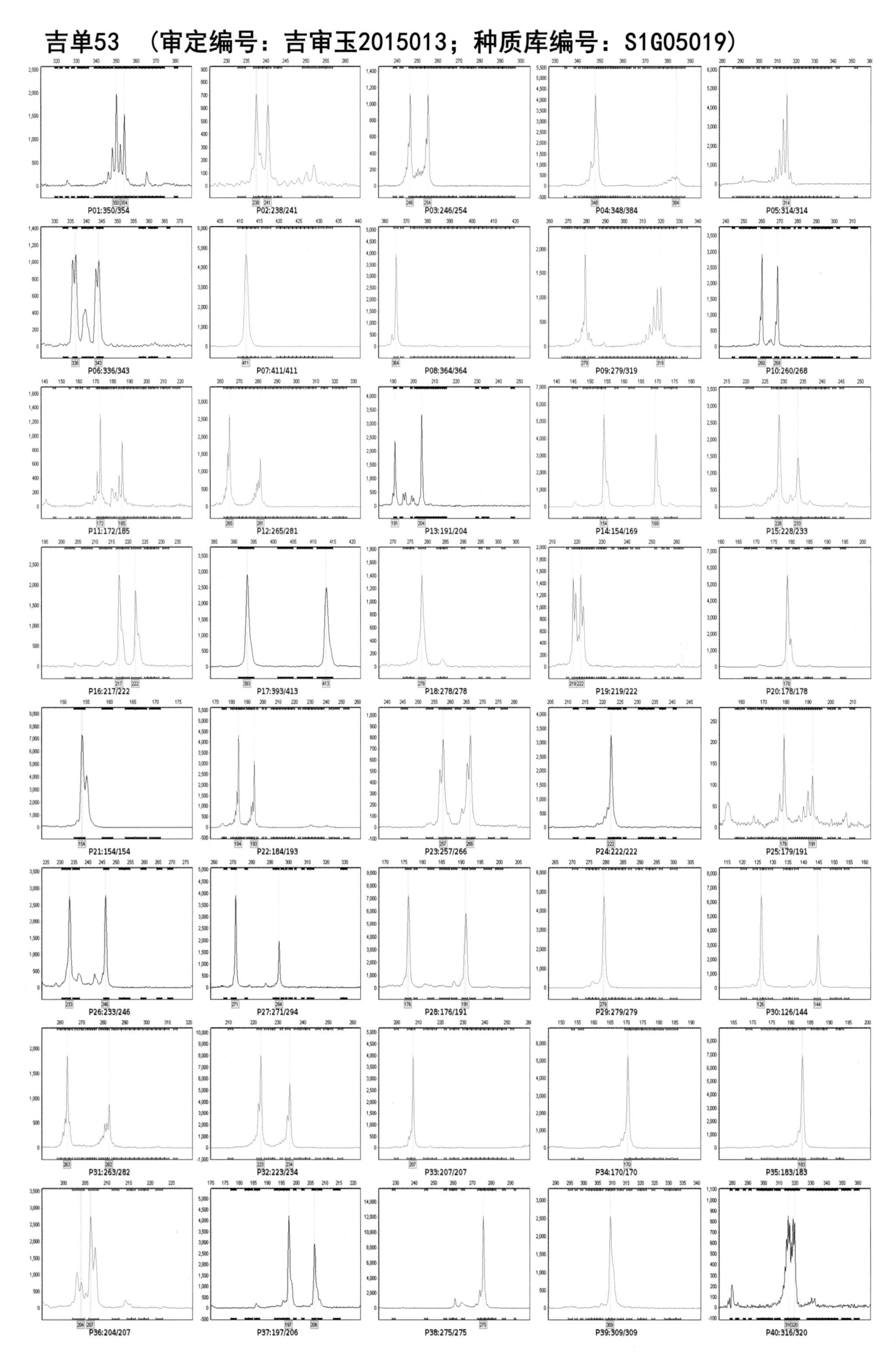

泽尔沣99 （审定编号：吉审玉2015015；种质库编号：S1G05020）

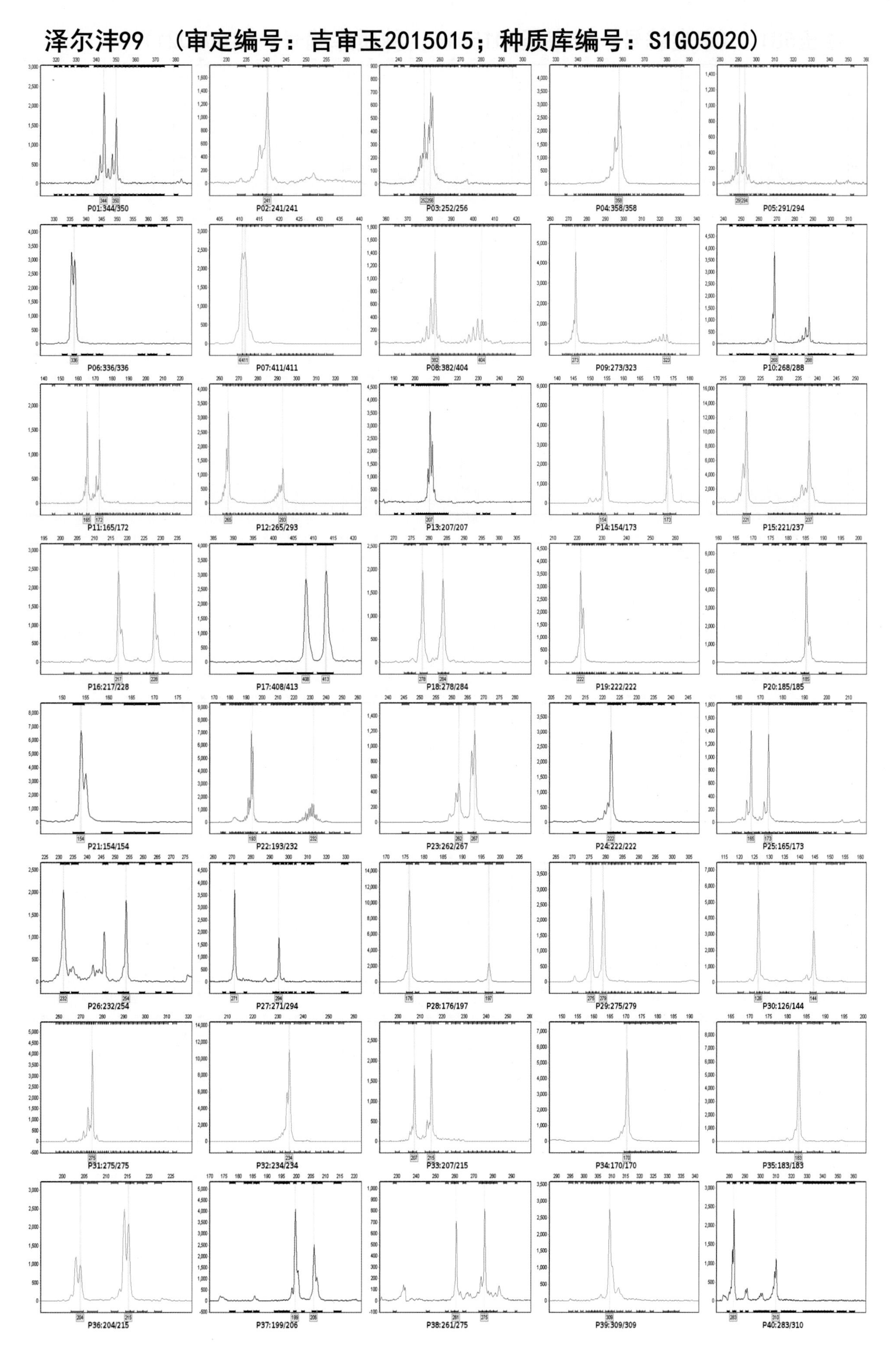

雄玉581 （审定编号：吉审玉2015016；种质库编号：S1G05021）

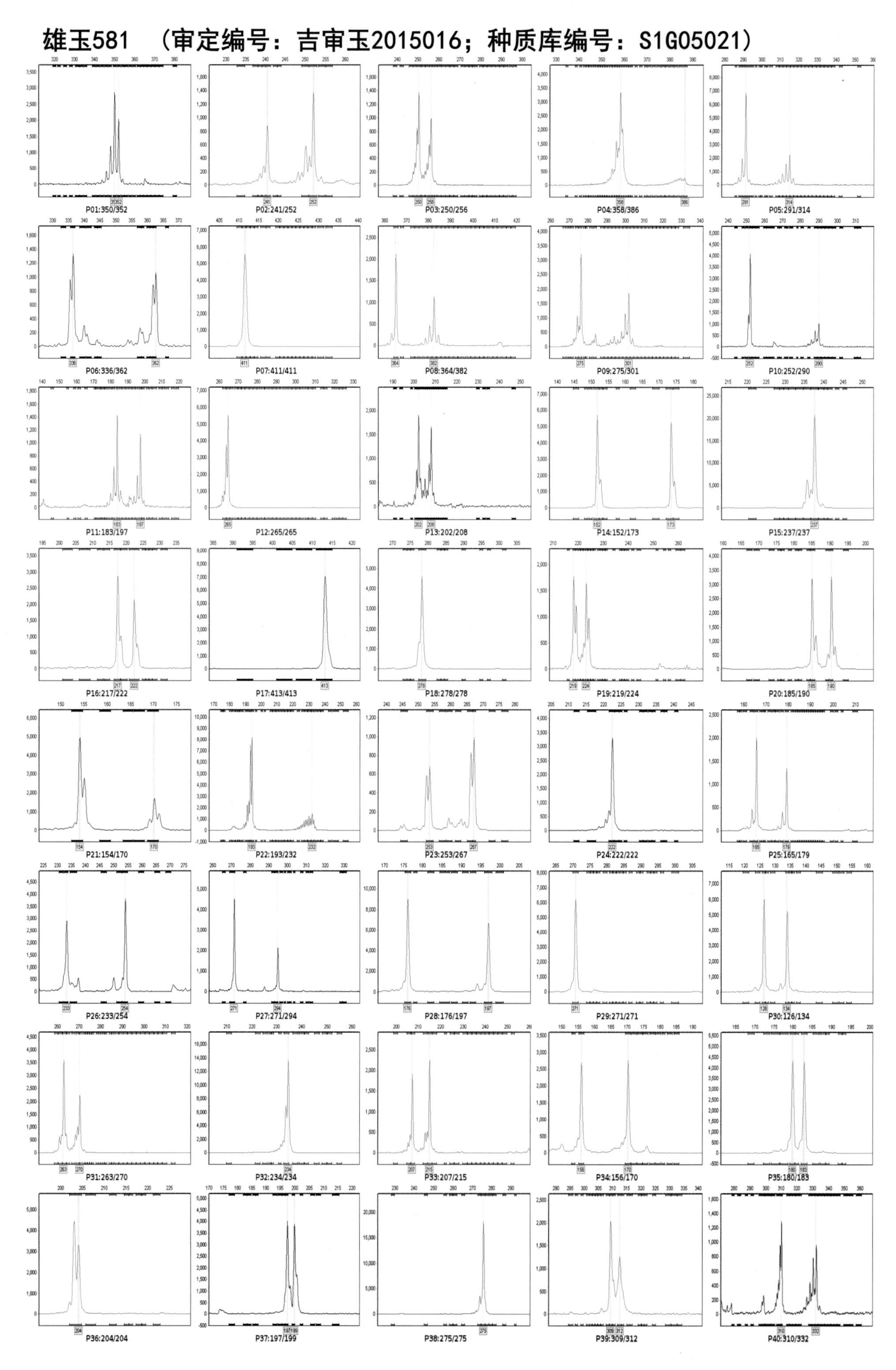

龙生668 （审定编号：吉审玉2015017；种质库编号：S1G05022）

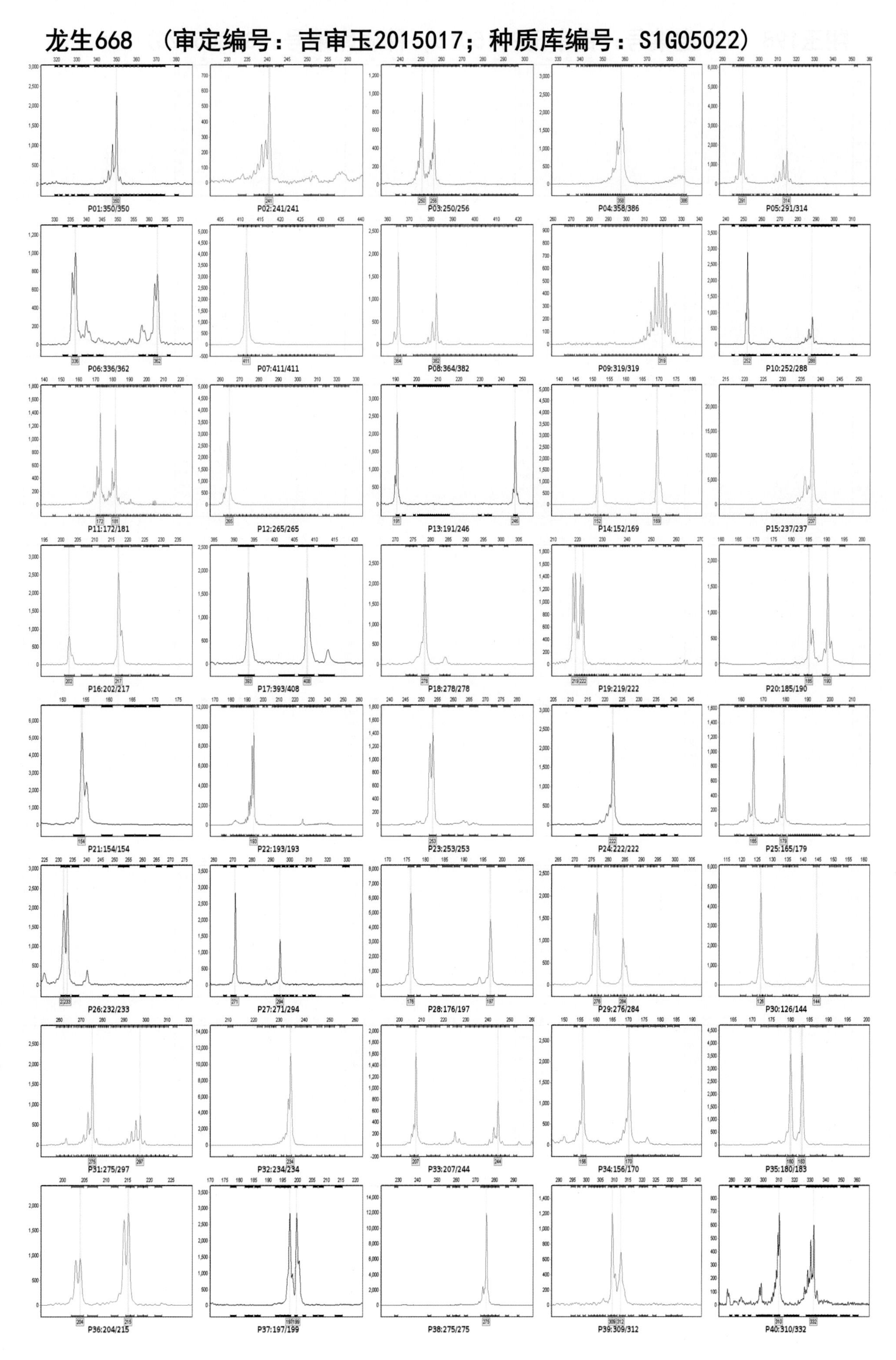

翔玉198 （审定编号：吉审玉2015018；种质库编号：S1G05023）

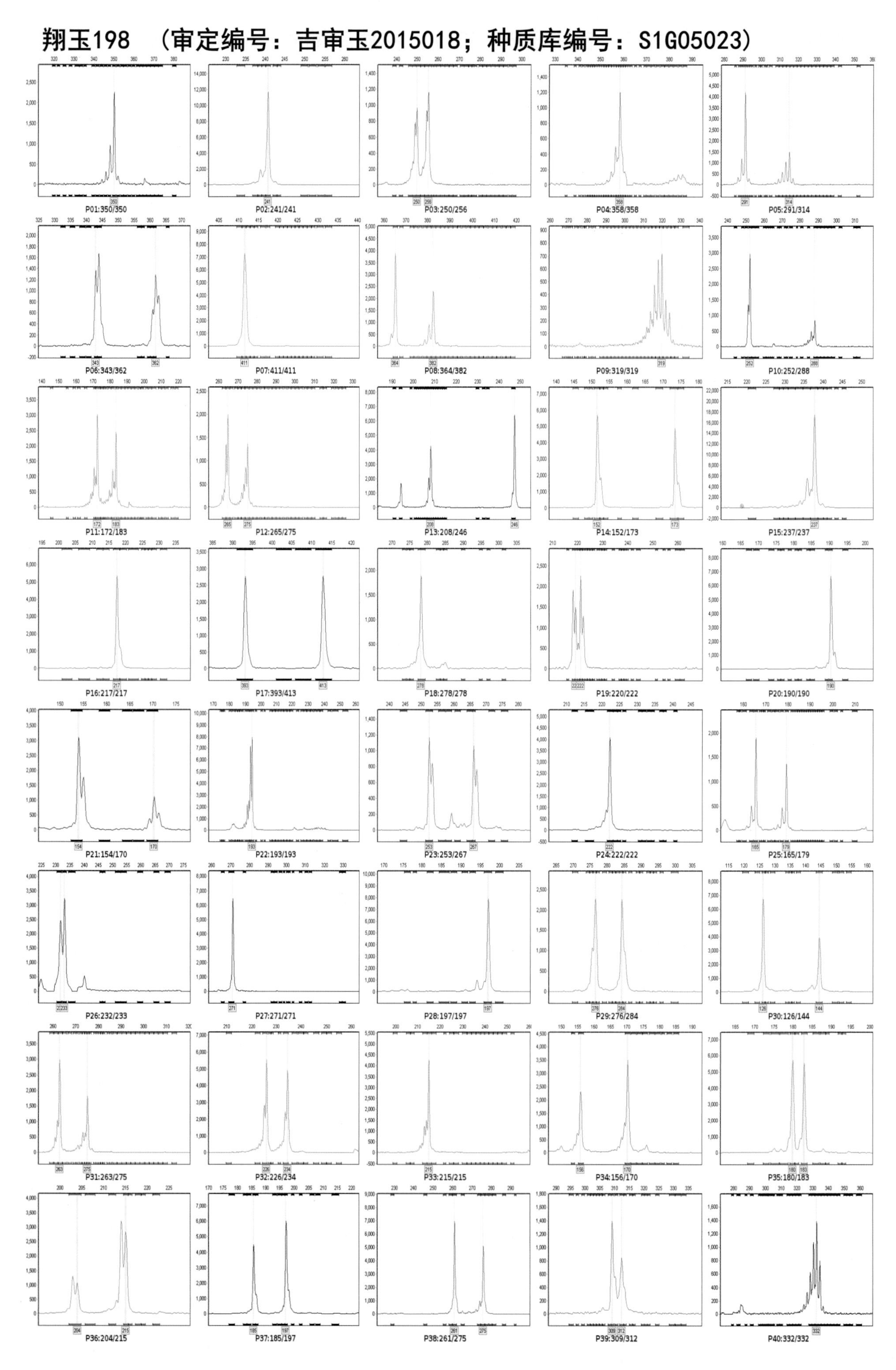

九单318　（审定编号：吉审玉2015019；种质库编号：S1G05024）

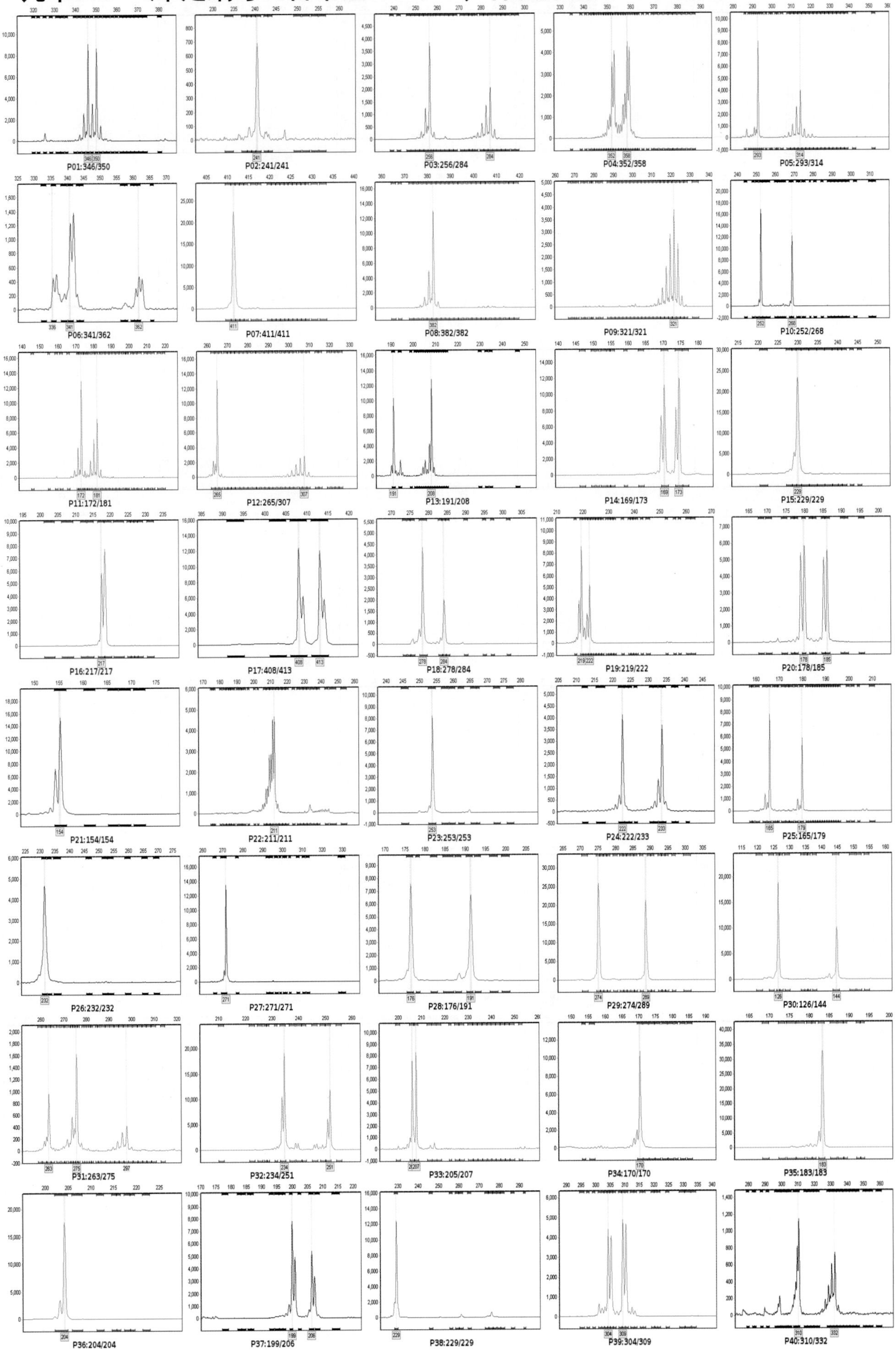

P01:346/350
P02:241/241
P03:256/284
P04:352/358
P05:293/314
P06:341/362
P07:411/411
P08:382/382
P09:321/321
P10:252/268
P11:172/181
P12:265/307
P13:191/208
P14:169/173
P15:229/229
P16:217/217
P17:408/413
P18:278/284
P19:219/222
P20:178/185
P21:154/154
P22:211/211
P23:253/253
P24:222/233
P25:165/179
P26:232/232
P27:271/271
P28:176/191
P29:274/289
P30:126/144
P31:263/275
P32:234/251
P33:205/207
P34:170/170
P35:183/183
P36:204/204
P37:199/206
P38:229/229
P39:304/309
P40:310/332

迪卡159 （审定编号：吉审玉2015020；种质库编号：S1G05025）

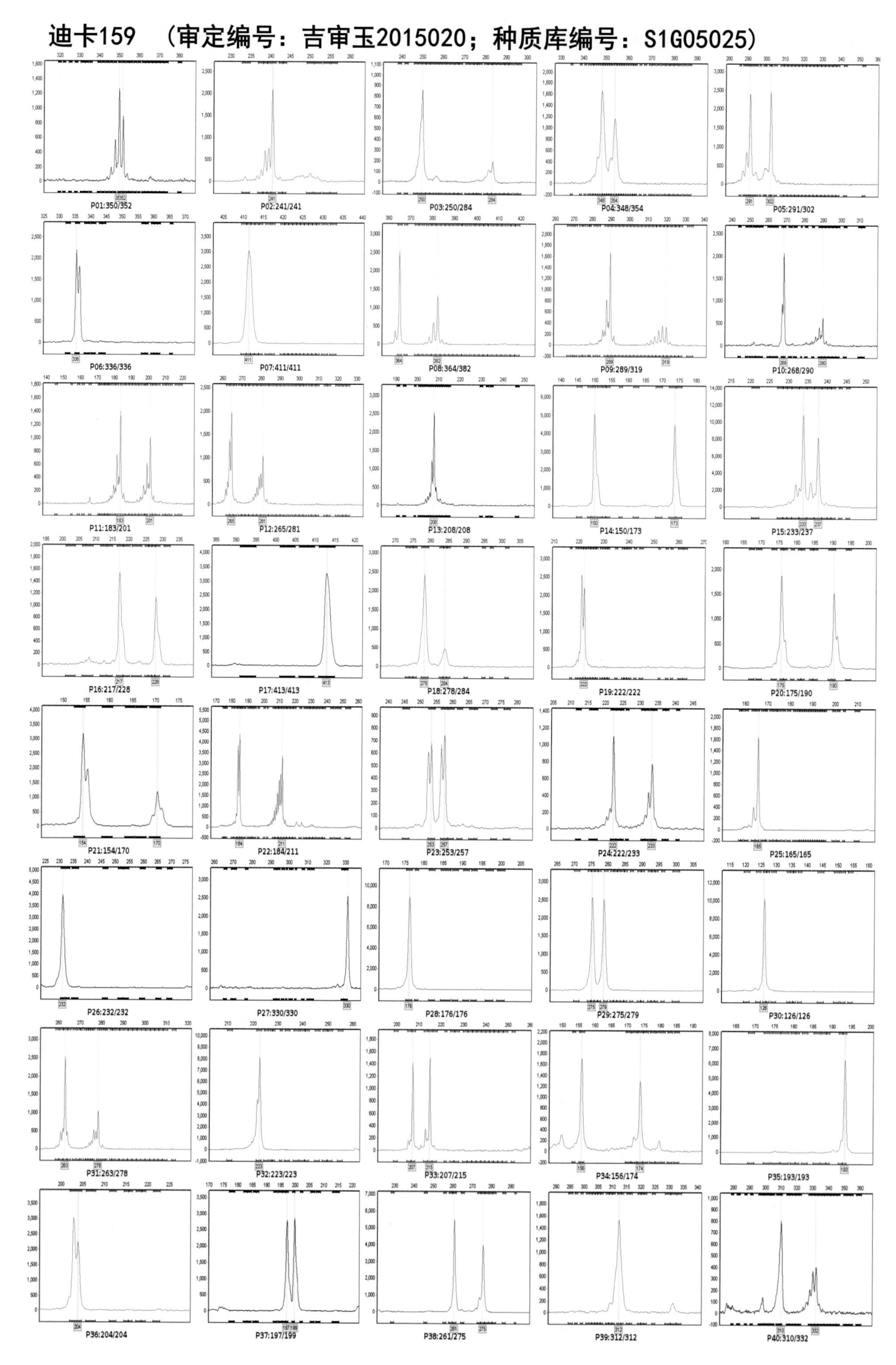

先玉1111 （审定编号：吉审玉2015021；种质库编号：S1G05026）

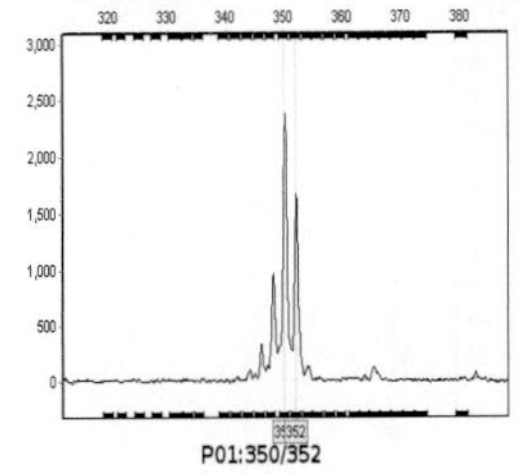

P01:350/352 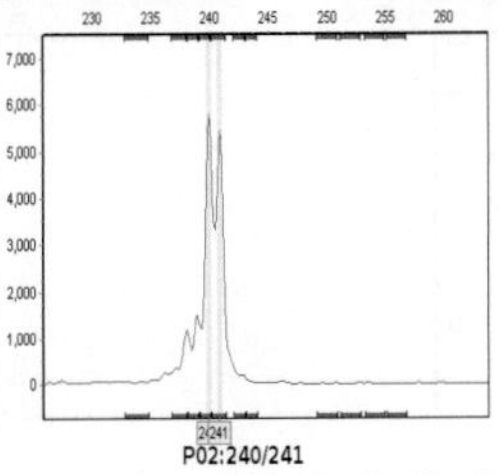 P02:240/241 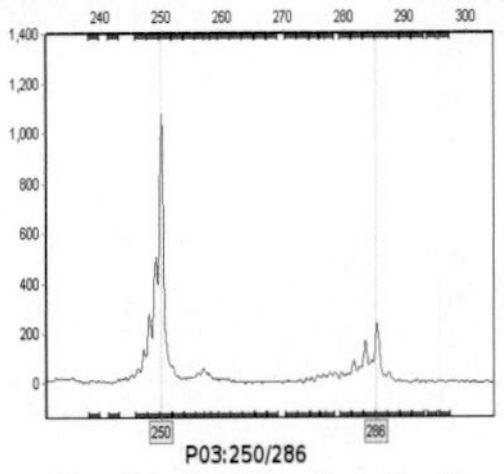 P03:250/286 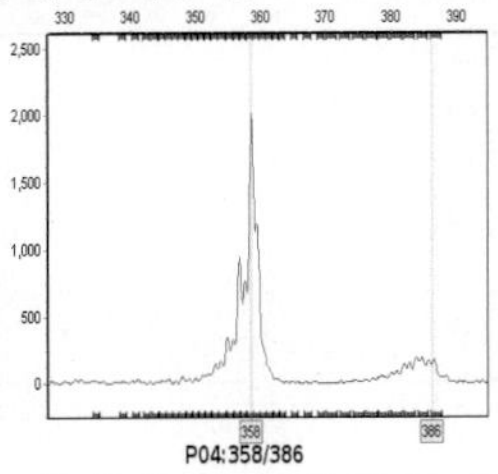 P04:358/386 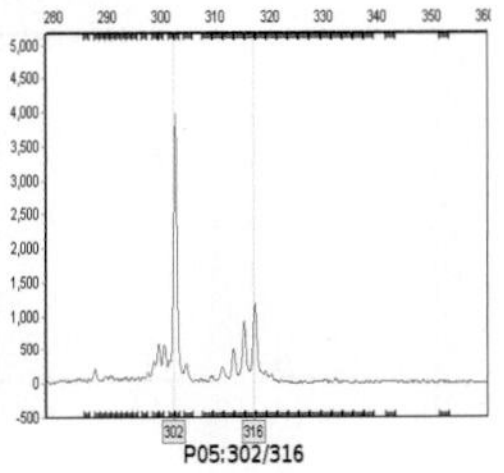 P05:302/316

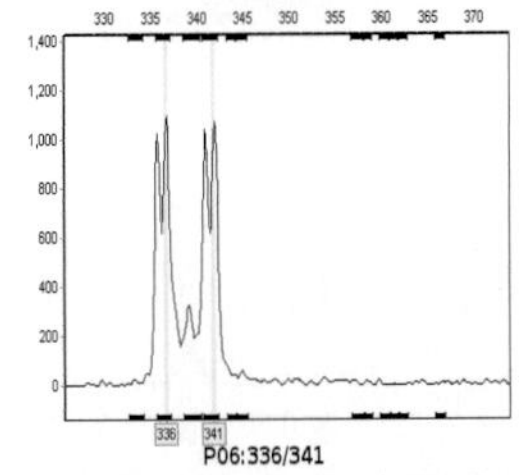

P06:336/341 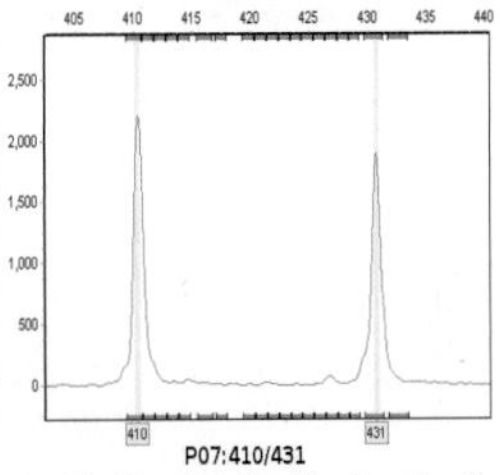 P07:410/431 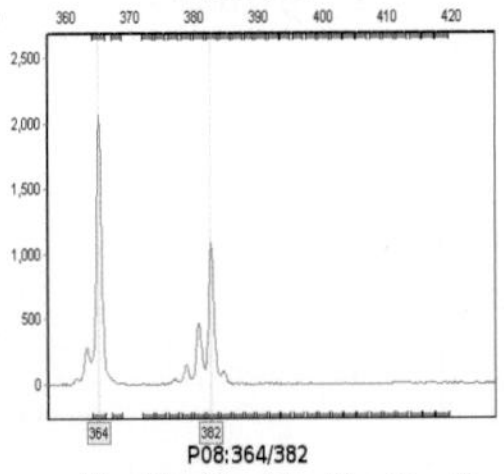 P08:364/382 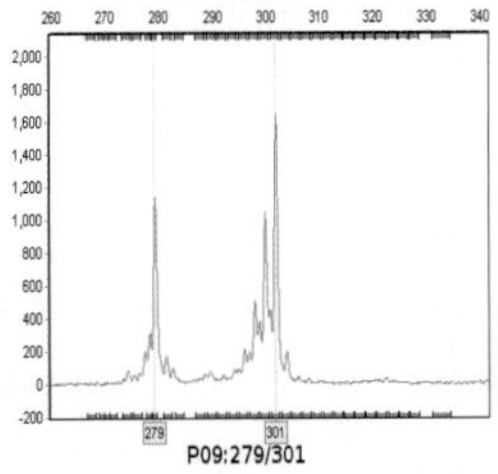 P09:279/301 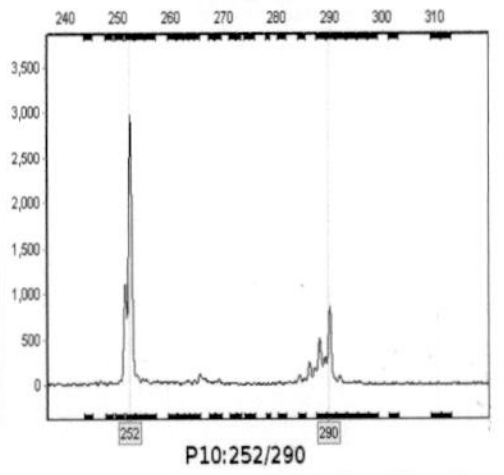 P10:252/290

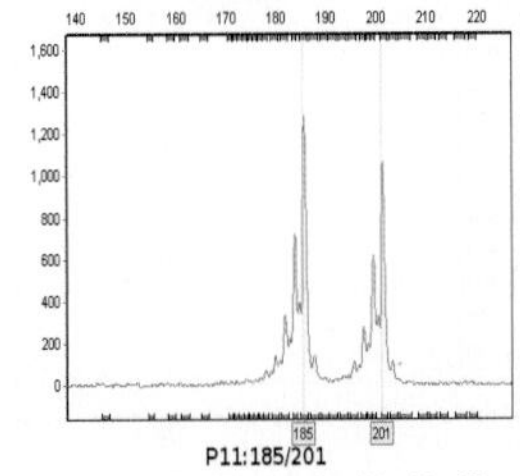

P11:185/201 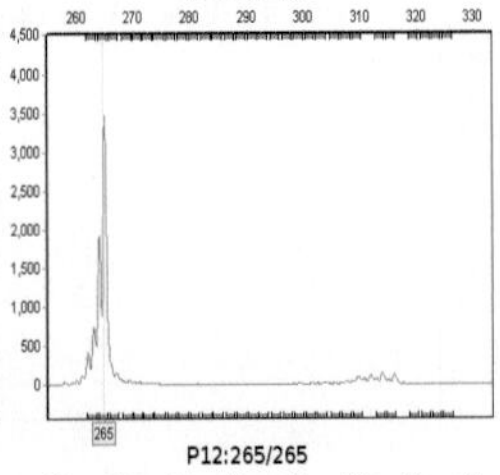 P12:265/265 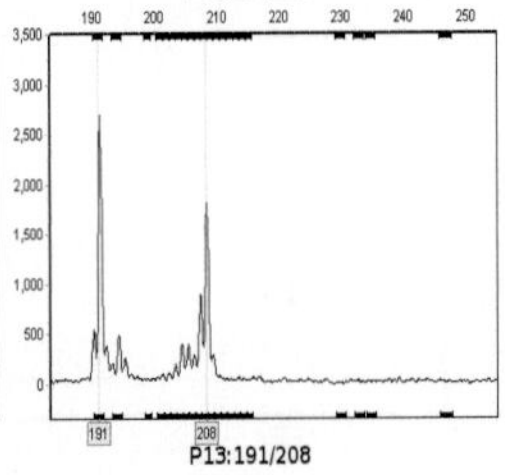 P13:191/208 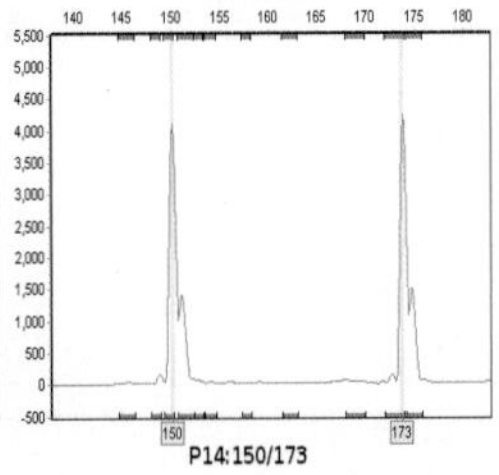 P14:150/173 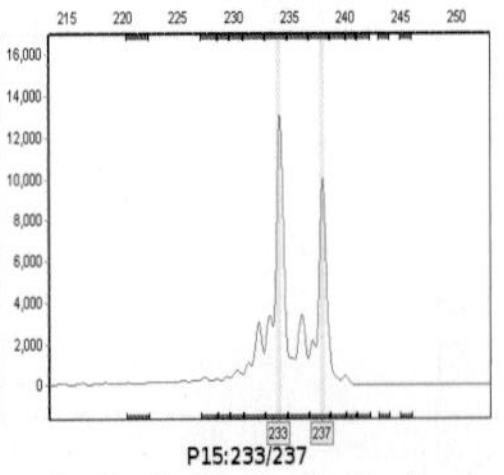 P15:233/237

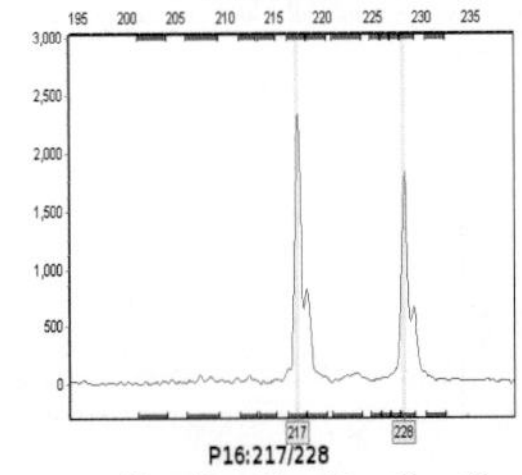

P16:217/228 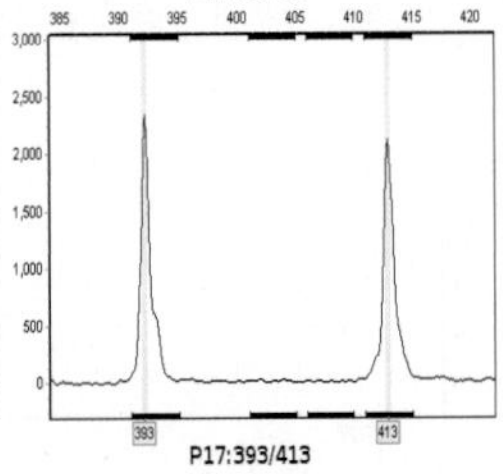 P17:393/413 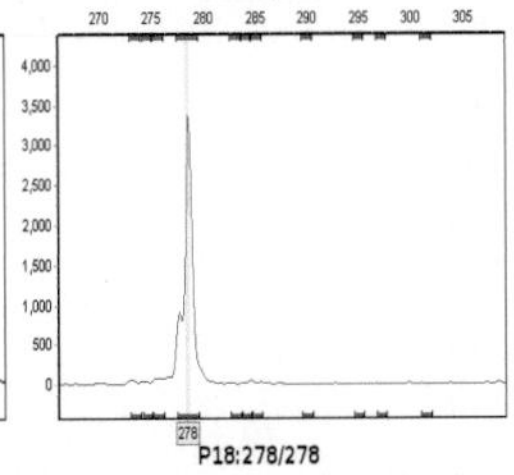 P18:278/278 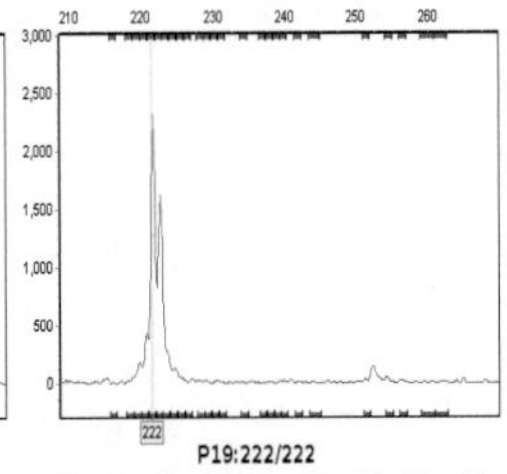 P19:222/222 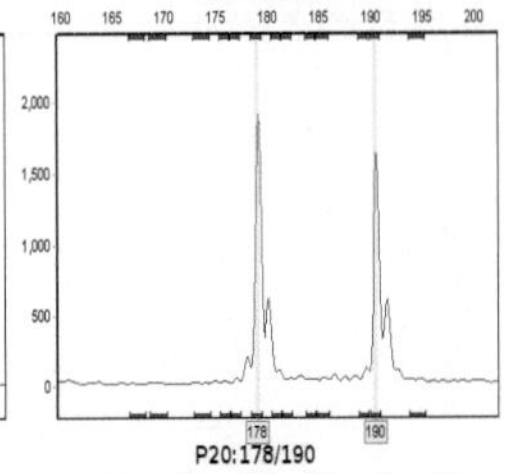 P20:178/190

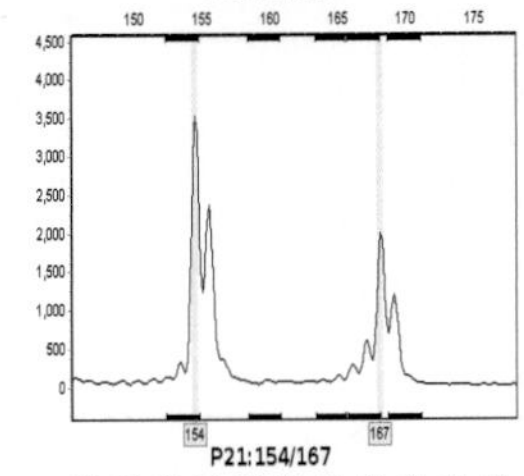

P21:154/167 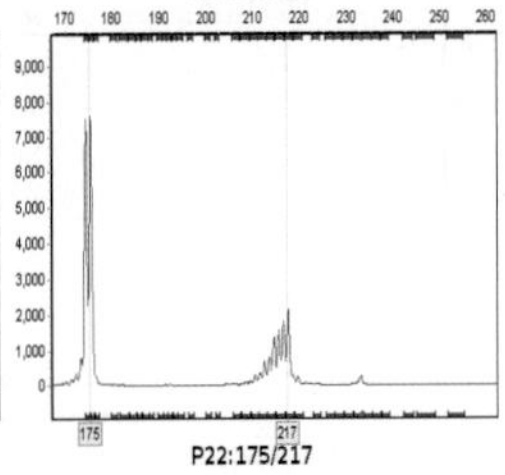 P22:175/217 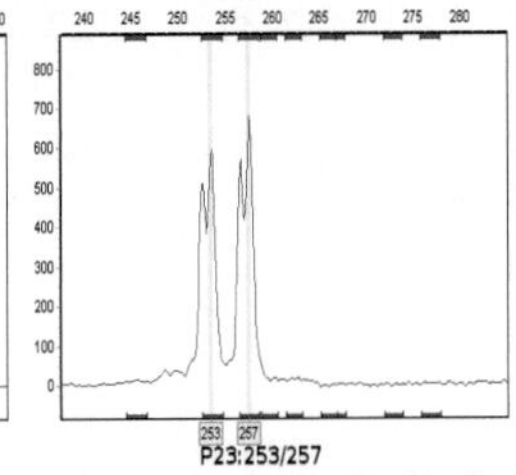 P23:253/257 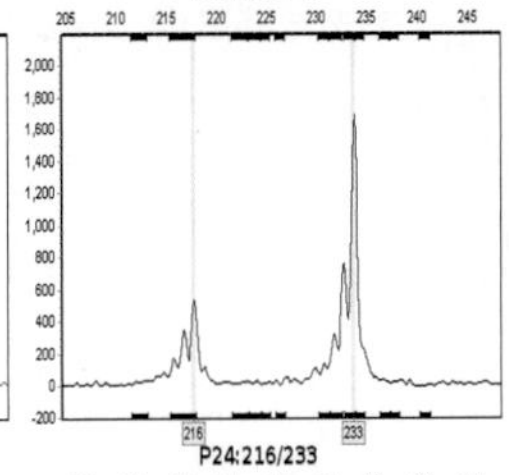 P24:216/233 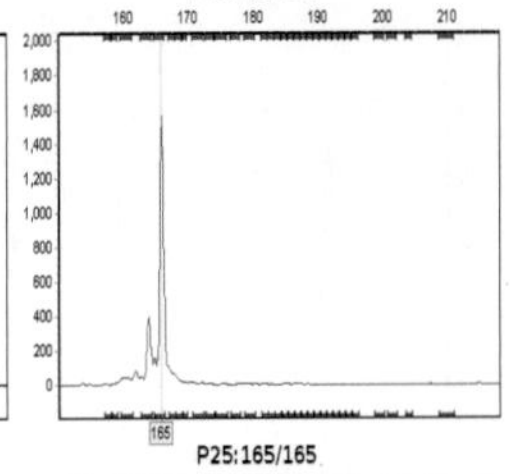 P25:165/165

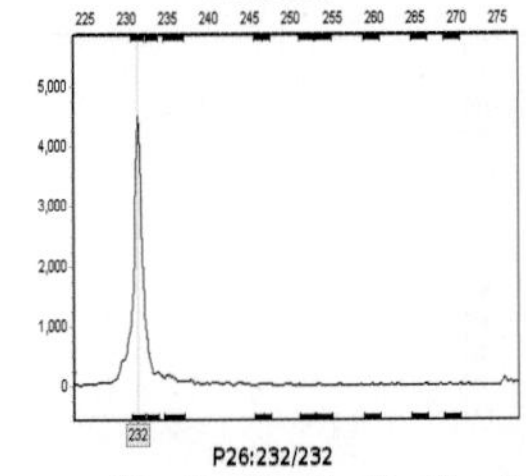

P26:232/232 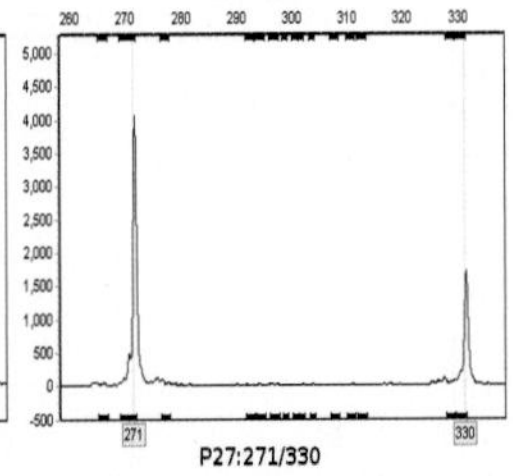 P27:271/330 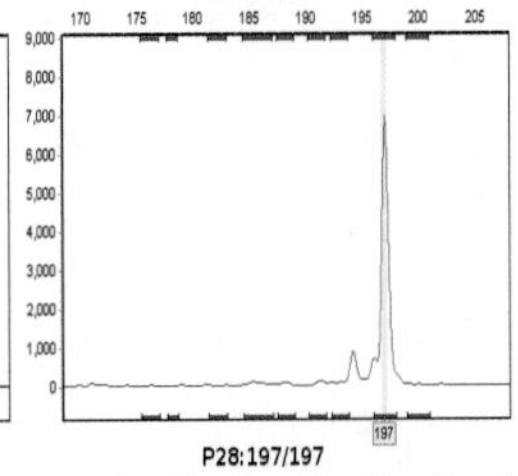 P28:197/197 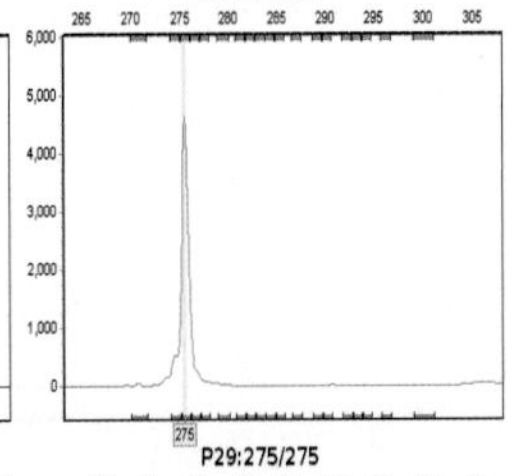 P29:275/275 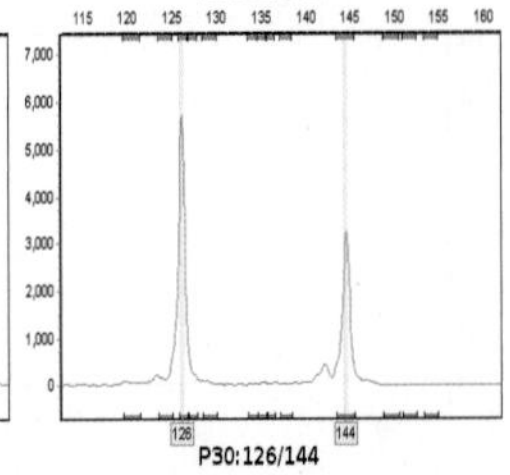 P30:126/144

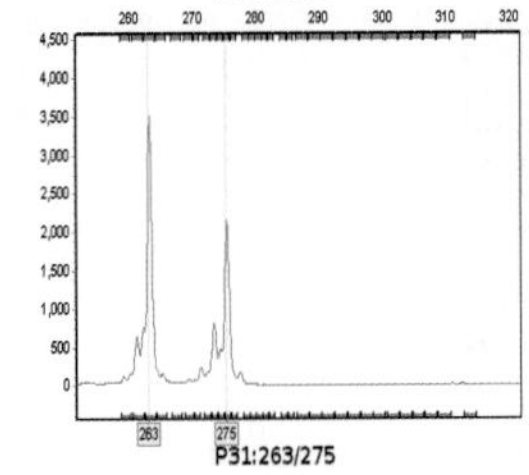

P31:263/275 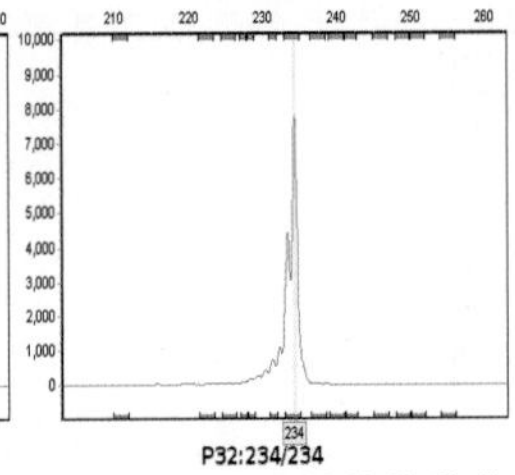 P32:234/234 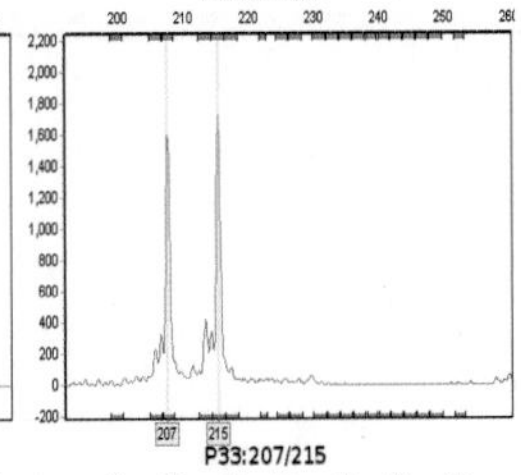 P33:207/215 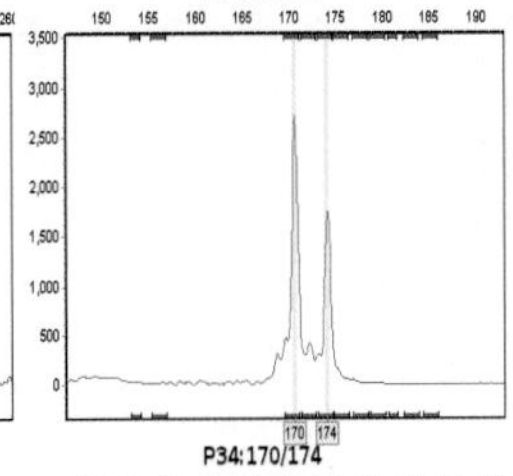 P34:170/174 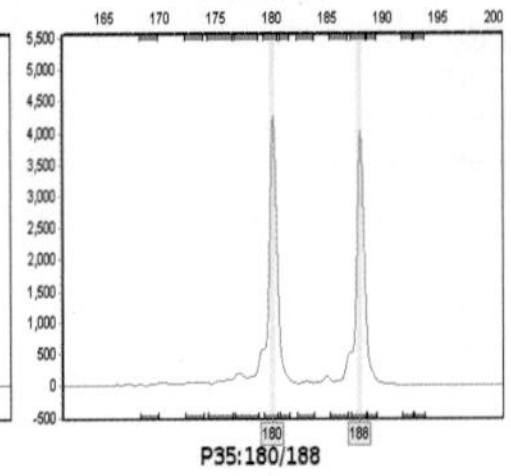 P35:180/188

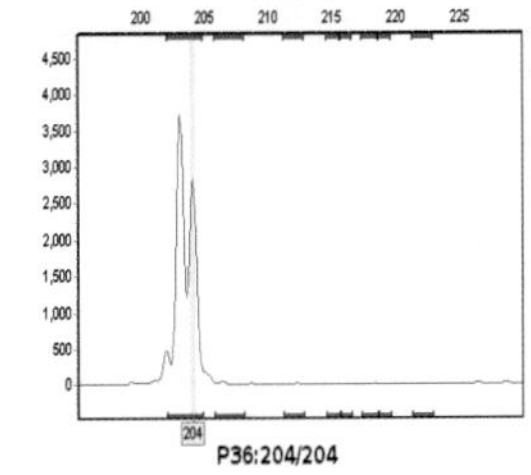

P36:204/204 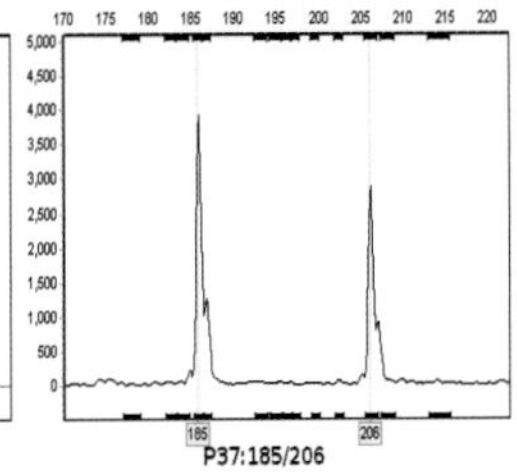 P37:185/206 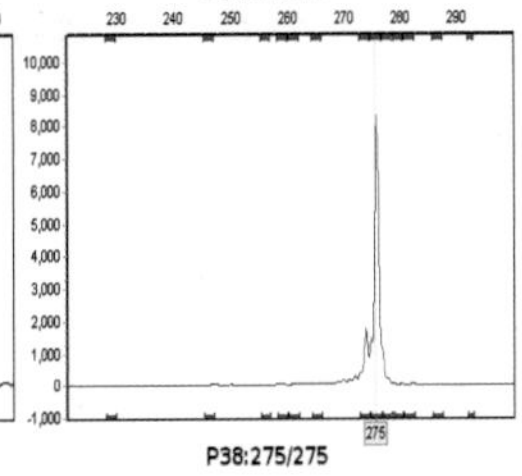 P38:275/275 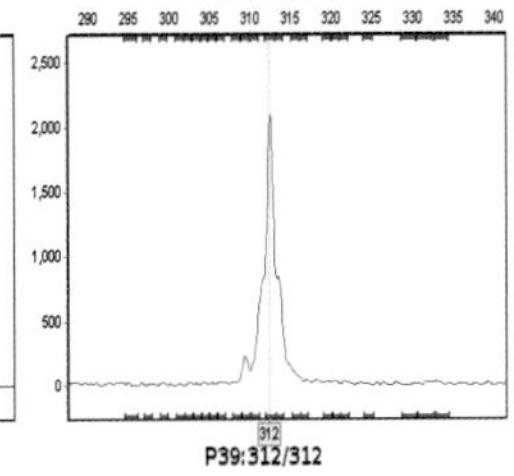 P39:312/312 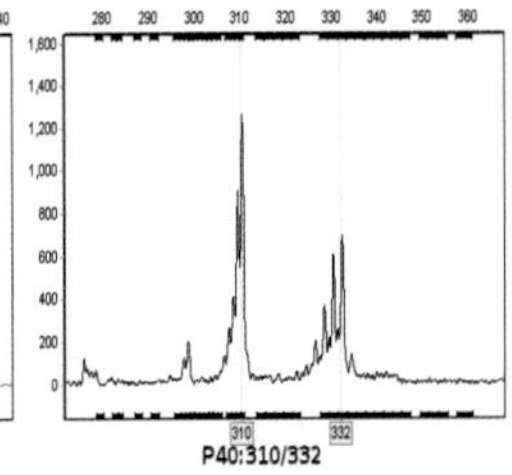 P40:310/332

信玉168 （审定编号：吉审玉2015022；种质库编号：S1G05027）

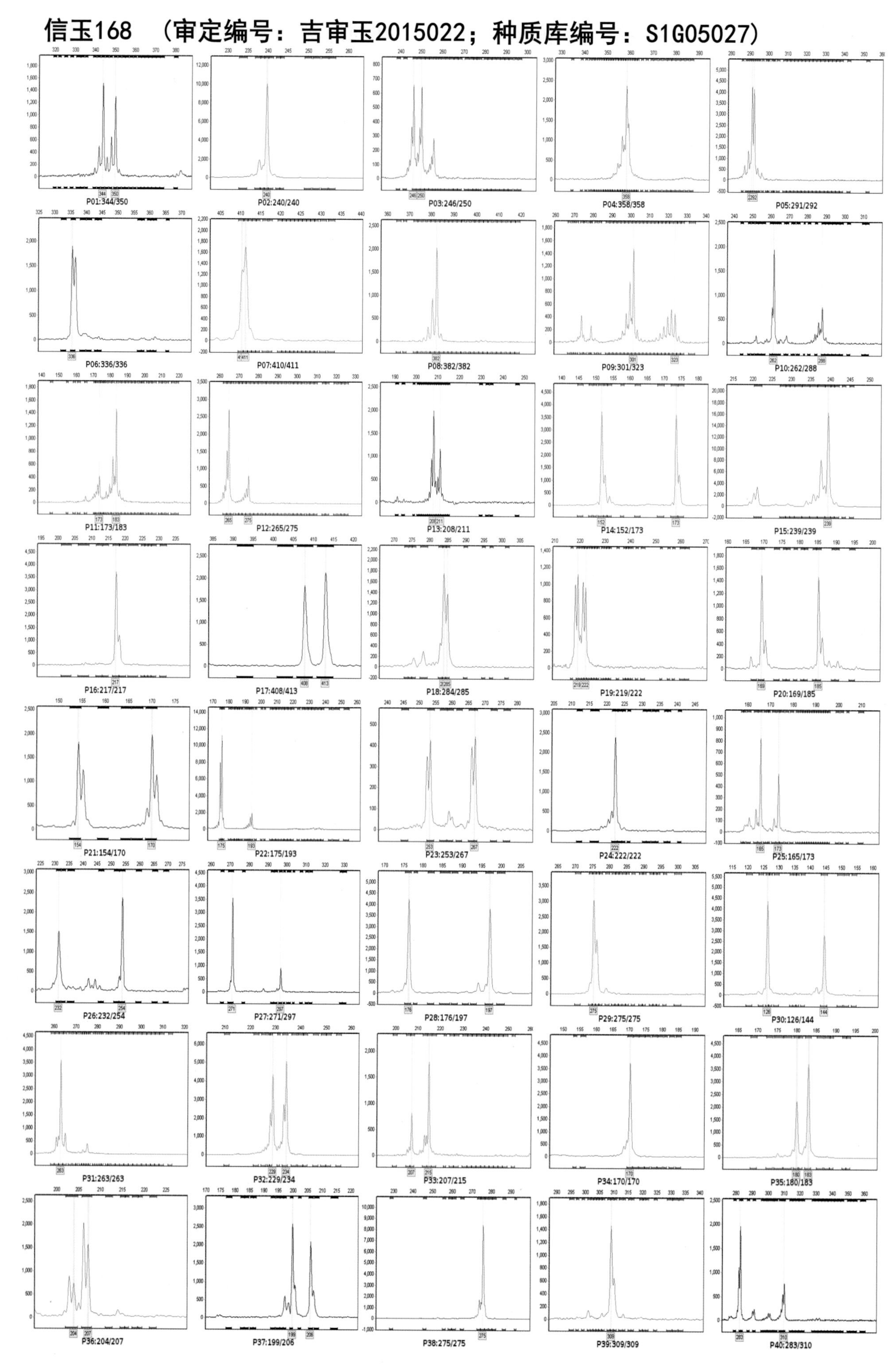

禾育203 （审定编号：吉审玉2015023；种质库编号：S1G05028）

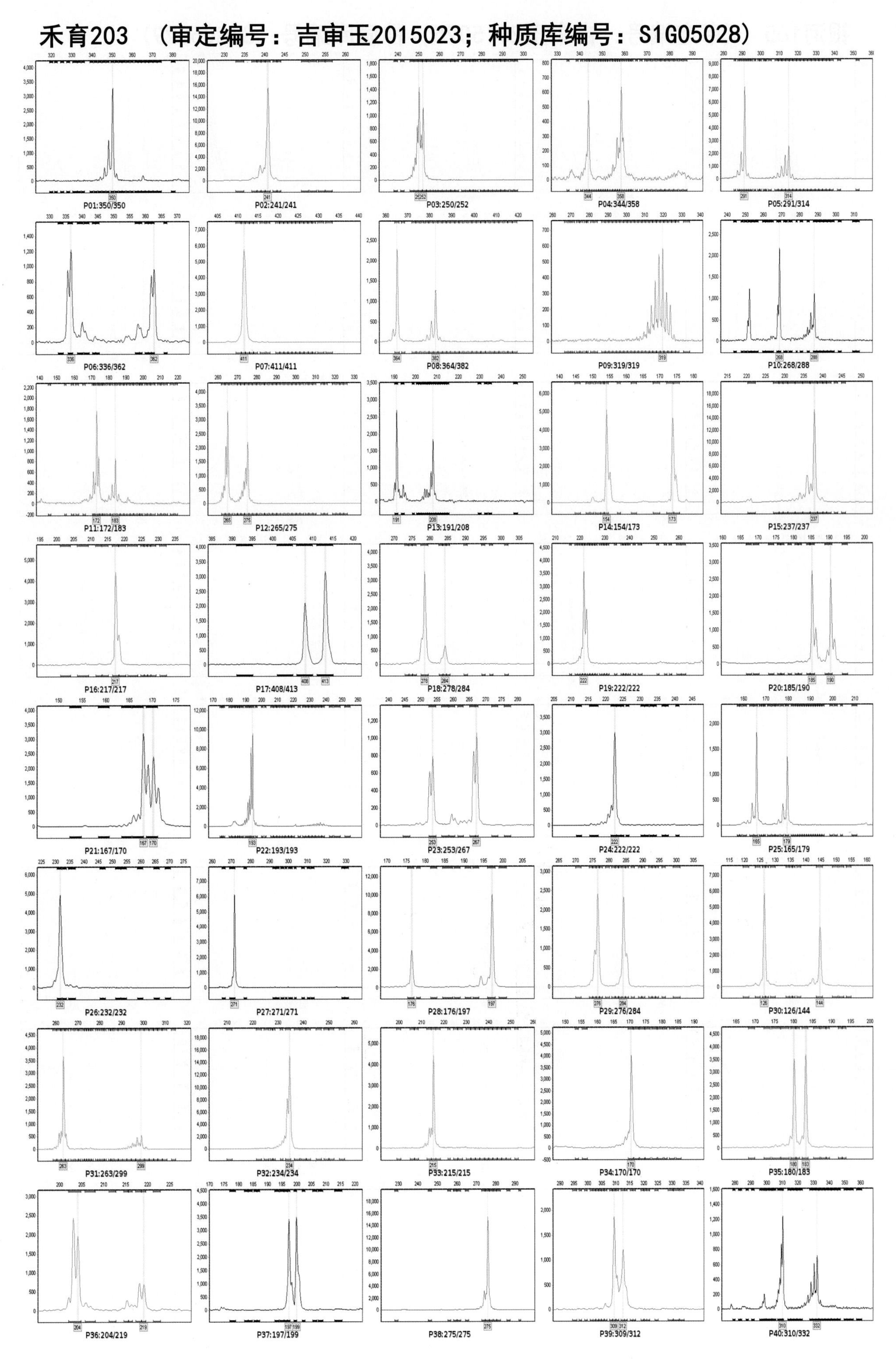

银河165 （审定编号：吉审玉2015025；种质库编号：S1G05029）

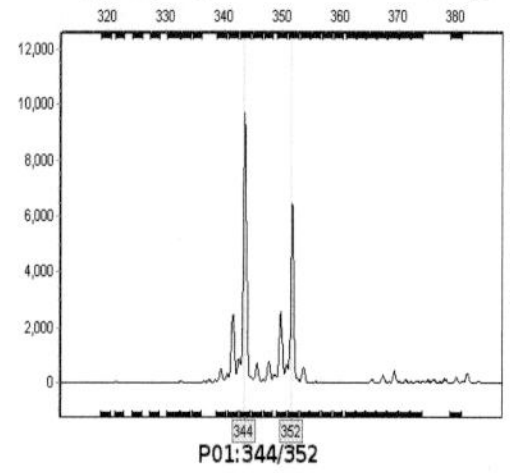

P01:344/352
P02:240/240 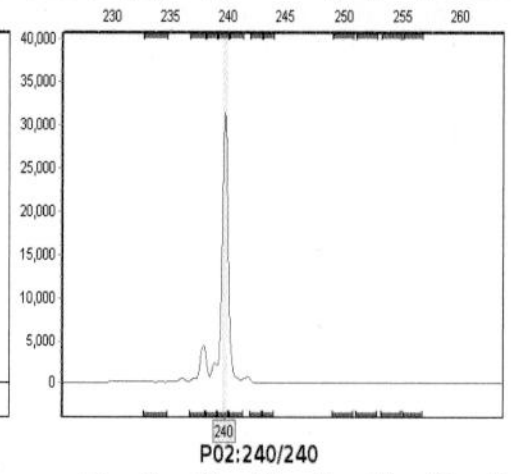
P03:250/254 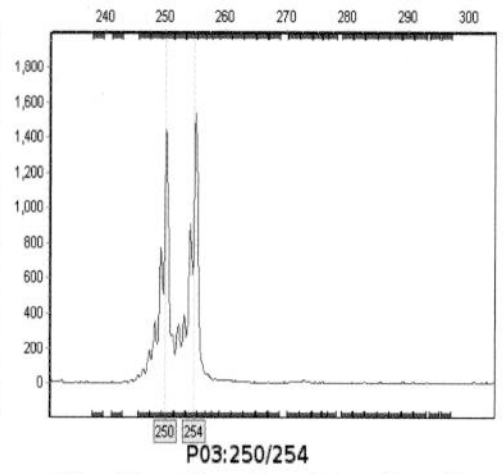
P04:384/384 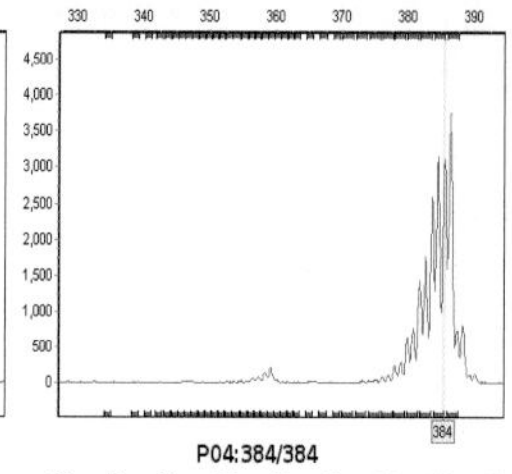
P05:294/302 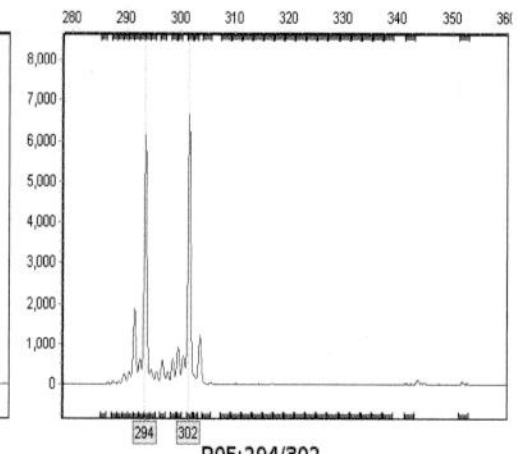
P06:336/362 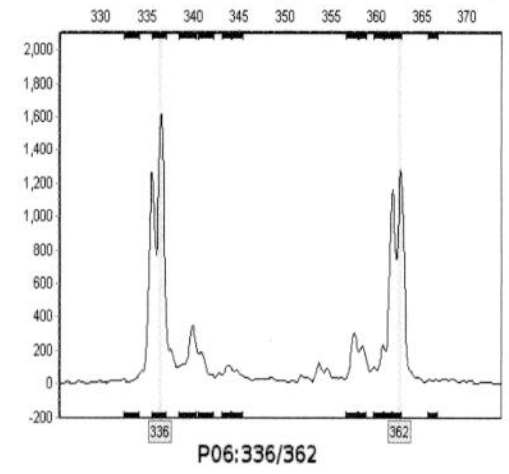
P07:411/411 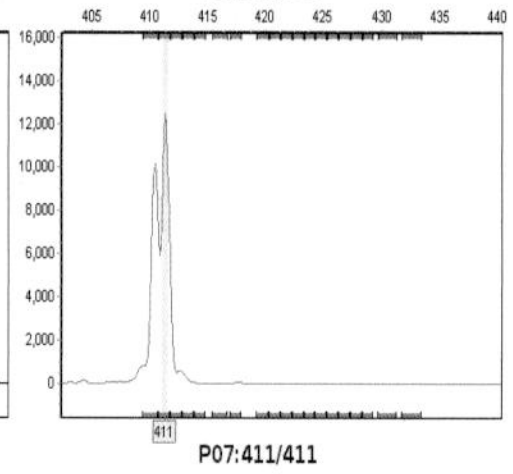
P08:382/404 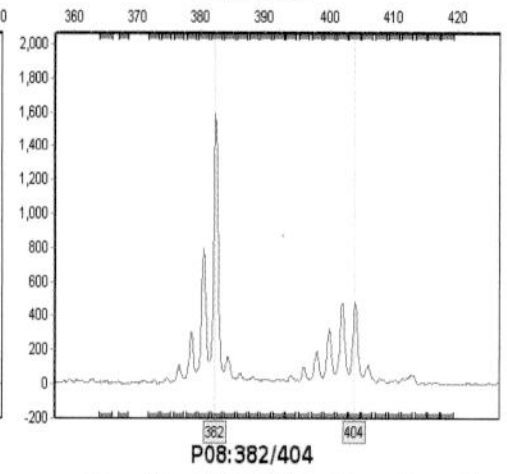
P09:273/319 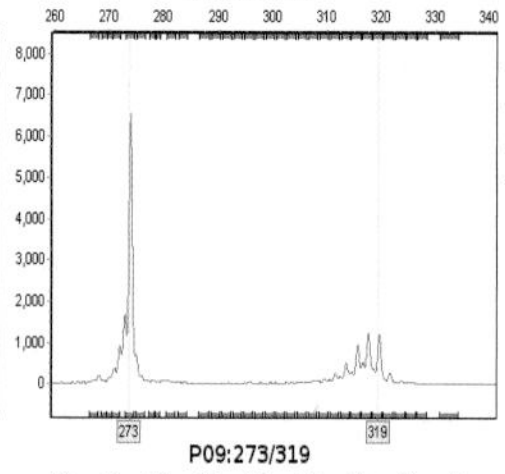
P10:252/268 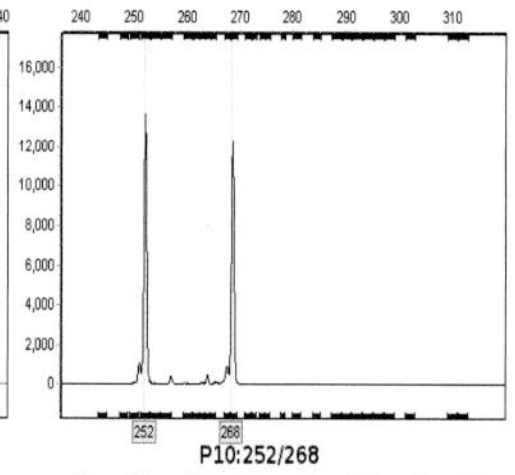
P11:165/183 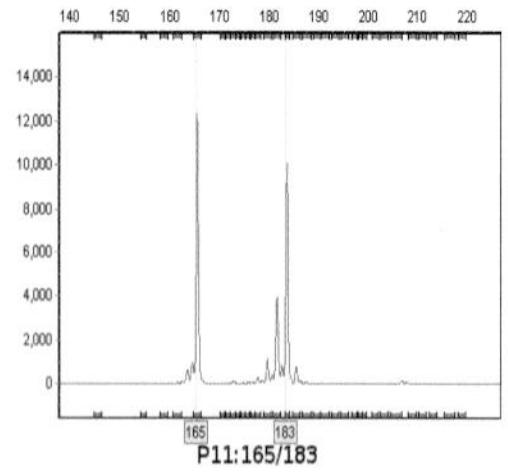
P12:265/293 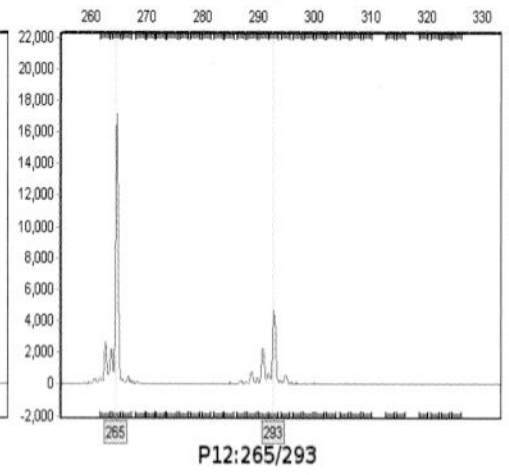
P13:207/207 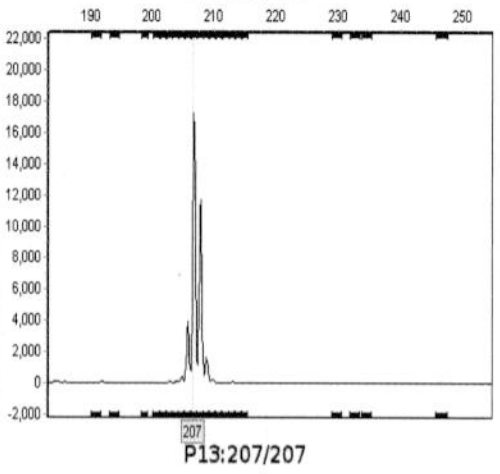
P14:152/154 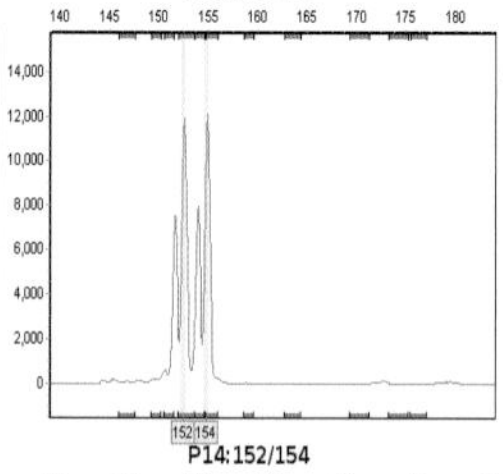
P15:221/237 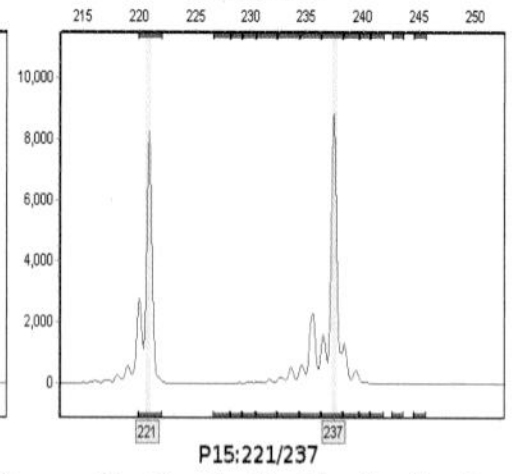
P16:217/228 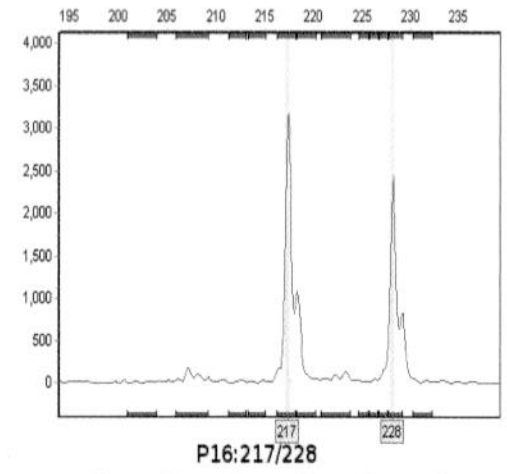
P17:413/413 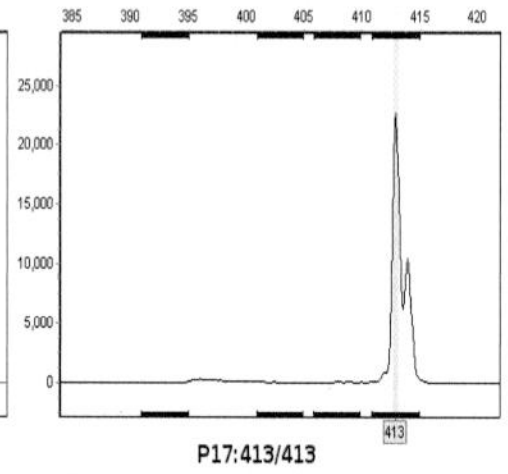
P18:278/284 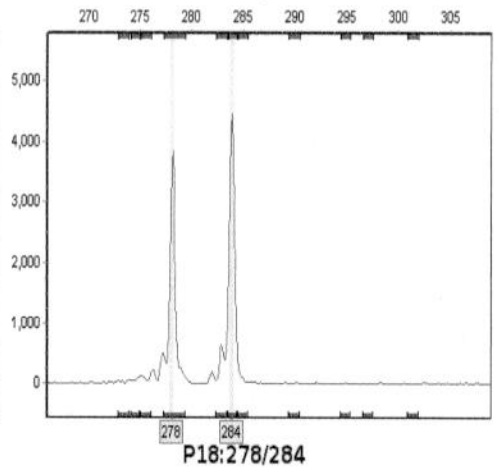
P19:219/222 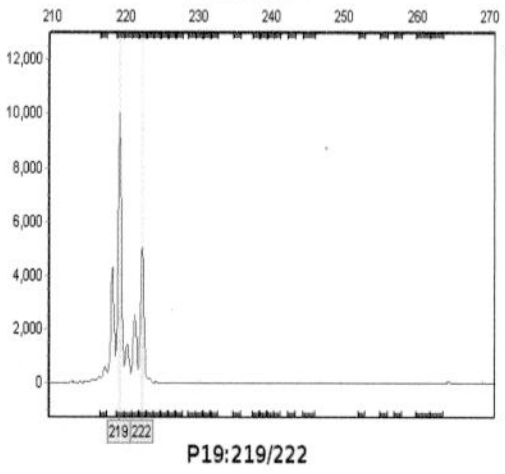
P20:185/185 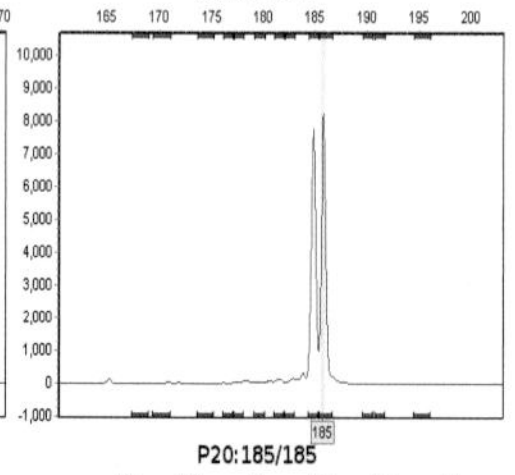
P21:154/170 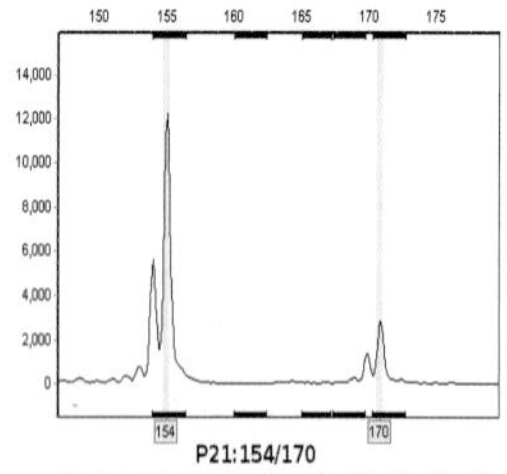
P22:175/175 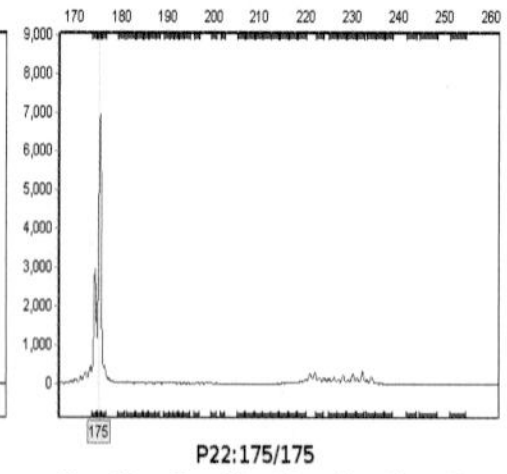
P23:262/267 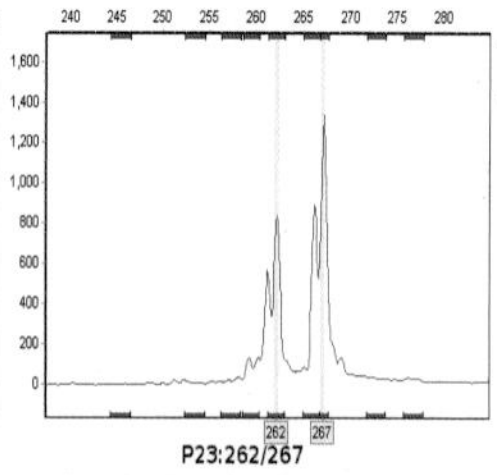
P24:222/222 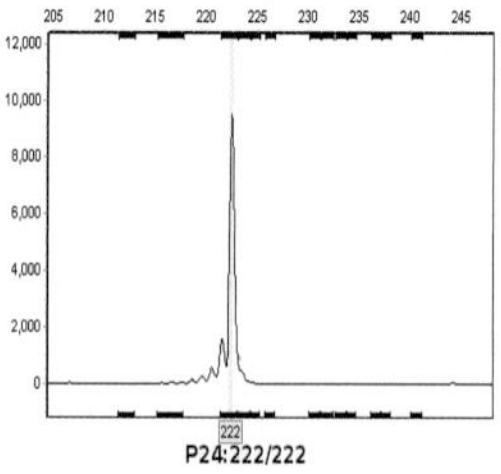
P25:173/179 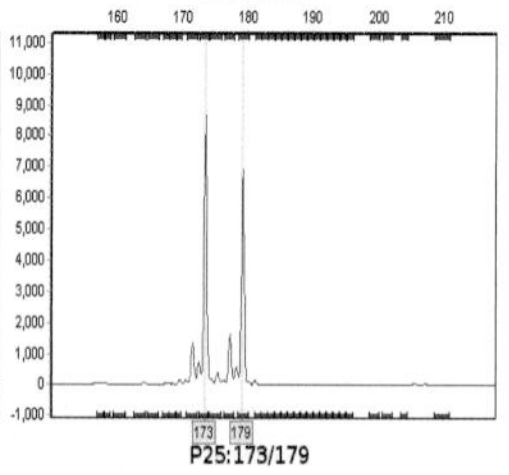
P26:233/246 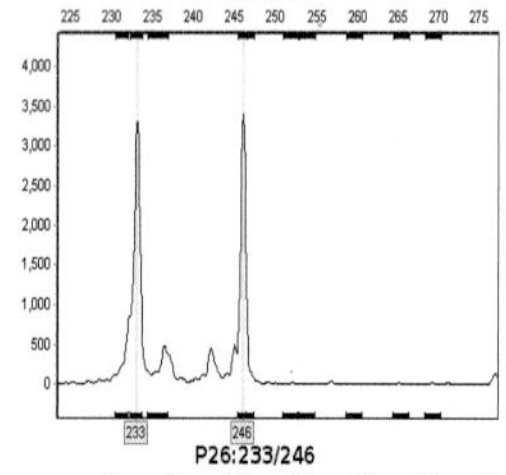
P27:271/294 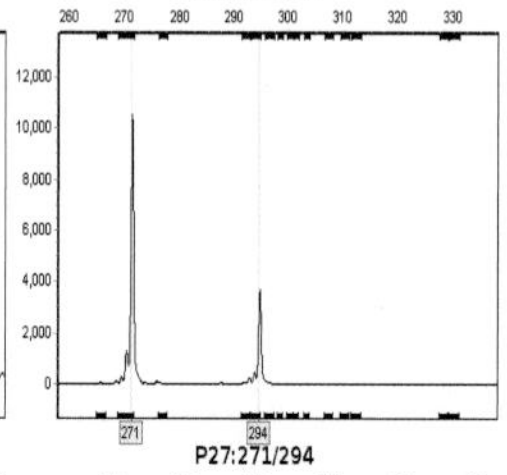
P28:176/197 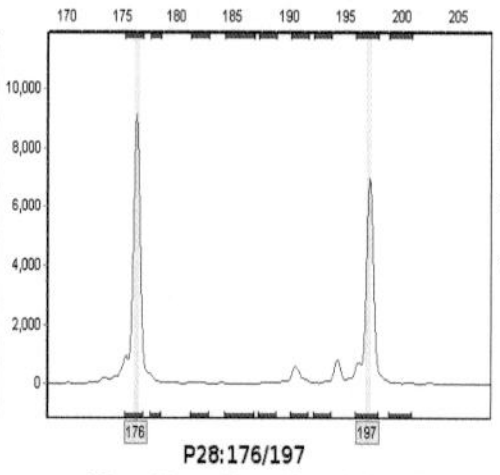
P29:275/279 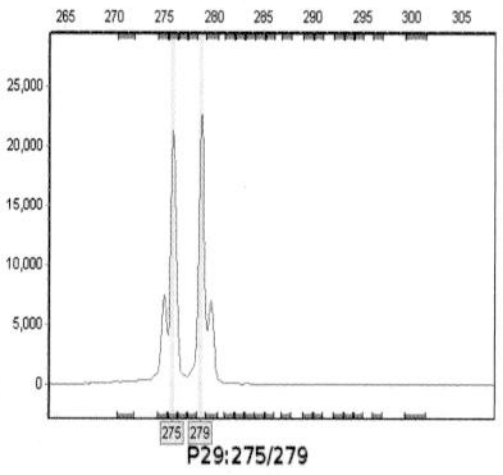
P30:126/144 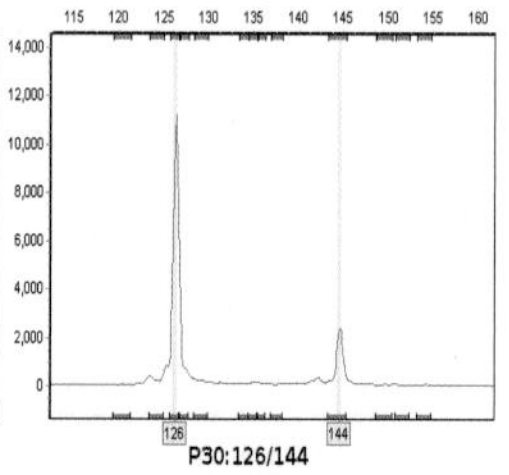
P31:275/275 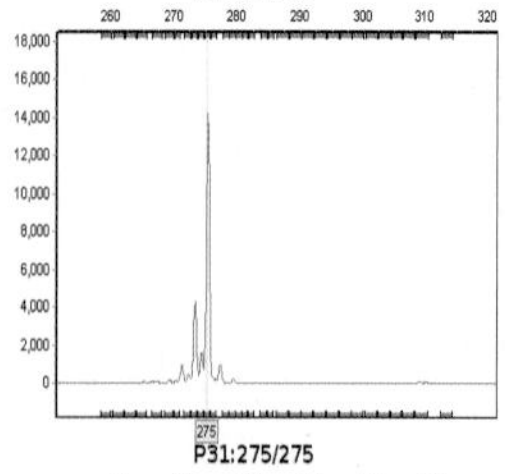
P32:251/251 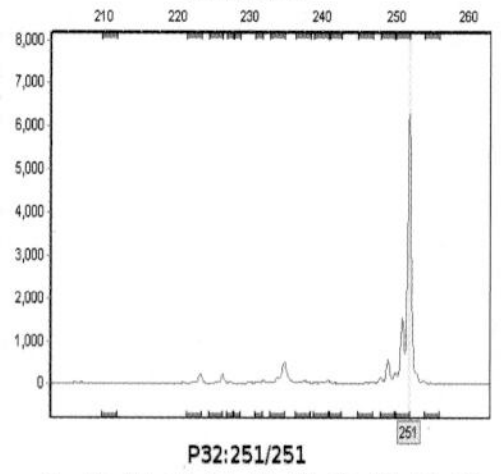
P33:205/207 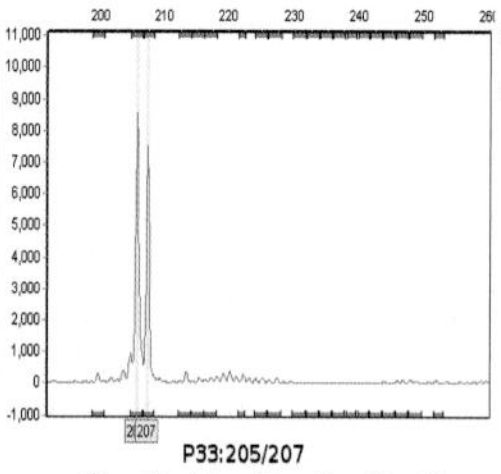
P34:156/170 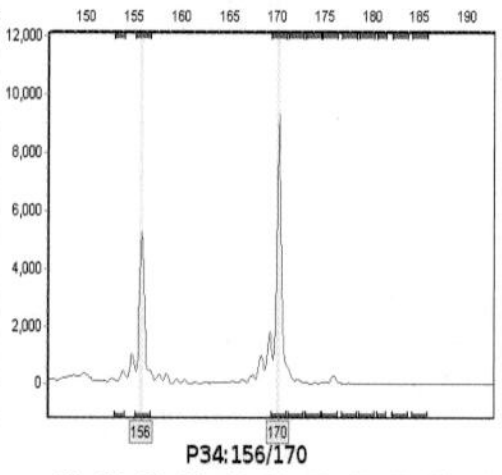
P35:183/188 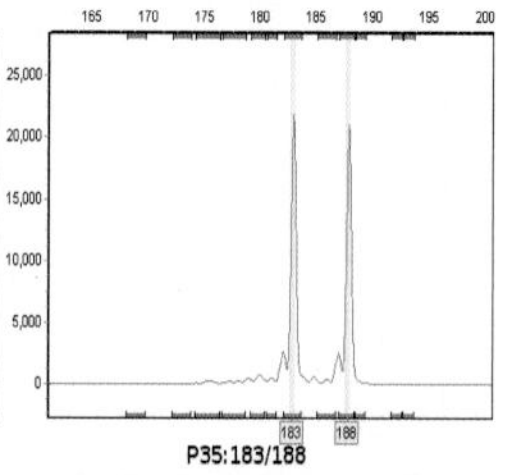
P36:204/215 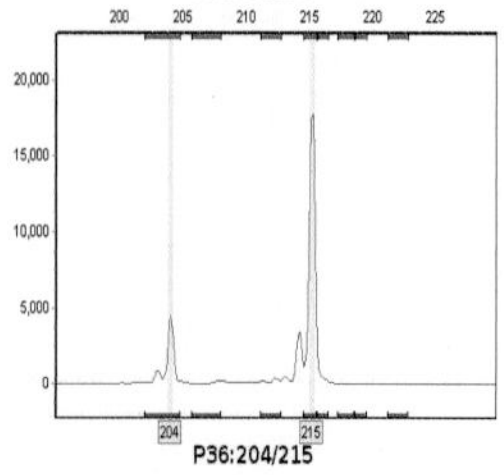
P37:199/206 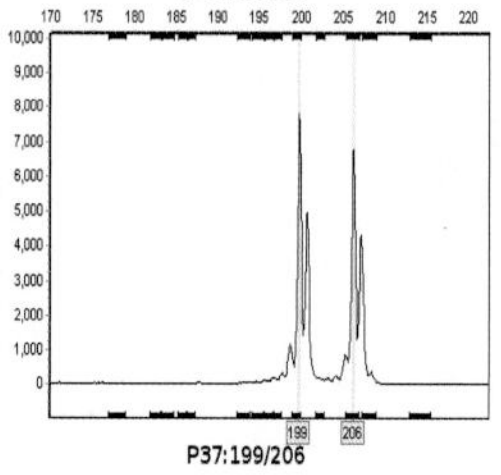
P38:261/275 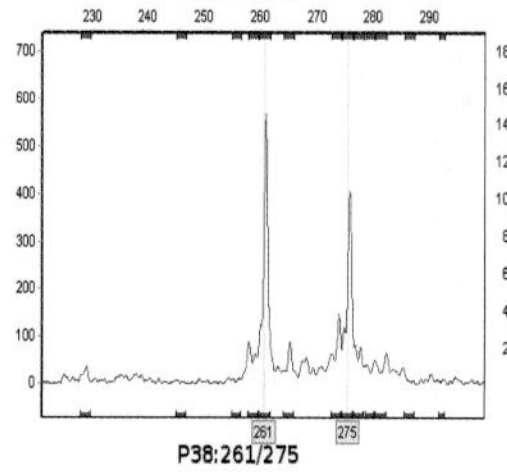
P39:309/309 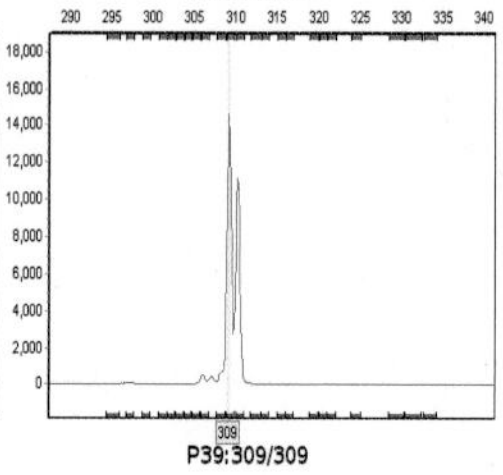
P40:283/310

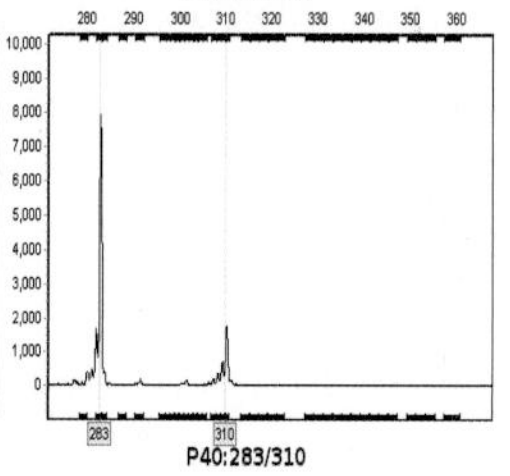

金庆1号 （审定编号：吉审玉2015026；种质库编号：S1G05030）

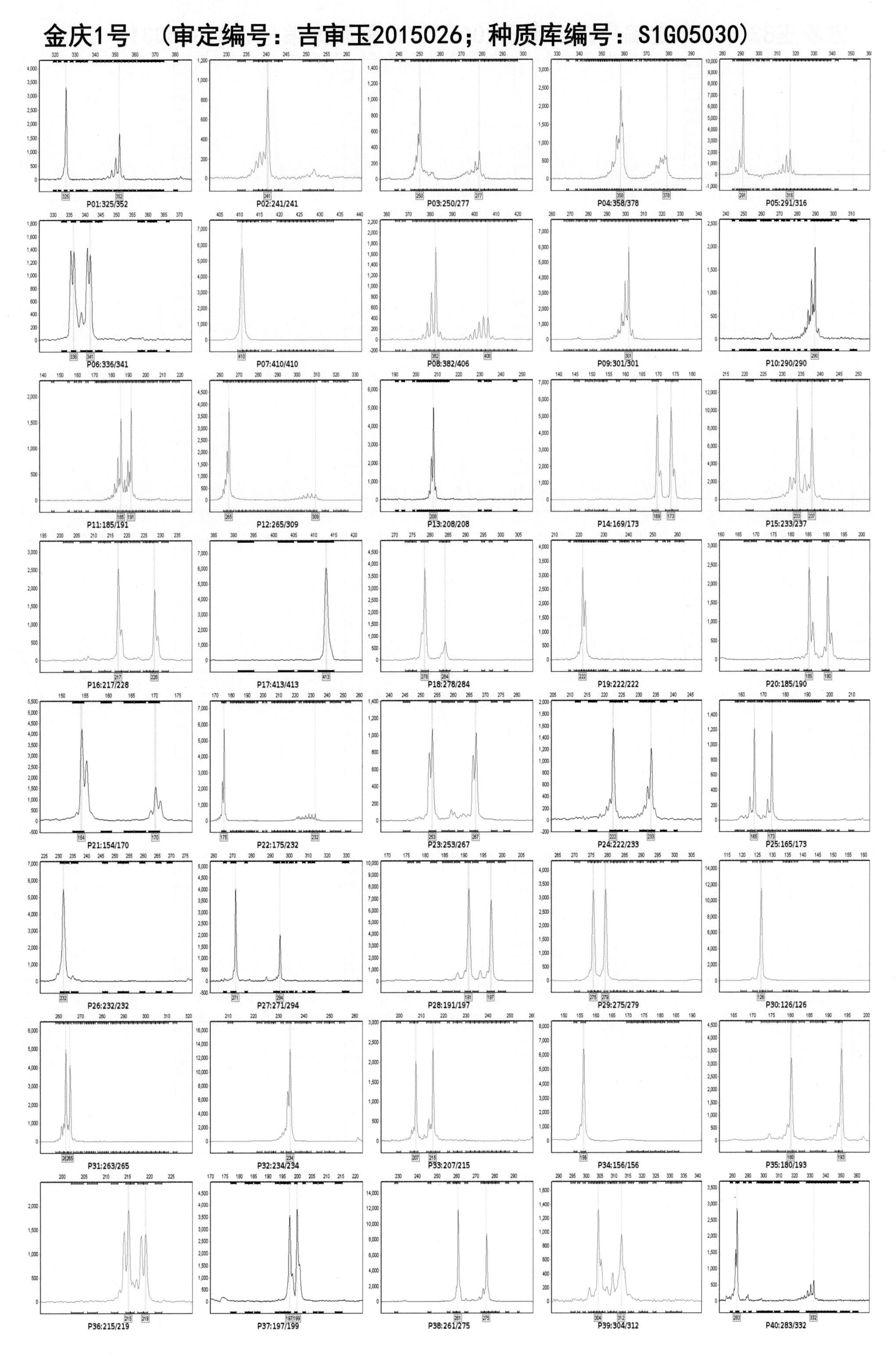

吉农玉833 （审定编号：吉审玉2015027；种质库编号：S1G05031）

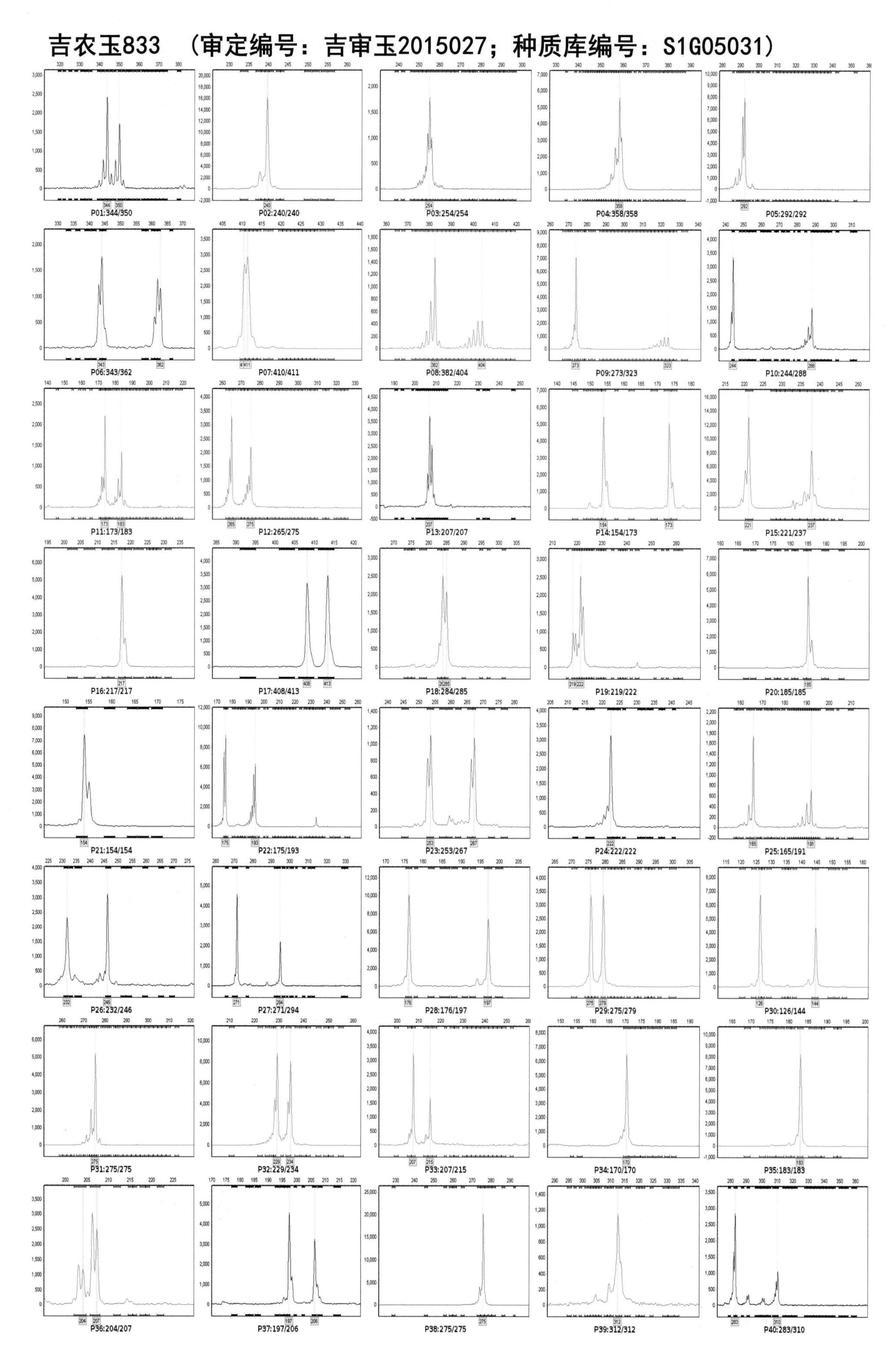

吉农大988 （审定编号：吉审玉2015028；种质库编号：S1G05032）

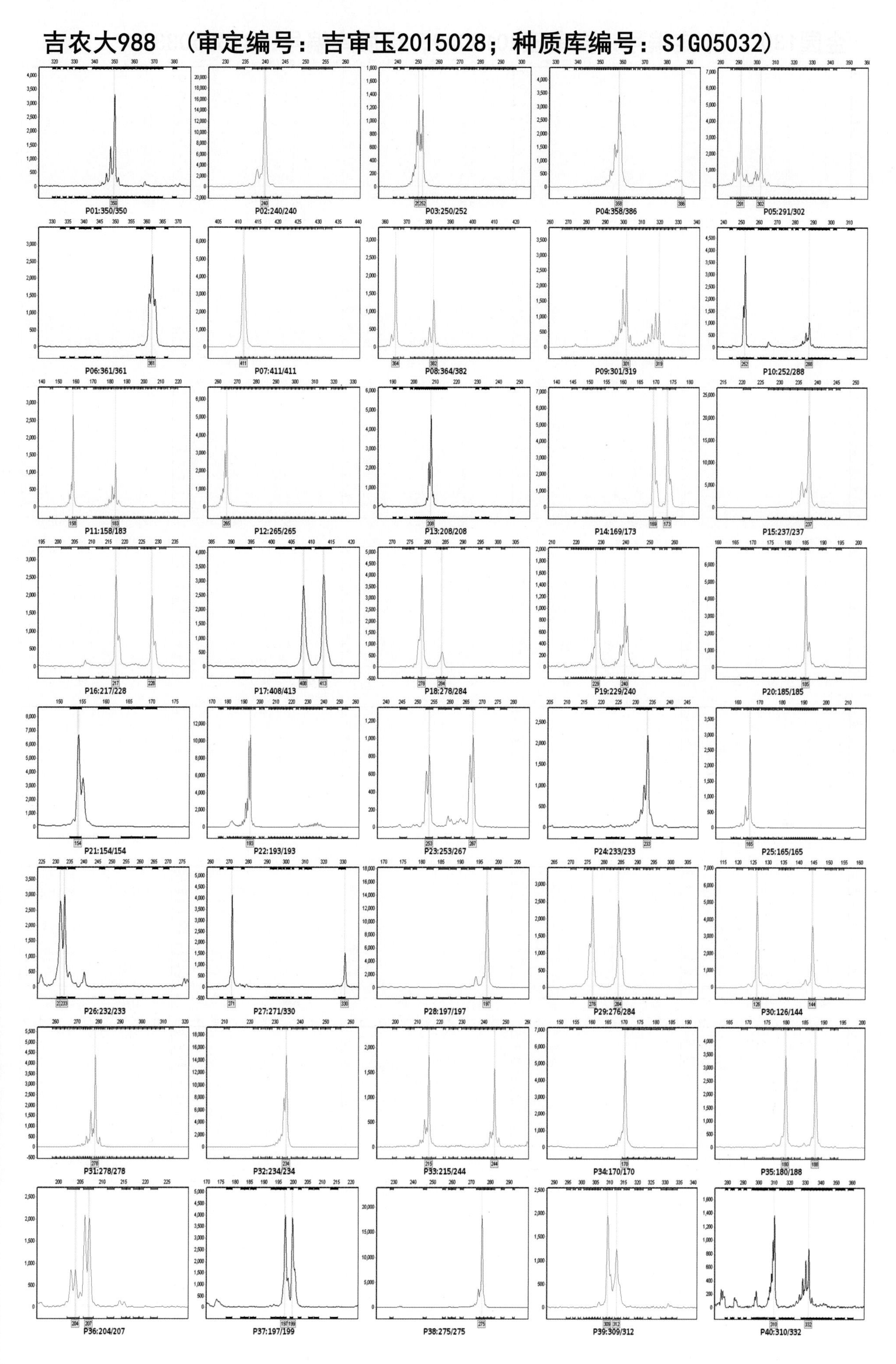

金园130 （审定编号：吉审玉2015029；种质库编号：S1G05033）

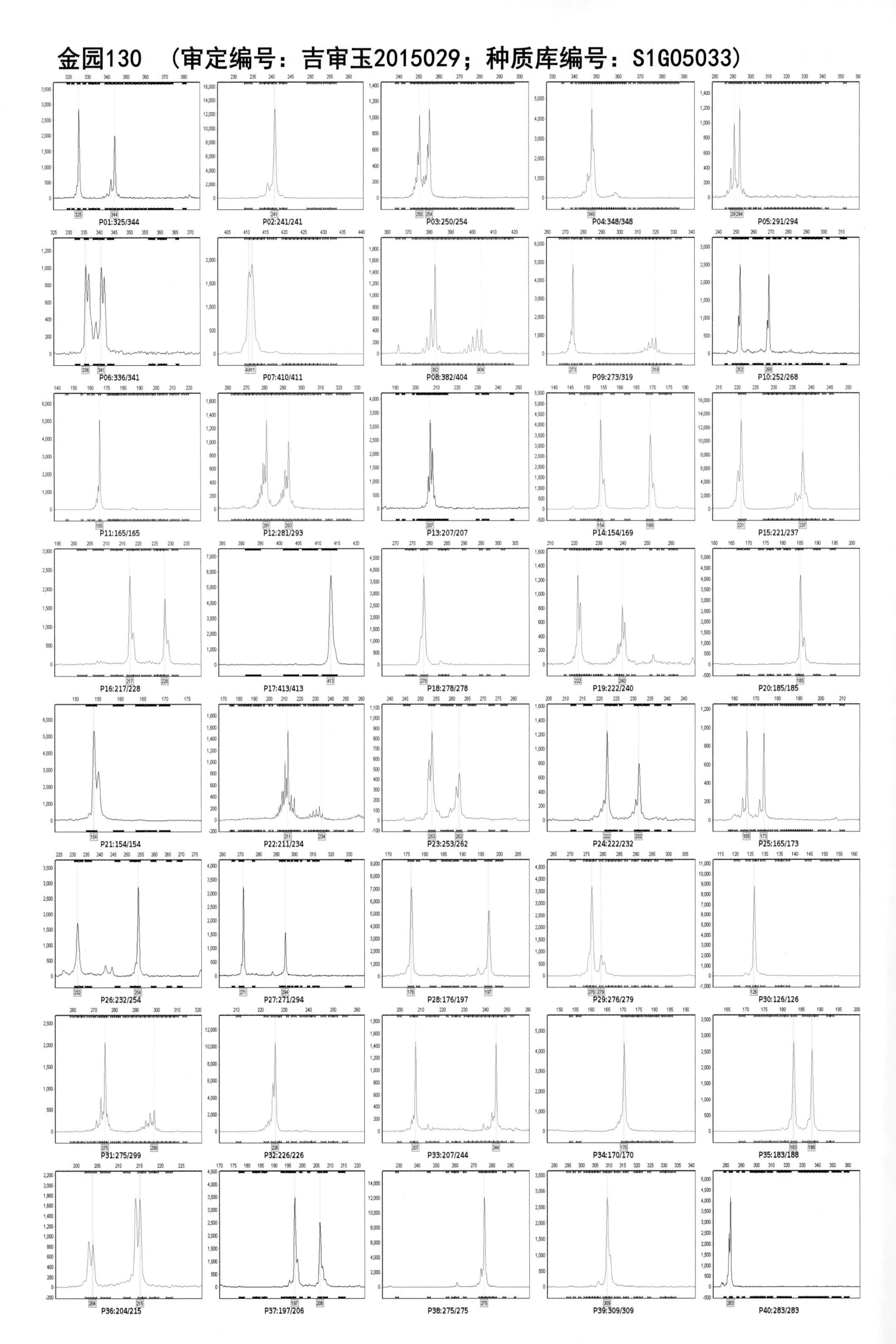

富民58 （审定编号：吉审玉2015030；种质库编号：S1G05034）

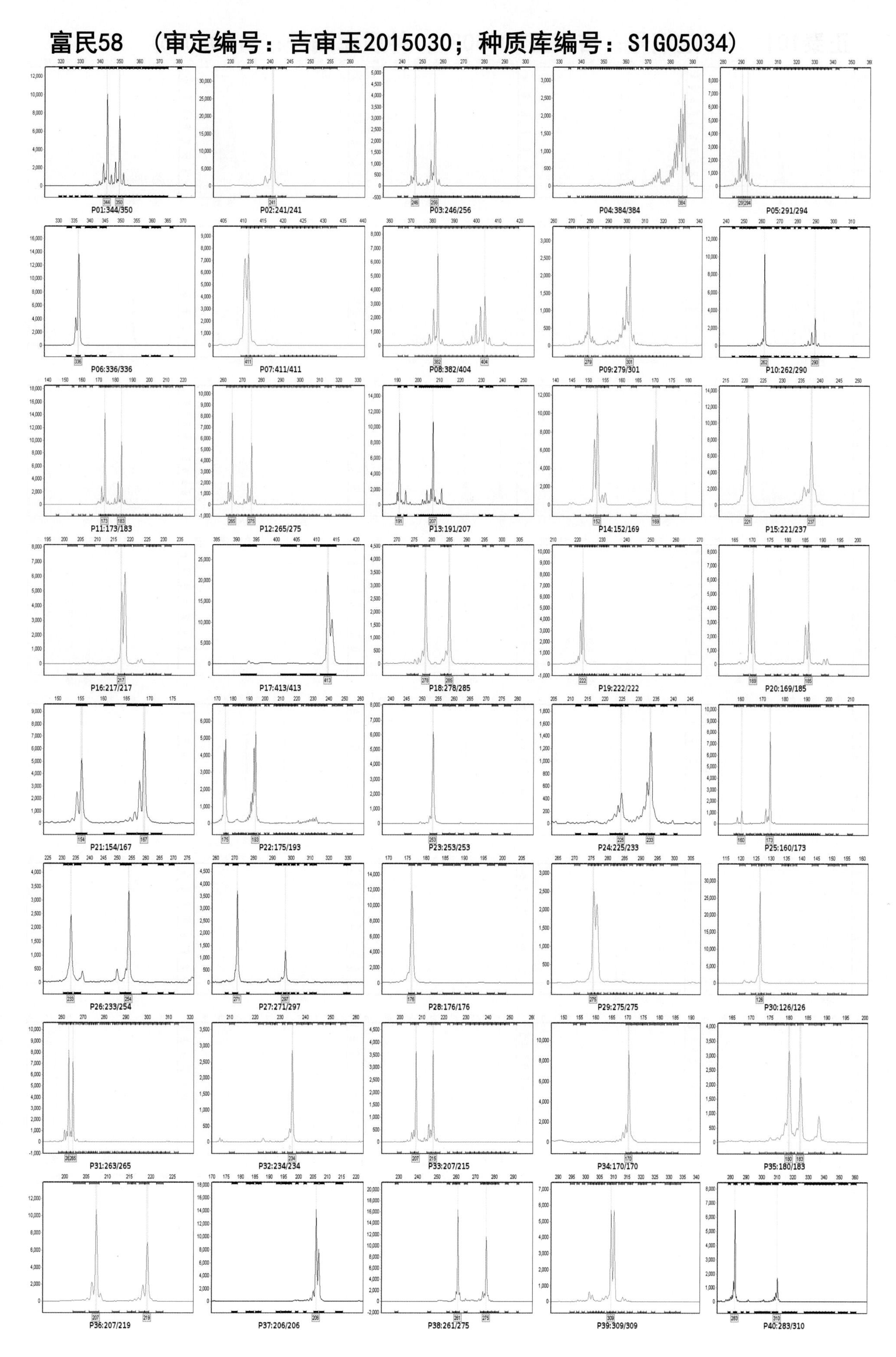

正泰101 （审定编号：吉审玉2015031；种质库编号：S1G05035）

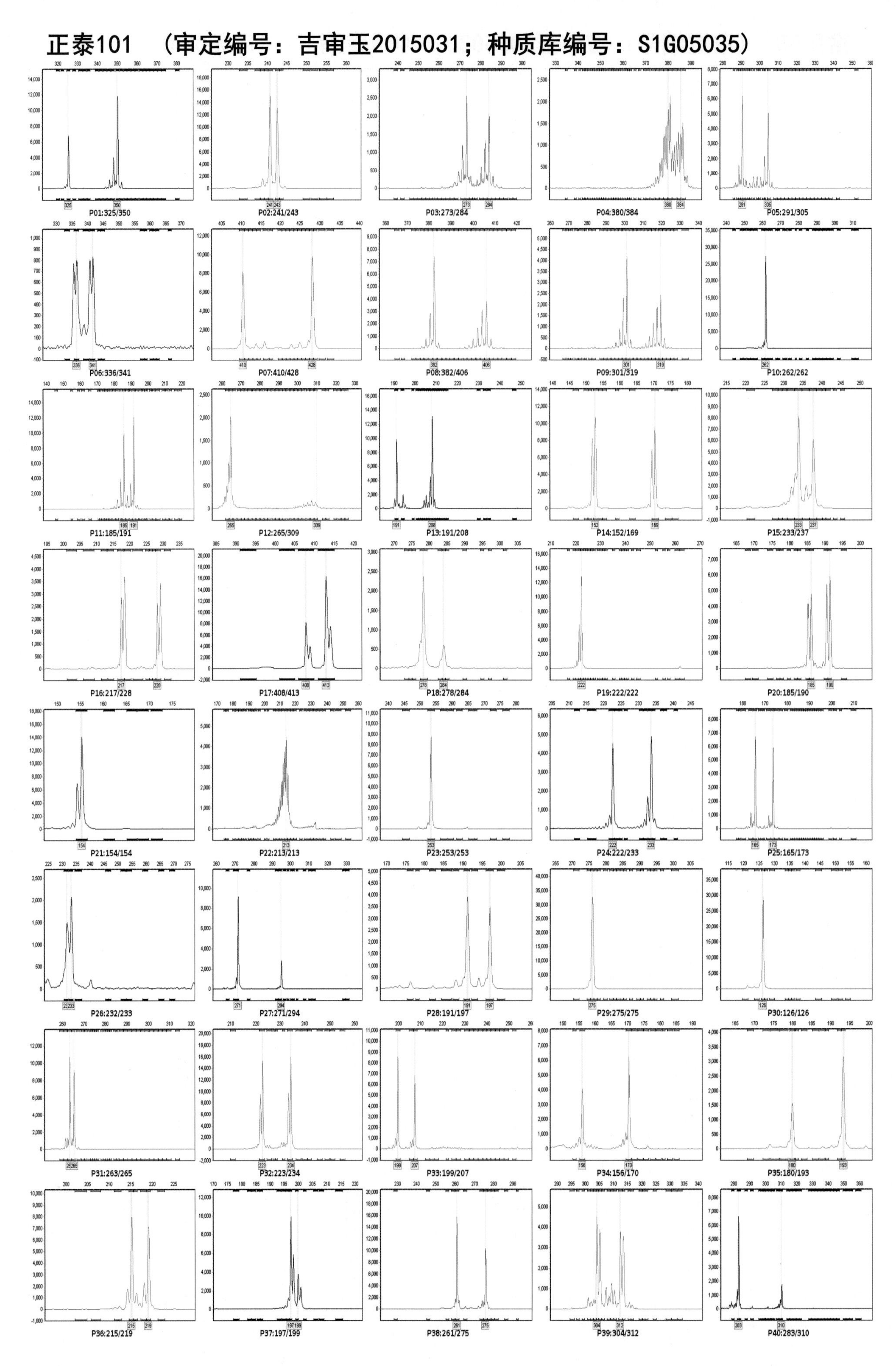

金辉98 （审定编号：吉审玉2015032；种质库编号：S1G05036）

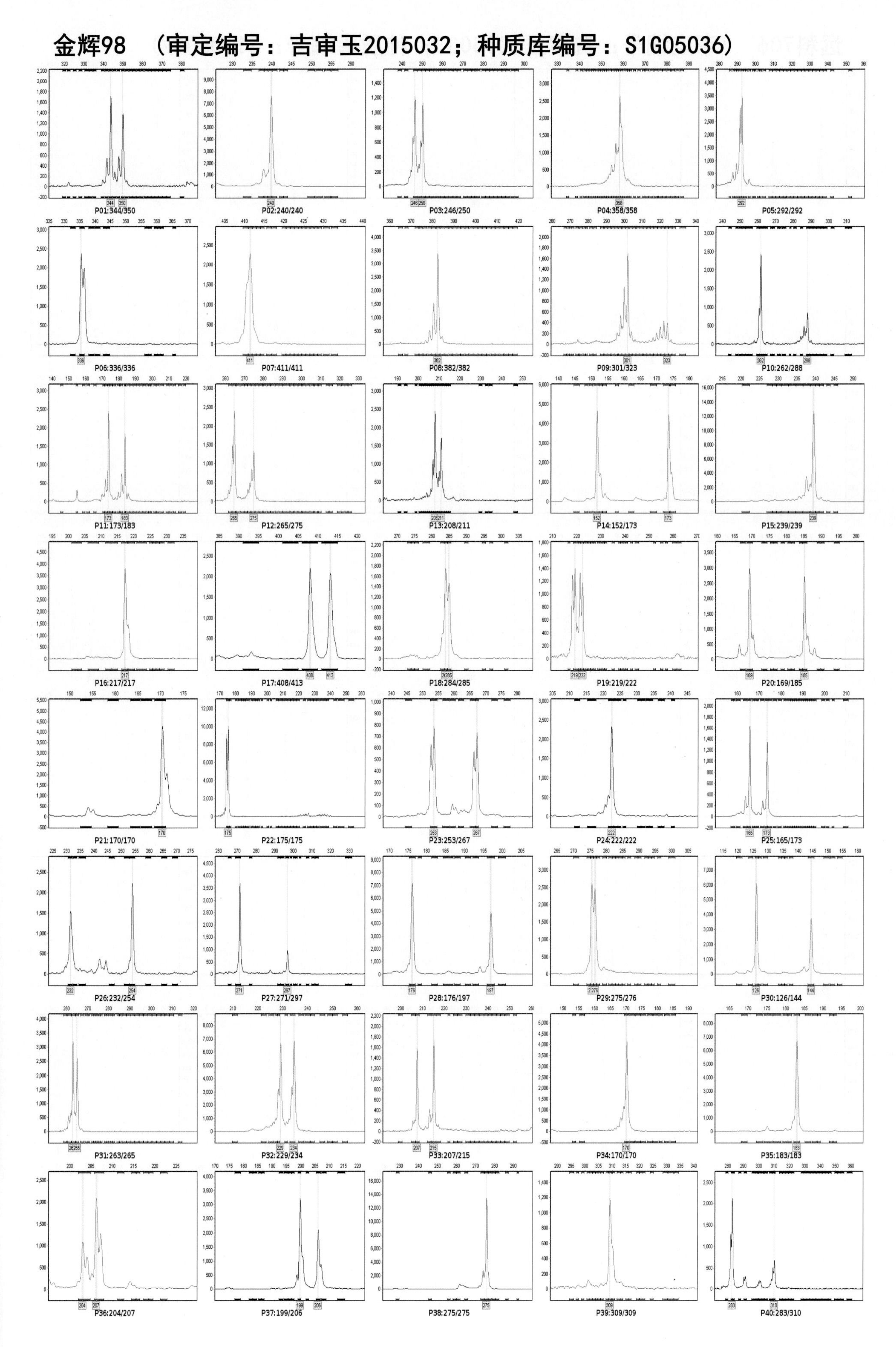

远科706 （审定编号：吉审玉2015033；种质库编号：S1G05037）

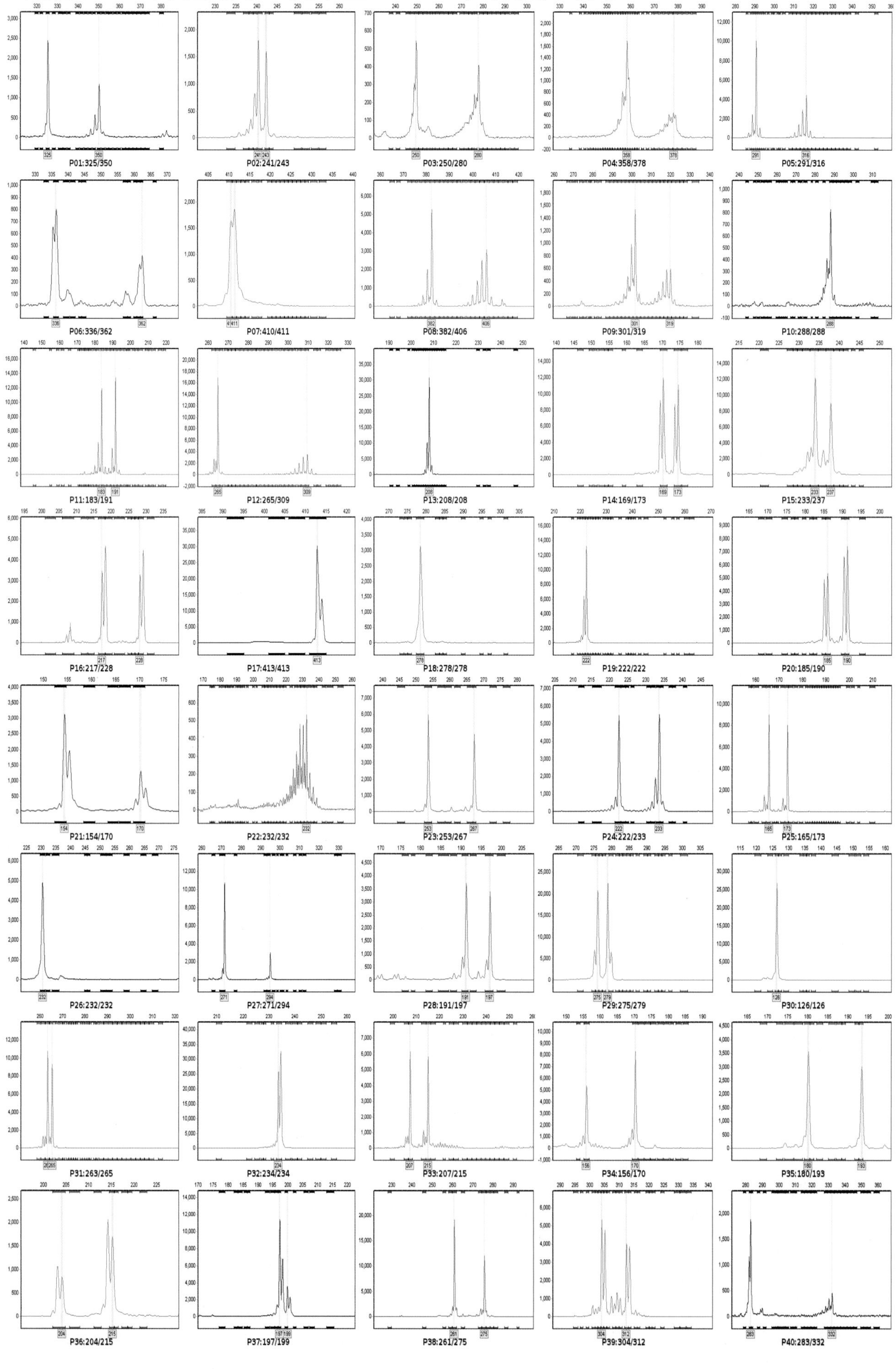

P01:325/350	P02:241/243	P03:250/280	P04:358/378	P05:291/316
P06:336/362	P07:410/411	P08:382/406	P09:301/319	P10:288/288
P11:183/191	P12:265/309	P13:208/208	P14:169/173	P15:233/237
P16:217/228	P17:413/413	P18:278/278	P19:222/222	P20:185/190
P21:154/170	P22:232/232	P23:253/267	P24:222/233	P25:165/173
P26:232/232	P27:271/294	P28:191/197	P29:275/279	P30:126/126
P31:263/265	P32:234/234	P33:207/215	P34:156/170	P35:180/193
P36:204/215	P37:197/199	P38:261/275	P39:304/312	P40:283/332

东润188 （审定编号：吉审玉2015035；种质库编号：S1G05038）

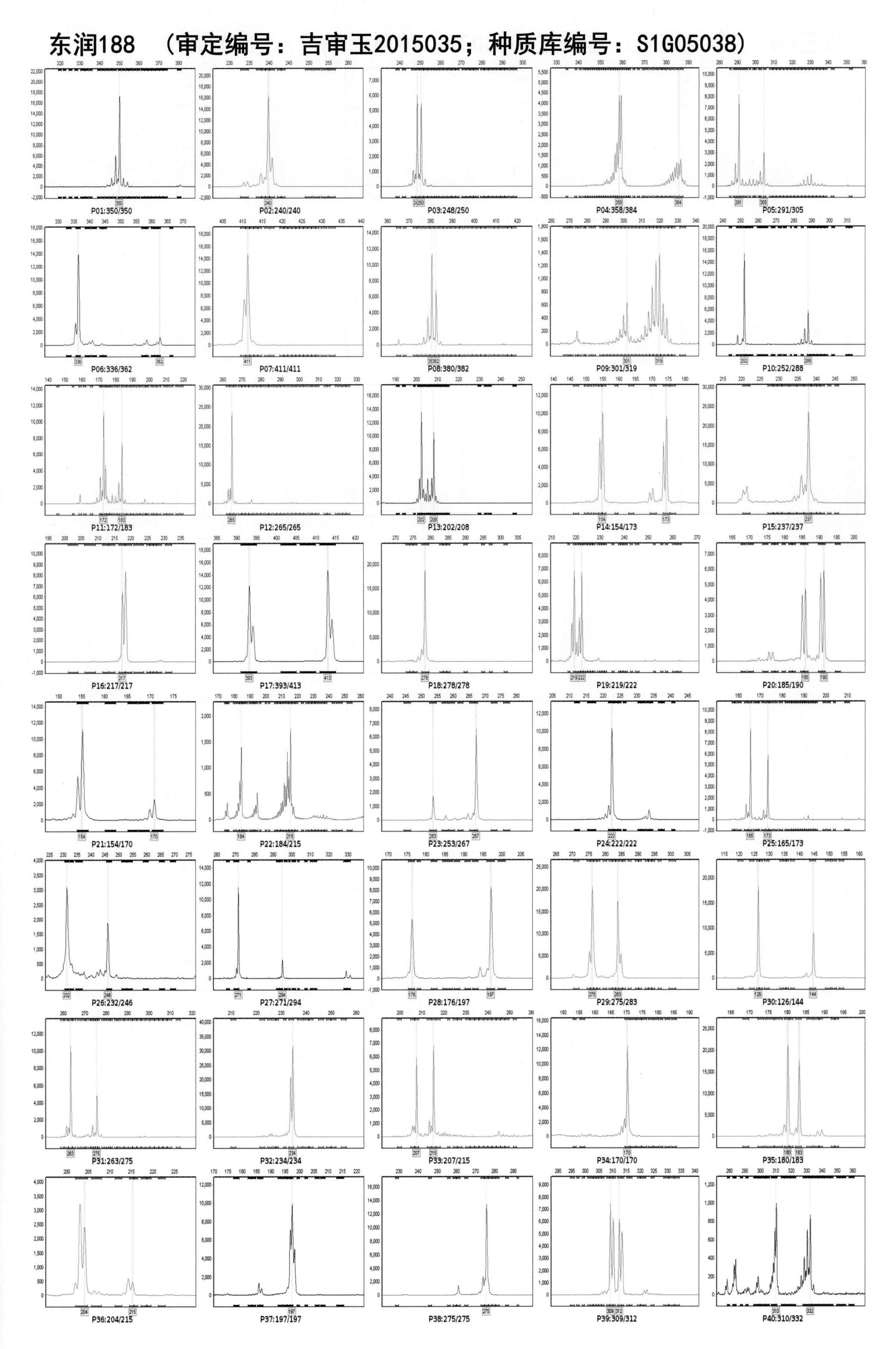

良玉66 （审定编号：吉审玉2015036；种质库编号：S1G00056）

P01:344/350

P02:241/241

P03:254/254

P04:358/358

P05:294/314

P06:336/336

P07:411/411

P08:382/404

P09:273/323

P10:252/268

P11:165/172

P12:265/293

P13:207/207

P14:154/173

P15:221/221

P16:217/228

P17:408/413

P18:278/284

P19:219/222

P20:185/185

P21:154/154

P22:192/230

P23:253/262

P24:222/222

P25:165/173

P26:232/254

P27:271/294

P28:176/176

P29:274/279

P30:126/144

P31:275/275

P32:234/234

P33:207/215

P34:170/170

P35:183/183

P36:204/215

P37:199/206

P38:261/275

P39:309/309

P40:283/310

吉农大17 （审定编号：吉审玉2016001；种质库编号：S1G05237）

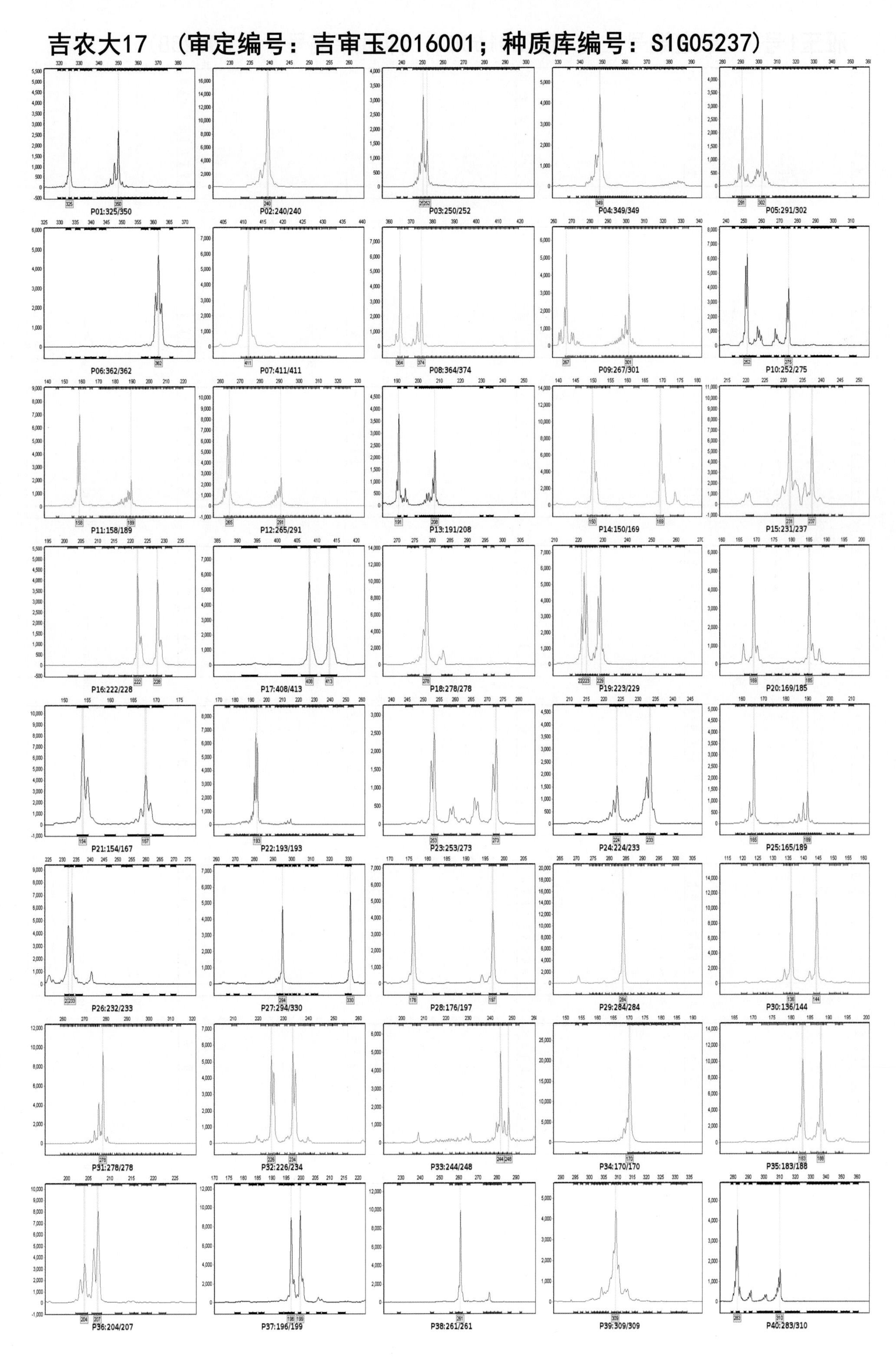

雁玉1号 （审定编号：吉审玉2016002；种质库编号：S1G05238）

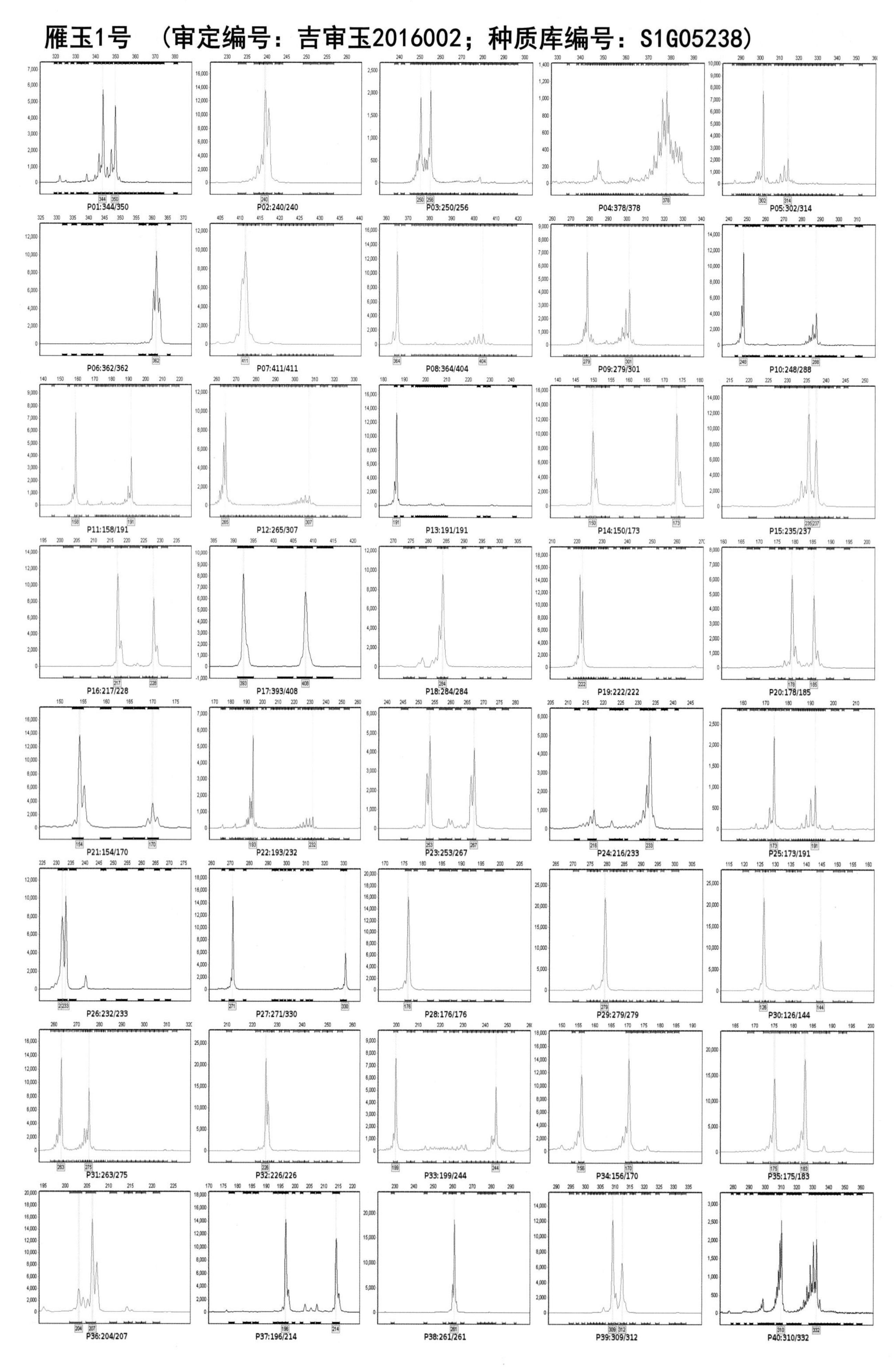

吉东705 （审定编号：吉审玉2016003；种质库编号：S1G05239）

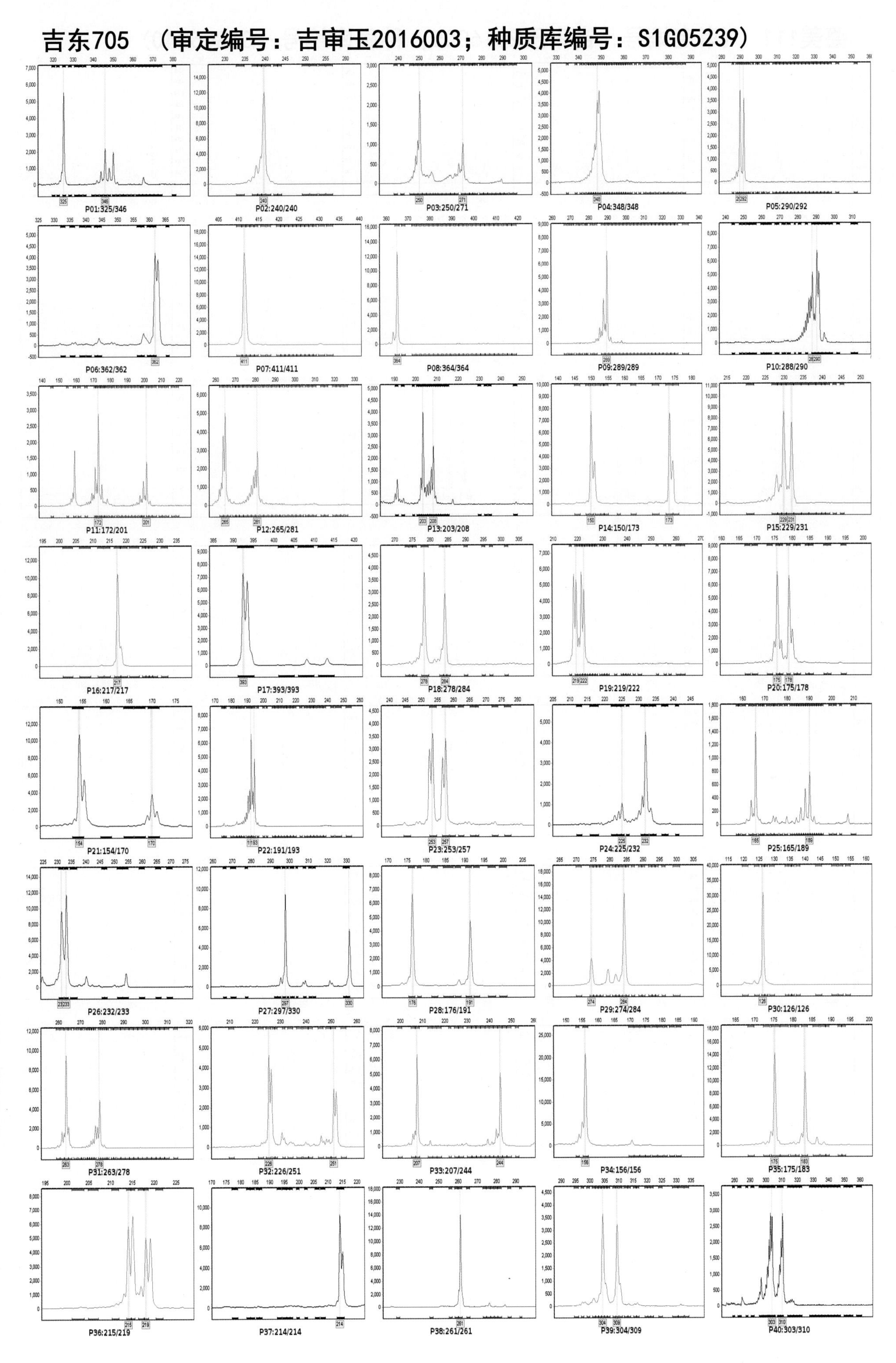

德美111 （审定编号：吉审玉2016005；种质库编号：S1G05240）

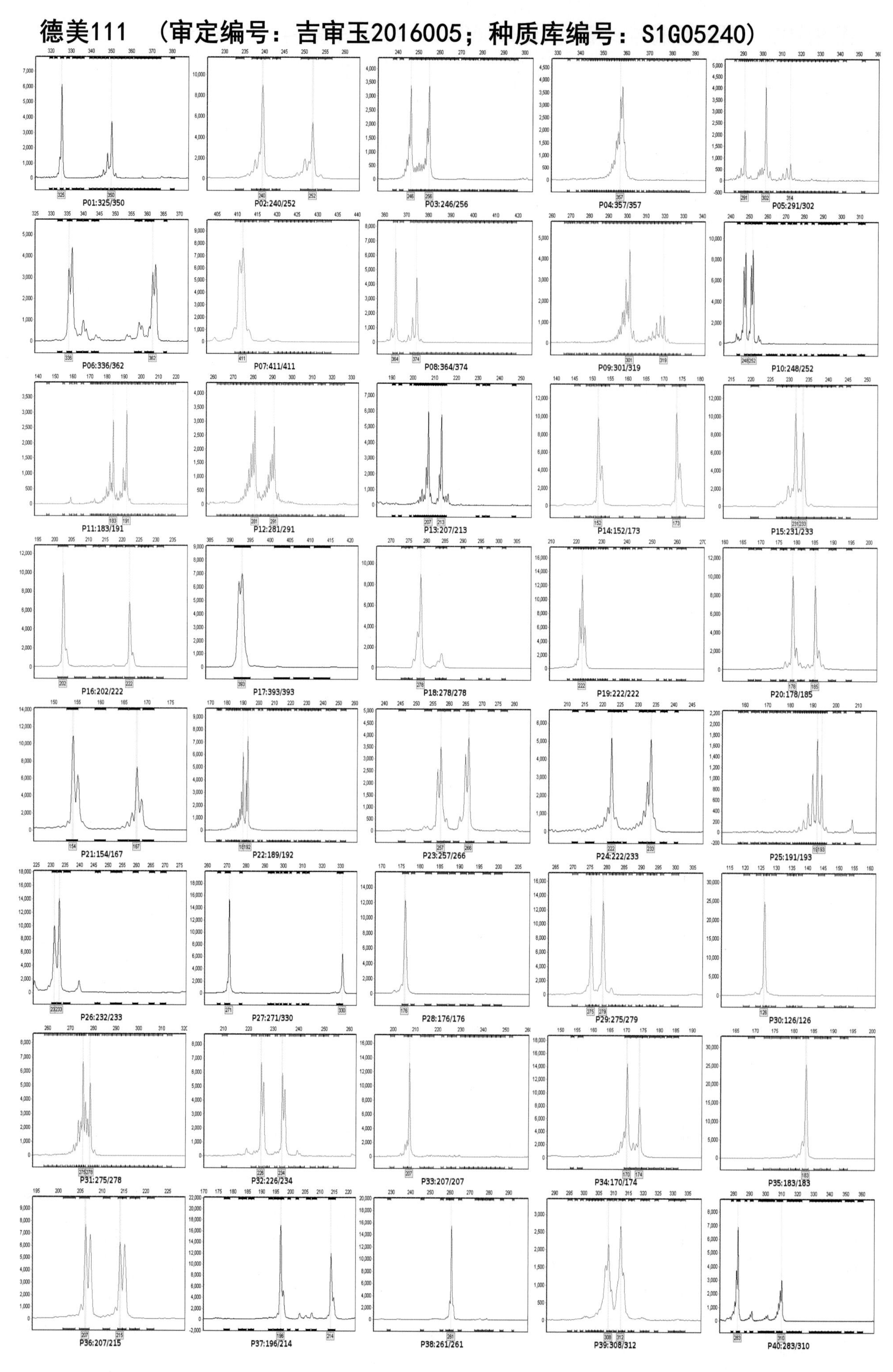

天和22　（审定编号：吉审玉2016006；种质库编号：S1G05241）

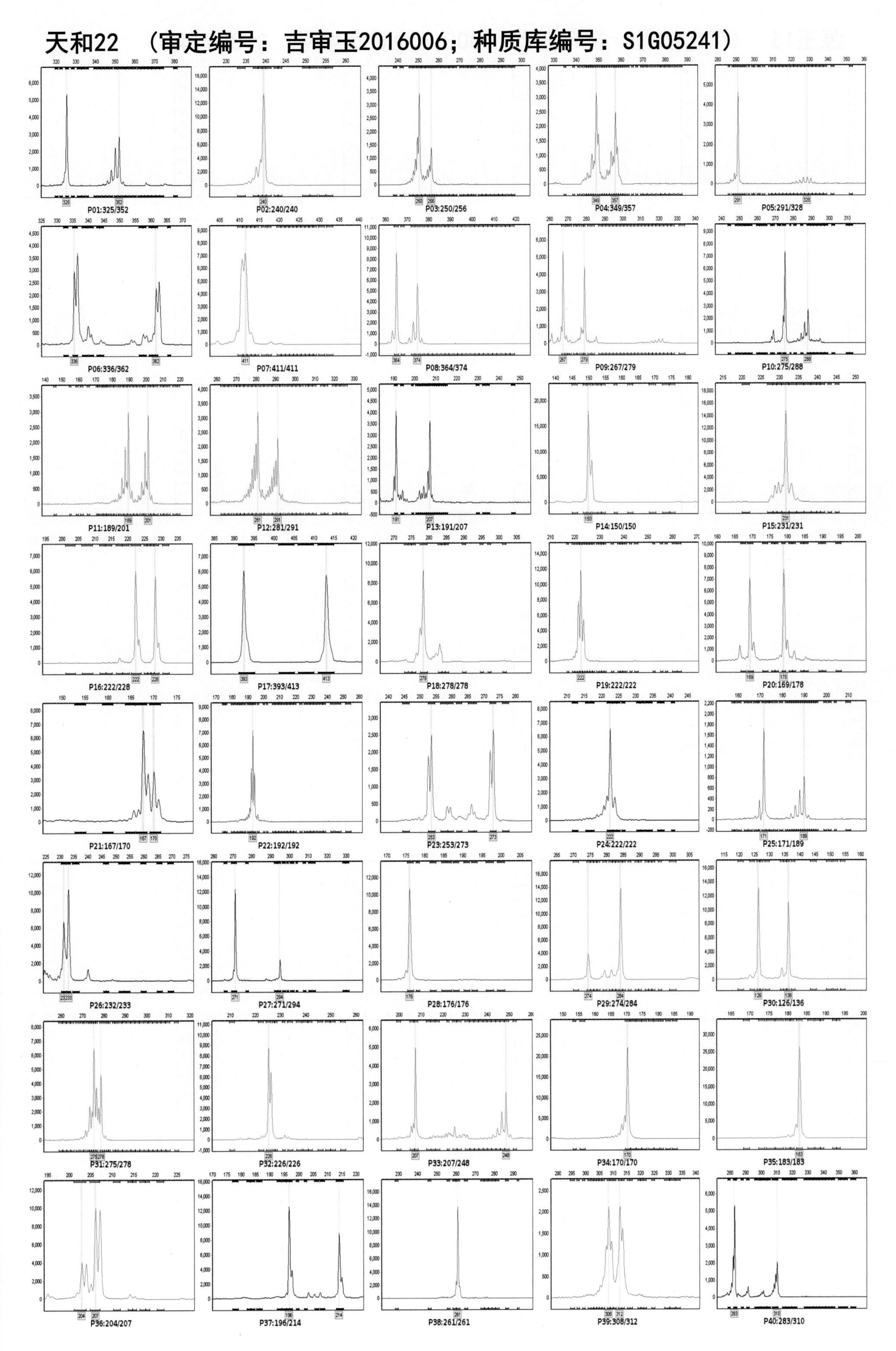

源玉13 （审定编号：吉审玉2016008；种质库编号：S1G05242）

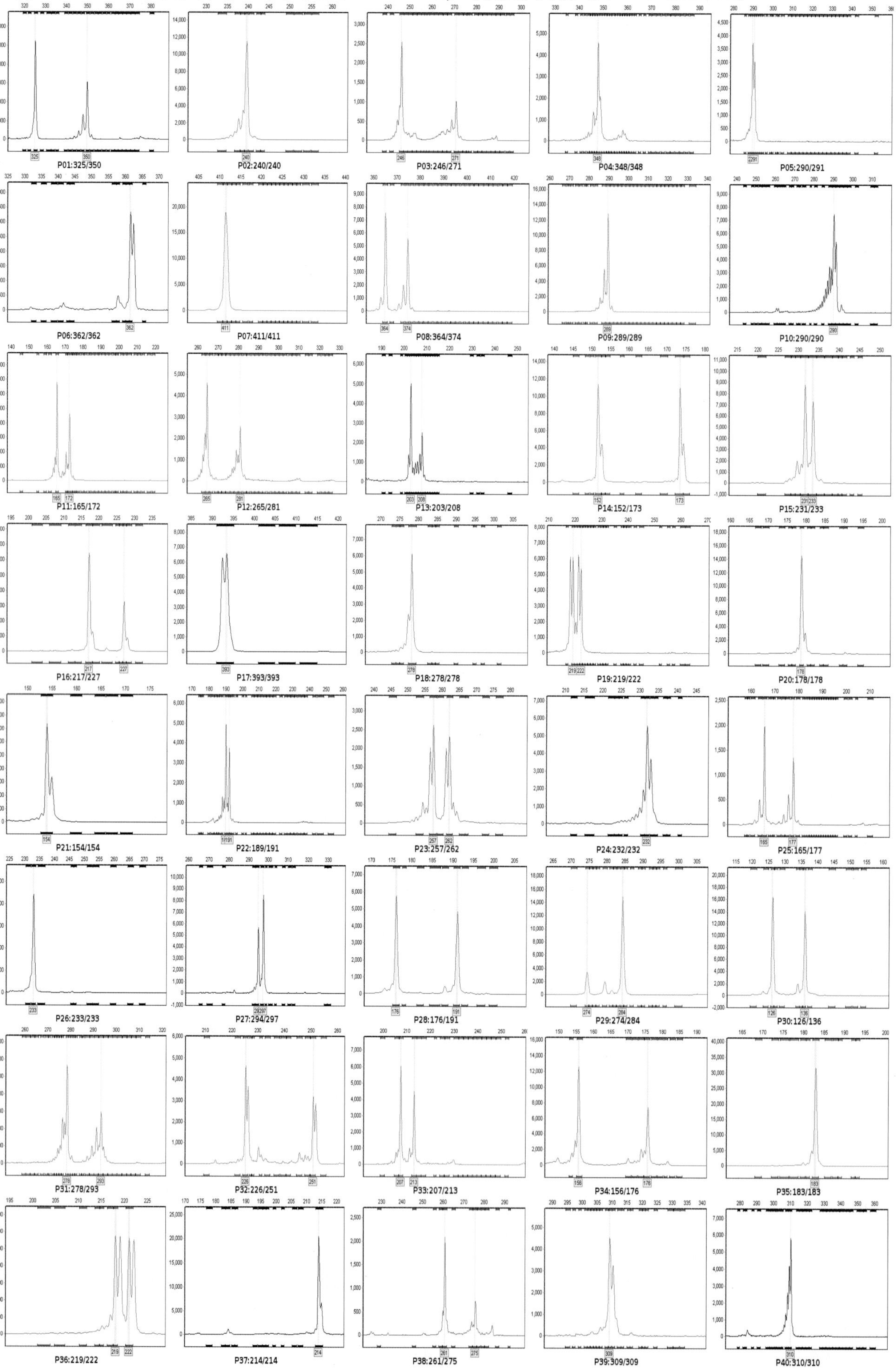

P01:325/350 P02:240/240 P03:246/271 P04:348/348 P05:290/291

P06:362/362 P07:411/411 P08:364/374 P09:289/289 P10:290/290

P11:165/172 P12:265/281 P13:203/208 P14:152/173 P15:231/233

P16:217/227 P17:393/393 P18:278/278 P19:219/222 P20:178/178

P21:154/154 P22:189/191 P23:257/262 P24:232/232 P25:165/177

P26:233/233 P27:294/297 P28:176/191 P29:274/284 P30:126/136

P31:278/293 P32:226/251 P33:207/213 P34:156/176 P35:183/183

P36:219/222 P37:214/214 P38:261/275 P39:309/309 P40:310/310

盛伊8 （审定编号：吉审玉2016009；种质库编号：S1G05243）

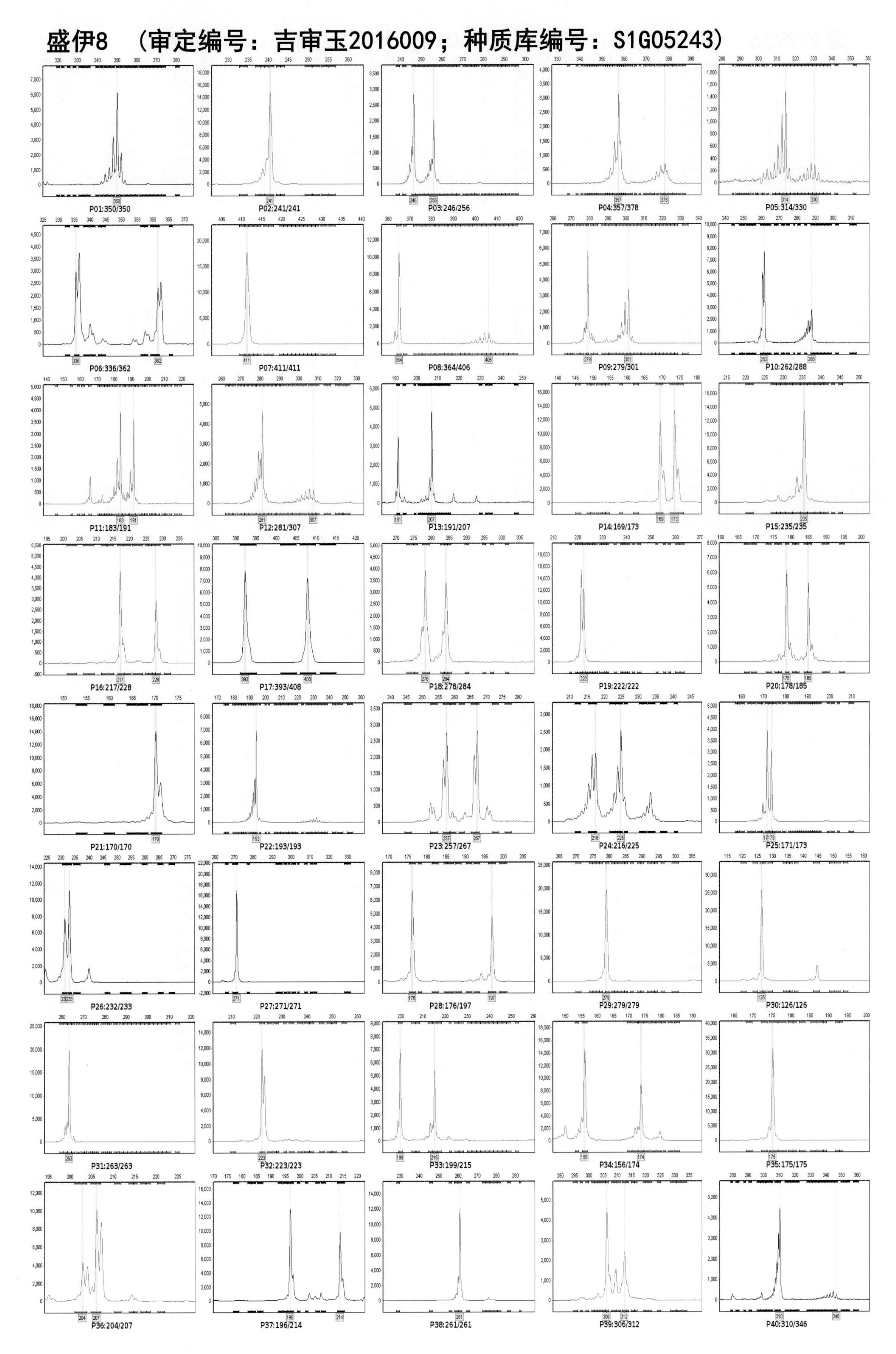

绿育9936 （审定编号：吉审玉2016010；种质库编号：S1G05244）

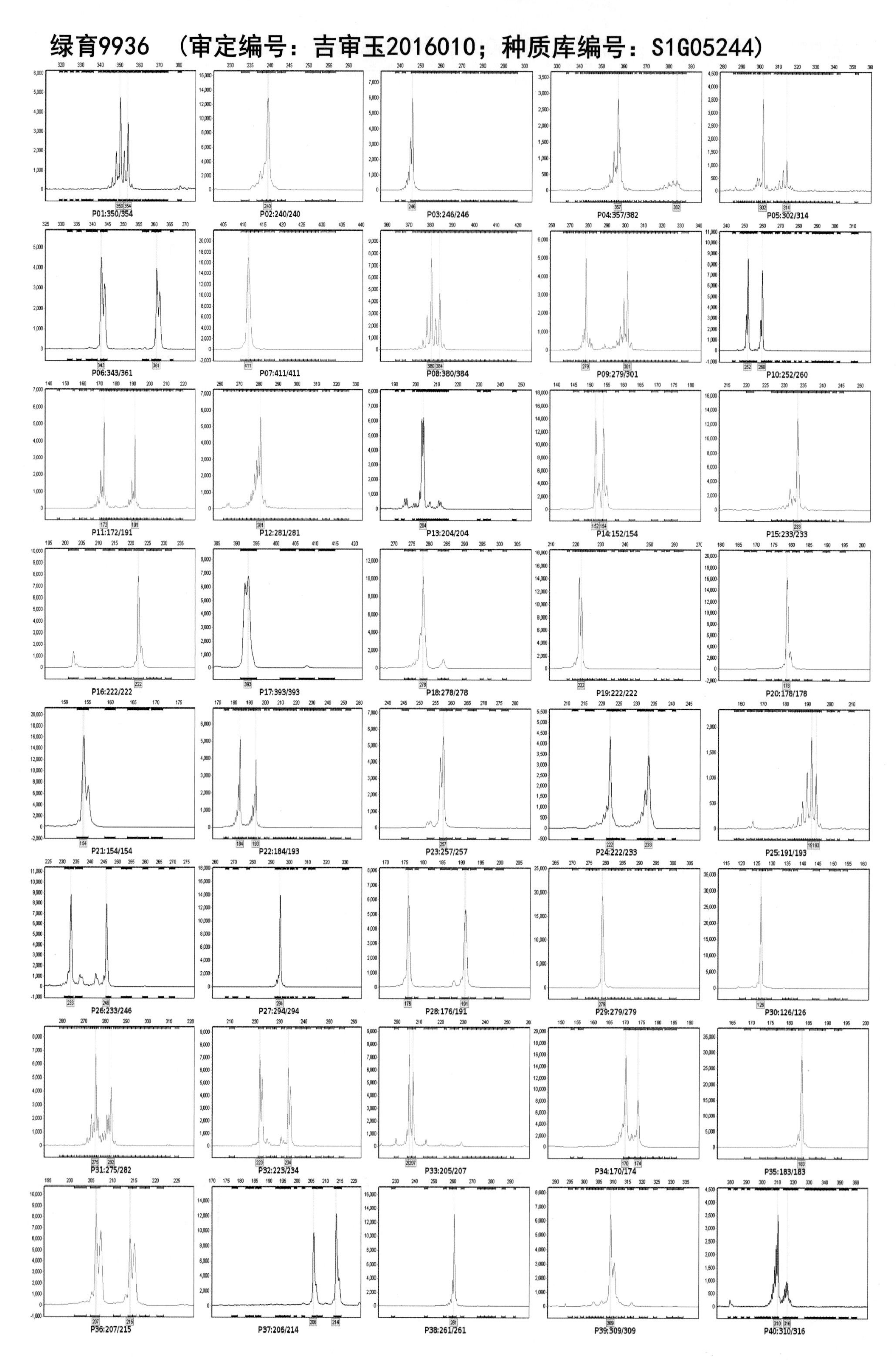

吉东56 （审定编号：吉审玉2016012；种质库编号：S1G05246）

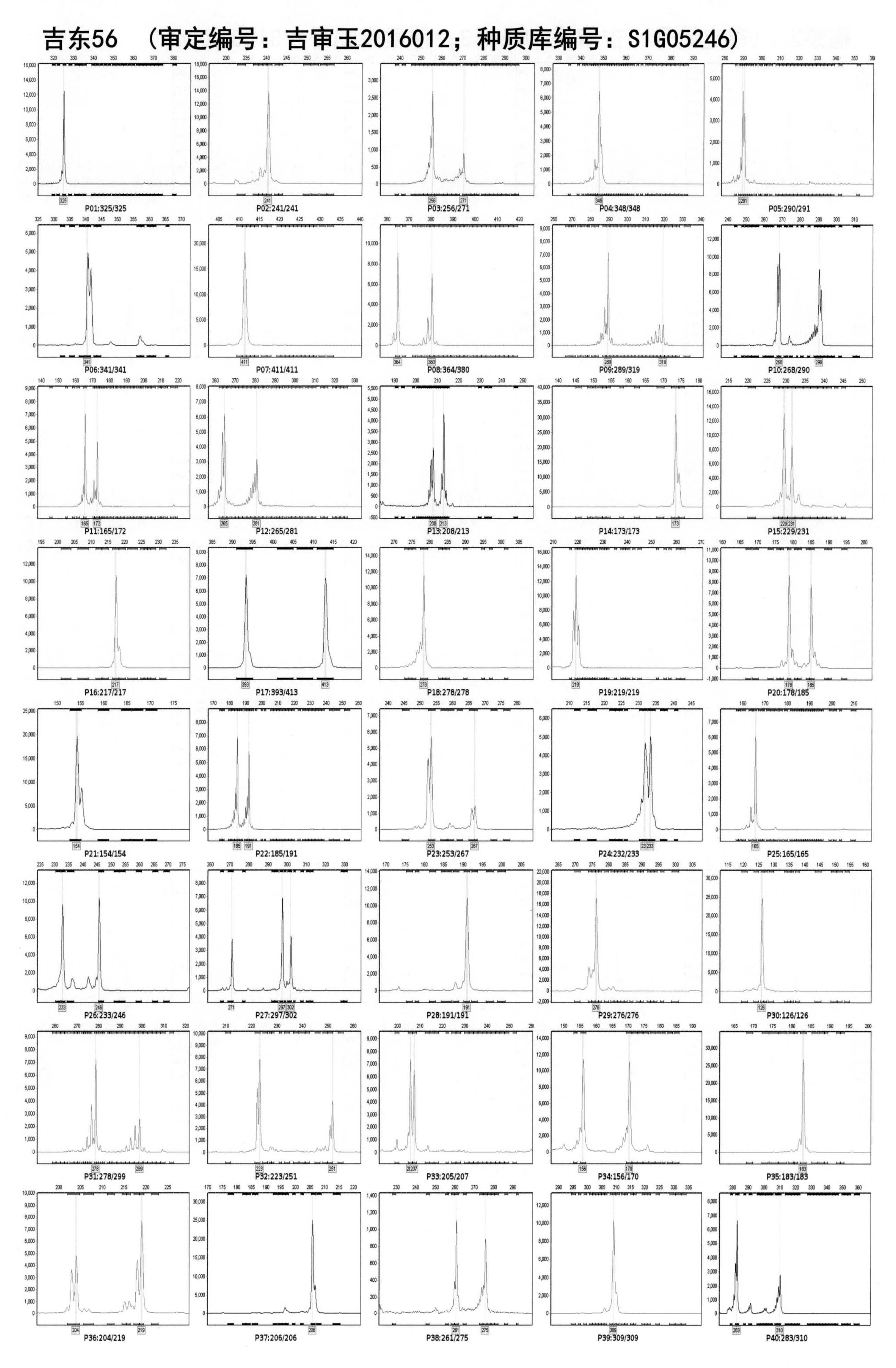

福莱2 （审定编号：吉审玉2016013；种质库编号：S1G05247）

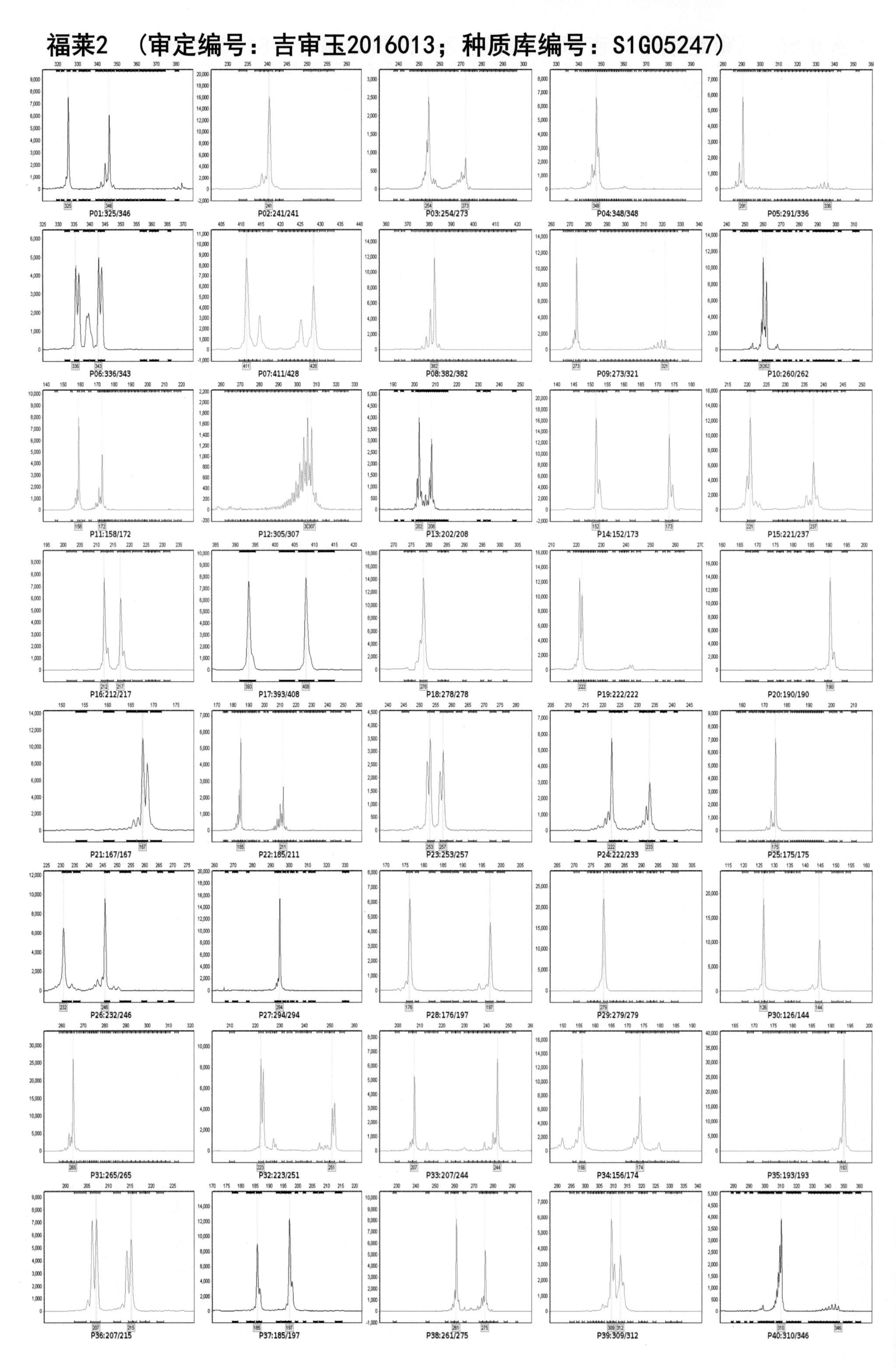

吉单66 （审定编号：吉审玉2016015；种质库编号：S1G05248）

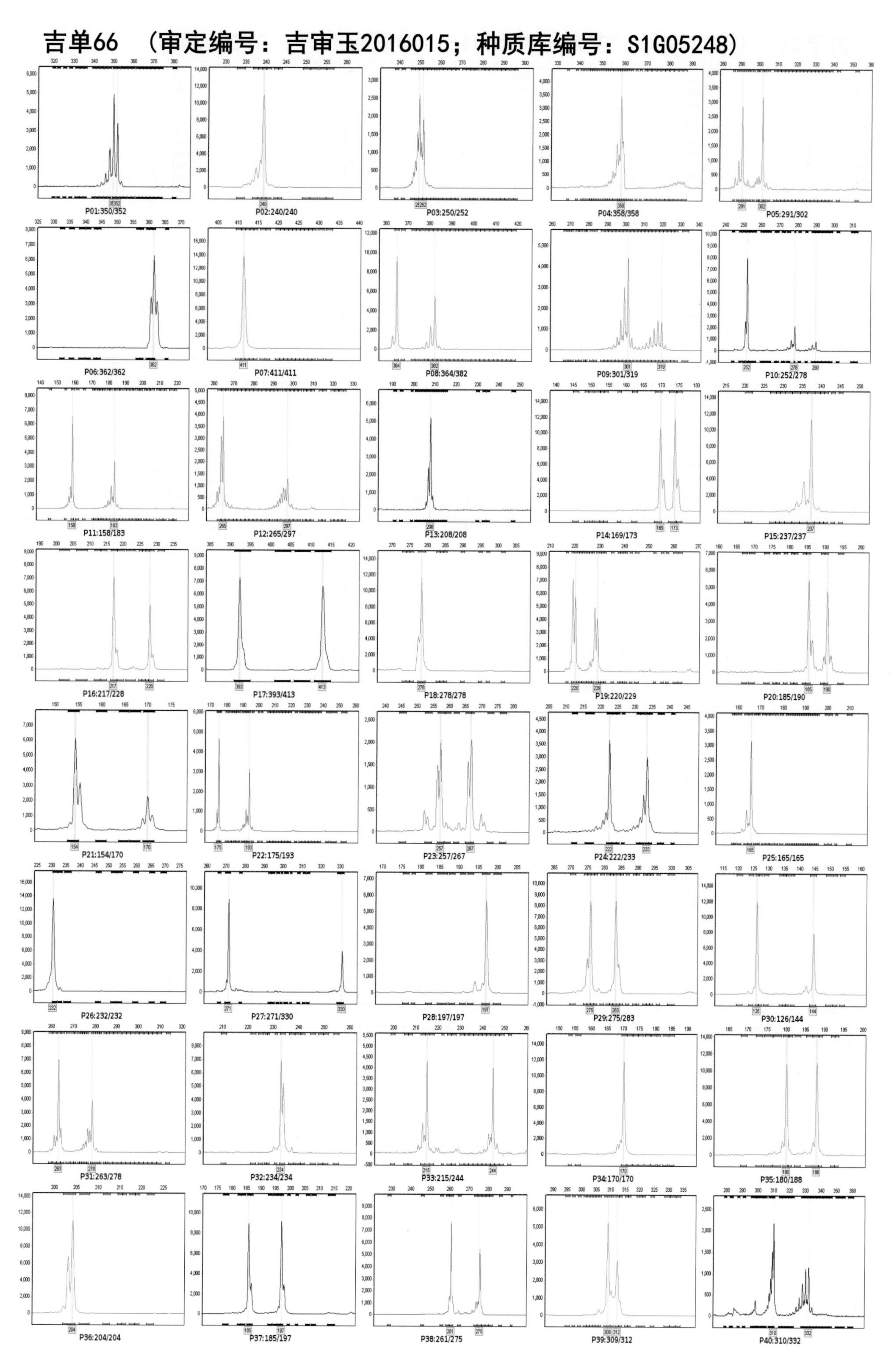

吉亨26 （审定编号：吉审玉2016016；种质库编号：S1G05249）

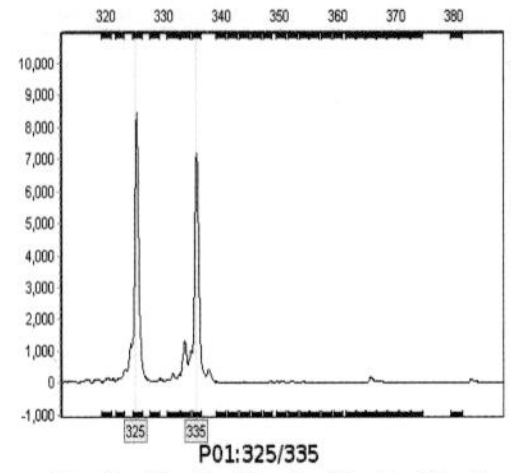

P01:325/335

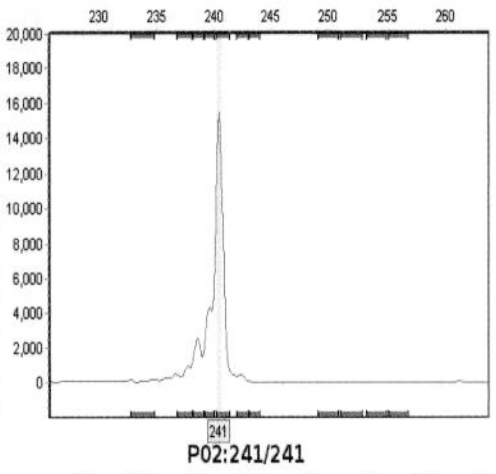

P02:241/241

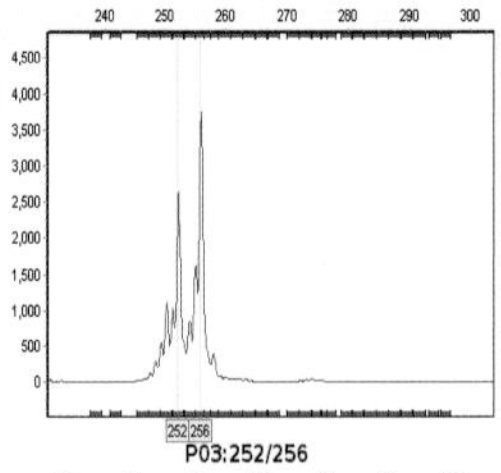

P03:252/256

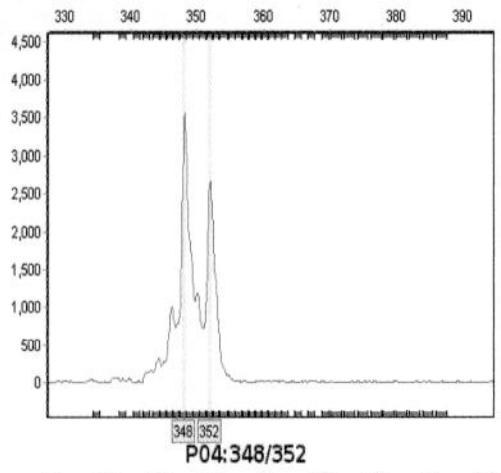

P04:348/352

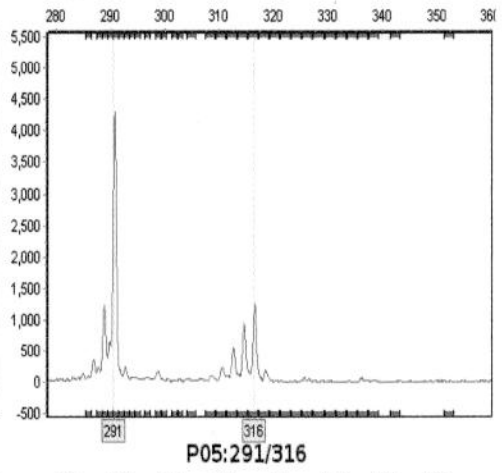

P05:291/316

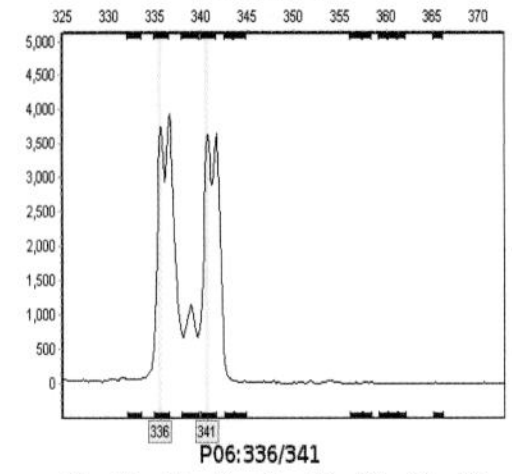

P06:336/341

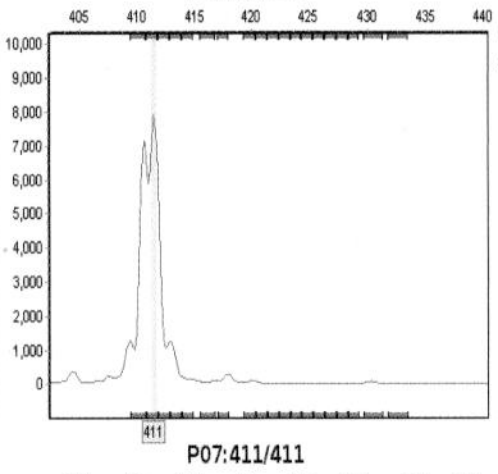

P07:411/411

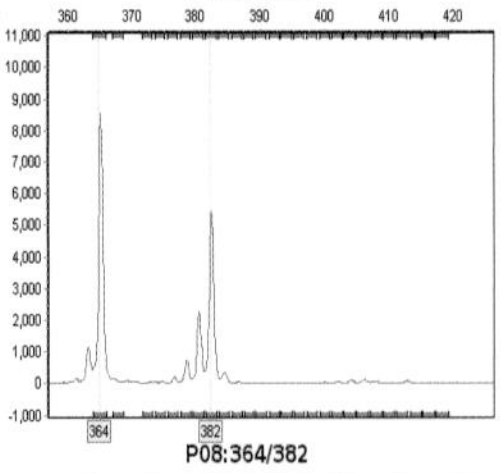

P08:364/382

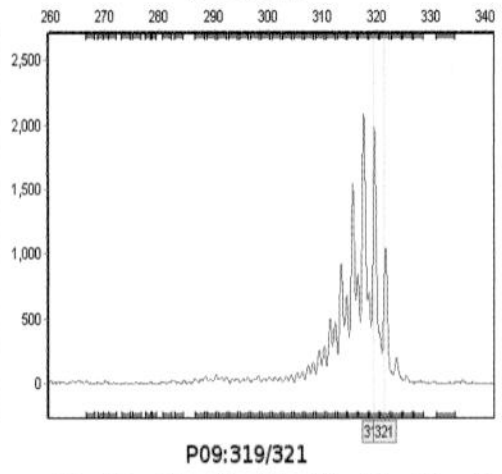

P09:319/321

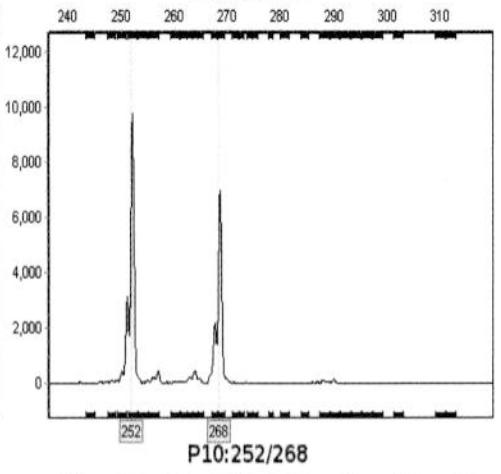

P10:252/268

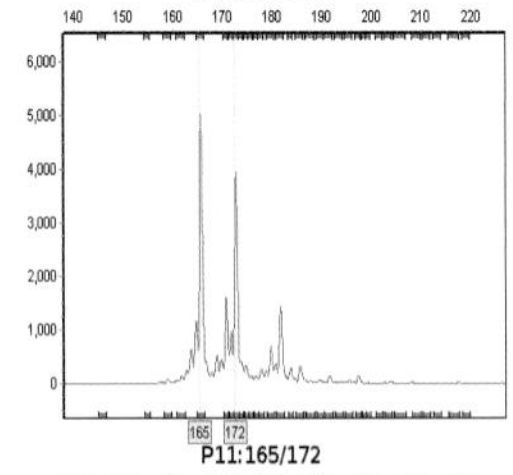

P11:165/172

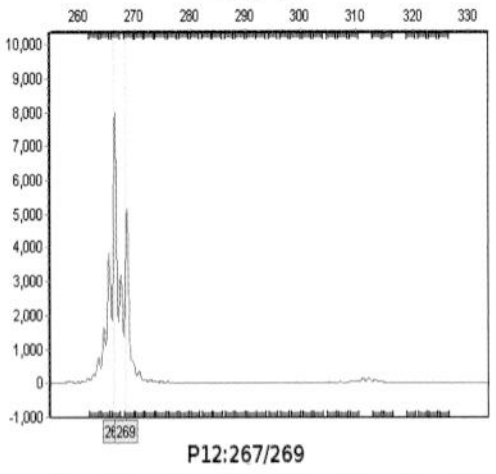

P12:267/269

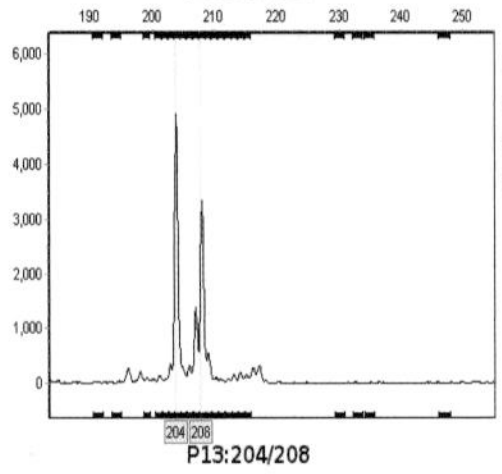

P13:204/208

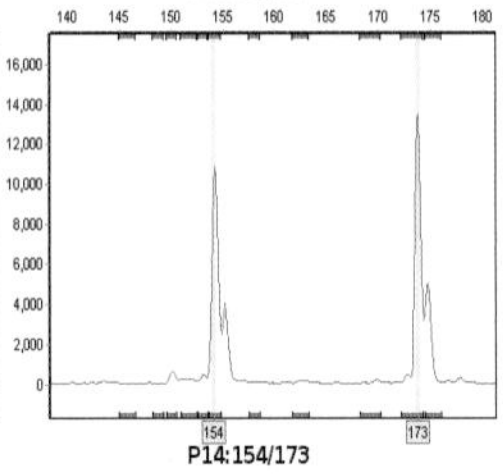

P14:154/173

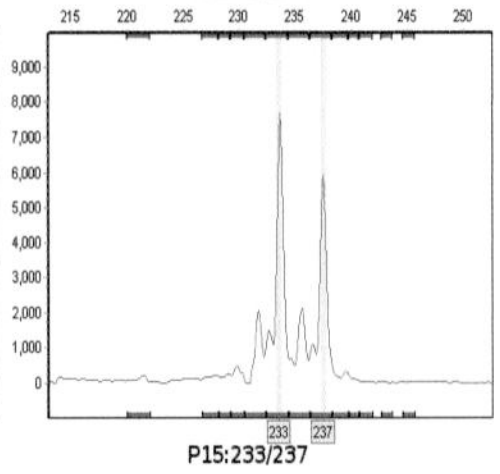

P15:233/237

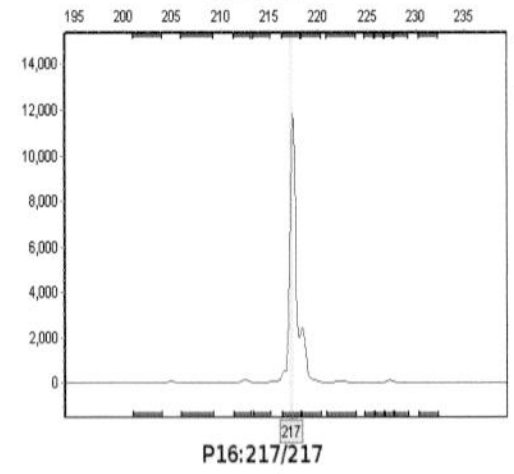

P16:217/217

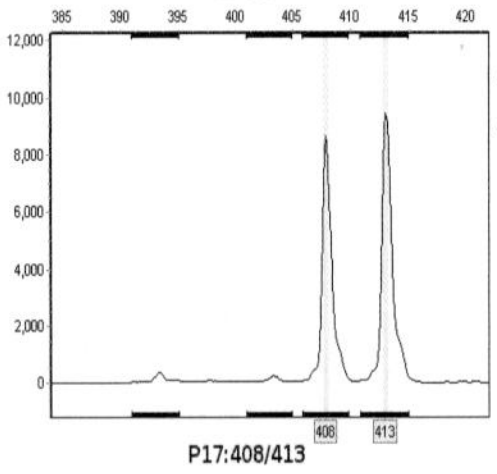

P17:408/413

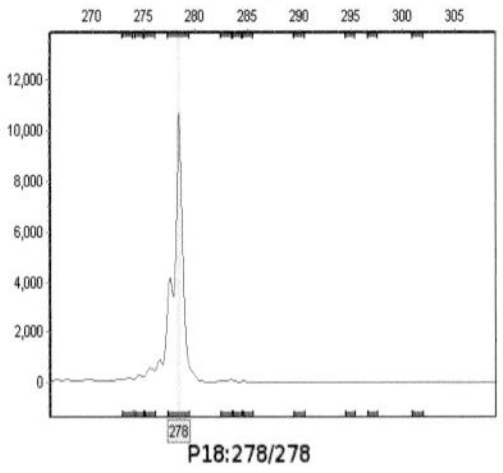

P18:278/278

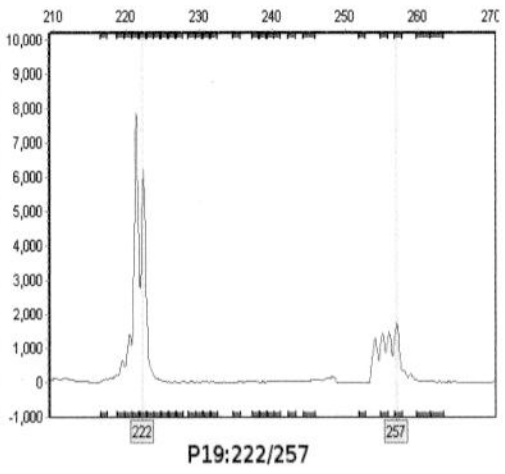

P19:222/257

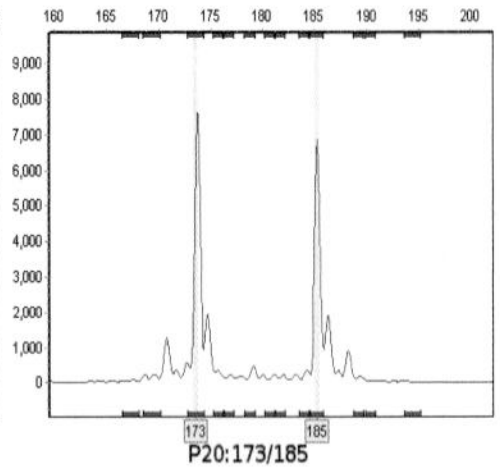

P20:173/185

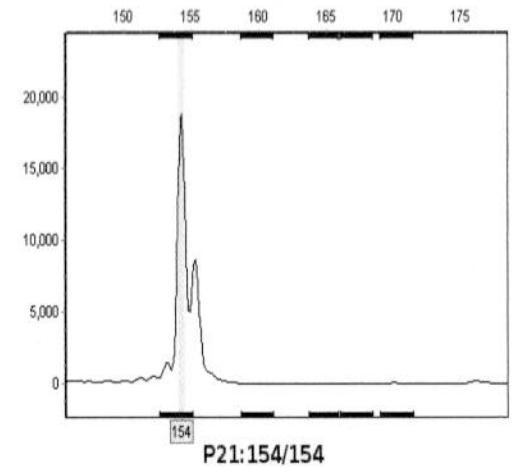

P21:154/154

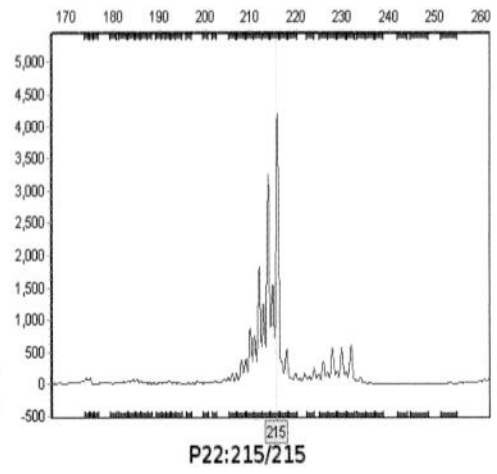

P22:215/215

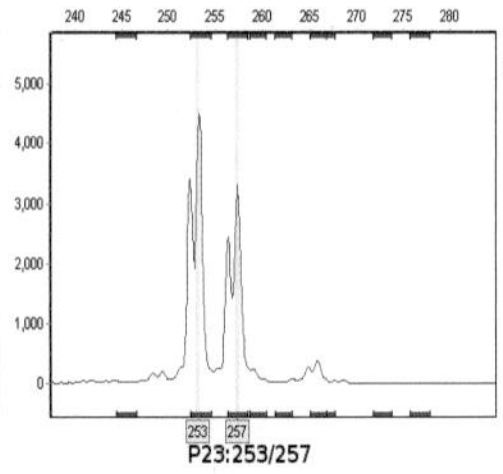

P23:253/257

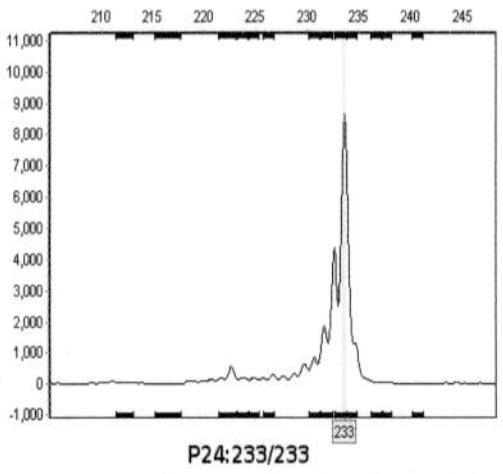

P24:233/233

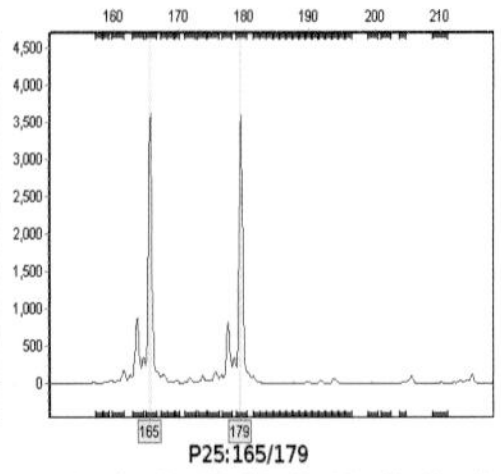

P25:165/179

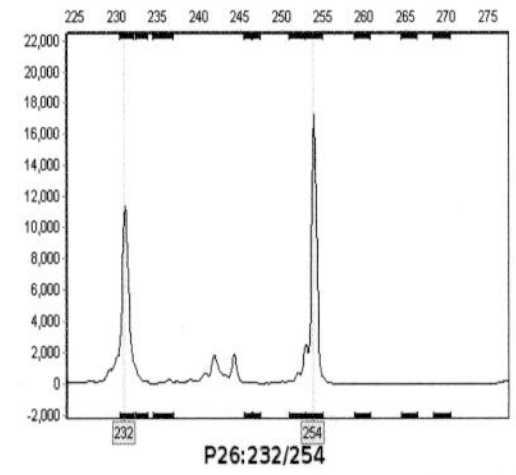

P26:232/254

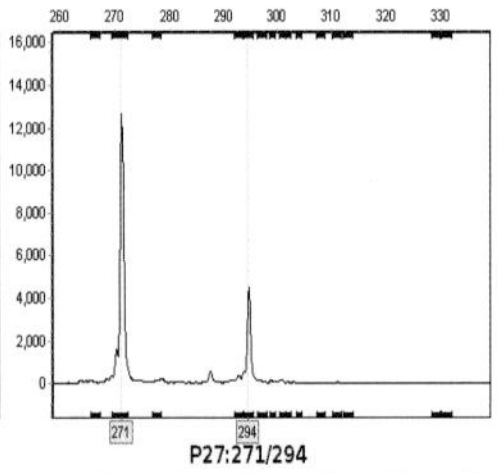

P27:271/294

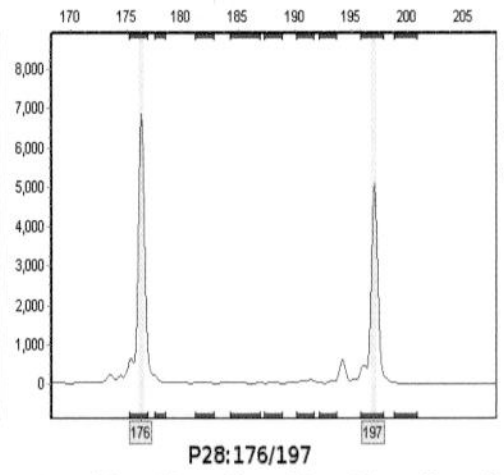

P28:176/197

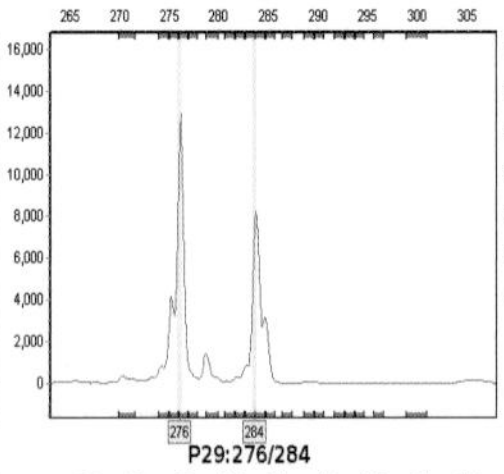

P29:276/284

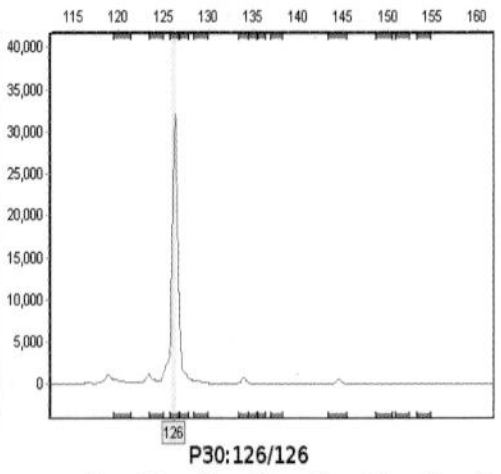

P30:126/126

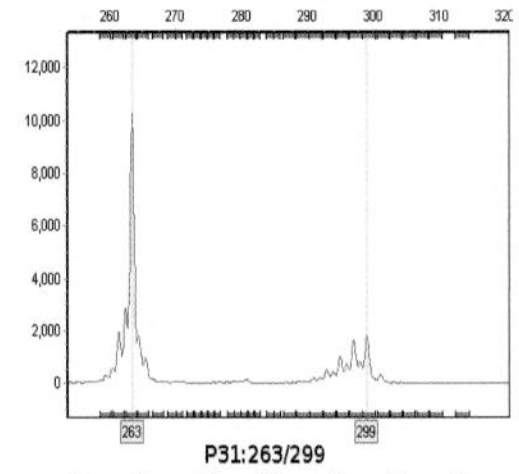

P31:263/299

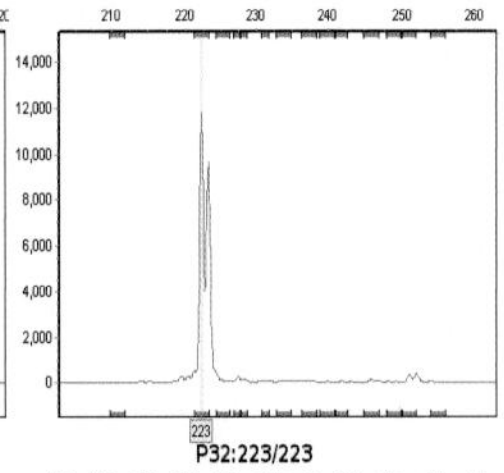

P32:223/223

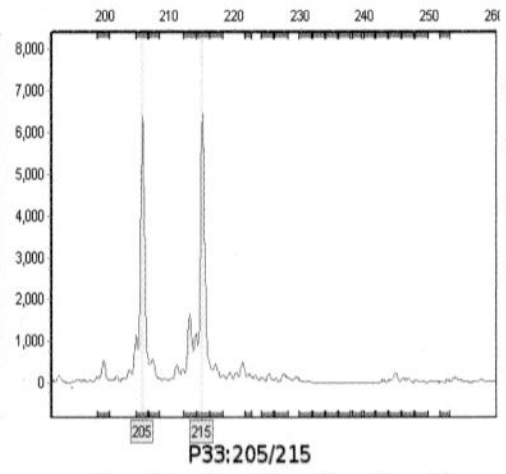

P33:205/215

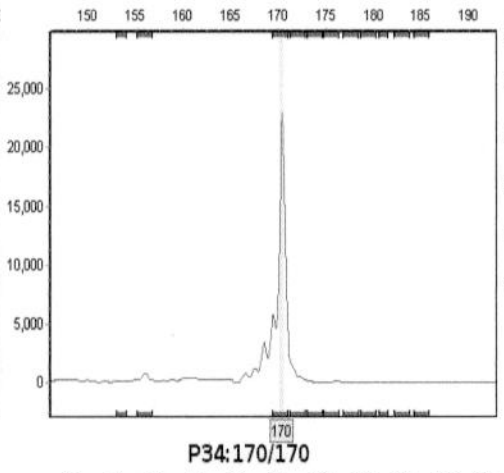

P34:170/170

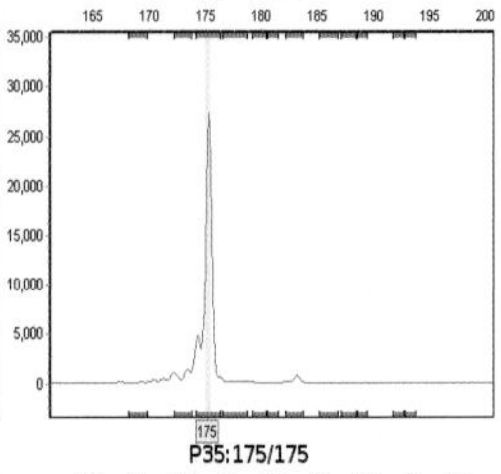

P35:175/175

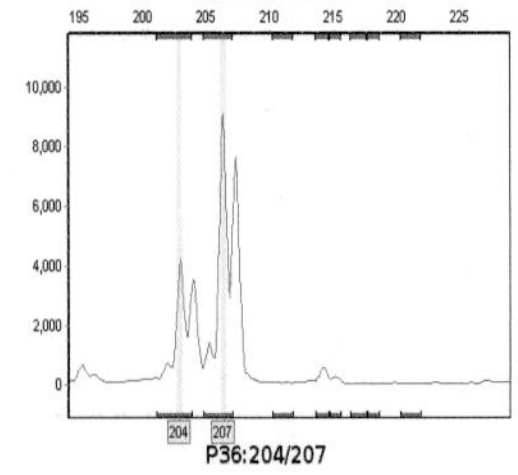

P36:204/207

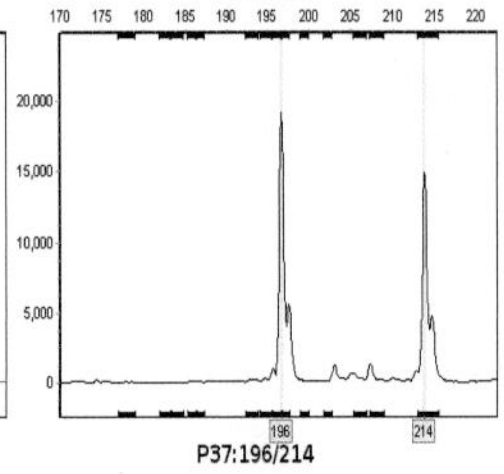

P37:196/214

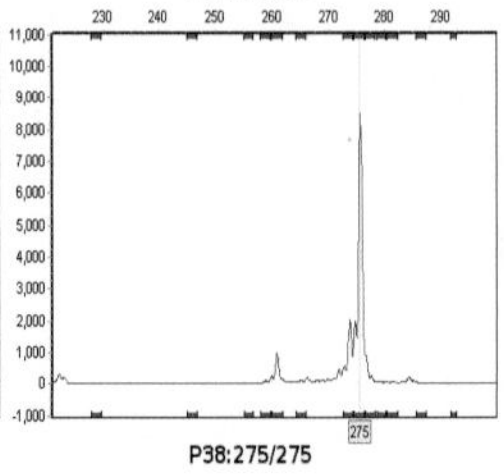

P38:275/275

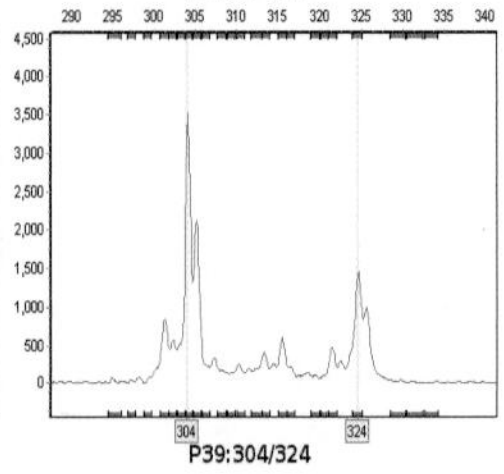

P39:304/324

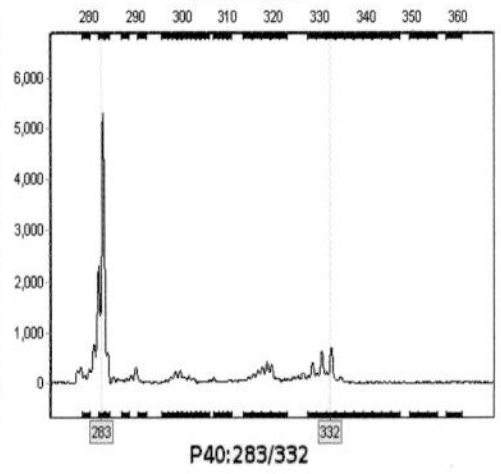

P40:283/332

金玉100 （审定编号：吉审玉2016017；种质库编号：S1G05251）

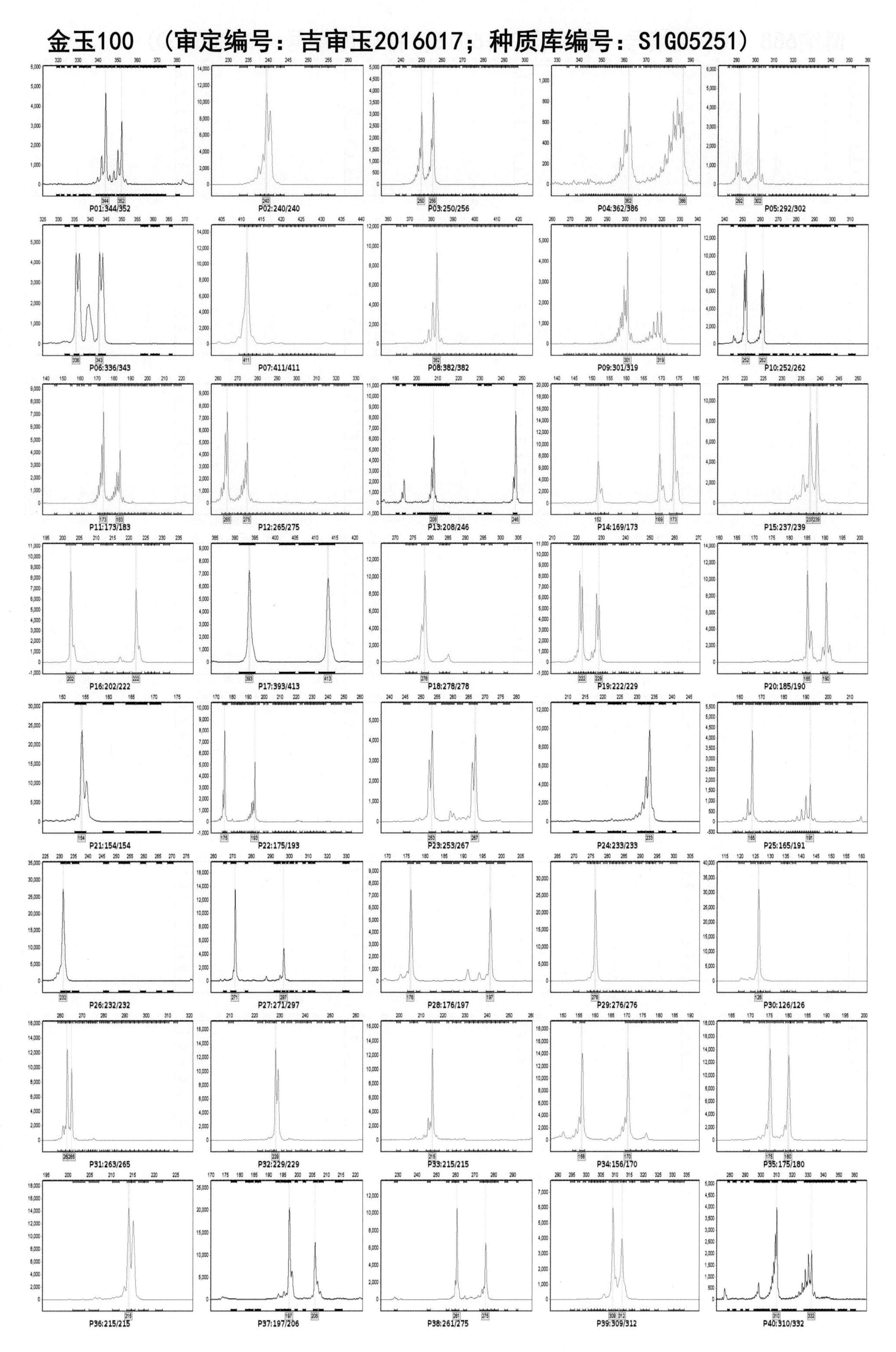

博纳688 （审定编号：吉审玉2016018；种质库编号：S1G05250）

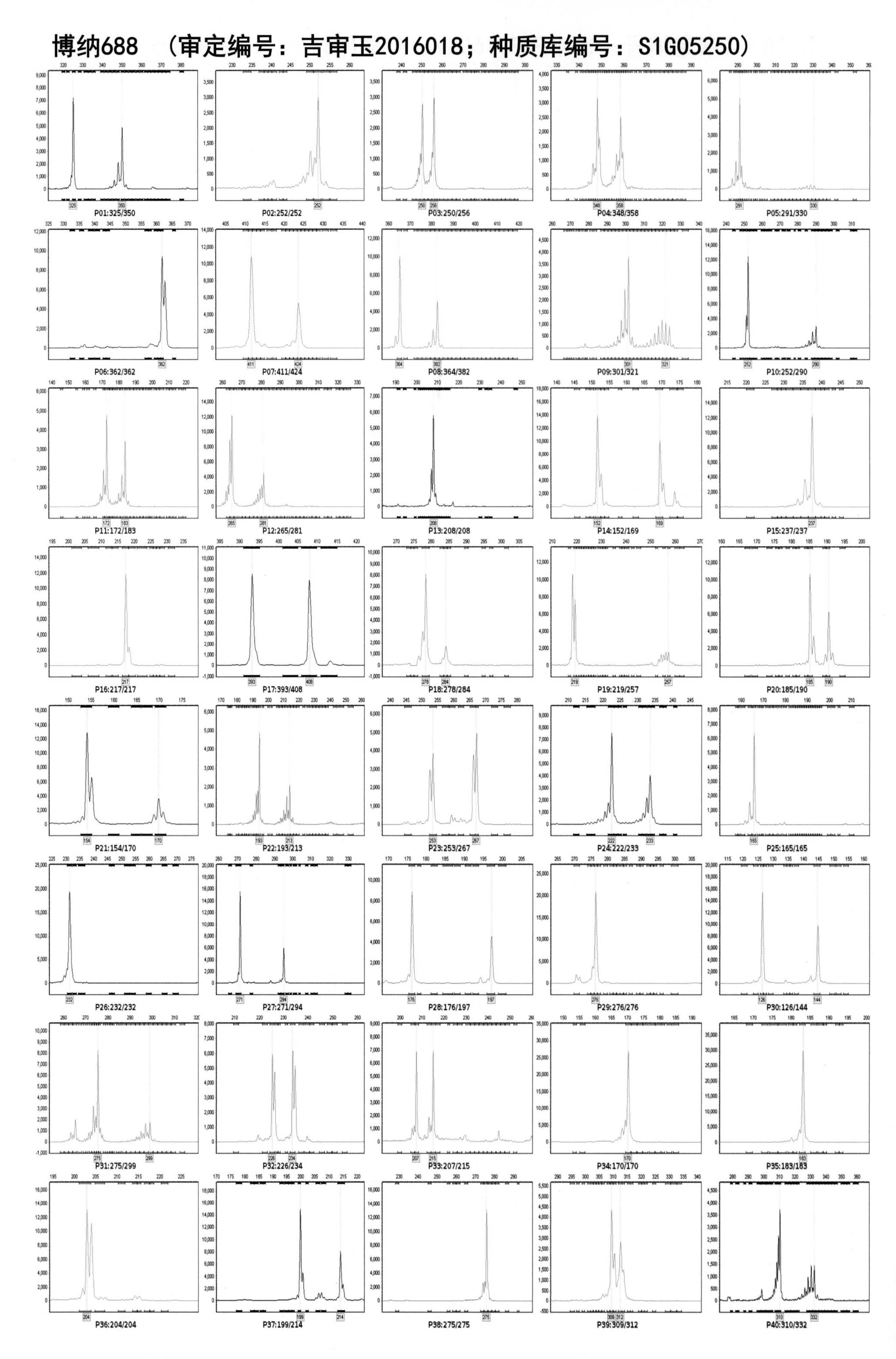

中江玉5号 （审定编号：吉审玉2016019；种质库编号：S1G05252）

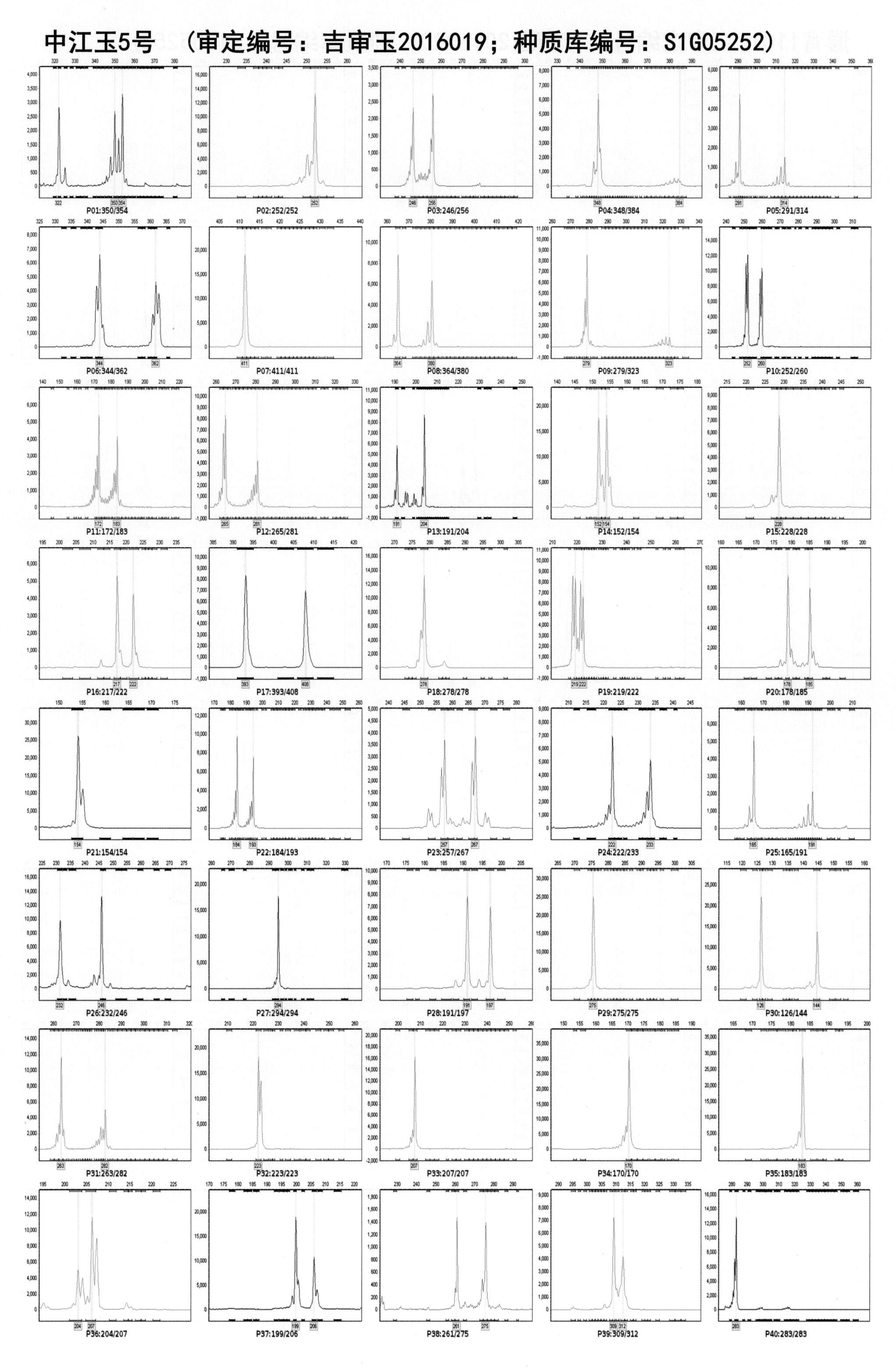

通育1101 （审定编号：吉审玉2016020；种质库编号：S1G05253）

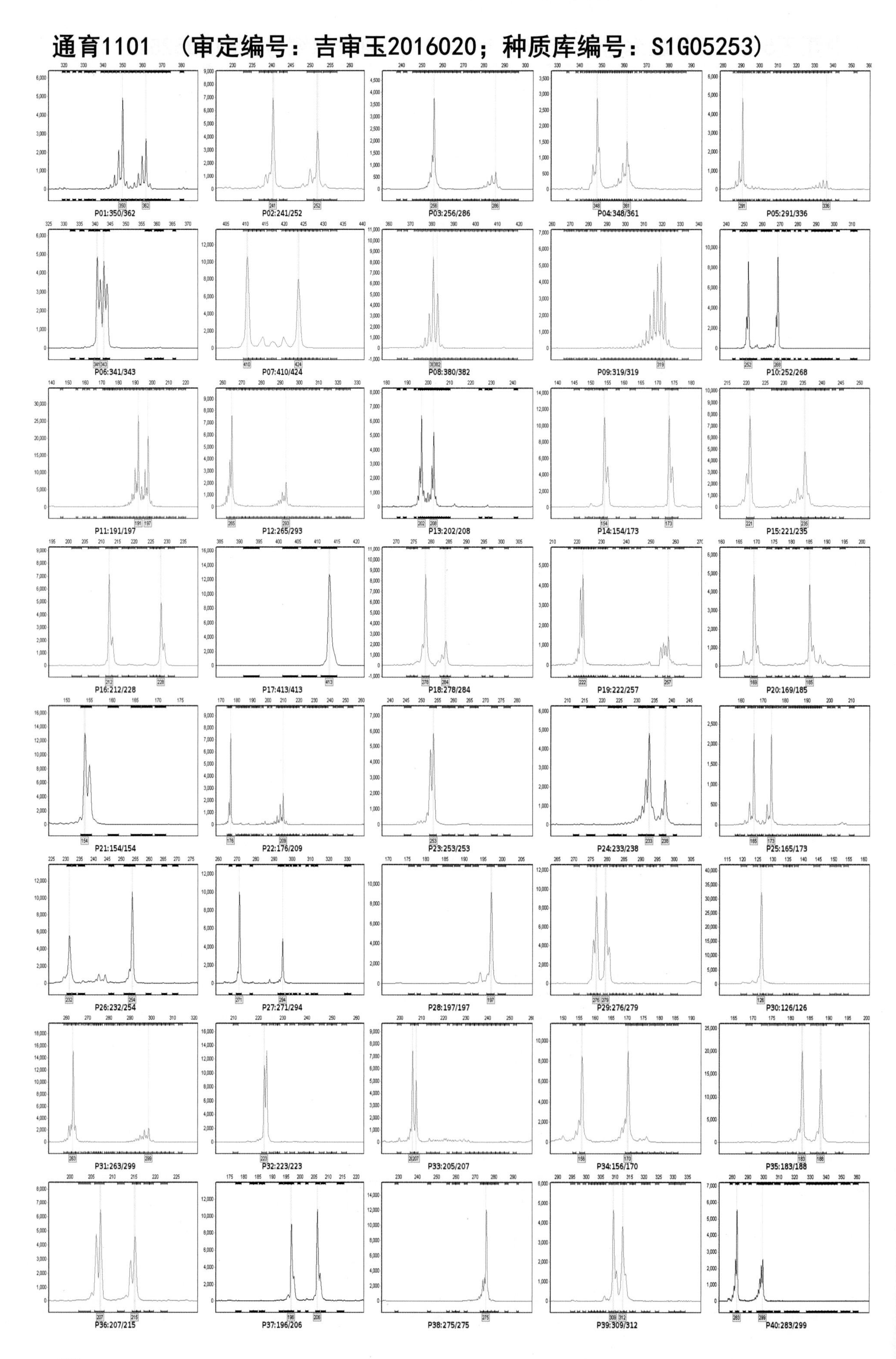

辉煌3号 （审定编号：吉审玉2016021；种质库编号：S1G05254）

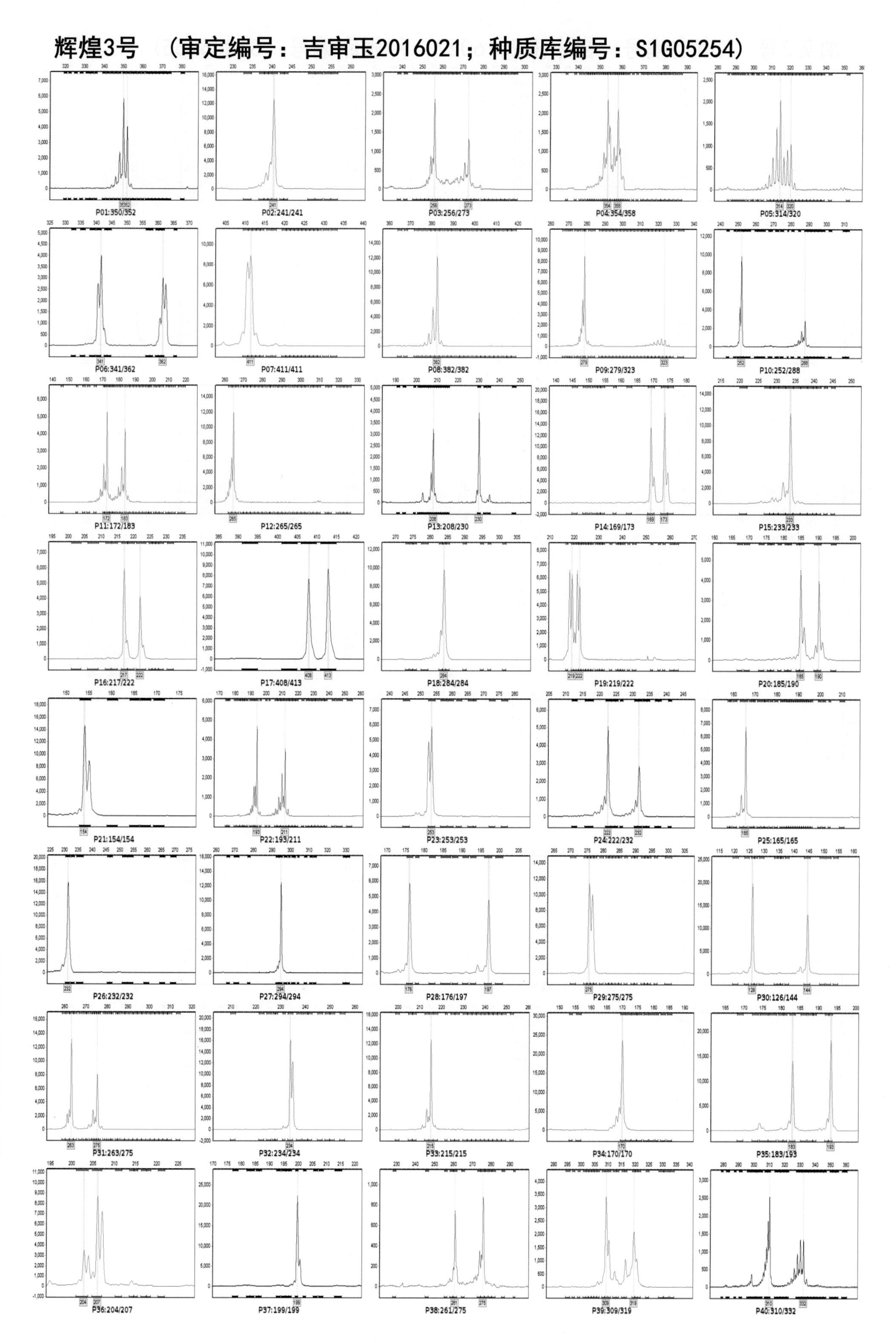

加美2号 （审定编号：吉审玉2016022；种质库编号：S1G05255）

P01:322/344	P02:241/241	P03:256/284	P04:348/384	P05:291/305
P06:336/341	P07:411/411	P08:364/382	P09:319/321	P10:262/290
P11:185/201	P12:265/265	P13:207/207	P14:154/173	P15:233/237
P16:217/228	P17:413/413	P18:284/284	P19:222/229	P20:178/185
P21:154/154	P22:193/213	P23:253/253	P24:232/233	P25:165/173
P26:232/232	P27:294/330	P28:176/197	P29:275/275	P30:126/144
P31:263/278	P32:226/234	P33:207/207	P34:170/170	P35:193/193
P36:204/204	P37:199/206	P38:261/261	P39:309/309	P40:283/330

金正泰1号 （审定编号：吉审玉2016023；种质库编号：S1G05256）

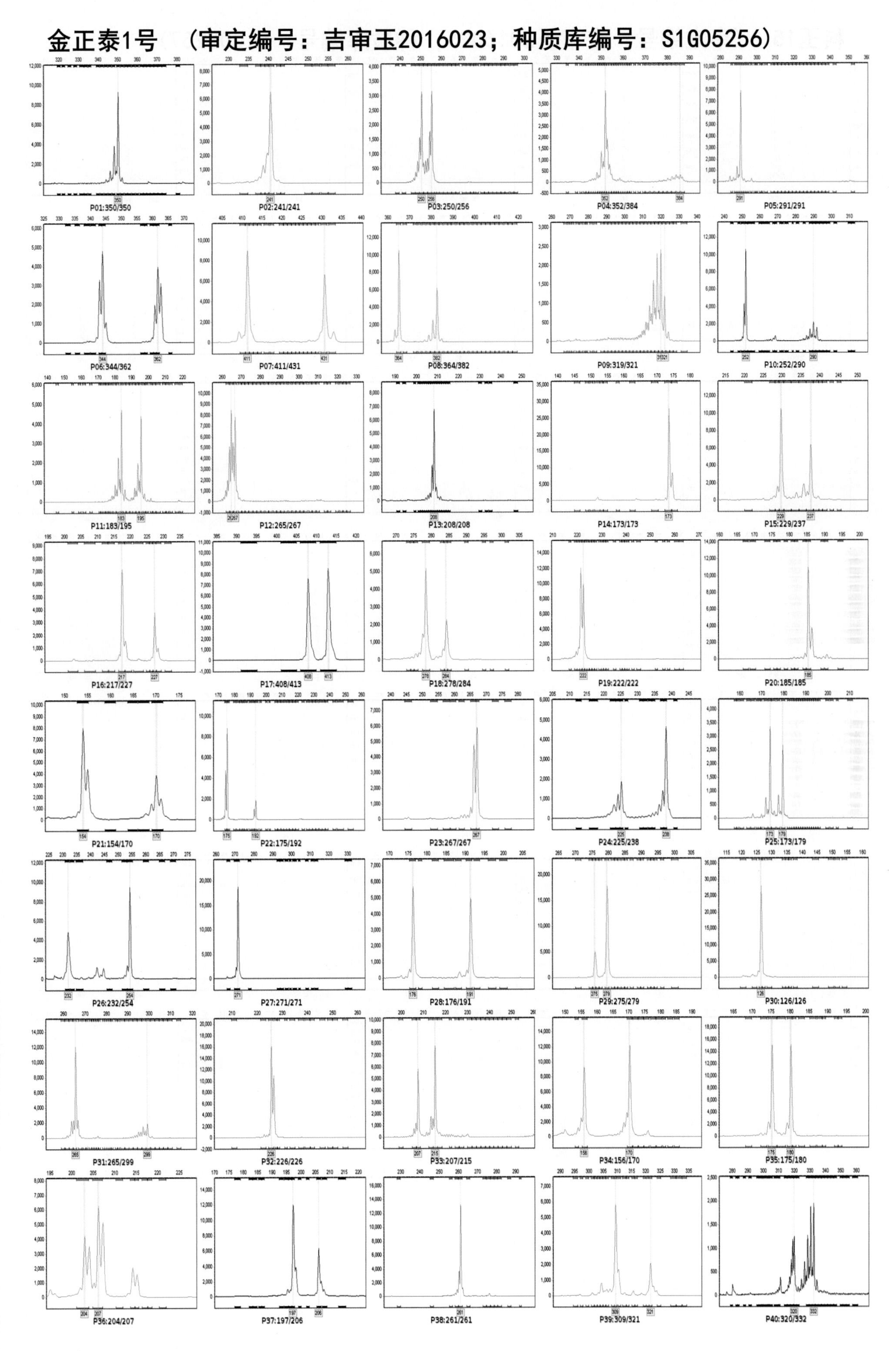

科玉15 （审定编号：吉审玉2016025；种质库编号：S1G05257）

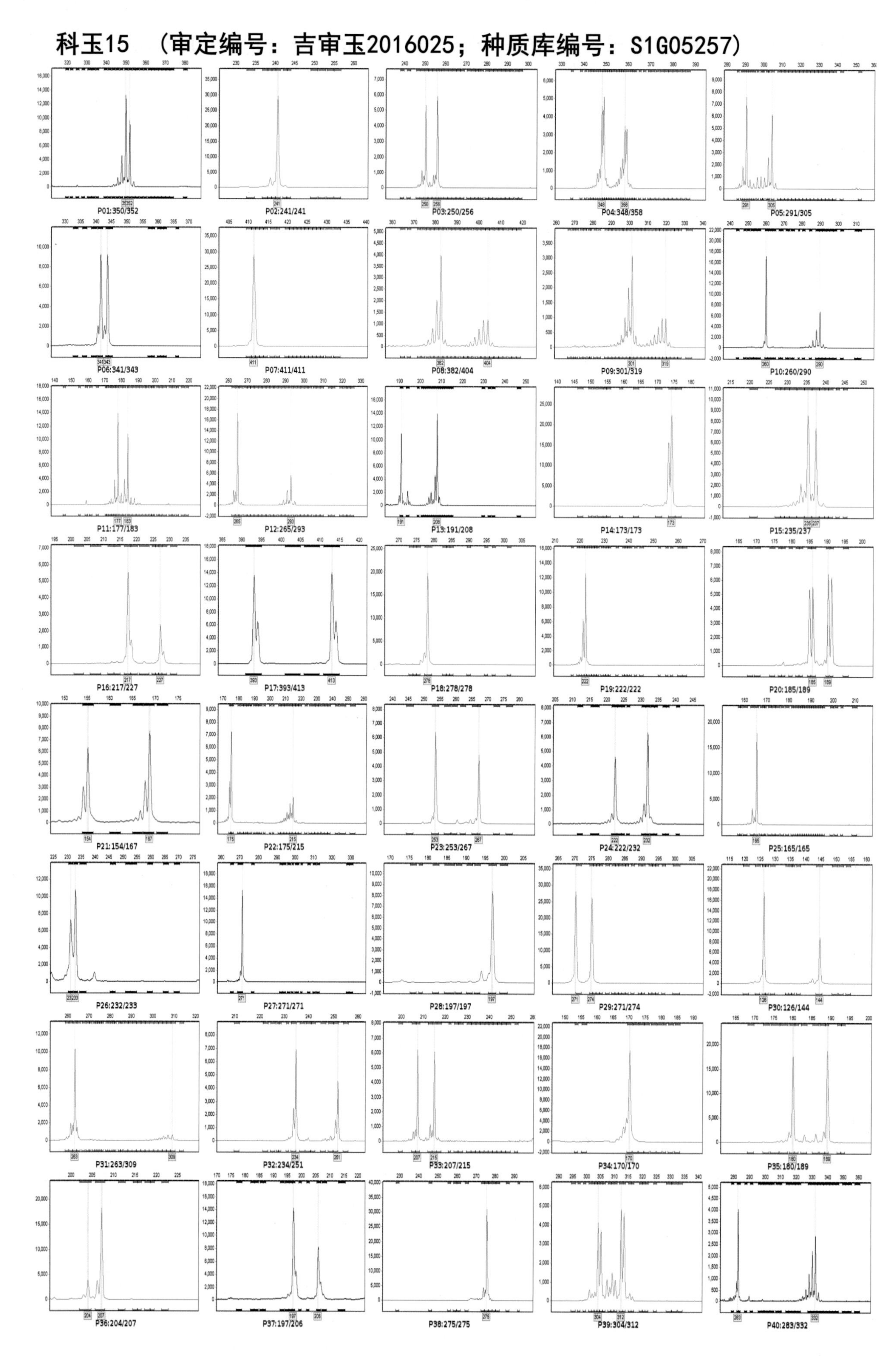